T0191476

SCIENCE DICTIONARY
TURKISH-ENGLISH / ENGLISH-TURKISH

FEN TERİMLERİ SÖZLÜĞÜ
TÜRKÇE-İNGİLİZCE / İNGİLİZCE-TÜRKÇE

ALİ BAYRAM • BİRSEN ÇANKAYA

Science Dictionary
Turkish-English / English-Turkish

Milet Publishing, LLC
PO Box 2459
Chicago, IL 60690 USA
info@milet.com
www.milet.com

Second edition published by
Milet Publishing, LLC in 2010

Copyright © 2010 by Milet Publishing, LLC

ISBN 978 1 84059 530 7

All rights reserved

Printed in Turkey

KISALTMALAR

Sözcük Türleri

a.	noun	*ad*
adl.	pronoun	*adıl, zamir*
bağ.	conjunction	*bağlaç*
be.	adverb	*belirteç, zarf*
e.	verb	*eylem, fiil*
ilg.	preposition	*ilgeç, edat*
önk.	prefix	*önek*
pl.	plural	*çoğul*
s.	adjective	*sıfat*
say.	numeral	*sayı ismi*
tnm.	article	*tanımlık, artikel*
ünl.	exclamation	*ünlem*

Alan Kısaltmaları

anat.	anatomy	*anatomi*
ask.	military	*askerlik*
bas.	printing	*baskı*
bilg.	computer technology	*bilişim*
bitk.	botany	*bitkibilim*
biy.	biology	*biyoloji*
coğ	geography	*coğrafya*
den.	nautical, naval	*denizcilik*
dilb.	grammar, linguistics	*dilbilgisi, dilbilim*
elek.	electricity, electronics	*elektrik, elektronik*
fel.	philosophy	*felsefe*
fiz.	physics	*fizik*
fot.	photography	*fotoğrafçılık*

geom.	geometry	*geometri*
gökb.	astronomy	*gökbilim, astronomi*
hayb.	zoology	*hayvanbilim, zooloji*
hek.	medicin	*tıp*
huk.	law	*hukuk*
kim.	chemistry	*kimya*
mad.	mining	*madencilik*
mak.	makine mühendisliği	*mechanical engineering*
matm.	mathematics	*matematik*
mek.	mechanics	*mekanik*
metr.	meteorology	*meteoroloji*
mim.	architecture	*mimarlık*
müz.	music	*müzik*
oto.	automobile	*otomobil*
ruhb.	psychology	*ruhbilim, psikoloji*
sin.	cinematography	*sinema*
sp.	sport	*spor*
tek.	technical	*teknik*
tic.	commerce	*ticaret*
tiy.	theatre	*tiyatro*
trm.	agriculture	*tarım*
yerb.	geology	*yerbilim*

A

abacterial *s.* bakterisiz, minicicansız, aranık

abaxial *s.* eksenden uzak

abdomen *a.* karın

abdominal *s.* karına ait, karınsal **abdominal wall** karın duvarı

abductor *a.* uzaklaştırıcı, dışaçeken, uzaklaştırıcı, uzaklaştırıcı kas, dışa çekici kas, abdüktör

aberrant *s.* sapkın; sapık

aberration *a.* sapma, sapınç, sapkınlık; *hek.* sapkı; kromozom diziliş sırasında sapma

abietate *a.* abiyetat

abietic *s.* abietik **abietic acid** reçine asidi

abiogenesis *a.* abiyogenez, kendiliğinden türeme, dirimdışı türeyiş

abiosis *a.* cansızlık, yaşamama

abiotic *s.* canlıların yaşamasına elverişli olmayan, yaşamdan yoksun, abiyotik **abiotic factors** abiyotik faktörler

ablate *e.* keserek çıkarmak, kesip çıkarmak

ablation *a.* süpürülme, yüzden erime; *hek.* kesip çıkarma **ablation moraine** süpürülme moreni

abnormal *s.* anormal, düzgüsüz; aşırı, ölçüsüz

abnormality *a.* anormallik

abomasum *a.* şirden, bezli mide, abomasum

abort *e.* çocuk düşürmek; yavru atmak

abortion *a.* çocuk düşürme; yavru atma, zamansız doğum yapma; meyve dökümü **infectious abortion** enfeksiyon nedenli düşük

abortive *s.* başarısız; etkisiz, boş; tam gelişmemiş, dumura uğramış

abrachia *a.* kolsuzluk, doğuştan kolsuzluk

abrade *e.* aşındırmak, sürterek aşındırmak

abranchial *s.* kolsuz, doğuştan kolsuz

abrasion *a.* sıyrık; aşındırma, abrasyon; dalga aşındırması

abscess *a.* apse, irinşiş

abscisic acid *a.* yaprak asidi

abscission *a.* kesip çıkarma, kesme; yaprak dökülmesi, meyve dökülmesi

absinth *a.* apsent, pelinotu içkisi

absolute *s.* salt, mutlak; tam, kesin; halis, katkısız **absolute alcohol** mutlak alkol, saf alkol **absolute temperature** mutlak sıcaklık, salt sıcaklık **absolute scale** mutlak ölçek **absolute value** mutlak değer **absolute zero** mutlak sıfır, salt sıfır

absorb *e.* soğurmak, emmek, absorbe etmek

absorbable *s.* emilir, soğurulabilir

absorbency *a.* soğuruculuk, emicilik

absorbent *s. a.* emici, absorban

absorber *a.* soğurucu, emici, massedici; etkisini hafifletici

absorption *a.* içe çekme, soğurma, emme, absorpsiyon; dalma; kafanın meşgul olması

absorptive *s.* soğurucu, soğurgan, absorptif **absorptive power** emme gücü, soğurma yeteneği

absorptivity *a.* emicilik

abstract *s.* soyut, abstre, kuramsal * *a.* soyut düşünce, soyutluk; özet * *e.* çıkarmak, ayırmak; özetlemek

abstraction *a.* soyutlama; soyutlanma; dalgınlık, kafanın meşgul olması; soyut düşünce; soyut terim

abundant s. bol, çok, bereketli

abyss a. uçurum, abis, derin deniz dibi çukuru

abyssal s. çok derin, dipsiz; okyanusun en derin yerinde bulunan *abyssal fauna* abisal fauna, okyanus direyi *abyssal zone* abisal bölge *abyssal rocks* abisal kayaçlar

Ac a. aktinyumun simgesi

acalcerosis a. kalsiyum eksikliği

acalycine s. çanaksız, kalikssiz

acampsia a. eklem sertliğinden kol ya da bacakların hareket yeteneğini yitirmesi

acanaceous s. dikenli; kengerotugillerden

acanthaceous s. dikenli; kengerotugillerden

acanthite a. akantit

acanthocladous s. dalları dikenli

acanthoid s. dikenli

acanthous s. dikenli, dikenle kaplı

acapnia a. kanda karbondioksit düzeyinin normalin altına inmesi

acarbia a. kanda bikarbonat düzeyinin normalin altına düşmesi

acaricide a. akarisit, kene gibi asalakları öldüren ilaç

acarid a. kene

acarina a. akarlar

acarpous s. akarp, meyvesiz, meyve vermeyen

acaudate s. kuyruksuz

acaulescent, acauline, acaulous s. sapsız; çok kısa saplı

acceleration a. hızlandırma, ivdirme; hızlanma, ivme

accelerator a. gaz pedalı; ivdireç

acceptor a. alıcı, alan *acceptor medium* alıcı ortam

accessory a. ek, ilave, yardımcı; suçor- tağı *accessory minerals* ek mineraller, yardımcı mineraller *accessory bud* ek gonca *accessory part* ek parça

acclimatization a. iklime uyum, iklime alışma, intibak; iklime alıştırma

acclimatize e. ortama alıştırmak, intibak ettirmek; ortama alışmak, intibak etmek *become acclimatized* ortama alışmak

accommodation a. kalacak yer; uyum, odakuyum, göz uyumu

accrescence a. artma, büyüme, gelişme

accrescent s. artan, gelişen

accrete e. birlikte gelişmek; artmak, çoğalmak; katılmak, eklenmek

accretion a. (doğal büyümeyle) artış, büyüme; organların büyüyüp birleşmesi

accretionary s. büyüyen, gelişen, çoğalarak büyümüş, gelişmiş *accretionary process* büyüme süreci, gelişme süreci

accumbent s. uzanan, yaslanan, yatan; başka şeye yaslanan (bitki)

accumulator a. akümülatör, biriktireç

acenaphthene a. etilen naftalen

acentric s. merkezi olmayan, merkezsiz

acephalous s. başsız, başı olmayan

aceric s. akçaağaçla ilgili

acerose s. iğne biçimli, ucu sivri (çam vb. yaprağı); samanlı, kabuklu

acervate s. kümeli, kümelenmiş

acetabulum a. *anat.* hokkaçukuru, uylukkemiğinin oturduğu çukur kalça kemiği; *hayb.* emici ağız, çekmen, vantuz

acetal a. asetal, hekimlik ve parfümeride kullanılan uçucu sıvı

acetaldehyde a. asetaldehit

acetamide a. asetamid, organik sentezde kullanılan suda erir katı madde

acetate *a.* asetat, sirke asidi tuzu *amyl acetate* amil asetat *copper acetate* bakır asetat *ethyl acetate* etil asetat *lead acetate* kurşun asetat *cellulose acetate* selüloz asetat

acetic *s.* asetik, ekşi *acetic acid* asetik asit, sirke asidi *glacial acetic acid* saf asetik asit *acetic anhydride* asetik anhidrit *acetic ester* asetik ester *acetic fermentation* sirke asidi fermantasyonu

acetification *a.* sirkeleşme, sirkeleştirme

acetify *e.* ekşimek, ekşitmek

acetin *a.* asetin, gliserolün asetik asitle reaksiyonu sonunda oluşan üç esterden biri

acetoacetate *a.* aseto asetik asitin tuzu ya da esteri

acetoacetic *s.* asetoasetik

acetobacter *a.* çomak biçimli bakteri, sirke bakterisi

acetoin *a.* asetilmetilkarbinol

acetol *a.* şekerkamışı şekerinden elde edilen bir ketol

acetonaphthone *a.* naftilmetil keton

acetone *a.* aseton *acetone chloroform* aseton kloroform, taşıt tutmasına karşı anestetik bir madde

acetonitrile *a.* asetonitril

acetonuria *a.* aseton işeme

acetonylacetone *a.* asetonilaseton

acetophenone *a.* asetofenon, parfüm yapımında kullanılan hoş kokulu sıvı

acetous *s.* ekşi, sirke gibi

acetyl *a.* asetil *acetyl chloride* asetilklorür *acetyl bromide* asetil bromür *acetyl cellulose* asetil selülüoz *acetyl coenzyme A* asetil koenzim A

acetylate *e.* asetillemek, asetil kökü ile birleştirmek

acetylcholine *a.* asetilkolin

acetylene *a.* asetilen

acetylide *a.* asetilid

acetylsalicylic *s.* asetilsalisilik *acetylsalicylic acid* asetilsalisilik asit

achaenocarp *a. bitk.* kapçık meyve, kapçık yemiş, aken

ache *e.* ağrımak, acımak, sızlamak * *a.* ağrı, acı, sızı

achene *a. bitk.* kapçık meyve, kapçık yemiş, aken

achenium *a. bitk.* kapçık meyve, kapçık yemiş, aken

achlamydeous *s.* çiçek örtüsü bulunmayan

achromatic *s.* akromatik, renksemez, renksiz, boyatutmaz

achromatin *a.* akromatin, renksiz yapı, kolay renk tutmayan organik yapı

achromic *s.* renksiz

acicle *a.* iğne biçimli omurga/diken

acicular *s.* iğnemsi, iğne biçiminde

aciculate *s.* iğne biçiminde, iğnemsi

acid *a.* asit * *s.* asit; ekşi *acid bath* asit banyosu *acid determination* asidite tayini *acid heat test* asitli ısı deneyi *acid number* asit indeksi *acid soil* asit toprak, ekşi toprak *acid solution* asit solüsyonu *acid value* asit derecesi, asit sayısı *amino acid* aminoasit *dead acid* ölü asit *fatty acid* yağ asidi *green acids* yeşil asit *strong acids* güçlü asitler *weak acids* zayıf asitler

acid-fast *s.* aside dirençli, ekşite dirençli

acid-fastness *a.* aside dayanıklılık

acidic *s.* asitli; ekşi; yüksek oranda silika içeren *acidic deposition* asit depolanması *acidic rocks* asitli kayalar *acidic precipitation* asitli yağışlar

acidification *a.* asitlenme, ekşitlenme; asitleştirme, ekşitim, ekşitleştirim

acidifier *a.* ekşiten, ekşiyen, asitleşen; asitleştiren

acidify *e.* asitleştirmek; asitleşmek

acidifying *a.* asitleşme; asitleştirme

acidimeter *a.* asidimetre, asitölçer

acidity *a.* asidite, asitlik, ekşitlik

acidophil(e) *s.* asidofil, ekşittutar, asitli boyalarla kolayca boyanabilen

acidophilic *s.* asidofil, ekşittutar, asitli boyalarla kolayca boyanabilen

acidosis *a.* asidoz, kandaki alkali miktarının normalden az olması

acid-proof *s.* aside dayanıklı

aciform *s.* iğne şeklinde

acinaciform *s.* eğri kılıç biçiminde

aciniform *s.* salkımsı, salkım biçiminde

acinose *s.* tanecikli, taneciklerden oluşan

acinous *s.* tanecikli, taneciklerden oluşan

acinus *a.* kesecik

aconitase *a.* akonitaz

aconitic *s.* kurtboğan+

acorn *a.* meşe palamudu

acotyledon *a.* çeneksiz bitki

acotyledonous *s.* çeneksiz

acoustic *s.* sesle ilgili, işitsel, akustik **acoustic nerve** işitme siniri **acoustic shadow** akustik gölge

acrania *a.* kafatassızlar

acrid *s.* acı, ekşi, keskin

acridine *a.* akridin **acridine dye** akridin boyası

acriflavine *a.* akriflavin, antiseptik olarak kullanılan taneli katı cisim

acrocarpous *s.* akrokarpus, meyvesi sapın ucunda bulunan

acrogenous *s.* uçtan büyüyen

acrolein *a.* akrolein, boya/ilaç yapımında kullanılan keskin kokulu sıvı

acromion *a.* omuz çıkıntısı, çiğiz

acropetal *s.* akropetal, tepeye doğru gelişen

acrosome *a.* akrozom

acrospore *a.* akrospor, tohumdan çıkan filiz

acrylate resin *a.* akrilik reçine

acrylic *s.* akrilik **acrylic acid** akrilik asit **acrylic ester** akrilik ester **acrylic resin** akrilik reçine

acrylonitrile *a.* akrilonitril

actinal *s. hayb.* dokunaçlı, dokunaçları olan

actinic *s.* kimyasal etkiler doğuran, aktinik **actinic rays** aktinik ışınlar **actinic balance** aktinik denge

actinide (series) *a.* aktinik (dizisi)

actinium *a.* aktinyum (simgesi Ac) **the actinium series** aktinyum dizisi

actinograph *a.* aktinograf, kaydedici aktinometre

actinolite *a.* aktinolit

actinometric *s.* ışınım ölçümlü

actinometrical *s.* ışınım ölçümlü

actinometry *a.* ışınım araştırması, ışınım etüdü, ışınölçümü

actinomorphic *s.* aktinomorf, ışınsal simetrik, ışınsal bakışımlı

actinomyces *a.* ışınmantar

actino-uranium *a.* aktinouranyum

action *a.* hareket, iş, eylem; etki; (organ) çalışma; *huk.* dava

actionless *s.* hareketsiz

activate *e.* harekete geçirmek, etkinleştirmek; *fiz.* aktif hale getirmek; *kim.* kimyasal reaksiyonları çabuklaştırmak

activated *s.* faal, canlı, etkin **activated alumina** aktif alüminyum, etkin alüminyum *activated carbon* aktif karbon, aktif kömür, etkin kömür *activated sludge* aktif çamur, etkin lağım çamuru *activated sewage sludge* lağım demiri çamuru, lağım pisliği

activation *a.* aktivasyon, etkinleştirme *activation energy* aktivasyon enerjisi, etkinleşme erkesi

activator *a.* aktivatör, etkinleyici

active *s.* faal, hareketli, aktif; *dilb.* etken *active natural immunity* aktif doğal bağışıklık *active transport* aktif taşıma

activity *a.* faaliyet, etkinlik, hareket

actomyosin *a.* aktomiyosin, miyosin ve aktinden oluşan kompleks protein

acuity *a.* keskinlik, sivrilik *acuity of vision* görme keskinliği

aculeate *s.* keskin, sivri uçlu; dikenli

aculeated *s.* keskin, sivri uçlu; dikenli

acuminate *s. bitk.* hayb. sivri * *e.* sivrilmek, sivriltmek

acupuncture *a.* iğneleme, iğne batırarak tedavi, akupunktur

acute *s.* keskin; şiddetli, had safhada; dar *acute angle* dar açı

acutifoliate *s.* akutifolyat

acutilobate *s.* sivri loplu

acyclic *s.* çevrimsiz, dolamsız

acyl *a.* asil

acylate *e.* asillemek

acylation *a.* asilleme

adactylous *s.* parmaksız

adamantine *s.* elmasımsı, sert ve parlak; *hek.* diş minesiyle ilgili

adaptability *a.* ortama uyma yeteneği, uyabilme, intibak kabiliyeti *adaptability to environment* çevreye uyma yeteneği

adaptation *a.* uyarlama, adaptasyon; alışma, intibak, uyum

adaptative *s.* adaptatif

adaptive *s.* uyumla ilgili, uyumsal, uyum+ *adaptive mechanism* uyum mekanizması

adaxial *s.* eksene yönelik, sapa yönelik

addict *e.* alıştırmak, alışmak * *a.* alışmış, bağımlı, müptela; tiryaki

addition *a.* ekleme, ilave; *kim.* birleşme; *matm.* toplama; ek, ilave *addition agent* katkı maddesi *addition compound* katılma bileşiği *addition polymer* ek polimer *addition product* ek ürün *addition reaction* ekleme tepkimesi, katılma tepkimesi

additive *a.* katma, katım; toplam; katkı, katık * *s.* toplamsal, ilave olunacak *food additive* gıda katkısı

adduct *a.* içe çekim

adductor *a.* içe çeken, yaklaştırıcı

adelomorphic *s.* belirgin olmayan şekilde, henüz tanımlanmamış biçimde

adelomorphous *s.* belirgin olmayan şekilde, henüz tanımlanmamış biçimde

adelphous *s.* salkımercikli (bitki)

adenine *a. kim.* adenin, çaydan ya da ürik asitten elde edilen inci kristalli alkaloid

adenocarcinoma *a.* bezdokusu kötücül uru

adenoma *a.* bez uru

adenosarcoma *a.* salgı bezesi uru

adenosine *a.* adenosin, beyaz kristalli suda eriyen bir toz *adenosine triphosphate* adenozin trifosfat

adermin *a.* pnidoksin, vitamin B6

adherence *a.* yapışma; yapışkanlık; bağlılık; katılma, girme

adherent *a.* taraftar, yandaş * *s.*

yapışkan, yapışık; bitişik, birleşik
adhesion *a.* yapışma, yapışıklık; bağlı kalma, sadık kalma, uyma
adiabatic *s.* adiyabatik, ısısız, ısı geçirmeyen *adiabatic change* adiyabatik değişim *adiabatic curve* adiyabatik eğri *adiabatic chart* adiyabatik grafik *adiabatic compression* adiyabatik sıkıştırma *adiabatic equation* adiyabatik denklem *adiabatic lapse rate* adiyabatik gecikme oranı *adiabatik motion* sabit ısılı hareket *adiabatic process* adiyabatik süreç *adiabatic expansion* adiyabatik genleşme
adiabatically *be.* adiyabatik olarak, ısı alıp vermeksizin
adipic acid *a.* adipik asit
adipose *s.* yağlı *adipose tissue* yağdokusu
adjust *e.* ayar etmek, ayarlamak
adjustment *a.* ayar; ayarlama; kendini alıştırma; düzenleme, düzeltme, düzelme; *tic.* sigorta tazminatını belirleme
adnate *s.* bir şeye bitişik büyümüş, doğuştan bitişik
adnexa *a.* ekler; bağlantılı yapı, adneks, aksesuar yapı *adnexa oculi* gözyaşı bezleri *adnexa uteri* dölyatağı ekleri
adolescence *a.* ergenlik, ergenlik çağı, gençlik
adolescent *s. a.* ergen, ergin, delikanlı
adoral *s.* ağıza yönelik, ağıza doğru
adrenal *s.* böbreküstü *adrenal gland* böbreküstü bezi
adrenalin *a.* adrenalin, böbreküstü bezlerinin saldığı hormon
adrenaline *a.* adrenalin, böbreküstü bezlerinin saldığı hormon *adrenalin(e)secretion biy.* salgılama, salgı
adrenergic *s.* sempatik sinir lifleriyle

ilgili, adrenalinle uyarılan
adrenocorticotrophic *s.* böbreküstü bezi kabuğunu uyaran
adrenocorticotrophin *a.* böbreküstü bezi kabuğunu uyaran hormon
adsorb *e. kim.* adsorbe etmek, yüzermek
adsorbable *s.* emilebilir, yüzerilebilir
adsorbent *a. s.* adsorban, soğurgan
adsorption *a. kim.* adsorpsiyon, yüzerme, yüze soğurma
adularia *a.* ay taşı
advance *a.* ilerleme, ileri hareket; yükselme, terfi; yaklaşım; teklif; *tic.* avans * *s.* ön, ileri, ileride bulunan * *e.* ilerlemek, ileri gitmek; terfi etmek; artmak, yükselmek; teklif etmek; avans vermek
advection *a. metr.* yatay hava hareketi
advective *s. metr.* yatay olarak yayılan
adventitious *s.* dıştan gelen, sonradan olan, arızi, tesadüfi; dağınık, ayrık, adventif *adventitious organ* ayrık organ, anormal yerde/şekilde oluşan organ *adventitious roots* ayrık kökler, anormal yerde oluşan kökler
adventive *s. a.* adventif, yabancı, yerli olmayan, yabancı bir iklim ya da topraktan getirilmiş (bitki/hayvan) *adventive cone* ekkoni *adventive plant* yabancı bitki *adventive root* desk kök, ekkök
adynamic *s.* kuvvetsiz, zayıf
aecidium *a. bitk.* esyum, kınacık küfü parazitinin oluşturduğu spor meyveciği
aecium *a. bitk.* esyum, kınacık küfü parazitinin oluşturduğu spor meyveciği
aeolian *s.* rüzgârla ilgili, yelsel *aeolian erosion* rüzgâr erozyonu
aeolipile *s.* basınçlı buharla dönen küre-

sel cihaz; laboratuvarda fırına sıcak alkol püskürten alet

aeolipyle *s.* basınçlı buharla dönen küresel cihaz; laboratuvarda fırına sıcak alkol püskürten alet

aeolotropic *s.* anizotropik, yönser, özellikleri yöne göre değişen

aeolotropy *a.* özelliklerin yönle değişmesi, yönserlik

aerated *s.* yapay olarak havalandırılan

aeration *a.* havalandırma, toprak havalanması

aerator *a.* havalandırma cihazı; havalandırma düzeni

aerenchyma *a.* aerenkima, havalı doku

aerial *a.* hava+, havai; havada bulunan; hava niteliğinde; anten *aerial root* hava kökleri *aerial perspective* havai perspektif *aerial survey* hava gözetlemesi; havadan arazinin fotoğrafını çekme

aerification *a.* havalanmak, havalandırma; havayla dolma

aerobe *a.* aerob, havacıl *facultative aerobe* oksijensiz ortamda yaşayabilen ama oksijenli ortamda bundan yararlanıp yaşama özelliği kazanan mikroorganizmalar *obligate aerobe* büyüme ve çoğalma için serbest oksijenin zorunlu olduğu hastalık

aerobic *s.* aerobik, havacıl; açık hava+

aerobiosis *a.* aerobiyoz, havayla solunum, oksijenli ortamda yaşam

aerodynamics *a.* aerodinamik, havadevinimbilimi

aerogen *a.* uygun madde bulması durumunda gaz oluşturan minicanlılar

aerogenic *s.* gaz oluşturan, gaz yapan

aerography *a.* aerografi, hava gözlem bilgisi; havanın tanıtımı

aerolite *a.* göktaşı, meteor

aerolith *a.* göktaşı, meteor

aerolithic *s.* göktaşı+

aerolitic *s.* gökktaşı+

aerology *a.* havabilim

aeronomy *a.* üst hava bilimi

aerophyte *a.* aerofit, epifit, hava bitkisi, havalı ortamda yaşayan tüm bitkiler

aeroplankton *a.* aeroplankton

aeroscope *a.* aeroskop, havadan bakteri örnekleri toplanmasında kullanılan araç, havanın temizlik derecesinin belirlenmesi için kullanılan araç

aerosis *a.* vücuttaki organ yada dokularda gaz oluşumu

aerosol *a.* sprey tüpü, fisfis; aerosol, püskürtü

aerostatic *s.* aerostatik, durgun gazlarla ilgili

aerotropism *a.* aerotropizm, havaya yönelim

aestival *s.* yaza özgü, yaz+

aestivation *a.* hayvanlarda sıcaklık uyuşukluğu, estivasyon, yaz uykusu

afferent *s.* getirici, getirgen

affinitive *a.* yakından ilgili, sıkı sıkıya bağlı *affinitive elements* ilişkili/ilgili elementler

affinity *a.* benzerlik, ilişki, yakınlık; akrabalık; afinite; sempati; sevgi *chemical affinity* iki kimyasal madde arasında birleşme eğilimi *electro affinity* atomların elektriksel yüklerinin oluşturduğu güç

affusion *a.* ateşi düşürmek için vücuda su dökme

aftershock *a.* artçı sarsıntı

Ag *a.* gümüşün simesi

agama *s.* çöl agaması, parlak derili bir tür bukalemun

agamete *a.* eşeysiz hücre, cinsiyetsiz hücre

agamic *s.* cinsiyetsiz, eşeysiz

agamogenesis *a.* eşeysiz üreme

agamogony *a.* eşeysiz üreme, aseksüel üreme biçimi

agar-agar *a.* agar agar, denizyosunu

agaric *a.* çayırmantarı, ağaçmantarı, gargu, katranköpüğü *white agaric* zehirsiz mantar, yemeklik mantar, kuzu mantarı

agate *a.* akik, kantaşı, agat *agate jasper* akik ve yeşim taşından oluşmuş kuartz *agate shell* akikli salyangoz kabuğu

age *a.* yaş; çağ, devir; yaşlılık

agent *a.* acente, temsilci; vekil; aracı; komisyoncu; ajan; *kim.* etkin madde, kimyasal *chemical agent* kimyasal ajan, kimyasal madde *disinfecting agent* dezenfektan, mikropsuz hale getiren etmen *dissolving agent* eriten madde *sweetening agent* tatlandırıcı etmen *weathering agents* coğ. atmosfer etkenleri, dışgüçler

agglomerate *a.* yığın, küme, salkım; yığışım, toplanma * *e.* yığılmak, toplanmak; yığmak, toplamak

agglutination *a.* aglütinasyon, birikişme, kümeleşeme

agglutinin *a.* aglütinin, yığıştıran, aglütinasyonu sağlayan antikor

agglutinogen *a.* aglütinojen, aglütinin oluşturan antijen

aggradation *a.* alüvyonlaşma, lığlanma, tortu ile yükselme

aggregate *a.* küme, demet; agrega * *s.* toplu, küme halinde * *e.* yığmak, toplamak, kümelemek; yığılmak, toplanmak, kümelenmek *aggregate flower* top top/demet halinde çiçek *aggregate fruit* sinkarpi meyve *soil aggregate* zemin agregası, zemin karışımı agrega

aggregation *a.* küme, yığın, topluluk; agregasyon, gruplaşma, toplanma *aggregations* bir arada yaşayan organizmalar topluluğu

aggregative *s.* agregatif, toplu, müşterek, kümeleyici

agonist *a.* çekici kas; yarışmacı

agranulocyte *a.* taneciksiz akyuvar

agranulocytosis *a.* akyuvarsızlık

agravic *s.* ağırlıksız, yerçekimi etkisinin belirlenemediği durum

agrobiology *a.* agrobiyoloji, ürün bilimi

agronomy *a.* agronomi, tarımbilimi

agrostology *a.* çayır bilimi

aigrette *a.* sorguç, tuğ

air *e.* havalandırmak; güneşe sermek; açığa vurmak, açıklamak * *a.* hava; hafif rüzgâr; tavır; tutum, davranış; nağme, hava *air bladder* (balık) yüzme kesesi *air duct* hava bacası, hava kanalı *air pressure* hava basıncı *air sac* hava kesesi *compressed aid* basınçlı hava *liquid air* sıvı hava

airborne *s.* havadan gelen, havayla bulaşan; havadan nakledilen; uçmakta olan

air-cool *e.* hava ile soğutmak

air-cooled *s.* hava ile soğutulan, hava soğutmalı

akene *a.* kapçık meyve, kapçık yemiş, aken

Al *a.* alüminyumun simgesi

alabaster *a.* albatr, ak mermer, su mermeri

alanine *a.* alanin, aminopropiyonik asit

alate(d) *s.* kanatlı

alba *a.* beyaz, ak, beyin ve omuriliğin beyaz sinir dokusu

albedo *a.* yansıtma katsayısı

albedometer *a.* yansımaölçer

albertite *a.* albertit, asfalt benzeri

bitümlü mineral
albinism a. akşınlık, albinizm
albino s. a. akşın, albinos, çapar
albite a. albit
albumen a. yumurta akı proteini; *bitk.* tohumu besleyen besin
albumin a. albümin, yumurta akı proteini
albuminate a. albüminat, asit ya da alkalinin albüminle yaptığı bileşik
albuminold s. albüminoid, albümine benzer
albuminose s. albüminli
albuminous s. albüminli
albuminuria a. albümin işeme
alcohol a. alkol; alkollü içki *absolute alcohol* mutlak alkol, saf alkol *alcohol content* alkol miktarı *benzyl alcohol* fenilmetil alkol *butyl alcohol* bütil alkol *dehydrated alcohol* mutlak alkol *denatured alcohol* mavi ispirto *ethyl alcohol* içilebilir alkol, doğal alkol, şarap ruhu *primary alcohol* primer alkol, birincil alkol *pure alcohol* saf ispirto *secondary alcohol* ikincil alkol *tertiary alcohol* tersiyer alkol grubu bulunduran alkol *wood alcohol* odun alkolü, odun ispirtosu, metil alkol
alcoholate a. alkolle hazırlanan preparat
Alcyone a. Boğa burcunun büyüklükte üçüncü yıldızı, ülkerin en parlak yıldızı
aldehyde a. aldehit
aldohexose a. indirgen özelliği olan izomerik hekzoslar
aldol a. aldol, şurup kıvamında suda eriyen sıvı
aldopentose a. aldopentoz, indirgen özellik taşıyan izomerik pentozların herbiri

aldose a. aldoz, aldehit grubu ya da eşdeğerini içeren şeker
aldosterone a. aldosteron, böreküstü bezlerinin salgıladığı bir hormon
aldoxim a. aldehid ve hidroksilamin kondensasyon ürünlerinden biri
alecithal s. alesital, yumurta sarısız, yolk kesesi olmayan
aleurone a. alöron, katılaşmış haldeki protein *aleurone layer* alöron tabakası *aleurone grains* alöron tanecikleri
alexandrite a. İskendertaşı
alga a. alg, suyosunu *blue-green algae* mavi-yeşil suyosunları *brown algae* esmer suyosunları *green algae* yeşil suyosunları
algal s. suyosunuyla ilgili
algin(e) a. algin , alginik asit
alginate a. alginik asit tuzu
alginic acid s. alginik (asit)
algology a. *bitk.* yosunbilim, su yosunlarını inceleyen bilim dalı
alicyclic s. alisilik
alien a. yabancı, ecnebi
aliform s. kanat şeklinde
alimentary s. beslenme+, besin +; besleyici, besleyen *alimentary canal* sindirim borusu
aliphatic s. alifatik
alizarin a. alizarin, kökboya
alkali a. alkali, baz, kalevi, tuzul *alkali earths* kalsiyum ve baryum oksitler *alkali metal* alkali maden *alkali reserve* kan plazma alkali rezervi
alkalimetric s. alkalimetrik, alkali ölçümsel
alkalimetry a. alkali ölçme, alkalimetri
alkaline s. alkalik, alkali özelliği gösteren *alkaline earth metals* toprak alkali metaller *alkaline earths* toprak

alkali **alkaline metals** alkali metaller

alkalinity *a.* alkalilik, alkali miktarı, alkali özelliği

alkalization *a.* alkalileştirme

alkalizing *s.* alkalileştiren

alkaloid *a. s.* alkaloit, alkaliyi benzer

alkane *a.* alkan, alkan grubundan kimyasal bileşim

alkannin *a.* alkanin, sığırdilinden elde edilen kırmızı madde

alkapton *a.* alkapton, homojentisik asit

alkene *a.* alken, etilen grubundan eleman

alkyd *a.* alkit

alkyl *a.* alkil, tek değerli hidrokarbon radikali

alkylate *a.* alkilat, alkilasyon ürünü

alkylate *e.* alkilleştirmek

alkylated *s.* alkilleşmiş

alkylation *a.* alkilleşme

alkylene *a.* alkilen

alkylic *s.* alkilik

alkyne *a.* alkin

allantoic *s.* döl zarı+

allantoid *s.* döl zarı+

allantoin *a.* allantoin, ürik asit yükseltgenme ürünlerinden

allantois *a.* allantois, sidik dağarı

allel(e) *a.* alel, türgen, kromozomların gen çiftleri

allelic *s.* alelomorf, türgen

allelomorphic *s.* alelomorf, türgen

allelomorphism *a.* türgenleşme, alelomorfik genlerin genetiksel geçişi

allelotaxy *a.* bir organın birden fazla embriyonik dokudan gelişmesi

Allen's law *a.* Allen yasası

allene *a.* prapadien

allergen *a.* alerjiye yol açan madde, duyargan

allergic *s.* alerjik, duyarcalı

allergy *a.* alerji, duyarca

alliaceous *s.* soğangillerden; soğan/sarımsak kokulu

allochtonous *s. yerb.* alokton, yabancı, yer değiştirmiş, olduğu yerden başka yere sürüklenmiş (kaya vb.)

allogamous *s.* karşılıklı döllenen

allogamy *a.* allogami, çapraz tozlaşma, karşılıklı döllenme

allometry *a.* bağıl büyüme, allometri, bir organizmanın bir parçasının büyümesinin başka bir parçadaki büyümeye oranı; bağıl büyümenin ölçülmesi

allomorph *a.* çok şekil, alomorf; biçimbirimsel değişke

allomorphic *s.* çok şekilli

allomorphism *a.* çok şekillilik

allopatric *s.* allopatrik, farklı coğrafi bölgelere özgü

allophane *a.* alüminyum hidrosilikat

alloplasty *a.* heterotransplant, vücuda yabancı maddelerin kullanıldığı plastik cerrahi uygulaması

allopolyploid *a. s.* iki takımdan daha fazla sayıda homolog olmayan kromozomu olan (hücre/canlı)

allosteric *s.* inhibitör ya da aktivatör bir molekülün enzime sübtratın bağlandığı yerin dışında bağlanmasıyla ilgili

allotetraploid *s.* amfidiploit

allotrope *a. kim.* çeşit, ayrı biçim

allotropic *s.* alotropik, ayrı biçimli

allotropical *s.* alotropik, ayrı biçimli

allotropism *a.* alotropi, ayrı biçimlenme, kimyasal bir elemanın iki ya da daha fazla değişik biçimlerde bulunabilme özelliği

allotropy *a.* alotropi, ayrı biçimlenme

alloy *a.* alaşım, halita; nitelik, saflık

alluvial *a.* lığ, alüvyon, taşan su toprağı
* *s.* alüvyonlu, lığlı *alluvial cone* alüviyal koni, yelpaze biçimli lığ *alluvial deposits* lığ birikintileri *alluvial fan* alüviyal yelpaze, birikinti yelpazesi *alluvial plain* birikinti ovası
alluviation *a.* alüviyal yığılma, lığlanma
alluvium *a.* alüvyon, lığ, balçık
allyl *a.* alil *allyl alcohol* alil alkol
allylic *s.* alilik
almandine *a.* seylantaşı
aloin *a.* aloin, sarısabırdan elde edilen çok acı ve müshil olarak kullanılan toz
alopecia *a.* saç dökülmesi, kıl dökülmesi, dazlaklık
alpestrine *s.* alt Alplerde yetişen
alpha *a.* alfa; ilk, birinci; *gökb.* bir burcun en parlak yıldızı; *kim.* atom ya da atom grubunun kimyasal bileşimdeki konumlarından biri *alpha emitter* alfa yayınlayıcısı *alpha particle* alfa parçacığı, alfa tanccığı *alpha radiation* alfa ışınım *alpha radioactivity* alfa radyoaktivitesi *alpha rays* alfa ışınları
alpine *s.* alpi+ ***** *a.* alpin kuşak *alpine plant* alp bitkisi
alternant *s.* sürekli birbirini izleyen; karşılıklı, mütekabil
alternately *be.* sıra ile; nöbetleşe
alternation *a.* almaşma, münavebe; birbirini izleme; *elek.* alternans
altricial *s.* yumurtadan yeni çıkmış, tüysüz
altrose *a.* bir tür aldohekzos
alula *a.* kuş kanadı ucundaki küçük telek
alum *a.* şap *alum stone* şaptaşı *ammonia alum* amonyak alumu *chrome alum* potasyum krom sülfat *iron alum*

demir amonyum alumu *potassium alum* potasyum alüminyum sülfat
alumina *a.* alüminyum oksit
aluminate *a.* alüminat; alüminyum oksitle birleşmiş başka bir metal oksit
aluminiferous *s.* alüminyumlu, alüminyum içeren
aluminium *a.* alüminyum (simgesi Al) *aluminiun sulfate* alüminyum sülfat *aluminium bronze* alüminyun bronzu, alüminyoum tuncu, beyaz yaldız *aluminium chloride* alüminyum klorür *aluminium hydroxide* alüminyum hidroksit *aluminium oxide* alümin, alüminyum oksit *aluminium paint* alüminyum boya *aluminium phosphate* alüminyum fosfat *aluminium powder* alüminyum tozu *aluminium sheet* alüminyum levha
aluminosilicate *a.* alüminosilikat, alkali/alkali toprak maden iyonları içeren doğal/yapay alüminyum silikat
alunite *a.* alünit
alveolar *s.* gözeli, çukurumsu
alveolate *s.* gözcnekli
alveolation *a.* gözenek
alveolus *a.* göze, gözcnck, balpeteği gözü; akciğer gözcüğü, gözcük; beze tanccığı *alveoli of the lungs* akciğer gözcükleri
amalgam *a.* malgama, amalgam, cıvalı alaşım
amalgamate *e.* malgama yapmak, bir madeni cıva ile karıştırıp alaşım yapmak; birleştirmek
amalgamation *a.* karışım, halita; karışma, katma; karıştırma
amaranthine *s.* horozibiğillerden
amarine *a.* dihidrotrifeniliminazol
amazonite *a.* amazontaşı, süs için kullanılan yeşil renkli feldspat

amazonstone *a.* amazontaşı, süs için kullanılan yeşil renkli feldspat

amber *a.* kehribar, amber *yellow amber* kehribar, samankapan

ambergris *a.* amber

ambidextrous *s.* iki elini aynı şekilde kullanabilen, iki eli de hünerli

ambiparous *s.* ambipar

amblygonite *a.* ambligonit, soluk yeşil renkli kristalli cevher

ambrain *a.* kolesterole benzer bir sterol

ambulacrum *a.* boru ayak

ambulatory *s.* gezebilen, yürüyebilen

amentaceous *s.* salkım çiçekli

amentiferous *s.* salkım çiçekli

americium *a.* amerisyum (simgesi Am)

ametabolic *s.* ametabolik, metabolizma nedenli olmayan

amethyst *a.* ametist, mor yakut

amiantine *s.* amyantlı

amianthine *s.* amyantlı

amiantus *a.* amyant, yanmaztaş, asbest

amianthus *a.* amyant, yanmaztaş, asbest

amic *s.* amonyak özelliğinde

amide *a.* amid

amidic *s.* amidli, amid+

amidin *a.* amidin

amidine *a.* amidin

amido *önk.* amido-

amidoxime *a.* amidin imino gruplarından birinin hidroksil grubu ile değişmesiyle oluşan bileşik

amination *a.* aminasyon

amine *a.* amin

amino- *önk.* amino-

aminoacid *a.* aminoasit

aminobenzoic *s.* aminobenzoik

aminophenol *a.* aminofenol

amitosis *a.* *biy.* amitoz bölünme, eşeysiz bölünme

amitotic *s.* basit göze bölünmesi+

ammeter *a.* ampermetre, amperölçer

ammine *a.* amin

ammonia *a.* amonyak, nışadırruhu *ammonia haemate* histolojik boya, doku boyası *ammonia solution* amonyak çözeltisi, amonyak *ammonia water* amonyak suyu

ammoniacal *s.* amonyaklı; amonyak gibi

ammoniate *a.* amonyaklı bileşim, amonyat * *e.* amonyaklamak

ammoniated *s.* amonyaklı, amonyaklanmış

ammonium *a.* amonyum *ammonium acetate* amonyum asetat *ammonium carbonate* amonyum karbonat *ammonium chloride* amonyum klorür *ammonium hydrate* amonyum hidrat *ammonium hydroxide* amonyum hidroksit *ammonium nitrate* amonyum nitrat *ammonium salt* amonyum tuzu *ammonium sulfate* amonyum sülfat

ammonolysis *a.* organik bir maddenin amonyak etkisiyle parçalanması

amniocentesis *a.* amniyosentez, dölüt torba delimi

amnion *a.* amniyon, cenin zarı, meşime, dölüt torba

amniota *a.* ç. gelişmeleri sırasında amniyonları olan omurgalılar

amniotic *s.* amniyotik, amniyonla ilgili *amniotic fiuid* amniyon sıvısı

amoeba *a.* *hayb.* amip

amoebic *s.* amip gibi, amibe benzer; amipli, amibin neden olduğu *amoebic dysentery* amipli dizanteri

amoebiform *s.* amip benzeri, amip biçiminde

amoeboid *s.* amipsel, amibe benzer

amorphism *a.* biçimsizlik, şekilsizlik,

amorfluk
amorphous *s.* biçimsiz, şekilsiz, amorf
amorphousness *a.* şekilsizlik, biçimsizlik
amperage *a. elek.* amperaj, elektrik akım şiddeti
ampere *a. elek.* amper (simgesi A) **ampere hour** amper saat
amphibian *a. s.* ikiyaşayışlı, hem karada hem denizde yaşayan (hayvan); hem karada hem suda yetişen (bitki)
amphibiotic *s.* ikiyaşamsal
amphibious *s.* ikiyaşayışlı, amfibi; yüzergezer, amfibi
amphiblastula *a.* küreyi oluşturan hücrelerin birbirinden farklı olduğu blastula tipi
amphibolic *s. hek.* belirsiz, kuşkulu, kararsız, şüpheli
amphibolite *a.* amfibolit, türlü taş, türlü taşlardan oluşmuş metamorfik kaya
amphicarpic *s.* iki tür meyve veren
amphicoelous *s.* iki taraflı konkav
amphidiploid *a. biy.* melez bitki
amphimixis *a.* döllenme, erkek ve dişi gözelerin birleşmesi
amphipod *s. a hayb.* çift ayaklıgiller+, çift ayaklılar
ampholyte *a.* anfolit
amphoteric *s. kim.* amfoter, çift etkili, baz ya da asit özellik gösteren **amphoteric oxide** amfoter oksit
amplexicaul *s.* sapı kavrayan, sapı saran
amplexifoliate *s.* yaprağı saran
amplifier *a.* amplifikatör, yükselteç
amplitude *a.* bolluk; genişlik; genlik
ampulla *a. anat.* şişek, bir kanal ya da damarın genişlemiş kısmı; iki kulplu küresel şişe
ampullaceous *s.* küresel şişe biçiminde, ampul gibi

amygdale *a.* bademcik
amygdalin *a.* badem özü
amygdaline *s.* badem gibi, bademe benzer, bademcik+
amygdaloid *s.* bademsi, çağlamsı
amygdule *a.* oyuk kayadaki yuvarlak mineral
amyl *s.* amil (grubu içeren) **amyl acetate** amil asetat **amyl alcohol** amil alkol
amylaceous *s.* nişastalı, nişasta gibi
amylase *a. biy. kim.* amilaz, kompleks şekeri hidrolize ederek glükoza çeviren enzim
amylene *a. kim.* amilen, olefin serisinden sıvı bir hidrokarbon
amylic *s.* amil radikali içeren
amylin(e) *a.* nişasta selüloz
amyloid *a.* amiloid, akun; azotsuz gıda; *kim.* sülfürik asidin selüloza etkimesiyle üreyen jelatinli hidrat
amyloidal *s.* nişastalı
amylolysis *a. biy. kim.* nişastanın şekere dönüşümü
amylolytic *s.* nişastayı şekere dönüştüren
amyloplast *a.* amiloplast
amylose *a. kim.* amiloz
anabiosis *a.* anabiyoz, canlandırma; canlanma, dirilme
anabolic *s.* yapımsal, özümsel, anabolik
anabolism *a.* anabolizma, yapıcı metabolizma, özüştürüm
anadromous *s.* çıkan, yukarı giden
anaemia *a.* anemi, kansızlık
anaemic *s.* anemik, kansız
anaerobe *a.* anaerob, havasızyaşar
anaerobic *s.* anaerobik, oksijensiz yaşayan
anaerobiosis *a.* anaerobiyoz, oksijensiz ortamda büyüme özelliği

anaerobiotic *s.* anaerobik, havasızyaşar
anaesthesia *a.* anestezi, uyuşturum; duyu yitimi
anaesthetic *a.* *s.* uyuşturucu (madde); duygusuz, hissiz
anagenesis *a.* canlıda eksik doku ya da bölümün onarımı
anal *s.* anal *anal fin* anüs yüzgeci
analcime *a.* analsit, zeolit familyasından beyaz renkte bir mineral
analcite *a.* analsit, zeolit familyasından beyaz renkte bir mineral
analyse *e.* analiz etmek, tahlil etmek, çözümlemek
analysis *a.* tahlil, çözümleme, analiz *activation analysis* aktivasyon analizi, etkinleşme çözümlemesi *check analysis* kontrol analizi *dimensional analysis* boyut analizi, boyutsal çözümleme *gravimetric analysis kim.* gravimetrik analiz, ağırlıksal çözümleme *harmonic analysis* harmonik analizi *inorganic analysis* inorganik maddelerin analizi *organic analysis* organik maddelerin analizi *physical analysis* fiziksel analiz *proximate analysis* asal analiz, bir örnekteki başlıca bileşenlerin belirlenmesi *qualitative analysis* kalitatif analiz, nitel çözümlememe *quantitative analysis* kantitatif analiz, nicel çözümleme *spectral analysis* spektral analiz *spectrum analysis* tayf analizi, izge çözümlemesi *statistical analysis* istatistiksel analiz *stress analysis* gerilme analizi *ultimate analysis* elementer analiz, öğesel çözümleme *volumetric analysis* hacmen analiz, çözeltideki madde miktarının belirlenmesi *wet analysis* yaş analiz, yaş

çözümleme
analyst *a.* çözümleyici, tahlilci
analytic *s.* tahlili, çözümsel, çözümlemeli, analitik *analytical chemistry* analitik kimya *analytical chemist* analitik kimyager
anamorphosis *a. biy. hayb.* anamorfoz, başkalaşım
anaphase *a. biy.* uzaklaşma, hücre bölünmesinde bölünen kromozomların birbirinden uzaklaşma evresi
anaphylactic *s.* aşırı duyarcalı
anastomosis *a.* ağızlaşma, anastomoz
anastomotic *s.* bağlantılı, ameliyatla birleştirilmiş
anatase *a.* anataz, titanyum dioksit
anatomical *s.* anatomik; yapısal
anatomy *a.* anatomi; gövde yapısı; insan/hayvan/bitki büyesini inceleyen bilim
anatropous *s.* anatrop ovül, gelişmenin ilk evresinde yumurtacık ağzı aşağı dönük
anchylosis *a. anat.* (kemik) birleşme, kaynaşma
ancipital *s.* iki kenarlı, iki başlı
andesine *a.* andezin
andesite *a.* andezit, And Dağlarında bulunan volkanik kaya
androecium *a.* ercik takımı, çiçeğin ercik organları
androgen *a.* androjen, erkeklik içsalgısı
androgenesis *a.* sadece babadan gelen kromozomların yer aldığı biçimde gelişim
androgenic *s.* erkeklik gücünü artıran
androgyne *a.* androjin, iki eşeylilik
androgynous *s.* iki eşeyli, hem erkek hem dişi, erselik
androgyny *a.* iki eşeylilik
anemochorous *s.* anemokor, tohumu

rüzgârla yayılan

anemophilous *s.* rüzgârla döllenen

anemophily *a.* anemofili, rüzgârla döllenme

anemotropism *a.* rüzgâra yönelme, rüzgâra göre yön alma

anencephalia *a.* anensefali, beyin yokluğu

aneroid *s.* sıvısız, akışkansız *aneroid barometer* madeni barometre

anethole *a.* anetol, anason yağında olan katı fenolik eter

aneuploid *s.* anöploid, normal kromozom setinden eksik ya da fazla bulunması

aneuploidy *a.* anöploidi

aneurin *a.* tiyamin

angina *a. hek.* boğaz iltihabı, boğulma ataklarına neden olan hastalık *angina pectoris* göğüs anjini

angiocarp *a.* sert kabuklu bitki

angiocarpic *s.* kapalı meyveli, sert kabuklu; tohumu kılıflı

angiocarpous *s.* kapalı meyveli, sert kabuklu; tohumu kılıflı

angiosperm *a.* çekirdekli bitki, tohumları kılıf içinde bitki

angiospermal *s.* çekirdekli, kapalı tohumlu

angiospermous *s.* çekirdekli, kapalı tohumlu

anglesite *a.* anglezit

angström *a.* angström *angström unit* angström birimi

anguine *s.* yılana benzer, yılan gibi

angular *s.* köşeli, açılı; *matm.* fiz. açısal; kemikli, kemikleri çıkmış *angular acceleration* açısal ivme *angular velocity* açısal hız

angulate *s.* açılı, köşeli

anhydride *a. kim.* anhidrid, susuz bileşim

anhydrite *a. kim.* kalsiyum sülfat

anhydrous *s.* susuz, suyu çıkarılmış

anil *a.* indigo, koyu mavi; çivitotu

aniline *s. a.* anilin, fenilamin *aniline black* siyah anilin, anilin siyahı *aniline dyes* anilin boyaları *aniline oil* anilin yağı

animal *a.* hayvan * *s.* hayvansal; hayvan gibi *animal glue* hayvansal yapıştırıcı, hayvansal tutkal *animal life* hayvan yaşamı *animal starch* glikojen

animalcular *s.* hayvancık+

animalcule *a.* hayvancık, çıplak gözle görülemeyen küçük hayvan

animation *a.* canlılık, hareket, canlanma; neşe

anion *a.* anyon, negatif iyon

anionic *s.* anyon+, anyonik

anisaldehyde *a.* anisik aldehit

anisic *s.* anason+, anasonlu

anisidine *a.* anisamid, anisil amin

anisodactyl(ous) *s.* parmakları farklı büyüklükte olan

anisogamy *a.* anizogami, eş olmayan gametlilik

anisol(e) *a.* anisol, hoş kokulu renksiz bir sıvı

anisomeric *s.* izomerik olmayan

anisophyllous *s.* farklı yapraklı

anisotropic *s.* anizotropik, eşyönsüz

anisotropy *a.* anizotropi, eşyönsüzlük

ankylosis *a. anat.* ankiloz, eklem kaynaması, eklem kaynaşı

anlage *a.* cücük, gelişmenin ilk aşamasındaki canlı organizma

annectent *s.* tozlukbağı

annelid *a.* halkalı kurt

annual *a.* yılda bir olan, her yıl yayınlanan kitap; yılda bir kere yetişen bitki * *s.* yıllık; yılda bir yapılan *annual*

ring yıllık büyüme halkası, yıllık halka

annulate s. halkalardan oluşan, halkalı

annulation a. halkalanma; halka biçimli oluşum

annulus a. halka, halka şeklinde cisim; daire halkası

anodal s. anotla ilgili, pozitif elektrik yüklü

anode a. anot, artıuç *anode current* anot akımı, artuç akımı

anodize e. anotlamak, artıuçlamak

anodontia a. dişsizlik

anomaly a. anomali, ayrıksılık, anormallik *temperature anomaly* sıcaklık anomalisi

anopia a. körlük

anorexia a. iştahsızlık, yiyesizlik, anoreksi

anorthite a. anortit

anosmatic s. koku almaz

anoxemia a. kan oksijensizliği

anoxia a. oksijensizlik; oksijensizlikten ileri gelen rahatsızlık

ant a. karınca *white ant* akkarınca, termit

antacid a. s. asit giderici (ilaç)

antagonism a. karşıtetkinlik, karşıt etki gösterme

antagonist a. karşıtetkin, karşı etki gösteren

antagonistic s. zıt, karşı, mulalif

antarctic a. s. güney eksen ucu, güney kutbu

antenna a. anten; duyarga, anten, böcek boynuzu, dokunaç

antennal s. anten+, duyarga+

antenniferous s. antenli

antenniform s. anten biçiminde

antennule a. *hayb.* duyargacık, küçük duyarga

anther a. *bitk.* anter, başçık

antheridium a. ercik

anthesis a. *bitk.* çiçeklerin açılma hali/süresi

anthocyanidin a. antosiyanidin

anthocyanin a. *kim.* biy. renk veren madde

anthodium a. *bitk.* çiçek başı, başçık

anthophore a. *bitk.* ercik sapı

anthozoa a. mercanlar

anthracene a. *kim.* antrasen, kömür katranından elde edilen renksiz toz *anthracene dyes* antrasen boyalar *anthracene oil* antrasen yağı

anthracnose a. karabenek, mantarların neden olduğu bir bitki hastalığı

anthragallol a. benzoik asit ve gallik asitlerin kondansasyon ürünü

anthraquinone a. antrakinon, boyacılıkta kullanılan sarı toz *anthraquinone dye* antrakinon boyası

anthrax a. karayanık, şarbon; şirpençe *anthrax bacillus* şarbon bakterisi

anthropogeography a. beşerî coğrafya

anthropography a. antropografi, insanların türlerini ve dağılımını inceleyen insanbilim kolu

anthropoid a. s. antropoit

anthropology a. antropoloji, insanbilim

antibiosis a. *biy.* antibiyoz, birbirine zararlı iki organizmanın birleşmesi

antibiotic a. s. antibiyotik

antibody a. antikor, karşıtten

anticathode a. *fiz.* antikatot, karşıt eksiuç

antichlor a. *kim.* klor gideren, antiklor

anticlinal s. kemerli, tümsekli; *bitk.* yüzeye dik *anticlinal valley* kemer koyağı

anticline a. *yerb.* kemer, tümsek, yukaç

anticlinorium a. çok eğimli kaya

antidiuretic s. antidiüretik *antidiuretic hormone* antidiüretik hormon

antidote a. hek. antidot, panzehir; çare

antiferment s. a. maya bozan (madde)

antigen a. antijen, bağıştıran

antigenic s. antijen özelliği taşıyan

antimonial s. antimuan+, antimuanlı

antimonic s. antimuanlı

antimonide a. antimonit, antimonun hidrojen ya da metalle yaptığı bileşik

antimonious s. kim. antimuanlı

antimony a. kim. antimuan (simgesi Sb) *antimony chloride* antimon klorür *antimony electrode* antimon elektrodu *antimony glass* antimon camı *antimony poisoning* antimon zehirlenmesi *antimony salt* antimon tuzu *antimony trichloride* antimon klorür

antimonyl a. kim. antimonil

antinodal s. karın+, karınsal

antinode a. karın; durağan dalganın iki düğüm arasında en büyük genlikle titreşen noktası

antioxidant a. s. kim. antioksidan, oksitlenmeyi önleyen (madde); koruyucu (madde)

antipodal s. coğ. arzın öbür yüzünde; zıt, taban tabana zıt

antisepsis a. antisepsi, mikrop öldürme özelliği

antiseptic s. a. antiseptik, mikrop öldürücü

antiserum a. antiserum, karşıttenli kansu

antithetic s. aykırı, çelişik, tezatlı

antitoxic s. antitoksik, panzehir

antitoxin a. antitoksin, zehir etkisini gidermek için vücutta oluşan madde

antitropic s. simetrik konumlu

antler a. çatal boynuz, geyik boynuzu

anurous s. kuyruksuz (dönem)

anus a. anüs, makat

aorta a. ana atardamar, şahdamarı, aort

aortal s. ana atardamar+, şahdamarı+

aortil s. ana atardamar+, şahdamarı+ *aortic arch* ana atardamar yayı

apatite a. apatit, kalsiyum fluofosfat

aperiodic s. fiz. eşsüresiz, dönemsiz, aperiyodik; düzensiz

aperistalsis a. bağırsağın peristaltik hareketlerinin olmaması

aperture a. delik, aralık, gedik, menfez

apetalous s. taç yapraksız, petalsiz

apex a. doruk, zirve; doruk sürgün, tepe sürgünü

aphanite a. afanit

aphotic s. ışıksız, karanlık

aphyllous s. yapraksız

apical s. tepemsi, tepe şeklinde, tepeye ait, apikal *apical growth* apikal büyüme, uçtan büyüme *apical meristem* apikal meristem

apiculate s. bitk. sivri uçlu (yaprak)

apiin a. maydanozdan elde edilen bir glikozid

apiol(e) a. maydanozdan elde edilen diüretik madde, maydanoz kafurusu

apivorous s. hayb. arıcıl, arıkurdu

aplite a. aplit

apnoea a. soluk durması, nefes tıkanıklığı

apoatropine a. güzelavratotu kökünde atropinle bulunan bir atropin anhidriti

apocarpous s. apokarp, tek meyveli

apodal s. ayaksız (hayvan)

apoenzyme a. apoenzim, koenzimle birlikte tam enzim oluşturan protein bileşeni

apogamous s. bitk. eşeysiz (üreyen)

apogamy a. bitk. apogami, eşeysiz üreme

apolar s. kutupsuz, uzantıları olmayan

(sinir hücreleri)

apomixis *a.* eşeysiz üreme

apomorphine *a.* apomorfin, morfinden elde edilen kristalli alkaloid

apophysate *s. anat. bitk.* apofizi olan, çıkıntılı, yumrulu, şişkin

apophysis *a. anat. bitk.* apofiz, çıkıntı, şiş, yumru

apoplectic *s.* felç+, inme+; inmeli

apoplexy *a. hek.* inme, felç

apospory *a. bitk.* spor oluşturmama

apothecium *a. bitk.* liken meyvesi

apparatus *a.* aygıt, cihaz, belli bir görev yapan organ grubu; alet; araç, vasıta *vocal apparatus* ses oluşumunu sağlayan boğaz yapıları *dialysing apparatus* diyaliz aleti *purifying apparatus* arıtma cihazı

appendage *a.* gövdeden ayrı olan organ; ek; uzantı

appendicle *a.* küçük ek

appendicular *s.* apandisitle ilgili, ek bağırsak+

appendix *a.* ilave, ek; *anat.* ek bağırsak, kör bağırsak, apandisit *vermiform appendix* apandis, ekbağırsak

appetite *a.* iştah; arzu, heves *loss of appetite* iştahsızlık

applied *s.* uygulamalı, tatbiki *applied sciences* uygulamalı bilimler, deneysel bilimler

appressed *s.* sımsıkı, sıkışık, yapışık

apteral *s. hayb.* kanatsız

apterous *s. hayb.* kanatsız; *bitk.* zarlı uzantısı olmayan

apterygial *s.* kanatsız

apyrene *s.* çekirdek olmayan, çekirdek maddesi olmayan

aqua *a.* su; sıvı; eriyik *aqua fortis* kezzap, nitrik asit *aqua regia* kral suyu, altın suyu *aqua vitae* alkol; alkollü

içki, sert içki

aquamarine *a.* mavimsi yeşil; gök zümrüt

aquatic *s.* suda yetişen/yaşayan, sucul

aqueous *s.* sulu *aqueous humour* su cismi *aqueous rock* tortul taş *aqueous solution* sulu çözelti, sulu eriyik

aquifer *a.* derin su

aquiferous *s.* aküfer, derin sulu

arabinose *a. kim.* pektinoz, bakteri kültürü üretmekte kullanılan beyaz kristalli madde

arabitol *a.* arabinozdan elde edilen pentahidroksi alkol

arachic *s. kim.* araşit asidinden türeyen

arachidic *s. kim.* araşit asidinden türeyen *arachidic acid* araşit asit

arachnid *a. hayb.* örümcekgiller

arachnoid *s. anat.* örümceksi, örümcek ağı gibi * *a. hayb.* örümcekgillerden bir böcek *arachnoid membrane* örümceksi zar

aragonite *a.* aragonit

arbor *a.* çardak, kameriye; dingil, mil; ağaçsı yapı

arboreal *s.* ağaç+, ağaç gibi, ağaca benzer

arborescence *a.* ağaca benzerlik

arborescent *s.* ağacımsı, ağaç gibi, ağaca benzer, dallı budaklı *arborescent shrub* ağaçsı funda, ağaçsı çalı

arborization *a.* ağaca benzerlik, ağaç biçimi alma

archegonial *s. bitk.* baloncuklu yumurtalık+

archegoniate *s. bitk.* baloncuklu yumurtalık+

archegonium *a. bitk.* baloncuklu yumurtalık, şişe biçimli dişi organcık

archenteron *a.* ilkel sindirim boşluğu

archetype *a.* ilk örnek, ön model, temel

örnek

Archimedes *a.* Arşimet *Archimedes'*
principle Arşimet kanunu, Arşimet
yasası

arctic *s.* arktik, Kuzey Kutbu'yla ilgili
arctic fox kutup tilkisi *arctic tree line*
arktik ağaç sınırı

area *a.* alan, saha; bölge, mıntıka;
yüzölçümü, alan; *anat.* organizma
yüzeyinin sınırlı alanı *germinal area*
embriyon kesesi *hyaline area*
kıkırdak öz bölgesi

areal *s.* bölgesel, alan+, saha+ *areal*
erosion bölgesel erozyon

arenaceous *s.* kumlu, kum gibi; kumsal
yerde yetişen

arenicolous *s.* kumcul, kumda yaşayan

areola *a. fiz.* çok büyük alan; *anat.*
meme başını çevreleyen halka; *bitk.*
gözcnek

areolar *s.* gözenekli, halkalı, göz göz

areolate(d) *s.* gözenekli, halkalı

areolation *a.* gözenek, halkacık;
gözeneklilik

areometer *a.* sıvının özgül ağırlığını
ölçen alet, sıvıölçer

areometry *a.* sıvı özgül ağırlığının
ölçülmesi, sıvıölçüm

argentic *s. kim.* gümüşlü

argentiferous *s.* gümüşlü, gümüş içeren

Argantina *a.* Arjantin

Argentine *a.* Arjantinli * *s.* Arjantin+,
Arjantin'e özgü

argentite *a.* arjantit, gümüş sülfit

argil *a.* kil, balçık

argillaceous *s.* killi, kil içeren

argilliferous *s.* killi, kilden

arginase *a. biy.* arginaz, idrarla üre atan
hayvanın karaciğerindeki enzim

arginine *a. biy. kim.* arjinin, bitkisel ve
hayvansal proteini oluşturan başlıca

aminoasitlerden biri

argol *a.* şarap tortusu

argon *a.* argon (simgesi A)

argyric *s.* gümüşle ilgili

arhinia *a.* burun yokluğu

arid *s.* kuru; kurak, kıraç, çöllük

aridity *a.* kuruluk; kuraklık, kıraçlık
aridity index kuraklık indeksi

aril *a. bitk.* tohum zarfı

arillate *s. bitk.* kılıflı, tohum zarflı

arillus *a. bitk.* tohum zarfı

arista *a. bitk.* diken, başak bıyığı, kılçık

aristate *s. bitk.* hayb. kılçıklı

aristogenesis *a.* aristogenez, uyumla
yetenek kazanma

arkose *a.* arkoz

arm *a.* kol; dal, bölüm, şube * *e.* silah-
landırmak; silahlanmak

armature *a. elek.* armatür, döneç;
endüvi; *biy.* bitki kabuğu, koruyucu
örtü *armature reaction* armatür reak-
siyonu, döneç tepkisi

armour *a.* zırh; zırhlı elbise; koruyucu
örtü

aromatic *s.* aromatik, aromalı, güzel
kokulu, hoş kokulu *aromatic com-*
pounds aromatik bileşikler *aromatic*
solvents kokulu çözücüler, kokulu
eriticiler

aromaticity *a.* güzel koku, güzel kokma;
kim. aromatiklik

aromatization *a.* aromatize etme,
kokulandırma

aromatize *e.* aromatikleştirmek, koku-
landırmak, güzel koku vermek

arrhenotokous *s.* sadece erkek döl
veren

arrhenotoky *a.* sadece erkek döl verme

arrhythmia *a.* kalp atışı düzensizliği,
ritimsizlik

arrow-headed *s.* ok başlı

arsenate *a. kim.* arsenat, arsenik asit tuzu *sodium arsenate* sodyum arsenat

arsenic *a.* arsenik, sıçanotu *arsenic acid* arsenik asit *arsenic disulfide* arsenik disülfit *arsenic trioxide* arsenik trioksit, sıçanotu *white arsenic* beyaz arsenik *yellow arsenic* damkoruğu

arsenical *s.* arsenikli, arsenik içeren

arsenide *a. kim.* arsenid

arseniferous *s.* arsenik üreten

arsenious *s.* arsenikli

arsenite *a. kim.* arsenit, arsenik asit tuzu

arseniuretted *s.* arsenikle birleşmiş

arsenopyrite *a.* arsenopirit, demir-arsenik sülfit cevheri

arsine *a. kim.* arsin, zehirli gaz

artefact *a. biy.* yapay madde; sanat eseri

arterial *s.* atardamarla ilgili; damar gibi *arterial system* atardamar sistemi

arteriole *a.* küçük atardamar

artery *a.* atardamar, arter, şiryan; arter, anayol

artesian *a.* artezyen *artesian layer* artezyen tabakası

arthropod *a. hayb.* eklembacaklı

arthropodal *s.* eklembacaklı+

arthropodous *s.* eklembacaklı+

arthrospore *a. bitk.* artrospor, dizi spor

articular *s.* eklemsel, eklem+

articulated *s.* eklemli

articulation *a.* eklem, mafsal, oynak; eklemleme, eklemlenme; ek; ek yeri; açıkça dile getirme; *dilb.* boğumlanma

articulatory *s.* ekleyici, eklemleyici, birleştirici

artiodactyl *a. s.* çift parmaklı

artiodactylous *s.* çift parmaklı+

aryl *a.* aril *aryl group* aril grubu

arytenoid *s. anat.* kepçe biçiminde, çukur

As *a.* arseniğin simgesi

asbestine *s.* asbestli, asbest özelliğinde

asbestos *a.* asbest, amyant, yanmaztaş *fibrous asbestos* fibröz amyant

asbestosis *a.* asbestoz, asbest tozundan ileri gelen akciğer hastalığı

ascaricide *a.* solucan düşürücü ilaç

ascarid *a. hayb.* bağırsak solucanı

ascaris *a. hayb.* bağırsak solucanı

ascending *s.* yukarı doğru gelişen, artan, yükselen

ascidia *a. hayb.* tulumlu

ascidium *a. bitk.* torbacık

ascogenous *s.* askojen

ascogone *a.* askogon, bazı mantar ve küflerde dişilik organı

ascogonium *a.* askogon, bazı mantar ve küflerde dişilik organı

ascorbic *s.* askorbik *ascorbic acid* askorbik asit

ascospore *a. bitk.* kesecikli spor

ascus *a. bitk.* eşey kesesi

asexual *s. biy.* eşeysiz; cinsiyeti belirsiz *asexual flower* nötr çiçek, eşeysiz çiçek *asexual reproduction* eşeysiz üreme

ash *a.* kül; *bitk.* dişbudak ağacı *mountain ash* üvez ağacı *volcanic ash* volkan külü *wood ash* odun külü

askeletal *s.* iskeletsiz

asparagine *a. biy. kim.* asparajin, aminokehribar asidi

aspartic *s.* aspartic *aspartic acid* kuşkonmaz asidi

aspergillosis *a.* mantar hastalığı

aspergillus *a. bitk.* bir tür mantar

aspermatism *a.* sperm yokluğu

aspermous *s.* tohumsuz, spermsiz

asphalt *e.* asfaltlamak * *a.* asfalt, zift

asphaltic *s.* asfaltlı, bitümlü

asphaltite *a. yerb.* asfaltit

asphyxia *a.* asfiksi, boğulma
asporogenic *s.* sporsuz, sporu olmayan
asporogenous *s.* sporsuz, sporu olmayan
assimilate *e.* sindirmek, hazmetmek, özümlemek; sindirilmek, özümlenmek; benimsemek, kendine mal etmek
assimilation *a.* sindirim, hazım; özümleme, özümlenme; asimilasyon, benzeşim
association *a.* dernek, cemiyet; birlik; kurum; ilişki, münasebet; çağrışım
assurgent *s. bitk.* yükselen, yukarı doğru çıkan
astacene *a.* ıstakoz/yengeç kabuklarında bulunan bir bileşik
astacin *a.* ıstakoz/yengeç kabuklarında bulunan bir bileşik
astatic *s.* astatik, duruksuz; kararsız
astatine *a.* astatin (simgesi At)
aster *a. bitk.* patçiçeği, yıldızçiçeği, saray patı
asteriated *s.* yıldızlı, yıldız şeklinde
asterism *a.* yıldız kümesi; burç; yıldızlanma
astigmatism *a.* astigmatizm, astigmatlık
astomous *s.* ağızsız
astragalus *a.* aşık kemiği
astrocyte *a.* astrosit, yıldızgöze
astronomic(al) *s.* gökbilimsel; astronomik, çok fazla, aşırı *astronomical cycle* astronomik döngü *astronomical clock* astronomik saat *astronomical day* ortalama güneş günü *astronomical time* astronomik saat, güneş saati *astronomical unit* astronomik birim
astronomy *a.* astronomi, gökbilim
astrophysical *s.* astrofiziksel
astrophysics *a.* astrofizik, gökfiziği, yıldızlar fiziği
asymmetric(al) *s.* asimetrik, bakışımsız
asymmetric atom asimetrik atom

asymmetric centre asimetrik merkez
asymmetric leaf asimetrik yaprak
asymmetrically *be.* asimetrik olarak, bakışımsız olarak
asymmetry *a.* asimetri, bakışımsızlık
asynchronism *a.* asenkronizm, eşzamansızlık
asynchronous *s.* asenkron, eşzamansız
asystole *a.* kalp atımı durması
At *a.* astatinin simgesi
atavism *a.* atavizm, atacılık
atavistic *s.* atavistik, atacıl, atalardan kalma
ataxia *a.* dengesiz yürüme, hareket yeteneği kaybı
ataxic *s.* dengesiz (kas/beden hareketi)
atelia *a.* erginlerde çocuksuluk
athermal *s.* sıcak olmayan
athermancy *a.* ısı emicilik
athermanous *s.* ısı emici
atmolysis *a.* gaz çözümleme
atmometry *a.* buhar ölçümü
atmospheric *s.* atmosferik, hava+ *atmospheric electricity* havada oluşan statik elektrik *atmospheric pressure* hava basıncı
atom *a.* atom; zerre *labelled atom* etiketli atom *tagged atom* işaretli atom
atomic *s.* atomik *atomic mass unit* atomik kütle birimi *atomic number* atom sayısı *atomic structure* atom yapısı *atomic weight* atom ağırlığı, atomik ağırlık *atomic amalgamation* atom füzyonu
atomicity *a. kim.* atom sayısı; valans
atomics *a.* atom bilimi, atom fiziği
atoxic *s.* zehirsiz
atrium *a. anat.* kulakçık; atrium
atrophy *e.* dumura uğramak, körelmek;

dumura uğratmak, köreltmek * *a.*
atrofi, dumur, körelme
atropic *s.* güzelavratotu+
atropine *a.* atropin, güzelavratotu zehiri
attenuate *e.* inceltmek; zayıflatmak; hafifletmek, azaltmak; değerini düşürmek; incelmek; zayıflamak
attraction *a. fiz.* çekim, çekme kuvveti; cazibe, çekicilik, alımlılık *molecular attraction* moleküler çekim
attractive *s.* cazibeli, çekici, alımlı *attractive power* çekici güç
attractivity *a.* çekicilik
attribute *a.* sıfat, nitelik, vasıf
Au *a.* altının simgesi
auditory *s.* işitme+, işitsel *auditory organ* işitme organı *auditory nerve* işitme siniri
augite *a.* ojit, kayada bulunan siyah renkli cevher
auramine *a.* antiromatizmal etken
aurantia *a.* portakal rengi katran boyası
aurate *a.* acı portakal
aurelia *a. hayb.* tırtıl, sonradan kelebek olan kurtçuk
aureomycin *a.* klortetrasiklin, bulaşıcı hastalık antibiyotiği
auric *s. kim.* altınlı, altından
auricle *a.* kulakçık; kulakkepçesi
auricled *s.* kulaklı; çift yaprakçıklı
auricula *a. bitk.* ayıkulağı, ayıotu, çuhaçiçeği
auricular *s.* kulak+; kulakçık+
auriculate *s.* kulakçıklı, kulaklı; kulak gibi
auriferous *s.* altınlı, altın içeren
aurous *s. kim.* tek valanslı altın içeren; altınlı, altından
autecology *a.* birey ekolojisi, öz çevrebilimi
autocatalysis *a.* öz tezleştirme

autoclave *a.* basınçlı kap; *hek.* otoklav, sterilizatör
autofecundation *a.* kendini dölleme
autogamy *a.* otogami, kendini tozlama, kendini dölleme
autogenesis *a.* kendiliğinden üreme/çoğalma
autogeny *a.* kendiliğinden üreme, öz üreme
auto-immunisation *a.* öz bağışıklık
auto-infection *a.* öz bulaşım, bir organdan diğerine hastalık geçmesi
autolysis *a.* otoliz, öz erime
autolytic *s.* öz eriten
automorphic *s.* öz biçimli, kendine özgü biçimi olan
autonomic *s.* sempatik sinir sistemiyle ilgili; *bitk.* kendiliğinden üreyen; özgür, muhtar
autophagia *a.* otofaji, kendi kendini tüketme
autophagy *a.* otofaji, kendi kendini tüketme
autopsy *a.* otopsi
autosomal *s.* otozomla ilgili
autosome *a.* otozom, vücut kromozomu, öz ten
autotomize *e.* kendi kendini ameliyat etmek; kendi organını kesip feda etmek
autotomy *a.* ototomi, organını kesip atma; kendi kendini ameliyat etme
autotroph *a.* ototrof, kendibeslek, öz beslenen bitki
autotrophic *s.* kendibeslek, öz beslenen
autoxidation *a. kim.* öz oksitlenme
autunite *a.* otnit, kalsiyum-uranyum hidrofosfat
auxesis *a.* büyüme, hücre büyümesi
auxin *a. kim.* oksin, büyüme hormonu
auxochrome *a.* renk koyulaştıran atom

grubu

auxocyte *a.* üreme/büyüme için kaynak hücre

auxospore *a.* sporlu bakteri karakteristiğindc olan büyük spor

avenaceous *s.* yulaf+, yulaf gibi

avenin *a.* yulaftan elde edilen bir madde

aventurin(e) *a.* altın yaldızlı kahverengi bardak; yıldıztaşı

average *e.* ortalamasını almak; ortalaması olmak * *a. s.* orta, vasat; *matm.* ortalama, vasati *average density* ortalama yoğunluk *average deviation* ortalama sapma

avifauna *a.* kuş türleri, kuşlar

avitaminosis *a.* vitamin eksikliği, vitaminsizlik

Avogadro *a.* Avogadro *Avogadro's number* Avogadro sayısı *Avogadro's law* Avogadro kanunu *Avogadro's principle* Avogadro ilkesi

awl-shaped *s. bitk.* sivri uçlu

awn *a. bitk.* başak bıyığı, kılçık, diken

awned *s.* kılçıklı, dikenli

axil *a. bitk.* koltuk, koltuk açısı

axilla *a. anat.* koltuk altı

axillary *s.* koltuk altı+, yaprak sapı ile dal arasında bulunan

axipetal *s.* çevreden merkeze iletim yapan, merkeze yaklaşan

axis *a.* eksen, mihver; *anat.* omurilik; *bitk.* bitkinin ana yapısı *axis bearing* dingil yatağı *axis of rotation* dönme ekseni *optical axis* optik ekseni *axis of symmetry* simetri ekseni

axon *a. anat.* akson, silindireksen

axoneurone *a.* merkezi sinir sistemi hücresi

axopod *a.* aksopot

azeotrope *a. fiz.* kim. eşkaynar sıvı

azeotropic *s. fiz.* kim. eşkaynar *azeo-tropic mixture* eşkaynar karışım

azide *a. kim.* azid, azido grubunu içeren bileşim

azimuth *a.* yön açısı, azimüt

azine *a. kim.* azin grubu

azo *önk.* azotlu, azot içeren *azo compounds* azo bileşikleri *azo dyes* azo boyaları, azoik boyalar

azobenzene *a. kim.* azobenzen, azotlu benzen

azoic *s.* ölü çağ+

azol(e) *a. kim.* azol

azotobacter *a.* azot bakterisi

azotometer *a.* çözeltideki bileşiklerin azotunu ölçen alet

azoxycompound *a.* azoksi bileşiği

azulin *a.* koralin ve anilinden elde edilen mavi boya

azurite *a.* azürit, bakır karbonat cevheri

azygospore *a.* doğrudan gametten gelişen spor

azygous *s. hayb. bitk.* tek, eşsiz

azymic *s.* azimik, mayasız

B

B *a.* borun simgesi

Ba *a.* baryumun simgesi

baccate *s.* çileğe benzer; etli çekirdeksiz meyve veren

bacciferous *s.* etli meyve veren

bacciform *s.* çilek biçiminde, etli ve çekirdeksiz

baccivorous *s.* etli çekirdeksiz meyvelerle beslenen

bacillary *s.* basile ait; çomaksı, basil şeklinde

bacilliform *s.* basil gibi, basil şeklinde, çubuksu

bacillogenous *s.* basilce oluşturulan

basilden kaynaklanan
bacillus *a.* basil, çomaksı bakteri *cholera bacillus* kolera basili
backbone *a.* omurga, belkemiği; dayanak; azim, dayanıklılık
backboned *s.* omurgalı
backboneless *s.* omurgasız
backcross *a.* ebeveynle melez üretme, geri çaprazlama
background *a.* arka plan, zemin; fon; temel eğitim, tecrübe, görgü, olgunlaşma alanı
backscattering *a. fiz.* geri saçılım
bacterial *s.* bakteriye ait, bakteriyel *bacterial contamination* bakteri bulaşığı
bactericidal *s.* bakteri öldürücü, çöpüköldürücü, çomakcanöldürücü
bactericide *a.* bakteri öldürücü ilaç, bakterisit, çomakcankıran, çöpükkıran
bacterio-agglutinin *a.* bakteri aglütinasyonuna neden olan antikor
bacteriological *s.* bakteriyolojik
bacteriologist *a.* bakteriyolog
bacteriology *a.* bakteriyoloji, mikrop bilimi
bacteriophage *a.* bazı bakterileri yok eden virüs, bakteriyofaj, çomakcanyiyen, çöpükyiyen
bacteriophagic *s.* bakteri yok eden, bakteri yiyen+
bacteriophagy *a.* bakterileri yok etme
bacteriosis *a.* bakteriyoz, bakteri enfeksiyonu
bacteriostasis *a.* bakteri üremesini önleme, bakteri durdurma
bacteriostatic *s.* bakteri üremesini önleyen, bakteri durduran
bacterium *a.* bakteri, çomakcan, minican, çöpük
baculiform *s. biy.* çubuksu, çubuk biçiminde

bag *e.* torbalamak, çuvala koymak; avlamak * *a.* torba, çuval; çanta; kesekâğıdı; kese *bag limit* avlama limiti *hydrostatic bag* hidrostatik kese *ice bag* buz torbası *tear bag* gözyaşı kesesi
balance *e.* dengelemek, dengede tutmak; ayarlamak; eşit olmak, denk gelmek * *a.* terazi; denge; tartma, tartı; bilanço; bakiye *acid-base balance* asit baz dengesi *electromagnetic balance* elektromanyetik denge *heat balance* ısı dengesi *nitrogen balance* nitrojen dengesi *spring balance* yaylı terazi, yaylı tartaç *torsion balance* torsiyon terazisi, burulma tartacı
balanced *s.* dengeli
balancer *a.* (böceklerde) dengeleç
balancing *a.* dengeleme, denkleştirme
balas *a.* açık pembe yakut
balloon *a.* balon; küresel kap * *e.* balon gibi şişmek; balonla uçmak *balloon tire* balon lastik *balloon vine* topsarmaşık
balsam *a.* pelesenk, balsam, camgüzeli, kınaçiçeği *Canada balsam* Kanada balsamı
balsamiferous *s.* balsam üreten
band *a.* şerit, bant, kurdele; sargı; kemer; kayış; *fiz.* kuşak, bant; takım, zümre; bando * *e.* bir araya getirmek, toplamak; şeritlerle süslemek *band saw* şerit testere
banded *s.* çizgili, şeritli, bantlı *banded anteater* çizgili karıncayiyen *banded fish* kurdele balığı *banded structure* şeritli yapı
banding *a.* halka takma, süslü kenar şeridi

banket *a.* altın içeren kum
banner *a.* bayrak, sancak; manşet; *bitk.* kelebek biçimli çiçek üst petali
bar *e.* sürgülemek; kapamak, tıkamak; engel olmak, önlemek; sokmamak, hariç tutmak * *a.* çubuk, sırık; engel; bar (içki içilen yer); *huk.* baro; *fiz.* bar, basınç ölçü birimi; *hayb.* iri levrek * *ilg.* -den başka, hariç
barb *a.* çengel; kanca; azarlama; *bitk.* *hayb.* bıyık, sakal; kalın gagalı güvercin
barbate *s. bitk. hayb.* tüylü, kıllı, sakallı
barbed *s.* dikenli, kancalı, çengelli
barbel *a.* bıyık, sakal; bıyıklı balık
barbellate *s. bitk. hayb.* sert kıllı/tüylü
barbicel *a.* kuş tüyündeki ufak çıkıntı
barbiturate *a. kim.* barbitürat
barbituric *s.* barbitürik **barbituric acid** barbitürik asit
barbiturism *a. hek.* barbitürat zehirlenmesi
barbule *a.* küçük tüy, bıyık; küçük çengel
baric *s.* baryumlu; *fiz.* barometrik, basınçsal
barite *a. kim.* barit, baryum sülfat cevheri
barium *a. kim.* baryum **barium hydrate** baryum hidrat **barium carbonate** baryum karbonat **barium oxide** baryum oksit **barium sulfate** baryum sülfat
bark *a. bitk.* kabuk, ağaç kabuğu; havlama * *e.* kabuğunu soymak; tabaklamak; havlamak **bark beetle** kabuk böceği
barometer *a.* barometre, basınçölçer **mercury barometer** cıvalı barometre **siphon barometer** sifonlu barometre, sifonlu basınçölçer **recording ba-**

rometer yazıcı barometre
barometric *s.* barometrik
barometrically *be.* basınç ölçerek
barometrograph *a.* barograf, yazıcı barometre
barospirator *a.* yapay solunum aracı
barotaxis *a.* barotaksi, canlının basınç değişikliğiyle uyarılması
barren *s.* kısır; meyvesiz; verimsiz, kıraç, çorak
barrenness *a.* kısırlık, verimsizlik, çoraklık
barycentre *a.* barisenter, kütle merkezi
barye *a.* mikrobar
baryon *a.* nükleon, çekirdek parçacığı
barysphere *a.* barisfer, ağır küre
baryta *a. kim.* baryum oksit **baryta water** baryum hidroksit eriyiği
barytes *a.* barit, baryum sülfat cevheri
barytic *s.* baryum oksit+
barytine *a.* baritin
basal *s.* asal, esas, temel **basal characteristics** temel özellikler **basal conglomerate** bazal yığışım, bazal birinti **basal ganglion** asal düğüm **basal metabolism** bazal metabolizma **basal metabolic rate** bazal metabolik oran
basalt *a.* bazalt, yanık taş, siyah mermer **columnar basalt** sütunlu bazalt
basaltic *s.* yanık taşlı
base *a.* taban, temel, esas; *ask.* üs; *kim.* baz, alkali; zemin, fon; *bitk.* sap dibi * *s.* alçak, adi, rezil **base level** ana düzey, esas düzey, temel düzey
basement *a.* bodrum, mahzen; temel, kaide **basement membrane** taban zarı
basic *s. kim.* bazik, alkali; esas, temel; belli başlı **basic crops** temel ürünler, bağımlı olunan ürünler **basic dimension** temel ölçü **basic ingredients**

içindeki belli başlı maddeler *basic oxygen process* hızlı çelik üretimi *basic rock* bazik kaya *basic salt* bazik tuz *basic slag* alkali cüruf

basicity *a. kim.* bazlık, kalevilik

basidial *s.* çomak hücresel

basidiospore *a. bitk.* çomak hücreli mantar sporu

basidiosporous *s. bitk.* çomak hücre sporlu

basidium *a. bitk.* çomak hücre

basifixed *s. bitk.* bitişik tabanlı, alttan bağlı

basify *e.* bazlaştırmak, alkalileştirmek

basilar *s.* tabanında, kaidesinde

basin *a. coğ.* havza, yatak; leğen; havuz, su çukuru *basin of accumulation* beslenme havzası *basin of reception* toplanma havzası *river basin* nehir yatağı, drenaj havzası, su toplama havzası

basipetal *s. bitk.* aşağı doğru genişleyen

basophile *s.* bazofil, alkali boya tutan

basophilic *s.* bazofil, alkali boya tutan

bast *a. bitk.* ağaç kabuğu lifi, rafya, soymuk

bath *a.* banyo; küvet, tekne; çeliğe dönüşen ergimiş demir, kaplıca; film banyosu *acid bath* asit banyosu *alkaline bath* soda banyosu *cold bath* soğuk su banyosu *developing bath fot.* inkişaf banyosu, developman banyosu *dye bath* boya banyosu *fixing bath* fiksaj banyosu *mineral bath* kaplıca banyosu *oil bath* yağ banyosu *sand bath* kum banyosu *sedative bath* yatıştırıcı banyo *water bath* su banyosu

batholith *a.* derin kayaç

bathometer *a.* derinlikölçer, deniz derinliğini ölçme aleti

bathyal *s.* okyanusun derin yerlerindeki

bathycardia *a.* kalbin normal yerinden aşağıda bulunması

batrachian *s. a.* hem karada hem suda yaşayan hayvan; kurbağagiller+

battery *a. elek.* pil; akümülatör, akü; *ask.* batarya; dizi, seri; vurma, dövme *electric battery* elektrik bataryası

bauxite *a.* boksit

baya *a. hayb.* dokumacı kuşu

baywood *a.* Meksika maunu

Be *a.* berilyumun simgesi

beaker *a.* tas, geniş ağızlı büyük bardak; silindirik deney kabı

beard *a.* sakal; (başak) kılçık, püskül, sakal, sorguç

bearded *s.* sakallı; püsküllü; kılçıklı

Becquerel *a.* saniyede parçalanan radyoaktif madde madde atom sayısını gösteren birim *Becquerel ray* gama ışını

bed *a.* yatak; karyola; dinlenme yeri; tarh; nehir yatağı * *e.* yatmak, yatırmak; dikmek, gömmek; gecelemek *capillary bed* kılcal damar yatağı *hydrostatic bed* su yatağı

bedding *a.* yatak takımı; hayvan altlığı, yataklık; kaya tabakası *cross bedding* çapraz tabakalaşma, çapraz katmanlaşma *bedding plane* iki kaya tabakasını ayıran düzlem *bedding plant* fide, fidan

bedrock *a.* dip kaya, kaya kütlesi

bedsore *a.* yatak yarası

bee *a.* arı, bal arısı *worker bee* işçi arı *bee beetle* kovan böceği *bee bird* arı yiyen kuş

beebread *a.* arı yemi, oğul yemi

beech *a. bitk.* kayın ağacı

beehive *a.* arı kovanı *beehive oven* kok fırını

beeswax *a.* balmumu

beetle *a.* kınkanatlı böcek, bokböceği *sacred beetle* pislik böceği *stag beetle* geyik böceği *whirligig beetle* fırfır böceği

behave *e.* davranmak, hareket etmek

behaviour *a.* tavır, tutum; davranış, davranma; tepki, tepkime

behavioural *s.* davranışsal, davranış+

behaviourism *a.* davranışçılık

bell *a.* zil, çıngırak; çan, kampana; zil sesi; *bitk.* çiçeğin çan biçimli yeri *bell flower* çançiçeği *bell metal* tunç

bell-jar *a.* çan biçimli kavanoz, fanus

bell-shaped *s.* çan biçiminde

benactyzine *a.* benaktizin

bend *e.* eğmek, bükmek; eğilmek, bükülmek; kıvırmak; boyun eğdirmek; yönelmek; yöneltmek * *a.* büklüm, kıvrım; dirsek, köşe; dönemeç, viraj

bengaline *a.* bengalin, bir çeşit poplin

benign *s.* yumuşak huylu; elverişli, uygun; ılıman; bereketli (toprak); iyicil, selim (tümör)

benthal *s.* deniz dibi+, su altı+

benthic *s.* deniz dibi+, su altı+

benthonic *s.* deniz dibi+, su altı+

benthos *a.* deniz dibi; *biy.* deniz dibi canlıları

bentonite *a.* bentonit, çok su emen bir tür kil

benzal *a.* toluenden türeyen iki değerli radikal *benzal group* benzal grubu

benzaldehyde *a.* benzaldehid, acıbademyağı

benzamide *a.* benzonitril oksidasyon ürünü

benzene *a. kim.* benzen, benzol, renksiz tutuşur bileşim *benzene dichloride* benzen diklorür *benzene hexachloride* benzen hekzaklorit, suda erir ze-

hirli madde *benzene ring* benzen halkası *benzene nucleus* benzen çekirdeği

benzidine *a.* kim, benzidin *benzidine transformation* benzidin dönüşümü

benzil *a.* difenilglioksal

benzin *a.* benzin

benzoate *a. kim.* benzoat, benzoik asit tuzu *benzoate of soda* sodyum benzoat

benzohydrol *a.* benzohidrol

benzoic *s. kim.* benzoik *benzoic acid* benzoik asit

benzoin *a.* asilbent sakızı, vanilya kokulu reçine; *bitk.* defnegiller; *kim.* benzoin

benzol *a. kim.* benzol, benzen

benzonitrile *a.* fenil siyanür

benzophenone *a.* benzofenon

benzopyrene *a.* benzopiren

benzoyl *a.* tek değerli radikal

benzyl *a.* benzil *benzyl alcohol* benzil alkol *benzyl bromide* benzil bromür *benzyl carbinol* benzil karbinol *benzyl chloride* benzil klorür *benzyl group* benzil kökü

benzylic *s. kim.* benzil+, benzil kökü içeren

berberin(e) *a.* berberin, kristalli suda erir alkaloid

bergamot *a. bitk.* bergamot ağacı *bergamot mint* bergamot nanesi

berkelium *a.* berkelyum (simgesi Bk)

Bernoulli *a.* Bernoulli *Bernoulli's distribution* Bernoulli dağılımı *Bernoulli's effect* Bernoulli olayı *Bernoulli's theorem* Bernoulli teoremi

berried *s.* çekirdeksiz meyveli

berry *a.* etli kabuksuz meyve; tane, tohum tanesi; ıstakoz yumurtası

beryl *a.* gökzümrüt, berilyum alümi-

nyum silikat **beryl blue** zümrüt mavisi
berylliosis *a.* beril zehirlenmesi
beryllium *a.* berilyum (simgesi Be)
beryllium oxide berilyum oksit
beta *a.* beta **beta chain** beta zinciri **beta decay** beta bozunumu **beta particle** beta parçacığı **beta rays** beta ışınları
betanaphthol *a. kim.* betanaftol
beta-naphtylamine *a. kim.* betanaftilamin
betaquinine *a.* kinidin
betatron *a.* betatron, beta ivdireci
betulaceous *s. bitk.* kızıl ağaçgillerden
bevatron *a. fiz.* bevatron
bezoar *a.* kursak taşı
bhang *a. bitk.* hintkeneviri
Bi *a.* bizmutun simgesi
biacetyl *a. kim.* biasetil
biangular *s.* iki açılı, iki köşeli
biarticulate(d) *s. hayb.* iki eklemli
biaxial *s.* iki eksenli **biaxial crystal** çift eksenli kristal
bibasic *s.* dibazik, iki hidrojen iyonlu asit
bicapsular *s.* çift kapsüllü, iki kapsüllü
bicarbonate *a.* bikarbonat, karbonik asit tuzu **bicarbonate of soda** sodyum bikarbonat
biceps *a. anat.* pazı, kol kası
bichloride *a. kim.* biklorit
bichromate *a.* dikromik asit tuzu
bicipital *s.* iki başlı, iki kafalı; *anat.* pazı+
biconcave *s.* çift içbükey
biconcavity *a.* çift içbükeylik
biconvex *s.* çift dışbükey
bicornate *s. bitk.* payb. çift boynuzlu; hilal biçimli
bicornuate *s. bitk.* payb. çift boynuzlu; hilal biçimli
bicorporal *s.* iki gövdeli, iki bölümlü

bicron *a. fiz.* metrenin milyarda biri
bicuspid(ate) *s.* iki uçlu
bicyclic *s. kim.* çift halkalı, çift çevrimli; *bitk.* çift çevremli; çift tekerli
bidentate *s. biy.* iki dişli, iki çıkıntılı
bidirectional *s.* çift yönlü
biennial *s.* iki yılda bir olan; iki yıllık; iki yıl ömürlü **biennial plant** iki yıllık bitki
bifacial *s.* iki yüzlü; iki yüzeyli
bifarious *s. bitk.* iki sıralı
biffin *a.* İngiliz elması
bifid *s.* iki yarıklı, iki parçalı
bifilar *s.* iki iplikli
biflagellate *s. hayb.* çift kamçılı
biflorate *s.* iki çiçekli
bifocal *s.* çift odaklı; çift mercekli
bifold *s.* iki katlı
bifoliate *s. bitk.* çift yapraklı
bifoliolate *s. bitk.* çift yaprakçıklı
biforate *s. biy.* çift delikli, çift gözenekli
biform *s.* iki biçimli
bifunctional *s. kim.* çift görevli
bifurcate *s.* çift çatallı, iki çatallı * *e.* çatallaştırmak, iki kola ayırmak
bigarreau *a.* iri kiraz
bigeye *a. hayb.* irigöz, iri gözlü balık
biguanide *a.* glikoz emilişini azaltan ilaç
bijugate *s. bitk.* iki çift yapraçıklı
bilabial *s.* çift dudaksıl
bilabiate *s. bitk.* iki çenekli, çift dudaklı
bile *a.* öd, safra; huysuzluk, terslik, öfke **bile acids** safra asitleri **bile cyst** safrakesesi **bile duct** safra kanalı **bile salts** safra tuzları **bile calculus** safra taşı **ox bile** öküz safrası
bilharzia *a.* şistozomiyazis, kan kurtlanması

bilharziasis *a.* şistozomiyazis
biliary *s.* öd+, safra+ **biliary calculus** safra taşı **biliary duct** öd kanalı
bilirubin *a.* bilirübin, öd sarısı
biliverdin *a.* biliverdin, öd yeşili
billbug *a.* çayırbiti
billfish *a.* sivri burunlu balık
billious *s.* safralı
bilobate *s.* iki çıkıntılı
bilocular *s. biy.* iki bölmeli, iki hücreli
bimana *a. hayb.* iki elli hayvanlar sınıfı
bimane *a. hayb.* iki elli hayvan
bimanous *s. hayb.* iki elli
bimastic *s.* iki memeli
bimastism *a.* iki memeli olma
bimolecular *s. kim.* çift moleküllü
bimorph *a. elek.* çift kristal
binary *s.* ikili, çift **binary fission** hücrenin ikiye bölünerek üremesi **binary reaction** iki moleküllü reaksiyon **binary star** ikiz yıldız
binate *s. bitk.* çift, ikiz, iki eşit parçalı
bindweed *a. bitk.* çit sarmaşığı
bine *a. bitk.* sarılgan ot sapı; sarmaşık
binocular *s.* iki gözle yapılan **binocular vision** binoküler görüş, iki gözle görme
binodal *s.* iki boğumlu, iki düğümlü
binomial *s. matm.* iki terimli, binom; *hayb. bitk.* iki adlı **binomial nomenclature** iki adlı sınıflandırma sistemi **binomial series** iki terimli serisi
binovular *s.* iki ovumla ilgili, iki yumurtadan gelişen
binuclear *s.* iki çekirdekli
binucleolate *s.* iki çekirdekçikli
bioassay *a.* biyolojik etki deneyi
bioblast *a.* kendi kendine bölünebilen en küçük molekül
biocenose *a.* biyolojik ortam, yaşamları birbirine bağlı bitki/hayvan topluluğu
biocenosis *a.* biyolojik ortam, yaşamları birbirine bağlı bitki/hayvan topluluğu
biochemical *s.* biyokimyasal
biochemistry *a.* biyokimya
biocide *a.* öldürücü ilaç
bioclean *s.* mikropsuz, temiz
bioclimatics *a.* biyoklimatoloji, biyolojik iklimbilim
bioconversion *a.* biyolojik dönüştürüm
biodegradability *a.* çözüşebilme, çürüyebilme
biodegradable *s.* çözüşebilir, ayrışabilir, çürüyebilir
biodynamical *s.* biyodinamik+
biodynamics *a.* biyodinamik, canlılar dinamiği
bioecology *a.* biyoekoloji
bioelectrical *s.* biyoelektriksel
bioelectricity *a.* biyoelektrik, canlılar elektriği
bioenergetics *a.* biyoenerjetik, biyolojik enerji bilimi
biofeedback *a.* biyolojik özgüdüm
biogen *a.* diriltgen, hipotetik canlılık birimi
biogenesis *a.* biyogenez, üreme
biogenetic *s.* biyogenetik, üremsel
biogenous *s.* üremsel, canlı üreten
biokinetics *a.* biyokinetik, canlı hareketini inceleyen bilim
biologic *s.* biyolojik, yaşambilimsel
biological *s.* biyolojik, yaşambilimsel **biological clock** biyolojik saat, fizyolojik saat **biological heredity** biyolojik kalıtım **biological magnification** biyolojik büyüme **biological spectrum** biyolojik spektrum
biologically *be.* biyolojik olarak, biyoloji yoluyla
biologist *a.* biyolog, yaşambilimci,

dirimbilimci

biology *a.* biyoloji, yaşambilim, dirimbilim *cell biology* hücre biyolojisi *plant biology* bitki biyolojisi

bioluminescence *a.* biyolüminesans, canlının ışık üretmesi

bioluminescent *s.* biyolojik ışıldayan

biomass *a.* ayakta ürün, biyokütle, dikili ürün

biome *a.* biyom, büyük yaşam kuşakları

biometric(al) *s.* biyometrik, dirimölçümsel

biometrics *a.* biyometri, dirimölçüm

biometry *a.* biyometri, dirimölçüm

bion *a.* organizma, fizyolojik insan

bionics *a.* biyonik, dirim elektroniği

bionomic *s.* çevrebilimsel

bionomical *s.* çevrebilimsel

bionomics *a.* çevrebilimi

biophysicist *a.* biyofizikçi

biophysics *a.* biyofizik

bioplasm *a.* hücre plazması

bioplasmic *s.* hücre plazmasıyla ilgili

bioplast *a.* en küçük canlılık molekülü

bios *a.* biyos, yaşam

biosphere *a.* biyosfer, dirimküre

biostatics *a.* biyostatik, dirimsel statik

biosynthesis *a.* biyosentez, dirimbireşim

biosynthetic *s.* biyosentetik, dirimbireşimsel

biota *a.* canlılar toplumu, bölge dirim

biotic *s.* biyotik, yaşamsal, dirimsel

biotin *a. kim.* biyotin

biotite *a.* biyotit

biotope *a.* biyotop, eşdirimsel alan

biotropism *a.* biyotropizm

biotype *a. biy.* biyotip, eştür

biotypology *a.* biyotipoloji, eştür bilimi

biovular *s.* iki yumurtayla ilgili, iki yumurtadan gelişen

biparous *s. hayb.* ikiz doğuran; *bitk.* iki

dallı

bipartite *s.* iki parçalı, iki bölümlü, yarık

bipartition *a.* ikiye bölünme, ikiye bölme

biped *a. s.* iki ayaklı (hayvan)

bipedal *s.* iki ayaklı

bipedalism *a.* iki ayaklılık

bipennate *s.* iki kanatlı

bipetalous *s.* iki taç yapraklı

biphenyl *a. kim.* bifenil, suda erimez renksiz toz

bipinnate *s. bitk.* çift dilimli

biramose *s.* iki dallı

biramous *s.* iki dallı

bird *a.* kuş * *e.* kuş vurmak *bird of paradise flower* cennetkuşu çiçeği *bird of passage* göçmen kuş *bird of prey* yırtıcı kuş, avcı kuş *cock bird* erkek kuş *song bird* ötücü kuş

birefractive *s.* ışığı çift kıran

birefringence *a.* çift kırma; çift kırılma

birefringent *s.* ışığı çift kıran

bisector *a.* ortay, orta dikme

biserrate *s. bitk.* hayb. çift çentikli, iki testere dişli

bisexual *s. a.* biseksüel, çift cinsiyetli, iki eşeyli

bisexualism *a.* iki eşeylilik; erdişilik

bisexuality *a.* iki eşeylilik; erdişilik

bismuth *a.* bizmut (simgesi Bi) *bismuth citrate* bizmut sitrat *bismuth cresolate* bizmut krezolat *bismuth glance* bizmut sülfit *bismuth oxychloride* bizmut oksiklorür

bismuthate *a.* bizmutik asit tuzu

bismuthinite *a.* bizmut sülfit

bisulcate *s.* iki yivli, çift oluklu

bisulfate *a. kim.* bisülfat

bisulfide *a. kim.* disülfit

bisulfite *a. kim.* bisülfit

bitartrate *a. kim.* bitartarat
bitterling *a. hayb.* acı balık
bittern *a. hayb.* balabankuşu
bitterweed *a. bitk.* acı ot; nezle otu
bitumen *a.* bitüm; zift, katran, karasakız
elastic bitumen elastik bitüm
bituminize *e.* bitümlemek, asfaltlamak, ziftlemek
bituminous *s.* bitümlü; ziftli *bituminous coal* madenkömürü, taş kömürü
biurate *a.* asit ürat, biüret
bivalency *a.* iki değerlilik
bivalent *s.* iki değerlikli; çift valanslı *bivalent chromosome* çift kromozomlu
bivalve *s. a.* ikiçenetli, çift kabuklu
bivalved *s. bitk.* iki kapçıklı
bivalvular *s.* çift kabuklu, iki kapçıklı
bivariate *s.* iki değişkenli
bivoltin(e) *s.* çift üremli
Bk *a.* berkelyumun simgesi
blackfin *a. hayb.* karayüzgeç
blacksnake *a. hayb.* karayılan
bladder *a. anat.* mesane, sidiktorbası *air bladder* yüzme kesesi, hava torbası *gall bladder* ödkesesi, safrakesesi *urinary bladder* idrar torbası, sidik torbası *bladder campion* çan karanfili *bladder kelp* kesecikli denizyosunu *bladder worm* keseli kurt
blade *a.* bıçak ağzı; kılıç; yaprak ayası
blastema *a.* oğuldoku
blastemal *s.* oğuldokusal
blastematic *s.* oğuldokusal
blastocarpous *s.* blastokarp
blastocoele *a.* dölüt boşluğu
blastocyst *a.* blastosist, dölütçük
blastoderm *a.* blastoderm, oğul deri
blastodermic *s.* blastodermik, oğul derisel

blastodisc *a.* oğulcuk diski
blastogenesis *a. biy.* tomurcuklanma, çimlenme; ilk oluşum
blastoma *a.* ilkel ur
blastomere *a.* blastomer, büyürgöze
blastomycete *a.* maya mantar
blastopore *a.* ilk ağız
blastosphere *a.* ilk oğulcuk
blastula *a.* ilk oğulcuk
bleaching *a.* ağarma, soldurma, solma *bleaching powder* ağartma tozu, çamaşır tozu, kireçkaymağı
bleak *a.* inci balığı
blende *a.* çinko sülfit
blind *s.* kör; çıkmaz (sokak) * *a.* jaluzi; avcı siperi * *e.* kör etmek; gözünü kamaştırmak *blind gut* kör bağırsak *blind spot* kör nokta *blind valley* kurumuş vadi
blister *e.* kabarmak, su toplamak; kabartmak * *a.* kabarcık
block *e.* tıkamak, kapamak; engel olmak * *a.* blok; parsel; büyük bina; kütük, tomruk; *bas.* kalıp, klişe *block plane* kaba rende *block tin* saf kalay
blood *a.* kan; soy; cins, ırk *blood count* kan sayımı *blood flow* kan dolaşımı *blood group* kan grubu *blood heat* kan ısısı *blood plasma* sıva kan *blood poisoning* kan zehirlenmesi *blood pressure* tansiyon, kan basıncı *blood serum* kansu *blood smear* kan lekesi *blood stream* kan akımı *blood sugar* kan şekeri *blood test* kan testi *blood transfusion* kan aktırımı, kan nakli *blood vessel* kan damarı
bloodflower *a. bitk.* kan çiçeği
blood-red *s.* kan kırmızısı
bloodstone *a.* kantaşı, hematit
bloodstream *a.* kan akışı

blood-sucking *a.* kan emme
bloodworm *a.* kırmızı solucan
bloodworth *a. bitk.* kızılkök
bloom *e.* çiçek açmak * *a.* çiçek; en parlak dönem; tazelik, gençlik; *bitk.* buğu, meyve dumanı *in bloom* çiçek açmış *cobalt bloom* kobalt çiçeği *zinc bloom* çinko kütüğü
blossom *e.* çiçek vermek; gelişmek * *a.* çiçek; çiçeklenme; bahar *in blossom* çiçeklenmiş
blue *a.* mavi, mavi renk * *s.* mavi renkli, mavi; *kon.* efkârlı * *e.* çivitlemek *blue crab* maviyengeç *blue flag* mavizambak *blue fox* mavitilki *blue onyx* mavi akik *blue spruce* gökladin *blue stellar* mavi gökcismi *blue stem* mavi sap *blue throat* buğdaycıl bülbül *blue vervain* mavi mineçiçeği *blue vitriol* göztaşı *blue whale* gökbalina *alizarine blue* alizarin mavisi *aniline blue* anilin mavisi *Berlin blue* Berlin mavisi *cobalt blue* kobalt mavisi *medicinal blue* çinkosuz metilen mavisi *methylene blue* metilen mavisi *Nile blue* Nil mavisi *Paris blue* Paris mavisi, koyu mavi
bluestone *a.* göztaşı, bakır sülfat
body *a.* beden, vücut; gövde; ceset; karoser; *fiz.* kütle, cisim; topluluk *the human body* insan vücudu *body cavity* karın boşluğu
bog *a.* bataklık; hela, tuvalet *bog rush* bataklık sazı *bog violet* bataklık menekşesi
bogmoss *a.* bataklık yosunu
boil *a.* kaynama, kaynatma; çıban * *e.* kaynamak; haşlanmak; kaynatmak; haşlamak
boiling *s.* kaynayan, kaynar *boiling*

point kaynama noktası
bole *a.* ağaç gövdesi, tomruk
bolometer *a. fiz.* ışınımölçer
bolus *a.* iri hap, kapsül
bomb *a.* bomba * *e.* bombalamak *cobalt bomb* kobalt bombası *smoke bomb* sis bombası
bombard *e.* topa tutmak, bombalamak; *fiz.* dövmek
bombardment *a.* bombardıman, topa tutma
bond *e.* bağlamak, birleştirmek; ipotek etmek * *a.* bağ; ilişki; senet, tahvil; kefalet *chemical bond* kimyasal bağ *covalent bond* kovalent bağ, değerdeş bağ *hydrogen bond* hidrojen bağı *ionic bond* iyon bağı
bone *a.* kemik; kılçık * *e.* kemiklerini ayıklamak; *kon.* çok çalışmak, hafızlamak *frontal bone* alın kemiği *hip bone* kalça kemiği *thigh bone* uylukkemiği, femur *bone age* kemik yaşı *bone structure* kemik yapısı
bone-ash *a.* kemik külü
bonnet *a.* başlık, bağcıklı bone; kapak, koruyucu örtü
bony *s.* sıska; kemikli; kılçıklı; kemiksi
boracic *s. kim.* borik, borakslı
boracite *a.* borasit
borage *a. bitk.* hodan
borane *a. kim.* boran, boron ve hidrojen bileşimi
borate *a.* borat, borik asit tuzu *sodium borate* sodyum borat
borated *s.* borik asit/boraksla birleşmiş
borax *a. kim.* boraks
bore *e.* delmek, oymak; sondaj yapmak; canını sıkmak * *a.* delik, oyuk; kalibre, çap; can sıkıcı kimse
boric *s.* borique *boric acid* asit borik,

beyaz kristalli asit *boric oxide* borik oksit

boride *a.* borit, bor bileşimi

boring *a.* delme, sondaj; delik * *s.* can sıkıcı, bıktırıcı

borneol *a. kim.* borneol

bornite *a.* bornit

bornyl *a.* bornil *bornyl acetate* bornil asetat

borohydryde *a. kim.* borohidrit

boron *a.* bor (simgesi B) *boron carbide* bor karpit *boron nitride* bor nitrürü *boron steel* bor çeliği

borosilicate *a. kim.* bor silikat

botanic(al) *s.* bitkisel, bitki bilimsel

botanically *be.* botanik olarak

botany *a.* botanik, bitkibilim *botany wool* merinos yünü

botryoidal *s.* salkımlı, salkım şeklinde

bottle *e.* şişelemek * *a.* şişe; biberon *bottle tree* şişe ağacı *dropping bottle* damlalıklı şişe *washing bottle kim.* piset, püskürteç

bottom *a.* dip, derinlik; alt; vadi; karina, tekne * *s.* alt+, dip+; en az, en düşük *bottom grass* ovada yetişen çayır *bottom land* nehir kıyısı arazisi *bottom yeast* tortulu maya *valley bottom* vadi tabanı, koyak tabanı

botulin *a.* botülin, bozuk gıda bakterisi zehiri

botulism *a.* gıda zehirlenmesi

boulder *a.* iri kaya parçası *boulder clay* sürüntü kili

bowel *a.* bağırsak *large bowel* kalın bağırsak

Bowman *a.* Bowman *Bowman's capsule* Bowman kapsülü

Boyle *a.* Boyle *Boyle's law* Boyle yasası, belirli miktardaki gaz hac-

minin sıcaklık sabit olduğunda basınçla ters oranda değiştiğini gösteren yasa

brachial *s. anat.* kolsu, kol gibi

brachiate *s. bitk.* dallı; *hayb.* kollu * *e.* kollarla hareket etmek

brachiation *a. hayb.* kollarla ilerleme

brachycephalism *a.* kısakafalılık

brachycephalous *s.* brakisefal, kısakafalı

brachycerous *s.* kısa duyargalı

brachydactylous *s.* kısa parmaklı

brachygnathia *a.* kısa çenclilik

brachypterous *s.* kısa kanatlı

bract *a.* bürgü, çiçek yaprağı

bracteal *s.* bürgüsel

bracteate *s.* bürgülü, gonca yapraklı

bracteolate *s.* bürgücüklü, gonca yapraklı

bracteole *a.* bürgücük, küçük gonca yaprağı

brackwater *a.* hafif tuzlu su, karasu, acı su

bradycardia *a.* yavaş nabız/kalp atışı

bradycardic *s.* yavaş nabızlı

bradykinin *a.* kılcal damar geçirgenliğini artıran protein

bradytelic *s. biy.* yavaş gelişen

bradytely *a. biy.* yavaş gelişme

brain *a.* beyin; kafa, zihin * *e.* kafasına vurmak; beynini patlatmak *brain fag* zihin yorgunluğu *brain fever* beyin humması *brain stem* beyin sapı *brain waves* beyin dalgaları

brake *a.* fren; calılık, fundalık; kuzgunotu * *e.* frenlemek, fren yapmak; durdurmak

branch *a.* dal; bölüm, kol; şube * *e.* dallanmak; dallara ayırmak

branched *s.* dallı budaklı, dallı *branched carbon chain* dallanmış

karbon zinciri
branchia *a. hayb.* solungaç, galsama
branchiae *a. hayb.* solungaç, galsama
branchial *s.* solungaç+ *branchial arch* solungaç yayı *branchial basket* solungaç sepeti *branchial cleft* solungaç yarığı
branchiate *s.* solungaçlı
branchiform *s.* solungaç biçiminde
branching *a.* dallanma, dallara ayrılma
branchiopod *a. hayb.* solungaç ayaklı
brasilein *a. kim.* brezil boyası
brasilin *a. kim.* brazilin
braunite *a.* bravnit, manganez oksit ve silikat cevheri
braze *e.* pirinçten yapmak; pirinçle kaplamak
brazing *a.* pirinç kaplama
break *e.* kırmak, parçalamak; kırılmak; uymamak, karşı gelmek * *a.* kırık, çatlak, yarık; parçalanma; aralık; ara; iş molası; fırsat *break down into* ayrıştırmak, çözüştürmek
breakdown *a. kim.* çözüşme; tahlil; türlere ayırma, sınıflandırma, tasnif; *elek.* atlama, kıvılcım atlaması; bozulma, durma, bozukluk *breakdown voltage* atlama gerilimi
breast *a. anat.* göğüs, sine, bağır; meme
breath *a.* nefes, soluk; soluma, nefes alma
breathe *e.* soluk almak, solumak
breccia *a. yerb.* breş, köşeli yığışım
brecciated *s.* köşeli yığışmış
brecciation *a.* yığışma
breed *e.* üremek; üretmek, yetiştirmek, beslemek; çiftleştirmek; sebep olmak * *a.* cins, tür; soy, ırk, nesil
breeding *a.* üretme, üretim, yetiştirme; ıslah etme; melezleştirme; *fiz.* üretim; terbiye; yetiştirme

brevicaudate *s. hayb.* kısa kuyruklu
brevipennate *s. hayb.* kısa kanatlı
brevirostrate *s. hayb.* kısa gagalı
brick *a.* tuğla
bristle *a.* kıl, sert kıl * *e.* tüylerini kabartmak; diken diken olmak
bristly *s.* kıllı, sert kıllı
broad *s.* geniş; enli; yaygın, dağınık * *a.* en, genişlik
broad-leaved *s.* geniş yapraklı *broad-leaved maple* geniş yapraklı akçaağaç
brocatelle *a.* yüksek kabartmalı kumaş; renkli mermer
bromacetone *a.* asetilbromometan, bir savaş gazı
bromal *a.* bromal, renksiz yağlı sıvı
bromate *a.* bromat, bromik asit tuzu * *e.* bromlamak
bromic *s. kim.* bromik *bromic acid* bromik asit
bromide *a.* bromür *bromide paper* gümüş bromürlü fotoğraf kâğıdı
brominate *e. kim.* bromlaştırmak, bromla birleştirmek
brominated *s.* bromlu
bromination *a.* bromlaştırma
bromine *a.* brom (simgesi Br)
bromism *a.* bromizm, brom zehirlenmesi
bronchia *a. anat.* solunum dalları, bronşlar
bronchial *s. anat.* soluk borucukları+, bronşlar+
bronchiole *a. anat.* soluk borucuğu, bronşçuk
bronchitic *s.* bronşit+
bronchitis *a.* bronşit
bronchocele *a.* solunum dalı genişlemesi; guatr, sistik guart
bronchorrhagia *a.* solunum dalı kanaması

bronchoscope a. bronkoskop
bronchospasm a. solunum dalı kasılması
bronchostomy a. solunum dalı açımı, bronkostomi
bronchus a. nefes borusu, solunum dalı
bronze a. bronz, tunç
bronzite a. bronzit
brood a. kuluçka; çocuklar, evlatlar; damızlık, cins * e. kuluçkaya yatmak; derin derin düşünmek
brooder a. kuluçka makinesi
brooding a. kuluçkaya yatma *brooding time* kuluçka dönemi
brookie a. hayb. çay alabalığı
brookweed a. bitk. sıçan kuyruğu
broth a. et suyu, balık suyu, et suyu besi ortamı *blood serum broth* kan serumlu et suyu besi yeri
Brownian s. Brown+ *Brownian motion* Brown hareketi, Brown devimi *Brownian movement* Brown hareketi, Brown devinimi
brucella a. çubuksu bakteriler
brucellosis a. Malta humması
brucine a. kim. brüsin, çok zehirli beyaz kristal alkaloid
bryolgy a. yosunbilim
bryolgical s. yosunbilimsel
bryolgist a. yosunbilimci
bryony a. bitk. şeytan şalgamı
bryophyte a. yosun
Bryozoa a. hayb. yosun hayvanları
bryozoan s. hayb. yosun hayvanı+
bubal a. hayb. inek antilopu
bubble a. kabarcık, hava kabarcığı * e. kaynamak, fokurdamak; kabarcık çıkarmak *bubble chamber* kabarcık odası
buccal s. yanak+, ağız içi+
buckling a. burkulma

buckthorn a. bitk. akdiken
bud a. gonca, tomurcuk; hayb. anat. tomur, küçük çıkıntı * e. tomurcuklanmak; gonca vermek *tail bud* embriyoda kuyruk tomurcuğu *taste bud* tat cisimcikleri
budding s. tomurcuklanan, yetişmekte olan
buffer a. tampon; elek. yastık; kim. diretken *buffer action* tampon etkisi
bugbane a. bitk. böcekkovan
buhrstone a. yerb. kum kaya, silisli kaya
bulb a. çiçek soğanı; baloncuk; elektrik ampulü *bulb of the aorta* aort kolu genişlemesi
bulbaceous s. şiş, şişkin; soğanlı, soğandan üreyen
bulbed s. soğanlı
bulbiferous s. soğanlı, soğan üreten
bulbiform s. soğan biçimli, ampul biçimli
bulbil a. bitk. çiçek soğancığı, küçük soğan
bulbous s. soğanlı, soğan üreten; şiş, balon gibi
bulbul a. hayb. tepeli bülbül
bulimia a. doymazlık, aşırı açlık
bullate s. bitk. hayb. pürüzlü, siğilli; anat. şişmiş, kabarmış
bullfinch a. hayb. şakrakkuşu
bullfrog a. hayb. iri kurbağa
bullhead a. hayb. tatlı su yayını; dere iskorpiti
bunch a. salkım; demet, deste; yumru, şiş, kabartı * e. demetlemek, destelemek
Bunsen a. Bunsen *Bunsen burner* Bunsen beki, Bunsen gaz lambası
burette a. kim. büret, damlaç, sıvı ölçme tüpü

burn *e.* yanmak; yakmak, *kim.* oksitlenmek * *a.* yanma; yanık, yanık yeri

burr *a.* kozalak; pıtrak; çapak, pürüz; sert silisli damar

burrow *a.* tavşan yuvası, in, oyuk

burrstone *a. yerb.* kum kaya; değirmentaşı

bursa *a. anat.* hayb. kesecik

burstone *a. yerb.* kum kaya; değirmentaşı

bush *a.* çalı, funda *bush bean* çalı fasulyesi *bush broom* süpürge çalısı

butadiene *a. kim.* bütadiyen, kokulu tutuşur gaz

butane *a. kim.* bütan, renksiz tutuşur gaz

butanol *a. kim.* bütil alkol

butene *a.* bütilen

butterfly *a.* kelebek *butterfly bush* kelebek fundası *butterfly fish* kelebek balığı

button *a. bitk.* tomurcuk, gonca; düğme; elektrik düğmesi *button quail* top bıldırcın *button tree* çınar ağacı

butyl *s. kim.* bütil+ *butyl alcohol* butil alkol *butyl amine* butil amin *butyl rubber* butil kauçuğu

butylene *a. kim.* bütilen

butyraldehyde *a. kim.* bütiraldehite

butyrate *a. kim.* bütirat, bütirik asit tuzu/esteri

butyric *s. kim.* bütirik

butyrin *a. kim.* bütirin

by-product *a.* yan ürün; türev ürün

byssaceous *s.* ince liflerden yapılmış

byssus *a. hayb.* tutaç, yumuşakçaların tutunmasına yarayan iplikçikler

bythus *a.* karnın alt kısmı

C

C *a.* karbonun simgesi

Ca *a.* kalsiyumun simgesi

cacodyl *a. s. kim.* kakodil *cacodyl group* kakodil grubu *cacodyl oxide* kakodil oksit

cacodylic *s.* kakodilli, kakodil+ *cacodylic acid* kakodil asidi

cacogenesis *a.* soysuzlaşma, ırkın bozulması

cacomelia *a.* doğuştan organ bozukluğu

cactaceous *s. bitk.* kaktüslü, kaktüs gibi

cadaver *a.* ceset, kadavra

cadaverous *s.* ceset gibi; soluk; zayıf, cılız

caddisfly *a. hayb.* mayıssineği

cade *a.* yabani ardıç, katran ardıcı

cadmium *a.* kadmiyum (simgesi Cd) *cadmium sulfide* kadmiyum sülfit *cadmium sulfate* kadmiyum sülfat *cadmium yellow* kadmiyum sarısı *cadmium plating* kadmiyum kaplama

caducity *a.* bunaklık, yaşlılık güçsüzlüğü

caducous *s. bitk.* düşebilir, dökülebilir; erken dökülen

caecal *s.* körbağırsakla ilgili

caecum *a.* körbağırsak

caenogenesis *a.* bireyde filogenetik sürecin tekrarlamaması

caesarean *s.* Sezar+ *caesarean operation\section* sezaryen ameliyatı

caesium *a.* sezyum (simgesi Cs)

caespitose *a. bitk.* birbirine karışmış, sık

caffeic *s.* kahveyle ilgili, kahve nedenli

caffeine *a.* kafein

caffeol *a.* kahve yağı

caffeone *a.* kahve yağı
Cainozoic *a.* *s.* Sönozoik
cairngorm *a.* dumanlı kuvars *smoky*
    cairngorm dumanlı kuvars
caisson *a.* su altı odacığı
cal *a.* kalorinin simgesi
calamine *a.* kalamin *calamine lotion* yanık merhemi
calamint *a.* kekik
calamite *a.* kalamit, paleozoik çağdan bir bitki fosili
calaverite *a.* kalaverit, altın tellürit
calcaneum *a.* topuk kemiği, ökçe kemiği
calcaneus *a.* topuk kemiği, ökçe kemiği
calcar *a.* *biy.* mahmuz, çıkıntı
calcarate(d) *s.* *biy.* mahmuzlu, çıkıntılı
calcarea *a.* kalsiyum oksit
calcareous *s.* kireçli, kalkerli; kalsiyumlu *calcareous sinter* pamuktaşı, kefekitaşı, traverten *calcareous spar* kalsit
calceiform *s.* *bitk.* terliksi, terlik biçimli
calceolate *s.* *bitk.* terliksi, terlik biçimli
calcic *s.* kireçli, kalsiyumlu
calcicole *a.* kireçli toprakta yetişen bitki
calcicolous *s.* kireçli toprakta yetişen
calciferol *a.* *biy.* *kim.* D2 vitamini
calciferous *s.* kalsiyumlu, kireç üreten
calcific *s.* *anat.* kalsiyum tuzları yapan
calcification *a.* kireçleşme; kireçlenme; kireçli oluşum
calcified *s.* kireçleşmiş, kemikleşmiş
calcifuge *a.* kireçsevmez bitki
calcifugous *s.* kireçsevmez, kireçli toprakta yetişmez
calcify *e.* kireçleşmek; kireçlenmek; kalsiyum tuzlarıyla sertleştirmek
calcination *a.* yakma, yanma
calcine *e.* ısıtarak oksitlemek; kavurmak
calcining *a.* oksitleme; kavurma

calcinosis *a.* kireçlenme
calciphilia *a.* kandan kalsiyum tuzları alma
calcite *a.* kalsit, kireçtaşı
calcitic *s.* kireç+, kireçli
calcitonin *a.* kalsitonin
calcium *a.* kalsiyum (simgesi Ca) *calcium carbide* kalsiyum karbür, karpit *calcium chloride* kalsiyum klorür, kireçkaymağı *calcium carbonate* kalsiyum karbonat *calcium oxide* kalsiyum oksit *calcium fluoride* kalsiyum florür *calcium cyanamide* kalsiyum siyanamid *calcium nitrate* kalsiyum nitrat *calcium phosphate* kalsiyum fosfat *calcium silicate* kalsiyum silikat
calciuria *a.* idrarla kalsiyum atılımı
calcsinter *a.* pamuktaş, kireç taşı
calcspar *a.* kalsit, kristalleşmiş kalker
calctufa *a.* kireçli süngertaşı
calc-tuff *a.* kireçli süngertaşı
calculus *a.* böbrek taşı, kum; *matm.* hesap analiz *articular calculus* eklemlerdeki birikim *cystic calculus* safra taşı *differential calculus* diferansiyel hesap *nephritic calculus* böbrek taşı
caldera *a.* volkan çukuru
calibrate *e.* ayarlamak, kalibre etmek; derecelemek
calibrating *a.* ayarlama, kalibre etme; dereceleme
calibration *a.* ayarlama, dereceleme, bölmelendirme *calibration condenser* ayarlama kondansatörü
calibrator *a.* ayarcı
calibre *a.* iç çap, kalibre; yetenek, kabiliyet, nitelik
calice *a.* çanak, kaliks

caliche *a.* Şili güherçilesi; kireçli tortul arazi

calicle *a. biy.* kesecik; *bitk.* çanak

calicular *s.* kesecik şeklinde

caliculus *a.* taşçık, küçük taş biçimli oluşum

californium *a.* kaliforniyum (simgesi Cf)

callose *a.* bitki gözesindeki karbonhidrat

callus *a.* nasır; yara dokusu; koruyucu doku

calomel *a.* kalomel, cıva klorür

calorescence *a. fiz.* ısıl ışın

caloric *s. a.* ısıl, ısısal; ısı+ *caloric energy* ısıl enerji

caloricity *a.* ısısallık

calorie *a.* kalori, ısın *large calorie* büyük kalori *kilogram(me) calorie* büyük kalori *small calorie* küçük kalori *gram(me) calorie* küçük kalori

calorifacient *s.* sıcaklık oluşturan, kalori veren

calorific *s.* ısıl, ısı üreten *calorific power* ısı değeri, kalori değeri *calorific value* kalori değeri, ısı değeri

calorification *a.* ısı üretimi, ısı verme

calorimeter *a.* kalorimetre, ısıölçer *bomb calorimeter* patlamalı kalorimetre

calorimetric(al) *s.* ısı ölçümsel

calorimetry *a.* ısıölçüm, kalori ölçümü

calory *a. fiz.* ısın, ısı, kalori

calotte *a.* gözküresinden çıkarılan kapak biçimli örnek

calvarium *a. anat.* kafatası yuvarlağı

calyceal *s. bitk.* çanaksı, çanak+

calyciform *s.* çanaksı, kâse biçimli

calycinal *s.* çanaksı, çanak gibi

calycine *s.* çanaksı, çanak gibi

calycle *a. bitk.* epikaliks, çanakçık, küçük çiçek zarfı

calycular *s.* çanakçık biçimli

calyculate *s.* çanakçıklı

calyculus *a.* çanak biçimli oluşum

calypter *a. bitk.* kapsül başlığı; çiçek başlığı

calyptra *a. bitk.* kaliptra, yüksük, çiçek başlığı

calyptrate *s. bitk.* başlıklı, kapsüllü

calyptrogen *a.* kaliptrojen

calyx *a.* çanak, çiçek zarfı, kaliks

cambial *s.* katman dokusal

cambium *a.* katman, büyütken doku

Cambrian *s. yerb.* ilk Paleozoik çağla ilgili

camera *a.* fotoğraf makinesi, kamera

campanulaceous *s. bitk.* çan çiçekli

campanulate *s. bitk.* çan biçimli, çan şeklinde

camphene *a. kim.* kemfin, renksiz suda erimez kristal

camphol *a. kim.* borneol, yarı saydam katı madde

camphor *a.* kâfur, kâfuru *camphor ice* kâfur merhemi *camphor oil* kâfuryağı *camphor tree* kâfur ağacı

camphorate *e.* kâfurla muamele etmek, kâfurlamak

camphorated *s.* kâfurlu *camphorated oil* kâfuryağı

camphoric *s.* kâfur+, kâfurlu

campo *a.* geniş otlak

campylotropous *s.* eğri yumurtacıklı

canal *a.* kanal; suyolu; besin borusu, hava borusu *alimentary canal* sindirim borusu *birth canal* doğum kanalı *cystic canal* sistik kanal

canaliculated *s.* kanallı, oyuklu

canaliculus *a. anat.* kanalcık, oyuk

cancellate *s. anat.* süngerimsi, gözenekli, mesamatlı

cancellous *s. anat.* süngerimsi,

gözenekli, mesamatlı

cancer *a.* kanser

Cancer *a. gökb.* Yengeç burcu

cancerous *s.* kanserli; kanser gibi

cancrine *s.* kansere neden olan

cancroid *s.* kansere benzer, kanser gibi

candela *a.* mum, ışık şiddet birimi

candescence *a.* akkorluk, ısı parlaklık

candescent *s.* akkor, ısı parlak, ışık yayan

candle *a.* mum; sis bombası * *e.* ışıkla yumurta yoklamak **standard candle** standart aydınlanma birimi *international candle* uluslararası aydınlanma birimi *new candle* yeni aydınlanma birimi

candle-hour *a.* mum-saat

candle-metre *a.* mum-metre

candlepower *a.* ışık gücü

cane *a.* kamış, şeker kamışı; değnek, çubuk * *e.* bastonla dövmek; sopalamak; hasırlamak

canescent *s.* ağaran, aklaşan, kırlaşan

canine *a. hayb.* köpek+, köpeğe benzer; *anat.* köpekdişine ait **canine tooth** köpekdişi

canker *a.* pamukçuk, aft

cankerous *s.* ağzı yaralı; yara gibi

caoutchouc *a.* kauçuk, lastik

cap *a.* kep, takke; kasket; tapa; *bitk.* mantar başlığı * *e.* başlık geçirmek; örtmek

capacitance *a.* sığa, kapasite

capacitor *a. elek.* kondansatör, kapasite

capacity *a.* hacim, oylum; istiap haddi, sığa; yetenek; iktidar; sıfat, mevki **heat capacity** termal kapasite **idle capacity** işlemeyen üretim gücü

cape *a. coğ.* burun; pelerin, kap

capelin *a. hayb.* küçük çamuka balığı

capercaillie *a. hayb.* orman horozu, çalı horozu

capillaceous *s. anat.* kılcal

capillarimeter *a.* kılcal damar çapını ölçen alet

capillarity *a.* kılcallık **chemical sewage treatment** atıksuların kimyasal yolla temizlenmesi

capillary *a.* kılcal damar; ince boru * *s.* kılcal; *bitk.* çok ince **capillary attraction** kapiler çekme **capillary condensation** kılcal yoğunlaşma, kılcal yoğunlaşma **capillary rise** kılcal yükselme **capillary tube** kılcal boru, kapiler boru **capillary pressure** kapiler basınç, kılcal basınç **capillary vessel** kılcal damar

capitate *s.* top gibi, top biçiminde; genişlemiş

capitellum *a.* çiçek başı, kömeç; *anat.* kemik başı

capitular *s.* top gibi, kafa biçiminde

capitulum *a. bitk.* kömeç, çiçek başı

capreolate *s. bitk.* ince filizli; kıl gibi

capric *s.* keçi gibi

caproic *s.* kaproik **caproic acid** kaproik asit, kapron asidi

caproin *a.* gliseril trikaproat

caprolactam *a. kim.* kaprolak

caproyl *a.* kaproik asit radikali

caprylic *s.* kaprilik **caprylic acid** kaprilik asit, kapron asidi

capsaicin *a. kim.* biber özü

capsicum *a.* kırmızı biber

capsular *s.* kapsüllü, kapsüle benzer

capsule *a.* kapsül; *bitk.* tohum kesesi; *anat.* kese, koruyucu zar; *kim.* buharlaştırma kabı **articular capsule** eklem kapsülü

carapace *a.* kabuk, bağa; sert örtü

carapaced *s.* kabuklu, bağalı

carbamate *a. kim.* karbamat, karbomik asit tuzu/esteri

carbamic *s.* karbamik *carbamic acid* karbamik asit

carbamide *a.* üre, kristal üre

carbamine *a.* asetonitril, metil siyanür

carbazide *a.* üreden türemiş bileşik

carbazole *a. kim.* karbazol

carbide *a. kim.* karpit *calcium carbide* kalsiyum karbür, karpit

carbinol *a. kim.* karbinol, metilalkol

carbocyclic *s.* sadece karbon atomu içeren

carbodiimide *a.* siyanamit

carbohydrase *a.* karbohidraz

carbohydrate *a.* karbonhidrat

carbolated *s.* karbolik asitli

carbolic *s.* karbolik asitle ilgili *carbolic acid* fenik asit, fenol

carbolism *a.* fenol zehirlenmesi

carbon *a.* karbon (simgesi C); kömür; karbon kâğıdı, kopya kâğıdı *carbon black* is, lamba isi, karbon siyahı *carbon cycle* karbon çevrimi *carbon dioxide* karbondioksit *carbon disulfide* karbon disülfit *carbon fibre* karbon lifi *carbon monoxide* karbon monoksit *carbon monoxide poisoning* karbon monoksit zehirlenmesi

carbonaceous *s.* karbonlu, karbon gibi

carbonado *a.* siyah elmas

carbonatation *a.* karbonatlama; karbonatlaştırma

carbonate *e.* karbonatlaştırmak; karbonata çevirmek * *a.* karbonat *ammonium carbonate* amonyum karbonat *calcium carbonate* kalsiyum karbonat *magnesium carbonate* magnezyum karbonat *nickel carbonate* nikel karbonat *sodium carbonate* çamaşır sodası, sodyum karbonat *potassium carbonate* potasyum karbonat

carbonation *a.* karbonatlaşma; karbondioksitle kireç çökeltme

carbonic *s.* karbonik *carbonic acid* karbonik asit *carbonic acid gas* karbondioksit *carbonic anhydride* karbonik anhidrit

carboniferous *a. s.* karbon devri; karbon devriyle ilgili

carbonite *a.* okzalat

carbonium *a.* karbonyum

carbonization *a.* kömürleşme, karbonlaşma

carbonize *e.* kömürleştirmek; karbonla muamele etmek

carbonizing *a.* kömürleştirme

carbonous *s.* karbonlu, karbondan türemiş

carbonyl *a.* karbonil * *s.* karbonil grubu içeren *carbonyl chloride* karbonil klorür

carborundum *a.* karborundum, zımpara, korindon

carboxyhemoglobin *a.* karboksihemoglobin

carboxyl *s. a.* karboksil

carboxylase *a.* karboksilaz, karbondioksit çıkımını hızlandıran enzim

carboxylate *a.* karboksilaz, karboksilik asit tuzu * *e.* karboksilleştirmek

carburet *e.* karbonlamak; karbonca zenginleştirmek

carburetted *s.* karbonlu, karbonlanmış

carbylamine *a.* karbilamin

carcinogen *a.* karsinojen, kanser yapan madde

carcinogenic *s.* kanser üreten

carcinoid *a.* iyicil ur

carcinology *a.* karsinoloji, kanser bilimi

carcinoma *a.* karsinoma, kötücül ur,

kanser

cardiac s. kardiyak, kalple ilgili, kalp+, yürek+ * a. kalp hastası; kalp ilacı **cardiac arrest** kalp durması **cardiac muscle** kalp kası **cardiac valve** yürek kapakçığı

cardialgia a. mide ekşimesi; kalp ağrısı

cardinal a. kardinal; kardinal kuşu * s. belli başlı, önemli, ana; parlak kırmızı

cardiogram a. hek. kardiyogram, kalp akımyazar

cardiography a. hek. kardiyografi, kalp yazımı

cardiology a. kardiyoloji

cardiopathy a. kalp hastalığı

cardiovascular s. yürek damar+, yürek ve damarla ilgili

carina a. bitk. hayb. omurga, omurgaya benzer parça

carinate s. omurga biçiminde, omurgalı

carminic s. karminik (asit)

carnallite a. karnelit, potasyummagnezyum klorür cevheri

carnassial a. s. (etoburlarda) köpek dişi; parçalayıcı (diş) **carnassial tooth** etobur dişi

carnelian a. kırmızı akik

carnitine a. karnitin, kurtçukları besleyen temel vitamin

carnivore a. etobur, etçil hayvan; bitk. böcekçil, böcek kapan bitki

carnivorous s. etobur, etçil

carnosity a. etlilik, etsi büyüme

carnotite a. karnotit

carone a. kâfur kokulu renksiz yağ

carotene a. kim. karoten, havuç özü

carotenoid a. karotenit * s. karoten+

carotid a. şahdamarı * s. şahdamarı+ **carotid artery** şahdamar, başdamar **carotid body** başdamar düğümcüğü **carotid sinus** şahdamar sinüs **external**

carotids küçük şahdamarı **internal carotids** büyük şahdamarı

carpal a. s. bilek+ **carpal joint** bilek eklemi

carpel a. bitk. karpel, meyve yaprağı

carpellary s. meyve yapraklı

carpogonium a. bitk. karpogon, meyvegöze

carpological s. meyvebilimsel

carpophagous s. meyvecil, meyve yiyen

carpophore a. bitk. karpofor, karpel sapı; mantar başı

carpospore a. meyve spor

carpus a. bilek; bilek kemiği

carrier a. taşıyıcı; hamal; nakliye şirketi, nakliyeci; mak. iletme düzeni; hek. (mikrop) taşıyıcı

cartilage a. hayb. kıkırdak, kıkırdak doku **cartilage bone** kıkırdaklı kemik

cartilaginous s. kıkırdaklı, kıkırdak gibi

caruncle a. tohum göbeği tomurcuğu; hayb. horoz ibiği; anat. çıkıntı, etçik

carunculate(d) s. ibikli

carvacrol(e) a. kim. kekik yağı

carvene a. limon kokusu veren madde

carvone a. terben grubundan bir keton

caryophyllaceous s. karanfilyapraklılar

caryophylleous s. karanfilsi

caryopsis a. buğdaysı meyve, tek tohumlu açılmaz meyve

casein a. kim. kazein, peynir özü

caseinogen a. sütteki kazein

casque a. hayb. baştaki sorguca benzer çıkıntı

cassiterite a. kalay taşı, kalay oksit

castrate e. hadım etmek, iğdiş etmek, enemek

catabolic s. katabolizmayla ilgili

catabolism a. biy. katabolizm, dokusal çözüşme

cataclastic s. parçalayıcı

cataclinal *s. yerb.* (kaya katmanı) eşeğimli

catacoustics *a.* yansı teğetsel, katakostik

catadromous *s.* yumurtlamak için nehirden denize göç eden (balık)

catagenesis *a.* geriletici evrim

catagenetic *s.* geriletici evrimle ilgili

catalase *a. biy.* kim. katalaz, oksijenli suyu oksijen ve su yapan enzim

catalyse *e. kim.* kazalizlemek, tezleştirmek

catalyser *a. kim.* katalizör, tezleştirici

catalysis *a. kim.* kataliz, tezleştirme

catalyst *a. kim.* katalizör, tezgen

catalytic *s.* katalitik, tezgen+, tezleştirici

cataphonics *a.* yansıyan sesleri konu alan akustik bilimi

cataphoresis *a.* elektriksel ilaç hareketi

cataphoretic *s.* elektriksel ilaç hareketiyle

cataplexy *a.* aşırı heyecanla donup kalma

cataract *a.* katarakt, ak basma

catarrhine *a.* dar burunlu maymun sınıfı

catbird *a.* kedi kuşu

catch *e.* yakalamak; tutmak, ele geçirmek; yetişmek, binmek; soğuk almak

catechin *a. kim.* kateçin

catechol *a.* katekol, beyaz antiseptik fenol

catecholamine *a.* katekolde elde edilen dihidrosifenol

catechu *a.* kateçü, Hind Adalarında yetişen bir bitkiden elde edilen ekstre

catena *a.* dizi, ekolojik toprak serileri

catenation *a.* zincirleme, seri bağlama

caterpillar *a.* tırtıl, kurt; kurtçuk, larva

cathartic *a.* sürgen, müshil * *s.* ishal+, sürgün+

cathepsin *a. kim.* katepsin, proteini çözüştüren enzim

catheter *a. hek.* boru biçimli sonda, daldıraç **cardiac catheter** kalp katateri

cathode *a.* katot, negatif kutup **directly-heated cathode** direkt ısıtmalı katot **equipotential cathode** eşit potansiyelli katot **indirectly-heated cathode** dolaylı ısıtmalı katot **cathode follower** katot çıkışlı amplifikatör, katot takipçisi **cathode beam** katot ışın demeti **cathode bias** katot öngerilimi **cathode coating** katot kaplaması **cathode current** katot akımı **cathode ray** katot ışını **cathode ray tube** katot ışınlı tüp

cathodic *s.* katot+

cation *a.* katyon, artı yüklü iyon

cationic *s.* katyonik, artınsal

catkin *a. bitk.* söğüt çiçeği, salkım çiçek

catkinate *s.* salkım çiçekli

caudal *s.* kuyruk gibi, kuyruklu **caudal fin** kuyruk yüzgeci

caudate *s.* kuyruklu, kuyruğu olan

caudex *a. bitk.* ağaç gövdesi ve kökü; sap

caulescent *s. bitk.* saplı, sapı olan

caulicle *a. bitk.* filiz sapı

cauliflower *a.* karnabahar

cauliform *s. bitk.* sap şeklinde

cauline *s.* sapın üstünde büyüyen

caulis *a. bitk.* sap, bitki sapı

caulocarpic *s.* sap meyveli

causal *s.* nedensel, nedeni olan

caustic *a.* kostik madde * *s.* kostik, yakıcı **caustic soda** sudkostik, sodyum hidroksit

causticity *a.* acılık, yakıcılık

causticize *e.* kireç söndürmek, yakıcı

özellik kazandırmak
cavernicolous *s.* mağarada yaşayan
cavetto *a.* oymalı pervaz
cavity *a.* çukur, oyuk; *anat.* boşluk; (dişte) çürük, oyuk *cavity of the eye* göz çukuru
Cd *a.* kadmiyumun simgesi
cd *a.* ışık şiddet birimi mumun simgesi
Ce *a.* seryumun simgesi
cecal *s.* körbağırsak+
cecum *a.* körbağırsak
cedrene *a.* sedirden elde edilen sıvı hidrokarbon
celandine *a. bitk.* kırlangıçotu, mayasılotu, basurotu
celestine *a.* selestit, stronsiyum sülfat cevheri
celestite *a.* selestit, stronsiyum sülfat cevheri
celiac *s. anat.* karıncıl, karın boşluğuna ait
cell *a.* hücre, göze; küçük oda; *elek.* pil *air cell* alveol, hava keseciği *apical cell* tepe gözesi *blood cell* kan hücresi *Daniell cell* Daniell pili *granule cell* beyincikteki küçük sinir hücreleri *guard cell* koruyucu hücre *mother cell* ana hücre *red blood cell* alyuvar *thread cell* yakıcı kapsül *white blood cell* akyuvar *cell constant* hücre sabiti, göze durganı *cell division* göze bölünmesi *cell membrane* hücre çeperi, hücre zarı *cell wall* hücre çeperi, hücre duvarı *cell sap* hücre özsuyu
celled *s.* hücreli, gözeli *one-celled* tek hücreli, bir hücreli, birgözeli
celliform *s.* hücre gibi, hücre şeklinde
cellobiase *a. kim.* selobiyaz
cellobiose *a.* selobiyoz
cellular *s.* hücreli, gözeli, gözesel *cel-*

lular structure gözesel bünye, hücreli yapı *cellular tissue* gözenekli doku
cellulase *a.* selülaz
cellulate(d) *s.* hücreli, gözeli
cellule *a.* gözecik, küçük hücre
cellulin *a.* hayvansal kaynaklı selüloz benzeri madde
cellulitis *a.* selülit, deri altı yangısı
celluloid *a.* selüloit
cellulolytic *s.* selülolitik
cellulose *a.* selüloz *cellulose acetate* selüloz asetat *cellulose nitrate* selüloz nitratı
cellulosic *s.* selülozlu, selülozdan yapılmış *cellulosic fibers* selüloz ipliği
cellulosity *a.* selülozluluk
cellulous *s.* gözeli, hücreli
Celsius *a.* santigrat *Celsius scale* santigrat ölçeği *Celsius thermometer* santigrat termometresi
cement *a.* çimento; tutkal, macun, zamk; (diş) dolgu maddesi * *e.* yapıştırmak; çimentolamak *dental cement* diş sementi *hydraulic cement* su altında sertleşen çimento, su çimentosu, hidrolik çimento *Portland cement* Portland çimentosu *quick-setting cement* çabuk katılaşır çimento *slow-setting cement* geç katılaşan çimento
cenogenesis *a. biy.* senogenez, kendi türünün özelliklerini göstermeyen gelişim
cenotoxin *a.* yorgunluk toksini
Cenozoic *a.* neozoik dönem * *s.* yakınçağ+
centigrade *s.* santigrat *centigrade thermometer* santigrat termometresi
centilitre *a.* santilitre
centimetre *a.* santimetre

centre *a.* merkez, özek **seismic centre** deprem merkezi **centre of gravity** ağırlık merkezi **centre of attraction** çekim merkezi

centrifugal *s.* merkezkaç, santrifüj **centrifugal force** merkezkaç kuvveti

centrifuge *a.* santrifüj makinası

centriole *a.* özekçik

centripetal *s.* merkezcil, merkeze yönelik **centripetal force** merkezcil kuvvet, özekçil kuvvet

centromere *a. biy.* özekbağ, satromer

centrosome *a. biy.* sentrozom, yuvarcık

centrum *a. anat.* gövde

cephalic *s.* baş+, kafa+, kafa gibi; başa yönelik

cephalin *a.* sefalin

cephalochord *a.* baş bölgesine uzanan notokord

cephalochordate *s.* kafadan kordalılar sınıfına mensup * balık kılçığı iskeletli omurgasız hayvan

cephaloid *s.* başa benzer, baş gibi

cephalopod *a. s.* kafadan bacaklı (hayvan)

cephalosporin *a. hek.* sepalosporin

cephalothorax *a.* baş ve göğüs, başlıgöğüs

cerargyrite *a.* gümüş klorür

cerasin *a.* beyin dokusundaki serebrosit

cerate *s.* balmumu gibi zarı olan * *a.* balmumu merhem

ceratin *a. biy.* keratin, boynuzsu madde

ceratinous *s.* keratinli

cercus *a. hayb.* eklembacaklıların kıça yakın çift çıkıntısından biri

cere *a.* kuşun üst gagasındaki etli zar

cereal *a.* tahıl, hububat; hububat tanesi * *s.* hububattan yapılmış **cereal leaf beetle** kızıl buğday biti

cerealose *a.* maltoz ve glikoz bileşiği

cerebellum *a. anat.* beyincik

cerebral *s. anat.* beyinsel; ussal, zihni **cerebral accident** beyin zedelenmesi **cerebral cortex** beyin zarı **cerebral hemispheres** beyin yarımyuvarı **cerebral lobe** beyin lobu **cerebral veins** beyin toplardamarları

cerebroside *a. biy. kim.* beyin yağ dokusu

cerebrospinal *s. anat.* beyin+, omurilik+ **cerebrospinal fluid** beyin-omurilik sıvısı **cerebrospinal axis** beyin-omurilik ekseni

cerebrum *a. anat.* beyin; büyük beyin

ceresin *a.* serezin

ceria *a. kim.* serya, seryum dioksit

ceric *s. kim.* serik, dört valanslı seryum içeren

ceriferous *s.* balmumlu, balmumu üreten

cerite *a.* seryum silikatı

cerium *a.* seryum (simgesi Ce) **cerium dioxide** seryum dioksit

cernuous *s. bitk.* sallanan, sarkan, sarkık

ceroma *a.* kistik bir tümör

cerotic *s.* balmumu+ **cerotic acid** balmumu asidi

cerous *s. kim.* üç valanslı seryum içeren

cerumen *a. hek.* kulak kiri

ceruse *a.* kurşun bazik karbonat, beyaz kurşun **antimony ceruse** beyaz antimon oksit

cerussite *a.* serüzit, kurşun karbonat cevheri

cervical *s. anat.* rahim boynu+ **cervical vertebra** boyun omuru

cervix *a.* boyun; rahim boynu

Cesarean *a. s.* sezaryen **cesarean section** sezaryen

cesium *a.* sezyum (simgesi Cs)

cespitose *s. bitk.* birbirine dolaşmış, sık

cestode *a.* bağırsak şeridi * *s.* asalak kurt+

cestoid *a. s. hayb.* şcrit biçiminde (kurt)

cetacean *a.* memeli deniz hayvanı * *s.* memeli deniz hayvanı sınıfına mensup

cetaceous *s.* memeli deniz hayvanı sınıfına mensup

cetane *a. kim.* setan, alkan serisinden renksiz hidrokarbon *cetane number* setan sayısı

cetin *a.* setil palmitat

cetologist *a.* balinabilimci

cetology *a.* balinabilimi

cetyl *a.* setil *cetyl alcohol* setil alkol *cetyl amine* setil amin *cetyl bromide* setil bromür

Cf *a.* kaliforniyumun simgesi

chabazite *a.* kebezit, eş altı yüzlü kristal halindeki zeolit minerali

chacma *a. hayb.* boz şebek

chaeta *a. hayb.* kıl, kıla benzer uzantı

chaetognath *a. hayb.* bıyıklı kurtlar

chaetopod *a. hayb.* kıl ayaklı

chain *a.* zincir; dizi, silsile; sıra (dağ) * *e.* zincirlemek, zincirle bağlamak *branched chain* dallı zincir *carbon chain* karbon zinciri *food chain* besin zinciri *side chain* yan zincir *chain reaction* zincirleme reaksiyon *straight chain* yan dalları olmayan açık zincir yapı *open chain* iki ucundan açık zincire bağlanan atom

chalaza *a.* bağcık; iç göbek, tohumu zara bağlayan bağ

chalazogamy *a.* göbek döllenmesi

chalcanthite *a.* bakır sülfat cevheri

chalcedony *a.* kalsedon, kadıköytaşı, alaca akik

chalcocite *a.* bakır sülfat cevheri

chalcolite *a.* bakır uranyum fosfat cevheri

chalcone *a.* doymamış keton grubu

chalcopyrite *a.* kalkopirit, bakır demir sülfit

chalcosine *a.* kalkozin

chalk *a.* tebeşir

chalkstone *a.* kireçleşme

chalky *s.* kireçli; tebeşire benzer *chalky deposit* kalkerli çöküntü *chalky soil* tebeşirli zemin, kireçli toprak *chalky water* kireçli su

chalone *a.* fizyolojik faaliyeti önleyen salgı

chalybeate *s.* demirli, içinde demir tuzu bulunan *chalybeate water* demirli su

chalybite *a.* demir karbonat cevheri

chamaephyte *a. bitk.* dalsız toprağa yakın bitki

chamber *a.* oda; daire; fişek yatağı; hazne; boşluk, hücre; mahkeme *bubble chamber* kabarcık odası *combustion chamber* ateşleme odası, yanma odası *dust chamber* toz odası *gas chamber* gaz odası *ionization chamber* iyonlaşma odası, iyonlaştırma odası

chambered *s.* odalı

chamois *a.* dağ keçisi

chamo(i)site *a.* yer; yetişme ortamı

channel *a.* nehir yatağı; geniş boğaz; mecra, oluk; kanal * *e.* yön vermek, sevk etmek; kanal açmak

channeling *a.* kanal açma

char *e.* yakarak kömürleştirmek; kömürleşmek; kavurmak * *a.* odunkömürü; *hayb.* bir cins alabalık

character *a.* karakter, yapı, huy, mizaç; kişi, şahıs, karakter; *bas.* harf; eksantrik kimse *hereditary character*

kalıtımsal karakter **acquired charac-ter** kazanılmış karakter
characteristic a. özellik, nitelik, vasıf * s. karakteristik, tipik; biy. ırasal **char-acteristic species** karakteristik türler **characteristic curve** karakteristik eğri **acquired characteristic** kazanılmış özellik **dominat characteristics** baskın özellikler **recessive charac-teristics** çekinik özellikler **sexual characteristics** cinslik özellikleri
charcoal a. mangal kömürü, odun kömürü; kara kalem **activated char-coal** aktive kömür **animal charcoal** hayvani kömür, kemik kömürü **wood charcoal** odun kömürü **vegetable charcoal** bitkisel kömür
chart a. çizelge, tablo; grafik; deniz haritası * e. plan yapmak, plan çiz-mek; harita yapmak
chaulmoogra a. bitk. cüzam ağacı **chaulmoogra oil** şolmgra yağı
chaulmugra a. cüzzam ağacı
chavibetol a. betel bitkisi yaprağından elde edilen sıvı
chavicol a. betel fıstığında bulunan yağ
cheek a. yanak, avurt; mak. makaranın yan yüzü; cüret, yüzsüzlük, arsızlık **cheek muscle** yanak kası
cheekbone a. elmacıkkemiği
chela a. kıskaç
chelate s. kıskaçlı * e. metal iyonuyla birleşip kıskaçlı bileşim üretmek
chelation a. çelasyon, kıskaçlama
chelicera a. (örümcek) zehir çengeli
cheliform s. hayb. kıskaç biçiminde
chemical a. kimyasal madde * s. kimy-asal **chemical action** kimyasal etki **chemical agent** kimyasal ajan, kimy-asal madde **chemical composition**

kimyasal bileşim **chemical compound** kimyasal bileşik **chemical engineer-ing** kimya mühendisliği **chemical equation** kimyasal denklem **chemical equilibrium** kimyasal denge
chemico-analytic s. kimyasal analizle ilgili
chemiluminescence a. kimyasal ışıma
chemiluminescent s. kimyasal ışıyan
chemiotaxis a. kimyasal yönelim
chemism a. kimyasal etki
chemisorption a. kim. kimyasal tutunma
chemist a. kimyager
chemistry a. kimya **agricultural chem-istry** tarım kimyası **applied chemistry** uygulamalı kimya **food chemistry** be-sin kimyası **industrial chemistry** endüstriyel kimya **inorganic chemis-try** inorganik kimya **metallurgical chemistry** metalurjik kimya **mineral chemistry** inorganik kimya **nuclear chemistry** nükleer kimya **organic chemistry** organik kimya **physical chemistry** fiziksel kimya **plant chemistry** bitki kimyası **radiation chemistry** radyasyon kimyası **theo-retical chemistry** kuramsal kimya, te-orik kimya
chemosphere a. kemosfer
chemostat a. kemostat
chemosterilant a. kimyasal kısırlaştırıcı
chemosurgery a. kimyasal cerrahlık
chemosynthesis a. biy. kemosentez, kimyasal sentez
chemotactic s. kimyasal yönelimli
chemotaxis a. kemotaksi, kimyasal yönelim
chemotaxonomy a. kimyasal sınıflandırma
chemotherapeutic s. kimyasal

sağaltım+

chemotherapeutics *a.* kimyasal sağaltım

chemotherapeutist *a.* kimyasal sağaltım uzmanı

chemotherapy *a.* kemoterapi, kimyasal sağaltım

chemotropism *a.* kemotropizm, kimyasal uyarımlı büyüme

chcmurgy *a.* tarımsal kimya sanayi

chernozem *a.* kara toprak

chert *a.* çakmaktaşı

cherty *s.* çakmaktaşlı

chessylite *a.* azürit

chest *a.* göğüs, döş; sandık; kutu

chew *e.* çiğnemek, dişlemek; ezmek; parçalamak

chiasma *a.* kalıtışım; *anat.* çaprazlama

chill *a.* soğuk, soğuk hava; üşüme * *e.* üşümek; üşütmek; (yiyecek içecek) soğutmak; soğumak * *s.* soğuk; üşütücü

chimney *a.* baca; krater, yanardağ ağzı; lamba şişesi

chin *a.* çene

china *a.* porselen, çini, seramik *china clay* kil, kaolin

chinbone *a.* altçene kemiği

chine *a.* belkemiği, omurga; sırt eti

chitin *a.* kitin, eklembacaklıların sert kabuğu

chitinoid *s.* kitinli, sert kabuklu

chitinous *s.* kitinli, sert kabuklu

chitosamine *a.* D-glukozamin

chlamydate *s. hayb.* pelerinli, peçeli

chlamydeous *s. bitk.* çanakçıklı

chlamydospore *a.* klamidospor

chloasma *a.* sarıbenek

chloracetone *a.* asetil metil klorür

chloral *a.* kloral *chloral hydrate* kloral hidrat

chloralamide *a.* vücutta kloral hidrat ve amonyağa dönüşüp uyku yapan madde

chloralose *a.* kloral ve glükoz bileşiği

chloramine *a. kim.* kloramin

chloranthy *a.* yeşil çiçeklilik

chlorate *a. kim.* klorat

chlordan(e) *a. kim.* klordan

chlorella *a.* yeşil yosun

chlorenchyma *a. bitk.* klorofilli sap doku

chloric *s.* klorik, beş valanslı klor içeren *chloric acid* klorik asit

chloride *a.* klorür, klor asit tuzu *calcium chloride* kalsiyum klorür, kireçkaymağı *carbonyl chloride* karbonil klorür *methyl chloride* metil klorür *sodium chloride* sodyum klorür *chloride of lime* kalsiyum klorür, kireçkaymağı

chlorinate *e.* klorlamak

chlorinating *a.* klorlama

chlorination *a.* klorlama

chlorinator *a.* klorlama kabı

chlorine *a.* klor (simgesi Cl)

chlorite *a.* klorit

chloritic *s.* kloritli

chloroacetic *s.* kloroasetik *chloroacetic acid* kloroasetik asit

chloroacetophenone *a.* klorasetofenon, göz yaşartıcı zehirli gaz

chlorobenzene *a.* klorobenzen

chloroform *a.* kloroform * *e.* kloroform vermek; kloroformla uyutmak

chloroformism *a.* kloroform bağımlılığı

chlorohydrin *a.* klorohidrin

chlorohydroquinone *a. kim.* klorohidrokinon

chloropenia *a.* kanda klor azalması

chlorophane *a.* klorofan

chlorophenol *a.* klorofenol

chlorophyll *a.* klorofil

chlorophyllaceous s. klorofilli
chlorophyllase a. klorofilaz
chlorophylloid s. klorofile benzer
chloropicrin a. kim. kloropikrin, boğucu gaz
chloroplast a. kloroplast, klorofilli plastit
chloroprene a. kim. kloropren
chlorosis a. bitk. kloroz, sarılık
chlorotic a. sararmış; kansızlığa yakalanmış
chlorous s. klorlu
chlorpromazine a. klorpromazin
chlortetracyline a. klortetrasiklin
choana a. huni biçimli yapı
choanocyte a. hayb. koanosit, yakalıkamçılı hücre
cholangioma a. ödyolu uru
cholangitis a. ödyolu yangısı
cholecalciferol a. D3 vitamini
cholecystitis a. safra kesesi iltihabı
cholecystokinin a. kolesistokinin, safra kesesini kasan ince bağırsak enzimi
cholelith a. öd taşı
cholesterol a. kolesterol
cholic s. kolik cholic acid kolik asit, öd asidi
choline a. kolin
cholinergic s. kolinerjik; asetilkolin üreten
cholinesterase a. kolinesterez
cholla a. dikenli kaktüs ağacı
chondrify e. kıkırdaklaşmak
chondrin a. kondrin
chondriome a. mitokondri
chondriosome a. hücre sitoplazmasında taneciksi oluşum
chondrite a. çakıllı göktaşı
chondritic s. tanesel
chondroblast a. kondroblast
chondroclast a. kıkırdağı yıkan hücreler

chondrodynia a. kıkırdak ağrısı
chondroid s. anat. kıkırdak gibi
chondroitin a. kıkırdak asidi
chondroma a. kıkırdak uru, kondroma
chondrule a. göktaşı çakılı
chorda a. sırt ipliği, omurga, kiriş
Chordata a. hayb. kordalılar
chordate s. kordalı (hayvan)
chorion a. döl örtüsü
chorionic s. döl örtüsü+
chorisis a. bir üye yerinde ikiden fazla üyenin gelişmesi
choroid a. damar tabaka, koroit
chorology a. koroloji, organizmanın coğrafik dağılımını inceleyen bilim dalı
chromaffine s. krom tuzlarıyla boyanan hücre
chromate a. kim. kromat, kromik asit tuzu barium chromate baryum kromat potassium chromate potasyum kromat
chromatic s. kromatik, renkli, renklerle ilgili chromatic aberration kromozom aberasyonu, renkser sapınç
chromaticity a. renklilik
chromatid a. kromatit
chromatin a. kromatin
chromatogram a. yayın çözümü çizgesi
chromatographic s. kromatografik
chromatography a. kromatografi, renkseme paper chromatography kâğıt kromatografisi gas chromatography gaz kromatografisi liquid chromatography sıvı kromatografisi ion-exchange chromatography iyon değişim kromatografisi
chromatoid s. kromatine benzer
chromatolysis a. kromatin çözüşümü
chromatophile s. kolayca boyanabilen, renk seven * a. kolayca boyanabilen

hücre

chromatophore a. renk gözesi, boya gözesi

chromic s. kim. kromik, üç valanslı krom içeren chromic acid kromik asit chromic hydroxide kromik hidroksit chromic oxide kromik oksit

chromide a. hayb. afrikabalığı

chrominance a. renkseme

chromite a. kim. kromit; demir kromat

chromium a. krom (simgesi Cr) chromium plating krom kaplama, kromaj chromium potassium sulphate krom şapı chromium steel krom çeliği

chromize e. kromlamak

chromoblast a. kromoblast

chromogen a. renk üreten; renk veren bakteri

chromogenesis a. renk maddesi/pigment yapımı

chromogenic s. renk veren; renk üreten

chromomere a. biy. kromozom taneciği; anat. pıhtı taneciği

chromone a. benzopiron

chromonema a. kromozom ipliği

chromophile s. boya tutar, kolayca boyanır

chromophilic s. kolayca boyanan

chromophobe s. güç boyanan

chromophore a. kim. renk yapan

chromophoric s. renk yapıcı

chromophorous s. renk yapıcı

chromophotograph a. renkli resim

chromoplast a. bitk. kromoplast, bitkilere yeşilden başka renk veren madde

chromoprotein a. kromoprotein, renkli protein

chromosomal s. kromozomsal

chromosome a. kromozom, kalıtım iplikçiği chromosome break kromozom kopması chromosome number

kromozom sayısı

chromosphere a. renkküre

chromotropic a. renge yönelim

chromous s. kromlu chromous carbonate krom karbonat

chronaxia a. kronaksi

chronaxy a. kronaksi

chronometer a. kronometre, süreölçer

chronometry a. süre ölçümü

chronoscope a. kronoskop, süreölçer

chronoscopic s. süre ölçümsel

chronoscopy a. süre ölçümü

chrysalid a. krizalit

chrysalis a. krizalis, krizalit

chrysanthemum a. kasımpatı, krizantem

chrysoberyl a. sarı beril, berilyumalüminat

chrysoidine a. bakteri boyamada kullanılan madde

chrysolite a. zebercet, sarı yakut

chrysophyte a. bitk. sarı yosun

chrysoprase a. yeşilimsi kuartz

chrysotile a. asbest, elyaflı serpantin

chylaceous s. kilüslü, kilüse benzer

chyle a. kilüs, keylüs

chyliferous s. kilüs taşıyan, kilüs ileten

chylification a. kilüs oluşumu

chyliform s. kilüse benzeyen

chylomicron a. kilomikron

chylosis a. bağırsaktaki kilüsün kan yoluyla dokulara taşınması

chylous s. kilüsle ilgili, kilüs gibi

chyme a. kimüs, keymüs

chymification a. mide sindirimi

chymosin a. sütü pıhtılaştıran madde, peynirleştirme enzimi

chymotrypsin a. kimotripsin

chymotrypsinogen a. kimotripsinojen, kimotripsin üreten

chymous s. kimüslü

cicatrice *a.* yara izi, yara kabuğu

cicatricial *s.* yara izi+ *cicatricial tissue* yara izi dokusu

cicatricle *a. biy.* filiz

cicatrix *a.* yara izi

cicatrizant *s.* iyileştiren, sağaltan

cicatrize *e.* (yara) iyileşmek, iyileştirmek; kabuk bağlamak

ciliary *s.* kirpiksi; kirpikli *ciliary muscle* kirpiksi kas

ciliate *s. a.* kirpikli (hayvan)

ciliated *s.* kirpikli, tüycüklü

cilice *a.* tiftik kumaş

cilium *a.* kirpik, tüycük, kıl

cinchona *a. bitk.* kınakına ağacı

cinchonine *a.* kınakına

cineole *a. kim.* sineol, renksiz acı bir eter

cinereous *s.* kül olmuş, külleşmiş; kül gibi

cinerin *a. kim.* sinerin

cingulum *a. anat.* hayb. kemer, kuşak

cinnabar *a.* zincifre; sülüğen boya

cinnabaric *s.* zincifreli

cinnamic *s.* tarçınlı

cinnamon *a.* tarçın; tarçın ağacı *cinnamon stone* sarı lal taşı

cinnamyl *a. kim.* sinamil *cinnamyl alcohol* sinamil alkol

cipolin *a.* sipolin, damarlı mermer

circadian *s.* günlük, 24 saatlik

circinate *s.* kıvrık, kıvrımlı; kıvrık yapraklı

circuit *a. elek.* devre; dönme, devir; daire; ring seferi *amplifier circuit* yükselteç devresi *closed circuit* kapalı devre *damping circuit* amortisör devre *electric circuit* elektrik devresi *integrated circuit* tümleşik devre, tümdevre, entegre devre *main circuit* ana devre, ana akım devresi *radio circuit* radyo devresi *short circuit* kısa devre

circulate *e.* deveran etmek, dolaşmak; dağıtmak; dolaştırmak

circulating *s.* dönen, dolaşan

circulation *a.* dolaşım; devir, deveran, cereyan; tedavül, sirkülasyon; tiraj *blood circulation* kan dolaşımı *pulmonary circulation* küçük dolaşım

circulatory *s.* dolaşım+, kan dolaşımı+ *circulatory system* dolaşım sistemi

circumnutation *a.* kıvrılma

circumscissile *s. bitk.* kapak gibi açılan

cirrate *s. bitk.* filizli, telli, lifli

cirriped *a. s. hayb.* kıvrık bacaklı (hayvan)

cirrose *s.* filizli, iplikli, lifli

cirrous *s.* filizli, lifli, iplikli

cirrus *a. bitk.* filiz; *hayb.* duyarga, dokunaç; saçakbulut, sirrüs, tüybulut

cis *s. kim.* molekülün aynı tarafındaki atomlarla karakterize edilen

cisterna *a. anat.* torbacık, kese

cistron *a.* genetik işlevsel birim

citral *a. kim.* sitral, limon kokulu aldehit

citrate *a.* sitrik asit tuzu, limon tuzu

citrated *s.* sitratlı

citric *s.* sitrik, sitrik asitten türemiş *citric acid* limon asidi

citrine *s.* açık sarı, limon sarısı * *a.* sarı topaz

citron *a.* ağaçkavunu; kavun ağacı

citronella *a.* limonotu; limonyağı *citronella grass* limonotu *citronella oil* limon yağı

citronellal *a. kim.* sitronel

citrous *s.* turunçgiller+

citrulline *a.* sitrulin

citrus *a.* narenciye ağacı

civet *a.* misk kedisi

Cl *a.* klorun simgesi

cladode *a.* yassı dal

clarification *a.* aydınlatma, açıklama; arıtma

clarify *e.* aydınlatmak, açıklamak; arıtmak

clarkia *a. bitk.* ince yaprak

clary *a. bitk.* adaçayı

clasmatocyte *a.* iri yutargöze

clasper *a.* kavrayan, sarılan, sülükdal

class *a.* sınıf, zümre; çeşit, tür; takım, grup; ders

classification *a.* sınıflama, tasnif, bölümleme; kategori, sınıf, grup; sınıflara ayırma; bölümleme

classify *e.* sınıflara ayırmak, sınıflamak, bölümlemek, sınıflandırmak

clastic *s. yerb.* kırılır, parçalanır *clastic rocks* klastik kaya, mekanik tortul kaya

clathrate *s. biy.* pencere kafesine benzer

clavate *s.* topuz şeklinde, çomaksı

clavicle *a.* köprücükkemiği

claviculate *s.* köprücükkemikli

claviform *s.* çivi biçiminde, çomak biçiminde

claw *e.* tırmalamak, pençe atmak * *a.* pençe, tırnak; kanca

clay *a.* kil, balçık; çamur, toprak *boulder clay* sürüntü kili *china clay* kaolin, arıkil *porcelain clay* porselen kili, kaolen *clay pit* çamur havuzu, kil ocağı *clay slate* killi şist, pişmiş toprak karo *clay soil* kil toprağı

clayey *s.* killi, balçıklı

claystone *a.* dağılmış kaya

cleavage *a.* yarık; yarılma, çatlama; *biy.* bölünüm; *yerb.* dilinim, segmantasyon; *kim.* molekül parçalanması; (kadında) göğüs arası

cleft *a. s.* çatlak, yarık, ayrık, yarılmış, yarıklı *cleft palate* yarık damak

cleg *a.* büyük at sineği

cleistocarpous *s.* kleistokarpik

cleistogamic *s.* gonca halde döllenen

cleistogamous *s.* gonca halde döllenen

cleistogamy *a.* gonca kalma

clematis *a. bitk.* akasma, yaban asması; filbahar

cleveite *a.* klevit

climacteric *a. s.* buhranlı dönem; kritik çağ

climacterical *s.* buhranlı, kritik, bunalımlı

climate *a.* iklim, hava *oceanic climate* deniz iklimi, okyanus iklimi *maritime climate* deniz iklimi

climatic *s.* iklimsel *climatic cycle* iklim dönemi *climatic changes* iklimsel değişiklikler

climax *a.* doruk, tepe, zirve; doruk noktası; orgazm * *e.* doruğa ulaşmak; doruğa ulaştırmak

climb *e.* tırmanmak; çıkmak * *a.* tırmanma, çıkış; yokuş

climber *a.* tırmanıcı bitki, sarmaşık

climbing *s.* tırmanıcı

cline *a. biy.* başkalaşım, başkalaşma

clinging *s.* sımsıkı, dar

clinometer *a.* eğimölçer

clinometry *a.* eğim ölçme

clintonia *a. bitk.* zambakgillerden sapsız sarı çiçekli bitkiler

clitoris *a. anat.* klitoris, bızır, dilcik

cloaca *a.* lağım; *hayb.* dışkılık, göden

cloacal *s.* dışkılıksal, gödensel

clonal *s.* eşeysiz türemiş

clone *a. biy.* aynı canlıdan eşeysiz üreyen canlılar grubu

clonus *a.* kas seğirmesi

clot *e.* pıhtılaşmak; (süt) kesilmek;

pıhtılaştırmak * *a.* pıhtı; topak
clotting *a.* pıhtılaşma
clubbed *s.* çomak şeklinde *clubbed finger* çomak parmak
clupeid *a.* hamsigillerden bir balık
cluster *a.* salkım, hevenk; demet * *e.* salkım yapmak; kümelenmek, yığılmak
clypeate *s.* kalkan gibi, kalkana benzer
clypeus *a.* ön yüz; *bitk.* spor kılıfı kuşağı
clyster *a.* lavman, lavmanla ilaç verme
Cm *a.* küriyumun simgesi
cnidocil *a.* knidosil
Co *a.* kobaltın simgesi
coacervate *e. kim.* tersinir yığışmak * *s.* tersinir yığışmış
coacervation *a.* tersinir yığışma
coadunate *s. hayb.* bitk. bitişmiş, birleşmiş
coagulant *s.* pıhtılandırıcı, pıhtılaştıran
coagulase *a. biy.* pıhtılaştırıcı
coagulate *e.* pıhtılaşmak; pıhtılaştırmak; kesilmek, pıhtılanmak
coagulation *a.* pıhtılaşma *blood coagulation* kan pıhtılaşması
coagulative *s.* pıhtılaştırıcı
coagulatory *s.* pıhtılaştırıcı
coal *a.* kömür, taşkömürü, madenkömürü *bituminous coal* bitüm *brown coal* linyit *hard coal* antrasit *coal field* kömür havzası
coalesce *e.* birleşmek, kaynaşmak; birleştirmek
coalescence *a.* birleşme, birleşim
coalescent *s.* birleşen, kaynaşan
coalify *e.* kömürleşmek
coarctate *s.* koza içinde kapalı
coast *a.* kıyı, sahil * *e.* kıyı boyunca gitmek
coastal *s.* kıyı, sahil, kıyısal *coastal region* kıyı bölgesi

coat *a.* ceket, palto; doğal örtü; kat, tabaka * *e.* kaplamak; örtmek
cobalamin *a.* kobalamin, vitamin b12
cobalt *a.* kobalt (simgesi Co) *cobalt bloom* kobalt çiçeği *cobalt blue* kobalt mavisi *cobalt 60* radyoaktif kobalt
cobaltic *s. kim.* kobaltlı, üç valanslı kobalt içeren
cobaltine *a.* kobaltin, kobalt arsenik sülfit
cobaltous *s. kim.* kobaltlı
cobra *a. hayb.* kobra yılanı
cobweb *a.* örümcek ağı * *e.* ağ örmek
cocaine *a.* kokain, uyuşturucu alkaloid
coccidiosis *a.* kokidiyosis, hayvanda bağırsak hastalığı
coccoid *s.* yuvarımsı, yuvarlak
coccus *a.* yuvar bakteri; içli çekirdek
coccygeal *s.* kuyruksokumu kemiği+
coccyx *a.* kuyrukkemiği, kuyruksokumu kemiği
cochineal *a.* koşnil boyası, kırmızı boya, kırmız *cochineal insect* kırmız böceği
cochlea *a. anat.* kulak salyangozu
cochlea duct salyangoz kanalı
cochlear *s.* kulak salyangozu+
cochleate *s.* salyangoz biçiminde, spiral
cockle *a. bitk.* delice, kasıkotu; *hayb* tarak, yürek midyesi
cocklebur *a. bitk.* pıtrak, kazıkotu
cockroach *a. hayb.* hamamböceği
cocksfoot *a. bitk.* çayır
cocksparrow *a. hayb.* erkek ispinoz
cocoon *a.* koza, ipekböceği kozası
codeine *a.* kodein
codfish *a.* morina balığı
coefficient *a.* katsayı *coefficient of absorption* absorpsiyon katsayısı, soğurum katsayısı *coefficient of expansion* genleşme katsayısı *coeffi-*

cient of elasticity esneklik katsayısı coefficient of error hata katsayısı coefficient of friction sürtünme katsayısı, sürtünüm çarpanı activity coefficient aktiflik katsayısı, etkinlik katsayısı diffusion coefficient difüzyon katsayısı, yayılma katsayısı

coelacanth a. saçak yüzgeçli balık

coelenterata a. selentere * s. torba vücutlu

coeliac s. karın boşluğu+

coelom a. hayb. karın boşluğu

coelomate s. a. karın boşluklu (hayvan)

coenobium a. hücre kolonisi

coenocyte a. biy. sönosit, ortak çeperli

co-enzyme a. koenzim

coercible s. zorlanabilir, yaptırılabilir

coherence a. yapışma; uygunluk, bağdaşma; fiz. eşevrelilik, koherens

coherent s. yapışkan; tutarlı, mantıklı; fiz. koherent, eşevreli

cohesion a. kaynaşma, yapışma; uyuşma; fiz. kohezyon, türdeş yapışma

cohesive s. yapışmış; birleşmiş; fiz. kohezif cohesive force yapışma gücü, moleküler çekim cohesive sediment kohezyonlu sediment

cohobate e. tekrar damıtmak

cohobation a. tekrar damıtma

coif a. külah, takke

coil e. sarmak, kangallamak; kangallanmak * a. kangal; sargı, kıvrım; elek. bobin

coke a. kok kömürü, kok; kokain; kola coke oven kok fırını

coking a. kok haline getirme coking plant kok fabrikası

colchicine a. kolçisin

colchicum a. bitk. itboğan; itboğan soğanı

colcothar a. kim. kuyumcu tozu

cold-blooded a. soğukkanlı; duygusuz, merhametsiz

colectomy a. kalın bağırsak ameliyatı

colemanite a. kolmanit

coleopter a. kın kanatlı böcek

coleoptera a. kınkanatlılar

coleopterous s. kınkanatlı

coleoptile a. bitk. koleoptil, ilk yaprak

coleorhiza a. bitk. kökçük kını

colewort a. kıvırcık lahana

colic a. karın ağrısı, bağırsak iltihabı * s. sancılı

collagen a. biy. kim. kolajen, jelatin özü

collagenic s. jelatin özü+

collagenous s. jelatin özlü

collar a. yaka; gerdanlık; tasma; hayb. hayvanın boyun tüyü * e. yaka takmak, tasma takmak; yakalamak; yakasına yapışmak

collarbone a. anat. köprücükkemiği

collenchyma a. bitk. uzun doku, kalın çeperli bitki dokusu

collenchymatous s. uzun dokuya benzer

colligative s. moleküllerin sayısına bağlı olan

collimator a. fiz. ışını belli bölgeye veren araç, koşutaç

collision a. fiz. çarpışma

collodion a. kim. kollodyum, eter ve alkolde eritilmiş pamuk barutu

colloid a. fiz. kim. asıltı, koloid * s. tutkalsı

colloidal s. asıltılı, koloidal; tutkalsı colloidal chemistry koloit kimyası colloidal particles koloidal parçacıklar colloidal state koloidal hal, peltemsi hal colloidal system koloidal sistem

colloxylin a. nitroselüloz

colluvial s. kaya yığını biçiminde collu-

vial deposits moloz

colluvium *a.* yamaç deozitleri

collyrium *a.* göz yıkama suyu

colon *a. anat.* kalın bağırsak, kolon; iki nokta üst üste

colony *a.* koloni; *biy.* bakteri kümesi; *hayb.* küme, topluluk

colophene *a.* terebentin yağındaki renksiz hidrokarbon

colophony *a.* reçine, çam sakızı

colorant *a.* boya

colorimeter *a.* kolorimetre, renkölçer

colorimetrically *be.* renk ölçümü yoluyla

colorimetry *a.* kolorimetri, renk ölçme

colostrum *a.* ağızsütü, kolostrum

colouring *a.* renk, boya **colouring agent** boya maddesi **colouring matter** boya maddesi

colubrine *s.* yılan gibi, yılana benzer

columbine *a. bitk.* hasekiküpesi, çit sarmaşığı * *s.* kumru gibi, kumru renginde

columbite *a.* kolombit

columbium *a.* kolombiyum (simgesi Cb)

columella *a. biy.* eksen, küçük çubuk

columellar *s.* eksenem, eksenli

column *a. mim.* sütun; direk; *matm.* kolon; *ask.* kol **column matrix** kolon matriks **column vector** kolon vektörü

columnar *s.* sütunlu

colure *a.* gök çemberi

coma *a.* koma; kuyrukluyıldız etrafındaki ışık; *bitk.* tohum püskülü

comate *s. bitk.* (tohum) püsküllü

comb *e.* taramak * *a.* tarak; ibik, sorguç; balpeteği, gömeç

combination *a.* birleşme, birleşim; birleştirme; karışım; katışım; terkip; birlik; *kim.* bileşim; kombinezon

combine *e.* birleşmek; birleştirmek; katıştırmak * *a.* birleşme, uzlaşma, katılma; biçerdöver

combustibility *a.* yanabilme, tutuşabilme

combustible *a.* kolay tutuşan madde, yakıt, yakacak * *s.* kolay tutuşan, yanıcı, alevlenebilir

combustion *a.* yanma, tutuşma, alevlenme; oksidasyon, yanma **combustion chamber** yanma hücresi **combustion furnace** yanma fırını **combustion tube** ateşe dayanıklı tüp **slow combustion** yavaş yanma **spontaneous combustion** spontane tutuşma, kendiliğinden tutuşma

combustive *s.* yakıcı, yanıcı

commensal *a. s.* ortakçı, ortak yaşayan, birbiri üstünde yaşayan (bitki/hayvan)

commensalism *a.* ortakçılık, yan yana yaşama

commissural *s.* ek şeklinde, bağlantısal

commissure *a. bitk.* çeneklerin birleşme yeri; *anat.* bağlantı, bağlanım, iki organın birleşim yeri

commutator *a. elek.* çevirgeç, değiştirgeç, komütatör

comose *s.* tüylü, havlı, püsküllü

comparative *a. dilb.* üstünlük derecesi * *s.* karşılaştırmalı, mukayeseli; orantılı **comparative anatomy** karşılaştırmalı anatomi

complected *s.* belli bir ten rengi olan

complement *a.* tüm, bütün; tümleyici; tümleç * *e.* tamamlamak

complex *a.* karışık şey; karmaşa; *matm.* karmaşık, bileşik * *s.* karmaşık, kompleks; çapraşık * *e.* karıştırmak; *kim.* kıskaçlamak

complicate *e.* karıştırmak, güçleştirmek * *s.* karmaşık

composite *s. matm.* bileşik; karma, karışık; alaşım, halita; bileşim; *bitk.* bileşikgiller familyasından (bitki) *composite number* bileşik sayı composition *a.* terkip, tümleme; yapıt, eser; yapı, bünye, kuruluş; bileşim; alaşım; derleme; kompozisyon compound *a.* bileşim; *kim.* bileşik * *s.* bileşik, mürekkep; birleşik, birleşmiş *compound animal* birleşik hayvan *compound engine* çok kademeli motor *compound microscope* bileşik mikroskop *binary compound* ikili bileşik *chemical compound* kimyasal bileşim *ternary compound* üç elementten oluşmuş bileşik compress *e.* sıkıştırmak, bastırmak * *a.* kompres compressed *s.* sıkıştırılmış, basınçlı, tazyikli; *bitk.* yassı; *hayb.* ince uzun boylu *compressed air* sıkıştırılmış hava *compressed gas* sıkıştırılmış gaz compression *a.* sıkıştırma, basınç, tazyik, kompresyon *compression pressure* sıkıştırma basıncı *compression ratio* sıkıştırma oranı Compton *a.* Compton *Compton effect* Compton olayı, Compton etkisi computer *a.* bilgisayar concave *s.* konkav, içbükey, obruk * *a.* içbükey yüzey concentrate *e.* toplamak; toplanmak; yoğunlaşmak, yoğunlaştırmak; koyulaştırmak, deriştirmek * *a.* derişik madde concentration *a.* merkezileştirme, toplanma, bir noktada birleşme; konsantrasyon; zihni bir noktaya toplama; *kim.* derişim, yoğunluk, koyuluk, koyulaşma *concentration cell* konsantrasyon pili, derişim pili *at high*

concentration yüksek konsantrasyonlu conceptacle *a. biy.* üreme dağarcığı conchiferous *s.* kabuklu, kabuk oluşturan conchiform *s.* kabuk biçimli conchological *s.* kabukbilimsel conchologist *a.* kabukbilimci conchology *a.* kabukbilimi concrescence *a. biy.* beraber büyüme, birlikte gelişme concrete *a.* beton, çimento betonu * *s.* somut; gerçek; belirli; katı concretion *a.* katılaşma, sertleşme; ur, katılık, şiş; *yerb.* topak concretionary *s.* katılaşarak oluşmuş condensability *a.* maddenin yoğunlaşabilirliği condensable *s.* yoğunlaşabilir condensation *a. kim. fiz.* yoğunlaştırma; yoğunlaşma, kondansasyon; sıvılaşma; özet, kısaltma condense *e. kim. fiz.* yoğunlaştırmak, sıkıştırmak, koyulaştırmak; yoğunlaşmak; sıvılaştırmak; özetlemek; derişmek condenser *a.* yoğuşturucu; *fiz.* kondansatör, yoğunlaç, imbik; toplayıcı mercek *injection condenser* püskürtmeli kondansör *surface condenser* yüzeyli kondansör condensing *a.* yoğuşturucu, çiğlendirici conditioned *s.* koşullanmış, şartlanmış; havalandırılmış *conditioned reflex* şartlı refleks, koşullu tepke conductance *a. elek.* iletkenlik *electrical conductance* elektriksel iletkenlik *mutual conductance* karşılıklı iletkenlik *thermal conductance* ısıl iletkenlik conductibility *a.* iletkenlik

conductible *s.* iletilebilir

conduction *a. fiz.* iletme, geçirme, nakletme; iletim **conduction current** iletim akımı

conductive *s. fiz.* iletken, iletici, geçirici **highly conductive** yüksek geçirgen

conductivity *a. fiz.* iletkenlik, geçirgenlik **electric conductivity** elektrik iletkenliği **thermal conductivity** ısı iletkenliği

conductor *a.* iletken (madde); önder, lider, şef, rehber; kondüktör, biletçi; orkestra/koro şefi **bare conductor** çıplak iletken, çıplak elektrik iletkeni **earthed conductor** topraklanmış iletken **grounded conductor** topraklanmış iletken **live conductor** akımlı iletken **neutral conductor** nötr iletken **non conductor** yalıtkan, iletken olmayan **conductor ducts** iletken damarlar **conductor wire** iletken tel

conduplicate *s. bitk.* katlı

cone *a. geom.* koni; *bitk.* koza, kozalak; *mak.* koni biçiminde makara **cone gear** konik dişli **cone pulley** konik makara **cinder cone** cüruf konisi, dışık konisi **truncated cone** kesik koni

cone-bearing *s.* kozalak taşıyan, kozalaklı

cone-shaped *s.* kozalak biçiminde

conenose *a. hayb.* kan emici böcek

coney *a.* hani balığı

congeal *e.* dondurmak; donmak; pelteleştirmek; pıhtılaşmak

congealedness *a.* donukluk, donmuşluk

congealment *a.* donma, katılaşma, pelteleşme

congener *a.* eş tür, aynı cinsten; aynı türden bitki/hayvan

congeneric *s.* eş türden olan

congenital *s.* doğuştan, yaradılıştan

congested *s.* kalabalık, tıklım tıklım; *hek.* kan toplamış

congestion *a. hek.* kan birikmesi; tıkanıklık; kalabalık

conglobate *s.* yuvarlak, küresel * *e.* top yapmak

conglomerate *a.* küme; *yerb.* yığışım, konglomera; holding * *e.* kümelenmek, yığılmak

Congo *s.* Kongo, Kongo'ya özgü **Congo red** Kongo kırmızısı

conidiophore *a. bitk.* spor dal

conidiophorous *s.* spor dallı

conifer *a.* kozalaklı ağaç

coniferin *a.* kozalaklı ağaçtan elde edilen glikozid

coniferous *s.* kozalaklı **coniferous forest** iğneyapraklı orman, kozalaklılar ormanı

coniferyl *s.* koniferil **coniferyl alcohol** koniferil alkol

coni(i)ne *a. kim.* zehirli baldıran ruhu

conjugate *s.* birleşik, birleşmiş; *bitk.* bir çift yapraklı; *matm.* kim. eşlenik * *e.* birleşmek, kavuşmak

conjugation *a.* kavuşma, birleşme

conjunctiva *a. anat.* göz örtüsü

connate *s.* doğuştan, tabi; aynı kökten; *biy.* bitişik, yapışık

connected *s.* bağlı, birleşik, bağlantılı

connecting *s.* bağlayan, bağlayıcı **connecting rod** piston kolu, biyel

connection *a.* bağ, bağlantı; ilişki, münasebet; aktarma

connective *s.* bağlayıcı; *bitk.* bağ doku **connective tissue** bağdoku

connivent *s.* birbirine yakın/dokunan **connivent wings** yakınsak kanatlar, birbirine yakın böcek kanatları

conoidal *s.* koni biçiminde, konimsi

conservation *a. fiz.* korunum, sakım; koruma, muhafaza; doğal kaynakları koruma *forest conservation* orman koruması *conservation of energy* enerjinin korunumu, enerjinin sakınımı *conservation of matter* kütle korunumu

constituent *s.* oluşturan, meydana getiren; bileşen, öğe, unsur, eleman

constitution *a.* bileşim, terkip; bünye; yaratılış, huy; teşkil etme, oluşturma; yapı; tüzük, nizamname

contamination *a.* bulaşma, kirlenme; kirletme, bulaştırma *atmospheric contamination* atmosfer kirliliği

content *a.* içerik, içindekiler; konu, mevzu; anlam, mana; hacim, oylum *water content* nem miktarı, su miktarı *moisture content* nem miktarı, nem oranı

continental *s.* kıta+, kara+, karasal *continental drift* karaların kayması *continental ice* örtü buzulu *continental shelf* kıta sahanlığı, kara sahanlığı

contorted *s.* çarpık, eğri, kıvrık; bükük, bükülü

contour *a.* çevre çizgisi, dış hatlar, sınır ** s.* çevrel *contour feathers* dış tüyler *contour map* düşey çizgili harita

contractile *s.* kasılabilir, büzülebilir, daralabilir *contractile vacuole* kantraktil vakuolleri, kontraktil koful

contraction *a.* kasılım, kasılma, büzülme

convergence *a.* yakınsama, yaklaştırma; yakınsaklık; katmanlaşma; benzerlik, yakınlık

convex *s. fiz.* dışbükey, tümsek *convex lens* tümsek mercek *convex curve* dışbükey eğri *convex polygon* dışbükey çokgen *convex surface* dışbükey yüzey

convolute *s.* bükülmüş, sarılmış, helezoni; *bitk.* uzunlamasına bükülmüş ** e.* bükmek, burmak; bükülmek, burulmak

convolution *a.* büklüm, kıvrım, halka, helezon; bükülme, kıvrılma; *anat.* beyin kıvrımı

cool *s.* serin; soğukkanlı; hissiz ** a.* serinlik, soğukkanlılık ** e.* serinletmek, soğutmak

cooling *a.* soğutma *air cooling* hava ile soğutma *water cooling* su ile soğutma *cooling chamber* soğutma odası *cooling jacket* soğutma kılıfı *cooling system* soğutma sistemi

coordination *a.* koordinasyon, düzenleme, tanzim etme; düzenleşim *coordination number* koordinasyon sayısı, düzenleşim sayısı

copal *a.* kopal, vernik yapımında kullanılan reçine

copolymer *a. kim.* eşçoğuz, kopolimer

copolymerization *a.* eşçoğuzlaşma

copper *a.* bakır (simgesi Cu) *copper acetate* bakır asetat *copper arsenite* bakır arsenit *copper chloride* bakır klorür *copper glance* kalkosin, sülfürlü bakır *copper phosphate* bakır fosfat *copper pyrites* kalkopirit, bakırlı pirit *copper sulphate* bakır sülfat, göztaşı *copper wire* bakır tel *blue copper ore* azürit *raw copper* ham bakır

copperas *a.* yeşil vitriyol

coprolite *a.* fosil tezek

coprophagous *s.* bokçul, dışkıcıl

coprophagy *a.* bokçulluk

coprophilous *s.* dışkıyla beslenen

copulation *a.* çiftleşme, döllenme; birleşme, bağlanma

copulative *s.* birleştirici, bağlayıcı; çiftleşme+

copulatory *s.* çiftleşme+ *copulatory organ* çiftleşme organları

coracoid (process) *a. s.* kargaburun çıkıntısı

coral *a.* mercan; mercan adası; döllenmemiş ıstakoz yumurtası *coral island* mercan adası *coral reef* mercan kayası *coral snake* çamur yılanı

coralliferous *s.* mercanlı, mercan üreten

coralliform *s.* mercan biçimli

coralline *s.* kireçli, kireç içeren * *a.* kireçli denizyosunu

corallite *a. hayb.* tek mercan polipi iskeleti

coralloid *s.* mercanımsı, mercana benzer

corbicula *a.* çiçek tozu sepeti

cordate *s.* yürek biçiminde (yaprak)

cordierite *a.* kordiyerit, demal-silikat

cordiform *s.* yürek biçimli

core *a.* çekirdek, öz; *elek.* göbek, nüve; *yerb.* ateşküre; *fiz.* reaktör çekirdeği

coriaceous *s.* kösele gibi, deriden

corium *a. anat.* alt deri

corky *s.* mantarımsı, mantarlı

corm *a. bitk.* çiçek soğanı, soğan yumrusu

cormoid *s.* soğan gibi

cormous *s.* soğanlı

cornea *a. anat.* saydam kat, saydam tabaka

corneal *s.* saydam tabaka+

cornelian *a.* akik taşı, kırmızı akik

corneous *s.* boynuz gibi, boynuzdan yapılmış

cornet *a.* kemik tabakası

cornicle *a.* hortumcuk

corniculate *s.* küçük boynuzlu, boynuza benzer

corniform *s.* boynuz biçimli

cornigerous *s.* boynuzlu

cornu *a.* boynuz

cornua *a.* boynuz

cornual *s.* boynuzumsu

corolla *a. bitk.* taç, taç yaprak

corollaceous *s.* taca benzer, taçlı

corollate *s.* tacı olan, taç yapraklı

corona *a.* hale, ayla; gök ayla; *anat.* üst kafatası; *bitk.* taç, korona

coronal *a.* taç; çelenk * *s. anat.* üst kafatası+

coronary *s.* taçsal, taç damarsal; kalple ilgili * *a.* taç damar *coronary thrombosis* taç damar tıkanıklığı

corpus *a.* ceset, kadavra; *anat.* gövde *corpus luteum* sarı cisim

corpuscle *a. anat.* göze, hücre, alyuvar, akyuvar; *fiz. kim.* parçacık *blood corpuscles* kan hücreleri *red blood corpuscles* kırmızı kan hücreleri, alyuvarlar *white blood corpuscles* beyaz kan hücreleri, akyuvarlar

corrode *e.* aşındırmak, yıpratmak, çürütmek, paslandırmak

corroder *a.* aşındıran şey

corrodibility *a.* aşınabilme, yıpranabilme

corrodible *s.* aşınabilir, yıpranabilir

corrosion *a.* kimyasal aşınma, paslanma, çürüme; aşındırma; yenim; pas *corrosion rate* yenim hızı *electrolytic corrosion* elektrolitik korozyon

corrosive *a. s.* aşındıran, çürüten, yıpratan, paslandıran (madde); bozucu, yıpratıcı, zayıflatıcı *corrosive power* aşındırıcı güç

corrosiveness *a.* ayındırıcılık, yıpratıcılık

63 creatinine

cortex *a*. kabuk, kışır; *anat*. hayb. kabuk, zar, korteks **adrenal cortex** böbreküstü bezi korteksi **cerebral cortex** beyin zarı **renal cortex** böbrek korteksi
cortical *s*. *anat*. kabuksu, kabuk gibi; kabuksal
corticate(d) *s*. kabuklu
cortication *a*. kabuklanma, kabukluluk
corticoid *a*. *biy*. kim. kortikoid, böbrek üstü kabuğu
corticosteroid *a*. *biy*. kim. böbrek üstü bezi maddesi, böbrek üstü kabuğu
corticosterone *a*. *biy*. kim. kortikosteron, böbrek üstü kabuğunun salgıladığı hormon
corticotrop(h)ic *s*. böbrek üstü bezi korteksini besleyen maddeyle ilgili
corticotropin *a*. kortikotropin, böbrek üstü kabuğu çalışmasında etkili hormon
cortin *a*. *biy*. kim. kortin
cortisol *a*. kortizol, hidrokortizon
cortisone *a*. kortizon
corundum *a*. korindon, zımpara, alüminyum oksit
corvina *a*. *hayb*. karga balığı
corvine *s*. karga gibi
corymb *a*. *bitk*. salkım, demet, huzme
corymbose *s*. demet şeklinde, salkımlı
cosmic *s*. kozmik, evrensel **cosmic rays** evren ışınları **cosmic radiation** kozmik radyasyon **cosmic space** kozmik uzay **cosmic dust** kozmik toz, yıldızlararası toz
cosmography *a*. kozmografya, evren betimi
cosmology *a*. evrenbilim
cosmos *a*. evren, kâinat; *bitk*. evrenotu
costal *s*. *anat*. kaburgalarla ilgili
costate *s*. kaburgalı

cotyledon *a*. *bitk*. çenek, kotiledon, saksıgüzeli
cotyledonary *s*. çeneksel
cotyledonous *s*. çenekli, çenek biçimli
coulomb *a*. kulon (simgesi C)
coulometer *a*. kulonmere
coulometry *a*. kim. kulon ölçme
coumarin *a*. kim. kumarin
coumarone *a*. kim. kumaron
counter-current *a*. ters akıntı * *s*. ters yönde akan **counter-current chromatography** ters akım kromatografisi
coupling *a*. mak. kavrama; birleştirme, bağlama; kuplaj
course *a*. gidiş, ilerleme, esna, süre; yön, istikamet; tavır, tutum; seri; ders, kurs; tabak, servis; rota
covalence *a*. kim, ortaklaşım
covalent *s*. ortaklaşım+
covert *a*. çalılık yer, koru, avlak * *s*. kapalı, örtülü
coxa *a*. kalça eklemi
coxal *s*. kalça+
Cr *a*. kromun simgesi
crack *a*. çatlak, kırık, yarık; kusur, arıza * *e*. çatırdatmak, çatlatmak; yarılmak; çatırdamak, çatlamak; kim. ayrıştırmak; ayrışmak
crackle *e*. çatırdatmak; çatlatmak * *a*. çatırtı, hışırtı; çatırdatma
crampon *a*. kente, kanca, mengene; kargaburun
cranial *s*. *anat*. kafatası+ **cranial nerve** kafatası siniri
cranium *a*. kafatası
cream *a*. kaymak, krema **cream of lime** kireç kaymağı **cream of tartar** krem tartar, beyaz tartar, potasyum bitartrat
creatine *a*. *biy*. kim. kretin
creatinine *a*. *biy*. kim. kretinin, kretin anhidrit

creationism *a.* yaratımcılık
creationist *a.* yaratımcı
creep *e. bitk.* yayılmak, sarılmak, dal budak salmak; eğilip bükülmek * *a. yerb.* sürüklenme, kayma
creepage *a.* sürünme, yavaş ilerleme
creeping *s.* sürüngen, tırmanıcı *creeping root* tırmanıcı kök
crenate(d) *s.* tırtıklı, dişli
crenation *a.* (yaprak kenarında) tırtık, çentik
crenature *a.* (yaprak kenarında) tırtık, çentik
crenelled *s.* tırtıklı, çentikli
crenulate *s.* çentikli, tırtıklı, diş diş
creosote *a.* kreozot, katran ruhu * *e.* kreozotlamak *coal-tar creosote* kömürden elde edilen katran ruhu *creosote bush* katran ağacı
crepe *a.* krepsol, tırtıklı lastik
crescent-shaped *s.* orak biçiminde
cresol *a. kim.* kresol
crest *a.* ibik; sorguç, tepelik; yele; sırt, bayır
crested *s.* tepeli, sorguçlu, ibikli *crested flycatcher* ibikli sinekkapan *crested wheatgrass* yeleli çayır
cretaceous *s.* tebeşirli, tebeşir gibi; *yerb.* Mesozoik Çağa ait
cribriform *s.* kalbur gibi, delikli *cribriform tubes* kalbur damarlar
cribrous *s.* delikli
cricoid *s. anat.* gırtlak kıkırdağı+
crinite *s.* kıllı, saçlı; tüylü, püsküllü
crinkle *a.* buruşma, büzülme, kırışma; buruşukluk; hışırtı * *e.* kıvrılmak, buruşturmak, kırıştırmak; buruşmak, kırışmak
crinoid *s.* zambağa benzer; denizlalesigillerden * *a. hayb.* deniz lalesi
crispate *s.* gevrek; kıvırcık

crispation *a.* gevretme; kıvırcıklık, kıvrımlılık
crista *a. hayb.* tepe, ibik
cristate *s.* tepeli, ibikli
critical *s. fiz.* dönüşül; çözümsel, tahlili; önemli, ciddi *critical angle* kritik açı, dönüşül açı *critical damping* dönüşül sönüm *critical phenomena* kritik fenomen *critical point* kritik nokta, dönüşül nokta *critical potential* dönüşül erkil *critical pressure* kritik basınç, dönüşül basınç *critical speed* dönüşül hız *critical temperature* kritik sıcaklık
crocein(e) *a. kim.* krosein, turuncu kırmızı boya
crocidolite *a.* mavi asbestos, sodyum demir silikat
crocin *a.* safrandan elde edilen renk maddesi
crocoisite *a.* kurşun kromat, kırmızı kurşun cevheri
crocoite *a.* kurşun kromat
crop *a.* ekin, hasat; ürün; üretim; malzeme; kırpma, kısaltma; kesik kulak; kursak, taşlık * *e.* biçmek, kırpmak, baş kısmını kesmek, budamak; kırkmak; ürün vermek, ürün verdirmek
cross-fertilization *a. biy.* çapraz dölleme
cross-fertilize *e.* çapraz döllemek
crossing *a.* geçiş, kavşak; melez yetiştirme
crossing-over *a.* çaprazlanma
cross-link *a. kim.* çapraz bağ
crossover *a.* çapraz döllenmeden oluşan genotip; atlama borusu
cross-pollination *a. bitk.* çapraz tozaklaşma
cross-resistance *a.* yan bağışıklık

cross-section *a.* kesit, kesit alınan parça

* e. kesit almak

croton *a. bitk.* kroton

crotonic (acid) *s.* kroton asidi

cruciate *s. bitk.* haç şeklinde dört eşit yapraklı

crucible *a.* pota, maden eritme kabı **crucible steel** ergimiş çelik *Gooch crucible* Gooch potası *porcelain crucible* porselen pota *silver crucible* gümüş pota

crucifer *a. bitk.* turpgillerden bir bitki

cruciferous *s.* haç biçimli yapraklı

cruciform *s.* haç biçiminde

Crustacea *a. hayb.* kabuklular

crustacean *a.* kabuklu deniz hayvanları

crustaceology *a.* kabuklu deniz hayvanları bilimi

crustaceous *s.* kabuklu, kabuk gibi; kabuklu hayvanlar sınıfından

cryogen *a.* soğutucu madde

cryogenic *s.* dondurucu

cryogenics *a.* soğubilimi

cryolite *a.* kriyolit

cryometer *a.* soğuölçer, düşük sıcaklığı ölçen ısıölçer

cryometry *a.* soğu ölçme

cryophytes *a.* buz bitkisi

cryoscope *a.* sıvının donma derecesini ölçen alet

cryoscopic *s.* sıvı donma derecesiyle ilgili

cryoscopy *a.* kriyoskopi, donma noktasının belirlenmesi

cryostat *a.* çok düşük sıcaklık sağlayan kap

crypt *a. anat.* çukurcuk

cryptocephalus *a.* başı hiç gelişmemiş bebek

cryptogam *a.* gizli eşeyli; tohumsuz bitki

cryptogamic *s.* gizli eşeyli

cryptogamous *s.* gizli eşeyli

cryptogamy *a.* gizli eşeylilik

cryptophyte *a.* toprakaltı bitkisi

cryptopine *a.* kriptopin

cryptoxanthin *a.* gizli karotein

cryptozoite *a.* kriptozoit, gelişmekte olan malarya mikrobu

crystal *a.* kristal, billur *crystal glass* kristal cam *crystal growth* kristal büyümesi *crystal lattice* kristal kafesi, kırılca örgüsü *crystal structure* kristal yapısı *crystal symmetry* kristal simetrisi *liquid crystal* sıvı kristal *mixed crystal* karışık kristal *negative crystal* negatif kristal *positive crystal* pozitif kristal, artı kristal *rock crystal* neceftaşı *twin(ned) crystal* ikiz kristal

crystalliferous *s.* kristalli, kristal üreten

crystalline *s.* buzsul, billurlu, billur gibi *crystalline aggregate* kristal kümesi *crystalline lens* göz merceği

crystallite *a.* kristalit, volkanik kayadaki küçük kristaller

crystallitic *s.* kristalitik, kırılcasal

crystallization *a.* billurlaşma, kristalleşme *water of crystallization* kristalleşme suyu

crystallize *e.* billurlaştırmak, kristalleştirmek

crystallizer *a.* billurlaşma kabı

crystallographic *s.* kristalografik, billurbilimsel

crystallography *a.* kristalografi, kırılcabilim

crystalloid *s.* kristalimsi, billurumsu * *a.* tohum dokusundaki kristal tanecikler

crystalloidal *s.* kristalimsi

crystallometry *a.* kristal ölçümü

Cs *a.* sezyumun simgesi
ctenidium *a.* ktenidyum
ctenoid *s.* ktenoyid
ctenophora *a. hayb.* taraklılar
Cu *a.* bakırın simgesi
cubeb *a. bitk.* kübabe; hintbiberi
cubic *s.* kübik, küp şeklinde; *matm.*
üçüncü kuvvet+ **cubic metre** me-
treküp **cubic capacity** silindir hacmi
cubic centimetre santimetre küp **cu-
bic measure** hacim ölçüsü **cubic
measurement** hacim ölçümü
cuculiform *s.* gugukgillere benzer
cucullate(d) *s. bitk.* hayb. başlıklı,
külahlı
cucurbitaceous *s.* kabakgillerden
culm *a.* kömür tozu; *yerb.* siyah kar-
bonlu silisli kayalar; sap
culmiferous *s.* saplı
cultrate *s.* sivri kenarlı (yaprak)
culture *a. biy.* üretim, mikrop üretimi,
kültür; hayvan/bitki yetiştirme; ürün,
ekin * *e.* yetiştirmek, üretmek; kültür
yapmak, mikrop üretmek **blood cul-
ture** kan kültürü **tissue culture** doku
kültürü
cumarin *a. kim.* kumarin
cumin *a. bitk.* kimyon; kimyon tohumu
cuminic (acid) *s.* kuminik (asit)
cuneate *s. bitk.* üçgensel, üçgen biçimli
(yaprak)
cuneate-leaved *s.* üçgen yapraklı
cup *a.* fincan, kupa, kâse biçimli oluşum
cupel *a.* ufak pota
cuprammonium *a.* amonyakta bakır
eritmeyle oluşan bileşik
cupreous *s.* bakırlı, bakır gibi
cupric *s. kim.* bakır(lı)
cupriferous *s.* bakırlı, bakır içeren
cuprite *a.* bakır oksit
cupronickel *a.* bakır-nikel

cuprosilicon *a.* bakır-silikon
cuprous *s.* bakır+, tek değerlikli bakır-
dan oluşmuş **cuprous oxide** bakır ok-
sit
cupula *a.* kupula, kadehçik
cupular *s.* yüksük şeklinde
cupulate *s.* yüksük şeklinde
cupule *a. bitk.* kadehçik, palamut yük-
süğü
cupuliform *s.* yüksük şeklinde
curare *a.* ok zehiri; vurali bitkisi
curarine *a.* kürar türevi
curcumin(e) *a.* sarı bitkisel pigment
curie *a. fiz. kim.* küri, radyoaktivite
birimi **Curie point** Curie noktası, Cu-
rie sıcaklığı
curium *a. kim.* küriyum, radyoaktif
eleman
current *a.* akıntı; *elek.* akım, cereyan
current density akım yoğunluğu **cur-
rent efficiency** akım verimi **alternat-
ing current** dalgalı akım, alternatif
akım **constant current** sabit akım
continuous current sürekli akım **di-
rect current** doğru akım, düz akım
electric current elektrik akımı
cursorial *s.* koşmaya elverişli, uygun
yapıda
curvature *a.* eğilme; eğrilik; türevin
mutlak değeri
curve *a.* eğri; grafik; dönemeç, viraj
curved *s.* eğri, kıvrık
curvilinear *s.* eğrisel, eğrili
cushion *a.* yastık; yastık biçimli yapı
cusp *a.* sivri uç, sivrilik
cuspidate(d) *s.* (yaprak) sivri uçlu
cuspidate-leaved *s.* sivri yapraklı
cut *e.* kesmek; yontmak; biçmek, bu-
damak * *s. bitk.* çatlak, yarık, çatlamış
cutaneous *s.* deri+, cilt+ **cutaneous**

infection deri iltihabı
cuticle *a.* üstderi, dericik; *bitk.* kabuk zarı, kütikül
cuticular *s.* üstderisel
cutin *a. bitk.* kütin
cutinization *a.* kütinleşme, kütinleştirme
cutinized *s.* kütinleşmiş
cutis *a. biy.* alt deri
cutting *a.* biçme, kesme, budama; çelik, fidan, fide
cyanamide *a. kim.* siyanamit, kararsız katı madde *calcium cyanamide* kalsiyum siyanamit
cyanate *a. kim.* siyanat, siyanik asit tuzu
cyanic *s.* mavi *cyanic acid* siyanik asit
cyanide *a.* siyanür, siyanit *cyanide poisoning* siyanür zehirlenmesi *cyanide process* siyanür süreci *hydrogen cyanide* hidrojen siyanür *potassium cyanide* potasyum siyanür
cyanin(e) *a.* siyanin
cyanite *a.* siyanit, alüminyum silikat
cyanocobalamin *a.* vitamin B12
cyanogen *a. kim.* siyanojen, badem kokulu zehirli gaz *cyanogen bromide* brom siyanür
cyanogenesis *a.* hidrosiyanik asit sentezi
cyanogenetic *s.* hidrosiyanik asit oluşturan
cyanohydrin *a. kim.* siyanohidrat
cyanosis *a.* morarma, siyanoz
cyanuric (acid) *s.* siyanür asidi
cycad *a.* çıplak tohumlu bitki
cyclamate *a.* siklamate
cyclamen *a. bitk.* tavşankulağı, siklamen
cycle *a.* devir, dönem; çevrim; bisiklet *cycle of erosion* aşınma dönemi *carbon cycle* karbon dolaşımı *cardiac*

cycle kalp döngüsü *closed cycle* kapalı çevrim, kapalı devre *gastric cycle* sindirim döngüsü *geological cycle* jeolojik dönem *menstrual cycle* âdet döngüsü *nitrogen cycle* azot dolaşımı *sexual cycle* üreme döngüsü
cyclic *s.* periyodik, dönemsel, çevrimsel, halkalı *cyclic compounds* halkalı bileşikler
cyclicity *a.* çevrimsellik, dönemsellik
cyclizine *a.* siklizin
cyclobarbital *s.* siklobarbiton
cyclohexane *a.* siklohekzan
cyclohexene *a.* siklohekzen
cycloid *s.* çembersel, dairesel; yuvarlak pullu; değişken mizaçlı * *a.* sikloid, çevrim eğrisi
cyclonite *a. kim.* patlar zehir
cycloparaffin *a. kim.* halkalı parafin
cyclopentane *a. kim.* siklopentan, suda erimez sıvı bileşik
cyclopropane *a. kim.* siklopropan, uyuşturucu bir cins gaz
cyclosis *a.* hücre protoplazmasının dairesel hareketi
cyclotron *a.* siklotron, döndürgeç
cylinder *a.* silindir
cylindrical *s.* silindirik
cylindroid *s.* silindire benzer, silindirsi
cyma *a. bitk.* talkım; talkımlı çiçeklenme
cymbiform *s.* kayık biçimli
cymene *a. kim.* kimyon yağı
cymophane *a.* sarı beril, berilyum alüminat
cymose *s.* talkımlı
cyprinodont *a.* dişli sazan
cyproterone *a. kim.* eril salgıları azaltan steroit
cyst *a.* kese, kist, ur; sert çeperli göze
cystein(e) *a.* sistein

cystic *s.* kistik, kist şeklinde, keseli
cysticercus *a. hayb.* keseli kurt
cystin(e) *a. kim.* sistin
cystitis *a.* sidik torbası yangısı, sistit
cystocarp *a.* sistokarp, kırmızı yosunda döllenmeden sonra olan meyvecik
cystolith *a.* sistolit
cytidine *a.* sitidin
cytochemistry *a.* hücre kimyası
cytochrome *a.* sitokrom, hücre boyası
cytogamy *a.* sitogami
cytogenesis *a.* hücre oluşumu
cytogenetic *s.* sitogenetik, hücre kalıtım bilimiyle ilgili
cytoid *s.* kiste benzeyen
cytokinesis *a.* yarılanım
cytologic *s.* hücrebilimsel
cytology *a.* sitoloji, gözebilim, hücrebilim
cytolysin *a. biy. kim.* hücre öldüren
cytolysis *a.* hücre çözünümü
cytopathic *a.* hücrede hastalık yapıcı
cytoplasm *a.* sitoplazma, hücre plazması
cytoplasmic *s.* sitoplazmik, hücre plazmasıyla ilgili
cytosine *a.* sitozin, beyaz kristal primidin
cytosome *a.* sitozom, çekirdek dışı hücre protoplazması
cytotaxis *a.* hücrelerarası birbirini çekme-uzaklaştırma etkileri
cytotoxic *s.* hücre zehirleyici
cytotoxin(e) *a.* hücre zehirleyici madde
cytotropism *a.* hücrelerin birbirine göre hareketi

D

D *a.* döteryumun simgesi
dace *a.* gümüşlü balık

dactyl *a.* parmak
dactylate *s.* parmağa benzer
dactyloid *s.* parmağa benzer
dahllite *a.* kalsiyum karbonat ve fosfattan oluşan çift tuz
Dalton *a.* Dalton **Dalton's law** Dalton yasası, Dalton kanunu
daltonism *a.* renk körlüğü
dandelion *a. bitk.* karahindiba
Daniell *a.* Daniell **Daniell hygrometer** Daniell higrometresi **Daniell cell** Daniell pili
daphne *a.* defne ağacı
daphnia *a.* su piresi
dapple *a.* benekli hayvan; benek
dart *a.* ok, mızrak; böcek/arı iğnesi
data *a.* veri, bilgi, malumat
datura *a. bitk.* tatula
daughter *a.* kız evlat **daughter cell** oğul hücre
day *a.* gün; gündüz **day lily** sarı zambak
dayflower *a.* gündüz çiçeği
dayfly *a.* mayıs böceği
deacidification *a.* asit etkiyi ortadan kaldırma
deactivate *e.* etkisiz hale getirmek, etkinliğini gidermek
deactivation *a.* etkisizleştirme
deactivator *a.* etkisizleştirici
deaf-mute *a.* sağır ve dilsiz
deaminase *a.* amino grubunu ayıran enzim
deaminate *a.* amino grubu çıkarmak
deamination *a.* amino grubu çıkarma
death *a.* ölüm **death rate** ölüm oranı, ölüm sıklığı **black death** kara ölüm **brain death** beyin ölümü **molecular death** doku ölümü
decagon *a.* on kenarlı çokgen
decagonal *s.* on köşeli
decalcification *a.* kireçsizleştirme

decalcifier *a.* kireçsizleştiren
decalcify *e.* kireçsizleştirmek
decalitre *a.* dekalitre
decant *e.* sıvıyı (tortusundan ayırıp) boşaltmak; durulaştırmak
decantation *a.* yavaşça boşaltma
decapod *a. s. hayb.* on ayaklı (hayvan)
decapodal *s.* on ayaklı
decapodous *s.* on ayaklı
decarbonation *a.* karbondioksidini çıkarma
decarbonize *e.* karbonunu çıkarmak
decarboxylase *a.* karbondioksit çıkımını hızlandıran enzim
decarboxylation *a.* karboksil grubunu açığa çıkarma ,
decay *e.* çürütmek; çürümek; *fiz.* bozunmak, parçalanmak * *a.* bozunum; çürüklük, çürüme, fermente olma *decay constant* bozunum değişmezi *radioactive decay* radyoaktif parçalanma
deci *önk.* desi-
decibel *a. fiz.* desibel
decidua *a.* dölyatağı zarı *decidua capsularis* döllenmeden sonra ovumu çevreleyen desidua
decidual *s.* döl zarı+
deciduation *a.* döllenmemiş rahimdeki zarın âdet kanamasıyla atılımı
deciduous *s.* yaprağını döken, her yıl yapraklarını döken; belli dönemlerde düzenli olarak döken *deciduous leaf* dökülen yaprak, düşen yaprak *deciduous tooth* sütdişi *deciduous tree* geniş yapraklı ağaç, yaprakdöken ağaç
deciduousness *a.* geçiçilik, süreksizlik
decigram(me) *a.* desigram
decilitre *a.* desilitre
decimetre *a.* desimetre
declinate *s.* eğik, eğimli

decomposable *s.* ayrışabilir
decompose *a.* ayrışmak, çözüşmek; çürümek; ayrıştırmak; çürütmek
decomposer *a.* ayrıştıran
decomposing *a.* ayrıştıran, çözüştüren; çürüten *decomposing agent* ayrıştırma maddesi
decomposition *a.* ayrışma, çözüşme, çürüme, kokuşma, bozunma *double decomposition* çifte bozunma
decompound *s. bitk.* bileşik bölümlü, bileşik bölümlerden oluşmuş
decorticate *e.* kabuğunu soymak, tabaklamak; *hek.* organı ameliyatla çıkarmak
decumbent *s. bitk.* yatık, eğilmiş
decurrent *s. bitk.* aşağı sarkan
decurved *s.* aşağı eğik/bükük
decussate *s.* çaprazvari
decussation *a.* çaprazvari kesme
decyl *a.* desil *decyl alcohol* desil alkol
dedifferentiation *a. biy.* farksızlaşma
deer *a.* geyik, karaca *fallow deer* alageyik *musk deer* misk geyiği *red deer* kızılgeyik
deerberry *a. bitk.* geyik üzümü
deerfly *a. hayb.* geyik sineği
deerhound *a. hayb.* büyük tazı, zağar
deerweed *a. bitk.* geyik otu
defecate *e.* dışkılamak; tasfiye etmek, arıtmak
defecation *a.* dışkılama; arıtma, durultma
defensive *s.* savunmaya yarayan, koruyucu; savunmayla ilgili * *a.* savunma konumu *defensive mechanisms* savunma mekanizmaları
deferent *s. anat.* taşıyan, ileten; sperm kanalıyla ilgili *deferent duct* sperm kanalı
deficiency *a.* eksiklik, yetersizlik, ek-

siklik *physical deficiency* fiziksel yetersizlik *vitamin deficiency* vitamin eksikliği *deficiency diseases* besin yetersizliği hastalıkları
definite s. sayısı belli, belirli, kesin
definitive s. tam, eksiksiz; kesin; son, nihai; açıklayıcı
deflagrate e. ateş almak, parlamak
deflection a. sapma, eğilme
deflective s. saptırıcı
deflexed s. aşağı dönük, sarkık
defloration a. çiçek dökümü
defoliant a. yaprak döktürücü ilaç
deformed s. şekli bozulmuş, şekilsiz, biçimsiz
degauss e. mıknatıslığını gidermek
degausser a. mıknatıslığı gideren
degenerate s. yozlaşmış, bozulmuş * e. soysuzlaşmak, yozlaşmak, bozulmak
degeneration a. soysuzlaşma, bozulma; yozlaşma
deglutition a. yutma
degradation a. *coğ.* aşınma, erozyon; *kim.* çözülme, bozulma
degrade e. *coğ.* aşındırmak; *kim.* ayrıştırmak, çözüştürmek; bileşimini bozmak
degree a. derece *degree of humidity* nem derecesi *degree Fahrenheit* Fahrenheit derecesi *degree centigrade* Celsius derecesi *degree Celsius* Celsius derecesi *degree of alcohol* alkol derecesi *degree of dissociation* ayrışma derecesi
dehisce e. (bitki) yarılıp açılmak
dehiscence a. (bitki) açılma, çatlama
dehiscent s. açılan, çatlayan
dehydrase a. dehidrojenaz
dehydrate e. kurutmak, suyunu gidermek
dehydration a. kurutma, suyunu

giderme; su kaybı, kuruma
dehydrator a. kurutucu alet
dehydroandrosterone a. böreküstü bezi tümöründe idrarla atılan madde
dehydrogenase a. *biy.* *kim.* hidrojen çıkarttıran enzim
dehydrogenate e. hidrojen çıkartmak
dehydrogenated s. hidrojeni çıkartılmış
dehydrogenation a. hidrojen çıkartma
deionization a. iyonsuzlaştırma
deionize e. iyonunu gidermek
delamination a. hücre tabakası ayrılması
deleterious s. sağlığa zararlı; kötü, fena
deletion a. silinme, iptal edilme; eksiklik
deliquesce e. erimek, eriyip su olmak; sulanmak; *bitk.* dal budak salmak
deliquescence a. erime; sulanma; eriyik
deliquescent s. eriyen; sulanan
delirium a. hezeyan, taşkınlık, sayıklama
delphinin(e) a. delfinin, hezaren çiçeğindeki zehirli alkaloid
delta a. *coğ.* delta, çatalağız; *elek.* üçgen bağlama *delta ray* delta ışını *delta wave* beyin dalgaları
deltoid a. *anat.* üçgen omuz kası * s. üçgensel, üç köşe
demagnetize e. mıknatıslığını gidermek
demagnetizer a. mıknatıslığı gideren şey
demagnetizing s. mıknatıslığı gideren
demantoid a. Ural zümrütü
dementia a. bunama
Demerol a. demerol
demineralize e. mineralsizleştirmek, mineralden arıtmak
demineralization a. mineralsizleştirme, mineralden arıtma
demographic s. demografik, nüfus-

bilimsel

demography *a.* demografi, nüfusbilim

denaturant *a.* katkı

denaturation *a.* denşirme, doğallığını bozma

dendrite *a. yerb.* dendrit, üzerinde yosun/ağaç bulunan taş/maden parçası; *anat.* dallantı

dendritic *s.* dallantılı, dallı

dendrochronology *a.* ağaç zaman bilimi, ağaç yaşlama

dendroid *s.* ağacımsı, ağaca benzer, dallı

dendrolite *a.* ağaç fosili

dendrologic *s.* ağaçbilimsel

dendrologist *a.* ağaçbilimi uzmanı

dendrology *a. bitk.* ağaçbilim

dendron *a. anat.* dallantı

denitrate *a. kim.* nitrat gidermek

denitrification *a.* nitratı çözüştürme, azotsuzlaştırma

denitrify *e.* azotsuzlaştırmak; nitratı çözüştürmek

dense *s.* sık, sıkışık, yoğun; donuk, mat; karışık, çetrefil

densification *a.* yoğunlaştırma

densify *e.* yoğunlaştırmak

densimeter *a. fiz.* dansimetre, yoğunlukölçer

densimetry *a.* dansimetri, yoğunluk ölçme

density *a.* sıklık, yoğunluk *density meter* yoğunlukölçer *absolute density* mutlak yoğunluk, salt yoğunluk *current density* akım yoğunluğu *real density* gerçek yoğunluk *relative density* bağıl yoğunluk *vapour density* buhar yoğunluğu

dental *s.* dişsel *dental formula* diş formülü *dental nerve* diş siniri *dental surgery* diş cerrahisi

dentalium *a. hayb.* taraklı yumuşakça

dentate *s. bitk.* hayb. diş diş, dişli, çentikli *dentate leaf* çentikli yaprak

dentation *a. bitk.* hayb. çentik, tırtık

denticle *a.* küçük diş, diş gibi çıkıntı

denticulate(d) *s.* küçük dişli, tırtıklı, çentikli

dentiform *s.* diş şeklinde

dentifrice *a.* diş macunu, diş tozu

dentine *a.* dentin, diş kemiği

dentist *a.* dişçi, diş hekimi

dentistry *a.* dişçilik, diş hekimliği

dentition *a.* diş yapısı; diş çıkarma

denture *a.* takma diş

denude *e. yerb.* aşındırmak

deoxidize *e.* oksijeni gidermek; indirgemek

deoxidization *a.* oksijenini giderme, indirgeme

deoxiodizer *a.* oksijeni gideren şey

deoxycorticosterone *a.* deoksikortikosteron

deoxygenate *e.* oksijenini çıkarmak

deoxyribonuclease *a.* deoksiribonükleaz

deoxyribonucleic acid *a.* deoksiribonükleik asit

deoxyribose *a.* deoksiriboz

depilation *a.* tüy yolma

deplete *e.* tüketmek; *hek.* kan almak

depolarization *a.* kutupsuzlaştırma, ucaysızlaştırma

depolarize *e.* kutupsuzlaştırmak, ucaysızlaştırmak

depolarizer *a.* ucaysızlaştırıcı şey

depolarizing *s.* ucaysızlaştıran

depolymerization *a.* tekizleştirme, çoğuz parçalama

deposit *a.* çökelti, tortu; birikinti *coal deposit* kömür tortusu *lake deposits* göl çökeltileri *superficial deposit* kaplama artığı

depressant *a. s.* yatıştırıcı (ilaç)
depression *a.* alçak basınç merkezi, basınç düşüklüğü; depresyon, kasvet, bunalım; ekonomik bunalım; *coğ.* çöküntü ovası, çukurluk
depressor *a. anat.* aşağı çeken kas; kan basıncını düşüren sinir
depuration *a.* arıtma, arınma
depurate *e.* arıtmak; tasfiye etmek
derivative *a.* türev **petroleum derivative** petrol türevi
derive *e.* türetmek, çıkarmak; türemek, üremek
derived *s.* türemiş **derived product** türev
derma *a.* altderi
dermal *s.* deri+, cilt+
dermatitis *a.* deri yangısı, cilt iltihabı
dermatogen *a. bitk.* dış kabuk
dermatoid *s.* derisel, deri gibi
dermatologist *a.* dermatolog, deri hastalıkları uzmanı
dermatology *a.* dermatoloji, deribilim
dermatophyte *a.* dermatofit, deri mantarı
dermatosis *a.* deri hastalığı, derice
dermic *s.* deri+
dermis *a.* altderi
derris *a. bitk.* hintsarmaşığı
desalt *e.* tuzunu gidermek
desiccant *a. s.* kurutucu (madde)
desiccate *e.* kurumak, kurutmak
desiccation *a.* kurutma
desiccator *a.* kurutma kabı, kurutucu
desmid *a. bitk.* tatlı su yosunu
desmoid *s. anat.* hayb. bağ dokusal
desmolase *a.* desmolaz, karbon atomlarındaki bağı koparan enzim
desorb *e. kim.* kusturmak, dışarı saldırmak
desorption *a.* kusma, dışarı salma
desulfurization *a.* kükürtsüzleştirme,

kükürtün giderilmesi
desulfurize *e.* kükürtsüzleştirmek, kükürtten arıtmak, kükürtünü gidermek
desulfurizing *s.* kükürtsüzleştiren, kükürtünü gideren
detergency *a.* temizleme gücü, temizleyicilik
detergent *a.* deterjan, temizleme maddesi * *s.* temizleyici, kir giderici
determinant *a.* belirtici; *matm.* belirteç, determinant
determinate *s. bitk.* uzamaz; belirli, sınırlı; kesin, nihai
determination *a.* hüküm, sonuç; azim, karar; belirleme, tespit
determined *s.* kararlı, azimli; kesin
detoxicate *e.* zehirsizleştirmek
detoxication *a.* zehirsizleştirme
detrital *s.* döküntülü, ufalanmış
detrited *s.* aşınmış, yıpranmış
detritus *a.* aşıntı, birikinti; moloz
detruncate *e.* budamak, kesmek
detruncation *a.* budama
detumescence *a.* şişin inmesi
deuterate *e. kim.* döteryumlamak
deuterium *a.* döteryum (simgesi D) **deuterium oxide** döteryum oksit, ağır su **deuterium nucleus** döteryum çekirdeği
deuteron *a. fiz.* döyteron, döteryum atomu çekirdeği
deuteroproteose *a.* ikincil protez
deuton *a.* döteryum çekirdeği
deutoplasm *a.* dötoplazma, protoplazmanın besleyici kısımları
development *a.* gelişme; büyüme; *biy.* başkalaşım, dönüşüm; ilerleme **mental development** zihinsel gelişme
deviation *a.* sapma
devilfish *a. hayb.* şeytan balığı

devolution *a. biy.* gerileme, yozlaşma

Devonian *a. s.* Devon dönemi+

dew *a.* çiy, şebnem; damla, damlacık **dew point** çiy noktası, çiyseme noktası **dew-point hygrometer** çiy noktası higrometresi

Dewar *a.* Dewar **Dewar flask** termos

dewater *e.* suyunu gidermek

dewax *e.* mumunu gidermek

dewberry *a. bitk.* böğürtlen

dewclaw *a.* kısa tırnak

dewclawed *s.* kısa tırnaklı

dextral *s. hayb.* (istiridye kabuğu) soldan sağa doğru kıvrık

dextran *a. biy.* kesmik

dextrin *a.* dekstrin, nişasta şekeri

dextro- *önk.* sağ-, saat ibresi yönünde

dextrorotation *a.* sağa dönüş

dextrorotatory *s.* sağa dönen

dextrorse *s. bitk.* sağa bükülen (bitki)

dextrose *a. kim.* dekstroz, üzüm şekeri

diabase *a.* diyabaz, tanesel yapılı kaya

diabetes *a.* diyabet, şeker hastalığı

diabetic *s.* şeker hastalığı+ * *a.* şeker hastası

diabetogenic *s.* şeker hastalığı yapan

diabrotic *s.* aşındırıcı, kemirici

diacetyl *a.* diasetil, biasetil

diacetylene *a.* diasctilen

diacid *s. kim.* iki asitli

diad *a.* iki değerli element

diadelphian *s. bitk.* iki gelişmeli, iki demetli

diadelphous *s. bitk.* iki gelişmeli, iki demetli

diadromous *s. bitk.* yelpaze damarlı (yaprak)

diagenesis *a.* yeni oluşum

diagenetic *s.* yeni oluşumsal

diagnose *e.* (hastalık) tanımak, teşhis etmek

diagnosis *a.* tanı, teşhis; bilimsel tanımlama

diagnostic *s.* tanısal, teşhise yönelik

diagnostics *a. hek.* tanıbilim

diagonal *a. matm.* köşegen * *s.* çapraz, verev

diagram *a.* diyagram, grafik; taslak, şema, şekil * *e.* taslak çizmek, plan yapmak

diakinesis *a.* diyakinez, hücre bölünmesinin son evresi

diallage *a.* bir tür piroksin

dialypetalous *s.* ayrıtaçyapraklılar

dialysate *a.* diyalizle ayrılan madde

dialyse *e.* süzdürmek

dialysepalous *s.* ayrı çanakyapraklı

dialyser *a.* süzdürücü, ayırıcı alet, diyaliz makinesi; *hek.* suni böbrek

dialysis *a. fiz. kim.* ayırma, süzdürüm

dialytic *s.* süzdürümsel

dialyze *e.* süzdürmek

diamagnetic *s. fiz.* diyamanyctik, tcrs dizilmıknatıslı

diamagnctism *a. fiz.* ters dizilmıknatıslık

diameter *a.* çap **external diameter** dış çap **internal diameter** iç çap

diametral *s.* çapsal, çap+

diamide *a.* iki amino grup içeren bileşik

diamine *a. kim.* diamin

diamond *a.* elmas **diamond cutter** elmas keski **diamond drill** elmaslı matkap **black diamond** siyah elmas, karbonado, karaelmas, endüstri elması **cut diamond** işlenmiş elmas **rough diamond** ham elmas

diandrous *s. bitk.* iki ercikli

dianthus *a.* karanfilgillerden bir çiçek

diapause *a.* durgunluk dönemi

diapedesis *a.* sızma, kan hücresinin dokuya geçmesi

diaphoresis 74

diaphoresis *a. hek.* ter, terletme

diaphragm *a. anat.* diyafram, zar; *fiz.* **kim.** ayırıcı; titreşim zarı; mercek perdesi

diaphysis *a. anat.* diyafiz, kemik gövdesi

diapophysis *a. anat.* omur çıkıntısı

diarrhoea *a.* ishal, amel

diarthrodial *s.* eklemsel

diarthrosis *a. anat.* eklem, mafsal

diarticular *s.* iki eklemle ilgili

diaspore *a.* diyaspor, alüminyum hidroksit

diastalsis *a.* daralım, büzülüm

diastase *a. biy.* **kim.** diyastaz, nişastayı üzün şekerine çeviren enzim

diastasis *a.* gevşem, diyastol

diastatic *s. biy.* **kim.** diyastaz+; diyastaza benzer

diastema *a.* diş arası

diastole *a.* gevşem, diyastol

diathermancy *a.* kızılaltı ışınımı geçirebilme

diathermanous *s.* kızılaltı ışınımı geçirebilen

diathermic *s.* diyatermik

diathermy *a.* diyatermi, elektrikle ısıtarak tedavi

diatom *a.* tek gözeli su yosunu *diatom earth* kizelgur

diatomaceous *s.* yosunlu *diatomaceous earth* diyatomlu toprak, kizelgur, yosun kumu

diatomic *s.* ikili; iki atomlu

diatomite *a.* yosun kumu, diyatomit

diaxon *a.* iki aksonlu sinir hücresi

diazine *a.* **kim.** diyazin

diazo *s.* **kim.** diyazo grubu içeren *diazo compound* diyazo bileşiği *diazo derivative* diyazo türevi

diazobenzene *a.* diyazobenzen

diazole *a.* **kim.** diyazol

diazomethane *a.* **kim.** diyazometan, zehirli patlayıcı gaz

diazonium *s.* **kim.** diyazonyum+ *diazonium salt* diyazonyum tuzu

diazotize *e.* diazo bileşiğine çevirmek

dibasic *s.* **kim.** çift bazlı, dibazik *dibasic acid* çift bazlı asit

dibbler *a.* toprak delici

dibenzanthracene *a.* katrandan elde edilen polisiklik hidrokarbon

dibenzyl *a.* iki benzil grubu içeren bileşik

dibenzylamine *a.* renksiz yağlı sıvı

dibranchiate *a. hayb.* çok ayaklılar

dibromide *a.* dibromür

dicarboxylic (acid) *a.* **kim.** dikarboksilik (asit)

dicentra *a. bitk.* salkım çiçek

dicephalism *a.* iki başlılık

dicephalous *s.* iki başlı

dichloride *a.* diklor, iki klorlu

dichloroacetone *a.* dikloraseton

dichlorobenzene *a.* diklorbenzen, böcek öldürücü olarak kullanılan bir madde

dichlorodifluoromethane *a.* **kim.** freon, zehirsiz tutuşmaz gaz

dichlorvos *a.* **kim.** diklorvos, böcek öldürücü madde

dichogamous *s. bitk.* türdeşsiz

dichogamy *a. bitk.* türdeşsizlik

dichondra *a. bitk.* yer sarmaşığı

dichotomous *s.* iki kollu, ikili, ikiye bölünmüş

dichotomy *a.* ikiye bölünme; çatallaşma

dichroic *s.* çift renkli

dichroism *a.* çift renklilik

dichromate *a.* dikromat, dikromik asit tuzu

dichromatic *s.* iki renkli

dichromatism *a.* iki renklilik

dichromic *s.* çift renkli, iki renki; dikromik *dichromic acid* dikromik asit

dichroscope *a.* dikroskop

dickcissel *a. hayb.* Amerika ispinozu

diclinism *a. bitk.* tek eşeylilik

diclinous *s. bitk.* ayrı cinsiyetli; tek eşeyli

dicotyledon *a.* dikotiledon, iki çenekli bitki

dicotyledonous *s.* iki çenekli

dicrotic *s.* (nabız) çift vuruşlu

dictyosome *a.* diktiyozom, Golgi cisimciği

dictyospore *a.* diktiyospor

didactyl(e) *s.* didaktil

didactylism *a.* el ve ayakta iki parmak oluşu

didymium *a. kim.* neodymium ve praseodymium karışımı

didymous *s. bitk.* çift, ikiz

die *e.* ölmek, can vermek; yok olmak; kuvvetini yitirmek; azalmak, zayıflamak

diecious *s.* ayrı eşeyli

dieldrin *a. kim.* dieldrin, böcek öldürücü zehir

dielectric *s.* dielektrik, yalıtkan *dielectric capacity* dielektrik kapasite *dielectric constant* dielektrik katsayısı, dielektrik sabiti *dielectric hysteresis* dielektrik gecikmişlik

diencephalic *s.* arabeyinsel

diencephalon *a.* ara beyin

diene *a. kim.* iki çiftbağlı bileşim

diesel *a. s.* dizel+ *diesel engine* dizel motoru *diesel fuel* dizel yakıtı

diesel-electric *s.* dizel elektrik

diet *a.* besin, gıda; rejim, perhiz *be on a diet* rejimde olmak, perhiz yapmak *milk diet* süt diyeti *starvation diet* açlık diyeti

---

dietetic(al) *s.* perhiz+; perhiz için hazırlanmış

dietetics *a.* perhiz bilimi

diethylstilbestrol *a.* yapay östrojen

dietician *a.* diyet uzmanı, diyetisyen

differentiable *s.* ayırt edilebilir; *matm.* türetilebilir

differential *s.* ayrışık; farklı; *matm.* türevsel; türetke *differential gear* diferansiyel dişli *differential equation* türevsel denklem

differentiation *a.* türetme, türev alma; farklılaşma; ayırt etme

diffraction *a. fiz.* kırınma, kırınım; sapma *diffraction grating* dağıtma ızgarası, optik ağ, kırınım ağı

diffractive *s. fiz.* (ışığı) kırıcı; kırınımsal

diffuse *e.* dağılmak, yayılmak, yaymak * *s.* ayrıntılı; dağınık, yayılmış

diffusion *a.* yayılma, dağılma; *fiz.* yayınım; dağınım *diffusion coefficient* difüzyon katsayısı, yayılma katsayısı *diffusion constant* difüzyon sabitesi *thermal diffusion* ısıl difüzyon, ısıl yayınım

dig *e.* kazmak, eşmek; bellemek; çukur açmak * *a.* kazı, hafriyat; kazma, belleme

digastric *s. anat.* iki karınlı, iki çıkıntılı *digastric muscle* iki karınlı kas

digenesis *a. biy.* ardışık üreme, hem eşeyli hem eşeysiz üreyebilme

digenetic *s. biy.* ardışık üremsel

digest *e.* sindirmek, hazmetmek; *kim.* ıslatarak yumuşatmak, ayrıştırmak

digestant *a. hek.* sindirimi kolaylaştıran ilaç

digestible *s.* sindirimi kolay, hazmedilebilir

digestion *a.* sindirim, hazım; *kim.* yumuşatma

digestive *s.* sindirici, hazmı kolaylaştıran *digestive system* sindirim sistemi

digit *a.* parmak; parmak genişliği

digital *s.* dijital, sayısal; parmak gibi

digitalein *a.* dijitalein, dijital yaprağından elde edilen alkaloid karışım

digitalin *a.* dijitalin, yüksükotundan çıkarılan zehirli bir glükozit

digitalis *a.* yüksükotu

digitalize *e.* dijitalinle tedavi etmek

digitate(d) *s. hayb.* parmaklı; *bitk.* beş parmaklı; parmak gibi

digitation *a. biy.* beş yapraklılık; parmak gibi çıkıntı

digitiform *s.* parmak biçiminde

digitigrade *s. a.* parmakları üzerinde yürüyen

digitoxin *a.* dijitoksin

diglyceride *a.* digliserid

digynous *s.* iki pistilli

dihedral *s. a.* iki düzlemli

dihybrid *s. a. biy.* dihibrit, melez

dihybridism *a.* melezlik

dihydrate *a. kim.* iki su

dihydrite *a.* dihidrit

dikaryon *a.* çift çekirdekli

dike *a.* set, bent; su yolu, mecra, kanal, ark; *yerb.* damar kayacı * *e.* hendek açmak

Dilantin *a.* dilantin

dilatation *a.* genleştirme, genleşme, genişletme, büyütme; genişleme

dilate *e.* genleştirmek, genleşmek, açılmak

dilation *a.* genleştirme, genleşme, genişletme, büyütme; genişleme

dilatometer *a. fiz.* genleşmeölçer

dilatometry *a. fiz.* genleşme ölçümü

dilator *a.* genleştiren, genişleten; genleştirici kas

dill *a. bitk.* dereotu, yabantırak

diluent *a.* seyreltme maddesi * *s.* sulandırıcı

dilute *e.* sulandırmak, seyreltmek * *s.* seyreltilmiş, sulandırılmış, seyreltik

dilution *a.* su katma, sulandırma, seyreltme

dimenhydrinate *a.* baş dönmesi ilacı

dimension *a.* boyut, ölçü; büyüklük

dimer *a. kim.* ikiz mol

dimerization *a. kim.* ikizleşme

dimerize *e. kim.* ikizleştirmek

dimerous *s.* iki bölümlü

dimercaprol *a. kim.* ikiz kaprol

dimeric *s.* ikiz, ikili

dimethoate *a. kim.* dimetoat

dimethyl *a. kim.* iki metilli

dimethylamine *a.* dimetilamin

dimethylbenzene *a.* dimetilbenzen

dimethylhydrazine *a. kim.* dimetilhidrazin

dimetria *a.* çift rahimlilik

dimidiate *s.* ikiye bölünmüş

diminution *a.* azaltma, azalış; indirme

dimorph *a.* iki şekil, çift biçim

dimorphic *s.* iki şekilli, çift biçimli

dimorphism *a.* iki şekillilik, çift biçimlilik

dimorphite *a.* arsenik sülfit cevheri

dimorphotheca *a. bitk.* Afrika papatyası

dimorphous *s.* iki şekilli, çift biçimli

dinitrobenzene *a. kim.* dinitrobenzen

dinitromethane *a. kim.* dinitrometan

dinitrophenol *a.* dinitrofenol

dinoflagellate *a.* çift kirpikli plankton

dinosaur *a.* dinozor

dinucleotide *a.* dinükleotit

diode *a. elek.* diyot

dioecious *s. biy.* ayrı eşeyli

dioecism *a.* ayrı eşeylilik

dioestrus a. dişinin kızgınlık göstermediği dönem
diol a. kim. diol, çift hidroksilli
diolefin a. kim. alkadien
diophantine equation a. matm. Diyofant denklemi
diopside a. diopsid
dioptase a. dioptaz, sulu bakır silikat cevheri
diopter a. diyoptri, odak uzaklığının tersi
dioptometer a. diyoptometre, gözün ışığı kırma derecesini ölçen alet
dioptrical s. merceksel; kırınımsal
dioptrics a. mercek bilimi
diorama a. üç boyutlu görüntü
diorite a. yerb. yeşil taş, diorit
diosgenin a. biy. kim. diyocenin
diosphenol a. diyosfcnol
dioxane a. kim. diyoksan, patlayan renksiz sıvı
dioxide a. kim. dioksit, iki oksit carbon dioxide karbondioksit
dioxin a. kim. dioksin
dioxybenzene a. dioksibenzen
dip e. daldırmak, batırmak, sokmak; antiseptik suya daldırmak * a. daldırma; batma, batıp çıkma; düşme; eğim, meyil
dipetalous s. bitk. iki petalli
diphase s. elek. iki evreli, iki fazlı
diphasic s. elek. iki evreli, iki fazlı
diphenyl a. difenil, bifenil diphenyl oxide difenil oksit
diphenylacetylene a. difenilasetilen
diphenylamine a. kim. difenilamin, aromatik amin
diphenyline a. difenilin
diphenylmethane a. difenilmetan
diphosgene a. kim. difosgen
diphteria a. kuşpalazı, difteri

diphyletic s. iki soylu
diphylous s. iki yapraklı, çift yapraklı
diphyodont s. hayb. iki kere diş çıkaran
diplex s. iki yönlü, dipleks
diploblastic s. iki hücre katmanlı
diplocephalus a. iki başlı
diplococcus a. diplokok, çift küresel bakteri
diplogen a. hidrojen izotopu
diploid s. çift, iki katlı * a. biy. çift kromozomlu (organizma)
diploidic s. çiftli, iki katlı
diploidy a. iki katlılık
diplont a. hücreleri çift kromozomlu canlı
diplophase a. yaşamda kromozomların çift olduğu evre
diplopia a. çift görme
diplopod s. a. hayb. çok ayaklı (hayvan)
diplopodic s. çok ayaklı
diplosis a. biy. ikileşme, iki kat olma
dipnoan s. a. hayb. çift akciğerli (balık)
dipolar s. iki kutuplu
dlpole a. fiz. elek. dipol, çift ucay dipole antenna dipol anten dipole moment dipol moment
diptera a. hayb. ikikanatlılar, çift kanatlı böcekler
dipteran a. s. çift kanatlı (böcek)
dipteron a. çift kanatlı böcek
dipterous s. iki kanatlı, çift kanatlı
dipyrenous s. iki çekirdekli
disaccharide a. kim. disakkarit
disaggregate e. çözüştürmek, çözüşmek, bileşenlerine ayrılmak
disaggregation a. çözüşme, çözüştürme
disarticulate e. eklemlerinden ayırmak; (dal) kırılmak
disbud e. tomurcukları seyreltmek; boynuzsuz bırakmak
discharge a. boşaltmak, tahliye; akıtma;

akma oranı, debi; akıntı; *elek.* deşarj *
e. boşaltmak, tahliye etmek; akıtmak;
elek. deşarj etmek/olmak; işten çıkarmak *discharge tube* boşaltım borusu
discifloral *s.* disk çiçekli
disciform *s.* yuvarlak, disk şeklinde
discoid *s.* diske benzeyen
disconformity *a. yerb.* kesinti, tortul kayada tortulaşmanın kesintiye uğradığı yüzey
disconnect *e.* bağlantıyı kesmek; ayırmak, kesintiye uğratmak
disconnected *s.* bağlantısız, ayrılmış; (elektrik devresi) açık
discontinuity *a.* devamsızlık, süreksizlik; kesiklik; süreksizlik
discontinuous *s.* süreksiz, devamsız; kesintili
discus *a.* disk
disease *a.* hastalık; bitki hastalığı *dutch elm disease* karaağaç ölümü
disembowel *e.* bağırsaklarını çıkarmak; içini boşaltmak
disepalous *s. bitk.* iki sepalli
dish *a.* tabak; çanak, kap; yiyecek *evaporating dish* buharlaştırma çanağı
dished *s.* çukur, içbükey
disinfect *e.* dezenfekte etmek, arıtmak
disinfectant *s. a.* dezenfektan, mikrop öldürücü (madde)
disinfection *a.* dezenfekte etme, arıtma
disintegrate *e.* parçalanmak, ufalanmak, dağılmak; *fiz.* bozunmak
disintegration *a.* parçalanmak, dağılma, ufalanma; *fiz.* bozunma
disintegrative *s.* parçalayıcı
disk *a.* disk, yuvarlak cisim; *bitk.* hayb. yuvarlak parça/organ *intervertebral disk* omurlar arası disk
dislocate *e.* yerinden çıkarmak, yerini

değiştirmek; *hek.* (kemik) eklem yerinden çıkarmak
dislocation *a.* yerinden oynatma, yerinden oynama; *hek.* çıkık (kemik)
dispermous *s. bitk.* çift çekirdekli
dispersal *a.* dağılım, yayılma, dağıtma
dispersant *a. s.* dağıtan, yayan
dispersed *s.* dağınık
disperser *a.* dağıtan, yayan
dispersoid *a. fiz.* kim. asıltı
displacement *a. fiz.* yer değiştirme miktarı; taşırma; uzanım; *mak.* piston yer değişimi; *yerb.* çatlak, fay
display *a.* gösteri, gösterme; sergi, ortaya koyma; görüntü; *hayb.* çiftleşme oyunu * *e.* göstermek, sergilemek; açıklamak; yaymak, sermek; *hayb.* (çiftleşme öncesi) oyunlar yapmak
dissect *e.* teşrih etmek, (hayvan/bitki) incelemek için kesmek
dissected *s. bitk.* dilimli, dilimlenmiş; *coğ.* parçalanmış, bölünmüş
dissecting *a.* tahlil, inceleme
dissection *a.* kesme, dilimleme; dilimlenmiş şey
dissemination *a.* saçılma, yayılma, dağılma, sirayet, geçme
dissepiment *a.* bölme, ayırma; *bitk.* bölen zar, perde
dissimilation *a.* farklılaşma, ayırma; dokusal çözüşme
dissipate *e.* dağıtmak; dağılmak; harcamak, ziyan etmek
dissipation *a.* dağıtma; israf, ziyan; kayıp
dissociable *s.* ayrılabilir, ayrışabilir
dissociate *e. kim.* ayrıştırmak, çözüştürmek; ayrışmak; ayrılmak; ayırmak
dissociation *a. kim.* ayrıştırma, ayrışma, çözüştürme; ayrılma; ayırma *disso-*

ciation constant bozunma sabitesi, çözüşüm katsayısı

dissolubility *a.* eritilebilme, çözülebilme

dissoluble *s.* erir, eritilebilir, çözülür

dissolution *a.* eritme, erime; ayrışma, çözüşme

dissolve *e.* ayrıştırmak, çözüştürmek; ayrışmak; eritmek; erimek; dağılmak

dissolved *s.* ayrışmış; erimiş

dissolvent *s.* a. eritici (madde)

dissymmetric *s.* bakışımsız, asimetrik

dissymmetry *a.* bakışımsızlık, simetrisizlik

distal *s.* uzakta, uzak olan

distichous *s. bitk.* çift dizili; çatallı

distill *e.* damıtmak; damıtılmak

distillate *a.* damıtılmış madde; yoğuşma

distillation *a.* damıtma, imbikten çekme; damıtılma; damıtma ürünü *distillation apparatus* damıtma aygıtı *azeotropic distillation* eşkaynar damıtma, azeotrop damıtma *dry distillation* kuru damıtma *fractional distillation* kademeli damıtma *molecular distillation* moleküler damıtma

distinctive *s.* ayırıcı, ayırt edici

distinguish *e.* ayırmak; ayırt etmek; seçmek, fark etmek; sınıflandırmak

distome *a. hayb.* iki vantuzlu yassı kurt

distortion *a.* çarpıklık, bozukluk; burulma, bükülme

distributary *a.* nehir kolu

distribution *a.* dağıtım, dağıtma; dağılım, yayılma; sınıflandırma, tasnif; pay *distribution coefficient* dağıtım katsayısı *distribution curve* dağılım eğrisi

distributive *s.* dağıtımsal, dağılımsal

disulfate *a. kim.* disülfat

disulfide *a. kim.* disülfit

dita *a. bitk.* zehir ağacı

dittany *a. bitk.* giritotu; geyik otu

diuresis *a.* sidik söktürüm, idrarın fazlalaşması

diuretic *s. a.* sidik söktürücü (ilaç)

diurnal *s.* gündüz çiçek açan, günlük

divalence *a. kim.* iki valanslılık

divalent *s.* iki valanslı, iki değerli

divaricate *s.* çatallı, dal budak salmış, dallara ayrılmış * *e.* dallanmak, dal budak salmak

divarication *a.* dallanma, dallara ayrılma

divaricator *a.* dallara ayıran

diverge *e. matm.* ıraksak olmak; ayrılmak

divergence *a. fiz.* ıraksaklık; *matm.* ıraksama

divergent *s. matm.* ıraksak; birbirinden uzaklaşan, ayrı, farklı

diversified *s.* çeşitli

diversiflorous *s.* değişik çiçekli

diversity *a.* çeşitlilik, farklılık; fark, çeşit, tür

diverticular *s. anat.* kör uzantısal

diverticulum *a. anat.* divertikül, kör uzantı, torbacık

divide *e.* bölmek, bölüştürmek; ayrılmak, ayırmak; sınıflandırmak

divided *s.* ayrı, ayrılmış, bölünmüş; *bitk.* dilimli (yaprak)

dividend *a.* kâr payı; *matm.* bölünen sayı

diving *a.* dalış, dalma *diving beetle* dalgıç böcek *diving duck* dalgıç ördek

division *a.* bölme, bölüm, bölme işlemi; bölünme *division sign* bölü işareti

divisive *s.* bölen, dağıtan, bölümsel

divisor *a. matm.* bölen *common divisor* ortak bölen *greatest common divisor* en büyük ortak bölen

dizygotic s. dizigotik, iki ayrı yumurtanın döllenmesinden oluşan

dock a. hayb. hayvan kuyruğunun etki kısmı; dok, havuz * e. (kuyruk) kısa kesmek, kırpmak

dodder a. bitk. cin saçı, bağ boğan, küsküt

dodecahedron a. on iki yüzlü

dogbane a. bitk. itboğan

dogberry a. bitk. kızılcık

dogfish a. kedi balığı

dog's-tail a. bitk. it kuyruğu

dolabriform s. (yaprak) balta şeklinde

dolerite a. dolan taşı, dolerit

dolomite a. dolomit, kalsiyummagnezyum karbonat cevheri

dolomitic s. dolomit+

domestic s. evcil, ehli **domestic animals** evcil hayvanlar

dominant s. a. başat, hâkim **dominant species** dominant türler, baskın türler

donor a. bağışçı; hek. kan bağışlayan, organ veren

doodlebug a. zarkanatlı böcek larvası

dopamine a. sempatomimetik ilaç

Doppler a. Doppler **Doppler effect** Doppler etkisi **Doppler radar** Doppler radarı

dormancy a. uyku hali, uyuşukluk **period of dormancy** dinlenme dönemi **summer dormancy** yaz uykusu

dormant s. uyku halinde, uykuda

dormouse a. fındık faresi

doronicum a. bitk. sarıbaş

dorsal a. arka, sırt * s. bedenin arka tarafında bulunan (organ); bitk. eksenden uzak **dorsal fin** sırt yüzgeci

dorsiferous s. bitk. sırtta oluşan

dorsiventral s. bitk. iki yüzeyli, iki yüzeyi belirgin

dorsiventrality a. iki yüzeylilik, sırttan karına uzama

dorsoventral s. sırttan karına uzayan

dorsum a. anat. sırt, sırt bölgesi

dosage a. dozaj; doz

dose a. doz

dosimeter a. dozimetre, ışınölçer

dosimetric s. ışınölçümsel

dosimetry a. fiz. ışınölçme

double s. çift, ikili; iki misli **double bond** çift bağ **double decomposition** çifte bozunma **double fertilization** çift döllenme **double helix** çift helis **double integral** iki katlı tümlev **double layer** çift tabaka, çift katman **double refraction** çift kırılım **double salt** çift tuz **double tackle** çift makaralı palanga

double-digit s. çift rakamlı

double-jointed s. çok oynak eklemli

Douglas fir a. bitk. Amerika köknarı

douricouli a. hayb. yarasa maymunu

dourine a. durin, bulaşıcı at hastalığı

dove a. güvercin **rock dove** kaya güvercini

dovecot a. güvercinlik

down a. ince kuş tüyü, ayva tüyü, hav

downfold a. yerb. çökük katman

downiness a. yumuşaklık, tüy gibi olma

downy s. havlı, ince tüylü

dragnet a. tarama ağı

dragon a. ejderha **dragon tree** ejder ağacı

dragonet a. hayb. üzgün balığı

dragonfly a. hayb. yusufçuk

dragonhead a. bitk. ejderbaş

dried s. kurutulmuş

drier a. kurutma aleti, kurutucu

drill a. tohum yatağı, tohum dizisi; matkap, delgi; alıştırma * e. tohum ekmek; matkapla delmek

dripstone *a.* damlalık; sarkıt ve dikit şeklinde kireçtaşı

droppings *a.* hayvan gübresi

drumfish *a. hayb.* trampet balığı

drumlin *a. yerb.* buzul tepe

drupaceous *s. bitk.* tek çekirdekli

drupe *a. bitk.* eriksi meyve, tek çekirdekli etli meyve

druse *a. yerb.* kaya içindeki boşluğun kristalli yüzeyi

dry *s.* kuru, kurak; susuz * *e.* kurutmak, kurumak *dry cell* kuru pil, kuru hücre *dry milk* süttozu *dry kiln* kereste kurutma fırını *dry rot* mantarlaşma

drying *s.* kurutucu, kurutan; nem çeken *drying apparatus* kurutma aygıtı

dual *s. a.* çift, ikiz; ikili, iki katlı

dualistic *s.* ikicil, ikisel

duality *a.* ikilik

duckbill *a. hayb.* kunduzördek

duct *a.* ark; su yolu, mecra, kanal; *anat.* hayb. kanal; *bitk.* damar *air duct* hava bacası, hava kanalı, hava borusu *bile duct* safra kanalı, öd kanalı *lymph duct* lenf kanalı *resin duct* reçine kanalı *sweat duct* boşaltım kanalı

ductile *s.* dövülgen; şekil verilebilen *ductile metals* dövülgen metaller *ductile clay* çömlekçi kili

ductility *a.* dövülgenlik

ductless *s.* kanalsız, borusuz; içsalgı+ *ductless gland* kanalsız bez

dug *a.* (hayvanda) meme

dulcite *a.* dülsit

dune *a.* kumul, kum tepeciği

dunghill *a.* gübre yığını

dunite *a.* dünit

dunlin *a. hayb.* kum çulluğu

dunnite *a.* danit

duodenal *s.* düodenal, onikiparmak-bağırsağı+

duodenitis *a.* onikiparmakbağırsağı iltihabı

duodenum *a.* onikiparmakbağırsağı

duplicate *e.* büyütmek, çoğaltmak; kopya etmek

duplication *a.* çoğalma, büyüme; kopya etme

dura mater *a. anat.* beyin sert zarı

Duralumin sert alüminyum

duramen *a. bitk.* sert odun

duration *a.* süre, zaman *duration curve* zaman eğrisi

durmast *a. bitk.* direk meşesi

durra *a.* hintdarısı

durum *a.* makarnalık buğday

Dy *a.* disprozyumun simgesi

dyad *s.* çift, iki; *kim.* iki valanslı * *a. biy.* kromozom çifti

dyadic *s.* iki parçalı, iki kısımdan oluşan; ikili *dyadic system* ikili sistem

dye *a.* boya, kumaş boyası; renk * *e.* boya tutmak *basic dyes* bazik boyalar *fast dye* has boya, solmaz boya *synthetic dyes* sentetik boyalar

dyeing *a.* boyacılık, boyama

dyestuff *a.* boyar madde, boya maddesi

dynamic *s. fiz.* dirik, dinamik; kuvvetten doğan; güçlü, enerjik *dynamic energy* dinamik enerji *dynamic equilibrium* dirik denge *dynamic state* dinamik durum

dynamics *a.* devimbilim, dinamik bilgisi

dynamo *a.* dinamo, doğru akım üreteci

dynamoelectric *s.* dinamoelektrik

dynamometer *a.* dinamometre, kuvvetölçer

dynamometry *a.* kuvvet ölçme

dynatron *a. elek.* dinatron

dyne *a. fiz.* din

dyscholia *a.* safra hastalığı
dysemia *a.* kan hastalığı
dysentery *a.* dizanteri, kanlı basur
dysfunction *a. hek.* işlememek, (organ) görev yapmamak
dysgenesis *a.* organın gelişim bozukluğu
dysgenic *s.* döl bozucu, yozlaştırıcı
dysgenics *a. biy.* yoz bilimi
dyslexia *a.* okuma yeteneksizliği, kelime körlüğü
dysmenorrhea *a. hek.* sancılı âdet görme
dyspepsia *a.* sindirimsizlik, sindirim güçlüğü
dysphagia *a.* yutma güçlüğü
dysphasia *a.* konuşma güçlüğü
dysphasic *s.* konuşamayan
dysphoria *a.* rahatsızlık, huzursuzluk
dyspnea *a.* nefes darlığı
dysprosium *a. kim.* disprozyum (simgesi Dy)
dystrophia *a. hek.* beslenme yetersizliği; kasların gelişmemesi
dysuria *a.* idrar zorluğu

E

eagle *a.* kartal
eagle-owl *a.* puhu kuşu
eagle-ray *a.* fulya balığı
eagle-stone *a.* kartal taşı
ear *a.* başak, koçan; kulak *inner ear* içkulak *middle ear* ortakulak *outer ear* dışkulak
eardrum *a.* kulakzarı
eared *s.* kulaklı
earth *a.* dünya, yeryüzü; *elek.* toprak; *kim.* indirgenmesi zor maden oksitleri * *e.* topraklamak, toprağa bağlamak; toprakla örtmek *earth science* yer

bilimi *earth's crust* yeryüzü kabuğu *alkaline earth* alkali toprak *aluminous earth* alüminli zemin *fuller's earth* lekeci kili, çırpıcı kili *rotation of the earth* dünyanın dönüşü *the earth's atmosphere* yeryüzü atmosferi
earthquake *a.* deprem
earthworm *a. hayb.* solucan
ebonite *a.* ebonit, sert kauçuk
ebonize *e.* abanozlaştırmak
ebony *a.* abanoz; abanoz ağacı
ebracteate *s. bitk.* gonca yapraksız
eburnation *a.* eklem sertliği
ecaudate *s. hayb.* kuyruksuz
ecbolic *s. a. hek.* doğumu çabuklaştırıcı (ilaç)
ecchymosis *a.* bere, çürük
ecdysis *a. hayb.* dış kabuğun atılması, deri değişme
ecdysone *a.* deri değiştirme hormonu
echidna *a. hayb.* karıncayiyen
echinacea *a. bitk.* kirpi otu
echinate(d) *s.* dikenli, sert kıllı
echiniform *s.* derisi dikenli
echinoderm *a. hayb.* derisidikenli
Echinodermata *a. hayb.* derisi dikenliler
echinodermatous *s. hayb.* derisi dikenlilerden
echinoid *s. a.* derisi dikenli, derisi dikenligillerden
Echinoidea *a.* derisi dikenliler
echinus *a. hayb.* deniz kestanesi, deniz kirpisi
echo *a.* yankı; *elek.* yansıma
echocardiogram *a.* ses dalgalarıyla kalbin hareketini gösteren grafik
echocardiography *a.* ekokardiyografi, yüksek frekanslı ses dalgalarıyla kalbi inceleme
echolocation *a. elek.* yankı ile yer bulma

eclampsia a. gebelik havalesi, eklampsi

eclipse a. tutulma; sönme * e. (güneş/ay) tutulmak annular eclipse halka biçimli tutulma

ecliptic a. s. ekliptik, tutulum çemberi plane of ecliptic ekliptik düzlem

eclogite a. seçme taş

ecological s. çevrebilimsel

ecology a. çevrebilim, ekoloji plant ecology bitki ekolojisi

ecospecies a. akraba ekotipler

ecosphere a. canlılar dünyası

ecosystem a. ekosistem, canlılar ve çevrenin oluşturduğu bütün

ecotone a. çevresel geçiş bölgesi

ecotype a. ekotip, çevresel alt tür

ectoblast a. dış deri

ectoderm a. dış deri, ektoderm

ectodermal s. dış deri+

ectodermic s. dış deri+

ectogenic s. dış gelişken, dışta gelişen

ctogenous s. dış gelişken, dışta gelişen

ectomere a. dış deri büyürhücresi

ectoparasite a. dış asalak

ectoparasitic s. dış asalaklarla ilgili

ectopic s. yer değiştirmiş ectopic pregnancy dış gebelik

ectoplasm a. biy. dış plazma, ektoplazma

ectoplasmic s. dış plazma+

ectosarc a. biy. dış protoplazma

ectosarcous s. dış protoplazma+

ectosome a. ektozom

ectosteal s. dış kemikleşme

ectosteosis a. dış kemikleşme

ectozoa a. biy. dış asalak

eczema a. mayasıl, egzema

edaphic s. topraktan etkilenen, toprakla ilgili

edaphology a. toprakbilim, canlılarla toprak ilişkisini inceleyen bilim

eddy a. anafor, girdap, su çevrisi

edelweis a. bitk. aslan pençesi

edema a. ödem

edematose s. ödemli, su toplamış

edentate s. dişsiz * a. dişsizgiller; dişsiz memeli hayvan

edentulous s. dişsiz

effect a. etki; sonuç toxic effect toksik etki, zehir etkisi

effector a. etken doku; yapan kişi

efferent s. götürücü, organdan dışarı götüren

effervesce e. köpürmek, kabarmak, köpük çıkarmak

effervescence a. köpürme, köpük çıkarma

effervescent s. köpüren, kabaran, köpük çıkaran

efflorescc e. kim. tozla örtülmek, toz haline gelmek; çiçeklenmek

efflorescence a. kim. tozlaşma, tozlanma, ufalanma; ince toz; deri kızarıklığı; çiçeklenme

efflorescent s. kim. tozlaşan, tozlanan; tozlu; çiçek açan

effluent a. akışkan atık

effuse s. bitk. yaygın, yayılmış; hayb. (istiridye kabuğu vb.) ağzı açık

effusion a. fiz. sızım; sıvı birikimi; dökülme, akıtma; döküntü

effusive s. taşan, fışkıran; yerb. püskürük effusive rock püskürük kaya

egest e. vücuttan çıkarmak, boşaltmak

egesta a. dışkı, vücuttan çıkan madde

egestion a. çıkarma, boşaltma

egestive s. çıkaran, boşaltıcı

egg a. yumurta egg white yumurta akı egg yolk yumurta sarısı egg membrane yumurta zarı egg shell yumurta kabuğu fertilized egg döllenmiş yumurta, zigot

egg-shaped *s.* yumurta biçimli, oval
ego *a.* benlik
egret *a. hayb.* beyaz balıkçıl
einkorn *a.* tek taneli buğday
einsteinium *a.* aynştanyum (simgesi Es)
ejaculation *a.* fırlatma, fışkırtma; fışkırma; meni gelmesi
ejecta *a.* püskürük, volkan külü
ejector *a.* püskürten şey, *mak.* boşaltma aleti
ekistic *s.* çevresel
ektoparasite *a.* dışasalak
elaborate *e.* özenerek yapmak, itina etmek; besini özünsenecek duruma getirmek
eland *a. hayb.* boğa antilobu
elapid *a.* zehirli yılan
elasmobranch *s. a.* keskin solungaçlı (balık)
elastic *s.* esnek, elastik *elastic collision* esnek çarpışma *elastic deformation* esnek deformasyon, elastik deformasyon *elastic fatigue* esneklik yorulumu *elastic limit* esneklik sınırı, esneme sınırı *elastic strength* esneklik kuvveti
elasticity *a.* esneklik *elasticity of extension* uzama esnekliği *elasticity of torsion* burulma esnekliği
elastin *a. biy.* kim. elastin
elastomer *a. kim.* esnek madde
elater *a. bitk.* esnek iplik
elaterid *a. hayb.* taklaböceği
elaterite *a.* doğal asfalt
Elberta *a.* yarma şeftali; yarma şeftali ağacı
elderberry *a.* mürver
elecampane *a. bitk.* andız otu
electric *s.* elektrik+, elektriksel *electric battery* pil *electric charge* elektrik yükü *electric current* elektrik akımı

electric discharge elektrik deşarjı, elektrik boşalımı *electric energy* elektrik enerjisi *electric field* elektrik alanı *electric spark* elektrik kıvılcımı *electric moment* elektrik momenti *electric polarization* elektrik polarizasyonu *electric potential* elektrik potansiyeli *electric power* elektrik kuvveti *electric resistance* elektrik direnci, elektrik rezistansı *electric wave* elektrik dalgası
electrical *s.* elektrik+, elektrikle ilgili *electrical impulses* elektriksel impulslar, elektriksel vurular, elektriksel impulslar
electricity *a.* elektrik; elektrik akımı *atmospheric electricity* atmosfer elektriği *dynamic electricity* dinamik elektrik *frictional electricity* sürtünme elektriği *negative electricity* negatif elektrik, eksi elektrik *positive electricity* pozitif elektrik *static electricity* statik elektrik *vitreous electricity* cam elektriği, pozitif elektrik
electroanalysis *a.* elektroanaliz, elektrikli çözümleme
electroanalytic(al) *s.* elektrikle çözümlenen
electrobiology *a.* elektrobiyoloji
electrocardiogram *a.* elektrokardiyogram, kalp atışlarını gösteren grafik
electrocardiograph *a.* elektrokardiyograf, kalp atışlarını kaydeden cihaz
electrochemical *s.* elektrokimyasal, elektriksel kimya+ *electrochemical equivalent* elektrokimyasal eşdeğer
electrochemistry *a.* elektriksel kimya
electrode *a.* elektrot *glass electrode* cam elektrot *hydrogen electrode* hidrojen elektrotu *oxygen electrode*

oksijen elektrotu
electrodialysis *a. fiz. kim.* elektriksel yarı geçirimle arıtma
electrodynamics *a.* elektrodinamik
electroencephalogram *a.* elektroansefalogram, beyin akımyazısı
electroencephalograph *a.* elektroansefalograf, beyin akımyazar
electroencephalography *a.* elektroansefalografi, beyin akımyazımı
electroform *e.* elektrikle biçimlendirmek
electrograph *a.* elektrograf, elektrikli aletle çizilen grafik
electrokinetic *s.* devimsel elektrik+, elektrokinetik **electrokinetic potential** elektrokinetik potansiyel
electrokinetics *a.* elektriksel devim bilgisi, elektrokinetiks
electroluminescence *a.* elektriksel ışıldama
electrolysis *a.* elektroliz, elektrikle ayrışım
electrolyte *a.* elektrolit
electrolytic *s.* elektrolitik **electrolytic capacitor** elektrolitik kondansatör **electrolytic cell** elektrolitik hücre **electrolytic conduction** elektrolitik iletim **electrolytic copper** elektrolitik bakır **electrolytic dissociation** elektrolitik çözünme **electrolytic oxidation** elektrolitik oksidasyon **electrolytic refining** elektrolizle metal arıtma, elektrolitik arıtma
electrolyze *e. fiz. kim.* elektrikle ayrıştırmak, elektroliz yapmak
electrolyzer *a.* elektrolit çözüştüren
electromagnet *a. fiz.* elektromıknatıs
electromagnetic *s. fiz.* elektromanyetik **electromagnetic field** elektromanyetik alan **electomagnetic radiation** elek-

tromanyetik radyasyon **electromagnetic spectrum** elektromanyetik spektrum **electromagnetic unit** elektromanyetik birim **electromagnetic wave** elektromanyetik dalga
electromagnetism *a. fiz.* elektromanyetizma, akımmıknatıslık
electromechanical *a. fiz.* elektromekanik
electromechanics *a. fiz.* elektromekanik
electrometer *a.* elektrometre, elektrikölçer
electrometric *s.* elektrometrik
electrometry *a.* elektrikölçerle ölçme
electromotive *s. elek.* elektrik akımı üreten **electromotive force** elektromotor kuvvet **electromotive series** elektrokimyasal dizi
electromotor *a.* elektrik motoru
electron *a. fiz.* elektron **electron affinity** elektron afinitesi **electron band** elektron kuşağı **electron beam** elektron demeti **electron camera** elektron kamera **electron charge** elektron yükü **electron cloud** elektron bulutu **electron distribution** elektron dağılımı **electron emission** elektron salımı, elektron yayımı, elektron emisyonu **electron gun** elektron tabancası, elektron püskürteci **electron lens** elektronik mercek, elektron merceği **electron microscope** elektron mikroskobu **electron multiplier** elektron çoğaltıcısı, elektron multiplikatörü **electron optics** elektron optiği, elektron ışıkbilgisi **electron orbit** elektron yörüngesi **electron pair** elektron çifti **electron radius** elektron yarıçapı **electron transfer** elektron nakli **electron tube** elektron tüpü

bound electron bağlı elektron *free electron* serbest elektron, erkin elektron *lone electron* tek elektron *negative electron* negatif elektron *nuclear electron* nükleer elektron, çekirdeksel elektron *orbital electron* orbital elektron *positive electron* pozitif elektron *primary electron* primer elektron *secondary electron* ikincil elektron, sekonder elektron

electronegative *s. kim.* fiz. eksi elektrik yüklü; madensel olmayan

electronegativity *a.* eksi elektrikle yüklülük

electronic *s.* elektronik; elektron+

electronics *a.* elektronik

electron-volt *a. fiz.* elektronvolt

electrophilic *s.* eksicil, ek elektron alabilen

electrophoresis *a. fiz.* kim. eleltroforez, elektriksel asıltı hareketi

electrophoretic *s.* elektrikle hareket eden

electrophysiological *s.* elektrofizyolojik

electrophysiology *a.* elektrofizyoloji

electropositive *s.* elektropozitif, artı elektrikli; asit olmayan, baz

electroscope *a. fiz.* elektroskop, yükgözler

electroshock *a.* elektrik sarsıntısı, elektroşok

electrostatic *s. fiz.* elektrostatik, durukyük *electrostatic bond* elektrostatik bağ *electrostatic generator* elektrostatik üreteç *electrostatic lens* elektrostatik mercek

electrostatics *a. fiz.* elektrostatik, durukyük bilgisi

electrosynthesis *a.* elektrosentez

electrotaxis *a.* elektrotaksi

electrotechnic(al) *s.* elektroteknik+

electrotechnics *a.* elektroteknik

electrothrerapeutics *a.* elektrikle tedavi

electrovalency *a. kim.* yükün değerlik

electrum *a.* altın gümüş alaşımı; Alman gümüşü

element *a.* element; *kim.* mat. öğe, eleman *new elements* yeni elementler *radioactive elements* radyoaktif elementler *rare elements* nadir elementler *solid elements* katı elementler *trace elements* iz elementler, mikro elementler

elementary *s. matm.* yalın; *kim.* basit, öğesel; ilkel; başlangıç *elementary analysis* öğesel çözümleme, elementer analiz *elementary particle* temel parçacık

elemi *a.* kokulu reçine

eleoptene *a. kim.* sıvı yağ

elephant *a.* fil *elephant apple* fil elması *elephant seal* dev ayı balığı

elephantiasis *a.* fil hastalığı

elevator *a.* yükselteç, asansör; *biy.* kaldıran kas

elimination *a.* (vücuttan) dışarı atma, boşaltma; çıkarma, hariç tutma

ellipse *a.* elips

elm *a.* karaağaç *elm-bark beetle* karaağaç böceği *elm-leaf beetle* karaağaç yaprak biti

elodea *a. bitk.* balıkotu

elute *e. fiz.* kim. yıkayıp gidermek, eritip ayırmak

elution *a.* eritip ayırma, yıkayıp giderme

elutriate *e.* arıtmak; temizlemek; maddeleri birbirinden ayırmak

elutriation *a.* arıtma, ayırma

eluvial *s.* birikimsel, çökeltili

eluvium *a. yerb.* çökelti, toz toprak

elver *a.* yılanbalığı yavrusu

elytritis *a.* vajina iltihabı

elytron *a.* kınkanat

emarginate(d) *s. bitk.* çentikli; tırtıklı

emargination *a.* çentik, tırtık

embolectomy *a.* damar açımı

embolism *a.* emboli, damar tıkanıklığı

embolus *a.* damarı tıkayan pıhtı

emboly *a.* iç içe büyüme

embryo *a.* cücük, cenin, embriyon; *bitk.* tohum; ilk oluşum *embryo cell* embriyon hücresi *embryo sac* embriyon kesesi *in embryo* olgunlaşmamış halde, başlangıç aşamasında

embryogenesis *a.* embriyon oluşumu

embryogenetic *s.* embriyon oluşumuyla ilgili

embryogeny *a.* embriyon oluşumu

embryologic(al) *s.* embriyolojik, döletbilimsel

embryology *a.* embriyoloji, döletbilim

embryonic *s.* embriyonla ilgili, döletsel; embriyon halinde *embryonic abortion* embriyon halde düşük

embryopathy *a.* embriyodaki patolojik durum; embriyo gelişim bozukluğu

embryotomy *a.* fetüsün parçalanıp çıkarılması

embryotrophy *a.* embriyon beslenmesi

emerald *a.* zümrüt

emergence *a.* ortaya çıkma, açma, filizlenme; çıkıntı

emergent *s.* çıkan; oluşan; birden olan

emersed *s. bitk.* su yüzünde, sudan yukarı çıkmış

emesis *a.* kusma

emetic *s. a.* kusturucu (ilaç)

emetin(e) *a.* emetin

eminence *a. anat.* çıkıntı, yumru; tepe, doruk; yücelik

emission *a. fiz.* salım, emisyon; (vücuttan) çıkan madde *emission of*

radiation ışınım salımı

emissive *s.* salımsal; salan

emissivity *a.* salıcılık

emit *e.* yaymak, salmak, dışarıya atmak

emitter *a. fiz.* salgıç; yayan, salan

empirical *s.* deneysel, görgül *empirical formula* ampirik formül

empiricism *a.* deneysel yöntem; deneysel sonuç

empyema *a.* göğüs zarı iltihabı

emulsification *a.* asıltılaştırma, eritme

emulsifier *a.* asıltılaştıran madde, emülsiyon yapan madde

emulsify *a.* asıltılaştırmak, eritmek

emulsifying *s.* asıltılaştıran, emülsiyon yapan *emulsifying agent* eritici madde

emulsion *a. fiz.* emülsiyon, sıvı asıltı; sütsü, sübye

emulsive *s.* sıvı asıltılı; sübyemsi

emulsoid *a. fiz. kim.* tam çözüşmüş asıltı

enamel *a.* mine, emay, sır; diş minesi

enantiomorph *a.* zıt bakışıklık

enantiomorphic *s.* zıt bakışık

enantiomorphism *a.* zıt bakışıklık

enarthrodial *s. anat.* yuva eklemli

enarthrosis *a. anat.* yuva eklem

enate *s.* dışa doğru büyüyen * *a.* anne tarafından akraba

encephalic *s.* beyin+, beyinle ilgili

encephalitis *a.* beyin iltihabı

encephalocoele *a.* beyin keseleşimi

encephalogram *a. hek.* ansefalogram, beyin emgesi

encephalography *a. hek.* ansefalografi, beyin radyografisi

encephalomalacia *a.* beyin pelteleşmesi

encephalon *a.* beyin, kafa içi

enchondral *s.* kıkırdak içinde olan

enchondroma *a.* kıkırdaklı ur

encina *a. bitk.* yenidünya meşesi
enclave *a.* geniş bitki topluluğu içindeki başka bir bitki topluluğu; *hek.* organ/doku içindeki şey
encyst *e. biy.* keseleşmek, kese oluşturmak
encystation *a.* keseleşme
encysted *s.* keseleşmiş
encystment *a.* keseleşme
end *a.* uç, son **end bulb** duyma siniri ucu **end pressure** uç basıncı **end product** son ürün
endameba *a.* amip
endangium *a.* damarın iç tabakası
endbrain *a.* ön beyin
endemic *s.* yöresel, yerel * *a.* yerel hastalık
endergonic *s.* enerji yutan
endermic *s.* deriye işleyen
enderon *a.* mukozanın alt tabakası, derinin epidermis altındaki bölümü
endive *a.* hindiba
endoblast *a.* iç deri
endocarditis *a.* yürek iç zar iltihabı
endocardium *a.* yürek içzarı
endocarp *a. bitk.* endokarp, çekirdek zarı/kabuğu
endocarpic *s.* tohum zarı+
endochondral *s.* kıkırdak içinde oluşan
endocranium *a.* böcek beyin kılıfı
endocrinal *s.* içsalgı beziyle ilgili; doğrudan kana karışan
endocrine *a.* içsalgı, hormon * *s.* iç salgı+ **endocrine gland** içsalgı bezi
endocrinology *a.* endokrinoloji, içsalgıbilim
endocrinologic(al) *s.* endokrinolojik, içsalgıbilimsel
endocytose *e.* hücre yutmak
endocytosis *a.* hücre yutumu
endoderm *a.* endoderm, iç deri

endodermis *a. bitk.* iç kabuk
endodontia *a.* kök dişçiliği
endodontology *a.* kök dişçiliği
endoenzyme *a. biy. kim.* iç enzim
endogamy *a.* iç evlenme
endogen *a. bitk.* içten büyüyen bitki
endogenesis *a. biy.* iç gelişme, içeriden büyüme
endogenicity *a. biy.* iç gelişme
endogenous *s. biy.* iç gelişen, içinden büyüyen
endogeny *a.* içten büyüme
endolymph *a. anat.* iç sıvı, iç kulak sıvısı
endolymphatic *s.* iç sıvısal
endometrium *a.* dölyatağı iç zarı
endomitosis *a.* endomitoz
endomorph *a.* iç mineral
endomorphic *s.* iç içe oluşan, iç mineral+; tıknaz, bodur
endomorphism *a.* iç başkalaşım
endomorphy *a.* iç içe oluşma
endoparasite *a.* endoparazit, iç asalak
endoparasitic *s.* iç asalaksal
endophyte *a. bitk.* iç asalak bitki
endophytous *s.* bitki doku içinde yaşayan
endoplasm *a.* endoplazma, iç plazma
endoplasmic *s.* endoplasmik, iç plazma + **endoplasmic reticulum** endoplazmik retikül
endoplast *a.* hayvan hücresi çekirdeği
endopodite *a.* iç ayak
endorhachis *a.* omuriliği saran sert zar
endorphin *a.* iç uyuşturucu madde
endoscope *a.* endoskop
endoscopic *s.* endoskopik, iç gözlemsel
endoscopy *a.* endoskopy, iç gözlem
endoskeleton *a.* iç iskelet
endosmosis *a. fiz. kim.* iç geçişim, iç osmos

endosmotic *s.* iç geçişimle ilgili

endosome *a.* tek hücrelilerin çekirdeğindeki cisimcik

endosperm *a. bitk.* besidoku

endospermic *s.* besidokusal

endospore *a. bitk.* iç spor, spor zarı iç tabakası

endosporium *a.* iç spor

endosteum *a. anat.* kemik iç zarı

endostome *a.* endostom, kemik boşluğundaki tümör

endothecium *a. bitk.* iç hücre tabakası; kapsül iç zarı

endothelium *a.* iç örtü, iç zar

endothermic *s. kim.* endotermik, ısıalan **endothermic reaction** ısı alan tepkime

endothermism *a.* ısı alma

endotoxic *s.* zehirleyici

endotoxin *a. biy. kim.* iç zehir

enema *a. hek.* lavman

energy *fiz.* enerji, erke **energy level** enerji seviyesi **energy transfer** enerji aktarımı **activation energy** aktivasyon enerjisi, etkinleşme erkesi **atomic energy** nükleer enerji, atom enerjisi **internal energy** iç enerji **kinetic energy** kinetik enerji **potential energy** potansiyel enerji **radiant energy** ışıyan enerji **thermal energy** ısı enerjisi, termal enerji **vibrational energy** titreşim enerjisi, titreşim erkesi

enervate *s.* kuvvetsiz, zayıf

enfolded *s.* kıvrımlı

engine *a.* makine, motor; mekanik düzen **electric engine** elektrik motoru **gas engine** gazlı motor **internal combustion engine** içten yanmalı motor **radial engine** radyal motor, yıldız motor **rotary engine** dönel devimli

motor **steam engine** buhar makinesi

engineer *a.* mühendis

engnineering *a.* mühendislik

engraft *e.* (ağaç) aşılamak

enol *a. kim.* enol

enolic *s.* enol+

enphytotic *s.* (bitkiye) bazen gelen ama tahrip etmeyen

enrichment *a.* zenginleştirici madde

ensiform *s. biy.* kılıç şeklinde, kılıçsı (yaprak)

enstatite *a.* sarı taş

ental *s.* iç

enteral *s.* bağırsak+

enteramine *a.* serotonin

enteric *s.* bağırsakla ilgili **enteric fever** tifo, karahumma

enteritis *a.* bağırsak iltihabı

enterobiasis *a.* solucanlama

enterococcus *a.* bağırsak streptokok basili

enterocoele *a.* karın kavuğu

enterocolitis *a.* bağırsak yangısı

entrogastronc *a.* bağırsak hormonu

enterokinase *a.* ince bağırsak hormonu

enterology *a.* bağırsak bilimi

enteron *a. anat. hayb.* bağırsak, besin kanalı

enteroscope *a. hek.* enteroskop

enterotomy *a.* bağırsak açımı

enterovirus *a.* bağırsak virüsü

enterotoxemia *a.* kan zehirlenmesi

enthalpy *a.* yığıntı

entire *s.* iğdiş edilmemiş (hayvan); (yaprak) tek parçalı **entire leaves** dilimli olmayan yapraklar

entoderm *a.* iç deri

entomofauna *a.* böcek topluluğu

entomological *s.* böcekbilimsel

entomology *a.* böcekbilim, entomoloji

entomophagous *s.* böcekçil

entomophilous *s.* böceklerle döllenen
entomophily *a.* böceklerle döllenme
entomostracan *s.* a. kabuklu (böcek)
entomostracous *s.* kabuklu (böcek)
entoparasite *a.* iç asalak
entophyte *a.* iç asalak bitki
entoptic *s.* göz içiyle ilgili
entozoon *a.* bağırsak kurdu
entropy *a.* sistemde kararsızlık, dağıntı; rastgelelik ölçüsü
enucleate *s. biy.* çekirdeksiz * *e.* çekirdek/ur çıkarmak
envelope *a. biy. bitk.* zar, torba, kılıf, örtü; deri, kabuk
environment *a.* çevre
environmental *s.* çevresel *environmental science* çevre bilimi
enzyme *a.* enzim, ferment, maya *analysis of enzymes* enzim analizi *defensive enzymes* koruyucu enzimler *digestive enzymes* sindirim enzimleri *proteolytic enzymes* protein parçalayan enzimler
enzymic *s.* enzimsel, enzimle ilgili
enzymology *a.* enzimoloji, enzimbilim
eosin *a.* eozin boyası
eosinophil *a.* eozinofilik hücre, eozin boyalı akyuvar
epactal *s.* fazladan eklenen, ilave olan
ependyma *a.* epandim hücreleri
ependymal *s.* epandimle ilgili
ephebic *s.* ergenlik çağıyla ilgili
ephedrine *a.* efedrin
ephemeral *s.* kısa ömürlü, geçici
epiblast *a.* dış deri
epiboly *a.* epiboli
epicalyx *a.* dışçanak
epicanthus *a.* gözün iç köşesindeki deri kıvrımı
epicardia *a.* diyaframla mide arasındaki yemek borusu bölümü

epicardium *a.* viseral perikard, epikard
epicondyle *a.* kemik çıkıntısı
epicotyl *a.* epikotil
epicranial *s.* kafa derisiyle ilgili
epicranium *a.* kafatası derisi
epicrisis *s.* hastalığın ikinci dönemi
epidemic *s.* epidemik, salgın yapan
epidemiology *a.* salgın hastalık bilimi, epidemiyoloji, salgınlıkbilim, salgınbilim
epiderm *a.* epiderm, üstderi
epidermal *s.* üstderiyle ilgili
epidermic *s.* üstderiyle ilgili
epidermis *a.* üstderi
epididymis *a.* sperm taşıma kanalı
epigastric *s.* epigastrik
epigastrium *a.* midenin üst bölümü
epigenesis *a.* gelişimde organların basitten karmaşığa doğru oluştuğunu kabul eden görüş
epiglottis *a.* gırtlak kapağı
epigone *a.* epigon
epilepsy *a.* epilepsi, sara
epimandibular *s.* mandibula üzerinde
epimorphic *s.* epimorf
epimysium *a.* iskelet kasının en dış zarı
epinasty *a.* epinasti
epipelagic *s.* epipelajik
epipetalous *s.* epipetal
epipharynx *a.* epifarinks
epiphyseal *s.* epifizle ilgili
epiphysis *a.* epifiz, kemik ucu
epiphyte *a.* epifit, konik bitki
epiphytic *s.* epifit+
episclera *a.* sklera ile konjunktiva arasındaki serbest bağ dokusu
episome *a.* antibiyotiğe karşı direnç oluşturan genetik malzeme
episperm *a.* tohum dış zarı
epistasis *a.* epistazi, örtme
epistatic *s.* örten

episternum *a.* episternum

epistropheus *a.* ikinci boyun omuru, eksen kemiği

epithalamus *a.* epitalamus

epithelial *s.* epitel tabakayla ilgili

epithelialization *a.* epitelle örtülme, epitel dokuyla kaplanma

epithelium *a.* epitel, üstderi dokusu

epitympanum *a.* orta kulak üst bölümü

epityphlon *a.* körbağırsak takısı, solucansı takı

epizoic *s.* hayvan üstünde asalak yaşayan

epizoon *a.* hayvan üstünde yaşayan parazitler

epizootic *s.* hayvanlarda salgın yapan (hastalık)

eponychium *a.* embriyoda tırnak gelişimini sağlayan boynuzsu tabaka

epoophoron *a.* yumurtalık ve rahim tüpleri arasındaki mezonefron kalıntıları

epoxy *s.* epoksi *epoxy resin* epoksi reçinesi, epoksit reçine

epulosis *a.* yara dokusu oluşumu

equation *a.* denklem *equation of state* hal denklemi *equation for coefficients of extinction* sönüm katsayısı denklemi *equation for dielectric constants* dielektrik katsayısı denklemi *equation for kinetics of reaction* kinetik reaksiyon denklemi *equation for osmotic pressure* osmotik basınç denklemi

equatorial *s.* ekvatoral, ekvatora ait

equilibrate *e.* denge sağlamak, dengelemek

equilibration *a.* denge, denge kurma

equilibrium *a.* denge *equilibrium potential* denge potansiyeli *chemical equilibrium* kimyasal denge *homeostatic equilibrium* vücudun iç dengesi

heterogeneous equilibrium heterojen denge, çoktürel denge *ionic equilibrium* iyon dengesi *radioactive equilibrium* radyoaktif denge, ışımetkin denge

equitant *s. bitk.* kıvrık, katlanmış

equivalence *a.* eşdeğerlik *equivalence point* eşdeğerlik noktası

equivalent *a. s.* denk, eşdeğer *equivalent conductance* eşdeğer iletkenlik *equivalent conductivity* eşdeğer iletkenlik *mechanical equivalent of heat* ısının mekanik eşdeğeri

Er *a.* erbiyumun simgesi

erbium *a.* erbiyum (simgesi Er)

erasion *a.* hasta dokuları kazıma

erect *s.* dik; kalkık * *e.* dikmek; dikleşmek, kalkmak; kaldırmak, dikleştirmek

erectile *s.* dikleşebilir; *anat.* (doku) sertleşebilir

erection *a. anat.* kalkma, dikleşme, sertleşme

erector *a. anat.* organı dik tutan kas

erepsin *a. biy. kim.* erepsin, incebağırsak enzimi

erg *a. fiz.* erg

ergmeter *a.* ergölçer

ergometer *a.* kasgüçölçer

ergonovine *a.* ergonovin, suda erir ergot alkaloidi

ergosterol *a. biy. kim.* ergosterol

ergot *a.* ergot, çavdar mahmuzu, deliceotu

ergotamine *a.* ergotamin, ergottan elde edilen bir migren tedavi alkaloidi

ergotism *a.* çavdar hastalığı

erianthous *s.* pamuk çiçekli

ericaceous *s. bitk.* defnegiller

erigeron *a. bitk.* kanarya otu

ermine *a. hayb.* as, kakum

ern *a. hayb.* deniz kartalı
erode *a.* toprak aşınması
erodent *s.* aşındırıcı
erosion *a.* aşındırma, erozyon; aşınma
cervical erosion serviks erozyonu
erosion column peri bacası **lateral erosion** yanal erozyonu
erosive *s.* aşındırıcı, yıpratıcı
erosivity *a.* aşındırıcılık
errhine *s. a. hek.* burun akıtan (ilaç)
erubescence *a.* kızartı, kızarma
erupt *e.* püskürmek, fışkırmak; (cilt) kabarmak; (diş) çıkmak
eruptive *s.* kabarcık çıkaran, kızartı yapan
ervil *a. bitk.* karaburçak
eryngo *a. bitk.* deve elması, çakırdiken
erysipelas *a.* yılancık
erythema *a.* kızartı
erythrism *a.* kızıllık, kırmızılık
erythrite *a.* eritrit, kobalt arsenat
erythritol *a. kim.* eritritol
erythroblast *a. anat.* ön alyuvar
erythroblastosis *a.* kanda ön alyuvar bulunması
erythrocyte *a. fiz.* alyuvar
erythrocytolysis *a.* hemoliz
erythrocytometry *a.* alyuvar sayımı
erythromycin *a.* eritromisin
erythron *a.* alyuvarlar
erythrophilous *s.* eritrofil
erythrophyll *a. biy. kim.* yaprak kızartan madde
erythropoiesis *a.* alyuvar oluşması
erythropoietin *a.* alyuvar oluşturan hormon
erythropsin *a.* rodopsin, görme moru
erythrosine *a. kim.* eritrosin
Es *a.* aynştanyumun simgesi
eserine *a.* fizostigmin, hafif pembe kristalli alkaloid

esophageal *s.* yemek borusu+
esophagus *a. anat.* yemek borusu
esparto *a. bitk.* halfa otu
essential *s. a.* zorunlu, elzem; temel; koku (türünden) **essential hypertension** sürekli yüksek kan basıncı **essential oil** çiçek özü, çiçek esansı
essonite *a.* sarı-kahverengi lal taşı
ester *a. kim.* ester
esterase *a. biy. kim.* esteraz, esteri alkol ve aside dönüştüren maya
esterification *a.* esterleşme
esterify *e. kim.* esterleşmek, esterleştirmek
estival *s.* yazlık, yaza ait
estivate *e. hayb.* yaz uykusuna yatmak
estivation *a.* yaz uykusu; (tomurcuk) çiçek yaprağının dizilişi
estriol *a. biy. kim.* estriol, gebelikte idrarda bulunan dişilik hormonu
estrogen *a. biy. kim.* estrojen
estrone *a. biy. kim.* estron, bir tür dişilik hormonu
estrus *a. hayb.* kızışma dönemi, kösnüme devresi
estuarine *s.* haliç şeklinde, halice benzer
etaerio(n) *a. bitk.* bileşik meyve
ethambutol *a. kim.* etambütol
ethane *a.* etan
ethanoic *s.* etanoik **ethanoic acid** etanoik asit
ethanol *a. kim.* etanol
ethanolamine *a. kim.* etanolamin
ethene *a.* etilen, yanıcı gaz
ether *a.* eter, lokman ruhu **acetic ether** etil asetat **cellulose ether** selüloz eteri **chloric ether** kloroform ruhu **sulfuric ether** adi eter, dietil eter **methyl ether** metil eter
ethereal *s.* etil eter+

etherize e. eter vermek, eterle uyuştur-
mak
ethmoid a. kalburkemiği
ethmoidal s. kalburkemiği+
ethnography a. etnografi, butunbetim
ethnology a. etnoloji, budunbilim
ethological s. etolojik
ethologist a. etoloji uzmanı
ethology a. etoloji, davranış bilimi
ethyl a. etil *ethyl acetate* etil asetat
ethyl alcohol etil alkol *ethyl oxide*
etil oksit *ethyl alcohol* etil alkol *ethyl
acetate* etil asetat *ethyl bromide* etil
bromür *ethyl cellulose* etil selüloz
ethylate a. kim. etilat * e. etillemek
ethylation a. etilleme
ethylene a. etilen * s. etilenli *ethylene
glycol* etilen glikol *ethylene oxide*
etilen oksit
ethylenic s. kim. etilenli
ethylic s. etilli
ethylin a. etilin
ethylurethane a. etilüretan
etiolate e. (bitki) soldurmak; ağartmak,
rengini gidermek
etiolation a. soldurma; ağartma, rengini
giderme
Eu a. öropyumun simgesi
eucalyptic s. sıtma ağacı+, okaliptüs+
eucalyptol a. kim. sineol
eucalyptus a. bitk. sıtma ağacı, okalip-
tüs
euchromatin a. ökromatin
euchromosome a. ökromozom
euclase a. öklez, berilyum alüminyum
silikat
eudiometer a. kim. gazölçer
eudiometric s. kim. gazölçümsel
eudiometry a. kim. gazölçüm
eugenic s. soy düzelten; iyi nitelikli,
soylu

eugenics a. öjenik, ırk iyileştirmeciliği
eugenol a. öjenol
euglena a. hayb. al benekli tek hücreli
hayvan, öglena
euplastic s. organik dokuya dönüşebilir
europium a. öropyum (simgesi Eu)
euryhaline s. biy. tuzluluk derecesi
farklı sularda yaşayabilen
euryphagic s. örifajik
eurythermal s. öritermik, her sıcaklıkta
yaşayan
Eustachian tube a. östaki borusu
eutectic s. a. kim. fiz. ötektik, birerim
eutectic mixture birerim karışımı
eutectic point ötektik nokta, birerim
nokta *eutectic structures* ötektik
yapılar
euthenics a. çevre gelişimi bilgisi
Eutheria a. eteneli memeli grubu
eutrophic s. besin maddesince zengin
euxenite a. öksenit
evaginate s. ters yüz etmek, tersine
çevirmek
evagination a. ters yüz etme, tersine
çevirme
evanescent s. uçup giden, ölümlü
evaporate e. buharlaşmak; suyunu
uçurmak
evaporating a. buharlaşma
evaporation a. buharlaşma, buğulaşma
evaporation point buharlaşma noktası
evaporative s. buharlaştıran, buğulanan
evaporator a. buhar kazanı *vacuum
evaporator* vakum buhar kazanı
evaporimeter a. buğuölçer
evection a. ay hareketi düzensizliği
event a. olay, vaka
even-toed s. çift parmaklı
everglade a. bataklık
evergreen a. hep yeşil, yaprağını dök-
meyen *evergreen plants* herdem yeşil

bitkiler **evergreens** her zaman yeşil dallar

evertor s. *anat.* organı dışarı döndüren kas

eviscerate e. içini boşaltmak, bağırsaklarını çıkarmak

evolute s. açılmış, mekşuf

evolution a. evrim, dönüşüm; gelişme, açınım; yayılma

evolutionary s. evrimsel, gelişimsel; evrim yapan

evolutionism a. evrim kuramı, evrimcilik

evolve e. gelişmek, geliştirmek; dönüşmek, evrim geçirmek

exarate s. serbest

exasperate s. (hastalık) şiddetlendirmek, azdırmak

excentric s. dış özekli, dış merkezli

exchange a. değişim, değiştirme; borsa, kambiyo; para değiştirme * e. değiştirmek; para değiştirmek

exchanger a. değiştirici **heat exchanger** ısı değiştirici

excise e. (ur) kesip çıkarmak

excitability a. uyarılabilme

excitation a. uyarma, uyarım

excite e. *fiz.* uyarmak; *elek.* uyarmak, ikaz etmek

exclusion a. dışlama, hariç tutma **exclusion principle** dışlama ilkesi

excrescence a. çıkıntı, şişkinlik, ur, yumru

excrescent s. aşırı büyüyen, çoğalan

excreta a. salgılar, ifrazat

excrete e. salgılamak, ifraz etmek

excretion a. boşaltım, salgı, salgılama

excretive s. salgısal

excurrent s. dışarı akış sağlayan; *bitk.* düz gövdeli

exfoliate e. pul pul kabuk dökmek, ince tabaka halinde ayrılmak

exfoliation a. pul pul ayrılma, soyulma, pullanma

exhalation a. soluk verme; soluk, nefes

exine a. dış zar

exocardial s. kalbin dışında yerleşmiş

exocarp a. *bitk.* dış kabuk

exocrine a. s. dış salgı; dış salgı çıkaran (bez) **exocrine gland** dış salgı bezi

exocytose e. molekül çıkarmak

exocytosis a. molekül çıkarma

exoderm(is) a. dış deri

exogamic s. dışarıdan evlenen

exogamy a. çapraz tozaklaşma; dışarıdan evlenme

exogen a. çift çenekli bitki

exogenous s. dıştan üreyen, dış etkenli; çapraz tozaklaşma

exoskeleton a. dış iskelet

exosmosis a. *kim. fiz.* ozmos, dış geçişme

exospore a. dış spor

exosporous s. dış sporlu

exostosis a. uzantı kemik

exothermic s. ekzotermik, ısıveren

exotic s. egzotik, yerli olmayan, dışarıdan gelen

exotoxin a. *kim.* ekzotoksin, dış zehir

expand e. genleştirmek, hacmini büyütmek; uzatmak, germek; *matm.* çarpanlarına ayırmak

expansibility a. genleşebilme

expansion a. genleşme, genleşme derecesi **coefficient of expansion** genleşme katsayısı **expansion ratio** genleşme oranı **heat expansion** ısı genleşimi **linear expansion** boy uzaması, doğrusal genleşme

expansive s. genleştirici, genleştiren; genleşimli

experiment a. deneme, deney yapma

carry out an experiment deney yapmak **chemical experiment** kimyasal deneme **make an experiment** deney yapmak

experimental *s.* deneysel **experimental physics** deneysel fizik **experimental research** deneysel araştırma

expiration *a.* soluk verme, nefes

expiratory *s.* solunumla ilgili, nefes verme+

explant *a.* kültür doku

explode *e.* patlamak, infilak etmek

explosion *a.* patlama **explosion chamber** patlama odası

explosive *s.* patlayıcı **dynamite explosive** nitrogliserinli patlayıcı **high explosive** çabuk patlar madde, güçlü patlayıcı **safety explosive** emniyetli patlayıcı, güvenlikli patlayıcı

exponential *s.* üstel, üslü **exponential decay** üstel bozunma

exsanguinate *e.* kanını akıtmak

exsanguination *a.* kanını akıtma

exsection *a.* kesme

exsert(ed) *s.* (organ) çıkık, fırlak

exsertile *s.* çıkıntılı

exsiccation *a.* kurutma, kuruluk

exstipulate *s. bitk.* yaprakçıksız

extensile *s. hayb.* uzanabilen

extensor *a. anat.* uzatan kas, açıcı

exteroceptive *s.* dış duyarlı

exteroceptor *a.* dış uyarıyla işleyen organ

extinct *s.* soyu tükenmiş

extinction *a.* (soy) tükenme

extine *a.* çiçektozu dışarı

extracapsular *s.* kapsülün dışında

extracellular *s.* hücre dışında olan, gözedışı

extract *e.* özünü çıkarmak, suyunu çıkarmak; *matm.* kök almak * *a.* öz

extraction *a.* özünü çıkarma **solvent extraction** solvent ekstraksiyonu, çözücü özütlemesi

extra-hepatic *s.* karaciğer dışı, karaciğerle ilgisiz

extranuclear *s.* çekirdek dışı

extrauterine *s.* dölyatağı dışında

extravaginal *s.* dölyolu dışında

extravasation *a.* damardan kanama

extraventricular *s.* kalp karıncığı dışında

extremity *a.* uç, son, kol ya da bacak

extrorse *s. bitk.* dış yönlü, dışa bakan

exuviae *a.* dökülmüş deri/kabuk

exuvial *s.* soyuntu+

exuviate *e.* (tüy) dökmek; (deri) değiştirmek

exuviation *a.* deri değişimi; tüy dökme

eye *a.* göz; göze benzer şey **compound eye** petek göz **false eye** takma göz

eyeball *a.* göz küresi, göz yuvarı

eyebath *a.* göz banyosu

eyed *s.* gözlü; göz göz

eyelash *a.* kirpik

eyelid *a.* gözkapağı

eyepiece *a.* göz merceği

eyespot *a.* basit göz; göz biçimli benek

eyestalk *a. hayb.* göz çıkıntısı

eyestrain *a.* göz yorgunluğu

eyetooth *a.* köpekdişi

F

F *a.* serbest enerjinin simgesi; faradın simgesi

facet *a.* faset; böcek gözünde saydam kat bölümü

facial *s.* yüz+, yüzle ilgili

facies *a.* organ/yapının dış yüzü, genel

factor *a.* faktör, etken; *matm.* çarpan; *biy.* faktör, kalıtsal özelliği belirleyen öğe **growth factor** büyüme faktörü **hereditary factor** gen, kalıtım faktörü
factorial *s. matm.* çarpan+, faktör+ **factorial analysis** faktör analizi
facula *a.* (güneşte) benek
facultative *s. biy.* çevreye uyumlu
faecal *s.* dışkılı, dışkısal
faeces *a.* dışkı maddeler, dışkı
Fahrenheit *a.* Fahrenheit **Fahrenheit scale** Fahrenheit derecesi
falcate *s.* orak biçiminde, kanca şeklinde
falciform *s.* kanca şeklinde, çengel biçiminde
fallopian *s.* fallop+ **fallopian tube** fallop borusu, rahim borusu
fallout *a.* radyoaktif tortu
family *a. biy.* (bitki/hayvan) aile, familya, tür
fang *a.* (yılan) zehir dişi; köpekdişi; diş kökü **poison fang** zehirli diş
farad *a.* farad (simgesi F)
Faraday *a.* Faraday **Faraday's law of electrolysis** Faraday elektroliz yasası
faraday *a.* faraday
faradic *s. elek.* farad+
farinaceous *s.* irmikli, unlu; nişastalı
farinose *s.* irmikli, unlu, nişastalı
fascia *a.* sargı; *hayb.* bağ doku; *bitk.* (bitkide) renkli şerit
fasciated *s. bitk.* demetsi; demetlerden oluşmuş
fasciation *a.* demet oluşturma; bağ, demet
fascicle *a.* küçük salkım, demetçik
fasciola *a.* küçük sinir/lif demeti
fast *s.* (renk) dayanıklı
fastigiate *s.* ince demet biçimli; koni gibi, sivri
fat *a.* yağ, hayvan yağı * *s.* şişman; besili, semiz; yağlı **animal fat** hayvansal yağ **saturated fat** doymuş yağ **unsaturated fat** doymamış yağ **vegetable fat** bitkisel yağ
fat-soluble *s. kim.* yağda eriyen
fatty *s.* yağlı **fatty acid** alifatik asit, yağ asidi **fatty clay** yağlı kil **fatty foods** yağlı yiyecekler **fatty oil** alifatik yağ, katı yağ **fatty series** yağ serisi
fauces *a. ç. anat.* boğaz (boşluğu)
fault *a.* fay, kırık **fault line** fay hattı **fault plane** kırık düzlemi, fay yüzeyi **fault scarp** kırık basamağı **transverse fault** enine fay, enine kırık
fault *e. yerb.* çatlamak, fay oluşturmak
fauna *a.* fauna, direy, hayvanlar alemi
faunal *s.* direysel
faunist *a.* direy bilgini
faunistic *s.* direysel
faveolate *s.* göz göz delikli
Fe *a.* demirin simgesi
feather *a.* kuştüyü, telek; tüysü yaprak **feather grass** tüyçimen **down feather** hav tüyü
feature *a.* yüz organlarından biri; çehre, yüz hatları; özellik, vasıf
febrifuge *a. s.* ateş düşürücü (ilaç)
fecundation *a.* döllenme, dölleme
fecundity *a.* doğurganlık, verimlilik
feedback *a. elek.* geri besleme; *biy.* karşılıklı etki **positive feedback** pozitif geribesleme, artı geribesleme **negative feedback** negatif geribeslenme, eksi geribesleme
feed-stuff *a.* yiyecek, besin
feeler *a. hayb.* anten, duyarga
feldspar *a.* feldispat
feldspath *a.* feldispat **white feldspar**

albit, alkali kayada bulunan açık renkli mineral
feldspathic s. feldispat+, feldispatlı
feldspathoid s. feldispatımsı, feldispata benzer
felsite a. felsit
felsitic s. felsitli
felstone a. felsit
female s. dişi
femoral s. anat. uyluk+, uylukkemiğiyle ilgili
femur a. anat. hayb. femur, uylukkemiği, kalça kemiği
fen a. bataklık arazi, turbalık arazi
fenestra a. anat. hayb. kemik deliği, kemikteki küçük delik; pencere, açıt, ortakulak ve içkulağı birleştiren deliklerden her biri; böcek kanadında saydam benek fenestra ovalis oval pencere, söbe pencere, söbe açıt fenestra rotunda yuvarlak pencere, yuvarlak açıt
fenestrate s. delikli, pencereli
feral s. yabani
ferment a. maya, enzim; mayalanma, ekşime * e. ekşimek, mayalanmak; mayalandırmak
fermentation a. fermantasyon, mayalanma acetic fermentation sirkeleşme alcoholic fermentation alkol mayalanması artificial fermentation suni mayalanma
fermentative s. mayalayan, mayalanan; mayalayıcı
fermi a. fiz. fermi
fermium a. kim. fermiyum
ferrate a. kim. ferrat, ferrik asit tuzu
ferredoxin a. feredoksin
ferret a. dağ gelinciği
ferri önk. kim. demir+, demirli
ferric s. kim. ferrik, demirli ferric ace-

tate demir asetat ferric acid ferrik asit ferric ammonium citrate demir amonyum sitrat ferric ammonium salt demir amonyum tuzu ferric chloride demir klorür ferric hydroxide demir hidroksit ferric oxide demir oksit
ferricyanide a. demir siyanür potassium ferricyanide potasyum demir siyanür
ferriferous s. demirli, demir üreten
ferrite a. kim. ferrit
ferritic s. ferritli
ferritin a. demirli protein
ferro- önk. ferro-, demir-; demirli
ferro-alloy a. demir alaşımı
ferro -aluminium a. demir-alüminyum
ferrochrome a. demirli krom
ferrochromium a. demirli krom
ferroconcrete a. betonarme
ferrocyanide a. demir siyanür, ferrosiyanür potassium ferrocyanide potasyum ferrosiyanür
ferroelectricity a. ferroelektriklik
ferromagnesian s. demir magnezyumlu
ferromagnetic s. fiz. ferromanyetik
ferromagnetism a. ferromanyetizma
ferromanganese a. manganezli demir
ferromolybdenum a. ferromolibden
ferronickel a. ferronikel
ferrosilicon a. silisli demir
ferrous s. kim. demirli ferrous oxide demir oksit ferrous sulfate demir sülfat
ferruginous s. demirli; paslı
ferrum a. demir
fertile s. bitek, verimli; doğurgan; biy. döllenmiş; üreyebilen; meyve veren
fertilization a. dölleme, döllenme; gübreleme fertilization coefficient döllenme katsayısı fertilization mem-

brane döllenme zarı
fertilize *e.* gübrelemek; döllemek *fertilized egg* döllenmiş yumurta
fertilizer *a.* gübre *artificial fertilizers* suni gübreler
fetlock *a.* atın topuğu, (at) topuk kılları
fibre *a.* lif, tel, elyaf; *hayb.* iplik doku *glass fibre* cam lifi, cam elyafı *muscle fibre* kas teli *nerve fibre* sinir lifi *staple fibre* ştapel lif, kesikli lif, sentetik lif
fibriform *s.* lifli, telli
fibril *a.* lifçik, telcik; mini kök
fibrillar *s.* fibril+; fibrillerden oluşmuş
fibrillate *e.* liflenmek; (kas lifi) seğirmek
fibrillation *a.* liflendirme, liflenme; çırpınma, kasılma
fibrin *a.* *biy.* fibrin, pıhtı teli; *bitk.* gluten
fibrinogen *a.* fibrinojen, pıhtı teli üreten
fibrinoid *a.* damar içi telciği
fibrinolysin *a.* *biy.* *kim.* pıhtı teli eritici, plasmin
fibrinolysis *a.* *biy.* *kim.* fibrin erimesi, pıhtı teli erimesi
fibroblast *a.* *anat.* fibroblast, olgunlaşmamış bağ dokusu hücresi
fibrocartilage *a.* kollajen lifi zengin kıkırdak
fibrocyte *a.* *anat.* fibrosit, bağdoku hücresi
fibroid *s.* bağ dokusu özelliğinde, iğsi * *a.* bağ dokulu ur
fibroin *a.* *biy.* *kim.* fibroin, ipek özü
fibroma *a.* fibroma, lifli tümör
fibroplasia *a.* *hek.* bağ dokulaşma
fibrosarcoma *a.* lifli tümör
fibrositis *a.* adale romatizması
fibrous *s.* lifli, püsküllü, telsel *fibrous cartilage* telli kıkırdak dokusu *fibrous*

root lifli kök, saçakkök, püsküllü kök
fibrovascular *s.* *bitk.* lif damarlı
fibula *a.* *anat.* küçük incik kemiği, kamış kemiği
ficin *a.* incir sütü
fidelity *a.* sadakat, bağlılık; doğruluk
field *a.* çayır, kır, mera, otlak, tarla; *fiz.* alan *field survey* arazi incelemesi *field geology* alan yerbilimi *field magnet* alan mıknatısı *field mushroom* tarla mantarı *field of force* kuvvet alanı *field sparrow* tarla serçesi *field theory* alan teorisi, alan kuramı *field winding* alan sargısı *electric field* elektrik alan *electromagnetic field* elektromanyetik alan *gravitational field* yer çekimi alanı *magnetic field* manyetik alan
filament *a.* ipçik, lif; ince tel; *bitk.* ercik sapı; *elek.* filaman, ısıtıcı elektrot
filamented *s.* lifli, telli
filial *s.* evlat+, yavru+ *filial generation* döl jenerasyonu, yavru kuşağı
filiform *s.* iplikli, lifli
fillet *a.* (ameliyatta) dokunun askıya alınmasında kullanılan bant
film *a.* zar, ince tabaka; ince tel
filose *s.* ipliksi, iplikli
filter *e.* filtre etmek, süzmek * *a.* filtre, süzgeç *carbon filter* karbon filtre *pollen filter* polen filtresi
filtering *a.* süzme
filtrate *a.* süzülen sıvı, süzüntü
filtration *a.* süzme, filtreden geçirme
fimbriate(d) *s.* saçaklı, püsküllü, tırtıklı
fimbrillate *s.* *biy.* ince püsküllü
fin *a.* yüzgeç *abdominal fin* karın yüzgeci *anal fin* anüs yüzgeci *caudal fin* kuyruk yüzgeci *dorsal fin* sırt yüzgeci *pectoral fin* göğüs yüzgeci

ventral fin karın yüzgeci
finger *a.* parmak
finned *s.* yüzgeçli
finochio *a. bitk.* rezene
fiord *a.* fiyort
fir *a. bitk.* köknar
firebrick *a.* ateş tuğlası
firefly *a.* ateş böceği
firestone *a.* yanmaz taş
firn *a.* buzkar, buzulkar
fish *a.* balık * *e.* balık avlamak **fish oil** balıkyağı
fissile *s.* çatlayabilir, yarılabilir
fission *a.* çatlama, yarılma; *biy.* bölünme **fission product** fisyon ürünü, bölünüm ürünü **binary fission** ikiye bölünerek üreme **nuclear fission** çekirdeksel bölünüm **spontaneous fission** kendiliğinden fisyon, kendiliğinden bölünüm
fissionable *s. fiz.* bölünebilir, yarılabilir
fissiparous *s. biy.* bölünerek üreyen
fissiped *s.* çok tırnaklı, ayrık parmaklı
fissipedal *s.* çok tırnaklı, ayrık parmaklı
fissirostral *s.* yarık gagalı
fissure *a.* çatlak, yarık **fault fissure** yanlış uygulama çatlağı
fissure *a.* çatlak, yarık; yarma * *e.* yarmak, çatlamak; çatlanmak, yarılmak
fistula *a.* fistül, irinli iltihap
fistulous *s.* fistüllü, akarcalı
fixation *a. kim.* katılaştırma, uçucu maddeyi sabit yapma; (renk) sabitleştirme; tespit etme, sabit yapma
fixative *a.* tespit maddesi, sabitleyen madde
fixed *s.* sabit, durağan; (renk) solmaz; *kim.* uçucu olmayan **fixed focus** sabit odak **fixed oil** sabit yağ, uçmaz yağ **fixed salt** sabit tuz
fjeld *a.* kayalık düzlük, yüksek ova

fjord *a.* fiyor, küçük körfez
flabellate *a. bitk.* hayb. yelpaze şeklinde, yelpazeli
flabellum *a. hayb.* yelpaze biçimli organ
flaccid *s.* gevşek, sarkık
flag *a. bitk.* susamçiçeği, süsen, süngü yapraklı bitki; süngü yaprak
flagellar *s.* kamçılı, kamçı+
flagellate *s. a.* kamçılı (hayvan)
flagelliform *s.* kamçısal, kamçı biçiminde
flagellum *a. biy.* kamçı; *bitk.* kök filizi
flaky *s.* pullu, pul pul; tabakalı
flame *a.* alev, alaz **flame cell** alev hücre **flame photometer** alevli fotometre, alevli ışılölçer **flame test** alev testi **oxidizing flame** oksitleyici alev, yükseltgeyici alaz **reducing flame** redükleyici alev, indirgeyici alaz
flapper *a.* kapak, kepenk; keklik palazı
flask *a.* hasırlı şişe, matara, cam balon **distillation flask** damıtma balonu **specific density flask** yoğunluk şişesi **volumetric flask** balonjoje, ölçü toparı
flavanone *a. kim.* flavanon
flavin *a. kim.* flavin, sarı boya
flavone *a. kim.* flavon, renksiz kristal keton
flavoprotein *a. biy.* flavoprotein
flavopurpurin *a. kim.* sarı katran boyası
flaxseed *a.* keten tohumu
fleabane *a. bitk.* pire otu
Fleming *a.* Fleming **Fleming's left-hand rule** Fleming sol el kuralı **Fleming's right-hand rule** Fleming sağ el kuralı
flesh-eating *s.* etçil
fleshy *s.* besili, etli, semiz; (yaprak) etli
flexor *a. anat.* kasar kas
flexuous *s.* eğri büğrü, kıvrımlı

flexure *a.* bükme, eğme, kıvırma; eğrilik; kuş kanadının son eklemi

flicker *a.* benekli ağaçkakan

flickertail *a.* yer sincabı

flint *a.* çakmaktaşı *flint corn* sert mısır *flint glass* kristal cam

flipper *a.* yüzgeç

float *a.* duba, şamandıra; *hayb.* yüzme torbası

floating *s.* yüzen (yaprak)

floccose *s. bitk.* yumuşak tüylü, pamuk gibi

flocculant *a.* yumuşatıcı

flocculate *e.* kümeleşmek, top top olmak

flocculating *s.* kümeleştirici, yumaklaştırıcı *flocculating agent* yumaklaştırıcı kimyasal

flocculation *a.* yumaklaşma, kümeleşme, topaklaşma

floccule *a.* yumak, topak

flocculent *s.* yün gibi, yünlü

flocculus *a.* güneş lekesi; *anat.* beyin yarım küresi

floccus *a.* perçem, püskül, yün kümesi

flock *a.* sürü; yün/pamuk yumağı

flora *a.* flora, bitey

floral *s.* çiçekle ilgili

florescence *a.* çiçeklenme, çiçek açma

floret *a.* çiçekçik

floriferous *s.* çiçekli, çiçeklenmiş

flosferri *a.* demirgülü

flow *e.* akmak; (kan) dolaşmak, deveran etmek

flower *a.* çiçek, çiçek açma * *e.* çiçeklenmek *flowers of sulfur* kükürtçiçeği *in flower* çiçekli, çiçek açmış

flower-bearing *s.* çiçekli

flowerfence *a. bitk.* sarı ponsiyana

flowerhead *a.* başçık, kömeç

flowering *s.* çiçek açmış, çiçekli *flowering ash* çiçekli dişbudak *flowering*

plant çiçekli bitki; süs bitkisi

fluctuation *a.* dalgalanma, değişme, salınım

fluid *a.* sıvı, akışkan madde * *s.* akışkan+, akar *fluid state* sıvı hal

fluke *a.* dilbalığı

fluophosphate *a.* florofosfat

fluor *a.* flüorit, kalsiyum florür

fluorene *a. kim.* flüorin

fluorescein *a. kim.* fluoresin

fluorescence *a.* flüorışıllık, florışıma

fluorescent *s.* flüorışıl

fluoridation *a.* flüorürleme, flüor katma

fluoride *a.* florür

fluorine *a.* flüor (simgesi F)

fluorite *a.* neceftaşı, flüorit, kalsiyum florür

fluorocarbon *a. kim.* flüorlu karbon

fluorspar *a.* flüorit

fluviatile *s.* nehir+; nehirde oluşan/yaşayan

fluviomarine *s.* nehir ve denizin birlikte oluşturduğu

flux *a.* akı, kabarma *flux density* akı yoğunluğu *bloody flux* dizanteri, kanlı ishal

focal *s.* odaksal *focal length* odak uzaklığı *focal plane* görüntü düzeyi, odak düzlemi *focal point* odak noktası

focus *a. fiz.* odak; odak noktası * *e.* odaklamak; odaklanmak, bir noktada toplanmak

foetal *s.* cenin, ceninle ilgili

foetus *a.* döl

foil *a.* folyo, metal tabaka

fold *a.* ağıl; koyun sürüsü; pli, büklüm; *yerb.* çukur, oyuk * *e.* ağıla kapatmak *recumbent fold* yatık kıvrım *synclinal fold* senklinal kıvrım, tekne kıvrım

folded *s.* kıvrımlı

folding *a.* ağıla kapatma; kıvırma,

kıvrılma * s. katlanır

foliaceous s. yapraksı, yaprağa benzer; yapraklı

foliage a. ağaç yaprağı, yeşillik *foliage leaf* ağaç yaprağı *foliage plant* süs bitkisi

foliar s. yaprak+; yaprağa ait

foliate s. yapraklı; yaprağa benzer, yaprak biçimli * e. yaprak vermek, yaprak çıkarmak

foliated s. yaprak şeklinde, yapraklardan oluşmuş

foliation a. yapraklanma; tomurcukta yaprak dizilişi; *yerb.* kayada yaprak şekli tabaka oluşumu

folic acid a. biy. folik asit

foliicolous s. yaprak üstünde büyüyen

foliolate s. bitk. yapraklı

foliose s. yapraklı

folium a. ince yaprak

follicle a. bitk. tek hücreli tohum; anat. folikül, kesecik

follicular s. kesecikli, kesecik biçimli

folliculated s. kesecikli

folliculin a. estrojen, folikül hormonu

fontanelle a. anat. bıngıldak

fonticulus a. fontanel, çentik biçimli yara

food a. gıda, besin; yiyecek; yem *food chain* besin zinciri *food control* gıda kontrolü *food material* besin maddesi *food pyramid* besin piramidi *food vacuole* sindirim boşluğu *food value* besin değeri, gıda değeri *food web* besin ağı *complete food* tam besin *plant food* bitki besleyen madde

foot a. ayak, hayvan ayağı

foot-plate a. ayaklık

footstalk a. bitk. hayb. çiçek sapı

foramen a. boşluk, çukur, oyuk, delik *foramen caecum* frontal kör delik *fo-*

ramen magnum artkafa deliği *foramen ovale* oval delik

force a. güç, kuvvet *force constant* kuvvet katsayısı *force of gravity* çekim kuvveti *centrifugal force* merkezkaç kuvveti *centripetal force* merkezcil kuvvet, özekçil kuvvet *chemical force* kimyasal güç

forceps a. kıskaç, pens, maşa

forearm a. önkol

forebrain a. ön beyin

forefinger a. işaret parmağı

forehead a. alın

forelegs a. ön ayak

forest a. orman *rani forest* yağmur ormanı *tropical rain forest* tropikal yağmur ormanı *temperate rain forest* ılıman bölge yağmur ormanı

forficate s. çatallı (kuyruk), makas biçimli (kuş kuyruğu)

form a. biçim, şekil; form; hayb. sınıf, cins

formal a. resmi; biçimsel

formaldehyde a. formaldehit, boğucu zehirli gaz

formalin a. kım. formalin, formol

formate a. kim. formik asit tuzu

formation a. oluşum, yapı; biçim; oluşum *granite formation* granit oluşum

formative s. biçimlendiren, şekil veren; oluşma+; üretken

formic s. formik (asit)

formol a. formalin, formol

formula a. formül *chemical formula* kimyasal formül *constitutional formula* yapı formülü *graphic formula* yapısal formül *structural formula* yapı formülü

formulate e. formülleştirmek; geliştir-

mek, biçimlendirmek
formyl *a.* formil *formyl group* formil kökü
fornicate *s. biy.* yaylı, kavisli
fornix *a. anat.* kıvrım, kavis
forsterite *a.* forsterit
fossa *a. anat.* oyuk, çukur *fossa articularis* eklem çukuru
fossil *a.* fosil, taşıl *fossil flora* bitki fosili *fossil fuels* fosil yakıtlar, doğal organik yakıtlar *fossil man* insan fosili
fossiliferous *s.* taşıllı, fosilli
fossorial *s. hayb.* kazıcı (pençe/ayak)
fossula *a.* küçük çukur
fourchette *a. anat.* vajina büyük dudaklarının arka birleşimi; hayvan tırnağı çatalı
four-legged *s.* dört ayaklı
fovea *a.* (organda) çukurcuk *fovea centralis* (gözde) orta çukur *fovea centralis retinae* retinadaki çukurluk, sarı benek
foveal *s.* çukurcuk+
foveate *s. biy.* çukurcuklu
foveola *a.* mini çukur
foveolate *s.* mini çukurlu
fraction *a. matm.* kesir
fractional *s.* kesirli, parçalı *fractional distillation* kademeli damıtma
fractionally *be.* az miktarda, azıcık
fractionate *e.* parçalara ayırmak
fractionating *a.* parçalara ayırma
fracture *a. hek.* çatlak, kırık, kırılma * *e.* çatlamak, kırılmak *fracture plane* kırılma düzlemi *comminuted fracture* parçalı kırık
fraenum *a. anat.* zar kıvrımı
fragmental *s.* parçalı, kırılır
fragmentary *s.* parçalı, kırılır

fragmentation *a.* parçalanma, dağılma
francium *a. kim.* fransiyum
francolin *a. hayb.* çil kuşu, turaç
franklinite *a.* franklinit
free *s. kim.* serbest, bileşime girmemiş *free energy* serbest enerji, erkin erke
freedom *a.* serbestlik; bağışıklık *degrees of freedom* serbestlik derecesi
freezing *s.* dondurucu, çok soğuk; donan *freezing mixture* donma karışımı *freezing point* donma noktası *freezing point depression* donma noktasının düşürülmesi
frenulum *a.* ince bağ biçimli oluşum
frenum *a. anat.* zar kıvrımı
freon *a. kim.* freon
frequency *a. fiz.* sıklık, frekans *frequency modulation* frekans kiplenimi, frekans modülasyonu *frequency response* frekans cevabı, frekans yanıtı
freshwater *s.* tatlı su+
friction *a.* sürtünme; *hek.* ovuşturma, friksiyon *internal friction* iç sürtünme *kinetic friction* kinetik sürtünme *rolling friction* yuvarlanma sürtünmesi *sliding friction* kayma sürtünmesi *static friction* statik sürtünme
fringed *s.* püsküllü, saçaklı
frond *a. bitk.* dilim yaprak
frondescent *s.* yapraklanmış
frondose *s.* dilim yapraklı
front *a.* ön, cephe; kenar, kıyı; (hava) cephe * *s.* ön+, cephe+; önden *cold front* soğuk cephe *warm front* sıcak cephe *wave front* dalga cephesi, dalga yüzü
frontal *s.* önden, cepheden; *anat.* alın+; cephe+ *frontal bone* alın kemiği *frontal lobe* alın tümseği

frost-bite *a.* soğuk vurması, donma
fructiferous *s.* meyve veren, meyveli
fructification *a.* meyve verme; meyve, yemiş
fructose *a.* früktoz, meyve şekeri
frugivorous *s.* meyvecil, meyveyle beslenen
fruit *a.* meyve, yemiş; ürün, mahsul * *e.* meyve vermek **fruit bud** meyve tomurcuğu **fruit fly** meyve sineği **fruit sugar** meyve şekeri, früktoz **fruit tree** meyve ağacı **dry fruit** kuru meyve **stone fruit** zeytinsi meyve
fruit-bearing *s.* meyveli, yemişli
fruiting *a.* meyve verme, meyvelenme
frumentaceous *s.* buğdayımsı, tahıl cinsinden
frusemide *a.* diüretik ilaç
frustule *a. bitk.* tek hücreli su yosunu çeperi
frutescent *s.* çalı gibi, çalıya benzer
fruticose *s.* çalıya benzer
fuchsin *a.* koyu kırmızı boya, fuksin
fucus *a.* esmer denizyosunu
fugacious *s.* uçucu; dayanıksız, çabuk solan
fugacity *a.* uçuculuk, dayanıksızlık
fulcrum *a.* mesnet; *hayb.* hayvanda destek yapan parça
fulgurite *a.* yıldırım izi
fuller's earth *a.* kil
fuller's teasel *a. bitk.* devedikeni
fulminate *a. kim.* fülminat * *e.* patlamak, infilak etmek; (hastalık) aniden belirmek
fulmination *a.* birden alevlenme, şiddetli patlama
fulminic *s. kim.* fülminik (asit)
fumaric *s.* fümerik (asit)
fumarole *a.* yanardağ bacası
fume *e.* (pis kokulu/zehirli) gaz yaymak;

tütsülemek * *a.* (zararlı) duman, buhar **fume chamber** dumandan arıtma hücresi **fume cupboard** duman sandığı
fumigant *a.* haşere öldürücü gaz, tüter ilaç
fumigate *e.* dumanlamak, tütsülemek; buharla dezenfekte etmek
fumigating *s.* tütsüleyen, buharlayan
fumigation *a.* tütsüleme, buharla dezenfekte etme
fumigator *a.* tütsüleyici alet, buharla dezenfekte eden cihaz
function *e.* iş, görev; *matm.* işlev, fonksiyon * *e.* işlemek, çalışmak
functional *s.* fonksiyonel, işlevsel **functional disease** işlevsel hastalık **functional disorder** işlevsel bozukluk **functional group** işlevsel grup, fonksiyonel grup
fundament *a.* coğrafi yapı, arazi şekilleri
fundamental *a.* esas, temel, ana, esaslı **fundamental tissue** özekdoku, parenkima
fundus *a. anat.* dip, taban
fungal *s.* mantar özelliğinde, mantar gibi
fungicide *a.* mantar öldürücü ilaç
fungiform *s.* mantar biçimli
fungoid *s.* mantarımsı
fungous *s.* mantara benzer, mantarsı **fungous growth** mantarımsı büyüme
fungus *a. bitk.* mantar; *hek.* mantar hastalığı **disease fungus** hastalık mantarları
funicle *a. bitk.* tohum bağı, tohum sapı
funiculate *s.* tohum bağlı (bitki)
funiculus *a. anat.* ince lif, sinir demeti
funnel *a.* huni; havalandırma borusu; vapur bacası **separating funnel**

ayırma hunisi

fur *a.* kürk; hayvan tüyü; post; (su kaynayan kapta oluşan) kireç

furan *a. kim.* furan, furfurane

furcal *s.* çatal gibi, çatallı

furcate *s.* çatallı, çatallanmış, dallı budaklı

furcula *a.* lades kemiği, (kuşta) göğüs kemiği

furculum *a.* lades kemiği

furfural *a. kim.* kepek özü

furfuraldehyde *a. kim.* kepek özü

furfuran *a.* furan

fusain *a.* ressam kömürü, iğ ağacı kömürü

fuse *e.* eritmek; erimek; sigorta atmak * *a.* fitil; sigorta

fusiform *s.* iğ biçimli, iğimsi

fusion *a.* eritme, ergitme; erime; eriyip kaynaşma; *fiz.* füzyon, kaynaşım *heat of fusion* eritme ısısı

fusocellular *s.* iğ hücreli

G

G *a.* gausun simgesi

Ga *a.* galyumun simgesi

gabbro *a. yerb.* gabro, siyah volkanik kaya

gadolinite *a.* gadolinit

gadolinium *a.* gadolinyoum (simgesi Gd)

gahnite *a.* ganit, çinko alüminat

gain *e.* elde etmek, kazanmak; ulaşmak * *a.* kazanç, kâr; artış *weight gain* ağırlık artışı, kilo alma

gal *a.* ivme birimi

galactase *a.* galaktaz

galactin *a.* prolaktin

galactite *a.* akik, süt taşı

galactonic *s.* galaktonik (asit)

galactophagous *s.* sütle beslenen, sütle yaşayan

galactophore *a.* süt kanalı

galactophorous *s.* süt taşıyan

galactopoiesis *a.* süt oluşumu

galactopoietic *s.* süt yapımını uyaran (madde)

galactosamine *a.* galaktozamin

galactose *a.* galaktoz, süt şekeri

galactosis *a.* süt salgılanması

galax *a. bitk.* süt beyazı, beyaz çiçekli bitki

galaxy *a.* galaksi, gökada

galea *a. bitk.* hayb. miğfercik, miğfer benzeri organ

galeate(d) *s.* miğfer biçimli organı olan

galeiform *s.* miğfere benzer

galena *a.* galen, kurşun sülfür

galenic *s.* galenli, galen içeren

galenical *a.* bitkisel ilaç; arıtılmamış ilaç

gall *a.* öd, safra; mazı, ur; küstahlık * *e.* sürterek yaralamak *gall bladder* ödkesesi *gall duct* ödkanalı *oak gall* mazı

gallate *a.* gallik asit tuzu

gallein *a. kim.* galleyn, menekşe renkli ftalein

gallery *a.* koridor, dehliz; sanat galerisi; balkon, galeri; *mad.* galeri

gallic *s.* galik, üç valanslı galyum içeren *gallic acid* galik asit

gallium *a.* galyum (simgesi Ga)

gall-nut *a.* mazı, yumru

gallstone *a.* safra taşı, öd taşı

galvanic *s.* galvanik, elektrik akımı üreten *galvanic cell* galvanik pil

galvanize *e.* galvanik akımla uyarmak; galvanizlemek

galvanometer *a.* galvanometre, mini akımölçer *ballistic galvanometer* balistik galvanometre

gambier *a. bitk.* gembir, Batı Hint Adalarında yetişen bir çeşit asma yaprağı özü

game *a.* av, av hayvanı; oyun *game conservation* av hayvanı üretme alanları

gametangium *a. bitk.* gamet kesesi, eşey hücre üreten organ

gamete *a.* eşey hücresi, gamet

gametic *s.* gamet+, eşey hücre+ *gametic cell* eşeysel hücre

gametocyte *a. biy.* gamet üreten hücre

gametogenesis *a.* gamet gelişimi

gametophyte *a.* eşey hücre üretimi

gamic *s.* eşeysel, cinsel

gamma *a.* gama; *matm.* bir dizinin üçüncü elemanı *gamma particle* gama parçacığı *gamma ray* gama ışını

gamogenesis *a. biy.* çiftleşmeyle üreme

gamogenetic *s.* cinsel üreyen

gamopetalous *s.* bitişik taçyapraklı

gamophyllous *s.* bitişik yapraklı

gamosepalous *s.* bitişik sepalli

gangliated *s.* düğümlü

ganglion *a. anat.* düğüm, boğum, sinir düğümü; ur

gangrene *a.* gangren

gangue *a. yerb.* gang, maden cevheriyle çıkan değersiz parçalar

ganister *a.* ganister, yanmaz taş; ateş tuğlası

ganoid *a.* sedef balık * *s.* sedef gibi (balık pulu)

gap *a.* açıklık, boşluk, gedik; yarık vadi

garnet *a.* lal taşı

garnierite *a.* nikel taşı

gas *a.* gaz, havagazı; mide gazı; benzin * *e.* gazla zehirlemek *gas analysis* gaz analizi, gaz çözümlemesi *gas black* havagazı isi *gas bomb* zehirli gaz bombası *gas burner* bek, havagazı memesi *gas carbon* karni kömürü *gas chromatography* gaz kromatografisi *gas constant* gaz değişme sayısı *gas engine* gaz motoru *gas gangrene* gazlı kangren *gas jet* gaz memesi *gas laws* gaz kanunları, gaz yasaları *gas mantle* gaz fitili *gas oil* gazyağı *gas pressure* gaz basıncı *gas tank* benzin deposu *gas thermometer* gazlı termometre *detonating gas* patlayıcı gaz *electrolytic gas* elektrolitik gaz *ideal gas* ideal gaz *inert gas* eylemsiz gaz, atıl gaz, soy gaz, durgun gaz *laughing gas* güldürücü gaz *marsh gas* bataklık gazı, metan *mustard gas* hardal gazı *natural gas* doğalgaz *noble gas* soy gaz, asal gaz *poisonous gas* zehirli gaz *producer gas* jeneratör gazı, üreteç gazı *tear gas* gözyaşı gazı *water gas* su gazı

gaseous *s.* gaz gibi, gazlı

gasification *a.* gaz haline gelme

gasify *e.* gazlaştırmak, gaz haline koymak

gassing *a.* gazla zehirleme; gazlama; benzin doldurma

gasteropod *a. s.* karından bacaklı (hayvan)

gastral *s.* mide+ *gastral cavity* bağırsak boşluğu

gastric *s. hek.* mideyle ilgili *gastric acidity* mide ekşiliği *gastric glands* mide bezleri *gastric juice* mide suyu *gastric ulcer* mide ülseri

gastrin *a.* gastrin, mide suyu salgısı sağlayan hormon

gastritis *a.* gastrit, mide yangısı

gastrocolic *s.* mide kalın bağırsak

gastroenteritis *a.* mide bağırsak yangısı

gastroenterology *a.* gastroenteroloji, sindirimbilim

gastrohepatic *s.* mide-karaciğer+, midekaraciğerle ilgili

gastro-intestinal *s.* mide-bağırsakla ilgili

gastrologist *a.* gastrolog, mide uzmanı

gastrology *a.* gastroloji, mide bilimi

gastropod *a. s.* karından bacaklı (hayvan)

gastropodous *s.* karından bacaklı

gastroscope *a. hek.* gastroskop, mide içini gösteren alet

gastroscopy *a. hek.* gastroskopla muayene

gastrula *a.* gastrula, çokgözeli hayvanlarda döllenmiş yumurtanın gelişme evrelerinden üçüncüsü

gastrulation *a.* gastrulasyon, bağırsak oluşumu

gauge *e.* ölçmek; ayarlamak; tartmak * *a.* çap; mikyas, ölçü birimi; ölçü aleti, gösterge, şablon *fuel gauge* benzin göstergesi *vacuum gauge* vakum ölçer

gault *a.* katı killi arazi

gauss *a.* gaus, manyetik iletim birimi (simgesi G)

gean *a.* yabani kiraz

geanticline *a. yerb.* geniş kemer

gehlenite *a.* gelenit

Geiger counter *a.* Geiger sayacı, Geiger Müller sayacı

gel *a.* pelte, jel *aluminium phosphate gel* alüminyum fosfat jel

gelatin(e) *a.* jelatin, pelte

gelatiniferous *s.* jelatin oluşumunu sağlayan

gelatinoid *s.* peltemsi

gelatinous *s.* jelatinli, pelteli, pelteye benzer

gelation *a.* pelteleşme, pelteleştirme

gelignite *a.* jelatinli dinamit

gelsemium *a.* sarı yasemin

gem *a.* değerli taş; değerli nesne; tomurcuk

gemellogy *a.* ikiz bebek oluşumu

geminate *s.* çift, ikiz

gemination *a.* ikizleştirme, ikizleşme

gemma *a.* tomurcuk

gemmate *s.* tomurcuklu, tomurcuklanan * *e.* tomurcuklanmak

gemmation *a.* tomurcuklanma, tomurcuklarla üreme

gemmiparous *s.* tomurcuklanan, tomurcukla çoğalan

gemmule *a. hayb.* eşeysiz hücre demeti; tomurcuksu yapı; kalıtım hücre

gemstone *a.* değerli taş

genal *s.* yanakla ilgili

gene *a. biy.* gen *gene complex* gen karışımı *gene exchange* gen alışverişi *gene flow* gen akımı *gene frequency* gen frekansı *gene mutation* gen mutasyonu *gene pool* gen havuzcuğu *dominant gene* baskın gen *recessive gene* çekinik gen

genealogy *a.* soy bilimi; soy ağacı

generate *e.* üretmek; meydana getirmek; doğurmak, yaratmak

generation *a.* kuşak, nesil; doğuruş; soy; üreme *asexual generation* eşeysiz üreme *sexual generation* eşeyli üreme *spontaneous generation* abiyogenez, cansızdan canlı oluşumu

generative *s.* üretici, doğurgan; doğumsal *generative cell* üretici hücre *generative nucleus* üretici çekirdek

generator *a.* jeneratör, üreteç *electric generator* elektrik jeneratörü *steam generator* buhar jeneratörü

generic s. türle ilgili, türsel
genetic s. biy. genetik, kalıtımsal *genetic code* genetik kod *genetic drift* kalıtımsal sapınç *genetic factor* genetik faktör
genetically be. kalıtımsal olarak
genetics a. biy. genetik, kalıtımbilim, kalıtbilim
genial s. anat. hayb. çeneyle ilgili; cana yakın, iyi huylu
geniculate s. biy. diz gibi, diz eklemli
geniculation a. diz gibi bükülme; diz eklemli olma
genista a. bitk. katırtırnağı
genital s. üreme organlarıyla ilgili, üremeyle ilgili
genitalia a. ç. cinsiyet organları
genitourinary s. üreme ve boşaltım organlarını ilgilendiren
genius a. deha; dahi; üstün yetenek
genotype a. genotip, kalıtımsal yapı
genotypical s. kalıtımsal yapıyla ilgili
gentian a. bitk. yılanotu *red gentian* kızıl kantaron
gentianella a. bitk. dağ menekşesi
genu a. diz
genus a. biy. tür; cins, çeşit
geobiology a. jeobiyoloji, yerküre biyolojisi
geobotany a. yer bitkibilimi
geochemical s. yer kimyasal
geochemistry a. yer kimyası
geode a. yerb. kristalli kovuk
geodesic s. jeodezik
geodic s. kovuksal
geodesy a. yer ölçümü
geodynamic s. jeodinamik
geodynamics a. yer dinamiği
geographer a. coğrafyacı
geographic s. coğrafi
geographically be. coğrafi olarak

geography a. coğrafya *human geography* insan coğrafyası, beşeri coğrafya
geoid a. yerküresi
geologic(al) s. jeolojik, yerbilimsel *geological period* jeolojik devir, jeolojik dönem *geological structure* jeolojik yapı *geological time* jeolojik zaman
geologically be. jeolojik olarak
geology a. jeoloji, yerbilim
geomagnetic s. yer mıknatıssal
geometric(al) s. geometrik
geometrically be. geometrik olarak
geomorphic s. yeryüzü biçimiyle ilgili; yer biçimli
geomorphologic(al) s. jeomorfolojik, yerbiçimbilimsel
geomorphology a. jeomorfoloji, yerbiçimbilim
geophysical s. jeofizik+, ycr fizikscl
geophysics a. jeofizik, yer fiziği
geophyte a. geofit, yer altı bitkisi
geostatics a. zemin statiği
geosynclinal s. jeosenklinal, taş çöküntüleri+
geosyncline a. yerel çöküntü
geotactic s. yer çekimli
geotaxis a. biy. yer çekimli hareket
geotropic s. biy. yere yönelik
geotropism a. yere yönelim
geraniol a. kim. ıtır özü
gerenuk a. hayb. afrikaceylanı
germ a. mikrop; tohum, tomurcuk; gelişimin ilk basamağı *germ carrier* mikrop taşıyan *germ cell* üreme hücresi *germ killer* mikrop öldürücü *germ plasm* çimlenme plazması
germander a. meşecik
germanic s. germanyum+
germanium a. germanyum (simgesi Ge)
germen a. mikrop; tohum, çim

germicidal *s.* mikrop öldürücü, antiseptik

germicide *a.* mikrop öldürücü madde, antiseptik

germinal *s.* tohuma ait; mikroba benzer *germinal vesicle* embriyo keseciği

germinate *e.* (tohum) çimlenmek; filizlenmek; filizlendirmek

germination *a.* filizlenme, çimlenme *germination capacity* çimlenme kapasitesi *germination test* çimlenme testi

germinative *s.* filizlenebilir, çimlenebilir

germproof *s.* mikropsuz

gerontology *a.* gerontoloji, yaşlılıkbilim

gestalt *a. ruhb.* geştalt, biçim

gestate *e.* rahminde/karnında taşımak; gebe olmak

gestation *a.* gebelik, rahimde taşıma; gebelik süresi *gestation period* gebelik dönemi

geyser *a.* gayzer, kaynaç; sıcak su kaynağı

geyserite *a.* kaynaç taşı

gibberellin *a. kim.* sürgün özü

gibbsite *a.* cipsit, sulu alüminyum oksit

gigantism *a.* dev hastalığı

gigantocyte *a.* iri alyuvar

gill *a.* solungaç, galsama *gill bar* solungaç ipliği *gill cleft* solungaç yarığı *gill pouch* solungaç kesesi *gill slit* solungaç yarığı *gill cover* solungaç kapağı *gills* yüz ve boyun bölgesi

gingiva *a.* dişeti

gingival *s.* diş etiyle ilgili

ginglymus *a.* tek düzlemli eklem

girdle *a.* korse; kuşak, kemer * *e.* kuşatmak, sarmak, çevirmek *pelvic girdle* pelvik kemeri, leğen kuşağı kemikleri *pectoral girdle* göğüs kemeri; omuz kemiği

gizzard *a. biy.* taşlık, katı; mide

glabella *a.* kaş arası

glabrate *s. hayb.* tüysüz, kılsız

glabrous *s. hayb.* kılsız, tüysüz

glacial *s.* buzul+, buzla/buzulla ilgili; *kim.* buzumsu *glacial acetic acid* saf asetik asit *glacial epoch* buzul dönemi *glacial erosion* buzul aşındırması *glacial drift* buzul birikintisi *glacial period* buzul çağı, buzul devri *glacial valley* buzul vadisi

glaciated *s.* buzlanmış; buzullaşmış

glacier *a.* buzul *valley glacier* vadi buzulu, koyak buzulu

glaciology *a.* buzulbilim

gladiate *s.* kılıç biçimli

gladiolus *a.* kuzgunkılıcı, glayöl, kılıç çiçeği

glance *a.* parlak mineral

gland *a. anat.* bez, beze, gudde; *bitk.* ur, yumru *gland cell* bez hücresi *endocrine gland* iç salgı bezi *gastric gland* mide salgı bezi *lachrymal gland* gözyaşı bezi *lymph glands* lenf bezleri *peptic gland* mide guddesi *seminal gland* erbezi *sweat glands* ter bezleri *tear gland* gözyaşı bezi *thyroid gland* tiroid bezi

glandiferous *s.* palamutlu

glandiform *s.* palamut biçimli

glandula *a.* salgı bezi *glandula bulbourethralls* bulbo üretral bezler *glandula pinealis* kozalaksı bez *glandula seminalis* sperma kesesi

glandular *s.* bezeli, guddeli *glandular tissue* bezsel doku

glandule *a.* küçük beze, guddecik

glandulous *s.* bezeli, guddeli

glans *a. anat.* soğan başı, penis başı

glans penis penis başı

glass a. cam; cam eşya; bardak; mercek, büyüteç; barometre; teleskop * e. cam takmak **glass electrode** cam elektrot **ground glass** buzlucam **lead glass** kurşun cam, kurşunlu cam **magnifying glass** büyüteç **plate glass** ayna camı **pyrex glass** ateşe dayanıklı cam **glassy** s. cam gibi, camlı; berrak

Glauber salt a. Glauber tuzu, tıpta müshil olarak kullanılan sodyum sülfat

glauconite a. yeşil kum

glauconitic s. yeşil kumlu

glaucous s. gök yeşil

glebe a. arazi, tarla

glen a. vadi

glenoid(al) s. oyuklu; çukurumsu

glia a. nörogliya, sinir sistemi destek dokusu

gliadin a. prolamin

glial s. sinir sistemi destek dokusuyla ilgili

globate s. küresel, küre biçiminde

globigerina a. kalkerli çukur kabuklu hayvanlar

globin a. globin, hemoglobinde bulunan bir protein

globose s. küresel, küre biçimli

globular s. küresel, küre biçiminde; yuvarlak

globule a. kürecik

globulin a. biy. globülin, bitki/hayvan dokusundaki ısınınca pıhtılaşan protein **gamma globulin** gammaglobülin

globulose a. kabarcıklı; küresel, yuvarlak

glochidiate s. dikenli

glomerate s. kümelenmiş, yığın biçiminde

glomerule a. yuvarlak çiçek kümesi

glomerulus a. kılcal damar yumağı

glossa a. (böcek) dudak dilimi; anat. dil

glossal s. dille ilgili

glossopharyngeal s. dil-yutakla ilgili

glottis a. gırtlak

glove a. eldiven **laboratory glove** laboratuvar eldiveni

glucagon a. glükagon

glucide a. karbohidratlar

glucin(i)um a. berilyum

glucocorticoid a. böbrek üstü bezi hormonu

gluconate a. glikonat

gluconic s. glikoz asidi

glucoprotein a. glikoprotein

glucosamine a. glikozamin

glucose a. kim. glikoz, üzüm şekeri

glucosic s. glikozlu

glucoside a. glikozit

glue a. zamk, tutkal * e. zamklamak

glumaceous s. kavuzlu, zarflı

glume a. kavuz, tanc zarfı

glutamate a. kim. glütamat, glütamik asit tuzu

glutamic s. glütamik (asit)

glutaminase a. kim. glütaminaz

glutamine a. kim. glütamin

glutaraldehyde a. kim. glütaraldehit

glutaric acid s. glüten asidi

glutathione a. glütation

glutelin a. kim. glutelin

gluten a. gluten **gluten flour** gluten unu

glutenous s. glutenli

glyceraldelhyde a. kim. gliseraldehit

glyceric s. kim. gliserik (asit)

glyceride a. kim. gliserit

glycerin a. gliserin

glycerol a. gliserin

glyceryl a. gliseril

glycine a. glisin, kristalli katı amino asit

glycogen a. biy. kim. glikojen

glycogenesis *a. biy. kim.* glikojen üremesi; glikozun şekere dönüşümü

glycogenic *s.* glikojen oluşumuyla ilgili

glycol *a.* glikol

glycolic acid *a.* glikolik asit

glycolipid *a.* glikolipit

glycol(l)ic *s.* glikolik (asit)

glycolysis *a.* glikoliz

glycoprotein *a.* glikoprotein

glycoside *a.* glikozid

glycosuria *a.* glikozüri, idrarda şeker olması

gnarled *s.* budaklı; boğumlu, kıvrık; nasırlı, derisi buruşmuş

gnathic *s.* çeneyle ilgili, çene+

gnathion *a.* çene ucu

gnathocephalus *a.* çene dışında başın diğer bölümleri gelişmeden doğmuş fetüs

gnathostome *a.* çeneli hayvan

gneiss *a.* gnays, değişik katmanlardan oluşan metamorfik kaya

gneissic *s.* gnays+

goblet *a.* kadeh *goblet cell* kadeh biçimli hücre

gold *a.* altın (simgesi Au) * *s.* altın, altından yapılmış

Golgi apparatus *a.* Golgi aygıtı, Golgi cihazı

gomphosis *a.* sabit eklem

gomuti *bitk.* hinthurması

gonad *a. anat.* eşeylik organı, yumurtalık

gonadal *s.* erbezi+

gonadic *s.* erbezi+

gonadotrop(h)ic *s. biy. kim.* gonadotropik

gonadotrop(h)in *a.* eşey bezlerinin uyarılmasını sağlayan hormon

gonidial *s.* üreme hücresiyle ilgili

gonidium *a.* tek hücreli eşeysiz üreme organı

goniometer *a.* açıölçer

gonion *a. anat.* çene ucu

gonochorism *a.* ayrı eşeylilik

gonochoristic *s.* ayrı eşeyli

gonococcus *a.* bel soğukluğu mikrobu

gonocyte *a. biy.* tohum hücre

gonophore *a. hayb.* medüz üreten; *bitk.* eşey uzantı

gonosome *a.* eşey kromozomu

Gooch crucible *a.* Gooch potası

gossan *a.* demir başlık

Graafian follicle *a.* yumurtalık keseciği

grade *a.* derece, rütbe; aşama; kademe; not; eğim, meyil; (hayvan) cins * *e.* not vermek; derecelendirmek, sınıflandırmak; (hayvan) soyunu ıslah etmek

gradient *a.* eğim, meyil; eğik düzlem; *matm.* düşüm *geothermal gradient* jeotermik gradyan, içsıcaklık basamağı, yerısıl basamak

graduated *s.* dereceli, kademeli; ölçülü

graduation *a.* (alette) derece çizgisi, taksimat; mezun olma; mezuniyet töreni

grained *s.* taneli; damarlı

grainy *s.* tanesel; taneli, çekirdekli; damarlı

grallatae *a. ç.* bataklık kuşları

gram *a.* gram (simgesi g); Hint nohudu; Hint fasulyesi *gram atom* atomgram *gram calorie* küçük kalori, gram kalori *gram equivalent* eşdeğer gram *gram molecule* molekülgram, mol-gram *gram-molecular weight* molekül-gram ağırlık

gramineous *s.* çimenimsi, çimen gibi

graminiferos *s.* ot üreten

graminivorous *s.* otla beslenen, otçul

gramme *a.* gram (simgesi g)

gram-negative s. gram-negatif
gram-positive s. gram-pozitif
graniferous s. tane veren
graniform s. tane biçimli, tanesel
granite a. granit
granitic s. granit+, granit gibi
granivore a. tanecil
granivorous s. tahılla beslenen, tanecil
granular s. tanecikli; taneli
granule a. tanecik, tane
granulite a. tanekaya
granulitic s. tanekaya biçimli
granulocyte a. granülosit, tanecikli akyuvar
granulose s. taneli
granulous s. taneli
graph a. grafik, çizge, diyagram
graphite a. grafit, saf yumuşak karbon
grass a. çimen, çayır; ot; otlak, mera
grass snipe alaca çulluk
grassquit a. çayır kuşu
gravid s. hamile, gebe
gravidism a. gebelik
gravimeter a. özgül ağırlıkölçer
gravimetric s. ağırlık ölçümü+
gravitation a. yerçekimi; çekim kuvveti; yönelme; çökelme, çökme *law of gravitation* yerçekimi kanunu
gravitational s. yerçekimiyle ilgili *gravitational acceleration* gravitasyon ivmesi, yerçekimi ivmesi *gravitational field* gravitasyon alanı, yerçekimi alanı *gravitational force* yerçekimi kuvveti
gravity a. fiz. yerçekimi, çekim kuvveti; ağırlık; ciddiyet, ağırbaşlılık; önem *gravity cell* yoğunluk pili *centre of gravity* ağırlık merkezi *force of gravity* yerçekimi kuvveti, ağırlık kuvveti *specific gravity* fiz. özgül ağırlık

gray s. a. gri, boz, kır **gray matter** sinir doku
graywacke a. boz kumtaşı
grease e. yağ sürmek, yağlamak * a. yağ, içyağı, donyağı; makine yağı, gres yağı
green a. yeşil renk; yeşillik, çimen * s. yeşil; olgunlaşmamış, ham; acemi, toy; (beton) katılaşmamış * e. yeşermek; yeşertmek **green blindness** yeşil renk körlüğü **green corn** taze mısır **green gland** yeşil beze **green lizard** yeşil kertenkele **green manure** yeşil gübre
greenfly a. yaprak biti
greenhouse a. limonluk, sera **greenhouse effect** sera etkisi
greenockite a. sarı cevher, kadmiyum sülfür
greensand a. yeşil kum
greenstone a. yeşil taş, yeşil bazalt taşı
gregarious s. sürü halinde yaşayan (hayvan); başkalarıyla beraber olmayı seven
gressorial s. hayb. (ayak vb.) yürümeye elverişli
grey s. gri, boz, kır
greywacke a. boz kumtaşı
grind e. öğütmek; bilemek; ezmek, ufalamak * a. bileme; öğütme, ezme
grinding a. öğütme, ezme; bileme, taşlama
grit a. toz, ince kum; metanet; kum taşı, kefeki taşı
groin a. anat. kasık
groove a. oyuk, oluk, yiv * e. oluk açmak, yarık meydana getirmek, yiv açmak
grooved s. oluklu, yivli, kinişli
grossularite a. mad. grosüler
ground a. yeryüzü, yer; toprak; arsa; *elek.* toprak; konu, husus; prensip,

esas, temel * *e.* temel atmak; temele oturtmak; temelini öğretmek; *elek.* topraklamak; karaya oturtmak; karaya oturmak **ground beetle** yer böceği **ground plant** toprak bitkisi **ground plum** yer eriği **ground state** taban hali, taban durumu, temel durum **ground water** kuyu suyu
group *a.* grup, küme; radikal, kök * *e.* gruplandırmak, kümelendirmek; gruplaşmak **blood group** kan grubu **hydroxy group** hidroksil grubu **ketone group** keton grubu
growing *a.* büyüme, üreme; artma, çoğalma * *s.* büyüyen, yetişen; artan, çoğalan **growing point** büyüme konisi, büyüme noktası
growth *a.* büyüme; gelişme; artma; ürün; büyümüş şey; ur **growth hormone** büyüme hormonu
grub *a.* kurtçuk, larva, tırtıl, sürfe; yiyecek * *e.* kök sökmek, kökleri kazarak sökmek
grunion *a.* ay balığı
guacharo *a.* yağ kuşu
guaiacol *a.* gayakol
guaiacum *a. bitk.* ikizyaprak
guanaco *a. hayb.* yabani lama
guanase *a. kim.* guaez
guanidine *a. kim.* guanidin
guanine *a. kim.* guanin
guano *a.* kuş gübresi
guinea-pig *a.* kobay
gula *a.* yutak, yemek borusu
gular *s.* boğazla ilgili
gulfweed *a.* körfezotu
gullet *a.* boğaz, gırtlak; yemek borusu
gum *a.* ağaç zamkı, reçine; zamk, yapıştırıcı; lastik, kauçuk; çiklet, sakız; dişeti * *e.* zamk sürmek **gum**

ammoniac amonyaklı reçine **gum arabic** arap zamkı, akasya sakızı **gum juniper** ardıç reçinesi **gum resin** zamklı sakız **gum tragacanth** kitre **gum tree** kâfur ağacı, okaliptüs **red gum** amerikan sığla ağacı, kırmızı okaliptüs
gummiferous *s.* zamklı, sakızlı, reçineli
gummite *a.* gamit, sarı kızıl kahverengi uranyumlu cevher
gustatory *s.* tatma+, tatma duyusuyla ilgili **gustatory cell** tat alma hücresi
gut *a.* bağırsak; misina; dar geçit * *e.* bağırsaklarını çıkarmak **blind gut** kör bağırsak **primitive gut** ilkel bağırsak
guttapercha *a.* gutaperka, sumatrasakızı
guttate *s.* damla biçimli; benekli
guttation *a.* sızdırma, damlama
gymnocarpous *s.* çıplak meyveli
gymnocyte *a.* çıplak hücreler, zarsız hücreler
gymnosperm *a.* kabuksuz bitki sınıfı
gymnospermous *s.* çıplak tohumlu
gymnospermy *a.* çıplak tohumluluk
gynandromorph *a.* karma eşeyli, çift eşeyli
gynandromorphism *a.* karma eşeylilik, çift eşeylilik
gynandromorphous *s.* karma eşeyli, çift eşeyli
gynandrous *s. bitk.* karma eşeyli
gynandry *a.* çift eşeylilik
gynecologic *s.* kadın hastalıklarıyla ilgili, jinekolojik
gynecology *a.* kadın hastalıkları bilimi, jinekoloji
gynoecium *a. bitk.* pistil, dişilik organı
gynophore *a. bitk.* pistil sapı
gypseous *s.* alçıtaşlı, jipsli, alçılı
gypsiferous *s.* alçılı
gypsum *a.* alçıtaşı, jips

gyrate e. dönmek, dairesel dönmek
gyrate s. dairesel, yuvarlak
gyromagnetic s. dönel manyetik **gyromagnetic ratio** dönel manyetik oran
gyroscope a. cayroskop, jiroskop
gyroscopic s. cayroskopik, jiroskopik **gyroscopic effect** jiroskopik etki
gyrostat a. cirostat
gyrostatic s. cirostatik, cirostatla ilgili

H

H a. hidrojenin simgesi
h a. saatin simgesi
habenula a. bant biçimli oluşum, epifiz sapı
habit a. alışkanlık, âdet; huy, tabiat; (mineral) kristal biçim
habitat a. habitat, doğal ortam, yerleşim çevresi, yetişme yeri
habituate e. alıştırmak; alışmak
habituation a. alıştırma, alışma, âdet edinme
habitus a. rahimdeki fetüsün görünüşü
hackles a. yele, boyun tüyleri
hadal s. (okyanus) 6000 m'den daha derin
haemal s. kan+, kan damarı+ **haemal arch** hemal yay
haematic s. kanla ilgili, kanda bulunan, kanla dolu * a. kan üzerinde etkisi olan ilaç
haematin a. hematin
haematite a. hematit, kırmızı demir oksit
haematoblast a. kan pulcuğu, gelişmemiş alyuvar
haematocrit a. kan ayırıcı
haematocryal s. hayb. soğukkanlı
haematocyte a. kan hücresi, alyuvar

haematogen a. kan yapıcı madde
haematogenesis a. kan üretimi, kan oluşumu
haematogenous s. kan yapan, kan üreten; kanda oluşan
haematoid s. kan gibi; kan özelliği gösteren
haematologic(al) s. kan bilimiyle ilgili, hematolojik
haematologist a. kan bilimi uzmanı, hematolog
haematology a. kan bilimi, hematoloji
haematolysis a. kan erimesi, hemoliz
haematophagous s. kanla beslenen
haematopoiesis a. kan üretimi
haematopoietic s. kan yapan, kan üreten
haematoporphyrin a. hemoglobin parçalanmasından oluşan pigment maddesi
haematosis a. kara kanın akkana dönüşmesi
haematothermal s. hayb. sıcakkanlı (hayvan)
haematoxylin a. hematoksilin
haematozoon a. kan asalağı
haematuria a. hematüri, kan işeme, idrarın kanlı gelmesi
haemic s. kansal, kanlı
haemin a. kan spektrumu
haemocoel(e) a. kan kesesi
haemocyanin a. kan boyası
haemocyte a. kan yuvarı, kan hücresi
haemocytoblast a. genç alyuvar
haemocytolysis a. hemoliz, alyuvar erimesi
haemofuscin a. sarı-kahverengi demirli pigment
haemoglobin a. hemoglobin
haemokonia a. alyuvar parçalanma ürünleri
haemolymph a. kan-akkan

haemolysin *a.* hemolisin, kan eriten
haemolysis *a.* hemoliz, kan erimesi
haemolytic *s.* hemolitik, kan eritici, kan erimeli
haemophagocyte *a.* hematofaj
haemophili *a.* hemofili
haemopoiesis *a.* kan üretimi
haemorrhage *a.* kanama, vücudun herhangi bir yerinden kan akması
haemorrhoid *a.* emoroit, basur
haemosiderin *a.* hemosiderin, alyuvar parçalanmasından oluşan kırmızı demir oksit
haemostatic *a.* kanamayı durduran (ilaç vb.)
hafnium *a.* hafniyum (simgesi Hf)
hair *a.* saç; kıl, tüy; *bitk.* telcik *hair cell* işitme kılı *hair follicle* saç kökü
hairless *s.* tüysüz; kılsız; saçsız
hairy *s.* tüylü; kıllı; tehlikeli; güç
half-life *a. fiz.* yarılanma süresi *biological half life* biyolojik yarı yaşam
halide *a.* halojen grubu elemanın başka bir elemanla bileşimi * *s.* haloid
halite *a.* kayatuzu
halitosis *a.* kötü kokulu nefes
hallux *a. anat.* hayb. ayak başparmağı
halobiont *a.* tuzcul
halogen *a.* halojen, tuzüreten
halogenate *e.* halojenlemek, halojenle birleştirmek
halogenation *a.* halojenleme
halogenoid *s.* halojene benzer
halogenous *s.* halojenli
haloid *s.* halojene benzer, halojenden türemiş
halophile *a.* tuzcul canlı
halophilous *s.* tuzcul, tuzlu ortamı seven
halophyte *a.* tuzcul, tuzlu toprakta yetişen bitki
halophytic *s.* tuzcul

halteres *a. ç.* böcekte dengeyi sağlayan çıkıntılar
hamate *s.* çengel biçiminde, kancamsı; çengelli, kancalı *hamate bone* çengel biçiminde el kemiği
hamular *s.* çengel biçimli
hamulus *a. biy.* çengel biçimli çıkıntı, küçük kanca
haploid *s.* haploit, tek dizi kromozomlu
haploidy *a.* haploitlik, hücrenin tekli kromozomdan oluşması
haplopathy *a.* hastalığın komplikasyonsuz gelişmesi
haptotropism *a.* haptotropizm
hardhack *a. bitk.* kule çiçeği
hardinggrass *a. bitk.* afrikaçayırı
hardpan *a.* sert katman, sert toprak
hardwood *a.* sert ağaç, kerestesi sert ağaç; sert kereste, sert odun
hardy *s.* soğuğa dayanıklı, dirençli
harmal *a. bitk.* üzerlik
harmonic *s. matm.* uyumlu, armonik; ahenkli; *müz.* harmonik *harmonic average* uyumlu ortalama *harmonic division* uyumlu bölme
harmotome *a.* harmotom, silikat cevheri
hastate *s. bitk.* mızrak başı biçimli
hatch *e.* yumurtadan çıkmak; civciv çıkarmak; plan yapmak * *a.* kuluçka, civciv çıkarma
hatching *a.* yumurtadan çıkma
haulm *a.* sap, saman; bitki sapı
haustellate *s. hayb.* emme hortumlu
haustellum *a. hayb.* emme hortumu
haustorial *s.* asalak emeçli
haustorium *a. bitk.* emeç
he *adl.* o * *a.* helyumun simgesi
head *a.* baş, üst kısım; (çiçek/ekin) başı; uç, tepe; akıl, kafa; şef, başkan; baş taraf; *coğ.* burun * *e.* başta olmak, önde gelmek; önünü kesmek; (ağaç)

tepesini kesmek; olgunlaşmak, başak bağlamak

heart *a.* yürek, kalp; orta, merkez; ruh, öz, esas; göğüs; (oyun kâğıdı) kupa; (marul vb'nde) göbek *heart attack* kalp krizi *heart block* kalp atım düzensizliği *heart failure* kalp yetmezliği *heart sac* dış yürekzarı, perikard *heart stroke* kalp atımı *fatty heart* yağ bağlamış kalp

heartbeat *a.* kalp atışı

heartwood *a.* odun özü, ağaç özü

heat *a. fiz.* ısı, hararet; sıcaklık, ateş; sıcak dalgası; tav; *hayb.* cinsel kızgınlık, azma * *e.* ısıtmak; ısınmak *animal heat* vücut sıcaklığı, diriksel ısı *be on heat* kösnümek *heat capacity* ısı kapasitesi, ısı sığası *heat conduction* ısı iletimi, ısı geçirimi *heat conductivity* ısı iletkenliği *heat conductor* ısı iletkeni, ısıl iletken *heat content* ısı içeriği *heat dissipation* ısı kaybı *heat energy* ısı enerjisi *heat engine* ısı motoru *heat exchange* ısı değişimi, ısı değiştirme *heat generation* ısı üretimi *heat injury* sıcaklık zararı *heat insulating* ısı yalıtımı *heat of absorption* emilme ısısı *heat of combustion* yanma ısısı *heat of fusion* ergime ısısı *heat of radioactivity* radyoaktivite ısısı, ışımetkinlik ısısı *heat of reaction* reaksiyon ısısı, tepkime ısısı *heat of solution* erime ısısı *heat of vaporization* buharlaşma ısısı *heat pump* ısı tulumbası *heat transfer* ısı aktarımı *heat treatment* tavlama, ısıl işlem, sıcakla muamele *heat value* ısı değeri *latent heat* gizli ısı, iç sıcaklık *mechanical equivalent of heat* ısının mekanik eşdeğeri *radiant*

heat ışıyan ısı *specific heat* özgül ısı, özısı *heat of formation* birleşme sıcaklığı *heat stroke* güneş çarpması

heating *a.* ısıtma *radiant heating* radyan ısıtma

Heaviside layer *a.* Heaviside tabakası, iyonsferin E tabakası

heavy *s.* ağır; fazla, bol; (deniz) kabarmış, dalgalı; şiddetli; derin; dayanılmaz, güç; (yemek) ağır, hazmı güç; yüklü, dolu; (gök) kapalı; *kim.* ağır (izotop) *heavy atom* ağır atom *heavy hydrogen* ağır hidrojen *heavy nucleus* ağır çekirdek *heavy particle* ağır parçacık *heavy water* ağır su

helcoma *a.* ülser

heliac *s.* güneşle ilgili

helianthaceous *s.* günebakan (bitki)

helianthus *a. bitk.* günçiçeği

helicoid *s.* helisel, spiral, sarmal

heliometer *a.* helyometre, güneşölçer

heliophyte *a.* güneş seven bitki

helioscope *a.* güneş teleskobu

hellotaxis *a.* gün ışığına yönelme

heliotrope *a. bitk.* günebakan; kediotu; vanilya çiçeği; kantaşı

hellotropic *s.* ışığa yönelen

heliotropism *a.* ışığa yönelme, güneyönelim

helium *a.* helyum

helix *a.* sarmal, helezon; *anat.* dış kulak kanalı

helmet *a.* miğfer, tolga; kask

helminth *a.* bağırsak solucanı, kurt

helminthiasis *a.* kurtlanma, bağırsakta kurt olma

helminthic *s.* bağırsak kurdu öldüren; bağırsak kurduyla ilgili

helminthoid *s.* solucanbiçimli

helminthology *a.* kurtbilimi, solucanbilim

heloma a. nasır
hemacytometer a. kan sayacı
hemagogig s. kan söktüren
hemelytral s. ön kanatsal
hemelytron a. ön kanat
hemi-acetal a. yarım asetal
hemialgia a. yarım ağrı
hemibranch a. yarım solungaç
hemicellulose a. yarı selüloz
hemichordate s. a. yarım kordalılar
hemicycle a. yarı çember, yarım daire
hemicyclic s. yarı çembersel
hemihedral s. yarı yüzlü
hemihydrate a. kim. yarı sulu bileşim
hemimetabolic s. yarı başkalaşan, yarı başkalaşımsal
hemimorphic s. simetrisiz, bakışımsız
hemimorphite a. kalamin
hemiparasite a. yarı asalak
hemiplegia a. yarı felç
Hemiptera a. yarım kanatlılar
hemipterous s. yarım kanatlı sınıfından
hemisphere a. yarıküre; anat. beynin yarısı
hemiterpene a. kim, yarı terebentin
hemitrope a. ikiz kristal
hemitropous s. bitk. yarı dönük (yumurtacık)
hemizygote a. yarı genli birey
hemizygous s. yarı genli
hemlock a. ağıotu, baldıran
hemocoel a. kan kesesi
hemocyanin a. kan boyası
hemocyte a. kan yuvarı, kan hücresi
hemodialysis a. kan süzdürme
hemodynamic s. kan dolaşımıyla ilgili
hemoglobin a. hemoglobin
hemoglobinuria a. idrarda kan bulunması
hemolysin a. kan eriten
hemolysis a. kan erimesi, hemoliz

hemophilia a. hemofili, kan pıhtılaşmaması
hemophilic s. hemofilli, kanı pıhtılaşmayan
hemorrhoid a. basur, hemoroid
hemosiderin a. hemosiderin
hemp a. kenevir, kendir; kenevir lifi; esrar
henbane a. bitk. banotu
henbit a. bitk. tavuk otu
henry a. elek. henri (simgesi H)
heparin a. heparin
hepatectomy a. karaciğerin kısmen/tamamen çıkarılması
hepatic s. karaciğer+; karaciğere etkili * a. bitk. koyun otu
hepatica a. bitk. ciğer otu
hepatitis a. hek. hepatit, karaciğer iltihabı
hepatization a. hek. (doku/organ) morarma
hepatocyte a. karaciğer hücresi
hepatogenic s. karaciğerde oluşan
hepatoma a. karaciğer kanseri
hepatopancreas a. karaciğer ve pankreas görevini yapan organ
hepatopathy a. karaciğer hastalığı
hepatotoxic s. karaciğeri zehirleyen
hepatotoxicity a. karaciğer zehirlenmesi
heptachlor a. kim. heptaklor
heptad a. kim. yedi valanslı atom
heptagon a. yedigen
heptahedral s. yedi yüzlü
heptahydrate a. kim. yedi sulu
heptane a. kim. heptan
heptavalent s. kim. yedi valanslı
heptose a. kim. heptoz, yedi karbonlu monosakkarit
herbaceous s. ot gibi, otsu **herbaceous plant** otsu bitki
herbage a. ot; yeşil yaprak

herbal *s.* otsu, otlarla ilgili * *a.* otbilim
herbicidal *s.* ot öldürücü
herbicide *a.* ot öldüren
herbiferous *s.* ot üreten, bitki yetiştiren
herbivore *a.* otçul hayvan
herbivorous *s.* otçul, otla beslenen
hereditability *a.* kalıtsallık, irsiyet
hereditary *s.* kalıtsal, irsi
heredity *a.* kalıtım, soyaçekim, irsiyet
hermaphrodism *a.* erdişilik, erselik
hermaphrodite *a. s.* erdişi, erselik, çift eşeyli
hermaphroditic *s.* erdişi, çift eşeyli
hermaphroditism *a.* erdişilik, çift eşeylilik
hermetically *be.* hava geçirmeyecek şekilde, sımsıkı **hermetically sealed** hava geçirmez
heroin *a.* eroin
herpetological *s.* herpetolojik, sürüngenbilimsel
herpetology *a.* herpetoloji, sürüngenbilim
hertz *a. fiz.* hertz (simgesi Hz)
Hertzian *s.* Hertz+ *Hertzian waves* Hertz dalgaları
hesperidin *a. kim.* hesperidin
hesperidium *a.* narenciye
hessite *a.* gümüş telürit
hessonite *a.* tarçın taşı
heterocarpic *s.* farklı meyveli
heterocephalus *a.* farklı büyüklükte iki başlı doğan fetüs
heterocercal *s.* (balık kuyruğu) çıkıntıları farklı
heterochromatic *s.* farklı renkte
heterochromatin *a.* heterokramatin, kromozomun boya tutan bölümü
heterochromatism *a.* farklı renklilik
heterochromosome *a.* cinsiyet kromozomu

heterochromous *s.* değişik renkli
heterochronism *a.* anormal zaman ya da evrede oluşma
heterocyclic *s.* yabancı çevrimsel
heterodactyl(ous) *s.* ayrı parmaklı
heterodont *s.* heterodont, dişleri farklı yapıda olan
heteroecious *s.* ayrı beslemli
heterogamete *a.* heterogamet, farklı eşey hücre
heterogametic *s.* iki eşey üreten
heterogamic *s. biy.* farklı eşey hücreli
heterogamous *s.* ayrı eşeyli, farklı eşey hücreli
heterogamy *a.* farklı eşey hücrelilik
heterogeneous *s.* heterojen, çoktürel, çok yapımlı
heterogenesis *a.* ardışık üreme
heterogenetic *s.* ardışık üreyen
heterogeny *a.* ardışık üreme
heterogonous *s.* farklı çiçekli; almaşık yaşamlı
heterogony *a.* almaşık yaşam
heterograft *a.* farklı cinsten bireyden alınan dokuyu aşılama
heterogynous *s.* heterojin, iki dişili
heterokaryon *a.* farklı çekirdekli hücre
heterokaryosis *a.* farklı çekirdeklilik
heterokaryotic *s.* farklı çekirdekli
heterolateral *s.* karşı tarafı tutan, karşı tarafı etkileyen
heterologous *s.* ayrı türlü; aykırı, anormal
heterology *a. biy.* benzemezlik, uyuşmazlık; aykırılık, anormallik
heterolysis *a.* dış çözüşme
heteromerous *s. bitk.* heteromer, değişik
heteromorphic *s. biy.* heteromorf, ayrıksı, anormal; başkalaşımlı
heteromorphism *a. biy.* başkalaşma,

ayrıksılık
heteromorphosis *a.* gelişimsel anomali
heteromorphous *s. biy.* değişik, anormal; başkalaşımlı
heteronomous *s. biy.* farklı gelişimli
heteropetalous *s.* farklı taç yapraklı
heterophyllous *s.* farklı yapraklı
heterophylly *a.* farklı yapraklılık
heteroplasia *a.* farklı yerde doku gelişimi
heteroplastic *s.* yabancı dokulu
heteropolarity *a.* kutuplanma
heteropterous *s.* farklı kanatlı
heterosexual *s.* çift eşeysel, heteroseksüel
heterosis *a.* melez azmanlığı, melez gürlüğü
heterosporous *s. bitk.* çift sporlu
heterospory *s. bitk.* çift sporluluk
heterotaxic *s.* düzensiz dizili
heterotaxis *a.* düzensiz diziliş
heterotopia *a.* organın normal yeri dışında oluşumu
heterotopic *s.* anormal oluşumlu
heterotrophic *s.* dışbeslenen, heterotrof
heterotrophism *a.* dışbeslenme
heterotypic(al) *s.* ayrı biçimli, ayrı türlü
heterozygote *a. biy.* karma melez
heterozygous *s. biy.* karma melez+
hexachlorobenzene *a.* tohum mantarlanmasını önleyici ilaç
hexachlorophene *a. kim.* hekzaklorofen, mikrop öldürücü toz
hexad *a.* altılık dizi
hexadactylism *a.* el/ayakta altı parmak bulunması
hexagon *a.* altıgen
hexagynian *s.* altı boyuncuklu
hexahydrate *a. kim.* altı sulu
hexamerous *s.* altılı, altı parçalı; *bitk.* her dizide altı yaprak bulunan

hexamethylenetetramine *a.* hekzamin, metenamin, kristalli toz
hexane *a. kim.* hekzan
hexapetalous *s.* altı taçyapraklı
hexaploid *s.* 21 kromozomlu
hexapod *a. s.* altı ayaklı (böcek)
hexoestrol *a.* sentetik östrojen
hexone *a. kim.* hekzon
hexose *a. kim.* heksoz
hexyl *a. kim.* heksil **hexyl alcohol** heksil alkol
hexylene *a.* heksilen
hexylresorcinol *a.* heksilresorsinol, mikrop öldürücü bir bileşik
Hf *a.* hafniyumun simgesi
Hg *a.* cıvanın simgesi
hiatus *a.* aralık, ara, boşluk
hibernaculum *a.* barınak, kışlık in
hibernal *s.* kışlık
hibernate *e.* kış uykusuna yatmak
hibernation *a.* kış uykusu, kış uykusuna yatma
hibiscus *a. bitk.* amberçiçeği; gülhatmi
hidrosis *a.* aşırı terleme
hidrotic *s.* aşırı terleyen
hiemal *s.* kışlık
hierarchy *a.* hiyerarşi, aşama, derece
high-energy *s.* yüksek enerjili **high-energy physics** yüksek enerji fiziği
hilar *s.* tohum göbeğiyle ilgili
hilum *a.* hilum, tohum göbeği
hindbrain *a.* art beyin
hinge *a.* menteşe, reze; eklem, mafsal * menteşelemek, rezelemek **hinge joint** reze eklem, tek yönlü eklem, düz eklem
hinge-joint *a.* tek yönlü eklem
hip *a.* kalça **hip joint** kalça eklemi
hipbone *a.* kalça kemiği
hippocamp *a.* deniz aygırı, denizatı
hippocampal *s.* beyin çıkıntısı+

hippocampus *a.* beyin çıkıntısı
hirsute *s.* kıllı, tüylü
hirudin *a.* pıhtılaşmayı önleyen toz
hirudinoid *s.* sülüksü
hispid *s. bitk. hayb.* sert kıllı; dikenli, pürüzlü
histaminase *a. biy.* kim. histaminaz
histamin(e) *a. biy.* kim. histamin
histaminic *s.* histamin+
histidine *a. biy.* kim. histidin, bazik amino asit
histiocyte *a.* makrofaj, iri yutarhücre
histochemical *s.* doku kimyası+
histochemistry *a.* doku kimyası
histocompatibility *a.* doku uyuşumu
histogen *a. bitk.* üretken doku
histogenesis *a.* doku gelişimi
histogenetic *s.* doku üremesiyle ilgili
histogeny *a.* doku gelişimi
histoid *s.* bağ dokusal
histological *s.* dokubilimsel
histology *a.* histoloji, dokubilim
histolysis *a.* histoliz, doku ayrışımı
histolytic *s.* doku ayrışımı+
histone *a. biy.* kim. histon, hidroliz sonunda amino asit üreten protein
histopathology *a.* doku hastalıkları bilimi, doku patolojisi
histophysiology *a.* doku işlev bilimi, doku fizyolojisi
histoplasmosis *a.* histoplasmoz
histotome *a.* doku kesiti alan araç
histotoxic *s.* dokulara zehir etkisi yapan
histotoxin *a.* dokulara zehir etkisi yapan madde
histrionic *s.* yapmacık, sahte
Ho *a.* holmiyumun simgesi
hock *a.* art diz, orta eklem * *e.* topal etmek; rehine koymak
hodoscope *a.* hodoskop, kozmik ışın göstergesi

hognose *a. hayb.* yassı kafalı yılan
hognut *a. bitk.* acı ceviz
holandric *s.* sadece erkekten erkeğe geçen; grubun tüm karakteristiklerini taşıyan
holarctic *s.* dünyanın kuzeyini kaplayan
holdfast *a.* tutucu, çengel, kenet; delikli tespit çivisi; tutucu kök/dal
hole *a.* boşluk, delik; çukur; in; *fiz.* oyuk
* *e.* delik açmak, delmek
hollow *a.* oyuk, çukur; vadi * *s.* içi boş, oyuk; çukur, çökük
holly *a. bitk.* dikenli defne
hollyhock *a. bitk.* gülhatmi
holmium *a.* holmiyum (simgesi Ho)
holoblast *a.* döllenmeden sonraki bölünmeyle oluşan yapı
holoblastic *s.* tüm bölünen (yumurta)
holobranch *a.* tam solungaç
Holocene *s. a.* Yeni Çağ+
holocrine *s.* hücreleri ayrışıp salgı çıkaran
holoenzyme *a.* tüm öz maya
hologamous *s.* tüm eşey hücreli
hologamy *a.* tüm eşey hücrelilik
hologenesis *a.* insanın dünyada her yerde aynı anda türediği görüşü
hologynic *s.* dişi kalıtımsal
holohedral *s.* tüm bakışık
holometabolism *a.* tüm başkalaşım
holometabolous *s.* tam başkalaşımsal, tüm başkalaşmış
holomorphic *s. matm.* türeyen; ikiz simetrik
holomorphism *a. matm.* türeyebilme
holoparasite *a.* tüm asalak
holophyte *a.* kendi beslek
holophytic *s.* holofitik, kendi beslek
holoplankton *a.* sürekli plankton
holothurian *s. a.* derisi dikenli (hayvan)
holotype *a. biy.* tüm örnek

holozoic s. ayrı beslek
homeo- önk. benzer, aynı, eş
homeomorph a. eşbiçimli kristal
homeomorphism a. eşbiçimlilik
homeopathy a. hek. homeopati, eşsağaltım, eşonum
hominid a. insan
hominine s. insanımsı
homocentric s. eş merkezli, özekdeş
homocercal s. simetrik kuyruklu
homocercy a. simetrik kuyrukluluk
homocyclic s. kim. tek çevrimli
homodont s. dişleri benzer yapıda olan
hom(o)eopathy a. homeopati, eşsağaltım, eşonum
hom(o)eostasis a. iç denge, öz denge
hom(o)eothermal s. sıcakkanlı
hom(o)eothermic s. sıcakkanlı
hom(o)eotypical s. eş türlü
homogametic s. tekeşeyli
homogamous s. tekeşeyli; türdeşli
homogamy a. bitk. tekeşeylilik
homogenate a. türdeş ürün
homogeneous s. homojen, tek türlü, türdeş, aynı cinsten **homogeneous polynomial** türdeş çok terimli **homogeneous function** türdeş işlev
homogenesis a. aynı özelliğin kuşaktan kuşağa sürmesi
homogeny a. biy. benzerlik, eşsoyluluk
homograft a. eş tür doku
homoiotherm a. hayb. sıcakkanlı hayvan
homoiothermal s. sıcakkanlı
homolecithal s. homolesitik
homological s. benzer, benzeşik; kim. tür ardışık
homologous s. benzer, denk, uygun; kim. tür ardışık
homologue a. homolog, benzer şey
homology a. türdeşlik, soy benzerliği; tür ardışıklık

homomorphic s. tek türel, dış benzer
homomorphism a. biy. homomorf, dış benzerlik; döl benzeşmesi
homonym s. eşadlı, homonim
homonuclear s. eşçekirdekli
homoplasty a. eşbiçimlilik
homopolar s. eş kutuplu
homopterous s. eşkanatlı
homosporous s. bitk. eş sporlu
homothallic s. bitk. tek besi dokulu; çift eşeyli
homothermal s. sıcakkanlı
homotype a. eşbiçim
homotypic(al) s. eş türlü
homozygosis a. homozigotluk, öz kalıtım, saf kanlılık
homozygote a. homozigot, safkan birey
homozygous s. tek türden oluşmuş, safkan
honey a. bal; bal özü **honey bear** bodur ayı **honey creeper** arı kuşu **honey eater** bal kuşu **honey guide** bal bulucu **honey locust** ballı akasya
honeycomb a. bal peteği, gümeç **honeycomb moth** petek güvesi **honeycomb stomach** börkenek, gevişgetirenlerde ikinci mide **honeycomb structure** petek yapı
honey-dew a. balsıra, yaprak balı
hood a. başlık, kukuleta; oto. motor kapağı, kaput; atmaca başlığı; at başlığı; ibik, hotoz
hooded s. ibikli
hoof a. toynak
hoofed s. toynaklı
Hooke's law a. Hooke yasası
hookworm a. çengelli solucan, kancalı kurt **hookworm disease** kancalı kurt hastalığı
hopcalite a. hopkalit

hordein *a. biy.* arpa tanesindeki prolamin

horizon *a.* ufuk, çevren; *yerb.* bir çağa özgü tabaka

horizontal *a.* yatay düzlem/çizgi * *s.* yatay

hormonal *s.* hormonal, iç salgısal

hormone *a.* hormon, içsalgı *sex hormones* seks hormonları

hormonogenesis *a.* hormon yapımı

hormonology *a.* hormon bilimi

hormonopoiesis *a.* hormon üretimi

hormonotheraphy *a.* hormon tedavisi

horn *a.* boynuz; boynuzsu madde; *müz.* boru; klakson, korna; *yerb.* doruk, zirve

hornbeam *a. bitk.* gürgen

hornbill *a. hayb.* boynuz gagalı

hornblende *a.* boynuz taşı

horned *s.* boynuzlu *horned owl* kulaklı baykuş *horned wiper* boynuzlu engerek

hornero *a.* çömlekçi kuşu

horn-silver *a.* gümüş klorür

hornstone *a.* boynuz taşı; yanık kaya

horntail *a. hayb.* sivrikuyruk

horror *a.* dehşet, korku; buhran

horst *a. yerb.* iki çöküntü arasında kalmış kaya tabakası

horticulture *a.* bahçıvanlık, çiçekçilik, bahçecilik

host *a. bitk.* hayb. konakçı, konut; ev sahibi; otelci; kalabalık, çokluk * *e.* ev sahipliği yapmak, ağırlamak *intermediate host* ara konakçı *alternate host* arakonukçu

hour *a.* saat; vakit, zaman

huchen *a. hayb.* Tuna som balığı

hucklebone *a.* kalça kemiği; aşık kemiği

hull *a.* kabuk; taç yaprağı, çanak

humeral *s. anat.* hayb. kol kemiğiyle ilgili; omuz+

humerus *a.* kol kemiği, pazı kemiği

humic *s.* humuslu, humustan üreyen *humic acid* humus asidi

humidity *a.* rutubet, nem *relative humidity* bağıl nem, nispi nem

humour *a. biy.* salgı, suyuk; komiklik, mizah; huy, mizaç; ruh hali * *e.* ayak uydurmak, idare etmek

humoral *s.* salgısal, salgıyla ilgili

humus *a.* humus, bitki toprağı, bitkisel çürüklü toprak

hunger *a.* açlık

husk *a.* kabuk; dış yapraklar * *e.* dış kabuğunu çıkarmak

hyacinth *a.* sümbül

hyaline *s.* hiyalin; camsı saydam

hyalite *a.* saydam opal

hyalogen *a. biy.* kim. hiyalojen, hayvan dokusundaki hiyalin üreten madde

hyaloid *s.* saydam, şeffaf *hyaloid membrane* göz zarı, saydam zar

hyaloplasm *a.* saydam plazma

hyaluronic acid *a.* hiyalüronik asit

hyaluronidase *a. biy.* kim. hiyalüronidaz, hücrelerarası ağdalığı azaltan enzim

hybrid *a.* melez hayvan/bitki * *s.* melez, karışık *hybrid plant* melez bitki *hybrid vigour* melez gücü, melez gürlüğü

hybridism *a.* melezlik, karmalık; melez üretme

hybridity *a.* melezlik, karmalık

hybridization *a.* melezleşme, melezleştirme, karıştırma

hybridize *e.* melezlemek; melezleştirmek; melez üretmek

hydantoin *a.* hidantoik asit anhidriti

hydathode *a.* gözenek

hydatid *s.* sulu çıban; çıban kurdu

hydracid *a. kim.* oksijensiz asit
hydranth *a. hayb.* polip ağzı
hydrargyrism *a.* cıva zehirlenmesi
hydrastic *s.* hidrastik (asit)
hydrastine *a.* hidrastin, sarıkökten elde edilen kristalli alkaloid
hydrastinine *a.* hidrastinin, rahim kanamasını durdurmada kullanılan bir alkaloid
hydrate *a.* hidrat, su katımı ile oluşan bileşik * *e.* su ile birleştirmek, su ile karıştırarak bileşik meydana getirmek *hydrate of lime* sönmüş kireç *calcium hydrate* kalsiyum hidrat
hydration *a.* hidratasyon, su ile birleşme
hydrazine *a.* hidrazin, suda serbest oksijen giderici kimyasal
hydrazoic *s.* hidrazoik
hydric *s.* nemli, nem seven *hydric chloride* hidroklorik asit, tuzruhu
hydride *a. kim.* hidrit
hydriodic acid *a.* iyot asidi
hydrobiology *a.* hidrobiyoloji
hydrobromic *s.* hidrobromik
hydrocarbon *a. kim.* hidrokarbon, karbonlu hidrojen
hydrocarbonic *s.* hidrokarbonla ilgili
hydrocellulose *a.* hidroselüloz
hydrocephalic *s.* beyninde su toplanmış
hydrocephalus *a.* beyinde su toplanması
hydrochloric acid *a.* hidroklorik asit, tuz ruhu
hydrochloride *a.* hidroklorit
hydrocinnamoyl group *a.* hidrosinamol kökü
hydrocortisone *a.* hidrokortizon
hydrocyanic acid *a.* siyanür asidi, hidrosiyanür asidi
hydrodynamic *s.* hidrodinamik
hydroelectric *s.* hidroelektrik

hydrofluoric *s.* hidroflüorik (asit)
hydrogel *a. kim.* hidrojel, sulu pelte
hydrogen *a.* hidrojen (simgesi H) *heavy hydrogen* ağır hidrojen *hydrogen bond* hidrojen bağı *hydrogen bromide* hidrojen bromür *hydrogen cyanide* hidrojen siyanür *hydrogen electrode* hidrojen elektrotu *hydrogen fluoride* hidrojen flüorür *hydrogen ion* hidrojen iyonu *hydrogen ion concentration* hidrojen iyonu konsantrasyonu, phdeğeri *hydrogen peroxide* hidrojen peroksit, oksijenli su
hydrogenate *e.* hidrojenlemek, hidrojenle birleştirmek
hydrogenation *a.* hidrojenleme
hydrogenize *e.* hidrojenlemek
hydrogenous *s.* hidrojenli
hydrography *a.* hidrografi, su bilgisi
hydroid *a. s.* suda yaşayan (hayvan)
hydrokinetic *s.* akışkan hareketiyle ilgili
hydrokinetics *a.* akışkanlar kinetiği, hidrokinetik
hydrological *s.* hidrolojik
hydrology *a.* hidroloji, subilim *groundwater hydrology* su altı hidrolojisi
hydrolyse *e.* hidrolizlemek, sulu ayrıştırmak
hydrolysis *a.* hidroliz, suyla çözüm
hydrolytic *s.* hidrolitik, sulu ayrışımsal
hydrometer *a.* hidrometre, sıvıölçer
hydrometric(al) *s.* sıvı ölçümsel
hydrometry *a.* hidrometri, sıvı ölçümü
hydromorphic *s.* hidromorfik, su biçimsel
hydrophane *a.* suda saydam opal
hydrophanous *s.* suda saydamlaşan
hydrophilic *s.* hidrofil, su seven, sucul
hydrophilism *a.* suseverlik
hydrophilous *s.* su ile tozlaşan

hydrophily *a.* su ile tozlaşma
hydrophobic *s.* sudan korkan; su sevmez
hydrophyte *a.* hidrofit, sucul bitki
hydroponics *a.* su tarımı
hydroquinol *a. kim.* hidrokinon
hydroscope *a.* hidroskop, su göstergesi
hydrosilicate *a.* hidrosilikat
hydrosol *a.* sulu asıltı
hydrosome *a.* denizanasının bütün gövdesi
hydrosphere *a.* hidrosfer, suküre
hydrostat *a.* su bulucu
hydrostatic *s.* hidrostatik
hydrostatics *a.* hidrostatik
hydrosulfate *a. kim.* hidrosülfat
hydrosulfide *a. kim.* hidrosülfit
hydrosulfite *a.* hiposülfit
hydrotaxis *a. biy.* su devim
hydrotherapy *a. hek.* su tedavisi
hydrothermal *s. yerb.* hidrotermal, su ısısal
hydrotropic *s. bitk.* nem hareketli
hydrotropism *a.* nem harckcti, nem yönlülük
hydrous *s.* sulu, bileşiminde su bulunan
hydroxide *a.* hidroksit *aluminium hydroxide* alüminyum hidroksit *barium hydroxide* baryum hidroksit *calcium hydroxide* kalsiyum hidroksit *sòdium hydroxide* sodyum hidroksit, sudkostik
hydroxy (acid) *s. kim.* hidroksi (asit)
hydroxyethylamine *a.* hidroksietilamin
hydroxyl *s.* hidroksilli, hidroksil grubu içeren
hydroxylamine *a. kim.* hidroksilamin
hydroxylate *e. kim.* hidroksillemek
hydroxylated *s.* hidroksilli
hydrozoa *a. hayb.* denizanasıgiller
hygiene *a.* hijyen, sağlık bilgisi; sağlık kuralları

hygienic *s.* hijyenik, sağlıklı
hygienics *a.* sağlık bilgisi
hygrograph *a.* higrograf, nemyazar
hygrology *a.* vücut sıvısı bilimi
hygrometer *a.* higrometre, nemölçer *Daniell hygrometer* Daniell higrometresi *dewpoint hygrometer* yoğunlaşmalı nemölçer *hair hygrometer* saçlı nemölçer
hygrometric(al) *s.* nem ölçme+
hygrometry *a.* higrometri, nemölçüm
hygrophilous *s.* higrofil, nemcil
hygroscope *a.* higroskop, nemgözler
hygroscopic *s.* higroskopik, nemçeker, nemkapar
hygroscopy *a.* nemölçüm
hygrostat *a.* higrostat
hygrotropism *a.* neme yönelim
hylophagous *s.* ağaç yiyen
hymen *a. anat.* kızlık zarı
hymenium *a. bitk.* yosun zarı
hymenopteron *a.* zar kanatlı böcek
hymenopterous *s.* zar kanatlı
hyoid bone *a.* dil kemiği
hyoscine *a.* skopolamin, yatıştırıcı bir şurup
hyoscyamine *a.* hiyosiyamin, uyuşturucu bir alkaloid
hypabyssal *s. yerb.* orta taneli (volkanik kaya)
hypaxial *s.* vücut ekseninin ön tarafında uzanan
hyperbaric *s.* basınçlı oksijenli
hyperchromatosis *a.* dokunun aşırı pigment düzeyine sahip oluşu, pigment artımı
hyperdiastole *a.* kalbin ileri derecede genişlemesi
hypergenesis *a.* organ/yapının aşırı büyümesi

hyperglycemia *a.* kan şekeri yüksekliği
hyperglycemic *s.* kan şekeri yüksek
hyperkeratosis *a.* kornea hücrelerinin aşırı çoğalması
hyperkinesia *a.* aşırı kasılım
hyperkinetic *s.* aşırı kasınçlı
hypermetabolism *a.* vücut metabolizmasının hızlanması
hypermetropia *a.* yakırgörmezlik
hyperon *a. fiz.* hiperon
hyperoxide *a.* peroksit
hyperparasite *a.* süper parazit, üst asalak
hyperparasitic *s.* üst asalaksal
hyperpiesia *a.* yüksek tansiyon
hyperpituitarism *a.* pitüvit bezesinin aşırı faaliyeti
hyperplane *a. matm.* hiperdüzlem
hyperplasia *a. bitk.* aşırı oluşum, aşırı hücre çoğalması
hyperpnea *a.* sık solunum
hypersecretion *a.* aşırı salgı
hypersensitive *s.* aşırı duyarlı; alerjik
hypersensitivity *a.* aşırı duyarlık
hypersonic *s.* sesten hızlı
hypersurface *a.* hiper yüzey
hypertension *a. hek.* hipertansiyon, yüksek tansiyon
hyperthermia *a.* yüksek ateş
hyperthyroid *s.* tiroid bezesi aşırı çalışan
hyperthyroidism *a.* tiroid bezinin aşırı çalışması
hypertonic *s.* aşırı kasılmış; *fiz.* yüksek basınçlı
hypertonicity *a.* aşırı kasılım; aşırı basınç yüksekliği
hypertrophic *s.* azman, aşırı büyümüş
hypertrophy *a.* azmanlaşma, aşırı büyüme * *e. hek.* azmanlaşmak, aşırı büyümek

hyperuricemia *a.* kanda üre fazlalığı
hypervitaminosis *a. hek.* vitamin fazlalığı
hypha *a. bitk.* iplikçik
hypnosis *a.* hipnoz
hypnotic *a.* uyuşturucu ilaç; ipnotize edilmiş kimse * *s.* uyutucu, ipnotize edici; uyku veren
hypnotism *a.* hipnotizma
hypnotize *e.* ipnotize etmek, etkilemek
hypoblast *a.* iç deri
hypoblastic *s.* iç derisel
hypochloremia *a.* kanda klor azalması
hypochlorite *a.* hipoklorit, hipoklor asidi tuzu
hypochlorous acid *a.* hipokloröz asit
hypochondrium *a. anat.* üst karın bölgesi
hypocotyl *a. bitk.* çenet altı
hypoderm *a.* altderi
hypoderma *a. bitk.* alt kabuk; *hayb.* altderi
hypodermis *a. hayb.* altderi
hypogastric *s. anat.* alt karınsal *hypogastric region* alt karın bölgesi
hypogastrium *a.* alt karın
hypogeal *s.* yer altı
hypogean *s.* yer altı
hypogene *s.* yer altında oluşan
hypogenous *s. bitk.* altta büyüyen
hypogeous *s.* yer altı; *bitk.* toprak altında büyüyen
hypoglossal *s. anat.* dil altı *hypoglossal nerve* dil altı siniri
hypoglottis *a.* dilin alt yüzü
hypoglycemia *a. hek.* hipoglisemi, kanda şeker azlığı
hypognathous *s. hayb.* alt gagası uzun
hypogynous *s. bitk.* pistil altındaki çiçekte bulunan
hypokinesia *a.* uyuşukluk, hamlık

hyponasty *a. bitk.* alt büyüme
hyponitrous *s.* hiponitrik *hyponitrous acid* hiponitrik asit
hypopharynx *a.* (böcekte) dilcik
hypophosphate *a. kim.* hipofosfat, hipofosforik asit tuzu
hypophosphite *a. kim.* hipofosfit
hypophosphoric *s.* hipofosforik *hypophosphoric acid* hipofosforik asit
hypophosphorous acid *a.* hipofosfor asit
hypophyseal *s.* hipofiz+
hypophysectomy *a.* hipofiz ameliyatı
hypophysis *a.* hipofiz bezesi
hypopituitarism *a.* hipofiz bezi faaliyetinin azalması; cücelik
hypoplasia *a.* hücre azlığı; gelişememe
hypopnea *a. hek.* nefes darlığı
hyposecretion *a.* salgı yetersizliği
hypostasis *a. hek.* kan toplanması; çökelti
hypostatic(al) *s.* kan toplanmasından ileri gelen
hyposulfite *a.* hiposülfit
hyposulfurous acid *a.* hiposülfür asidi
hypotension *a.* tansiyon düşüklüğü
hypotensive *s.* düşük tansiyonlu
hypotenuse *a.* hipotenüs, eğik kıyı
hypothalamus *a.* hipotalamus, arabeyin kontrol merkezi
hypothermia *a. hek.* anormal düşük vücut sıcaklığı
hypothesis *a.* varsayım, hipotez, faraziye
hypotonic *s.* (doku) güçsüz; alçak basınçlı
hypotonicity *a.* gevşeklik, kuvvetsizlik
hypotrophy *a.* düşük beslenme
hypoxanthine *a. kim.* hipoksantin
hypoxia *a.* oksijen azlığı
hypsography *a.* yükselti bilimi

hypsometer *a.* hipsometre, suyun kaynama noktasına göre deniz yüzeyinden yükseklik ölçen alet
hyson *a.* Çin çayı, yeşil çay
hysterectomy *a.* rahmin alınması
hysteresis *a. fiz.* histerezis, kuvvet değişimini takipte gecikme *hysteresis cycle* histerezis çevrimi *hysteresis loop* histerezis çevrimi
hysteria *a.* isteri, histeri
hysterogenic *s. hek.* isteriye neden olan
hystolysis *a.* histoliz
Hz *a.* hertzin simgesi

I

I *a.* iyotun simgesi
ice *a.* buz; buz tabakası * *s.* buzlu, buz gibi * *e.* dondurmak; donmak; buzda soğutmak *ice age* buzul devri *ice field* buzla, buz tarlası *ice plant* buz otu *ice point* donma noktası *ice sheet* buz tabakası
iceberg *a.* aysberg, buzdağı
ice-cap *a.* buz başlığı; buz örtüsü
Iceland *a.* İzlanda *Iceland spar* İzlanda necefi
ichthyic *s.* balığa benzer, balık+
ichthyoid *s.* balık gibi, balığa benzer
ichthyologic(al) *s.* balıkbilimsel
ichthyology *a.* balıkbilim
ichthyophagous *s.* balıkla beslenen
ichthyophagy *a.* balıkla beslenme
ichthyosis *a.* pul pul deri
id *a.* isilik; ilkel benlik
ideal *a.* ideal, ülkü * *s.* kusursuz, mükemmel, ideal; üstün; hayali *ideal gas* ideal gaz
identical *s.* aynı, tıpkı; özdeş, eş *identi-*

cal twins tek yumurta ikizleri

identifiable *s.* tanınabilir, tespit edilebilir

identification *a.* tanıma, tespit etme; kimlik

identify *e.* tanımak, teşhis etmek; kimliğini saptamak; özdeşleşmek; *biy.* sınıfını saptamak

idioblast *a. bitk.* farklı hücre

idiomorphic *s.* öz biçimli

idiopathic *s.* sebebi bilinmeyen

idioplasm *a.* öz kansıvı

idiosyncrasy *a.* bünye; duyarlık, hassasiyet

idiosyncratic *s.* kişisel; bünyesel

idocrase *a.* idokraz

igneous *s.* püskürük, volkanik, magmatik *igneous rock* kor kayaç, püskürük kaya, kor kayaç

ignite *e.* tutuşturmak, yakmak, ateşlemek; tutuşmak, yanmak; çok ısıtmak

ignition *a.* tutuşma; tutuşturma; ateş alma; *oto.* ateşleme düzeni; alevlenme *ignition coil* ateşleme sargısı *ignition point* ateşleme noktası *ignition spark* ateşleme kıvılcımı *ignition temperature* ateşleme sıcaklığı

ileostomy *a.* bağırsak delme

ileum *a. anat.* kıvrık bağırsak; alt gödencik

iliac *s.* kalça kemiğiyle ilgili

ilium *a. anat.* kalça kemiği

illuminate *e.* aydınlatmak; ışık vermek, ışıklandırmak

illuminating *s.* aydınlatıcı, ışık verici *illuminating oil* gazyağı

illuvial *s.* çökeltili, çökelmiş

illuviation *a.* yığılma, çökelme

illuvium *a.* çökelti, yığıltı

ilmenite *a.* demir titanat

imaginal *s.* görüntüsel, tasviri; tam

gelişmiş böcekle ilgili

imago *a.* tam gelişmiş böcek

imbalance *a.* dengesizlik

imbibition *a.* emme, soğurma

imbricate *s.* katmerli, kat kat * *e.* kat kat olmak, katmerlenmek

imbrication *a.* katmerlenme, kat kat olma

imbricative *s.* katmerli, kat kat

imidazole *a. kim.* imidazol

imide *a. kim.* imid

imido group *a.* imido grubu

imino *s.* imino *imino group* imino grubu

imipramine *a.* imipramin

immaculate *s. biy.* düz renkli, beneksiz; lekesiz, tertemiz

immature *s.* olgunlaşmamış; ham, olmamış; *coğ.* genç

immatureness *a.* olmamışlık, hamlık

immaturity *a.* olmamışlık, hamlık

immediate *s.* ani, acele; acil; yakın; şimdilik

immerse *e.* daldırmak, suya batırmak

immersion *a.* dalma, batma; daldırma, batırma; (gök cismi) gölgeye girme

immiscible *s.* karışmaz, karıştırılmaz

immortelle *a.* solmaz çiçek

immotile *s.* kımıldamaz, hareketsiz

immune *s.* bağışık, muaf *immune serum* bağışıklık serumu

immunisation *a.* bağışıklık kazanma

immunity *a.* bağışıklık, muafiyet; dokunulmazlık *acquired immunity* kazanılmış bağışıklık *adoptive immunity* pasif bağışıklık *congenital immunity* doğuştan bağışıklık

immunization *a.* bağışıklık sağlama

immunizer *a.* bağışıklık sağlayan

immunoassay *a.* bağışıklık deneyi

immunochemistry *a.* bağışıklık kimyası

immunogenetics *a.* kalıtsal bağışıklık bilimi

immunogenic *s.* bağışıklık verici

immunoglobulin *a.* bağışıklığı sağlayan protein

immunology *a.* bağışıklık bilimi

immunoprotein *a.* antikor

immunotoxin *a.* antitoksin

impact *a.* vuruş, çarpma; '(ışık) düşme, vurma * *e.* sıkıştırmak, pekiştirmek *impact pressure* darbe basıncı, vuruş basıncı, çarpma basıncı *impact resistance* baskıya dayanabilme *impact test* darbe testi, çarpma deneyi, darbeye dayanma deneyi

impedance *a. elek.* empedans

impede *e.* engellemek

impending *s.* yakında olacak

impennate *s.* kanatsız, tüysüz

imperfect *s.* eksik, noksan; *bitk.* eşeylik organları ayrı çiçeklerde bulunan *imperfect flower* bir eşeyli çiçek

imperforate *s.* deliksiz

impervious *s.* geçirimsiz, süzek olmayan *impervious rock* geçirimsiz kaya

impetus *a.* dürtü, güdü, uyarıcı; hareket enerjisi, kinetik enerji

imphee *a. bitk.* afrikaotu

imping *a.* aşılama, ekme

impinger *a.* daldırma aleti

implacental *s. hayb.* etenesiz

implant *e.* toprağa dikmek; *hek.* (doku) aşılamak

implantation *a. hek.* (doku) aşılama; deriye ilaç yerleştirme; dikme, gömme; dikilme

implosion *a.* patlama

impound *a.* su toplama

impregnant *a.* doyuran madde

impregnate *e.* gebe bırakmak, dölle-

mek; *kim.* emdirmek

impregnated *s.* döllenmiş; doymuş

impregnating *s.* emdirici, doyurucu *impregnating agent* emdirme maddesi, emprenye kimyasalı

impregnation *a.* dölleme, aşılama; döllenme, aşılanma; emdirme

impulse *a.* dürtü; itici güç; itme, tahrik; *fiz.* itki; *elek.* akım darbesi

In *a.* indiyumun simgesi

inactivate *e. hek.* etkisizleştirmek, faaliyetini durdurmak

inactivation *a.* etkisizleştirme, faaliyetini durdurma

inactive *s.* hareketsiz, atıl, etkisiz; durgun

inactivity *a.* hareketsizlik, atalet, etkisizlik; durgunluk

inarticulate *s. hayb.* eklemsiz, mafsalsız; anlaşılmaz; dilsiz

inbreeding *a. biy.* eş üretme

incandescent *s.* akkor, enkandesan

incept *e.* soğurmak; özümsemek, sindirmek

inception *a.* başlama, başlangıç

incinerator *a.* fırın; çöp fırını, çöp yakma fırını

incise *e.* kesmek, yarmak

incised *s.* kesilmiş, kesik; keskin çentikli

incision *a.* yarma, deşme; *hek.* kesik; (yaprak) çentik

incisor *a.* kesici diş, ön diş

inclinometer *a.* eğimölçer

included *s.* dahil, içinde

inclusion *a.* dahil etme, katma; dahil olma; katılan şey *inclusion body* ara madde

incoherence *a.* tutarsızlık, anlamsızlık

incoherent *s.* tutarsız, bağdaşmaz, anlaşılmaz

incombustible s. yanmaz, ateş almaz

incomplete s. eksik, bitmemiş, tamamlanmamış; kusurlu *incomplete growth* kusurlu gelişme

incompleteness a. noksanlık, eksiklik, kusur

incompletion a. noksanlık, eksiklik, kusur

incompressible s. sıkıştırılamaz, basınca dayanıklı

inconclusive s. sonuçsuz, etkisiz

incondensable s. yoğuşmaz, yoğunlaşmaz; (gaz) sıvılaştırılamaz

incongruence a. uygunsuzluk, uyumsuzluk

incoordination a. düzensizlik, uygunsuzluk, ahenksizlik

incrassate(d) s. biy. kalınlaşmış, şişmiş *incrassate leaf* etli yaprak

increscent s. (organ) büyüyen

incretion a. iç salgı; salgılama, ifraz

incrustation a. kabuk bağlama, kabuklanma; taşlanma, iç kireçlenme; kabuk, kazantaşı

incubate e. kuluçkaya yatmak; civciv çıkarmak; üretmek, şekil vermek; gelişmek, şekillenmek

incubation a. kuluçkaya yatma, civciv çıkarma *incubation period* kuluçka dönemi

incubator a. kuluçka makinesi; hek. inkübatör

incumbent a. makam sahibi, görevli * s. dayanan, yaslanan

incurrent s. içeriye akan

incurved s. eğmeçli, kavisli

incus a. anat. örskemiği

indamine a. kim. indamin

indeciduous s. bitk. dökülmeyen (yaprak); yaprağını dökmeyen (ağaç)

indecomposable s. ayrışmaz, çözülmez

indefinite s. sınırsız; belirsiz; bitk. sayısız (ercik vb.)

indehiscence a. bitk. kendi kendine açılmama

indehiscent s. bitk. kendiliğinden açılmayan (tohum)

indene a. kim. inden, kömür katranından elde edilen yağlı sıvı

indeterminacy a. belirsizlik *indeterminacy principle* belirsizlik ilkesi

index a. dizin, liste; işaret, indeks; gösterge, ibre; matm. üs, kök üssü * e. dizinlemek; işaret etmek *index number* gösterge sayısı *index of refraction* kırılım indeksi

indic s. gösteren, belirten

indican a. kim. indiken, indigo elde etmekte kullanılan glükozit

indicator a. gösterge, ibre; kim. belirteç, ayıraç *radioactive indicator* radyoaktif işaret maddesi

indice a. gösterge

indifference a. ilgisizlik, kayıtsızlık; önemsizlik; kim. yansızlık

indifferent s. kim. yansız; biy. tek görevli, farklılaşmamış; ilgisiz, kayıtsız, aldırmaz; tarafsız

indigenous s. yerli, bir ülkede yetişen

indigo a. çivit rengi; çivitotu * s. çivit *indigo bird* mavi ispinoz *indigo snake* mor yılan

indigoid s. (boya) çivitimsi

indigotin a. çivit rengi, çivit mavisi

indirect s. dolaylı, endirekt; dolaşık, dolambaçlı *indirect cell division* araçlı bölünüm, karyokinez *indirect wave* yansımış dalga, endirekt dalga

indium a. indiyum (simgesi In)

individual a. birey, fert; kişi, şahıs; biy. yaratık, bağımsız yaşayan varlık * s. tek, ayrı; bireysel; yalnız başına

individualism *a.* bireycilik

indol(e) *a. kim.* indol

indoleacetic (acid) *a.* indolasetik (asit)

indophenol *a. kim.* indofenol

indoxyl *a. kim.* endoksil

indoxyluria *a.* idrarda çok fazla indoksil bulunması

induced *s.* indüklenmiş

inductance *a. elek.* indüktans

induction *a. elek.* indüksiyon, indükleme; tümevarım **induction coil** indüksiyon bobini

inductive *s. elek.* indükleyen, indüktif **inductive load** endüktif yük **inductive reactance** endüktif reaktans

inductor *a.* indükleç

indulin(e) *a.* çivit boyası

induplicate *s. bitk.* (yaprak) katlı, kıvrık

induration *a.* sertleştirme, katılaştırma; *yerb.* tortunun kaya oluşturması

indusium *a. bitk.* endüzi zarı; *anat.* kurtçuk kesesi

inelastic *s.* esneksiz; uymaz **inelastic collision** esneksiz çarpışma

inequivalve(d) *s.* kapakçıkları farklı (yumuşakça)

inert *s.* süreduran, eylemsiz, atıl, hareketsiz; ağır, tembel, uyuşuk

inertia *a.* süredurum, eylemsizlik, atalet; tembellik **axis of inertia** atalet ekseni, eylemsizlik ekseni **law of inertia** eylemsizlik kanunu **moment of inertia** eylemsizlik anı, eylemsizlik momenti

inertial *s.* süreduran, eylemsiz **inertial guidance** eylemsiz güdüm

inertness *a.* eylemsizlik, durgunluk

infection *a.* bulaşma; bulaştırma; enfeksiyon

infecund *s.* kısır, ürünsüz, verimsiz

infecundity *a.* kısırlık, verimsizlik

inferior *s. bitk.* alt, başka organ altında bulunan; aşağı, adi, bayağı, düşük

infiltrate *e.* süzülmek, içeri sızmak; süzmek

inflexed *s. bitk.* eğik, eğri, bükülmüş, kıvrık

inflorescence *a. bitk.* çiçek durumu; çiçek açan kısım; çiçek demeti

inflorescent *s.* çiçek açan

influence *a.* etki; *elek.* endüksiyon * *e.* etkilemek

infra-axillary *s.* koltuk altında olan

infraclavicular *s.* köprücükkemiği altında olan

infracortical *s.* beyin korteksi altında olan

infracostal *s.* kaburgalar altında olan

infrahyoid *s.* dil kemiği altında olan

inframammary *s.* meme altında olan

inframarginal *s.* kenar altında olan

infraorbital *s.* göz çukuru altında olan

infrapetellar *s.* dik kapağı altında olan

infrascapular *s.* kürekkemiği altında olan

infraspecific *s.* tür içi, bir türe dahil

infraspinous *s.* kürekkemiği dikensi çıkıntısı altında olan

infrasternal *s.* göğüs kemiği altında olan

infratemporal *s.* temporal kemiği altında olan

infructescence *a.* meyve verme

infundibular *s.* huni biçiminde, huni gibi

infundibuliform *s.* huni biçiminde, huni gibi

infundibulum *a. anat.* huni biçiminde organ

infusible *s.* ergimez; demlendirilebilir

infusoria *a. ç. hayb.* haşlamlılar, titrek tüylü yapısında bir hücreli hayvanlar

infusorial s. *hayb.* haşlamlılarla ilgili

ingest e. (yemek) yutmak

ingesta a. ç. besin, yiyecek

ingestion a. sindirim

ingredient a. karışımdaki madde, malzeme, muhteva

inhalant s. solunan, nefesle çekilen * a. solunma aygıtı

inhalation a. nefes alma, soluma, içine çekme

inherent s. doğal, tabi, doğuştan; doğal **inherent defect** doğal kusur

inheritance a. *biy.* kalıtım, soyaçekim; miras, kalıt

inhibit e. önlemek, durdurmak; yasaklamak

inhibition a. önleme, engelleme, durdurma; engellenme; kısıtlama, sınırlandırma; *kim.* yavaşlatım

inhibitor a. yavaşlatıcı, önleyici **corrosion inhibitor** korozyon önleyici, paslanma önleyici madde

inhibitory s. önleyici durdurucu, engelleyici

inhomogeneous s. bağdaşmamış, çokyapımlı

initial s. ilk, birinci, başlangıç * a. sözcüğün ilk harfi * e. kısa imza atmak

initiation a. üyeliğe kabul töreni; başlatma, önayak olma

initiator a. başlatan kimse; (kimyasal olayı) başlatan şey

inject e. şırınga etmek, iğne vurmak

injected s. enjekte edilmiş

ink a. mürekkep **ink bag** mürekkepbalığının mürekkep torbası **ink sac** mürekkepbalığının mürekkep torbası

inlet a. koy, küçük körfez; giriş, ağız, giriş yeri

innate s. doğal, yaratılıştan; asıl, öz

inner s. iç, dahili

innervation a. sinirleri güçlendirme; sinir dağılımı

innocuous s. zararsız, incitmeyez, dokunmaz **innocuous microbes** zararsız mikroplar

innominate s. adsız, isimsiz **innominate artery** küçük atardamar **innominate bone** kalça kemiği **innominate vein** küçük toplardamar

innovation a. yenilik, buluş, icat

inoculate e. aşılamak; mikrop bulaştırmak

inoculation a. aşı; aşılama; aşılanma

inoculum a. aşı

inoperculate s. *bitk.* (spor kesesi) kapaksız

inordinate s. aşırı; düzensiz; oransız

inorganic s. inorganik; cansız; anorganik **inorganic chemistry** anorganik kimya

inosculate e. (damar vb) birleştirmek, bağlamak

inositol a. *biy. kim.* inozitol, kas şekeri

input a. giriş; girdi

inquiline s. ortakçı, başkasının yuvasında barınan

insect a. böcek **insect bite** böcek ısırması **insect eater** böcekçil

insecticide a. böcek ilacı, haşerat öldürücü kimyasal

insectifuge a. s. böcek uzaklaştıran (ilaç)

insectivore a. böcek yiyen, böcekçil (hayvan)

insectivorous s. böcekçil, böcek yiyen

inseminate e. tohum etmek; döllemek

insemination a. tohum ekme; dölleme

insenescence a. ihtiyarlama, yaşlanma

insert e. sokmak; arasına koymak * a. ek, ilave

insertion *a.* ekleme, arasına koyma; eklenen şey; *bitk.* (organ) bağlanma yeri

insessorial *s.* (kuş ayağı) tünemeye elverişli

insistent *s.* ısrar eden, direnen; zorlayıcı

insolation *a.* güneşte bırakma, güneş altında bırakma

insolubility *a.* erimezlik, çözülmezlik, çözünmezlik

insoluble *s.* erimez, çözünmez; çözülmez **insoluble in water** suda erimeyen, suda çözülmeyen

insolubleness *a.* erimezlik, çözüşmezlik

inspersion *a.* üstüne toz/sıvı madde serpme

inspissation *a.* yoğunlaştırma, koyulaştırma; yoğunlaşma

instability *a.* dayanıksızlık; kararsızlık, dengesizlik

instar *a.* gelişim halindeki böcek

instinct *a.* içgüdü

instinctive *s.* içgüdüsel

instinctual *s.* içgüdüsel

isulant *a.* yalıtkan madde

insulate *e.* izole etmek, yalıtmak, tecrit etmek

insulation *a.* izolasyon, yalıtım, tecrit; yalıtım maddesi

insulator *a. elek.* izolatör, yalıtkan

insulin *a.* ensülin

insulinase *a.* ensülini parçalayan enzim

integral *s. matm.* integral, tümlenik; tüm, bütün; parçalardan oluşan *integral calculus* integral hesabı *integral equation* integral denklemi

integrator *a.* tümlevci

integument *a.* deri, kabuk, zar

integumental *s.* deriyle ilgili

integumentary *s.* deriyle ilgili

intensity *a.* keskinlik, şiddet, yeğinlik;

yoğunluk *current intensity* akım şiddeti, akım yeğinliği

interact *e.* birbirini etkilemek

interaction *a.* karşılıklı etkileme, etkileşim

interarticular *s.* eklem arasında+

intercanalicular *s.* kanallar arasında+

intercapillary *s.* kılcal damarlar arasında+

intercellular *s. biy.* hücrelerarası+ *intercellular space* hücrelerarası boşluk

intercerebral *s.* beyin yarımküreleri arasında+

interchange *e.* değiştirmek, değiş tokuş etmek * *a.* değiştirme

intercondylar *s.* iki kondil arasında+

intercostal *s.* kaburgalar arasında+

interdental *s.* dişler arasında+

interface *a.* arayüzey; *bilg.* arabirim

interfacial *s.* yüzeyler arası *interfacial tension* arayüzey gerilimi

interfascicular *s.* demetlerarası+

interfere *e.* parazit yapmak; *fiz.* birbiri üzerine etki etmek; karışmak, müdahale etmek

interference *a.* parazit; karışım; girişim; karışma, müdahale

interferential *s.* girişim+

interfering *s.* karışan

interferon *a.* interferon

interfibrillar *s.* küçük lifler arasında+

interfibrous *s.* lifler arasında+

interglacial *s.* buzul çağları arasında olan

intergrade *a.* ara devre, geçiş dönemi

interionic *s.* iyonlar arası+

interior *s.* iç, dahili

interkinesis *a.* ara faz, interfaz

interlobar *s.* loblar arası

intermaxillary *s.* çene kemikleri arası+

intermediate *s.* ara, aradaki; ortadaki,

orta derecede olan *intermediate belt* ara bölge *intermediate host* ara konakçı

intermenstrual *s.* iki âdet arası+

intermission *a. hek.* iki ateş nöbeti arasındaki dönem; *sin.* ara, antrakt

intermixture *a.* birbirine karıştırma; karışım; halita

intermolecular *s.* moleküller arası+

internal *s.* iç, dahili; içilen, yutulan (ilaç); *anat.* vücut içinde bulunan *internal combustion* içten yanma *internal combustion engine* içten yanmalı motor *internal gear* iç dişli *internal pressure* iç basınç *internal secretion* iç salgı, hormon

internodal *s.* boğumsal, eklem arası+

internode *a.* boğum, eklem arası

internuncial *s. anat.* sinir liflerini bağlayan

interoceptive *s.* beden uyarısal

interoceptor *a.* bedensel uyarı alıcısı

interocular *s.* gözler arası

interosculate *e.* aralarında bağ oluşturmak

interphase *a.* ara faz, ara dönem

interrupted *s.* kesik, kesintili; ani değişen

interscapular *s.* kürek kemikleri arasında olan

intersection *a.* kesişme; kavşak; *geom.* arakesit

intersex *a. biy.* araeşeyli

intersexual *s.* eşeyler arası; ara eşeyli, erdişi

intersexualism *a.* araeşeylilik

intersexuality *a.* araeşeylilik

interspecific *s.* türler arası

interspersed *s.* serpiştirilmiş; arasına katılmış

intersterile *s.* kısır, birbiriyle üremez

interstice *a.* aralık, hava payı

interstitial *s.* yarıklı, çatlaklı; *anat.* doku/hücreler arasında bulunan

interstratification *a.* ara katmanlaşma

interstratify *e.* ara katmanlaştırmak

intertropical *s.* dönenceler arası

intervertebral *s.* omurlar arasında olan

intestinal *s.* bağırsakla ilgili

intestine *a.* bağırsak *large intestine* kalınbağırsak *small intestine* incebağırsak

intima *a. anat.* iç zar

intine *a.* çiçektozu içzarı, intin

intorsion *a.* içeri bükülme

intraarterial *s.* damar içinde bulunan

intrabronchial *s.* bronş içinde olan, solumaniçil

intracapsular *s.* kapsül içinde olan

intracellular *s.* göze içi, hücre içi olan

intracranial *s.* kafatası içinde olan

intragastric *s.* mide içinde (olan)

intramolecular *s.* molekül içi+

intramuscular *s.* kas içinde olan; kasın içine giden

intranuclear *s.* çekirdek içinde olan

intraperitoneal *s.* periton boşluğu içinde olan

intrauterine *s.* dölyatağı içinde olan *intrauterine device* sprial, dölyatağı içine konan gebeliği önleyici sarmal

intravascular *s.* damar içinde olan

intravenous *s.* damariçi, damardan

intricate *s.* karışık, girişik

intrinsic *s. anat.* içinde bulunan; asıl, esas, yaratılıştan

introgressive *s.* geçişimsel *introgressive hybridization* gen sızması

intromission *a.* içeri sokma; girme

introrse *s. bitk.* içe dönük, eksene dönük

intrusion *a.* zorla girme; *yerb.* zorla

ion

nüfuz etme

intrusive s. zorla giren; *yerb.* zorla sızan
intrusive rocks sokulma kayaçları
intumescent s. şişmiş, kabarık
intussusception a. biy. özümseme; içine alma
inulase a. biy. kim. inülaz
inulin a. kim. inülin, bitki kökünde nişastaya benzer tatsız polisakkarit
inunction a. yağlama, yağı emdirme; merhem
invaginate e. kılıf geçirmek; içine koymak; iç içe katlamak
invagination a. kılıflama, kılıf geçirme; içine koyma
invariant s. değişmez, sabit; sabite, sabit nicelik
inversion a. ters dönme, altüst olma; ters çevirme, baş aşağı etme; evirtim, inversiyon
invert e. tersine çevirmek, tersyüz etmek; sırasını değiştirmek; *kim.* evirtmek * s. evirtilmiş, evirtik *invert sugar* meyve şekeri
invertase a. evirteç, sükraz
invertebrate a. omurgasız hayvan * s. omurgasız
invertin a. evirteç, sükraz
investigate e. araştırmak, incelemek
investigation a. araştırma, inceleme *scientific investigation* bilimsel araştırma *analytical investigation* analitik araştırma
investment a. biy. dış deri, dış tabaka, zarf; yatırım
involucel a. bitk. bürümcük
involucellate s. bitk. bürümcüklü
involucral s. bürümlü
involucrate s. bürümlü
involucre a. bürüm
involuntary s. istemsiz, bilinç dışı;

şuurlu olmayan
involute s. karışık; *bitk.* kıvırcık, kenarları içe kıvrık; *hayb.* helezoni * e. kıvrılmak, bükülmek
involute(d) s. kıvrık, bükük; karışık
involution a. karışıklık; *bitk.* kıvrılma, bükülme; biy. yozlaşma, dumura uğrama; gerileme; *matm.* üst alma
inward a. iç kısım * s. iç; içeride bulunan; dahili; vücut içindeki; ruhsal * be. içeriye doğru
iodate a. iyodat, iyodik asit tuzu *potassium iodate* potasyum iyodat *sodium iodate* sodyum iyodat
iodation a. iyotlama
iodic s. iyotlu, iyodik *iodic acid* iyodik asit
iodide a. iyodür *potassium iodide* potasyum iyodür *sodium iodide* sodyum iyodür
iodinate e. iyotlaştırmak
iodination a. iyotlaştırma
iodine a. iyot (simgesi I) *iodine number* iyot numarası
iodite a. iyodit
iodization a. iyotlama
iodize e. iyotlamak
iodobenzene a. iyodobenzen
iodoform a. iyodoform, sarı keskin kokulu antiseptik maddesi
iodol a. iyodol
iodometric s. iyot ölçümsel
iodometry a. iyodometri, iyot ölçüm
iodophile s. iyotla boyanan
iodophilia a. iyotla boyanma
iodophor a. kim. iyodofor
iodopsin a. iyodopsin
iodous s. kim. iyotlu; iyot gibi
iolite a. demal silikat
ion a. iyon *ion acceleration* iyon ivmesi *ion accelerator* iyon hızlandırıcı *ion*

beam iyon demeti *ion chamber* iyon odacığı, iyonlaşma hücresi *ion cluster* iyon demeti *ion density* iyon yoğunluğu *ion engine* iyon motoru *ion exchange* iyon değişimi *ion exchanger* iyon değiştirici *ion migration* iyon göçü *ion pair* iyon çifti *ion product* iyon üretimi *ion propulsion* iyon itimi *ion source* iyon kaynağı *ion spectrum* iyon spektrumu, iyon izgesi *hydrogen ion* hidrojen iyonu *primary ion* birincil iyon

ionic *s.* iyonik *ionic bond* iyonik bağ *ionic equation* iyonik denklem *ionic heating* iyonik ısınma *ionic radius* iyon yarıçapı

ionium *a. kim.* iyonyum

ionizable *s.* iyonlaşabilir

ionization *a.* iyonlaşma, iyonlanma *ionization chamber* iyonlaşma hücresi *ionization current* iyonlaşma akımı *ionization gauge* iyonlu manometre, iyonlu basıölçer *ionization manometer* iyonlu manometre *ionization potential* iyonlaşma potansiyeli *collision ionization* çarpışma iyonlaşması *impact ionization* çarpışma iyonizasyonu *primary ionization* primer iyonizasyon *thermal ionization* ısıl iyonlaşma *volume ionization* hacim iyonizasyonu

ionize *e.* iyonlaştırmak; iyonlaşmak

ionized *s.* iyonlaşmış *ionized state* iyonize hal

ionizer *a.* iyonlaştıran şey, iyonlara ayıran

ionizing *s.* iyonlaşma+

ionometer *a.* röntgen ışını şiddetini ölçen alet

ionophoresis *a.* iyon tedavisi

ionosphere *a.* iyonyuvarı, iyonosfer *ionosphere layer* iyonosfer tabakası

ionospheric *s.* iyonosferik

ipecacuanha *a. bitk.* amel otu

Ir *a.* iridyumun simgesi

iridaceae *a.* süsengiller

iridaceous *s. bitk.* süsengillerden (bitki)

iridic *s. kim.* iridyumlu

iridium *a.* iridyum (simgesi Ir)

iridosmine, iridosmium *a.* iridosmin

iris *a. anat.* iris; *bitk.* süsen, zambak

iritis *a.* iris iltihabı

iron *a.* demir (simgesi Fe); ütü; zıpkın; kuvvet şurubu * *s.* demir * *e.* ütülemek *bog iron ore* topraksı limonit *brown iron ore* limonit *cast iron* dökme demir *iron froth* demir köpük, süngersi hematit *iron glance* kristalli hematit *iron ore* demir cevheri *iron oxide* demir oksit *iron sand* demir tozu, eğe talaşı *pig iron* pik *soldering iron* havya *wrought iron* dövme demir

irone *a. kim.* süsen özü, parfümeride kullanılan menekşe kokulu keton

ironstone *a.* demir taşı, silisli demir cevheri *ironstone china* beyaz çini

irradiation *a.* ışın yayma, ışın saçma

irresolvable *s.* çözülemez; tahlil edilemez, elemanlarına ayrılamaz

irreversible *s.* ters çevrilemez; değiştirilemez, geri alınamaz; tersinmez *irreversible reaction* tersinmez reaksiyon, tekyönlü tepkime

irritability *a.* sinirlilik; *biy.* irkilme, irkilim

irritable *s.* titiz, sinirli; çabuk irkilir; duyarlı, çabuk tahriş olur

irritant *a.* tahriş edici madde; sinirlendirici şey * *s.* sinirlendirici; tahriş edici

irritate *e.* sinirlendirmek; tahriş etmek, kaşındırmak

irritating *s.* sinirlendirici; tahriş edici, dalayıcı

irritation *a.* sinirlendirme; tahrik etme; dalama, kaşındırma, tahriş etme

irritative *s.* sinirlendirici, tahrik edici; dalayıcı, tahriş edici

isallobar *a.* eş basınç çizgisi

isch(a)emia *a. hek.* kan azlığı

isch(a)emic *s.* kansız

ischiatic *s.* kalça kemiğiyle ilgili

ischium *a. anat.* kalça kemiğinin alt kısmı

isentropic *s.* eşdağıntılı, eş entropili

isinglass *a.* balık tutkalı; ince mika

islet *a.* adacık *islets of Langerhans* Langerhans adacığı; pankreasta ensülin çıkaran hormon hücreleri

isoagglutinative *s. hek.* eş kümeleştirici

isoagglutinin *a. biy.* kim. eş kümeleştirme

isoamyl *a. kim.* izoamil *isoamyl acetate* izoamil asetat

isobar *a.* izobar, eşbasınç eğrisi

isobaric *s.* eşbasınçlı *isobaric curve* eşbasınçlı eğri *isobaric surface* izobarik yüzey

isobath *a.* eşderinlik eğrileri

isobutane *a. kim.* izobütan

isobutylene *a. kim.* izobütilen

isobutylic *s. kim.* izobütilik

isocarpic *s. bitk.* eş yapraklı

isocheim *a.* eşısıl eğri

isochore *a. fiz.* eşoylum eğrisi

isochoric *s.* eşoylumlu, eş hacimli, sabit hacimli

isochromatic *s.* eş renkli

isochronal *s.* eşzamanlı, eşsüreli; eş frekanslı

isochronic *s.* eşzamanlı, eşsüreli; eş frekanslı

isochronism *a.* eşzamanlılık, eşsürelilik; eş frekanslılık

isochronous *s.* eşzamanlı; eş frekanslı

isoclinal *s.* eşeğimli *isoclinal fold* eşyatımlı kıvrım

isocline *a. yerb.* eşeğimli katman

isocyanate *a. kim.* izosiyanat, eşizli siyanür asidi tuzu

isocyanic *s.* izosiyanik

isocyanide *a.* izosiyanür

isocyanine *a.* izosiyanin

isocyclic *s.* eşçevrimli

isodactylism *a.* el ve ayak parmaklarının eş uzunlukta olması

isodactylous *s.* el ve ayak parmakları eş uzunlukta olan

isodiametric *s.* eş çaplı; eş eksenli

isodimorphism *a.* eş çift biçim

isodose *s.* eş dozlu

isodynamic *s.* eşdevingen, eş hareketli, eş kuvvetli

isoelectric *s.* eş gerilimli

isoelectronic *s. fiz.* kim. eş elektronlu

isogamete *a.* eş gamet, ikiz gamet

isogamous *s.* eş gametli, ikiz eşeyli

isogamy *a.* eş gametlilik, ikiz eşeylik

isogeneic *s. biy.* eş eşeyli

isogenous *s. biy.* eş soylu

isogeny *a. biy.* eş soyluluk

isogeotherm *a.* eşsıcaklık eğrisi

isogeothermal *s.* eşsıcaklıklı

isogon *a.* eşaçılı çokgen

isogonal *s.* eşaçılı *isogonal line* eş sapma çizgisi

isogonic *s.* eş açılı; eş sapmalı; eş oranlı

isogram *a. coğ.* eş eğri

isohaline *s.* eş tuzluluk eğrileri

isohel *a.* eş güneş çizgisi

isolable *s.* yalıtılabilir

isolate *e.* izole etmek, ayırmak; tecrit etmek; *kim.* arıtmak, tasfiye etmek; *elek.* yalıtmak, izole etmek
isolation *a.* ayırma, yalıtma; kanatina, tecrit etme
isolator *a.* yalıtkan, tecrit eden şey
isoleucine *a. biy. kim.* temel-besi
isologous *s. kim.* eştürel
isomer *a. kim.* izomer
isomeric *s.* izomerik
isomerism *a.* izomerizm, eşizlik *geometrical isomerism* geometrik izomeri *nuclear isomerism* çekirdeksel izomeri
isomerization *a.* eşizleştirme
isomerous *s.* eş organlı, eş parçalı; *bitk.* eş sayılı (yaprak dizisi)
isometric *s.* eş ölçülü; eş eksenli
isomorph *a.* izomorf, eşbiçim
isomorphic *s.* izomorfik, eşbiçimli
isoniazid *a.* izoniyezid, tüberküloz tedavisinde kullanılan bileşik
isooctane *a. kim.* izooktan
isophote *a.* eş aydınlanma eğrisi
isopiestic *s.* eş basınçlı
isopleth *a.* eş değer eğrisi; sıklık eğrisi
isopod *a.* eş ayaklı
isopodous *s.* eş ayaklı+
isoprene *a. kim.* izopren
isoprenoid *a.* izoprenli
isopropyl *a. kim.* izopropil *isopropyl alcohol* izopropil alkol
isoproterenol *a.* astım ilacı
isosceles *s.* ikizkenar *isosceles triangle* ikizkenar üçgen
isostasy *a. yerb.* yer dengesi
isosteric *s. kim.* eş değerlikli
isostic *s.* izostik
isotherm *a.* izoterm, eşsıcaklık eğrisi
isothermal *s.* eşısıl, eşsıcaklıklı, sabit sıcaklıklı *isothermal equilibrium* eşısıl denge
isotone *a. fiz.* eş nötron
isotonic *s. fiz. kim.* eşbasınçlı; eş tuzlu *isotonic solution* izotonik çözelti
isotonicity *a.* eşbasınçlılık, eş tuzluluk
isotope *a. kim.* izotop, yerdeş *isotope exchange* izotop değişimi *isotope separation* izotop ayırma
isotopic *s.* izotopik, yerdeş+ *isotopic spin* eşspin, izospin, izotop spini *isotopic indicator* izotopik gösterge
isotopy *a.* izotopluk, yerdeşlik
isotropic *s.* izotropik, eşyönlü
isotropism *a.* izotropi, yönsemezlik
isotype *a.* izotip, eş imge
isozyme *a.* eş maya, eş enzim
itacolumite *a.* bir tür kumtaşı
iteration *a.* yineleme, tekrarlama
ivory *a.* fildişi; fildişi rengi; mine *ivory black* fildişi karası *ivory gull* beyaz martı *ivory nut* fildişi kozalağı *ivory palm* fildişi ağacı
ixia *a. bitk.* süngülü zambak
Ixodidae *a. ç.* keneler

J

j *a.* günün simgesi
J *a.* julun simgesi
jaborandi *a. bitk.* yaboran; yaboran yaprağı
jacinth *a. bitk.* sümbül
jack *a.* kaldıraç, kriko; *elek.* priz; ekmek ağacı *jack mackerel* istavrit *jack oak* kara meşe *jack pine* kaya çamı
jactitation *a.* övünme, böbürlenme
jaculiferous *s.* keskin dikenli
jade *a.* yeşimtaşı; yılkı atı * *e.* çok yormak; yorulmak *jade plant* yeşim otu

jad(e)ite a. akyeşim
jalap a. bitk. calapa
jar a. kavanoz, çömlek * e. kavanozlamak; gıcırdatmak; zangırdatmak; sarsmak
jargoon a. zirkon
jarosite a. cerezit
jasmine a. bitk. yasemin
jasper a. yeşim taşı red-tinged jasper kantaşı
jaw a. çene upper jaw üstçene lower jaw altçene
jawbone a. çene kemiği
jay a. hayb. alakarga
jecoral s. karaciğerle ilgili
jejunal s. boşbağırsak+
jejune s. besinsiz, gıdasız
jejunum a. anat. boşbağırsak
jellification a. pelteleşme, pelte yapma
jelling a. pelteleşme
jelly a. jöle, pelte * e. pelteleştirmek; pelteleşmek mineral jelly yumuşak parafin petroleum jelly vazelin Wharton's jelly Wharton peltesi
jellyfish a. hayb. denizanası, medüz
jerboa a. hayb. aktavşan
jervine a. alkaloid türü
jet e. fışkırtmak; fışkırmak * a. jet; fıskıyc; püskürtme memesi * s. simsiyah, kapkara jet engine jet motoru jet pump fışkırtma tulumba jet rotor jet rotoru
johannite a. uranyum sülfat
joint a. eklem, mafsal; ek yeri; derz; biy. boğum; bitk. budak; yerb. kaya çatlağı * e. bitiştirmek; eklemek, rapt etmek * s. ortak, müşterek; birleşmiş
jointed s. eklemli, mafsallı; ekli, derzli; çatlaklı
jointless s. eksiz; derzsiz
joule a. fiz. jul Joule's law Joule yasası

joule-second jul-saniye
jugal s. anat. yanak+, elmacık kemiği+ jugal bone elmacık kemiği
jugate s. bitk. çift yapraklı; biy. çift; ara kanatlı
jugular s. boyunla ilgili; biy. boynundan yüzgeçli jugular vein şah damarı
jugulum a. (kuş) boyun
jugum a. çift yaprak; ara kanat
juice a. özsu; et suyu; bitki suyu; cereyan, elektrik
juiced s. özsulu
junction a. bitişme, birleşme; kavşak junction box ek kutusu junction transistor jonksiyonlu transistor, kavşak transistoru
junctura a. ek, bağlantı; mafsal, eklem
juniper a. bitk. ardıç juniper oil ardıç yağı
Jurassic s. Jura Çağı+
jurel a. uzun uskumru
juvenile a. genç; çocuk * s. genç; olgunlaşmamış juvenile hormone gençlik hormonu juvenile water gün değmemiş su
juxtangina a. yutak kası ihtihabı

K

K a. kelvinin simgesi
kainite a. keynit
kakapo a. hayb. baykuş papağanı
kaki a. Japon inciri
kale a. kıvırcık lahana
kaleyard a. bostan
kali a. bitk. tuzlu ot
kaligenous s. alkali içeren
kalinite a. potaslı şap
kalmia a. bitk. taflan

kamala *a. bitk.* kamala; kamala boyası
kanamycin *a.* kanamisin, antibiyotik cinsi
kaolin *a.* kaolin, arıkil
kaolinic *s.* arıkilli
kaolinite *a.* kaolinite, hidratlı alüminyum silikat
kaolinization *a.* kaolinleşme, arıkilleşme
kapok *a.* kapok, pamuk ağacı *kapok oil* kapok yağı *kapok tree* pamuk ağacı
karaya gum *a.* reçine sakızı
karst *a. yerb.* arızalı kireçli arazi, karst gölü
karstic *s.* kireçli arazi biçiminde
karyenchyma *a.* çekirdek özsuyu
karyoclasis *a.* hücre çekirdeğinin parçalanması
karyogamy *a. biy.* çekirdek kaynaşması
karyokinesis *a. biy.* karyokinez, eşeyli bölünme
karyokinetic *s.* karyokineziyle ilgili
karyology *a.* hücre çekirdeği bilimi
karyolymph *a. bitk.* çekirdek özsuyu, çekirdek plazması
karyolysis *a.* hücre çekirdeği erimesi
karyon *a.* hücre çekirdeği
karyoplasm *a.* çekirdek özü, çekirdek plazması
karyoplast *a.* hücre çekirdeği
karyorrhexis *a.* hücre çekirdeği parçalanması
karyosome *a.* kromozom; hücre çekirdeği
karyota *a. ç.* çekirdekli hücreler
karyotheca *a.* çekirdek zarı
karyotin *a.* kromatin, çekirdek maddesi
karyotype *a.* hücrenin kromozom dizilimi
karyozoic *s.* konakçı çekirdeğinde yaşayan

kasolite *a.* kurşun silikat
katabolism *a.* katabolizm, dokusal çözüşme
katalase *a.* katalaz
katharometer *a.* bazal metabolizma hızını ölçen alet
kauri *a. bitk.* kauri çamı; kauri kerestesi **kauri resin** kauri reçinesi
kava *a. bitk.* acı çalı
keel *a.* gemi omurgası, karina, mavna; *bitk.* yaprak damarı * *e.* karina etmek, alabora etmek
keg *a.* küçük fıçı, varil
kelp *a.* esmer suyosunu, varek *kelp ash* varek külü
Kelvin *a. s.* Kelvin *Kelvin effect* Kelvin etkisi *Kelvin scale* Kelvin ölçeği
kenotron *a. elek.* kenotron
keratic *s.* korneayla ilgili
keratin *a. biy.* keratin
keratinization *a.* keratinleşme, boynuzlaşma; boynuzlaştırma
keratinize *e.* keratinleştirmek, boynuzlaştırmak
keratinous *s.* boynuzlaşmış
keratitis *a.* kornea iltihabı
keratogenous *s.* boynuz üreten
keratoid *s.* boynuzumsu
keratose *s.* boynuz gibi
keratosis *a.* sertleşme, nasırlaşma
kermes *a.* kırmız boyası; kırmızböceği *kermes mineral* kırmız madeni *kermes oak* kırmız meşesi
kernel *a.* çekirdek içi; tahıl tanesi; iç; cevher
kernite *a.* sodyum borat
kerosene *a.* gazyağı, gaz
kerria *a. bitk.* Çin gülü
kerry *a.* İrlanda ineği
kestrel *a. hayb.* kerkenez
ketene *a. kim.* ketin, renksiz zehirli gaz

keto *s. kim.* ketonlu
keto-acids *a.* ç. keton grubu içeren organik asitler
keto-form *a.* hareketli eşizlikte keton bileşimi
ketogenesis *a.* keton üretim
ketogenic *s.* keton üreten
ketol *a.* ketol
ketone *a.* keton * *s.* ketonlu *ketone body* keton özdek
ketonic *s.* ketonlu
ketose *a. kim.* ketoz, molekülünde keton grubu bulunan şeker
ketosis *a. hek.* ketozis
kettle *a.* çaydanlık; tencere; kazan; güğüm; su ısıtıcısı
key *a.* anahtar; kama, kurgu; somun anahtarı; düğme; *bitk.* hayb. sınıflandırma, tasnif; tuş * *s.* ana, esas, temel * *e.* kilitlemek; anahtar takmak; (bitki/hayvan) sınıflandırmak *key fruit* kapçık meyve *key species* ayıraç tür
keyboard *a.* klavye
kickback *a.* tepki, tepme; rüşvet, avanta
kidney *a.* böbrek *kidney machine* böbrek makinesi *kidney ore* demir cevheri, hematit *kidney stone* böbrek taşı
kidneyworth *a. bitk.* saksıgüzeli
kieselguhr *a.* yosun kumu, silisli toprak
kieserite *a.* kizerit, sulu magnezyum sülfat
killifish *a.* dere balığı
kilobar *a.* kilobar
kilocalorie *a.* kilo kalori, büyük kalori
kilocurie *a. fiz.* kiloküri
kilocycle *a.* kilosikl, kilohertz
kilo-electronvolt *a.* kilo elektron volt
kilogram *a.* kilogram, kilo
kilogram-force *a. fiz.* kilogram kuvvet

kilogrammetre *a.* kilogrammetre
kilohertz *a. fiz.* kilohertz, frekans birimi
kilojoule *a. fiz.* kilojül
kilolitre *a.* kilolitre
kilomole *a.* kilomol
kiloton *a.* kiloton, bin ton
kilovolt *a. elek.* kilovolt, bin volt *kilovolt-ampere* kilovolt amper
kilowatt *a. elek.* kilovat, bin vat *kilowatt-hour* kilovat saat
kimberlite *a.* elmaslı kil
kinase *a.* kinaz
kinematic *s.* kinematik, hareketle ilgili *kinematic viscosity* kinematik viskozite, kinematik ağdalık
kinematics *a.* kinematik, hareket bilimi
kinesis *a.* hareket, devinim
kinetic *s.* kinetik, devimsel; hareketli *kinetic energy* kinetik enerji
kinetics *a.* kinetik, devimbilim *chemical kinetics* kimyasal kinetik, kimyasal hızbilim
kinetogenesis *a.* kinetogenez
kingfish *a.* iri balık
kinin *a. biy.* kinin
klipspringer *a. hayb.* kaya antilobu
k-meson *a. fiz.* yarım ortacık
knee *a.* diz
kneecap *a.* dizkapağı, diz kemiği
knop *a.* yumru, yuvarlak çıkıntı
knot *e.* düğümlemek; düğümlenmek; budaklanmak, yumrulaşmak * *a.* düğüm; *anat.* hayb. yumru, şiş; budak; güçlük; bağ; küme; *hayb.* buz çulluğu
knothole *a.* budak deliği
knotty *s.* düğümlü, düğüm düğüm; budaklı
knucklebone *a.* parmak eklem kemiği; aşık kemiği
koa *a. bitk.* alakasya
koala *a. hayb.* keseli ayı

kob *a. hayb.* al antilop
kohlrabi *a. bitk.* yer lahanası
kola *a.* kola cevizi
koodoo *a.* afrikaceylanı
kookaburra *a.* gülen balıkçıl
Kr *a.* kriptonun simgesi
kraurite *a.* yeşil fosfatlı demir
krummholz *a.* bodur orman
krypton *a.* kripton (simgesi Kr)
kudzu *a. bitk.* japonsarmaşığı
kurtosis *a.* basıklık
kyanite *a.* alüminyum silikat
kyanize *e.* süblimelemek
kymogram *a. hek.* nabız eğrisi
kymograph *a. hek.* nabızölçer
kymography *a. hek.* nabız ölçümü
kyphosis *a.* kamburluk
kysthitis *a.* dölyolu iltihabı
kyte *a.* karın, mide

L

L *a.* ışığın simgesi
la *a.* lantanı simgesi
labdanum *a.* laden reçinesi; laden
labelled *s.* etiketlenmiş; işaretlenmiş
labellum *a. bitk.* dudakçık
labial *s.* dudak gibi; dudakla ilgili
labiatae *a. ç.* ballıbabagiller, dudak-lıçiçekgiller
labiate *s.* dudaklı
labile *s.* kararsız, çabuk kırılır, bozulur
lability *a.* dayanıksızlık; değişkenlik
labiodental *s.* diş-dudak
labium *a.* dudak; dudağa benzer organ
laboratory *a.* laboratuvar, deneylik
research *laboratory* araştırma labo-ratuvarı *testing laboratory* deneme laboratuvarı
labradorite *a.* Labrador feldispatı

labrum *a.* dudak; *hayb.* eklembacaklıda ağzın ön çıkıntısı; *anat.* eklem kıkırdağı
labyrinth *a.* labirent; *anat.* içkulak ka-nalı
lac *a.* lak; kimi ağaçlardaki reçineli sıvı
laccolite, laccolith *a. yerb.* lakolit
lacerate *e.* yırtmak, yaralamak; üzmek
lacertilian *s. a.* kertenkele, kertenge-legilerden bir sürüngen
lacertus *a.* omuzdan dirseğe kadar olan bölüm
lachrymal *s.* gözyaşı+, gözyaşıyla ilgili; göz yaşartan *lachrymal bone* gözyaşı kemiği *lachrymal ducts* gözyaşı ka-nalları
lachrymation *a.* gözü yaşarma; gözyaşı akması
lachrymator *a. kim.* göz yaşartıcı madde
lacinia *a.* saçak, püskül
laciniate *s. bitk.* hayb. çentikli, dilimli
lacrimation *a.* gözyaşı salgılama
lactalbumin *a. kim.* süt albümini
lactam *a. kim.* laktam
lactase *a.* laktaz
lactate *a.* laktat * süt vermek, meme vermek; süt salgılamak
lactation *a.* meme verme, emzirme; süt salgılama, süt oluşumu, laktasyon
lactational *s.* emzirmeyle ilgili
lacteal *s.* sütlü, süt gibi * *a.* bağırsak damarı
lacteous *s.* sütlü
lactescent *s.* sütlü; süt veren; *bitk.* süt içeren (bitki) *lactescent plant* süt içeren bitki
lactic *s.* sütsü, sütlü, sütle ilgili *lactic acid* laktik asit *lactic fermentation* sütü mayalayarak yoğurt yapma
lactiferous *s.* süt veren, süt salgılayan

lactiferous gland meme bezi
lactoflavin a. laktoflavin, riboflavin
lactogenic s. süt yapıcı, süt veren *lactogenic hormone* prolaktin hormonu
lactone a. kim. lakton
lactonic s. laktonik
lactonization a. laktonlaştırma
lactonize e. laktonlaştırmak
lactose a. laktoz, süt şekeri
lacuna a. boşluk, boş yer, eksiklik, açıklık; doku arasındaki hava boşluğu
lacunar s. boşluklu, boşluğu olan
lacunose s. boşluklu, boşluğu olan
lacunula a. çok küçük boşluk
lacus a. küçük boşluk, gölcük *lacus lacrimalis* gözyaşı pınarı
lacustrine s. gölsel; gölle ilgili; gölde yaşayan
ladanum a. laden
lageniform s. yassı şişe biçimli
lagoon a. kıyı gölü
Lamarckism a. Lamarkçılık, çevre koşullarının bitki ve hayvanlarda neden olduğu değişikliklerin kalıtımla yeni kuşaklara geçeceğini savunan görüş
lamella a. ince levha, zar
lamellar s. pul pul, ince levha biçiminde
lamellate(d) s. yassı, levha biçimli
lamellibranchiate s. yassı solungaçlı
lamellicorn a. s. yassı duyargalı (böcek)
lamelliform s. yassı, levha biçimli
lamellirostral s. yassı gagalı
lamellose s. yassı, levha gibi
lamina a. ince levha, yaprak; *bitk.* yaprak *lamina propria* taban zarı
laminar s. ince katmanlı, kat kat, yapraklı *laminar flow* laminer akım, yapraksı akış, düzgün akış
laminaria a. bir cins denizyosunu

laminate e. ince tabakalara ayırmak; ince levhayla kaplamak * s. ince levha biçiminde, tabakalı
laminated s. çok katlı, tabakalı, yapraklı
lamination a. varak, yaprak, ince levha
lanate s. bitk. tüylü, tüyle kaplı
lanceolate s. mızrak biçiminde, mızraksı
lanciform s. sivri, ince uçlu
land a. arazi, toprak; kara, yeryüzü; ülke, memleket; arsa, yer; doğal kaynaklar * e. karaya çıkmak *land use* araziden faydalanma
langur a. hayb. uzun kuyruklu Asya maymunu
laniary a. s. köpekdişi
laniferous s. yünlü, yüne benzeyen
lanigerous s. yünlü, yüne benzeyen
lanolin a. lanolin, yün yağı
lanthanide a. kim. lantanit *lanthanide series* lantan dizisi
lanthanum a. lantan (simgesi La) *lanthanum chloride* lantan klorürü *lanthanum salts* lantan tuzları
lanuginous s. tüylü, havlı
lanugo a. biy. tüy, hav
lapislazuli a. sodyum alüminyum silikat
larkspur a. bitk. hezaren çiçeği
larva a. hayb. tırtıl, kurtçuk, larva
larval s. kurtçuk halinde
larvacide a. tırtıl öldüren ilaç
larvivorous s. kurt yiyen, kurtla beslenen
laryngeal s. gırtlakla ilgili
laryngology a. hek. boğaz hastalıkları bilimi
laryngoscope a. hek. gırtlak muayene aleti
laryngotomy a. gırtlak açma
larynx a. anat. gırtlak, boğaz

laser *a. fiz.* lazer **laser beam** lazer ışını
late-flowering *s.* geç çiçeklenen
latency *a.* gizli varlık
latent *s.* gizli, örtülü, saklı, gizil, potansiyel **latent bud** dinlenme tomurcuğu, kış tomurcuğu **latent content** gizil içerik **latent heat** gizil ısı **latent heat of vaporization** buharlaşma ısısı **latent period** gizli zaman **latent time** gizli zaman
lateral *s.* yanal; yandan; yandan gelen; yana doğru **lateral bud** yan tomurcuk **lateral line** yan çizgi
laterite *a. yerb.* kırmızı kil; lığ
lateritic *s.* lığ+, kil+
laterization *a.* killeşme
lateroflexion *a.* yana bükülme
lateroposition *a.* yana doğru kayma
latescent *s.* gizli, saklı, gizil
latex *a.* lateks, kauçuk sütü
laticiferous *s.* sütlü, süt benzeri özsulu
latifoliate *s. bitk.* geniş yapraklı
lattice *a. fiz.* örgü; pencere kafesi; ızgara **lattice beam** kafes kiriş **lattice energy** kafes enerjisi, örgü erkesi **lattice mast** kafes direk
laudanum *a.* afyon ruhu
lauraceae *a.* ç. defnegiller
lauraceous *s. bitk.* defnegillerden
laurel *a. bitk.* defne
lauric *s. kim.* defne (asidi)
lauryl *s.* loril **lauryl alcohol** loril alkol
lava *a.* lav, püskürtü **lava cone** lav konisi **lava flow** lav akıntısı
law *a.* kanun, yasa; kural, kaide; hukuk **law of action and reaction** etki tepki yasası **law of averages** ortalamalar yasası **law of conservation of mass** kütle sakımı kanunu **law of gravitation** yerçekimi yasası

lawrencium *a.* lorensiyum (simgesi Lw)
lax *s.* gevşek; zayıf, seyrek; savsak, ihmalci
lay *a.* mevki, mahal; durum, vaziyet * *e.* koymak, bırakmak; sermek; ileri sürmek; yumurtlamak; gömmek; döşemek, yaymak
layer *a.* katlan, tabaka; yeryüzü tabakası; (fidan) daldırma * *e.* katmanlaştırmak; tabakalara ayrılmak; (fidan) daldırmak
lazulite *a.* gök taşı
lazurite *a.* lacivert taşı
leachy *s.* gözenekli, suyu geçiren
lead *a.* kurşun (simgesi Pb); frafit; mermi; saçma; öncelik, birincilik; önder, rehber; yular, tasma; başrol * *e.* yol göstermek, kılavuzluk etmek; (yaşam) sürmek; yönetmek, idare etmek **lead acetate** kurşun asetat **lead arsenate** kurşun arsenat **lead bromide** kurşun bromür **lead carbonate** kurşun karbonat **lead chromate** kurşun kromat, kurşun sarısı **lead chloride** kurşun klorür **lead dioxide** kurşun dioksit **lead equivalent** kurşun eşdeğeri **lead glass** kurşunlu cam **lead glaze** kurşunlu sır **lead oxide** kurşun oksit **lead sheet** kurşunlu levha **lead shot** mermi saçması **lead sulfate** kurşun sülfat **black lead** grafit, kalen kurşunu **pig lead** külçe kurşun **red lead** sülüğen, sülyen **sugar of lead** kurşun asetat **white lead** kurşun üstübeci, kurşun beyazı
leader *a.* rehber; önder, lider, baş; orkestra şefi; oluk
lead-line *s.* iskandil ipi
leaf *a.* yaprak; sürgün; taç yaprağı; katman * *e.* yaprak vermek, yapraklan-

mak *leaf beet* pazı yaprağı *leaf beetle* yaprak biti *leaf blade* yaprak ayası *leaf blight* yaprak küfü *leaf blotch* yaprak pası *leaf bud* yaprak tomurcuğu *leaf butterfly* yaprak kelebeği *leaf insect* yapraksı böcek *leaf miner* yaprakkurdu *leaf rust* yaprak pası *leaf scald* yaprak yanığı *leaf scar* yaprak izi *leaf sheath* yaprak kını *leaf spot* yaprak lekesi *leaf trace* yaprak izi *alternate leaves* sarmal yapraklar *compound leaf* bileşik yaprak *in leaf* yapraklanmış *opposite leaves* karşılıklı yapraklar *simple leaf* basit yaprak *verticillate leaves* çevrel yapraklar, halka dizilişli yapraklar *walking leaf* yürüyen yaprak

leafless *s.* yapraksız

leaflet *a.* ufak yaprakçık; broşür, kitapçık; el ilanı

leafstalk *a.* yaprak sapı

leak *e.* sızdırmak, kaçırmak; sızmak * *a.* çatlak, yarık; sızma; *elek.* kaçak

-leaved *s.* -yapraklı *broad-leaved tree* geniş yapraklı ağaç *long-leaved* uzun yapraklı *narrow-leaved* dar yapraklı *thick-leaved* kalın yapraklı

lecithin *a. kim.* lesitin

lecithinase *a. kim.* lesitinaz, lesitin hidrolizini katalizleyen enzim

leg *a.* bacak, baldır; ayak, mobilya ayağı *hind legs* arka ayaklar *leg bone* bacak kemiği, baldır kemiği

legume *a. bitk.* baklagiller, baklagil tanesi

legumin *a.* legümin

leguminous *s.* baklagiller familyasından

lemma *a. bitk.* başakçık bürgüsü

lemniscus *a. anat.* beyaz sinir lifi

lemur *a. hayb.* maki, tilki maymun

lenitive *a. s.* yumuşatıcı (ilaç); yatıştırıcı (ilaç)

lens *a.* mercek; göz merceği

lentic *s.* durgun suda yetişen

lenticel *a. bitk.* kovucuk

lenticellate *s.* kovucuklu, gözenekli

lenticular *s.* merceksi; mercimek biçimli

lenticulate *s.* pürüzlendirmek, pürtüklendirmek

lentiform *s.* mercek gibi

lentil *a.* mercimek

lepidic *s.* üzeri pulla kaplı; pullarla ilgili

lepidoid *s.* kabuksuz

lepidolite *a.* lepidolit, pullu mika

lepidoptera *a. ç.* kelebekler, pulkanatlılar

lepidopteran *a. s.* pul kanatlı (böcek)

lepidopterology *a.* pul kanatlılar bilimi

lepidopteron *a. hayb.* pul kanatlı (böcek)

lepidopterous *s.* pul kanatlı

lepidosiren *a. hayb.* karamaru, eti lezzetli bir yılan türü

lepidote *a. bitk.* pul kabuklu

leprosy *a.* cüzam

leprous *s.* cüzamlı

leptocephalic *s.* kafası dar uzun ve küçük olan

leptodactyl *a.* beş parmaklı karakurbağası

leptor(r)hinia *a.* burun kemiklerinin çok dar olması

leptospire *a.* sarmal bakteri

lesion *a. hek.* doku bozukluğu, lezyon; yara, bere *local lesions* yerel lezyon

lethal *s.* öldürücü *lethal gene* öldürücü gen

lethality *a.* öldürücülük

leucine *a. kim.* lösin; insan ve hayvan beslenmesinde önemli bir amino asit

leucite *a.* lökit, beyazımsı gri potasyum alüminyum silikat

leuco(-) *önk.* löko-, ak, beyaz *leuco base* lökobaz

leucoblast *a.* lökoblast

leucocyte *a. biy.* akyuvar, lökosit

leucocytogenesis *a.* lökosit yapımı

leucocytolysis *a.* lökosit erimesi

leucocytopoiesis *a.* lökosit yapımı

leucocytosis *a.* akyuvar çokluğu

leucoderma *a.* ak deri

leucoma *a.* ak benek

leucomaine *a. biy.* kim. lökoman, hayvan vücudunda oluşan zehirli azotlu bileşimden biri

leucopenia *a. hek.* akyuvar azlığı

leucoplast *a. bitk.* lökoplast, bitki hücresi etrafındaki renksiz protoplazam

leucopoiesis *a.* akyuvar yapımı

leukoblast *a.* lökoblast, olgunlaşmamış lökosit

leukonychia *a.* tırnakların beyaz renk alması

level *s.* düz, düzgün; yatay, ufki * *a.* düzlük, düz arazi; tesviye aleti, düzeç, kabarcıklı düzeç; nivo * *e.* düzeltmek, tesviye etmek; yıkmak, dümdüz etmek *air level* havalandırma katı *energy level* enerji seviyesi, erke düzeyi *zero-energy level* sıfır enerji seviyesi

levulin *a. biy.* levülin, nişastaya benzer renksiz amorf bileşim

levulinic *s.* levülinik (asit)

lewisite *a.* levizit, ciltte kabarcık yapan zehirli gaz

Li *a.* lityumun simgesi

Lias *a.* alt Jura katmanı

Liasic *s.* alt Jura katmanıyla ilgili

liber *a. bitk.* kalbur doku

liberation *a.* kurtarma, serbest bırakma;

kurtuluş

libido *a.* libido, şehvet

lichen *a. bitk.* liken, yosun

lichenoid *s.* yosunlu, yosuna benzer

lichenology *a.* likenbilim

lichenous *s.* yosunlu, yosun tutmuş

lid *a.* kapak; gözkapağı; tohum kapağı

lidded *s.* kapaklı

lienal *s.* dalakla ilgili

lienitis *a.* dalak iltihabı

life *a.* hayat, yaşam; ömür; dayanırlık *life cycle* yaşam evresi *life span* azami ömür *adult life* yetişkin hayat, erişkin dönem *animal life* hayvan yaşamı *change of life* yaşdönümü, menopoz, âdet kesilmesi *mean life* ortalama yaşam süresi

life-giving *s.* canlandırıcı, hayat verici

ligament *a. anat.* bağ

ligature *a.* bağ; bağlama; *hek.* damar bağı

light *a.* ışık; gündüz, gün ışığı; şafak, gün ışıması; ateş * *s.* aydınlık, ışıklı; (renk) açık, soluk; hafif * *e.* yakmak, tutuşturmak; yanmak, tutuşmak; inmek; konmak *light ray* ışık ışını *light unit* ışık birimi *light wave* ışık dalgası *diffused light* dağınık ışık, yayılmış ışık *incident light* gelen ışık *polarized light* polarize ışık, kutuplanmış ışık, ucaylı ışık *ultraviolet light* ültraviyole ışık, morüstü ışık *monochromatic light* monokromatik ışık, tekrenkli ışık *white light* beyaz ışık, ak ışık

light-sensitive *s.* ışığa duyarlı

light-year *a. gökb.* ışık yılı

ligneous *s.* odunsu, odun gibi

lignin *a. bitk.* odun özü

lignite *a.* linyit

lignitic *s.* linyit+

lignocellulose *a. bitk.* ağaç selüloz
ligroin(e) *a.* ligroin, petrolden elde edilen kuru temizlemede kullanılan bir madde
ligula *a. bitk.* hayb. dilcik, dile benzer organ
ligulate *s.* dilli, dil biçimli
ligule *a. bitk.* çimen yaprağındaki ince zar çıkıntı
ligure *a.* kıymetli taş
liliaceae *a. ç.* zambakgiller
liliaceous *s.* zambak gibi, zambağa benzer
limb *a.* kol, bacak, uzuv; dal, ağacın büyük dalı; yaprak ayası; ayla, hale
limbate *s. bitk.* renkli kenarlı (çiçek)
limbic *s.* kenarla ilgili
limbus *a.* fileto, renk/desen ayırma çizgisi
lime *a.* kireç; kalsiyum, misket limonu; ökse otu *lime glass* kireçli cam *lime hydrate* sönmüş kireç *lime tree* ıhlamur ağacı *air-slaked lime* havada sönmüş kireç *carbonate of lime* kalsiyum karbonat, kireç karbonatı *fat lime* yağlı kireç *hydraulic lime* su kireci, hidrolik kireç *quick lime* sönmemiş kireç
limestone *a.* kireçtaşı, kalker *freshwater limestone* pamuktaşı, kefekitaşı, traverten *oolitic limestone* oolitli kalker *shell limestone* kabuklu kalker, kavkılı kalker *siliceous limestone* silisli kalker, silisli kireçtaşı
limewater *a.* kireç suyu
limicolous *s.* çamurlu
liminal *s.* eşik+
limnetic *s.* gölde yaşayan
limnology *a.* gölbilimi, limnoloji
limonene *a.* limon özü

limonite *a.* limonit, sulu demir oksit cevheri
limonitic *s.* limonite benzer
lindane *a. kim.* linden, haşere öldürücü toz
linden *a.* ıhlamur ağacı
linear *s.* doğrusal; çizgisel *linear algebra* doğrusal cebir *linear combination* doğrusal bileşim *linear equation* doğrusal denklem *linear expansion* boy uzaması, doğrusal genleşme *linear function* doğrusal işlev *linear leaf* linear yaprak, şeritsi yaprak *linear mapping* doğrusal gönderim *linear space* doğrusal uzay
linearization *a.* doğrusallaştırma
linearize *e.* doğrusallaştırmak
lineate *s.* enine çizgili
lingulate *s.* dil biçimli
linin *a. biy.* linin, hücre çekirdeğindeki tanecikleri bağlayan madde
link *e.* bağlamak, birleştirmek, zincirlemek * *a.* halka, zincir baklası; bağ; mafsal
linkage *a.* bağlama, birleştirme, zincirleme; *mak.* kol; *elek.* sarmaç; soy bağı
linking *a.* bağlantı
linnet *a. hayb.* kenevir kuşu; keten kuşu
linoleic *s.* linoleik (asit)
linoleum *a.* muşamba
linseed *a.* ketentohumu *linseed oil* bezaryağı
lint *a.* keten tiftiği
lip *a.* dudak; kenar, uç, ağız
liparite *a.* liparit
lipase *a. kim.* lipaz, yağları sindiren enzimlerden biri
lipid *a. kim.* lipit, yağımsı madde
lipidic *s.* lipitle ilgili; lipit içeren
lipochrome *a.* lipokrom, yağa sarı renk veren pigment

lipofuscin *a.* hücre yağı
lipogenesis *a.* yağ oluşumu
lipoid *s.* yağ+, yağa benzer
lipoma *a.* lipoma, yağ uru
lipophilic *s. kim.* yağsever; yağemer
lipoprotein *a. biy.* yağlı protein
liposoluble *s.* yağda eriyen
lipotropic *s.* yağ tüketen
lipotropy *a.* yağ tüketimi
lipped *s.* dudaklı
liquate *e.* ergitip arıtmak
liquefacient *a.* sıvılaşmayı kolaylaştıran
liquefaction *a.* sıvılaştırma, sıvı haline getirme; sıvılaşma
liquefiable *s.* sıvılaştırılabilir, sıvılaşabilir, ergiyebilir
liquefy *e.* eritmek, sıvılaştırmak; erimek, sıvılaşmak
liquescence *a.* sıvılaşma, ergime
liquescent *s.* sıvılaşan, ergiyen
liquid *a.* sıvı * *s.* akıcı, akışkan, sıvı; berrak; kolayca paraya çevrilebilir *liquid air* sıvı hava *liquid crystal* sıvı kristal *liquid fuel* sıvı yakıt *liquid measure* sıvı ölçüsü *liquid oxygen* sıvı oksijen
liquor *a.* çözelti; içki; sert içki; et suyu
litharge *a.* kurşun oksit, mürdesenk
lithemia *a.* litemi, kanda üre fazlalığı
lithia *a.* lityum oksit *lithia water* lityumlu maden suyu
lithiasis *a.* taş oluşumu
lithic *s.* taşsı, taş gibi; taşla ilgili; *kim.* lityumlu
lithium *a.* lityum (simgesi Li) *lithium carbonate* lityum karbonat *lithium hydride* lityum hidrit
lithogenesis *a. hek.* taş oluşumu
lithoid(al) *s.* taş gibi; taşa benzer
lithological *s.* taşbilimsel
lithology *a.* taşbilim

lithomarge *a.* katı kil
lithometeor *a.* katı asıltı
lithophyte *a. hayb.* taş yapılı; *bitk.* kaya bitkileri
lithopone *a.* litopon, çinko üstübeci
lithosphere *a.* taşküre, litosfer
lithotomy *a.* taş kırım ameliyatı
lithotrity *a.* taş ezme
litmus *a.* turnusol *litmus paper* turnusol kâğıdı
litre *a.* litre
litter *a.* çöp, süprüntü; bir kerede doğan yavrular; dağınıklık; sedye; çürümüş yapraklar; (hayvan altına konan) saman * *e.* döküp saçmak, karıştırmak; dağıtmak, yavrulamak; ot sermek
littoral *a.* sahil şeridi * *s.* kıyı+, kıyıda bulunan
liver *a.* karaciğer, ciğer *liver disease* karaciğer hastalığı *liver extract* karaciğer özü *liver fluke* karaciğer kelebeği *liver fluke disease* kelebek hastalığı
liverwort *a. bitk.* ciğerotu
livid *s.* morarmış; donuk mavi; kızmış, öfkeli
living *a.* yaşam; geçim * *s.* canlı, diri, sağ; yanan; akıcı *living creatures* canlı yaratıklar
lm *a.* lümenin simgesi
loam *a.* tın, lom, lem, balçık toprak, özlü toprak, killi toprak; pahsa, samanlı balçık, kerpiç çamuru
loamy *s.* tınlı, balçıklı, özlü
lobar *s. anat.* lopla ilgili, loplu
lobate *s.* yuvarlak, loplu; kulak memesi biçimli
lobe *a.* dilmik, yuvarlak kısım; *anat.* lop; kulakmemesi *lobes of cerebrum* beyin lopları

lobed s. dilmikli, yuvarlaklı
lobelia a. bitk. lobelya, frengiotu
lobeline a. loblin, hinttütününden elde edilen kristalli alkaloid
lobotomy a. lop ayırımı
lobular s. loplu, yuvarlak çıkıntılı
lobulate s. loplu, dilmikli
lobule a. küçük lop, lopçuk
locular s. hücreli, hücrelerden oluşmuş
loculate(d) s. hücreli, göz göz
locule a. hücre, göze; bitk. çekirdek kılıfı, polen zarfı
loculicidal s. yarılmış, yarık, çatlak
loculus a. anat. hücre, göze; çekirdek kılıfı, polen zarfı
locus a. yer, konum, mevki; geometrik yer
locusta a. bitk. çayır başakçığı
lode a. maden damarı
lodestone a. mıknatıs taşı, doğal mıknatıs
lodge a. kır evi, kulübe; sayfiye oteli; loca; hayvan ini * e. misafir etmek/olmak; barındırmak; sığınmak; yerleştirmek; (ekin) yere sermek
lodicule a. pulcuk
loess a. lös, kil ve kalkerli sarımtırak toprak
log a. tomruk, kütük, ağaç gövdesi * e. kütük kesmek, ağaç kesmek; yol almak
loganberry a. böğürtlen çileği
logan-stone a. sallanan kaya
logarithm a. matm. logaritma
lomentaceous s. boğumlu
long-eared bat a. uzun kulaklı yarasa
longevity a. ömür, uzun ömür
longicorn s. uzun boynuzlu
longimanous s. elleri uzun olan
long-lived s. uzun ömürlü; dayanıklı
longspur a. hayb. mahmuzlu kuş

long-tailed s. uzun kuyruklu
lophobranch a. deniz iğnesi
lophobranchiate s. deniz iğnesigillerden
lophophore a. besinkapar
lorica a. hayb. zırh, kabuk
loricate(d) s. zırhlı, kabuklu (hayvan)
lovage a. bitk. selamotu, yaban kerevizi
lox a. sıvı oksijen; füme balık
loxic s. eğri, kıvrık
Lu a. lutesyumun simgesi
lubricant a. yağlayıcı madde, gres, yağ
luciferase a. biy. kim. lüsiferaz, ışık veren enzim
luciferin a. biy. kim. lüsiferin, ışık maya
luciferous s. ışıklı, ışık veren
lucifugous s. ışıktan kaçan
lugworm a. kum kurdu
lumbar s. bel+, belle ilgili *lumbar region* bel bölgesi *lumbar vertebrae* bel omurları
lumbo-costal s. bel-kaburgalarla ilgili
lumbo-dorsal s. bel-sırtla ilgili
lumbricus a. askaris cinsi solucanlar
lumen a. lümen (simgesi lm); organ boşluğu; göze boşluğu
lumen-hour a. lümen-saat
Luminal a. lüminal, fenobarbital
luminance a. ışıltı, ışıklılık
luminescence a. gazışı, lüminesans; ışıldama, ışıltı
luminescent s. gazışıl; ışıldayan, ışıltılı
luminiferous s. ışık yayan, ışıklı
luminosity a. parlak nesne; parlaklık
luminous s. ışıklı, ışık yayan, parlak; ışığı yansıtan *luminous efficiency* ışıma verimi, parlaklık verimi *luminous energy* ışık enerjisi *luminous flux* ışık akısı, ışıklı akış *luminous intensity* aydınlatma şiddeti, parlaklık

kuvveti *luminous sensitivity* ışık duyarlığı

lunate *s.* hilal biçiminde

lung *a.* akciğer

lunula *a.* hilal biçimli şey

lunular *s.* hilal biçimli

lunulate(d) *s.* hilal biçimli

lupine *a.* acı bakla

lupulin *a.* sarıyonca, şerbetçiotu püskülü

lupus *a.* deri veremi

lutecium *a.* lutesyum (simgesi Lu)

lutein *a. biy.* kim. lütein, sarı-kırmızı renkli karotenit alkol

luteolin(e) *a. kim.* lüteolin

luteotrophin *a. kim.* lüteotropin, süt bezini çalıştıran pitüvit salgısı

luteous *s.* yeşilimsi sarı

lutetium *a. kim.* lutesyum, üç valanslı nadir toprak madeni

lux *a.* lüks, aydınlanma birimi

Lw *a.* lorensiyumun simgesi

lx *a.* aydınlanma birimi lüksün simgesi

lycopene *a.* likopen

lycopodium *a. bitk.* kurtayağı tozu

lyddite *a. kim.* lidit, pikrik asitten oluşan patlayıcı madde

Lydian *s.* Lidya+; nazik, narin *Lydian stone* mihenk taşı

lye *a.* küllü su, boğada suyu, soda eriyiği

lymph *a.* lenf, akkan *lymph cell* lenfosit, lenf hücresi *lymph node* lenf bezi, akkan düğümü

lymphadenitis *a.* lenf bezi iltihabı

lymphatic *s.* lenfatik; akkan+; serinkanlı, uyuşuk *lymphatic gland* lenf bezi *lymphatic vessel* lenf damarı

lymphoblast *a. anat.* lenfoblast, olgunlaşmamış akkan hücre

lymphocyte *a. anat.* lenfosit, akkan hücre

lymphocytic *s.* lenfosit sayısı çok artmış

lymphocytosis *a.* lenfositoz, akkan hücre sayısının çok artması

lymphoduct *a.* lenf damarı

lymphogenesis *a.* lenf oluşumu

lymphogenic *s.* lenf dokusundan kaynaklanan, lenf sisteminde gelişen

lymphoid *s.* akkansal, akkana benzer

lymphoma *a.* akkan uru, lenfoma

lymphopoiesis *a.* lenfosit oluşumu

lyophilic *s. fiz.* kim. tam çözüşmüş, liyofilik

lyophobic *s. fiz.* kim. çabuk çökelir

lyrate *s. bitk.* rebap yapraklı

lyrebird *a.* lir kuşu

lyse *e. kim.* hücreleri lisinle eritmek

lysimeter *a.* erirlikölçer

lysin *a. biy.* kim. göze eriten

lysine *a. biy.* kim. lisin

lysis *a. biy.* kim. erime, hücre erimesi

lysogenic *s.* zararsız, hastalık yapmayan

lysosome *a.* eritici hücre

lysozyme *a. biy.* lisozim, bakteri öldüren enzim

lytic *s.* ayrıştıran, çözüştüren

lytta *a. anat.* kurtsu kıkırdak

M

macadam *a.* makadam, kırma taş

macadamia *a. bitk.* makadamya *macadamia nut* makadamya cevizi

macerate *e.* ıslatmak, yumuşatmak; ayrıştırmak

maceration *a.* yumuşama, yumuşatma

macerator *a.* yumuşatan, zayıflatan

macle *a.* ikiz kristal

macrobacterium *a.* iri bakteri

macrobiosis *a.* uzun ömürlülük

macrobiote *a.* uzun ömürlü hayvan/bitki

macrobiotic *s.* uzun ömürlü; uzun ömür veren

macrobiotics *a.* ömrü uzatma sanatı

macroblast *a.* iri çekirdekli eritrosit

macrocephalous *s.* makrosefal, iri başlı

macrochemistry *a.* makrokimya

macroclimate *a.* genel iklim

macroclimatic *s.* genel iklimsel

macrocyst *a.* iri ur; *bitk.* iri eşey hücre

macrocyte *a.* iri hücre, iri alyuvar

mecrocytic *s.* iri alyuvarlı

macrodont *s.* iri dişli

macroevolution *a.* makro evrim

macrogamete *a.* iri eşey hücre

macrogenitosomia *a.* vücudun erken gelişimi

macroglia *a.* nöroglial hücre

macroglobulin *a.* yüksek molekül ağırlıklı globülin

macroglossia *a.* dilin çok büyük olması

macromolecular *s.* dev moleküllü

macromolecule *a.* dev molekül

macronuclear *s.* dev çekirdekli

macronucleus *a.* büyük çekirdek

macronutrient *a.* iri besin

macrophage *a. anat.* makrofaj, iri yutar hücre

macrophyllous *s.* büyük yapraklı

macropodia *a.* uzun bacaklılık

macropodian *s. a.* uzun bacaklı (hayvan)

macropterous *s.* uzun kanatlı

macroscopic *s.* çıplak gözle görülebilen, iri ölçekli, makroskopik

macroscopy *a.* çıplak gözle muayene, iri ölçekli görünüm

macroseism *a.* geniş deprem

macrosporangium *a.* büyük spor kesesi

macrospore *a.* makrospor

macrostomia *a.* büyük ağız

macrostructural *s.* dış yapısal

macrostructure *a.* dış yapı

macruran *a. s.* karın bölümü gelişmiş (hayvan)

macula *a.* benek, nokta, ben *macula lutea* sarı benek *macula solaris* çil

macular *s.* lekeli, benekli, benli

maculate *s.* lekeli, benekli

maculation *a.* leke, benek; (hayvanda) işaret

macule *a.* benek, leke

madescent *s.* nemli

madrepore *a.* delikli mercan

madreporic *s.* delikli mercan gibi

magenta *a.* mor renk

maggot *a.* kurtçuk, larva

magma *a. yerb.* magma; çökelti, balçık; macun, lapa

magmatic *s.* çökeltili, hamur biçimli

magnesia *a.* magnezyum oksit *magnesia usta* magnezyum oksit *black magnesia* magnezyum dioksit

magnesic *s.* magnezyumlu

magnesite *a.* manyezit, magnezyum karbonatman

magnesium *a.* magnezyum (simgesi Mg) *magnesium arsenate* magnezyum arsenat *magnesium carbonate* magnezyum karbonat *magnesium chloride* magnezyum klorür *magnesium hydroxide* magnezyum hidroksit *magnesium oxide* magnezyum oksit *magnesium sulfate* magnezyum sülfat

magnet *a.* mıknatıs

magnetic *s.* manyetik, mıknatıssal *magnetic circuit* manyetik devre *magnetic declination* mıknatıssal sapma *magnetic deflection* manyetik sapma, mıknatıssal sapma *magnetic field* manyetik alan *magnetic flux* manyetik akı *magnetic force* manyetik kuvvet, mıknatıssal kuvvet **magnetic induction** manyetik endükleme **magnetic intensity** manyetik şiddet, mıknatıssal yeğinlik **magnetic interference** manyetik karışma **magnetic iron ore** mıknatıslı demir cevheri **magnetic needle** mıknatıs iğnesi **magnetic permeability** mıknatıssal geçirgenlik **magnetic pole** mıknatıssal kutup **magnetic potential** manyetik potansiyel **magnetic shell** manyetik yaprak, mıknatıssal yaprak

magnetically *be.* mıknatıssal olarak

magnetics *a.* mıknatıs bilimi

magnetism *a.* manyetizma, mıknatıslık **nuclear magnetism** nükleer mıknatıslık **residual magnetism** artık mıknatıslık **temporary magnetism** geçici mıknatıslık **terrestrial magnetism** yer mıknatıslığı

magnetite *a.* manyetit, siyah demir oksit

magnetizability *a.* mıknatıslanabilirlik

magnetizable *s.* mıknatıslanabilir

magnetization *a.* mıknatıslanma **magnetization curve** mıknatıslanma eğrisi

magnetize *e.* mıknatıslamak

magnetizer *a.* mıknatıslayıcı

magnetizing *s.* mıknatıslama+, mıknatıslayan **magnetizing coil** mıknatıslama bobini **magnetizing current** mıknatıslama akımı **magnetizing field** mıknatıslayan alan **magnetizing force** manyetizan kuvvet, mıknatıslayan kuvvet

magnetochemical *s.* mıknatıskimyasal

magnetochemistry *a.* mıknatıs kimyası

magnetoelectric *s.* mıknatıselektriksel

magnetoelectricity *a.* mıknatıssal elektrik

magnetograph *a.* kaydedici manye-

tometre

magnetohydrodynamic *s. fiz.* mıknatıssal hidrodinamik+

magnetohydrodynamics *a.* mıknatıssal hidrodinamik

magnetometer *a.* mıknatısölçer, manyetometre

magnetometric *s.* mıknatısölçümsel

magnetometry *a.* mıknatısölçüm

magnetomotive *s.* manyetomotor, mıknatıssal etki yaratan **magnetomotive force** manyetomotor kuvvet

magneton *a. fiz.* manyeton

magneto-optics *a.* mıknatıssal ışıkbilgisi

magnetoscope *a.* manyetoskop, mıknatıssal alan göstergesi

magnetostatic *s.* duruk mıknatıssal

magnetostatics *a.* duruk mıknatıslık

magnetostriction *a. fiz.* mıknatıssal büzülüm

magnetostrictive *s.* mıknatıssal büzülümsel

magnetron *a. elek.* magnetron

magnum *a. anat.* bilek kemiklerinin en büyüğü

mahogany *a.* maun ağacı * *s.* maundan yapılmış

make-up *a.* makyaj; makyaj malzemesi; mizanpaj, sayfa düzeni; yapı, bünye

mala *a.* yanak, yanak kemiği

malabsorption *a.* kötü emilim

malaceous *s. bitk.* elmagillerden

malachite *a.* malakit, bakır taşı

malacology *a.* malakoloji, yumuşakçalarbilimi

malacophilous *s. bitk.* yumuşak yapraklı

malacopterygian *s.* yumuşak yüzgeçli (balık)

Malacostraca *a. ç.* yengeçgiller sınıfı

malacostracan *a. s.* yengeçgiller

sınıfından (hayvan), eklembacaklılarla ilgili

maladaptation *a.* uyumsuzluk

maladaptive *s.* uyumsuz

malar *s. anat.* elmacık kemiği+ *malar bone* elmacık kemiği

malaria *a.* sıtma

malate *a. kim.* malat, elma asidi tuzu

malaxate *e.* yoğurmak

malaxation *a.* yoğurma, hamur yapma

male *s. a.* erkek; erkekle ilgili *male fern* erkek eğreltiotu *male flower* erkek çiçek *male hormone* erkeklik hormonu

maleate *a. kim.* maleat, maleik asit tuzu

maleic acid *a.* maleik asit

malformation *a.* kusurlu oluşum, sakatlık

malic *s.* elma asidinden türemiş; elmayla ilgili

mallard *a. hayb.* erkek yabanördeği

malleability *a.* dövülgenlik

malleable *s.* dövülgen (maden), dövülür; uysal *malleable iron* dövme demir

malleolar *s.* aşık çıkıntısıyla ilgili

malleolus *a. anat.* aşık çıkıntısı

malleus *a. anat.* çekiç kemiği

malm *a.* yumuşak kireçtaşı; tuğla toprağı

malnutrition *a.* yetersiz beslenme; kötü beslenme

malocclusion *a.* (diş) kusurlu kapanış

malodor *a.* pis koku

malodorous *s.* kötü kokulu

malonic *s.* malonik (asit)

Malpighian *s.* Malpighi *Malpighian body* Malpighi cisimciği *Malpighian capsule* Malpighi kapsülü *Malpighian corpuscule* Malpighi cisimciği *Malpighian layer* Malpighi kat-

manı *Malpighian pyramids* Malpighi piramitleri *Malpighian tube* Malpighi borusu

malposition *a.* kötü konum

malt *a.* malt, çimlenmiş arpa * *e.* malt yapmak, çimlendirmek; maltlaşmak *malt extract* arpa özü

maltase *a. kim.* maltaz, ince bağırsağın çıkardığı maya

maltha *a.* malta, yumuşak doğal asfalt

maltose *a. kim.* maltoz, malt şekeri

malty *s.* maltlı, malt gibi

malvaceae *a. ç.* ebegümecigiller

malvaceous *s.* ebegümecigillerden

mamba *a.* ağaç yılanı

mamilla *a.* meme ucu

mamillary *s.* mememsi, meme gibi

mamma *a.* meme

mammal *a.* memeli hayvan *the mammals* memeliler

mammalia *a. ç.* memeliler

mammalian *a. s.* memeli (hayvan)

mammalogical *s.* memeliler bilimiyle ilgili

mammalogy *a.* memeliler bilimi, memeli hayvanlar bilimi

mammary *s. anat.* meme+, meme gibi *mammary glands* meme bezleri *mammary tissue* meme dokusu

mammiferous *s.* memeli

mammiform *s.* mememsi

mammogram *a.* meme röntgeni

mammography *a.* meme röntgeni çekme

mandible *a.* altçene kemiği; alt gaga

mandibula *a.* mandibula, altçene kemiği

mandibular *s.* altçene kemiğine ait

mandibulate *s.* ısırma organlı

mandrake *a. bitk.* adamotu, hacı otu, kankurutan

mandrill *a. hayb.* mandril, iri şebek

manducation *a.* çiğneme

manganate *a. kim.* manganat *potassium manganate* potasyum manganat

manganese *a. kim.* manganez, mangan *manganese dioxide* manganez dioksit *manganese oxide* manganez oksit *manganese steel* manganezli çelik

manganic *s. kim.* manganezli, manganik *manganic acid* manganik asit *manganic oxide* manganik oksit

manganite *a.* manganit, koyu kurşuni manganez hidroksit

manganous *s.* kim, manganezli

mange *a.* uyuz

mango *a.* hinteriği

manna *a.* balsıra; kudret helvası *manna lichen* çanak likeni *manna grass* bataklık çayırı

mannitol *a. kim.* manitol, tatlımsı kristalli alkol

mannose *a. kim.* menoz

manometer *a.* manometre, basıölçer

manometric(al) *s.* manometrik, bası ölçümlü

manometry *a.* basınç ölçme

mantle *a.* kolsuz manto; örtü; *hayb.* örtenek, iç deri; kanat tüyü; *yerb.* kabuk *mantle rock* toprakkaya

manual *a.* elkitabı, kılavuz; *müz.* (orgda) klavye * *s.* elle ilgili, elle yapılan

manubrial *s.* çıkıntısal, sap+

manubrium *a. anat.* sap, sapa benzer çıkıntı; göğüs kemiğinin üst bölümü

manure *a.* gübre; dışkı * *e.* gübrelemek *barnyard manure* ahır gübresi *chemical manure* kimyasal gübre

manus *a. anat.* hayb. el, ön ayak

many-flowered *s.* çok çiçekli

manyplies *a. hayb.* kırkbayır

marantic *s.* kronik beslenme bozukluğuyla ilgili

marble *a.* mermer; bilye, misket * *s.* mermer(den yapılmış) * *e.* ebrulamak

marcasite *a.* demir sülfit, akpirit

N

narcastical *s.* akpiritli

marcescence *a.* solma

marcescent *s. bitk.* solmuş, soluk (yaprak)

margarate *a.* margarat

margaric *s.* margarik

margarine *a.* margarin

margay *a. hayb.* kaplan kedisi

margin *a.* kenar, sınır; marj

marginal *s.* kenarda olan; sınırsal; (arazi) verimsiz; marjinal *marginal placentation* kenar etene düzeni

marginate *s.* kenarlı, kenar şeritli

maricolous *s.* denizle ilgili

mariculture *a.* su ürünleri üretimi

marigold *a. bitk.* kadife çiçeği *marsh marigold* altıntopu *pot marigold* kadife çiçeği

marine *a.* denizcilik; deniz askeri * *s.* denizle ilgili; denizcilik+ *marine acid* hidroklorik asit, tuzruhu *marine erosion* deniz aşındırması *marine fauna* deniz direyi, deniz faunası *marine flora* deniz florası *marine salt* deniz tuzu

marking *a.* işaretleme, işaret koyma; işaret, marka, nişan; *hayb.* alaca, benek *marking hammer* marka çekici *marking iron* marka demiri

marl *a. yerb.* marn, kalkerli kil, kalkerli

silt

marlberry a. bitk. alacakara

marlite a. katı kireçli toprak

marmoreal s. mermer gibi, mermerimsi

marmoset a. hayb. ipek tüylü maymun

marmot a. hayb. dağ sıçanı

marrow a. anat. ilik; öz; sakız kabağı **marrow transplant** ilik nakli **bone marrow** kemik iliği

marrowbone a. ilikli kemik

marrowy s. ilikli

marsh a. bataklık, batak **marsh gas** bataklık gazı, metan **marsh hen** su tavuğu **marsh mallow** hatmi; ebegümeci **marsh plant** bataklık bitkisi

marshland a. bataklık arazi

marshwort a. su maydanozu

marsupial a. s. keseli (hayvan)

marsupium a. hayb. kese

marten a. hayb. sansar

martin a. kırlangıç

maschale a. koltuk altı

mask a. maske * e. maskelemek **gas mask** gaz maskesi

masked s. maskeli

masonite a. sunta

mass a. kütle, kitle; yığın, küme; parça; demet **mass centre** ağırlık merkezi **mass defect** kütle eksiği **mass number** kütle sayısı **mass spectrum** kütle izgesi **mass unit** kütle birimi **atomic mass** atom kütlesi **critical mass** kritik kütle, dönüşül kütle **law of mass action** kütle etkisi kanunu **sub-critical mass** alt-kritik kütle

masseter a. anat. çene kası

masseteric s. çene kasıyla ilgili

massicot a. kurşunboyası, kurşun monoksit

massive s. som, masif, yekpare; iri ve

ağır, kocaman; muazzam, büyük çapta

mast a. direk, gemi direği; bitk. kozalak

master a. usta; amir, patron; başkan, yönetici; üstat; uzman; lisansüstü derecesi * s. usta; ana, temel; egemen

mastic a. sakız; sakız ağacı; macun

masticatory s. çiğnenecek, çiğnenerek alınan

mastigophore a. kamçılılar sınıfından tek hücreli hayvan

mastocyte a. mastosit, mast hücresi

mastoid s. memeye benzer; kulak arkasındaki çıkıntılı kemikle ilgili

mastopathy a. meme hastalığı

mastorrhagia a. meme kanaması

material a. madde, özdek; gereç, malzeme; kumaş, dokuma * s. maddi, özdeksel; bedensel **plastic material** plastik malzeme **radioactive material** radyoaktif gereç, radyoaktif malzeme **raw material** hammadde

matriclinous s. biy. ana soyuna çekmiş

matrix a. kaynak, memba; anat. üretici hücre; biy. hücre dolgusu; matm. matris; dişi kalıp

matter a. madde, özdek; konu, sorun, mesele, iş * e. önemi olmak, önem taşımak, fark etmek **colouring matter** boyar madde **dry matter** kuru madde **foreign matter** yabancı madde **inorganic matter** inorganik madde **organic matter** organik madde

maturate e. irin toplamak, cerahatlenmek; biy. olgunlaşmak

maturation a. irin toplama, cerahatlenme; biy. olgunluk

maturative s. irin toplayan; olgunlaştıran

matutinal s. sabah ortaya çıkan **matutinal flower** sabah açan çiçek

mauve a. s. leylak rengi; mor boya

mavis *a. hayb.* kızıl ardıçkuşu
maxilla *a.* çene kemiği, üstçene kemiği
maxillary *s.* çene kemiği+ *maxillary artery* çene atardamarı *maxillary gland* çene altı bezi
maxilliped *a. hayb.* çeneayağı
maximum *a.* maksimum, azami derece/düzey * *s.* maksimum, azami, en çok *maximum pressure* en büyük basınç *maşimum voltage* tepe gerilimi
maxwell *a.* maksvel, manyetik birimi (simgesi Mx)
mayweed *a. bitk.* mayısotu
mazodynia *a.* meme ağrısı
mazout *a.* mazot
meadow *a.* çayır, çimen, otlak *meadow mushroom* çayır mantarı *meadow saffron* güz çiğdemi, itboğan *meadow spittlebug* tükürüklü böcek
mean *e.* anlamına gelmek; niyet etmek; demek istemek, kastetmek * *a.* araç, vasıta; orta; ortalama değer * *s.* adi, bayağı; alçak; huysuz; kötü, fena; orta, vasat *mean density* ortalama yoğunluk *mean free path* ortalama serbest yol, ortalama erkin yol *mean pressure* ortalama basınç *mean sea level* ortalama deniz düzeyi *mean time* ortalama güneş saati
measurable *s.* ölçülebilir; sınırlı, ölçülü
measure *a.* ölçme; ölçü; ölçü birimi; ölçü sistemi; ölçek; derece; sınır, limit; *yerb.* tabaka, katman * *e.* ölçmek; değer biçmek; ayarlamak; ölçüsünü almak *angular measure* açı ölçüsü *cubic measure* kübik ölçü *graduated measure* dereceli ölçü kabı *linear measure* uzunluk ölçüsü *liquid measure* sıvı ölçeği *square measure*

yüzey ölçü birimi *tape measure* şerit metre
measurement *a.* ölçü, boyut; ölçme
measuring *a.* ölçme, ölçüm *measuring chain* ölçü zinciri *measuring cup* ölçü kabı/bardağı *measuring device* ölçme aygıtı, ölçü aleti *measuring glass* dereceli şişe *measuring rod* ölçü değneği
meatal *s. anat.* (kemik içindeki) kanalla ilgili
meatus *a. anat.* (kemik içi) yol, kanal
mechanism *a.* mekanizma, düzenek; işleme düzeni; işleyiş
meconium *a.* ilkdışkı, mekonyum
media *a. anat.* orta cidar
medial *s. a.* orta; ortada olan; vasat; ortalama
median *a.* orta değer; medyan; *geom.* kenarortay * *s.* orta, ortada bulunan *median nerve* kol orta siniri
mediastinal *s. anat.* ara bölmesel
mediastinum *a. anat.* ara bölme
mediator *a.* arabulucu, aracı
medicinal *s.* iyileştirici, tedavi edici; ilaç niteliğinde; sağlıklı
medium *s.* orta, ortalama * *a.* ortam; araç, vasıta; örneklerin saklandığı madde *medium frequency* orta frekans *culture medium* yetiştirme ortamı, bakteri üretim ortamı
medulla *a. anat.* ilik; *bitk.* öz *medulla oblongata* soğanilik, bulbus
medullary *s.* iliğimsi, ilikli; özlü *medullary canal* ilik kanalı *medullary cavity* omurilik kovuğu *medullary ray* öz ışını *medullary sheath* öz kını
medullaspinalis *a. anat.* omurilik
medullated *s.* ilik bulunduran
medusa *a.* denizanası, medüz

meerschaum *a.* eskişehirtaşı, lületaşı, manyezit
megabyte *a.* megabayt
megacephaly *a.* büyük kafalılık
megacycle *a. elek.* megahertz
megagamcte *a.* iri eşey hücre
megahertz *a. fiz.* megahertz
megaloblast *a.* iri alyuvar
megaloblastic *s.* iri alyuvar+
megalocephalia *a.* koca kafalılık
megalocyte *a.* iri alyuvar
megaloptera *a.* iri kanatlılar
meganucleus *a.* büyük çekirdek
megapode *a. hayb.* dcv ayaklı kuş
megasporangium *a. bitk.* iri tohum kabı
megaspore *a. bitk.* iri spor; embriyo kılıfı
megasporophyll *a. bitk.* dev spor üreten
megavolt *a. elek.* megavolt
megawatt *a. elek.* megavat
megohm *a. elek.* megom
meiosis *a. biy.* indirgemeli bölünme, meyoz bölünme
Meissner's corpuscles *a.* Meissner cisimcikleri
melagra *a.* kol/back kaslarında ağrı
melamine *a. kım.* melamin *melamine resin* melamin reçinesi
melancholy *a.* melankoli, karasevda; kasvet * *s.* melankolik; kasvetli
melanin *a. kim.* melanin, karaboya
melanistic *s.* koyu esmer
melanocarcinoma *a.* melanin hücrelerinden gelişen tümör
melanochroi *a. ç.* siyah saçlı beyaz insanlar
melanocyte *a.* melanosit, melanin oluşturan hücre
melanogen *a.* melanin öncüsü madde
melanophore *a.* karahücre
melanosis *a.* karalık, koyu esmerlik

melanotic *s.* koyu esmer
melanuria *a.* idrarla melanin atılımı
melaphyre *a.* kara kaya
melilite *a.* melilik, volkanik kayadaki silikat
melliferous *s.* bal üreten, ballı
mellific *s.* bal üreten
mellification *a.* bal yapma
mellituria *a.* idrarda şeker bulunması
meloid *s. a.* ısırgan (böceği)
melt *e.* eritmek; erimek
melting *a.* erime; eritme *melting point* erime noktası, ergime noktası *melting pot* pota, ergitme kabı
member *a.* üye; *biy.* organ; bileşcn; *matm.* öğe
membranaceous *s.* zarlı; zarımsı; zar oluşturan
membranal *s.* zar gibi, zarlı
membrane *a.* zar, çeper, membran, örtenek *membrane bone* zar doku kemiği *basement membrane* asal zar *cell membrane* hücre çeperi, hücre duvarı *mucous membrane* sümükdoku, mukoza *tympanic membrane* kulak zarı
membraniform *s.* zara benzeyen
membranous *s.* zarlı, zardan oluşmuş; zar gibi *membranous labyrinth* iç kulak kanalı
mendelevium *a.* mendelevyum (simgesi Mv)
Mendelian *s.* Mendel+; Mendelci
Mendelism *a.* Mendelcilik
meningeal *s.* beyin/omurilik zarıyla ilgili
meninges *a. ç. anat.* beyin ve omurilik zarı
meningitis *a.* menenjit, beyin zarı yangısı
meninx *a.* beyin ve omurilik zarı

meniscus *a.* hilal mercek; *anat.* menisk, kemik arasındaki kıkırdak disk

menispermaceous *s. bitk.* tırmanıcı

menopause *a.* menopoz, âdet kesilimi

menorrhagia *a.* aşırı âdet kanaması

menostaxis *a.* âdet süresinin uzaması

menstrual *s.* âdetle ilgili, aybaşına ait

menstruate *e.* âdet görmek, aybaşı olmak

menstruation *a.* âdet, aybaşı

menstruous *s.* aybaşı+, aybaşı gören

menthaceous *s. bitk.* naneli

menthene *a. kim.* mentin, mentolden elde edilen renksiz sıvı

menthol *a. kim.* mentol, nane ruhundan elde edilen renksiz alkol

mepacrine *a.* mepakrin, sıtma tedavisinde kullanıman bir madde

meperidine *a.* meperidin

meprobamate *a.* meprobamat; sinir gerginliğinde kullanılan toz

merbromin *a.* merbromin; mikrop öldürücü toz

mercaptan *a. kim.* merkaptan, tutuşabilir pis kokulu sıvı

mercaptopurine *a.* merkaptöpürin, kan kanserinde kullanılan sarı toz

mercerisation *a.* (kumaş) ağartma, parlatma

mercurate *a.* merkürat, iki valanslı cıva içeren tuz * *e.* cıvalamak

mercuration *a.* cıvalama

mercurial *s.* cıvalı; canlı * *a.* cıvalı ilaç *mercurial barometer* cıvalı barometre

mercuric *s. kim.* cıva+, cıvalı *mercuric chloride* cıva klorür

mercurous *s. kim.* cıva+, cıvalı

Mercury *a. gökb.* Merkür

mercury *a.* cıva (simgesi Hg) *mercury barometer* cıvalı barometre *mercury chloride* cıva klorür *mercury column*

cıva sütunu *mercury fulminate* cıva fülminat *mercury oxide* cıva oksit *mercury thermometer* cıvalı termometre

merger *a.* karışma, katışma; katılma

meridian *a.* meridyen, boylam * *s.* boylamsal *meridian circle* boylam çemberi

meridional *s.* boylamsal, boylam; güney+

merisis *a. biy.* büyüme, gelişme

meristem *a.* sürgendoku, oğulcuk doku

meristematic *s.* oğulcuk dokusal

meristic *s. biy.* dilimli; dilimsel

merlin *a. hayb.* bozdoğan

meroblastic *s.* (yumurta) kısmen çatlayan

merocrine *s.* doğrudan salgı yapan

merogamete *a.* erkek eşeylik hücresi

merogenesis *a.* bölünerek çoğalma

merotomy *a.* bölme, parçalara ayırma

merozoite *a.* ergin spor

mesaortitis *a.* aort kas tabakasının iltihaplanması

mesarch *s.* orta nemli yerde yetişen

mescal *a. bitk.* dikensiz kaktüs

mescaline *a.* meskalin, kaktüs tomurcuğundan çıkarılan ilaç

mesencephalic *s.* orta beyin+

mesencephalon *a.* orta beyin

mesenchyma *a. biy.* mezenşim, bağdoku

mesenchymal *s.* bağdokusal

mesenteron *a. biy.* orta bağırsak

mesentery *a. anat.* bağırsak askısı

mesh *e.* ağ ile tutmak; (çark dişlerini) birbirine geçirmek * *a.* ağ gözü; gözenek; ağ, şebeke *in mesh* birbirine girmiş

mesitylene *a. kim.* mezitilen, kömür katranındaki renksiz kokulu sıvı

mesoblast *a.* orta deri, orta deriyi

oluşturan hücreler dizisi

mesoblastic *s.* orta deri+

mesocardia *a.* kalbin göğüsün ortasında bulunması

mesocarp *a. bitk.* meyvenin etli bölümü

mesocephal *a.* orta kafa, mezosefal

mesocephalic *s.* orta kafalı

mesocranic *s.* orta kafataslı

mesoderm *a.* mezoderm, ortaderi

mesodermal *s.* orta deri+

mesodermic *s.* orta deri+

mesogastrium *a. anat.* göbek bölgesi

mesoglia *a.* mikroglia hücresi

mesogloea *a.* orta sünger

mesomorph *a.* kas ve kemiği iyi gelişmiş kişi

mesomorphic *s.* sıvı buzsul; kas ve kemiği iyi gelişmiş

meson *a. fiz.* mezon, ortacık

mesonephric *s.* ilkel böbrek+

mesonephros *a.* ilkel böbrek

mesonotum *a.* orta sırt

mesophyll *a. bitk.* orta doku

mesophyllic *s.* orta dokusal

mesophyllous *s.* orta dokusal

mesophyte *a. bitk.* mezofit, orta nemcil bitki

mesophytic *s.* orta nemcil

mesosphere *a.* mezosfer, orta yuvar

mesosternum *a.* göğüs kemiğinin orta parçası

mesothelium *a. anat.* iç zar

mesothoracic *s.* orta halka+, orta-göğüs+

mesothorax *a.* orta halka, orta-göğüs

mesotitis *a.* orta kulak iltihabı

Mesozoic *s. yerb.* Mezozoik Çağ, İkinci Zaman

mesquite *a. bitk.* tatlı bakla

messenger *a.* haberci, ulak; kurye **messenger RNA** mesajcı RNA

mestizo *a.* melez, kırma

meta *s. kim.* meta

metabiosis *a.* metabiyoz, ortak yaşam

metabolic *s. biy.* metabolik; *hayb.* başkalaşmış **metabolic waste** metabolik artık

metabolism *a. biy.* metabolizma **basal metabolism** bazal metabolizma

metabolite *a. biy.* yapım yıkım ürünü

metabolize *e.* yapım yıkıma uğratmak

metacarpal *s. a. anat.* el tarağı, el kemiği

metacarpus *a. anat.* el tarağı

metachromatic *s.* renk değiştiren

metachromatism *a.* renk değişimi

metachrosis *a.* renk değişimi, renk değiştirme

metagalaxy *a.* tüm evren

metagenesis *a.* ardışık üreme, metagcncz

metagenetic *s.* ardışık üremsel

metagnathous *s.* çapraz gagalı

metal *a.* metal, maden * *s.* metalik, madeni, madensel **alkali metal** alkali metal **base metal** ana metal, adi metal **ferrous metals** demirli metaller **Muntz metal** Muntz metali, dövülebilir pirinç **noble metal** soy metal, asal metal **precious metal** değerli metal **sheet metal** sac, madeni levha **white metal** beyaz metal

metaldehyde *a.* metaldehid, sert ispirto

metallic *s.* metalik, madeni; *kim.* bileşime girmemiş; maden üreten **metallic bond** madensel bağ

metalliferous *s.* metalli, yapısında metal bulunan

metalline *s.* madensel; birkaç maden tuzu içeren

metalloid *a.* metaloit, madensi, metalsi

metallurgy *a.* metal bilimi, metalürji, irbilim

metalmark *a. hayb.* yaldızlı kelebek

metamer *a. kim.* üst eşiz, metamer

metamere *a.* segment, bölüt

metameric *s. kim.* üst eşizli; *hayb.* halkalı, bölütlü

metamerism *a. hayb.* halkalı üreme; halkalı olma; *kim.* üst eşizlik

metamerization *a.* bölütlenme

metamorphic *s.* başkalaşmış, metamorfik

metamorphism *a.* başkalaşım, farklılaşma

metamorphize *e.* başkalaşmak, farklılaşmak

metamorphose *e.* başkalaştırmak; başkalaşmak, şeklini değiştirmek

metamorphosis *a.* başkalaşma, başkalaşım

metamorphous *s.* başkalaşmış

metanephros *a.* evrimli böbrek

metaphase *a. biy.* metafaz, ara evre

metaphosphate *a. kim.* metafosfat, metafosforik asit tuzu

metaphosphoric *s.* metafosforik **metaphosphoric acid** metafosforik asit

metaphysitis *a.* metafiz iltihabı

metaplasia *a. biy.* doku dönüşümü

metaplastic *s.* dönüşümsel

metaplasm *a. biy.* metaplazma

metaplastic *s.* metaplazmayla ilgili

metapneumonic *s.* zatürree sonucu oluşan

metaprotein *a. biy.* öte protein

metasomatic *s.* öte değişimsel

metasomatism *a.* öte değişim

metasomatosis *a.* öte değişim

metastable *s. fiz. kim.* değişebilir, yarı kalımlı

metastasis *a.* metastaz, hastalığın bir

organdan diğerine yayılması; değişim

metastasize *e.* öte göçmek, başka organlara yayılmak

metastatic *s.* göçümlü; değişimsel

metatarsal *s.* ayak tarağıyla ilgili

metatarsus *a. anat. hayb.* ayak tarağı

metathesis *a. kim.* çifte bozonma; tersinim, bir durumun tersine dönmesi

metathoracic *s.* art göğüsle ilgili

metathorax *a.* artgöğüs, arka göğüs

metatype *a.* metatip

metatypic *s.* metatipik

metaxylem *a. bitk.* ön odun

Metazoa *a. hayb.* çok hücreliler

metazoan *s.* çok hücreli (hayvan)

metazoic *s.* çok hücreli

metazoon *a.* çok hücreli hayvan

metencephalon *a.* art beyin, arka beyin

meteor *a.* göktaşı, meteor

meteorite *a.* gök taşı, meteor

meteoroid *a.* uzay taşı

meteorological *s.* meteorolojik, hava durumuyla ilgili

meteorology *a.* meteoroloji, havabilgisi

meter *a.* metre; saat, sayaç, ölçü aleti * *e.* ölçmek

methacrylic *s.* metakrilik **methacrylic acid** metakrilik asit

methadone *a.* metadon

methaemoglobin *a. biy.* metemoglobin, kanda oluşan kahverengi oksijen

methane *a. kim.* metan, bataklık gazı ***methane series*** metan grubu

methanol *a. kim.* metanol, metil alkol, odun ispirtosu

methenamine *a.* idrar yolu antiseptiği

methicillin *a.* metisilin

methionine *a. biy. kim.* metionin

method *a.* yöntem, metot, usul ***method of least squares*** en küçük kareler metodu ***chemical method*** kimyasal metot *graphical method* çizgesel yöntem, grafik metot

methotrexate *a. kim.* metotreksat

metoxychlor *s. kim.* metoksiklor

methoxyl *s. kim.* metoksil

methyl *a.* metil *methyl acetate* metil asetat *methyl alcohol* metil alkol, odun ispirtosu *methyl bromide* metil bromür *methyl chloride* metil klorür *methyl iodide* metil iyodür *methyl orange* metiloranj *methyl red* metil kırmızısı *methyl ethyl ketone* bütanon *methyl salicylate* metil salisilat

methylal *a. kim.* metilal

methylamine *a.* metilamin

methylate *a. kim.* metilat, metil alkol bileşiği * *e.* metillemek, metil alkolle karıştırmak

methylated *s.* metilli *methylated spirit* mavi ispirto, metil alkol

methylation *a.* metilleme

methylbenzene *a. kim.* toluen

methylene *s. kim.* metilen (grubu içeren) *methylene blue* metilen mavisi *methylene chloride* metilen klorür

metopic *s.* alınla ilgili

metopion *a.* alın ortasındaki kabarık bölüm

metra *a.* dölyatağı, rahim

Mg *a.* magnezyumun simgesi

mica *a.* mika *mica schist* mikaşist *mica slate* mikaşist

micaceous *s.* mikalı, mika içeren

micelle *a. biy.* tanecik; *kim.* iyon topluluğu

microammeter *a.* mikroampermetre

microampere *a. elek.* mikroamper

microanalysis *a. kim.* mikroanaliz

microanalytic(al) *s.* mikroanalitik

microbacterium *a.* mini bakteri

microbalance *a.* mini terazi

microbar *a.* mikrobar

microbarograph *a.* mini basınçölçer

microbe *a.* mikrop

microbial *s.* mikrobik

microbic *s.* mikrobik

microbicidal *s.* mini mikrop öldürücü

microbicide *s.* mini mikrop öldüren (ilaç)

microbiological *s.* mikrobiyolojik

microbiology *a.* mikrobiyoloji

microbiota *a.* bir bölgedeki mikroskopla görülebilen tüm canlılar

microbiotic *s.* mikrobiyotik, bir bölgede mikroskopla görülebilen canlılarla ilgili

microcapsule *a.* mini kapsül

microcephalic *a. s.* mikrosefal, mini kafalı (kimse)

microcephalous *a. s.* mikrosefal, ufak başlı (kimse)

microcephaly *a.* mikrosefali, ufak başlılık

microchemical *s.* mikrokimyasal *microchemical analysis* mikrokimyasal analiz

microchemistry *a.* mıkrokimya

microcirculation *a.* mini dolaşım, kılcal damarlarda dolaşım

microcline *a.* miniklin

micrococcus *a.* mikrokok, top bakteri

microcrystal *a.* mini kristal

microcrystalline *s.* mini kristal biçimli

microcurie *a. fiz.* mikro küri

microcyst *a.* mini kist

microcyte *a.* mini zerre; mini alyuvar

microdissection *a.* mini kesim

microdont *s.* mini dişli

microelement *a.* çok az miktarda rastlanan öğe

microencapsulate *e.* mini kapsüllemek

microencapsulation *a.* mini kapsülleme

microevolution *a.* mini evrim

microfarad *a. elek.* mikrofarad

microfauna *a.* mikrofauna, mini yaratıklar

microfibril *a.* mini lif

microfibrillar *s.* mini lifli

microflora *a.* mini bitey; mini bitkiler

microfossil *a.* mini fosil

microgamete *a.* mini eşey hücresi

microgenia *a.* küçük çene

microgram *a.* mikrogram, miligramın binde biri

micrography *a.* mikroskopla inceleme; mini çizim

microhenry *a. elek.* mikro hanri

microhm *a. elek.* mikro om

microlite *a.* mikrolit; mini kristal

microliter *a.* mikrolitre

micromelus *a.* kol/bacakları çok küçük fetüs

micrometer *a.* mikrometre

micromethod *a.* micro yöntem

micrometry *a.* mini ölçüm

micromillimetre *a.* mikromilimetre

micron *a.* mikron, bindebir milimetre

micronucleus *a.* küçük çekirdek

micro-organic *s.* mikroorganik

micro-organism *a.* mikroorganizma, minicanlı

microparasite *a.* mini asalak

microphage *a.* mikrofaj, mini yutar hücre

microphyll *a.* mikrofil

microphyllous *s.* küçük yapraklı

microphysical *s.* mini doğa bilimsel

microphysics *a.* mikrogizik, mini doğa bilimi

microphyte *a.* mikrofit, mini bitki

micropore *a.* mini gözenek

micropyle *a. hayb.* kapıcık, spermin yumurtaya girdiği küçük delik

microscope *a.* mikroskop ***electron microscope*** elektron mikroskobu

microscopic *s.* mikroskobik; çok ufak; mikroskop altında

microscopy *a.* mini gözlem bilgisi

microseism *a. yerb.* mini sarsıntı

microsoma *a. biy.* mikrosam

microsomia *a.* cücelik

microsporangium *a. bitk.* mini tohum kabı

microspore *a. bitk.* mikrospor, minispor; çiçek tozu

microsporophyll *a. bitk.* mini kapçık yaprağı

microstomous *s.* mini ağızlı

microstructure *a.* miniyapı

microtherm *a.* küçük kalori

microtome *a.* mikrotom, mikroskopik inceleme için dokuyu çok ince kesen bıçak

microtomy *a.* mikrotomi, mikroskopik inceleme için çok ince kesme

microtremor *a.* mini titreşim

microvillus *a.* mini tüy

microvolt *a. elek.* mikrovolt, voltun milyonda biri

microwatt *a. elek.* mikrovat, vatın milyonda biri

microwave *a.* mini dalga

micrurgy *a.* ince kesim

micturate *a.* işemek

micturition *a.* işeme, çiş yapma

midbrain *a.* orta beyin

midge *a. hayb.* titrer sinek

midgut *a. hayb.* bağırsakçık

mid-rib *a. bitk.* orta damar

midriff *a. anat.* diyafram, karın zarı; orta beden

migrant *a.* göçmen; göçebe

migrate e. göç etmek; (madde) yer değiştirmek

migration a. göç, yer değiştirme **migration area** göç alanı **migration length** göç uzunluğu **migration of the leucocytes** alyuvar göçü **ion migration** iyon göçü

migratory s. göçmen, göçebe; göçle ilgili **migratory cell** göçmen hücre

miliaria a. isilik

miliary s. darı gibi; sivilceli

milk a. süt * e. süt sağmak; süt vermek **milk duct** süt kanalcığı **milk fat** süt yağı **milk of magnesia** magnezyum sütü **milk secretion** süt salgı sistemi **milk snake** boz yılan **milk sugar** laktoz, süt şekeri **milk teeth** sütdişleri **milk vein** süt damarı **milk yield** süt üretimi, süt verimi **condensed milk** yoğunlaştırılmış süt **dried milk** süt tozu **pasteurized milk** pastörize süt **skim milk** yağsız süt

milking a. sağma, sağım

milky s. süt gibi, süte benzer; sütlü

millerite a. milerit, doğal nikel sülfür

milliampere a. elek. miliamper

millicurie a. fız. kim. miliküri

milligram(me) a. miligram

millihenry a. elek. milihanri

millilitre a. mililitre

millimetre a. milimetre

millimicron a. milimikron

milliohm a. elek. miliom

millivolt a. elek. milivolt

milliwatt a. elek. milivat

milt a. balık spermi

mimesis a. biy. benzeme

mimetic s. taklit+; taklitçi; benzer, çevreye uyan

mimetite a. mimetit, kurşun klor arsenat

mimic e. taklidini yapmak; kopya etmek; hayb. benzemek * a. taklitçi; taklit; benzeme

mimicry a. taklitçilik; hayb. benzeme, çevreye uyma

mineral a. maden, mineral; maden filizi, maden cevheri; madensuyu * s. madensel, madeni; mineral; madenli, maden içeren **mineral acid** anorganik asit, mineral asit **mineral coal** taşkömürü **mineral kingdom** mineraller, madenler **mineral oil** madeni yağ, mineral yağ **mineral pitch** asfalt **mineral spring** madensuyu kaynağı **mineral water** maden suyu **mineral waters** gazoz, maden suyu sodası **mineral wax** taşmumu, mineral mum **mineral wool** amyant

mineralization a. mineralleştirme

mineralizer a. mineralleyici; kristalleştirici

mineralizing s. mineralleyici

mineralogical s. mineralbilimsel

mineralogy a. mineralbilim, mineraloji

minimum a. en az miktar, en küçük derece, minimum * s. asgari, minimum

minium a. minyum, sülüğen, kurşun oksit

Miocene a. s. yerb. Miyosen (çağı)

miosis a. gözbebeği büzülmesi

miotic s. gözbebeğini büzen (ilaç)

miscegenation a. nüfusun karışması; melezleşme

miscibility a. karışırlık, karışabilirlik

miscible s. karışabilir

misogamy a. evlilikten nefret etme

mispickel a. arsenopirit, demir-arsenik sülfit cevheri

mite a. hayb. kene, akar

mitochondrion a. biy. mitokondriyum,

hücre metabolizmasını sağlayan çubuk biçimli organeller

mitosis *a. biy.* mitoz, karyokinez, eşeyli bölünme

mitotic *s.* hücre bölünmesiyle ilgili *mitotic index* mitoz indeksi

mixed *s.* karışık; karma *mixed bud* karma tomurcuk *mixed farming* çeşitli tarım

mixing *a.* karma, karıştırma

mixotrophic *s.* miksotrofik

mixture *a.* karışım; karıştırma, katıştırma; katışma *ideal mixture* ideal karışım *liquid mixture* sıvı karışımı

mnemic *s.* bellekle ilgili

Mo *a.* molibdenin simgesi

mobile *s.* devingen, hareketli; (sıvı) akışkan; değişken; seyyar *mobile equilibrium* bozulmaz denge

mobility *a.* devingenlik, hareketlilik, hareket yeteneği; değişkenlik *ion mobility* iyon hareketliliği

modality *a.* şekil; dış görünüş; *hek.* tedavi usulü

moderator *a.* toplantı başkanı; *fiz.* ılımlayıcı, ortalayıcı, moderatör

modifier *a.* değiştiren şey; *dilb.* niteleyen sözcük

modifying *s.* değiştiren; niteleyen

modiolus *a. anat.* içkulak salyangoz kemiği

mol *a.* molun simgesi

molal *s. kim.* molal *molal solution* molal çözelti

molar *s.* öğütücü, çiğneyip parçalayan; kütlesel; molar, bir litrede bir mol olan * *a.* azıdişi, öğütücü diş *molar conductance* molar iletkenlik *molar conductivity* molar iletkenlik *molar solution* molar çözelti *molar weight*

mol ağırlık

molarity *a.* molarlık

molasse *a.* molas, yumuşak gre, karbonatlı kumtaşı

molasses *a.* pekmez; melas

moldavite *a.* moldavit, yeşil renkli doğal cam

mole *a. kim.* mol, gram molekül; ben, leke; köstebek, körsıçan; dalgakıran, mendirek; *hek.* dölyatağında ölü yumurtadan oluşan et parçası

molecular *s.* moleküler, molekülsel, özdeciksel *molecular association* moleküler birleşme *molecular attraction* moleküler çekim *molecular bond* moleküler bağ *molecular concentration* molekül derişmesi, molekül konsantrasyonu *molecular formula* molekül formülü *molecular heat* molekül ısısı *molecular mass* moleküler kütle *molecular movement* moleküler hareket *molecular structure* molekül yapısı, moleküler yapı, özdecik yapısı *molecular volume* moleküler hacim, molekül oylumu *molecular weight* molekül ağırlığı

molecularity *a. kim.* molekülerlik, kimyasal olaya katılan molekül sayısı

molecule *a. fiz. kim.* molekül; tozan, zerre *diatomic molecule* çift atomlu molekül *gas molecule* gaz molekül *homonuclear molecule* homonükleer molekül *neutral molecule* nötr molekül

mollusc *a. hayb.* yumuşakça

molt *a.* deri/tüy değişimi * *e.* tüy/deri değiştirmek

molten *s.* erimiş; dökme

molybdate *a. kim.* molibdat, molibdik asit tuzu

molybdenite *a.* molibdenit
molybdenous *s. kim.* molibdenli
molybdenum *a.* molibden (simgesi Mo)
molybdenum oxide molibdenum oksit
molybdenum blue molibden mavisi
molybdic *s. kim.* molibdik
moment *a.* an; *fiz.* moment *bending*
moment eğilme momenti, bükücü
moment *dipole moment* dipol momenti *moment of inertia* eylemsizlik
anı, eylemsizlik momenti, atalet momenti
momentary *s.* anı, bir anlık; geçici, süreksiz
momentum *a. fiz.* moment, devinirlik; kuvvet, hız
monacid *a. kim.* tek asit
monad *a.* monad, ana töz, bölünmez töz; *biy.* birgözeli, tek hücreli organizma; *kim.* tek valanslı eleman, birdeğerli
monadelphous *s. bitk.* ercikleri filamentlerle birleşmiş
monadic *s.* monadik
monandrous *s. bitk.* tck stamenli, tek ercikli
monanthous *s. bitk.* tek çiçekli
monatomic *s. kim.* tek atomlu, tek öğecikli; tek değerli
monaural *s.* tck kulaklı
monaxial *s. bitk.* tek eksenli
monazite *a.* monazit, kırmızı kahve renkli toryum cevheri
moniliform *s. bitk.* tespih şeklinde
monoacid *s. a.* monoasit
monoacidic *s.* monoasit
monoalcoholic *s.* monoalkol
monoatomic *s.* tek atomlu; tek değerli, tek valanslı
monobasic *s. kim.* tek bazlı (asit)
monoblast *a.* monoblast, tek katman, tek tabaka

monoblastic *s.* tek katmanlı, tek tabakalı
monocarp *a. bitk.* tek ürünlü bitki
monocarpellary *s. bitk.* tek karpelli, tek meyve yapraklı
monocarpic *s.* tek ürünlü
monocarpous *s.* tek ürünlü; tek yumurtalı
monocellular *s.* tek hücreli
monocephalous *s. bitk.* tek başlı
monochlamydeous *s.* tek çiçek zarflı
monochromatic *s.* tekrenkli, monokromatik
monoclinal *s.* tek eğimli
monocline *a. yerb.* tek eğimli katman
monoclinic *s.* eğik eksenli
monoclinous *s. bitk.* tek eşeyli
monocotyledon *a. bitk.* birçenekli bitki, tekçenekli bitki
monocotyledonous *s.* birçenekli, tekçenekli
monocular *s.* tek gözlü
monocycle *a.* tek çevrim
monocyclic *s.* tek çevrimli; tek halkalı
monocyte *a. anat.* monosit, tek alyuvar
monocytic *s.* tek alyuvar+
monodactylous *s.* tek parmaklı
monoecious *s. biy.* çift eşeyli, erdişi
monoecism *a.* çift eşeylik
monofilament *a. s.* tel, tek iplik; telli, tek lifli
monogamy *a.* monogami, tekeşlilik
monogenesis *a.* tek soyluluk; başkalaşımsız büyüme; eşeysiz üreme
monogenetic *s.* tek döllü; tek süreçli
monogenic *s.* tek genli; tek eşeyli
monogenism *a.* tek soyluluk
monogony *a.* eşeysiz üreme
monogyny *a.* tek eşlilik
monohybrid *a.* monohibrit
monohydrate *a. kim.* monohidrat, tek su

moleküllü
monohydrated *s. kim.* tek su molekülü içeren
monohydric *s. kim.* tek hidroksilli
monolayer *a.* tekkat
monolith *a.* tek kaya
monolithic *s.* tek taşlı; yekpare
monomer *a. kim.* monomer, tekiz
monomeric *s.* monomerik, tekiz biçimli
monomerous *s. bitk.* tek parçalı
monometallic *s.* tek metalli
monomial *s. a. matm.* tek terimli (ifade)
monomolecular *s.* tek katmanlı ***monomolecular layer*** monomoleküler tabaka, tekkatman ***monomolecular reaction*** tek katmanlı reaksiyon
monomorphic *s.* tek biçimli
monomorphism *a.* tek biçimlilik
monomorphous *s.* tek biçimli
mononuclear *s.* tek çekirdekli
monopetalous *s.* taç yaprakları birleşmiş olan
monophagous *a.* tek besinli
monophyletic *s.* tek soylu, tek atadan türeyen
monophylet(ic)ism *a.* tek soyluluk
monophyllous *a. bitk.* tek yapraklı
monoplegia *a.* tek taraflı inme
monoplegic *s.* tek taraflı inme inmiş
monoploid *s. biy.* tam dizi kromozomlu
monopodial *s. bitk.* tek eksenli
monopodium *a. bitk.* tek eksenli gövde
monopropellant *a.* tek yakıt oksijen karışımı
monosaccharide *a. kim.* monosakkarit
monosaccharose *a. kim.* monosakkarit
monosepalous *s. bitk.* tek sepalli, tek çanak yapraklı
monosome *a.* monosom, tekil kromozom
monosomic *s.* tek kromozomlu
monosomy *a.* tek kromozomluluk

monospermous *s. bitk.* tek tohumlu
monostome *s. hayb.* tek ağızlı
monostylous *s. bitk.* tek boyuncuklu
monotreme *a. hayb.* tek delikli hayvan
monotrichatous *s.* tek kamçılı ***monotrichous bacterium*** tek kamçılı bakteri
monotype *a.* monotip, tek tip
monotypic *s.* tek türlü; tek bireyli
monovalence *a. kim.* tek değerlilik, tek valanslı olma
monovalency *a. kim.* tek değerlilik, tek valanslı olma
monovalent *s. kim.* tek değerli, tek valanslı
monovular *s.* tek yumurtadan türemiş
monoxide *a. kim.* monoksit, tek oksijenli ***carbon monoxide*** karbonmonoksit ***lead monoxide*** kurşun monoksit
monozygotic *s.* tek yumurtadan türemiş
monozygous *s.* tek yumurtadan türemiş
mons *a. anat.* tümsek ***mons pubis*** (erkek) çatı tümseği ***mons veneris*** (kadın) çolpan tümseği
monticule *a.* tepe; küçük dağ
montmorillonite *a.* kabaran kil
monzonite *a.* monzonit
moonfish *a. hayb.* ay balığı
moonflower *a. bitk.* geçe sarmaşığı
moonseed *a. bitk.* hilal otu
moonstone *a.* ay taşı
moor *a.* fundalık arazi, turba * *e.* demir atmak, palamarla bağlamak
morainal *s.* buzul taşla ilgili
morainic *s.* buzul taşla ilgili
moraine *a. yerb.* moren, buzultaş ***lateral moraine*** yan moren, yan buzultaş ***medial moraine*** orta moren, orta buzultaş ***terminal moraine*** ön moren, ön buzultaş
morass *a.* bataklık, batak; engel, güçlük

mordant *s.* acı veren, keskin * *a.* mordan, renk sabitleştirici kimyasal

morello *a.* vişne

morganite *a.* pembe beril

morion *a.* miğfer; siyah kuvars

moron *a.* hafif geri zekâlı kişi; aptal, kuş beyinli

morph *a.* biçim; biçimbirimsel değişke; melez organizmalar

morphine *a. kim.* morfin

morphinism *a.* morfin bağımlılığı

morphogenesis *a. biy.* hayat oluşumu

morphogenetic *s.* oluşumsal

morphogenic *s.* oluşumsal

morphological *s.* morfolojik, biçimbilimsel

morphologically *be.* morfolojik olarak, biçimbilimi yönünden

morphology *a.* morfoloji, biçimbilim

morphosis *a.* biçimlenme, oluşum

mortal *s.* ölümcül; öldürücü * *a.* ölümlü, fani

mortality *a.* ölümlülük, fanilik; ölüm oranı

mortar *a.* harç; havan; havan topu * *e.* harç ile sıvamak *agate mortar* akik havan

morula *a.* morula, döllenmiş yumurtanın bölünmesiyle oluşan hücre kümesi

morulation *a.* döllenmiş yumurtanın bölünmesiyle hücre kümesinin oluşumu

mosaic *s. a.* mozaik *mosaic disease* mozaik hastalığı *mosaic gold* mozaikli altın, kalay sülfür

moschatel *a. bitk.* miskotu

moss *a.* yosun; turbalık *moss agate* yosunumsu akik taşı *moss rose* yosun gülü *irish moss* irlanda yosunu

moss-grown *s.* yosunlanmış, yosun tutmuş

mossiness *a.* yosunlanma; yosunlaşma

mossy *s.* yosunlu; yosunumsu

moth *a.* güve; pervane

mother *a.* anne, ana * *e.* annelik etmek, analık yapmak *mother cell* ana hücre *mother liquor* ana çözelti *mother lode* ana damar (maden) *mother of pearl* sedef *mother of vinegar* sirke tortusu *mother rock* anakaya

motile *s. biy.* kendiliğinden hareket eden, öz devimli

motility *a.* hareket yeteneği, öz devinme

motion *a.* hareket, devinim, yer değiştirme *body in motion* hareket eden cisim *curvilinear motion* eğrisel hareket *in motion* hareket halinde *perpetual motion* devamlı hareket *rectilinear motion* doğrusal hareket *uniform motion* düzgün hareket, üniform hareket *variable motion* değişen hareket

motional *s.* hareketle ilgili, devimsel

motive *a.* güdü, dürtü, neden; amaç * *s.* hareket ettirici, itici

motivity *a.* hareket ettirici güç

motor *a.* motor; motorlu taşıt * *e.* otomobille gitmek/götürmek * *s.* hareket ettirici; motorlu *motor area* beynin hareket kontrol bölgesi

motorius *a.* motor sinir

mottied *s.* benekli, alacalı, ebruli

mould *a.* küf; *bitk.* mildiyu; humus *leaf mould* yaprak gübresi, yaprak yataklık *vegetable mould* gübre toprağı

moult *a.* tüy değiştirme, tüy dökme * *e.* tüy dökmek, tüy değiştirmek

moulting *a.* deri değişimi, tüy dökme *moulting hormone* deri değiştirme hormonu

mound *a.* tümsek; küme, öbek; höyük; (toprak) set, sedde

mountain *a.* dağ; yığın *mountain plant* dağ bitkisi *mountain cork* hafif asbest *mountain mahagony* dağ maunu

mouth *a.* ağız; giriş ağzı, giriş açıklığı

movement *a.* hareket; kımıldanma; manevra; meyil; taşınma; mekanizma; *müz.* bölüm; *hek.* bağırsakların işlemesi *movement of ions* iyon hareketi *Brownian movement* Brown hareketi, Brown devinimi

moving *s.* hareket eden, devingen; devindirici; tahrik edici

mucic acid *a.* tutkal asidi

muciferous *s.* sümük+, sümük oluşturan

muciform *s.* sümüğe benzeyen, sümüksü

mucigen *a.* sümük öncüsü madde

mucilage *a.* tutkal; bitkiden sızan yapışkan sıvı

mucilaginous *s.* tutkallı; yapışkan

mucin *a.* sıvık su

muciparous *s.* sümük salgılayan

muck *a.* turbalı toprak

mucoid *a. biy.* sümüksü madde

mucolysis *a.* sümük erimesi

mucolytic *s.* mükolitik

mucoprotein *a. biy. kim.* mükoprotein, karbonhidrat ve amino asit veren protein

mucosa *a.* mukoza, sümükdoku

mucosity *a.* sümüksülük

mucous *s.* sümüksel, sümük salgılayan, sümükle kaplı *mucous membrane* sümükdoku, mukoza

mucro *a. bitk.* sivri uç

mucronate(d) *s. bitk.* sivri uçlu

mucus *a.* sümük; balgam

mud *a.* çamur *mud snake* çamur yılanı *mud turtle* bataklık kaplumbağası

mudcat *a. hayb.* kedi balığı

mull *a.* ince muslin kumaş; humus, kara toprak

mullein *a. bitk.* sığırkuyruğu

mullite *a.* doğal çini

multicellular *s.* çokgözeli, çokhücreli

multicomponent *s.* çok bileşenli

multicuspidate *s.* çok çıkıntılı, çok kapakçıklı

multidentate *s.* çok dişli

multidimensional *s.* çok boyutlu

multifid *s.* çokyarıklı, çok dilimli

multiflorous *s.* çok çiçekli

multifoliate *s.* çok yapraklı

multiform *s.* çok şekilli

multigerm *s.* çok üretken

multilateral *s.* çok yanlı, çok kenarlı

multilayered *s.* çok katmanlı, çok tabakalı

multilobate(d) *s.* çok loblu

multilocular *s.* çok bölmeli, çok gözlü

multinodular *s.* çok nodüllü

multinucleate *s.* çok çekirdekli

multiparity *a.* çok eksenlilik; çok yavrulama

multiparous *s.* çoğuz doğuran, çok yavrulayan

multipartite *s.* çok bölümlü

multiple *s.* çoklu, çok yönlü, çok kısımlı; yineli, tekrarlı, mükerrer; *elek.* paralel bağlı; *elek.* çok uçlu *multiple factors* çoklu etkenler *multiple fruit* bitişik meyve *multiple integral* çok katlı tümlev

multiplicity *a.* çokluk, çeşitlilik

multipolar *s.* çokkutuplu

multivalence *a.* çok valanslılık

multivalent *a.* çok valanslı

multivalve *a. s.* çok kapakçıklı (yumuşakça)

multivalvular *s.* çok kapakçıklı

muon *a.* mü-ortacık
mural *a.* duvar resmi * *s.* duvarla ilgili; duvar gibi
murex *a. hayb.* dikenli salyangoz
muriate *a.* klorür, potasyum klorür
muriated *s.* tuzlu
muriatic acid *a.* tuzruhu
muricate *s. bitk.* hayb. dikenli
murine *s.* sıçangillerden
muscadine *a. bitk.* misket üzümü
muscarine *a. kim.* mantar zehiri
muscle *a.* kas, adale *muscle fibre* kas teli *muscle spindle* kas duyu lifi *extensor muscle* uzatan kas *femural muscle* uyluk kası *flexor muscle* büken kas *frontalis muscle* alın kası *smooth muscle* düz kas *striated muscle anat.* çizgili kas
muscoid *s.* yosuna benzer
muscology *a.* yosunbilim
muscular *s.* kaslı, adaleli; kasla ilgili
muscularity *a.* adaleli görünüş
musculature *a.* kas sistemi
musculoskeletal *s.* kas ve iskeletle ilgili
mushroom *a.* mantar; göbelek * *s.* mantarlı; mantarımsı * *e.* hızla büyümek; mantar gibi bitmek; mantar toplamak
mushroom-shaped *s.* mantar biçimli
mustard *a.* hardal *mustard gas* iperit, hardal gazı
mutagen *a.* başkalaştırıcı madde
mutagenicity *a.* başkalaştırma
mutant *a.* başkalaşmış bitki/hayvan * *s. biy.* mütasyona uğramış, genleri değişmiş
mutate *e.* başkalaşmak, değişmek; başkalaştırmak
mutation *a.* değişme, dönüşme; mütasyon, soy değişimi
mutationism *a. biy.* değişimcilik

mute *s.* sessiz, suskun; dilsiz * *a.* dilsiz kimse; sessiz harf * *e.* sesini kısmak
mutism *a.* sessizlik, suskunluk
mutton *a.* koyun eti
mutual *s.* iki taraflı, karşılıklı; ortak
mutualism *a.* karşılıklı asalaklık
Mv *a.* mendelevyumun simgesi
Mx *a.* maksvelin simgesi
myalgia *a.* kas ağrısı
myasthenia *a.* kas güçsüzlüğü
mycelial *s.* besidokusal
mycelium *a. bitk.* miselyum, besidoku
mycetoma *a.* mantarlaşma
mycetophagous *s.* mantarla beslenen
mycobacterium *a.* çubuk bakteri
mycologic(al) *s.* mantarbilimsel
mycology *a.* mantarbilim, mikoloji
mycor(r)hiza *a.* kök mantar
mycose *a.* mantar
mycocosis *a.* mantar hastalığı, mikozis
mycotic *s.* mantar nedenli
mycotoxin *a.* mantar zehiri
mydriasis *a. hek.* gözbebeği genişlemesi
mydriatic *a. s.* gözbebeği genişleten (ilaç)
myelencephalon *a. anat.* arka beyin
myelin(e) *a.* miyelin
myelinic *s.* miyelinle ilgili
myelitis *a.* omurilik iltihabı; ilik iltihabı
myeloblast *a.* ilik ana hücre
myelocyte *a.* miyelosit
myelogenic *s.* iliksel, ilikte gelişen
myelogenous *s.* iliksel, ilikte gelişen
myeloid *s. anat.* iliksel; iliksi, ilik gibi
myeloma *a.* ilik uru
myelopathy *a.* ilik hastalığı
myenteric *s.* bağırsağın kas tabakasıyla ilgili
myiasis *a.* kurtlanma
mylonite *a. yerb.* ezik kaya
myoblast *a.* miyoblast, kas göze

myocarditis *a.* yürek kası iltihabı
myocardium *a. anat.* miyokard, kalp kası
myoclonus *a.* kas seğirmesi
myocyte *a.* kas hücresi
myoelectric *s.* kas elektriği
myogenesis *a.* kasdokusu gelişimi
myogenic *s.* kas+, kasta üreyen
myoglobin *a. biy.* kas sıvı, miyoglobin
myoglobuline *a.* kasdokusundaki globulin
myogram *a.* kas hareketleri yazımı
myoid *s.* kasdokusuna benzeyen
myolemma *a.* kas zarı
myology *a.* kasbilim
myoma *a.* kas uru
myomatious *a.* kas uru biçiminde
myoneural *s.* kas sinirsel
myoplasm *a.* kas hücresi sitoplazması
myoscope *a. hek.* miyoskop, kasılımgözler
myosin *a. biy.* miyosin
myosis *a.* gözbebeği büzülümü
myotasis *a.* kas gerilmesi
myotatic *s.* kas gerilimiyle ilgili
myotome *a.* iskeletçik
myotonia *a.* kas gerilmesi
myriapod *a.* çok ayaklı böcek
myriapodous *s.* çok ayaklı
myrica *a.* mersin kökü
myricin *a.* mirisin
myrmecology *a.* karınca bilimi
myrmecophagous *s.* karınca yiyen
myrtaceae *a. ç.* mersingiller
myrtaceous *s. bitk.* mersingillerden
myrtle *a. bitk.* mersin
myxamoeba *a.* miksoamip
myxoma *a.* yumuşak ur
myzesis *a.* emme
N *a.* nötrün simgesi; nevtonun simgesi; azotun simgesi; kuzeyin simgesi; Ava-

gadro sayısının simgesi
Na *a.* sodyumun simgesi
nacre *a.* sedef
nacreous *s.* sedefli, sedeften
naiad *a.* su perisi; *bitk.* su otu
naked *s.* çıplak, örtüsüz *the naked eye* çıplak göz, alet kullanmayan göz
nanism *a.* cücelik
nanophanerophyte *a.* küçük ağaç/çalı
nanous *s.* kısa boylu, cüce
napalm *a.* napalm
nape *a.* ense
naphtha *a.* neft yağı
naphthalene *a. kim.* naftalin
naphthalenic *s.* naftalinli
naphthaline *a.* naftalin
naphthene *a. kim.* naften
naphthenic *s.* naftenli
naphthol *a. kim.* naftol
naphthylamine *a.* naftilamin
napiform *a.* turp şeklinde
narceine *a.* narsin, afyondan çıkarılan uyuşturucu madde
narcose *s.* uyuşturucu
narcosis *a.* narkoz, ilaç uyuşukluğu
narcotic *s. a.* uyuşturucu, narkotik
naris *a.* burun deliği
narrow *s.* dar, ensiz; cüzi, az; sınırlı, kısıtlı; dar görüşlü * *a.* dar geçit, dar boğaz * *e.* daraltmak; daralmak, ensizleşmek; sınırlamak
narwhale *a. hayb.* deniz gergedanı
nasal *s.* buruna ait; genizsi *nasal bone* burun kemiği
nascent *s.* olgunlaşmamış; *kim.* bileşimden yeni ayrılan
nasion *a. anat.* iki burun kemiğinin yüz kemiğine birleştiği nokta
nasopharyngeal *s.* üst yutaksal
nasopharynx *a. anat.* üst yutak
nastic *s.* (bitki) eğri büyüyen

nasus *a.* burun

natal *s.* doğumla ilgili; doğumsal

natality *a.* doğum oranı

natant *s.* su yüzünde yetişen; yüzen

natation *a.* yüzme

natatorial *s.* yüzmeyle ilgili, yüzmeye elverişli; yüzen

natatory *s.* yüzmeyle ilgili, yüzmeye elverişli; yüzen

nates *a.* ç. kalça, but

native *a.* s. yerli

natrium *a.* sodyum

natrolite *a.* iğne taş, sodyum alüminyum silikat

natron *a.* natron, doğal sodyum karbonat cevheri

natural *s.* doğal, tabii; doğuştan olan **natural gas** doğal gaz, yergazı **natural gender** doğal cins **natural history** tabiat bilgisi, doğa bilgisi **natural law** doğa yasası **natural frequency** doğal frekans, doğal sıklık, özgül frekans, özfrekans **natural number** doğal sayı **natural period** doğal periyot, doğal dönem **natural science** doğa bilimleri, doğal bilimler **natural wave** doğal dalga **natural wavelength** doğal dalga boyu

naturalist *a.* doğabilimci

naturalize *e.* yeni iklime alıştırmak, çevreye uydurmak

naturalizing *a.* iklime alışma; iklime alıştırma

nature *a.* doğa, tabiat; huy, mizaç

naupathia *a.* deniz tutması

nauplius *a. hayb.* naupliyus, üç ayaklı larva tipi

nauseant *s.* bulantı veren

nauseation *a.* bulantı, bulanma

nauseous *s.* mide bulandırıcı, tiksindirici, iğrenç

nave *a.* dingil başlığı

navel *a.* göbek; merkez **navel cord** göbek kordonu **navel string** göbek kordonu

navelwort *a. bitk.* saksı güzeli

navicular *s.* sandalımsı

naviculare *a.* sandal kemik

Nb *a.* niyobyumun simgesi

Nd *a.* neodimyumun simgesi

Ne *a.* neonun simgesi

neanic *s.* ergin

Nearctic *s.* ılıman Arktik

nebula *a.* bulutsu; idrar bulanıklığı

nebulizer *a.* püskürteç

neck *a.* boyun; *coğ.* kıstak, berzah; elbise yakası; *yerb.* sönmüş yanardağ ağzını dolduran katı püskürtü **neck feathers** boyun tüyleri, yele tüyleri **neck of womb** rahim boynu

necrobiosis *a.* hücre ölmesi

necrogenic *s.* ölü dokudan kaynaklanan

necrologic *s.* ölümle ilgili, ölümü bildiren

necrophagous *s.* ceset yiyerek beslenen

necropsy *a.* otopsi

necroscopy *a.* otopsi

necrosis *a. hek.* nekroz, kangren, çürüme **necrosis of the bone** kemik çürümesi **top necrosis** tepe nekrozu, uç nekrozu

necrotic *s.* çürüyen (doku)

necrotomy *a.* ceset kesme; ölü kemiğin kesilmesi

necrototic *s.* çürüyen

nectar *a.* balözü, nektar; bengisu, abıhayat

nectariferous *s.* bal özlü, nektarlı, şerbetli

nectarous *s.* bal özlü, nektarlı

nectary *a.* balözü üreten parça, balözülük; ballık, böceklerde bal üreten borucuk

needle *a.* iğne; şırınga, enjektör; örgü şişi, tığ; ibre; iğneyaprak; dikilitaş, obelisk * *e.* iğne ile dikmek; iğne ile delmek; iğnelemek, sataşmak, takılmak *needle valve* iğne uçlu vana, iğneli supap

negative *s.* olumsuz, negatif, menfi * *a.* olumsuz söz/yanıt; *fot.* negatif *negative charge* eksi yük *negative electron* negatif elektron *negative number* eksi sayı *negative particle* negatif parçacık *negative resistance* eksi direnç

negatron *a.* elektron

nekton *a.* nekton, denizde yüzen canlı organizmalar

nemathelminth *a. hayb.* iplikkurdu

nematocyst *a. hayb.* yakıcı kapsül

nematode *a. s.* iplikkurdu, nematod

nemertean *s. hayb.* şerit kurdu

nemertine *s. hayb.* şerit kurdu

neoblast *a.* neoblast, yeni doku

neoblastic *s.* yeni dokuyla ilgili

Neocene *a. s. yerb.* Neosen

neocyte *a.* olgunlaşmamış akyuvar, genç akyuvar

neodymium *a.* neodimyum (simgesi Nd)

neoformation *a.* yeni doku oluşumu

neogenesis *a.* yeni doku oluşumu, dokunun kendini yenilemesi

neomycin *a.* neomisin

neon *a.* neon (simgesi Ne)

neonatal *s.* yeni doğmuş

neoplasia *a.* ur oluşumu, urlaşma

neoplasm *a.* yeni oluşum, ur, tümör

neoprene *a. kim.* neopren, neopren

neote(i)nic *s.* cinsel olgunlaşmış (larva)

neotenous *s.* cinsel olgunlaşmış (larva)

neoteny *a.* (larva) cinsel olgunluk

nepheline *a.* nefelin, alkalice zengin feldspat

nephelinite *a.* nefelinit, nefelinli bazalt

nephelometer *a.* bakterölçer; *fiz. kim.* yoğunlukölçer

nephelometric *s.* bakteri ölçümsel; yoğunluk ölçümsel

nephelometry *a.* bakteri ölçme; yoğunluk ölçme

nephology *a.* bulut bilimi

nephric *s.* böbrekle ilgili

nephridium *a. hayb.* nefridyum, omurgasız hayvanlarda ilkel böbrek

nephrite *a.* nefrit, yeşim taşı

nephritic *s.* böbrekle ilgili

nephritis *a. hek.* böbrek iltihabı, nefrit

nephrocystitis *a.* böbrek ve mesane iltihabı

nephrocyte *a.* nefrosit

nephrogenic *s.* böbreklerde oluşan

nephroid *s.* böbrek gibi, böbrek biçiminde

nephrolith *a.* böbrek taşı

nephrology *a.* böbrek bilimi

nephrolysis *a.* böbrek dokusunun erimesi

nephrolytic *s.* böbrek dokusunun erimesine neden olan

nephron *a.* böbrekte süzme elemanı

nephrosis *a.* böbrek hastalığı

nephrotomy *a.* böbrek taşı çıkarılması

neptunium *a.* (simgesi Np)

neritic *s.* sığ yerde bulunan

neroli *a.* portakal çiçeği esansı

nerval *s.* sinirsel

nervation *a.* sinir sistemi

nerve *a.* sinir; kiriş, sinir teli; kuvvet; cesaret; öfke, hiddet; *biy.* damar * *e.* sinirlendirmek; cesaret vermek *nerve cell* sinir hücresi, sinir gözesi *nerve centre* sinir merkezi *nerve endings* sinir uçları *nerve fibre* sinir lifi *nerve gas* sinir gazı *nerve impulse* sinirsel itki *nerve ring* sinir çemberi *nerve track* sinir yolu

nerved *s.* sinirli

nerveless *s.* sinirsiz, sakin; *anat.* bitk. sinirsiz, damarsız

nervimotor *a.* harekete neden olan sinir

nervimuscular *s.* kasta dağılan sinirle ilgili

nervosity *a.* sinirlilik

nervous *s.* heyecanlı; kaygılı; sinirli; sinirsel; sinirlerden oluşan; sinirleri bozuk *nervous system* sinir sistemi *central nervous system* merkezi sinir sistemi

nervousness *a.* sinirlilik, korkaklık, sıkılganlık

nervure *a. hayb.* böcek kanadı siniri; *bitk.* yaprak damarı

nest *a.* yuva * *e.* yuva yapmak *nest control* yuva kontrolu *nest egg* fol

net *e.* ağ ile tutmak; kâr etmek * *a.* ağ; tuzak; şebeke * *s.* net, kesintisiz; net, halis, öz

neural *s.* sinirsel

neuralgic *s.* nevraljik, sinir ağrısıyla ilgili

neurasthenia *a. hek.* nevrasteni, sinir zayıflığı

neurasthenic *s.* nevrastenik, sinirleri zayıf

neuraxon *a.* akson, sinir hücresinden çıkan uzun uzantı

neurectomy *a.* sinir ameliyatı, sinirin çıkarılması

neurilemma *a.* sinir kılıfı

neurine *a.* sinir dokusu

neuritic *s.* sinir iltihabıyla ilgili

neuritis *a.* sinir iltihabı

neurobiology *a.* nörobiyoloji, sinir sistemi biyolojisi

neuroblast *a.* nöroblast, sinir ana hücresi

neurocoel *a.* dölet/oğulcuğun beyin ve omuriliğindeki boşluklar

neurocyte *a.* nöron, sinir hücresi

neuroepithelium *a.* embriyoda beyin ve omuriliğin gelişimini sağlayan ektoderm tabakası

neurofibril *a.* sinir telciği

neurofibroma *a.* sinir tel uru

neurogenesis *a.* sinir sisteminin gelişmesi

neuroglia *a.* sinirbilim, nöroloji

neurohormone *a.* sinir iç salgısı

neurohumour *a.* sinir hareketi salgısı

neurohypophysis *a.* hipofiz arka lobu

neurokeratin *a.* sinir kılıfında bulunan keratin

neurolemma *a.* sinir kılıfı

neuroleptic *a. s.* sinir yatıştırıcı (ilaç)

neurological *s.* sinirbilimsel

neurology *a.* nöroloji, sinirbilim

neurolymph *a.* beyin omurlilik sıvısı

neuroma *a.* sinir doku uru

neuromuscular *s.* sinir-kaslarla ilgili

neuron(e) *a.* sinir hücresi

neuropath *a.* sinir hastası

neuropathy *a.* sinir hastalığı

neuroplasm *a.* nöroplazma, sinir hücresi plazması

neuropore *a.* nöropor

neuropteran *a. s. hayb.* sinirkanatlı

neuropteron *a. hayb.* tül kanatlı böcek

neuropterous *s. hayb.* tül kanatlı

neurosis *a.* nevroz

neuroskeleton *a.* iskelet sinir sisteminin beyin ve omuriliği saran bölümü

neurosurgeon *a.* sinir cerrahı

neurosurgery *a.* sinir cerrahisi

neurotic *a. s.* sinir hastası (kimse); sinirsel, sinirle ilgili

neurotome *a.* sinirleri kesen araç, sinir

bistürisi
neurotomy *a.* sinir ameliyatı
neurotoxic *s.* sinir üzerinde zehir etkisi yapan
neurotropic *s.* sinir dokusunu etkileyen
neurovascular *s.* sinir ve damarla ilgili
neuter *s.* eşeysiz, cinsiyetsiz, üreme organı olmayan; yansız * *a.* iğdiş edilmiş hayvan; eşeysiz bitki * *e.* hadım etmek, kısırlaştırmak
neutral *s.* yansız, tarafsız; nötr; yüksüz, ılın, elektriklenmemiş * *a. oto.* boş vites **neutral equilibrium** nötr denge **neutral solution** nötr çözelti, yansız çözelti **neutral spirits** saf alkol **neutral state** nötr durum
neutrality *a.* yansızlık, tarafsızlık, nötrlük
neutralization *a.* yansızlaştırma, tarafsızlaştırma; yansızlaşma, tarafsızlaşma **neutralization period** fermantasyonda üçüncü devre
neutralize *e.* nötrleştirmek, nötr hale getirmek, etkisizleştirmek
neutralizing *s.* nötrleştirici, etkisizleştirici **neutralizing agent** nötrleştirici madde
neutrocyte *a.* loplu akyuvar
neutron *a.* nötron **neutron density** nötron yoğunluğu **neutron distribution** nötron dağılımı **neutron number** nötron sayısı **neutron scattering** nötron saçılması **cold neutron** soğuk nötron **delayed neutron** gecikmiş nötron, gecikmeli nötron **fast neutron** hızlı nötron **slow neutron** yavaş nötron **fission neutron** fisyon nötronu **thermal neutron** ısıl nötron
neutrophil *a.* *s.* nötrofil, boya tutar (hücre/akyuvar)

névé *a.* buzkar, buzulkar **névé region** buzkar bölgesi
new *s.* yeni; taze
newton *a.* nevton (simgesi N)
Ni *a.* nikelin simgesi
niacin *a. kim.* niyasin, nikotonik asit
niacinamide *a.* nikotinamit, nikotinik asit amidi
niccolite *a.* nikolit, nikel arsenit
niche *a.* duvarda oyuk, girinti, göz, niş
nickel *a.* nikel (simgesi Ni) **nickel arsenide** nikel arsenit **nickel bloom** nikel filizi **nickel carbonyl** nikel karbonil **nickel chrome** nikel-krom **nickel oxide** nikel oksit **nickel silver** nikelli gümüş **chrome nickel** kromnikel
nickelic *s. kim.* nikelli
nickeliferous *s.* nikelli, nikel içeren
nickelous *s.* nikel+, nikelli
nickel-plated *s.* nikel kaplanmış, nikelajlı
Nicol prism *a.* Nicol prizması
nicotinamide *a. biy. kim.* nikotinamit, nikotinik asit amidi
nicotine *a. kim.* nikotin
nicotinic *s.* nikotinik, nikotinli
nicotyrine *a.* nikotin sentezi ara ürünlerinden
nictitate *e.* göz kırpmak
nictitating *s.* göz kırpma+ **nictitating membrane** göz perdesi, gözkapağındaki koruyucu perde
nictitation *a.* göz kırpma
nidation *a.* nidasyon, döllenmiş yumurtanın rahim duvarına tutunması
nidicolous *s.* yumurtadan çıktıktan sonra yuvada kalan (civciv)
nidification *a.* yuva yapma
nidifugous *s.* yuvadan çabuk ayrılan (civciv)

nidify *a.* yuva yapmak
nidus *a.* böcek yuvası; mikrop yuvası
night-birds *a.* gece kuşu
nigrescence *a.* kararma, siyahlaşma
nigrescent *s.* kararmış, siyahlaşmış
nigritude *a.* siyahlık
nigrosin(e) *a. kim.* kara boya
niobic *s.* niobyumlu
niobium *a.* niobyum (simgesi Nb)
nipper *a.* kıskaç; yengeç/ıstakoz kıskacı; oğlan
nipple *a.* meme başı; emzik; (boruda) nipel
nisus *a.* çaba, gayret
niter *a.* güherçile, potasyum nitrat
nitid(ous) *s.* parlak
nitrate *a. kim.* nitrat, nitrik asit tuzu; nitratlı gübre * *e.* nitratlamak; nitratlaştırmak **nitrate bacterium** nitrat bakterisi **potassium nitrate** potasyum nitrat **sodium nitrate** sodyum nitrat
nitration *a.* nitratlama, nitratlaştırma
nitre *a.* güherçile, potasyum nitrat
nitric *s.* nitrik; nitratlı **nitric acid** nitrik asit, kezzap **nitric bacterium** azot bakterisi **nitric oxide** nitrik oksit
nitride *a. kim.* nitrit, azot bileşiği
nitrification *a.* nitratlaşma
nitrify *e.* nitratlaştırmak; nitrojenle doyurmak
nitril(e) *a. kim.* nitril
nitrite *a. kim.* nitrit, nitrus asit tuzu **nitrite bacterium** nitrit bakterisi
nitrobacterium *a.* nitrat bakterisi
nitrobenzene *a. kim.* nitrobenzen
nitrocellulose *a.* nitroselüloz, kağıt yapımında kullanılan selülozun nitrat eseri
nitrochloroform *a.* kloropikrin
nitrofuran *a. kim.* nitrofüren
nitrogen *a.* nitrojen, azot (simgesi N)

nitrogen cycle azot dolaşımı **nitrogen dioxide** azot dioksit **nitrogen fixation** azot bağlanması **nitrogen gas** nitrojen gazı **nitrogen monoxide** diazot monoksit, güldürücü gaz **nitrogen mustard** azot hardalı **nitrogen tetroxide** azot dörtoksit, nitrojen tetroksit **ammonia nitrogen** amonyak azotu
nitrogenous *s.* azotlu, nitrojenli
nitroglycerin *a. kim.* nitrogliserin, kuvvetli patlayıcı sıvı
nitrolic *s. kim.* nitrolik, tuzları koyu kırmızı eriyik veren
nitrometer *a. kim.* azotölçer
nitromethane *a. kim.* nitrometan
nitroparaffin *a. kim.* nitroparafin
nitrosamine *a. kim.* nitrosamin
nitroso *a. kim.* nitrosil
nitrosyl *a. kim.* nitrosil
nitrous *s.* azotlu, nitrojenli, güherçileli; nitröz **nitrous acid** nitröz asit **nitrous bacterium** azot bakterisi **nitrous oxide** diazot monoksit, güldürücü gaz **become nitrous** nitratlaşmak
nivation *a.* kar erozyonu, kar oyması
No *a.* nobelyumun simgesi
nobelium *a.* nobelyum (simgesi No)
noble *a. s. kim.* asal, soy, bileşime girmeyen; soylu, asil (kişi); yüce gönüllü; aristokrat; ulu, heybetli **noble gas** soy gaz, asal gaz **noble metal** soy metal, asal metal
nociceptive *s.* ağrıtıcı, incitici
nociceptor *a.* ağrı duyusunu merkez sinir sistemine ileten reseptör
noctilucent *s.* gece parlayan
nocturnal *s.* geceye özgü; geceleyin olan
nodal *s.* düğümsel, düğümlü, boğumlu
nodding *s.* öne eğilen; sarkan

node *a.* düğüm; *bitk.* budak; *hek.* yumru, şiş, düğüm; *fiz.* boğum, düğüm noktası *lymph node* lenf boğumu, akkan düğümü
nodose *s.* boğumlu, düğümlü, yumrulu
nodosity *a.* boğumluluk, düğümlülük
nodular *s.* yumrulu, boğumlu, düğümlü
nodule *a.* ufak düğüm, yumru; *bitk.* nodül, yumrucuk *lymphoid nodule* akkan nodülü *vocal nodules* ses teli nodülleri
noduled *s.* nodüllü, yumrulu
nodulose *s.* düğümcüklü, boğumcuklu
nodulous *s.* düğümcüklü, boğumcuklu
nomenclature *a.* adlar dizgisi, adlandırma, terimlendirme; terminoloji
nomogram *a.* nomogram, abak
nonadditive *s.* toplamı yanlış
nonallergenic *s.* alerjisiz, alerji yapmayan
noncellular *s.* hücresiz
nonconducting *s.* iletmez, yalıtkan
nonconductor *a.* yalıtkan madde
noncorrosive *s.* paslanmaz, paslandırmaz
nondisjunction *a. biy.* bölünmeme
nondisposable *s.* yok edilemez
nondormant *s.* filizlenebilir, yeşerir
nonferrous *s.* demirsiz, demir içermeyen; demir olmayan
nonflowering *s.* çiçeksiz
nonmetal *a. kim.* maden olmayan eleman
nonmetallic *s.* maden olmayan
nonmotile *s.* hareketsiz
nonparous *s.* çocuk doğurmamış
nonpathogenic *s.* hastalık yapmayan
nonpoisonous *s.* zehirsiz, zehirleyici olmayan
nonpolar *s.* kutupsuz
nonsedimentable *s.* çökelmez, tortulaşmaz
nonsexual *s.* eşeysiz
nonviable *s.* yaşayamaz, büyüyemez, ömürsüz
nonvolatile *s.* uçmaz, buharlaşmaz
noradrenalin *a.* böreküstü bezinden salgılanan ve kan basıncını yükselten hormon
norepinephrine *a.* norepinefrin
norite *a.* Norveç kayası
norma *a.* örnek, model, biçim
normal *s.* normal, olağan; adi, alelade *normal curvature* normal eğrilik *normal curve* normal dağılım *normal lines* normal doğrular *normal plane* normal düzlem *normal solution* normal çözelti
normality *a.* normallik, düzgünlük, doğallık
normoblast *a.* çekirdekli genç eritrosit, olgunlaşmamış eritrosit
normocyte *a.* normal alyuvar
normotension *a.* normal kan basıncı
nose *a.* burun; koklama duyusu; buruna benzer çıkıntı; (uçakta) burun * *e.* koklamak, kokusunu almak; burnunu sürmek
nosogenesis *a.* hastalığın oluşması
nosogeny *a.* hastalık oluşumu
nostril *a.* burun deliği
notal *s.* sırtla ilgili
notochord *a. biy.* sırt ipliği, arka kiriş
notogenesis *a.* emriyoda omurganın ilkel biçiminin oluşumu
novaculite *a.* çakmak kaya
novocaine *a.* novokain, lokal anestezide kullanılan bir ilaç
noxious *s.* zararlı, zarar veren; iğrenç
Np *a.* neptünyumun simgesi
nubbin *a.* gelişmemiş meyve; ufak çıkıntı

nubility *a.* eşeysel olgunluk, erginlik

nucellular *s. bitk.* özlü; çekirdek+, evinsel

nucellus *a. bitk.* evin, öz, tohum nüvesi

nuclear *s.* nükleer, çekirdeksel *nuclear charge* çekirdeksel yük *nuclear chemistry* nükleer kimya *nuclear emulsion* çekirdeksel asıltı *nuclear energy* nükleer enerji *nuclear fission* nükleer fisyon, çekirdek parçalanması *nuclear forces* çekirdeksel kuvvetler *nuclear medicine* nükleer tıp *nuclear membrane* çekirdek zarı *nuclear number* çekirdeksel sayı *nuclear physics* nükleer fizik *nuclear power* çekirdeksel güç *nuclear reactor* nükleer reaktör *nuclear structure* çekirdeksel yapı

nuclease *a. biy.* kim. nükleaz, bitki ve hayvan dokusundaki nükleik asidi parçalayan maya

nucleate(d) *s.* çekirdekli, nüveli

nucleic *s.* nükleik (asit)

nuclein *a.* çekirdek özü, nüklein

nucleinase *a.* nükleinaz

nucleochylema *a.* çekirdek plazması

nucleoid *s.* çekirdeğe benzeyen

nucleolar *s.* çekirdekçik oluşturan

nucleolate(d) *s.* çekirdekçikli

nucleolus *a. biy.* çekirdekçik

nucleon *a. fiz.* nükleon

nucleonic *s.* çekirdek bilimiyle ilgili

nucleonics *a.* çekirdek bilimi

nucleoplasm *a.* çekirdek özsuyu, çekirdek plazması

nucleoprotein *a. biy.* kim. nükleoprotein, çekirdek proteini

nucleosidase *a. biy.* kim. nükleosidaz, nükleosidin hidrolizini katalizleyen enzim

nucleoside *a. biy.* kim. nükleosit, nük-

leotidin ana maddesi

nucleosynthesis *a.* çekirdek bireşimi

nucleotidase *a. biy.* kim. nükleotidaz

nucleotide *a. biy.* kim. nükleotit

nucleus *a.* çekirdek, öz, nüve; hücre çekirdeği *atomic nucleus* atom çekirdeği *benzene nucleus* benzen çekirdeği *compound nucleus* bileşik çekirdek *crystal nucleus* kristal çekirdeği *even-even nucleus* çift-çift çekirdeği *even-odd nucleus* çift-tek çekirdek *odd-even nucleus* tek-çift çekirdek *odd-odd nucleus* tek-tek çekirdek

nuclide *a. fiz.* nüklit

nude *a. s.* nü, çıplak; örtüsüz; çıplak heykel

nudibranch *a.* kabuksuz deniz salyangozu

nudibranchiate *a. s.* kabuksuz (salyangoz)

null *s.* sıfır, hiç; *matm.* boş; geçersiz, hükümsüz; değersiz, önemsiz *null point* sıfır noktası, ölü nokta *null space* hiçlik uzayı

nulliparous *s.* hiç doğurmamış

number *a.* sayı, rakam; numara * *e.* numaralamak, numara koymak *number line* sayı doğrusu *atomic number* atom sayısı *mass number* kütle numarası, kütle sayısı *prime number* asal sayı *quantum number* kuvantum sayısı *wave number* dalga sayısı

nummular *s.* yuvarlak, madeni para biçiminde

nummulation *a.* para dizisi gibi yığılma

nummulite *a.* nümülit, delikliler sınıfından diskleri olan bid deniz hayvanı fosili

nutant *s. bitk.* sarkmış, bükülmüş;

(yaprakları) eğilmiş

nutation *a. hek.* baş sallanması hastalığı; *bitk.* nütasyon, yönelim

nutlet *a.* fındık midyesi, kabuklu ufak yemiş

nutria *a. hayb.* Güney Amerika kunduzu

nutrient *a. s.* besin, gıda; besleyici (madde) *nutrient budget* besin zinciri *nutrient cycle* besin maddesi döngüsü *nutrient deficiency* besin yetersizliği *nutrient requirement* besin ihtiyacı

nutriment *a.* besin, gıda

nutrition *a.* besin, gıda; besleme; beslenme, besin alma

nutritional *s.* besinsel, beslenmeyle ilgili *nutritional value* besin değeri *nutritional status* beslenme durumu

nutritive *s.* besleyici, besinli; besinle ilgili

nuxvomica *a. bitk.* kargabüken

nyctalopia *a.* gece körlüğü

nyctinasty *a. bitk.* ışık irkilimi, ışık değişimiyle bitkilerin açılıp kapanması

nylon *a.* naylon; naylon çorap

nymph *a.* su perisi; orman perisi; *biy.* nimfa, kurtçuk evresinden çıkmış böcek

nymphaeaceous *s. bitk.* nilüfergillerden

O

O *a.* oksijenin simgesi

oak-apple *a.* yaş mazı

obconic(al) *s. bitk.* armut biçiminde

obcordate *s. bitk.* yürek şeklinde (yaprak)

oblanceolate *s. bitk.* ters mızrak biçimli

obligate *e.* zorlamak, mecbur etmek * *s. biy.* tek çeşit hayat sürmeye zorunlu

obligate weed yaban türü olmayan kültür bitkisi

oblique *s.* eğik, yatık, yansı, meyilli, şevli *oblique leaf* bakışımsız yaprak, iki yarısı eşit olmayan yaprak

obliteration *a.* yok etme, silme

obliterative *s.* yok edici, silici, mahvedici

oblong *s.* uzun, boyu eninden fazla; (yaprak) oblong, yumurta biçiminde *oblong leaf* elips biçimli yaprak

obovate *s.* ters oval biçimli

obovoid *s.* ters yumurtamsı

obscure *s.* belirsiz, anlaşılmaz; karanlık, loş * *e.* karartmak

observation *a.* inceleme; gözlem, rasat; gözetleme

observe *e.* gözetlemek, gözlemek; incelemek; uymak

obsidian *a.* doğal cam, camkaya

obsolescence *a.* eskime, modası geçme; yaşlanma

obsolescent *s.* eskimiş, modası geçmiş; *biy.* az gelişmiş, dumura uğramış

obsolete *s.* kullanılmayan, modası geçmiş, eski, köhne

obstruent *s. a.* tıkayıcı, damar tıkayan (ilaç)

obtect(ed) *s. hayb.* (böcek kanadı/bacağı) bedene yapışık

obtund *e.* körleştirmek, köreltmek

obturator *a.* kapak, tıkaç *obturator muscle* tıkayıcı kas *obturator nerve* tıkayıcı sinir *obturator vein* tıkayıcı damar

obtuse *s.* yassı; küt; kalın kafalı; *geom.* geniş *obtuse angle* geniş açı *obtuse leaf* uçları küt yaprak

obtusion *a.* duyma yeteneğinin azalması

obverse *s.* yüz (tarafı); ön cephe; dar tabanlı

obvious *s.* aşikâr, açık, belli
obvolute *s. bitk.* birbirine sarılmış (yaprak)
occasional *s.* ara sıra olan, tek tük, arızi
occipital *a. s. anat.* art kafa+; art kafa(da bulunan) *occipital (bone)* art kafa kemiği
occiput *a.* artkafa, kafanın arka kısmı
occlude *e.* tıkamak, kapamak; *fiz.* kim. gaz emmek
occlusion *a.* tıkama, kapama; kapanma
occult *s.* esrarlı, gizli, bilinmez; sihirli, büyülü; gözle görülmez
occupation *a.* iş, meslek; meşguliyet; sanat; işgal, zorla alma
occupational *s.* mesleki *occupational disease* mesleki hastalık
ocean *a.* okyanus *ocean bottom* okyanus dibi *ocean current* okyanus akıntısı *ocean floor* okyanus tabanı *ocean trench* ana deniz çukuru
oceanic *s.* okyanusla ilgili; okyanusta yaşayan/üreyen
oceanographic(al) *s.* oşinografik, denizbilimsel
oceanography *a.* oşinografi, denizbilim
oceanology *a.* deniz bilimi
ocellar *s.* ilkel göz+
ocellate *s.* gözcük biçimli; göz göz benekli
ocellated *s.* ilkel göze benzer; yuvarlak benekli
ocellation *a.* göz biçimli benek
ocellus *a.* basit göz, ilkel göz
ocher *a.* toprak boya, aşı boyası
ocherous *s.* aşı boyalı
ochre *a.* aşı boyası *red ochre* kızıl aşı boyası *yellow ochre* sarı aşı boyası
ochrea *a. bitk.* sap kılıfı
ocrea *a. bitk.* kın, sap kılıfı
ocreate *s. bitk.* kılıflı

octad *a. kim.* sekiz valanslı atom grubu
octagon *a.* sekizgen
octahedral *s.* sekiz yüzlü
octahedrite *a.* anataz, titanyum dioksit
octamerous *s.* sekiz parçalı; *bitk.* sekiz yapraklı
octane *a.* oktan *octane number* oktan sayısı *octane rating* oktan değeri *high-octane petrol* yüksek oktanlı benzin
octangular *s.* sekiz açılı
octant *a. matm.* sekizlik; dairenin sekizde biri; oktant
octopetalous *s.* sekiz yapraklı
octopod *a.* sekiz ayaklı
octopus *a. hayb.* ahtapot
octyl *a. kim.* oktil
ocular *a.* oküler, göz merceği * *s.* gözle ilgili; gözle görülür
oculist *a.* göz doktoru
oculistic *s.* göz hastalıkları ile ilgili
oculistics *a.* göz hastalıkları bilimi
oculomotor *a.* gözü hareket ettiren *oculomotor nerve* gözü hareket ettiren sinir
oculus *a.* görme organı
odd-pinnate *s. bitk.* tek tüy yapraklı
odontalgia *a.* diş ağrısı
odontoblast *a. anat.* diş doku
odontobothrium *a.* diş yuvası
odontocia *a.* dişlerin yumuşaması
odontogenesis *a.* diş gelişimi, diş oluşumu
odontogenic *s.* dişi oluşturan
odontogeny *a.* diş oluşumu
odontoid *s.* diş gibi, diş biçimli
odontolith *a.* diş taşı oluşumu
odontologic(al) *s.* diş bilimsel
odontology *a.* diş bilimi
odontophoral *s.* dişli çenesi olan
odontophore *a. hayb.* dişli çene**

odontoplerosis *a.* dişe dolgu yapımı
odontoscope *a.* diş aynası
odor *a.* koku; pis koku; belirti
odorant *s.* kokulu madde
odorless *s.* kokusuz
odour *a.* koku
odourless *s.* kokusuz
Oe *a.* örstedin simgesi
oedema *a.* ödem, vücutta su toplanması
oersted *a.* örsted (simgesi Oe)
oesophageal *s.* yemek borusuyla ilgili
oesophagus *a.* yemek borusu
oestrogen *a.* östrojen
oestrous *s.* cinsel kızgınlık+
oestrus *a.* cinsel kızgınlık *oestrus cycle* kızgınlık dönemi
offset *a.* sürgün, filiz; piç fidan, fışkırma; fay açıklığı, faylarda iki katmanın birbirinden açıklığı; çıkıntı; ofset * *e.* karşılamak, dengelemek, yerini doldurmak; ofset basmak
offshoot *a.* dal, filiz; yan kuruluş; yan ürün
ohm *a. elek.* om, direnç birimi *Ohm's law* Ohm yasası *acoustic ohm* akustik ohm
ohmic *s.* omik, dirençsel
ohmmeter *a.* ommetre
oil *a.* yağ, sıvı yağ * *e.* yağlamak *animal oil* hayvan yağı *castor oil* hintyağı *crude oil* ham petrol, petrol, yeryağı *fuel oil* mazot *heavy oil* ağıryağ *lemon oil* limon esansı *lubricating oil* makine yağı *mineral oil* madensel yağ *oil burner* yağ yakıcı *oil cake* küspe, keten tohumu posası *oil gland* yağbezi *oil of cade* ardıç yağı *oil of vitriol* sülfürik asit *oil shale* bitümlü şist *oil spill* petrol döküntüsü *rock oil* taşyağı, petrol, madeni yağ *vegetable*

oil bitkisel yağ, nebati yağ
oil-bearing *s.* yağ veren (bitki); petrollü
oily *s.* yağlı
ointment *a.* merhem
okra *a. bitk.* bamya
oleaceous *s. bitk.* zeytingillerden
oleaginous *s.* yağ gibi, yağsı; yağlı, yağ içeren, yağ üreten
oleander *a. bitk.* zakkum ağacı
oleaster *a. bitk.* iğde
oleate *a. kim.* oleat, oleik asit tuzu
olecranon *a. anat.* dirsek çıkıntısı
olefin(e) *a. kim.* olefin
olefinic *s.* olefin+
oleic *s. kim.* oleik *oleic acid* oleik asit, zeytinyağı asidi
olein *a. kim.* olein, oleik asidin trigliserik bileşimi
oleomargaric *s.* margarin+
oleomargarine *a.* margarin
oleometer *a.* oleometre, sıvı yağların özgül ağırlığını ölçen alet
oleooil *a.* sıvı hayvani yağ
oleophilic *s.* yağ çeken
oleoresin *a.* yağ reçinesi
oleoresinous *s.* yağlı reçineli
olericultural *s.* sebze üreten
olericulture *a.* sebze ekimi, sebze yetiştirme
oleum *a.* sıvı yağ
olfaction *a.* koklama, koku alma (duyusu)
olfactive *s.* kokusal, koku almayla ilgili
olfactory *s.* koku alma+, koklama duyusuyla ilgili *olfactory nerve* koku alma siniri
oligocarpous *s.* az meyveli
Oligocene *a. s. yerb.* Oligosen (çağı)
oligochaete *a. hayb.* solucanlar
oligoclase *a.* oligoklaz, beyaz üzerine gri/yeşil kristal feldspat

oligodendroglia *a.* küçük saydam çekirdekli sinir hücreleri
oligodynamic *s.* çok az etkili
oligophrenia *a.* zihinsel yetersizlik
oligophyllous *s.* az yapraklı
oligoplasmia *a.* kan plazmasının azalması
oligoposia *a.* az sıvı alımı
oligosaccharide *a. kim.* az sakkarit
oligotroph *s.* besin maddelerince fakir, oligtrof
oligotrophic *s.* az besinli
oligotrophy *a.* besin azlığı
olive *a.* zeytin, zeytin ağacı; zeytin dalı
olivenite *a.* zeytin taşı
olivine *a.* olivin, magnezyumdemir silikat cevheri
omasum *a. hayb.* kırkbayır, gevişgetiren hayvanda işkembenin üçüncü bölümü
omental *s.* iç organları örten zarla ilgili
omentum *a.* iç organ askısı, iç organı örten zar
ommatidium *a. hayb.* çomakgöz, sadegöz
ommatophore *a. hayb.* fırlak göz
omnivore *a.* hem bitkisel hem hayvansal besinle beslenen hayvan
omnivorous *s.* her şeyi yiyen; *hayb.* hepçil, hem et hem ot yiyen
omphacite *a.* yeşiltaş
oncology *a.* onkoloji, urbilimi
oncosis *a.* çok sayıda tümör oluşumu
oncotic *s.* tümörle ilgili
onset *a.* saldırı, hücum; başlangıç
ontogenesis *a. biy.* birey oluş
ontogenetic *s.* birey oluşla ilgili
ontogenic *s.* birey oluşla ilgili
ontogeny *a. biy.* birey oluş
onyx *a.* oniks, damarlı akik; *hek.* tırnak
oocyte *a.* olgunlaşmamış dişi yumurta
oogamy *a.* farklı eşey hücrelilik

oogenesis *a. biy.* yumurta oluşması
oogonium *a. biy.* yumurta ana hücresi; *bitk.* tek hücreli dişi organ
oolite *a. yerb.* oolit, taneli kireç taşı
oolith *a. yerb.* taneli kireç taşı
oolitic *s.* taneli kireç taşı+
oologic(al) *s.* kuş yumurtaları bilimiyle ilgili
oology *a.* kuş yumurtaları bilimi
oophoritis *a.* yumurtalık iltihabı
oophyte *a. bitk.* yosun vb'de cinsel organ gelişim dönemi
oosperm *a. biy.* döllenmiş yumurtacık
oosphere *a. bitk.* döllenmemiş yumurtacık
oospore *a. bitk.* döllenmiş yumurta
ootheca *a.* (böcekte) yumurta kabı
ootid *a. biy.* yumurta hücre
ooze *e.* sızmak; sızdırmak * *a.* sızıntı; sulu çamur, balçık; bataklık
opacifying *s.* donuklaşan, donuklaştıran
opacity *a.* donukluk, matlık; donuk cisim
opal *a.* opal, panzehirtaşı *opal glass* sütlü cam, buzlu cam *milk opal* beyaz opal
opalesce *e.* renk oynaşmak
opalescence *a.* renk oyunu, yanar dönerlik
open *e.* açmak; açılmak; yarmak; yaymak; başlatmak * *a.* açıklık, açık alan; açık deiz * *s.* açık; herkese açık, serbest; (çiçek) açılmış; boş; samimi *open chain* açık çevrim *open circuit* açık devre *open dumping* açığa çöp dökme *open communities* açık toplumlar *open pollination* doğal tozaklaşma *open systems* açık sistemler *open timber* açık orman
opening *a.* açma; açılış; açıklık, delik
opercular *s.* kapak biçimli

operculate(d) *s.* kapaklı
operculum *a. bitk.* kapak; *hayb.* solungaç kapağı
ophidian *a. s.* yılansı, yılangillerden; yılan
ophiology *a.* yılan bilimi
ophite *a.* yeşil somaki
ophitic *s.* somakiye benzer
ophthalmic *s.* gözle ilgili
ophtalmology *a.* oftalmoloji, gözbilim
opiate *a.* afyonlu ilaç; ağrı kesici ilaç * *s.* afyonlu; uyuşturucu
opisthognathism *a. hayb.* çekik çenelilik
opisthognathous *s.* çekik çeneli
opisthotic *s.* kulak arkasında
opium *a.* afyon **opium addiction** afyon bağımlılığı **opium gum** afyon sakızı **opium seed** haşhaş tohumu
opposite *s.* karşı; karşıt, zıt, aksi; *bitk.* karşılıklı, sapın karşılıklı tarafında olan **opposite leaves** karşılıklı yapraklar
opsonic *s.* opsonik
opsonin *a.* opsonin
optic *s.* optik, görsel * *a.* mercek; göz **optic axis** optik eksen, ışık ekseni **optic nerve** görme siniri
optical *s.* optikle ilgili; ışıksal; görmeyi kolaylaştıran **optical activity** optik etkinlik, ışıksal etkinlik **optical rotation** optik dönme **optical scanner** ışıksal tarayıcı
optics *a.* optik, ışıkbilgisi **electron optics** elektron optiği, elektron ışıkbilgisi **neutron optics** nötron optiği
optimum *a.* en uygun durum * *s.* en uygun, en iyi
opuntia *a. bitk.* frenk inciri; kaktüs
ora *a. anat.* ağız, açıklık

orach *a. bitk.* karapazı
orad *be.* ağıza doğru
oral *s.* sözlü; ağıza ait; ağızdan alınan (ilaç); ağızla ilgili; *ruhb.* oral **oral cavity** ağız boşluğu
orbicular *s.* küresel, yuvarlak; dairesel
orbiculate *s.* küresel, top gibi **orbiculate leaf** dairemsi yaprak
orbit *e.* yörüngede dönmek * *a.* yörünge; *anat.* göz çukuru; *hayb.* gözü çevreleyen organ; *fiz.* elektron yörüngesi
orbital *s.* yörüngesel; göz çukuruyla ilgili **orbital electron** orbital elektron **orbital index** çukur imleci **orbital velocity** yörünge hızı
orchidaceous *s.* salepgillerden
orchidectomy *a.* erbezi çıkarımı
orcin *a. kim.* orsinol
orcinol *a. kim.* orsinol
order *a.* cins, çeşit, tür; *biy.* takım; emir, buyruk; sıra, dizi; düzen; ısmarlama * *e.* emretmek, emir vermek; ısmarlamak; düzenlemek; sıralamak
Ordovician *a. s.* ön Silüryen çağı
ordure *a.* gübre, dışkı
ore *a.* maden cevheri, maden filizi **ore deposit** maden cevheri yatağı **iron ore** demir cevheri **low-grade ore** düşük tenörlü cevher, cılız töz
orectic *s.* iştahla ilgili, iştahı artıran
organ *a. biy.* organ, uzuv; org; araç, vasıta; yayın organı **organ of hearing** işitme organı
organelle *a. biy.* hücre organ
organic *s.* örgensel, organik **organic acid** organik asit **organic chemist** organik kimyager **organic chemistry** organik kimya **organic compound** or-

ganik bileşik *organic gas* organik gaz
organically *be.* organik olarak
organicism *a. biy.* organsallık
organism *a.* organizma; canlı varlık; örgüt *lower organism* basit yapılı organizma *living organism* canlı organizma
organized *s.* organlaşmış
organizer *a.* organizatör; yönetmen; düzenleyici
organogenesis *a. biy.* organlaşma, organ üremesi
organogenetic *s.* organ oluşturan, organ üremesiyle ilgili
organographic *s.* organ tanımsal
organography *a.* organ tanımı
organoid *s.* organ özelliği taşıyan
organoleptic *s.* organın uyarılmasını sağlayan
organologic *s.* organbilimsel
organology *a.* organbilim
organomegaly *a.* iç organların çok büyük olması
organometallic *s. kim.* metal organik
organosol *a.* organosol, organik asıltı
organotherapy *a. hek.* organsal tedavi
organotrophic *s.* organ beslenmesiyle ilgili
organotropic *s.* organcıl
organotypic *s.* organotipik
orgasm *a.* orgazm
oribatid *a. s.* gözsüz kene
oribi *a. hayb.* boz antilop
orientation *a.* yönlendirme; alıştırma, intibak ettirme; *kim.* yönelim, yönelme *orientation effect* yönelim etkisi
orifice *a.* delik, ağız
origin *a.* köken, kaynak, asıl, çıkış yeri
original *a.* orijinal, asıl, menşe * *s.* ilk, asıl; orijinal, asıl; özgün

ornithic *s.* kuşla ilgili
ornithine *a. biy. kim.* ornitin, arjininden elde edilen amino asit
ornithischian *a. s.* otobur dinazor
ornithoid *s.* kuşa benzer
ornithological *s.* kuşbilimsel
ornithology *a.* kuşbilim, ornitoloji
ornithopod *a.* ornitopod, kuş ayaklı
orobanchaceous *s. bitk.* parazit otlarla ilgili
orogenetic *a.* dağoluşsal
orogenic *a.* dağoluşsal
orogeny *a.* dağoluş
orograph *a.* orograf, topografik harita çizme aleti
orographic *s.* dağbilimsel
orography *a.* dağ bilgisi
oroide *a.* sahte altın
orological *s.* dağ bilimsel
orology *a.* dağbilgisi
orometer *a.* yükseklikölçer
orometric *s.* yükseklik ölçümsel
oropharynx *a. anat.* yutak, gırtlak
orpiment *a.* sarı zırnık
orthocephalic *s.* orta kafalı
orthochromatic *s.* renkleri aslına uygun
orthoclase *a.* ortoklaz
orthodontia *a.* diş düzeltimi, diş kusurlarını önleme
orthogenesis *a. biy.* ortogenez, öz gelişim
orthogenetic *s.* öz gelişimsel
orthognathous *s.* düz çeneli
orthogonal *s. matm.* dikey *orthogonal group* dikey öbek *orthogonal projection* dikey izdüşüm
orthohydrogen *a. fiz. kim.* ortohidrojen
orthopedic *s.* ortopedik
orthophosphate *a. kim.* ortofosfat, ortofosforik asit tuzu
orthophosphoric *s.* ortofosforik (asit)

orthopteran *a. s.* düz kanatlı (böcek)
orthopterous *s.* düz kanatlı
orthoscope *a.* ortoskop, göz muayene aleti
orthostichous *s.* dik dizili
orthostichy *a.* dik diziliş
orthotropic *s. bitk.* düşey büyüyen
orthotropism *a. bitk.* düşey büyüme
orthotropous *s. bitk.* düz ve simetrik
Os *a.* osmiyumun simgesi
os *a.* ağız, açıklık; kemik
oscheal *s.* testis torbasıyla ilgili
oscillate *e.* salınmak, titreşmek; kararsız olmak, bocalamak
oscillation *a.* salınım, titreşim; sarsılma; bocalama
oscillator *a.* osilatör, salıngaç *harmonic oscillator* harmonik osilatör, armonik salıngaç
oscillatory *s.* salınan, titreşen, titreşimli
oscillograph *a.* osilograf, salınımçizer
oscilloscope *a.* osiloskop, salınımgözler
oscine *a. s.* öten (kuş) *the Oscines* ötücü kuşlar
oscinine *s.* ötücü (kuş)
osculant *s.* ortak özellikleri olan; *biy.* ara, orta, iki canlı grubu arasında geçiş sağlayan
osculate *e.* (iki eğri) birbirine dokunmak, teğet olmak
osculation *a.* öpme; dokunum
osculum *a.* ağıza benzer delik
osmatic *s.* koklamayla ilgili
osmesis *a.* koklama
osmic *s. kim.* osmik, üç valanslı osmium içeren
osmious *s. kim.* osmiyumlu
osmiridium *a.* osmiyumlu iridyum
osmium *a.* osmiyum (simgesi Os) *osmium alloy* osmiyum alaşımı
osmometer *a.* geçişimölçer

osmometric *s.* geçişim ölçümsel
osmometry *a.* geçişim ölçümü
osmosis *a. kim.* geçişme, geçişim, ozmos
osmotic *s.* ozmotik, geçişimsel *osmotic pressure* geçişim basıncı, osmoz basıncı
osmund *a. bitk.* bir çeşit eğrelti
ossein *a. kim.* osein, kemik özü
osseous *s.* kemikli, kemik gibi
ossicle *a. anat.* kemikçik, küçük kemik
ossicular *s.* kemikçik+
ossiculum *a.* kemikçik
ossiferous *s.* kemikli, kemik içeren
ossific *s.* kemikli, kemiksi
ossification *a.* kemikleşme; kemikleştirme; katılaşma
ossified *s.* kemikleşmiş, katılaşmış
ossify *e.* kemikleşmek; kemikleştirmek; sertleştirmek; katılaşmak; katılaştırmak
osteal *s.* kemikli, kemik gibi
osteichthyes *a. hayb.* kılçıklı balıklar sınıfı
osteitis *a.* kemik iltihabı
osteoblast *a.* kemik ana hücresi
osteochondrous *s.* kemik ve kıkırdaktan oluşmuş
osteoclasis *a. anat.* kemik dokunun kemik hücrece yutulması; kemik kırma ameliyatı
osteoclast *a. anat.* iri kemik hücresi
osteocyte *a.* kemik hücresi
osteogenesis *a.* kemik oluşumu, kemik yapımı
osteogenetic *s.* kemik oluşumuyla ilgili, kemikten kaynaklanan
osteogenic *s.* kemik oluşumuyla ilgili, kemikten kaynaklanan
osteoid *s.* kemiksi
osteologic(al) *s.* kemikbilimsel
osteology *a.* osteoloji, kemikbilim

osteolysis *a. hek.* kemik erimesi

osteoma *a.* kemik uru

osteomalacia *a.* kemik yumuşaması

osteomyelitis *a.* kemik iliği iltihabı

osteoperiostitis *a.* kemik-kemik zarı iltihabı

osteophyte *a.* küçük kemik çıkıntısı, kemik uru

osteoplastic *s.* kemik onarımıyla ilgili

osteoplasty *a.* kemik onarımı

osteotome *a.* kemik keskisi

ostiole *a.* küçük delik, yarık

ostium *a.* giriş deliği, ağız

ostosis *a.* kemikleşme

ostracod *a. hayb.* çift kabuklu

otalgia *a.* kulak ağrısı

otalgic *s.* kulak ağrısıyla ilgili

otic *s. anat.* kulakla ilgili, kulağa ait

otitis *a.* kulak iltihabı

otoconium *a.* kulak zarındaki küçük tanecikler

otocyst *a.* embriyoda içkulağı oluşturan bölüm

otogenic *s.* kulaktan doğan, kulaktan gelişen

otogenous *s.* kulaktan doğan, kulaktan gelişen

otolith *a. anat.* kulak taşı

otologic *s.* kulakbilimsel

otology *a.* kulak bilimi

otoplasty *a.* dış kulak estetik ameliyatı

otosalpinx *a.* östaki borusu

ouabain *a.* ok zehiri

outcrop *a. yerb.* yeryüzüne çıkan tabaka; ortaya çıkma, baş gösterme

outfall *a.* açık boşaltım

outgas *e.* gaz kaçırmak; atmosfere gaz çıkarmak

outgrowth *a.* gelişme, genişleme; (bitki) sürgün, fazlalık; anormal büyüme; doğal sonuç

output *a.* çıktı; üretim; randıman, verim

outstanding *s.* göze çarpan, bariz; çözülmemiş; piyasada, satılmamış; çıkıntı yapan; ödenmemiş (borç)

oval *s.* oval, yumurta biçiminde; elips

ovalbumin *a.* yumurta akındaki albümin

ovarian *s.* yumurtalıkla ilgili

ovariectomy *a.* yumurtalık ameliyatı

ovary *a. anat.* yumurtalık; *bitk.* tohumluk *inferior ovary* alt durumlu yumurtalık

ovate *a.* yumurta biçimli; *bitk.* oval (yaprak)

overdosage *a.* aşırı doz

overflow *e.* taşmak; akmak; akıtmak; çok bol olmak * *a.* taşma; su baskını; taşma borusu; bolluk, bereket

overgrow *e.* aşırı büyümek, fazla boy atmak

overgrowth *a.* aşırı gelişme, aşırı büyüme

overharvesting *a.* aşırı avlanma

overindulgence *a.* aşırı düşkünlük, her şeye göz yumma

overlap *e.* üst üste bindirmek; üst üste binmek

overlapping *s.* üst üste binen, bindirmeli

overripe *s.* fazla olgunlaşmış

overshoot *e.* hedeften öteye atmak; fazla ileri gitmek

overstrain *e.* aşırı yorulmak; aşırı zorlamak

overt *s.* açık, göz önünde, meydanda

overvoltage *a.* aşırı gerilim

oviducal *s.* fallop tüpüyle ilgili

oviduct *a. anat.* yumurta kanalı

oviductal *s.* yumurta kanalıyla ilgili

oviferous *s. anat. hayb.* yumurtalı, yumurtası bol

oviform *s.* oval, yumurta şeklinde

ovipara *a. ç.* yumurtlayan hayvanlar

oviparity *a.* yumurtlama, yavruyu yumurtadan çıkarma

oviparous *s.* yumurtlayan, yumurtlayıcı

oviparously *be.* yumurtlayarak, yumurtlama yoluyla

oviposit *e.* yumurta bırakmak, yumurtlamak

oviposition *a.* yumurta bırakma, yumurtlama

ovipositor *a.* yumurtlama borusu

ovisac *a. hayb.* yumurtalık, yumurta kesesi

ovocyte *a.* olgunlaşmamış eşey hücresi

ovogenesis *a.* yumurta oluşması

ovoglobulin *a.* yumurta akında bulunan globülin

ovoid *s.* yumurtamsı, oval, beyzi

ovoplasm *a.* dişi eşey hücre protoplazması

ovotestis *a.* yumurtalık ve testis hücrelerini bir arada bulunduran eşey hücresi

ovoviviparity *a. hayb.* yavru yumurtlama

ovoviviparous *s. hayb.* ovavivipar, yavru yumurtlayan

ovular *s.* tohum+, tohum biçiminde

ovulate *e. biy.* yumurtlamak

ovulation *a. biy.* yumurtlama

ovulatory *s.* yumurtlamayla ilgili

ovule *a. bitk.* ovül, tohum taslağı, tohumcuk; *biy.* yumurtacık

ovulogenous *s.* tohum oluşturan

ovum *a. biy.* yumurta hücresi, yumurtacık

owl *a. hayb.* baykuş

oxacid *a.* oksiasit, yapısında oksijen olan asit

oxalate *a.* oksalat, oksalik asit tuzu

oxalic *s.* oksalik (asit)

oxalis *a. bitk.* kazayağı

oxalosis *a.* dokuda/böbrekte oksalat kristallerinin çökelmesi

oxaluria *s.* idrarla fazla miktarda oksalat atımı

oxazine *a. kim.* oksazin

oxidability *a.* oksitlenebilirlik

oxidable *s.* yükseltgenir, oksitlenir

oxidant *a.* oksitleyen madde, oksijenli madde

oxidase *a. biy. kim.* oksidaz, bitki/hayvan dokusundaki oksitleyici maya

oxidasic *s.* oksidaz+

oxidation *a.* oksitlenme, paslanma *oxidation number* oksitlenme numarası *oxidation potential* yükseltgeme potansiyeli *oxidation-reduction* yükseltgeme-indirgeme *oxidation-reduction electrodes* yükseltgeme-indirgeme elektrotları

oxide *a. kim.* oksit *oxide coating* oksit kaplama *ethyl oxide* etil oksit *magnesium oxide* magnezyum oksit *mercuric oxide* cıva oksit *molybdenum oxide* molibdenum oksit

oxidic *a. kim.* yükseltgen

oxidimetric *s.* yükseltgemeli

oxidimetry *a. kim.* oksidimetri

oxidizability *a.* oksitlenebilme, yükseltgenebilme

oxidizable *s.* oksitlenir, yükseltgenir

oxidization *a.* oksitlenme, yükseltgenme

oxidize *e.* oksitlemek; oksitlenmek

oxidizer *a.* oksitleyen , yükseltgeyen

oxidizing *s.* oksitleyici, paslandırıcı *oxidizing agent* yükseltgen madde *oxidizing flame* oksitleyici alev, yükseltgeyici alaz

oxidoreductanse *a. kim.* yükseltgen indirgen

oxidoreduction *a. kim.* yükseltgeme indirgeme

oxime *a. kim.* oksim

oximeter *a.* kanda oksijen miktarını ölçen alet

oximetry *a.* kanda oksijen miktarının ölçümü

oxlip *a. bitk.* beşparmak, yabani çuha çiçeği

oxtail *a.* öküz kuyruğu

oxtongue *a. bitk.* sığırdili

oxyacetylene *s.* oksijen asetilen karışımı

oxyacid *a. kim.* oksijenli asit

oxycalcium *a.* oksijenli kalsiyum

oxychloride *a.* oksiklorit

oxydant *a.* yükseltgen, oksitliyen

oxydase *a.* oksidaz

oxydation *a.* oksidasyon, oksitlenme

oxyfluoride *a.* oksijen florür

oxygen *a.* oksijen (simgesi O) *oxygen point* sıvı oksijen kaynama noktası *active oxygen* aktif oksijen

oxygenase *a.* dokularda oksijenle oksidasyonu uyaran enzim

oxygenate *e.* oksijenlemek, oksijen vermek

oxygenated *s.* oksijen yüklü, oksijenlenmiş

oxygenation *a.* oksijenleme, oksijen verme

oxygenic *s.* oksijenle ilgili, oksijenden oluşmuş

oxygenize *e.* oksijenlemek, oksijen vermek

oxyhemoglobin *a.* oksihemoglobin, oksijenle bağlı hemoglobin

oxyhydrogen *s.* oksihidrojen, oksijenhidrojen karışımı

oxyphilic *s.* asidofil, ekşittutar

oxysalt *a. kim.* oksijenlu tuz

oxysulfide *a. kim.* oksisülfit

oxytetracycline *a.* oksitetrasiklin, sarı renkli antibiyotik tozu

oxytocic *a. s. hek.* oksitosik, doğumu kolaylaştıran (ilaç)

oxytocin *a. biy. kim.* oksitosin, doğum sırasında rahim kaslarını hareketc geçiren hormon

oxyuricide *a.* kıl kurtlarını öldüren ilaç

oxyurid *a.* iğnekurdu, kılkurdu

ozocerite *a.* yermumu, ozokerit

ozokerite *a.* yermumu, ozokerit

ozone *a.* ozon *ozone layer* ozon tabakası

ozonide *a. kim.* ozonit

ozoniferous *s.* ozonlu

ozonization *a.* ozonlama; ozonlaştırma

ozonize *e.* ozonlamak; ozonlaştırmak; ozonlaşmak

ozonizer *a.* ozonlaştıran

ozonolysis *a. kim.* ozonun hidrokarbonlara etkisi

ozonometer *a.* havadaki ozon miktarını ölçen alet

ozonometry *a.* havadaki ozon miktarı ölçümü

ozonosphere *a.* ozonyuvarı, ozon küre

P

P *a.* basıncın simgesi; puazın simgesi; dağıtım katsayısının simgesi; fosforun simgesi

Pa *a.* protaktinyumun simgesi; paskalın simgesi

pabular *s.* besinle ilgili

pabulum *a.* besin, gıda

pacemaker *a. hek.* kalbin atışını düzenleyen aygıt; iyi örnek; (yarış) başta giden kişi

pachyderm *a.* kalın derili hayvan

pachydermal *s.* kalın derili

pachydermic *s.* kalın derili
pachydermous *s.* kalın derili
pachymeter *a.* çok ince nesnelerin kalınlığını ölçen alet
pachytene *a.* pakiten, miyoz bölünmede bir aşama
pad *a.* (yara için) pamuk yastık, tampon; eyer; bloknot; (hayvanda) yumuşak taban; *bitk.* nilüfer yaprağı; böcek ayağındaki çıkıntı
paedogenesis *a.* pedogenez, larva aşamasında üreme
paedogenetic *s.* pedogenetik
paired *s.* çiftli, iki parçadan oluşan
pairing *a.* çiftleşme, eşleme, eşleşme
palaeobiological *s.* paleobiyolojik
palaeobiologist *a.* paleobiyolog
palaeobiology *a.* paleobiyoloji
palaeobotanical *s.* fosil bitki bilimiyle ilgili
palaeobotany *a.* fosil bitki bilimi
palaeoecology *a.* paleoekoloji
palaeontological *s.* paleontolojik, fosil bilimiyle ilgili
palaeontology *a.* paleontoloji, fosil bilimi
Palaeozoic *a. s. yerb.* Paleozoik
palaeozoological *s.* palaeozoolojik, hayvansal fosil bilimiyle ilgili
palaeozoologist *a.* paleozoolog, hayvansal fosil bilimci
palaeozoology *a.* paleozooloji, hayvansal fosil bilimi
palatable *s.* lezzetli, nefis; hoşa giden, hoş
palatal *s. anat.* damakla ilgili; damaksı
palate *a. anat.* damak; tat alma duyusu *cleft palate* doğuştan yarık damak *soft palate* arka damak
palatine *s.* damakla ilgili *palatine bone* damak kemiği *palatine vault* damak kemeri
palatoglossal *s.* damak ve dille ilgili
pale *e.* beti benzi atmak, sararmak, solmak * *s.* solgun, soluk, renksiz; (renk) açık; mat, donuk * *a.* kazık, parmaklık çubuğu; sınır
paleaceous *s. bitk.* bürgülü
paleethnology *a.* paleetnoloji, eski budun bilimi
paleobiology *a.* eski biyoloji
Paleocene *a. s. yerb.* Paleosen, üçüncü çağın en eski dönemi
paleolith *a.* yontma taş
Paleolithic *s.* Yontma Taş Çağıyla ilgili
paleology *a.* arkeoloji
paleomagnetism *a.* ilkel mıknatıslanma
paleomagnetic *s.* ilkel mıknatıslanmalı
palinal *s.* geriye doğru hareket eden
palingenesian *s.* yeniden doğma+, ruh göçüyle ilgili
palingenesis *a.* yeniden doğma; ruh göçü
palingenetic *s.* yeniden doğma+, ruh göçüyle ilgili
palisade *a.* sağlam kazıklı çit; kazık dizisi * *e.* sağlam kazıklarla çevirmek; kazık çakmak *palisade tissue* palizat dokusu
palladic *s. kim.* paladyumlu
palladium *a.* paladyum (simgesi Pd)
palladize *e.* paladyumlamak
pallaesthesia *a.* titreşimi hissedebilme
pallial *s.* beyin zarıyla ilgili; yumuşakça derisiyle ilgili
pallor *a.* solgunluk, beniz sarılığı
palm *a.* avuç içi, aya; karış; *bitk.* hurma ağacı; palmiye * *e.* avucuna almak, avuçlamak; avuçla dokunmak *palm oil* hurma yağı
palmaceous *s. bitk.* hurmagillerden
palmar *s.* aya+, avuç içi+

palmate s. el şeklinde, elsi, ayamsı; bitk. palmiyemsi; hayb. perde ayaklı

palmatifid s. elsi, el biçimli

palmatilobate s. palmat loplu

palmation a. elsi yapı; palmiye yaprağı oluşum

palmerworm a. hayb. elma tırtılı

palmetto a. yelpaze yapraklı; palmiye yaprağı

palmic s. palmik (asit)

palminerved s. palmat damarlı

palmiped a. s. ayak parmakları arası perdeli olan

palmitate a. kim. palmitat, palmitik asit tuzu

palmitic s. palmitik (asit)

palmitin a. kim. palmitin, hurmailiği

palmitone a. palmitik asitten türeyen bir keton

palmodic s. istemsiz kasılmayla ilgili

palmyra a. bitk. palmira, yelpaze palmiyesi

palograph a. nabız atımını kaydeden alet

palography a. nabız atımı yazımı

palp a. hayb. dokunaç

palpate e. hek. elle muayene etmek * s. hayb. dokunaçlı

palpation a. hek. elle muayene; dokunma

palpatory s. dokunsal

palpebra a. gözkapağı

palpebral s. gözkapağı+

palpebrate s. göz kapaklı

palpi a. ç. dokunaçlar

palpiform a. dokunaç biçiminde

palpitant s. (kalp) çarpan, atan, çarpıntılı

palpitate e. (kalp) çarpmak

palpitation a. çarpıntı; yürek çarpması

palpus a. duyarga, dokunaç

paludal s. bataklıkla ilgili; bataklığın neden olduğu

paludism a. sıtma

palynology a. palinoloji, polenbilimi

pamaquine a. sıtma tedavisinde kullanılan bir ilaç

pan a. tava; leğen; çanak; çehre; yassı çukur; hintbiberi yaprağı, betel sakızı * e. toprağı yıkayıp altın çıkarmak; tavada pişirmek crystallizing pan billurlaşma kabı

panchromatic s. tüm renkli

pancreas a. anat. pankreas

pancreatic s. pankreas ile ilgili pancreatic duct pankreas kanalı pancreatic juice pankreas suyu

pancreatectomy a. pankreasın ameliyatla çıkarımı

pancreatin a. biy. kim. pankreatin, sindirici iliç

pancreatitis a. pankreas iltihabı

pancreozymin a. pankreozimin, onikiparmak bağırsağından çıkan pankreas enzimi salgısını uyaran hormon

pandanaceous s. bitk. kama yapraklı

pandanus a. bitk. kama yapraklı bitki

pangenesis a. biy. soy devamı, soy sürümü

pangolin a. hayb. pangolin, pullu karıncayiyen

panicle a. bitk. karışık salkım, seyrek salkım

panicled s. bitk. dağınık salkımlı, seyrek salkımlı

paniculated s. bitk. salkımlı

panmixia a. karışık çiftleşme, melez üreme

panmixis a. karışık çiftleşme, melez üreme

panting a. sık sık soluma, nefes nefese olma

pantoscope *a.* çok geniş açılı mercek

pantoscopic *s.* çok geniş açılı

pantothenic *s. kim.* pantotenik (asit)

papain *a. kim.* papaya mayası

papaveraceous *s. bitk.* gelincikgillerden

papaverine *a.* papaverin, afyondan çıkarılan kristalli bir madde

papaw *a. bitk.* papav, Kuzey Amerika bodur ağacı

paper *a.* kâğıt; senet, bono; kâğıt para; gazete; yazılı ödev * *e.* kağıtla kaplamak; kâğıt vermek * *s.* kâğıttan yapılmış *paper birch* beyaz huş ağacı *paper chromatography* kâğıt kromatografisi

papery *s.* kâğıt gibi, ince

papilionaceous *s. bitk.* kelebeksi

papilla *a.* meme başı; kabarcık; *bitk.* siğile benzer çıkıntı

papillary *s.* kabarcıklı; meme başıyla ilgili

papillose *s.* kabarcıklı, siğilli

pappose *s. bitk.* papuslu

pappus *a.* papus, bitki kaliksinde şemsiye biçimli kıllı uzuv

papula *a.* küçük deri şişkinliği

papular *s.* sivilce şeklinde

papule *a.* kabartı, sivilce

papulose *s.* sivilceli, kabartılı

papyraceous *s.* kâğıt gibi, ince

papyrus *a. bitk.* papirüs

parabiosis *a. biy.* yapışık ikizlik

parabiotic *s.* yapışık ikiz

parablast *a. biy.* besleyici öz

paracasein *a.* suda çözünürlüğü kalmayan kazein

paracentral *s.* merkeze yakın

paracetamol *a.* bir tür ağrı kesici, parasetamol

parachor *a. kim.* öz işlev

parachromatin *a.* iğ iplikçiklerinin oluşturduğu akromatik madde

parachute *a.* paraşüt * *e.* paraşütle atlamak; paraşütle indirmek

paracolic *s.* kalınbağırsak yakınında

paracone *a.* üst molar diş ucu

paraconid *a.* alt molar diş ucu

paracymene *a. kim.* parasimen

paracystic *s.* mesaneye yakın

paradiochlorobenzene *a.* böcek öldürücü bir madde

paraffin *a.* parafin, petrol mumu; gazyağı *paraffin oil* gazyağı *paraffin series* parafin serisi *paraffin wax* parafin mumu

paraffinic *s.* parafinli

paraflagellum *a.* çok sayıda küçük kamçı

paraform *a.* paraformaldehit

paraformaldehyde *a.* paraformaldehit

parafunctional *s.* fonksiyon bozukluğuyla ilgili

paragenesis *a. yerb.* karşı oluşum

paraglobulin *a.* serumda bulunan bir protein

paraglossa *a.* dil büyümesi

paragnathous *s.* ek çene oluşumuyla ilgili

paragnathus *a.* ek çene oluşumu

parahepatic *s.* karaciğere yakın

parahydrogen *a. fiz. kim.* parahidrojen, çekirdekleri zıt yönde dönen iki atomdan oluşan hidrojen molekülü

parahynosis *a.* aşırı uyku

parakeet *a. hayb.* küçük papağan

parakinesia *a.* sarsaklık

parakinetic *s.* sarsak

paraldehyde *a. kim.* paraldehit

paralimnion *a.* batakgöl

parallactic *s.* kaçkın, parallakla ilgili

parallax *a. fiz.* parallaks, ıraklık açısı, kaçkınlık

parallel *a. s.* paralel, koşut; benzerlik, benzer şey; *elek.* paralel (bağlama)
parallelepiped *a.* paralelyüz
paralysis *a.* inme, felç
paramagnet *a. fiz.* paramanyet, dizilmıknatıs
paramagnetic *s.* paramanyetik, dizilmıknatıssal
paramagnetism *a.* paramanyetizm, dizilmıknatıslık
paramastoid *a.* şakak kemiğinin mastoid çıkıntısı yakınında
paramedical *s.* yardımcı tıpla ilgili, yardımcı sağlık hizmetleriyle ilgili
paramesial *s.* orta çizgiye yakın
parameter *a.* parametre
parametric *s.* parametrik
parametrium *a.* parametrium, dölyatağı yakın dokusu
paramo *a.* bozkır
paramorph *a.* yadbiçim
paramorphic *s.* yadbiçimli
paramorphism *a.* yadbiçimleşme
paramorphous *s.* yadbiçimli
paranephros *a.* böbrek üstü bezi
paranoia *a.* paranoya; kuşku, evham
paranoiac *s.* paranoyalı, evhamlı, kuşkulu, ürkek
paranoidism *a.* paranoya durumu
paranucleus *a.* çekirdek yakınındaki küçük cisimcik
paraphysis *a. bitk.* uzantı
paraplasm *a.* hücre sitoplazmasının sıvı kısmı
paraplegia *a.* alt inme
parapsis *a.* dokunma duyusu bozukluğu
parapsychlogy *a.* parapsikoloji, ruhbilim ötesi
pararectal *s.* rektuma yakın
pararosaniline *a.* pararozanilin
parasite *a.* asalak, parazit *cytosoic*

parasite hücre içi asalak **permanent parasite** durucu asalak, sürekli asalak
secondary parasite ikincil parazit
tertiary parasite süperparazit
parasitic *s.* asalak+, parazit+ *parasitic diseases* asalak hastalıkları
parasitical *s.* asalak+, parazitle ilgili
parasiticidal *s.* asalak öldürücü
parasiticide *a.* parazit öldüren (ilaç)
parasitism *a.* asalaklık, parazitlik
parasitize *e.* asalaklaşmak, asalak yaşamak
parasitoid *a. s.* öldürücü asalak
parasitology *a.* asalakbilim, parazitoloji
parasitosis *a.* asalak hastalığı
parasplenic *s.* dalak yakınına yerleşmiş
parasympathetic *s. anat.* parasempatetik *parasympathetic nervous system* parasempatetik sinir sistemi
parasynapsis *a. bitk.* yan çiftleşme
parathion *a. kim.* paratyon, böcek öldürücü zehirli sıvı
parathormone *a.* paratiroit hormonu
parathyroid *a. s.* tiroid guddesi yanında bulunan (bez) *parathyroid gland* paratiroid bezesi
paratyphoid *s.* paratifoyla ilgili
paratypical *s.* normalde olandan daha farklı özelliklere sahip olan
paraurethral *s.* üretra yakınında
paravertebral *s.* omurga yakınında
paravesical *s.* mesane yakınında
paraxial *s.* vücut eksenine yakın
pareleidin *a.* keratin
parencephalia *a.* doğumsal beyin anomalisi
parencephalon *a.* beyincik
parenchyma *a. bitk.* parankima, asal doku; *anat.* özek doku
parenchymal *s.* özek dokulu, asal dokulu

parenchymatous s. özek dokulu, asal dokulu

parent a. anne baba, ebeveyn; ata; biy. döl verme olgunluğu, üreten organizma; kaynak, ana **parent rock** ana kaya

parenteral s. anat. hek. bağırsak dışında bulunan; sindirim dışında bedene giren

parfocal s. eşit odaklı

parhelion a. yalancı güneş

paries a. biy. çeper, cidar

parietal s. anat. kafatası yan/üst kemiğine ait; biy. iç çepersel * a. iç çeper **parietal bone** kafatası kemiği **parietal cell** iç çeper hücresi **parietal lobe** yarı beyin

paripinnate s. bitk. eş yapraklı

parity a. eşitlik; fiz. simetri, eşlem; tic. parite; eşdeğerlik; hek. doğurganlık **parity bit** eşli ikili

paroicous s. bitk. yan eşeyli

paroicousness a. yan eşeylik

paronychia a. tırnak iltihabı

paronychial s. iltihaplı

paroral s. anat. ağıza yakın

parorexia a. anormal iştah

parosteosis a. yumuşak dokuda kemik oluşumu

parotic s. anat. kulağa yakın

parotid s. anat. kulak altı tükürük beziyle ilgili

parotidean s. anat. kulak altı türükü bezine ait

parted s. (yaprak) dilimli; bölünmüş, parçalanmış

parthenocarpic s. döllenmeden meyve veren

parthenocarpy a. döllenmeden meyve verme

parthenogenesis a. biy. döllenmeden üreme

parthenogenetic s. tekil üremli, döllenmeden meyve veren

parthenogenic s. tekil üremli, döllenmeden meyve veren

partial s. kısmi; taraf tutan, tarafgir **partial denture** kısmi takma diş **partial differential** kısmi diferansiyel **partial fraction** tikel kesir **partial pressure** kısmi basınç, bölümsel basınç **partial vacuum** kısmi boşluk, tikel boşluk, bölümsel boşluk, tikel boşluk **partial wave** kısmi dalga, tikel dalga **partial entropy** kısmi entropi, tikel dağıntı **partial free energy** kısmi serbest enerji

particle a. zerre, parçacık, partikül; parçacık, kırıntı; dilb. edat; ek, takı **particle size analysis** tanesel ayırım, granülometrik analiz **particle velocity** parçacık hızı **alpha particle** alfa parçacığı, alfa taneciği **beta particle** beta parçacığı, beta taneciği **charged particle** yüklü parçacık **elementary particle** temel parçacık, öz parçacık **fundamental particle** temel parçacık **free particle** serbest parçacık **relativistic particle** bağıl parçacık

particulate s. zerre halinde, zerreden oluşmuş

partinium a. alüminyum-tungsten alaşımı

partite s. (yaprak) dilimli

partition a. bölme; bölünme; bölme duvarı; bilg. bölüntü; müz. partisyon * e. bölmek, ayırmak; bilg. bölüntülemek **partition coefficient** dağılım katsayısı, üleşim katsayısı

partitioning a. bölme, bölümlere ayırma

parturient s. doğuran; doğumla ilgili

parturition a. doğurma, doğum yapma, doğum

parumbilical s. anat. göbeğe yakın

parvicellular s. küçük hücrelerden oluşan

parvoline a. kim. parvolin, balık çürümesinden oluşan yağlı sıvı

pascal a. paskal (simgesi Pa)

passage a. geçme, gitme; yol; geçit; pasaj; yolculuk; metin parçası *bird of passage* göçmen kuş

passerine s. tüneyen ötücü kuşlar familyasından

passivate e. etkisizleştirmek, pasifleştirmek; dış etkilerden korumak

passivation a. etkisizleştirme, pasifleştirme

passive a. s. pasif, durgun; eylemsiz; edilgen; kim. dingin, pasif; tic. kâr getirmeyen

passivity a. pasiflik, edilginlik

pasteurization a. pastörize etme

pasteurize e. pastörize etmek

pastil a. pastil; tütsü; kokulu şeker

pasture a. otlak, mera; ot, çayır

patagium a. (yarasa/böcek) kanat zarı

patch a. yama; benek; küçük arazi parçası, meşcere parçası * e. yamamak, yama vurmak

patella a. dizkapağı kemiği

patellate s. dizkapaklı

patelliform s. yayvan, yassı

patent a. patent, buluş hakkı * s. patentli * e. patentini almak

path a. patika, keçi yolu; yörünge, iz; yöntem

pathetic s. acıklı, hazin; dokunaklı

pathogen a. hek. hastalık yapan mikrop, virüs

pathogenesis a. hastalık yapma, hasta etme

pathogenetic s. hasta eden, hastalandıran

pathogenic s. hasta eden, hastalandıran

pathogenicity a. hastalandırma, mikrobun hastalık yapma özelliği

pathological s. patolojik, hastalık bilimsel; hastalıktan ileri gelen; hastalıkla uğraşan

pathology a. patoloji, hastalık bilimi *plant pathology* bitki patolojisi, bitki hastalıkları bilgisi, fitopatoloji

patina a. patina, yeşil pas, metal yüzey küfü; mobilyada zamanla oluşan renk farklılaşması

pattern a. örnek, model; patron; şablon *behaviour pattern* davranış modeli *flow pattern* akış deseni, akış profili

patulous s. bitk. yaygın, yayılmış; seyrek çiçekli

paucity a. azlık, kıtlık

paunch a. göbek; iri karın; işkembe

pavement a. döşenli yol, asfalt; döşeme taşları; parke taşları; kaldırım *pavement epithelium* yassı epitel

paw a. hayvan pençesi; el * e. pençe atmak; eşelemek

Pb a. kurşunun simgesi

Pd a. paladyumun simgesi

pea a. bezelye; bezelye tohumu *pea bean* küçük beyaz fasulye

peak a. tepe, doruk, zirve; en önemli nokta; maksimum; siperlik *peak load* azami yük *peak value* azami değer

peanut a. yerfıstığı; önemsiz miktarda para *peanut oil* yerfıstığıyağı

pear a. bitk. armut, armut ağacı

pearl a. inci; değerli şey, inci rengi *pearl barley* kabuksuz arpa kırması *pearl fish* inci balığı *pearl millet* inci darısı

pearlite *a.* incitaşı, perlit
pearlized *s.* sedefli, sedeften; sedef gibi
pearlweed *a. bitk.* mercan otu
peastone *a.* pisolit, iri taneli kalker taşı
peat *a.* turba, turf *peat bog* turbalık *peat moss* turba yosunu
pebble *a.* çakıl taşı, çakıl
pecan *a. bitk.* pekan, fındık cevizi
peccant *s.* suçlu, kabahatli
peck *e.* gagalamak; gaga ile toplamak * *a.* çeyrek kile (0.009 metre küp); yığın, büyük bir miktar *pecking order* gagalama düzeni, güçlünün güçsüzü ezdiği düzen
pectase *a. biy. kim.* pektini pektik aside dönüştüren enzim
pectate *a. kim.* pektat
pecten *a. hayb.* taraksı çıkıntı; (gözde) renkli perde
pectic *s.* pektik, pekinle ilgili
pectin *a.* pektin
pectinase *a.* pektini hidrolize eden enzim
pectinate *s.* taraklı, tarak dişli
pectination *a.* taraklaşma
pectineal *s.* taraksı oluşumla ilgili
pectiniform *s.* tarak şeklinde olan
pectinose *a.* arabinoz
pectizable *s.* pelteleşebilir, pelteleştirilebilir
pectization *a.* pelteleşme, pelteleştirme
pectize *e.* pelteleşmek, pelteleştirmek
pectoral *s.* göğüs boşluğuyla ilgili; göğüse ait; göğüs hastalıklarıyla ilgili *pectoral arch* göğüs kemeri *pectoral fin* göğüs yüzgeci *pectoral girdle* göğüs kemeri *pectoral muscle* göğüs kası
pectoralgia *a.* göğüs ağrısı
pectose *a.* pektoz, pektin ön maddesi bir polisakkarit

pectous *s.* pektinle ilgili; jelatine benzer
pectus *a.* göğüs, göğüs ön duvarı
peculiar *s.* acayip, garip; alışılmamış; özel
peculiarity *a.* gariplik, acayiplik; özellik
pedal *a.* pedal * *e.* pedalla işletmek
pedate *s.* ayaklı; ayaksı; *bitk.* dilimli (yaprak)
pediatrics *a. hek.* pediatri, çocuk doktorluğu
pediatrist *a.* çocuk doktoru
pedicel *a. bitk.* sapçık, çiçek sapı
pedicellate *s.* saplı
pedicle *a. anat.* omur çıkıntısı
pedicular *s.* bitle ilgili
pedicure *a.* pedikür
pediment *a. mim.* alınlık, bina cephesi; *yerb.* meyilli arazide kaya yüzeyi
pedocal *a.* kireçli toprak
pedodontics *a.* çocuk diş bakımı
pedogenesis *a.* toprak oluşumu
pedogenetic *s.* toprak oluşturan
pedologic(al) *s.* toprakbilimsel
pedology *a.* toprakbilim, pedoloji
peduncle *a. bitk.* çiçek sapı; *anat.* sapa benzer organ; beyin sapı
peduncular *s.* sap şeklinde, sapla ilgili
pedunculate *s.* saplı, sapı olan
peeling *a.* (soyulmuş) kabuk; kabuğunu soyma
pegmatite *a.* pegmatit, kuvars ve feldspatlı granit
pegology *a.* mineralli kaynak sularını inceleyen bilim
pelagic *s.* pelajik, denizle ilgili, okyanusla ilgili; açık denizlerde yaşayan *pelagic zone* pelajik bölge, derin deniz bölgesi *pelagic deposit* pelajik çökelti, derin deniz çökeltisi
pelargonic *s.* sardunya+
pelargonium *a. bitk.* sardunya

pelecypod *a. hayb.* yassı solungaçlı
pelite *a. yerb.* killi kaya
pelitic *s.* killi kayaya benzer
pella *a.* deri, post
pellagra *a.* pelagra, vitamin eksikliğinden oluşan hastalık
pellagrous *s.* pelagrayla ilgili; pelagraya yakalanmış
pellet *a.* küçük topak, pelet; hap
pellicle *a.* dericik, ince zar
pellicula *a.* üstderi
pellicular *s.* zarla kaplı, zar gibi
pelliculate *s.* zarla kaplı, zar gibi
pellitory *a.* camotu, yapışkanotu *wall pellitory* duvar fesleğeni, duvarotu
pellucid *s.* saydam, şeffaf; berrak
pelmatic *s.* ayak tabanıyla ilgili
peloria *a. bitk.* (çiçekte) yapı düzgünlüğü
pelorian *s. bitk.* düzgün
peloriate *s. bitk.* düzgün
peloric *s. bitk.* düzgün
pelorus *a. den.* kerteriz gülü
peltate *s. bitk.* kalkansı (yaprak)
Peltier effect *a.* Peltier etkisi
pelvic *s.* pelvisle ilgili, leğen+ *pelvic arc* leğen kuşağı kemikleri *pelvic bone* leğen kemiği *pelvic cavity* pelvis boşluğu *pelvic colon* leğen bağırsağı *pelvic fins* arka yüzgeçler
pelvimeter *a.* leğen kemiği çapını ölçmede kullanılan alet
pelvis *a. anat.* pelvis, leğen; leğen kemiği; (böbrekte) idrar boşluğu
pen *a.* dolmakalem; yazı, yazma; kuş tüyü; ağıl, kümes; dişi kuğu * *e.* dolmakalemle yazmak; kümese koymak
pendent *s.* sarkık, asılı, askıda; sonuçlanmamış
pendulum *a.* sarkaç; kararsızlık
penetrance *a.* (gen) organizmayı et-

kileme oranı, geçiş kabiliyeti *penetrance coefficient* girim katsayısı
penetrant *s.* sevri, keskin; etkileyen; nüfuz eden, içeriye geçen
penetrate *e.* içine girmek, nüfuz etmek; anlamak, kavramak
penetrated *s.* içe işlemiş, nüfuz etmiş
penetration *a.* içine işleme, penetrasyon, nüfuz; delip geçme; sokulma, sızma
penial *s.* penisle ilgili
penicillamine *a.* penisilamin, mafsal romatizmasını tedavide kullanılan ilaç
penicillate *s.* tüylü, püsküllü, kıllı
penicillation *a.* tüylenme, püsküllenme
penicillin *a.* penisilin
penicillium *a.* penisilyum, ekmek küfü
penile *s.* penisle ilgili
penis *a.* penis, erkeklik organı, kamış
pennate *s.* kanatlı, tüylü
penniform *s.* tüye benzer, tüy biçimli
penology *a.* ceza bilimi
pensile *s.* sarkık, asılı, asılmış
pentaborane *a. kim.* pentaboran, roket yakıtı
pentachlorophenol *a. kim.* pentaklorofenol, dezenfektan ve mantar öldürücü olarak kullanılan toz
pentacyclic *s. kim.* beş atomdan oluşan çember
pentad *a.* beşli küme; *kim.* beş valanslı atom
pentadactyl(e) *s.* beş parmaklı; parmağa benzer beş çıkıntılı
pentagynian *s.* beş boyuncuklu
pentahedron *a.* beş yüzlü cisim
pentamerous *s.* beş parçalı; beş yapraklı
pentandrous *s.* beş stamenli
pentane *a. kim.* pentan
pentanol *a.* pentanol, amilalkol
pentanone *a.* dietilketon

pentapetalous *s.* beş taçyapraklı

pentaploid(ic) *s.* (hücre) türe özgü haploid kromozom sayısının beş katına sahip olan

pentaquine *a.* sıtma önleyici bir ilaç

pentavalence *a. kim.* beş valanslılık

pentavalent *s. kim.* beş valanslı

pentosan *a. kim.* pentosan, bitkilerde bulunan ve hidrolizle pentoz üreten bir polisakkarit

pentose *a. kim.* pentoz, beş karkon atomlu monosakkarit

pentosid(e) *a. kim.* pentoz içeren bileşik

pentosuric *s.* pentozdan etkilenen

petoxide *a.* 5 hidrojen atomu içeren molekül

pentstemon *a. bitk.* beştür, sıracaotugillerden bir bitki

pentyl *a. kim.* pentil *pentyl group* pentil grubu

pentylenetetrazol *a.* narkotik zehirlenmelerde solunumu uyaran bir madde

peony *a. bitk.* şakayık

pepper *a. bitk.* karabiber, biber; kırmızı biber; yeşil biber * *e.* biberlemek, biber ekmek

pepsin *a. biy.* pepsin, sindirimi kolaylaştıran enzim

pepsinogen *a. biy.* pepsin üreten madde

pepsinum *a.* pepsin

peptic *s.* hazımla ilgili, sindirimsel; sindirici *peptic ulcer* peptik ülser

peptidase *a. biy. kim.* peptidaz

peptid(e) *a. biy. kim.* peptit *peptide bond* peptit bağı

peptizable *s.* peptinleşebilir, asıltılanabilir

peptization *a.* peptinleşme, asıltılama

peptize *e.* asıltılamak

peptolysis *a.* pepton hidrolizi

peptone *a. kim.* pepton, proteinlerin hidroliz sonucu dönüştükleri suda eriyebilen madde sınıfı

peptonization *a.* peptonlaşma, peptonlaştırma, ön sindirme

peptonize *e.* peptonize etmek, peptonlaştırmak; peptonlamak

peptonizer *a.* peptonlaştıran, ön sindiren

peracid *a. kim.* perasit, oksitlenmenin son aşamasına gelmiş asit

perborate *a. kim.* perborat, perborik asit tuzu

perborax *a. kim.* sodyum perborat

percentage *a.* yüzde, yüzde oranı, yüzdelik; pay, hisse

perchlorate *a. kim.* perklorat, perklorik asit tuzu *potassium perchlorate* potasyum perklorat

perchloric *s. kim.* perklorik *perchloric acid* perklorik asit

perchromate *a. kim.* perkromat

perchromic *s. kim.* perkromik

percoidean *s. hayb.* levrekgillerden; levrek gibi

percolate *e.* süzmek, filtre etmek; süzülmek

percolation *a.* süzme; süzülme; perkolasyon, sızma, suyun zemin içinde hareketi

percutaneous *s.* deri yoluyla

perennial *a.* kalımlı bitki * *s.* sürekli, daimi, devamlı; kalımlı (bitki)

perfect *s.* mükemmel, yetkin; kusursuz, eksiksiz, tam * *e.* mükemmelleştirmek; geliştirmek; bitirmek, tamamlamak *perfect flower* tam çiçek, hem erkek hem dişiliğe sahip çiçek *perfect gas* ideal gaz *perfect insect* tam böcek *perfect liquid* ideal sıvı, tam sıvı *perfect square* tam kare

perfoliate *s. bitk.* sapı saran

perforate *e.* delmek, delik açmak; delip geçmek

perforated *s.* delikli, delinmiş

perforation *a.* delme; delik; delikli olma

perforator *a.* delgi, delici, perforatör

perforatorium *a.* sperm hücresinin baş kısmındaki çıkıntı

performance *a.* yapma, yerine getirme; gösteri, temsil; konser verme; iş, eylem *performance index* verim indeksi

perhydride *a. kim.* hidrojen peroksit

perhydrol *a. kim.* perhidrol, hidrojen peroksit

perialgia *a.* şiddetli ağrı

perianth *a. bitk.* çiçek zarfı, çiçek örtüsü

periaortic *s. anat.* aort çevresinde

periarticular *s. anat.* eklemi saran

periblast *a. anat.* sitoplazma

peribulbar *s. anat.* göz küresini saran

pericapillary *s. anat.* kapiller damarı saran

pericardial *s.* yürek dış zarıyla ilgili

pericarditis *a.* yürek dış zarı iltihabı

pericardium *a. anat.* perikard, yürek dış zarı

pericarp *a. bitk.* tohum zarı, meyve kabuğu

pericarpial *s.* zarımsı, zar gibi

pericarpic *s.* zarımsı, tohum zarıyla ilgili

pericellular *s.* hücreyi çevreleyen

perichondral *s.* kıkırdak zarıyla ilgili

perichondrium *a. anat.* kıkırdak zarı

perichord *a.* notokordu saran tabaka

pericline *a.* periklin, Alplerde bulunan mat kristal

pericolic *s.* kalın bağırsağı çevreleyen

pericranial *s. anat.* kafatası dış zarına ait

pericranium *a. anat.* kafatası dış zarı

pericycle *a. bitk.* çevreteker, bitki gövdesi dış gömleği

pericytial *s.* hücreyi çevreleyen

peridentine *a. anat.* diş kökünü çevreleyen kemik tabakası

periderm *a. bitk.* dış kabuk

peridermal *s.* dış kabukla ilgili, kabuksal

peridermic *s.* dış kabukla ilgili, kabuksal

peridesmic *s.* bağı çevreleyen

peridiastole *a.* diyastol öncesi

perididymis *a.* testisi saran tabaka

peridiiform *s. bitk.* dış zar biçimli

peridium *a. bitk.* mantar dış zarı

peridot *a.* peridot, mücevher olarak kullanılan saydam yeşil cevher

peridotite *a.* peridotit, olivin ve demir magnezyumdan oluşan volkanik kaya

peridotitic *s.* peridotitli

perienteric *s.* bağırsağı saran

perienteron *a.* embriyoda karın zarı boşluğu

perifibral *s.* lifi çevreleyen

perifocal *s.* enfeksiyon odağını çevreleyen

perigastric *s.* mideyi çevreleyen

perigon *a.* tüm açı

perigynous *s. bitk.* çiçek çanağı çevresine dizili

perihelion *a.* günberi

perikaryon *a. bitk.* sinir hücre protoplazması

perilla *a. bitk.* karaısırgan

perilymph *a.* iç kulakta bulunan sıvı

perimeter *a.* çevre; *hek.* çevreölçer

perimetrium *a.* uterusu dıştan örten tabaka

perimysium *a.* iskelette kas demetlerini örten bağ dokusu

perinatal *s.* doğum sırasında
perineal *s.* apış arasıyla ilgili
perineum *a. anat.* apış arası, perine
perineuritis *a.* sinir çevre iltihabı
perineurium *a. anat.* sinir çevre zarı
period *a.* devir; dönem; süre, müddet; *yerb.* devir, çağ; âdet, aybaşı *childbearing period* doğurganlık dönemi *gestation period* gebelik dönemi *incubation period* kuluçka dönemi *menstrual period* âdet dönemi *period of number* devir sayısı
periodate *a.* periyodik asit tuzu
periodic *s.* süreli, dönemli, periyodik *periodic acid* periyodik asit *periodic law* periyodik kanun, dönemsel yasa *periodic motion* periyodik hareket *periodic system* öğeler dizgesi *periodic wave* periyodik dalga
periodontal *s.* dişi çevreleyen, diş etiyle ilgili
periodontia *a.* dişeti hastalıkları bilimi
periodontitis *a.* dişeti iltihabı
periodontology *a.* dişeti hastalıkları bilimi
periomphalic *s.* göbeği çevreleyen, göbek çevresiyle ilgili
perionychia *a.* tırnak dibi iltihabı
perioral *s.* ağzı çevreleyen, ağız çevresiyle ilgili
periorbit *a. anat.* göz çukurunu saran periost
periosteum *a. anat.* kemik dış zarı, kemik örtüsü
periostitis *a.* kemik dış zarı iltihabı
periotic *s. anat.* iç kulağı çevreleyen
peripheral *s. anat.* harici, dış; çevresel, çevrede bulunan; ayrıntılı *peripheral nerves* dış sinirler
periphery *a. anat.* sinir ucu çevresi;

çevre, muhit; kenar mahalleler
periplasm *a.* hayvanda hücre çevresini saran tabaka, hücre plazması
peripolar *s.* kutbu çevreleyen
perisarc *a. hayb.* (deniz hayvanında) kabuk
perisarcous *s. hayb.* kabuklu
periscope *a.* periskop
perisperm *a. bitk.* dış besidoku, perisperm
perispermic *s. bitk.* dış besidokusal
perisplenic *s. anat.* dalağı çevreleyen, dalak çevresiyle ilgili
perissodactyl *a. s.* tek parmaklı (memeli hayvan)
perissodactylous *s.* tek parmaklı
peristalsis *a.* sağınma, kasılma/gevşeme hareketi
peristaltic *s.* sağınımlı
perister *a.* göğüs duvarı yan kısmı
peristole *a.* besin maddelerini ilerleten mide bağırsak hareketleri
peristomal *s.* ağızı çevreleyen, ağız içiyle ilgili
peristome *a. bitk.* çentik, tırtık; *hayb.* (deniz böceğinde) ağız kenarı
perisystole *a.* kasılmadan önceki dönem
perithecium *a. bitk.* bazı mantarlarda bulunan çiçek tablası
perithelium *a.* peritelyum, dış kırtış
peritoneal *s.* karınzarında oluşan, karın zarıyla ilgili
peritoneum *a. anat.* karınzarı, periton
peritonitis *a. anat.* karınzarı iltihabı, peritonit
peritracheal *s. anat.* soluk borusunu çevreleyen
peritrichous *s.* kamçı kaplı (bakteri)
perivascular *s. anat.* damarı çevreleyen
perivisceral *s. anat.* iç organı çevreleyen

perlite *a.* perlit, incitaş

perlitic *s.* perlit+

perlon *a. hayb.* yedi yarıklı balık

permafrost *a.* devamlı don olayı, sürekli don

permalloy *a.* manyetik alaşım

permanent *s.* kalıcı, sürekli, daimi *permanent magnet* sürekli mıknatıs *permanent magnetism* sürekli mıknatıslık *permanent teeth* sürekli dişler

permanganate *a. kim.* permanganat, permanganik asit tuzu *potassium permanganate* potasyum permanganat

permanganic *s.* permanganik *permanganic acid* permanganik asit

permeability *a.* geçirgenlik, geçirimlilik, permeabilite

permeable *s.* geçirgen, geçirimli, permeabl

permeameter *a.* geçirimölçer

permeance *a.* geçirme, nüfuz ettirme; mıknatıssal iletkenlik

permeate *e.* nüfuz etmek, içine işlemek, sızmak

permeation *a.* sızma, yayılma, nüfuz etme

Permian *a. s. yerb.* Paleozoik çağın son evresi+; Perm dönemi

permissible *s.* izin verilebilir, müsaade edilebilir *permissible dose* izin verilebilir doz

pernasal *s.* burundan, burun yoluyla olan

peroneal *s. anat.* küçük incik kemiğine yakın

peroral *s.* ağızdan alınan

peroplasia *a.* anormal gelişim

perosseous *s.* kemik yoluyla

peroxidase *a. kim.* peroksidaz, peroksitten oksijen ayrılmasını sağlayan enzim

peroxide *a. kim.* peroksit *hydrogen peroxide* hidrojen peroksit, oksijenli su *peroxide of hydrogen* hidrojen peroksit, oksijenli su

peroxidize *e.* oksitlemek

peroxy *s. kim.* peroksi+ *peroxy acid* peroksi asit *peroxy group* peroksi grubu *peroxy salt* peroksi tuz

peroxyborate *a. kim.* perborat, perborik asit tuzu

perpetual *s.* sürekli, devamlı; aralıksız; *bitk.* yediveren, sürekli çiçek açan *perpetual motion* devamlı hareket, devridaim

perpiratory *s.* terletici

persalt *a. kim.* en yüksek oksijen içeren tuz

perseitol *a.* caurus persea bitkisinden elde edilen alkol

perseveration *a.* direnme; saplantı

persimmon *a. bitk.* hurma; Japon inciri

persistent *s.* ısrarlı, inatçı; sürekli, daimi, kalıcı; *bitk.* (ağaç üstünde) fazla kalan

personate *s.* (çiçek) maskeli

perspiration *a.* ter; terleme

persulphate *a.* persülfürik asit tuzu

persulfuric (acid) *s. kim.* oksijenli sülfürik (asit)

pervious *s.* geçirimli, nüfuz edilebilir

perviousness *a.* geçirgenlik, geçirimlilik

pes *a. hayb.* ayak

pessary *a. hek.* rahim kapağı

pesticidal *s.* böcek öldürücü

pesticide *a.* böcek öldürücü ilaç

pestiferous *s.* bulaşıcı hastalık yayan

pestilence *a.* salgın hastalık

pestilent *s.* bulaşıcı; öldürücü

petal *a. bitk.* taçyaprağı, petal

petaliferous *s.* taçyapraklı

petaline *s.* petalimsi, taçyaprağına benzeyen

petalled *s.* taçyapraklı

petalodic *s.* petalleşmiş, taç yaprağına dönüşmüş

petalody *a. bitk.* petalleşme, taç yaprağına dönüşme

petaloid *s.* taç yaprağına benzer

petalous *s.* petalli, taç yapraklı

petiolar *s. bitk.* yaprak sapıyla ilgili

petiolate *s.* saplı

petiole *a. bitk.* yaprak sapı; *hayb.* sapa benzer organ

petit *s.* küçük, ufak *petit mal* hafif sara

petrel *a. hayb.* fırtına kuşu

petrifaction *a.* taşlaştırma, taşlaşma; katılaştırma

petrification *a.* taşlaştırma, taşlaşma; katılaştırma

petrochemical *s.* petrokimyasal * *a.* petrol ürünü

petrochemistry *a.* petrokimya, petrol kimyası

petrographic(al) *s.* kayabilimsel

petrography *a.* taşbilgisi, kayaçbilim, petrografi

petrol *a.* benzin

petrolatum *a.* vazelin

petrolene *a.* asfalt, katrandan elde edilen hidrokarbon karışımı

petroleum *a.* petrol, yeryağı; gazyağı *petroleum derivative* petrol türevi *petroleum jelly* vazelin *petroleum oil* madeni yağ *petroleum tar* petrol katranı *crude petroleum* ham petrol

petrolic *s.* petrollü, petrolden türemiş

petrological *s.* taşbilimsel

petrology *a.* taşbilim

petrosal *s.* kaya gibi; *anat.* şakak kemiğinin sert kısmıyla ilgili

petrous *s.* kaya gibi; *anat.* şakak kemiğinin sert kısmıyla ilgili

petunia *a. bitk.* boru çiçeği, petunya

petuntse *a.* çini cevheri

pewter *a.* kalay alaşımı

Peyer's glands *a.* bağırsak lenf düğümleri

peyote *a. bitk.* narkotik madde içeren bir tür Meksika kaktüsü

pH *a. kim.* pH *pH measurements* pH ölçümleri *pH value* pH değeri, sertlik değeri *pH valeu range* pH değeri aralığı

phacitis *a.* göz merceği iltihabı

phacocyst *a.* göz merceği kapsülü

phacoid *s.* merceğe benzer

phacoiditis *a.* göz merceği iltihabı

phagocyte *a. biy.* yutarhücre, fagosit

phagocytic *s.* yutarhücresel

phagocytize *e.* (mikrop) yok etmek

phagocytose *e.* (mikrop) yok etmek

phagocytosis *a. biy.* hücre yutumu, fagositoz

phagolysis *a.* fagosit erimesi

phalacrosis *a.* saç dökülmesi

phalange *a. anat.* parmak kemiği

phalangeal *s.* parmak kemiğiyle ilgili

phalanx *a. anat.* parmak kemiği

phalarope *a. hayb.* su kuşu

phallic *s.* penise tapınmayla ilgili

phalloid *s.* penise benzeyen

phanerocrystalline *s.* kristal yapılı, kristalli

phanerogam *a. bitk.* çiçekli bitki

phanerogamia *a.* çiçekli bitkiler familyası

phanerogamic *s.* çiçekli

phanerogamous *s.* çiçekli

phanerophyte *a.* açık tohumlu bitki

phanic *s.* görünen, belli

phantasm *a.* görüntü; kuruntu; hayal

phantasmal *s.* görüntüsel, hayali

pharmaceutical *s.* ilaç+, eczacılıkla ilgili

pharmaceutics *a.* eczacılık

pharmacodynamics *a.* ilaçların vücuda etkisini inceleyen bilim

pharmacological *s.* farmakolojik, eczacılıkla ilgili

pharmacology *a.* farmakoloji, ilaçbilim

pharyngeal *s.* yutağa yakın, yutakla ilgili

pharyngitis *a.* yutak zarı iltihabı, farenjit

pharyngoscope *a.* yutak muayene aleti, faringoskop

pharynx *a. anat.* yutak, gırtlak

phase *a.* evre, aşama, safha; faz *phase rule* faz kuralı, evre kuralı *phase space* faz uzayı, evre uzayı

phaseal *s.* evresel, kademeli

phelloderm *a. bitk.* mantardoku

phellogen *a. bitk.* mantar katman doku

phellogenetic *s.* mantar doğuran, mantar katman dokulu

phellogenic *s.* mantar doğuran, mantar katman dokulu

phenacaine *a.* fenakein, kömür katranından elde edilen ve lokal anestezide kullanılan bir kristal

phenacetin *a.* fenasetin, ağrı kesici ve ateş düşürücü olarak kullanılan bir madde

phenacite *a.* fenesit, berilyum silikat

phenanthrene *a. kim.* fenantren, kömür katranından elde edilen renksiz antrasin eşizi

phenate *a.* fenolün oluşturduğu bir tuz

phenazine *a. kim.* fenazin, boya yapmakta kullanılan sarı renkli madde

phenazone *a.* renksiz su ve alkolde eriyebilen katı bir bileşik

phenetidine *a. kim.* fenetidin

phenetole *a.* feneol, renksiz kokulu sıvı

phenformin *a.* fenformin, kandaki şeker miktarını düşüren bir ilaç

phenicate *a.* fenol tuzu

phenobarbital *a.* fenobarbital, yatıştırıcı bir kristalli toz

phenocryst *a. yerb.* parlak kristal

phenol *a.* fenol, asitfenik

phenolate *a. kim.* fenoksit, sodyum fenolat

phenolic *s. kim.* fenollü, fenolden türeyen *phenolic resin* fenolik reçine

phenology *a.* fenoloji, bitki/hayvan üzerinde iklim ve çevre koşullarının etkisini inceleyen bilim

phenolphthalein *a. kim.* fenolftalein, suda erimeyen beyaz kristalli bileşim

phenolsulphonate *a. kim.* fenolsülfonik asit tuzu

phenomenology *a. fel.* olaybilim, görüngü bilimi

phenomenon *a.* olay; olağanüstü olay; görüngü

phenothiazine *a. kim.* fenotiazin, sarı yeşil renkli katı madde

phenotype *a.* fenotip, dış yapı

phenotypic *s.* dış yapısal

phenoxide *a.* fenoksit

phenyl *s. kim.* fenille ilgili, fenil grubu içeren *phenyl acetate* fenil asetat *phenyl alcohol* fenik asit

phenylalanine *a. kim.* temel amino asit

phenylamine *a. kim.* aminobenzen, anilin

phenylbutazone *a.* fenilbütazon

phenylcarbinol *a.* benzil alkol

phenylene *a. kim.* fenilen

phenylethylamine *a.* etin çürümesinden oluşan zehirli bir amin

phenylhydrazone *a. kim.* fenilhidrazin ve bir aldehitten oluşan bileşik

phenylic s. fenolle ilgili

phenylketonuria a. fenilketonüre

pheromone a. kim. feromon, karınca türü hayvanların haberleşmek için çıkardıkları hormon

phial a. küçük şişe

philodendron a. bitk. amerikasarmaşığı

philtrum a. üst dudağın ortasından buruna doğru uzanan çukurluk

phlebitis a. flibit, toplardamar iç zarı iltihabı

phlebotomize e. hek. (damardan) kan almak

phlebotomy a. hek. (damardan) kan alma

phloem a. bitk. soymuk damar, besin geçirici bitki dokusu

phlogistic s. iltihaplı, iltihaplanmış

phlogopite a. mikapite

phlogotic s. iltihapla ilgili

phlorol a. krezotta oluşan renksiz bir yağ

phloridzin a. kimi ağaçların köklerinde oluşan acı tatlı bir glikozid

phlox a. bitk. alev otu

phoenixin a. kim. karbon tetraklorür

phonation a. ses oluşumu; seslendirme

phonolite a. fonolit, ince taneli volkanik kaya

phonolitic s. fonolit biçiminde

phonometer a. sesölçer

phonometric s. sesölçerle ölçülen

phonometry a. ses ölçme, sesin şiddetini ölçme

phonoreceptor a. sese karşı duyarlı hücre

phonoscope a. ses şiddetini gösteren alet

phoresia a. iyonun elektrik akımıyla bir ortamdan diğerine hareket etmesi

phorone a. kim. asetondan türeyen bir bileşik

phosgene a. fosgen, çok zehirli uçucu sıvı

phosgenite a. fosgenit, kristal halde bir cevher

phosphatase a. biy. kim. fosfataz

phosphate a. kim. fosfat, fosforik asit tuzu, fosfatlı suni gübre *phosphate of lime* kalsiyum fosfat *calcium phosphate* kalsiyum fosfat *creatine phosphate* kreatin fosfat

phosphated s. fosfatlı

phosphatic s. fosfatlı

phosphatide a. kim. fosfatit, canlı organizmadaki fosforik asit esteri

phosphene a. basınç görüntüsü, kapalı göze basılınca görülen ışıklı görüntü

phosphide a. kim. fosfid

phosphine a. kim. fosfin, hidrojen fosfit

phosphite a. kim. fosfit, fosfor asit tuzu

phosphocreatine a. kim. fosfokreatin, kasdokusunda bulunan bir organik bileşim

phospholipase a. kim. fosfolipaz

phospholipid(e) a. fosfolipit, fosforik asit ve lipitten oluşan bileşik

phosphonium a. kim. fosfonyum

phosphoprotein a. kim, fosfoprotein, fosfor içeren protein

phosphor a. s. fosforlu madde *phosphor bronze* fosfor tuncu

phosphorated s. fosforlanmış, fosforlu

phosphorescent s. fosforışıl, karanlıkta ışıldar

phosphoret(t)ed s. forforlu *phosphoret(t)ed hydrogen* fosforlu hidrojen

phosphoric s. kim. fosforlu, fosforik *phosphoric acid* fosfor asidi, fosforik asit

phosphorism s. kronik fosfor zehirlenmesi

phosphorite *s.* fosforit, fosforlu kaya tuzu

phosphorized *s.* fosforlu

phosphoroscope *a.* fosforoskop

phosphorous *s. kim.* fosforlu ***phosphorous acid*** fosfor asidi

phosphorus *a.* fosfor (simgesi P) ***red phosphorus*** kırmızı fosfor

phosphoryl *a.* fosforil, üç değerlikli kök

phosphorylase *a. kim.* fosforilaz, bitki ve hayvan dokusunda bulunan enzim

photic *s.* ışıksal

photics *a.* ışık bilimi

photism *a.* gerçek dışı ışık parıltısı görme

photoactinic *s.* etkin ışıklı

photobathic *s.* ışın derinsel

photobiology *a.* fotobiyoloji, ışın biyolojisi

photobiotic *s.* ışın canlı

photocathode *a.* foto katod

photocell *a.* ışıl hücre

photoceptor *a.* ışık uyarılarını alan sinir ucu

photochemical *s.* fotokimyasal, ışılkimyasal

photochemistry *a.* fotokimya, ışılkimya

photochromatic *s.* renkli ışıkla ilgili

photochromic *s.* ışıkla renk değiştiren

photochromism *a.* ışıkla renk değiştirme

photochromy *a.* renkli fotoğrafçılık

photoconductive *s. fiz.* ışıl iletimsel

photoconductivity *a. fiz.* ışıl iletkenlik

photoconductor *a. fiz.* ışıl iletken

photocurrent *a. fiz.* ışıl akım

photodiode *a. fiz.* fotodiyot

photodisintegration *a. fiz.* ışıl parçalanma

photodissociation *a. kim.* ışıl ayrışım

photodynamic *s. fiz.* ışıl devimsel

photodynamics *s. fiz.* fotodinamik, ışıl devim bilgisi

photoelastic *s.* ışıl esnek

photoelasticity *a. fiz.* ışıl esneklik

photoelectric *s. fiz.* fotoelektrik, ışılelektriksel ***photoelectric cell*** fotosel, fotoelektrik hücre, elektrik gözü ***photoelectric current*** fotoelektrik akım ***photoelectric effect*** fotoelektrik etki, ışılelektrik olay

photoelectricity *a. fiz.* ışıl elektrik

photoelectron *a. fiz.* ışıl elektron

photoelectrotype *a. fiz.* ışıl elektrik baskı

photoemission *a. fiz.* ışıl salım

photofission *a. fiz.* ışıl bölünüm

photoflash *a.* foto ışık

photoflash lamp *a.* fotoışık lambası

photogelatin *s.* fotojelatinli

photogenesis *a.* fotogenez

photogenic *s.* fotojenik

photographic *s.* fotoğrafla ilgili; fotoğraf gibi

photoionization *a. kim.* ışıkla iyonlaşma

photokinesis *a.* ışıkla hareket etme

photology *a.* fotoloji, ışık etkisini konu alan bilim dalı

photoluminescence *a. fiz.* fotolüminesans, ışık ışıldanım

photolysis *a. fiz.* ışıkla ayrışma

photolytic *s. fiz.* ışık bozunumsal

photometer *a. fiz.* fotometre, ışıkölçer ***Bunsen photometer*** Bunsen fotometresi ***electronic photometer*** elektronik fotometre ***integrating photometer*** tamamlayıcı fotometre ***polarization photometer*** polarizasyon fotometresi

photometric *s. fiz.* fotometrik

photometry *a. fiz.* fotometri, ışıkölçümü

photomicrograph *a.* mikroskopla çekilen fotoğraf

photomicroscope *a.* fotoğraflı mikroskop
photomorphosis *a.* ışık sonucu organizmadaki değişiklikler
photomultiplier *a.* ışıl çoğaltıcı
photon *a.* foton
photonasty *a.* fotonasti, ışık devinmesi
photoneutron *a. fiz.* ışıl nötron
photonuclear *s. fiz.* fotonükleer, ışıl çekirdeksel
photoperiod *a. biy.* ışık alma süresi
photoperiodic *s. biy.* ışık süresel
photoperiodism *a. biy.* ışıl etkenlik
photophilic *s.* ışıksever
photophilous *s.* ışıksever
photophily *a.* ışıkseverlik
photophore *a. hayb.* ışıl organ
photoptic *s.* fotopsiyle ilgili
photoreaction *a.* ışıl reaksiyon
photoreceptor *a.* görme organı, görme siniri
photoreception *a.* görme
photosensitive *s.* ışığa hassas
photosensitivity *a.* ışığa hassasiyet
photosensitization *a.* ışığa hassas yapma
photosphere *a.* ışık küre
photostable *s.* ışıktan bozulmaz
photosynthesis *a. biy. kim.* fotosentez, ışılbireşim
photosynthetic *s. biy. kim.* ışılbireşimsel
phototactic *s. biy.* ışıkla hareket eden
phototactism *a.* ışıkla hareket, ışıkla devinme
phototaxis *a. biy.* fototaksi, ışıl devim
phototherapeutic *s. hek.* ışın tedavisiyle ilgili
phototherapy *a. hek.* ışın tedavisi
phototonus *a. biy.* ışıl etki; ışıl irkilme
phototransistor *a. elek.* fototransistor

phototropic *s. biy.* fototrof, ışığa yönelen, ışıktan kaçan
phototropism *a. biy.* fototropizm, ışığayönelim
phototube *a. elek.* fototüp, ışıl boru
photovoltaic *s.* ışıl gerilim+ **photovoltaic effect** ışıl gerilim etkisi
phreatic *s.* yeraltı suyu ile ilgili **phreatic water** tabansuyu kaynağı
phrenic *s. anat.* diyaframla ilgili **phrenic muscle** diyafram kası
phrenitis *a.* diyafram iltihabı
phthalate *a. kim.* pitalik asit tuzu ya da esteri
phthalein *a. kim.* ftalein
phthalic *s. kim.* ftalik (asit) **phthalic anhydride** ftalik anhitrit
phthalocyanine *a. kim.* ftalosiyanin, mavi-yeşil renkli organik bileşim
phthisic *a. hek.* nefes darlığı, astım * *s.* astımlı
phthisis *a. hek.* zafiyet, zayıflama; verem
phycoerythrin *a.* denizyosunundaki kırmızı pigment
phycology *a.* yosun bilimi
phycomycetous *s. bitk.* ilkel mantar+
phylacagogic *s.* antikor oluşumunu aktive edici özelliği olan
phylaxin *a.* antikor
phylaxiology *a.* bağışıklık bilimi
phylaxis *a.* enfeksiyona karşı antikor oluşturma
phyletic *s. biy.* ırk+, soy+, cins+
phyllite *a.* mikalı kayağan taş
phyllocactus *a. bitk.* yaprak kaktüs
phylloclade *a. bitk.* yaprak dal, sap yaprak
phyllode *a. bitk.* uzun yaprak sapı
phyllodial *s.* uzun yaprak biçiminde
phylloid *s.* yapraksı

phyllome *a. bitk.* yaprak, yaprağa benzer organ

phyllopod *s.* yaprak ayaklı

phyllotaxis *a.* yaprak dizilişi, yaprakların diziliş düzeni; yaprak dizilişi bilgisi

phyllotaxy *a.* yaprak dizilişi, yaprakların diziliş düzeni; yaprak dizilişi bilgisi

phylogenesis *a.* ırk evrimi

phylogenetic *s.* filogenetik, ırk evrimiyle ilgili

phylogenic *s.* filogenetik, ırk evrimiyle ilgili

phylogeny *a. biy.* filogenez, ırk evrimi

phylon *a.* ırk, soy

phylum *a. biy.* filum, hayvanlar aleminin birkaç sınıfını kapsayan bölümü

physiatry *a.* fizik tedavisi

physic *a.* müshil

physical *a. s.* bedensel, bedenle ilgili; maddi; fiziksel *physical chemistry* fiziksel kimya *physical examination* sağlık muayenesi *physical features* fiziksel özellikler *physical geography* doğal coğrafya, fiziksel coğrafya, fizik coğrafya *physical property* fiziksel özcllik

physician *a.* doktor, hekim

physicist *a.* fizikçi, doğabilimci

physicochemical *s. kim.* fiziksel-kimyasal

physicochemistry *a.* fiziksel-kimya

physicogenic *s.* fiziksel kökenli

physics *a.* fizik *atomic physics* atom fiziği *electron physics* elektron fiziği *experimental physics* deneysel fizik *neutron physics* nötron fiziği *nuclear physics* nükleer fizik *pure physics* teorik fizik, kuramsal fizik

physiogenesis *a.* embriyoloji

physiographical *s.* doğal coğrafyayla ilgili

physiography *a.* doğal coğrafya

physiological *s.* fizyolojik, işlevbilimsel *physiological salt solution* fizyolojik çözelti

physiologically *be.* fizyolojik olarak

physiology *a.* fizyoloji, işlevbilim *plant physiology* bitki fizyolojisi, fizyobiyoloji

physiomedicalism *a.* doğal maddelerle yapılan tedavi

physiotherapy *a.* fizyoterapi, fizik tedavisi

physocele *a.* içinde gaz bulunan şişlik

physostigmine *a.* fizostigmin, renksiz suda erir alkaloid

phytic *s.* fitik *phytic acid* fitik asit

phytoalbumin *a.* bitkisel kökenli albümin

phytobezoar *a.* besin liflerinin mide ve bağırsakta oluşturduğu kitle

phytobiological *s.* bitki biyoloisi ile ilgili

phytobiology *a.* bitki biyolojisi

phytochemistry *a.* bitki kimyası, fitokimya

phytocide *a.* bitki öldürücü madde

phytoecological *s.* bitki ekolojisiyle ilgili

phytoecology *a.* bitki ekolojisi

phytogenesis *a.* bitki üreme bilimi

phytogenetic(al) *s.* bitki üremesiyle ilgili

phytogenic *s.* bitkisel

phytogeographic(al) *s.* bitkisel coğrafyayla ilgili

phytogeography *a.* bitki coğrafyası

phytography *a.* bitki tanım

phytohormone *a.* bitki hormonu, büyüme maddesi

phytoid s. bitkimsi, bitki gibi
phytol a. etil alkol
phytology a. botanik, bitkibilim
phytoparasite a. asalak bitkiler
phytopathogenic s. bitkide hastalık oluşturan
phytopathological s. bitki patolojisiyle ilgili
phytopathology a. fitopatoloji, bitki hastalıkları bilimi
phytophagous s. otçul, otla beslenen
phytophagy a. otla beslenme
phytoplankton s. bitkisel plankton
phytosociology a. bitki sosyolojisi, bitki toplumbilimi
phytosterin a. bitkide oluşan bir sterol
phytotoxic s. bitkiye zararlı
piceous s. ziftli, zift gibi
picofarad a. elek. pikofarad
picoline a. kim. pikolin, katrandan elde bir türev
picotee a. bitk. ebrulu karanfil
picrate a. kim. pikrat, pikrik asit tuzu
picric s. pikrik (asit)
picrite a. pikrit, koyu renkli olivinli volkanik kaya
picrol a. renksiz bir antiseptik
picrotoxin a. pikrotoksin, barbitürat zehirlenmesinde kullanılan bir kristalli madde
picrotoxinism a. pikrotoksin zehirlenmesi
piecemeal be. parça parça, yavaş yavaş, azar azar
piedmont a. s. yerb. sıradağ eteği(ndeki bölge)
piezochemistry a. basınç kimyası
piezoelectricity a. fiz. piezoelektrik, bas yüklenim
piezometer a. piyezometre, basıölçer, sıvıların sıkışabilirlik ölçeri

piezometrical s. basınç ölçüsüyle ilgili
piezometry a. basınç ölçme, basınç ölçüm
pigeon a. hayb. güvercin **pigeon hawk** bozdoğan
pigment a. renk maddesi, boya maddesi; toz boya; biy. pigment, renkveren * e. boyamak, renklendirmek **pigment cell** boya göze, renk gözesi
pigmentary s. boyalı, boya üreten, boya içeren
pigmentation a. biy. boyama, boyanma; gözenekte renk maddesi birikimi
pigmented s. pigment birikimi gösteren
pigmentogenesis a. pigment oluşumu
pigmentophage a. pigment yok eden hücre
pigmentophore a. pigment taşıyan hücre
pigweed a. bitk. kazayağı
pika a. hayb. ıslıklı tavşan
pilar s. saçlı, tüylü
pileate(d) s. bitk. başlıklı; hayb. (kuş) tepeli
piled s. havlı, tüylü
pileous s. tüylü
pileum a. kuş tepesi
pileus a. bitk. mantarbaşı; hayb. denizanasının şemsiye kısmı
pilewort a. bitk. basur otu
piliation a. kıl oluşumu
piliferous s. tüylü, kıllı; kıllandıran, saç çıkaran
piliform a. kıl şeklinde, saça benzer
pill a. hap
pilocarpine a. pilokarpin
pilonidal s. saç içeren
pilose s. kıllı, saçlı, tüylü
pilosebaceous s. kıl folikülüyle ilgili
pilosism a. kıllanma
pilosity a. tüylülük, kıllılık

pilous s. kıllı, saçlı, tüylü
pimelic s. pimelik (asit)
pimelitis a. yağ dokusu iltihabı
pimple a. sivilce, küçük kabarcık
pin a. topluiğne; broş; pim, pin, mil, saplama * e. topluiğne ile tutturmak; iliştirmek **pins and needles** karıncalanma, uyuşma
pinaceous s. çam familyasından
pinaster a. bitk. fıstık çamı
pincers a. kerpeten, kıskaç
pinchbeck a. s. altın taklidi; taklit
pinchcock a. kıskaç, pens
pine a. çam; çam ağacı **pine cone** çam kozalağı **pine knot** çam budağı **pine needle** çam yaprağı, iğne yaprak **pine tar** çam katranı **stone pine** fıstık çamı **wild pine** katran çamı
pineal s. kozalaksı; beyin epifizi ile ilgili, tozalaksal **pineal body** beyin epifizi, tozalaksı bez **pineal gland** beyin epifizi, tozalaksı bez
pinene a. kim. pinen, yağlı terebentin ana maddesi
pinery a. ananas tarlası; çamlık
pinesap a. bitk. kökçül
piney s. çamlık; çam gibi
pinfeather a. (kuşta) yeni biten tüy
pinfish a. hayb. iğne balığı
pinguid s. yağlı
pinguidity a. yağlılık
pinion a. mak. küçük dişli çark, pinyon; hayb. kanat; kuş tüyü
pinite a. pinit, sulu alüminyum, potasyum silikat
pink a. s. pembe
pinkroot a. pembe kök
pinna a. hayb. tüy, kanat; bitk. yaprakçık; anat. kulak kepçesi
pinnal s. yaprakçık+, tüy+, kanat+
pinnate s. bitk. dilimli, sapının iki ta-

rafında tüy gibi yaprakları olan; hayb. ince ve uzun dokunma veya kavrama uzvu olan
pinnatifid s. bitk. yarıkları orta damara yakın gelen (yaprak)
pinnatilobate, pinnatilobed s. bitk. dilimli, yarıkları orta damardan uzak olan
pinnatipartite s. bitk. dilimlenmiş, dilim dilim ayrılmış
pinnatiped s. dilim ayaklı
pinnatisect s. bitk. dilimli
pinnigrade a. s. kanat bacaklı
pinnothere a. midye vb'nin vücut kıvrımlarına yerleşerek bunlarla bir arada yaşayan küçük yengeç
pinnular s. hayb. tüylü, kıllı; bitk. dilimli
pinnule a. kıl, tüy; yaprak dilimi
pinocytosis a. sıvı tutucu hücrenin sıvıyı içine alması
pinta a. benek hastalığı
pintail a. hayb. kılkuyruk
pintano a. hayb. yeşil balık
pinweed a. bitk. ince ot
pinworm a. hayb. iğnekurdu, kılkurdu
piperaceous s. bitk. bibergillerden
piperazine a. kim. piperazin
piperidine a. kim. piperidin
piperine a. kim. piperin
piperonal a. kim. piperonal, benzenden elde edilen kristal aldehit
pipestone a. pipo taşı, Kuzey Amerika Kızılderililerinin pipo yapımında kullandıkları sert kızıl kil
pipette a. pipet * e. pipetle ölçmek **graduated pipette** dereceli pipet
pipit a. hayb. incir kuşu
pisciculture a. balık üretimi
pisciform s. balık şeklinde
piscivorous s. balıkla beslenen, balıkçıl

pisiform s. bezelye biçiminde * a. anat.
  bezelye biçimli bilek kemiği
pisolite a. taneli kireçtaşı
pistil a. bitk. pistil, dişi organ
pistillate s. bitk. dişi organlı, pistilli
pit a. çukur, hendek; maden kuyusu;
  çopur, çiçek hastalığının yüzde
  bıraktığı iz; çekirdek * e. çukur
  açmak; çopurlaştırmak **clay pit** kil
  yatağı **gravel pit** çakıl yatağı
pita a. bitk. elyaflı bitki; bitk. yabani
  ananas
pitchblende a. uranyumlu maden
  cevheri
pitchstone a. katran taşı
pith a. bitk. süngerdoku; öz, ilik
pithecoid s. maymuna benzer
pithiatism a. ruhsal bozukluğu telkinle
  tedavi etme
pithy s. özlü; etkileyici, esaslı
pituitary s. anat. hipofizle ilgili; biy.
  sümüksü; hek. balgam salgılayan * a.
  hipofiz guddesinden yapılan ilaç **pi-
  tuitary gland** hipofiz bezi
pituitous s. sümük gibi, sümüksü
pityroid s. kepek gibi
pivot a. mil, eksen, mihver
placebo a. hek. teselli ilacı, ilaca ben-
  zeyen ama etken bir madde içermeyen
  ilaç
placenta a. anat. son, plasenta, etene
placental s. plasentayla ilgili
placentary s. plasentayla ilgili
placentation a. etene düzeni, döleşi
  oluşumu
placentitis a. plasenta iltihabı
placentoid s. plasenta biçiminde
placoid s. a. hayb. tabak gibi, tabak
  şeklinde pullu (balık)
plagiocephaly a. hek. yamuk kafa
plagioclase a. eğik dilim

plagiotropic s. bitk. eğik gelişmiş
plagiotropism a. bitk. eğik gelişme
plagiotropy a. bitk. eğik gelişme
planate s. düzlemsel
Planck a. Planck **Planck's constant**
  Plank sabiti **Planck's radiation law**
  Plank ışınım yasası
plane s. düz, yassı; düzlem * a. yüzey,
  satıh; düz, düzlük; düzlem; çınar;
  rende, planya
planetarium a. gökevi, planetaryum
planetary s. gezegenlerle ilgili
planetoid a. küçük gezegen, asteroid,
  planetoid
planimeter a. alanölçer, planimetre, düz
  bir alananı yüzölçümünü ölçen alet
planimetry a. alanölçüm, düz alanların
  ölçümü
plankton a. plankton, deniz/ırmak su-
  larında yaşayan akıntıyla taşınan
  küçük boyutlu hayvan ve bitkiler
planktonic s. planktonik
plano-concave s. düz içbükey
plano-convex s. düz dışbükey
planogamete a. bitk. hayb. hareketli
  cinsel hücre
planometer a. düzlemölçer
plant e. dikmek, ekmek; yetiştirmek;
  yerleştirmek * a. bitki, ot; fidan;
  fabrika; teçhizat; hile, oyun **plant bi-
  ology** bitki biyolojisi **plant hormone**
  bitki hormonu **plant house** sera, li-
  monluk **plant physiology** bitki fizy-
  olojisi **plant wax** bitkisel mum **flow-
  ering plant** çiçekli bitkiler **herba-
  ceous plant** otsu bitkiler **cultivated
  plant** kültür bitkisi
plantar s. anat. ayak tabanıyla ilgili
plantaris a. ayak tabanı
plant-eating s. bitki ile beslenen, otçul
plantigrade s. tabanına basarak yürüyen

plantlike *s.* bitkisel, bitki gibi

planula *a. hayb.* planula, yüzen larva

plaque *a.* madeni levha

plasma *a. anat.* plazma, kan sıvı; *biy.*
protoplazma **plasma cell** plazma
hücresi **plasma membrane** hücre zarı
blood plasma kan plazması **germ
plasma** protoplazma, ilkbiçim

plasmablast *a.* kemik iliğinde bulunan
ve plazma hücresini oluşturan hücre

plasmacyte *a.* plazma hücresi

plasmagel *a.* plazma jel

plasmasol *a.* amibin iç sıvı bölümü

plasmatic *s.* plazmatik, kan sıvısal

plasmic *s.* plazmayla ilgili

plasmin *a. biy.* plasmin, kan pıhtısı
eriten maya

plasmodial *s.* plazmodyumla ilgili

plasmodium *a.* plazmodyum, sıtma
asalağı; amipli protoplazma yığını

plasmogamy *a.* plazmogami, hücre
protoplazmalarının birleşmesi yoluyla
üreme

plasmology *a.* canlı yapıların mikrosk-
opir granulleriyle ilgilenen bilim dalı

plasmolysis *a.* plazma bozulumu,
plazma büzülmesi

plasmolytic *s.* plazma büzülümüyle
ilgili

plasmosome *a.* hücre çekirdekçiği

plaster *a. mim.* sıva; alçı; *hek.* yakı * *e.*
sıvamak; alçılamak; yakı yapıştırmak

plasterstone *a.* alçıtaşı

plastic *a.* plastik * *s.* yoğrulabilen, yu-
muşak, kolay işlenir, plastik;
güzelleştirici; sentetik **plastic clay**
plastik kil **plastic deformation** plastik
deformasyon, plastik bozunum **plastic
flow** plastik akış, plastik deformasyon
plastic material plastik malzeme
plastic surgery plastik cerrahi

plasticiser *a.* yoğruklaştırıcı madde

plastid *a. biy.* plastit; bitki hücresinde
pigment ve nişasta deposu görevi
gören yuvarlak oluşum

plastidule *a.* moleküler protoplazma
birimi

plastogamy *a.* iki ya da daha çok
hücrenin çekirdekleri birleşmeden
birleşmesi

plastron *a. hayb.* kaplumbağa kabuğu
göğsü

plate *a.* plaka, metal yaprak, sac levha;
plaket; klişe; takma diş, protez; plak,
pul biçiminde parçacık * *e.* madenle
kaplamak **plate glass** kalın pencere
camı **blood plate** trombosit

plateau *a.* plato, yüksek ova, yayla **tec-
tonic plateau** tektonik plato

platelet *a.* küçük levha **blood platelets**
kandaki küçük hücreler

platform *a.* yüksek düzlük, taraca; sa-
hanlık; set; tasarı

platina *a.* platin cevheri

plating *a.* kaplama; madeni levha;
kaplamacılık

platinic *s. kim.* platin+

platiniferous *s.* platinli, platın içeren

platiniridium *a.* platin-iridyum

platinite *a.* demir ve nikelden oluşan
alaşım

platinize *e.* platinle kaplamak

platinized *s.* platinli

platinode *a.* platinden yapılmış elektrot

platinoid *s.* platine benzeyen * *a.* yapay
platin

platinous *s. kim.* platinli

platinum *a.* platin (simgesi Pt) **plati-
num black** ince platin tozu **platinum
metals** özellikleri platine benzeyen
madenler

platycephalic *s.* yassı kafalı

platyhelminth *a. hayb.* yassı kurt
platyrrhine *a. s.* yassı burunlu (maymun)
platyrrhiny *a.* geniş burunluluk
plectognath *a. hayb.* çene balığı
pleiochromia *a.* pigment artışı
Pleistocene *a. s. yerb.* Pleistosen (çağı)
pleochroism *a.* çok renklilik
pleochroic *s.* çok renkli
pleomorphic *s.* çok şekilli
pleomorphism *a. bitk.* hayb. çok biçimlilik
pleomorphous *s.* çok biçimli
pleomorphy *a.* çok biçimlilik
pleonasm *a.* laf kalabalığı
pleonosteosis *a.* farklı şekillerde kemikleşme
plerosis *a.* doku onarımı
plethora *a.* aşırı bolluk; *hek.* kan fazlalığı
plethoric *s.* aşırı bol, şişkin; *hek.* kan fazlalığıyla ilgili
pleura *a. anat.* plevra, göğüs zarı *visceral pleura* akciğeri örten plevra
pleural *s.* plevral, göğüs zarına ait
pleuritic *s.* göğüs zarı iltihabıyla ilgili, zatülcenpli
pleurogenous *s.* plevradan kaynaklanan
pleurolith *a.* plevra taşı
pleuron *a.* (böcekte) böğür levhası
pleuroperitoneal *s. hek.* plevra ve peritonla ilgili
pleurotomy *a.* göğüs zarı ameliyatı
plexal *s.* ağımsı; sinir ağıyla ilgili
plexiform *s.* ağ biçiminde; karışık, kompleks
plexiglass *a.* pleksiglas, plastik cam
plexus *a.* ağ, şebeke; örgü *solar plexus* güneş sinir ağı *renal plexus* renal arterdeki sinir lifleri ağı
plica *a. anat.* hayb. (deride/zarda) büklüm, kıvrım
plical *s.* kıvrımlı, büklümlü
plicate(d) *s.* kıvrılmış, katlı, kıvrımlı
Pliocene *a. s. yerb.* Pliyosen devri(yle ilgili)
ploidy *a.* kromozom sayısı
plug *a.* tapa, tıkaç, tampon; *elek.* fiş; yaşlı at; buji * *e.* tıkamak, tıkaçla kapamak; fişi prize sokmak
plum *a.* erik, erik ağacı
plumage *a.* kuşun tüyleri
plumaged *s.* tüylü
plumate *s.* tüylü, tüysü
plumbaginaceous *s. bitk.* dişotugillerden
plumbaginous *s.* grafitli
plumbago *a. bitk.* dişotu, kuduzotu; grafit
plumbeous *s.* kurşunlu, kurşun gibi
plumbic *s. kim.* kurşunlu, kurşunla ilgili *plumbic poisoning* kurşun zehirlenmesi
plumbiferous *s.* kurşunlu, kurşun üreten
plumbing *a.* sıhhi tesisat, boru tesisatı; sıhhi tesisatçılık; lehim işleri
plumbite *a. kim.* kurşun monoksit solüsyonuyla oluşan bir bileşik
plumbous *s. kim.* kurşun+
plumbum *a. kim.* kurşun
plume *a.* tüy, kuş tüyü; sorguç * *e.* tüylerle süslemek
plumed *s.* tüylü
plumose *s.* tüylü, kuş tüyüyle kaplı, kuş tüyüne benzer
plumosity *a.* tüylülük
plumula *a. bitk.* hav tüyü, ufak filiz
plumular *s.* ince kuş tüyü şeklinde
plumule *a. bitk.* hav tüyü, kuş tüyü, ufak filiz
pluriaxial *s. bitk.* çok eksenli
plurimenorrhoea *a. hek.* sık âdet görme

pluripara *a.* birden çok doğum yapmış kadın

pluriparity *a.* çok çocuk doğurma

pluripolar *a.* çok kutuplu hücre

pluton *a. yerb.* derinde katılaşmış volkanik kaya

plutonium *a.* plutonyum (simgesi Pu)

pluvial *s.* yağmurla ilgili; *yerb.* yağmur nedeniyle oluşan

plywood *a.* kontrplak

pneuma *a.* can, ruh

pneumal *a.* akciğerle ilgili

pneumatic *s. mak.* havalı, pnömatik

pneumatics *a.* pnömatik, basınç bilimi

pneumatogeny *a.* yapay solunum

pneumatolysis *a. yerb.* gaz oluşturma

pneumatolytic *s. yerb.* gaz oluşturumla ilgili

pneumatometer *a.* solukölçer

pneumatophore *a. bitk.* solunan kök; *hayb.* hava kesesi

pneumatotherapy *a. hek.* basınçlı havayla tedavi

pneumobacillus *a.* zatürree basili

pneumococcus *a.* pnömokok, zatürree/menenjit vb'ne neden olan bakteri

pneumococcic *s.* pnömokokların neden olduğu

pneumograph *a. hek.* solunum kaydedici

pneumonectomy *a.* akciğer çıkarımı

pneumonia *a.* akciğer iltihabı, zatürree

pneumonic *s.* akciğer+; zatürreeli

Po *a.* polonyumun simgesi

poaceous *s.* çayırgillerden

pock *a.* kabarcık; çopur, çiçek hastalığı izi

pod *a. bitk.* (baklagillerde) tohum zarfı, kabuk; badıç; hayvan sürüsü

podagra *a.* nikris, gut hastalığı

podded *s.* tohum zarflı, kabuklu

podoedema *a.* ayak ödemi

podomere *a. hayb.* (eklembacaklılarda) bacak bölümü

podophyllin *a.* elma kökü reçinesi

podzol *a.* kısır toprak

podzolisation *a.* kısırlaştırma

poechore *a.* bozkır

pogonia *a. bitk.* begonya

poikilocyte *a.* şekli bozuk eritrosit

poikilotherm *a.* soğukkanlı hayvan

poikilothermal *s. hayb.* soğukkanlı

poinciana *a. bitk.* ponsiyana; madagaskargülü **boiling point** kaynama noktası *critical point* kritik nokta *eutectic point* ötektik nokta, birerim nokta *fixed point* sabit nokta, çakılı nokta, röper noktası *floating point* gezer nokta *freezing point* donma noktası, buz haline gelme ısısı *melting point* erime noktası *point of inflexion* büküm noktası *point of intersection* kesişme noktası *point source* noktasal kaynak *triple point* üçlü nokta *vaporization point* buharlaşma noktası

pointer *a.* işaret eden kimse veya şey; işaret çubuğu; ibre, gösterge; zağar

pointing *a.* uç verme

poise *a.* denge, istikrar; temkin, ağırbaşlılık; duruş, eda, tavır; *fiz.* puaz (P)

* *e.* dengelemek; dengelenmek; hazırlamak; hazırlanmak; hareketsiz durmak

poiser *a.* denge sağlayan, dengeleyen şey

poison *a.* zehir ***** *e.* zehirlemek *cellular poison* hücre hasarı yapan zehir *corrosive poison* doku yakan zehir *irritant poison* tahriş eden zehir *muscle poison* kas fonksiyonunun önleyen zehir *poison gas* zehirli gaz *poison*

hemlock zehirli büyük baldıran **poison ivy** zehirli sarmaşık **poison oak** zehirli funda **poison sumac** zehirli sumak

poisoning a. zehirlenme **aconite poisoning** boğanotu zehirlenmesi **alcohol poisoning** alkol zehirlenmesi **arsenic poisoning** arsenik zehirlenmesi **blood poisoning** kan zehirlenmesi **chromium poisoning** krom zehirlenmesi **food poisoning** besin zehirlenmesi **mushroom poisoning** mantar zehirlenmesi

poisonous s. zehirli, zehirleyici **poisonous plant** zehirli bitki

polar s. kutupsal, kutupla ilgili **polar axis** kutupsal eksen **polar bodies** kutup hücreleri **polar cells** kutup hücreleri **polar circle** kutup çemberi **polar compound** kutupsal bileşik **polar coordinates** kutupsal koordinatlar **polar curve** kutup eğrisi, kutupsal eğri **polar front** kutupsal kuşak **polar star** kutup yıldızı

polarimeter a. fiz. polarimetre, kutupölçer

polarimetric s. fiz. polarimetrik, kutup ölçümsel

polarimetry s. fiz. polarimetri, kutupölçüm

Polaris a. Kutup Yıldızı

polarity a. fiz. polarite, kutuplaşma, ucaylık

polarizability a. kutuplaşabilme

polarizable s. kutuplaşabilir

polarization a. polarizasyon, polarma, kutuplanma; elek. ucaylanma **polarization current** polarizasyon akımı **polarization energy** polarizasyon enerjisi **polarization of light** ışık polari-

zasyonu, ışık ucaylanımı **anodic polarization** anot polarizasyonu **cathodic polarization** katot polarizasyonu **circular polarization** dairesel kutuplanma, çembersel ucaylanma **elliptic polarization** eliptik polarizasyon **horizontal polarization** yatay polarizasyon **induced polarization** endüklenen kutuplaşma **vertical polarization** düşey polarizasyon

polarize e. kutuplanmak, polarmak, ucaylanmak

polarized s. kutuplaşmış, polarize olmuş, ucaylaşmış

polarizer a. kutuplaştıran, ucaylaştıran

pole a. direk, sırık; uzunluk birimi; coğ. eksen ucu, fiz. kutup, ucay; sinir hücresi ucu

polecat a. hayb. kokarca; kır sansarı

polemoniaceous s. bitk. kediotugillerden

pollard a. budanmış ağaç; boynuzsuz hayvan

pollen a. çiçektozu, polen **pollen count** polen sayısı **pollen grain** polen tanesi **pollen mass** çiçektozu kümesi **pollen sac** çiçektozu kesesi **pollen tube** çiçektozu borusu

pollened s. polenli

pollenless s. polensiz

pollenosis a. saman nezlesi

pollex a. başparmak

pollicial s. başparmakla ilgili

pollinate e. bitk. tozlaşmak, polen yaymak

pollinated s. tozlaşan, polen yayan **wind-pollinated** tozlaşması rüzgârla olan

pollination a. tozlaşma, tozaklaşma, polen yayma **cross-pollination** çapraz

tozlaşma *pollination by animals* hayvanlarla tozlaşma *pollination by birds* kuşlarla tozlaşma *pollination by insects* böceklerle tozlaşma *pollination by water* suyla tozlaşma *pollination by wind* rüzgârla tozlaşma *self pollination* kendi kendine tozlaşma
pollinic *s.* çiçek tozuyla ilgili
polliniferous *s. bitk.* polenli, çiçek tozu üreten; *hayb.* polen taşıyan
pollinium *a. bitk.* çiçek tozu demeti
pollinization *a.* tozlanma, tozaklaşma
pollutant *a.* kirletici madde
polocyte *a.* kutup cisimciği
polonium *a.* polonyum (simgesi Po)
polyalcohol *a.* polialkol
polyamide *a.* poliamit, vernik üretiminde kullanılan yarısaydam bir reçine
polyandrous *s. bitk.* çok ercikli; çokkocalı
polyandry *a. bitk.* çok erciklilik; çokkocalılık
polyangular *s.* çok açılı
polyanthus *a. bitk.* melez çuha çiçeği; zerrin
polyatomic *s. kim.* çok atomlu
polyaxon *a.* çok aksonlu sinir hücresi
polybasic *s. kim.* çok bazlı, çok hidrojenli
polybasicity *a.* çok bazlılık
polybasite *a.* polibazit, gümüş cevheri
polycarpellary *s. bitk.* çok karpelli
polycarpic *s. bitk.* çok ürünlü
polycarpy *a.* çok ürünlülük
polycellular *s.* çok hücreli
polycentric *s.* çok merkezcil
polychaete *a. s.* çok kıllı (halkalı kurt)
polychasial *s. bitk.* çok talkımlı
polychasium *a. bitk.* çok talkımlılık
polychromatic *s.* çok renkli

polychromatism *a.* çok renklilik
polychrome *s.* çok renkli
polychromic *s.* çok renkli
polyclinic *a.* poliklinik
polycotyledonous *a. bitk.* çok çenekli
polycotyledon *a. bitk.* çok çenekli bitki
polycrystalline *s.* çok kristalli
polycyclic *s. kim.* polisiklik, çok halkalı
polycystic *s.* çok kistten oluşan
polycythemia *a.* alyuvar artımı
polydactyl *a. s.* çok parmaklı (hayvan)
polydactylism *a.* çok parmaklılık
polydactylous *s.* çok parmaklı
polydipsia *a. hek.* aşırı susuzluk
polyelectrolyte *a.* elektrolit özelliğinde yüksek molekül ağırlıklı bileşim
polyembryony *a.* çok embriyonluluk, çoğuzluk
polyene *a.* çok sayıda çift bağ içeren bileşik
polyester *a.* polyester *polyester fiber* polyester ipliği
polyethylene *a. kim.* polietilen
polyfunctional *s.* çok işlevli
polygala *a. bitk.* sütotu
polygalaceous *s. bitk.* sütotugillerden
polygamous *s.* çokeşli, çok karılı; *bitk.* çok eşeyli
polygamy *a.* çokeşlilik, çok karılılık; *hayb.* çeşitli çiftleşme
polygenesis *a. biy.* çok soyluluk
polygenetic *s. biy.* çok soylu
polygon *a.* çokgen
polygonaceae *a. bitk.* karabuğdaygiller
polygonaceous *s. bitk.* karabuğdaygillerden
polygonal *s.* çokgen biçimli
polygonum *a. bitk.* eklemotu
polygynous *s.* çok eşli, çok karılı; *bitk.* çok eşeyli
polyhedral *s.* çok yüzlü

polyhybrid *s.* çoklu melez
polyhybridism *a.* çoklu melezlik
polyhydric *s. kim.* çok hidroksilli
polyinfection *a.* karma enfeksiyon
polyleptic *s.* iyileşme ve yeniden hastalanmayla seyreden
polymastigote *a.* çok kamçılı organizma
polymer *a.* polimer, çoğuz
polymeria *a.* vücut organı fazlalığı
polymeric *a. kim.* polimerik
polymerism *a. kim.* polimeri, çoğuzluk
polymerization *a. kim.* polimerizasyon, çoğuzlaşma
polymerize *e.* polimerleştirmek, çoğuzlaştırmak
polymerous *a. biy.* polimer, çok parçalı; *bitk.* çok çevremli
polymolecular *s.* çok moleküllü
polymorph *a. biy.* çok biçimli organizma; *kim.* çok biçimli kristal
polymorphic *s.* çok şekilli, çok biçimli
polymorphism *a.* çok biçimlilik
polymorphonuclear *a.* parçalı çekirdekli
polymorphous *s.* çok şekilli
polyneuritis *a.* çoklu sinir iltihabı
polynuclear *s.* çok çekirdekli *polynuclear leucocyte* çok çekirdekli akyuvar
polynucleate *s.* çok çekirdekli
polyp *a. hayb. hek.* polip, sarkan ur
polypary *a.* polip yuvası
polypeptide *a.* polipeptit, iki ya da daha çok amino asitten oluşan peptit
polypetalous *s.* çok taçyapraklı, çok petalli
polypetaly *a. bitk.* çok taçyapraklılık
polyphagia *a.* çok yeme, açlık hastalığı
polyphagous *s.* çeşitli besin yiyen
polyphase *s. elek.* çok fazlı
ployphemus *a.* tek gözlü (hayvan/insan)

polyphyletic *s.* çok soylu
polyplastic *s.* farklı yapısal elemandan oluşmuş
polyploid *a. s.* çok kromozomlu (hücre) *polyploid cell* çok kromozomlu hücre
polyploidic *s.* çok kromozomlu
polyploidization *a.* çok kromozomlu olma
polyploidy *a.* çok kromozomluluk
polypody *a. bitk.* açık sporlu eğrelti
polypoid *s.* polipe benzer
polyporous *s.* çok delikli
polyposis *a.* çok poliplilik
polypous *s.* polipli, sarkan urlu
polypropylene *a.* polipropilen, paketlemede kullanılan dayanıklı bir madde
polysaccharide *a. kim.* polisakkarit
polysepalous *s. bitk.* çok çanak yapraklı, ayrı çanak yapraklı
polysomy *a. hek.* tek kafa ve çok vücut oluşumu
polyspermic *s.* çok spermle döllenme
polyspermy *a.* çok spermlilik, çok spermle döllenme
polystat *a.* elektrik kaynağıyla galvanik ve faradik akım veren alet
polystomatous *s.* çok ağızlı
polythelia *a.* birden çok meme başı olması
polythene *a. kim.* polietilen
polytocous *s. hayb.* bir seferde çok yavru doğuran
polytrichia *a.* aşırı kıllanma
polytrophy *a.* aşırı beslenme
polyunsaturate *a.* doymamış bileşik
polyunsaturated *s.* çoklu doymamış *polyunsaturated fatty acids* çoklu doymamış yağ asitleri
polyurethan(e) *a. kim.* poliüretan
polyuria *a.* çok işeme
polyvalence *a. kim.* çok değerlilik

polyvalent *s. kim.* çok değerli, çok valanslı; karma (aşı)
polyvinyl *s. kim.* polivinil **polyvinyl acetal** polivinil asetal **polyvinyl acetate** polivinil asetat **polyvinyl alcohol** polivinil alkol **polyvinyl chloride** polivinil klorür **polyvinyl resin** polivinil reçine
polyvinylidene *s. kim.* poliviniliden
polyzoic *s.* hayvansılardan oluşan; çok sporozoit üreten
pomaceous *s.* elma gibi, elmaya benzer
pome *a. bitk.* elma/armut vb. cinsi meyve
pomegranate *a.* nar; nar ağacı
pomiferous *s. bitk.* meyveli
ponderable *s.* zihinde ölçülebilir; tartılabilir
ponderal *s.* ağırlıkla ilgili **ponderal analysis** tartı analizi
pongid *a.* goril, iri maymun
pons *a. anat.* apofiz, Varoli köprüsü **pons Varolii** Varoli köprüsü
pontine *s.* köprü+
poplar *a. bitk.* kavak **trembling poplar** titrek kavak **white poplar** akkavak
popliteal *s. anat.* diz altı+
poppy *a. bitk.* gelincik; haşhaş
populin *a.* kavak türlerinin kabuk ve yapraklarında bulunan bir glikozid
porcelain *a.* porselen, çini
porcellanous *s.* porselenden, porselen+, çini+
pore *a.* gözenek
porcupine *a. hayb.* kirpi
pore *a.* gözenek
porifera *a. hayb.* gözenekliler sınıfı
poriferan *a. s.* gözenekli (hayvan)
poriferous *s.* gözenekli
porosity *a.* gözeneklilik, porozite
porous *s.* gözenekli

porphyrin *a. kim.* porfirin
porphyrite *a. kim.* porfirit
porphyritic *s.* somaki, billurlu
porphyroid *a.* porfir, somaki
porphyropsin *a.* (tatlı su balığı retinasında bulunan) mor boya
porphyry *a.* porfir, kırmızı somaki
porpoise *a. hayb.* domuzbalığı; yunusbalığı
portal *a.* ana kapı, taçkapı, anıtsal kapı, portal **(hepatic) portal vein** kapı toplardamarı, karaciğer kapıdamarı
positive *s.* artı, pozitif; olumlu, müspet * *a.* pozitif resim **positive electron** pozitif elektron **positive ion** katyon **positive number** pozitif sayı
positron *a. fiz.* pozitron, artıcık
positronium *a. fiz.* pozitronyum
postaxial *s. anat.* eksen gerisindeki
postcibal *s.* yemek sonrası
postembryonic *s.* embriyonik dönem sonrasında oluşan
posterior *s.* arkada bulunan, arkadaki; *anat.* kıça yakın; *bitk.* ana eksen yanındaki
posteriors *a. anat.* kıç, kaba et
postfebrile *s.* ateş sonrası
posticous *s. bitk.* geri, arka
postnatal *s.* doğum sonrası, doğumu izleyen
postpartum *s.* doğum sonrası, doğumu izleyen
potamology *a.* akarsu bilimi, potamoloji
potash *a.* potas, potasyum tuzu; potasyum oksit **caustic potash** potasyum hidroksit
potassic *s.* potaslı
potassium *a. kim.* potasyum **potassium bromide** potasyum bromür **potassium carbonate** potasyum karbonat **potassium chlorate** potasyum klorat **potas-**

sium chloride potasyum klorür **potassium cyanide** potasyum siyanür **potassium hydroxide** potasyum hidroksit **potassium nitrate** güherçile, potasyum nitrat **potassium salt** potasyum tuzu **potassium sulfate** potasyum sülfat

potential *a.* potansiyel, gizilgüç * *s.* olası, muhtemel; gizil, potansiyel **potential difference** potansiyel farkı, gerilim **potential energy** gizilgüç, potansiyel enerji **chemical potential** kimyasal potansiyel **electric potential** elektrik potansiyeli, elektrik gerilimi **electrochemical potential** elektrokimyasal potansiyel **equilibrium potential** denge potansiyeli **ionization potential** iyonlaşma potansiyeli, iyonlaşma potansiyeli **magnetic potential** manyetik potansiyel **potential barrier** potansiyel engeli

potentilla *a. bitk.* yabangülü

potentiometer *a. elek.* potansiyometre, gerilimölçer

pothole *a.* çukur; düşey mağara

potstone *a.* bir çeşit sabun taşı

pouch *a.* kese, torba; (göz altında) şişkinlik; *hayb.* kese; *bitk.* kovuk, oyuk

pouched *s.* keseli, torbalı

pour *e.* dökmek, akıtmak; dökülmek, akmak **pour point** akıtma noktası

powder *a.* toz; pudra; barut * *e.* pudralamak; ezmek, öğütmek; ezilmek **powder metallurgy** toz metalurjisi **milk powder** süt tozu **wettable powder** ıslanabilir toz

power *a.* güç, kuvvet; yetenek; nüfuz; yetki; *matm.* üs, kuvvet; *fiz.* güç; işin zamana göre türevi **power chain** güç

zinciri **power drill** elektrikli matkap **absorptive power** emme gücü

Pr *a.* prezodmiyumun simgesi

praseodymium *a.* prezodmiyum (simgesi Pr)

pratincole *a. hayb.* bataklık kırlangıcı

prawn *a. hayb.* iri karides

preadaptation *a.* önuyum

preauricular *s.* kulak önünde

preaxial *s. anat.* vücut ekseni önünde bulunan

Precambrian *a. s. yerb.* en eski çağ(la ilgili)

precipitability *a. kim.* çökeltilebilirlik

precipitable *s. kim.* çökeltilebilir, çökelebilir

precipitant *a. s. kim.* çökeltici, çöktürücü

precipitate *a. kim.* çökelti, çökel * *e.* çökeltmek; çökelmek; yağmak, yere düşmek

precipitated *s.* çökelmiş

precipitating *s.* çöktüren, çöktürme+ **precipitating agent** çöktürme kimyasalı

precipitation *a.* yağış; *kim.* çökelme; çökeltme **electrostatic precipitation** elektrostatik çökelme

precipitator *a.* çöktürücü, toplayıcı, filtre

precipitin *a.* çökelten

precision *a.* doğruluk; açıklık; belirginlik; kesinlik; dakiklik

precisionbalance *a.* hassas denge

precocial *s.* yumurtadan çıktığı anda hareket eden (civciv)

precocity *a.* erken damızlıkta kullanma, erken gelişme; erken olum

predator *a.* yırtıcı hayvan

predatory *s. hayb.* yırtıcı, avcı; çapulcu; yağmacı **predatory animal** yırtıcı hay-

van
predentine *a.* gelişmekte olan dişteki kollajen yapısındaki madde
predistillation *s.* damıtım öncesi
preen *e.* (kuş vb.) tüylerini taramak/düzeltmek; saçını başını düzeltmek
preformation *a.* ön oluşum
preformationism *a.* ön oluşumculuk, kişinin tüm organlarıyla tohumda mikroskopik olarak var olduğunu kabul eden teori
prefrontal *a. s.* alın+, beynin ön tarafında bulunan
preglacial *s.* buzul öncesiyle ilgili
pregnancy *a.* hamilelik, gebelik
pregnant *s.* hamile, gebe
preheat *e.* önceden ısıtmak
preheater *a.* ön ısıtıcı
prehensile *s.* tutabilen; sarılabilen, dolanabilen
preliminary *a.* başlangıç, hazırlık; eleme maçı; ön sınav * *s.* ön, ilk, hazırlayıcı *preliminary test* ön deneme, ön deney
premature *s.* vakitsiz, erken, mevsimsiz, zamansız; erken doğan
premaxilla *a. anat.* hayb. üstçene kemiği
premaxillary *s.* üstçene kemiğiyle ilgili
premolar *a. s.* küçük azı dişi(yle ilgili)
premorse *s. biy.* pürüzlü, tırtıklı (yaprak/kök)
prenatal *s.* doğum öncesi
preoperative *s.* ameliyat öncesi
preoral *s.* ağız önünde
prepotency *a.* kalıtsal güçlülük
prepotent *s.* dominant, baskın, başat
preservative *a.* koruyucu madde * *s.* saklayan, koruyan
pressor *s.* basıcı, uyarınca kan basıncını

artırıcı *pressor nerves* basıcı sinirler
pressure *a.* basınç, tazyik; baskı *absolute pressure* mutlak basınç, salt basınç *active pressure* etkin basınç *actual pressure* gerçek basınç *back pressure* karşı basınç, karşıbasınç *blood pressure* tansiyon, kan basıncı *critical pressure* kritik basınç, dönüşül basınç *differential pressure* diferansiyel basınç, basınç farkı *dynamic pressure* dinamik basınç, dirik basınç *effective pressure* efektif basınç, etkili basınç, etkin basınç *equalizing pressure* dengeleme basıncı, eşitleme basıncı *high blood pressure* yüksek tansiyon *hydrostatic pressure* hidrostatik basınç, serbest su düzeyi farkı basıncı *impact pressure* darbe basıncı, vuruş basıncı, çarpma basıncı *internal pressure* iç basınç *low blood pressure* düşük tansiyon *negative pressure* negatif basınç *osmotic pressure* osmoz basıncı, geçiş basıncı, sıvı ya da gazların birbirine sızma basıncı *partial pressure* kısmi basınç *pressure center* basınç merkezi *pressure gauge* basınölçer, manometre *pressure point* basınç noktası *pressure shift* basınç kayması *static pressure* duruk basınç, statik basınç *suction pressure* emme basıncı *surface pressure* yüzey basıncı *vapour pressure* buhar basıncı
pressurestat *a.* presostat, basınç ayarlayıcısı
prey *a.* av, av hayvanı *beast of prey* yırtıcı hayvan
prickle *a.* diken, sivri uç * *e.* iğnelenmek; karıncalanmak; iğne batırmak
prickly *s.* dikenli; dalayan, batan; huy-

suz, titiz; çapraşık, çetrefil
prilling *a.* tanecikleştirme, prilleştirme
primary *s.* ilk, birinci, birincil; en
önemli, temel, başlıca, ana *primary
cell* birincil hücre *primary electron*
birincil elektron *primary emission*
birincil salım *primary rocks* birinci
zaman ait kayalar
primate *a. hayb.* primat; başpiskopos
primatolgy *a.* maymun bilimi
primer *a.* astar; astar boyası; okuma
kitabı
primine *a.* dışkabuk
primitive *s.* ilkel, primitif, iptidai;
gelişmemiş, basit; ilk, asli
primordial *s.* primordiyal, ilkeversel,
ilkel, gelişmemiş, basit *primordial
cell* primordiyal hücre, ilkevresel göze
primordium *a.* primordiyum, ilkevre
primrose *a. bitk.* çuhaçiçeği
primulaceous *s. bitk.* çuhaçiçeğigiller-
den
principle *a.* ilke, prensip; öz, ana madde
active principle etkin madde
prismatic *s.* prizma biçimli; çok yüzlü
prismoid *a.* yalancı prizma
probe *e.* araştırmak, incelemek; sondaj
yapmak * *a.* sonda, mil; araştırma; in-
sansız uzay roketi
proboscidian *a. s.* hortumlu (hayvan);
hortum gibi; hortumlular sınıfından
proboscis *a.* fil hortumu; hortum; *hayb.*
duyarga, uzantı
procaine *a.* prokain, lokal anestezide
kullanılan bir bileşik
procambial *s. bitk.* bitki damarını
oluşturan filize ait
procambium *a. bitk.* bitki damarını
oluşturan filiz
procedure *a.* yol, yöntem, metot; işlem
procephalic *s.* ön kafayla ilgili

process *a.* işlem; süreç; yöntem, yol,
metot; muamele, formalite; *biy.*
uzantı, çıkıntı, yumru * *e.* işlemek,
işlemden geçirmek; dava etmek,
mahkemeye vermek *chemical process*
kimyasal işlem *dry process* kuru
işleme *wet process* yaş işleme
procreant *s.* dölleyen, dölleyici; üretken
procreate *e.* döllemek; üretmek
procreative *s.* dölleyici, üretken
procrypsis *a.* renkteşlik
procryptic *s.* renkteş
proctology *a.* göden bilimi
procumbent *s. bitk.* sürüngen, kök sal-
madan yere uzanan (bitki)
prodrome *a.* ilk araz, hastalığın ilk
belirtisi
producer *a.* üretici; yapımcı, prodüktör
producer gas jeneratör gazı, üreteç
gazı
product *a. kim.* ürün; mahsul, hasılat;
sonuç; *matm.* çarpım
proembryo *a.* embriyon taslağı
proembryonic *s.* embriyon taslağıyla
ilgili
proenzyme *a.* proenzim
profile *a.* profil, yan görünüş; *yerb.*
kesit; kısa özgeçmiş * *e.* profilini
yapmak
progenitive *s.* üretken, doğurgan
progenitor *a.* ata, dede; soy, sülale
progeny *a.* soy; torunlar, nesil, kuşak;
hayb. döl, yavrular; sürgün, fidan
progestational *s. hek.* gebeliğe hazır
progesterone *a. biy. kim.* progesteron,
gebelik hormonu
proglottid *a. hayb.* kurt boğumu
proglottis *a. hayb.* kurt boğumu
prognathous *s.* fırlak çeneli
projectile *a.* mermi; roket, füze * *s.*
hayb. çıkık, fırlak

projection a. fırlatma, atma; çıkıntı, fırlak yer; *fot.* sin. projeksiyon, gösterim; izdüşüm

prolactin a. *biy.* kim. prolaktin, süt bezelerini çalıştıran bir salgı

prolamin a. *biy.* kim. prolamin

prolan a. *biy.* kim. prolan, gebelikte idrarda bulunan hormon

prolapse a. (organ) düşüklük * e. (organ) aşağı kaymak, sarkmak

proleg a. ayaksı çıkıntı

proliferate e. üremek; *bitk.* tomurcuklanmak, tomurcukla çoğalmak; hızla yayılmak

proliferation a. üreme; *bitk.* tomurcuklanma, tomurcukla çoğalma; hızla yayılma

proliferative s. üreyen; tomurcuklanan; hızla yayılan

proliferous s. üreyen; üretken, doğurgan; *bitk.* tomurcuklanan, tomurcukla çoğalan

prolific s. üretken, doğurgan; bereketli

prolificacy a. ürctkenlik, doğurganlık; bereketlilik

proline a. *kim.* prolin, proteinlerde olan bir amino asıt

promethium a. *kim.* promctyum, üç valanslı nadir toprak madeni

promontory a. *coğ.* burun; yüksek kayalık; *anat.* çıkıntı

promote e. ilerletmek; terfi ettirmek; sınıf geçirmek; geliştirmek

promoter a. destekleyen kimse, yardım eden kimse; girişimci, kurucu; kimyasal olayı hızlandırıcı madde

promotive s. destekleyici, yükseltici; (kimyasal olayı) hızlandırıcı

promycelium a. *bitk.* iplikçik

pronate e. ayak/avuç içini yere çevirmek; içe döndürmek

pronation a. avuç/ayak içini yere/geriye çevirme

pronephros a. embriyoda üreme/idrar organlarını oluşturan üç borudan biri

pronghorn a. *hayb.* Amerika antilopu

pronotum a. (böcekte) göğsün sırt bölümü

pronucleus a. *biy.* eşey hücre çekirdeği

propagation a. yayılma; çoğalma, üreme **propagation coefficient** yayılma katsaysı **propagation constant** yayılım sabiti **propagation factor** yayılım faktörü **propagation path** yayılım yolu **free space propagation** boşlukta yayılım

propagule a. *bitk.* bitki üretkeni

propane a. *kim.* propan, petrolde bulunan yanıcı gaz

propanol a. *kim.* propanol, propilalkol

propellant a. itici kuvvet; roket yakıtı

propeller a. pervane, uskur, çark

propene a. *kim.* propilen, propen

propenyl a. *kim.* propenil **propenyl group** propenil grubu

propenylic s. *kim.* propenilli

property a. mal; mülk, emlak; özellik, nitelik; mülkiyet

prophase a. *biy.* profaz, önevre

prophylactic a. s. hastalıktan koruyan (ilaç vb.); koruyucu

prophyll a. ön yaprak, pulsu yaprakçık

propionate a. *kim.* propionat, propionik asit tuzu/esteri

propionic s. propionik (asit)

propolis a. arı reçinesi, kara mum

proportion a. oran, orantı, nispet * e. orantı kurmak; dengelemek **law of constant proportions** sabit oranlar kanunu

proportionate e. oranlamak * s. orantılı, uyumlu

proportioning a. oranlama, dozaj
proprioceptive s. öz alımsal
proprioceptor a. vücut içindeki uyarılara cevap veren alıcı sinir
proptosis a. organ düşüklüğü
propulsion a. itme, ileri sürme; öne eğilip yürüme
propyl a. propil **propyl alcohol** propil alkol
propylene a. kim. propilen **propylene glycol** propilen glikol **propylene group** propilen grubu
propylic s. kim. propilik
propylite a. propilit, kara taş
prosencephalic s. ön beyine ait
prosencephalon a. anat. ön beyin
prosenchyma a. bitk. odun doku
prosenchymatous s. odun dokulu
prostaglandin a. düzenleyici enzim
prostate a. anat. prostat **prostate gland** prostat bezesi, kestanecik
prostatectomy a. prostat ameliyatı, ön beze çıkarımı
prosthetics a. hek. protezcilik
prosthodontics a. takma dişçilik
prostrate e. yere sermek; halsiz bırakmak; yere kapanmak * s. yüzükoyun yatan; yere kapanmış; halsiz, bitkin; bitk. yere yayılmış
protactinium a. protaktinyum (simgesi Pa)
protamine a. kim, protamin, amonyakta eriyen basit proteinlerden biri
protanopia a. kırmızı körlüğü
protean s. değişken; çok yönlü
protease a. kim. proteaz, proteine etkiyen enzim
protective s. koruyucu **protective agent** önleyici şey, önleyici etmen **protective coating** koruyucu kaplama, koruyucu örtü **protective colloid** koruyucu koloit

protective coloration koruyucu renk değiştirme, rengin çevreye uyumu **protective layer** koruyucu tabaka
protein a. kim. protein **crude protein** ham protein
proteinase a. kim. proteinaz
proteinuria a. protein işeme
proteolysis a. kim. protein çözüşümü
proteolytic s. protein çözüştüren
proteopexy a. proteinin dokularda tutulması
proteose a. kim. proteoz
Proterozoic a. s. yerb. Kambriya çağından önceki (çağ)
prothallial s. bitk. eşeyhücresel
prothallium a. bitk. (eğreltilerde) eşey hücre
prothorax a. (böcekte) ön göğüs, ön boğum
prothrombin a. biy. kim. protrombin, kanı pıhtılaştıran madde
protist a. biy. tek hücreli hayvan/bitki
protistology a. protistoloji, tek hücreli mikroorganizmaları inceleyen bilim dalı
protochlorophyll a. protoklorofil
protochordate a. hayb. ilkel kordalılar
protocol a. protokol; tutanak
protogynous s. anterleri stigmasından sonra gelişen
protogyny a. protogini, tezdişilik
proton a. fiz. proton **proton wave** proton dalgası
protonema a. bitk. ilk filiz
protonemal s. ilk filiz biçimli
protonic s. fiz. protonla ilgili
protopathic s. ön duyusal
protopathy a. ön duyu
protophyte a. protofit
protoplasm a. biy. protoplazma
protoplasmic s. biy. protoplazmayla

ilgili
protoplast *a. biy.* hücre içindeki protoplazma; ilkel canlı
protopodite *a. hayb.* (kabuklu hayvanda) ön ayak, taban
protostele *a. bitk.* kök içi
prototrophic *s.* sadece inorganik maddeyle beslenen
prototype *a.* prototip, ilkörnek
prototypic *s.* ilkörneksel
protoxide *a. kim.* ilk oksit
protozoa *a. hayb.* tek hücreliler
protozoal *s. hayb.* tek hücrelilere özgü
protozoan *a. s. hayb.* tek hücreli (hayvan)
protozoology *a. hayb.* tek hücreliler bilimi
protozoon *a. hayb.* tek hücreli hayvan
protractile *s.* uzatılabilir
protractor *a.* iletki, açıölçer
protruding *s.* uzanan, çıkıntı yapan *protruding forehead* çıkık alın *protruding lips* çıkıntılı dudak
protrusion *a.* çıkıntı, fırlaklık
protuberance *a.* şiş, yumru, tümsek, çıkıntı
protuberant *s.* şiş, şişmiş, tümsek, çıkıntılı
proustite *a.* prustit
prover *a.* kanıtlayan şey/kimse
provitamin *a. biy. kim.* ön vitamin
proximal *s. anat.* bedene yakın olan
proximate *s.* izleyen, en yakın; yaklaşık, hemen hemen
pruinose *s. bitk.* buğulu, tozlu (bitki)
pruloid *s.* cerahate benzer
prune *a.* kuru erik * *e.* budamak
pruriginous *s. hek.* kaşıntılı
prurigo *a.* kaşıntı
pruritic *s.* kaşıntılı, kaşınan
pruritus *a.* kaşıntı

Prussian *a.* Prusyalı *Prussian blue* koyu lacivert
prussiate *a. kim.* demir siyanür; siyanit
prussic (acid) *s. kim.* siyanür (asidi)
psalterium *a. hayb.* kırkbayır
psammite *a. yerb.* mikalı kumtaşı
psammitic *s.* kum taşı biçimli
psephite *a. yerb.* parça kaya
pseudoaquatic *s.* görünüşte su seven
pseudobulb *a.* yalancı soğan
pseudocarp *a. bitk.* yalancı meyve, etli meyve
pseudocarpous *s. bitk.* etli
pseudocyesis *a.* yalancı gebelik
pseudohermaphrodite *a.* yarı erdişi
pseudohermaphrod(it)ism *a.* yarı erdişilik
pseudohernia *a. hek.* yalancı fıtık
pseudomembrane *a.* yalancı zar
pseudomorph *a.* aldatıcı biçim; yerini aldığı maddeye benzeyen mineral
pseudomorphic *s.* aldatıcı biçimli
pseudomorphism *a.* aldatıcı biçim alma
pseudomorphous *s.* aldatıcı biçimli
pseudoparasite *a.* yalancı asalak
pseudoparasitism *a.* yalancı asalaklık
pseudopod *a.* yalancı ayak
pseudopregnancy *a.* yalancı gebelik
pseudospore *a.* yalancı spor
psilomelane *a.* manganez oksit cevheri
psittacine *s.* papağana benzer
psittacosis *a.* papağan humması
psoas *a. anat.* bel kası
psoralea *a. bitk.* bakla otu
psoriasis *a. hek.* sedef hastalığı
psoriatic *s. hek.* sedef hastalığına yakalanmış
psychiatric *s.* ruhsal, ruhi
psychiatry *a.* ruh hekimliği, psikiyatri
psychoanalysis *a.* ruhsal çözümleme, psikanaliz

psychobiology a. psikobiyoloji, ruhsal dirimbilim
psychogenesis a. ruh oluşum; hastalığın ruhsal nedeni
psychogenetic s. ruh oluşumsal
psychognosis a. ruh tahlili
psychologic s. ruhsal, psikolojik
psychology a. psikoloji, ruhbilim
psychometry a. ruh ölçüm
psychoneurosis a. sinirce
psychophysic s. ruh fiziksel
psychophysics a. ruh fizik bilimi
psychophysiology a. ruh işlev bilimi
psychosis a. psikoz, delilik
psychosomatic s. psikosomatik, ruhsal kökenli
psychotic s. deli, çılgın, aklını kaçırmış
psychotropic s. sanrı veren, akli faaliyeti bozan
psychrophilic s. soğukseven
Pt a. platinin simgesi
ptarmigan a. hayb. kar tavuğu
pteridology a. eğreltiotları bilgisi
pteridophyte a. eğreltiotu
pterocarpous s. kanat meyveli
pterodactyl a. kanatlı kertenkele
pterygoid s. kanat gibi, kanat biçiminde
pteryla a. kuş gövdesinin tüylü kısmı
ptilosis a. kirpik dökülmesi
ptomaine a. çürüyen dokudaki proteinin ayrışmasından oluşan zehirli madde, çürüntü
ptyalin a. kim. pityalin, tükürükte bulunan enzim
Pu a. plutonyumun simgesi
puberty a. ergenlik çağı
pubes a. anat. kasık; ergenlik tüyü
pubescence a. ergenleşme; ergenlik; biy. hav, ince tüy
pubescent s. ergen, ergin; biy. ince tüylü, havlı

pubic s. kasık kemiğiyle ilgili **pubic bones** kasık kemikleri
pubis a. anat. kasık kemiği
puccoon a. bitk. kına otu
puddingstone a. yerb. konglomera, yığışım
pudendal s. kadın dış cinsel organlarıyla ilgili
pudendum a. anat. kadının dış cinsel organları
puffball a. kurt mantarı
puffbird a. hayb. sakallı guguk
puffin a. hayb. şişkin gagalı martı
pullulate e. filizlenmek; üremek; üretmek
pullulation a. filizlenme; üretme; üreme
pulmonary s. akciğere ait; akciğeri etkileyen; akciğeri olan **pulmonary artery** akciğer atardamarı **pulmonary circulation** akciğerdeki kan dolaşımı **pulmonary tuberculosis** akciğer tüberkülozu, verem **pulmonary vein** akciğer toplardamarı
pulmonate s. akciğerli, akciğerliler sınıfından (hayvan)
pulp a. meyve eti; kâğıt hamuru; bitki sapı özü, dal özü; diş özü
pulsation a. titreşim; nabız atışı
pulse a. nabız; kalp atışı; elek. akım darbesi; bitk. baklagiller; bakliyat * e. (nabız) atmak, (yürek) çarpmak **pulse modulation** darbe modülasyonu **pulse pressure** nabız basıncı **pulse rate** nabız sayısı
pulsimeter a. hek. nabızölçer
pulverization a. ezme, öğütme; ezilme; toz haline getirme
pulverize e. ezmek, öğütmek; ezilmek
pulverulent s. tozlu; tozlaşan, toz haline gelen; tozlanmış
pulvillus a. yumuşak çıkıntı, yastıkçık

pulvinate *s.* yastık biçiminde; yastık çıkıntılı
pulvinus *a. bitk.* yastığımsı çıkıntı
puma *a. hayb.* panter
pumice *a.* süngertaşı, ponza *pumice (stone)* ponza taşı
pumiceous *s.* pomzalı, süngertaşlı
pump *a.* pompa; tulumba * *e.* pompalamak; tulumbayla çekmek *rotary pump* döner pompa *vacuum pump* boşluk pompası
puna *a.* yüksek yayla
punctate *s.* benekli, pütürlü
punctiform *s.* nokta şeklinde
punctuate *e.* noktalamak, nokta koymak; aralık vermek
punctum *a.* nokta, nokta biçimli bölge
puncture *a.* delme, delik açma; iğne deliği; (lastik) patlak * *e.* delmek, delik açmak; patlatmak; söndürmek
pungent *s.* sert, acı, keskin; sivri, keskin
pupa *a. hayb.* pupa, böceğin koza içindeki hali *pupa case* pupa kılıfı, pupa örtüsü
pupal *s.* pupa şeklinde
puparium *a.* pupa kozası
pupate *e.* pupalaşmak
pupation *a.* pupalaşma, pupa halini alma
pupil *a. anat.* gözbebeği; öğrenci
pupillary *s.* gözbebeğiyle ilgili
pupiparous *s.* pupipar, pupa üreten (böcek)
purifier *a.* temizleyici, arıtıcı
purify *e.* temizlemek, arıtmak; arınmak
pure *s.* saf, arı, halis; sade; salt, mutlak *pure line* arı soy
purgation *a.* temizleme; müshille bağırsakları temizleme
purgative *s.* temizleyici; müshil, ishal yapan (ilaç)

purine *a. kim.* pürin
purpura *a.* morarma, purpura
purpuric *s.* morartılı, purpura hastalığıyla ilgili *purpuric acid* pürpürik asit
purpurin *a. kim.* pürpürin, kırmızı kristal boya
purulence *a.* cerahat, irin; irin toplama
purulent *s.* cerahatli, irinli
pus *a.* cerahat, irin
push-button *a.* basma düğme
pustular *s.* sivilceli; sivilce gibi
pustulate *e.* sivilcelenmek, sivilce çıkarmak
pustulated *s.* sivilceli, kabarcıklı
pustulation *a.* sivilce, kabarcık; sivilce çıkarma
pustule *a.* sivilce, kabarcık, püstül; kabartı
pustuled *s.* sivilceli, kabarcıklı
pustuliform *s.* sivilce biçimli
pustulous *s.* sivilceli; sivilce gibi
putamen *a. bitk.* çekirdek, çekirdek kabuğu
putaminous *s.* çekirdekli, sert kabuklu
putrefaction *a.* çürüme, kokma; kokmuş madde
putrefy *e.* çürütmek; çürümek, kokmak, ayrışmak; kangren olmak
putrefying *s.* çürüten, kokutan, ayrıştıran
putrescine *a. biy.* leş kokusu
putrid *s.* çürük, çürümüş, ayrışmış; leş kokulu
pycnidium *a. bitk.* piknidyum, spor torbacığı
pycnogonid *a. hayb.* deniz örümceği
pycnometer *a.* piknometre, yoğunluk ölçme şişesi
pycnometry *a.* piknometri, yoğunluk ölçümü

pycnospore a. piknospor
pyelitis a. böbrek kanalları iltihabı
pyelogram a. kasık röntgeni
pygidium a. hayb. kuyruksokumu
pyin a. biy. irindeki albüminli madde
pylorectomy a. mide kapısı çıkarımı
pyloric s. anat. mide kapısı+
pylorus a. anat. pilor, mide kapısı
pyoderma a. irinli deri
pyogenesis a. hek. irinlenme, irin toplama
pyogenic s. hek. irinli, cerahatli; irin yapan
pyoid s. irin gibi
pyosis a. irinlenme
pyramid a. piramit
pyramidal s. piramit biçiminde
pyran a. kim. payran
pyranometer a. piranometre
pyrargyrite a. gümüş yakut
pyrene a. bitk. meyve çekirdeği; kim. piren, kömür katranından elde edilen hidrokarbon
pyrethrin a. kim. piritrin, kasımpatından çıkarılan iki tür ester
pyrethrum a. bitk. kasımpatı, krizantem; pirekapan
pyretic s. ateşli, ateş yükselten
pyrexia a. ateş
pyrexial s. ateşli
pyrheliometer a. güneş enerjisini ölçen alet
pyrheliometric s. güneş enerjisi ölçümüyle ilgili
pyridine a. kim. piridin
pyridoxine a. kim. piridoksin, piridinden elde edilen B6 vitamini
pyriform s. armut biçiminde
pyrimidine a. kim. pirimidin, çok halkalı bileşik
pyrite a. pirit, ottaş *copper pyrites*

kalkopirit, bakırlı pirit
pyritic s. piritli, pirite benzer
pyritous s. piritli, pirite benzer
pyrocatechin a. pirokatekol, bitkilerde bulunan kristalli antiseptik fenol
pyrocatechol a. pirokatekol, bitkilerde bulunan kristalli antiseptik fenol
pyrochemical s. ısıl kimyasal
pyroclastic s. yerb. püskürük
pyroelectric a. s. elek. ısıl elektrik
pyrogallate a. kim. progalat, pirogalol tuzu
pyrogallic s. pirogalik *pyrogallic acid* pirogalik asit, pirogalol
pyrogallol a. kim. pirogalol, pirogalik asit
pyrogen a. ateş yükseltici madde
pyrogenic s. ateş yükseltici
pyrogenous s. yerb. yüksek sıcaklıkta oluşmuş
pyroligneous s. kim. ısıtılmış odundan elde edilen *pyroligneous acid* odun asiti *pyrolgineous alcohol* metil alkol
pyrolusite a. prolüsit, camcılıkta kullanılan manganez dioksit cevheri
pyrolysis a. kim. ısıl bozunma
pyrolytic s. ısıl bozunmayla ilgili
pyrometallurgical s. ısıl metal bilimle ilgili
pyrometallurgy a. ısıl metal bilimi
pyrometer a. yüksek sıcakölçer, pirometre
pyromorphite a. kromorfit, kurşun klorofosfat cevheri
pyrone a. kim, piron
pyrope a. garnet taşı
pyrophosphate a. kim. pirofosfat, pirofosforik asit tuzu
pyrophosphoric s. kim. pirofosforik *pyrophosphoric acid* pirofosforik asit
pyrophyllite a. pirofilit, taşkalem yap-

makta kullanılan yeşil alüminyum silikat

pyrosis *a.* mide ekşimesi

pyrostat *a.* pirostat, yüksek ısı deneticisi

pyrosulfate *a. kim.* pirosülfat, pirosülfürik asit tuzu

pyrosulfuric *s.* pirosülfürik *pyrosulfuric acid* pirosülfürik asit

pyrotechnic *s.* piroteknik, havai fişekçilikle ilgili

pyrotoxin *a.* ateş yükseltici madde

pyroxene *a.* piroksen, volkanik kayalarda bulunan maden silikatları

pyroxenic *s.* piroksenli

pyroxenite *a.* piroksenli kayaç

pyroxylin *a.* pamuk barutu

pyrrhotine *a.* pirotit, parlak bronz renkli magnetik demir sülfür cevheri

pyrrhotite *a.* pirotit, parlak bronz renkli magnetik demir sülfür cevheri

pyrrol(e) *a. kim.* pirol

pyruvic (acid) *a. kim.* üzüm asidi

pyxidium *a. bitk.* kapaklı tohum zarfı

pyxie *a. bitk.* yıldız funda

Q

quadrangular *s.* dört açılı, dört köşe

quadrant *a.* çemberin dörtte biri, çeyrek daire

quadrate *s.* kare, dört köşeli

quadratic *s.* dörtgen gibi

quadratus *a.* dört taraflı şekil

quadribasic *a.* dört hidroksil grubu bulunduran alkoller

quadriceps *a. anat.* uyluk kası

quadridentate *s.* dört dişli

quadrifid *s.* (çiçek yaprağı) dört parçalı

quadrigeminal *s.* dört katlı

quadrilateral *s.* dört kenarlı, dörtgen

quadrilobate *s.* dört loplu

quadripartite *s.* dörtlü; dört bölümden oluşmuş

quadripartition *a.* dörtlü bölme

quadrivalence *a. kim.* dörtlü valans

quadrivalent *s. kim.* dört valanslı

quadrumane *a.* dört elli hayvan

quadrumanous *s.* dört elli

quadruped *a. s.* dört ayaklı (hayvan)

quadruple *s.* dört kat, dört misli

quadruplet *a.* dörtlü grup

qualitative *s.* niteliksel, nitel *qualitative analysis* kalitatif analiz, nitel çözümleme

quantitative *s.* nicel, kantitatif *quantitative analysis* kantitatif analiz, nicel çözümleme

quantity *a.* nicelik; miktar

quantization *a.* nicemleme

quantum *a.* miktar, sayı; pay, hisse; *fiz.* kuvantum, nicem *quantum electrodynamics* kuvantum elektrodinamiği *quantum electronics* kuvantum elektronik *quantum energy* kuvantum enerjisi *quantum mechanics* kuvantum mekaniği *quantum number* kuvantum sayısı *quantum optics* kuvantum optiği *quantum physics* kuvantum fiziği *quantum state* kuvantum hali, nicem hali *quantum statistics* kuvantum istatistiği *quantum theory* kuvantum teorisi, nicemler kuramı

quantum-mechanical *s.* kuvantummekanik, nicemsel işleybilimsel *quantum-mechanical wavelength* kuvantum-mekanik dalga boyu, nicemsel işleybilimsel dalga boyu

quartet *a.* dörtlü, dörtlü grup

quartz *a.* kuvars, necef taşı *quartz*

crystal kuvars kristali *quartz rock* kuvarsit *quartz fibre* kuvars lifi *quartz sand* kuvars kumu

quartzic *s.* kuvarslı

quartziferous *s.* kuvarslı

quartzite *a.* kuvarsit

quartzy *s.* kuvarslı

quassia *a. bitk.* kavasya, acı ağaç

quaternary *a. yerb.* dördüncü zaman * *s.* dördüncü zamanla ilgili *quaternary ammonium compound* dörtlü amonyum tuzu

quaternate *s.* dört dilimli (yaprak)

quebracho *a. bitk.* mazı meşesi türü; ferah ağacı

queen *a.* kraliçe; arıbeyi, anaarı; (satranç) vezir; (oyun kâğıdı) kız *queen bee* arıbeyi, anaarı

quench *e.* (susuzluğunu) gidermek; söndürmek; bastırmak; (çeliğe) su vermek

quercetin *a. kim.* sarı boya

quercine *s.* meşeyle ilgili

quercitol *a.* meşe kabuğunda tatlı bir bileşik

quercitron *a. bitk.* kara meşe

quicklime *a.* sönmemiş kireç

quicksilver *a.* cıva

quiescence *a.* sakinlik, hareketsizlik

qiescent *s.* sakin, hareketsiz

quill *a.* kalın tüy, telek; tüy sapı; tüy kalem; içi oyuk mil

quillwort *a. bitk.* tüy yaprak

quinacrine *a.* atebrin, sıtma tedavisinde kullanılan ilaç

quinamine *a. kim.* kınakına kabuğundaki bir alkaloid

quinate *s. bitk.* beşli küme biçimli

quinhydrone *a.* kinhidron *quinhydrone electrode* kinhidron elektrodu

quinicine *a. kim.* kinotoksin, kınakına alkaloidi

quinidine *a.* kinidin, sıtma tedavisinde kullanılan ilaç

quinine *a.* kinin *quinine water* kininli su

quininic *s.* kininli

quinoa *a. bitk.* küçük pirinç, peru çeltiği

quinoid *a. kim.* kinonlu madde * *s.* kinona benzer

quinol *a. kim.* hidrokinon, kinol

quinoline *a. kim.* kinolin, boya yapımında eritici olarak kullanılan bileşim

quinone *a. kim.* kinon, fotoğrafçılıkta kullanılan bileşim

quinonoid *s. kim.* kinona benzer

quinovin *a. kim.* kınakına glikozidi

quinquefoliate *s.* beş yaprakçıklı

quinquelobate *s.* beş loplu

quinquepartite *s.* beş parçalı

quinquevalence *a. kim.* beş değerlilik, beş valanslılık

quinquevalent *s. kim.* beş değerli, beş valansı

quintessence *a.* öz, cevher; mükemmel biçim

quintuplet *a.* beşlik takım

quintuplets *a.* beşiz; beşizlerden her biri

quiver *e.* titremek; titretmek; sallamak * *a.* ok kılıfı, sadak

quotient *a. matm.* bölüm, bir bölmenin sonucu *blood quotient* kan katsayısı *respiratory quotient* solunum katsayısı

R

R *a.* gaz sabitesinin simgesi; elektrik direncinin simgesi

Ra *a.* radyumun simgesi
rabid *s.* kuduz, kuduza yakalanmış; kudurmuş, çok öfkeli
race *a.* yarış; yarışma; hızlı su akışı; su yatağı, nehir yatağı; oluk, kanal, ırk; soy, cins; *hayb.* familya, aile * *e.* yarışmak, yarışa girmek; koşturmak; (motor) hızlı işlemek *race ginger* kök zencefil *the human race* insan ırkı
raceme *a. bitk.* çiçek salkımı; salkım çiçek
racemed *s.* salkımlı
racemic *s. kim.* çift eşizli; *bitk.* salkımlı *racemic acid* üzüm asidi
racemiferous *s. kim.* çift eşizli; *bitk.* salkımlı
racemization *a. kim.* çift eşizleme
racemize *e. kim.* çift eşizlemek
racemose *s. bitk.* salkımlı; *anat.* salkımsı (beze vb.) *racemose glands* salkımsı gudde
rachial *s.* sap+, sapla ilgili
rachidal *s.* sap+, sapla ilgili
rachis *a. bitk.* sap, başak ekseni; *anat.* belkemiği
rachitis *a. hek.* raşitizm
racial *s.* ırksal, ırkla ilgili
radlability *a.* X ışınlarını geçirebilme, ışınırlık
radiable *s.* X ışınlarını geçirebilir, ışınır
radial *s.* ışınsal; yarıçapla ilgili; *hayb.* yıldız biçiminde; *mak.* radyal, yıldız; *anat.* ön kol kemiğiyle ilgili *radial canal* radyal kanal, ışınsal kanal
radially *be.* radyal olarak, ışınsal olarak, merkezden çevreye doğru
radiance *a.* parlaklık, aydınlık; ışınırlık
radiant *s.* ışın yayan, parlak, aydınlık; *fiz.* ışınır; neşe saçan * *a.* ışık kaynağı *radiant density* ışınım yoğunluğu *radiant energy* ışınır enerji *radiant heat* ışıma ısısı, radyasyon ısısı *radiant density* ışınım yoğunluğu *radiant flux* radyant akı, ışınır akı *radiant point* ışınım noktası
radiate *e.* ışın yaymak; ışınlamak; merkezden çevreye yayılmak; ışık saçmak * *s.* ışınlı, ışın yayan; merkezden çevreye yayılan
radiation *a.* ışınım, ışınma, radyasyon *radiation area* radyasyon alanı *radiation chemistry* radyasyon kimyası *radiation density* radyasyon yayılma yoğunluğu *radiation potential* ışınım potansiyeli *radiation pressure* ışınım basıncı *radiation source* ışınım kaynağı, radyasyon kaynağı *alpha radiation* alfa ışınımı, alfa radyasyonu *beta radiation* beta ışınımı *cosmic radiation* kozmik radyasyon *gamma radiation* gama ışınımı, gama radyasyonu *ionizing radiation* iyonlaştırıcı radyasyon, iyonlaştırıcı ışınım *nuclear radiation* nükleer ışınım *scattered radiation* saptırılan ışınım *solar radiation* güneş kaynaklı radyasyon *stray radiation* dağınık radyasyon, dağınık ışınım *thermal radiation* termik radyasyon, ısıl ışınım
radiative *s.* ışınır, ışın yayan
radiator *a.* radyatör, ısıyayar
radical *a. matm.* kök işareti; köklü çokluk; *kim.* kök; asıl, kök; köktenci, radikal * *s. matm.* kök+; köklü; *bitk.* kökten çıkan; köke ait, kökten; esaslı, köklü, kökten *radical leaf* kökten çıkan yaprak *free radical* serbest radikal, erkin kökçe
radication *a.* kök düzeni
radicel *a. bitk.* kökçük, kök filizi
radicicolous *s.* kök üstünde yaşayan

radicivorous *s. hayb.* kökçül, kökle beslenen

radicle *a. anat.* sinir kökü; *bitk.* ilkel kök, emici kök, filiz kökü, kök filizi

radicular *s.* köksel

radiculose *s.* küçük köklü

radioactivate *e.* radyoaktif hale getirmek, ışınetkinleştirmek

radioactive *s.* radyoaktif, ışınetkin **radioactive capture** radyoaktif kapma **radioactive change** radyoaktif değişiklik **radioactive contamination** radyoaktif kirlilik **radioactive decay** radyoaktif bozunum **radioactive decomposition** radyoaktif parçalanım **radioactive disintegration** radyoaktif parçalanma, ışımetkin bozunma **radioactive element** radyoaktif öğe **radioactive equilibrium** radyoaktif denge, ışımetkin denge **radioactive isotope** radyoaktif izotop, ışımetkin yerdeş, ışınetkin yerdeş **radioactive series** radyoaktif seriler, ışımetkin diziler, ışınetkin diziler

radioactivity *a. fiz.* radyoaktivite, ışınetkinlik **airborne radioactivity** hava radyoaktivitesi **environmental radioactivity** çevresel radyoaktivite

radiobiological *s.* ışın biyolojisiyle ilgili

radiobiology *a.* ışın biyolojisi

radiocarbon *a. kim.* radyokarbon **radiocarbon dating** radyokarbonla yaş belirleme

radiochemical *s.* radyokimyasal

radiochemistry *s.* ışınetkin kimya

radiocurable *s.* ışınla tedavi edilebilen

radioelement *a. kim.* radyoaktif eleman, ışınetkin öğe

radiogenic *s. fiz.* ışınüretimsel

radiogram *a.* radyogram, telsiz telgraf

radiography *a.* radyografi, röntgenini çekme

radioisotope *a.* radyoizotop, ışınetkin yerdeş

Radiolaria *a. hayb.* ışınlı tek hücreli hayvanlar sınıfı

radiolarian *a.* ışınamip, ışınlı tek hücreli deniz hayvanı

radiological *s.* radyolojik, ışın bilimiyle ilgili

radiology *a.* radyoloji, ışın bilimi

radiolucent *s.* ışın geçirir

radiolucency *a.* ışın geçirme

radioluminescence *a.* ışın ışıldanım, radyoluminesans

radioluminescent *s.* ışın ışıldak

radiolysis *a.* ışınla bozundurma

radiometer *a.* radyometre, ışınölçer

radiometric *s.* radyometrik, ışınölçümsel

radiometry *a.* radyometri, ışınölçüm

radiomimetic *s.* ışınımsı

radionuclide *a.* radyoaktif çekirdek

radiopacity *a.* ışın geçirmezlik

radiopaque *s.* ışın geçirmez

radiopharmaceutical *a.* radyoaktif ilaç

radioreceptor *a.* radyoreseptör

radioresistance *a.* radyoaktif ışına dirençlilik, radyasyondan etkilenmeme

radioresistant *s.* radyoaktif ışına dirençli, radyasyondan etkilenmeyen

radioscope *a.* radyoskop, ışıngözler

radioscopy *a.* ışıngözlem, röntgenle inceleme

radiosensitive *s.* radyasyona duyarlı, radyasyonla tedavi edilebilen

radiosensitivity *s.* radyasyona duyarlılık

radiostrontium *a.* radyoaktif stronsiyum

radiotherapy *a.* radyoterapi, ışın tedavisi

radiothermy *a.* radyoısı tedavisi

radiothorium *a. kim.* radyotoryum

radiotracer *a. kim.* karyoaktif izleyici

radium *a.* radyum (simgesi Ra)

radius *a.* yarıçap; *anat.* önkol kemiği, döner kemik; *bitk.* bileşik çiçeğin her bir bileşeni **radius of atom** atom yarıçapı **radius of gyration** atalet yarıçapı **radius of molecule** molekül yarıçapı

radix *a. matm.* taban; *anat.* bitk. kök

radon *a.* radon (simgesi Rn)

radula *a. hayb.* dişli dil, törpü dil

radular *s. hayb.* dişli dille ilgili

raffia *a. bitk.* rafya, Madagaskar hurması; rafya elyafı

raffinose *a. kim.* rafinoz, şekerpancarında bulunan kristalli trisakkarit

ragstone *a.* kumlu kireçtaşı, oolitli kalker

ragweed *a. bitk.* kanaryaotu, paçavraotu

rain *a.* yağmur * *e.* yağmur yağmak

rainband *a.* yağmur kuşağı

rainfall *a.* yağış miktarı; yağış, yağmur

ramentum *a.* talaş; *bitk.* kabuk

ramie *a. bitk.* çin keneviri, çin ramisi

ramified *s.* dallı

ramiflorous *s.* dal çiçekli

ramiform *s.* dal gibi; dallı

ramify *e.* dallandırmak, dallanmak, dallara ayrılmak

ramose *s.* çok dallı, budaklı, çatal çatal

ramous *s.* dal gibi, çatallı

rampion *a. bitk.* çan çiçeği

ramulus *s. bitk.* dallı budaklı, çatallı

ramus *a. bitk.* hayb. *anat.* dal, kol; çıkıntı

range *a.* bölge, alan; menzil; atış alanı; hedef uzaklığı; mevki, derece; *biy.* direy alanı; dağ zinciri; otlak, mera * *e.* dizmek, sıralamak; dolaşmak, gezinmek; otlatmak **mountain range** dağ

silsilesi

ranunculaceous *s.* bitk. düğünçiçeğigillerden

rape *a. bitk.* kolza; üzüm posası; bozma, berbat etme; ırza tevacüz * *e.* ırza tecavüz etmek; gasp etmek; bozmak, berbat etmek **rape oil** kolza yağı

raphe *a. anat.* organın simetri ekseni; *bitk.* ayrıt

raphide *a. bitk.* rafit, bitki hücresindeki kalsiyum oksalat kristalleri

raptor *a.* yırtıcı kuş

raptorial *s.* yırtıcı, avcı; av yakalamaya uygun

rare *s.* nadir, seyrek, az bulunur; yoğunluğu az, seyreltilmiş **rare gas** nadir gaz **rare earths** nadir toprak madeni oksitleri **rare-earth metals** nadir toprak metalleri **rare-earth elements** nadir toprak elementleri

rarefaction *a.* seyreltme, inceltme, azaltma, basıncını düşürme

rarefactive *s.* seyreltici, inceltici, basınç düşürücü

rarefiable *s.* seyreltilebilir, inceltilebilir, basıncı düşürülebilir

rarefied *s.* seyrek, yoğunluğu azaltılmış, seyreltilmiş, inceltilmiş

rarefy *e.* yoğunluğunu azaltmak; seyreltmek; arıtmak, inceltmek

rate *a.* oran, faiz oranı; ücret; fiyat; derece; çeşit; sınıf; hız, sürat * *e.* değer biçmek, değerlendirmek; saymak, hesaba katmak; sınıflandırmak; değerli olmak **rate of growth** büyüme hızı **birth rate** doğum oranı **reaction rate** tepkime hızı, reaksiyon hızı **respiration rate** dakikadaki soluk alma oranı

rating *a.* sınıflama; derecelendirme; sınıf, kategori

ratio *a.* oran, nispet; bölüm *mixture ratio* karışım oranı

rattan *a. bitk.* hezaren, hintkamışı

rattlesnake *a. hayb.* çıngıraklı yılan

ravenous *s.* yırtıcı; çok aç

raw *s.* çiğ, pişmemiş; ham, işlenmemiş; (yara) açık; acemi, toy; saf, katışıksız *raw milk* pastörize edilmemiş süt *raw spirits* saf ispirto

ray *a.* ışın, şua; *hayb.* tırpana, vatoz *cosmic rays* kozmik ışınlar *electric ray* torpil balığı *medullary rays* özışınları *starry ray* yıldızlı vatoz

rayless *s.* ışınsız; kapkaranlık

Rb *a.* rubidyumun simgesi

Re *a.* renyumun simgesi

reactant *a.* tepkiyen (şey); *kim.* tepken

reaction *a. kim.* reaksiyon, tepkime; tepki, ters etki; yanıt, karşılık; gericilik *reaction mixture* reaksiyon karışımı *reaction order* reaksiyon derecesi, tepkime derecesi *reaction rate* tepkime hızı, reaksiyon hızı *reaction time* tepkime süresi, reaksiyon süresi *balanced reaction* denge reaksiyonu, denge tepkimesi *chemical reaction* kimyasal reaksiyon *endothermal reaction* ısıalan tepkime *exchange reaction* değişme reaksiyonu *exothermal reaction* ısıveren tepkime *heat of reaction* reaksiyon ısısı, tepkime ısısı *heterogeneous reaction* heterojen reaksiyon, çoktürel tepkime *homogeneous reaction* homojen reaksiyon, tektürel tepkime *nuclear chain reaction* nükleer zincir reaksiyonu, çekirdeksel zincir tepkimesi, zincir tepkimesi *nuclear reaction* nükleer reaksiyon, çekirdeksel tepkime *photonuclear reaction* fotonükleer reak-

siyon, ışılçekirdeksel tepkime *reversible reaction* tersinir tepkime, tersinir reaksiyon *thermonuclear reaction* termonükleer reaksiyon, ısılçekirdeksel tepkime

reactivate *e.* tekrar yürürlüğe koymak, etkinleştirmek

reactivation *a.* tekrar harekete geçirme, etkinleştirme

reactive *s.* tepkisel; *kim. fiz.* reaktif, tepkin; tepkili

reactivity *a.* tepkime, tepki gösterme

reactor *a.* reaktör, tepkime kabı *breeder reactor* üretim reaktörü, üretken reaktör, kuluçka reaktör *nuclear reactor* nükleer reaktör

reading *a.* okuma; okunma; okuma parçası, okunacak metin; ölçüm, göstergenin kaydettiği değer * *s.* okuma ile ilgili, okunacak

read-out *a.* bilgisayar çıktısı

reagent *a. kim.* ayıraç, miyar

realgar *a.* kükürtlü arsenik

rearrangement *a.* yeniden düzenleme; yeni düzen

rebound *e.* geri sekmek * *a.* geri sekme, sıçrama

recapitulation *a.* özet; özetleme; *biy.* öz evrimleşme *recapitulation theory* öz evrimleşme kuramı

recent *s.* yeni, yakında olmuş, son; *yerb.* dördüncü zamanla ilgili

receptacle *a.* kap, depo; hazne

receptaculum *a.* çiçek zarfı

receptor *a.* reseptör, alıcı sinir *visual receptor* görme alıcı siniri

recessive *s.* dominant olmayan, çekinik *recessive (character)* çekinik (karakter) *recessive (gene)* çekinik (gen)

recessiveness *a.* çekilgenlik, çekiniklik

recipient a. alan kimse, alıcı
reciprocal s. karşılıklı, iki taraflı, iki yönlü; *matm.* karşıt, ters *reciprocal curve* ters eğri *reciprocal equation* ters denklem *reciprocal motion* karşılıklı hareket *reciprocal relation* ters bağıntı
reclinate s. aşağı sarkmış (yaprak/sap)
reclination a. yaslanma, dayanma
recombinant s. genetik maddenin yeniden bileşiminden oluşan
recombination a. gen oluşumu; çapraz gen oluşturma *recombination coefficient* yeniden birleşim katsayısı
reconstitution a. yeniden oluşturma; iyileştirme, yeni doku oluşturma
record e. yazmak, kaydetmek; kaydını yapmak * a. kayıt, sicil; kaydetme; plak; tutanak; belge, vesika; rekor * s. rekor kıran; en yüksek, en çok
recrudescence a. nüksetme, yeniden belirme
recruitment a. işgücü istihdamı; askere alma
recrystallization a. yeniden kristalleştirme
recrystallize e. yeniden kristalleştirmek
rectal s. rektal, kalın bağırsağın son kısmıyla ilgili
rectification a. düzeltme, ıslah; tasfiye
rectified s. düzeltilmiş, ıslah edilmiş
rectrix a. (kuş) kuyruk tüyü
rectum a. anat. rektum; göden bağırsağı
rectus a. anat. düz kas
recumbent s. yatan; yatmış, uzanmış; yatık
recurrence a. tekrar olma, yineleme
recurrent s. tekrarlayan, yinelenen *recurrent fever* sık sık tekrarlayan nöbet
recurvate s. geriye eğik

recurved s. geriye eğik
recycling a. yeniden kullanma, değerlendirme
red s. a. kırmızı *red admiral* al kelebek *red alga* kızıl yosun *red birch* kızıl huş *red blood cell* kırmızı kan hücresi, alyuvar *red clover* kızıl yonca *red coral* kızıl mercan *red fir* kızıl köknar *red hind* kızıl levrek *red lead* sülüğen, sülyen, kurşun oksit *red marrow* kemik iliği *red mulberry* karadut *red sheep* bozkır koyunu *red worm* kızılkurt
redintegration a. yenileme, yeniden kurma; tümleme
redistil e. yeniden arıtmak
redistillation a. yeniden arıtma
redox a. kim. indirgeme-yükseltgeme
redroot a. bitk. kızılkök
reduce e. azaltmak, indirmek; küçültmek; indirgemek
reducer a. kim. redüktör, indirgen
reducing s. kim. indirgeyici *reducing agent* kim. redüktör, indirgen, azaltıcı *reducing flame* redükleyici alev, indirgeyici alaz *reducing gas* redükleyici gaz, indirgeyici gaz
reductant a. s. indirgen, indirgeyici madde
reductase a. kim. indirgeyici enzim
reduction a. azaltma, indirme; küçültme; azalma; indirim; kim. mat. redüksiyon, indirgeme; biy. mayozlaşma, indirgenerek bölünme *reduction division* redüksiyon bölünmesi
reductive a. s. azaltıcı, eksiltici; indirgeyici (madde)
redundant s. gereksiz, lüzumsuz; ağdalı
reduplicate s. iki kat, iki misli; bitk. katmerli, kat kat

reduplicative s. iki kat, iki misli; *bitk.* katmerli, kat kat

reef a. resif, sığ kayalık; maden damarı

reefy s. döküntülü

reflectance a. *fiz.* yansıtırlık

reflected s. yansımış *reflected light* yansımış ışık, yansıyan ışık *reflected wave* yansımış dalga, yansıyan dalga

reflection a. yansıma, aksetme; derin düşünce, fikir; *anat.* katlanma

reflectivity a. yansıtıcılık

reflex a. tepke, refleks; yansıma * s. tepkeli; ters, zıt; geri bükülmüş * e. yansıtmak; geriye bükmek *reflex action* refleks hareket, istençdışı hareket *reflex arc* refleks kemeri *reflex chain* refleks zinciri

reflexibility a. bükülebilirlik

reflexion a. yansıma, aksetme; yansıma

reflux a. geriye akma, geri akış *reflux condenser* geri akış kondansatörü

refract e. (ışık) kırmak

refractable s. kırılabilir

refraction a. *fiz.* kırılma, kırılım *angle of refraction* kırılma açısı *double refraction* çift kırılma

refractive s. kırılımsal, kırılımla ilgili *refractive index* kırılma indisi, kırılım indisi

refractivity a. *fiz.* kırılırlık

refractometer a. *fiz.* refraktometre, kırılımölçer *dipping refractometer* dalgıç refraktometre, daldırma refraktometre *immersion refractometer* dalgıç refraktometre, daldırma refraktometre

refractometry a. *fiz.* kırılım ölçme

refractory s. inatçı, itaatsiz; ateşe dayanıklı, yüksek ısıya dayanır; *hek.* tedavisi güç, tedaviye cevap vermeyen

refrangibility a. kırılabilme

refrangible s. (ışık) kırılabilir

refrigerant a. s. soğutucu (madde); ateş düşürücü (ilaç)

refrigerating s. frigorifik, soğutmalı *refrigerating machine* soğutma makinesi

refrigerator a. buzdolabı, soğutucu

refringency a. kırma niteliği

refringent s. kırılımsal

regelation a. tekrar donma

regenerate e. düzelmek, iyileşmek; yeniden canlandırmak, ilk durumuna getirmek; ıslah etmek, düzeltmek

regeneration a. yeniden üreme, yenilenme, düzelme; canlanma; canlandırma

regenerative s. yeniden canlandıran, yeniden üreten, yenileyen

region a. *anat.* bedenin belli bölümü, nahiye; yöre, bölge; çevre; alan, saha

regolith a. toprakkaya

regression a. *biy.* *hek.* gerileme, geri gitme

regressive s. gerileyen, gerileyici

regulation a. düzenleme; düzeltme; düzen; kural; tüzük; yönetmelik * s. düzenli; alışılmış, bilinen

reguline a. s. yarı arıtılmış (maden)

regulus a. cüruf, yarı arıtılmış maden

rejuvenation a. gençleştirme, canlandırma; gençleşme

rejuvenesce e. gençleştirmek, canlandırmak; gençleşmek, canlanmak

rejuvenescent s. gençleştiren, canlandıran; canlanan

relate e. anlatmak, nakletmek; bağlantı kurmak

related s. ilgili; bağlı; yakın, akraba; anlatılmış

relative a. akraba, hısım * s. göreli,

göreceli, izafi, nispi *relative frequency* göreli sıklık *relative humidity* bağıl nem *relative pressure* göreceli basınç, göreli basınç, izafi basınç *relativistic s. fiz.* bağıl, izafi *relativity a.* görelilik, izafiyet, bağıllık *theory of relativity* görelilik kuramı, görecelik kuramı, izafiyet teorisi *relaxation a.* gevşetme; gevşeme; yavaşlatma, yumuşatma; dinlenme *relaxation time* gevşeme süresi *relay e.* iletmek, aktarmak; naklen yayın yapmak; yeniden sermek * *a.* vardiya, nöbet; *mak.* düzenleyici; *elek.* röle *release e.* serbest bırakmak, salıvermek; tahliye etmek; bağını çözmek * *a.* salıverme; tahliye; kurtarma; bağını çözme *release valve* boşaltma valfı *relic a.* kalıntı, bakiye; hatıra; kutsal emanet *relief a.* ferahlama; teselli, derman; yardım, imdat; nöbet devri; kabartma, rölyef; engebe *relief map* yükseklikleri gösteren harita *rem a. fiz.* rem *remex a.* telek, kanat tüyü *remigial s.* kanat tüyüne ait *renal s.* böbrekle ilgili *reniform s.* böbrek şeklinde *renin a. kim.* renin, kan basıncını yükselten ana enzim *rennet a.* işkembe iç zarı; peynirmayası *rennet stomach* bezli mide *repellent s.* itici, geri atıcı *repent a.* pişmanlık; tövbe; vicdan azabı * *e.* pişman olmak; tövbe etmek * *s. bitk.* tırmanıcı; *hayb.* sürüngen *repletion a.* dolgunluk, doluluk; aşırı tokluk *replicate a.* tekrarlama; eş deney * *s.* katlanmış, kıvrılmış * *e.* katlamak;

benzerini yapmak, kopya etmek; yanıtlamak; tekrarlamak *replication a.* cevap, yanıt; karşılık; yansıma, yankı; suret; tekrarlama *reproduce e.* doğurmak, yavrulamak; çoğalmak, üremek; çoğaltmak, üretmek; kopya etmek; yeniden üretmek *reproduction a. biy.* üreme, çoğalma; üretme, çoğaltma; kopya; yeniden yapma *asexual reproduction* eşeysiz üreme *sexual reproduction* eşeyli üreme *reproductive s.* üretken, üretici *reproductive capacity* üretme yeteneği *reproductive organ* üreme organı *reptant s. hayb.* sürüngen *reptile a. hayb.* sürüngen hayvan *Reptilia a. hayb.* sürüngenler *reptilian s. a.* sürüngen, sürünen *repulsive s.* iğrenç, tiksindirici; *fiz.* itici *repulsive forces* itici güçler *rerun e.* tekrar koşmak; tekrar çalıştırmak *research e.* araştırmak * *a.* araştırma, inceleme *field research* alan araştırması *scientific research* bilimsel araştırma *reserpine a.* rezerpin, yüksek tansiyon tedavisinde kullanılan bir alkaloid *residual a.* artan sayı * *s.* artan, arta kalan, artık; *matm.* kalan; *yerb.* arta kalan *residual magnetism* artık mıknatıslık *residuary s.* artanla ilgili, geri kalan, fazla *residue a. kim.* artık, tortu, çökelti, kalıntı *residuum a. kim.* tortu, artık; artık, artan şey, bakiye *resin a.* reçine; çamsakızı, kedibalı *resin acid* reçine asiti *resin duct* reçine kanalı **natural resin** doğal reçine **ion exchange resin** iyon değişimi reçinesi **polyvinyl resin** polivinil reçine

resiniferous *s.* reçine üreten, reçineli

resinify *e.* reçineleşmek; reçineleştirmek

resinous *s.* reçineli

resistance *a. fiz.* rezistans, direnç; direnme, direniş, karşı koyma; dayanıklılık **air resistance** hava direnci **frictional resistance** sürtünme dayanımı, sürtünme direnci **insulation resistance** yalıtım direnci **resistance box** direnç kutusu **specific resistance** özgül direnç, özdirenç **starting resistance** demeraj rezistansı **water resistance** su direnci, su mukavemeti

resistant *s.* direnen, karşı koyan; dirençli, dayanıklı

resolution *a.* kararlılık, azim; karar; çözme, parçalarına ayırma

resolve *e.* karar vermek; çözmek, halletmek; *kim.* bileşenlerine ayırmak, çözmek; *hek.* (çıban/şişlik) dağıtmak, eritmek * *a.* karar, niyet; azim

resonance *a.* rezonans, tını, seselim; yankılanma **resonance circuit** rezonans devresi **resonance energy** rezonans enerjisi **resonance neutron** rezonans nötronu, çınlanım nötronu **nuclear resonance** nükleer rezonans

resorb *e.* tekrar soğurmak

resorcin(ol) *a.* resorsinol, boya yapmakta ve deri hastalıkları tedavisinde kullanılan kristalli fenol

respiration *a.* nefes alma, solunum; soluk, nefes

respirator *a.* burunluk; suni solunum aygıtı

respiratory *s.* solunumla ilgili **respiratory organs** solunum organları **respiratory quotient** solunum katsayısı **respiratory system** solunum sistemi

response *a.* cevap, yanıt; tepki **biological response** biyolojik tepki

rest *a.* rahat; dinlenme, yatma; ferahlama; tatil, paydos; durak; destek, dayanak * *e.* dinlenmek, nefes almak; dinlendirmek; rahat etmek

restitution *a.* zararı ödeme, tazminat; onarım; *fiz.* geri sıçrama **restitution coefficient** geri sıçrama katsayısı

restored *s.* onarılmış; iyileştirilmiş

restoring *s.* düzeltici, onarıcı; iyileştiren **restoring force** düzeltici kuvvet, dengeleyici kuvvet, geriçağırım kuvveti

resultant *s.* sonucu olan, meydana gelen, -den çıkan, -den doğan * *a.* bileşke **resultant force** bileşke kuvvet

resupinate *s.* eğik, meyilli; *bitk.* baş aşağı, ters

resupination *a.* eğiklik, yatıklık

retard *e.* geciktirmek, yavaşlatmak

retardation *a.* yavaşlatma, hızını kesme

rete *a.* sinir ağı

retem *a. bitk.* akfunda

retene *a. kim.* reten, reçineli ağaçlardaki kristalli hidrokarbon

retention *a.* alıkoyma, tutma; aklında tutma; idrar zorluğu

retentive *s.* alıkoyan, tutan; saklayan; hafızası kuvvetli **retentive soil** su geçirmeyen toprak

reticle *a.* tel çapraz

reticular *s.* ağsı, ağ biçimli, kafes biçimli

reticulate *s.* ağsı, gözenekli; ağlı

reticulocyte *a.* ağsı alyuvar

reticuloendothelial s. *anat.* ağdamarsı

reticulum *a. hayb.* börkenek; ağ; ağsı yapı *reticulum cell* ağ hücre

retina *a. anat.* retina, ağtabaka

retinaculum *a. biy.* bağcık, tohum tutucu

retinal *s.* retinal; ağ tabakayla ilgili

retinene *s.* retinal

retinispora *a. bitk.* cüce selvi; çamfunda

retinitis *a.* ağ katman iltihabı

retinula *a.* (eklembacaklıda) görme siniri ucu

retort *a. kim.* karni, imbik; sert cevap * *e.* sert cevap vermek, terslemek

retractable *s.* (organ) içeri çekilebilir

retractile *s. hayb.* (organ) geri çekilebilir

retractility *a.* geri çekilebilme

retroflex(ed) *s.* geriye bükük; üst damaksıl

retrogradation *a.* gerileme; *biy.* yozlaşma, soyu bozulma

retrograde *s.* gerileyen; *biy.* yozlaşan, soyu bozulan

retrogression *a.* gerileme, geriye gitme; *biy.* bozulma, yozlaşma

retrogressive *s.* gerileyen, gerileyici; yozlaşan

retrorse *s.* geri dönük

retuse *s.* (yaprak) çökük, ucu hafif girintili

reversal *a.* tersine çevirme; *huk.* karar bozma; fenalaşma, kötüye gitme

reverse *e.* ters çevirmek; tersyüz etmek; tersine döndürmek; *oto.* geri gitmek; iptal etmek * *a.* ters taraf, arka; ters, aksi şey; terslik, aksilik; *oto.* geri vites * *s.* ters, zıt, aksi; arka, geri

reversibility *a.* ters yönelme, tersinirlik

reversible *s.* tersine çevrilebilir; *kim.* *fiz.* tersinir *reversible process* tersinir

süreç *reversible reaction* tersinir tepkime, tersinir reaksiyon

reversion *a.* tersinme, tersine dönme; *biy.* uzak ataya çekme, atavizm; eskiye dönme

revert *e.* eski haline dönmek; geri gitmek

revolute *s. biy.* kıvrık, geriye bükülmüş (yaprak)

Rh *a.* rodyumun simgesi

rhabdoid *s.* çubuk biçimli

rhamnaceous *s. bitk.* kökboyasıgillerden

rhamnose *a.* ramnoz, metil pentoz

rhatany *a. bitk.* ratanya, Güney Amerika'da yetişen funda

rhea *a. hayb.* Amerika devekuşu

rhebok *a. hayb.* boz ceylan

rhenium *a.* renyum (simgesi Re)

rheobase *a.* en az uyarım akımı

rheology *a.* akış bilimi

rheostat *a. elek.* reosta, ayarlı direnç

rheotaxis *a. biy.* akış etken hareket

rheotropism *a. biy.* akarsuda büyüme

rhesus *a. hayb.* alyanaklı maymun *rhesus factor* Rh faktörü, Rhesus faktörü

rheum *a.* burun akıntısı, nezle

rheumatic *s.* romatizmalı

rheumatism *a.* romatizma

rhinal *s.* burunla ilgili, burundan

rhinencephalon *a. anat.* beyinde koku alma sinirlerinin bittiği bölüm

rhinoceros *a. hayb.* gergedan *rhinoceros beetle* boynuzlu böcek

rhinology *a.* burun hastalıkları bilimi

rhinopharyngitis *a.* burun boğaz iltihabı

rhinorrhea *a.* burun akıntısı

rhipidium *a. bitk.* yelpaze çiçek durumu

rhizanthous *s.* kök çiçekli

rhizobium *a.* kök bakterisi
rhizocarpic *s.* kök meyveli, kökü ölmez
rhizocarpous *s.* kök meyveli, kökü ölmez
Rhizocephala *a. hayb.* kök kafalılar
rhizocephalan *a. hayb.* kök kafalı
rhizocephalous *s. hayb.* kök kafalılarla ilgili
rhizogenetic *s.* kök üreten
rhizogenic *s.* kök üreten
rhizoid *s.* köksü
rhizome *a. bitk.* kök sap, kök gövde
rhizomorphous *s. bitk.* kök biçiminde, köke benzer
rhizophagous *s.* kökçül
rhizopod *a. hayb.* kökbacaklı
rhizopoda *a. hayb.* kökayaklılar
rhizopodous *s.* kök ayaklı
rhizosphere *a.* kök toprağı
rhizotomy *a.* kök kesimi
rhodamine *a. kim.* rodamin, amino türevinden çıkan kırmızı boya
rhodic *a. kim.* rodik, üç valanslı rodyum bileşeni
rhodium *a.* rodyum (simgesi Rh)
rhodochrosite *a.* rodokrozit
rhododendron *a. bitk.* rododendron, açelyaya benzeyen çiçek açan funda
rhodolite *a.* pembe lal
rhodonite *a.* rodonit, manganez silikat
rhodoplast *a.* rodoplast, kızıl yosunda bulunan klorofilli boya maddesi
rhodopsin *a. kim.* rodopsin, retinada bulunan ve az ışıkta görmeyi sağlayan proteinli madde
rhombencephalon *a. anat.* arka beyin
rhombic *s.* eşkenar dörtgen biçimli
rhombohedral *s.* eş paralel biçimli
rhombohedron *a.* eşkenar paralel yüz
rhomboid *a.* paralelkenar
rhombus *a.* eşkenar dörtgen

rhyolite *a.* riyolit, volkanik granit
rhythm *a.* ritim, tartım; uyum, ahenk
rhytidome *a.* ağaç dış kabuğu
rib *a.* kaburga; nervür; pirzola; *bitk.* yaprak damarı **rib cage** göğüs kafesi
ribbed *s.* kaburgalı; nervürlü
ribbing *a.* kaburgalar
ribbon *a.* şerit, kurdele; tiriz
ribboned *s.* kurdeleli
ribbonfish *a. hayb.* yassı balık, kâğıt balığı
riboflavin *a. kim.* laktoflavin, riboflavin, vitamin B2
ribonuclease *a. kim.* biy. ribonükleaz, pankreasın salgıladığı bir enzim
ribonucleic *s. kim.* ribonükleik **ribonucleic acid** ribonükleik asit
ribonucleoprotein *a. kim.* ribonükleoprotein
ribonucleotide *a. kim.* ribonükleotit
ribose *a. kim.* riboz, ribonükleik asit hidrolizinden üreyen şeker
ribosome *a. biy.* ribozom
rich *s.* zengin; bitek, verimli; bol; (yemek) yağlı, ağır; (renk) parlak, canlı
ricin *a. kim.* risin, hintyağı bitkisinden çıkarılan zehirli protein
ricinoleic *s. kim.* risinoleik **ricinoleic acid** risinoleik asit
ricinolein *a. kim.* risinolein, risinoleik asit gliseridi
rictal *s.* ağız açıklığıyla ilgili
ridge *a. coğ.* sıradağ, dağ sırası; sırt, bayır; hayvan sırtı; resif
rife *a.* salgın
rift *a.* yarık, çatlak, gedik; açık alan; ara bozukluğu **rift valley** graben, çökük, çöküntü koyağı, çöküntü vadisi
rigor *a.* şiddet, sertlik; (iklim) sertlik; ürperme; insafsızlık; eziyet, zahmet;

katılaşma *rigor mortis* ölüm katılığı
rim *a.* kenar, bordür, yaka; jant, ispit
rima *a.* yarık, çatlak
rimose *s.* çatlaklı, yarık
rimrock *a. yerb.* çevre kaya; taban kaya
rimula *a.* küçük yarık
ring *a.* yüzük; halka; daire, çember; daire halkası; müsabaka; ring; *kim.* atom halkası, segman * *e.* çalınmak; çınlamak; (zil) çalmak; çınlatmak; kuşatmak *ring compound* halka bileşiği *benzene ring* benzen halkası
ringent *s.* ağzı açık; *bitk.* ayrık yapraklı
Ringer *a.* Ringer *Ringer's solution* Ringer çözeltisi
riparian *s.* nehir kıyısında büyüyen
ripe *s.* olgun, olmuş; gelişmiş
ripple *a.* hafifçe dalgalanma; dalgacık * *e.* hafifçe dalgalanmak; hafifçe dalgalandırmak
Rn *a.* radonun simgesi
roast *e.* kızartmak; kavurmak; fırınlamak, tavlamak; ısıtmak * *a.* kızartma; rosto; kızartmalık et * *s.* kızarmış, kızartılmış; kavrulmuş
roasting *s.* kızartmalık; kavurucu, yakıcı
robust *s.* sağlam, gürbüz, güçlü
rock *a.* kaya; kaya parçası; *yerb.* kayaç; kaya parçası; güvence * *e.* sallamak, sarsmak; sallanmak, sarsılmak *rock brake* kaya eğreltisi *rock crystal* neceftaşı *rock flower* kaya çiçeği *rock plant* dağ çiçeği *rock salt* kayatuzu *rock tripe* kaya likeni *metamorphic rocks* metamorfik kayalar *mother rock* anakaya *sedimentary rocks* tortul kayalar *volcanic rocks* volkanik kayalar
rodent *a.* kemirgen hayvan *rodent ulcer* kemirici yara

Rodentia *a.* kemiriciler
rodenticide *a.* fare zehiri
rodlike *s.* çomaksı, çomak biçimli *rodlike cell* çomak hücresi
rod-shaped *s.* çubuk şeklinde
roe *a.* balık yumurtası
roof *a.* dam, çatı *roof of the mouth* damak
root *a.* kök; temel, esas; kaynak, menşe; *matm.* kök * *e.* kökleştirmek, tutturmak; tutmak *root cap* kök başlığı *root crop* kök bitki *root graft* kök aşısı *root hair* emici tüy, kök tüyü *root knot* kök yumrusu *root nodule* kök yumrusu *root pressure* kök basıncı *root rot* kök çürümesi *adventitious root* adventif kök, ek kök *aerial root* hava kökü *clinging root* emici kök *hair root* kılkök *prop root* destek kök, yastık kök *tap root* kazık kök
rootlet *a.* kökçük, küçük kök
rootstalk *a. bitk.* köksap
rootstock *a.* bitki kökünün tümü
rosaceous *s.* gülgillerden; güle benzer, gülsü
rosaniline *a. kim.* kırmızı anilin; anilin kökü
rose *a.* gül; gül rengi; rüzgâr gülü; hortum süzgeci *rose acacia* gül ibrişim *rose aphis* gül biti *rose daphne* pembe defne *rose fever* gül nezlesi *rose mallow* ebegümeci *rose oil* gülyağı *damask rose* Şam gülü *dog rose* yabani gül *moss rose* yosun gülü *rock rose* laden
rosette *a.* rozet, delik çevresine yerleştirilen yuvarlak metal
rosin *a.* reçine; çamsakızı
rosinous *s.* reçineli
rostellar *s.* gagaya benzer, gagamsı

rostellate s. gaga biçiminde

rostellum a. bitk. gagaya benzer çıkıntı; hayb. (kurt) sivri baş

rostral s. gagamsı, kıvrık; gagayla ilgili; gagalı

rostrate s. gaga gibi; gagalı

rostriform s. gaga biçimli

rostrum a. kürsü; gaga biçimli uzantı

rosulate s. rozet biçimli

rotary s. dönen, döner, dönel, rotatif rotary engine dönen radyal motor rotary motion dönme hareketi

rotate e. dönmek; döndürmek; sırayla çalışmak/çalıştırmak; dönüşümlü olarak ekmek

rotation a. dönme, dönü, devir; rotasyon, münavebe, sırayla farklı ürün yetiştirme specific rotation özgül dönme

rotational s. dönen, dönel rotational energy dönen enerji rotational motion dönme hareketi

rotatory a. dönen şey/kimse rotatory power rotatif güç, döndürüm gücü

rotenone a. kim. kök zehiri

rotifer a. hayb. tekerleksi, tekerlek biçimli çok hücreli mikroskopik hayvan

rotiform s. çemberimsi, tekerlek biçiminde

rottenstone a. süngertaşı, ponza

roundworm a. yuvarlak kurt, bağırsak solucanı

Ru a. rutenyumun simgesi

rub e. sürtmek; sürmek; ovmak * a. sürtme; sürtünme; ovma rub down masaj yapmak; zımparalamak

rubber a. kauçuk, lastik; silgi; galoş; parlatma aleti hard rubber sert kauçuk rubber plant kauçuk ağacı rubber stopper lastik tapa

rubbery s. esnek, kauçuk gibi

rubescence a. kızartı, kızarıklık

rubescent s. kızarmış, kızaran

rubiaceous s. kızılkök familyasından

rubidium a. rubidyum (simgesi Rb)

rubiginous s. bitk. hayb. kızıl kahverengi

rubigo a. kırmızı demir oksit, pas

rubor a. kızarıklık

ruby a. yakut; yakut rengi ruby silver gümüş lakut ruby spinel kaba yakut

ruderal s. kendi yetişen * a. bitki örtüsü değiştirilmemiş yerde yetişen bitki

rudiment a. biy. gelişmemiş/az gelişmiş organ, ilke, esas

rudimental s. gelişmemiş, basit; temel

rudimentary s. gelişmemiş, basit; temel

ruff a. hayb. dövüşken kuş; platika balığı; kabarık tüy

rufous s. kızılımsı, pas renginde

rugae a. biy. kırışıklık, kıvrım

rugose s. buruşuk, kırışık; bitk. sert damarlı (yaprak)

rugosity a. kırışıklık, buruşukluk

rugous a. bitk. (yaprak) sert damarlı; kırışık buruşuk

rugulose s. kırışık

rumen a. birinci mide, işkembe

ruminant a. s. gevişgetiren (hayvan)

Ruminantia a. gevişgetirenler

ruminate e. geviş getirmek

ruminating s. geviş getiren

rumination a. geviş getirme

rump a. but; hayvan kıçı, sağrı; kalıntı, bakiye

run e. koşmak; kaçmak; işletmek; çalıştırmak; işlemek; akmak, dökülmek; dökmek; uzanmak; erimek, eriyip akmak; (bitki) tırmanmak, çıkmak; (çorap) kaçmak; (balık) akın etmek * a. koşma; kaçma; kısa gezi;

(çorap) kaçık; ilerleme, gelişme; (maden) damar; yol, rota; akış süresi; debi, akan su miktarı; balık akını **runcinate** *s. bitk.* sivri dişli, tırtıklı **runner** *a.* koşucu; haberci, ulak; ray; *bitk.* sürüngen sap; kök sürgünü; *hayb.* turnacık **running** *s.* koşan, kaçan; (bitki) sarılgan, tırmanıcı, sürüngen; (makine) işleyen; sıvı; *hek.* akıntılı, irinli; cari, geçer; sürekli, devamlı * *a.* koşma, kaçma; yönetim; yarışma; akıntı *running root* sürüngen kök **rust** *a.* pas, oksit; ekin pası, pas hastalığı, kınacık * *e.* paslandırmak; pas tutmak, paslanmak **rusting** *a.* paslanma **rut** *a.* tekerlek izi; yiv, oyuk, kanal; (hayvan) kızışma * *e.* tekerleklerle iz yapmak; (hayvan) kızışmak **rutaceous** *s. bitk.* sedefotugillerden **ruthenic** *s. kim.* rutenik, yüksek valanslı rutenyum içeren **ruthenium** *a.* rutenyum (simgesi Ru) **rutilated** *s.* rütilli, rütil kristalleri içeren **rutile** *a.* rütil, titanyum dioksit minerali **rutting** *s.* kızışmış *rutting season* kızışma dönemi

S

S *a.* kükürtün simgesi
sabulous *s.* kumlu
sac *a.* kese *air sac* hava kesesi *embryo sac* embriyon kesesi *lachrymal sac* gözyaşı kesesi *tear sac* gözyaşı kesesi *yolk sac* vitellüs kesesi
sacaton *a. bitk.* kaba çayır
saccate *a.* keseli, torbalı
saccharate *a. kim.* sakarat, sakarik asit

tuzu
saccharic *s. kim.* sakarik *saccharic acid* sakarik asit
saccharide *a. kim.* sakarit, şeker içeren organik madde
sacchariferous *s.* şekerli
saccharimeter *a.* sakarimetre, şekerölçer
saccharimetry *a.* şekerölçüm
saccharin *a. kim.* sakarin
saccharization *a.* şekere çevirme
saccharoid *s. yerb.* tanesel
saccharomyces *a.* maya mantarı
saccharose *a. kim.* sakaroz
sacciform *s.* kese şeklinde
saccular *s.* kese biçiminde
sacculated *s.* keseciklere ayrılmış
sacculation *a.* kese biçimli çıkıntı
saccule *a. anat.* kesecik
sacculus *a.* kesecik
saccus *a.* kese, torba
sacral *s. anat.* kuyruksokumu kemiğiyle ilgili
sacroiliac *s.* kalçada iki kemiğin birleştiği yerle ilgili
sacrospinal *s.* sağrı kemiği ve bel bölgesiyle ilgili
sacrovertebral *s.* sağrı kemiği ve omurgayla ilgili
sacrum *a.* kuyruksokumu kemiği, sağrı kemiği
safflower *a. bitk.* yalancısafran, papağanyemi *safflower oil* yalancısafran yağı
safranin(e) *a. kim.* safranin
safrol(e) *a. kim.* safrol, parfümeri yapımında kullanılan kokulu sıvı
sagebrush *a. bitk.* kokulu funda
saggar *a.* ateşe dayanıklı kap; ateş kili
sagittal *s. anat.* kafa kemiği birleşim çizgisiyle ilgili; sagital; ok gibi *sagit-*

tal section sagital kesit

sagittate *s.* ok şeklinde

salammoniac *a. kim.* nişadır

salicin *a.* salisin, söğütün kabuk ve yapraklarından çıkarılan bir ilaç

salicyl *a. kim.* salisil *salicyl alcohol* salisil alkol

salicylate *a. kim.* salisilat, salisilik asit tuz/esteri *methyl salicylate* metil salisilat *sodium salicylate* sodyum salisilat

salicylic *s.* salisilik *salicylic acid* salisilik asit

salient *s.* göze çarpan, dikkati çeken; çıkıntılı; cumbalı

saliferous *s.* tuzlu

salifiable *s.* tuzlanabilir, tuz oluşturabilir

saligenin *a.* salisil alkol

salimeter *a. kim.* tuzölçer, eriyikteki tuz miktarını ölçen alet

saline *s.* tuzlu; tuz gibi

salinize *e.* tuzlamak

salinometer *a. kim.* tuzölçer

saliva *a.* salya, tükürük

salivary *s.* tükürükle ilgili

salivate *e.* tükürük çıkarmak

salivation *a.* tükürük çıkarma, salya akıtma

salmon *a. hayb.* som balığı

salmonella *a.* salmonella, hastalık yapan çubuk şekilli bakteri

salol *a.* salol, fenil salisilat

salpingian *s. anat.* borumsu, boruyla ilgili

salpingitis *a. hek.* soluk borusu iltihabı

salpinx *a.* rahim tüpü, östaki borusu

salt *a.* tuz * *s.* tuzlu; tuzlama, tuzlanmış * *e.* tuzlamak *salt lake* tuz gölü *salt pan* tuzla tavası *salt well* tuzlu kuyu *acid salt* asit tuz *basic salt* bazik tuz

double salt çift tuz *Epson's salts* İngiliz tuzu *Rochelle salt* Seignette tuzu, La Rochelle tuzu *rock salt* kaya tuzu *spirit(s) of salt* hidroklorik asit, tuzruhu *tin salt* kalay klorürü

saltation *a.* ani değişiklik; (nabız vb.) atma, çarpma

saltatorial *s. hayb.* zıplayan, sıçrayan

saltigrade *s.* sıçrayarak yürüyen; sıçrayangillerden

salt-marsh *a.* tuzlu bataklık

saltpetre *a.* güherçile, potasyum nitrat *Chile saltpetre* Şili güherçilesi, sodyum nitrat

salvarsan *a.* frengi tedavsinide kullanılan bir arsenik

samara *a. bitk.* tek çekirdekli kanatlı tohum

samarium *a.* samaryum (simgesi Sm)

samarskite *a.* samarskit, siyah cevher

sand *a.* kum; kumsal *loamy sand* tınlı kum, killi kum

sandstone *a.* kumtaşı, gre

sanguicolous *s.* kanda yaşayan

sanguiferous *s.* kan ileten

sanguification *a.* kan oluşumu

sanguinaria *a. bitk.* kurt pençesi

sanguinary *s.* kanlı; kandan oluşan

sanguineous *s.* kanlı, kanla dolu

sanguinolent *s.* kanla ilgili

sanicle *a. bitk.* sayvan çiçekli ot

sanies *a.* cerahat, irin

sanious *s.* cerahatli, irinli

sanitary *s.* sağlıkla ilgili; sağlığa uygun

sanitize *e.* sterilize etmek, temizlemek

santol *a. bitk.* sandal ağacı

santonica *a. bitk.* ak pelin

santonin *a. kim.* santonin, ak pelinden çıkan acı bir madde

sap *a.* özsu; hayat veren sıvı; aptal, ahmak * *e.* özsuyunu çekmek, kanını

emmek; sopa ile vurmak **cell sap**
hücre özsuyu **crude sap** ham besisuyu
nuclear sap çekirdek sıvısı **raw sap**
ham özsu
saphena a. safen
saphenous s. sefanöz, saklı toplardamarsal
sapindaceous s. bitk. çövenotugillerden
sapless s. buruşmuş, pörsümüş; ruhsuz, cansız
sapodilla a. bitk. sakız ağacı
saponaceous s. sabun gibi
saponification a. sabunlaşma; sabunlaştırma
saponifier a. sabunlaştıran, asit ve alkole ayrıştıran
saponify e. sabunlaşmak; sabunlaştırmak; asit ve alkole ayrıştırmak
saponifying s. sabunlaştıran
saponin a. saponin, bazı bitkilerdeki sabun gibi köpüren bir madde
saponite a. saponit, kaya boşluklarında olan yumuşak magnezyum
saporific s. tat verici
sappanwood a. bitk. kızılağaç
sapphire a. gökyakut, safir **white sapphire** beyaz safir
sapphirine a. safirin, alüminyum silikat cevheri * s. safirden yapılmış
sappiness a. özlülük, sululuk; canlılık, çeviklik; toyluk, acemilik
sappy s. özlü, sulu; canlı, çevik; toy, acemi
saprogen a. çürükçül miroorganizma
saprogenic s. çürüten; çürümeden oluşan, çürümüş maddede olan
saprogenous s. çürüten; çürümeden oluşan, çürümüş maddede olan
sapropel a. oksijensiz ortamda derin suda oluşan çökelti katmanı
saprophagous s. biy. çürükçül

saprophilous s. çürükçül
saprophyte a. çürükçül bitki, çürümüş madde üzerinde yaşayan canlı
saprophytic s. çürükçül+
saprozoic s. çürükçül
sapwood a. ağaç özü
sarcitis a. hek. kasdokusu iltihabı
sarcoblast a. öncü kas hücresi
sarcocarp a. bitk. etli meyve
sarcocele a. haya şişmesi
sarcocyte a. dış plazma
sarcode a. protoplazma
sarcogenic s. kas oluşturan, et yapıcı
sarcoid s. etli * a. sarkoma benzeri şişlik
sarcolemma a. anat. kas zarı
sarcoma a. hek. sarkoma, eklem uru
sarcomatosis a. yaygın ur
sarcophagous s. etle beslenen
sarcoplasm a. sarkoplazma
sarcosin(e) a. metil aminoasetik asit
sarcous s. etli, adaleli
sard a. akik, kırmızı akik
sardine a. sardalya, ateş balığı
sardonyx a. tabakalı akik taşı
sargasso a. esmer denizyosunu
sargo a. karagöz balığı
sarmentose a. tırmanarak kök salan
sarracenia a. bitk. böcekkapan
sarsaparilla a. bitk. saparna, saparna kökü
sarsen a. büyük kum taşı
sartorius a. terzikası
saskatoon a. bitk. ekşi funda
sassafras a. bitk. kokulu defne
satellite a. uydu
satinbird a. hayb. ipekli çardak kuşu
satinpod a. bitk. atlas kabuk
satinwood a. bitk. atlas ağacı
saturant s. a. doyuran (madde)
saturate e. doyurmak; emdirmek

saturated s. doymuş, doygun **saturated layer** doymuş tabaka

saturation a. doyma, doygunluk **saturation point** doyma noktası **magnetic saturation** manyetik doyma

saturnic s. kurşundan zehirlenmiş

saturnine s. kurşundan zehirlenmiş; asık suratlı, somurtkan

saturnism a. kurşun zehirlenmesi

satyriatic s. azgın, şehvet düşkünü

Sauria a. kertenkelegiller

saurian s. kertenkelegillerden

sauropod a. soropod, et yiyen dinozor

savanna a. ağaçsız ova, savan

saxatile s. kayacıl, kayada yetişen

saxifragaceous s. bitk. taşkıran familyasından

Sb a. antimonun simgesi

Sc a. skandiyumun simgesi

scab e. (yara) kabuk bağlamak * a. yara kabuğu; koyun uyuzu

scabbed s. kabuk bağlamış

scabicide a. uyuz öldürücü ilaç

scabies a. uyuz

scabietic s. uyuzlu

scabieticide a. uyuz öldürücü ilaç

scabrous s. kabuklu, pütürlü, pürüzlü

scala a. basamaklı çizelge

scalare a. hayb. çizgili akvaryum balığı

scalariform a. merdiven biçiminde **scalariform vessels** basamaksı damarlar

scale a. balık pulu; bağa, kabuk; derece, kademe; ölçek; ıskala, gam * e. pullarını ayıklamak; kabuk bağlamak; kabuğunu dökmek; kireçlenmek **scale insect** kabuklubit, koşnil **scale moss** kabuklu yosun **Centigrade scale** Santigrad derecesi **the decimal scale** ondalık basamak

scalenous s. eğik eksenli; anat. omursal

scalenus a. omur kası

scaling a. pullanıp dökülme, diş taşı temizliği

scallop a. hayb. deniz tarağı; tarak kabuğu

scalp e. kafa derisini yüzmek; karaborsa mal satmak * a. kafa derisi; zafer işareti

scaly s. pul pul, pullarla kaplı, pullu; pulsu, kabuksu

scandent s. tırmanıcı (bitki)

scandia a. kim. skandiya, skandiyum oksit

scandium a. skandiyum (simgesi Sc)

scansorial s. hayb. tırmanıcı

scape a. hayb. tüy sapı; bitk. topraktan çıkan çiçek sapı

scapha a. eritme kabı

scaphoid s. kayık şeklinde

Scaphopoda a. hayb. sandalımsı yumuşakçalar sınıfı

scaphopodous s. hayb. sandalımsı yumuşakçalar sınıfından

scapolite a. skapolit

scapose s. saptan oluşan, sapa benzeyen

scapula a. kürekkemiği, omuz kemiği

scapular s. omuz+, kürek kemiğiyle ilgili

scar a. yara izi * e. yara izi bırakmak **scar over** kabuk bağlamak **scar tissue** yara dokusu

scarab a. bok böceği

scarfskin a. epiderm, üstderi

scarious s. bitk. ince kuru zarlı

scatology a. dışkı incelenmesi

scatophagy a. dışkı yeme

scattering s. dağınık, serpilmiş; dağılan, yayılan * a. fiz. saçılım **scattering angle** saçılım açısı

scaup a. hayb. deniz ördeği

scavenger a. leşle beslenen hayvan,

scent *e.* kokusunu almak, sezmek; güzel koku yaymak * *a.* koku; güzel koku, esans; koklama duyusu *scent bag* koku bezcsi *scent gland* koku bezi
scheelite *a.* şelit, kalsiyum tungstat
schist *a. yerb.* şist, kiltaşı, yapraktaşı *mica schist* mikaşist
schistocyte *a.* şistosit
schistose *s.* şistli
schistosome *a.* kan kurdu, yassı kan kurdu
schistous *s.* yapraklı, şistli
schizocarp *a. bitk.* olgunlaşınca tek tohumlu karpele ayrılan kuru meyve
schizocarpic *s.* tohumu bölünen
schizocarpous *s.* tohumu bölünen
schizocyte *a.* alyuvar parçalanması
schizogamy *a.* şizogami
schizogenesis *a. biy.* bölünerek üreme
schizognathism *a.* yarık çene
schizognathous *s.* yarık çeneli
schizogony *a.* şizogoni, bölünerek eşeysiz üreme
schizomycetes *a.* bölünen mantarlar, bakteriler
schizomycosis *a.* bakterili hastalık
schizont *a. biy.* bazı tek hücrelilerin eşeysel olmayan bölünme özelliğine sahip biçimi
schizophyceous *s. bitk.* tek/çok hücreli yeşil yosunlar
schizophyte *a.* bölünerek çoğalan tek hücreli bitki
schizopod *a. s.* ayrık bacaklı, şizopod (sınıfı)
schizopodous *s.* ayrık bacaklı+
schorl *a.* siyah turmalin
schorlaceous *s.* siyah turmalinli
Schrödinger *a.* Şrödinger
Schrödinger's equation Şrödinger

denklemi *Schrödinger's wave equation* Şrödinger dalga denklemi
Schwann *a.* Schwann *Schwann cell* Schwann hücresi *Schwann's sheath* Schwann kını
science *a.* fen, ilim, bilim; bilim dalı *applied sciences* uygulamalı bilimler, deneysel bilimler *physical science* fizik bilimi, doğa bilimi *pure science* soyut bilim, kuramsal bilim *natural science* doğa bilimleri, doğal bilimler
scientific *s.* bilimsel; kesin *scientific explanation* bilimsel açıklama *scientific research* bilimsel araştırma
scientifically *be.* bilimsel olarak
scientist *a.* bilim adamı
scilla *a. bitk.* çançiçeği
scintigram *a.* cismin yaydığı radyoaktivite ölçümü
scintillation *a.* kıvılcım saçma, ışıldama; parıltı, ışıltı; *fiz.* çakım *scintillation counter* sintilasyon sayacı, kırpışım sayacı
scion *a.* çocuk, evlat; *bitk.* aşı kalemi; filiz, sürgün
sciophyte *a.* gölge bitkileri
scirrhoid *s.* kanserli ur cinsinden
scirrhosity *a.* kanserli ur
scissile *s.* yarılabilir, kesilebilir
scission *a.* bölme, bölüm, kesme; kesilme, bölünme
scissortail *a. hayb.* çatal kuyruklu sinekkapan
sciurine *s.* kemirgen
sclera *a. anat.* göz akı
sclerectomy *a.* orta kulak ameliyatı
sclerenchyma *a. bitk.* sert doku
sclerification *a. bitk.* odunlaşma
sclerite *a. hayb.* sert kabuk
scleritic *s.* sert kabuklu

scleroderma 242

scleroderma *a.* derinin sertleşmesi

sclerodermatous *s. hayb.* sert derili, sert kabuklu

scleroma *a.* doku sertleşmesi

sclerophyllous *s.* sert yapraklı

scleroprotein *a. biy.* katı protein

sclerosed *s.* sertleşmiş (doku)

sclerosis *a.* sertleşme

sclerotic *s. anat.* göz akıyla ilgili; *bitk.* sertleşen, katılaşan; katılaşma+

sclerotium *a. bitk.* mantar besi

scolecite *a.* skolesit

scolex *a. hayb.* bağırsak şeridinin başı

scoliosis *a.* belkemiği yan kıvrımı

scoliotic *s.* belkemiği eğriliği olan, belkemiği eğriliğiyle ilgili

scolopendrid *a.* zehirli çıyan

scombroid *a. s.* uskumrugiller(den)

scopolamine *a.* skopolamin, müsekkin şurup

scopula *a. hayb.* sık tüy

scoria *a.* cüruf, dışık

scorpioid *s.* akrep gibi; *hayb.* akrepgillerden

scorpion *a. hayb.* akrep

scorpionfish *a. hayb.* iskorpit balığı

scotoma *a.* kör nokta

scour *a.* ovma, ovarak temizleme; ovulan yer * *e.* ovmak, ovarak temizlemek; oymak

scouring *a.* ovma, ovarak temizleme, aşındırarak temizleme; perdahlama

scouring rush atkuyruğuotu

scree *a.* döküntü yelpazesi, dağ yamacındaki taş yığını

screen *a.* perde, kafes; tahta perde; ekran * *e.* korumak; saklamak; gözlemek; elemek, kalburdan geçirmek; ekranlamak

screenings *a.* elek artığı, eleğin üstünde kalan artık

scrobiculate *s.* kırışık buruşuk, oyuklu

scrobiculus *a.* çukurluk, küçük boşluk

scrotal *s.* testisi saran torbayla ilgili

scrotum *a.* haya torbası

scum *a.* köpük; maden cürufu; kef; pislik

scurf *a.* kepek; konak; kabuk

scutate *s. hayb.* iri pullu; *bitk.* kalkansı

scute *a. hayb.* sırt kabuğu, bağa

scutellate *s. hayb.* sert pullu, bağalı

scutellation *a. hayb.* sert pullar

scutellum *a. hayb. bitk.* kalkan şeklinde organ, bağacık

scutiform *s.* kalkan şeklinde

scutum *a. hayb.* sert sırt kabuğu

scyphiform *a. bitk.* tas biçiminde, çukur

Se *a.* selenyumun simgesi

sealant *a.* yalıtım macunu, sızdırmazlık gereci, tıkama gereci

seam *a.* dikiş yeri; bağlantı yeri; armuz; *yerb.* damar, maden yatağı; *hek.* dikiş

seaware *a.* denizyosunu

seaweed *a.* denizyosunu; deniz bitkisi

sebaceous *s.* yağlı; yağ salgılayan **sebaceous gland** yağ bezesi

sebacic *s. kim.* kunduz asidinden elde edilen **sebacic acid** kunduz asidi

sebiferous *s.* yağlı; yağ salgılayan

sebum *a.* yağ, yağ bezi salgısı

secondary *s.* ikincil, ikinci derecede olan; *kim.* iki atomun değişmesinden oluşan; *elek.* sekonder * *a.* yardımcı; *elek.* sekonder sargı; böceğin arka kanadı **secondary emission** sekonder emisyon **secondary shoot** temmuz sürgünü, yaz sürgünü

secrete *e. biy.* salgılamak; gizlemek, saklamak

secretin *a.* sekretin, ince bağırsak hormonu

secretion *a. biy.* salgılama; salgı;

gizleme **external secretion** dış salgı
internal secretion iç salgı
secretory s. salgısal; salgılayan * a.
salgı oraganı
sectile s. bıçakla kesilebilir
secund s. *hayb.* bitk. tek taraflı, tek
yanlı
secundiflorous s. *bitk.* tek taraflı
çiçeklenen
secundine a. *bitk.* ikinci zar, örtü **se-cundines** etene, son
securiform s. balta şeklinde
sedentary s. oturarak yapılan; yerleşmiş,
yerleşik
sedge a. *bitk.* saz, ayak otu
sedgy s. sazlık
sediment a. tortu, çökelti, çökel; posa
sedimental s. tortul, çökelmiş; çöküntüsel
sedimentary s. tortul, çökelmiş **sedimentary rock** tortul kaya
sedimentation a. çökelme, sedimantasyon; tortulaşma, sedimantasyon **sedimentation equilibrium** sedimantasyon dengesi, düşme dengesi
seed e. tohum ekmek; tohumu çıkarmak
* a. tohum, tane; çekirdek; kaynak;
döl, evlat; evlatlar; meni, sperm; ağaç
damarı **seed capsule** tohum kabuğu
seed coat tohum kabuğu **seed leaf**
çenek, kotiledon, tohumdan ilk çıkan
yaprak **seed plant** tohumlu bitki **seed
vessel** tohum kabı
seedless s. çekirdeksiz, tohumsuz
seedling a. fide; fidan
seep a. sızıntı; kaynak * e. sızmak,
sızıntı yapmak; içine işlemek
seepage a. sızıntı, su sızması **seepage
water** sızma suyu, sızıntı suyu
segment a. parça, bölüm, kısım, dilim;

hayb. bölüt, vücut bölümü
segmental s. dilimsel, bölümsel; dilimli,
parçalı
segmentation a. kesimleme; bölünme,
parçalanmak; canlıyı oluşturan
kısımlar; bölünerek çoğalma **complete
segmentation** tam bölünme **direct
segmentation** eşeysiz bölünme **incomplete segmentation** parçalı
bölünme
segmented s. parçalı, bölümlü, segmentli
segregate e. ayırmak, tecrit etmek * s.
ayrılmış
segregation a. ayrı tutma, ayrım, ayırma
seism a. deprem
seismic s. sismik, depremsel **seismic
sea wave** deprem dalgası
seismicity a. depremsellik
seismism a. deprem olayları
seismogram a. sismogram, deprem
eğrisi
seismograph a. sismograf, depremyazar
seismography a. depremyazım
seismological s. deprembilimsel
seismology a. sismoloji, deprembilim
seismometer a. depremölçer
seismometry a. depremölçüm
Selachii a. *hayb.* köpekbalıkları
selachian a. s. *hayb.* köpekbalığıgiller(den)
selaginella a. yosunotu
selection a. seçme, ayırma; seçme şey;
ayıklanma **selection rules** seçme
kuralları **natural selection** doğal
ayıklama, doğal seçim
selenate a. *kim.* selenat, selenik asit
tuzu/esteri
selenic s. *kim.* selenyumla ilgili, selenik
selenic acid selenik asit
selenide a. *kim.* selenit, iki valanslı

selenyum bileşeni
selenious *s.* selenyum içeren *selenious*
acid selen asidi
selenite *a.* selenit, selen asidi tuzu; şeffaf alçıtaşı
selenitic *s.* selenitli
selenium *a.* selenyum (simgesi Se) *selenium cell* selenyum pili, selenyum selülü
selenous *s.* selenyum içeren
self-absorption *a.* kendi düşüncelerine dalma
self-fertilization *a.* kendi kendine döllenme, öz döllenme
self-fertilized *s.* öz döllenmiş
self-fertilizing *s.* kendi kendine döllenen
self-induced *s. elek.* öz indüklenmiş
self-induction *a. elek.* öz indükleme
self-pollination *a. bitk.* kendi kendine tozlanma
self-raising *s.* kendinden mayalanan
self-sterile *s.* özüne kısır
self-sterility *a.* kendine kısırlık
semantic *s.* anlamsal
semaphoric *s.* ışıklı
semeiology *a.* semiyoloji, imbilim, göstergebilim
semen *a.* sperm, meni, er suyu
semiaquatic *s. hayb.* kısmen suda yaşayan
semiarid *s.* yarı kurak
semicartilaginous *s.* yarı kıkırdak yapıda
semicircle *a.* yarı çember, yarım daire
semicircular *s.* yarım daire biçiminde *semicircular canals* yarım çember kanalları
semicylinder *a.* yarım silindir
semidiameter *a.* yarı çap
semiellipse *a.* yarım elips

semifluid *s.* yarı akışkan
semilunar *s.* yarım ay şeklinde *semilunar bone* yarım ay kemik *semilunar valve* yarım ay kapakçık
semi-metal *a.* yarı metal
semi-metallic *s.* yarı metallik
seminal *s.* meniyle ilgili; *bitk.* tohum+; üretken *seminal fluid* sperma, meni, belsuyu
seminality *a.* üretkenlik
semination *a.* ekme, tohumlama; üreme
seminiferous *s. anat.* menili, meni taşıyan; *bitk.* tohumlu
seminivorous *s.* taneyle beslenen
semiology *a.* göstergebilim; hastalık belirti bilimi
semi-palmate(d) *s.* yarı perdeli (kuş ayağı)
semiparasite *a.* yarı asalak
semiparasitic *s.* yarı asalaksal
semiparasitism *a.* yarı asalaklık
semipermeability *a.* yarıgeçirgenlik
semipermeable *s.* yarıgeçirgen *semipermeable membrane* yarıgeçirgen zar
senarmontite *a.* senarmontit, antimuan trioksit cevheri
senescence *a.* yaşlılık, ihtiyarlık
senescent *s.* yaşlanan
senile *s.* bunak, yaşlı; *coğ.* aşınmış
senilism *a.* erken yaşlanma
senility *a.* bunaklık, yaşlılık
sensation *a.* duyu, duygu, his; duyarlık; heyecan; sansasyon
sense *a.* duyu, his; akıl; fikir; anlam, mana; *matm.* yön *sense of rotation* dönme yönü *sense of sight* görme duyusu *sense organs* duyu organları *body sense* vücut duyusu
sensitive *s. fiz.* duyar, hassas; duygulu, hassas; içli; alıngan; *bitk.* narin, çabuk

solan

sensitivity *a.* duyarlık, hassaslık; irkilirlik

sensitization *a.* duyarlaştırma, hassas hale getirme/gelme

sensitizer *a.* duyarlaştıran

sensorial *a.* s. duyumsal, alıcı (alet)

sensorimotor *s.* duyu devimsel

sensorium *a.* sinir sistemi

sensory *s.* duyusal; duyumsal *sensory areas* duyum alanı *sensory cell* duyu hücresi *sensory discrimination* duyumsal ayrım *sensory nerve* duyu siniri *sensory organs* duyu organları

sepal *a. bitk.* çanakyaprak, sepal

sepalled *s.* çanakyapraklı

sepaloid *s.* çanakyapraksı

sepalous *s.* çanakyapraklı

separable *s.* ayrılır, ayrılabilir

separate *e.* ayırmak; bölmek; ayrılmak; bölmek * *s.* ayrı, ayrılmış

separation *a.* ayrılma; ayırma

separatory *s.* ayırıcı, ayıran

sepia *a.* mürekkepbalığı; scpya, kırmızımsı kahverengi boya

sepiolite *a.* Eskişehir taşı, lüle taşı

sepsis *a.* mikrop kapma, kan zehirlenmesi

septal *s. biy.* bölmeli, bölümlü

septarium *a. yerb.* çatlakkaya

septate *s. biy.* bölmeli, bölümlü

septic *s.* mikroplu, kirli; mikroptan üreyen

septicemia *a.* septisemi, kan zehirlenmesi

septicidal *s. bitk.* ek yerinden bölünen, zardan ayrılan

septicity *a.* mikropluluk, pislik

septifragal *s. bitk.* bölünen

septivalent *s. kim.* yedi değerli, yedi valanslı

septonasal *s.* burun bölmesiyle ilgili

septum *a. biy.* perde, bölme, bölüm *ventricular septum* kalbin sağ ve sol karıncığı arasındaki bölme

sequence *a.* ardışıklık, birbirini izleme, art arda gelme; seri, dizi

sequela *a.* hastalık kalıntısı

sequester *e.* ayırmak; haczetmek, el koymak

sequestral *s.* ölü kemik parçasıyla ilgili

sequestrum *a.* ölü kemik parçası, ayrık kemik

sequoia *a. bitk.* sekoya, dev ağacı

serein *a.* çise, çisenti

sergeantfish *a. hayb.* çavuş balığı

sericeous *s.* ipekli; *bitk.* ülgerli

sericin *a. kim.* ipek özü

series *a.* sıra; seri, dizi; *matm.* seri, derney; *elek.* seri bağlı *series motor* ardışık motor *series wound* seri bağlı

serin *a. hayb.* ispinozcuk

serine *a. kim.* serin, ipek özünden elde edilen amino asit

seringa *a.* kauçuk ağacı

serology *a.* serum bilimi

serosa *a.* karın zarı, yürek zarı

serosity *a.* seruma benzerlik

serotonin *a. kim.* serotonin, damar büzücü kristalli protein

serous *s.* serum gibi, kansu gibi; serumlu, kansulu; serumla ilgili *serous membrane* karın zarı, yürek zarı

serpentine *a.* yılantaşı, serpantin, koyu yeşil somaki * *s.* yılankavi

serpentstars *a. hayb.* yılanyıldızları

serpigo *a.* döküntü

serranid *a. hayb.* hanigillerden birkaç çeşik balık

serranoid *s.* hanigillerden

serrate *s. bitk.* testere dişli, çentikli, diş diş *serrate-leaved* testere dişli yaprak

serrated 246

serrated s. testere dişli, çentikli, girintili çıkıntılı

serration a. dişlilik, çentiklilik; çentik

serrature a. dişlilik, çentiklilik; çentik

serriform s. çentikli, tırtıklı

serrulate(d) s. tırtıklı

sertularian a. hayb. su çelengi

serum a. serum; kansu; özsu *serum albumin* kansu albümini *blood serum* kan serumu

serumal s. serumla ilgili

sesame a. susam; susam tohumu

sesamoid s. susamsı *sesamoid bone* susamsı kemik

sesquicarbonate a. kim. karbonatbikarbonat arası tuz

sessile s. sapsız (yaprak) *sessile-leaved* sapsız yapraklı *sessile-flowered* sapsız çiçekli

sessility a. sapsızlık

set e. koymak, yerleştirmek; kurmak; tespit etmek; ayarlamak; kuluçkaya yatırmak; (kırık) yerine oturtmak; tiy. dekor kurmak; (süt) kesilmek; (güneş vb.) batmak * a. duruş; yerleştirme, koyma; takım; birlik; eğilim, meyil; katılaşma; (radyo/TV) alıcı; tiy. iç dekor; batma, batış * s. belirli; yerleşmiş, kökleşmiş; kararlı; donuk

seta a. hayb. bitk. sert kıl

setaceous s. kıl gibi; sert kıllı, ince dikenli

setiferous s. sert kıllı, fırça gibi

setiform s. kıllı

setose s. sert kıllı

sewage a. pissu, lağım suyu *sewage biology* atıksu biyolojisi *sewage farm* lağım suları ile sulanan tarla *sewage system* kanalizasyon *sewage technique* atıksu tekniği *sewage treatment* atıksuların temizlenmesi *sewage*

water atıksu, pissu, lağım suyu *sewage works* kanalizasyon çalışmaları

sewer a. lağım *sewer system* kanalizasyon

sex a. cinsiyet, cins; seks, cinsel ilişki *sex cell* eşey hücresi *sex chromosome* eşey kromozomu, cinsiyet kromozomu *sex determination* cinsiyet belirlenmesi *sex hormones* cinsiyet hormonları *sex-linked* eşeysel kromozomla geçen *sex organs* cinsel organlar

sexed s. eşeyli; belli cinsel karakteristiği bulunan

sexivalent s. kim. altı değerli

sexless s. cinsiyetsiz, eşeysiz

sexopathy a. cinsel sapıklık

sexual s. cinsel, cinsi, eşeysel *sexual characteristic* cinsel özellik *sexual dimorphism* eşey ayrılığı *sexual maturity* eşeysel olgunluk *sexual reproduction* cinsel üreme *the sexual organs* cinsel organlar

sexuality a. eşeysel özellik; eşeylik; cinsel güç

sexualize e. eşeyleştirmek; cinsiyetini belirtmek

shadbush a. bitk. üvez ağacı

shaft a. bitk. ağaç gövdesi; hayb. kuş tüyü sapı; ışın, şua; mak. mil, şaft

shaggy s. kaba tüylü; taranmamış, dağınık

shaggy-mane a. karamantar

shale a. killi şist, killi yapraktaşı, şeyl *shale oil* şistten elde edilen petrol

shaly s. şistli

shank a. anat. baldır; incik; matkap sapı; çiçek sapı

shape a. biçim, şekil; görüntü; kılık, kıyafet; düzen; durum; kalıp * e. biçimlendirmek, şekil vermek; ayar-

lamak; yön vermek
sheatfish *a. hayb.* yayın balığı
sheath *a.* kın, kılıf
sheathed *s.* kınlı
sheathing *a.* kılıf; kınına sokma
sheet *a.* yatak çarşafı; *yerb.* yatay kaya tabakası; levha
shell *a.* kabuk; sert tabaka; mermi * *e.* kabuğunu soymak/çıkarmak; koçanından ayırmak *sea shell* deniz kabuğu
shelled *s.* kabuksuz, kabuğu çıkmış; tanelenmiş; kabuklu
shellfish *a. hayb.* kabuklular
shield *a.* kalkan; siper
shield-shaped *s.* kalkan biçimli
shock *e.* şoke etmek, çok şaşırtmak, sarsmak; (elektrik) çarpmak * *a. hek.* şok, travma, sinir buhranı; elektrik çarpması; sarsıntı, sarsılma *shock absorber* amortisör, yumuşatmalık *shock wave* şok dalgası, çarpma dalgası, vuruş dalgası, basınç ve sıcaklığın birden artışı ile gelen dalga *acoustic shock* akustik şok
shoot *e.* ateş etmek; vurmak; fırlatmak, atılmak; filizlenmek; fışkırmak; fırlamak; şut çekmek * *a.* filiz, sürgün; atış, ateş etme; hamle; şut *leading shoot* ana sürgün, tepe sürgünü
short *s.* kısa; kısa boylu; az, eksik; (maden) çabuk kırılır * *a.* eksiklik; şort; *elek.* kısa devre
short-billed gull *a.* küçük martı
shorthorn *a.* kısa boynuzlu sığır
short-horned *s.* kısa boynuzlu
short-stemmed *s.* kısa eksenli
shrinkage *a.* büzülme, çekme, daralma; eksiltme; çekme yapı; azalma, değer kaybetme *shrinkage crack* kuruma çatlağı
shrub *a.* çalı, ağaççık, funda, küçük ağaç

shrubbery *a.* çalılar; çalılık, fundalık
shrubby *s.* çalılı, çalımsı, çalı gibi
shuck *a.* kabuk, kılıf * *e.* kabuğunu soymak
shunt *e.* bir yana çevirmek; *elek.* akımı başka telden geçirmek, şöntlemek * *a. elek.* şönt, paralel devre; bir yana çevirme; *anat.* yan damar
Si *a.* silisyumun simgesi
sialic *s.* siyalik *sialic acid* siyalik asit
sibling *a. s.* kardeş
sickle *a.* orak * *e.* orakla biçmek *sickle feather* orak tüy *sickle cell* orak hücre *sickle cell disease* orak hücreli kansızlık
sicklebill *a.* orak gagalı kuş
sicklemia *a.* orak gözelilik
sickle-shaped *s.* orak biçiminde
side *a.* yan, taraf; yön; evre; kenar; yamaç; *den.* borda * *s.* yanda bulunan; yandan; ikincil *side chain* yan halka *side effect* yan etki
sidereal *s.* yıldızlara ait, yıldızlarla ilgili *sidereal clock* yıldız saati *sidereal day* yıldız günü *sidereal hour* yıldız saati *sidereal second* yıldız saniye *sidereal time* yıldız zamanı
siderite *a.* siderit, demir karbonat cevheri
sideritic *s.* siderit+
siderolite *a.* demirli gök taşı
siderosis *a.* sideroz, demir tozunun akciğerde yaptığı hastalık
siemens *a.* siemens, iletkenlik birimi (simgesi S)
sierra *a.* sıradağ; *hayb.* testereli uskumru
sieve *a.* kevgir, elek, süzgeç * *e.* elekten geçirmek, elemek, süzmek *sieve*

analysis elek analizi, elek çözümlemesi **sieve cell** kalbur hücre **sieve tube** kalbur boru

sight *a.* görüş, görme yetisi; gözlem, rasat; muayene; görünüş, manzara; görülecek yerler * *e.* görmek; gözlemek **long sight** hipermetropluk **short sight** miyopluk

sigmoid *s.* sigmamsı, kıvrık; çift kıvrımlı **sigmoid flexure** S biçimli organ **sigmoid valve** sigma kapakçığı

silex *a.* çakmaktaşı

silica *a.* silis, silisyum dioksit **silica gel** silika peltesi

silicate *a. kim.* silikat, silisik asit tuzu/esteri **aluminium silicate** alüminyum silikat

silication *a.* silikatlaşma

siliceous *s.* kumlu, silisli

silicic *s. kim.* silisli; silisten üreyen **silicic acid** silisik asit

silicicolous *s.* silisçil

silicide *a. kim.* silisli bileşim

siliciferous *s.* silisli

silicify *e.* taşlaştırmak; taşlaşmak

silicium *a.* silis

silicle *a. bitk.* çele, taze fasulye benzeri ince meyve

silicon *a.* silisyum (simgesi Si) **silicon carbide** silisyum karpit **silicon dioxide** silis, silisyum dioksit **silicon hydride** silisyum hidrür

silicone *a.* silikon

silicotic *s.* silikozlu

siliculose *s. bitk.* çeleli

siliqua *a. bitk.* çele, iki parçalı uzun meyve zarfı

siliquaceous *s.* çeleli

siliquose *s.* çeleli; çeleye benzeyen

siliquous *s.* çeleli; çeleye benzeyen

silk *a. s.* ipek; ipekli, ipekten yapılmış **artificial silk** suni ipek **raw silk** ham ipek

sill *a.* (pencerede) denizlik; eşik; *yerb.* damar, katman

silt *a.* balçık, mil

Silurian *s.* Silür+ * *a. yerb.* Silür çağı

silver *a.* gümüş (simgesi Ag); gümüş eşya * *s.* gümüş, gümüşten yapılmış * *e.* gümüşle kaplamak **silver atherine** gümüş balığı **silver bromide** gümüş bromür **silver chloride** gümüş klorür **silver foil** gümüş levha **silver iodide** gümüş iyodür **silver nitrate** gümüş nitrat **silver perch** gümüş levrek **silver point** gümüşün ergime noktası **German silver** nikel gümüşü

silver-bearing *s.* gümüşlü

silverfish *a. hayb.* gümüş balığı; gümüşçün, kılkuyruk

silverweed *a. bitk.* beşparmak otu

silviculture *a.* ormancılık

simian *a. s.* maymuna benzer, maymun gibi; maymun

simple *s.* sade, süssüz; kolay, basit; saf, halis **simple equation** yalın denklem **simple fraction** bayağı kesir **simple fracture** basit kırık **simple function** yalın işlev **simple root** yalın kök

simulation *a.* yalandan yapma, taklit etme, öykünme

sinapism *a. hek.* hardal yakısı

sinciput *a. anat.* ön kafa; kafatasının üst kısmı

sine *a.* sinüs, dikmelik

sinew *a.* kiriş, kas teli

single *s.* tek, bir; özel, tek kişilik; bekâr; ayrı; sade, basit; yalınkat çiçekli * *a.* birey; tek kişilik oda **single flower** basit çiçek **single bond** tek bağ **sin-**

gle-cross ilk melez kuşak *single-rooted* tek köklü

sinistral *s.* solda bulunan, sola dönük (istiridye kabuğu) *sinistral shell* sola kıvrılan istiridye kabuğu

sinistrorse *s.* sağdan sola doğru kıvrılan

sinter *a.* kireçli çökelti * *e.* maden parçasını ısıtıp yapıştırmak

sintering *a.* toplaştırma, tanelendirme, sinterleme

sinuate *s.* kıvrımlı, dalgalı; *bitk.* (yaprak) kenarları dalgalı

sinuosity *a.* eğri, dolambaç; kıvrım, kıvrılma

sinuous *s.* yılankavi, dolambaçlı, kıvrımlı

sinus *a. anat.* sinüs; kıvrıklık, dönemeç; oyuk; eğri parça; girinti

sinusoid *a. matm.* sinüs eğrisi

sinusoidal *s. matm.* sinüzoidal *sinusoidal current* sinüzoidal akım

siphon *a.* sifon

siphonal *s.* sifon biçimli, sifonla ilgili

siphonophore *a. hayb.* hortumlu deniz hayvanı

siphonostele *a. bitk.* boş damar

sisal *a.* sisal keneviri

siskin *a. hayb.* karabaşlı iskete

sitosterol *a. biy. kim.* sitosterol, kolestrolle ilgili beş alkolden her biri

sitting *a.* kuluçkalık, kuluçkaya yatma; oturma, oturuş; oturum, celse

sizing *a.* ahar, haşıl *sizing agent* haşıl maddesi

skatol(e) *a.* skatol, bağırsakta protein ayrışımından oluşan kristalli bileşim

skeletal *s.* iskelete benzer, iskeletle ilgili *skeletal muscle* iskelet kası, çizgili kas *skeletal soil* iskelet toprak

skeleton *a.* iskelet; iskelet, karkas, çerçeve

skidproof *s.* kaymaz, kaymayı önleyici

skin *a.* deri, cilt; post, pösteki; kabuk; üst tabaka; tulum * *e.* derisini yüzmek; soymak, sıyırmak; para yolmak; azarlamak *inner skin* altderi *outer skin* üstderi *true skin* altderi

skull *a.* kafatası

skullcap *a. bitk.* çanaklı bitkiler

slake *e.* (susuzluğunu) gidermek; (kireç/ateş) söndürmek *slaked lime* sönmüş kireç

slate *a.* kayağantaş, arduvaz; taş tahta *slate clay* killi şist

slaughter *e.* (hayvan) kesmek; katletmek; yenilgiye uğratmak * *a.* (hayvan) kesme, kesim; öldürme, katil

slaver *a.* salya, tükürük * *e.* salya akıtmak, tükürüklemek

sleep *e.* uyumak * *a.* uyku *sleep-inducing* narkozlayan, uyuşturucu (madde)

sleeping *a.* uyuma * *s.* uyuyan; yataklı

slick *a.* su yüzündeki yağ tabakası

slime *a.* balçık, özlü çamur; hayvan/bitki dışkısı, salgı, sümük

slimy *s.* balçık gibi; sümükle kaplı; sümüksü; pis, iğrenç

slough *a.* bataklık; batak; çamurluk; yılan gömleği; yara kabuğu * *e.* (yalın derisi) atmak, atılmak; (yara kabuğu) düşmek

sludge *a.* pissu çökeltisi, pissu çamuru, lağım pisliği; balçık, lığ; tortu, rüsup; kullanılmış motor yağı

Sm *a.* samaryumun simgesi

smallage *a. bitk.* yabani kereviz

smalto *a.* renkli cam

smaragdite *a.* yeşil taş

smear *e.* bulaştırmak; bulaşmak; sürmek; lekelemek * *a.* mikroskopla incelenen iz; leke, yağ lekesi; yağ, smectic   250

boya; (porselende) sır
smectic *s.* arıtıcı, temizleyici
smeddum *a.* un, malt unu
smegma *a. hek.* yağlı salgı
smell *e.* koklamak; kokusunu almak;
sezmek; kokmak, koku yaymak; kötü
kokmak * *a.* koku; koklama, koku
alma; sezme
smelt *e.* ergitmek * *a. hayb.* çamuka
balığı
smithsonite *a.* smitsonit, doğal çinko
karbonat
smog *a.* kirli sis
smolt *a.* som balığı yavrusu
smooth *s.* düz, düzgün, pürüzsüz,
kırışıksız; perdahlı, cilalı; sarsıntısız *
e. düzeltmek, düzleştirmek *smooth
muscle* düz kas
smut *a.* is, kurum; kurum lekesi;
müstehcen söz; karayanık, şarbon
snakebird *a. hayb.* yılankuşu
snakelike *s.* yılan gibi, yılansı
snakemouth *a. bitk.* yılanağzı
snakeroot *a. bitk.* yılan otu
snakeskin *a.* yılan derisi
snapdragon *a. bitk.* aslanağzı
snapper *a. hayb.* iri levrek; lüfer
snout *a.* hayvan burnu; hortum
snow *a.* kar; kokain * *e.* kar yağmak
snow goose kar kazı *snow leopard* kar
parsı *snow plant* kar çalısı
soap *a.* sabun * *e.* sabunlamak *soap
plant* sabun otu
soapbark *a. bitk.* sabun ağacı
soapberry *a. bitk.* sabun ağacı; sabun
eriği
soapstone *a.* sabuntaşı
soapwort *a. bitk.* çöven, sabun otu
soar *e.* hızla yükselmek; havada süzül-
mek; yükselmek
sociable *s.* girgin, sokulgan

social *s.* toplumsal, sosyal; sokulgan;
bitk. hayb. topluca büyüyen, topluca
yaşayan
society *a.* toplum; topluluk; dernek,
birlik, cemiyet; sosyete
socket *a. anat.* oyuk, çukur, boşluk;
elek. duy; yuva, delik *light socket*
lamba duyu
soda *a.* kabartma tozu, sodyum bikar-
bonat; soda, maden sodası; gazoz *soda
ash* karbonat, sodyum karbonat *soda
lime* sodalı kireç *caustic soda* sud-
kostik, sodyum hidroksit *washing
soda* çamaşır sodası
sodalite *a.* sodalit
sodamide *a. kim.* sodamit
sodium *a.* sodyum (simgesi Na) *sodium
benzoate* sodyum benzoat *sodium bi-
carbonate* sodyum bikarbonat *sodium
carbonate* çamaşır sodası, sodyum
karbonat *sodium chloride* mutfak
tuzu, sodyum klorid *sodium cyanide*
sodyum siyanür *sodium fluoride*
sodyum florür *sodium hydroxide*
sodyum hidroksit *sodium nitrate*
sodyum nitrat *sodium pohsphate*
sodyum fosfat *sodium salt* sodyum
tuzu *sodium silicate* sodyum silikat,
can suyu *sodium sulfate* sodyum sül-
fat *sodium tetraborate* sodyum
tetraborat *sodium-vapor lamp*
sodyum buharlı lamba
soft *s.* yumuşak; nazik; tatlı, hoş; rahat;
ince, narin; hafif; *kim.* bakterilerle
ayrışabilen; alkolsüz; kireçsiz *soft
palate* üst damak
soft-shell *s. a. hayb.* yumuşak kabuklu
(hayvan)
soft-shelled *s. hayb.* yumuşak kabuklu
soft-shelled turtle yumuşak kabuklu

kaplumbağa
soft-skinned *s.* yumuşak derili, yumuşak kabuklu
soil *a.* toprak * *e.* kirletmek; kirlenmek; semirtmek *alluvial soil* alüviyal toprak, alüvyonlu toprak *poor soil* verimsiz toprak *rich soil* verimli toprak *sandy soil* kumlu toprak *stiff soil* katı toprak, sert toprak *vegetable soil* bitkisel toprak, bitki toprağı
sol *a.* koloit çözeltisi
solan *a. hayb.* sümsük kuşu
solanaceous *s. bitk.* ağulugillerden
solanum *a. bitk.* ağulu bitki
solar *s.* güneşle ilgili; güneşe göre hesaplanan *solar battery* güneş bataryası *solar constant* güneş sabiti *solar eclipse* güneş tutulması *solar spectrum* güneş tayfı *solar system* güneş sistemi
solen *a. hayb.* ustura midyesi
solenodon *a. hayb.* sivri burunlu tanrek
solenoid *a. elek.* sarmal
soleus *a. anat.* nalınsı kas
solid *s.* katı; som; sağlam, sert; yoğun; kesiksiz *solid angle* katı açı *solid geometry* uzay geometri
solidago *a. bitk.* şifa otu
solidify *e.* katılaşmak, sertleşmek; katılaştırmak, sertleştirmek
solitary *s. hayb.* yalnız yaşayan; yalnız, tek başına; tenha, ıssız
solubility *a. kim.* çözünürlük, erirlik, eriyebilirlik *solubility product* çözünürlük çarpanı
soluble *s. kim.* çözünür, eriyebilir *soluble glass* sodyum silikat *soluble in alcohol* alkolde çözünür *soluble when heated* ısıtılınca çözünür *highly soluble* yüksek oranda çözünür *slightly*

soluble düşük oranda çözünür
solute *a. kim.* çözünen madde
solution *a. kim.* çözelti, solüsyon, eriyik; çözünme, ayrılma; *matm.* çözüm; *hek.* hastalık bitimi; sıvı ilaç; çözüm, çare *alkaline solution* alkali çözelti *buffer solution* tampon eriyik *concentrated solution* derişik çözelti, konsantre çözelti *conjugate solution* birleşmiş çözelti *dye solution* boya çözeltisi *electrolytic solution* elektrolitik çözelti *etching solution* dağlama çözeltisi *heat of solution* erime ısısı *ideal solution* ideal çözelti *in solution* çözelti halinde, erimiş halde *liquid solution* sıvı eriyik *saturated solution* doymuş çözelti, doymuş eriyik *solid solution* katı çözelti *solution set* çözüm kümesi *standard solution* normal çözelti, normal eriyik *stock solution* ihtiyat çözeltisi *supersaturated solution* aşırı doymuş çözelti
solvate *a. kim.* sıvı sarılım
solvation *a. kim.* sıvı sarılım
solvency *a.* ödeme gücü
solvent *a. kim.* çözücü, eritici, solvent
soma *a. biy.* gövde, beden, vücut
somatic *s. anat.* somatik, gövdesel *somatic cell* vücut hücresi *somatic tissue* vücut dokusu
somatology *a.* somatoloji, gövde bilimi
somatoplasm *a.* somatoplazma, gövde hücresi protoplazması
somatopleure *a.* somatoplöra, embriyo gövdesini oluşturan çift tabaka
somatotype *a.* vücut tipi
somite *a.* somit, bölüt, (hayvanda) vücut bölümünün her biri
sonar *a.* deniz radarı, sonar
sonics *a.* ses bilimi

sonometer *a.* sesölçer
sopor *a.* derin uyku, uyuşukluk
sora *a. hayb.* Amerika su yelvesi
sorb *a. bitk.* üvez ağacı
sorbefacient *a.* s. soğurtucu, emdirici
sorbent *a.* emici, soğurucu (madde)
sorbic (acid) *a.* sorbik (asit)
sorbitol *a. kim.* sorbitol, kimi meyvelerdeki tatlı kokusuz alkol
sorbose *a. kim.* sorboz, sorbitolün fermantasyonundan elde edilen beyaz kristal
sorghum *a. bitk.* süpürge darısı
soricine *s. hayb.* sorekse benzer
sororis *a. bitk.* salkımcık
sorption *a. fiz.* kim. iç tutunma
sorrel *a. bitk.* kuzukulağı
sorus *a. bitk.* eğreltiotu yaprağındaki tohum kümesi
sound *a.* ses, seda; anlam; ses erimi; sonda; solungaç * *s.* sağlam, zinde; arızasız; mantıklı; derin uyku * *e.* seslenmek, ses vermek; gibi görünmek; çalmak; derinliğini ölçmek; *hek.* sondayla muayene etmek **sound barrier** ses duvarı **sound pressure** ses basıncı **sound track** ses kuşağı **sound velocity** ses hızı **sound wave** ses dalgası
space *a.* yer, alan; boşluk; uzay; uzaklık; süre, müddet; aralık, espas; *matm.* uzam **space capsule** uzay kapsülü **space charge** uzay yükü **space lattice** uzay kafesi **space probe** uzay uyduzu **space wave** uzay dalgası **anode dark space** anot karanlık bölgesi **cathode dark space** katot karanlık bölgesi **interstellar space** yıldızlararası uzay **outer space** dış uzay **phase space** faz uzayı, evre uzayı **three-dimensional**

space üç boyutlu uzay
space-time *a.* uzay zaman **space-time continuum** uzay zaman, dört boyutlu sürem
spadefish *a. hayb.* yassıbalık
spadiceous *s. bitk.* koçanlı, salkım saplı
spadix *a. bitk.* koçan
spar *a. den.* seren; direk; tabakalı taş; kavga * *e.* seren dikmek; boks yapmak; atışmak **heavy spar** ağır spar, barit **Iceland spar** İzlanda necefi **pearl spar** dolomit
sparid *a. hayb.* isparit, tropik su balığı
sparoid *a.* s. isparite benzer (balık)
sparrow *a. hayb.* serçe **sparrow hawk** atmaca, şahin
sparry *s.* spatik
sparsiflorous *s.* dağınık çiçekli, seyrek çiçekli
sparteine *a.* süpürge özü
spasm *a. hek.* spazm, kasılım, kasılma **clonic spasm** titrentili kasılma **tonic spasm** sürekli kasılma
spat *a.* ağız kavgası, atışma; şamar; istiridye yumurtası * *e.* şamar atmak; atışmak; (istiridye) yumurtlamak
spathaceous *s. bitk.* bürgülü
spathe *a. bitk.* yen, bürgü
spathic *s.* ıspat gibi
spatial *s.* uzayla ilgili, uzaysal
spatula *a.* spatula; *hek.* dilbasan
spatulate *s.* spatula şeklinde
spawn *e.* (balık) yumurtlamak; mantar yetiştirmek; üretmek, yaratmak * *a.* balık yumurtası; *bitk.* mantar; döl, hayvan yavrusu; ürün, hasılat
spawning *s.* yumurtlama+; yumurtlayan **spawning season** yumurtlama mevsimi **spawning time** yumurtlama zamanı

spear *a.* mızrak, argı; zıpkın; filiz sürme ***** *e.* mızrakla vurmak; filiz sürmek *spear grass* mızrak otu
spearfish *a. hayb.* kargı balığı
specialization *a.* ihtisas, uzmanlık
specialize *e.* ihtisas yapmak, uzmanlaşmak; *biy.* çevreye uymak; (organ) çevre koşullarına göre geliştirmek **speciate** *e. biy.* türleşmek, yeni tür üretmek
speciation *a. biy.* yeni tür üremesi
species *a. biy.* tür; cins *the human species* insan ırkı *the origin of species* türlerin kökeni
specific *s.* belirli, muayyen; *kim.* özgül; *hek.* spesifik *specific character* türe özgü nitelik *specific heat* özgül ısı *specific weight* özgül ağırlık, özağırlık
specificity *a.* (bir şeye) özgü olma
specimen *a.* örnek, numune
speckle *a.* ben, benek, çil
speckled *s.* benekli, benli, çilli
spectral *s.* görüntüsel, hayali; *fiz.* izgesel *spectral analysis* spektral analiz, izgesel çözümleme *spectral density* spektral yoğunluk, izgesel yoğunluk *spectral reflectance* izgesel yansıtım *spectral selectivity* spektral selektivite, izgesel seçerlik *spectral sensitivity* spektral duyarlık, izgesel duyarlık *spectral series* izgesel diziler
spectrogram *a. fiz.* izge resmi
spectrograph *a. fiz.* izgeçizer *electron spectrograph* elektron izgeçizeri *magnetic spectrograph* manyetik izgeçizer *mass spectrograph* kütle spektrografı, kütle izgeçizeri *velocity spectrograph* hız spektrografı
spectrographic *s. fiz.* izgeçizimsel

spectrography *a. fiz.* izgeçizim
spectrometer *a. fiz.* izgeölçer, spektrometre *alpha-ray spectrometer* alfa ışını spektrometresi *beta-ray spectrometer* beta-ışını spektrometresi *crystal spectrometer* kristalli spektrometre *gamma-ray spectrometer* gama ışını spektrometresi *magnetic spectrometer* manyetik spektrometre, mıknatıssal izgeölçer *mass spectrometer* kütle spektrometresi *neutron spectrometer* nötron spektrometresi *nuclear spectrometer* nükleer spektrometre *optical spectrometer* optik spektrometre *scintillation spectrometer* sintilasyon spektrometresi, kırpışım izgeölçeri *X-ray spectrometer* röntgen spektrometresi, X-ışını izgeölçeri
spectrometric *s. fiz.* izgeölçümsel, spektrometrik
spectrometry *a. fiz.* izgeölçüm, spektrometri *mass spectrometry* kütle spektrometrisi, kütle izgeölçümü *X-ray spectrometry* X-ışın spektrometrisi, X-ışını izgeölçümü
spectroscope *a.* spektroskop, tayfölçer
spectroscopic *s.* spektroskopik, izgegözlemsel *spectroscopic analysis* spektroskopik analiz
spectroscopy *a.* spektroskopi, tayfölçümü
spectrum *a. fiz.* izge, tayf *spectrum analysis* tayf analizi, izge çözümlemesi *absorption spectrum* absorpsiyon spektrumu, soğurum izgesi *actinic spectrum* aktinik tayf *arc spectrum* ark spektrumu, yay izgesi *band spectrum* bant spektrumu, kuşak izgesi *beta-ray spectrum* beta-ışın spek-

trumu, beta-ışın izgesi *continuous spectrum* devamlı spektrum, sürekli izge *diffraction spectrum* kırınım spektrumu, kırınım izgesi *discontinuous spectrum* kesikli spektrum, süreksiz izge *emission spectrum* emisyon spektrumu, salım izgesi *fission spectrum* fisyon spektrumu, bölünüm izgesi *gamma-ray spectrum* gama-ışın spektrumu, gama-ışın çizgesi *hydrodynamic spectrum* hidrodinamik tayf *ion spectrum* iyon spektrumu, iyon izgesi *line spectrum* çizgi spektrumu, çizgi izgesi *magnetic spectrum* manyetik spektrum, mıknatıssal izge *mass spectrum* kütle spektrumu, kütle izgesi *microwave spectrum* mikrodalga spektrumu, minidalga izgesi *molecular spectrum* moleküler spektrum, moleküler izge *nuclear spectrum* nükleer tayf *prismatic spectrum* prizmatik tayf *solar spectrum* güneş tayfı *X-ray spectrum* X-ışını spektrumu, X-ışını izgesi

specular *s. hek.* speküloma ait; ayna gibi, yansıtıcı *specular iron ore* hematit

speculum *a.* yansıtaç, teleskop aynası; spekülom; *hayb.* kuş kanadındaki benekler

speech *a.* konuşma, söz söyleme; söz; nutuk, söylev

speedwell *a. bitk.* yavşan otu

speiss *a.* arsenikli ham maden

spel(a)eology *a.* mağarabilim

spelter *a.* kuvvetli lehim, bakır çinko karışımı lehim

sperm *a. biy.* sperma; meni, bel, er suyu *sperm nucleus* sperma çekirdeği *sperm oil* ispermeçet yağı

spermaduct *a.* sperm kanalı

Spermaphyta *a.* tohumlu bitkiler

spermary *a. anat.* testis, taşak

spermatheca *a.* sperma torbacığı

spermatic *s.* meni+; testis+ *spermatic cord* spermatik kordon *spermatic fluid* meni, er suyu

spermatid *a.* spermatid, sperm hücresi

spermatium *a. bitk.* kırmızı yosun erkek eşey hücresi

spermatocyte *a. biy.* olgunlaşma evresindeki sperm hücresi

spermatogenesis *a. biy.* sperma oluşumu

spermatogonium *a. biy.* ilkel sperm hücresi

spermatophore *a. hayb.* sperma paketi

spermatophyta *a. bitk.* tohumlu bitkiler

spermatophyte *a. bitk.* tohumlu ilkel bitki

spermatophytic *s. bitk.* tohumlu ilkel bitkiyle ilgili

spermatozoid *a. bitk.* sperm hücresi

spermatozoon *a. biy.* spermatozoit, sperm hücresi

spermicide *a.* sperm öldüren madde

spermine *a. kim.* spermin, spermdeki sinir uyarıcı olarak kullanılan bir baz

spermiogenesis *a.* sperm hücresi üremesi

spermogonium *a. bitk.* tohum çanağı

spermophile *a. hayb.* tahıl yiyiciler

spermophyte *a. bitk.* tohumlu ilkel bitki

spermous *s.* spermle ilgili

sperrylite *a.* sperlit, arsenikli platin cevheri

sphacelate *e.* kangrenleşmek, çürümek

sphagnous *s.* yosunlu

sphagnum *a. bitk.* bataklık yosunu

sphalerite *a.* karataş, çinko sülfür cevheri

sphene a. kama taşı, titanit
sphenoid a. anat. temel kemiği, ense kemiği * s. kama şeklinde
sphenoidal s. kama biçimli; ense kemiğiyle ilgili **sphenoidal sinus** sfenoidal sinüs
spheroid a. s. küremsi, sferoit
spheroidal s. küremsi, toparsı
spherule a. kürecik, küçük küre
spherulite a. top kristal
spherulitic s. top kristal biçimli
sphery s. küresel, yuvarlak
sphincter a. anat. büzgen, büzgen kas
sphincteral s. büzgen kasla ilgili
sphingosine a. biy. doymamış bazik amino alkol
sphygmograph a. hek. nabızyazar
sphygmometer a. hek. nabızölçer
sphygmus a. hek. nabız
spica a. başak
spicate s. başaklı; sivri uçlu
spiceberry a. bitk. keklik üzümü; ada mersini
spicebush a. sarı defne
spiciferous s. başak taşıyan
spicula a. iğne
spicular s. iğne gibi, ince uzun; iğneli, dikenli
spicule a. başakçık, iğne; hayb. diken
spiculum a. hayb. diken, iğnemsi çıkıntı
spider a. örümcek **spider crab** uzun bacaklı yengeç **spider web** örümcek ağı
spiderwort a. bitk. püskülotu
spike a. büyük çivi; sivri uç; kabara; bitk. başak
spikelet a. bitk. başakçık
spiky s. sivri uçlu, çivili
spinaceous s. ıspanakgillerden
spinach a. bitk. ıspanak
spinal s. belkemiğiyle ilgili, omurga+

spirit

spinal canal omurga kanalı **spinal column** belkemiği, omurga **spinal cord** omurilik **spinal nerve** omurilik siniri, belkemiği siniri
spindle a. eksen, mihver, mil; iğ, kirmen **spindle fibre** iğ lifi **spindle tree** iğağacı
spindle-shaped s. iğ şeklinde, iğimsi
spine a. omurga, belkemiği; (kirpi/bitkide) diken
spined s. omurgalı, dikenli
spinel a. kaba lal taşı, magnezyum alüminat **spinel ruby** kaba yakut
spinescence a. bitk. dikenlilik, sertlik
spinescent s. bitk. dikenli, sivri; hayb. diken gibi
spiniferous s. dikenle kaplı, dikenli
spinifex a. bitk. kumtutan
spiniferous s. dikenli
spinneret a. (ipekböceği/örümcekte) iplik borusu
spinning a. eğirme, iplik yapma
spinose s. dikenli
spinous s. dikenli; diken gibi
spinule a. bitk. dikencik, iğnecik
spinulose s. dikencikli, iğnecikli
spiny s. dikenli, iğneli; diken gibi
spiny-finned s. yüzgeçleri dikenli
spiracle a. hava açıklığı, hava deliği; yerb. lav deliği
spiral a. helis, helezon, sarmal, spiral, salyangoz * s. helezoni, helisel, sarmal **spiral gear** helezon dişlisi **spiral spring** sarmal yay
spirea a. bitk. arnıç sakalı
spireme a. biy. bölünme sırasında ipliksi biçim alan hücre çekirdeği
spiriferous s. ucu sivri helezonlu
spirillum a. sarmal bakteri
spirit a. ruh; peri; cin; hayalet; gayret, şevk, heves; ispirto **spirit of hart-**

shorn amonyak ruhu *methylated spirits* mavi ispirto *white spirit* beyaz ispirto

spirochaete *a.* helezoni bakteri

spirograph *a.* solunumyazar

spirogyra *a. bitk.* kavuşur su yosunu, sarmal yosun

spiroid(al) *s.* sarmalımsı

spirometer *a.* solunumölçer

spirula *a.* sarmal kabuklu

splanchnic *s.* iç organlara ait

spleen *a. anat.* dalak

spleenwort *a. bitk.* dalakotu

splenetic *s.* dalakla ilgili, dalağa ait

splendent *s.* parlak, ışıklı

splenic *s.* dalakla ilgili, dalağı etkileyen

splenitis *a.* dalak iltihabı

splenius *a. anat.* splenyus, somun kas

splenomegaly *a.* dalak büyümesi

split *e. kim.* ayrıştırmak; kırmak; yarmak; çatlatmak; yarılmak; ayırmak; bölmek * *a.* çatlak; yarık; kırık; yarma; ayrılık; bölünme *split the atom* atomlara bölmek

splitting *s.* bölücü, parçalayıcı; şiddetli

spodumene *a.* spoduman, lityumalüminyum silikat

spondyl *a.* omur

spondylitis *a.* omur iltihabı

spondylous *s.* omural

spondylus *a.* omur kemiği

sponge *a.* sünger * *e.* süngerle temizlemek

sponger *a.* asalak, parazit

spongin *a.* süngeri yapan kükürtlü protein

spongioblast *a.* embriyo beyin hücresi

sponginess *a.* süngerimsilik, gözeneklilik

spongy *s.* sünger gibi, süngersi; emici *spongy bone* süngersi kemik *spongy*

parenchyma süngerdoku, sünger özekdokusu

spoonbill *a. hayb.* kaşıklı balıkçıl; kaşık gaga ördeği

sporangiole *a.* spor keseciği

sporangium *a. bitk.* spor kesesi, tohum kabı

sporation *a.* sporlaşma

spore *a. biy.* spor; tohum, çekirdek *spore case* spor kılıfı, spor kesesi

sporal *s.* spor+, tohum+

spored *s.* sporlu

sporiferous *s.* tohum üreten, tohumlu

sporocarp *a. bitk.* spor keseciği

sporocyst *a. hayb.* sporosit

sporogenesis *a. biy.* sporla üreme; spor üretme

sporogenous *s.* spor üreten, spordan üreyen

sporogonium *a. bitk.* yosunda spor kesesi

sporogony *a. biy.* sporogoni, döllemiş yumurtada hücre bölünmesiyle sporozoit üremesi

sporophore *a. bitk.* yosunda spor üreten organ

sporophyll *a. bitk.* sporlu yaprak

sporophyte *a. bitk.* spor üreme devresi

sporozoite *a. hayb.* sporozoit

sport *a.* spor; değişen hayvan/bitki

sporulate *e. biy.* sporlaşmak, spor üretmek

sporulated *s. biy.* spor üreten

sporulation *a. biy.* sporlaşma, spor üretme

sporule *a. biy.* küçük spor

spot *a.* benek, nokta; yer, mevki, mahal; spot (lamba); projektör, ışıldak * *e.* lekelemek; görmek; seçmek; fark etmek, ayırt etmek

spotted *s.* benekli, noktalı *spotted crake*

bataklık tavuğu *spottet fever* lekeli humma *spotted sandpiper* kum çulluğu

spout *a.* ağız, emzik, ibik; fıskıye; oluk, dış dere, oluk çörteni * *e.* fışkırtmak; fışkırmak

sprat *a. hayb.* çaça balığı

sprayer *a.* püskürteç, püskürteç, pülverizatör; pistole, tabanca

spreading *a.* yayma, serme

sprig *a.* ince dal, filiz

springbok *a. hayb.* keseli antilop

springwood *a.* bahar halkası

sprout *e.* filizlenmek, sürmek; (tohum) çimlenmek * *a.* filiz, tomurcuk, sürgün

spur *e.* mahmuzlamak * *a.* mahmuz; (kuş ayağında) çıkıntı; *coğ.* çıkıntı; *bitk.* çiçekli sürgün

spurious *s. biy.* asıl olmayan, görünüşü benzer yapısı farklı (bitki); sahte

squama *a.* kabuk, pul

squamate *s.* pullu (deri)

squamation *a.* pulluluk; *hayb.* pul dizilişi

squamosal *a. s. anat.* şakak kemiği+

squamose *s.* kabuksu, pullu

squamous *s.* kabuksu, pullu

squamulose *s.* küçük pullu

squarrose *s. biy.* sert pullu

Sr *a.* stronsiyumun simgesi

stability *a.* istikrar, kararlılık; stabilite, sabitlik, durallık; denge, dengelilik *nuclear stability* nükleer kararlılık *phase stability* faz kararlılığı

stabilization *a.* stabilizasyon, dengeleme, kararlılaştırma

stabilize *e.* dengelemek, kararlı kılmak; istikrar kazandırmak; dengelenmek; kararlı hale gelmek, istikrar kazanmak

stabilized *s.* stabilize, dengelenmiş

stabilizer *a.* dengeleyen, dengeleyici düzen; bozulmayı önleyen madde

stabilizing *s.* dengeleyen, denegeleyici

stable *a.* ahır * *s.* sağlam, sarsılmaz; sürekli, devamlı; güvenilir; *fiz.* stabil, kararlı; *kim.* kalımlı *stable equilibrium* kararlı denge *stable isotope* kararlı izotop *stable state* kararlı durum, kararlı hal

stactometer *a.* damlaölçer

stage *a.* evre, safha; sahne; derece, mertebe; evre; *yerb.* zaman, çağ; kat; mikroskopta incelenecek şeyin konulduğu tabla *stage of invasion* kuluçka dönemi

stagnation *a.* durgunluk, hareketsizlik

stain *a.* leke, benek; boya * *e.* lekelemek; kimyasalla koyulaştırmak

stalactite *a.* sarkıt, damlataş

stalactitic *s.* sarkıt biçimli, sarkıtlı

stalagmite *a.* dikit, stalagmit

stalagmitic *s.* dikitli, dikit biçimli

stalk *a.* bitki sapı, sap; ayakçık, küçük ayak

stalked *s.* saplı

stalk-eyed *s. hayb.* fırlak gözlü

stalklet *a. bitk.* sapçık

staltic *s.* büzücü, daraltıcı

stamen *a. bitk.* ercik, stamen; erkeklik organı

stamened *s.* ercikli, stamenli

staminal *s. bitk.* ercikli, ercikle ilgili

staminate *s. bitk.* ercikli, stamenli

stamineal *s.* stamenle ilgili

staminiferous *s. bitk.* ercikli, stamenli

staminodium *a. bitk.* kısır/gelişmemiş ercik

staminody *a. bitk.* ercikleşme

stand *e.* ayakta durmak; bulunmak; durmak; çekilmek; durgun olmak; katlanmak, dayanmak; geçerli olmak * *a.* ayakta durma; durgunluk; tutum, davranış; durak; sehpa; ağaç topluluğu; *sp.* tribün; kürsü; sahne; stant; kovandaki arılar

standard *a.* standart; değer; ölçün; bayrak; ayar; tek biçim; zambak yaprağı *standard cells* normal hücreler *standard solution* normal çözelti, normal eriyik

standardization *a.* standartlaştırma, ayarlama; ayarlanma

standardize *e.* standart hale getirmek, standardize etmek, standartlaştırmak

stannic *s. kim.* kalay+ *stannic acid* kalay asidi *stannic chloride* kalay klorür *stannic sulfide* kalay sülfür

stanniferous *s.* kalay üreten, kalay içeren

stannite *a.* stanit

stannous *s. kim.* kalay+ *stannous oxide* kalay oksit

stapedial *s.* üzengikemiğine ait

stapelia *a. bitk.* stapelya

stapes *a. anat.* üzengikemiği

staphylococcus *a.* stafilokok basili

staphyloplasty *a.* damak ameliyatı

star *a.* yıldız; gezegen; yıldız işareti; başoyuncu * *s.* en iyi; üstün * *e.* yıldızla işaretlemek; başrolü oynamak; talihi açılmak

starch *a.* kola; nişasta * *e.* kolalamak *starch sheath* nişasta kını *starch syrup* glikoz

starchiness *a.* fazla kolalılık

starchy *s.* nişastalı; kolalı *starchy foods* karbonhidratlı yiyecekler

starfish *a. hayb.* deniz yıldızı

starflower *a. bitk.* yıldız çiçeği

starling *a. hayb.* sığırcık kuşu

starnose *a.* tepeli köstebek

starvation *a.* açlık çekme; açlık

starve *e.* açlıktan ölmek, açlıktan öldürmek

starved *s.* çok acıkmış

stasis *a.* denge, durgunluk; bağırsakların yavaş işlemesi

state *a.* durum, vaziyet, hal; devlet; eyalet * *e.* söylemek, bildirmek, belirtmek, beyan etmek *change of state* hal değişimi *dynamic state* dinamik durum *stationary state* durağan hal, sükûnet durumu, kararlılık durumu

static *s.* durgun, durağan, hareketsiz, statik

statics *a.* statik, durukbilgisi

stationary *s.* hareketsiz, sabit, durağan, değişmez *stationary engine* sabit motor

statoblast *a. hayb.* dayanıklı blastula

statocyst *a. hayb.* denge taşlı hücre

statolith *a. hayb.* denge taşı

stator *a. elek.* stator, duraç

staurolite *a.* storolit, demir alüminyum silikat

steam *a.* buhar, buğu; istim * *e.* buharda pişirmek; buharlaşmak; buğulanmak; buhar çıkarmak *steam chest* istim kutusu *steam engine* buhar makinesi *steam heating* buharla ısıtma *steam point* buharlaşma noktası

steapsin *a. biy.* steapsin, pankreas suyu lipazı

stearate *a.* stearat, stearik asit tuzu

stearic *s.* iç yağı+; stearik *stearic acid* stearik asit, iç yağı asidi

stearin *a. kim.* stearin, stearik asidin üç esterinden biri

steatite *a.* sabun taşı

steatitic *s.* sabun taşıyla ilgili

steatorrhea *a.* yağlı ishal

steel *a. s.* çelik *chrome-nickel steel* krom-nikel çeliği

steelhead *a. hayb.* çelikbaş alabalık

steely *s.* çelikten yapılmış

Stefan's law *a.* Stefan yasası

steganopod *a.* kürek ayaklı kuş

stele *a. bitk.* bitki gövdesi iç silindiri

stele tissue orta silindir dokusu

stellate(d) *s.* yıldız şeklinde

stelliferous *s.* yıldızlı

stellular *s.* yıldız şeklinde

stem *a.* ağaç gövdesi; sap, sak; kol, kulp, tutamak

stemless *s.* sapsız

stemlet *a. bitk.* sapçık

stemma *a. hayb.* basit göz, sade göz

stemmed *s.* saplı *long-stemmed* uzun saplı *thick-stemmed* kalın saplı

stenohaline *s. biy.* tuzluluk oranı dengeli suda yetişen (bitki/hayvan)

stenophagous *s. biy.* besin türü sınırlı

stenophyllous *s.* dar yapraklı

stenosed *s.* dar, daralmış

stenosis *a.* daralma, damar daralması

stenothermal *s. biy.* sıcaklığın çoz az değişmesine dayanabilen

stenothorax *a. hek.* göğüs daralması

stenotic *s.* darlıkla ilgili, daralmayla ortaya çıkan

stercoraceous *s.* dışkısal, dışkılı, gübreli

stercorary *s.* dışkıyla ilgili

stercoricolous *s.* dışkıda yaşayan, dışkıcıl

stercorin *a.* dışkıda bulunan bir sterol

stercorous *s.* dışkısal, dışkılı, gübreli

sterculiaceous *s. bitk.* kakaogillerden

stereochemistry *a.* uzamkimya, moleküldeki atomun yerleşimini inceleyen bilim dalı

stereoisomer *a. kim.* uzameşiz, atom dizilişi nedeniyle farklılık gösteren bileşik

stereometry *a.* hacim ölçümü

stereoscope *a.* stereoskop, üç boyutlu görüntü sağlayan araç

stereotaxis *a. biy.* katı cismin dokunmasıyla oluşan canlı hareketi

stereotropism *a. biy.* katı cisme yönelme

stereotypy *s.* tüm basım, klişe baskısı

steric *s. kim.* uzamsal

sterile *s.* steril, mikropsuz; verimsiz; kısır; meyve vermeyen

sterility *a.* sterillik; verimsizlik, kısırlık

sterilize *e.* sterilize etmek, mikroplarını öldürmek; kısırlaştırmak

sterilized *s.* steril

sternal *s.* göğüs kemiğiyle ilgili

sternebra *a.* göğüs kemiğini oluşturan parçalardan biri

sternum *a.* göğüs kemiği

steroid *a. biy. kim.* steroit

sterol *a. biy. kim.* sterol, bitki ve hayvandan elde edilen çok halkalı alkol grubu

stibial *s.* antimuana benzer

stibium *a.* antimuan (simgesi Sb)

stibnite *a.* antimuan sülfür

stickiness *a.* yapışkanlık

stick *a.* sap, dal; çubuk; sırık; sopa, çomak; gemi direği * *e.* saplamak; saplanmak; batırmak, sokmak; çakmak; iğnelemek; yapıştırmak

sticky *s.* yapışkan; nemli, rutubetli; zor, karışık

stigma *a. hek.* hastalık izi; *hayb.* solunum deliği; *bitk.* stigma, tepecik; leke

stigmasterol *a. biy. kim.* stigmasterol, soya fasulyesinden elde edilen bir sterol

stigmatic *s. bitk.* tepecikli; tek noktaya yansıyan; lekeli

stilbite *a.* stilbit, beyaz/kahverengi renklerde silikat cevheri

still *bağ.* bununla beraber; ayrıca, üstelik; şimdilik; hâlâ, daha * *s.* durgun, sakin; sessiz; rüzgârsız, durgun; (şarap) köpüksüz * *a.* sessizlik, dinginlik; imbik * *e.* durdurmak, susturmak; yatıştırmak; susmak; damıtmak, imbikten geçirmek

still-born *s.* ölü doğmuş; etkisiz, verimsiz

stimulant *a.* *s.* uyaran, uyarıcı, canlandırıcı (madde/ilaç)

stimulate *e.* uyarmak, canlandırmak, harekete geçirmek

stimulation *a.* uyarma; teşvik

stimulator *a.* uyarıcı

stimulus *a.* uyarıcı unsur, uyaran; canlandıran şey

sting *e.* (arı vb) sokmak; (bitki) ısırmak; batmak * *a.* iğne batırma, iğneleme; arı/akrep iğnesi; *bitk.* ısırgan tüyü; diken yarası; dürtü

stinger *a.* arı/akrep vb. iğnesi

stipe *a.* *bitk.* kongövde, ana sap; *hayb.* uzun çıkıntı

stipel *a.* *bitk.* sapçık

stipellate *s.* sapçıklı

stipes *a.* *bitk.* kongövde, ana sap

stipulated *s.* yaprakçıklı

stipule *a.* *bitk.* yan yaprak, yaprakçık

stirps *a.* soy, sülale; *biy.* familya, aile

stock *a.* stok, mevcut mal; çiftlik hayvanları; ağaç gövdesi, kütük; şebboy; et suyu; üzerine aşı yapılan dal; *hayb.* mürekkep organizma; hisse senedi * *e.* stok yapmak, mal yığmak; çiftlik hayvanı yetiştirmek; filiz sürmek *stock solution* ihtiyat çözeltisi

stoichiometric *s.* *kim.* nicel kimyasal ölçüm

stoichiometry *a.* nicel kimya; nicel

stokesia *a.* *bitk.* mor çiçek

stolon *a.* *bitk.* kök filizi

stolonferous *s.* kök filizi süren

stoma *a.* *bitk.* gözenek; *hayb.* ağızcık

stomach *a.* mide; karın * *e.* yemek, mideye indirmek; sindirmek *stomach tooth* alt köpekdişi *stomach worm* şerit kurdu *first stomach* birinci mide, işkembe *fourth stomach* şirden, bezli mide *second stomach* börkenek *third stomach* kırkbayır

stomachal *s.* mideyle ilgili

stomachic *s.* mide+; mideye yarayan

stomatal *s.* ağızcık+, gözenek+; ağızcık şeklinde

stomate *a.* *bitk.* gözenek

stomatitis *a.* ağız iltihabı

stomatitic *s.* ağız iltihabı yapan

stomatogastric *s.* ağız-mideyle ilgili

stomatology *a.* ağız bilimi

stomatopod *a.* *hayb.* ağızdan ayaklılar

stomatous *s.* gözenek+, ağızcık şeklinde

stomodeum *a.* ön bağırsak

stone *a.* taş; meyve çekirdeği * *e.* taşlamak, taşa tutmak; meyvenin çekirdeğini çıkarmak *blue stone* göztaşı, kristal bakır sülfat *kidney stone* böbrek taşı *stone cell* sert hücre, taş hücre *stone fruit* zeytinsi meyve, çekirdekli meyve *stone parsley* taş maydanozu *stone pine* fıstık çamı *vein stone* damar taşı

stonefly *a.* *hayb.* taş böceği

stonemint *a.* *bitk.* geyik otu

strain *a.* nesil, soy, silsile; *hayb.* soy, ırk; *bitk.* tür, cins; burkma, burkulma, fazla germe; süzme * *e.* fazla germek; (adale) zorlamak, burkmak; burkulmak; sınırı aşmak; süzmek strand *a.* halatın kolu; iplik teli; kıyı, sahil, kenar

strap *a.* kayış, kolan; şerit, bant

stratification *a.* katmanlaşma, tabakalaşma

stratified *s.* katmanlı, tabakalı, tabakalar halinde

stratiform *s.* tabaka halinde

stratigraphic *s.* katmanbilimsel

stratigraphy *a.* stratigrafi, katman bilimi

stratosphere *a.* stratosfer, üst hava yuvarı

stratum *a.* tabaka, katman

stray *a. s.* sürüden ayrılmış (hayvan); aylak (kimse) *stray light* yayınmış ışık *stray radiation* dağınık radyasyon, dağınık ışınım

streak *a.* leke, çizgi, yol; damar, tabaka; tanıma çizgisi

streaked *s.* benekli, çizgili, damarlı

strength *a.* kuvvet, güç; dayanım, dayanırlık, mukavemet *strength of compression* sıkışma dayancı *strength of materials* cisimlerin mukavemeti

streptococcal *s.* streptokok virüsünün neden olduğu

streptococcus *a.* streptokok basili

streptomycin *a.* streptomisin, tüberküloz tedavısında kullanılan bir antibiyotik

streptothricin *a.* streptotrisin, bakteri öldürücü ilaç

stress *a.* stres, gerilim; gerilme; basınç * *e.* vurgulamak

stria *a.* ince çizgi; oyuk, yiv; kas lifi; *yerb.* buzul çizgisi *glacial striae* buzul çizikleri

striate(d) *s.* çizgili, yivli *striated muscle* çizgili kas

striation *a.* çizgi, çizik, yiv

stridulate *e.* cırlamak

stridulation *a.* cırıltı

stridulatory *a.* cırlak

stridulous *s.* cırlak

strigiform *s.* baykuşgillerden

strigose *s. bitk.* sert killi; *hayb.* ince çizgili

stripe *a.* çizgi, yol, çubuk; arazi şeridi

striped *s.* çizgili, yollu, yol yol

strip mining *a.* açık maden ocağı işletmeciliği

strobila *a. hayb.* şerit kurdunun vücudu

strobilation *a.* bölünerek eşeysiz üreme

strobile *a. bitk.* çam kozalağı

strobiliferous *s. bitk.* kozalaklı

strobilus *a.* kozalak

stroma *a. anat.* stroma, destek doku

stromatic *s.* destek dokusal

strong *s.* güçlü, kuvvetli; etkili, şiddetli; yoğun, derişik; (renk/ışık) koyu, keskin; (içki) sert, keskin; koyu, demli; (söz) sert *strong solution* koyu eriyik

strongyl *a.* (atta) bağırsak solucanı

strontia *a. kim.* stronsiyum oksit

strontian *a.* stronsiyum karbonat

strontium *a.* stronsiyum (simgesi Sr) *radioactive strontium* radyoaktif stronsiyum *strontium hydroxide* stronsiyum hidroksit

strophanthin *a.* strofantin, kalp hastalıklarında uyarıcı olarak kullanılan zehirli glikozit

strophanthus *a. bitk.* ikizçiçek

structural *s.* yapısal, strüktürel *structural change* yapısal değişiklik *structural formula* yapı formülü *structural geology* yapısal, yerbilim

structure *a. biy.* bünye; *yerb.* yer biçimi; *kim.* molekül yapısı; yapı; yapılış, kuruluş; inşaat; toplumsal yapı

structureless *s.* bir yapımlı, homojen;

yapısız

struma *a.* guatr, guşa; *bitk.* şiş

strumatic *s.* guşalı, sıracalı; şişkin

strumous *s.* sıracalı, guşalı; şişkin

struthious *s.* devekuşugillerden, devekuşu gibi

strychnine *a.* striknin, kargabüken özü

stupefacient *a. s.* uyuşturucu (ilaç)

stupefy *e.* uyuşturmak; sersemletmek

stupor *a.* uyuşukluk, baygınlık

stuporous *s.* uyuşuk, baygın

stylar *s.* sivri uçlu, iğne gibi

style *a. bitk.* çiçek dişilik organı sapı; *hayb.* sivri çıkıntı; tarz; biçim, şekil; stil; zarafet; cins, tip

stylet *a. hayb.* sivri çıkıntı; cerrah mili

styliform *s.* iğnemsi, ucu sivri

styloid *s.* mil biçimli; *anat.* sivri kemiklerle ilgili

stylolite *a. yerb.* kireç sütunu

stylopodium *a. bitk.* sayvanlı bitkideki çiçek dişilik organındaki şişlik

stylus *a.* sivri uçlu alet; pikap iğnesi

styptic *s.* (doku) büzücü, daraltıcı * *a.* kanamayı durdurucu ilaç

styracaceous *s.* buhurgillerden

styrene *a. kim.* stiren, yapay kauçuk oluşturan sıvı bileşim *styrene resin* stiren reçinesi

subacetate *a. kim.* bazik asetat

subacidity *a.* hafif asitlik

subadditive *s. matm.* alt toplamsal

subaquatic *s.* yarı sucul, yarı suda yarı karada yetişen

subarid *s.* yarı kurak

subatom *a.* alt öğecik

subatomic *s.* alt atomik

subaxillary *s. bitk.* eksen altında bulunan

subbase *a.* alt temel; *matm.* alt taban

subcaudal *s.* kuyruk altı+

subchloride *a.* as klorür

subclass *a. biy.* altsınıf

subclavian *a.* köprücükkemiği altı atar/toplardamarı * *s.* köprücükkemiği altı+

subconscious *a.* bilinçaltı, şuuraltı * *s.* bilinçaltında olan

subcontractor *a. anat.* kabuk altı; ikinci

subcortex *a. anat.* beynin kabukla çevrili kısmı

subcortical *s.* beyin korteksi altında olan

subcostal *a. s.* kaburga altında olan (kas)

subculture *a. biy.* altkültür

subcutaneous *s.* deri altı, deri altında olan *subcutaneous parasite* deri altı paraziti

subdivision *a.* tekrar bölme, parçalarına ayırma; parselleme, ifraz

subepidermal *s.* üstderi altında

suber *a.* mantar, mantar tabakası

subereous *s.* mantarımsı, mantarlı

suberic *s.* mantar+ *suberic acid* mantar asidi

suberification *a.* mantarlaşma

suberin *a. bitk.* mantarözü, mantardoku

suberization *a.* mantarlaşma

suberize *e.* mantarlaşmak

suberose *s.* mantarımsı, mantarlı

subfamily *a. biy.* altfamilya, alttakım

subgenus *a. biy.* alt cins, alt tür

sub-group *a.* alt grup, alt takım; *matm.* alt öbek; *kim.* düşey bölüm

subhuman *s.* yarı insan

subinfection *a.* hafif enfeksiyon

subjacent *s.* alttaki; temel

subjective *s.* öznel, sübjektif; kişisel; hayali

subjectivity *a.* öznellik, sübjektiflik

subkingdom *a. biy.* alt âlem

sublimate *a. kim.* süblime, uçunumla elde edilen madde * *e. kim.* süblimleştirmek; uçundurmak; arıtmak; *ruhb.* yüceltmek

sublimation *a.* süblimleşmc, uçunum; arıtma; yüceltme

sublime *e. kim.* uçundurmak; uçunmak * *s.* yüce, ulu

subliminal *s.* bilinçdışı

sublingual *a. s. anat.* dilaltı

sublittoral *s.* kıyıya yakın

submammary *s.* meme altında (olan)

submarginal *s. biy.* kenara yakın; sınır altı; verimsiz, kısır (toprak)

submarine *a.* denizaltı (gemi) * *s.* denizaltında yetişen **submarine plants** denizaltı bitkileri

submatrix *a. matm.* alt dizey

submaxilla *a. anat.* hayb. altçene, altçene kemiği

submaxillary *s.* alt çeneyle ilgili

submental *s.* çene altında

submerged *s.* su basmış, taşkına uğramış, suya batmış **submerged plant** su altındaki bitki **submerged valley** deniz altında kalmış vadi

submergence *a.* batma

submersed *s.* su altında yetişen

submersion *a.* suya batma, suya batırma, su altında kalma

subnasal *s.* burun altında

suboceanic *s.* okyanus dibinde yetişen

suborder *a. biy.* alttakım

suboxide *a. kim.* alt oksit

subphylum *a. biy.* alt filum

subpolar *s.* eksen ucu

subretinal *s.* retina altında

subsidence *a.* çökme, batma; azalma, yavaşlama; çökelti

subsistence *a.* varlık, vücut; geçinme, kendini geçindirme; nafaka

subspecies *a.* alttür

substance *a.* madde, cisim, özdek *pure substance* arı madde

substandard *s.* standart altı, standardın altında olan, yetersiz

substituent *a. s.* asıl bileşimdeki atomun yerini alan (atom/atom grubu)

substitution *a.* başkasının yerine geçme; başkasının yerine koyma; *kim.* sübstitüsyon, ornatma, yerdeğiştirme *double substitution* çift yer değiştirme

substrate *a. biy.* ortam; *kim.* mayanın etkilediği madde; *elek.* alt taş

substratum *a.* alt tabaka; alt toprak

subtangent *a. matm.* teğet altı

subterranean *s.* yeraltı, toprakaltı

subthalamus *a.* hipotalamus

subtropical *s.* astropikal, dönence altı

subtype *a.* alt tür

subulate *s.* biz şeklinde, sivri uçlu; *bitk.* ince uzun *subulate leaf* bizsi yaprak, subulat yaprak

subumbilical *s.* göbek altında

subungual *s.* tırnak altında

succession *a.* silsile, ardıllık; birbirini izleyen şey/kimse; vekâlet; döl, varis

succin *a.* ambcr, kehribar

succinic *s.* kehribardan yapılmış *succinic acid* kehribar asidi

succinite *a.* kehribaı

succulent *s.* (meyve) sulu; taze; özlü; (bitki) etenli *succulent leaf* etli yaprak

succulency *a.* sululuk, körpelik, tazelik; etenlilik

sucker *a. bitk.* fışkın, sürgün, piç; meme emen yavru; *hayb.* çekmen, vantuz; *hayb.* emici sazan; emici boru; tulumba pistonu; emme şekeri * *e.* fışkın sürmek; fışkınlarını budamak, piçlerini temizlemek *stem sucker* kök sürgün

suckering *a.* fışkın sürme, yeşerme; kardeşlenme

sucking *s.* emen *sucking disc* çekmen, vantuz

sucrase *a. kim.* sükraz, evirteç

sucrose *a. kim.* sakaroz, şeker

suction *a.* emme *suction pump* emme tulumba

suctorial *s.* emici; emici organlı *suctorial organ* emici organ

sudation *a.* terleme

sudatory *s.* terletici

sudor *a.* ter

sudoriferous *s.* terletici

sudorific *s.* terletici

sudoriparous *s.* ter salgılatan

sugar *a.* şeker, şeker katma * *e.* şeker katmak; şekerlenmek *sugar gum* okaliptüs *sugar molasses* şeker melası *sugar of lead* kurşun asetat *sugar of milk* süt şekeri, laktoz *sugar pine* şeker çamı *beet sugar* pancar şekeri *brown sugar* esmer şeker *grape sugar* nişasta şekeri, üzüm şekeri, glikoz

suitcase *a.* bavul

sulcate *s. biy.* yivli, yarıklı

sulcation *a. biy.* yiv, oluk

sulcus *a.* yarık, yiv; *anat.* oluk

sulfa *s.* sülfa *sulfa drug* sülfa ilacı *the sulfa series* sülfa dizileri, sülfamit dizileri

sulfadiazine *a.* sülfadiazin, enfeksiyon tedavisinde kullanılan sülfanilamit türevi

sulfanilamide *a.* sülfanilamid

sulfanilic (acide) *s. kim.* sülfanilik (asit)

sulfate *a. kim.* sülfat * *e.* sülfatlaştırmak; sülfatlaşmak *copper sulfate* bakır sülfat, göztaşı *iron sulfate*

demir sülfat, yeşil vitriyol *zinc sulfate* çinko sülfat

sulfated *s. kim.* sülfatlı

sulfation *a. kim.* sülfatlaşma; sülfatlaştırma

sulfide *a. kim.* sülfür, kükürt bileşimi *hydrogen sulfide* hidrojen sülfür *lead sulfide* kurşun sülfür

sulfinyl *a. kim.* sülfinil

sulfite *a. kim.* sülfit *sodium sulfite* sodyum sülfit

sulfitic *s. kim.* sülfitli

sulfo *s. kim.* sülfo, sülfonik *sulfo group* sülfo grubu

sulfonamide *a.* sülfonamid

sulfonate *a. kim.* sülfonat, sülfonik asit tuzu/esteri * *e.* sülfonatlaştırmak

sulfonation *a. kim.* sülfonatlaştırma

sulfone *a. kim.* sülfon

sulfonic *s. kim.* sülfonik *sulfonic acid* sülfonik asit

sulfonium *a. kim.* sülfonyum

sulfonmethane *a.* sülfonmetan

sulfonyl *a. kim.* sülfonil

sulfur *a.* kükürt (simgesi S) *sulfur bacteria* kükürt bakterisi *sulfur butterfly* sarı kelebek *sulfur dioxide* kükürt dioksit

sulfuration *a.* kükürtleme

sulfuric *s. kim.* sülfürik *sulfuric acid* sülfürik asit, zaçyağı

sulfurization *a.* kükürtleme

sulfurize *e.* kükürtlemek

sulfurous *s.* kükürtlü, sülfüröz; kükürt renginde *sulfurous acid* sülfüröz asit

sulfury *s.* kükürtlü, kükürt gibi

sulfuryl *s. kim.* sülfüril *sulfuryl group* sülfüril grubu

sumach *a. bitk.* sumak, sumak ağacı

summation *a.* toplama; toplam; toplanma

summerwood a. (ağaçta) yaz halkası

sun a. güneş; güneş ışığı; iklim * e. güneşlemek; güneşlendirmek **sun animacules** güneş hayvancıkları **sun compass** güneş pusulası

sunbird a. hayb. nektar kuşu

sunflower a. bitk. ayçiçeği, günebakan

sunstone a. yıldız taşı

superciliary s. anat. kaşla ilgili; kaş üstünde bulunan **superciliary ridges** göz çukuru üstündeki kemikli çıkıntı

supercilium a. kaş, kaş kılı

superego a. ruhb. üstben, üstbenlik

superfecundation a. üst döllenme

superfetation a. çift gebelik

superfluid s. fiz. tam akışkan

superfluidity a. fiz. tam akışkanlık

superglacial s. buzul üstü

superheat e. aşırı ısınmak, aşırı ısıtmak; kuru buhar yapmak

superheating a. aşırı ısınma

superimpregnation a. üst döllenme

superinfection a. üst enfeksiyon, enfeksiyona yeni enfeksiyon eklenmesi

superior a. üstün kimse * s. üstün, yüce; yüksek; bitk. üstte bulunan; anat. (başka organın) üstünde bulunan

superiorly be. üstün biçimde

superlactation a. çok süt yapımı; emzirme döneminin uzaması

supernatant a. suyun üstünde yüzen

superorder a. biy. üsttakım

superoxide a. kim. peroksit

superphosphate a. süperfosfat; süperfosfat gübresi

supersaturate e. aşırı doyurmak

supersaturation a. aşırı doyma

supersonic s. süpersonik, sesüstü

supervention a. sonradan olma, arkasından gelme

suppress e. durdurmak, kesmek; son

suspensor

vermek; önlemek, bastırmak

suppressed s. bastırılmış, durdurulmuş, önlenmiş

suppression a. bastırma, engelleme, durdurma; yok etme; gizli tutma

suppressor a. önleyen, bastıran şey

supra-axillary s. koltuk çukuru üstünde olan

supracranial s. kafatası üstünde olan

supraorbital s. göz çukuru üstünde bulunan

suprarenal a. s. anat. böbreküstü (bezi)

suprarenal gland böbreküstü bezi

supranasal s. burun üstünde olan

supraocular s. göz küresi üstünde olan

surface a. yüz, yüzey, satıh * e. su yüzeyine çıkmak; (yolu) kaplamak **surface energy** yüzey enerjisi, yüzey erkesi **surface pressure** yüzey basıncı **surface tension** yüzey gerilimi, yüzey gerilmesi **surface velocity** yüzey hızı, yüzeysel hız

surface-active s. yüzey aktif **surface-active agent** yüzey aktif madde, yüzeyetkin özdek

surfactant a. yüzey aktif madde

surge a. büyük dalga; dalgalanma * e. dalgalanmak

suricate a. hayb. Afrika gelinciği

survival a. hayatta kalma; kalıntı, kalan şey/kimse **survival of the fittest** en güçlünün yaşaması zayıfın yok olması ilkesi

susceptance a. elek. süseptans, sanal alım

suslik a. hayb. yer sincabı

suspension a. kim. süspansiyon, katı asıltı; asma; asılma; ertelenme; tatil etme

suspensoid a. fiz. kim. katı asıltı

suspensor a. kasık bağı

suspensory s. asan, asıcı, asmaya yarayan

sustentacular s. anat. tutucu, destekleyici

sustentaculum a. anat. destek bağı

sustentation a. sürdürme; destekleme; koruyucu şey

sutural s. hek. dikişli

suturation a. hek. dikiş atma, dikiş

suture a. hek. dikiş atma; dikiş yeri, dikiş; dikme; bitk. çenek ek yeri

swallow e. yutmak; yutkunmak; kabul etmek; kanmak, inanmak * a. yutma, yudum; kırlangıç

swallowing a. yutma

swamp a. bataklık; su basmak; bataklık olmak; suyla doldurmak; boğmak, bunaltmak swamp hare bataklık tavşanı swamp maple kızılağaç swamp oak bataklık meşesi swamp pine bataklık çamı

swan a. kuğu mute swan sessiz kuğu

swarm a. (arı) oğul; böcek sürüsü; küme; biy. sudaki organizma topluluğu * e. (arı) oğul vermek; kümeleşmek, toplanmak swarm year oğul yılı swarm cell zoospor

swarming a. oğul verme, oğullama

sweat a. ter, terleme * e. terlemek; buğulanmak; nemlenmek; terletmek sweat bee ter arısı sweat gland ter bezi

sweet a. tatlı; şeker * s. tatlı; şekerli; hoş, sevimli; (toprak) verimli; kim. arı, saf; sert olmayan sweet alyssum yeşil alisum sweet basil fesleğen sweet bay defne sweet gale kokulu mersinsif sweet marjoram mercankök sweet water gliserol eriyiği

swell e. şişmek, şişkinleşmek; dal-

galanmak, kabarmak * a. şişme, şişkinlik; kabarma, kabarıklık; dalga

swelling a. şişkinlik, şişlik, şiş, şişmiş yer

swim-bladder a. (balık) hava kesesi

swimmeret a. yüzgeç ayak

switch a. elektrik anahtarı, şalter, kesici; demiryolu makası; çubuk, değnek; filiz, sürgün * e. elektrik devresini açmak/kapamak switch cane çubuk kamışı

swordfish a. hayb. kılıç balığı

syenite a. kırmızı Mısır mermeri

syenitic s. kırmızı mermerden

sylvan s. ormanla ilgili; ormanlık, ağaçlık * a. ormanda yaşayan hayvan/insan

sylvanite a. silvanit, altın-gümüş tellürit

sylvine a. silvit, potasyum klorür

sylvite a. silvit, potasyum klorür

symbiont a. biy. ortakyaşar, ortak yaşayan canlı

symbiosis a. biy. sembiyoz, ortakyaşama, ortakyaşarlık

symbiote a. ortakyaşar

symbiotic s. sembiyotik, ortakyaşamla ilgili

symbiotically be. ortak yaşayarak

symbol a. simge, sembol

symmetrical s. matm. simetrik, bakışımlı; bitk. kim. bakışık, simetrik

symmetry a. simetri, bakışım

sympathetic s. anat. sempatik, beden hareketini irade dışı yöneten; fiz. etkisel; anlayışlı, duyguları anlayan; sempatik, sevimli sympathetic nervous system sempatik sinir sistemi sympathetic sound etkisel ses

sympathin a. kim. sempatin, kalp kasını kontrol eden madde

sympathoblast a. sempatik sinir

düğümü hücreleri

sympathomimetic *s.* sempatik sinir sistemi benzeri etki yapan

sympetalous *s. bitk.* taçyaprakları birleşik olan

symphysis *a. anat.* (kemik) bitişme, kaynaşma; sabit mafsal

sympiesometer *a.* gazlı barometre

sympodium *a. bitk.* bileşik sap

symptomatic *s.* belirtisel; belirten

symptomatology *a.* hastalık belirtileri bilimi

synaesthesia *a.* bileştirme, bir duyu organındaki uyaranın diğer duyu organını da etkilemesi

synanthous *s.* birleşik anterli, yaprak ve çiçeği aynı zamanda çıkan

synapse *a.* sinir kavşağı

synapsis *a. biy.* kromozom birleşmesi

synaptic *a. biy.* kromozom birleşimiyle ilgili

synarthrosis *a. anat.* kaynaşık eklem, oynamaz eklem

syncarp *a. bitk.* sinkarp, bileşik meyve

syncarpous *s. bitk.* bileşik meyveli

synchondrosis *a.* kemiklerin kıkırdakla bağlantı yapmasıyla oluşan eklem

synclinal *s. matm.* eş eğimli; *yerb.* çökük

syncline *a. yerb.* ineç, çökük katman

syncytium *a.* protoplazma köprüsüyle birleşen hücreler

syndactyl *s.* bitişik parmaklı

syndactylism *a.* bitişik parmaklılık

syndactylous *s.* bitişik parmaklı

syndactyly *a.* bitişik parmaklılık

syndesmology *a. anat.* bağları inceleyen dal

syndesmosis *a. anat.* kemiklerin bağ dokusuyla bağlanması

syndrome *a. hek.* sendrom, belirti

synecology *a.* sinekoloji, toplum ekolojisi

syneresis *a. fiz.* büzülme

synergic *s.* sinerjik, birlikte yapılan

synergid *a.* yardımcı hücre

synergism *a.* görevdeşlik, eş etkinlik; (ilaç) birlikte alınma

synergist *a. hek.* eş etkin ilaç

synergistic *s.* eş etkin, birlikte etkiyen

synergy *a.* eş etkime, birbirini destekleme; eş etkinlik

syngamous *s. biy.* eşeysel birleşmeyle ilgili

syngamy *a. biy.* eşeysel birleşme

syngenesis *a. biy.* eşeysel üreme

syngenetic *s.* üreyen, üreten

synizesis *a.* ünlü birleşimi

synoicous *s. bitk.* çift eşeyli

synoicousness *a. bitk.* çift eşeylilik

synostose *e.* kemik kaynaşmak

synostosis *a.* kemik kaynaşması

synovia *a.* eklem sıvısı

synovial *s.* eklem sıvısıyla ilgili

synoviparous *s.* eklem sıvısı oluşturan

synovitis *a.* eklem zarı iltihabı

synsepalous *s.* bitişik sepalli

syntactic *s. dilb.* sözdizimsel

synthesis *a.* sentez, bireşim

synthetic *s.* sentetik, bireşimsel; suni, yapay

syphilis *a.* frengi

syringa *a. bitk.* ağaç fulü

syringe *a. hek.* şırınga * *e.* şırınga etmek

syringeal *s.* östaki borusuyla ilgili; kuşun ötme borusuyla ilgili

syringitis *a.* östaki borusu iltihabı

syringomyelia *a.* omurilikte su toplanması

syrinx *a. anat.* östaki borusu; kuşun ses organı

syrphian *a.* arı sinek

syssarcosis *a. anat.* kemiğin kasla birleşimi

systaltic *s.* devamlı büzülüp açılan

system *a.* sistem, dizge; *biy.* organ, uzuv; yöntem; donanım; şebeke; yapı, vücut *system of pulleys* makara takımı *muscular system* kas sistemi *nervous system* sinir sistemi *the digestive system* sindirim sistemi *the solar system* güneş sistemi

systematic *s.* düzgün, düzenli; sistematik

systematics *a.* sınıflandırma bilimi

systemic *s.* sistemik (ilaç), bütün bedeni etkileyen; organ sistemiyle ilgili *systemic circulation* büyük dolaşım

systole *a. hek.* kasım, sistol

systolic *s. hek.* kasımlı, sistolik

syzygy *a.* kavuşma konumu

T

T *a.* mutlak sıcaklık simgesi; kinetik enerji simgesi

t *a.* zamanın simgesi

Ta *a.* tantalın simgesi

tabellae *a.* tablet

tabes *a.* zayıflama, zayıf düşme

tabescence *a.* zayıflama, zafiyet

tabescent *s.* zayıflayan, zayıf

tableland *a. coğ.* plato, yayla

tablet *a.* bloknot; tablet, hap; küçük kalıp

tabular *s.* çizelge halinde

tachometer *a.* takometre, hızölçer

tachycardia *a. hek.* taşikardi, hızlı kalp çarpıntısı

tachylite *a.* kara bazalt

tachylyte *a.* kara bazalt

tachymeter *a.* takimetre

tachypnoea *a. hek.* hızlı soluma

tackiness *a.* yapışkanlık *tackiness agent* yapışkan madde

taconite *a.* kumlu demir cevheri

tactic *a. s.* taktik; tedbirli, düzenli

tactile *s.* dokunma duyusuyla ilgili, dokunsal

tactor *a.* dokunma organı

tactual *s.* dokunsal; dokunmayla anlaşılan

tadpole *a. hayb.* iribaş, kurbağa yavrusu

taenia *a. hayb.* şerit, tenya, bağırsak kurdu; *anat.* şerit doku

taeniacide *a. s. hek.* tenya öldürücü (ilaç)

taiga *a.* tayga, kuzey çam ormanları

tail *a.* kuyruk; paranın yazı tarafı *tail bone* kuyruk kemiği, kokiks *tail feather* kuyruk tüyü *tail fin* kuyruk yüzgeci

tailed *s.* kuyruklu *tailed amphibians* kuyruklular

tailless *s.* kuyruksuz

tailorbird *a. hayb.* terzi kuşu

take *e.* almak; ele geçirmek; tutmak; yakalamak; seçmek; kabul etmek; çıkarmak; götürmek; binmek; harcamak, tüketmek; yazmak * *a.* alma, tutma; kâr; çekim; *hek.* tutmuş aşı

taking *a.* alma, alınma; kazanç; bulaşıcı

talc *a.* talk; talk pudrası *talc schist* talkşist

talcose *s.* talklı

talcous *s.* talklı

talipot *a. bitk.* uzun palmiye

tall-oil *a.* tal yağı, talol

tallow *a.* donyağı, içyağı

talon *a.* pençe

taloned *s.* pençeli

talus *a. anat.* aşık kemiği; *yerb.* birikinti, meyilli kaya yığını

tamarin *a. hayb.* ipek maymun
tamarind *a. bitk.* demirhindi
tamper *a.* tokmak
tampon *a. hek.* tampon, tıkaç
tamponnage *a.* tamponlama
tan *e.* tabaklamak; bronzlaşmak, kararmak; bronzlaştırmak * *a.* açık kahverengi; bronzlaşma; tanen, mazı tozu
tanagrine *s.* ispinozgillerden
tangent *a.* teğet; değme, temas *tangent curve* teğet eğrisi *tangent line* teğet doğrusu *tangent plane* teğet düzlemi
tangential *s.* teğetsel; uzaklaşan, yüzeysel
tangerine *a.* mandalina
tangoreceptor *a.* dokunma duyusuna duyarlı almaç
tannage *a.* tabaklama, sepileme; tabaklanmış deri
tannate *a. kim.* tanat, tanik asit tuzu
tannic *s. kim.* tanenli
tannin *a. kim.* mazıtozu, tanen
tanning *a.* sepileme, tabaklama
tansy *a. bitk.* solucan otu
tantalate *a. kim.* tantalat, tantalik asit tuzu
tantalic *a. kim.* tantalik *tantalic acid salt* tantalik asit tuzu
tantalite *a. kim.* tantalit, demir tantalat
tantalous *s. kim.* tantal+
tantalum *a.* tantal (simgesi Ta)
tape *a.* şerit, bant; ses bandı, teyp * *e.* şerit takmak; şerit metreyle ölçmek; banda kaydetmek *tape measure* şerit metre
taper *e.* sivriltmek; gittikçe azaltmak/azalmak * *a.* incelme; şamalı fitil; şerit makinesi
tapering *s.* gittikçe incelen
tapetal *s.* zar biçimli, şerit dokusal
tapetum *a. bitk.* şerit doku; *anat.* zar

tapeworm *a. hayb.* tenya, şerit
taphole *a.* maden akıtma deliği
tapir *a. hayb.* tapir
taproot *a. bitk.* kazık kök, ana kök
taprooted *s.* kazık köklü
tar *a.* katran * *e.* katranlamak, katran sürmek *tar sand* katranlı kum *pine tar* çam katranı
tarantula *a.* kıllı örümcek
tardigrade *s.* yavaş hareket eden, yavaş yürüyen * *a. hayb.* tardigrad
target *a.* hedef * *e.* amaçlamak, hedeflemek
tarpon *a. hayb.* iri ringa
tarragon *a. bitk.* tarhun
tarsal *s.* ayak bileği ile ilgili
tarsier *a. hayb.* cadı maki
Tarsiiformes *a.* uzun bacaklı makigiller
tarsus *a.* ayak bileği, tarsus; gözkapağı pulu, gözkapağı kıkırdağı, böcek ayağı *tarsus of the eyelid* gözkapağı pulu, gözkapağı kıkırdağı
tartar *a.* tartar; kefeki, diş kiri *tartar emetic* tartar emetik, antimuan potasyum tartarat
tartareous *s.* kefekili, tortulu
tartaric *s.* tartarik *tartaric acid* tartarik asit
tartrate *a. kim.* tartarat, tartarik asit tuzu
tartrated *s. kim.* tartarik asitli
taste *e.* tatmak, tadına bakmak; tadı olmak * *a.* tat; tat alma duyusu; tadımlık; zevk, beğeni *taste bud* tat alma cisimciği *taste pore* tat deliği
taurine *s. kim.* torin; boğaya benzer
taurocholate *a.* taurokolik asit tuzu/esteri
taurocholic *s.* taurokolik *taurocholic acid* öd asidi
tautog *a. hayb.* karabalık

tautomer *a. kim.* devingen eşiz

tautomerism *a. kim.* devingen eşizlik

tautomerization *a. kim.* devingen eşizleme

taxidermist *a.* post doldurucu

taxidermy *a.* post doldurma

taxis *a. biy.* uyaranla canlının hareketi; yerinden çıkmış organı elle yerine yerleştirme

taxology *a.* sınıflandırma bilgisi

taxon *a.* bitki-hayvan sınıflandırması

taxonomic *s.* sınıflandırma bilgisiyle ilgili

taxonomy *a.* taksonomi, sınıflandırma bilgisi, canlı sınıflandırılması

Tb *a.* terbiyumun simgesi

Tc *a.* teknetumun simgesi

Te *a.* tellürün simgesi

tea *a. bitk.* çay fidanı; çay

teaberry *a. bitk.* keklik üzümü

teal *a. hayb.* çamurcun; tatlı su ördeği

tear *e.* yırtmak; yırtılmak; parçalanmak * *a.* gözyaşı; damla; yırtık, yarık, çatlak *tear bag* göz pınarı *tear duct* gözyaşı kanalı *tear gas* göz yaşartıcı gaz

teat *a.* meme başı

technetium *a.* teknetum (simgesi Tc)

technique *a.* teknik, yöntem, yordam

tectiform *s.* tavana benzeyen

tectogenesis *a.* yapı, oluş

tectonic *s.* tektonik, yerkabuğu ile ilgili, kayma oluşumsal *tectonic lake* çöküntü gölü

tectonics *a.* mimarlık, yapı sanatı; yapısal yerbilimi

tectorial *s.* tavan gibi

tectrix *a.* (kuş) kanat örtü tüyü

teeth *a.* dişler

teething *a.* diş çıkarma, diş çıkarma zamanı

Teflon *a.* teflon, politetrafluoroetilen

tegmen *a.* zar, kabuk; *bitk.* tohum iç zarı

tegmenal *s.* zar gibi, kabuksu

tegular *s.* tuğla gibi, tuğla biçimli

tegument *a.* deri, zar, kabuk, kılıf

tegumental *s.* zar şeklinde, kılıfımsı

tegumentary *s.* zar şeklinde, kılıfımsı

tektite *a. yerb.* camyuvar

tela *a. anat.* beyin zarı

telar *s.* ağsı yapılı

telegony *a.* kalıtımsal etki

telemeter *a.* telemetre, uzaklıkölçer

telencephalic *s.* ön beyinle ilgili

telencephalon *a. anat.* ön beyin

teleost *a. hayb.* kemikli balık * *s.* kemikli balıkgillerden

Teleostei *a. hayb.* kemikli balıklar

telereceptor *a.* duyusal alıcı

telium *a.* pas küfü sporu

tellurate *a. kim.* tellürik asit tuzu

telluric *s.* tellürik, tellürlü; yeryüzü ile ilgili; yerden çıkan, topraktan çıkan *telluric currents* tellürik akımlar

telluride *a. kim.* tellürit

tellurite *a. kim.* tellürit, tellürik asit tuzu *sodium tellurite* sodyum tellürit

tellurium *a. kim.* tellür, kükürde benzer kristalli nadir eleman

tellurous *s. kim.* dört valanslı tellür içeren

telodendron *a.* sinir hücresi uzantılarının en ucu

telophase *a. biy.* son hücre bölümü

telson *a. hayb.* telzon, eklembacaklılarda son bölüm

temperature *a.* ısı derecesi, derece; ısı, sıcaklık, hararet; *hek.* ateş *temperature coefficient* sıcaklık katsayısı *temperature differantial* sıcaklık farkı *temperature gradient* sıcaklık değişimi *absolute temperature* mutlak sıcaklık *body temperature* vücut ısısı *critical temperature* kritik sıcaklık

temporal *s. anat.* şakakla ilgili, şakakta bulunan; dünyevi; zamana ait *temporal bone* şakak kemiği *temporal muscle* çeneyi kapatan kas

temporary *s.* geçici, muvakkat

tenaculum *a.* kancalı tutamak

tendency *a.* eğilim, meyil

tendinitis *a.* kiriş iltihabı

tendinous *s.* kirişli, kiriş dolu

tendon *a. anat.* kiriş, veter *tendon worm* kiriş kurdu

tendotome *a.* kiriş kesisinde kullanılan alet

tendril *a. bitk.* asma bıyığı, sülükdal

tendrillar *s.* filizli

tenia *a.* tenya, şerit, bağırsak kurdu

teniacide *a. s. hek.* şerit öldürücü (ilaç)

tenor *a.* genel anlam; gidiş, akış; *müz.* tenor

tenorite *a.* tenorit, bakır oksit cevheri

tenotomy *a.* kiriş kesilmesi

tensile *s.* germe ile ilgili; gerilme ile ilgili; gerilebilir, gerilip uzayabilir, telgen

tension *a.* gerilim, germe; gerginlik; tansiyon; germe kuvveti; *elek.* gcrilim, voltaj *surface tension* yüzey gerilimi *vapour tension* buhar gerilimi

tensor *a. anat.* gerici kas; *matm.* tansör, gerey *tensor force* tansör kuvveti *tensor muscle* gerici kas

tentacle *a. hayb.* dokunaç

tentacled *s. hayb.* dokunaçlı

tentacular *s.* dokunaçlı

tentaculated *s. hayb.* dokunaçlı

tentorium *a. anat.* çadıra benzeyen yapı

teosinte *a. bitk.* Meksika darısı

tephrite *a. yerb.* gri bazalt

teratogenesis *a.* ağır gelişim bozukluğu olan yavru doğumu

teratologist *a.* anormal oluşumları inceleyen uzman

teratology *a. biy.* ucube bilimi, anormal oluşumları inceleyen bilim

terbia *a. kim.* terbiyum *terbium oxide* terbiyum oksit

terbium *a.* terbiyum (simgesi Tb)

terebic (acid) *s. kim.* terebik (asit)

terebinth *a. bitk.* sakız ağacı

terebinthinate *s.* neft yağına benzer

terebrant *s.* şiddetli ağrılı

terete *s.* silindirik

tergal *s. hayb.* (eklembacaklılarda) sırtla ilgili

tergeminate *s. bitk.* üç çift çatal yapraklı

tergite *a.* sırt segmenti, tcrgit

tergum *a. hayb.* (eklembacaklıda) sırt

term *a.* dönem, devre; süre, müddet; terim; vade

terminal *a.* son, uç; *elek.* kutup, uç, terminal; istasyon * *s.* uçta bulunan; son; öldürücü *terminal bud* tepe tomurcuğu, uç tomurcuk

termite *a.* akkarınca, termit, divik

tern *a. hayb.* deniz kırlangıcı

ternary *s. kim.* üçlü, üç öğeden oluşmuş; *matm.* üç değişkenli; üç misli * *a.* üçlü grup

ternate *s.* üçlü; *bitk.* üç yapraklı

ternately *be.* üçer üçer

ternitrate *a. kim.* trinitrat, üç nitrit grubu içeren bileşik

terpene *a. kim.* türpen, bitkiden elde edilen karbonlu hidrojenler

terpenic *s. kim.* türpenli

terpin *a.* terebentin yağından elde edilen bir alkol

terpineol *a. kim.* türpenol
terramycin *a.* teramisin
terrain *a. yerb.* kayalık arazi, kaya
terrane *a. yerb.* kayalık arazi
terraneous *s.* toprağa özgü; toprakta yetişen
terrestrial *s.* yer küreye ait, dünyevi; karasal; *bitk.* toprakta yetişen; *hayb.* karada yaşayan
terricolous *s. bitk. hayb.* yerde yaşayan
terrigenous *s.* toprakta üreyen; *yerb.* karadan denizin dibine sürüklenen toprakla ilgili
territory *a.* toprak, arazi; bölge, mıntıka; ülke, memleket
tertial *a.* uçuşu sağlayan tüy/telek
tervalence *a. kim.* üç değerlik
tervalent *s. kim.* üç değerli, üç valanslı
tesla *a. fiz.* tesla, manyetik endüksiyon birimi
tessellated *s.* mozaikle bezenmiş, mozaikle süslenmiş
test *a.* test, deneme, deney; sınav, imtihan; muayene; kimi deniz hayvanlarının sert kabuğu; maden arıtma potası * *e.* denemek; sınamak; muayene etmek; tahlil etmek *test chamber* deney odası *test jar* deney kabı *test paper* turnusol kâğıdı; sınav kâğıdı *test rig* test donanımı, test ekipmanı *test run* deneme çalıştırması, deneme işletimi *test tube* deney tüpü *blank test* kör deney *endurance test* dayanım testi, dayanma deneyi *flame test* alev testi, yalaz deneyi *pressure test* basınç deneyi, basınç testi *spot test* leke deneyi
testacean *a. s. hayb.* kabuklu (hayvan)
testaceous *s.* kabuklu; *bitk.* tuğla rengi
testicle *a.* testis, erbezi, taşak
testicular *s. bitk.* erbezi biçimli

testiculate *s. bitk.* erbezi biçimli
testing *a.* deneme; sınama; tecrübe
testis *a. anat.* erbezi, testis, husye, haya, taşak
testosterone *a. biy.* testosteron, erkeklik hormonu
testudinal *s.* kaplumbağa kabuğuna benzeyen
testudinate *s.* kaplumbağa kabuğu gibi; kaplumbağamsı * *a.* kaplumbağa
Testudinidae *a. hayb.* karakaplumbağasıgiller
tetanic *s.* tetanosa benzer, tetanos oluşturan
tetanus *a. hek.* tetanos, kazıklıhumma
tetanus bacillus tetanos basili
tetany *a.* kalsiyum eksikliğinde oluşan kasılma
tetrabasic *s. kim.* dört bazlı
Tetrabranchia(ta) *a.* dört solungaçlılar
tetrabranchiate *s.* dört solungaçlılara ait
tetrabromide *a. kim.* tetrabromür
tetrachloride *a.* tetraklorür *carbon tetrachloride* karbon tetraklorür
tetrachlorethane *a.* böcek öldürücü bir madde
tetrachloromethane *a. kim.* karbontetraklorür
tetracycline *a.* tetrasiklin
tetrad *a.* dörtlü grup; *kim.* dört değerli atom/kök
tetradactyl(ous) *s.* tetradaktil, el/ayağında dört parmağı olan
tetradymite *a.* tetradimit
tetraethyl *a. kim.* tetraetil *tetraethyl lead* kurşun tetraetil
tetragenic *s.* dörtlü grup oluşturan
tetragenous *s.* dörtlü grup oluşturan
tetrahedral *s.* dört yüzlü
tetrahedrite *a.* bakır antimuan sülfür

cevheri
tetrahedron *a.* dört yüzlü
tetralin *a. kim.* tetralin, naftalinin hidrojenlenmesinden elde edilen bir madde
tetramerous *s.* dörtlü, dört bölümlü
tetramethyl *a.* dört metil gruplu bileşik
tetrandrous *s.* dört erkek organlı
tetrapetalous *s. bitk.* dört petalli, dört taçyapraklı
tetrapod *a.* tetrapot, dört ayaklı
tetrapterous *s. hayb.* dört kanatlı; *bitk.* dört çıkıntılı
tetrasomic *s.* dört kromozom eşi olan
tetrasporangium *a. bitk.* dörtlü spor kesesi
tetraspore *a. bitk.* dörtlü spor kesesindeki sporlardan her biri
tetrasporous *s. bitk.* dört sporlu
tetrastichiasis *a.* dört sıralı kirpik oluşumu
tetrastichous *s. bitk.* dört sıralı, dörtlü
tetratomic *s. kim.* dört atomlu; dört değerli
tetravaccine *a. hek.* dörtlü aşı
tetravalence *a. kim.* dört değerlilik, dört valanslılık
tetravalent *s. kim.* dört değerli, dört valanslı
tetrode *a. elek.* tetrod, dört elektrotlu lamba
tetroxide *a. kim.* tetroksit, dört oksijenli oksit
tetryl *a. kim.* tetril
textural *s.* dokusal; yapısal
texture *a.* doku; nitelik, özellik; (sıvı) kıvam
Th *a.* toryumun simgesi
thalamencephalon *a. anat.* ara beyin
thalamus *a. bitk.* çiçek tablası, çiçeklik; *anat.* ara beyin orta kısmı

thalassic *s.* denizle ilgili; denizde yaşayan
thalidomide *a. kim.* talidomit, anormal çocuk doğumuna yol açan bir müsekkin
thallic *s. kim.* talyumlu
thallium *a.* talyum (simgesi Tl)
thalloid *s. bitk.* tallı, tala benzer
Thallophyta *a. bitk.* tallı bitkiler
thallophyte *a. bitk.* tallı bitki
thallous *s. kim.* talyumlu, tek valanslı talyum içeren
thallus *a. bitk.* tal, yaprak sapı kökü olmayan basit bitki
thalweg *a.* bıçık, talveg
thanatological *s.* ölüm bilimiyle ilgili
thanatology *a.* ölüm bilimi
thanatophobia *a.* ölüm korkusu
thawing *a.* çözülme, kar erimesi, buz çözülmesi *thawing point* çiğ noktası, çözülme noktası
theaceous *s.* çay familyasından
thebaine *a. kim.* afyon zehiri
theca *a. biy. bitk.* teka, torbacık, kılıf, zarf
thecal *a.* kılıf+, zarfla ilgili
thecate *s.* kılıflı, kılıf içinde
theelin *a. biy.* estron, dişilik hormonu
theine *a.* tein, kafein
thelitis *a.* meme başı iltihabı
thelyblast *a.* döllenmiş yumurta çekirdeği
thelygenic *s.* sadece dişi yavru veren
thelyplasm *a.* dişilik özelliği taşıyan tohum hücresi bölümü
thematic *s.* konuyla ilgili; *dilb.* gövdesel
thenar *a. s. anat.* el/ayak ayası
theobromine *a.* teobromin, idrar söktürücü olarak kullanılan bir toz
theodolite *a.* teodolit, yatay ve düşey açıları saptayan coğrafya aygıtı

theophyline *a.* teofilin, teobromin benzeri zehirli bir alkaloid

theoretical *s.* teorik, kuramsal *theoretical chemistry* kuramsal kimya, teorik kimya *theoretical physics* teorik fizik, kuramsal fizik

theory *a.* teori, kuram *atomic theory* atom kuramı *chemical theory* kimyasal kuram *quantum theory* kuvantum teorisi, nicemler kuramı *relativity theory* görelilik kuramı, izafiyet teorisi *theory of factors* etkenler kuramı *theory of stages* aşamalar kuramı

therapeutic *s.* tedavi edici, sağaltıcı

therapeutics *a.* terapi, tedavi bilimi

therapy *a.* terapi, tedavi, sağaltım *group therapy* grup terapisi *protective therapy* koruyucu tedavi *vaccine therapy* aşı tedavisi

theriac *a.* panzehir

therm *a.* termi, ısı birimi 100 000 Btu

thermaesthesia *a.* sıcaklık değişimi algılanması

thermal *s.* ısıl, termik *thermal analysis* ısıl analiz, ısıl çözümleme *thermal capacity* termik kapasite, ısıl sığa *thermal conduction* ısı iletimi, ısıl iletim *thermal conductivity* ısı iletkenliği *thermal content* ısı miktarı *thermal cycle* ısıl çevrim *thermal diffusion* ısıl difüzyon, ısıl yayınım *thermal efficiency* termik verim, ısıl verim *thermal energy* ısıl güç, ısı enerjisi, termal enerji *thermal equilibrium* ısıl denge *thermal insulation* ısı yalıtımı, termik izolasyon *thermal ionization* ısıl iyonlaşma *thermal stress* ısıl gerilme *thermal unit* ısı birimi *British thermal unit* İngiliz ısı ölçü birimi

thermic *s.* ısıl, ısısal, termal, termik *thermic balance* ısıl denge

thermion *a. fiz.* ısıl iyon

thermionic *s. fiz.* ısıl iyonik *thermionic effect* ısıl iyonik etki

thermionics *a. fiz.* ısıl iyon bilimi

thermite *a.* termit, yakılınca yüksek ısı veren alüminyum ile ağır metal oksitleri karışımı

thermoanalysis *a.* ısıl analiz

thermobalance *a.* ısıl denge

thermobarometer *a. fiz.* ısı basınçölçer

thermochemical *s.* ısıl kimyasal

thermochemistry *a.* termokimya, ısıl kimya

thermodynamic *a.* termodinamik, ısıldiriksel *thermodynamic laws* termodinamik yasalar *thermodynamic potential* termodinamik potansiyel

thermodynamics *a.* termodinamik, ısıldevimbilim *laws of thermodynamics* termodinamik yasaları

thermoelectrical *s. fiz.* ısıl elektriksel

thermoelectricity *a. fiz.* ısıl elektrik

thermoelectron *a. fiz.* ısıl elektron

thermogenesis *a.* ısı üretimi

thermogenetic *s.* ısı üretimsel, ısı doğuran

thermogenous *s.* ısı üreten

thermogram *a.* yazıcı termometre eğrisi

thermograph *a.* termograf, yazıcı termometre

thermoinhibitory *a.* vücut sıcaklığı önlenmesi/denetlenmesi

thermolabile *s. biy.* ısıyla bozulan

thermolability *a. biy.* ısıyla bozulma

thermologic(al) *s.* sıcaklık bilimsel

thermology *a.* sıcaklık bilimi

thermoluminescence *a.* ısıl ışınım

thermolysis *a. kim.* ısıl ayrışma; vücuttan ısı dağılım

thermomagnetic *a.* ısılmıknatıssal, termomanyetik

thermometer *a.* termometre, sıcaklıkölçer *alcohol thermometer* alkollü termometre, ispirtolu termometre *Celsius thermometer* santigrat termometresi *centigrade thermometer* santigrat termometresi *differential thermometer* diferansiyal termometre *dry-bulb thermometer* kuru termometre *gas thermometer* gazlı termometre *maximum and minimum thermometer* maksimum minimum termometre *mercury thermometer* cıvalı termometre *wet-bulb thermometer* ıslak termometre, yaş termometre

thermometric(al) *s.* ısıl ölçümsel

thermometrically *be.* sıcaklık ölçerek

thermometry *a.* ısıl ölçüm, sıcaklık ölçüm

thermophilic *s.* sıcaklık seven

thermopile *a. fiz.* ısıl pil

thermoregulation *a.* ısıl düzenleme, termoregülasyon

thermoregulator *a.* ısıl düzenleyici

thermoscope *a. fiz.* ısıgözler

thermosetting *a. s.* ısıl sertleşim(sel)

thermosphere *a.* ısıl küre

thermostable *s.* ısıya dayanır

thermostat *a.* termostat, ısıdenetir

thermostatic *s.* ısıl denetimsel

thermotaxis *a. biy.* ısıl hareket; ısıl denge

thermotherapy *a.* ısıyla tedavi

thermotropic *s.* ısıl yönelime ait

thermotropism *a. biy.* ısıl yönelim

therophyte *a.* tohum bitki

thevetin *a.* kardiyak glikozid

thiamin *a. biy.* kim. tiyamin, B1 vitamini

thiazine *a. kim.* tiyazin *thiazine dye* tiyazin boyası

thiazole *a. kim.* tiyazol, renksiz pis kokulu sıvı

thick *s.* kalın; koyu, yoğun; sık, kesif

thickener *a.* kalınlaştırıcı; koyulaştırıcı, koyultucu, koyulaştırma kimyasalı

thickening *a.* koyulaştırma, sıklaştırma; koyulaştırıcı madde *thickening agent* koyulaştırıcı, koyulaştırma maddesi

thickness *a.* kalınlık; koyuluk, yoğunluk; sıklık; tabaka, katman

thickskinned *s.* kalın derili; vurdumduymaz

thigmotaxis *a. biy.* dokunmayla hareket, hücrenin dokunmaya cevabı

thinner *a. s.* tiner; inceltici (madde), seyreltici

thinning *a.* inceltme, seyreltme

thio *s. kim.* kükürtlü *thio acid* kükürtlü asit

thioacetic acid *a. kim.* kükürtlü sirke asidi

thioaldehydc *a. kim.* kükürtlü aldehit

thiocarbamide *a. kim.* tiyoüre

thiocarbonate *a. kim.* tiyokarbonik asit tuzu

thiocarbonic *s. kim.* tiyokarbonik

thiocyanate *a. kim.* kükürtlü siyanür

thiocyanic (acid) *a. kim.* kükürtlü siyanür asidi

thiodiphenylamine *a.* kim, fenotiyazin

thioflavin(e) *a. kim.* tiyazol boyalarından bir madde

thiol *a. kim.* merkaptan, tutuşabilir pis kokulu sıvı

thionic *s. kim.* kükürtlü, kükürtle ilgili *thionic acid* kükürtlü asit

thionin *a. kim.* tiyonin, mor tiyazin türevi

thionyl *a. kim.* tiyonil

thiopental *a.* tiyopental, anestetik bir barbitürat

thiophene *a. kim.* tiyofen, kömür katranındaki eritici sıvı

thiophilic *s.* kükürtle ilgili; kükürte gereksinim duyan

thiosulfate *a. kim.* tiyosülfat, tiyosülfürik asit tuzu

thiosulfuric *s. kim.* tiyosülfürik *thiosulfuric acid* tiyosülfürik asit

thiouracil *a.* tiyoürasil, tiroid bezesinin çalışmasını yavaşlatan toz

thiourea *a. kim.* tiyoüre

third *a.* üçte bir * *s. a.* üçüncü * *be.* üçüncü olarak *third dimension* üçüncü boyut *third-order reactions* üçüncü derece reaksiyonlar

Thomson *a.* Tomson *Thomson effect* Thomson etkisi

thoracic *s.* göğüsle ilgili *thoracic duct* göğüs kanalı

thorax *a. anat.* göğüs, göğüs kafesi

thoria *a. kim.* toryum oksit

thorianite *a.* toryum cevheri

thorite *a.* torit, toryum silikat cevheri

thorium *a.* toryum (simgesi Th) *thorium series* toryum serileri

thorn *a.* diken; dikenli bitki *thorn apple* alıç

thorny *s.* dikenli; üzücü, çok zor, belalı

thoroughbred *a.* safkan at, cins * *s.* safkan

thread *a.* ip, iplik; lif, tel; yiv; ışın * *e.* iplik geçirmek; yiv açmak

threadfin *a. hayb.* iplik yüzgeçli balık

thread-like *s.* iplik gibi, incecik

threadworm *a. hayb.* askarit, bağırsak solucanı

three-flowered *s.* üç çiçekli

three-leaved *s.* üç yapraklı

three-phase *s. elek.* üç fazlı, trifaze

three-seeded *s.* üç tohumlu

thremmatology *a.* hayvan üretme bilgisi

threonine *a. kim.* treonin, protein hidrolizinden elde edilen amino asit

threpsology *a.* beslenme bilimi

threshold *a.* eşik *stimulus threshold* uyarının algılanabildiği düzey *threshold of consciousness* bilinç eşiği

thrill *e.* heyecanlandırmak, heyecan vermek * *a.* heyecan, ürperti

throat *a.* boğaz, gırtlak *sore throat* bademcik iltihabı

thrombin *a. biy.* trombin, pıhtı maya, kanı pıhtılaştıran madde

thrombocyte *a. anat.* kan pulcuğu, pıhtı hücre

thrombokinase *a. biy. kim.* pıhtı maya

thromboplastic *s. biy. kim.* pıltılaştırıcı

thromboplastin *a. biy. kim.* pıhtı maya, kanı pıhtılaştıran lipoprotein

thrombosis *a. hek.* tromboz, pıhtılaşma, kan pıhtılaşması

thrombus *a. hek.* damarı tıkayan pıhtı

throwback *a.* geri atma, gerileme; ataya çekme

thrush *a. hayb.* ardıçkuşu

thuja *a. bitk.* mazı ağacı

thujone *a.* mentol kokulu keton

thulia *a. kim.* tulya, tulyum oksit

thulium *a.* tulyum (simgesi Tm)

thuya *a. bitk.* mazı ağacı

thylacine *a. hayb.* keseli kurt

thyme *a. bitk.* kekik *garden thyme* kekik *wild thyme* yabani kekik

thymic *s.* timüsle ilgili

thymine *a.* metil urasil

thymocyte *a.* timüs hücresi

thymol *a. kim.* kekik yağı

thymus *a. anat.* timüs, özden, boyunaltı bezi, göğüs kemiği arkasındaki içsalgıbezi

thyratron *a.* gaz/buhar dolu tiroit

thyrogenic *s.* tiroit salgı bezinden kaynaklanan

thyroglobulin *a.* tiroitte olan iyotlu bir protein

thyroid *a. anat.* tiroit, kalkanbezi *thyroid hormone* tiroit hormonu

thyroidea *a.* tiroit salgı bezi

thyroiditis *a.* tiroit iltihabı

thyroxin(e) *a. biy.* kim. kalkan bezi hormonu, tiroksin

thyrse *a. bitk.* çiçek demeti, salkım

thyrsoidal *s. bitk.* salkımlı, salkım biçimli

thysanuran *a. s. hayb.* kılkuyruklu (böcek)

Ti *a.* titanın simgesi

tibia *a. anat.* kaval kemiği, incik kemiği

tibial *s.* kaval kemiğiyle ilgili

tidal *s.* gelgitle ilgili, gelgitsel *tidal basin* gelgit havzası *tidal current* gelgit dalgası *tidal energy* gelgit enerjisi *tidal wave* deprem dalgası, tsunami

tide *a.* gelgit, meddücezir *tide range* gelgit genliği

tiemannite *a.* taymanit, cıva selenyum cevheri

tige *a.* sap

tigella *a.* sapçık

tightness *a.* sıkılık; su sızdırmazlık

tiglic *s. kim.* tiglik *tiglic acid* tiglik asit, kroton yağından elde edilen zehirli monobazik asit

tigon *a.* erkek kaplanla dişi aslanın dölü

tigroid *s.* benekli

tiliaceous *s.* ıhlamurgillerden

till *a. yerb.* buzul tortusu; sert kil; para çekmecesi, kasa * *ilg.* bağ. -e kadar, -e değin * *e.* tohum ekmek, çift sürmek

tillage *a.* çift sürme; sürülmüş toprak

timber *a.* kereste *timber line* ağaç sınırı

tin *a.* kalay (simgesi Sn); teneke; tenek kutu * *s.* teneke, tenekeden yapılmış * *e.* kalaylamak; teneke kutuya koymak *tin plate* teneke *tin spirit* kalay ruhu

tincal *a.* ham boraks

tine *a.* çatal dişi; geyik boynuzu çatalı

tinned *s.* kalaylı; konserve

tinstone *a.* kalay oksit, kalay taşı

tip *a.* uç, tepe, doruk; bahşiş; tavsiye, öğüt * *e.* ucunu koparmak, sapını koparmak; eğmek, yana yatırmak; yana yatırarak boşaltmak; bahşiş vermek; öğüt vermek

tissual *s.* dokusal

tissue *a.* doku; kumaş; kâğıt mendil; pelür, ince k%ğıt *tissue culture* doku kültürü *adipose tissue* yağ dokusu *connective tissue* bağ dokusu *dental tissue* diş dokusu *epithelial tissue* epitel doku *living tissue* canlı doku *muscular tissue* kasdokusu *nerve tissue* sinir dokusu *scar tissue* yara dokusu

titanate *a. kim.* titanat, titanik asit tuzu

titanic *s. kim.* titanyumlu; çok büyük, dev gibi *titanic acid* titanik asit, titanyum dioksit *titanic dioxide* titanyum dioksit

titaniferous *s. kim.* titanlı, titanyumlu

titanite *a.* titanit, kama taşı

titanium *a.* titanyum (simgesi Ti)

titanous *s. kim.* titanlı

titmouse *a. hayb.* baştankara

titratable *s. kim.* eş değerlenebilir

titrate *e. kim.* titre etmek, eş değerlemek

titrated *s. kim.* titre edilmiş, eş değerlenmiş

titration *a.* titrasyon, eş değerleme

titre *a. kim.* eş derişim

Tl *a.* talyumun simgesi

Tm *a.* tulyumun simgesi
toadstone *a.* kurbağa taşı
tocopherol *a. biy.* kim. E vitamini
toe *a.* ayak parmağı
tolan(e) *a. kim.* tolan, doymamış katı bileşik
tolerance *a. hek.* ilaca direnç, tahammül; hoşgörü, tolerans; oynama payı
tolerant *s.* hoşgörülü, göz yumar; katlanır, dayanır
tolidine *a. kim.* tolidin
toluate *a. kim.* toluat, toluik asit tuzu
toluene *a.* toluen, boya endüstrisi ve patlayıcı yapımında kullanılan bir kimyasal
toluic *s. kim.* toluik *toluic acid* toluik asit
toluidine *a. kim.* toluidin
toluol *a. kim.* toluen, toluol
toluyl *a. kim.* tolil
tolyl *a. kim.* tolil
tomentose *s. biy.* tüylü, yünlü
tomentum *a. bitk.* hav, ince tüy
tomogram *a.* kesitsel çekilmiş vücut filmleri
tone *a.* ton; sesin niteliği; ses ahengi; şive, ağız; renk nüansı; durum; form
tongue *a.* dil *tongue depressor* dil bastırıcı *forked tongue* çatal yılan dili
tonic *a. s.* tonik, kuvvet verici (ilaç); gerilmiş; *müz.* ana nota
tonicity *a.* sağlık, zindelik
tonometer *a.* sesölçer; diyapazon; tansiyon aleti; *fiz.* basınçölçer
tonometry *a.* basınç ölçümü
tonsil *a. anat.* bademcik
tonsillar *s.* bademcikle ilgili
tonus *a.* kas gerilmesi; kasılma yeteneği
tooth *a.* diş *anterior tooth* ön dişler *deciduous tooth* sütdişi *canine teeth* köpekdişleri *conical tooth* sivri diş

mandibular tooth alt çene dişi *maxillary tooth* üst çene dişi *milk teeth* sütdişleri *molar tooth* azıdişi *permanent teeth* sürekli dişler *wisdom tooth* akıldişi, yirmi yaş dişi
tooth-billed *s.* diş gagalı *tooth-billed pigeon* dişli güvercin
toothed *s.* dişli, diş diş
top *a.* üst, tepe, doruk; kapak, örtü; sebzenin toprak üstünde kalan kısmı
topaz *a.* topaz, sarı yakut *topaz quarts* sarı topaz
topazolite *a.* sarı renkli grena
tophus *a.* gutlu hastalarda eklem kireçlenmesi
topographic(al) topografik, yerbetimsel
topography *a.* topografya, yerbetim
toponymy *a. anat.* vücut bölümü isimleri
torbernite *a.* torbernit, bakır uranyum fosfat cevheri
torose *s. bitk.* yumrulu; *hayb.* boğumlu, çıkıntılı
torpid *s.* uyuşuk; durgun; uyuyan
torpidity *a.* uyuşukluk, durgunluk, hareketsizlik; kış uykusuna yatmak *summer torpidity* yaz uykusu
torpidness *a.* uyuşukluk, durgunluk, hareketsizlik; kış uykusuna yatmak
torquate *s. hayb.* boynu halkalı, kolyeli
torsiometer *a.* burulmaölçer, torsiyometre
torsion *a.* bükme, burma; burulma, bükülme
tortoise *a.* kara kaplumbağası
torulus *a.* küçük şişlik, kabarcık
torus *a. bitk.* çiçek tablası, çiçeklik; *anat.* yumru, kemik çıkıntısı
total *s.* tüm, bütün, toplam; tam, kesin, mutlak * *a.* toplam, yekûn *total eclipse* tam güneş tutulması

totipalmate s. tüm perdeli
touchstone a. mihenktaşı, denektaşı
tourmalin(e) a. turmalin, çeşitli renkte silikat cevheri
toxalbumin a. biy. zehirli protein
toxaphene a. kim. böcek öldürücü zehir
toxemia a. kan zehirlenmesi
toxemic s. kan zehirleyici
toxic s. zehirli, ağılı, toksik
toxicant s. zehirli, zehirleyici * a. zehir
toxication a. zehirleme, zehirlenme
toxicity a. zehirlilik
toxicogenic s. zehir üreten
toxicological s. zehirbilimsel
toxicology a. zehirbilim
toxiferous s. zehir salgılayan
toxigenic s. zehir oluşturan
toxin a. ağı, zehir, hastalık yapan madde
toxinic s. zehir özelliğinde
toxoid a. antitoksin, zararsız zehir
toxophific s. zehirden kolay etkilenen
trabecula a. anat. bitk. kiriş, bağ
trabecular s. kiriş biçimli
trabeculated s. kiriş biçimli
trace a. iz, eser, kalıntı; zerre, azıcık şey * e. kopyasını çıkarmak, çizimi aktarmak, kalke etmek trace element iz element, azrak element, belirtisel öğe
tracer a. izleyen şey; çizgi çizme aleti
trachea a. anat. nefes borusu, soluk borusu, trake
tracheal s. soluk borusu+
tracheate s. soluk borulu
tracheid a. bitk. kalın çeperli boru doku
tracheitis a. soluk borusu iltihabı
tracheophyte a. damarlı bitki
tracheotomy a. soluk borusu açımı
trachyte a. trakit, ince taneli püskürük kaya
trachytoid s. trakite benzer
tracing a. kopya etme, çizimi saydam

bir gerece geçirme; saydam gereç üzerine çıkarılan kopya tracing paper aydınger kâğıdı
tract a. anat. bölge, nahiye; alan, bölge, toprak; zaman aralığı digestive tract sindirim sistemi optic tracts göz sinirleri respiratory tract solunum sistemi, solunum aygıtı
tragacanth a. bitk. kitre, zamk ağacı
tragopan a. bitk. gerdanlı sülün
tragus a. anat. kulap kepçesi
trail e. sürümek, sürüklemek; peşinden gitmek, izlemek; peşinde iz bırakmak * a. patika, keçiyolu
trance a. kendinden geçme; esrime; hipnoz, trans * e. kendinden geçirmek
tranquilize e. sakinleştirmek, yatıştırmak, uyuşturmak; sakinleşmek, yatışmak
transamination a. kim. amino grubunun bir maddeden diğerine taşınması
transcutaneous s. deri yoluyla
transduction a. güç dönüştürme
transection a. çapraz kesit
transfer e. aktarmak; devretmek, geçirmek; nakletmek; havale etmek * a. aktarma; geçirme; nakil; havale, devir; aktarma bileti
transference a. transfer, aktarma, devir, nakil; yön değişimi
transformation a. değiştirim; değiştirme; değişim; dönüştürüm; matm. dönüşüm, gönderim; başkalaşma, başkalaşım isobaric transformation izobarik dönüşüm isothermal transformation izotermal dönüşüm, eşısıl dönüşüm
transfusion a. hek. kan nakli; damardan ilaç verme
transient s. çabuk geçen, süreksiz, geçici; fani, ölümlü

transition *a.* geçiş, geçme *transition elements* geçiş öğeleri *transition point* geçiş noktası *transition stage* geçiş aşaması *transition temperature* geçiş sıcaklığı

translocation *a.* yer değiştirme, nakil

translucent *s.* yarı saydam; kolay anlaşılır

translucency *a.* yarı saydamlık; kolay anlaşılabilme

translucent *s.* yarı şeffaf, yarısaydam

transmission *a.* gönderme, iletme, geçirme; güç aktarma, hareket nakli, transmisyon; iletim, sinyal iletimi, elektrik iletimi *neutron transmission* nötron aktırım *transmission dynamometer* güçölçer *transmission loss* ulaşım kaybı *transmission shaft* aktarma mili

transmit *e. fiz.* (ışık/ses vb.) geçirmek, iletmek; (hastalık) yaymak; ulaştırmak, iletmek; nakletmek

transmittance *a. fiz.* geçirgenlik

transmutation *a. biy.* başkalaşım, başkalaşma; başkalaştırma; altınlaştırma

transonic *s.* ses hızını yakın

transpiration *a.* terleme

transpire *e.* (gözenekten) dışarı çıkarmak, terlemek, sızdırmak; oluşmak, olmak, meydana gelmek; duyulmak

transplant *a.* (fidan) çıkarıp başka yere dikme; organ nakli; doku aşılama * *e.* (fidan) çıkarıp başka yere dikmek; organ nakletmek; doku aşılamak

transport *e.* taşımak, götürmek, nakletmek * *a.* nakliye aracı, nakliye uçağı; toplu taşıma aracı; taşımacılık, nakliyatçılık

transudate *a.* sızıntı, ter

transuranian *s. fiz.* kim. uranyum ötesi

transuranian element atom numarası uranyumdan büyük element

transuranic *s. fiz.* kim. uranyum ötesi

transurethral *s.* idrar yolu aracılığıyla

transverse *a. s.* çaprazlama (kiriş), enine *transverse section* enine kesit *transverse valley* enine vadi, enine koyak *transverse wave* enine dalga, kesme dalgası

trass *a.* tras, tüf, süngertaşı tozu

trauma *a. hek.* yara, incinme, vuruk, travma; *ruhb.* travma, sarsıntı, yaralanma *psychic trauma* sarsıntı, şok

traumatic *s.* sarsıcı, travmatik; *hek.* yaraya ait, yaradan ileri gelen

travelling *a.* kaydırma *travelling wave* yürüyen dalga

travertin(e) *a.* pamuktaşı, kefekitaşı

tray *a.* tepsi, sini; tabla

treacle *a.* şeker pekmezi, melas

tree *a.* ağaç *the tree line* ağaç sınırı *the tree limit* ağaç sınırı *tree steppe* ağaç stepi

trehalose *a. kim.* disakkarit, mayaların çıkardığı şeker

Trematoda *a. hayb.* karaciğer sülükleri

trematode *a. hayb.* emici kurt, yassı kurt

tremolite *a.* tremolit

trephine *a.* dairesel cerrah testeresi

treponema *a.* ipliksi bakteri

tresis *a.* delme, yırtma

triacetate *a. kim.* üç asetik gruplu asetat

triacid *s. kim.* üç asitli

triad *a.* üçlü belirti, üç değerli element

triadic *s.* üçlü

triamine *a. kim.* üç amino gruplu organik bileşik

triandrous *s.* üç erkek organlı

triangle *a.* üçgen *equilateral triangle* eşkenar üçgen *right triangle* dik

üçgen
triangulate s. üçgenden oluşan, üçgenli
* e. üçgenlere ayırmak
Triassic a. s. yerb. Triyas çağı(na ait)
triatomic s. kim. üç atomlu
triazine a. kim. triazin
triazole a. kim. triazol
tribe a. biy. takım, familya; kabile, boy;
aşiret, oymak
triboelectricity a. sürtme ile elektrik-
lenme
triboluminescence a. fiz. sürtünmeli
ışıldama
triboluminescent s. fiz. sürtünmeli
ışıldayan
tricellular s. üç hücreli
triceps a. anat. üç başlı kas
trichiasis a. kirpit batması
trichina a. hayb. trişin, bağırsakta
yaşayan ince kurt
trichinosis a. trişinoz, şerit hastalığı
trichinous s. trişinozlu
trichite a. ipliksi mineral
trichloride s. kim. üç klorlu
trichloroacetic (acid) a. üç klorlu sirkc
asidi
trichloroethylene s. kim. üç klorlu eti-
len
trichocyst a. hayb. trikosist, kıl korunaç
trichogen a. saç büyümesini artıran
madde
trichogyne a. bitk. yosunun dişilik or-
ganındaki tüysü çıkıntı
trichoid s. saç gibi
trichome a. bitk. tüy, kıl
trichomonad a. hayb. kıl kamçılı
trichosis a. saç hastalığı
trichotomous s. üçe ayrılmış
trichotomy a. üçlenme, üçe bölünme
trichroic s. üç renkli
trichroism a. üç renklenme

trichromatic s. üçrenkli
triclinic s. üç ekseni farklı uzunlukta
olan (kristal)
tricorn a. s. üç boynuzlu, üç kenarlı
tricostate s. hayb. üç kaburgalı
tricrotic s. üç vurulu
tricuspid s. üç çentikli tricuspid valve
üçlü kapakçık
tricyclic s. üç çevrimli
tridactyl(ous) s. üç parmaklı
tridental s. üç dişli, üç çatallı
tridentate s. üç dişli
triennial s. üç yıllık, üç yılda bir olan
trifacial a. üç ikiz sinirle ilgili trifacial
nerve üç ikiz sinir
trifid s. üçlü, üç çatallı
triflagellate s. üç kamçılı
triflorous s. üç çiçekli
trifocal s. üç odaklı
trifoliate s. üç yaprakçıklı
trifoliolate s. üç yaprakçıklı
trifurcate s. üç çatallı, üç kollu * e. üç
kola ayırmak, üçe bölmek
trifurcation a. üçe ayırma
trigeminal s. üç ikiz sinirle ilgili
trigona a. üçgensi boşluk
trigonal s. üçgensel, üç köşeli
trigynous s. üç dişli organlı
trihedral s. üç düzlemli, üç yüzlü
trihydrate a. kim. üçlü hidrat
triiodide a. kim. üçlü iyodür
trilinear s. üç çizgili
trilobate s. üç loblu, üç kulaklı, üç
dilimli
trilocular s. üç hücreli, üç bölmeli
trimerous s. bitk. üç kısımlı (çiçek);
biy. üç eklemli
trimethadione a. trimetadiyon, epilepsi
tedavisinde kullanılan beyaz kristalli
toz
trimolecular s. kim. üç moleküllü

trimorph *a.* üç şekilli madde
trimorphic *s.* üç şekilli
trimorphism *a.* üç şekillilik; *bitk.* aynı bitkide üç ayrı çiçek oluşu
trineural *s.* üç sinirle ilgili
trinitrin *a.* trinitrogliserin
trinitrobenzene *a. kim.* trinitrobenzen
trinitrocresol *a. kim.* trinitrokresol, patlayıcı madde
trinitrotoluene *a. kim.* trinitrotoluol, toluenden elde edilen patlayıcı madde
triode *a. elek.* triyot, üç elektrotlu lamba
trioecious *s. bitk.* üç tür eşeyli
trioxide *a. kim.* trioksit, üç oksijenli bileşim
trioxypurine *a. kim.* ürik asit
tripetalous *s. bitk.* üç petalli, üç taçyapraklı
triphasic *s.* üç fazlı
triphenylmethane *a. kim.* trifenilmetan, boya yapmakta kullanılan renksiz bileşim
triphyline *a.* trifili
tripinnate *s. bitk.* üç dilimli (yaprak)
triple *s.* üç kat, üç misli; üçlü * *e.* üç misli yapmak; üç misli olmak **triple bond** üçlü bağ **triple point** üçlü nokta
triple-nerved *s. bitk.* üç damarlı (yaprak)
triploid *s.* triployid, üç kat kromozomlu
triploidy *a.* triployidlik
tripod *a.* üç ayaklı sehpa, üçayak
tripoli *a.* Trablus taşı **tripoli stone** Trablus taşı
triptane *a. kim.* triptan
tripterous *s. bitk.* üç kanatlı
triquetrous *s.* üç kenarlı, üçgen biçimli
triradial *s.* üç ışınlı
triradiate *s.* üç ışınlı
trisaccharide *a. kim.* trisakkarit
trisepalous *s. bitk.* üç çanakyapraklı

trismic *s.* çene kasılmasıyla ilgili
trismus *a.* çene kasılması
trispermous *s. bitk.* üç tohumlu
tristichous *s. bitk.* (yaprak) üç düşey dizili
tristylous *s. bitk.* üç saplı
trisulcate *s.* üç oluklu
trisulfide *s. kim.* üç atom kükürtlü
tritanope *a.* mavi renk körü
tritanopia *a.* tritanopya, mavi renk körlüğü
tritium *a. kim.* trityum, atom ağırlığı üç olan hidrojen izotopu
tritoxide *a. kim.* trioksit
triturate *e.* öğütmek, ezip toz etmek
triturating *a.* ezme, öğütme
trivalence *a. kim.* üç değerlik
trivalency *a. kim.* üç değerlik
trivalent *s. kim.* üç değerli, üç valanslı
trivalve *s.* üç kapakçıklı
trivial *s.* bayağı, sıradan; değersiz, önemsiz
trochal *s. hayb.* tekerleğe benzer
trochanter *a. anat.* trokanter, uylukkemiğini kalçaya ekleyen yumru
trochanteric *s.* trokanter+
troche *a.* yuvarlak hap
trochlea *a. anat.* aşık kemiği
trochlear *s. anat.* aşık kemiğiyle ilgili; makara biçiminde
trochoid *s.* yuvarlanan; dönmeye olanak veren
trochophore *a. hayb.* yüzen larva
trochosphere *a. hayb.* yüzen larva
trogon *a. hayb.* kemirgen gagalı kuş
tropate *a.* tropik asit tuzu/esteri
trophic *s.* besinsel, beslenmeyle ilgili
trophoblast *a.* böcek embriyosunun besleyici dış derisi
trophonucleus *a.* tek hücrelinin beslenme çekirdeği

trophoplasm a. biy. besleyici protoplazma

trophotaxis a. besin maddelerine yaklaşma uzaklaşma eğilimi

trophotropism a. besin maddeleriyle ilgili hareket

tropic a. dönence, medar, tropika * s. tropikal, dönencel

tropical s. tropikal, dönencel *tropical cyclone* tropikal siklon, dönencel siklon

tropicopolitan s. tropik ülkelerde oluşan

tropism a. biy. doğrulum, yönelim

tropophilous s. çevreye uymuş

trotyl a. kim. trinitrotoluol, toluenden elde edilen patlayıcı madde

trough a. tekne, yalak; oluk; iki dalga arasındaki çukur

trout a. hayb. alabalık

truffle a. domalan, yermantarı

truncate e. ucunu/tepesini kesmek, budamak

truncus a. tomruk, ağaç gövdesi

trunk a. gövde, beden; tomruk, ağaç gövdesi; sandık; anat. ana damar; fil hortumu; oto. bagaj

trypanosome a. hayb. tripanozoma, kan emici hayvanlardan omurgalılara geçen kamçılı parazit

trypsin a. biy. tripsin, proteini peptona dönüştüren pankreas salgısı

tryptic s. tripsinle ilgili

tryptophan a. biy. kim. triptofan, hayvan beslenmesinde önemli bir amino asit

tsunami a. tsunami, deniz dibi deprem dalgası

tube a. anat. boru; boru, tüp; metro; oto. iç lastik *alimentary tube* sindirim kanalı *bronchial tube* bronş *capillary*

tube kılcal boru, kapiler boru *electron tube* elektron tüpü *inner tube* iç lastik *spiral tube* sarmal boru, spiral boru *tube foot* boru ayak

tuber a. bitk. yumru kök, yumru; anat. küçük ur

tubercle a. topuzcuk, yumrucuk; kabarcık, küçük ur

tubercular a. s. veremli (kimse); yumrulu *tubercular root* depo kök

tuberculate(d) s. veremli; yumrulu

tubercule a. bitk. kök yumrusu

tuberculin a. hek. tüberkülin, verem basili kültürü

tuberculocidal s. tüberküloz etkenini yok eden

tuberculosis a. verem, tüberküloz

tuberculous s. veremli; veremle ilgili

tuberculum a. kabarcık, küçük ur; bitk. küçük yumru

tuberin a. patatesteki globülin

tuberose a. sümbülteber, tutya çiçeği * s. yumrulu, urlu

tuberosity a. urluluk; kabarcık, ur; yumru

tuberous s. yumrulu, urlu; bitk. yumru köklü *tuberous-rooted* yumru köklü

tubifex a. su solucanı

tubular s. boru biçiminde, borumsu; borulu *tubular flower* borumsu çiçek

tubulate s. borumsu

tubule a. borucuk, ince boru

tubuliflorous s. bitk. boru çiçekli

tubulous s. borulu; bitk. boru çiçekli

tufa a. yerb. süngertaşı *calcareous tufa* kireçli süngertaşı

tuff a. yerb. tüf

tuffaceous s. tüflü

tuft a. tepe, sorguç; demet, tutam; püskül * e. demet yapmak, kümelemek

tufted *s.* sorguçlu, tepeli, püsküllü; kümeli *tufted titmouse* tepeli baştankara

tumescence *a.* şişkinlik

tumescent *s.* şişmiş, kabarmış

tumid *s.* şişkin, şişmiş, kabarık; çıkıntılı; abartmalı

tumor *a.* ur, tümör, yumru

tumoral *s.* urlu, tümörlü

tuna *a. hayb.* tonbalığı, orkinos

tungstate *a. kim.* tungstat

tungsten *a.* tungsten, volfram (simgesi W) *tungsten lamp* tungsten lambası *tungsten steel* tungstenli çelik

tungstic *s. kim.* tungstenli, beş valanslı tungsten içeren *tungstic acid* tungsten asidi

tungstite *a.* tungsten 3 oksit minerali

tunic *a. anat.* hayb. gömlek, kılıf; *bitk.* zar, deri

tunica *a. anat.* hayb. kılıf, gömlek

tunicata *a.* gömlekliler

tunicate(d) *s. hayb.* gömlekli

tunnel *e.* tünel açmak * *a.* tünel *tunnel diode* tünel diyodu *tunnel disease* kancalı kurt hastalığı *tunnel effect* tünel olayı, tünel etkisi

tupelo *a. bitk.* bataklık ağacı

turbellarian *a. hayb.* kirpikli yassı kurt

turbid *s.* bulanık, çamurlu; çalkantılı

turbidimeter *s.* bulanıklıkölçer

turbidimetry *a.* bulanıklık ölçme

turbidity *a.* türbidite, bulanıklık

turbinal *a. s.* sarmal, kıvrık (kemik)

turbinate *a. s.* sarmal, kıvrık (kemik)

turbinated *s.* sarmall kıvrık

turgescence *a.* şişlik, şişme

turgescent *s.* şişen

turgid *s.* şişmiş, şişkin; abartmalı

turgidity *a.* şişkinlik; abartma

turgite *a.* demir oksit cevheri

turgor *a. biy.* körpelik, tazelik; şişkinlik

turion *a.* kök tomurcuğu

Turkey *a.* Türkiye *Turkey red oil* Türk kırmızısı yağı

turmeric *a.* zerdeçal, hintsafranı *turmeric paper* zerdeçal kâğıdı

turnover *a.* devrilme; devir; *tic.* sermaye devri; iş hacmi; meyveli turta

turnsole *a. bitk.* günebakan

turpentine *a.* terebentin, neft çamı

turpentinic *s.* terebentinli

turpeth *a. bitk.* türbit

turquoise *a.* firuze, türkuvaz

turriculate(d) *s.* kuleye benzer

turritella *a. hayb.* kule salyangozu

tusk *a.* fildişi; yabandomuzun azıdişi; yiv, kertik

twig *a.* ince dal, sürgün, filiz

twin *a. s.* ikiz

twirl *e.* hızla dönmek, fırıldanmak; çevrilmek * *a.* kıvrım, helezon; çeviriş

twisted *s.* bükülmüş; burulmuş; çarpık, sapkın

twisting *a.* burma, bükme

two-footed *s.* iki ayaklı

two-legged *s.* iki ayaklı

two-winged *s.* iki kanatlı

tylopodous *s. hayb.* topuk tabanlı

tylosis *a.* nasır

tympanic *s.* kulakzarıyla ilgili *tympanic bone* timpan kemiği *tympanic membrane* kulak zarı

tympanous *s.* gazlı

tympanum *a. anat.* orta kulak; kulak zarı; *elek.* kulaklık zarı

Tyndall effect *a.* Tyndall olayı

type *a.* çeşit, cins, tür, tip; harf, matbaa harfi * *e.* daktilo etmek; daktiloda yazmak *type genus* örnek cins *type species* örnek tür *type specimen*

örnek, model
typhlitis *a.* kör bağırsak iltihabı
typhus *a.* tifüs, lekeli humma
typical *s.* tipik, ayırıcı, özgü; sembolik
tyrocidin *a.* tirosidin, bakteri öldürücü bir ilaç
tyrosinase *a. kim.* tirosinaz, hayvan dokusunda bulunan oksitleyici enzim
tyrosine *a. kim.* tirosin, protein hidrolizinden oluşan amino asit
tyrothricin *a.* tirotrisin

U

udder *a.* inek memesi, meme
uintaite, uintahite *a.* boya ve vernik imalinde kullanılan arı asfalt, gilsonit
ula *a. anat.* diş eti
ulcer *a.* yara, ülser
ulcerate *e.* ülserleştirmek, yaralaştırmak
ulceration *a.* yaralaşma, ülserleşme
ulcerous *s.* ülserimsi; ülserli, yaralı
uletic *s.* yara dokusu oluşumuyla belirgin
ulexite *a.* üleksit, sulu sodyum kalsiyum borat
ullage *a.* artık, kalıntı
ulmaceous *s. bitk.* karaağaçgillerden
ulna *a. anat.* dirsek kemiği
ulnar *s.* dirsek kemiği+
ulnocarpal *s.* dirsek ve bilek kemikleriyle ilgili
uloid *s.* yara dokusunu andıran
ulon *a.* dişeti
ulotrichous *s.* kıvırcık saçlı
ultimate *s.* son, nihai, en son, kesin; esas, temel, ana; en büyük, en yüksek
ultimate analysis elementer analiz, öğesel çözümleme
ultrabasic *s.* aşırı bazik

ultracentrifugal *s.* aşkın savurmalı
ultracentrifugation *a.* aşkın savurma
ultracentrifuge *a.* hızlı merkezkaç makinesi
ultrafilter *a.* ince süzgeç * *e.* ince süzgeçten geçirmek
ultrafiltration *a.* incesüzme, ültrafiltrasyon
ultramarine *s.* koyu mavi, lacivert
ultramicroscope *a.* ultramikroskop, aşırı hassas mikroskop
ultramicroscopic *s.* aşırı mikroskopik
ultramicroscopy *a.* ultramikroskopla inceleme
ultramicrotome *a.* aşırı küçük diler alet
ultrared *a.* kırmızı ötesi ışın
ultrashort *s.* çok kısa *ultrashort wave* çok kısa dalga
ultrasonic *s.* sesüstü, ültrasonik *ultrasonic waves* sesüstü dalga
ultrasonics *a.* sesüstü bilgisi
ultrasound *a.* ültrason, ses ötesi
ultrastructural *s.* ince yapısal
ultrastructure *a. biy.* ince yapı
ultraviolet *s.* ültraviyole, morötesi *ultraviolet radiations* morötesi ışınım *ultraviolet rays* morötesi ışınlar, ültravıyole ışınlar *ultraviolet spectrophotometry* morötesi spektrofotometri
ululation *a.* uluma, ötme; cırlama
ulva *a.* deniz marulu
umbel *a. bitk.* şemsiyc biçimli çiçek dizisi
umbellar *s.* şemsiyemsi
umbellet *a.* şemsiyecik
umbelliferous *s. bitk.* şemsiyeli; maydanozgillerden
umbellule *a.* şemsiyecik
umbilical *s.* göbeğe ait; göbeğe yakın *umbilical cord* göbek kordonu
umbilicate *s.* göbek biçimli; göbekli

umbilicus *a. anat.* göbek

umbo *a.* kabarıklık, çıkıntı; kalkan üzerindeki yumru

umbonate(d) *s.* çıkıntılı, kabartmalı; kubbemsi

umbrella *a.* şemsiye; denizanası bedeni * *s.* şemsiye biçimli; bütünü kapsayan **umbrella bird** tepeli kuş **umbrella leaf** şemsiye yaprak **umbrella tree** şemsiye ağacı

umbrette *a. hayb.* gölge kuşu

unarmed *s.* (hayvan) pençesiz, kabuksuz, tırnaksız; (bitki) dikensiz; silahsız

unbalance *e.* dengesini bozmak * *a.* dengesizlik

unbalanced *s.* dengesiz

unbuild *e.* yıkmak, tahrip etmek

uncertainty *a.* kuşku, şüphe, tereddüt; belirsizlik **uncertainty principle** belirsizlik ilkesi

uncharged *s.* yüksüz, şarj edilmemiş

unciform *s.* çengelli * *a. anat.* el bileğindeki çengel kemik

uncinate *s. biy.* çengelli, kıvrık

uncinus *a.* çengel biçimli çıkıntı

uncombined *s.* birleşmemiş, birleştirilmemiş

uncondensed *s.* yoğunlaşmamış

unconditioned *s.* şartsız; mutlak; doğal, doğuştan olan **unconditioned reflex** şartsız refleks

unction *a.* (tedavi amaçlı) yağ sürme; yağ; yumuşatıcı madde

uncus *a. anat.* çengel biçimli organ

undecanoic *s.* undekanoik **undecanoic acid** undekanoik asit

undecylenic *s. kim.* andesilen **undecylenic acid** andesilen asidi, mantar hastalığı tedavisinde kullanılan bir asit

undercoat *a.* astar, astar boyası, arakat boya; arakat sıva

undercooled *s.* yetersiz soğutulmuş

undercooling *a.* yetersiz soğutma

undercurrent *a.* altakıntı; gizli eğilim

undercutting *a.* dibini oyma; erozyonla alttan oyulma

underflow *a.* yeraltı akıntısı, yeraltı su hareketi

underfur *a.* alt kürk, kürklü hayvanların kaba tüyünün altındaki yumuşak tüy

underglaze *a.* alt sırlama

undernutrition *a.* yetersiz beslenme

undersexed *s.* cinsel arzusu zayıf

undershrub *a.* yarıçalı, alçak çit

underwing *a.* alt kanat; parlak kanatlı güve

undeveloped *s.* gelişmemiş; işlenmemiş (toprak); *fot.* banyo edilmemiş

undiluted *s.* inceltilmemiş, seyreltilmemiş

undulant *s.* dalgalı **undulant fever** Malta humması

undulate *e.* dalgalandırmak; dalgalanmak

undulating *s.* dalgalı **undulating membrane** dalgalı zar

undulation *a.* dalgalanma; dalga

undulatory *s.* dalga dalga ilerleyen **undulatory membrane** dalgalı zar

unequal *s.* eşit olmayan, farklı; düzensiz

unfledged *s.* tüysüz, tüylenmemiş; gelişmemiş

unglazed *s.* sırsız, verniksiz, emaysız

ungual *s.* tırnak biçiminde, toynaklı, pençeli

unguiculate(d) *s. hayb.* pençeli, tırnaklı; tırnağa benzer, pençemsi

unguinous *s.* yağlı, yağdan oluşmuş

unguis *a.* tırnak, pençe, toynak

ungula *a.* kesik koni, kesik silindir; *bitk.* petalin tırnak benzeri tabanı

Ungulata *a. hayb.* toynaklılar

ungulate *s. a.* toynaklı (hayvan); toynaklılar familyasından (hayvan)

unguligrade *s.* toprak üzerinde yürüyen

unialgal *s.* tek yosun hücreli

uniarticulate *s.* tek eklemli

uniaxial *s.* tek eksenli; *bitk.* tek dallı

unicamerate *s.* tek bölmeli

unicapsular *s.* tek kapsüllü

unicellular *s.* tek gözeli, tek hücreli

unicellularity *a.* tek hücrelilik

unicornous *s.* tek boynuzlu

unicostate *s.* tek kaburgalı; *bitk.* tek damarlı (yaprak)

unidentate *s.* tek dişli

unidirectional *s.* tek yönlü

unifilar *s.* tek iplikli, tek telli

uniflorous *s. bitk.* tek çiçekli

unifoliate *s. bitk.* tek yapraklı

uniform *a.* üniforma * *s.* birörnek, tekbiçimli, değişmez

uniformity *a.* tekbiçimlilik, üniformite, aynılık, birbirine benzerlik

unijugate *s. bitk.* tek ikiz *unijugate leaf* tek ikiz yaprak

unilaminar *s.* tek katmanlı

unilateral *s.* tek yanlı, tek taraflı

unilobar *s.* tek loplu

unilocular *s. bitk.* hayb. tek boşluklu, tek hücreli

unilocularity *a.* tek hücrelilik, tek boşlukluluk

unimpregnated *s.* emprenye edilmemiş, kimyasallarla korunmamış

uninsulated *s.* yalıtılmamış

uninuclear *s.* tek çekirdekli

uniocular *s.* tek gözlü

uniovular *s.* tek yumurtalıklı

unipara *s.* tek doğum yapmış kadın

uniparous *s.* tek doğuran, tek döllü

unipetalous *s. bitk.* tek taç yapraklı

unipolar *s. fiz.* tek kutuplu; *anat.* tek süreçli *unipolar cell* tek kutuplu hücre

uniramous *s.* tek dallı, tek çıkıntılı

uniseptate *s.* tek bölmeli

unisexed *s.* bir eşeyli; her cinse uygun

unisexuality *a.* tek eşeylilik

unit *a.* birim; ünite; takım, düzen; puan; *ask.* birlik *unit area* birim alan *unit cell* birim hücre, birim göze *unit factor* birim etken *unit magnetic pole* manyetik kutup birimi *unit of heat* ısı birimi *unit of mass* kütle birimi *thermal unit* ısı birimi

unite *e.* birleştirmek; birleşmek; bağlamak; ortak özellikte olmak; evlenmek

univalence *a. kim.* tek değerlik; *biy.* tek kromozomluluk

univalency *a. kim.* tek değerlik; *biy.* tek kromozomluluk

univalent *s. kim.* tek değerli, tek değerlikli

univalve *s.* tek kabuklu; bir çenekli

univalved *s.* bir çenekli; tek kabuklu

univalvular *s.* bir çenekli; tek kabuklu

unorganized *s.* örgütlenmemiş, teşkilatsız; düzenlenmemiş

unoxidized *s.* oksitlenmemiş

unpaired *s.* eşi olmayan, tek *unpaired electron* çiftleşmemiş elektron

unpolarized *s.* kutuplaşmamış

unrefined *s.* arıtılmamış, ham

unsaturable *s.* doymamış

unsaturate *a.* doymamış madde

unsaturated *s.* doymamış, doygun olmayan

unsex *e.* cinsel iktidarı kaybettirmek

unslaked *s.* sönmemiş, söndürülmemiş *unslaked lime* sönmemiş kireç

unstable *s.* dengesiz, kararsız, istikrarsız, oynak *unstable compound*

kararsız bileşik
unstriated s. anat. lifsiz (kas)
unsymmetrical s. asimetrik, bakışımsız
upgrade a. yokuş, bayır * be. yokuş
yukarı * e. ilerletmek, yükseltmek
upper s. üst, üstteki, yukarıdaki **upper arm** üst kol **upper atmosphere** üst hava tabakası **Upper Devonian** Yakın Devon Çağı **upper jaw** üstçene
upwelling s. şişen, kabaran
uracil a. biy. kim. urasil
uraemia a. hek. üremi
uraemic s. üremik, üremi hastalığıyla ilgili
uragogue s. diüretik, idrar yapımını artıran
uralite a. ural taşı
uranic s. kim. uranyum içeren; göksel **uranic principles** astronomi ilkeleri
uraninite a. uranyum cevheri
uranite a. uranit, uranyum fosfat
uranitic s. uranit+
uranium a. uranyum (simgesi U) **uranium hexafluoride** uranyum 6-fluorit **uranium oxide** uranyum oksit **enriched uranium** zenginleştirilmiş uranyum, zengin uranyum
uranometry a. yıldızlar haritası
uranoschism a. hek. yarık damaklılık
uranous s. kim. üç valanslı uranyum içeren
uranyl a. kim. uranil
uraole a. kim. üre türevi
urase a. üreaz
urate a. kim. ürat, ürik asit tuzu
uratic s. kim. üratik
urceolate s. testi biçimli
urea a. üre **ureaformaldehyde resin** üreformaldehit reçinesi
ureal s. üresel
urease a. üreaz

uredinales a. pasmantarları
Uredines a. pasmantarıgiller
uredo a. kurdeşen
ureic s. üresel
ureide a. kim. üreit
uremia a. üremi
uremic s. üremik, üremi hastalığıyla ilgili
ureometer a. idrardaki üre miktarını ölçen alet
ureter a. anat. sidikborusu, üreter
ureteral s. sidik borusuyla ilgili
urethan(e) a. kim. üretan, karbamik asit türevleri
urethra a. anat. idrar yolu, sidikyolu, siyek
urethral s. sidik yolu+
uric s. idrara ait, ürik **uric acid** ürik asit
uricolysis a. ürik asit parçalanması
urinalysis a. idrar tahlili
urinary s. sidikle ilgili, idrar+ * a. idrar kabı, ördek **urinary bladder** sidik torbası, mesane **urinary calculus** sidik yolu taşı
urinate e. işemek, idrar yapmak
urination a. işeme
urine a. idrar, sidik
uriniferous s. sidik taşıyan
urinogenital s. üreme ve idrar yollarıyla ilgili
urn a. ayaklı vazo; kupa; semaver; yosunlarda spor mafhazası
urochord a. torbalı deniz hayvanı larvası kuyruğu
Urodela a. kuyruklu iki yaşamlılar
urogenital s. boşaltım ve üreme organlarıyla ilgili
urolith a. sidik taşı, idrardan çıkan taş
urolithiasis a. idrar taşı oluşumu
urologic s. ürolojiyle ilgili
urology a. idrar yolu hastalıkları bilimi,

üroloji

uropod *a.* (eklembacaklıda) karın bacağı

uropygial *s.* (kuşta) kuyruksokumuyla ilgili *uropygial gland* kuyruksokumu bezesi

uropygium *a.* kuyruksokumu

uroscopy *a. hek.* sidik gözlemi, idrar muayenesiyle hastalık teşhisi

uroxanthin *a. biy.* sidik sarısı

ursine *s.* ayı ile ilgili

urticaceous *s. bitk.* ısırgangillerden

urticaria *a.* kurdeşcn

urticarial *s.* kurdeşenle ilgili

urticate *e.* (ısırgan) dalamak; ısırganla hafifçe dövmek

urtication *a.* derinin kaşıntılı kabarması

use *e.* kullanmak * *a.* kullanma, kullanım; yarar, fayda

uta *a.* iri kertenkele

uteralgia *a.* rahim sancısı

uterine *s.* dölyatağı+, rahim+

uterus *a.* rahim, dölyatağı

utilization *a.* kullanım, yararlanma

utricular *s.* tulumsu

utricle *a. bitk.* tulumcuk, torbacık; *anat.* iç kulak torbacığı

utricular *s.* torbamsı

utterance *a.* söz söyleme; ifade, söyleyiş; hayvan bağırışı; söz

uva *a. bitk.* kuru üzüm

uvarovite *a.* yeşil lal taşı

uvea *a.* üvea, gözbebeğinin renkli iç zarı

uveal *s.* üvea ile ilgili

uviform *s.* üzüm salkımı biçimli

uvula *a. anat.* küçükdil

uvular *s. anat.* küçük dille ilgili

V

V *a.* voltun simgesi; vanadyumun simgesi; Romen rakamlar dizisinde 5 sayısı

v *a.* hızın simgesi

vaccinate *e.* aşılamak, aşı yapmak

vaccination *a.* aşı; aşılama

vaccine *a.* aşı *tetanus vaccine* tetanoz aşısı *typhus vaccien* tifüs aşısı

vaccinia *a.* (inekte) çiçek hastalığı

vacuolar *s.* boşluklu, kofullu

vacuolate *s.* boşlukları olan, kofullu

vacuolated *s.* boşluklu

vacuolation *a.* boşluk oluşumu; boşluklu olma

vacuole *a. biy.* koful, hücre boşluğu

vacuolization *a.* koful oluşumu

vacuum *a.* boşluk, vakum * *e.* elektrik süpürgesiyle temizlemek *vacuum distillation* vakumlu damıtma *vacuum drying* vakumla kurutma *vacuum filter* vakum filtresi *vacuum flask* termos *vacuum gauge* boşluk ölçütü *vacuum pump* boşluk pompası, vakum pompası, boşaltaç *vacuum tube* elektron tüpü *absolute vacuum* salt boşluk, mutlak boşluk *high vacuum* yüksek vakum *low vacuum* düşük vakum *partial vacuum* kısmi boşluk, tikel boşluk, bölümsel boşluk *torricellian vacuum* toriçelli boşluğu

vagal *s.* onuncu kafa siniriyle ilgili

vagina *a. anat.* dölyolu, vajina

vaginal *s.* dölyoluna ait, vajinal *vaginal nerves* vajina sinirleri *vaginal smear* vajinal epitel hücre incelemesi için yapılan yayma

vaginate *s. bitk.* kınlı, kılıflı

vaginectomy *a.* dölyolu çıkarılması; husye ameliyatı

vaginiferous *s.* kılıflı

vaginismus *a. hek.* dölyolu spazmı, vajinismus

vaginitis *a. hek.* dölyolu iltihabı

vaginocele *a. hek.* vajina fıtığı

vagotonin *a.* pankreastan elde edilen ve kan basıncını düşüren bir madde

vagus *a. anat.* kafaya giden onuncu sinir *vagus nerve* kafaya giden on çift sinirden en sonuncu çiftin her siniri

valence *a. kim.* valans, değerlik *valence electron* valans elektronu, değerlik elektronu *valance link* valans bağı

valency *a. kim.* valans, değerlik

valeraldehyde *a. kim.* valerik aldehit

valerate *a. kim.* valerik asit tuzu/esteri

valerian *a. bitk.* kediotu

valerianaceous *s. bitk.* kediotugillerden

valeric *s. kim.* valerik, kediotundan elde edilen *valeric acid* valerik asit, kediotu asidi

valeryl *a. kim.* valerik asit radikali

valerylene *a. kim.* metiletil asetilen

vallate *s.* kenarlı, duvarlı

vallecula *a. anat. bitk.* çukurcuk

vallecular *s.* çukurcuklu, çukur

valleculate *s.* çukurcuklu, çukur

valley *a.* vadi, koyak *drowned valley* batık vadi, batık koyak *tectonic valley* tektonik vadi

valonia *a.* meşe palamudu *valonia oak* palamut meşesi

value *a.* değer, kıymet * *e.* değer biçmek; değer vermek *calorific value* ısıtma değeri, kalorik değer *insulating value* yalıtım değeri *iodine value* iyot değeri

valval, valvar *s.* kapakçık biçimli; kapakçıkla ilgili

valvate *s.* kapakçıklı; valflı; *bitk.* kenarları birbirine bitişik

valve *a.* supap, valf, kapaç; vana, musluk; klape; *anat.* kapakçık *conical valve* konik kapakçık *drain valve* boşaltma valfı *mitral valve* mitral kapakçık *tricuspid valve* üçlü kapakçık

valved *s.* supaplı, valflı, kapaçlı

valveless *s.* supapsız, valfsiz, kapaçsız; vanasız

valvule *a.* kapaççık

valvular *s.* kapaç biçimli

valvule *a.* kapaççık

vanadate *a. kim.* vanadat, vanadyum asit tuzu/esteri

vanadic *s. kim.* vanadyumlu, vanadyumla ilgili *vanadic acid* vanadyum asiti

vanadinite *a.* vanadyum kurşun cevheri

vanadite *a.* vanadit

vanadium *a.* vanadyum (simgesi V) *vanadium steel* vanadyum çeliği

vanadous *s. kim.* vanadyum+, vanadyum içeren

vane *a.* yelkovan, rüzgâr fırıldağı, fırdöndü; yeldeğirmeni kanadı, pervane kanadı, türbin kanadı; tüy bayrağı, kuş tüyünün geniş kısmı

vanilla *a. bitk.* vanilya vidanı; vanilya

vanillin *a.* vanilin, vanilya özü

vaporimeter *a.* buharölçer

vaporizable *s.* buharlaşabilir

vaporization *a.* buharlaştırma; buharlaşma *heat of vaporization* buharlaşma ısısı

vaporize *e.* buğulaştırmak, buharlaştırmak

vaporizer *a.* buharlaştırıcı, buğulaştırıcı; püskürgeç, vaporizatör

vaporous *s.* buharlı, buğulu; sisli; uçucu

vapour *a.* buhar, buğu *vapour density*

buhar yoğunluğu *vapour pressure* buhar basıncı *vapour pressure formula* buhar basınç formülü *water vapour* su buharı
variability *a.* değişkenlik, değişme
variable *a.* değişken şey; *matm.* değişken * *s.* değişik; değişken; kararsız; *biy.* değişken (cins)
variance *a.* değişme, değişiklik; ayrıcalık; değişke, varyans *variance ratio test* varyans oran testi, değişke oran sınaması
variant *s.* farklı, değişik * *a.* değişik biçim, başka şekil
variate *a.* değişken
variation *a.* değişme, değişim, değişiklik; fark; *müz.* çeşitleme, varyasyon; gezegenin ortalama yörüngesinden sapma dereccsi; organizmanın kendi türünden farklı oluşu; *matm.* varyasyon *variation of species* türlerin değişimi
varicated *s.* varisli
varication *a.* varis oluşumu
varicella *a.* su çiçeği
varicellar *s.* su çiçeğiyle ilgili
varicose *s.* varisli (damar)
varicosis *a.* varis
varied *s.* çeşitli, türlü; değişik
variegated *s.* renk renk, alacalı; çeşitli
variegation *a.* renklilik; renklendirme; çeşitlilik
varietal *a.* türsel, belli bir türü bildiren; çeşitli
variety *a.* değişiklik, başkalık, farklılık; çeşit, tür, nevi
variola *a.* çiçek hastalığı
variole *a.* çiçek bozuğu, çopur; çukurcuk, yuvarlak süngertaşı oyuğu
variolite *a.* süngertaşı
variolitic *s.* çukurcuklu, süngertaşı gibi

variometer *a. elek.* değiştirge; manyetik eğimölçer
varix *a.* varis, atardamar genişlemesi
varnish *a.* vernik, cila, lak * *e.* verniklemek
varnished *s.* vernikli, cilalı
vary *e.* değişmek; değiştirmek; çeşitlendirmek; değişik değer almak
vas *a. biy.* damar, kanal *vas deferens* sperma kanalı
vasal *s.* damarsal
vascular *s. biy.* damarsal; damarlı *vascular bundle* damar demeti *vascular plant* damarlı bitki *vascular ray* damar ışını *vascular tissue* damar doku
vascularity *a.* damarlılık
vascularization *a.* damarlılaşma
vascularized *s.* damarlı
vasculature *a.* damar düzeni
vasectomy *a.* vazektomi, meni kanalı ameliyatı
vaseline *a.* vazelin
vasiform *s.* borusal, boru gibi
vasoactive *s.* damarı etkileyen
vasoconstriction *a.* damar büzülmesi
vasoconstrictor *a.* damar büzücü ilaç
vasodilatation *a.* damar genişletme
vasodilation *a.* damar açma
vasodilator *a.* damar genişleten ilaç
vasomotion *s.* damar kasılması
vasomotor *s.* damar genişliğini düzenleyen
vat *a.* fıçı, tekne * *e.* fıçıya koymak; tekneye koymak *vat dye* küp boyası, tekne boyası
vector *a. matm.* vektör, yöney; *biy.* taşıyıcı, hastalık taşıyan böcek *vector algebra* vektör analizi *vector analysis* vektör analizi *vector field* vektör alanı *vector lattice* vektör örgüsü *vector*

multiplication vektör çarpım *vector space* doğrusal uzay

vectorial *s.* vektörel, yöneysel

vedalia *a. hayb.* Avustralya hanımböceği

vegan *a.* etin yanında süt ve süt ürünlerini de yemeyen vejeteryan

vegetable *a.* sebze, yeşillik; bitki, nebat * *s.* bitkisel, nebati *vegetable dye* bitkisel boya *vegetable fibre* bitkisel lif *vegetable life* bitkisel hayat *vegetable soil* bitkisel toprak, bitki toprağı *vegetable oils* bitkisel yağlar *vegetable wax* bitkisel mum *the vegetable kingdom* bitki dünyası

vegetal *s.* bitkisel

vegetate *e.* bitkileşmek; (ur vb.) hızla büyümek; heyecansız bir yaşam sürmek

vegetation *a.* bitkiler, bitki örtüsü; bitkileşme; ur, tümor

vegetative *s.* bitki gibi gelişen; bitki+; eşeysiz; bitki üzerinde büyüyen *vegetative cell* vejetatif hücre *vegetative reproduction* eşeysiz üreme

vehicle *a.* araç, taşıt, vasıta

veil *a. anat.* döl zarı; peçe; örtü; tül; maske * örtmek, gözlemek, maskelemek

vein *a.* damar, toplardamar; yaprak damarı; maden damarı; huy, mizaç *portal vein* kapı toplardamarı

veined *s.* damarlı, ebrulu *veined wood* damarlı kereste, damarlı odun

veining *a.* damar oluşturma, damarlaşma; damar ağı

veinless *s.* damarsız

veiny *s.* damarlı, damarla kaplı

velamen *a. anat.* zar

velamentous *s.* zarımsı, zar gibi

velar *s.* art damaksıl

velate *s. bitk.* hayb. zarlı

velocity *a.* hız, sürat

velum *a. biy.* ince zar; *anat.* damak eteği

velur *a.* kadife

velutinous *s.* yumuşak, kadife gibi

velvet *a.* kadife; kadifemsi deri * *s.* kadife; kadifeden yapılmış; kadife gibi

velveted *s.* kadifeden yapılmış

velvety *s.* kadife gibi, yumuşak

vena *a. anat.* damar

venation *a.* damarlanma, damar düzeni

venational *s.* damar+

venenate *e.* zehirlemek

venenation *a.* zehirleme

veneniferous *s.* zehirli

venenific *s.* zehir oluşturan

venenous *s.* zehirli

venereal *s.* zührevi, cinsel yolla geçen *venereal diseases* zührevi hastalıklar

venin *a. biy.* yılan zehiri

venom *a.* (yalın/akrep) zehir, ağı

venomosalivary *a.* zehirli tükürük salgılayan canlı

venomous *s.* zehirli; çok zararlı; kin dolu

venose *s.* damarlı

venosity *a.* damarlılık

venous *s.* damarlı; damar gibi; (kan) kirli

venousness *a.* damarlılık; (kan) kirlilik

vent *a. hayb.* (kuş/balık vb.) kıç; delik, menfez, baca deliği * *e.* salmak, boşaltmak; açıklamak, ifade etmek

venter *a. anat.* karın; karın boşluğu; göbek

vent-hole *a.* menfez; hava deliği

ventiduct *a.* havalandırma borusu

ventral *s.* karında olan; karınla ilgili *ventral fin* karın yüzgeci

ventricle *a. anat.* karıncık; organ içi boşluğu

ventricose *s.* şişkin; göbekli

ventricular *s.* karıncıkla ilgili; karın+; şişmiş

ventriculus *a.* (kuşta) taşlık, kursak; (böcekte) mide

venular *s.* ince damar biçimli

venule *a.* ince damar

venulose *s.* ince damarlı

veratrine *a. kim.* veratrin, sebadilla tohumundan çıkarılan zehirli madde

verbena *a.* mineçiçeği

verbenaceae *a.* mineçiçeğigiller

verbenaceous *s.* minegillerden

verdigris *a.* bakır pası; bakır yeşili

verdin *a. hayb.* sarıbaş

verdure *a.* çimen, çayır; yeşillik

verge *a.* sınır, kenar

vermicidal *s.* solucan düşürücü

vermicide *a.* kurt düşürücü ilaç

vermicular *s.* solucan biçimli, solucan gibi

vermiculate(d) *s.* solucanlı, kurtlu; solucan gibi sürünen

vermiculite *a.* vermikülit, ısı yalıtımında kullanılan hafif bir agrega

vermiform *s.* solucan biçimli *vermiform appendix* apandis, ekbağırsak *vermiform process* körbağırsak, apandis

vermifugal *s.* kurt düşürücü

vermifuge *a. s.* kurt düşürücü (ilaç)

vermilingual *s.* solucanımsı dilli

verminous *s.* haşarat türünden; haşaratlı

vermis *a. anat.* beyincik orta bölmesi

vernacular *a.* konuşma dili, halk dili, gündelik dil

vernal *s.* ilkbahara ait; ilkbaharda olan *vernal equinox* ilkbahar noktası *vernal grass* kokulu çayırotu

vernalization *a.* üşütme, bitki tohumunu soğukta tutup çabuk büyütme

vernation *a. bitk.* tomurcuk yaprak dizilişi

veronica *a. bitk.* yavşan otu

verruca *a. hek.* siğil

verrucose *s.* siğilli

verrucous *s.* siğilli

versatile *s.* çok yönlü, çok yetenekli; *bitk.* her yöne dönebilen

versatility *a.* çok yönlülük, elinden her iş gelebilme; *bitk.* her yöne dönebilme

versicoloured *s.* çok renkli; yanardöner

vertebra *a. anat.* omur

vertebral *s.* omurgalı; omura benzer *vertebral column* belkemiği, omurga

Vertebrata *a. hayb.* omurgalılar

vertebrate *a. s.* omurgalı (hayvan)

vertex *a.* doruk, tepe; *anat.* başın tepesi

vertical *s.* düşey, dikey, şakuli *vertical polarization* düşey polarizasyon

vertically *be.* düşey olarak

verticil *a. bitk.* yaprak halkası

verticillate *s. bitk.* yelpaze dizilişli

vertigo *a.* baş dönmesi

vervain *a.* mineçiçeği

vesica *a. anat.* sidik torbası, mesane *vesica natatoria* gaz kesesi, hava torbası

vesical *s.* mesaneyle ilgili, mesaneye benzer

vesicle *a. anat.* torbacık, kese; kabarcık; kist; hava keseciği

vesico-uterine *s.* idrar kesesi ve rahimle ilgili

vesicula *a.* kesecik

vesicular *s.* kese+; kabarcıklı, keseli, kistli *vesicular stomatitis* at siğili

vesiculate *s.* keseli, kabarcıklı * *e.* kabarcık oluşturmak

vesiculiform *s.* kesecik biçimli

vesiculose *s.* kesecik+; kesecik biçimli

vesperal *s.* akşamla ilgili, akşam ortaya

çıkan

vespid *a.* yaban arısı

vessel *a. anat.* damar; *bitk.* bitki damarı; kap, tas, çanak; gemi *communicating vessels* birleşik kaplar

vestibular *s.* kanalla ilgili

vestibule *a. anat.* kanal; giriş, antre, geçit; vagonlar arası kapalı geçit *vestibule of the ear* kulak boşluğu

vestige *a.* iz, eser, işaret; dumura uğramış organ

vestigial *s.* körelmiş bir organdan arta kalan, kalıntı, iz *vestigial organ* körelmiş organ

vesuvine *a.* Bismarck kahverengisi

veterinary *s.* veteriner+, hayvan tedavisiyle ilgili *veterinary medicine* veteriner hekimliği *veterinary surgeon* veteriner hekim

vexil *a.* bayrak

vexillate *s.* bayrağı olan

vexillum *a. bitk.* kelebek biçimli çiçeğin üst yaprağı; bayrak

viability *a.* yaşama yeteneği

viable *s.* yaşayabilir, gelişebilir; uygun, elverişli

vial *a.* ufak şişe

vibracular *s.* kamçılı polip gibi

vibraculum *a.* kamçılı polip

vibrate *e.* titremek; sallanmak; titretmek

vibratile *s.* titreşebilir; titreşen

vibrating *s.* titreşen *vibrating screen* titreşimli elek, vibrasyonlu elek

vibration *a.* titreme, titreşim

vibrational *s.* titreşimsel *vibrational analysis* titreşim çözümlemesi *vibrational energy* titreşim enerjisi, titreşim erkesi

vibratory *s.* titreşimli, vibrasyonlu

vibrissa *a.* burun kılı; (kedi vb.) bıyık

vicarious *s.* başka organın yaptığı görevi yapan; başkası adına yapılan

vicinal *s.* çevresel, yöresel; komşu

villiform *s.* kıl şeklinde

villose *s.* kıllı, kılsı çıkıntılı; ince tüylü

villosity *a.* kıllı yüzey; kıl, tüy, villüs

villous *s.* kıllı, villüslü; ince tüylü

villus *a. anat.* villüs, ince bağırsaktaki besini emip kana yollayan kılsı çıkıntı; *bitk.* bitki tüyü

vinculum *a.* bağ, rabıta

vinic *s.* şarap ile ilgili

vinyl *s.* vinil *vinyl acetate* vinil asetat *vinyl alcohol* vinil alkol *vinyl chloride* vinil klorür *vinyl group* vinil grubu *vinyl resins* vinil reçineleri

vinylacetylene *a. kim.* vinilasetilen

vinylbenzene *a. kim.* stiren

vinylidene *a.* viniliden *vinylidene chloride* viniliden klorür

violet *a.* menekşe; menekşe rengi * *s.* menekşe renkli *violet ray* mor ışın

viomycin *a.* viomisin, tüberküloz tedavisinde kullanılan antibiyotik

viosterol *a. kim.* viosterol, bitkisel yağda erimiş D2 vitamini

viral *s. hek.* viral, virüsün neden olduğu *viral disease* virüs hastalığı

virescence *a. bitk.* yeşillenme, yeşillik

virescent *s.* yeşilleşen; yeşilimsi

virgate *s.* ince uzun, çubuk biçimli

virgin *a.* bakire, kız * *s.* kullanılmamış, dokunulmamış; el değmemiş; işlenmemiş; döllenmemiş *virgin forest* bakir orman

virginal *s.* bakireye özgü; el değmemiş, bakir; *hayb.* döllenmemiş *virginal generation* döllemsiz çoğalma

virgin's-bower *a. bitk.* orman asması

viricidal *s.* virüs öldüren

viricide *a.* virüs öldürücü ilaç

viridescent s. yeşilimsi

viridity a. yeşillik

virile s. erkeğe ait; güçlü; dölleyebilir *virile member* erkeklik organı

virility a. erkeklik; dölleyebilme

virological s. virüs bilimiyle ilgili

virology a. virüs bilimi

virose s. toksik, zehirli

virosis a. virüs enfeksiyonu

virus a. virüs

vis a. kuvvet, güç, dayanıklılık *vis inertiae* eylemsizlik kuvveti

viscera a. anat. hayb. iç organlar; bağırsaklar

visceral s. iç organlarla ilgili, iç organları etkileyen *visceral cleft* solungaç yarığı

viscid s. bitk. yapışkan maddeyle örtülü; zamklı, tutkallı

viscometer a. viskozimetre, akmazlıkölçer

viscometric s. ağdalık ölçümüyle ilgili

viscometry a. ağdalık ölçümü

viscose a. viskoz, pamuk ağdası * s. ağdalı

viscosimeter a. viskozimetre, ağdalıkölçer

viscosimetric s. ağdalık ölçümüyle ilgili

viscosimetry a. ağdalıkölçüm

viscosity a. akışmazlık, kıvamlılık, viskozite *coefficient of viscosity* viskozite katsayısı *relative viscosity* izafi viskozite, bağıl ağdalık, bağıl akışmazlık

viscous s. yapışkan, ağdalı

viscus a. iç organlar

visibility a. görünürlük; görüş uzaklığı

vision a. görme, görüş *binocular vision* binoküler görüş, iki gözle görme *double vision* diplopi, çift görme *field of vision* görüş alanı

visual s. görsel; görülebilir *visual angle* görüş açısı, optik açı *visual field* görüş alanı *visual nerve* görme siniri, göz siniri

visualization a. görüntüleme, göz önünde canlandırma

vital s. yaşamsal, hayati; çok önemli; enerjik, canlı; öldürücü *vital force* yaşama gücü *vital organ* hayati organ

vitalism a. yaşamcılık

vitalistic s. dirimsel, yaşamsal

vitality a. canlılık, dirilik, enerji; süreklilik, dayanma gücü; can, ruh

vitamin a. vitamin *vitamin deficiency* vitamin eksikliği

vitaminic s. vitaminli

vitaminization a. vitamin verme

vitaminogenic s. vitamin oluşturan, vitamin sağlayan

vitaminoid s. vitamine benzer

vitellin a. vitelin, yumurta sarısındaki fosforlu protein

vitelline s. yumurta sarısı üreten *vitelline duct* yumurta kanalı *vitelline gland* yumurta bezesi *vitelline membrane* yumurta zarı

vitellogenesis a. yumurta sarısı oluşumu

vitellus a. yumurta sarısı

vitreous s. cam türünden, cam gibi, cama benzer, camsı; camdan yapılmış, camlı *vitreous body* camsı cisim *vitreous electricity* cam elektriği, pozitif elektrik *vitreous enamel* camsı emay *vitreous humour* camsı cisim

vitreum a. vitröz cisimciği

vitric s. camsı, cam gibi

vitrification a. camlaştırma, cama dönüştürme

vitriol a. kim. vitriyol; sülfürik asit; zaç yağı; iğneleyici söz *blue vitriol* göztaşı, bakır sülfat *copper vitriol* göztaşı, bakır sülfat *green vitriol* demir sülfat *white vitriol* çinko sülfat *(oil of) vitriol* sülfürik asit, zaç yağı

vitta *a. bitk.* (kimi meyvede) yağ mahfazası; *hayb.* renkli şerit

vittate *a.* yağ mahfazası olan; çizgili, şeritli

vivarium *a.* vivaryum, hayvan parkı, bitki parkı

viviparity *a. hayb.* doğurganlık

viviparous *s. hayb.* doğuran, doğurucu; *bitk.* tohumu bitki üstünde çimlenen, ana bitkiye bağlıyken filizlenen

viviparity *be.* doğuruculuk

viviparously *be.* doğurarak, doğurucu olarak; *bitk.* tohumu bitki üstünde çimlenerek

vivisect *e.* üzerinde tıbbi deney yapmak

vivisection *a.* açımlama, bilimsel amaçla canlı hayvan üzerinde yapılan deney

vivisectionist *a.* açımlayan, bilimsel amaçla canlı hayvan üzerinde deney yapılması taraftarı

vocal *s.* sesle ilgili, sesli, insan sesine ait; sözlü; ünlü, sesli *vocal cords* ses telleri

voice *e.* anlatmak, ifade etmek, söylemek * *a.* ses, seda; konuşma yeteneği; *dilb.* çatı; sözcü; ifade

void *a.* boşluk; boş yer * *s.* boş, ıssız; geçersiz; yararsız * *e.* boşaltmak; hükümsüz kılmak, iptal etmek

voidance *a.* iptal, geçersiz kılma; tahliye; boşluk

volant *s.* uçan, uçucu

volar *s.* uçucu; avuç içiyle ilgili

volatile *s.* uçucu; havai, değişken; istikrarsız *volatile oil* uçucu yağ

volatility *a.* uçuculuk; süreksizlik

volatilization *a.* uçuculuk, çabuk buharlaşma

volatilize *e.* buharlaştırmak, uçurmak

volcanic *s.* yanardağ gibi; volkanik *volcanic ash* yanardağ külü *volcanic cone* yanardağ konisi *volcanic glass* yanardağ camı, volkanik cam

volcano *a.* yanardağ, volkan

volitant *s.* uçucu, uçan

volt *a.* volt (simgesi V)

voltage *a.* voltaj, gerilim *high voltage* yüksek gerilim *low voltage* alçak gerilim, alçak gerilim

voltaic *s. elek.* volt+, kimyasal etkinin ürettiği elektrikle ilgili

voltameter *a.* voltametre

volt-ampere *a. elek.* voltamper

voltmeter *a.* voltölçer, voltmetre

volume *a.* hacim, oylum; ses gücü; cilt *atomic volume* atom hacmi, atom oylumu *molecular volume* moleküler hacim, molekül oylumu

volumeter *a.* hacimölçer

volumetric *s.* hacim ölçümüyle ilgili; hacim+ *volumetric analysis* hacimsel analiz, oylumsal çözümleme *volumetric flask* ölçü toparı

volumetrically *be.* hacim ölçerek

voluminous *s.* hacimli, çok büyük; çok miktarda; kat kat

volumometer *a.* hacimölçer, özgül ağırlık balonu

voluntary *s.* iradi, doğal, içten gelen; istemli, gönüllü; isteyerek yapılan *voluntary muscle* çizgili kas, istemli kas

volute *a.* kıvrım, helezon, spiral; *hayb.* sarmal salyagoz

volute(d) *s.* kıvrık, helezoni

volution *a.* kıvrım; salyangoz kabuğu kıvrımı; kıvrılma, bükülme

volva a. bitk. mantar zarı
volvate s. bitk. zarlı, kılıflı
volvulus a. bağırsak düğümlenmesi
vomer a. anat. saban kemiği
vomerine s. saban kemiğiyle ilgili
vomeronasal s. saban ve burun kemiğiyle ilgili *vomeronasal organ* Jacobson organı
vomica a. irin toplama; irin tükürme
vomit e. kurmak; püskürtmek * a. kusmuk
vomiting a. kusma
vomitive a. s. kusturucu (ilaç)
vomitory a. s. kusturucu (ilaç)
vomitus a. hek. kusma; kusmuk
vortex a. anafor, burgaç, girdap; kasırga *vortex line* girdap hattı *vortex motion* girdaplı akış *vortex ring* girdap dairesi
vortical s. girdaplı, burgaçlı
vorticella a. hayb. çan hayvanı
vulcanization a. kükürtleme, kükürtle sertleştirme
vulcanite a. ebonit
vulnerable s. incinebilir, zedelenebilir; savunmasız
vulnerary a. s. yarayı iyileştiren (ilaç)
vulture a. hayb. akbaba
vulva a. ferç, vulva
vulval s. vulvayla ilgili
vulvar s. vulvayla ilgili
vulvo-uterine s. vulva ve rahimle ilgili
vulvo-vaginal s. vulva ve vajinayla ilgili

W

W a. vatın simgesi; tungstenin simgesi *W chromosome* W kromozomu
W a. ağırlık simgesi; iş simgesi
wacke a. yumuşak bazalt kaya

wad a. topak, tomar; tampon, tıkaç; deste; yığın, küme * e. kümelemek, destelemek; tampon koymak
wadding a. tıkaç, tampon; dolgu maddesi; vatka
wader a. su kuşu
wade e. suda yürümek, bata çıka ilerlemek *wading bird* yağmur kuşu, uzun bacaklı su kuşu
walking a. gezme, yürüme; yürüyüş *walking beam* dengeleme kolu *walking fern* yürüyen eğrelti *walking stick* çöp çekirge
wall a. duvar; çeper, cidar * e. etrafına duvar çekmek *cellular wall* hücre duvarı *wall flower* bahçe şebboyu *wall plate* duvar kirişi *wall pressure* çeper basıncı *wall safe* duvar kasası *wall socket* duvar prizi *wall space* duvar boşluğu
wandering s. başıboş dolaşan; göçebe, gezginci * a. avarelik, başıboş gezme *wandering albatros* akalbatros *wandering cell* göçmen hücre *wandering jew* telgraf çiçeği
warfarin a. kim. fare zehiri
warm-blooded s. hayb. sıcakkanlı; enerjik, ateşli
warning a. uyarma, uyarı, ikaz; ihtar
wart a. siğil *wart-cress* sarmaşık tere *wart-weed* sütleğen
wash e. yıkamak; yıkanmak; temizlemek; ıslatmak; (dalga) aşındırmak; yaldızlamak * a. yıkama; yıkanma; çamaşır; akıntı; ilaçlı losyon; bataklık; yerb. alüvyon *wash bottle* püskürteç; arıtıcı
washout a. sel basması; su ile aşınma; fiyasko
waste e. israf etmek, çarçur etmek; aşındırmak; aşınmak, yıpranmak;

harap etmek; tükenmek, bitmek; ziyan etmek * *a.* israf; döküntü, artık; fire; çöp; boşa harcama; boş arazi * *s.* atılmış, işe yaramaz; boş, ıssız, viran, harap; bedenden atılan *waste gas* çürük gaz, artık gaz, baca gazı *waste material* atık madde *waste water* atıksu, lağım suyu, pissu *waste water purification plant* atıksu arıtma tesisi **watch** *e.* seyretmek, bakmak; bekçilik etmek, nöbet tutmak, göz kulak olmak * *a.* gözetleme, bekleme; başında bekleme; kol saati; cep saati; nöbet; vardiya; nöbetçi; nöbetçilik *watch glass* kol saati camı **water** *a.* su * *e.* sulamak; su vermek *water bath* su banyosu *water beetle* su böceği *water buffalo* manda *water equivalent* su eşdeğeri *water flea* su piresi *water gas* su gazı *water gum* su sakızı; su mersini *water motor* su türbini, su çarkı *water oak* su meşesi *water of crystallization* kristalleşme suyu *water of hydration* sulanma suyu *water plant* su bitkisi *water pocket* su torbası *water sapphire* su safiri *water table* tabansuyu düzeyi *water ton* su tonu *ammonia water* amonyak eriyiği *hard water* acı su, sert su, kireçli su *heavy water* ağır su *high water* met *soft water* tatlı su *receiving water* alıcı su *potable water* kullanma suyu **waterborne** *s.* suda yüzen; su yoluyla taşınan; sudan geçen **water-cool** *e.* su ile soğutmak **water-cooled** *s.* su soğutmalı, su ile soğutulmuş **waterfowl** *a.* su kuşu, suda yüzen kuş **water-free** *s.* susuz **waterglass** *a. kim.* su camı, sodyum

tetrasilikat **water-leaf** *a.* su yaprağı **water-level** *a.* su düzeyi, su kotu **waterproof** *e.* sugeçirmez hale getirmek * *s.* sugeçirmez *waterproof paper* sugeçirmez kâğıt **water-repellent** *s.* su çekmez, su itici **water-soluble** *s.* suda eriyebilen, suda çözünen **watery** *s.* suyla ilgili; sulu; sulak; su gibi; akıcı; tatsız; sudan **watt** *a.* vat (simgesi W) **wattage** *a.* cihazın elektrik gücü, vat cinsi güç **watt-hour** *a.* vat saat **wattle** *a.* kuş gerdanı; çubuk, dal, kamış; akasya; balık sakalı **wattmeter** *a.* vatmetre, vatölçer **wave** *e.* dalgalanmak; dalgalandırmak; sallanmak; el sallamak * *a.* dalga; el sallama; (saçta) kıvrım, dalga *heat wave* sıcak dalgası *light wave* ışık dalgası *longitudinal wave* boyuna dalga *plane wave* düzlem dalga *reflected wave* yansımış dalga, yansıyan dalga *seismic wave* deprem dalgası *sine wave* sinüsel dalga, dikmeliksel dalga *standing wave* sabit dalga *stationary wave* stasyoner dalga, durağan dalga *transverse wave* enine dalga, kesme dalgası *travelling wave* yürüyen dalga *wave equation* dalga denklemi *wave front* dalga cephesi, dalga yüzü *wave guide* dalga kılavuzu *wave meter* frekansölçer *wave motion* dalga hareketi, dalga devinimi *wave number* dalga sayısı *wave surface* dalga cephesi, dalga yüzü *wave train* dalga treni, dalga katarı *wave velocity* dalga hızı wavelength a. dalga uzunluğu, dalga boyu

wavelet a. küçük dalga, dalgacık

wavellite a. vavelit, sulu alüminyum fluorofosfat

wavy s. dalgalı, dalga dalga; bitk. kıvrımlı; menevişli

wax a. balmumu; mum, parafin; kulak kiri * e. cilalamak mineral wax yer mumu plant wax bitkisel mum vegetable wax bitkisel mum wax candle mum wax moth petek güvesi wax paper yağlı kâğıt wax plant mum çiçeği

waxberry a. defne meyvesi; inci çiçeği

waxen s. mumlu, mumdan yapılmış; çok solgun; mum gibi

waxweed a. bitk. mum otu

way a. yol; yön, taraf; tarz, biçim, şekil; mesafe, uzaklık; çare, usul; durum, hal; âdet

Wb a. veberin simgesi

weak s. zayıf, güçsüz, kuvvetsiz; (çay/kahve) açık, hafif

wean e. sütten kesmek

wear e. giymek; takmak; aşınmak, eskimek * a. dayanıklılık, dayanma; aşınma, eskime wear away aşındırmak, yıpratmak

weather a. hava * e. havalandırmak, kurutmak; hava etkisine maruz bırakmak; rüzgâra karşı seyretmek

weathering a. hava etkilerine maruz kalma, havada bozulma

web a. ağ; örümcek ağı; anat. hayb. zar, perde * e. ağ örmek spider's web örümcek ağı

webbed s. perdeli, zarlı webbed foot perdeli ayak

weber a. veber (simgesi Wb)

web-footed s. perde ayaklı

web-toed s. perde ayaklı

wedge-shaped s. kama biçiminde

weighing a. tartma, tartı

weight a. ağırlık, sıklet; tartı atomic weight atom ağırlığı, atomik ağırlık molecular weight molekül ağırlığı

weightlessness a. ağırlıksızlık

wellsite a. velsit

wernerite a. vernerit

wet s. yaş, ıslak; nemli, rutubetli wet cell sulu pil wet rot nemlenip çürüme wet treatment yaş ilaçlama

wether a. iğdiş koç

wetting a. ıslama, ıslatma wetting agent sulandırıcı madde, ıslatıcı araç

whale a. hayb. balina

whalebone a. balina çubuğu

Wheatstone bridge a. Wheatstone köprüsü

wheel a. tekerlek; çark, dolap; dümen * e. dönmek, döndürmek; tekerlek üstünde yürütmek; yuvarlanmak; daire çizmek wheel bug kancalı böcek

wheelrace a. su savağı, değirmen çark yuvası

wheelwork a. çark düzeni, dişli takımı

whetstone a. bileyi taşı

whey a. kesilmiş sütün suyu

whiplash a. kamçı darbesi; kamçı ipi; ani darbe whiplash injury ense sarsılması

whiplike s. kamçı biçiminde, kamçı gibi

whipray a. hayb. kamçı kuyruklu balık

white a. s. beyaz white bass ak levrek white bear boz ayı white birch huş ağacı white blood cell akyuvar white bream bodur çapak white cedar beyaz sedir white clover akyonca white corpuscle akyuvar white lead üstübeç; beyaz kurşun white matter beyaz madde, akmadde white metal beyaz maden, gümüş taklidi, beyaz alaşım *white perch* beyaz levrek *white pine* akçam *white poplar* akkavak *white spirit* beyaz ispirto *white substance* ak madde

whitewash *e.* badanalamak; kusuru örtmek; *sp.* elemek

whiting *a.* kireç taşı, kalsiyum karbonat; mezgit

whitlow *a. hek.* dolama

whole *a.* bütün; toplam * *s.* tam; bütün, tüm; *matm.* tam; sağlam; saf *whole number* tam sayı

whorl *a. bitk.* çevrem, halka dizilişi, halkalılık; sarmal deniz kabuğunun bir halkası; sarım, helezonun bir devrimi

whorled *s.* çevremli, halkalı, halka dizilişli

wide-angle *s.* geniş açılı (mercek)

wild *s.* vahşi; yabani; ekilmemiş, işlenmemiş; çılgın; şiddetli; taşkın; aşırı *wild boar* yaban domuzu *wild carrot* yabani havuç *wild flower* kır çiçeği *wild goose* yaban kazı *wild lettuce* yabani marul *wild parsnip* yabani havuç *wild rice* su pirinci, yabani pirinç *wild rubber* ham kauçuk *wild silk* ham ipek

wilderness *a.* vahşi arazi, çöl, sahra; okyanus; karmaşık yığın

wildlife *a.* yabanıl hayvanlar

willow *a. bitk.* söğüt; söğüt kerestesi *willow herb* söğüt otu *willow oak* söğüt meşesi

Wilson's disease *a.* Wilson hastalığı

wilt *a.* solma; solgunluk; yorgunluk * *e.* soldurmak; bitkinleştirmek *wilt disease* bitki yaprağını solduran hastalık

wind *a.* rüzgâr, yel; dönemeç, viraj * *e.* sarmak; kıvrıla kıvrıla gitmek *wind*

erosion rüzgâr aşındırması, rüzgâr erozyonu *wind load* rüzgâr yükü *wind scale* rüzgâr hızı ölçeği

windpipe *a.* nefes borusu

wind-pollinated *s. bitk.* rüzgârla döllenen

wind-pollination *a. bitk.* rüzgârla döllenme

wing *a.* kanat *wing beat* kanat çırpma *wing bolt* kelebekli cıvata *wing case* elitra, kanat kını, böcek kanadı kabuğu *wing coverts* kanat tüyleri, kanat örtü tüyleri *wing nut* kelebekli somun *wing sheath* elitra, kanat kını

winged *s.* kanatlı *winged seed* kanatlı tohum

wingless *s.* kanatsız

winglet *a.* kanatçık

wingspan *a.* kanat açıklığı

wink *e.* göz kırpmak; kırpışmak; pırıldamak; ışıldamak * *a.* göz kırpma; an; ışıltı, parıltı

winter *a.* kış *winter cherry* güveyfeneri *winter cress* kış teresi *winter egg* kış yumurtası *winter grazing* kış otlatması *winter injury* kış hasarı *winter sleep* kış uykusu *winter solstice* gün dönümü *winter wheat* güzlük buğday

winterberry *a. bitk.* kış defnesi

wintergreen *a. bitk.* keklik üzümü

winterization *a.* kış hazırlığı

winterize *e.* kışa hazırlamak

wireworm *a.* tel kurdu, demirböceği, telkurdu larvası

wiring *a.* tel döşeme, kablo çekme; elektrik donanımı

wisdom *a.* akıl; irfan; hikmet, bilgelik *wisdom tooth* akıldişi, yirmi yaş dişi

wither *e.* kurumak; solmak, sararmak, bayatlamak; zarar vermek

withered s. buruşuk, kırışık, solmuş
withering s. solduran, solan
witherite a. viterit, baryum karbonat
Wolffian body a. mezonefros, ortaböbrek
Wolffian duct a. Wolff kanalı
wolffish a. hayb. kurt balığı
wolfram a. volfram, tungsten (simgesi W)
wolframite a. volframit, volfram cevheri
wolframium a. tungsten
wolfsbane a. bitk. boğan otu
wollastonite a. volastonik, kalsiyum silikat cevheri
womb a. rahim, dölyatağı; köken
wood a. odun; ağaç; tahta; kereste; orman * s. tahta; ahşap green wood yaş ağaç wood anemone orman gelinciği wood borer ağaç kurdu wood dowel ağaç tıpa wood lily orman zambağı wood louse orman biti wood pigeon tahta güvercini wood pulp kâğıt hamuru wood ray odun özışını wood sorrel orman otu wood spirit odun ispirtosu, metil alkol wood sugar odun şekeri wood tar odun katranı wood tick orman kenesi
woodchuck a. hayb. dağ sıçanı
woody s. odunsu; ağaçlık, ormanlık; ormanla ilgili woody fibre odunsu lif woody tissue odunsu doku woody vessels odunsu damarlar
wool a. yün, yapağı wool fat yün yağı
woolly s. bitk. tüylü, havlı; yünlü; yün gibi; belirsiz, karışık * a. yünlü hayvan woolly bear tüylü tırtıl
work a. iş; çalışma * e. çalışmak chemical work kimyasal çalışma mechanical work mekanik iş virtual work virtüel iş, edimsiz iş work func-

tion iş işlevi work load iş yükü
worm a. hayb. solucan, kurt * e. solucan düşürmek; sürünmek, sinsice ilerlemek worm eel mırmır balığı worm gear sonsuz vida dişlisi worm lizard ayaksız kertenkele worm wheel sonsuz vida çarkı intestinal worms bağırsak kurtları
wound e. yaralamak * a. yara
wrack a. enkaz, yıkıntı; yıkım; bulut kümesi * e. yıkılmak, yıkmak; harap olmak
wrasse a. hayb. çırçır balığı
wrench e. burkulmak, burkmak; zorla bükmek * a. İngiliz anahtarı, somun anahtarı
wrinkle e. buruşturmak * a. buruşuk
wrist a. bilek, el bileği wrist bone bilek kemiği wrist joint bilek wrist pin krank pini
wulfenite a. vulfenit, molibdenli kurşun

X

X a. bilinmeyen sayının simgesi; cebirsel değişkenin simgesi; çarpı işareti; romen rakamları dizisinde on sayısı X chromosome X kromozomu X-rays X ışınları
xanchromatic s. ksantokromatik, sarı renkli
xanthate a. kim. ksantat, ksantik asit tuzu/esteri
xanthein a. sarı çiçek boyası
xanthic s. sarımsı; bitk. sarı; kim. ksantik, ksantik asit türevi xanthic acid ksantik asit
xanthine a. sarı çiçek boyası
xanthine a. biy. kim. üre sarısı
xanthium a. pıtrak; bitk. ksantiyum

xanthochroic s. sarışın
xanthochromic s. sarı senkli, sarı renkte boyanmış
xanthodont s. sarı renk dişli
xanthoma a. sarı leke
xanthone a. kim. sarı boya
xanthophyll a. biy. kim. havuç boya
xanthophyllic s. havuç boyalı
xanthoprotein a. kim. nitrik asitle protein tayininde sarı renk veren madde
xanthorrhoea a. sarı renkli vajinal akıntı
xanthous s. sarı renkli
Xe a. ksenonun simgesi
xenia a. bitk. polenin meyve/tohuma etkisi
xenic s. bilinmeyen organizma içeren
xenogamous s. melez üremli
xenogamy a. çapraz döllenme, melez üretme
xenogenesis a. melez kuşak, neslinden farklı olan soy
xenolith a. yabancı kaya
xenology a. parazitoloji
xenomorphic s. yabancı biçimli
xenon a. ksenon (simgesi Xe)
xerantic s. deriyi kurutan
xerarch s. kuru yerde yetişen
xeric s. kurakçıl, kuru ortama alışmış
xeroderma a. hek. kuru deri hastalığı
xerophile s. bitk. kuraksal; hayb. kurak iklime alışmış
xerophilous s. kurak yerlerde yetişen, kurakçıl
xerophthalmia a. göz kuruluğu
xerophyte a. kurakçıl bitki
xerophytic s. kurakçıl
xerophytism a. kurakçıllık
xerosere a. kurak yer
xerosis a. (deri) aşırı kuruluk
xerothermic s. kuru-sıcak

xiphisternum a. anat. alt göğüs kemiği
xiphoid s. anat. hançer biçiminde
xiphosuran s. hayb. kılıç kuyruklu
xiphosure a. kılıç kuyruk
x-radiation a. x ışınları
X-ray a. X ışını, röntgen ışını; röntgen filmi, röntgen * e. röntgenini çekmek
X-rays X ışınları X-ray spectrograph X-ışını spektrografı, X-ışını izgeçizeri
x-unit a. x birimi
xylan a. kim. ksilan, odun dokusundaki ksiloz veren pentozan
xylem a. odunsu doku, odun dokusu, ksilem xylem parenchyma ksilem paranşimi xylem ray odun damarı
xylene a. ksilen
xylenol a. dimetilfenol
xylidine a. kim. ksilidin
xylogenous s. ağaçsı, ağaçsıl
xyloid s. odunsu, odun gibi
xylol a. kim. ksilen
xylophagous s. odunla beslenen, ağaç yiyen
xylose a. kim. ksiloz, odun şekeri
xylotile a. ksilotil
xylotomous s. ağaç kemiren

Y

Y a. itriyumun simgesi Y chromosome Y kromozomu
y a. bilinmeyenin simgesi; ye ekseni, düşey konaç
yak a. Tibet öküzü
yam a. bitk. Hint yerelması
yardstick a. yarda çubuğu; kıstas, denek taşı
yarn a. yün ipliği; iplik; tel * e. iplik eğirmek
yawn e. esnemek; dipsiz gibi uzayıp

gitmek * *a.* esneme; derin uçurum
Yb *a.* iterbiyumun simgesi
yeast *a.* maya, bira mayası * *e.* mayalamak; mayalanmak; köpürmek *yeast fungus* maya mantarı *yeast plant* maya mantarı *brewer's yeast* bira mayası
yellow *a.* s. sarı * *a.* sarı pas, ekin pası, kınacık * *e.* sararmak; sarartmak *yellow atrophy* sarı körelim *yellow body* sarı cisim *yellow cypress* sarı selvi *yellow enzyme* sarı enzim *yellow fever* sarıhumma *yellow-green alga* sarı-yeşil denizyosunu *yellow lead ore* sarı kurşun cevheri *yellow metal* sarı maden *yellow ocher* sarı aşı boyası *yellow ore* bakırlı pirit *yellow pine* sarıçam *yellow race* sarı ırk *yellow rust* sarı pas *yellow spot* gözdeki sarı nokta *yellow wagtail* sarı kuyruksallayan
yellowcake *a.* uranyum oksit
yellowweed *a.* *bitk.* sarıçiçek; kanarya otu
yerbine *a.* kafein
yeuky *s.* kaşıntılı
yew *a.* *bitk.* porsuk ağacı
yield *e.* ürün vermek, üretmek; kâr getirmek; teslim etmek; kabul etmek * *a.* ürün, mahsul; verim; gelir; üretim *yield stress* akma gerilmesi, sünme gerilmesi
yohimbine *a.* yohimbin, afrodizyak olarak kullanılan bir alkaloid
yoke *a.* boyunduruk; *mek.* kelepçe
yolk *a.* yumurta sarısı; yumurtadaki besin deposu; yapağı yağı *yolk cell* vitellüs hücresi *yolk gland* vitellüs bezi *yolk membrane* vitellüs zarı *yolk sac* vitellüs kesesi, embriyon torbası

yolk stalk embriyo torbasını embriyona bağlayan borucuk
youth *a.* delikanlı, genç; gençlik
youthful *s.* genç, taze; dinç; *yerb.* genç, aşınmamış
yperite *a.* *kim.* iperit
ytterbia *a.* *kim.* iterbiya, seramik yapımında kullanılan madde
ytterbium *a.* iterbiyum (simgesi Yb) *ytterbium oxide* iterbiyum oksit
ytterbous *s.* iterbiyumlu
yttria *a.* *kim.* itriya, itriyum oksit
yttric *s.* *kim.* itrik
yttrium *a.* itriyum (simgesi Y) *yttrium metal* itrium grubu
yucca *a.* *bitk.* avizeağacı

Z

Z *a.* zenit uzaklığı; atom numarası; çeli, empedans *Z chromosome* Z kromozomu
zamia *a.* *bitk.* tuğ ağacı
zaratite *a.* zümrüt nikel
zeaxanthin *a.* *biy.* *kim.* sarıcık
zebra *a.* *hayb.* zebra *zebra finch* çizgili ispinoz
zebrafish *a.* *hayb.* zebra balığı
zebrawood *a.* *bitk.* zebra ağacı
zebu *a.* *hayb.* zebu, hörgüçlü sığır
Zeeman effect *a.* Zeeman etkisi
zein *a.* zein
zelkova *a.* *bitk.* Japon karaağacı
zeolite *a.* zeolit
zeolitic *s.* zeolitli
zero *a.* sıfır *absolute zero* mutlak sıfır, salt sıfır *zero adjustment* hassas ayarlama, hatasız ayarlama *zero frequency* sıfır frekansı *zero gravity* sıfır

yerçekimi *zero moisture index* sıfır
nem indeksi *zero point* sıfır noktası
zero-point energy sıfır noktası ener-
jisi, saltık sıfır erkesi
zibet *a. hayb.* Asya misk kedisi
zinc *a.* çinko (simgesi Zn) *zinc acetate*
çinko asetat *zinc carbonate* çinko
karbonat *zinc chloride* çinko klorür
zinc oxide çinko beyazı, çinko oksit,
çinko üstübeci *zinc stearate* çinko
stearat *zinc sulfate* çinko sülfat *zinc
sulfide* çinko sülfür *zinc white* çinko
beyazı
zincalism *a.* çinko zehirlenmesi
zincate *a. kim.* zinkat, çinko asidi
zincblende *a.* karataş, çinko sülfür
cevheri
zincic *s.* çinkolu, çinkodan türeyen
zinciferous *s.* çinkolu, çinko içeren
zincification *a.* çinkolama, çinko
kaplama
zincify *e.* çinkolamak, çinko kaplamak
zincite *a.* çinkotaşı
zinckenite *a.* zinkenit, kurşun-antimuan
sülfür
zincky *s.* çinkolu
zincum *a.* çinko
zingiberaceous *s. bitk.* zencefilgillerden
zinkenite *a.* zinkenit, kurşun-antimuan
sülfür
zinnia *a. bitk.* zenyaite
zircon *a.* zirkon
zirconate *a. kim.* zirkonat, zirkonyum
hidroksit
zirconia *a. kim.* zirkonya
zirconic *s.* zirkonyumlu
zirconium *a.* zirkonyum (simgesi Zr)
Zn *a.* çinkonun simgesi
zodiac *a.* burçlar kuşağı, zodyak
zoea *a. hayb.* zoea, sırtı dikenli larva
zoic *s.* hayvansal

zonal *s.* bölgesel
zonate *s.* bölgeler halinde, bölgelere
ayrılmış
zone *a.* bölge, kuşak, zon *frigid zone*
kutup kuşağı *Temperate Zone* Ilıman
Kuşak *torrid zone* çok sıcak kuşak
zone of aeration havalanma bölgesi
zones of saturation doygun bölge
zoned *s.* bölgelenmiş, bölgelere ayrılmış
zonular *s.* yöresel, çevresel
zonule *a.* bölge, yöre
zoobiology *a.* hayvan biyolojisi
zoochemical *s.* hayvan kimyası+
zoochemistry *a.* hayvan kimyası
zoochore *a.* hayvanların yaydığı bitki
zoogeographer *a.* hayvan coğrafyacısı
zoogeography *a.* hayvan coğrafyası
zoogloea *a.* peltemsi mikroorganizma
topluluğu
zoographic(al) *s.* tanıtımsal zoolojiyle
ilgili
zoography *a.* zoografi, tanıtımsal zooloji
zooid *a. biy.* zooit, hayvansı
zooidal *s.* hayvansı, hayvana benzer
zoological *s.* zoolojik, hayvanbilimsel;
hayvansal
zoology *a.* zooloji, hayvanbilim
zoometrical *s.* hayvan ölçümüyle ilgili
zoometry *a.* hayvan vücudu ölçümü
zoomorph *a.* hayvan şeklinde göster-
ilmiş şey
zoomorphic *s.* hayvan şekli kullanan
zoomorphism *a.* hayvanın resmedilmesi
zoomorphy *a.* insanın hayvan biçiminde
gösterilmesi
zoonal *s.* tek yumurtadan üreyen
zoonomy *a.* hayvan fizyolojisi
zoonosis *a.* hayvan hastalığı
zoonosology *a.* hayvan hastalıkları
bilimi
zooparasite *a.* asalak hayvan

zoophagous s. etçil, etobur

zoophile a. hayvanla döllenen bitki; hayvansever

zoophilic s. bitk. hayvanla döllenen; hayvanseven

zoophilism a. hayvan sevgisi

zoophilous s. bitk. hayvanla döllenen

zoophyte a. bitkimsi hayvan

zooplankton a. planktondaki hayvan organizmaları

zooplastic s. hayvandan insana aşılanan (doku)

zoosperm a. tohum hücresi

zoosporangium a. bitk. zoospor kesesi

zoospore a. bitk. zoospor; hayb. kamçılı tek hücreli hayvancık

zoosporic s. zoosporlu

zoosporous s. zoosporlu

zootechny a. zootekni

zootic s. hayvanla ilgili

zootomic s. hayvan anatomisiyle ilgili

zootomy a. hayvan anatomisi; hayvan otopsisi

zootoxin a. hayvan sıvısındaki bir toksin

zootrophic s. hayvan beslenmesiyle ilgili

zoril a. hayb. Afrika kokarcası

zoster a. hek. zona

Zr a. zikronyumun simgesi

zwitterion a. fiz. kim. ikiz iyon, hem + hem - yük taşıyan iyon zwitter ion ikiz iyon

zygapophysis a. anat. omur çıkıntısı

Zygodactylae a. çift parmaklılar

zygodactylism a. çift parmaklılık

zygodactylous s. a. çift parmaklı (kuş)

zygoma a. elmacık kemiği

zygomatic a. anat. elmacık kavisi

zygomorphic s. bitk. bakışımlı, simetrik

zygomorphism a. bitk. bakışımlılık, simetriklik

zygomorphous s. bitk. bakışımlı, simetrik

zygomorphy a. bitk. bakışımlılık, simetriklik

zygophyllaceous s. bitk. gebregillerden

zygophyte a. bitk. çift gametli bitki

zygose s. bitk. döllenmiş

zygosis a. biy. birleşme, döllenme

zygospore a. bitk. çift gametli tohum

zygote a. biy. zigot, döllenmiş yumurta

zygotene a. biy. benzer kromozomların birleşmesi

zygotic s. iki gametin birleşmesinden oluşan

zymase a. biy. maya özü

zyme a. mayalandırıcı madde; hek. virüs

zymogen a. biy. maya üreten

zymogenesis a. biy. mayalaşma

zymogenic s. biy. maya üretici; mayalandıran

zymology a. biy. maya bilimi

zymolytic s. mayalandırıcı

zymoscope a. maya gücüölçer

zymosis a. bulaşıcı hastalık; mayalanma

zymotic s. mayalanmayla ilgili; bulaşıcı hastalıkla ilgili zymotic disease bulaşıcı hastalık

FONO
AÇIKÖĞRETİM KURUMU

FEN TERİMLERİ SÖZLÜĞÜ

İKİNCİ BÖLÜM

TÜRKÇE - İNGİLİZCE

A

abak nomogram
abanoz ebony *abanoz ağacı* ebony
abanozlaştırmak to ebonize
abartma turgidity
abartmalı tumid, turgid
abdüktör abductor
abıhayat nectar
abietik abietic
abis abyss
abisal abyssal *abisal bölge* abyssal zone
  abisal fauna abyssal fauna *abisal
  kayaçlar* abyssal rocks
abiyetat abietate
abiyogenez abiogenesis, spontaneous
  generation
abiyotik abiotic *abiyotik faktörler*
  abiotic factors
abomasum abomasum
abrasyon abrasion
absorban absorbent
absorbe etmek to absorb
absorpsiyon absorption *absorpsiyon
  katsayısı* coefficient of absorption
  absorpsiyon spektrumu absorption
  spectrum
absorptif absorptive
abstre abstract
acayip peculiar
acayiplik peculiarity
acele immediate
acemi green, raw, sappy
acemilik sappiness
acente agent
acı ache, acrid, pungent *acı ceviz* hognut
  acı çalı kava *acı ot* bitterweed *acı
  portakal* aurate *acı su* brackwater,

hard water *acı veren* mordant
acıağaç quassia
acıbademyağı benzaldehyde
acıbakla lupine
acıbalık bitterling
acıklı pathetic
acılık causticity
acımak to ache
acil immediate
açı angle *açı ölçüsü* angular
  measureaçıcı extensor
açık open, overt, obvious, (çay\kahve)
  weak, (elektrik devresi) disconnected,
  (renk) light, pale, (yara) raw *açığa
  çöp dökme* open dumping *açığa
  vurmak* to air *açık alan* open, rift
  açık boşaltım outfall *açık çevrim*
  open chain *açık deniz* open *açık
  denizlerde yaşayan* pelagic *açık devre*
  open circuit *açık kahverengi* tan *açık
  maden ocağı işletmeciliği* strip
  mining *açık orman* open timber *açık
  sistemler* open systems *açık sporlu
  eğrelti* polypody *açık tohumlu bitki*
  phanerophyte *açık toplumlar* open
  communities
açıklama clarification
açıklamak to air, to clarify, to display,
  to vent
açıklayıcı definitive
açıklık gap, lacuna, open, opening, ora,
  os, precision
açılan dehiscent
açılı angular, angulate
açılış opening
açılma (bitki) dehiscence
açılmak to dilate, to open
açılmış evolute, (çiçek) open
açımlama vivisection
açımlayan vivisectionist

açınım evolution
açıölçer goniometer, protractor
açısal angular *açısal hız* angular velocity *açısal ivme* angular acceleration
açıt fenestra
açlık hunger, starvation *açlık çekme* starvation *açlık hastalığı* polyphagia *açlıktan öldürmek* to starve *açlıktan ölmek* to starve
açma emergence, opening
açmak to open
ad name; noun *adlar dizgisi* nomenclature
adacık islet
adaçayı clary
adale muscle
adaleli muscular, sarcous *adaleli görünüş* muscularity *adale romatizması* fibrositis
ada mersini spiceberry
adamotu mandrake
adaptasyon adaptation
adaptatif adaptative
adenin adenine
adenozin adenosine *adenozin trifosfat* adenosine triphosphate
âdet habit; menstruation, period *âdet dönemi* menstrual period *âdet döngüsü* menstrual cycle *âdet edinme* habituation *âdet görmek* to menstruate *âdet ile ilgili* menstrual *âdet kesilimi* menopause *âdet kesilmesi* change of life *âdet süresinin uzaması* menostaxis
adi base, inferior, mean, normal *adi eter* sulfuric ether *adi metal* base metal
adipik asit adipic acid
adiyabatik adiabatic *adiyabatik değişim* adiabatic change *adiyabatik denklem* adiabatic equation *adiyabatik eğri* adiabatic curve *adiyabatik gecikme oranı* adiabatic lapse rate *adiyabatik genleşme* adiabatic expansion *adiyabatik grafik* adiabatic chart *adiyabatik olarak* adiabatically *adiyabatik sıkıştırma* adiabatic compression *adiyabatik süreç* adiabatic process
adlandırma nomenclature
adneks adnexa
adrenalin adrenalin, adrenaline *adrenalinle uyarılan* adrenergic
adsız innominate
adsorban adsorbent
adsorbe etmek to adsorb
adsorpsiyon adsorption
adventif adventitious, adventive *adventif kök* adventitious root
aerenkima aerenchyma
aerob aerobe
aerobik aerobic
aerobiyoz aerobiosis
aerodinamik aerodynamics
aerografi aerography
aeroplankton aeroplankton
aerosol aerosol
aerostatik aerostatic
afanit aphanite
afinite affinity
afrikabalığı chromide
afrikaceylanı gerenuk, koodoo
afrikaçayırı hardinggrass
Afrika gelinciği suricate
Afrika kokarcası zoril
afrikaotu imphee
Afrika papatyası dimorphotheca
aft canker
afyon opium *afyon bağımlılığı* opium addiction

afyonlu opiate *afyonlu ilaç* opiate *afyon ruhu* laudanum *afyon sakızı* opium gum *afyon zehiri* thebaine
agar agar agar-agar
agat agate
aglütinasyon agglutination *aglütinasyonu sağlayan antikor* agglutinin
aglütinin agglutinin *aglütinin oluşturan antijen* agglutinogen
aglütinojen agglutinogen
agrega aggregate
agregasyon aggregation
agregatif aggregative
agrobiyoloji agrobiology
agronomi agronomy
ağ mesh, net, web, plexus, reticulum *ağ biçiminde* plexiform *ağ biçimli* reticular *ağ gözü* mesh *ağ hücre* reticulum cell *ağ ile tutmak* to mesh, to net *ağ örmek* to cobweb, to web
ağacımsı arborescent, dendroid
ağaç tree; wood *ağaca benzer* arboreal, arborescent, dendroid *ağaca benzerlik* arborescence, arborization *ağacın büyük dalı* limb *ağaç biçimi alma* arborization *ağaç damarı* seed *ağaç dış kabuğu* rhytidome *ağaç fosili* dendrolite *ağaç fulü* syringa *ağaç gibi* arboreal, arborescent *ağaç gövdesi* bole, log, shaft, stem, stock, truncus, trunk *ağaç gövdesi ve kökü* caudex *ağaç ile ilgili* arboreal *ağaç kabuğu* bark *ağaç kabuğu lifi* bast *ağaç kemiren* xylotomous *ağaç kesmek* to log *ağaç özü* heartwood, sapwood *ağaç selüloz* lignocellulose *ağaç sınırı* the tree limit, the tree line, timber line *ağaç stepi* tree steppe *ağaç tıpa* wood dowel

ağaçbilim dendrology *ağaçbilimi uzmanı* dendrologist
ağaçbilimsel dendrologic
ağaççık shrub
ağaçkavunu citron
ağaçkurdu wood borer
ağaçlık woody, sylvan
ağaçmantarı agaric
ağaçsı xylogenous *ağaçsı çalı* arborescent shrub *ağaçsı funda* arborescent shrub *ağaçsı yapı* arbor
ağaçsıl xylogenous
ağaçsız treeless *ağaçsız ova* savanna
ağaran canescent
ağarma bleaching
ağartma etiolation, (kumaş) mercerisation *ağartma tozu* bleaching powder
ağartmak to etiolate
ağdalı redundant, viscose, viscous
ağdalıkölçer viscosimeter
ağdalıkölçüm viscosimetry, viscometry *ağdalıkölçümü ile ilgili* viscometric, viscosimetric
ağdamarsı reticuloendothelial
ağı toxin, venom
ağıl fold, pen *ağıla kapatma* folding *ağıla kapatmak* to fold
ağılı toxic
ağımsı plexal
ağıotu hemlock
ağır heavy, inert, rich *ağır atom* heavy atom *ağır çekirdek* heavy nucleus *ağır hidrojen* heavy hydrogen *ağır küre* barysphere *ağır parçacık* heavy particle *ağır spar* heavy spar *ağır su* deuterium oxide, heavy water
ağırbaşlılık gravity, poise
ağırlamak to host
ağırlık gravity, weight *ağırlık artışı*

weight gain *ağırlık kuvveti* force of gravity *ağırlıkla ilgili* ponderal *ağırlık merkezi* centre of gravity, mass centre *ağırlık ölçümü ile ilgili* gravimetric *ağırlık simgesi* W

ağırlıksal çözümleme gravimetric analysis

ağırlıksız agravic

ağırlıksızlık weightlessness

ağıryağ heavy oil

ağız inlet, lip, mouth, ora, orifice, os, ostium, spout, tone *ağıza ait* oral *ağıza benzer delik* osculum *ağız açıklığıyla ilgili* rictal *ağıza doğru* adoral, orad *ağıza yakın* paroral *ağıza yönelik* adoral *ağız bilimi* stomatology *ağız boşluğu* oral cavity *ağız çevresi ile ilgili* perioral *ağızdan alınan* oral, peroral *ağızdan ayaklılar* stomatopod *ağızı çevreleyen* peristomal *ağız içi ile ilgili* buccal, peristomal *ağız iltihabı* stomatitis *ağız iltihabı yapan* stomatitic *ağız kavgası* spat *ağız kenarı* (deniz böceğinde) peristome *ağızla ilgili* oral *ağız-mide ile ilgili* stomatogastric *ağız önünde* preoral *ağzı açık* ringent, (istiridye kabuğu vb) effuse *ağzı çevreleyen* perioral *ağzı yaralı* cankerous

ağızcık stoma *ağızcık ile ilgili* stomatal *ağızcık şeklinde* stomatal, stomatous

ağızlaşma anastomosis

ağızsız astomous

ağızsütü colostrum

ağkatman retina *ağkatman iltihabı* retinitis

ağlı reticulate

ağrı ache *ağrı kesici ilaç* opiate

ağrımak to ache

ağrıtıcı nociceptive

ağsı reticular, reticulate *ağsı alyuvar* reticulocyte *ağsı yapı* reticulum *ağsı yapılı* telar

ağtabaka retina *ağtabakayla ilgili* retinal

ağulu poisonous *ağulu bitki* solanum

ağulugillerden solanaceous

ahar sizing

ahenk rhythm

ahenkli harmonic

ahenksizlik incoordination

ahır stable *ahır gübresi* barnyard manure

ahmak sap

ahşap wood

ahtapot octopus

aile family; race; stirps

ajan agent

ak white, alba, leuco(-) *ak ışık* white light *ak levrek* white bass *ak mermer* alabaster

akalbatros wandering albatros

akantit acanthite

akar fluid, mite

akarcalı fistulous

akarisit acaricide

akarlar acarina

akarp acarpous

akarsu running water; river *akarsu bilimi* potamology *akarsuda büyüme* rheotropism

akasma clematis

akasya wattle *akasya sakızı* gum arabic

akbaba vulture

akbasma cataract

akbenek leucoma

akciğer lung *akciğer atardamarı* pulmonary artery *akciğer çıkarımı* pneumonectomy *akciğerdeki kan dolaşımı* pulmonary circulation akciğere ait pulmonary akciğer gözcüğü alveolus akciğer gözcükleri alveoli of the lungs akciğeri etkileyen pulmonary akciğer ile ilgili pneumal, pneumonic akciğer iltihabı pneumonia akciğeri olan pulmonary akciğeri örten plevra visceral pleura akciğer toplardamarı pulmonary vein akciğer tüberkülozu pulmonary tuberculosis akciğerli pulmonate akciğerliler sınıfından (hayvan) pulmonate akçaağaç birchtree, maple akçaağaçla ilgili aceric akçam white pine akderi leucoderma akdiken buckthorn aken achaenocarp, achene, achenium, akene akfunda retem akı flux akı yoğunluğu flux density akıcı liquid, living, watery akıl head, wisdom, sense aklında tutma retention aklını kaçırmış psychotic akıldişi wisdom tooth akım current akım darbesi impulse, pulse akımı başka telden geçirmek to shunt akım şiddeti current intensity akım verimi current efficiency akım yeğinliği current intensity akım yoğunluğu current density akımlı live akımlı iletken live conductor akımmıknatıslık electromagnetism akıntı current, discharge, wash, running akıntılı running akış tenor akış bilimi rheology akış deseni flow pattern akış etken hareket rheotaxis akış profili flow pattern akış süresi run akışkan liquid, (sıvı) mobile akışkan

atık effluent akışkan hareketi ile ilgili hydrokinetic akışkan ile ilgili fluid akışkanlar kinetiği hydrokinetics akışkan madde fluid akışkansız aneroid akışmazlık viscosity akıtma discharge, effusion akıtma noktası pour point akıtmak to discharge, to overflow, to pour akik agate, galactite, sard akik havan agate mortar akikli salyangoz kabuğu agate shell akik taşı cornelian akkan lymph akkana benzer lymphoid akkan düğümü lymph node akkan hücre lymphocyte akkan ile ilgili lymphatic akkan nodülü lymphoid nodule akkan uru lymphoma akkansal lymphoid akkarınca white ant, termite akkavak white poplar akkor candescent, incandescent akkorluk candescence aklaşan canescent akli mental akli faaliyeti bozan psychotropic akmadde white substance, white matter akma flowing, running akma gerilmesi yield stress akma oranı discharge akmak to flow, to overflow, to pour, to run akmazlıkölçer viscometer akonitaz aconitase akpelin santonica akpirit marcasite akpiritli narcastical akraba related, relative akraba ekotipler ecospecies akrabalık affinity akrep scorpion akrep gibi scorpioid

akrepgillerden scorpioid
akridin acridine *akridin boyası* acridine dye
akriflavin acriflavine
akrilik acrylic *akrilik asit* acrylic acid *akrilik ester* acrylic ester *akrilik reçine* acrylate resin, acrylic resin
akrilonitril acrylonitrile
akrokarpus acrocarpous
akrolein acrolein
akromatik achromatic
akromatin achromatin
akropetal acropetal
akrospor acrospore
akrozom acrosome
aksesuar accessory *aksesuar yapı* adnexa
aksetme reflection, reflexion
aksi opposite, reverse
aksilik reverse
akson axon, neuraxon
aksopot axopod
akşam evening *akşamla ilgili* vesperal *akşam ortaya çıkan* vesperal
akşın albino
akşınlık albinism
aktarma connection, transfer, transference *aktarma bileti* transfer *aktarma mili* transmission shaft
aktarmak to relay, to transfer
aktavşan jerboa
aktif active *aktif alüminyum* activated alumina *aktif çamur* activated sludge *aktif doğal bağışıklık* active natural immunity *aktif hale getirmek* to activate *aktif karbon* activated carbon *aktif kömür* activated carbon *aktiflik katsayısı* activity coefficient *aktif oksijen* active oxygen *aktif taşıma* active transport

aktinik actinic *aktinik denge* actinic balance *aktinik ışınlar* actinic rays *aktinik tayf* actinic spectrum
aktinograf actinograph
aktinolit actinolite
aktinomorf actinomorphic
aktinouranyum actino-uranium
aktinyum (simgesi Ac) actinium *aktinyum dizisi* the actinium series
aktivasyon activation *aktivasyon analizi* activation analysis *aktivasyon enerjisi* activation energy
aktivatör activator
aktive kömür activated charcoal
aktomiyosin actomyosin
akun amyloid
akupunktur acupuncture
akustik acoustic *akustik gölge* acoustic shadow *akustik ohm* acoustic ohm *akustik şok* acoustic shock
akutifolyat acutifoliate
akü battery
aküfer aquiferous
akümülatör accumulator, battery
akyeşim jad(e)ite
akyonca white clover
akyuvar corpuscle, leucocyte, white blood cell, white corpuscle *akyuvar azlığı* leucopenia *akyuvar çokluğu* leucocytosis *akyuvar yapımı* leucopoiesis
akyuvarlar white blood corpuscles
akyuvarsızlık agranulocytosis
al red *al antilop* kob *al benekli tek hücreli hayvan* euglena *al kelebek* red admiral
alabalık trout
alabora etmek to keel
alaca marking *alaca akik* chalcedony *alaca çulluk* grass snipe

alacakara marlberry
alacalı mottied, variegated
alageyik fallow deer
alakarga jay
alakasya koa
alan acceptor; area, field, range, region, space, tract *alan araştırması* field research *alan ile ilgili* areal *alan kimse* recipient *alan kuramı* field theory *alan mıknatısı* field magnet *alan sargısı* field winding *alan teorisi* field theory *alan yerbilimi* field geology
alanin alanine
alanölçer planimeter
alanölçüm planimetry
alaşım alloy, composite, composition
alaz flame
albatr alabaster
albertit albertite
albinizm albinism
albinos albino
albit albite, white feldspar
albümin albumin *albümine benzer* albuminoid *albümin işeme* albuminuria
albüminat albuminate
albüminli albuminose, albuminous
albüminoid albuminoid
alçak base, mean *alçak basınç merkezi* depression *alçak basınçlı* hypotonic *alçak çit* undershrub *alçak gerilim* low voltage
alçı plaster
alçılamak to plaster
alçılı gypseous, gypsiferous
alçıtaşı gypsum, plasterstone
alçıtaşlı gypseous
aldatıcı deceptive *aldatıcı biçim* pseudomorph *aldatıcı biçim alma*

pseudomorphism *aldatıcı biçimli* pseudomorphic, pseudomorphous
aldehit aldehyde
aldırmaz indifferent
aldol aldol
aldopentoz aldopentose
aldosteron aldosterone
aldoz aldose
alel allel(e)
alelade normal
alelomorf allelic, allelomorphic
alerji allergy *alerjiye yol açan madde* allergen *alerji yapmayan* nonallergenic
alerjik allergic, hypersensitive
alerjisiz nonallergenic
alet apparatus *alet kullanmayan göz* the naked eye
alev flame *alev hücre* flame cell *alev otu* phlox *alev testi* flame test
alevlenebilir combustible
alevlenme combustion, ignition
alevli blazing, in flames *alevli fotometre* flame photometer *alevli ışılölçer* flame photometer
alfa alpha *alfa ışını spektrometresi* alpha-ray spectrometer *alfa ışınım* alpha radiation *alfa ışınımı* alpha radiation *alfa ışınları* alpha rays *alfa parçacığı* alpha particle *alfa radyasyonu* alpha radiation *alfa radyoaktivitesi* alpha radioactivity *alfa taneciği* alpha particle *alfa yayınlayıcısı* alpha emitter
alg alga
algin algin(e)
alginik asit alginic acid, algin(e) *alginik asit tuzu* alginate
alıcı acceptor, recipient, (radyo\TV) set; sensorial *alıcı ortam* acceptor medium

alıcı sinir receptor **alıcı su** receiving water
alıç thorn apple
alıkoyan retentive
alıkoyma retention
alımlı attractive
alımlılık attraction
alın forehead **alın ile ilgili** frontal, prefrontal, metopic **alın kası** frontalis muscle **alın kemiği** frontal bone **alın ortasındaki kabarık bölüm** metopion **alın tümseği** frontal lobe
alıngan sensitive
alınlık pediment
alınma taking
alışılmamış peculiar
alışılmış regulation
alışkanlık habit
alışma adaptation, habituation
alışmak to addict, to habituate
alışmış addict
alıştırma drill, habituation, orientation
alıştırmak to addict, to habituate
alifatik aliphatic **alifatik asit** fatty acid **alifatik yağ** fatty oil
alil allyl **alil alkol** allyl alcohol
alilik allylic
alisilik alicyclic
alizarin alizarin **alizarin mavisi** alizarine blue
alkadien diolefin
alkali alkali, base, basic **alkali boya tutan** basophile, basophilic **alkalice zengin feldspat** nepheline **alkali cüruf** basic slag **alkali çözelti** alkaline solution **alkali içeren** kaligenous **alkali maden** alkali metal **alkali metal** alkali metal **alkali metaller** alkaline metals **alkali miktarı** alkalinity **alkali ölçme** alkalimetry

alkali ölçümsel alkalimetric **alkali özelliği** alkalinity **alkali özelliği gösteren** alkaline **alkali toprak** alkaline earth **alkaliyi benzer** alkaloid
alkalik alkaline
alkalileştiren alkalizing
alkalileştirme alkalization
alkalileştirmek to basify
alkalilik alkalinity
alkalimetri alkalimetry
alkalimetrik alkalimetric
alkaloid alkaloid
alkan alkane
alkid alkyd
alkil alkyl
alkilik alkylic
alkilleşme alkylation
alkilleşmiş alkylated
alkilleştirmek to alkylate
alkin alkyne
alkol aqua vitae, alcohol **alkolde çözünür** soluble in alcohol **alkol derecesi** degree of alcohol **alkolle hazırlanan preparat** alcoholate **alkollü içki** aqua vitae, alcohol **alkollü termometre** alcohol thermometer **alkol mayalanması** alcoholic fermentation **alkol miktarı** alcohol content **alkol zehirlenmesi** alcohol poisoning
alkolsüz soft
allantoin allantoin
Allen yasası Allen's law
allogami allogamy
allopatrik allopatric
alma take, taking
almak to take
Alman gümüşü electrum
almaşık alternative **almaşık yaşam** heterogony **almaşık yaşamlı**

heterogonous
almaşma alternation
aloin aloin
alomorf allomorph
alotropi allotropism, allotropy
alotropik allotropic, allotropical
alöron aleurone *alöron tabakası* aleurone layer *alöron tanecikleri* aleurone grains
alp alpine *alp bitkisi* alpine plant
alt bottom, inferior *alt âlem* subkingdom *alt atomik* subatomic *alt büyüme* hyponasty *alt cins* subgenus *alt çene dişi* mandibular tooth *alt durumlu yumurtalık* inferior ovary *alt filum* subphylum *alt gaga* mandible *alt gagası uzun* hypognathous *alt gödencik* ileum *alt göğüs kemiği* xiphisternum *alt grup* sub-group *alt inme* paraplegia *alt Jura katmanı* Lias *alt Jura katmanıyla ilgili* Liasic *alt kabuk* hypoderma *alt kanat* underwing *alt karın* hypogastrium *alt karın bölgesi* hypogastric region *alt karınsal* hypogastric *alt köpekdişi* stomach tooth *alt-kritik kütle* sub-critical mass *alt kürk* underfur *alt molar diş ucu* paraconid *alt oksit* suboxide *alt öbek* sub-group *alt öğecik* subatom *alt sırlama* underglaze *alt tabaka* substratum *alt taban* subbase *altta büyüyen* hypogenous *alttan bağlı* basifixed *alt taş* substrate *alt temel* subbase *alt toplamsal* subadditive *alt toprak* substratum
altakıntı undercurrent
altçene lower jaw, submaxilla *altçene ile ilgili* submaxillary *altçene kemiği* chinbone, mandible, mandibula,

submaxilla *altçene kemiğine ait* mandibular
altderi corium, cutis, derma, dermis, hypoderm, hypoderma, hypodermis, inner skin, true skin
altdizey submatrix
alternans alternation
alternatif alternative *alternatif akım* alternating current
altfamilya subfamily
altı six *altı ayaklı (böcek)* hexapod *altı boyuncuklu* hexagynian *altı değerli* sexivalent *altı parçalı* hexamerous *altı sulu* hexahydrate *altı taçyapraklı* hexapetalous
altıgen hexagon
altılı hexamerous
altılık containg six parts *altılık dizi* hexad
altın (simgesi Au) gold *altından* auric, aurous, golden *altın gümüş alaşımı* electrum *altın-gümüş tellürit* sylvanite *altının simgesi* Au *altın içeren* auriferous *altın içeren kum* banket *altın suyu* aqua regia *altın taklidi* pinchbeck *altın tellürit* calaverite
altınlaştırma transmutation
altınlı auric, auriferous, aurous
altıntopu marsh marigold
altkültür subculture
altsınıf subclass
alttakım sub-group, subfamily, suborder
alttaki subjacent
alttür subgenus, subtype, subspecies
alümin aluminium oxide
alüminat aluminate
alüminosilikat aluminosilicate
alüminyum (simgesi Al) aluminium *alüminyum boya* aluminium paint

alüminyum bronzu aluminium bronze
alüminyum fosfat aluminium phosphate **alüminyum fosfat jel** aluminium phosphate gel **alüminyum hidroksit** aluminium hydroxide, diaspore **alüminyum hidrosilikat** allophane **alüminyum içeren** aluminiferous **alüminyum klorür** aluminium chloride **alüminyum levha** aluminium sheet **alüminyum oksit** alumina, aluminium oxide, corundum **alüminyum silikat** aluminium silicate, cyanite, kyanite **alüminyum silikat cevheri** sapphirine **alüminyum sülfat** aluminiun sulfate **alüminyum tozu** aluminium powder **alüminyum tuncu** aluminium bronze **alüminyum-tungsten alaşımı** partinium **alüminyumun simgesi** Al
alüminyumlu aluminiferous
alünit alunite
alüviyal alluvial **alüviyal koni** alluvial cone **alüviyal toprak** alluvial soil **alüviyal yelpaze** alluvial fan **alüviyal yığılma** alluviation
alüvyon alluvial, alluvium, wash
alüvyonlaşma aggradation
alüvyonlu alluvial **alüvyonlu toprak** alluvial soil
alveol air cell
alyanaklı maymun rhesus
alyuvar corpuscle, erythrocyte, haematocyte, red blood cell **alyuvar artımı** polycythemia **alyuvar erimesi** haemocytolysis **alyuvar göçü** migration of the leucocytes **alyuvar oluşması** erythropoiesis **alyuvar oluşturan hormon** erythropoietin **alyuvar parçalanma ürünleri** haemokonia **alyuvar parçalanması**

schizocyte **alyuvar sayımı** erythrocytometry
amaç motive
amaçlamak to target
amalgam amalgam
amazontaşı amazonite, amazonstone
amber amber, ambergris, succin
amberçiçeği hibiscus
ambipar ambiparous
ambligonit amblygonite
amel diarrhoea **amel otu** ipecacuanha
ameliyat operation **ameliyatla birleştirilmiş** anastomotic **ameliyat öncesi** preoperative
amerikaantilopu pronghorn
amerikadevekuşu rhea
Amerika America **Amerika ispinozu** dickcissel **Amerika köknarı** Douglas fir **Amerika su yelvesi** sora
Amerikan American **amerikan sığla ağacı** red gum
amerikasarmaşığı philodendron
amerisyum (simgesi Am) americium
ametabolik ametabolic
ametist amethyst
amfibi amphibious
amfibolit amphibolite
amfidiploit allotetraploid
amfoter amphoteric **amfoter oksit** amphoteric oxide
amid amide **amid ile ilgili** amidic
amidin amidin, amidine
amidli amidic
amido- amido
amil (grubu içeren) amyl **amil alkol** amyl alcohol, pentanol **amil asetat** amyl acetate **amil radikali içeren** amylic
amilaz amylase
amilen amylene

amiloid amyloid
amiloplast amyloplast
amiloz amylose
amin amine, ammine
aminasyon amination
amino- amino- *amino grubu çıkarma*
deamination *amino grubu çıkarmak*
to deaminate *amino grubunu ayıran*
enzim deaminase *amino kehribar*
asidi asparagine *amino propiyonik*
asit alanine
aminoasit amino acid, aminoacid
aminobenzen phcnylamine
aminobenzoik aminobenzoic
aminofenol aminophenol
amip amoeba, endameba *amibe benzer*
amoebic, amoeboid *amibin iç sıvı*
bölümü plasmasol *amibin neden*
olduğu amoebic *amip benzeri*
amoebiform *amip biçiminde*
amoebiform *amip gibi* amoebic
amipli amoebic *amipli dizanteri*
amoebic dysentery *amipli*
protoplazma yığını plasmodium
amipsel amoeboid
amir master
amitoz bölünme amitosis
amniyon amnion *amniyonla ilgili*
amniotic *amniyon sıvısı* amniotic
fiuid
amniyosentez amniocentesis
amniyotik amniotic
amonyak ammonia, ammonia solution
amonyak alumu ammonia alum
amonyak azotu ammonia nitrogen
amonyak çözeltisi ammonia solution
amonyak eriyiği ammonia water
amonyak gibi ammoniacal *amonyak*
özelliğinde amic *amonyak ruhu* spirit
of hartshorn *amonyak suyu* ammonia

water
amonyaklamak to ammoniate
amonyaklanmış ammoniated
amonyaklı ammoniacal, ammoniated
amonyaklı bileşim ammoniate
amonyaklı reçine gum ammoniac
amonyat ammoniate
amonyum ammonium *amonyum asetat*
ammonium acetate *amonyum hidrat*
ammonium hydrate *amonyum*
hidroksit ammonium hydroxide
amonyum karbonat ammonium
carbonate *amonyum klorür*
ammonium chloride *amonyum nitrat*
ammonium nitrate *amonyum sülfat*
ammonium sulfate *amonyum tuzu*
ammonium salt
amorf amorphous
amorfluk amorphism
amortisör shock absorber *amortisör*
devre damping circuit
amper (simgesi A) ampere
amperaj amperage
ampermetre ammeter
amperölçer ammeter
ampirik empiric *ampirik formül*
empirical formula
amper-saat ampere hour
amplifikatör amplifier
ampul electric lamp; bulb *ampul*
biçimli bulbiform *ampul gibi*
ampullaceous
amyant amianthus, amiantus, asbestos,
mineral wool
amyantlı amianthine, amiantine
an moment, wink
ana cardinal, fundamental, key, master,
primary, ultimate; mother *ana akım*
devresi main circuit *ana atardamar*
aorta *ana atardamar ile ilgili* aortal,

aortil *ana atardamar yayı* aortic arch *ana çözelti* mother liquor *ana damar* trunk, (maden) mother lode *ana deniz çukuru* ocean trench *ana devre* main circuit *ana düzey* base level *ana hücre* mother cell *ana kapı* portal *ana kaya* parent rock *ana kök* taproot *ana madde* principle *ana metal* base metal *ana nota* tonic *ana sap* stipe, stipes *ana soyuna çekmiş* matriclinous *ana sürgün* leading shoot *ana töz* monad

anaarı queen, queen bee
anabiyoz anabiosis
anaerob anaerobe
anaerobik anaerobic, anaerobiotic
anaerobiyoz anaerobiosis
anafor eddy, vortex
anahtar key *anahtar takmak* to key
anakaya mother rock
anal anal
analık motherhood *analık yapmak* to mother
analitik analytic *analitik araştırma* analytical investigation *analitik kimya* analytical chemistry *analitik kimyager* analytical chemist
analiz analysis *analiz etmek* to analyse
analsit analcite
anamorfoz anamorphosis
ananas pineapple *ananas tarlası* pinery
anason anise, aniseed *anason ile ilgili* anisic *anason yağında olan katı fenolik eter* anethole
anasonlu anisic
anastomoz anastomosis
anataz anatase, octahedrite
anatomi anatomy
anatomik anatomical
anatrop ovül anatropous

anayol artery
andesilen undecylenic *andesilen asidi* undecylenic acid
andezin andesine
andezit andesite
andızotu elecampane
androjin androgyne
anemi anaemia
anemik anaemic
anemofili anemophily
anemokor anemochorous
anensefali anencephalia
anestezi anaesthesia
anetol anethole
anfolit ampholyte
anglezit anglesite
angström angström *angström birimi* angström unit
anhidrid anhydride
anıtsal monumental *anıtsal kapı* portal
ani immediate, momentary *ani darbe* whiplash *ani değişiklik* saltation
anilin aniline, phenylamine *anilin boyaları* aniline dyes *anilin kökü* rosaniline *anilin mavisi* aniline blue *anilin siyahı* aniline black *anilin yağı* aniline oil
anisamid anisidine
anisik aldehit anisaldehyde
anisil amin anisidine
anisol anisol(e)
anizogami anisogamy
anizotropi anisotropy
anizotropik aeolotropic, anisotropic
anlam content, sense, sound *anlamına gelmek* to mean
anlamak to penetrate
anlamsal semantic
anlamsızlık incoherence
anlaşılmaz inarticulate, incoherent,

obscure
anlatılmış related
anlatmak to relate, to voice
anlayışlı sympathetic
anne mother *anne baba* parents *anne tarafından akraba* enate
annelik motherhood *annelik etmek* to mother
anomali anomaly
anorganik inorganic *anorganik asit* mineral acid *anorganik kimya* inorganic chemistry
anormal abnormal, heterologous, heteromorphic, heteromorphous *anormal büyüme* outgrowth *anormal gelişim* peroplasia *anormal iştah* parorexia *anormal oluşumları inceleyen bilim* teratology *anormal oluşumlu* heterotopic
anormallik abnormality, anomaly, heterology
anortit anorthite
anot anode *anot akımı* anode current *anot karanlık bölgesi* anode dark space *anotla ilgili* anodal *anot polarizasyonu* anodic polarization
anotlamak to anodize
anöploid aneuploid
anöploidi aneuploidy
ansefalografi encephalography
ansefalogram encephalogram
anten aerial, antenna, feeler *anten biçiminde* antenniform *anten ile ilgili* antennal
antenli antenniferous
anter anther
antibiyotik antibiotic *antibiyotik cinsi* kanamycin
antidiüretik antidiuretic *antidiüretik hormon* antidiuretic hormone

antidot antidote
antijen antigen *antijen özelliği taşıyan* antigenic
antiklor antichlor
antikor antibody, immunoprotein, phylaxin
antimon antimony *antimon camı* antimony glass *antimon elektrodu* antimony electrode *antimon klorür* antimony chloride, antimony trichloride *antimon tuzu* antimony salt *antimonun simgesi* Sb *antimon zehirlenmesi* antimony poisoning
antimonil antimonyl
antimuan (simgesi Sb) antimony, stibium *antimuana benzer* stibial *antimuan ile ilgili* antimonial *antimuan potasyum tartarat* tartar emetic *antimuan sülfür* stibnite *antimuan trioksit cevheri* senarmontite
antimuanlı antimonial, antimonic, antimonious
antiromatizmal etken auramine
antiseptik antiseptic, germicidal, germicide *antiseptik suya daldırmak* to dip
antiserum antiserum
antitoksik antitoxic
antitoksin antitoxin, immunotoxin, toxoid
antosiyanidin anthocyanidin
antrakinon anthraquinone *antrakinon boyası* anthraquinone dye
antrakt intermission
antrasen anthracene *antrasen boyalar* anthracene dyes *antrasen yağı* anthracene oil
antrasit hard coal
antre vestibule

antropoit anthropoid
antropoloji anthropology
anüs anus *anüs yüzgeci* anal fin
anyon anion
anyonik anionic
aort aorta *aort çevresinde* periaortic
aort kolu genişlemesi bulb of the aorta
apandis vermiform appendix, vermiform process
apandisit appendix *apandisit ile ilgili* appendicular
apatit apatite
aperiyodik aperiodic
apış astride *apış arası* perineum *apış arasıyla ilgili* perineal
apikal apical *apikal büyüme* apical growth *apikal meristem* apical meristem
aplit aplite
apoenzim apoenzyme
apofiz apophysis, pons *apofizi olan* apophysate
apogami apogamy
apokarp apocarpous
apomorfin apomorphine
apse abscess
apsent absinth
aptal moron, sap
ara break, hiatus, intermediate, intermission, osculant *ara bozukluğu* rift *ara bölge* intermediate belt *ara bölme* mediastinum *ara bölmesel* mediastinal *ara devre* intergrade *ara dönem* interphase *ara eşeyli* intersexual *ara evre* metaphase *ara faz* interkinesis, interphase *ara kanat* jugum *ara kanatlı* jugate *ara kat boya* undercoat *ara kat sıva* undercoat *ara madde* inclusion body *ara sıra olan*
occasional *arasına katılmış* interspersed *arasına koyma* insertion *arasına koymak* to insert
arabeyin diencephalon, thalamencephalon *arabeyin kontrol merkezi* hypothalamus *arabeyin orta kısmı* thalamus
arabeyinsel diencephalic
arabinoz pectinose
arabirim interface
arabulucu mediator
aracı agent, mediator
araç apparatus, mean, medium, organ, vehicle
araçlı indirect *araçlı bölünüm* indirect cell division
aradaki intermediate
araeşeyli intersex
araeşeylilik intersexualism, intersexuality
aragonit aragonite
arakatmanlaşma interstratification
arakatmanlaştırmak to interstratify
arakesit intersection
arakonakçı intermediate host
arakonukçu alternate host
aralık aperture, break, hiatus, interstice, space *aralık vermek* to punctuate
aralıksız perpetual
aranık abacterial
arapzamkı gum arabic
araşit asit arachidic acid *araşit asidinden türeyen* arachic, arachidic
araştırma investigation, probe, research *araştırma laboratuvarı* research laboratory
araştırmak to investigate, to probe, to research
arayüzey interface *arayüzey gerilimi* interfacial tension

arazi glebe, land, territory *araziden faydalanma* land use *arazi incelemesi* field survey *arazi şekilleri* fundament *arazi şeridi* stripe
ardıç juniper
ardıçkuşu thrush *ardıç reçinesi* gum juniper *ardıç yağı* juniper oil, oil of cade
ardıllık succession
ardışık consecutive *ardışık motor* series motor *ardışık üreme* digenesis, heterogenesis, heterogeny, metagenesis *ardışık üremsel* digenetic, metagenetic *ardışık üreyen* heterogenetic
ardışıklık sequence
arduvaz slate
argı spear
arginaz arginase
argon (simgesi A) argon
arı bee; pure, sweet *arı kovanı* beehive *arı madde* pure substance *arı reçinesi* propolis *arı sinek* syrphian *arı soy* pure line *arı yemi* beebread *arı yiyen kuş* bee bird
arıbeyi queen, queen bee
arıcıl apivorous
arıkil china clay, kaolin
arıkilleşme kaolinization
arıkilli kaolinic
arıkurdu apivorous
arıkuşu honey creeper
arınma depuration
arınmak to purify
arıtıcı wash bottle, purifier, smectic
arıtıcılık antisepsis
arıtılmamış unrefined *arıtılmamış ilaç* galenical
arıtım antisepsis
arıtma clarification, defecation, depuration, disinfection, elutriation, sublimation *arıtma cihazı* purifying apparatus
arıtmak to clarify, to defecate, to depurate, to disinfect, to elutriate, to isolate, to purify, to rarefy, to sublimate
arıza crack
arızi adventitious, occasional
aril aryl *aril grubu* aryl group
aristogenez aristogenesis
aristokrat noble
Arjantin Argantina *Arjantin ile ilgili* Argentine
Arjantinli Argentine
arjantit argentite
arjinin arginine
ark dike, duct *ark spektrumu* arc spectrum
arka dorsal, posticous, reverse *arka ayaklar* hind legs *arka beyin* metencephalon, myelencephalon, rhombencephalon *arkada bulunan* posterior *arka damak* soft palate *arka göğüs* metathorax *arka kiriş* notochord *arka plan* background *arkasından gelme* supervention *arka yüzgeçler* pelvic fins
arkadaki posterior
arkeoloji paleology
arkoz arkose
arktik arctic *arktik ağaç sınırı* arctic tree line
armatür armature *armatür reaksiyonu* armature reaction
armonik harmonic *armonik salıngaç* harmonic oscillator
armut pear *armut ağacı* pear *armut biçiminde* obconic(al), pyriform
armuz seam

arnıç sakalı spirea
aromalı aromatic
aromatik aromatic *aromatik amin* diphenylamine *aromatik bileşikler* aromatic compounds
aromatikleştirmek to aromatize
aromatiklik aromaticity
aromatize etme aromatization
arpa barley *arpa özü* malt extract *arpa tanesindeki prolamin* hordein
arsa ground, land
arsenat arsenate
arsenid arsenide
arsenik (simgesi As) arsenic *arsenik asit* arsenic acid *arsenik asit tuzu* arsenate, arsenite *arsenik disülfit* arsenic disulfide *arsenik içeren* arsenical *arsenikle birleşmiş* arseniuretted *arsenik sülfit cevheri* dimorphite *arsenik trioksit* arsenic trioxide *arsenik üreten* arseniferous *arsenik zehirlenmesi* arsenic poisoning
arsenikli arsenical, arsenious *arsenikli ham maden* speiss *arsenikli platin cevheri* sperrylite
arsenit arsenite
arsenopirit arsenopyrite, mispickel
arsızlık cheek
arsin arsine
Arşimet Archimedes *Arşimet kanunu\yasası* Archimedes' principle
art back, rear *art arda gelme* sequence *art beyin* hindbrain, metencephalon *art damaksıl* velar *art diz* hock
artakalan residual
artan accrescent, ascending, growing, residual *artanla ilgili* residuary *artan sayı* residual *artan şey* residuum
artçı rearguard *artçı sarsıntı* aftershock

arter artery
artezyen artesian *artezyen tabakası* artesian layer
artgöğüs metathorax *artgöğüs ile ilgili* metathoracic
artı positive *artı elektrikli* electropositive *artı geribesleme* positive feedback *artı kristal* positive crystal *artı uç* anode *artı yüklü iyon* cation
artıcık positron
artık waste, residual, residue, residuum, ullage *artık gaz* waste gas *artık mıknatıslık* residual magnetism
artınsal cationic
artış gain, (doğal büyümeyle) accretion
artkafa occiput *artkafa deliği* foramen magnum *artkafa ile ilgili* occipital *artkafa kemiği* occipital (bone) *artkafada bulunan* occipital
artma accrescence, growing, growth
artmak to accrete, to advance
artrospor arthrospore
arz land; soil *arzın öbür yüzünde* antipodal
arzu appetite
as ermine *as klorür* subchloride
asal basal, noble *asal analiz* proximate analysis *asal doku* parenchyma *asal dokulu* parenchymal, parenchymatous *asal düğüm* basal ganglion *asal gaz* noble gas *asal metal* noble metal *asal sayı* prime number *asal zar* basement membrane
asalak parasite, sponger *asalak bitkiler* phytoparasite *asalak emeçli* haustorial *asalak hastalığı* parasitosis *asalak hastalıkları* parasitic diseases *asalak hayvan* zooparasite *asalak ile ilgili* parasitic, parasitical *asalak kurt ile*

ilgili cestode **asalak öldürücü** parasiticidal **asalak yaşamak** to parasitize

asalakbilim parasitology

asalaklaşmak to parasitize

asalaklık parasitism

asan suspensory

asansör elevator

asbest amianthus, amiantus, asbestos, chrysotile **asbest özelliğinde** asbestine

asbestli asbestine

asbestoz asbestosis

aseksüel üreme biçimi agamogony

asenkron asynchronous

asenkronizm asynchronism

asetal acetal

asetaldehit acetaldehyde

asetamid acetamide

asetat acetate

asetik acetic **asetik anhidrit** acetic anhydride **asetik asit** acetic acid **asetik ester** acetic ester

asetil acetyl **asetil bromür** acetyl bromide **asetil koenzim A** acetyl coenzyme A **asetil kökü ile birleştirmek** to acetylate **asetil metil klorür** chloracetone **asetil selüloz** acetyl cellulose

asetilen acetylene

asetilid acetylide

asetilklorür acetyl chloride

asetilkolin acetylcholine **asetilkolin üreten** cholinergic

asetillemek to acetylate

asetilmetilkarbinol acetoin

asetilsalisilik acetylsalicylic **asetilsalisilik asit** acetylsalicylic acid

asetin acetin

asetoasetik acetoacetic

asetofenon acetophenone

aseton acetone **aseton işeme** acetonuria **aseton kloroform** acetone chloroform

asetonilaseton acetonylacetone

asetonitril acetonitrile, carbamine

asfalt asphalt, mineral pitch, pavement, petrolene

asfaltit asphaltite

asfaltlamak to asphalt, to bituminize

asfaltlı asphaltic

asfiksi asphyxia

asgari minimum

asıcı suspensory

asıl innate, intrinsic, origin, original, radical

asılı pendent, pensile

asılma suspension

asılmış pensile

asıltı colloid, dispersoid

asıltılama peptization

asıltılamak to peptize

asıltılanabilir peptizable

asıltılaştıran emulsifying **asıltılaştıran madde** emulsifier

asıltılaştırma emulsification

asıltılaştırmak to emulsify

asıltılı colloidal

asidimetre acidimeter

asidite acidity **asidite tayini** acid determination

asidofil acidophil(e), acidophilic, oxyphilic

asidoz acidosis

asil acyl; noble

asilbent sakızı benzoin

asilleme acylation

asillemek to acylate

asimetri asymmetry

asimetrik asymmetric(al), dissymmetric, unsymmetrical **asimetrik atom** asymmetric atom **asimetrik merkez** asymmetric centre **asimetrik olarak**

asymmetrically *asimetrik yaprak* asymmetric leaf
asimilasyon assimilation
asit acid *aside dayanıklı* acid-proof *aside dayanıklılık* acid-fastness *aside dirençli* acid-fast *asit banyosu* acid bath *asit baz dengesi* acid-base balance *asit borik* boric acid *asit depolanması* acidic deposition *asit derecesi* acid value *asit etkiyi ortadan kaldırma* deacidification *asit giderici (ilaç)* antacid *asit indeksi* acid number *asit olmayan* electropositive *asit sayısı* acid value *asit solüsyonu* acid solution *asit toprak* acid soil *asit tuz* acid salt *asit ürat* biurate
asitfenik phenol
asitlenme acidification
asitleşen acidifier
asitleşme acidifying
asitleşmek to acidify
asitleştiren acidifier
asitleştirme acidification, acidifying
asitleştirmek to acidify
asitli acidic *asitli ısı deneyi* acid heat test *asitli kayalar* acidic rocks
asitli acidic *asitli yağışlar* acidic precipitation
asitlik acidity
asitölçer acidimeter
askaris cinsi solucanlar lumbricus
askarit threadworm
askıda pendent
askogon ascogone, ascogonium
askojen ascogenous
askorbik ascorbic *askorbik asit* ascorbic acid
aslanağzı snapdragon
aslanpençesi edelweiss
asli primitive

asma suspension
asmabıyığı tendril
asparajin asparagine
aspartic aspartic
astar primer, undercoat *astar boyası* primer, undercoat
astatik astatic
astatin (simgesi At) astatine
asteroid planetoid
astım phthisic *astım ilacı* isoproterenol
astımlı phthisic
astigmatizm astigmatism
astigmatlık astigmatism
astrofizik astrophysics
astrofiziksel astrophysical
astronomi astronomy *astronomi ilkeleri* uranic principles
astronomik astronomic(al) *astronomik birim* astronomical unit *astronomik döngü* astronomical cycle *astronomik saat* astronomical clock, astronomical time
astropikal subtropical
astrosit astrocyte
Asya misk kedisi zibet
aşağı inferior *aşağı çeken kas* depressor *aşağı doğru genişleyen* basipetal *aşağı dönük* deflexed *aşağı eğik\bükük* decurved *aşağı kaymak* (organ) to prolapse *aşağı sarkan* decurrent *aşağı sarkmış (yaprak\sap)* reclinate
aşama grade, hierarchy, phase *aşamalar kuramı* theory of stages
aşı inoculation, inoculum, vaccination, vaccine *aşı boyalı* ocherous *aşı boyası* ocher, ochre *aşı kalemi* scion *aşı tedavisi* vaccine therapy *aşı yapmak* to vaccinate
aşık knuckle, astragalus *aşık çıkıntısı*

malleolus **aşık çıkıntısıyla ilgili**
malleolar **aşık kemiği** astragalus,
hucklebone, knucklebone, talus,
trochlea **aşık kemiği ile ilgili**
trochlear
aşılama imping, impregnation,
inoculation, vaccination, (doku)
implantation
aşılamak to inoculate, to vaccinate,
(ağaç) to engraft, (doku) to implant
aşılanma impregnation, inoculation
aşınabilir corrodible
aşınabilme corrodibility
aşındıran corrosive **aşındıran şey**
corroder
aşındırıcı diabrotic, erodent, erosive
aşındırıcı güç corrosive power
aşındırıcılık erosivity
aşındırma abrasion, corrosion, erosion
aşındırmak to abrade, to corrode, to
degrade, to denude, to waste, to wear
away, (dalga) to wash
aşınma degradation, erosion, wear
aşınma dönemi cycle of erosion
aşınmak to waste, to wear
aşınmamış youthful
aşınmış detrited, senile
aşıntı detritus
aşırı abnormal, astronomic(al),
inordinate, wild **aşırı açlık** bulimia
aşırı âdet kanaması menorrhagia
aşırı avlanma overharvesting **aşırı**
basınç yüksekliği hypertonicity **aşırı**
bazik ultrabasic **aşırı beslenme**
polytrophy **aşırı bol** plethoric **aşırı**
bolluk plethora **aşırı büyüme**
hypertrophy, overgrowth **aşırı**
büyümek to hypertrophy, to overgrow
aşırı büyümüş hypertrophic **aşırı**
büyüyen excrescent **aşırı doyma**

supersaturation **aşırı doymuş çözelti**
supersaturated solution **aşırı**
doyurmak to supersaturate **aşırı doz**
overdosage **aşırı duyarcalı**
anaphylactic **aşırı duyarlı**
hypersensitive **aşırı duyarlık**
hypersensitivity **aşırı düşkünlük**
overindulgence **aşırı gelişme**
overgrowth **aşırı gerilim** overvoltage
aşırı hassas mikroskop
ultramicroscope **aşırı heyecanla**
donup kalma cataplexy **aşırı hücre**
çoğalması hyperplasia **aşırı ısınma**
superheating **aşırı ısınmak** to
superheat **aşırı ısıtmak** to superheat
aşırı kasılım hyperkinesia,
hypertonicity **aşırı kasılmış**
hypertonic **aşırı kasınçlı** hyperkinetic
aşırı kıllanma polytrichia **aşırı**
kuruluk (deri) xerosis **aşırı küçük**
diler alet ultramicrotome **aşırı**
mikroskopik ultramicroscopic **aşırı**
oluşum hyperplasia **aşırı salgı**
hypersecretion **aşırı susuzluk**
polydipsia **aşırı terleme** hidrosis **aşırı**
terleyen hidrotic **aşırı tokluk** repletion
aşırı uyku parahypnosis **aşırı**
yorulmak to overstrain **aşırı**
zorlamak to overstrain
aşikâr obvious
aşiret tribe
aşkın transcendent **aşkın savurma**
ultracentrifugation **aşkın savurmalı**
ultracentrifugal
at horse at başlığı hood **atın topuğu**
fetlock **at siğili** vesicular stomatitis
ata parent, progenitor **ataya çekme**
throwback
atacıl atavistic
atacılık atavism **atalardan kalma**

atavistic

atalet inactivity, inertia *atalet ekseni* axis of inertia *atalet momenti* moment of inertia *atalet yarıçapı* radius of gyration

atan palpitant

atardamar artery *atardamar genişlemesi* varix *atardamarla ilgili* arterial *atardamar sistemi* arterial system

atavistik atavistic

atavizm atavism, reversion

atebrin quinacrine

ateş heat, light, pyrexia, temperature *ateş alma* ignition *ateş almak* to deflagrate *ateş almaz* incombustible *ateş düşürücü (ilaç)* febrifuge, refrigerant *ateşe dayanıklı* refractory *ateşe dayanıklı cam* pyrex glass *ateşe dayanıklı kap* saggar *ateşe dayanıklı tüp* combustion tube *ateş etme* shoot *ateş etmek* to shoot *ateşi düşürmek için vücuda su dökme* affusion *ateş kili* saggar *ateş sonrası* postfebrile *ateş tuğlası* firebrick, ganister *ateş yükselten* pyretic *ateş yükseltici* pyrogenic *ateş yükseltici madde* pyrogen, pyrotoxin

ateşbalığı sardine

ateşböceği firefly

ateşküre core

ateşleme firing; kindling *ateşleme düzeni* ignition

ateşlemek to ignite *ateşleme kıvılcımı* ignition spark *ateşleme noktası* ignition point *ateşleme odası* combustion chamber *ateşleme sargısı* ignition coil *ateşleme sıcaklığı* ignition temperature

ateşli warm-blooded, pyrexial, pyretic

atık waste *atık madde* waste material

atıksu waste water, sewage water *atıksu arıtma tesisi* waste water purification plant *atıksu biyolojisi* sewage biology *atıksuların temizlenmesi* sewage treatment *atıksu tekniği* sewage technique

atıl inactive, inert *atıl gaz* inert gas

atılmak to shoot, to slough

atış shoot *atış alanı* range

atışma spat

atışmak to spar, to spat

atkuyruğu scouring rush

atlama breakdown *atlama borusu* crossover *atlama gerilimi* breakdown voltage

atlas satin *atlas ağacı* satinwood *atlas kabuk* satinpod

atma projection, (nabız vb) saltation

atmaca sparrow hawk *atmaca başlığı* hood

atmak throw; (nabız) to pulse *atmosfere gaz çıkarmak* to outgas *atmosfer elektriği* atmospheric electricity *atmosfer etkenleri* weathering agents *atmosfer kirliliği* atmospheric contamination

atmosferik atmospheric

atom atom *atom ağırlığı* atomic weight *atom bilimi* atomics *atom çekirdeği* atomic nucleus *atom enerjisi* atomic energy *atom fiziği* atomic physics, atomics *atom füzyonu* atomic amalgamation *atom hacmi* atomic volume *atom halkası* ring *atom kuramı* atomic theory *atom kütlesi* atomic mass *atomlara bölmek* to split the atom *atom oylumu* atomic volume *atom sayısı* atomic number, atomicity *atom yapısı* atomic structure *atom*

yarıçapı radius of atom
atomgram gram atom
atomik atomic *atomik ağırlık* atomic weight *atomik kütle birimi* atomic mass unit
atrium atrium
atrofi atrophy
atropin atropine
av game, prey *av hayvanı* game, prey *av hayvanı üretme alanları* game conservation *av yakalamaya uygun* raptorial
avans advance *avans vermek* to advance
avanta kickback
avarelik wandering
avcı predatory, raptorial *avcı kuş* bird of prey *avcı siperi* blind
avizeağacı yucca
avlak covert
avlamak to bag, to hunt *avlama limiti* bag limit
Avogadro Avogadro *Avogadro ilkesi* Avogadro's principle *Avogadro kanunu* Avogadro's law *Avogadro sayısı* Avogadro's number
avuç the hollow of the hand *avucuna almak* to palm *avuç içi* palm *avuç içi ile ilgili* palmar, volar *avuçla dokunmak* to palm
avuçlamak to palm
avurt cheek
Avustralya hanımböceği vedalia
ay moon; month *ay hareketi düzensizliği* evection *ay taşı* adularia, moonstone
aya palm *aya ile ilgili* palmar
ayak foot, leg, pes *ayak başparmağı* hallux *ayak bileği* tarsus *ayak bileği ile ilgili* tarsal *ayak otu* sedge *ayak ödemi* podoedema *ayak parmağı* toe

---

ayak tabanı plantaris *ayak tabanıyla ilgili* pelmatic, plantar *ayakta durma* stand *ayakta durmak* to stand *ayak tarağı* metatarsus *ayak tarağıyla ilgili* metatarsal *ayakta ürün* biomass *ayak uydurmak* to humour
ayakçık stalk
ayaklı pedate *ayaklı vazo* urn
ayaklık foot-plate
ayaksı pedate *ayaksı çıkıntı* proleg
ayaksız (hayvan) apodal *ayaksız kertenkele* worm lizard
ayamsı palmate
ayar adjustment, standard *ayar etmek* to adjust
ayarcı calibrator
ayarlama adjustment, calibrating, calibration, standardization
ayarlamak to adjust, to balance, to calibrate, to gauge, to measure, to set, to shape
ayarlanma standardization
ayarlı adjusted; adjustable *ayarlı direnç* rheostat
aybalığı grunion, moonfish
aybaşı menstruation, period *aybaşı gören* menstruous *aybaşı ile ilgili* menstruous *aybaşına ait* menstrual *aybaşı olmak* to menstruate
ayçiçeği sunflower
aydınger kâğıdı tracing paper
aydınlanma lighting *aydınlanma birimi* lux *aydınlanma birimi lüksün simgesi* lx
aydınlatıcı illuminating
aydınlatma clarification *aydınlatma şiddeti* luminous intensity
aydınlatmak to clarify, to illuminate
aydınlık light, radiance, radiant
aygıt apparatus

ayı bear *ayı ile ilgili* ursine
ayıklanma selection
ayıkulağı auricula
ayındırıcılık corrosiveness
ayıotu auricula
ayıraç indicator, reagent *ayıraç tür* key
species
ayıran separatory
ayırıcı diaphragm, distinctive,
separatory, typical *ayırıcı alet* dialyser
ayırma dialysis, dissepiment,
dissimilation, dissociation, elutriation,
isolation, segregation, selection,
separation *ayırma hunisi* separating
funnel
ayırmak to abstract, to disconnect, to
dissociate, to distinguish, to divide, to
isolate, to partition, to segregate, to
sequester, to separate, to split
ayırt difference *ayırt edici* distinctive
ayırt edilebilir differentiable *ayırt
etme* differentiation *ayırt etmek* to
distinguish, to spot
aykırı antithetic, heterologous
aykırılık heterology
ayla corona, limb
ayna mirror, looking glass *ayna camı*
plate glass *ayna gibi* specular
aynı same, identical *aynı cinsten*
congener, homogeneous *aynı kökten*
connate
aynılık uniformity
aynştanyum (simgesi Es) einsteinium
ayrı divergent, individual, separate,
single, divided *ayrı beslek* holozoic
ayrı beslemli heteroecious *ayrı biçim*
allotrope *ayrı biçimlenme*
allotropism, allotropy *ayrı biçimli*
allotropic, allotropical, heterotypic(al)
ayrı cinsiyetli diclinous *ayrı çanak*

yapraklı polysepalous *ayrı*
çanakyapraklı dialysepalous *ayrı*
eşeyli diecious, dioecious,
gonochoristic, heterogamous *ayrı*
eşeylilik dioecism, gonochorism *ayrı*
parmaklı heterodactyl(ous) *ayrı*
tutma segregation *ayrı türlü*
heterologous, heterotypic(al)
ayrıca still, furthermore
ayrıcalık variance
ayrık adventitious, cleft *ayrık bacaklı*
schizopod *ayrık bacaklı ile ilgili*
schizopodous *ayrık kemik* sequestrum
ayrık kökler adventitious roots *ayrık*
organ adventitious organ *ayrık*
parmaklı fissiped, fissipedal *ayrık*
yapraklı ringent
ayrıksı heteromorphic
ayrıksılık anomaly, heteromorphism
ayrılabilir dissociable, separable
ayrılık split
ayrılır separable
ayrılma dissociation, separation,
solution
ayrılmak to dissociate, to diverge, to
divide, to separate
ayrılmış disconnected, segregate,
separate
ayrım segregation
ayrıntılı diffuse, peripheral
ayrışabilir biodegradable,
decomposable, dissociable
ayrışık differential
ayrışma decomposition, dissociation,
dissolution *ayrışma derecesi* degree
of dissociation
ayrışmak to crack, to decompose, to
dissociate, to dissolve, to putrefy
ayrışmaz indecomposable
ayrışmış dissolved, putrid

ayrıştıran decomposer, decomposing, lytic, putrefying
ayrıştırma dissociation
ayrıştırmak to break down into, to crack, to decompose, to degrade, to digest, to dissociate, to dissolve, to macerate, to split *ayrıştırma maddesi* decomposing agent
ayrıt raphe
ayrıtaçyapraklılar dialypetalous
aysberg iceberg
ayva quince *ayva tüyü* down
az narrow, short *az besinli* oligotrophic *az bulunur* rare *az meyveli* oligocarpous *az miktarda* fractionally *az sakkarit* oligosaccharide *az sıvı alımı* oligoposia *az yapraklı* oligophyllous
azalış diminution
azalma reduction, shrinkage, subsidence
azalmak to die
azaltıcı reducing agent, reductive
azaltma diminution, rarefaction, reduction
azaltmak to attenuate, to reduce
azami maximum *azami değer* peak value *azami ömür* life span *azami yük* peak load
azar azar piecemeal
azarlama barb
azarlamak to skin
azdırmak to exasperate
azeotrop damıtma azeotropic distillation
azgelişmiş obsolescent
azgın satyriatic
azıdişi molar, molar tooth
azid azide
azim determination, resolution, resolve
azimik azymic
azimli determined

azimüt azimuth *azin grubu* azine
azlık paucity
azma heat
azman hypertrophic
azmanlaşma hypertrophy
azmanlaşmak to hypertrophy
azo azo *azo bileşikleri* azo compounds *azo boyaları* azo dyes
azobenzen azobenzene
azoik boyalar azo dyes
azoksi bileşiği azoxycompound
azol azol(e)
azot (simgesi N) nitrogen *azot bağlanması* nitrogen fixation *azot bakterisi* azotobacter, nitric bacterium, nitrous bacterium *azot bileşiği* nitride *azot dioksit* nitrogen dioxide *azot dolaşımı* nitrogen cycle *azot dörtoksit* nitrogen tetroxide *azot hardalı* nitrogen mustard *azot içeren* azo *azotun simgesi* N
azotlu azo, nitrogenous, nitrous *azotlu benzen* azobenzene
azotölçer nitrometer
azotsuz gıda amyloid
azotsuzlaştırma denitrification
azotsuzlaştırmak to denitrify
azrak element trace element
azürit azurite, blue copper ore, chessylite

B

B1 vitamini thiamin
baca chimney *baca deliği* vent *baca gazı* waste gas
bacak leg, limb *bacak bölümü* (eklembacaklılarda) podomere *bacak kemiği* leg bone

badanalamak to whitewash
badem almond *bademe benzer*
amygdaline *badem gibi* amygdaline
badem kokulu zehirli gaz cyanogen
badem özü amygdalin
bademcik amygdale, tonsil *bademcik
ile ilgili* amygdaline, tonsillar
bademcik iltihabı sore throat
bademsi amygdaloid
badıç pod
bagaj trunk
bağ bond, connection, fasciation, knot,
ligament, ligature, link, trabecula,
vinculum *bağı çevreleyen* peridesmic
bağını çözme release *bağını çözmek*
to release *bağları inceleyen dal*
syndesmology
bağa carapace, scale, scute
bağacık scutellum
bağalı carapaced, scutellate
bağboğan dodder
bağcık chalaza, retinaculum
bağcıklı bone bonnet
bağdaşma coherence
bağdaşmamış inhomogeneous
bağdaşmaz incoherent
bağdoku fascia, connective tissue,
mesenchyma *bağdoku hücresi*
fibrocyte
bağdokulaşma fibroplasia
bağdokulu ur fibroid
bağdokusal desmoid, histoid,
mesenchymal
bağdokusu connective tissue *bağdokusu
özelliğinde* fibroid
bağıl relativistic *bağıl ağdalık* relative
viscosity *bağıl akışmazlık* relative
viscosity *bağıl büyüme* allometry
bağıl büyümenin ölçülmesi allometry
bağıl nem relative humidity *bağıl*

parçacık relativistic particle *bağıl
yoğunluk* relative density
bağıllık relativity
bağımlı dependent; addict
bağımsız independent *bağımsız yaşayan
varlık* individual
bağır breast
bağırsak bowel, enteron, gut, intestine
bağırsağı saran perienteric *bağırsak
açımı* enterotomy *bağırsak askısı*
mesentery *bağırsak bilimi* enterology
bağırsak boşluğu gastral cavity
bağırsak damarı lacteal *bağırsak
delme* ileostomy *bağırsak dışında
bulunan* parenteral *bağırsak
düğümlenmesi* volvulus *bağırsak
hormonu* entrogastrone *bağırsak ile
ilgili* enteral *bağırsak iltihabı* colic,
enteritis *bağırsak kurdu* entozoon,
taenia, tenia *bağırsak kurdu öldüren*
helminthic *bağırsak kurduyla ilgili*
helminthic *bağırsak kurtları*
intestinal worms *bağırsakla ilgili*
enteric, intestinal *bağırsaklarını
çıkarmak* to disembowel, to
eviscerate, to gut *bağırsakların
işlemesi* movement *bağırsakların
yavaş işlemesi* stasis *bağırsak lenf
düğümleri* Peyer's glands *bağırsak
oluşumu* gastrulation *bağırsak
solucanı* ascarid, ascaris, helminth,
roundworm, threadworm, (atta)
strongyl *bağırsak streptokok basili*
enterococcus *bağırsak şeridi* cestode
bağırsak şeridinin başı scolex
bağırsakta kurt olma helminthiasis
bağırsakta yaşayan ince kurt trichina
bağırsak virüsü enterovirus *bağırsak
yangısı* enterocolitis
bağırsakçık midgut

333 baklagiller

bağırsaklar viscera
bağışçı donor
bağışık immune
bağışıklık freedom, immunity *bağışıklık*
bilimi immunology, phylaxiology
bağışıklık deneyi immunoassay
bağışıklık kazanma immunisation
bağışıklık kimyası immunochemistry
bağışıklık sağlama immunization
bağışıklık sağlayan immunizer
bağışıklık serumu immune serum
bağışıklık verici immunogenic
bağıştıran antigen
bağlama coupling, ligature, linkage
bağlamak to bond, to inosculate, to link, to unite
bağlanım commissure
bağlanma copulation *bağlanma yeri* (organ) insertion
bağlantı commissure, connection, junctura, linking *bağlantı kurmak* to relate *bağlantı yeri* seam *bağlantıyı kesmek* to disconnect
bağlantılı anastomotic, connected *bağlantılı yapı* adnexa
bağlantısal commissural
bağlantısız disconnected
bağlayan connecting
bağlayıcı connecting, connective, copulative
bağlı connected, related *bağlı elektron* bound electron *bağlı kalma* adhesion
bağlılık adherence, fidelity
bahar blossom *bahar halkası* springwood
bahçe garden *bahçe şebboyu* wall flower
bahçecilik horticulture
bahçıvanlık horticulture
bahşiş tip *bahşiş vermek* to tip

bakır (simgesi Cu) copper *bakır*
antimuan sülfür cevheri tetrahedrite
bakır arsenit copper arsenite *bakır*
asetat copper acetate *bakır çinko*
karışımı lehim spelter *bakır demir*
sülfit chalcopyrite *bakır fosfat* copper
phosphate *bakır gibi* cupreous *bakırın*
simgesi Cu *bakır içeren* cupriferous
bakır ile ilgili cuprous *bakır karbonat*
cevheri azurite *bakır klorür* copper
chloride *bakır-nikel* cupronickel *bakır*
oksit cuprite, cuprous oxide *bakır*
oksit cevheri tenorite *bakır pası*
verdigris *bakır-silikon* cuprosilicon
bakır sülfat blue vitriol, bluestone,
copper sulfate, copper sulphate,
copper vitriol *bakır sülfat cevheri*
chalcanthite, chalcocite *bakır taşı*
malachite *bakır tel* copper wire *bakır*
uranyum fosfat cevheri chalcolite,
torbernite *bakır yeşili* verdigris
bakırlı cupreous, cupriferous, cupric
bakırlı pirit copper pyrites, yellow ore
bakışık symmetrical
bakışım symmetry
bakışımlı symmetrical, zygomorphic, zygomorphous
bakışımlılık zygomorphism, zygomorphy
bakışımsız asymmetric(al), dissymmetric, hemimorphic, unsymmetrical *bakışımsız olarak* asymmetrically *bakışımsız yaprak* oblique leaf
bakışımsızlık asymmetry, dissymmetry
bakir virginal *bakir orman* virgin forest
bakire virgin *bakireye özgü* virginal
bakiye balance, relic, residuum, rump
bakla broadbean *bakla otu* psoralea
baklagiller legume, pulse *baklagiller*

familyasından leguminous *baklagil*
tanesi legume
bakliyat pulse
bakmak to look; to watch
bakteri bacterium *bakteri bulaşığı*
bacterial contamination *bakteri*
durduran bacteriostatic *bakteri*
durdurma bacteriostasis *bakteri*
enfeksiyonu bacteriosis *bakteri*
kümesi colony *bakterileri yok etme*
bacteriophagy *bakterilerle ayrışabilen*
soft *bakterili hastalık* schizomycosis
bakteri ölçme nephelometry *bakteri*
ölçümsel nephelometric *bakteri*
öldüren enzim lysozyme *bakteri*
öldürücü bactericidal *bakteri*
öldürücü ilaç bactericide,
streptothricin *bakteri üremesini*
önleme bacteriostasis *bakteri*
üremesini önleyen bacteriostatic
bakteri üretim ortamı culture
medium *bakteriye ait* bacterial
bakteri yiyen ile ilgili bacteriophagic
bakterisit bactericide
bakterisiz abacterial
bakteriyel bacterial
bakteriyofaj bacteriophage *bakteri yok*
eden bacteriophagic
bakteriyolog bacteriologist
bakteriyoloji bacteriology
bakteriyolojik bacteriological
bakteriyoz bacteriosis
bakterölçer nephelometer
bal honey *bal bulucu* honey guide *bal*
peteği honeycomb, comb *bal peteği*
gözü alveolus *bal üreten* melliferous,
mellific *bal yapma* mellification
balabankuşu bittern
balarısı bee
balçık alluvium, argil, clay, magma,
ooze, silt, slime, sludge *balçık gibi*
slimy *balçık toprak* loam
balçıklı clayey, loamy
baldır leg, shank *baldır kemiği* leg bone
baldıran hemlock
balgam mucus *balgam salgılayan*
pituitary
balık fish *balığa benzer* ichthyic,
ichthyoid *balık akını* run *balık*
avlamak to fish *balık gibi* ichthyoid
balık ile ilgili ichthyic *balıkla*
beslenen ichthyophagous, piscivorous
balıkla beslenme ichthyophagy *balık*
sakalı wattle *balık spermi* milt *balık*
suyu broth *balık şeklinde* pisciform
balık üretimi pisciculture
balıkbilim ichthyology
balıkbilimsel ichthyologic(al)
balıkçıl piscivorous
balıkotu elodea
balıkpulu scale
balıktutkalı isinglass
balıkyağı fish oil
balıkyumurtası roe, spawn
balina whale *balina çubuğu* whalebone
balinabilimci cetologist
balinabilimi cetology
balistik ballistic *balistik galvanometre*
ballistic galvanometer
balkon gallery
balkuşu honey eater
ballı melliferous *ballı akasya* honey
locust
ballıbabagiller labiatae
ballık nectary
balmumlu ceriferous
balmumu beeswax, wax *balmumu*
asidi cerotic acid *balmumu gibi zarı*
olan cerate *balmumu ile ilgili* cerotic
balmumu merhem cerate *balmumu*

üreten ceriferous
balon balloon *balon gibi* bulbous *balon gibi şişmek* to balloon *balon lastik* balloon tire *balonla uçmak* to balloon
baloncuk bulb *baloncuklu yumurtalık* archegonium *baloncuklu yumurtalık ile ilgili* archegonial, archegoniate
balonjoje volumetric flask
balözlü nectariferous, nectarous
balözü nectar *balözü üreten parça* nectary
balözülük nectary
balsam balsam *balsam üreten* balsamiferous
balsıra honey-dew, manna
balta axe *balta şeklinde* securiform, (yaprak) dolabriform
bamya okra
bando band
banotu henbane
bant band, strap, tape *banda kaydetmek* to tape *bant biçimli oluşum* habenula *bant spektrumu* band spectrum
bantlı banded
banyo bath *banyo edilmemiş* undeveloped
bar bar
barbitürat barbiturate *barbitürat zehirlenmesi* barbiturism
barbitürik barbituric *barbitürik asit* barbituric acid
bardak glass
barınak hibernaculum
barındırmak to lodge
barisenter barycentre
barisfer barysphere
barit barite, barytes, heavy spar
baritin barytine
bariz outstanding
baro bar

barograf barometrograph
barometre barometer, glass
barometrik baric, barometric
barotaksi barotaxis
barut powder
baryum barium *baryum hidrat* barium hydrate *baryum hidroksit* barium hydroxide *baryum hidroksit eriyiği* baryta water *baryum karbonat* barium carbonate, witherite *baryum kromat* barium chromate *baryum oksit* barium oxide, baryta *baryum oksit ile ilgili* barytic *baryum sülfat* barium sulfate *baryum sülfat cevheri* barite, barytes *baryumun simgesi* Ba
baryumlu baric
basamaklı çizelge scala
basamaksı damarlar scalariform vessels
bası pressure *bası ölçümlü* manometric(al)
basıcı pressor *basıcı sinirler* pressor nerves
basıklık kurtosis
basınç (simgesi P) compression, pressure, stress *basınca dayanıklı* incompressible *basıncı düşürülebilir* rarefiable *basıncını düşürme* rarefaction *basınç ayarlayıcısı* pressurestat *basınç bilimi* pneumatics *basınç deneyi* pressure test *basınç düşüklüğü* depression *basınç düşürücü* rarefactive *basınç farkı* differential pressure *basınç görüntüsü* phosphene *basınç kayması* pressure shift *basınç kimyası* piezochemistry *basınç merkezi* pressure center *basınç noktası* pressure point *basınç ölçerek* barometrically *basınç ölçme*

manometry, piezometry **basınç ölçü birimi** bar **basınç ölçüm** piezometry **basınç ölçümü** tonometry **basınç ölçüsü ile ilgili** piezometrical **basınç testi** pressure test **basınçlı** compressed **basınçlı hava** compressed aid **basınçlı havayla tedavi** pneumatotherapy **basınçlı kap** autoclave **basınçlı oksijenli** hyperbaric **basınçölçer** barometer, tonometer **basınçsal** baric **basınölçer** pressure gauge **basıölçer** manometer, piezometer **basil** bacillus **basilce oluşturulan** bacillogenous **basilden kaynaklanan** bacillogenous **basile ait** bacillary **basil gibi** bacilliform **basil şeklinde** bacillary, bacilliform **basit** elementary, primitive, primordial, rudimental, rudimentary, simple, single **basit çiçek** single flower **basit göz** eyespot, ocellus, stemma **basit göze bölünmesi ile ilgili** amitotic **basit kırık** simple fracture **basit yapılı organizma** lower organism **basit yaprak** simple leaf **baskı** pressure **baskıya dayanabilme** impact resistance **baskın** prepotent **baskın gen** dominant gene **baskın özellikler** dominat characteristics **baskın türler** dominant species **basma düğme** push-button **bastırılmış** suppressed **bastırma** suppression **bastırmak** to compress, to quench, to suppress **basur** haemorrhoid, hemorrhoid **basurotu** celandine, pilewort

baş head, leader **başa benzer** cephaloid **baş aşağı** resupinate **baş aşağı etme** inversion **başa yönelik** cephalic **baş bölgesine uzanan** notokord cephalochord **baş dönmesi** vertigo **baş dönmesi ilacı** dimenhydrinate **baş gibi** cephaloid **baş gösterme** outcrop **başın tepesi** vertex **başı olmayan** acephalous **baş ile ilgili** cephalic **baş kısmını kesmek** to crop **baş sallanması hastalığı** nutation **başta olmak** to head **baş ve göğüs** cephalothorax **başak** ear, spica, spike **başak bağlamak** to head **başak bıyığı** awn, arista **başakçık** spicule, spikelet **başakçık bürgüsü** lemma **başak demeti\kümesi** shock **başak ekseni** rachis **başak taşıyan** spiciferous **başaklı** spicate **başarısız** abortive **başat** dominant, prepotent **başçık** anther, anthodium, flowerhead **başdamar** carotid artery **başdamar düğümcüğü** carotid body **başıboş** astray **başıboş dolaşan** wandering **başıboş gezme** wandering **başkalaşım** anamorphosis, cline, development, metamorphism, metamorphosis, transformation, transmutation **başkalaşımlı** heteromorphic, heteromorphous **başkalaşımsız büyüme** monogenesis **başkalaşma** cline, heteromorphism, metamorphosis, transformation, transmutation **başkalaşmak** to metamorphize, to metamorphose, to mutate **başkalaşmış** metabolic, metamorphic, metamorphous **başkalaşmış bitki\hayvan** mutant

başkalaştırma mutagenicity, transmutation

başkalaştırmak to metamorphose, to mutate **başkalaştırıcı madde** mutagen

başkalık variety

başkan head, master

başka other; different; another **başka organ altında bulunan** inferior **başka organın yaptığı görevi yapan** vicarious **başka organlara yayılmak** to metastasize **başkası adına yapılan** vicarious **başkasının yerine geçme** substitution **başkasının yerine koyma** substitution **başkasının yuvasında barınan** inquiline **başka şekil** variant **başka yere dikme** (fidan) transplant **başka yere dikmek** (fidan) to transplant

başlama inception

başlangıç elementary, inception, initial, onset, preliminary **başlangıç aşamasında** in embryo

başlatma initiation

başlatmak to open

başlıca primary

başlı headed **başlı-göğüs** cephalothorax

başlık bonnet, hood **başlık geçirmek** to cap

başlıklı calyptrate, cucullate(d), pileate(d)

başoyuncu star

başparmak pollex **başparmakla ilgili** pollicial

başpiskopos primate

başrol lead **başrolü oynamak** to star

başsız acephalous

baştankara titmouse

batak marsh, morass, slough

batakgöl paralimnion

bataklık bog, everglade, marsh, morass, ooze, wash, slough, swamp **bataklığın neden olduğu** paludal **bataklık ağacı** tupelo **bataklık arazi** fen, marshland **bataklık bitkisi** marsh plant **bataklık çamı** swamp pine **bataklık çayırı** manna grass **bataklık gazı** marsh gas, methane **bataklık kaplumbağası** mud turtle **bataklık kırlangıcı** pratincole **bataklık kuşları** grallatae **bataklıkla ilgili** paludal **bataklık menekşesi** bog violet **bataklık meşesi** swamp oak **bataklık olmak** to swamp **bataklık sazı** bog rush **bataklık tavşanı** swamp hare **bataklık tavuğu** spotted crake **bataklık yosunu** bogmoss, sphagnum

batan prickly

batarya battery

batık sun; sunken **batık koyak** drowned valley **batık vadi** drowned valley

batırma immersion

batırmak to dip, to stick

batış set

batma dip, immersion, set, submergence, subsidence

batmak to sting, (güneş vb) to set

bavul suitcase

bayağı inferior, mean, trivial **bayağı kesir** simple fraction

bayatlamak to wither

baygın stuporous

baygınlık stupor

bayır crest, ridge, upgrade

baykuş owl **baykuş papağanı** kakapo

baykuşgillerden strigiform

bayrak banner, standard, vexil, vexillum

baz alkali, base, electropositive

bazal basal **bazal birikinti** basal

conglomerate *bazal metabolik oran* basal metabolic rate *bazal metabolizma* basal metabolism *bazal metabolizma hızını ölçen alet* katharometer *bazal yığışım* basal conglomerate

bazalt basalt

bazik basic *bazik amino asit* histidine *bazik asetat* subacetate *bazik boyalar* basic dyes *bazik kaya* basic rock *bazik tuz* basic salt

bazlaştırmak to basify

bazlık basicity

bazofil basophile, basophilic

beden body, soma, trunk *bedenden atılan* waste *bedene yakın olan* proximal *bedene yapışık* (böcek kanadı\bacağı) obtect(ed) *beden ile ilgili* physical *bedenin arka tarafında bulunan (organ)* dorsal *bedenin belli bölümü* region *beden uyarısal* interoceptive

bedensel material, physical *bedensel uyarı alıcısı* interoceptor

begonya pogonia

beğeni taste

bek gas burner

bekâr single

bekçilik etmek to watch

bekleme watch

bel waist, loins; sperm; spade *bel bölgesi* lumbar region *bel ile ilgili* lumbar *bel-kaburgalarla ilgili* lumbocostal *bel kası* psoas *bel omurları* lumbar vertebrae *bel-sırtla ilgili* lumbo-dorsal

belalı thorny

belge record

belirginlik precision

belirleme determination

belirli concrete, definite, determinate, set, specific

belirsiz amphibolic, indefinite, obscure, woolly

belirsizlik indeterminacy, uncertainty *belirsizlik ilkesi* indeterminacy principle, uncertainty principle

belirteç determinant, indicator

belirten indic, symptomatic

belirti odor, syndrome

belirtici determinant

belirtisel symptomatic *belirtisel öğe* trace element

belirtmek to state

belkemiği backbone, chine, rachis, spinal column, spine, vertebral column *belkemiği eğriliği ile ilgili* scoliotic *belkemiği eğriliği olan* scoliotic *belkemiği ile ilgili* spinal *belkemiği siniri* spinal nerve *belkemiği yan kıvrımı* scoliosis

bellek memory *bellek ile ilgili* mnemic

belleme dig

bellemek to dig

belli obvious, phanic *belli başlı* basic, cardinal

belsoğukluğu gonorrhoea *belsoğukluğu mikrobu* gonococcus

belsuyu seminal fluid

ben macula, mole, speckle

benaktizin benactyzine

benek dapple, macula, maculation, macule, marking, patch, speckle, spot, stain, (güneşte) facula *benek hastalığı* pinta

benekli guttate, macular, maculate, mottied, punctate, speckled, spotted, streaked, tigroid *benekli ağaçkakan* flicker *benekli hayvan* dapple

beneksiz immaculate

bengalin bengaline
bengisu nectar
benimsemek to assimilate
beniz face, complexion *beniz sarılığı* pallor
benli macular, speckled
benlik ego
bent dike
bentonit bentonite
benzaldehid benzaldehyde
benzal grubu benzal group
benzeme resemblance, mimesis, mimic, mimicry
benzemek to resemble, to mimic
benzemezlik heterology
benzen benzene, benzol *benzen çekirdeği* benzene nucleus *benzenden elde edilen kristal aldehit* piperonal *benzen diklorür* benzene dichloride *benzen halkası* benzene ring *benzen hekzaklorit* benzene hexachloride
benzer homeo-, homological, homologous, mimetic *benzerini yapmak* to replicate *benzer kromozomların birleşmesi* zygotene *benzer şey* homologue, parallel
benzerlik affinity, convergence, homogeny, parallel
benzeşik homological
benzeşim assimilation
benzidin benzidine *benzidin dönüşümü* benzidine transformation
benzil benzyl *benzil alkol* benzyl alcohol, phenylcarbinol *benzil bromür* benzyl bromide *benzil ile ilgili* benzylic *benzil karbinol* benzyl carbinol *benzil klorür* benzyl chloride *benzil kökü* benzyl group *benzil kökü içeren* benzylic
benzin benzin, gas, petrol *benzin*

deposu gas tank *benzin doldurma* gassing *benzin göstergesi* fuel gauge
benzoat benzoate
benzofenon benzophenone
benzohidrol benzohydrol
benzoik benzoic *benzoik asit* benzoic acid *benzoik asit tuzu* benzoate
benzoin benzoin
benzol benzene, benzol
benzopiren benzopyrene
benzopiron chromone
beraber together *beraber büyüme* concrescence
berberin berberin(e)
bere ecchymosis, lesion
bereket overflow
bereketli abundant, prolific, benign
bereketlilik prolificacy
bergamot bergamot *bergamot nanesi* bergamot mint
berilyum (simgesi Be) beryllium *berilyum alüminat* cymophane, chrysoberyl *berilyum alüminyum silikat* beryl, euclase *berilyum oksit* beryllium oxide *berilyum silikat* phenacite *berilyumun simgesi* Be *beril zehirlenmesi* berylliosis
berkelyum (simgesi Bk) berkelium
Berlin mavisi Berlin blue
Bernoulli Bernoulli *Bernoulli dağılımı* Bernoulli's distribution *Bernoulli olayı* Bernoulli's effect *Bernoulli teoremi* Bernoulli's theorem
berrak glassy, liquid, pellucid
berzah neck
besidoku endosperm, mycelium
besidokusal endospermic, mycelial
besili fat, fleshy
besin diet, feed-stuff, food, ingesta, nutrient, nutriment, nutrition,

pabulum *besin ağı* food web *besin alma* nutrition *besin azlığı* oligotrophy *besin borusu* canal *besin değeri* food value, nutritional value *besin geçirici bitki dokusu* phloem *besin ihtiyacı* nutrient requirement *besin ile ilgili* alimentary, nutritive, pabular *besini özünsenecek duruma getirmek* to elaborate *besin kanalı* enteron *besin kimyası* food chemistry *besin maddeleri ile ilgili hareket* trophotropism *besin maddelerince fakir* oligotroph *besin maddelerine yaklaşma uzaklaşma eğilimi* trophotaxis *besin maddesi* food material *besin maddesi döngüsü* nutrient cycle *besin maddesince zengin* eutrophic *besin piramidi* food pyramid
besinkapar lophophore
besinli nutritive
besinsel nutritional, trophic
besinsiz jejune *besin türü sınırlı* stenophagous *besin yetersizliği* nutrient deficiency *besin yetersizliği hastalıkları* deficiency diseases *besin zehirlenmesi* food poisoning *besin zinciri* food chain, nutrient budget
besleme nutrition
beslemek to breed
beslenme nutrition *beslenme bilimi* threpsology *beslenme durumu* nutritional status *beslenme havzası* basin of accumulation *beslenme ile ilgili* alimentary, nutritional, trophic *beslenme yetersizliği* dystrophia
besleyen alimentary
besleyici alimentary, nutritive; nutrient *besleyici öz* parablast *besleyici protoplazma* trophoplasm

beş five *beş boyuncuklu* pentagynian *beş değerli* quinquevalent *beş değerlilik* quinquevalence *beş karkon atomlu monosakkarit* pentose *beş loplu* quinquelobate *beş parçalı* quinquepartite, pentamerous *beş parmaklı* digitate(d), pentadactyl(e) *beş parmaklı karakurbağası* leptodactyl *beş stamenli* pentandrous *beş taçyapraklı* pentapetalous *beş valansı* quinquevalent *beş valanslı* pentavalent *beş valanslı atom* pentad *beş valanslı klor içeren* chloric *beş valanslı tungsten içeren* tungstic *beş valanslılık* quinquevalence, pentavalence *beş yaprakçıklı* quinquefoliate *beş yapraklı* pentamerous *beş yapraklılık* digitation *beş yüzlü cisim* pentahedron
beşeri human *beşeri coğrafya* anthropogeography, human geography
beşiz quintuplets *beşizlerden her biri* quintuplets
beşli fivefold *beşli küme* pentad *beşli küme biçimli* quinate
beşparmak oxlip
beşparmakotu silverweed
beştür pentstemon
bet complexion *beti benzi atmak* to pale
beta beta *beta bozunumu* beta decay *beta-ışını spektrometresi* beta-ray spectrometer *beta-ışını spektrumu\izgesi* beta-ray spectrum *beta ışınımı* beta radiation *beta ışınları* beta rays *beta ivdireci* betatron *beta parçacığı* beta particle *beta taneciği* beta particle *beta zinciri* beta chain
betel sakızı pan

betanaftilamin beta-naphtylamine
betanaftol betanaphthol
betatron betatron
beton concrete
betonarme ferroconcrete
bevatron bevatron
beyan etmek to state
beyaz white, alba, leuco(-) *beyaz alaşım*
white metal *beyaz antimon oksit*
antimony ceruse *beyaz antiseptik*
fenol catechol *beyaz arsenik* white
arsenic *beyaz balıkçıl* egret *beyaz*
çiçekli bitki galax *beyaz çini*
ironstone china *beyaz huş ağacı* paper
birch *beyaz ışık* white light *beyaz*
ispirto white spirit *beyaz kan*
hücreleri white blood corpuscles
beyaz kristal primidin cytosine *beyaz*
kristalli asit boric acid *beyaz kurşun*
ceruse, white lead *beyaz levrek* white
perch *beyaz madde* white matter
beyaz maden white metal *beyaz martı*
ivory gull *beyaz metal* white metal
beyaz opal milk opal *beyaz safir*
white sapphire *beyaz sedir* white
cedar *beyaz sinir lifi* lemniscus *beyaz*
tartar cream of tartar *beyaz yaldız*
aluminium bronze
beyin brain, cerebrum, encephalon
beyin   *akımyazar*
electroencephalograph   *beyin*
akımyazımı electroencephalography
beyin   *akımyazısı*
electroencephalogram *beyin çıkıntısı*
hippocampus *beyin çıkıntısı ile ilgili*
hippocampal *beyin dalgaları* brain
waves, delta wave *beyinde su*
toplanması hydrocephalus *beyin*
dokusundaki serebrosit cerasin *beyin*
emgesi encephalogram *beyin epifizi*

pineal body, pineal gland *beyin epifizi*
ile ilgili pineal *beyin humması* brain
fever *beyin ile ilgili* cerebrospinal,
encephalic *beyin iltihabı* encephalitis
beyin keseleşimi encephalocoele
beyin kıvrımı convolution *beyin*
korteksi altında olan infracortical,
subcortical *beyin lobu* cerebral lobe
beyin lopları lobes of cerebrum *beyin-*
omurilik ekseni cerebrospinal axis
beyin-omurilik sıvısı cerebrospinal
fluid *beyin omurlilik sıvısı*
neurolymph *beyin ölümü* brain death
beyin pelteleşmesi encephalomalacia
beyin radyografisi encephalography
beyin sapı brain stem, peduncle *beyin*
sert zarı dura mater *beyin*
toplardamarları cerebral veins *beyin*
ve omurilik zarı meninges, meninx
beyin yağ dokusu cerebroside *beyin*
yarım küresi flocculus *beyin*
yarımküreleri arasında ile ilgili
intercerebral *beyin yarımyuvarı*
cerebral hemispheres *beyin yokluğu*
anencephalia *beyin zedelenmesi*
cerebral accident *beyninde su*
toplanmış hydrocephalic *beynin*
hareket kontrol bölgesi motor area
beynini patlatmak to brain *beynin*
kabukla çevrili kısmı subcortex
beynin ön tarafında bulunan
prefrontal *beynin yarısı* hemisphere
beyincik cerebellum, parencephalon
beyincik orta bölmesi vermis
beyinsel cerebral
beyinzarı cerebral cortex, tela *beyinzarı*
yangısı meningitis *beyinzarıyla ilgili*
pallial
beyzi ovoid
bez gland *bez hücresi* gland cell *bez uru*

adenoma
bezdokusu kötücül uru adenocarcinoma
beze gland *beze taneciği* alveolus
bezeli glandular, glandulous
bezelye pea *bezelye biçiminde* pisiform
bezelye biçimli bilek kemiği pisiform
bezelye tohumu pea
beziryağı linseed oil
bezli glandular *bezli mide* abomasum,
fourth stomach, rennet stomach
bezsel glandular *bezsel doku* glandular
tissue
bıçak knife *bıçak ağzı* blade *bıçakla*
kesilebilir sectile
bıçık thalweg
bıktırıcı boring
bıngıldak fontanelle
bırakmak to lay
bıyık barb, barbel, barbule, (kedi vb)
vibrissa
bıyıklı moustached *bıyıklı balık* barbel
bıyıklı kurtlar chaetognath
bızır clitoris
biasetil biacetyl, diacetyl
biber pepper *biber ekmek* to pepper
biber özü capsaicin
bibergillerden piperaceous
biberlemek to pepper
biberon bottle
biçerdöver combine
biçim form, formation, gestalt, morph,
norma, way, shape, style
biçimbilim morphology
biçimbilimsel morphological
biçimbirimsel değişke allomorph,
morph
biçimlendiren formative
biçimlendirmek to formulate, to shape
biçimlenme morphosis
biçimsel formal *biçimsel açıdan*

morphologically
biçimsiz amorphous, deformed
biçimsizlik amorphism, amorphousness
biçme cutting
biçmek to crop, to cut
bifenil biphenyl, diphenyl
bikarbonat bicarbonate
biklorit bichloride
bilanço balance
bildirmek to state
bilek carpus, wrist, wrist joint *bilek*
eklemi carpal joint *bilek ile ilgili*
carpal *bilek kemiği* carpus, wrist bone
bilek kemiklerinin en büyüğü
magnum
bileme grind, grinding
bilemek to grind
bileşen constituent, member
bileşenlerine ayırmak to resolve
bileşenlerine ayrılmak to
disaggregate
bileşik complex, composite, compound
bileşik bölümlerden oluşmuş
decompound *bileşik bölümlü*
decompound *bileşik çekirdek*
compound nucleus *bileşik meyve*
etaerio(n), syncarp *bileşik meyveli*
syncarpous *bileşik mikroskop*
compound microscope *bileşik sap*
sympodium *bileşik sayı* composite
number *bileşik yaprak* compound leaf
bileşikgiller compositae *bileşikgiller*
familyasından (bitki) composite
bileşim combination, composite,
composition, compound, constitution
bileşimden yeni ayrılan nascent
bileşime girmemiş free, metallic
bileşime girmeyen noble *bileşiminde*
su bulunan hydrous *bileşimini*
bozmak to degrade

343 bireyoluş

bileşke resultant *bileşke kuvvet* resultant force
bileştirme synaesthesia
biletçi conductor
bileğitaşı whetstone
bilgelik wisdom
bilgi data
bilgisayar computer *bilgisayar çıktısı* read-out
bilim science *bilim adamı* scientist *bilim dalı* science
bilimsel scientific *bilimsel açıklama* scientific explanation *bilimsel araştırma* scientific investigation, scientific research *bilimsel olarak* scientifically *bilimsel tanımlama* diagnosis
bilinç consciousness *bilinç eşiği* threshold of consciousness
bilinçaltı subconscious *bilinçaltında olan* subconscious
bilinçdışı involuntary, subliminal
bilinmeyen unknown *bilinmeyenin simgesi* y *bilinmeyen organizma içeren* xenic *bilinmeyen sayının simgesi* X
bilinmez occult
bilirübin bilirubin
biliverdin biliverdin
billur crystal *billur gibi* crystalline
billurlaşma crystallization *billurlaşma kabı* crystallizer, crystallizing pan
billurlaştırmak to crystallize
billurlu crystalline, porphyritic
billurumsu crystalloid
bilye marble
bina building *bina cephesi* pediment
bindirmeli overlapping
binmek to catch, to take
binokl binocle
binoküler görüş binocular vision
binom binomial
bin thousand *bin ton* kiloton *bin vat* kilowatt *bin volt* kilovolt
bir a; one; single *bira mayası* brewer's yeast *bir anlık* momentary *bir araya getirmek* to band *birden çok doğum yapmış kadın* pluripara *birden çok meme başı olması* polythelia *bir noktada birleşme* concentration *bir noktada toplanmak* to focus
birbiri each other *birbirinden uzaklaşan* divergent *birbirine benzerlik* uniformity *birbirine dokunmak* (iki eğri) to osculate *birbirine dolaşmış* cespitose *birbirine girmiş* in mesh *birbirine karışmış* caespitose *birbirine karıştırma* intermixture *birbirine sarılmış (yaprak)* obvolute *birbirini destekleme* synergy *birbirini etkilemek* to interact *birbirini izleme* alternation, sequence *birbiri üzerine etki etmek* to interfere *birbiriyle üremez* intersterile
birçenekli univalve, univalved, univalvular, monocotyledonous *birçenekli bitki* monocotyledon
birdeğerli monad
birerim eutectic *birerim karışımı* eutectic mixture *birerim nokta* eutectic point
bireşeyli unisexed *bireşeyli çiçek* imperfect flower
bireşim synthesis
bireşimsel synthetic
birey individual, single *birey ekolojisi* autecology
bireycilik individualism
bireyoluş ontogenesis, ontogeny

bireyoluşla *ilgili* ontogenetic, ontogenic

bireysel individual

birgözeli monad, one-celled

birikimsel eluvial

birikinti deposit, detritus, talus *birikinti ovası* alluvial plain *birikinti yelpazesi* alluvial fan

birikişme agglutination

biriktireç accumulator

birim unit *birim alan* unit area *birim etken* unit factor *birim göze* unit cell *birim hücre* unit cell

birinci first; primary *birinci mide* first stomach, rumen *birinci zaman ait kayalar* primary rocks

birincil primary *birincil alkol* primary alcohol *birincil elektron* primary electron *birincil hücre* primary cell *birincil iyon* primary ion *birincil salım* primary emission

birleşen coalescent

birleşik adherent, compound, conjugate, connected *birleşik anterli* synanthous *birleşik hayvan* compound animal *birleşik kaplar* communicating vessels

birleşim coalescence, combination

birleşme addition, coalescence, combination, combine, conjugation, copulation, junction, zygosis, (kemik) anchylosis, ankylosis *birleşme sıcaklığı* heat of formation

birleşmek to coalesce, to combine, to conjugate, to unite

birleşmemiş uncombined

birleşmiş coadunate, cohesive, compound, conjugate, joint *birleşmiş çözelti* conjugate solution

birleştirici articulatory, copulative

birleştirilmemiş uncombined

birleştirme combination, coupling, linkage

birleştirmek to amalgamate, to bond, to coalesce, to combine, to link, to unite, (damar vb) to inosculate

birlik association, combination, set, society, unit

birlikte together *birlikte alınma* (ilaç) synergism *birlikte etkiyen* synergistic *birlikte gelişme* concrescence *birlikte gelişmek* to accrete *birlikte yapılan* synergic

birörnek uniform

biseksüel bisexual

bisiklet cycle

Bismarck kahverengisi vesuvine

bisülfat bisulfate

bisülfit bisulfite

bit louse *bit ile ilgili* pedicular

bitartarat bitartrate

bitek fertile, rich

bitey flora

bitirmek to perfect

bitişik adherent, connate *bitişik meyve* multiple fruit *bitişik parmaklı* syndactyl, syndactylous *bitişik parmaklılık* syndactylism, syndactyly *bitişik sepalli* gamosepalous, synsepalous *bitişik tabanlı* basifixed *bitişik taçyapraklı* gamopetalous *bitişik yapraklı* gamophyllous

bitişme junction, (kemik) symphysis

bitişmiş coadunate

bitiştirmek to joint

bitki plant, vegetable *bitki besleyen madde* plant food *bitki bilimsel* botanic(al) *bitki biyoloisi ile ilgili* phytobiological *bitki biyolojisi* phytobiology, plant biology *bitki coğrafyası* phytogeography *bitki* *damarı* vessel *bitki damarını oluşturan filiz* procambium *bitki damarını oluşturan filize* ait procambial *bitkide hastalık oluşturan* phytopathogenic *bitkiden sızan yapışkan sıvı* mucilage *bitki doku içinde yaşayan* endophytous *bitki dünyası* the vegetable kingdom *bitki ekolojisi* phytoecology, plant ecology *bitki ekolojisi ile ilgili* phytoecological *bitki fizyolojisi* plant physiology *bitki fosili* fossil flora *bitki gibi* phytoid, plantlike *bitki gibi gelişen* vegetative *bitki gövdesi dış gömleği* pericycle *bitki gövdesi iç silindiri* stele *bitki gözesindeki karbonhidrat* callose *bitki hastalığı* disease *bitki hastalıkları bilgisi* plant pathology *bitki hastalıkları bilimi* phytopathology *bitki Hayvan sınıflandırması* taxon *bitki hormonu* phytohormone, plant hormone *bitki ile beslenen* plant-eating *bitki ile ilgili* vegetative *bitki kabuğu* armature *bitki kaliksinde şemsiye biçimli kıllı uzuv* pappus *bitki kimyası* phytochemistry, plant chemistry *bitki kökünün tümü* rootstock *bitkiler* vegetation *bitkinin ana yapısı* axis *bitki öldürücü madde* phytocide *bitki örtüsü* vegetation *bitki parkı* vivarium *bitki patolojisi* plant pathology *bitki patolojisi ile ilgili* phytopathological *bitki sapı* caulis, haulm, stalk *bitki sapı özü* pulp *bitki sosyolojisi* phytosociology *bitki suyu* juice *bitki tanım* phytography *bitki toplumbilimi* phytosociology *bitki toprağı* humus, vegetable soil *bitki tüyü* villus *bitki üreme bilimi* phytogenesis *bitki üremesi ile ilgili*

phytogenetic(al) *bitki üretkeni* propagule *bitki üzerinde büyüyen* vegetative *bitki yaprağını solduran hastalık* wilt disease *bitki yetiştiren* herbiferous *bitkiye zararlı* phytotoxic
bitkibilim botany, phytology
bitkileşme vegetation
bitkileşmek to vegetate
bitkimsi phytoid *bitkimsi hayvan* zoophyte
bitkin prostrate
bitkinleştirmek to wilt
bitkisel botanic(al), phytogenic, plantlike, vegetable, vegetal *bitkisel boya* vegetable dye *bitkisel coğrafyayla ilgili* phytogeographic(al) *bitkisel çürüklü toprak* humus *bitkisel hayat* vegetable life *bitkisel ilaç* galenical *bitkisel kökenli albümin* phytoalbumin *bitkisel kömür* vegetable charcoal *bitkisel lif* vegetable fibre *bitkisel mum* plant wax, vegetable wax *bitkisel plankton* phytoplankton *bitkisel toprak* vegetable soil *bitkisel yağ* vegetable fat, vegetable oil *bitkisel yağlar* vegetable oils
bitmemiş incomplete
bitüm bitumen, bituminous coal
bitümlemek bituminize
bitümlü asphaltic, bituminous *bitümlü şist* oil shale
biüret biurate
biyel connecting rod
biyodinamik biodynamics; biodynamical
biyoekoloji bioecology
biyoelektrik bioelectricity
biyoelektriksel bioelectrical
biyoenerjetik bioenergetics

biyofizik biophysics
biyofizikçi biophysicist
biyogenetik biogenetic
biyogenez biogenesis
biyokimya biochemistry
biyokimyasal biochemical
biyokinetik biokinetics
biyoklimatoloji bioclimatics
biyokütle biomass
biyolog biologist
biyoloji biology
biyolojik biologic, biological *biyolojik büyüme* biological magnification *biyolojik dönüştürüm* bioconversion *biyolojik enerji bilimi* bioenergetics *biyolojik etki deneyi* bioassay *biyolojik ışıldayan* bioluminescent *biyolojik iklimbilim* bioclimatics *biyolojik kalıtım* biological heredity *biyolojik olarak* biologically *biyolojik ortam* biocenose, biocenosis *biyolojik özgüdüm* biofeedback *biyolojik saat* biological clock *biyolojik spektrum* biological spectrum *biyolojik tepki* biological response *biyolojik yarı yaşam* biological half life
biyolüminesans bioluminescence
biyom biome
biyometri biometrics, biometry
biyometrik biometric(al)
biyonik bionics
biyos bios
biyosentetik biosynthetic
biyosentez biosynthesis
biyosfer biosphere
biyostatik biostatics
biyotik biotic
biyotin biotin
biyotip biotype
biyotipoloji biotypology

biyotit biotite
biyotop biotope
biyotropizm biotropism
bizmut (simgesi Bi) bismuth *bizmut krezolat* bismuth cresolate *bizmut oksiklorür* bismuth oxychloride *bizmut sitrat* bismuth citrate *bizmut sülfit* bismuth glance, bismuthinite
bizsi subulate *bizsi yaprak* subulate leaf
blastoderm blastoderm
blastodermik blastodermic
blastokarp blastocarpous
blastomer blastomere
blastosist blastocyst
blok block
bloknot pad, tablet
bobin coil
bocalama oscillation
bocalamak to oscillate
bodrum basement
bodur endomorphic *bodur ayı* honey bear *bodur çapak* white bream *bodur orman* krummholz
boğa bull *boğa antilobu* eland *boğaya benzer* taurine
boğada suyu lye
boğanotu wolfsbane *boğanotu zehirlenmesi* aconite poisoning
boğaz gullet, larynx, throat, fauces *boğaz hastalıkları bilimi* laryngology *boğaz iltihabı* angina *boğazla ilgili* gular
boğmak to swamp
boğucu choking, suffocating *boğucu gaz* chloropicrin *boğucu zehirli gaz* formaldehyde
boğulma asphyxia
boğum ganglion, internode, joint, node
boğumcuklu nodulose, nodulous
boğumlanma articulation

boğumlu gnarled, lomentaceous, nodal, nodose, nodular, torose
boğumluluk nodosity
boğumsal internodal
bokböceği scarab, beetle
bokçul coprophagous
bokçulluk coprophagy
boksit bauxite
bol abundant, heavy, rich
bolluk amplitude, overflow
bomba bomb
bombalamak to bomb, to bombard
bombardıman bombardment
bono paper
Bowman Bowman *Bowman kapsülü* Bowman's capsule
bor (simgesi B) boron *bor bileşimi* boride *bor çeliği* boron steel *bor karpit* boron carbide *bor nitrürü* boron nitride *bor silikat* borosilicate
boraks borax
borakslı boracic
boran borane
borasit boracite
borat borate
borda side
bordür rim
borik boracic *borik asit tuzu* borate *borik asitle birleşmiş* borated *borik oksit* boric oxide
borique boric
borit boride
borneol borneol, camphol
bornil bornyl *bornil asetat* bornyl acetate
bornit bornite
borohidrit borohydryde
borsa exchange
boru horn, tube *boru ayak* ambulacrum, tube foot *boru biçiminde* tubular *boru*

biçimli sonda catheter *boru gibi* vasiform *boru ile ilgili* salpingian *boru tesisatı* plumbing
borucuk tubule
boruçiçeği petunia
boruçiçekli tubuliflorous, tubulous
borulu tubular, tubulous
borumsu salpingian, tubular, tubulate *borumsu çiçek* tubular flower
borusal vasiform
borusuz ductless
bostan kaleyard
boş empty, abortive, null, open, waste, void *boş arazi* waste *boş damar* siphonostele *boş vites* neutral *boş yer* lacuna, void
boşaltaç vacuum pump
boşaltıcı egestive
boşaltım excretion *boşaltım borusu* discharge tube *boşaltım kanalı* sweat duct
boşaltma egestion, elimination *boşaltma aleti* ejector *boşaltma valfı* drain valve, release valve
boşaltmak to discharge, to egest, to vent, to void
boşbağırsak jejunum *boşbağırsak ile ilgili* jejunal
boşluk cavity, chamber, foramen, gap, hiatus, hole, lacuna, socket, space, vacuum, void, voidance *boşluğu olan* lacunar, lacunose *boşlukları olan* vacuolate
boşluklu lacunar, lacunose, vacuolar, vacuolated *boşluklu olma* vacuolation *boşluk oluşumu* vacuolation *boşluk ölçütü* vacuum gauge *boşluk pompası* vacuum pump *boşlukta yayılım* free space propagation
botanik botany, phytology *botanik*

olarak botanically
botülin botulin
boy legnth; measure; tribe *boyu eninden*
fazla oblong *boy uzaması* linear
expansion
boya colorant, colouring, dye, smear,
stain *boya banyosu* dye bath *boya*
çözeltisi dye solution *boya göze*
pigment cell *boya gözesi*
chromatophore *boya içeren*
pigmentary *boya maddesi* colouring
agent, colouring matter, dyestuff,
pigment *boya tutar* neutrophil,
chromophile *boya tutmak* to dye *boya*
tutmaz achromatic *boya üreten*
pigmentary
boyacılık dyeing
boyalı pigmentary
boyama dyeing, pigmentation
boyamak to pigment
boyanma pigmentation
boyarmadde colouring matter, dyestuff
boylam meridian, meridional *boylam*
çemberi meridian circle
boylamsal meridian, meridional
Boyle Boyle *Boyle yasası* Boyle's law
boynuz cornu, cornua, horn *boynuza*
benzer corniculate *boynuz biçimli*
corniform *boynuzdan yapılmış*
corneous *boynuz gagalı* hornbill
boynuz gibi corneous, keratose
boynuz taşı hornblende, hornstone
boynuz üreten keratogenous
boynuzlaşma keratinization
boynuzlaşmış keratinous
boynuzlaştırma keratinization
boynuzlaştırmak to keratinize
boynuzlu cornigerous, horned *boynuzlu*
böcek rhinoceros beetle *boynuzlu*
engerek horned wiper

boynuzsu hornlike *boynuzsu madde*
ceratin, horn
boynuzsuz hornless *boynuzsuz*
bırakmak to disbud *boynuzsuz*
hayvan pollard
boynuzumsu cornual, keratoid
boyun cervix, neck, (kuş) jugulum
boynu halkalı torquate *boynundan*
yüzgeçli jugular *boyun eğdirmek* to
bend *boyunla ilgili* jugular *boyun*
omuru cervical vertebra *boyun tüyleri*
hackles, neck feathers
boyuna legnthwise *boyuna dalga*
longitudinal wave
boyunaltı bezi thymus
boyunduruk yoke
boyut dimension, measurement *boyut*
analizi dimensional analysis
boyutsal dimensional *boyutsal*
çözümleme dimensional analysis
boz gray, grey *boz antilop* oribi *boz ayı*
white bear *boz ceylan* rhebok *boz*
kumtaşı graywacke, greywacke *boz*
şebek chacma *boz yılan* milk snake
bozdoğan merlin, pigeon hawk
bozkır paramo, poechore *bozkır koyunu*
red sheep
bozma rape
bozmak to rape
bozucu corrosive
bozuk out of order, broken *bozuk gıda*
bakterisi zehiri botulin
bozukluk breakdown, distortion
bozulma breakdown, degeneration,
degradation, retrogression *bozulmayı*
önleyen madde stabilizer
bozulmak to degenerate
bozulmuş degenerate
bozulur labile
bozunma decomposition, disintegration

bozunma sabitesi dissociation constant
bozunmak to decay, to disintegrate
bozunum decay **bozunum değişmezi** decay constant
böbrek kidney **böbrek biçiminde** nephroid **böbrek bilimi** nephrology **böbrek dokusunun erimesi** nephrolysis **böbrek dokusunun erimesine neden olan** nephrolytic **böbrek gibi** nephroid **böbrek hastalığı** nephrosis **böbrek ile ilgili** nephric, nephritic, renal **böbrek iltihabı** nephritis **böbrek kanalları iltihabı** pyelitis **böbrek korteksi** renal cortex **böbrek makinesi** kidney machine **böbrek şeklinde** reniform **böbrek taşı** calculus, kidney stone, nephritic calculus, nephrolith **böbrek taşı çıkarılması** nephrotomy **böbrekte süzme elemanı** nephron **böbrek ve mesane iltihabı** nephrocystitis
böbreküstü adrenal; suprarenal **böbreküstü bezi** adrenal gland, paranephros, suprarenal gland **böbreküstü bezi hormonu** glucocorticoid **böbreküstü bezi korteksi** adrenal cortex **böbreküstü bezi maddesi** corticosteroid **böbreküstü kabuğu** corticoid, corticosteroid **böbreküstü kabuğu çalışmasında etkili hormon** corticotropin **böbreküstü kabuğunun salgıladığı hormon** corticosterone
böbürlenme jactitation
böcek insect **böceğin arka kanadı** secondary **böceğin koza içindeki hali** pupa **böcek ayağı** tarsus **böcek ayağındaki çıkıntı** pad **böcek beyin kılıfı** endocranium **böcek boynuzu**

antenna **böcek embriyosunun besleyici dış derisi** trophoblast **böcek gözünde saydam kat bölümü** facet **böcek ısırması** insect bite **böcek ilacı** insecticide **böcek kanadı kabuğu** wing case **böcek kanadı siniri** nervure **böcek kanadında saydam benek** fenestra **böceklerde bal üreten borucuk** nectary **böceklerle döllenen** entomophilous **böceklerle döllenme** entomophily **böceklerle tozlaşma** pollination by insects **böcek öldürücü** pesticidal **böcek öldürücü ilaç** pesticide **böcek öldürücü madde** dichlorvos **böcek öldürücü zehir** dieldrin, toxaphene **böcek öldürücü zehirli sıvı** parathion **böcek sürüsü** swarm **böcekte dengeyi sağlayan çıkıntılar** halteres **böcek topluluğu** entomofauna **böcek uzaklaştıran (ilaç)** insectifuge **böcek yiyen** insectivore, insectivorous **böcek yuvası** nidus
böcekbilim entomology
böcekbilimsel entomological
böcekçil carnivore, entomophagous, insect eater, insectivorous **böcekçil hayvan** insectivore
böcekkapan sarracenia **böcekkapan bitki** carnivore
böcekkovan bugbane
böğür flank **böğür levhası** (böcekte) pleuron
böğürtlen dewberry **böğürtlen çileği** loganberry
bölen divisive, divisor **bölen zar** dissepiment
bölge area, range, region, territory, tract, zone, zonule **bölge dirim** biota **bölgelere ayrılmış** zonate, zoned

bölgeler halinde zonate
bölgesel areal, zonal **bölgesel erozyon** areal erosion
bölme dissepiment, division, merotomy, partition, partitioning, scission, septum **bölme duvarı** partition **bölme işlemi** division
bölmek to divide, to partition, to separate, to split
bölmelendirme calibration
bölmeli septal, septate
bölü divided by **bölü işareti** division sign
bölücü splitting
bölüm arm, branch, division, quotient, movement, ratio, scission, segment, septum **bölümlere ayırma** partitioning
bölümleme classification
bölümlemek classify
bölümlü segmented, septal, septate
bölümsel divisive, segmental **bölümsel basınç** partial pressure **bölümsel boşluk** partial vacuum
bölünebilir fissionable
bölünen septifragal **bölünen mantarlar** schizomycetes **bölünen sayı** dividend
bölünme division, fission, partition, scission, segmentation, split
bölünmek to be divided **bölünerek çoğalan tek hücreli bitki** schizophyte **bölünerek çoğalma** merogenesis, segmentation **bölünerek eşeysiz üreme** schizogony, strobilation **bölünerek üreme** schizogenesis **bölünerek üreyen** fissiparous
bölünmeme nondisjunction
bölünmez indivisible **bölünmez töz** monad
bölünmüş dissected, divided, parted
bölüntü partition

bölüntülemek to partition
bölünüm cleavage **bölünüm izgesi** fission spectrum **bölünüm ürünü** fission product
bölüştürmek to divide
bölüt metamere, segment, somite
bölütlenme metamerization
bölütlü metameric
börkenek honeycomb stomach, reticulum, second stomach
brakisefal brachycephalous
bravnit braunite
brazilin brasilin
breş breccia
brezil boyası brasilein
brom (simgesi Br) bromine **bromla birleştirmek** to brominate **brom siyanür** cyanogen bromide **brom zehirlenmesi** bromism
bromal bromal
bromat bromate
bromik bromic **bromik asit** bromic acid **bromik asit tuzu** bromate
bromizm bromism
bromlamak to bromate
bromlaştırma bromination
bromlaştırmak to brominate
bromlu brominated
bromür bromide
bronkoskop bronchoscope
bronkostomi bronchostomy
bronş bronchial tube **bronş içinde olan** intrabronchial **bronşlar** bronchia **bronşlar ile ilgili** bronchial
bronşçuk bronchiole
bronşit bronchitis **bronşit ile ilgili** bronchitic
bronz bronze
bronzit bronzite
bronzlaşma tan

bronzlaşmak to tan
bronzlaştırmak to tan
Brown Brownian *Brown devimi* Brownian motion *Brown devinimi* Brownian movement *Brown hareketi* Brownian motion, Brownian movement
broş pin
broşür leaflet
brüsin brucine
bu this *bununla beraber* still
budak joint, knot, node *budak deliği* knothole
budaklanmak to knot
budaklı gnarled, knotty, ramose
budama cutting, detruncation
budamak to crop, to cut, to detruncate, to prune, to truncate *budanmış ağaç* pollard
budunbilim ethnology
buğdaycıl blue throat
buğdayımsı frumentaceous
buğdaysı meyve caryopsis
buğu bloom, steam, vapour
buğulanan evaporative
buğulanmak to sweat, to steam
buğulaşma evaporation
buğulaştırıcı vaporizer
buğulaştırmak to vaporize
buğulu pruinose, vaporous
buğuölçer evaporimeter
buhar fume, steam, vapour *buhar basıncı* vapour pressure *buhar basınç formülü* vapour pressure formula *buhar çıkarmak* to steam *buharda pişirmek* to steam *buhar gerilimi* vapour tension *buhar jeneratörü* steam generator *buhar kazanı* evaporator *buharla dezenfekte eden cihaz* fumigator *buharla dezenfekte*

etme fumigation *buharla dezenfekte etmek* to fumigate *buharla ısıtma* steam heating *buhar makinesi* steam engine *buhar ölçümü* atmometry *buhar yoğunluğu* vapour density
buharlaşabilir vaporizable
buharlaşma evaporating, evaporation, vaporization *buharlaşma ısısı* heat of vaporization, latent heat of vaporization *buharlaşma noktası* evaporation point, steam point, vaporization point
buharlaşmak to evaporate, to steam
buharlaşmaz nonvolatile
buharlaştıran evaporative
buharlaştırıcı vaporizer
buharlaştırma vaporization *buharlaştırma çanağı* evaporating dish *buharlaştırma kabı* capsule
buharlaştırmak to vaporize, to volatilize
buharlayan fumigating
buharlı vaporous
buharölçer vaporimeter
buhran horror
buhranlı climacterical *buhranlı dönem* climacteric
buhurgillerden styracaceous
buji plug
bulanık turbid
bulanıklık turbidity
bulanıklıkölçer turbidimeter
bulanıklıkölçme turbidimetry
bulanma nauseation
bulantı nauseation *bulantı veren* nauseant
bulaşıcı pestilent, taking *bulaşıcı at hastalığı* dourine *bulaşıcı hastalık* zymosis, zymotic disease *bulaşıcı hastalık antibiyotiği* aureomycin

bulaşıcı hastalık yayan pestiferous
bulaşıcı hastalıkla ilgili zymotic
bulaşma contamination, infection
bulaşmak to smear
bulaştırma contamination, infection
bulaştırmak to smear
bulbus medulla oblongata
bulunmak to stand
buluş innovation **buluş hakkı** patent
bulut cloud **bulut bilimi** nephology
bulut kümesi wrack
bulutsu nebula
bunak senile
bunaklık caducity, senility
bunalım depression
bunalımlı climacterical
bunaltmak to swamp
bunama dementia
Bunsen Bunsen **Bunsen beki** Bunsen
burner **Bunsen fotometresi** Bunsen
photometer **Bunsen gaz lambası**
Bunsen burner
burç asterism **burçlar kuşağı** zodiac
burgaç vortex
burgaçlı vortical
burkma strain
burkmak to wrench, to strain
burkulma buckling, strain
burkulmak to wrench, to strain
burma torsion, twisting
burmak to convolute
burulma distortion, torsion **burulma**
esnekliği elasticity of torsion **burulma**
tartacı torsion balance
burulmak to convolute
burulmaölçer torsiometer
burulmuş twisted
burun cape, head, nasus, nose,
promontory, (uçakta) nose **buruna ait**
nasal **buruna benzer çıkıntı** nose

burun akıntısı rheum, rhinorrhea
burun akıtan (ilaç) errhine **burun**
altında subnasal **burun boğaz iltihabı**
rhinopharyngitis **burun bölmesi ile**
ilgili septonasal **burundan** pernasal,
rhinal **burun deliği** naris, nostril
burun hastalıkları bilimi rhinology
burun kemiği nasal bone **burun**
kemiklerinin çok dar olması
leptor(r)hinia **burun kılı** vibrissa
burunla ilgili rhinal **burun üstünde**
olan supranasal **burun yokluğu**
arhinia **burun yoluyla olan** pernasal
burunluk respirator
buruşma crinkle
buruşmak to crinkle
buruşmuş sapless
buruşturmak to crinkle, to wrinkle
buruşuk withered, wrinkle, rugose
buruşukluk crinkle, rugosity
but nates, rump
butil butyl **butil alkol** butyl alcohol **butil**
amin butyl amine **butil kauçuğu** butyl
rubber
butunbetim ethnography
buyruk order
buz ice **buz başlığı** ice-cap **buz bitkisi**
cryophytes **buz çözülmesi** thawing **buz**
çulluğu knot **buzda soğutmak** to ice
buz gibi ice **buz haline gelme ısısı**
freezing point **buz otu** ice plant **buz**
örtüsü ice-cap **buz tabakası** ice, ice
sheet **buz tarlası** ice field **buz torbası**
ice bag
buzdağı iceberg
buzdolabı refrigerator
buzkar firn, névé **buzkar bölgesi** névé
region
buzla ice field
buzlanmış glaciated

buzlu ice
buzlucam ground glass, opal glass
buzsul crystalline
buzul glacier *buzul aşındırması* glacial
erosion *buzul birikintisi* glacial drift
buzul çağı glacial period *buzul*
çağları arasında olan interglacial
buzul çizgisi stria *buzul çizikleri*
glacial striae *buzul devri* glacial
period, ice age *buzul dönemi* glacial
epoch *buzul ile ilgili* glacial *buzul*
öncesi ile ilgili preglacial *buzul taşla*
ilgili morainal, morainic *buzul tepe*
drumlin *buzul tortusu* till *buzul üstü*
superglacial *buzul vadisi* glacial
valley
buzulbilim glaciology
buzulkar firn, névé
buzullaşmış glaciated
buzultaş moraine
buzumsu glacial
büken flexor *büken kas* flexor muscle
büklüm bend, convolution, fold,
(deride\zarda) plica
büklümlü plical
bükme flexure, torsion, twisting
bükmek to bend, to convolute *bükücü*
moment bending moment
bükük contorted, involute(d)
bükülebilirlik reflexibility
bükülme convolution, distortion,
involution, torsion, volution
bükülmek to bend, to convolute, to
involute
bükülmüş convolute, inflexed, nutant,
twisted
bükülü contorted
büküm twist; torsion; twine; inflection
büküm noktası point of inflexion
bünye composition, constitution,

idiosyncrasy, make-up, structure
bünyesel idiosyncratic
büret burette
bürgü bract, spathe
bürgücük bracteole
bürgücüklü bracteolate
bürgülü bracteate, paleaceous,
spathaceous
bürgüsel bracteal
bürüm involucre
bürümcük involucel
bürümcüklü involucellate
bürümlü involucral, involucrate
bütadiyen butadiene
bütan butane
bütanon methyl ethyl ketone
bütil alkol butanol, butyl alcohol
bütilen butene, butylene
bütiraldehite butyraldehyde
bütirat butyrate
bütirik butyric *bütirik asit tuzu\esteri*
butyrate
bütirin butyrin
bütün complement, integral, whole,
total *bütün bedeni etkileyen* systemic
bütünü kapsayan umbrella
büyük big; great *büyük ağız*
macrostomia *büyük at sineği* cleg
büyük beyin cerebrum *büyük bina*
block *büyük çapta* massive *büyük*
çekirdek macronucleus, meganucleus
büyük çivi spike *büyük dalga* surge
büyük dolaşım systemic circulation
büyük kafalılık megacephaly *büyük*
kalori kilocalorie, kilogram(me)
calorie, large calorie *büyük kum taşı*
sarsen *büyük spor kesesi*
macrosporangium *büyük şahdamarı*
internal carotids *büyük tazı* deerhound
büyük yapraklı macrophyllous *büyük*

yaşam kuşakları biome
büyüklük dimension
büyülü occult
büyüme accrescence, accretion, auxesis, development, duplication, growing, growth, merisis *büyüme faktörü* growth factor *büyüme hızı* rate of growth *büyüme hormonu* auxin, growth hormone *büyüme konisi* growing point *büyüme maddesi* phytohormone *büyüme noktası* growing point *büyüme süreci* accretionary process
büyürgöze blastomere
büyüteç glass, magnifying glass
büyütkendoku cambium
büyütme dilatation, dilation
büyütmek to duplicate
büyüyemez nonviable
büyüyen accretionary, growing, (organ) increscent
büzgen sphincter *büzgen kas* sphincter *büzgen kasla ilgili* sphincteral
büzücü staltic, (doku) styptic
büzülebilir contractile
büzülme contraction, crinkle, shrinkage, syneresis
büzülüm diastalsis

C

cadı maki tarsier
calapa jalap
calılık brake
cam glass *cama benzer* vitreous *cama dönüştürme* vitrification *cam balon* flask *camdan yapılmış* vitreous *cam elektriği* vitreous electricity *cam elektrot* glass electrode *cam elyafı* glass fibre *cam eşya* glass *cam gibi* glassy, vitirc, vitreous *cam lifi* glass fibre *cam takmak* to glass *cam türünden* vitreous
camgüzeli balsam
camkaya obsidian
camlaştırma vitrification
camlı glassy, vitreous
camotu pellitory
camsı vitric, vitreous *camsı cisim* vitreous body, vitreous humour *camsı emay* vitreous enamel *camsı saydam* hyaline
camyuvar tektite
can pneuma, vitality *cana yakın* genial *canını sıkmak* to bore *can sıkıcı* boring *can sıkıcı kimse* bore *can suyu* sodium silicate *can vermek* to die
canlanan rejuvenescent
canlandıran rejuvenescent *canlandıran şey* stimulus
canlandırıcı stimulant, life-giving
canlandırma anabiosis, regeneration, rejuvenation
canlandırmak to rejuvenesce, to stimulate
canlanma anabiosis, animation, regeneration
canlanmak to rejuvenesce
canlı activated, living, mercurial, rich, sappy, vital *canlı doku* living tissue *canlı hareketini inceleyen bilim* biokinetics *canlılar dinamiği* biodynamics *canlılar dünyası* ecosphere *canlılar elektriği* bioelectricity *canlıların yaşamasına elverişli olmayan* abiotic *canlılar toplumu* biota *canlının basınç değişikliğiyle uyarılması* barotaxis *canlının ışık üretmesi*

bioluminescence *canlı organizma*
living organism *canlı*
sınıflandırılması taxonomy *canlı*
üreten biogenous *canlı varlık*
organism *canlı yaratıklar* living
creatures *canlıyı oluşturan kısımlar*
segmentation
canlılık animation, sappiness, vitality
cansız inorganic, sapless *cansızdan*
canlı oluşumu spontaneous
generation
cansızlık abiosis
cari running
cayroskop gyroscope
cayroskopik gyroscopic
cazibe attraction
cazibeli attractive
cebirsel algebraic
ceket coat
celse sitting
Celsius derecesi degree Celsius, degree
centigrade
cemiyet association, society
cenin embryo *cenin ile ilgili* foetal
cenin zarı amnion
cennetkuşu bird of paradise *cennetkuşu*
çiçeği bird of paradise flower
cep pocket *cep saati* watch
cephe front, (hava) front *cephe ile ilgili*
front, frontal
cepheden frontal
cerahat purulence, pus, sanies *cerahate*
benzer pruloid
cerahatlenme maturation
cerahatlenmek to maturate
cerahatli purulent, pyogenic, sanious
cereyan circulation, current, juice
cerezit jarosite
cerrah surgeon *cerrah mili* stylet
cesaret courage *cesaret vermek* to

encourage
ceset body, cadaver, corpus *ceset gibi*
cadaverous *ceset kesme* necrotomy
ceset yiyerek beslenen necrophagous
cevap replication, response
cevher kernel, quintessence
ceza bilimi penology
cılız thin, cadaverous *cılız töz* low-grade
ore
cırıltı stridulation
cırlak stridulatory, stridulous
cırlama ululation
cırlamak to stridulate
cıva (simgesi Hg) mercury, quicksilver
cıva fülminat mercury fulminate *cıva*
ile ilgili mercuric, mercurous *cıva*
klorür calomel, mercuric chloride,
mercury chloride *cıva oksit* mercuric
oxide, mercury oxide *cıva selenyum*
cevheri tiemannite *cıva sütunu*
mercury column *cıva zehirlenmesi*
hydrargyrism
cıvalama mercuration
cıvalamak to mercurate
cıvalı mercurial, mercuric, mercurous
cıvalı alaşım amalgam *cıvalı*
barometre mercurial barometer,
mercury barometer *cıvalı ilaç*
mercurial *cıvalı termometre* mercury
thermometer
cidar wall, paries
ciddi critical
ciddiyet gravity
ciğer liver
ciğerotu hepatica, liverwort
cihaz apparatus *cihazın elektrik gücü*
wattage
cila varnish
cilalamak to wax
cilalı smooth, varnished

cilt skin, volume *cilt ile ilgili* cutaneous, dermal *cilt iltihabı* dermatitis *ciltte kabarcık yapan zehirli gaz* lewisite

cin spirit

cins blood, breed, brood, form, genus, order, race, sex, species, strain, style, thoroughbred, type, (hayvan) grade *cins ile ilgili* phyletic

cinsaçı dodder

cinsel gamic, sexual *cinsel arzusu zayıf* undersexed *cinsel güç* sexuality *cinsel iktidarı kaybettirmek* to unsex *cinsel ilişki* sex *cinsel kızgınlık* heat, oestrus *cinsel kızgınlık ile ilgili* oestrous *cinsel olgunlaşmış (larva)* neote(i)nic, neotenous *cinsel olgunluk* (larva) neoteny *cinsel organlar* sex organs, the sexual organs *cinsel özellik* sexual characteristic *cinsel sapıklık* sexopathy *cinsel üreme* sexual reproduction *cinsel üreyen* gamogenetic *cinsel yolla geçen* venereal

cinsi sexual

cinsiyet sex *cinsiyet belirlenmesi* sex determination *cinsiyet hormonları* sex hormones *cinsiyeti belirsiz* asexual *cinsiyetini belirtmek* to sexualize *cinsiyet kromozomu* heterochromosome, sex chromosome *cinsiyet organları* genitalia

cinsiyetsiz agamic, neuter, sexless *cinsiyetsiz hücre* agamete

cipsit gibbsite

cirostat gyrostat

cirostatik gyrostatic *cirostatla ilgili* gyrostatic

cisim body, substance *cisimlerin mukavemeti* strength of materials

cismin yaydığı radyoaktivite ölçümü scintigram

civciv chick *civciv çıkarma* hatch, incubation *civciv çıkarmak* to hatch, to incubate

coğrafi geographic *coğrafi olarak* geographically *coğrafi yapı* fundament

coğrafya geography

coğrafyacı geographer

Compton Compton *Compton etkisi* Compton effect *Compton olayı* Compton effect

cumbalı salient

Curie noktası Curie point

Curie sıcaklığı Curie point

cüce nanous *cüce selvi* retinispora

cücelik hypopituitarism, microsomia, nanism

cücük anlage, embryo

cüret cheek

cüruf regulus, scoria *cüruf konisi* cinder cone

cüzam leprosy

cüzamlı leprous *cüzam ağacı* chaulmoogra, chaulmugra

cüzi narrow

Ç

çaba effort, nisus

çabuk quick; quickly *çabuk buharlaşma* volatilization *çabuk çökelir* lyophobic *çabuk geçen* transient *çabuk irkilir* irritable *çabuk katılaşır çimento* quick-setting cement *çabuk kırılır* labile, (maden) short *çabuk patlar madde* high explosive *çabuk solan* fugacious,

sensitive *çabuk tahriş olur* irritable
çaçabalığı sprat
çadır tent
çağ age, period, stage
çağrışım association
çakıl pebble *çakıl taşı* pebble *çakıl yatağı* gravel pit
çakılı fixed; fastened *çakılı nokta* fixed point *çakıllı göktaşı* chondrite
çakım scintillation
çakırdiken eryngo
çakmak to stick *çakmak kaya* novaculite
çakmaktaşı chert, flint, silex
çakmaktaşlı cherty
çalı bush, shrub *çalı fasulyesi* bush bean *çalı gibi* frutescent, shrubby *çalıya benzer* frutescent, fruticose *çalılar* shrubbery
çalıhorozu capercaillie
çalılı shrubby
çalılık shrubbery *çalılık yer* covert
çalımsı shrubby
çalınmak to ring
çalışma work, (organ) action
çalışmak to function, to work
çalıştırmak to run
çalkantılı turbid
çalmak to sound, (zil) to ring
çam pine *çam ağacı* pine *çam budağı* pine knot *çam familyasından* pinaceous *çam gibi* piney *çam katranı* pine tar *çam kozalağı* pine cone, strobile *çam sakızı* colophony *çam yaprağı* pine needle
çamaşır wash *çamaşır sodası* washing soda, sodium carbonate *çamaşır tozu* bleaching powder
çamfunda retinispora
çamlık pinery, piney

çamsakızı resin, rosin
çamukabalığı smelt
çamur clay, mud *çamur havuzu* clay pit *çamur yılanı* coral snake, mud snake
çamurcun teal
çamurlu limicolous, turbid
çamurluk slough
çan bell *çan biçiminde* bell-shaped *çan biçimli* campanulate *çan biçimli kavanoz* bell-jar *çan hayvanı* vorticella *çan karanfili* bladder campion *çan şeklinde* campanulate
çanak calice, calicle, calyx, dish, hull, pan, vessel *çanak biçimli oluşum* calyculus *çanak gibi* calycinal, calycine *çanak ile ilgili* calyceal *çanak likeni* manna lichen
çanakçık calycle *çanakçık biçimli* calycular
çanakçıklı calyculate, chlamydeous
çanaklı having a bowl *çanaklı bitkiler* skullcap
çanaksı calyceal, calyciform, calycinal, calycine
çanaksız acalycine
çanakyaprak sepal
çanakyapraklı sepalled, sepalous
çanakyapraksı sepaloid
çançiçeği rampion, bell flower, scilla
çançiçekli campanulaceous
çanta bag
çap bore, diameter, gauge *çap ile ilgili* diametral
çapak burr
çapar albino
çapraşık complex, prickly
çapraz diagonal *çapraz bağ* cross-link *çapraz dölleme* cross-fertilization *çapraz döllemek* to cross-fertilize *çapraz döllenme* xenogamy *çapraz*

gagalı metagnathous **çapraz gen oluşturma** recombination **çapraz katmanlaşma** cross bedding **çapraz kesit** transection **çapraz tabakalaşma** cross bedding **çapraz tozaklaşma** cross-pollination, exogamy, exogenous **çapraz tozlaşma** allogamy, cross-pollination

çaprazlama chiasma, transverse

çaprazlanma crossing-over

çaprazvari decussate **çaprazvari kesme** decussation

çapsal diametral

çapulcu predatory

çarçur etmek to waste

çardak arbor

çare antidote, way, solution

çark wheel, propeller **çark düzeni** wheelwork

çarpan factor, (kalp) palpitant **çarpan ile ilgili** factorial **çarpanlarına ayırmak** to expand

çarpı multiplied by **çarpı işareti** X

çarpık contorted, twisted

çarpıklık distortion

çarpım product

çarpıntı palpitation

çarpıntılı palpitant

çarpışma collision **çarpışma iyonizasyonu** impact ionization **çarpışma iyonlaşması** collision ionization

çarpma impact, saltation **çarpma basıncı** impact pressure **çarpma dalgası** shock wave **çarpma deneyi** impact test

çarpmak (elektrik) to shock, (kalp) to palpitate, to pulse

çatal fork **çatal boynuz** antler **çatal** ramose **çatal dişi** tine **çatal gibi**

furcal **çatal kuyruklu sinekkapan** scissortail

çatalağız delta

çatallanmış furcate

çatallaşma dichotomy

çatallaştırmak to bifurcate

çatallı distichous, divaricate, furcal, furcate, ramous, ramulus **çatallı kuyruk** forficate **çatal yılan dili** forked tongue

çatı roof, voice **çatı tümseği** (erkek) mons pubis

çatırdamak to crack

çatırdatma crackle

çatırdatmak to crack, to crackle

çatırtı crackle

çatlak break, cleft, crack, cut, displacement, fissure, fracture, leak, loculicidal, rift, rima, split, tear

çatlakkaya septarium

çatlaklı interstitial, jointed, rimose

çatlama cleavage, dehiscence, fission

çatlamak to crack, to fault, to fissure, to fracture

çatlamış cut

çatlanmak to fissure

çatlatmak to crack, to crackle, to split

çatlayabilir fissile

çatlayan dehiscent

çavdar rye; darnel **çavdar hastalığı** ergotism

çavdarmahmuzu ergot

çavuş balığı sergeantfish

çay tea; brook, streamlet **çay alabalığı** brookie **çay familyasından** theaceous **çay fidanı** tea

çaydanlık kettle

çayır cocksfoot, field, grass, meadow, pasture, verdure **çayır başakçığı** locusta **çayır bilimi** agrostology

çayırbiti billbug

çayırgillerden poaceous
çayırkuşu grassquit
çayırmantarı meadow mushroom, agaric
çehre feature, pan
çekici attractive *çekici güç* attractive power *çekici kas* agonist
çekicilik attraction, attractivity
çekiçkemiği malleus
çekik contracted *çekik çeneli* opisthognathous *çekik çenelilik* opisthognathism
çekilgenlik recessiveness
çekilmek to stand
çekim attraction, takc *çekim kuvveti* force of gravity, gravitation, gravity *çekim merkezi* centre of attraction
çekinik recessive *çekinik gen* recessive gene *çekinik özellikler* recessive characteristics
çekiniklik recessiveness
çekirdek core, nucleus, pit, putamen, seed, spore *çekirdeğe benzeyen* nucleoid *çekirdek bilimi* nucleonics *çekirdek bilimi ile ilgili* nucleonic *çekirdek bireşimi* nucleosynthesis *çekirdek çıkarmak* to enucleate *çekirdek dışı* extranuclear *çekirdek dışı hücre protoplazması* cytosome *çekirdek içi* kernel *çekirdek içinde olan* intranuclear *çekirdek ile ilgili* nucellular *çekirdek kabuğu* putamen *çekirdek kaynaşması* karyogamy *çekirdek kılıfı* locule, loculus *çekirdek maddesi* karyotin *çekirdek maddesi olmayan* apyrene *çekirdek olmayan* apyrene *çekirdek özsuyu* karyenchyma, karyolymph, nucleoplasm *çekirdek özü* karyoplasm, nuclein *çekirdek*

parçacığı baryon *çekirdek parçalanması* nuclear fission *çekirdek plazması* karyolymph, karyoplasm, nucleochylema, nucleoplasm *çekirdek proteini* nucleoprotein *çekirdek sıvısı* nuclear sap *çekirdek yakınındaki küçük cisimcik* paranucleus *çekirdek zarı* nuclear membrane, endocarp, karyotheca
çekirdekçik nucleolus *çekirdekçik oluşturan* nucleolar
çekirdekçikli nucleolate(d)
çekirdekli angiospermal, angiospermous, grainy, nuclcate(d), putaminous *çekirdekli bitki* angiosperm *çekirdekli genç eritrosit* normoblast *çekirdekli hücreler* karyota *çekirdekli meyve* stone fruit
çekirdeksel nuclear *çekirdeksel asıltı* nuclear emulsion *çekirdeksel bölünüm* nuclear fission *çekirdeksel elektron* nuclear electron *çekirdeksel güç* nuclear power *çekirdeksel izomeri* nuclear isomerism *çekirdeksel kuvvetler* nuclear forces *çekirdeksel sayı* nuclear number *çekirdeksel tepkime* nuclear reaction *çekirdeksel yapı* nuclear structure *çekirdeksel yük* nuclear charge *çekirdeksel zincir tepkimesi* nuclear chain reaction
çekirdeksiz enucleate, seedless *çekirdeksiz meyveli* berried
çekme shrinkage *çekme kuvveti* attraction *çekme yapı* shrinkage
çekmen acetabulum, sucker, sucking disc
çelasyon chelation
çele silicle, siliqua *çeleye benzeyen*

siliquose, siliquous
çeleli siliculose, siliquaceous, siliquose, siliquous
çelenk coronal
çelik cutting, steel *çeliğe dönüşen ergimiş demir* bath *çelikten yapılmış* steely
çelikbaş alabalık steelhead
çelişik antithetic
çember ring *çemberin dörtte biri* quadrant
çemberimsi rotiform
çembersel cycloid *çembersel ucaylanma* circular polarization
çene chin, jaw *çene altında* submental *çene atardamarı* maxillary artery *çene balığı* plectognath *çene ile ilgili* genial, gnathic *çene kası* masseter *çene kasılması* trismus *çene kasılmasıyla ilgili* trismic *çene kasıyla ilgili* masseteric *çenek biçimli* cotyledonous *çenek ek yeri* suture *çene kemiği* jawbone, maxilla *çene kemiği ile ilgili* maxillary *çene kemikleri arası ile ilgili* intermaxillary *çene ucu* gnathion, gonion *çeneyi kapatan kas* temporal muscle
çenealtı dimple, dewlap, hypocotyl *çenealtı bezi* maxillary gland
çeneayağı maxilliped
çenek cotyledon, seed leaf *çeneklerin birleşme yeri* commissure
çenekli cotyledonous
çeneksel cotyledonary
çeneksiz acotyledonous *çeneksiz bitki* acotyledon
çeneli having a chin\jaw *çeneli hayvan* gnathostome
çengel barb, holdfast *çengel biçiminde*

falciform, hamate *çengel biçiminde el kemiği* hamate bone *çengel biçimli* hamular *çengel biçimli çıkıntı* hamulus, uncinus *çengel biçimli organ* uncus
çengelli barbed, hamate, unciform, uncinate *çengelli solucan* hookworm
çentik crenation, crenature, dentation, emargination, peristome, serration, serrature, (yaprak) incision *çentik biçimli yara* fonticulus
çentikli crenelled, crenulate, dentate, denticulate(d), emarginate(d), laciniate, serrate, serrated, serriform *çentikli yaprak* dentate leaf
çentiklilik serration, serrature
çeper membrane, wall, paries *çeper basıncı* wall pressure
çerçeve skeleton
çeşit allotrope, class, diversity, genus, order, rate, type, variety
çeşitleme variation
çeşitlendirmek to vary
çeşitli diversified, varied, variegated, varietal *çeşitli besin yiyen* polyphagous *çeşitli çiftleşme* polygamy *çeşitli renkte silikat cevheri* tourmalin(e) *çeşitli tarım* mixed farming
çeşitlilik diversity, multiplicity, variegation
çetrefil dense, prickly
çevik sappy
çeviklik sappiness
çevirgeç commutator
çevirmek to girdle
çevre environment, perimeter, periphery, region *çevre bilimi* environmental science *çevre çizgisi* contour *çevrede bulunan* peripheral

çevreden merkeze iletim yapan axipetal **çevre gelişimi bilgisi** euthenics **çevre kaya** rimrock **çevreye uyan** mimetic **çevreye uydurmak** to naturalize **çevreye uyma** mimicry **çevreye uyma yeteneği** adaptability to environment **çevreye uymak** to specialize **çevreye uymuş** tropophilous **çevreye uyumlu** facultative

çevrebilim ecology, bionomics

çevrebilimsel bionomic, bionomical, ecological

çevrel contour **çevrel yapraklar** verticillate leaves

çevrem whorl

çevremli whorled

çevren horizon

çevreölçer perimeter

çevresel ekistic, environmental, peripheral, vicinal, zonular **çevresel alt tür** ecotype **çevresel geçiş bölgesi** ecotone **çevresel radyoaktivite** environmental radioactivity

çevreteker pericycle

çevriliş twirl

çevrilmek to twirl

çevrim cycle **çevrim eğrisi** cycloid

çevrimsel cyclic

çevrimsellik cyclicity

çevrimsiz acyclic

çeyrek quarter **çeyrek daire** quadrant

çıban boil **çıban kurdu** hydatid

çıkan anadromous, emergent

çıkaran egestive

çıkarma egestion, elimination

çıkarmak to abstract, to derive, to take

çıkık projectile, (organ) exsert(ed) **çıkık alın** protruding forehead **çıkık kemik** dislocation

çıkıntı apophysis, calcar, caruncle, emergence, eminence, excrescence, offset, process, projection, promontory, protrusion, protuberance, ramus, spur, umbo, (kuş ayağında) spur **çıkıntı yapan** outstanding, protruding

çıkıntılı apophysate, calcarate(d), exsertile, protuberant, salient, torose, tumid, umbonate(d) **çıkıntılı dudak** protruding lips

çıkıntısal manubrial

çıkış exit; climb **çıkış yeri** origin

çıkmak to climb, to run, (diş) to erupt

çıkmaz (sokak) blind

çıktı output

çılgın wild, psychotic

çınar plane **çınar ağacı** button tree

çıngırak bell

çıngıraklıyılan rattlesnake

çınlamak to ring

çınlanım resonance **çınlanım nötronu** resonance neutron

çınlatmak to ring

çıplak naked, nude **çıplak elektrik iletkeni** bare conductor **çıplak göz** the naked eye **çıplak gözle görülebilen** macroscopic **çıplak gözle görülemeyen küçük hayvan** animalcule **çıplak gözle muayene** macroscopy **çıplak heykel** nude **çıplak hücreler** gymnocyte **çıplak iletken** bare conductor **çıplak meyveli** gymnocarpous **çıplak tohumlu** gymnospermous **çıplak tohumlu bitki** cycad **çıplak tohumluluk** gymnospermy

çırçır (balık) wrasse

çırpıcı chipper; bleacher, fuller **çırpıcı kili** fuller's earth

çırpınma fibrillation
çiçek bloom, blossom, flower *çiçeğin*
çan biçimli yeri bell *çiçeğin ercik*
organları androecium *çiçek açan*
efflorescent, inflorescent *çiçek açan*
kısım inflorescence *çiçek açma*
flower, florescence *çiçek açmak* to
bloom *çiçek açmış* flowering, in
bloom, in flower *çiçek başı*
anthodium, capitellum, capitulum
çiçek başlığı calypter, calyptra *çiçek*
çanağı çevresine dizili perigynous
çiçek demeti inflorescence, thyrse
çiçek dişilik organı sapı style *çiçek*
dökümü defloration *çiçek durumu*
inflorescence *çiçek esansı* essential
oil *çiçek hastalığı* variola, (inekte)
vaccinia *çiçek hastalığı izi* pock *çiçek*
hastalığının yüzde bıraktığı iz pit
çiçek ile ilgili floral *çiçeklerin açılma*
hali\süresi anthesis *çiçek örtüsü*
perianth *çiçek örtüsü bulunmayan*
achlamydeous *çiçek özü* essential oil
çiçek salkımı raceme *çiçek sapı*
footstalk, pedicel, peduncle, shank
çiçek soğancığı bulbil *çiçek soğanı*
bulb, corm *çiçek tablası* thalamus,
torus *çiçek vermek* to blossom *çiçek*
yaprağı bract *çiçek yaprağının*
dizilişi (tomurcuk) estivation *çiçek*
zarfı calyx, perianth, receptaculum
çiçekbozuğu variole
çiçekçik floret
çiçekçilik horticulture
çiçeklenme blossom, efflorescence,
florescence
çiçeklenmek to effloresce, to flower
çiçeklenmiş floriferous, in blossom
çiçekli flower-bearing, flowering,
floriferous, in flower, phanerogamic,

phanerogamous *çiçekli bitki* flowering
plant, phanerogam *çiçekli bitkiler*
flowering plant *çiçekli bitkiler*
familyası phanerogamia *çiçekli*
dişbudak flowering ash *çiçekli*
sürgün spur
çiçeklik thalamus, torus
çiçeksiz nonflowering
çiçektozu pollen, microspore *çiçektozu*
borusu pollen tube *çiçektozu demeti*
pollinium *çiçektozu dışzarı* extine
çiçektozu içzarı intine *çiçektozu*
kesesi pollen sac *çiçektozu kümesi*
pollen mass *çiçektozu sepeti* corbicula
çiçektozu üreten polliniferous
çiçektozuyla ilgili pollinic
çift binary, binate, didymous, diploid,
double, dual, dyad, geminate, jugate
çift akciğerli (balık) dipnoan *çift*
atomlu molekül diatomic molecule
çift ayaklıgiller ile ilgili amphipod
çift ayaklılar amphipod *çift bağ*
double bond *çift bazlı* dibasic *çift*
bazlı asit dibasic acid *çift biçim*
dimorph *çift biçimli* dimorphic,
dimorphous *çift biçimlilik*
dimorphism *çift boynuzlu* bicornate,
bicornuate *çift cinsiyetli* bisexual *çift*
çatallı bifurcate *çift çekirdekli*
dikaryon, dispermous *çift çenekli*
bitki exogen *çift çentikli* biserrate *çift*
çevremli bicyclic *çift çevrimli*
bicyclic *çift-çift çekirdek* even-even
nucleus *çift delikli* biforate *çift*
dışbükey biconvex *çift dilimli*
bipinnate *çift dizili* distichous *çift*
döllenme double fertilization *çift*
dudaklı bilabiate *çift dudaksıl*
bilabial *çifte bozunma* double
decomposition *çifte bozunum*

363 çilli

metathesis *çift eksenli kristal* biaxial crystal *çift eşeyli* gynandromorph, gynandromorphous, hermaphrodite, hermaphroditic, homothallic, monoecious, synoicous *çift eşeylik* monoecism *çift eşeylilik* gynandromorphism, gynandry, hermaphroditism, synoicousness *çift eşeysel* heterosexual *çift eşizleme* racemization *çift eşizlemek* to racemize *çift eşizli* racemic, racemiferous *çift etkili* amphoteric *çift gametli bitki* zygophyte *çift gametli tohum* zygospore *çift gebelik* superfetation *çift görevli* bifunctional *çift görme* diplopia, double vision *çift gözenekli* biforate *çift halkalı* bicyclic *çift helis* double helix *çift hidroksilli* diol *çift içbükey* biconcave *çift içbükeylik* biconcavity *çift kabuklu* bivalve, bivalvular, ostracod *çift kamçılı* biflagellate *çift kanatlı* dipterous *çift kanatlı böcek* dipteron, dipteran *çift kanatlı böcekler* diptera *çift kapsüllü* bicapsular *çift katman* double layer *çift kırılım* double refraction *çift kırılma* birefringence, double refraction *çift kırma* birefringence *çift kıvrımlı* sigmoid *çift kirpikli plankton* dinoflagellate *çift kristal* bimorph *çift kromozomlu* diploid; bivalent chromosome *çift küresel bakteri* diplococcus *çift makaralı palanga* double tackle *çift mercekli* bifocal *çift moleküllü* bimolecular *çift odaklı* bifocal *çift oluklu* bisulcate *çift parmaklı* artiodactyl, even-toed, zygodactylous *çift parmaklı ile ilgili* artiodactylous *çift parmaklılar* Zygodactylae *çift*

parmaklılık zygodactylism *çift rahimlilik* dimetria *çift rakamlı* double-digit *çift renkli* dichroic, dichromic *çift renklilik* dichroism *çift sporlu* heterosporous *çift sporluluk* heterospory *çift sürme* tillage *çift sürmek* to till *çift tabaka* double layer *çift-tek çekirdek* even-odd nucleus *çift tekerli* bicyclic *çift tuz* double salt *çift ucay* dipole *çift üremli* bivoltin(e) *çift valanslı* bivalent *çift vuruşlu* (nabız) dicrotic *çift yaprak* jugum *çift yaprakçıklı* auricled, bifoliolate *çift yapraklı* bifoliate, diphylous, jugate *çift yer değiştirme* double substitution *çift yönlü* bidirectional
çiftleşme copulation, pairing *çiftleşme ile ilgili* copulative, copulatory *çiftleşmemiş elektron* unpaired electron *çiftleşme organları* copulatory organ *çiftleşme oyunu* display *çiftleşmeyle üreme* gamogenesis
çiftleştirmek to breed
çiftli diploidic, paired
çiftlik farm *çiftlik hayvanı yetiştirmek* to stock *çiftlik hayvanları* stock
çiğ raw *çiğ noktası* thawing point
çiğlendirici condensing
çiğneme manducation
çiğnemek to chew *çiğnenecek* masticatory *çiğnenerek alınan* masticatory *çiğneyip parçalayan* molar
çiklet gum
çil macula solaris, speckle
çilek strawberry *çileğe benzer* baccate *çilek biçiminde* bacciform
çilkuşu francolin
çilli speckled

çim germen
çimen grass, green, meadow, verdure
çimen gibi gramineous *çimen yaprağındaki ince zar çıkıntı* ligule
çimenimsi gramineous
çimento cement *çimento betonu* concrete
çimentolamak to cement
çimlendirmek to malt
çimlenebilir germinative
çimlenme blastogenesis, germination *çimlenme kapasitesi* germination capacity *çimlenme plazması* germ plasm
çimlenmek (tohum) to germinate, to sprout *çimlenmiş arpa* malt
Çin Chinese *Çin çayı* hyson *Çin ramisi* ramie *Çin keneviri* ramie
çingülü kerria
çini china, porcelain *çini cevheri* petuntse *çini ile ilgili* porcellanous
çinko (simgesi Zn) zinc, zincum *çinko alüminat* gahnite *çinko asetat* zinc acetate *çinko asidi* zincate *çinko beyazı* zinc oxide, zinc white *çinkodan türeyen* zincic *çinko içeren* zinciferous *çinko kaplama* zincification *çinko kaplamak* to zincify *çinko karbonat* zinc carbonate *çinko klorür* zinc chloride *çinko kütüğü* zinc bloom *çinko oksit* zinc oxide *çinko stearat* zinc stearate *çinkosuz metilen mavisi* medicinal blue *çinko sülfat* white vitriol, zinc sulfate *çinko sülfit* blende *çinko sülfür* zinc sulfide *çinko sülfür cevheri* sphalerite, zincblende *çinko üstübeci* lithopone, zinc oxide *çinko zehirlenmesi* zincalism
çinkolama zincification

çinkolamak to zincify
çinkolu zincic, zinciferous, zincky
çinkotaşı zincite
çise serein
çisenti serein
çiş urine
çit fence
çitsarmaşığı bindweed, columbine
çivi nail *çivi biçiminde* claviform
çivili spiky
çivit indigo *çivit boyası* indulin(e) *çivit mavisi* indigotin *çivit rengi* indigo, indigotin
çivitimsi (boya) indigoid
çivitlemek to blue
çivitotu anil, indigo
çiy dew *çiy noktası* dew point *çiy noktası higrometresi* dew-point hygrometer
çiyseme noktası dew point
çizelge chart *çizelge halinde* tabular
çizge graph
çizgesel graphical *çizgesel yöntem* graphical method
çizgi streak, striation, stripe *çizgi çizme aleti* tracer *çizgi izgesi* line spectrum *çizgi spektrumu* line spectrum
çizgili banded, streaked, striate(d), striped, vittate *çizgili akvaryum balığı* scalare *çizgili ispinoz* zebra finch *çizgili karıncayiyen* banded anteater *çizgili kas* skeletal muscle, striated muscle, voluntary muscle
çizgisel linear
çizik striation
çocuk child; juvenile, scion *çocuk diş bakımı* pedodontics *çocuk doğurmamış* nonparous *çocuk doktorluğu* pediatrics *çocuk doktoru* pediatrist *çocuk düşürme* abortion

çocuk düşürmek to abort **çocuklar** children, brood
çoğalan excrescent, growing
çoğalma duplication, growing, propagation, reproduction
çoğalmak to accrete, to reproduce
çoğaltma reproduction
çoğaltmak to duplicate, to reproduce
çoğuz polymer **çoğuz doğuran** multiparous **çoğuz parçalama** depolymerization
çoğuzlaşma polymerization
çoğuzlaştırmak to polymerize
çoğuzluk polyembryony, polymerism
çok very; too; many; much; abundant
çok acıkmış starved **çok aç** ravenous
çok açılı polyangular **çok ağızlı** polystomatous **çok aksonlu sinir hücresi** polyaxon **çok atomlu** polyatomic **çok ayaklı** diplopodic, myriapodous **çok ayaklı böcek** myriapod **çok ayaklı hayvan** diplopod **çok ayaklılar** dibranchiate **çok az etkili** oligodynamic **çok az miktarda rastlanan öğe** microclement **çok bazlı** polybasic **çok bazlılık** polybasicity **çok biçimli** pleomorphous, polymorphic **çok biçimli kristal** polymorph **çok biçimli organizma** polymorph **çok biçimlilik** pleomorphism, pleomorphy, polymorphism **çok bileşenli** multicomponent **çok bol olmak** to overflow **çok boyutlu** multidimensional **çok bölmeli** multilocular **çok bölümlü** multipartite **çok büyük** titanic, voluminous **çok büyük alan** areola **çok çalışmak** to bone **çok çanak yapraklı** polysepalous **çok çekirdekli** multinucleate, polynuclear, polynucleate **çok**

çekirdekli akyuvar polynuclear leucocyte **çok çenekli** polycotyledonous **çok çenekli bitki** polycotyledon **çok çevremli** polymerous **çok çıkıntılı** multicuspidate **çok çiçekli** many-flowered, multiflorous **çok çocuk doğurma** pluriparity **çok dallı** ramose **çok değerli** polyvalent **çok değerlilik** polyvalence **çok delikli** polyporous **çok derin** abyssal **çok dilimli** multifid **çok dişli** multidentate **çok düşük sıcaklık sağlayan kap** cryostat **çok eğimli kaya** anticlinorium **çok eksenli** pluriaxial **çok eksenlilik** multiparity **çok embriyonluluk** polyembryony **çok ercikli** polyandrous **çok erciklilik** polyandry **çok eşeyli** polygamous, **çok eşli** polygynous **çok fazlı** polyphase **çok geniş açılı** pantoscopic **çok geniş açılı mercek** pantoscope **çok gözlü** multilocular **çok halkalı** polycyclic **çok halkalı bileşik** pyrimidine **çok hidrojenli** polybasic **çok hidroksilli** polyhydric **çok hücreli** metazoic, polycellular, multicellular **çok hücreli hayvan** metazoon **çok hücreliler** Metazoa **çok ısıtmak** to ignite **çok ince** capillary **çok ince nesnelerin kalınlığını ölçen alet** pachymeter **çok işeme** polyuria **çok işlevli** polyfunctional **çok kademeli motor** compound engine **çok kamçılı organizma** polymastigote **çok kapakçıklı** multicuspidate, multivalvular **çok kapakçıklı yumuşakça** multivalve **çok karpelli** polycarpellary **çok katlı** laminated **çok katlı tümlev** multiple integral **çok katmanlı** multilayered **çok kenarlı**

multilateral *çok kıllı (halkalı kurt)*
polychaete *çok kısa* ultrashort *çok
kısa dalga* ultrashort wave *çok kısa
saplı* acaulescent, acauline, acaulous
çok kısımlı multiple *çok kristalli*
polycrystalline *çok kromozomlu*
polyploidic *çok kromozomlu hücre*
polyploid cell *çok kromozomlu olma*
polyploidization *çok kromozomluluk*
polyploidy *çok kutuplu hücre*
pluripolar *çok loblu* multilobate(d)
çok merkezcil polycentric *çok
miktarda* voluminous *çok moleküllü*
polymolecular *çok nodüllü*
multinodular *çok oynak eklemli*
double-jointed *çok öfkeli* rabid *çok
önemli* vital *çok parçalı* polymerous
çok parmaklı polydactylous *çok
parmaklı hayvan* polydactyl *çok
parmaklılık* polydactylism *çok petalli*
polypetalous *çok poliplilik* polyposis
çok renkli pleochroic, polychromatic,
polychrome, polychromic,
versicoloured *çok renklilik*
pleochroism, polychromatism *çok
sayıda çift bağ içeren bileşik* polyene
çok sayıda küçük kamçı
paraflagellum *çok sayıda tümör
oluşumu* oncosis *çok sıcak kuşak*
torrid zone *çok soğuk* freezing *çok
solgun* waxen *çok soylu* polygenetic,
polyphyletic *çok soyluluk* polygenesis
çok spermle döllenme polyspermic,
polyspermy *çok spermlilik*
polyspermy *çok sporozoit üreten*
polyzoic *çok süt yapımı* superlactation
çok şaşırtmak to shock *çok şekil*
allomorph *çok şekilli* allomorphic,
multiform, pleomorphic, polymorphic,
polymorphous *çok şekillilik*

allomorphism *çok tabakalı*
multilayered *çok taçyapraklı*
polypetalous *çok taçyapraklılık*
polypetaly *çok talkımlı* polychasial
çok talkımlılık polychasium *çok
tırnaklı* fissiped, fissipedal *çok uçlu*
multiple *çok ufak* microscopic *çok
üretken* multigerm *çok ürünlü*
polycarpic *çok ürünlülük* polycarpy
çok valanslı multivalent, polyvalent
çok valanslılık multivalence *çok yanlı*
multilateral *çok yapımlı*
heterogeneous *çok yapraklı*
multifoliate *çok yavrulama*
multiparity *çok yavrulayan*
multiparous *çok yeme* polyphagia *çok
yetenekli* versatile *çok yormak* to jade
çok yönlü multiple, protean, versatile
çok yönlülük versatility *çok yüzlü*
polyhedral, prismatic *çok zararlı*
venomous *çok zehirli beyaz kristal
alkaloid* brucine *çok zehirli uçucu
sıvı* phosgene
çokeşli polygamous
çokeşlilik polygamy
çokgen polygon *çokgen biçimli*
polygonal
çokgözeli multicellular
çokkarılı polygamous, polygynous
çokkarılılık polygamy
çokkocalı polyandrous
çokkocalılık polyandry
çokkutuplu multipolar
çoklu multiple *çoklu doymamış*
polyunsaturated *çoklu doymamış yağ
asitleri* polyunsaturated fatty acids
çoklu etkenler multiple factors *çoklu
melez* polyhybrid *çoklu melezlik*
polyhybridism *çoklu sinir iltihabı*
polyneuritis

çokluk multiplicity
çöktürel heterogeneous *çöktürel denge*
heterogeneous equilibrium *çöktürel*
tepkime heterogeneous reaction
çokyapımlı inhomogeneous
çokyarıklı multifid
çolpan tümseği (kadın) mons veneris
çomak stick *çomak biçiminde* claviform
çomak biçimli rodlike *çomak biçimli*
bakteri acetobacter *çomak hücre*
basidium *çomak hücre sporlu*
basidiosporous *çomak hücreli mantar*
sporu basidiospore *çomak hücresel*
basidial *çomak hücresi* rodlike cell
çomak parmak clubbed finger *çomak*
şeklinde clubbed
çomakcan bacterium
çomakcankıran bactericide
çomakcanöldürücü bactericidal
çomakcanyiyen bacteriophage
çomakgöz ommatidium
çomaksı bacillary, clavate, rodlike
çomaksı bakteri bacillus
çopur pit, pock
çopurlaştırmak to pit
çorak barren
çoraklık barrenness
çökel precipitate, sediment
çökelebilir precipitable
çökelme gravitation, illuviation, precipitation, sedimentation
çökelmek to precipitate
çökelmez nonsedimentable
çökelmiş illuvial, precipitated, sedimental, sedimentary
çökelten precipitin
çökelti deposit, eluvium, hypostasis, illuvium, magma, precipitate, residue, sediment, subsidence
çökeltici precipitant

çökeltilebilir precipitable
çökeltilebilirlik precipitability
çökeltili eluvial, illuvial, magmatic
çökeltme precipitation
çökeltmek to precipitate
çökme gravitation, subsidence
çöktüren precipitating
çöktürme precipitation *çöktürme ile*
ilgili precipitating *çöktürme*
kimyasalı precipitating agent
çöktürücü precipitant, precipitator
çökük hollow, rift valley, synclinal, (yaprak) retuse *çökük katman*
downfold, syncline
çöküntü depression, bend; sediment, deposits *çöküntü gölü* tectonic lake
çöküntü koyağı rift valley *çöküntü*
ovası depression *çöküntü vadisi* rift valley
çöküntüsel sedimental
çöl wilderness *çöl agaması* agama
çöllük arid
çömlek jar
çömlekçi potter *çömlekçi kili* ductile clay *çömlekçi kuşu* hornero
çöp litter, waste *çöp çekirge* walking stick *çöp fırını* incinerator *çöp yakma fırını* incinerator
çöpük bacterium
çöpükkıran bactericide
çöpüköldürücü bactericidal
çöpükyiyen bacteriophage
çöven soapwort
çövenotugillerden sapindaceous
çözelti liquor, solution *çözelti halinde* in solution
çözme resolution
çözmek to resolve
çözücü solvent *çözücü özütlemesi* solvent extraction

çözülebilme dissolubility
çözülemez irresolvable
çözülme degradation, thawing *çözülme noktası* thawing point
çözülmez indecomposable, insoluble
çözülmezlik insolubility
çözülür dissoluble
çözüm solution *çözüm kümesi* solution set
çözümleme analysis
çözümlemek to analyse
çözümlemeli analytic
çözümleyici analyst
çözümsel analytic, critical
çözünme solution
çözünmez insoluble
çözünmezlik insolubility
çözünür soluble
çözünürlük solubility *çözünürlük çarpanı* solubility product
çözüşebilir biodegradable
çözüşebilme biodegradability
çözüşme breakdown, decomposition, disaggregation, dissolution
çözüşmek to decompose, to disaggregate
çözüşmezlik insolubleness
çözüştüren decomposing, lytic
çözüştürme disaggregation, dissociation
çözüştürmek to break down into, to degrade, to disaggregate, to dissociate, to dissolve
çözüşüm dissociation *çözüşüm katsayısı* dissociation constant
çubuk bar, cane, wattle, switch, stick, stripe *çubuk bakteri* mycobacterium *çubuk biçiminde* baculiform *çubuk biçimli* rhabdoid, virgate *çubuk kamışı* switch cane
çubuksu bacilliform, baculiform *çubuksu bakteriler* brucella *çubuk*

şeklinde rod-shaped
çuhaçiçeği auricula, primrose
çuhaçiçeğigillerden primulaceous
çukur arytenoid, cavity, dished, fold, foramen, fossa, hole, hollow, pit, pothole, scyphiform, socket, vallecular, valleculate *çukur açmak* to dig, to pit
çukurcuk crypt, vallecula, variole, (organda) fovea *çukurcuk ile ilgili* foveal *çukur imleci* orbital index
çukurcuklu foveate, vallecular, valleculate, variolitic
çukurluk depression, scrobiculus
çukurumsu alveolar, glenoid(al)
çuval bag *çuvala koymak* to bag
çürük ecchymosis, putrid, (dişte) cavity *çürük gaz* waste gas
çürükçül saprophagous, saprophilous, saprozoic *çürükçül bitki* saprophyte *çürükçül ile ilgili* saprophytic *çürükçül miroorganizma* saprogen
çürüklük decay
çürüme corrosion, decay, decomposition, necrosis, putrefaction
çürümek to decay, to decompose, to putrefy, to sphacelate
çürümüş putrid *çürümüş madde* üzerinde yaşayan canlı saprophyte *çürümüş maddede olan* saprogenic, saprogenous *çürümüş yapraklar* litter
çürüntü ptomaine
çürüten corrosive, decomposing, putrefying, saprogenic, saprogenous
çürütmek to corrode, to decay, to decompose, to putrefy
çürüyebilir biodegradable
çürüyebilme biodegradability
çürüyen necrotic, necrototic

D

D2 vitamini calciferol
D3 vitamini cholecalciferol
dağ mountain *dağ bitkisi* mountain plant
dağ çiçeği rock plant *dağ gelinciği*
ferret *dağ maunu* mountain mahagony
dağ menekşesi gentianella *dağ sırası*
ridge *dağ silsilesi* mountain range *dağ*
yamacındaki taş yığını scree *dağ*
zinciri range
dağbilgisi orography, orology
dağbilgisel orological
dağbilimsel orographic
dağılım dispersal, distribution *dağılım*
eğrisi distribution curve *dağılım*
katsayısı partition coefficient
dağılımsal distributive
dağılma diffusion, disintegration,
dissemination, fragmentation
dağılmak to diffuse, to disintegrate, to
dissipate, to dissolve *dağılmış kaya*
claystone
dağınık adventitious, broad, diffuse,
dispersed, scattering, shaggy *dağınık*
çiçekli sparsiflorous *dağınık ışık*
diffused light *dağınık ışınım* stray
radiation *dağınık radyasyon* stray
radiation *dağınık salkımlı* panicled
dağınıklık litter
dağınım diffusion
dağıntı entropy
dağıtan dispersant, disperser, divisive
dağıtım distribution *dağıtım katsayısı*
(simgesi P) distribution coefficient
dağıtımsal distributive
dağıtma dispersal, dissipation,
distribution *dağıtma ızgarası*

dal

diffraction grating
dağıtmak to circulate, to dissipate, to
litter, (çıban\şişlik) to resolve
dağkeçisi chamois
dağlama etching *dağlama çözeltisi*
etching solution
dağoluş orogeny
dağoluşsal orogenetic, orogenic
dağsıçanı marmot, woodchuck
daha still
dahi genius
dahil included *dahil etmek* to include
dahil olmak to be included
dahili inner, inward, interior, internal
daimi perennial, permanent, persistent
daire chamber, circuit, ring *daire*
çizmek to wheel *daire halkası*
annulus, ring
dairemsi orbiculate *dairemsi yaprak*
orbiculate leaf
dairesel cycloid, gyrate, orbicular
dairesel cerrah testeresi trephine
dairesel dönmek to gyrate *dairesel*
kutuplanma circular polarization
dakika minute *dakikadaki soluk alma*
oranı respiration rate
dakiklik precision
daktilo typewriter *daktiloda yazmak* to
type *daktilo etmek* to type
dal arm, branch, limb, offshoot, wattle,
ramus, stick *dal budak salmak* to
creep, to deliquesce, to divaricate *dal*
budak salmış divaricate *dal çiçekli*
ramiflorous *dal gibi* ramiform, ramous
dallara ayıran divaricator *dallara*
ayırmak to branch *dallara ayrılma*
branching, divarication *dallara*
ayrılmak to ramify *dallara ayrılmış*
divaricate *dalları dikenli*
acanthocladous *dal özü* pulp

dalak spleen *dalağa ait* splenetic *dalağı*
çevreleyen perisplenic *dalağı*
etkileyen splenic *dalak büyümesi*
splenomegaly *dalak çevresi ile ilgili*
perisplenic *dalak iltihabı* lienitis,
splenitis *dalakla ilgili* lienal,
splenetic, splenic *dalak yakınına*
yerleşmiş parasplenic
dalakotu spleenwort
dalama irritation
dalamak (ısırgan) to urticate
dalayan prickly
dalayıcı irritating, irritative
daldıraç catheter
daldırma dip, immersion, (fidan) layer
daldırma aleti impinger *daldırma*
refraktometre dipping refractometer,
immersion refractometer
daldırmak to dip, to immerse, (fidan) to
layer
dalga wave, swell, undulation *dalga*
aşındırması abrasion *dalga boyu*
wavelength *dalga cephesi* wave front,
wave surface *dalga dalga* wavy *dalga*
dalga ilerleyen undulatory *dalga*
denklemi wave equation *dalga*
devinimi wave motion *dalga hareketi*
wave motion *dalga hızı* wave velocity
dalga katarı wave train *dalga*
kılavuzu wave guide
dalgacık wavelet, ripple
dalgakıran mole
dalgalandırmak to wave, to undulate
dalgalanma fluctuation, surge,
undulation
dalgalanmak to wave, to swell, to
surge, to undulate
dalgalı heavy, wavy, sinuate, undulant,
undulating *dalgalı akım* alternating
current *dalgalı zar* undulating

membrane, undulatory membrane
dalga sayısı wave number *dalga treni*
wave train *dalga uzunluğu*
wavelength *dalga yüzü* wave front,
wave surface
dalgıç diver *dalgıç ördek* diving duck
dalgıç refraktometre dipping
refractometer, immersion
refractometer
dalgıçböcek diving beetle
dalgınlık abstraction
dalış diving
dallandırmak to ramify
dallanma branching, divarication
dallanmak to branch, to divaricate, to
ramify *dallanmış karbon zinciri*
branched carbon chain
dallantı dendrite, dendron
dallantılı dendritic
dallı brachiate, branched, dendritic,
dendroid, ramified, ramiform *dallı*
budaklı arborescent, branched,
furcate, ramulus *dallı zincir* branched
chain
dalma absorption, diving, immersion
Dalton Dalton *Dalton kanunu\yasası*
Dalton's law
dam roof
damak palate, roof of the mouth *damak*
ameliyatı staphyloplasty *damak eteği*
velum *damak kemeri* palatine vault
damak kemiği palatine bone *damakla*
ilgili palatal, palatine *damak ve dil ile*
ilgili palatoglossal
damaksı palatal
damar duct, nerve, seam, sill, streak,
vas, vein, vena, vessel, (maden) run
damar açımı embolectomy *damar*
açma vasodilation *damar ağı* veining
damar bağı ligature *damar büzücü*

ilaç vasoconstrictor *damar büzücü*
kristalli protein serotonin *damar*
büzülmesi vasoconstriction *damardan*
intravenous *damardan ilaç verme*
transfusion *damardan kanama*
extravasation *damar daralması*
stenosis *damar demeti* vascular
bundle *damar doku* vascular tissue
damar düzeni vasculature, venation
damar genişleten ilaç vasodilator
damar genişletme vasodilatation
damar genişliğini düzenleyen
vasomotor *damar gibi* arterial, venous
damarı çevreleyen perivascular
damarı etkileyen vasoactive *damarın*
iç tabakası endangium *damar ışını*
vascular ray *damarı tıkayan pıhtı*
embolus, thrombus *damar içi telciği*
fibrinoid *damar içinde bulunan*
intraarterial *damar içinde olan*
intravascular *damar ile ilgili*
venational *damar kasılması*
vasomotion *damar kayacı* dike
damarla kaplı veiny *damar*
oluşturma veining *damar tabaka*
choroid *damar taşı* vein stone *damar*
tıkanıklığı embolism *damar tıkayan*
(ilaç) obstruent
damariçi intravenous
damarlanma venation
damarlaşma veining
damarlı grained, grainy, streaked,
vascular, vascularized, veined, veiny,
venose, venous *damarlı akik* onyx
damarlı bitki tracheophyte, vascular
plant *damarlı kereste* veined wood
damarlı mermer cipolin *damarlı*
odun veined wood
damarlılaşma vascularization
damarlılık vascularity, venosity,

venousness
damarsal vasal, vascular
damarsız nerveless, veinless
damıtık madde distilled *damıtık madde*
distillate
damıtılma distillation
damıtılmak to distill
damıtma distillation *damıtma aygıtı*
distillation apparatus *damıtma*
balonu distillation flask *damıtma*
öncesi predistillation *damıtma ürünü*
distillation
damıtmak to distill, to still
damızlık brood
damkoruğu yellow arsenic
damla dew, tear *damla biçimli* guttate
damlacık dew
damlaç burette
damlalık dripstone *damlalıklı şişe*
dropping bottle
damlama guttation
damlaölçer stactometer
damlataş stalactite
Daniell Daniell *Daniell higrometresi*
Daniell hygrometer *Daniell pili*
Daniell cell
danit dunnite
dansimetre densimeter
dansimetri densimetry
dar acute, clinging, narrow, stenosed
dar açı acute angle *dar burunlu*
maymun sınıfı catarrhine *dar geçit*
gut, narrow *dar görüşlü* narrow *dar*
tabanlı obverse *dar yapraklı* narrow-
leaved, stenophyllous
daralabilir contractile
daralım diastalsis
daralma shrinkage, stenosis
daralmak to narrow *daralmayla ortaya*
çıkan stenotic

daralmış stenosed
daraltıcı staltic, styptic
daraltmak to narrow
darbe blow, stroke, hit *darbe basıncı* impact pressure *darbe modülasyonu* pulse modulation *darbe testi* impact test *darbeye dayanma deneyi* impact test
darboğaz narrow
darı millet *darı gibi* miliary
dava action *dava etmek* to process
davranış air, behaviour, stand *davranış bilimi* ethology *davranış ile ilgili* behavioural *davranış modeli* behaviour pattern
davranışçılık behaviourism
davranışsal behavioural
davranma behaviour
davranmak to behave
dayanak backbone, rest
dayanan incumbent
dayanıklı long-lived, resistant, (renk) fast *dayanıklı blastula* statoblast
dayanıklılık wear, resistance, vis
dayanıksız fugacious
dayanıksızlık fugacity, instability, lability
dayanılmaz heavy
dayanım strength *dayanım testi* endurance test
dayanır tolerant
dayanırlık life, strength
dayanma wear, reclination *dayanma deneyi* endurance test *dayanma gücü* vitality
dayanmak to stand
debi discharge, run
dede progenitor
defne laurel, sweet bay *defne ağacı* daphne *defne meyvesi* waxberry

defnegiller benzoin, ericaceous, lauraceae
defnegillerden lauraceous
değer standard, value *değer biçmek* to measure, to rate, to value *değerdeş bağ* covalent bond *değerini düşürmek* to attenuate *değer kaybetme* shrinkage *değer vermek* to value
değerlendirme recycling
değerlendirmek to rate
değerli valuable *değerli metal* precious metal *değerli nesne* gem *değerli olmak* to rate *değerli şey* pearl *değerli taş* gem, gemstone
değerlik valence, valency *değerlik elektronu* valence electron
değersiz null, trivial
değirmen mill *değirmen çark yuvası* wheelrace
değirmentaşı burrstone, burstone
değişebilir metastable
değişik heteromerous, heteromorphous, variable, variant, varied *değişik biçim* variant *değişik çiçekli* diversiflorous *değişik değer almak* to vary *değişik renkli* heterochromous
değişiklik variance, variation, variety
değişim exchange, metastasis, transformation, variation
değişimcilik mutationism
değişimsel metastatic
değişke variance *değişke oran sınaması* variance ratio test
değişken mobile, protean, variable, variate, volatile *değişken mizaçlı* cycloid *değişken şey* variable
değişkenlik lability, mobility, variability
değişme fluctuation, mutation, variability, variance, variation
değişmek to mutate, to vary *değişme*

reaksiyonu exchange reaction
değişmez invariant, stationary, uniform
değiştiren modifying *değiştiren şey* modifier
değiştirge variometer
değiştirgeç commutator
değiştirici exchanger
değiştirilemez irreversible
değiştirim transformation
değiştirme exchange, interchange, transformation
değiştirmek to exchange, to interchange, to vary, (deri) to exuviate
değiş tokuş etmek to interchange
değme tangent
değnek cane, switch
deha genius
dehidrojenaz dehydrase
dehliz gallery
dehşet horror
dekalitre decalitre
dekstrin dextrin
dekstroz dextrose
delfinin delphinin(e)
delgi drill, perforator
deli psychotic
delice cockle
deliceotu ergot
delici perforator
delik aperture, bore, boring, foramen, hole, opening, orifice, perforation, socket, vent *delik açma* puncture *delik açmak* to hole, to perforate, to puncture
delikanlı adolescent, youth
delikli cribriform, cribrous, fenestrate, perforated *delikli mercan* madrepore *delikli mercan gibi* madreporic *delikli tespit çivisi* holdfast
deliklilik perforation
deliksiz imperforate

delilik psychosis
delinmiş perforated
delme boring, perforation, puncture, tresis
delmek to bore, to hole, to perforate, to puncture *delip geçme* penetration *delip geçmek* to perforate
delta delta *delta ışını* delta ray
demal silikat cordierite, iolite
demek istemek to mean
demeraj rezistansı starting resistance
demerol Demerol
demet bunch, aggregate, cluster, corymb, fasciation, mass, tuft *demet şeklinde* corymbose *demet yapmak* to tuft
demetçik fascicle
demetlemek to bunch
demetlerarası interfascicular
demetsi fasciated
demir (simgesi Fe) iron, ferrum *demir alaşımı* ferro-alloy *demir-alüminyum* ferro-aluminium *demir alüminyum silikat* staurolite *demir amonyum alumu* iron alum *demir amonyum sitrat* ferric ammonium citrate *demir amonyum tuzu* ferric ammonium salt *demir-arsenik sülfit cevheri* arsenopyrite, mispickel *demir asetat* ferric acetate *demir atmak* to moor *demir başlık* gossan *demir cevheri* iron ore, kidney ore *demir hidroksit* ferric hydroxide *demir içermeyen* nonferrous *demir ile ilgili* ferri *demir karbonat cevheri* chalybite, siderite *demir klorür* ferric chloride *demir köpük* iron froth *demir kromat* chromite *demir magnezyumlu* ferromagnesian *demir oksit* ferric oxide, ferrous oxide, iron oxide *demir*

oksit cevheri turgite **demir olmayan** nonferrous **demir siyanür** ferricyanide, ferrocyanide, prussiate **demir sülfat** ferrous sulfate, green vitriol, iron sulfate **demir sülfit** marcasite **demir tantalat** tantalite **demir taşı** ironstone **demir titanat** ilmenite **demir tozu** iron sand **demir üreten** ferriferous

demirböceği wireworm

demirgülü flosferri

demirhindi tamarind

demirli chalybeate, ferri, ferric, ferriferous, ferro-, ferrous, ferruginous **demirli göktaşı** siderolite **demirli krom** ferrochrome, ferrochromium **demirli metaller** ferrous metals **demirli protein** ferritin **demirli su** chalybeate water

demirsiz nonferrous

demiryolu railway **demiryolu makası** switch

demlendirilebilir infusible

demli strong

demografi demography

demografik demographic

dendrit dendrite

denegeleyici stabilizing

denektaşı touchstone, yardstick

deneme experiment, test, testing **deneme çalıştırması** test run **deneme işletimi** test run **deneme laboratuvarı** testing laboratory

denemek to test

deney test **deney kabı** test jar **deney odası** test chamber **deney tüpü** test tube **deney yapma** experiment **deney yapmak** make an experiment, to carry out an experiment

deneylik laboratory

deneysel empirical, experimental **deneysel araştırma** experimental research **deneysel bilimler** applied sciences **deneysel fizik** experimental physics **deneysel sonuç** empiricism **deneysel yöntem** empiricism

denge balance, equilibration, equilibrium, poise, stability, stasis **dengede tutmak** to balance **denge kurma** equilibration **denge potansiyeli** equilibrium potential **denge reaksiyonu** balanced reaction **denge sağlamak** to equilibrate **denge sağlayan** poiser **dengesini bozmak** to unbalance **denge tepkimesi** balanced reaction

dengeleç (böceklerde) balancer

dengeleme balancing, stabilization **dengeleme basıncı** equalizing pressure **dengeleme kolu** walking beam

dengelemek to balance, to equilibrate, to offset, to poise, to proportion, to stabilize

dengelenmek to poise, to stabilize

dengelenmiş stabilized

dengeleyen stabilizing; stabilizer, poiser

dengeleyici stabilizing **dengeleyici düzen** stabilizer **dengeleyici kuvvet** restoring force

dengeli balanced

dengelilik stability

dengesiz unbalanced, unstable, ataxic **dengesiz yürüme** ataxia

dengesizlik imbalance, instability, unbalance

dengetaşı statolith **dengetaşlı hücre** statocyst

deniz sea **deniz aşındırması** marine erosion **deniz bitkisi** seaweed **deniz**

derinliğini ölçme aleti bathometer
denizde yaşayan thalassic denizde
yüzen canlı organizmalar nekton
deniz dibi benthos deniz dibi canlıları
benthos deniz dibi deprem dalgası
tsunami deniz dibi ile ilgili benthal,
benthic, benthonic deniz direyi marine
fauna deniz faunası marine fauna
deniz florası marine flora deniz
gergedanı narwhale deniz haritası
chart deniz iğnesi lophobranch deniz
iğnesigillerden lophobranchiate deniz
iklimi maritime climate, oceanic
climate deniz ile ilgili maricolous,
marine, pelagic, thalassic deniz
kabuğu sea shell deniz kartalı ern
deniz kestanesi echinus deniz
kırlangıcı tern deniz kirpisi echinus
deniz lalesi crinoid deniz marulu ulva
deniz ördeği scaup deniz örümceği
pycnogonid deniz radarı sonar deniz
tarağı scallop deniz tutması
naupathia deniz tuzu marine salt
deniz yıldızı starfish
denizaltı underwater; submarine
denizaltı bitkileri submarine plants
denizaltında kalmış vadi submerged
valley denizaltında yetişen submarine
denizanası jellyfish, medusa denizanası
bedeni umbrella denizanasıgiller
hydrozoa denizanasının bütün
gövdesi hydrosome denizanasının
şemsiye kısmı pileus
denizatı hippocamp
denizaygırı hippocamp
denizbilim oceanography, oceanology
denizbilimsel oceanographic(al)
denizcilik navigation denizcilik ile ilgili
marine
denizlalesigillerden crinoid

denizlik (pencerede) sill
denizyosunu agar-agar, seaware,
seaweed
denk equivalent, homologous denk
gelmek to balance
denklem equation
denkleştirme balancing
denşirme denaturation
dentin dentine
deoksikortikosteron
deoxycorticosterone
deoksiribonükleaz deoxyribonuclease
deoksiribonükleik asit
deoxyribonucleic acid
deoksiriboz deoxyribose
depo receptacle, depot, store depo kök
tubercular root
deprem earthquake, seism
deprembilim seismology
deprembilimsel seismological deprem
dalgası seismic wave, seismic sea
wave, tidal wave deprem eğrisi
seismogram deprem merkezi seismic
centre
depremölçer seismometer
depremölçüm seismometry
depremsel seismic
depremsellik seismicity
depremyazar seismograph
depremyazım seismography
depresyon depression
dere brook, stream dere balığı killifish
dere iskorpiti bullhead
derece degree, grade, hierarchy,
measure, range, rate, scale, stage,
temperature derece çizgisi (alette)
graduation
dereceleme calibrating, calibration
derecelemek to calibrate
derecelendirme rating
derecelendirmek to grade

dereceli graduated *dereceli ölçü kabı* graduated measure *dereceli pipet* graduated pipette *dereceli şişe* measuring glass

dereotu dill

deri envelope, integument, pella, skin, tegument, tunic *deri değişimi* exuviation, molt, moulting *deri değişme* ecdysis *deri değiştirme hormonu* ecdysone, moulting hormone *deri gibi* dermatoid *deri hastalığı* dermatosis *deri hastalıkları uzmanı* dermatologist *deri ile ilgili* cutaneous, dermal, dermic, integumental, integumentary *deri iltihabı* cutaneous infection *deri kızarıklığı* efflorescence *deri mantarı* dermatophyte *derinin epidermis altındaki bölümü* enderon *derinin kaşıntılı kabarması* urtication *derinin sertleşmesi* scleroderma *derisi buruşmuş* gnarled *derisini yüzmek* to skin *deri veremi* lupus *deri yangısı* dermatitis *deriye ilaç yerleştirme* implantation *deriye işleyen* endermic *deriyi kurutan* xerantic *deri yoluyla* percutaneous, transcutaneous

derialtı subcutaneous *derialtı paraziti* subcutaneous parasite *derialtı yangısı* cellulitis *derialtında olan* subcutaneous

deribilim dermatology

derice dermatosis

dericik cuticle, pellicle

deriden coriaceous

derin heavy *derinde katılaşmış volkanik kaya* pluton *derin deniz bölgesi* pelagic zone *derin deniz çökeltisi* pelagic deposit *derin deniz dibi çukuru* abyss *derin derin*

düşünmek to brood *derin kayaç* batholith *derin su* aquifer *derin sulu* aquiferous *derin uçurum* yawn *derin uyku* sopor, sound

derinlik bottom *derinliğini ölçmek* to sound

derinlikölçer bathometer

derisel dermatoid

derisidikenli echiniform, echinoid, echinoderm *derisidikenli hayvan* holothurian *derisidikenligillerden* echinoid *derisidikenliler* Echinodermata, Echinoidea *derisidikenlilerden* echinodermatous

derişik strong *derişik çözelti* concentrated solution *derişik madde* concentrate

derişim concentration *derişim pili* concentration cell

derişmek to condense

deriştirmek to concentrate

derleme composition

derman relief

dermatofit dermatophyte

dermatolog dermatologist

dermatoloji dermatology

dernek association, society

derney series

ders class, course

derz joint

derzli jointed

derzsiz jointless

desi- deci

desibel decibel

desigram decigram(me)

desil decyl *desil alkol* decyl alcohol

desilitre decilitre

desimetre decimetre

desk kök adventive root

desmolaz desmolase

deste bunch, wad
destek rest **destek bağı** sustentaculum
destek kök prop root
destekdoku stroma
destekdokusal stromatic
destekleme sustentation
destekleyici promotive, sustentacular
destelemek to bunch, to wad
deşarj discharge **deşarj etmek** to discharge
deşme incision
deterjan detergent
determinant determinant
dev giant **dev ağacı** sequoia **dev ayaklı kuş** megapode **dev ayı balığı** elephant seal **dev çekirdekli** macronuclear **dev gibi** titanic **dev hastalığı** gigantism **dev molekül** macromolecule **dev moleküllü** macromolecular **dev spor üreten** megasporophyll
devamlı perennial, perpetual, running, stable **devamlı don olayı** permafrost **devamlı hareket** perpetual motion **devamlı spektrum** continuous spectrum
devamsız discontinuous
devamsızlık discontinuity
deve camel **deve elması** eryngo
devedikeni fuller's teasel
devekuşu ostrich **devekuşu gibi** struthious
devekuşugillerden struthious
developman banyosu developing bath
deveran circulation **deveran etmek** to circulate, to flow
devimbilim dynamics, kinetics
devimsel kinetic, motional **devimsel elektrik ile ilgili** electrokinetic
devindirici moving
devingen mobile, moving **devingen eşiz**

tautomer **devingen eşizleme**
tautomerization **devingen eşizlik**
tautomerism
devingenlik mobility
devinim kinesis, motion
devinirlik momentum
devir age, circuit, circulation, cycle, period, rotation, transfer, transference, turnover **devir sayısı** period of number
devlet state
devre circuit; term
devretmek to transfer
devridaim perpetual motion
devrilme turnover
dezenfeksiyon disinfection
dezenfektan disinfectant, disinfecting agent
dezenfekte disinfected **dezenfekte etmek** to disinfect
D-glukozamin chitosamine
dış outer, peripheral **dışa bakan** extrorse **dışa çeken** abductor **dışa çekici kas** abductor **dış benzer** homomorphic **dış benzerlik** homomorphism **dış besidoku** perisperm **dış besidokusal** perispermic **dış çap** external diameter **dış çözüşme** heterolysis **dış dere** spout **dış deri** ectoblast, ectoderm, epiblast, exoderm(is), investment **dış deri büyürhücresi** ectomere **dış deri ile ilgili** ectodermal, ectodermic **dış duyarlı** exteroceptive **dış etkenli** exogenous **dış etkilerden korumak** to passivate **dış gebelik** ectopic pregnancy **dış geçişme** exosmosis **dış gelişken** ctogenous, ectogenic **dış görünüş** modality **dış hatlar** contour **dış iskelet** exoskeleton **dış kabuğun atılması** ecdysis **dış kabuğunu çıkarmak** to husk **dış kabuk**

dermatogen, exocarp, periderm *dış kabukla ilgili* peridermal, peridermic *dış kemikleşme* ectosteal, ectosteosis *dış kırtış* perithelium *dış kulak estetik ameliyatı* otoplasty *dış kulak kanalı* helix *dış merkezli* excentric *dış özekli* excentric *dış plazma* ectoplasm, sarcocyte *dış plazma ile ilgili* ectoplasmic *dış protoplazma* ectosarc *dış protoplazma ile ilgili* ectosarcous *dış salgı* exocrine, external secretion *dış salgıbezi* exocrine gland *dış salgı çıkaran (bez)* exocrine *dış sinirler* peripheral nerves *dış spor* exospore *dış sporlu* exosporous *dış tabaka* investment *dışta gelişen* ctogenous, ectogenic *dıştan gelen* adventitious *dıştan üreyen* exogenous *dış tüyler* contour feathers *dış uyarıyla işleyen organ* exteroceptor *dış uzay* outer space *dış yapı* macrostructure, phenotype *dış yapısal* macrostructural, phenotypic *dış yapraklar* husk *dış yönlü* extrorse *dış yürekzarı* heart sac *dış zar* exine *dış zar biçimli* peridiiform *dış zehir* exotoxin

dışarı outside, exterior *dışarı akış sağlayan* excurrent *dışarı atma* (vücuttan) elimination *dışarı çıkarmak* (gözenekten) to transpire *dışarıdan evlenen* exogamic *dışarıdan evlenme* exogamy *dışarıdan gelen* exotic *dışarı saldırmak* to desorb *dışarı salma* desorption *dışarıya atmak* to emit

dışasalak ectoparasite, ektoparasite, ectozoa *dışasalaklarla ilgili* ectoparasitic

dışbeslenen heterotrophic

dışbeslenme heterotrophism

dışbükey convex *dışbükey çokgen* convex polygon *dışbükey eğri* convex curve *dışbükey yüzey* convex surface

dışçanak epicalyx

dışgüçler weathering agents

dışık scoria *dışık konisi* cinder cone

dışkabuk primine

dışkı egesta, faeces, manure, ordure *dışkıda yaşayan* stercoricolous *dışkı incelenmesi* scatology *dışkı maddeler* faeces *dışkı yeme* scatophagy *dışkıyla beslenen* coprophilous *dışkıyla ilgili* stercorary

dışkıcıl coprophagous, stercoricolous

dışkılama defecation

dışkılamak to defecate

dışkılı faecal, stercoraceous, stercorous

dışkılık cloaca

dışkılıksal cloacal

dışkısal faecal, stercoraceous, stercorous

dışkulak outer ear

dışlama exclusion *dışlama ilkesi* exclusion principle

dışodun xylem

dışplazma ectoplasm

diamin diamine

diasetil diacetyl

diasetilen diacetylene

diazo diazo *diazo bileşiği* diazo compound *diazo bileşiğine çevirmek* to diazotize *diazo türevi* diazo derivative

diazonyum diazonium *diazonyum tuzu* diazonium salt

diazot monoksit nitrogen monoxide, nitrous oxide

dibazik bibasic, dibasic

dibromür dibromide

didaktil didactyl(e)

dieldrin dieldrin

dielektrik dielectric *dielektrik*
gecikmişlik dielectric hysteresis
dielektrik kapasite dielectric capacity
dielektrik katsayısı dielectric constant
dielektrik katsayısı *denklemi* equation for dielectric constants
dielektrik sabiti dielectric constant
dietil eter sulfuric ether
dietilketon pentanone
difenil diphenyl
difenilamin diphenylamine
difenilasetilen diphenylacetylene
difenilglioksal benzil
difenilin diphenyline
difenilmetan diphenylmethane
difenil oksit diphenyl oxide
diferansiyal differential *diferansiyal*
termometre differential thermometer
diferansiyel basınç differential pressure *diferansiyel dişli* differential gear *diferansiyel hesap* differential calculus
difosgen diphosgene
difteri diphteria
difüzyon diffusion *difüzyon katsayısı* diffusion coefficient *difüzyon sabitesi* diffusion constant ●
digliserid diglyceride
dihibrit dihybrid
dihidrit dihydrite
dijital digital
dijitalein digitalein
dijitalin digitalin
dijitoksin digitoxin
dik upright, erect *dik dizili* orthostichous *dik diziliş* orthostichy
dikarboksilik (asit) dicarboxylic (acid)
diken awn, arista, prickle, spicule, spiculum, thorn, (kirpi\bitkide) spine *diken diken olmak* to bristle *diken*

gibi spinescent, spinous, spiny *dikenle kaplı* acanthous, spiniferous *diken yarası* sting
dikencik spinule
dikencikli spinulose
dikenli acanaceous, acanthaceous, acanthoid, acanthous, aculeate, aculeated, awned, barbed, echinate(d), glochidiate, hispid, muricate, prickly, spicular, spined, spinescent, spiniferous, spinose, spinous, spiny, thorny *dikenli bitki* thorn *dikenli defne* holly *dikenli kaktüs ağacı* cholla *dikenli salyangoz* murex
dikenlilik spinescence
dikensiz (bitki) unarmed *dikensiz kaktüs* mescal
dikey orthogonal, vertical *dikey izdüşüm* orthogonal projection *dikey öbek* orthogonal group
dikilitaş needle
dikili ürün biomass
dikilme implantation
dikiş seam, suturation, suture *dikiş atma* suturation, suture *dikiş yeri* seam, suture
dikişli sutural
dikit stalagmite *dikit biçimli* stalagmitic
dikitli stalagmitic
dikleşebilir erectile
dikleşme erection
dikleşmek to erect
dikleştirmek to erect
diklor dichloride
dikloraseton dichloroacetone
diklorbenzen dichlorobenzene
diklorvos dichlorvos
dikme implantation, suture
dikmek to bed, to erect, to plant
dikmelik sine

dikmeliksel dalga sine wave
dikotiledon dicotyledon
dikromat dichromate
dikromik dichromic *dikromik asit* dichromic acid *dikromik asit tuzu* bichromate, dichromate
dikroskop dichroscope
diktiyospor dictyospore
diktiyozom dictyosome
dik upright; erect; right *dik üçgen* right triangle
dil tongue; glossa; language *dil bastırıcı* tongue depressor *dil biçimli* ligulate, lingulate *dil büyümesi* paraglossa *dile benzer organ* ligula *dil ile ilgili* glossal *dilin alt yüzü* hypoglottis *dilin çok büyük olması* macroglossia *dil kemiği* hyoid bone *dil kemiği altında olan* infrahyoid *dil-yutakla ilgili* glossopharyngeal
dilaltı sublingual, hypoglossal *dilaltı siniri* hypoglossal nerve
dilantin Dilantin
dilbalığı fluke
dilbasan spatula
dilcik clitoris, ligula, (böcekte) hypopharynx
dilim segment *dilim ayaklı* pinnatiped *dilim dilim ayrılmış* pinnatipartite *dilim yaprak* frond *dilim yapraklı* frondose
dilimleme dissection
dilimlenmiş dissected, pinnatipartite *dilimlenmiş şey* dissection
dilimli dissected, laciniate, meristic, pinnate, pinnatilobate, pinnatilobed, pinnatisect, pinnular, segmental, (yaprak) parted, partite, divided, pedate
dilimsel meristic, segmental

dilinim cleavage
dilli ligulate
dilmik lobe
dilmikli lobed, lobulate
dilsiz inarticulate; mute
dimetilamin dimethylamine
dimetilbenzen dimethylbenzene
dimetilfenol xylenol
dimetilhidrazin dimethylhydrazine
dimetoat dimethoate
din dyne
dinamik dynamic *dinamik basınç* dynamic pressure *dinamik bilgisi* dynamics *dinamik durum* dynamic state, dynamical state *dinamik elektrik* dynamic electricity *dinamik enerji* dynamic energy
dinamo dynamo
dinamoelektrik dynamoelectric
dinamometre dynamometer
dinatron dynatron
dinç youthful
dingil arbor *dingil başlığı* nave *dingil yatağı* axis bearing
dingin passive
dinginlik still
dinitrobenzen dinitrobenzene
dinitrofenol dinitrophenol
dinitrometan dinitromethane
dinlendirmek to rest
dinlenme relaxation, rest *dinlenme dönemi* period of dormancy
dinlenmek to rest *dinlenme tomurcuğu* latent bud *dinlenme yeri* bed
dinozor dinosaur
dinükleotit dinucleotide
dioksibenzen dioxybenzene
dioksin dioxin
dioksit dioxide
diol diol

diopsid diopside
dioptaz dioptase
diorit diorite
dip bottom, fundus *dip kaya* bedrock
dipleks diplex
diplokok diplococcus
diplopi double vision
dipol dipole *dipol anten* dipole antenna
dipol moment dipole moment
dipsiz abyssal
direk column, mast, pole, spar *direk meşesi* durmast
direkt direct; directly *direkt ısıtmalı katot* directly-heated cathode
direnç resistance *direnç birimi* ohm *direnç kutusu* resistance box
dirençli hardy, resistant
dirençsel ohmic
direnen insistent, resistant
direniş resistance
direnme perseveration, resistance
diretken buffer
direy fauna *direy alanı* range *direy bilgini* faunist
direysel faunal, faunistic
diri living
dirik dynamic *dirik basınç* dynamic pressure *dirik denge* dynamic equilibrium
diriksel natural; innate *diriksel ısı* animal heat
dirilik vitality
dirilme anabiosis
diriltgen biogen
dirim life *dirim dışı türeyiş* abiogenesis *dirim elektroniği* bionics
dirimbilim biology
dirimbilimci biologist
dirimbireşim biosynthesis
dirimbireşimsel biosynthetic

dirimküre biosphere
dirimölçüm biometrics, biometry
dirimölçümsel biometric(al)
dirimsel biotic, vitalistic *dirimsel statik* biostatics
dirsek bend *dirsek çıkıntısı* olecranon *dirsek kemiği* ulna *dirsek kemiği ile ilgili* ulnar
disakkarit disaccharide, trehalose
disk discus, disk *disk çiçekli* discifloral *diske benzeyen* discoid *disk şeklinde* disciform
disprozyum (simgesi Dy) dysprosium
disülfat disulfate
disülfit bisulfide, disulfide
diş tooth *diş ağrısı* odontalgia *diş arası* diastema *diş aynası* odontoscope *diş biçimli* odontoid *diş cerrahisi* dental surgery *diş çıkarma* dentition, teething *diş çıkarma zamanı* teething *diş diş* crenulate, dentate, serrate, toothed *diş doku* odontoblast *diş dokusu* dental tissue *diş düzeltimi* orthodontia *dişe dolgu yapımı* odontoplerosis *diş formülü* dental formula *diş gagalı* tooth-billed *diş gelişimi* odontogenesis *diş gibi* odontoid *diş gibi çıkıntı* denticle *diş hekimi* dentist *diş hekimliği* dentistry *dişi çevreleyen* periodontal *dişi oluşturan* odontogenic *diş kemiği* dentine *diş kiri* tartar *diş kökü* fang *diş kökünü çevreleyen kemik tabakası* peridentine *diş kusurlarını önleme* orthodontia *diş macunu* dentifrice *diş minesi* enamel *diş minesi ile ilgili* adamantine *diş oluşumu* odontogenesis, odontogeny *diş şeklinde* dentiform *diş taşı oluşumu* odontolith *diş taşı temizliği*

scaling *diş tozu* dentifrice *diş yapısı*
dentition *diş yuvası* odontobothrium
dişbilim odontology
dişbilimsel odontologic(al)
dişbudak ash
dişçi dentist
dişçilik dentistry
diş-dudak labiodental
dişeti gingiva, gum, ulon, ula *dişeti hastalıkları bilimi* periodontia, periodontology *dişeti ile ilgili* gingival, periodontal *dişeti iltihabı* periodontitis
dişi female *dişi eşey hücre protoplazması* ovoplasm *dişi kalıp* matrix *dişi kalıtımsal* hologynic *dişi kuğu* pen
dişiorgan pistil
dişiorganlı pistillate
dişilik femality *dişilik hormonu* theelin *dişilik organı* gynoecium
dişlemek to chew
dişler teeth *dişler arasında ile ilgili* interdental *dişleri benzer yapıda olan* homodont *dişleri farklı yapıda olan* heterodont *dişlerin yumuşaması* odontocia
dişli crenate(d), dentate, toothed *dişli çene* odontophore *dişli çenesi olan* odontophoral *dişli dil* radula *dişli dil ile ilgili* radular *dişli güvercin* tooth-billed pigeon *dişli sazan* cyprinodont *dişli takımı* wheelwork
dişlilik serration, serrature
dişotu plumbago
dişotugillerden plumbaginaceous
dişözü pulp
dişsel dental *diş sementi* dental cement *diş siniri* dental nerve
dişsiz edentate, edentulous

dişsizgiller edentate
dişsizlik anodontia
diüretik uragogue *diüretik ilaç* frusemide
divertikül diverticulum
divik termite
diyabaz diabase
diyabet diabetes
diyafiz diaphysis
diyafram diaphragm, midriff *diyafram iltihabı* phrenitis *diyafram kası* phrenic muscle *diyaframla ilgili* phrenic
diyagram diagram, graph
diyakinez diakinesis
diyaliz dialysis *diyaliz aleti* dialysing apparatus *diyalizle ayrılan madde* dialysate *diyaliz makinesi* dialyser
diyamanyetik diamagnetic
diyapazon tonometer
diyaspor diaspore
diyastaz diastase *diyastaza benzer* diastatic *diyastaz ile ilgili* diastatic
diyastol diastasis, diastole *diyastol öncesi* peridiastole
diyatermi diathermy
diyatermik diathermic
diyatomit diatomite
diyatom diatomaceae
diyatomlu diatomaceous *diyatomlu toprak* diatomaceous earth
diyazin diazine
diyazobenzen diazobenzene
diyazol diazole
diyazometan diazomethane
diyetisyen dietician
diyet diet *diyet uzmanı* dietician
diyocenin diosgenin
Diyofant denklemi diophantine equation

diyoksan dioxane
diyoptometre dioptometer
diyoptri diopter
diyosfenol diosphenol
diyot diode
diz knee; genu *diz altı ile ilgili* popliteal *diz eklemli* geniculate *diz eklemli olma* geniculation *diz gibi* geniculate *diz gibi bükülme* geniculation *diz kemiği* kneecap
dizanteri bloody flux, dysentery
dizel diesel *dizel elektrik* diesel-electric *dizel motoru* diesel engine *dizel yakıtı* diesel fuel
dizge system
dizi battery, catena, chain, order, sequence, series *dizi spor* arthrospore
dizigotik dizygotic
dizilmıknatıs paramagnet
dizilmıknatıslık paramagnetism
dizilmıknatıssal paramagnetic
dizin index
dizinlemek to index
dizkapağı kneecap *dizkapağı kemiği* patella
dizkapaklı patellate
dizmek to range
doğa nature *doğa bilgisi* natural history *doğa bilimi* physical science *doğa bilimci* naturalist, physicist *doğa bilimleri* natural science *doğa yasası* natural law
doğal inherent, innate, natural, unconditioned, voluntary *doğal alkol* ethyl alcohol *doğal asfalt* elaterite *doğal ayıklama* natural selection *doğal bilimler* natural science *doğal cam* obsidian *doğal cins* natural gender *doğal coğrafya* physical geography, physiography *doğal*

coğrafyayla ilgili physiographical *doğal çini* mullite *doğal çinko karbonat* smithsonite *doğal dalga* natural wave *doğal dalga boyu* natural wavelength *doğal dönem* natural period *doğal frekans* natural frequency *doğal gaz* natural gas *doğal kaynaklar* land *doğal kaynakları* koruma conservation *doğal kusur* inherent defect *doğallığını bozma* denaturation *doğal maddelerle yapılan tedavi* physiomedicalism *doğal mıknatıs* lodestone *doğal nikel sülfür* millerite *doğal organik yakıtlar* fossil fuels *doğal ortam* habitat *doğal örtü* coat *doğal periyot* natural period *doğal reçine* natural resin *doğal sayı* natural number *doğal seçim* natural selection *doğal sıklık* natural frequency *doğal sodyum karbonat cevheri* natron *doğal sonuç* outgrowth *doğal tozaklaşma* open pollination
doğalgaz natural gas
doğallık normality
doğru true; correct; right *doğru akım* direct current *doğru akım üreteci* dynamo
doğrudan directly *doğrudan gametten gelişen spor* azygospore *doğrudan kana karışan* endocrinal *doğrudan salgı yapan* merocrine
doğruluk fidelity, precision
doğrulum tropism
doğrusal linear *doğrusal bileşim* linear combination *doğrusal cebir* linear algebra *doğrusal denklem* linear equation *doğrusal genleşme* linear expansion *doğrusal gönderim* linear mapping *doğrusal hareket* rectilinear

motion *doğrusal işlev* linear function *doğrusal uzay* linear space, vector space

doğrusallaştırma linearization

doğrusallaştırmak to linearize

doğum birth; parturition *doğum kanalı* birth canal *doğumla ilgili* natal, parturient *doğum oranı* birth rate, natality *doğum öncesi* prenatal *doğum sırasında* perinatal *doğum sonrası* postnatal, postpartum *doğumu çabuklaştırıcı (ilaç)* ecbolic *doğumu izleyen* postnatal, postpartum *doğumu kolaylaştıran (ilaç)* oxytocic *doğum yapma* parturition

doğumsal generative, natal *doğumsal beyin anomalisi* parencephalia

doğuran parturient, viviparous

doğurarak viviparously

doğurgan fertile, generative, progenitive, proliferous, prolific

doğurganlık fecundity, parity, prolificacy, viviparity *doğurganlık dönemi* childbearing period

doğurma parturition

doğurmak to generate, to reproduce

doğuruş generation

doğuştan congenital, connate, inherent *doğuştan bağışıklık* congenital immunity *doğuştan bitişik* adnate *doğuştan kolsuz* abranchial *doğuştan kolsuzluk* abrachia *doğuştan olan* natural *doğuştan organ bozukluğu* cacomelia *doğuştan yarık damak* cleft palate

dok dock

doktor physician

doku texture, tissue *doku arasındaki hava boşluğu* lacuna *doku aşılama* transplant *doku aşılamak* to transplant *doku ayrışımı* histolysis *doku ayrışımı ile ilgili* histolytic *doku boyası* ammonia haemate *doku bozukluğu* lesion *doku dönüşümü* metaplasia *doku fizyolojisi* histophysiology *doku gelişimi* histogenesis, histogeny *doku hastalıkları bilimi* histopathology *doku işlev bilimi* histophysiology *doku kesiti alan araç* histotome *doku kimyası* histochemistry *doku kimyası ile ilgili* histochemical *doku kültürü* tissue culture *dokulara zehir etkisi yapan* histotoxic *dokulara zehir etkisi yapan madde* histotoxin *dokunun kendini yenilemesi* neogenesis *doku onarımı* plerosis *doku ölümü* molecular death *doku patolojisi* histopathology *doku sertleşmesi* scleroma *doku uyuşumu* histocompatibility *doku üremesi ile ilgili* histogenetic *doku yakan zehir* corrosive poison

dokubilim histology

dokubilimsel histological

dokuma material

dokumacıkuşu baya

dokunaç antenna, cirrus, palp, palpus, tentacle *dokunaç biçiminde* palpiform *dokunaçlar* palpi *dokunaçları olan* actinal

dokunaçlı actinal, palpate, tentacled, tentacular, tentaculated

dokunaklı pathetic

dokunma palpation *dokunma duyusu bozukluğu* parapsis *dokunma duyusuna duyarlı* almaç tangoreceptor *dokunma duyusuyla ilgili* tactile *dokunma organı* tactor *dokunmayla anlaşılan* tactual

dokunmayla hareket thigmotaxis
dokunmaz innocuous
dokunsal palpatory, tactile, tactual
dokunulmamış virgin
dokunulmazlık immunity
dokunum osculation
dokusal textural, tissual *dokusal çözüşme* catabolism, dissimilation, katabolism
dolama whitlow
dolambaç sinuosity
dolambaçlı indirect, sinuous
dolamsız acyclic
dolanabilen prehensile
dolantaşı dolerite
dolap wheel
dolaşan circulating
dolaşık indirect
dolaşım circulation *dolaşım ile ilgili* circulatory *dolaşım sistemi* circulatory system
dolaşmak to circulate, to range, (kan) to flow
dolaştırmak to circulate
dolaylı indirect *dolaylı ısıtmalı katot* indirectly-heated cathode
dolerit dolerite
dolgu filling; stuffing; pack *dolgu maddesi* wadding, (diş) cement
dolgunluk repletion
dolmakalem pen *dolmakalemle yazmak* to pen
dolomit dolomite, pearl spar *dolomit ile ilgili* dolomitic
dolu heavy
doluluk repletion
domalan truffle
dominant prepotent *dominant olmayan* recessive *dominant türler* dominant species

domuzbalığı porpoise
donan freezing
donanım system
dondurmak to congeal, to ice
dondurucu cryogenic, freezing
donma congealment, frost-bite *donma karışımı* freezing mixture *donma noktası* freezing point, ice point *donma noktasının belirlenmesi* cryoscopy *donma noktasının düşürülmesi* freezing point depression
donmak to congeal, to ice
donmuşluk congcaledness
donuk dense, pale, set *donuk cisim* opacity *donuk mavi* livid
donuklaşan opacifying
donuklaştıran opacifying
donukluk congealedness, opacity
donyağı tallow, grease
Doppler Doppler *Doppler etkisi* Doppler effect *Doppler radarı* Doppler radar
doruk apex, climax, eminence, horn, peak, tip, top, vertex *doruğa ulaşmak* to climax *doruğa ulaştırmak* to climax *doruk noktası* climax *doruk sürgün* apex
doygun saturated *doygun bölge* zones of saturation *doygun olmayan* unsaturated
doygunluk saturation
doyma saturation *doyma noktası* saturation point
doymamış unsaturable, unsaturated *doymamış bazik amino alkol* sphingosine *doymamış bileşik* polyunsaturate *doymamış katı bileşik* tolan(e) *doymamış keton grubu* chalcone *doymamış madde* unsaturate *doymamış yağ* unsaturated fat

doymazlık bulimia
doymuş impregnated, saturated *doymuş*
çözelti saturated solution *doymuş*
eriyik saturated solution *doymuş*
tabaka saturated layer *doymuş yağ*
saturated fat
doyuran saturant *doyuran madde*
impregnant
doyurmak to saturate
doyurucu impregnating
doz dosage, dose
dozaj dosage, proportioning
dozimetre dosimeter
dökme molten *dökme demir* cast iron
dökmek to pour, to run, (tüy) to
exuviate
dökülebilir caducous
dökülme effusion
dökülmek to fall, to pour, to run
dökülen yaprak deciduous leaf
dökülmeyen (yaprak) indeciduous
döküntü effusion, waste, serpigo
döküntü yelpazesi scree
döküntülü detrital, reefy
döl foetus, progeny, seed, spawn,
succession *döl benzeşmesi*
homomorphism *döl bozucu* dysgenic
döl jenerasyonu filial generation *döl*
örtüsü chorion *döl örtüsü ile ilgili*
chorionic *döl zarı* allantois, veil *döl*
zarı ile ilgili allantoic, allantoid,
decidual
döleşi placenta
döletbilim embryology
döletbilimsel embryologic(al)
döletsel embryonic
dölleme fecundation, fertilization,
impregnation, insemination
döllemek to fertilize, to impregnate, to
inseminate, to procreate

döllenme amphimixis, copulation,
fecundation, fertilization,
impregnation, zygosis *döllenmeden*
meyve veren parthenocarpic,
parthenogenetic, parthenogenic
döllenmeden meyve verme
parthenocarpy *döllenmeden üreme*
parthenogenesis *döllenme katsayısı*
fertilization coefficient *döllenme zarı*
fertilization membrane
döllenmemiş virgin, virginal
döllenmemiş ıstakoz yumurtası coral
döllenmemiş yumurtacık oosphere
döllenmiş fertile, impregnated, zygose
döllenmiş yumurta fertilized egg,
oospore, zygote *döllenmiş yumurta*
çekirdeği thelyblast *döllenmiş*
yumurtacık oosperm
dölleyebilir virile
dölleyebilme virility
dölleyen procreant
dölleyici procreant, procreative
dölüt embryo *dölüt boşluğu* blastocoele
dölütçük blastocyst
dölüttorba amnion *dölüttorba delimi*
amniocentesis
dölyatağı metra, womb, uterus
dölyatağı dışında extrauterine
dölyatağı ekleri adnexa uteri
dölyatağı içzarı endometrium
dölyatağı içinde olan intrauterine
dölyatağı ile ilgili uterine *dölyatağı*
yakın dokusu parametrium *dölyatağı*
zarı decidua
dölyolu vagina *dölyolu çıkarılması*
vaginectomy *dölyolu dışında*
extravaginal *dölyolu iltihabı* kysthitis,
vaginitis *dölyoluna ait* vaginal
dölyolu spazmı vaginismus
döndürgeç cyclotron

döndürmek to wheel, to rotate
döneç armature *döneç tepkisi* armature reaction
dönel rotary, rotational *dönel devimli motor* rotary engine *dönel manyetik* gyromagnetic *dönel manyetik oran* gyromagnetic ratio
dönem cycle, period, term
dönemeç bend, curve, wind, sinus
dönemli periodic
dönemsel cyclic *dönemsel yasa* periodic law
dönemsellik cyclicity
dönemsiz aperiodic
dönen circulating, rotary, rotational
dönence tropic
dönencealtı subtropical
dönencelerarası intertropical
dönencel tropic, tropical *dönencel siklon* tropical cyclone
dönen turning; rotatory *dönen enerji* rotational energy *dönen radyal motor* rotary engine
döner rotary *döner kemik* radius *döner pompa* rotary pump
dönme circuit, rotation *dönme ekseni* axis of rotation *dönme hareketi* rotary motion, rotational motion *dönme yönü* sense of rotation
dönmek to gyrate, to wheel, to rotate
dönü rotation
dönüşme mutation
dönüşmek to evolve
dönüştürüm transformation
dönüşül critical *dönüşül açı* critical angle *dönüşül basınç* critical pressure *dönüşül erkil* critical potential *dönüşül hız* critical speed *dönüşül kütle* critical mass *dönüşül nokta* critical point *dönüşül sönüm* critical

damping
dönüşüm development, evolution, transformation
dönüşümsel metaplastic
dördüncü fourth *dördüncü zaman* quaternary *dördüncü zamanla ilgili* quaternary, recent
dört four *dört açılı* quadrangular *dört atomlu* tetratomic *dört ayaklı* four-legged, tetrapod *dört ayaklı hayvan* quadruped *dört bazlı* tetrabasic *dört boyutlu sürem* space-time continuum *dört bölümden oluşmuş* quadripartite *dört bölümlü* tetramerous *dört çıkıntılı* tetrapterous *dört değerli* tetratomic, tetravalent *dört değerli* *atom\kök* tetrad *dört değerlilik* tetravalence *dört dilimli (yaprak)* quaternate *dört dişli* quadridentate *dört elektrotlu lamba* tetrode *dört elli* quadrumanous *dört elli hayvan* quadrumane *dört erkek organlı* tetrandrous *dört hidroksil grubu bulunduran alkoller* quadribasic *dört kanatlı* tetrapterous *dört kat* quadruple *dört katlı* quadrigeminal *dört kenarlı* quadrilateral *dört köşe* quadrangular *dört köşeli* quadrate *dört kromozom eşi olan* tetrasomic *dört loplu* quadrilobate *dört metil gruplu bileşik* tetramethyl *dört misli* quadruple *dört oksijenli oksit* tetroxide *dört parçalı* (çiçek yaprağı) quadrifid *dört petalli* tetrapetalous *dört sıralı* tetrastichous *dört sıralı kirpik oluşumu* tetrastichiasis *dört solungaçlılar* Tetrabranchia(ta) *dört solungaçlılara ait* tetrabranchiate *dört sporlu* tetrasporous *dört taçyapraklı* tetrapetalous *dört taraflı şekil*

quadratus *dört valanslı* quadrivalent, tetravalent *dört valanslı seryum içeren* ceric *dört valanslı tellür içeren* tellurous *dört valanslılık* tetravalence *dört yüzlü* tetrahedral, tetrahedron
dörtgen quadrilateral *dörtgen gibi* quadratic
dörtlü quadripartite, quartet, tetramerous, tetrastichous *dörtlü amonyum tuzu* quaternary ammonium compound *dörtlü aşı* tetravaccine *dörtlü bölme* quadripartition *dörtlü grup* quadruplet, quartet, tetrad *dörtlü grup oluşturan* tetragenic, tetragenous *dörtlü spor kesesi* tetrasporangium *dörtlü valans* quadrivalence
döş chest
döşemek to lay
döşeme furniture; floor, pavement
döteryum (simgesi D) deuterium *döteryum atomu çekirdeği* deuteron *döteryum çekirdeği* deuterium nucleus, deuton *döteryum oksit* deuterium oxide
döteryumlamak to deuterate
dötoplazma deutoplasm
dövme battery *dövme demir* malleable iron, wrought iron
dövmek to bombard *dövülebilir pirinç* Muntz metal
dövülgen malleable, ductile *dövülgen metaller* ductile metals
dövülgenlik ductility, malleability
dövülür malleable
dövüşken fighting *dövüşken kuş* ruff
döyteron deuteron
drenaj drainage *drenaj havzası* river basin

duba float
dudak labium, labrum, lip *dudak dilimi* (böcek) glossa *dudak gibi* labial *dudakla ilgili* labial
dudakçık labellum
dudaklı labiate, lipped
dudaklıçiçekgiller labiatae
duman smoke; (zararlı) fume *dumandan arıtma hücresi* fume chamber
dumanlamak to fumigate
dumanlı smoky *dumanlı kuvars* cairngorm, smoky cairngorm *duman sandığı* fume cupboard
dumur atrophy *dumura uğrama* involution *dumura uğramak* to atrophy *dumura uğramış* abortive, obsolescent *dumura uğramış organ* vestige *dumura uğratmak* to atrophy
duraç stator
durağan fixed, static, stationary *durağan dalga* stationary wave *durağan hal* stationary state
durak rest, stand
durallık stability
durdurma inhibition, suppression
durdurmak to brake, to inhibit, to still, to suppress
durdurulmuş suppressed
durgun inactive, passive, static, still, torpid *durgun gaz* inert gas *durgun gazlarla ilgili* aerostatic *durgun olmak* to stand *durgun suda yetişen* lentic
durgunluk inactivity, inertness, stagnation, stand, stasis, torpidity, torpidness *durgunluk dönemi* diapause
durin dourine
durma breakdown

durmak to stand
duruk static *duruk basınç* static pressure
durukmıknatıslık magnetostatics
durukmıknatıssal magnetostatic
durukbilgisi statics
duruksuz astatic
durukyük electrostatic *durukyük bilgisi* electrostatics
durulaştırmak to decant
durultma defecation
durum lay, way, shape, state, tone
duruş poise, set
duvar wall *duvar boşluğu* wall space *duvarda oyuk* niche *duvar fesleğeni* wall pellitory *duvar gibi* mural *duvar kasası* wall safe *duvar kirişi* wall plate *duvarla ilgili* mural *duvar prizi* wall socket *duvar resmi* mural
duvarlı vallate
duvarotu wall pellitory
duy socket
duyar sensitive
duyarca allergy
duyarcalı allergic
duyarga antenna, cirrus, feeler, palpus, proboscis *duyarga ile ilgili* antennal
duyargacık antennule
duyargan allergen
duyarlaştıran sensitizer
duyarlaştırma sensitization
duyarlı irritable
duyarlık idiosyncrasy, sensation, sensitivity
duygu sensation *duyguları anlayan* sympathetic
duygulu sensitive
duygusuz anaesthetic, cold-blooded
duyma hearing, audition *duyma siniri ucu* end bulb *duyma yeteneğinin*

azalması obtusion
duyu sensation, sense *duyu devimsel* sensorimotor *duyu hücresi* sensory cell *duyu organları* sense organs, sensory organs *duyu siniri* sensory nerve *duyu yitimi* anaesthesia
duyulmak to transpire
duyum sensation *duyum alanı* sensory areas
duyumsal sensorial, sensory *duyumsal ayrım* sensory discrimination
duyusal sensory *duyusal alıcı* telereceptor
düğme button, key
düğüm ganglion, knot, node *düğüm düğüm* knotty *düğüm noktası* node
düğümcüklü nodulose, nodulous
düğümlemek to knot
düğümlenmek to knot
düğümlü gangliated, knotty, nodal, nodose, nodular
düğümlülük nodosity
düğümsel nodal
düğünçiçeğigillerden ranunculaceous
dülsit dulcite
dümdüz quite level, flat *dümdüz etmek* to level
dümen wheel
dünit dunite
dünya earth *dünyanın dönüşü* rotation of the earth *dünyanın kuzeyini kaplayan* holarctic
dünyevi temporal, terrestrial
düodenal duodenal
dürtü impetus, impulse, motive, sting
düşebilir caducous
düşey vertical *düşey bölüm* sub-group *düşey büyüme* orthotropism *düşey büyüyen* orthotropic *düşey çizgili harita* contour map *düşey mağara*

pothole *düşey olarak* vertically *düşey polarizasyon* vertical polarization
düşman antagonist
düşmanlık antagonism
düşme fall; dip; (ışık) impact *düşme dengesi* sedimentation equilibrium
düşmek to fall, (yara kabuğu) to slough
düşen yaprak deciduous leaf
düşük inferior *düşük beslenme* hypotrophy *düşük oranda çözünür* slightly soluble *düşük sıcaklığı ölçen ısıölçer* cryometer *düşük tansiyon* low blood pressure *düşük tansiyonlu* hypotensive *düşük tenörlü cevher* low-grade ore *düşük vakum* low vacuum
düşüklük (organ) prolapse
düşüm gradient
düz level, plane, smooth *düz akım* direct current *düz alanların ölçümü* planimetry *düz arazi* level *düz çeneli* orthognathous *düz dışbükey* plano-convex *düz eklem* hinge joint *düz gövdeli* excurrent *düz içbükey* plano-concave *düz kas* rectus, smooth muscle *düz renkli* immaculate
düzeç level
düzelme adjustment, regeneration
düzelmek to regenerate
düzeltici restoring *düzeltici kuvvet* restoring force
düzeltilmiş rectified
düzeltme adjustment, rectification, regulation
düzeltmek to level, to regenerate, to smooth
düzen order, regulation, shape, unit
düzenek mechanism
düzenleme adjustment, coordination, regulation

düzenlemek to order
düzenlenmemiş unorganized
düzenleşim coordination *düzenleşim sayısı* coordination number
düzenleyici organizer, relay *düzenleyici enzim* prostaglandin
düzenli regulation, systematic, tactic
düzensiz aperiodic, inordinate, unequal *düzensiz dizili* heterotaxic *düzensiz diziliş* heterotaxis
düzensizlik incoordination
düzgün level, pelorian, peloriate, peloric, smooth, systematic *düzgün akış* laminar flow *düzgün hareket* uniform motion
düzgünlük normality
düzgüsüz abnormal
düzkanatlı orthopterous *düzkanatlı böcek* orthopteran
düzlem plane *düzlem dalga* plane wave
düzlemölçer planometer
düzlemsel planate
düzleştirmek to smooth
düzlük level, plane

E

ebegümeci marsh mallow, rose mallow
ebegümecigiller malvaceae
ebegümecigillerden malvaceous
ebeveyn parent *ebeveynle melez üretme* backcross
ebonit ebonite, vulcanite
ebrulamak to marble
ebruli mottied
ebrulu veined *ebrulu karanfil* picotee
ecnebi alien
eczacılık pharmaceutics *eczacılıkla ilgili* pharmaceutical, pharmacological

eda poise
edat particle
edilgen passive
edilginlik passivity
edimsiz iş virtual work
efedrin ephedrine
efektif effective *efektif basınç* effective pressure
efkârlı blue
egemen master
egzema eczema
egzotik exotic
eğe file *eğe talaşı* iron sand
eğik declinate, inflexed, oblique, resupinate *eğik dilim* plagioclase *eğik düzlem* gradient *eğik eksenli* monoclinic, scalenous *eğik gelişme* plagiotropism, plagiotropy *eğik gelişmiş* plagiotropic *eğik kıyı* hypotenuse
eğiklik resupination
eğilim set, tendency
eğilme curvature, deflection *eğilme momenti* bending moment
eğilmek to bend *eğilip bükülmek* to creep
eğilmiş decumbent, (yaprakları) nutant
eğim dip, grade, gradient
eğimli declinate
eğimölçer clinometer, inclinometer
eğimölçüm clinometry
eğirme spinning
eğme flexure
eğmeçli incurved
eğmek to bend, to tip
eğreltiotu pteridophyte *eğreltiotları bilgisi* pteridology *eğreltiotu yaprağındaki tohum kümesi* sorus
eğri contorted, curve, curved, inflexed, loxic, sinuosity *eğri büğrü* flexuous

eğri büyüyen (bitki) nastic *eğri kılıç biçiminde* acinaciform *eğri parça* sinus *eğri yumurtacıklı* campylotropous
eğrili curvilinear
eğrilik curvature, flexure
eğrisel curvilinear *eğrisel hareket* curvilinear motion
ehli domestic
ejder dragon *ejder ağacı* dragon tree
ejderbaş dragonhead
ejderha dragon
ek accessory, addition, appendage, appendix, articulation, insert, junctura, particle *ek çene oluşumu* paragnathus *ek çene oluşumuyla ilgili* paragnathous *ek elektron alabilen* electrophilic *ek gonca* accessory bud *ek kök* adventitious root, adventive root *ek kutusu* junction box *ek mineraller* accessory minerals *ek parça* accessory part *ek polimer* addition polymer *ek şeklinde* commissural *ek ürün* addition product *ek yeri* articulation, joint *ek yerinden bölünen* septicidal
ekbağırsak appendix, vermiform appendix *ekbağırsak ile ilgili* appendicular
ekilmemiş wild
ekin crop, culture
ekinpası rust, yellow
ekkoni adventive cone
eklampsi eclampsia
eklem articulation, diarthrosis, hinge, joint, junctura *eklem arası* internode *eklem arası ile ilgili* internodal *eklem arasında ile ilgili* interarticular *eklem çukuru* fossa articularis *eklem ile ilgili* articular *eklemi saran*

periarticular *eklem kapsülü* articular capsule *eklem kıkırdağı* labrum *eklemlerdeki birikim* articular calculus *eklemlerinden ayırmak* to disarticulate *eklem sertliği* eburnation *eklem sıvısı* synovia *eklem sıvısı oluşturan* synoviparous *eklem sıvısıyla ilgili* synovial *eklem uru* sarcoma *eklem yerinden çıkarmak* (kemik) to dislocate *eklem zarı iltihabı* synovitis

eklembacaklı arthropod *eklembacaklıda ağzın ön çıkıntısı* labrum *eklembacaklı ile ilgili* arthropodal, arthropodous *eklembacaklılarda son bölüm* telson *eklembacaklıların sert kabuğu* chitin *eklembacaklılarla ilgili* malacostracan

ekleme addition, insertion *ekleme tepkimesi* addition reaction

eklemek to joint

eklemleme articulation

eklemlenme articulation

eklemleyici articulatory

eklemli articulated, jointed

eklemotu polygonum

eklemsel articular, diarthrodial

eklemsiz inarticulate

eklenmek to accrete

ekler adnexa

ekleyici articulatory

ekli jointed

ekliptik ecliptic *ekliptik düzlem* plane of ecliptic

ekme imping, semination

ekmek bread; to plant *ekmek küfü* penicillium

ekmekağacı jack

ekokardiyografi echocardiography

ekoloji ecology *ekolojik toprak serileri* catena

ekonomik economic; economical *ekonomik bunalım* depression

ekosistem ecosystem

ekotip ecotype

ekran screen

ekranlamak to screen

eksen axis, columella, pivot, spindle *eksen altında bulunan* subaxillary *eksenden uzak* abaxial, dorsal *eksene dönük* introrse *eksene yönelik* adaxial *eksen gerisindeki* postaxial *eksen kemiği* epistropheus *eksen ucu* pole, subpolar

eksenem columellar

eksenli columellar

eksicil electrophilic

eksi minus *eksi direnç* negative resistance *eksi elektrik* negative electricity *eksi elektrik yüklü* electronegative *eksi elektrikle yüklülük* electronegativity *eksi geribesleme* negative feedback *eksi sayı* negative number *eksi yük* negative charge

eksik imperfect, incomplete, short

eksiklik deficiency, deletion, incompleteness, incompletion, lacuna, short

eksiksiz definitive, perfect

eksiltici reductive

eksiltme shrinkage

eksiz jointless

ekşi acetic, acetous, acid, acidic, acrid *ekşi funda* saskatoon *ekşi toprak* acid soil

ekşime ferment

ekşimek to acetify, to ferment

ekşit acid *ekşite dirençli* acid-fast

ekşiten acidifier
ekşitim acidification
ekşitlenme acidification
ekşitleştirim acidification
ekşitlik acidity
ekşitmek to acetify
ekşittutar acidophil(e), acidophilic, oxyphilic
ekşiyen acidifier
ektoderm ectoderm
ektoplazma ectoplasm
ektozom ectosome
ekvator equator *ekvatora ait* equatorial
ekvatoral equatorial
ekzotermik exothermic
ekzotoksin exotoxin
el hand; manus; paw *el biçimli* palmatifid *el bileği* wrist *el bileğindeki çengel kemik* unciform *elde etmek* to gain *el değmemiş* virgin, virginal *ele geçirmek* to catch, to take *el ilanı* leaflet *el ile ilgili* manual *elinden her iş gelebilme* versatility *el kemiği* metacarpal *el koymak* to sequester *elle muayene* palpation *elle muayene etmek* to palpate *elleri uzun olan* longimanous *elle yapılan* manual *el sallama* wave *el sallamak* to wave *el şeklinde* palmate *el tarağı* metacarpal, metacarpus
elastik elastic *elastik bitüm* elastic bitumen *elastik deformasyon* elastic deformation
elastin elastin
elbise dress; garment *elbise yakası* neck
eldiven glove
elek sieve *eleğin üstünde kalan artık* screenings *elek analizi* sieve analysis *elek artığı* screenings *elek*

çözümlemesi sieve analysis *elekten geçirmek* to sieve
elektrik electricity; electric, electrical *elektrik akım şiddeti* amperage *elektrik akımı* electric current, electricity *elektrik akımı üreten* electromotive, galvanic *elektrik alan* electric field *elektrik alanı* electric field *elektrik ampulü* bulb *elektrik anahtarı* switch *elektrik bataryası* electric battery *elektrik boşalımı* electric discharge *elektrik çarpması* shock *elektrik dalgası* electric wave *elektrik deşarjı* electric discharge *elektrik devresi* electric circuit *elektrik direnci (simgesi R)* electric resistance *elektrik donanımı* wiring *elektrik düğmesi* button *elektrik enerjisi* electric energy *elektrik gerilimi* electric potential *elektrik gözü* photoelectric cell *elektrik ile ilgili* electrical *elektrik iletimi* transmission *elektrik iletkenliği* electric conductivity *elektrik jeneratörü* electric generator *elektrik kıvılcımı* electric spark *elektrik kuvveti* electric power *elektrikle ayrışım* electrolysis *elektrikle ayrıştırmak* to electrolyze *elektrikle biçimlendirmek* to electroform *elektrikle çözümlenen* electroanalytic(al) *elektrikle hareket eden* electrophoretic *elektrikle ısıtarak tedavi* diathermy *elektrikle tedavi* electrothrerapeutics *elektrikli aletle çizilen grafik* electrograph *elektrikli çözümleme* electroanalysis *elektrikli matkap* power drill *elektrik momenti* electric moment *elektrik motoru* electric engine, electromotor

elektrik polarizasyonu electric polarization *elektrik potansiyeli* electric potential *elektrik rezistansı* electric resistance *elektrik sarsıntısı* electroshock *elektrik süpürgesiyle temizlemek* to vacuum *elektrik yükü* electric charge

elektrikölçer electrometer *elektrikölçerle ölçme* electrometry

elektriksel electric *elektriksel asıltı hareketi* electrophoresis *elektriksel devim bilgisi* electrokinetics *elektriksel ışıldama* electroluminescence *elektriksel ilaç hareketi* cataphoresis *elektriksel ilaç hareketiyle* cataphoretic *elektriksel iletkenlik* electrical conductance *elektriksel impulslar* electrical impulses *elektriksel kimya* electrochemistry *elektriksel kimya ile ilgili* electrochemical *elektriksel vurular* electrical impulses *elektriksel yarı geçirimle arıtma* electrodialysis

elektroanaliz electroanalysis

elektroansefalograf electroencephalograph

elektroansefalografi electroencephalography

elektroansefalogram electroencephalogram

elektrobiyoloji electrobiology

elektrodinamik electrodynamics

elektrofizyoloji electrophysiology

elektrofizyolojik electrophysiological

elektrograf electrograph

elektrokardiyograf electrocardiograph

elektrokardiyogram electrocardiogram

elektrokimyasal electrochemical *elektrokimyasal dizi* electromotive series *elektrokimyasal eşdeğer*

electrochemical equivalent *elektrokimyasal potansiyel* electrochemical potential

elektrokinetik electrokinetic *elektrokinetik potansiyel* electrokinetic potential

elektrokinetiks electrokinetics

elektrolit electrolyte *elektrolit çözüştüren* electrolyzer

elektrolitik electrolytic *elektrolitik arıtma* electrolytic refining *elektrolitik bakır* electrolytic copper *elektrolitik çözelti* electrolytic solution *elektrolitik çözünme* electrolytic dissociation *elektrolitik gaz* electrolytic gas *elektrolitik hücre* electrolytic cell *elektrolitik iletim* electrolytic conduction *elektrolitik kondansatör* electrolytic capacitor *elektrolitik korozyon* electrolytic corrosion *elektrolitik oksidasyon* electrolytic oxidation

elektroliz electrolysis *elektrolizle metal arıtma* electrolytic refining *elektroliz yapmak* to electrolyze

elektromanyetik electromagnetic *elektromanyetik alan* electromagnetic field *elektromanyetik birim* electromagnetic unit *elektromanyetik dalga* electromagnetic wave *elektromanyetik denge* electromagnetic balance *elektromanyetik radyasyon* electomagnetic radiation *elektromanyetik spektrum* electromagnetic spectrum

elektromanyetizma electromagnetism

elektromekanik electromechanical, electromechanics

elektrometre electrometer

elektrometrik electrometric
elektromıknatıs electromagnet
elektromotor **kuvvet** electromotive force
elektron electron, negatron *elektron afinitesi* electron affinity *elektron bulutu* electron cloud *elektron çifti* electron pair *elektron çoğaltıcısı* electron multiplier *elektron dağılımı* electron distribution *elektron demeti* electron beam *elektron emisyonu* electron emission *elektron fiziği* electron physics *elektron ışıkbilgisi* electron optics *elektron ile ilgili* electronic *elektron izgeçizeri* electron spectrograph *elektron kamera* electron camera *elektron kuşağı* electron band *elektron merceği* electron lens *elektron mikroskobu* electron microscope *elektron multiplikatörü* electron multiplier *elektron nakli* electron transfer *elektron optiği* electron optics *elektron püskürteci* electron gun *elektron salımı* electron emission *elektron tabancası* electron gun *elektron tüpü* electron tube, vacuum tube *elektron yarıçapı* electron radius *elektron yayımı* electron emission *elektron yörüngesi* electron orbit, orbit *elektron yükü* electron charge
elektronik electronic, electronics
elektronik **fotometre** electronic photometer **elektronik** **mercek** electron lens
elektronvolt electron-volt
elektropozitif electropositive
elektrosentez electrosynthesis
elektroskop electroscope
elektrostatik electrostatic, electrostatics

elektrostatik **bağ** electrostatic bond
elektrostatik **çökelme** electrostatic precipitation *elektrostatik* **mercek** electrostatic lens *elektrostatik* **üreteç** elcctrostatic generator
elektroşok electroshock
elektrot electrode
elektrotaksi electrotaxis
elektroteknik electrotechnics
elektroteknik **ile** **ilgili** electrotechnic(al)
eleltroforez electrophoresis
cleman constituent, element *elemanlarına ayrılamaz* irresolvable
elemek to whitewash, to screen, to sieve
element element
elementer **analiz** elementary analysis, ultimate analysis
elips ellipse, oval *elips biçimli yaprak* oblong leaf
eliptik elliptic *eliptik polarizasyon* elliptic polarization
elitra wing case, wing sheath
elkitabı manual
elma apple *elma asidi tuzu* malatc *elma asidinden türemiş* malic
elmacık patella; knee pan; cheek bone *elmacık kavisi* zygomatic *elmacık kemiği* jugal bone, malar bone, chcek bone, zygoma *elmacık kemiği ile ilgili* jugal, malar *elma gibi* pomaceous *elma kökü reçinesi* podophyllin *elma tırtılı* palmerworm *elmaya benzer* pomaceous *elmayla ilgili* malic
elmagillerden malaceous
elmas diamond *elmas keski* diamond cutter
elmasımsı adamantine
elmaslı containing diamonds *elmaslı kil*

kimberlite **elmaslı matkap** diamond drill
elsi palmate, palmatifid **elsi yapı** palmation
elverişli benign, viable
elyaf fibre
elyaflı fibrous **elyaflı bitki** pita **elyaflı serpantin** chrysotile
elzem essential
emay enamel
emaysız unglazed
emboli embolism
embriyo embryon **embriyo beyin hücresi** spongioblast **embriyoda içkulağı oluşturan bölüm** otocyst **embriyoda karınzarı boşluğu** perienteron **embriyodaki patolojik durum** embryopathy **embriyoda kuyruk tomurcuğu** tail bud **embriyo gelişim bozukluğu** embryopathy **embriyo gövdesini oluşturan çift tabaka** somatopleure **embriyo kılıfı** megaspore **embriyo torbasını embriyona bağlayan borucuk** yolk stalk
embriyoloji embryology, physiogenesis
embriyolojik embryologic(al)
embriyon embryo **embriyon beslenmesi** embryotrophy **embriyon halde düşük** embryonic abortion **embriyon halinde** embryonic **embriyon hücresi** embryo cell **embriyon keseciği** germinal vesicle **embriyon kesesi** embryo sac, germinal area **embriyonla ilgili** embryonic **embriyon oluşumu** embryogenesis, embryogeny **embriyon oluşumuyla ilgili** embryogenetic **embriyon taslağı** proembryo **embriyon taslağıyla ilgili** proembryonic **embriyon torbası** yolk

sac
emdirici impregnating, sorbefacient
emdirme impregnation **emdirme maddesi** impregnating agent
emdirmek to impregnate, to saturate
emeç haustorium
emen sucking
emetin emetin(e)
emici absorbent, absorber, sorbent, spongy, suctorial **emici ağız** acetabulum **emici boru** sucker **emici kök** clinging root, radicle **emici kurt** trematode **emici organ** suctorial organ **emici organlı** suctorial **emici sazan** sucker **emici tüy** root hair
emicilik absorbency, absorptivity
emilebilir adsorbable
emilme absorption **emilme ısısı** heat of absorption
emilir absorbable
emir order **emir vermek** to order
emisyon emission **emisyon spektrumu** emission spectrum
emlak property
emme absorption, imbibition, myzesis, suction **emme basıncı** suction pressure **emme gücü** absorptive power **emme hortumlu** haustellate **emme hortumu** haustellum **emme şekeri** sucker **emme tulumba** suction pump
emmek to absorb
emniyetli safe **emniyetli patlayıcı** safety explosive
emoroit haemorrhoid
empedans impedance
emprenye impregnated **emprenye edilmemiş** unimpregnated **emprenye kimyasalı** impregnating agent
emretmek to order

emülsiyon emulsion *emülsiyon yapan* emulsifying *emülsiyon yapan madde* emulsifier

emzik nipple, spout

emzirme lactation *emzirme döneminin uzaması* superlactation *emzirme ile ilgili* lactational

en broad; most *en az* bottom *en az miktar* minimum *en az uyarım akımı* rheobase *en büyük* ultimate *en büyük basınç* maximum pressure *en büyük ortak bölen* greatest common divisor *en çok* maximum, record *en düşük* bottom *en iyi* optimum, star *en küçük canlılık molekülü* bioplast *en küçük derece* minimum *en küçük kareler metodu* method of least squares *en önemli* primary *en önemli nokta* peak *en parlak dönem* bloom *en son* ultimate *en uygun* optimum *en uygun durum* optimum *en yakın* proximate *en yüksek* record, ultimate *en yüksek oksijen içeren tuz* persalt

endirekt indirect *endirekt dalga* indirect wave

endoderm endoderm

endokarp endocarp

endokrinoloji endocrinology

endokrinolojik endocrinologic(al)

endoksil indoxyl

endomitoz endomitosis

endoparazit endoparasite

endoplasmik endoplasmic

endoplazma endoplasm

endoplazmik endoplasmic *endoplazmik retikül* endoplasmic reticulum

endoskop endoscope

endoskopik endoscopic

endoskopy endoscopy

endostom endostome

endotermik endothermic

endüklenen induced *endüklenen kutuplaşma* induced polarization

endüksiyon induction, influence

endüktif inductive *endüktif reaktans* inductive reactance *endüktif yük* inductive load *endüstri elması* black diamond

endüstriyel industrial *endüstriyel kimya* industrial chemistry

endüvi armature

endüzi zarı indusium

enemek to castrate

enerji energy, vitality *enerji aktarımı* energy transfer *enerjinin korunumu* conservation of energy *enerjinin sakınımı* conservation of energy *enerji seviyesi* energy level *enerji yutan* endergonic

enerjik energetic, dynamic, warm-blooded, vital

enfeksiyon infection *enfeksiyona karşı antikor oluşturma* phylaxis *enfeksiyona yeni enfeksiyon eklenmesi* superinfection *enfeksiyon nedenli düşük* infectious abortion *enfeksiyon odağını çevreleyen* perifocal

engebe relief

engel bar, morass *engel olmak* to bar, to block

engelleme inhibition, suppression

engellemek to impede

engellenme inhibition

engelleyici inhibitory

enine transverse *enine çizgili* lineate *enine dalga* transverse wave *enine fay* transverse fault *enine kesit* transverse section *enine kırık* transverse fault *enine koyak*

transverse valley *enine vadi*
transverse valley
enjekte injected *enjekte etmek* to inject
enjektör needle
enkandesan incandescent
enkaz wrack
enli broad
enol enol *enol ile ilgili* enolic
ense nape *ense kemiği* sphenoid *ense kemiği ile ilgili* sphenoidal *ense sarsılması* whiplash injury
ensiz narrow
ensizleşmek to narrow
ensülin insulin *ensülini parçalayan enzim* insulinase *entegre devre* integrated circuit
enteroskop enteroscope
entomoloji entomology
enzim enzyme, ferment *enzim analizi* analysis of enzymes *enzim ile ilgili* enzymic
enzimbilim enzymology
enzimoloji enzymology
enzimsel enzymic
eozin eosin *eozin boyalı akyuvar* eosinophil
eozinofil eosinophil
epandim ependymal *epandim hücreleri* ependyma
epiboli epiboly
epidemik epidemic
epidemiyoloji epidemiology
epiderm epiderm, scarfskin
epifarinks epipharynx
epifit aerophyte, epiphyte *epifit ile ilgili* epiphytic
epifiz epiphysis *epifiz ile ilgili* epiphyseal *epifiz sapı* habenula
epigastrik epigastric
epigon epigone

epikaliks calycle
epikard epicardium
epikotil epicotyl
epilepsi epilepsy
epimorf epimorphic
epinasti epinasty
epipelajik epipelagic
epipetal epipetalous
epistazi epistasis
episternum episternum
epitalamus epithalamus
epitel epithelium *epitel doku* epithelial tissue *epitel dokuyla kaplanma* epithelialization *epitelle örtülme* epithelialization *epitel tabakayla ilgili* epithelial
epoksi epoxy *epoksi reçinesi* epoxy resin
erbezi seminal gland, testicle, testis *erbezi biçimli* testicular, testiculate *erbezi çıkarımı* orchidectomy *erbezi ile ilgili* gonadal, gonadic
erbiyum (simgesi Er) erbium
ercik antheridium, stamen *ercik ile ilgili* staminal *ercikleri filamentlerle birleşmiş* monadelphous *ercik sapı* anthophore, filament *ercik takımı* androecium
ercikleşme staminody
ercikli stamened, staminal, staminate, staminiferous
erdişi hermaphrodite, hermaphroditic, intersexual, monoecious
erdişilik bisexualism, bisexuality, hermaphrodism, hermaphroditism
erepsin erepsin
erg erg
ergen adolescent, pubescent
ergenleşme pubescence
ergenlik adolescence, pubescence

ergenlik çağı adolescence, puberty
ergenlik çağıyla ilgili ephebic
ergenlik tüyü pubes
ergime liquescence **ergime ısısı** heat of fusion **ergime noktası** melting point
ergimez infusible **ergimiş çelik** crucible steel
ergin adolescent, neanic, pubescent
erginlerde çocuksuluk atelia **ergin spor** merozoite
erginlik nubility
ergitme fusion **ergitme kabı** melting pot
ergitmek to smelt **ergitip arıtmak** to liquate
ergiyebilir liquefiable
ergiyen liquescent
ergonovin ergonovine
ergosterol ergosterol
ergot ergot
ergotamin ergotamine
ergölçer ergmeter
erik plum **erik ağacı** plum **eriksi meyve** drupe
eril masculine
erime deliquescence, dissolution, fusion, lysis, melting **erime ısısı** heat of solution **erime noktası** melting point
erimek to deliquesce, to dissolve, to fuse, to liquefy, to melt, to run **eriyip akmak** to run **eriyip kaynaşma** fusion **eriyip su olmak** to deliquesce
erimez insoluble
erimezlik insolubility, insolubleness
erimiş dissolved, molten **erimiş halde** in solution
erir dissoluble
erirlik solubility
erirlikölçer lysimeter
erişkin mature, ripe **erişkin dönem**

adult life
eritici dissolvent, solvent **eritici hücre** lysosome **eritici madde** emulsifying agent
eritilebilir dissoluble
eritilebilme dissolubility
eritme dissolution, emulsification, fusion, melting **eritme ısısı** heat of fusion **eritme kabı** scapha
eritmek to dissolve, to emulsify, to fuse, to liquefy, to melt, to resolve **eriten madde** dissolving agent **eritip ayırma** elution **eritip ayırmak** to elute
eritrit erythrite
eritritol erythritol
eritrofil erythrophilous
eritromisin erythromycin
eritrosin erythrosine
eriyebilir soluble
eriyebilirlik solubility
eriyen deliquescent
eriyik aqua, deliquescence, solution **eriyikteki tuz miktarını ölçen alet** salimeter
erke energy **erke düzeyi** energy level
erkek male **erkeğe ait** virile **erkek çiçek** male flower **erkek eğreltiotu** male fern **erkek eşeylik hücresi** merogamete **erkek ile ilgili** male **erkek ispinoz** cocksparrow **erkek kaplanla dişi aslanın dölü** tigon **erkek kuş** cock bird **erkek yabanördeği** mallard
erkeklik virility **erkeklik gücünü artıran** androgenic **erkeklik gücünü artıran madde** androgen **erkeklik hormonu** male hormone, testosterone **erkeklik organı** penis, stamen, virile member
erken early; premature **erken**

damızlıkta kullanma precocity *erken doğan* premature *erken dökülen* caducous *erken gelişme* precocity *erken olum* precocity *erken yaşlanma* senilism

erkin free *erkin elektron* free electron *erkin erke* free energy *erkin kökçe* free radical

eroin heroin

erozyon degradation, erosion *erozyonla alttan oyulma* undercutting

erselik androgynous, hermaphrodism, hermaphrodite

ersuyu semen, sperm, spermatic fluid

ertelenme suspension

esans scent

esas basal, base, basic, fundamental, ground, heart, intrinsic, key, root, rudiment, ultimate *esas düzey* base level

esaslı fundamental, pithy, radical

eser composition, trace, vestige

eski old; obsolete *eski biyoloji* paleobiology *eski budun bilimi* paleethnology *eski haline dönmek* to revert *eskiye dönme* reversion

eskime obsolescence, wear

eskimek to wear

eskimiş old, obsolescent

eskişehirtaşı sepiolite, meerschaum

esmer brown *esmer deniz yosunu* fucus, sargasso *esmer suyosunları* brown algae *esmer suyosunu* kelp *esmer şeker* brown sugar

esna interval, course

esnek elastic, rubbery *esnek çarpışma* elastic collision *esnek deformasyon* elastic deformation *esnek iplik* elater *esnek madde* elastomer

esneklik elasticity *esneklik katsayısı* coefficient of elasticity *esneklik kuvveti* elastic strength *esneklik sınırı* elastic limit *esneklik yorulumu* elastic fatigue

esneksiz inelastic *esneksiz çarpışma* inelastic collision

esneme yawn; yielding, bending *esneme sınırı* elastic limit

esnemek to yawn

espas space

esrar hemp

esrarlı occult

esrime trance

ester ester

esteraz esterase

esterleşme esterification

esterleşmek to esterify

esterleştirmek to esterify

estivasyon aestivation

estriol estriol

estrojen estrogen, folliculin

estron estrone, theelin

esyum aecidium, aecium

eş identical *eş aydınlanma eğrisi* isophote *eş çaplı* isodiametric *eş çift biçim* isodimorphism *eş deney* replicate *eş derişim* titre *eş dozlu* isodose *eş eğri* isogram *eş entropili* isentropic *eş enzim* isozyme *eş eşeyli* isogeneic *eş etkime* synergy *eş etkin* synergistic *eş etkin ilaç* synergist *eş etkinlik* synergism, synergy *eş elektronlu* isoelectronic *eş frekanslı* isochronal, isochronic, isochronous *eş frekanslılık* isochronism *eş güneş çizgisi* isohel *eş hacimli* isochoric *eş hareketli* isodynamic *eş kutuplu* homopolar *eş kuvvetli* isodynamic *eş kümeleştirici* isoagglutinative *eş kümeleştirme* isoagglutinin *eş maya* isozyme *eş merkezli* homocentric *eş nötron* isotone *eş olmayan gametlilik* anisogamy *eş oranlı* isogonic *eş organlı* isomerous *eş ölçülü* isometric *eş paralel biçimli* rhombohedral *eş parçalı* isomerous *eş renkli* isochromatic *eş sapma çizgisi* isogonal line *eş sapmalı* isogonic *eş sayılı (yaprak dizisi)* isomerous *eş soylu* isogenous *eş soyluluk* isogeny *eş sporlu* homosporous *eş üretme* inbreeding

eşaçılı isogonal, isogonic *eşaçılı çokgen* isogon

eşadlı homonym

eşayaklı isopod *eşayaklı ile ilgili* isopodous

eşbasınç isobar *eşbasınç çizgisi* isallobar *eşbasınç eğrisi* isobar

eşbasınçlı isobaric, isopiestic, isotonic *eşbasınçlı eğri* isobaric curve

eşbasınçlılık isotonicity

eşbiçim homotype, isomorph

eşbiçimli isomorphic *eşbiçimli kristal* homeomorph

eşbiçimlilik homeomorphism, homoplasty

eşçekirdekli homonuclear

eşçevrimli isocyclic

eşçoğuz copolymer

eşçoğuzlaşma copolymerization

eşdağıntılı isentropic

eşdeğer equivalent *eşdeğer eğrisi* isopleth *eşdeğer gram* gram equivalent *eşdeğer iletkenlik* equivalent conductance, equivalent conductivity

eşdeğerleme titration

eşdeğerlenebilir titratable

eşdeğerlenmiş titrated

eşdeğerlik equivalence, parity *eşdeğerlik noktası* equivalence point

eşdeğerlikli isosteric

eşdeğerlmek to titrate

eşderinlik eğrileri isobath

eşdevingen isodynamic

eşdirimsel alan biotope

eşeğimli isoclinal, synclinal, (kaya katmanı) cataclinal *eşeğimli katman* isocline

eşeksenli isodiametric, isometric

eşelemek to paw

eşevreli coherent

eşevrelilik coherence

eşey sex; species; genus *eşey ayrılığı* sexual dimorphism *eşey hücre* (eğreltilerde) prothallium *eşey hücre çekirdeği* pronucleus *eşey hücre ile ilgili* gametic *eşey hücre üreten organ* gametangium *eşey hücre üretimi* gametophyte *eşey hücresel* prothallial *eşey hücresi* gamete, sex cell *eşey kesesi* ascus *eşey kromozomu* gonosome, sex chromosome *eşey uzantı* gonophore

eşeylerarası intersexual

eşeyleştirmek to sexualize

eşeyli sexed *eşeyli bölünme* karyokinesis, mitosis *eşeyli üreme* sexual generation, sexual reproduction

eşeylik sexuality *eşeylik organı* gonad *eşeylik organları ayrı çiçeklerde bulunan* imperfect

eşeysel gamic, sexual *eşeysel birleşme* syngamy *eşeysel birleşme ile ilgili* syngamous *eşeysel hücre* gametic cell *eşeysel kromozomla geçen* sex-linked *eşeysel olgunluk* nubility, sexual maturity *eşeysel özellik* sexuality *eşeysel üreme* syngenesis

eşeysiz agamic, asexual, neuter, nonsexual, sexless, vegetative, apogamous *eşeysiz bitki* neuter *eşeysiz bölünme* amitosis, direct segmentation *eşeysiz çiçek* asexual flower *eşeysiz hücre* agamete *eşeysiz hücre demeti* gemmule *eşeysiz türemiş* clonal *eşeysiz üreme* agamogenesis, agamogony, apogamy, apomixis, asexual generation, asexual reproduction, monogenesis, monogony, vegetative reproduction

eşgamet isogamete

eşgametli isogamous

eşgametlilik isogamy

eşgerilimli isoelectric

eşısıl isothermal *eşısıl denge* isothermal equilibrium *eşısıl dönüşüm* isothermal transformation *eşısıl eğri* isocheim

eşik sill, threshold *eşik ile ilgili* liminal

eşit equal *eşit odaklı* parfocal *eşit olmak* to balance *eşit olmayan* unequal *eşit potansiyelli katot* equipotential cathode

eşitleme equalizing *eşitleme basıncı* equalizing pressure

eşitlik parity

eşizleştirme isomerization

eşizlik isomerism

eşkanatlı homopterous

eşkaynar azeotropic *eşkaynar damıtma* azeotropic distillation *eşkaynar karışım* azeotropic mixture *eşkaynar sıvı* azeotrope *eşkenar dörtgen* rhombus *eşkenar dörtgen biçimli* rhombic *eşkenar paralel yüz* rhombohedron *eşkenar üçgen* equilateral triangle

eşlem parity

eşleme pairing

eşlenik conjugate

eşleşme pairing

eşmek to dig

eşonum hom(o)eopathy, homeopathy

eşoylum eğrisi isochore

eşoylumlu isochoric

eşsağaltım hom(o)eopathy, homeopathy

eşsıcaklık eğrisi isogeotherm, isotherm

eşsıcaklıklı isogeothermal, isothermal

eşsiz azygous

eşsoyluluk homogeny

eşspin isotopic spin

eşsüreli isochronal, isochronic

eşsürelilik isochronism

eşsüresiz aperiodic

eştuzlu isotonic

eştuzluluk isotonicity *eştuzluluk eğrileri* isohaline

eştür biotype, congener *eştür doku* homograft *eştür bilimi* biotypology

eştürel isologous

eştürlü hom(o)eotypical

eşyapraklı isocarpic, paripinnate

eşyatımlı kıvrım isoclinal fold

eşyönlü isotropic

eşzamanlı isochronal, isochronic, isochronous

eşzamanlılık isochronism

eşzamansız asynchronous

eşzamansızlık asynchronism

et meat; flesh *etle beslenen* sarcophagous *et suyu* broth, juice, liquor, stock *et suyu besi ortamı* broth *et yapıcı* sarcogenic *et yiyen dinozor* sauropod

etambütol ethambutol

etan ethane

etanoik ethanoic *etanoik asit* ethanoic acid

etanol ethanol
etanolamin ethanolamine
etçik caruncle
etçil carnivorous, flesh-eating, zoophagous *etçil hayvan* carnivore
etene placenta, secundines *etene düzeni* placentation
eteneli placentate *eteneli memeli grubu* Eutheria
etenesiz implacental
etenli (bitki) succulent
etenlilik succulency
eter ether *eterle uyuşturmak* to etherize *eter vermek* to etherize
etiketli labelled *etiketli atom* labelled atom
etil ethyl *etil alkol* ethyl alcohol, phytol *etil asetat* acetic ether, ethyl acetate *etil bromür* ethyl bromide *etil eter ile ilgili* ethereal *etil oksit* ethyl oxide *etil selüloz* ethyl cellulose
etilat ethylate
etilen ethene, ethylene *etilen glikol* ethylene glycol *etilen grubundan eleman* alkene *etilen naftalen* acenaphthene *etilen oksit* ethylene oxide
etilenli ethylene, ethylenic
etilin ethylin
etilleme ethylation
etillemek to ethylate
etilli ethylic
etilüretan ethylurethane
etken active; factor *etken doku* effector *etkenler kuramı* theory of factors
etki action, effect, influence *etki tepki yasası* law of action and reaction
etkilemek to hypnotize, to influence
etkileşim interaction
etkileyen penetrant

etkileyici pithy
etkili effective, strong *etkili basınç* effective pressure
etkin activated, active *etkin alüminyum* activated alumina *etkin basınç* active pressure, effective pressure *etkin ışıklı* photoactinic *etkin kömür* activated carbon *etkin lağım çamuru* activated sludge *etkin madde* active principle, agent
etkinleşme activation *etkinleşme çözümlemesi* activation analysis *etkinleşme erkesi* activation cnergy
etkinleştirme activation, reactivation
etkinleştirmek to activate, to reactivate
etkinleyici activator
etkinlik activity *etkinliğini gidermek* to deactivate *etkinlik katsayısı* activity coefficient
etkisel sympathetic *etkisel ses* sympathetic sound
etkisiz abortive, inactive, inconclusive, still-born *etkisiz hale getirmek* to deactivate
etkisizleştirici deactivator, neutralizing
etkisizleştirme deactivation, inactivation, passivation
etkisizleştirmek to inactivate, to neutralize, to passivate
etkisizlik inactivity
etli fleshy, pseudocarpous, sarcoid, sarcous, (yaprak) fleshy *etli çekirdeksiz meyve veren* baccate *etli çekirdeksiz meyvelerle beslenen* baccivorous *etli kabuksuz meyve* berry *etli meyve* pseudocarp, sarcocarp *etli meyve veren* bacciferous *etli ve çekirdeksiz* bacciform *etli yaprak* incrassate leaf, succulent leaf

etlilik carnosity
etnografi ethnography
etnoloji ethnology
etobur carnivore, carnivorous, zoophagous *etobur dişi* carnassial tooth
etoloji ethology *etoloji uzmanı* ethologist
etolojik ethological
ev house; home *ev sahibi* host *ev sahipliği yapmak* to host
evcil domestic *evcil hayvanlar* domestic animals
evham paranoia
evhamlı paranoiac
evin nucellus
evinsel nucellular
evirteç invertase, invertin, sucrase
evirtik invert
evirtilmiş invert
evirtim inversion
evirtmek to invert
E vitamini tocopherol
evlat children; scion; seed *evlat ile ilgili* filial
evlatlar brood, seed
evlenmek to unite
evre phase, side, stage *evre kuralı* phase rule *evre uzayı* phase space
evren cosmos *evren betimi* cosmography *evren ışınları* cosmic rays
evrenbilim cosmology
evrenotu cosmos
evrensel cosmic
evresel phaseal
evrim evolution *evrim geçirmek* to evolve *evrim kuramı* evolutionism *evrim yapan* evolutionary
evrimcilik evolutionism

evrimli böbrek metanephros
evrimsel evolutionary
eyalet state
eyer pad
eylem action; verb
eylemsiz inert, inertial, passive *eylemsiz gaz* inert gas *eylemsiz güdüm* inertial guidance
eylemsizlik inertia, inertness *eylemsizlik anı* moment of inertia *eylemsizlik ekseni* axis of inertia *eylemsizlik kanunu* law of inertia *eylemsizlik kuvveti* vis inertiae *eylemsizlik momenti* moment of inertia
ezik crushed; bruised; squashed *ezik kaya* mylonite
ezilme pulverization
ezilmek to powder, to pulverize
eziyet rigor
ezme grind, grinding, pulverization, triturating
ezmek to chew, to grind, to powder, to pulverize *ezip toz etmek* to triturate

F

faal activated, active
faaliyet activity *faaliyetini durdurma* inactivation *faaliyetini durdurmak* to inactivate
fabrika plant
fagosit phagocyte *fagosit erimesi* phagolysis
fagositoz phagocytosis
Fahrenheit Fahrenheit *Fahrenheit derecesi* Fahrenheit scale, degree Fahrenheit
faiz interest *faiz oranı* rate

faktör factor *faktör analizi* factorial analysis *faktör ile ilgili* factorial
fallop fallopian *fallop borusu* fallopian tube *fallop tüpü ile ilgili* oviducal
familya family, race, stirps, tribe
fani mortal, transient
fanilik mortality
fanus bell-jar
farad (simgesi F) farad *farad ile ilgili* faradic
Faraday Faraday *Faraday elektroliz yasası* Faraday's law of electrolysis
faraziye hypothesis
farenjit pharyngitis
fare mouse *fare zehiri* warfarin, rodenticide
faringoskop pharyngoscope
fark difference, diversity, variation *fark etmek* to distinguish, to matter, to spot
farklı differential, divergent, unequal, variant *farklı coğrafi bölgelere özgü* allopatric *farklı çekirdekli* heterokaryotic *farklı çekirdekli hücre* heterokaryon *farklı çekirdeklilik* heterokaryosis *farklı çiçekli* heterogonous *farklı eşey hücre* heterogamete *farklı eşey hücreli* heterogamic, heterogamous *farklı eşey hücrelilik* heterogamy, oogamy *farklı gelişimli* heteronomous *farklı hücre* idioblast *farklı kanatlı* heteropterous *farklı meyveli* heterocarpic *farklı renklilik* heterochromatism *farklı renkte* heterochromatic *farklı şekillerde kemikleşme* pleonosteosis *farklı taç yapraklı* heteropetalous *farklı yapısal elemandan oluşmuş* polyplastic *farklı yapraklı* anisophyllous, heterophyllous *farklı yapraklılık* heterophylly *farklı yerde*

doku gelişimi heteroplasia
farklılaşma differentiation, dissimilation, metamorphism
farklılaşmak to metamorphize
farklılaşmamış indifferent
farklılık diversity, variety
farksızlaşma dedifferentiation
farmakoloji pharmacology
farmakolojik pharmacological
faset facet
fauna fauna
fay displacement, fault *fay açıklığı* offset
fayda use, benefit, advantage *fay hattı* fault line *fay oluşturmak* to fault *fay yüzeyi* fault plane
faz phase *faz kararlılığı* phase stability *faz kuralı* phase rule
fazla excessive, ample, residuary *fazla boy atmak* to overgrow *fazladan eklenen* epactal *fazla germe* strain *fazla germek* to strain *fazla ileri gitmek* to overshoot *fazla kalan* (ağaç üstünde) persistent *fazla kolalılık* starchiness *fazla olgunlaşmış* overripe
fazlalık outgrowth
faz phase space *faz uzayı* phase space
felç apoplexy, paralysis *felç ile ilgili* apoplectic
feldispat feldspar, feldspath *feldispata benzer* feldspathoid *feldispat ile ilgili* feldspathic
feldispatımsı feldspathoid
feldispatlı feldspathic
felsit felsite, felstone
felsitli felsitic
femur femur, thigh bone
fen science
fena mean

fenakein phenacaine
fenalaşma reversal
fenantren phenanthrene
fenasetin phenacetin
fenazin phenazine
feneol phenetole
fenesit phenacite
fenetidin phenetidine
fenformin phenformin
fenik asit carbolic acid, phenyl alcohol
fenilamin aniline
fenil phenyl *fenil asetat* phenyl acetate
   fenil salisilat salol *fenil siyanür*
   benzonitrile
fenilbütazon phenylbutazone
fenilen phenylene
fenilketonüre   phenylketonuria
   fenilmetil alkol benzyl alcohol
fenobarbital Luminal, phenobarbital
fenoksit phenolate, phenoxide
fenol carbolic acid, phenol *fenolden
   türeyen* phenolic *fenol tuzu* phenicate
   fenol zehirlenmesi carbolism
fenolftalein phenolphthalein
fenolik phenolic *fenolik reçine* phenolic
   resin
fenollü phenolic
fenoloji phenology
fenotiazin phenothiazine
fenotip phenotype
fenotiyazin thiodiphenylamine
ferah roomy, spacious *ferah ağacı*
   quebracho
ferahlama relief, rest
ferç vulva
feredoksin ferredoxin
fermantasyon   fermentation
   fermantasyonda   üçüncü   devre
   neutralization period
ferment enzyme *fermente olma* decay

fermi fermi
fermiyum fermium
feromon pheromone
ferrat ferrate
ferrik ferric *ferrik asit* ferric acid *ferrik
   asit tuzu* ferrate
ferrit ferrite
ferritli ferritic
ferro- ferro-
ferroelektriklik ferroelectricity
ferromanyetik ferromagnetic
ferromanyetizma ferromagnetism
ferromolibden ferromolybdenum
ferronikel ferronickel
ferrosiyanür ferrocyanide
fert individual
fesleğen sweet basil
fetüs   foetus   *fetüsün   parçalanıp
   çıkarılması* embryotomy
fıçı barral, cask, vat *fıçıya koymak* to
   vat
fındık hazel nut *fındık cevizi* pecan
fındıkfaresi dormouse
fındıkmidyesi nutlet
fırça brush *fırça gibi* setiferous
fırdöndü vane
fırfır böceği whirligig beetle
fırıldanmak to twirl
fırın incinerator
fırınlamak to roast
fırlak exsert(ed), projectile *fırlak çeneli*
   prognathous *fırlak göz* ommatophore
   fırlak gözlü stalk-eyed *fırlak yer*
   projection
fırlaklık protrusion
fırlamak to shoot
fırlatma ejaculation, projection
fırlatmak to shoot
fırsat break
fırtına kuşu petrel

fısfıs aerosol
fıskıye spout
fıskiye jet
fıstık pistachio; pinenut
fıstıkçamı pinaster, stone pine
fışkın sucker *fışkınlarını budamak* to sucker *fışkın sürme* suckering *fışkın sürmek* to sucker
fışkırma ejaculation, offset
fışkırmak to erupt, to jet, to shoot, to spout
fışkırtma ejaculation *fışkırtma tulumba* jet pump
fışkırtmak to jet, to spout
fibrin fibrin *fibrin erimesi* fibrinolysis
fibrinojen fibrinogen
fibroblast fibroblast
fibroin fibroin
fibroma fibroma
fibrosit fibrocyte
fidan bedding plant, cutting, plant, progeny, seedling
fide bedding plant, cutting, seedling
fikir reflection, sense
fiksaj fixation *fiksaj banyosu* fixing bath
fil elephant *fil hastalığı* elephantiasis *fil hortumu* proboscis, trunk
filaman filament
filbahar clematis
fildişi ivory, tusk *fildişi ağacı* ivory palm *fildişi karası* ivory black *fildişi kozalağı* ivory nut *fildişi rengi* ivory
filelması elephant apple
fileto limbus
filiz cicatricle, cirrus, offset, offshoot, scion, shoot, switch, sprig, sprout, twig *filiz kökü* radicle *filiz sapı* caulicle *filiz sürme* spear *filiz sürmek* to spear, to stock

filizlendirmek to germinate
filizlenebilir germinative, nondormant
filizlenme emergence, germination, pullulation
filizlenmek to germinate, to pullulate, to shoot, to sprout
filizli cirrate, cirrose, cirrous, tendrillar
film film *film banyosu* bath
filogenetik phylogenetic, phylogenic
filogenez phylogeny
filtre filter, precipitator *filtreden geçirme* filtration *filtre etmek* to filter, to percolate
filum phylum
fincan cup
fire waste
firuze turquoise
fistül fistula
fistüllü fistulous
fisyon fission *fisyon nötronu* fission neutron *fisyon spektrumu* fission spectrum *fisyon ürünü* fission product
fiş plug *fişi prize sokmak* to plug
fişck cartridge *fişek yatağı* chamber
fitik phytic *fitik asit* phytic acid
fitil fuse
fitokimya phytochemistry
fitopatoloji phytopathology, plant pathology
fiyasko washout
fiyat rate
fiyor fjord
fiyort fiord
fizik physics *fizik bilimi* physical science *fizik coğrafya* physical geography *fizik tedavisi* physiatry, physiotherapy
fizikçi physicist
fiziksel physical *fiziksel analiz* physical analysis *fiziksel coğrafya* physical

geography *fiziksel kimya* physical chemistry
fiziksel-kimya physicochemistry
fiziksel-kimyasal physicochemical
fiziksel kökenli physicogenic *fiziksel özellik* physical property *fiziksel özellikler* physical features *fiziksel yetersizlik* physical deficiency
fizostigmin eserine, physostigmine
fizyobiyoloji plant physiology
fizyoloji physiology
fizyolojik physiological *fizyolojik çözelti* physiological salt solution *fizyolojik faaliyeti önleyen salgı* chalone *fizyolojik insan* bion *fizyolojik olarak* physiologically *fizyolojik saat* biological clock
fizyoterapi physiotherapy
flavanon flavanone
flavin flavin
flavon flavone
flavoprotein flavoprotein
Fleming Fleming *Fleming sağ el kuralı* Fleming's right-hand rule *Fleming sol el kuralı* Fleming's left-hand rule
flibit phlebitis
flora flora
florışıma fluorescence
florofosfat fluophosphate
florür fluoride
fluoresin fluorescein
flüor (simgesi F) fluorine *flüor katma* fluoridation
flüorışıl fluorescent
flüorışıllık fluorescence
flüorin fluorene
flüorit fluor, fluorite, fluorspar
flüorlu karbon fluorocarbon
flüorürleme fluoridation
fokurdamak to bubble

fol nest egg *folik asit* folic acid
folikül follicle *folikül hormonu* folliculin
folyo foil
fon background, base
fonksiyon function *fonksiyon bozukluğuyla ilgili* parafunctional
fonksiyonel functional *fonksiyonel grup* functional group
fonolit phonolite *fonolit biçiminde* phonolitic
fontanel fonticulus
forforlu phosphoret(t)ed
form form, tone
formaldehit formaldehyde
formalin formalin, formol
formalite process
formik formic *formik asit tuzu* formate
formil formyl *formil kökü* formyl group
formol formalin, formol
formül formula
formülleştirmek to formulate
forsterit forsterite
fosfat phosphate
fosfataz phosphatase
fosfatit phosphatide
fosfatlı phosphated, phosphatic *fosfatlı suni gübre* phosphate
fosfid phosphide
fosfin phosphine
fosfit phosphite
fosfokreatin phosphocreatine
fosfolipaz phospholipase
fosfolipit phospholipid(e)
fosfonyum phosphonium
fosfoprotein phosphoprotein
fosfor (simgesi P) phosphorus *fosfor asidi* phosphoric acid, phosphorous acid *fosfor asit tuzu* phosphite *fosfor içeren protein* phosphoprotein *fosfor*

tuncu phosphor bronze
fosforışıl phosphorescent
fosforik phosphoric *fosforik asit* phosphoric acid *fosforik asit tuzu* phosphate
fosforil phosphoryl
fosforilaz phosphorylase
fosforit phosphorite
fosforlanmış phosphorated
fosforlu phosphorated, phosphoric, phosphorized, phosphorous *fosforlu hidrojen* phosphoret(t)ed hydrogen *fosforlu kaya tuzu* phosphorite *fosforlu madde* phosphor
fosforoskop phosphoroscope
fosgen phosgene
fosgenit phosgenite
fosil fossil *fosil bilimi* palaeontology *fosil bilimi ile ilgili* palaeontological *fosil bitki bilimi* palaeobotany *fosil bitki bilimi ile ilgili* palaeobotanical *fosil tezek* coprolite *fosil yakıtlar* fossil fuels
fosilli fossiliferous
foto photo *foto ışık* photoflash *foto ışık lambası* photoflash lamp *foto katot* photocathode
fotobiyoloji photobiology
fotodinamik photodynamics
fotodiyot photodiode
fotoelektrik photoelectric *fotoelektrik akım* photoelectric current *fotoelektrik etki* photoelectric effect *fotoelektrik hücre* photoelectric cell
fotogenez photogenesis
fotoğraf photograph *fotoğraf gibi* photographic *fotoğrafla ilgili* photographic *fotoğraflı mikroskop* photomicroscope *fotoğraf makinesi* camera

fotojelatinli photogelatin
fotojenik photogenic
fotokimya photochemistry
fotokimyasal photochemical
fotoloji photology
fotolüminesans photoluminescence
fotometre photometer
fotometri photometry
fotometrik photometric
foton photon
fotonasti photonasty
fotonükleer photonuclear *fotonükleer reaksiyon* photonuclear reaction
fotosel photoelectric cell
fotosentez photosynthesis
fototaksi phototaxis
fototransistor phototransistor
fototrof phototropic
fototropizm phototropism
fototüp phototube
frafit lead
franklinit franklinite
fransiyum francium
frekans frequency *frekans birimi* kilohertz *frekans cevabı* frequency response *frekans kiplenimi* frequency modulation *frekans modülasyonu* frequency modulation *frekans yanıtı* frequency response
frekansölçer wave meter
fren brake *fren yapmak* to brake
frengi syphilis
frengiotu lobelia
frenkinciri opuntia
frenlemek to brake
freon dichlorodifluoromethane, freon
frigorifik refrigerating
friksiyon friction
früktoz fructose, fruit sugar
ftalein phthalein

ftalik phthalic *ftalik anhitrit* phthalic anhydride
ftalosiyanin phthalocyanine
fuksin fuchsin
fulyabalığı eagle-ray
funda bush, shrub
fundalık brake, shrubbery *fundalık arazi* moor
furan furan(e), furfuran
fülminat fulminate
fülminik fulminic
füme smoked *füme balık* lox
fümerik fumaric
füze projectile
füzyon fusion

G

gabro gabbro
gadolinit gadolinite
gadolinyoum (simgesi Gd) gadolinium
gaga beak *gaga biçiminde* rostellate *gaga biçimli* rostriform *gaga biçimli uzantı* rostrum *gaga gibi* rostrate *gaga ile toplamak* to peck *gagaya benzer* rostellar *gagaya benzer çıkıntı* rostellum *gagayla ilgili* rostral
gagalama düzeni pecking order
gagalamak to peck
gagalı rostral, rostrate
gagamsı rostellar, rostral
galaksi galaxy
galaktaz galactase
galaktonik galactonic
galaktoz galactose
galaktozamin galactosamine
galen galena
galenli galenic
galeri gallery

galik gallic *galik asit* gallic acid
galleyn gallein
galoş rubber
galsama branchia, branchiae, gill
galvanik galvanic *galvanik akımla uyarmak* to galvanize *galvanik pil* galvanic cell
galvanizlemek to galvanize
galvanometre galvanometer
galyum (simgesi Ga) gallium
gam scale
gama gamma *gama-ışın çizgesi* gamma-ray spectrum *gama-ışın spektrumu* gamma-ray spectrum *gama ışını* Becquerel ray, gamma ray *gama ışını spektrometresi* gamma-ray spectrometer *gama ışınımı* gamma radiation *gama parçacığı* gamma particle *gama radyasyonu* gamma radiation
gamet gamete *gamet gelişimi* gametogenesis *gamet ile ilgili* gametic *gamet kesesi* gametangium *gamet üreten hücre* gametocyte
gamit gummite
gammaglobülin gamma globulin
gang gangue
gangren gangrene
ganister ganister
ganit gahnite
gargu agaric
garip peculiar
gariplik peculiarity
garnet taşı pyrope
gasp etmek to rape
gastrin gastrin
gastrit gastritis
gastroenteroloji gastroenterology
gastrolog gastrologist
gastroloji gastrology

gastroskop gastroscope *gastroskopla*
muayene gastroscopy
gastrula gastrula
gastrulasyon gastrulation
gaus (simgesi G) gauss
gayakol guaiacol
gayret nisus, spirit
gayzer geyser
gaz gas, kerosene *gaz analizi* gas
analysis *gaz basıncı* gas pressure *gaz*
çözümleme atmolysis *gaz*
çözümlemesi gas analysis *gaz*
değişme sayısı gas constant *gaz*
emmek to occlude *gaz fitili* gas
mantle *gaz gibi* gaseous *gaz haline*
gelme gasification *gaz haline koymak*
to gasify *gaz kaçırmak* to outgas *gaz*
kanunları gas laws *gaz kesesi* vesica
natatoria *gaz kromatografisi* gas
chromatography *gazla zehirleme*
gassing *gazla zehirlemek* to gas *gaz*
maskesi gas mask *gaz memesi* gas jet
gaz molekül gas molecule *gaz motoru*
gas engine *gaz odası* gas chamber *gaz*
oluşturan aerogenic *gaz oluşturma*
pneumatolysis *gaz oluşturumla ilgili*
pneumatolytic *gaz pedalı* accelerator
gaz yapan aerogenic *gaz yasaları* gas
laws
gazete paper
gazışı luminescence
gazışıl luminescent
gazlama gassing
gazlaştırmak to gasify
gazlı gaseous, tympanous *gazlı*
barometre sympiesometer *gazlı*
kangren gas gangrene *gazlı motor* gas
engine *gazlı termometre* gas
thermometer
gazoz mineral waters, soda

gazölçer eudiometer
gazölçüm eudiometry
gazölçümsel eudiometric
gazyağı gas oil, illuminating oil,
kerosene, paraffin, paraffin oil,
petroleum
gebe gravid, pregnant *gebe bırakmak* to
impregnate *gebe olmak* to gestate
gebelik gestation, gravidism, pregnancy
gebeliğe hazır progestational *gebelik*
dönemi gestation period *gebelik*
havalesi eclampsia *gebelik hormonu*
progesterone *gebelik süresi* gestation
gebelikte idrarda bulunan dişilik
hormonu estriol *gebelikte idrarda*
bulunan hormon prolan
gebregillerden zygophyllaceous
gece night *gece körlüğü* nyctalopia *gece*
kuşları night birds *gece parlayan*
noctilucent *geceye özgü* nocturnal
geçe sarmaşığı moonflower
gecelemek to stay overnight, to bed
gecikmeli delayed *gecikmeli nötron*
delayed neutron
geciktirmek to retard
geç late *geç çiçeklenen* late-flowering
geç katılaşan çimento slow-setting
cement
geçersiz null, void *geçersiz kılma*
voidance
geçici ephemeral, momentary,
temporary, transient *geçici*
mıknatıslık temporary magnetism
geçiçilik deciduousness
geçim living
geçinme subsistence
geçirgen permeable
geçirgenlik conductivity, permeability,
perviousness, transmittance
geçirici conductive

geçirimli permeable, pervious
geçirimlilik permeability, perviousness
geçirimölçer permeameter
geçirimsiz impervious *geçirimsiz kaya* impervious rock
geçirme conduction, permeance, transfer, transmission
geçirmek to transfer, (ışık\ses vb) to transmit
geçiş crossing, transition *geçiş aşaması* transition stage *geçiş basıncı* osmotic pressure *geçiş dönemi* intergrade *geçiş kabiliyeti* penetrance *geçiş noktası* transition point *geçiş öğeleri* transition elements *geçiş sıcaklığı* transition temperature
geçişim osmosis *geçişim basıncı* osmotic pressure *geçişim ölçümsel* osmometric *geçişim ölçümü* osmometry
geçişimölçer osmometer
geçişimsel introgressive, osmotic
geçişme osmosis
geçit passage, vestibule
geçme dissemination, passage, transition
gedik aperture, gap, rift
Geiger Müller sayacı Geiger counter
Geiger sayacı Geiger counter
gelenit gehlenite
gelgit tide *gelgit dalgası* tidal current *gelgit enerjisi* tidal energy *gelgit genliği* tide range *gelgit havzası* tidal basin *gelgit ile ilgili* tidal
gelgitsel tidal
gelincik poppy
gelincikgillerden papaveraceous
gelir yield
gelişebilir viable
gelişememe hypoplasia
gelişen accrescent, accretionary

gelişim development *gelişim halindeki böcek* instar *gelişimin ilk basamağı* germ
gelişimsel evolutionary *gelişimsel anomali* heteromorphosis
gelişme accrescence, development, evolution, growth, merisis, outgrowth, run *gelişme süreci* accretionary process
gelişmek to blossom, to evolve, to incubate
gelişmemiş primitive, primordial, rudimental, rudimentary, undeveloped, unfledged *gelişmemiş alyuvar* haematoblast *gelişmemiş meyve* nubbin *gelişmemiş organ* rudiment
gelişmiş accretionary, ripe
geliştirmek to evolve, to formulate, to perfect, to promote
gelmek to come *gelen ışık* incident light
gembir gambier
gemi ship, vessel *gemi direği* mast, stick *gemi omurgası* keel
gen gene, hereditary factor *gen akımı* gene flow *gen alışverişi* gene exchange *gen frekansı* gene frequency *gen havuzcuğu* gene pool *gen karışımı* gene complex *genleri değişmiş* mutant *gen mutasyonu* gene mutation *gen oluşumu* recombination *gen sızması* introgressive hybridization
genç immature, juvenile, youth, youthful *genç akyuvar* neocyte *genç alyuvar* haemocytoblast
gençleşme rejuvenation
gençleşmek to rejuvenesce
gençleştiren rejuvenescent
gençleştirme rejuvenation

gençleştirmek to rejuvenesce
gençlik adolescence, bloom, youth
gençlik hormonu juvenile hormone
genel general *genel görünüş* facies
genel iklim macroclimate *genel iklimsel* macroclimatic
genetik genetic, genetics *genetik faktör* genetic factor *genetik işlevsel birim* cistron *genetik kod* genetic code
geniş broad, obtuse *geniş açı* obtuse angle *geniş açılı (mercek)* wide-angle *geniş ağızlı büyük bardak* beaker *geniş boğaz* channel *geniş burunluluk* platyrrhiny *geniş deprem* macroseism *geniş kemer* geanticline *geniş otlak* campo *geniş yapraklı* broad-leaved, latifoliate *geniş yapraklı ağaç* broad-leaved tree, deciduous tree *geniş yapraklı akçaağaç* broad-leaved maple
genişleme dilatation, dilation, outgrowth
genişlemiş capitate
genişleten dilator
genişletme dilatation, dilation
genişlik amplitude, broad
genizsi nasal
genleşebilme expansibility
genleşimli expansive
genleşme dilatation, dilation, expansion *genleşme derecesi* expansion *genleşme katsayısı* coefficient of expansion *genleşme oranı* expansion ratio *genleşme ölçümü* dilatometry
genleşmek to dilate
genleşmeölçer dilatometer
genleştiren dilator, expansive
genleştirici expansive *genleştirici kas* dilator
genleştirme dilatation, dilation
genleştirmek to dilate, to expand

genlik amplitude
genotip genotype
geofit geophyte
geometrik geometric(al) *geometrik izomeri* geometrical isomerism *geometrik olarak* geometrically *geometrik yer* locus
gerçek true, real, concrete *gerçek basınç* actual pressure *gerçek dışı ışık parıltısı görme* photism *gerçek yoğunluk* real density
gerdanlık collar
gerdanlı sülün tragopan
gereç material
gereksiz redundant
gerey tensor
gergedan rhinoceros
gerginlik tension
geri back, posticous, reverse *geri akış* reflux *geri akış kondansatörü* reflux condenser *geri alınamaz* irreversible *geri atıcı* repellent *geri atma* throwback *geri besleme* feedback *geri bükülmüş* reflex *geri çaprazlama* backcross *geri çekilebilir* (organ) retractile *geri çekilebilme* retractility *geri dönük* retrorse *geri gitme* regression *geri gitmek* to reverse, to revert *geri kalan* residuary *geri saçılım* backscattering *geri sekme* rebound *geri sekmek* to rebound *geri sıçrama* restitution *geri sıçrama katsayısı* restitution coefficient *geri vites* reverse
gerici kas tensor, tensor muscle
gericilik reaction
geriçağırım kuvveti restoring force
gerilebilir tensile
gerileme devolution, involution, regression, retrogradation,

retrogression, throwback

geriletici evrim catagenesis

gerileyen regressive, retrograde, retrogressive

gerileyici regressive, retrogressive

gerilim potential difference, stress, tension, voltage

gerilimölçer potentiometer

gerilme stress *gerilme analizi* stress analysis *gerilme ile ilgili* tensile

geriye backward; retrogressive *geriye akma* reflux *geriye bükmek* to reflex *geriye bükük* retroflex(ed) *geriye bükülmüş (yaprak)* revolute *geriye doğru hareket eden* palinal *geriye eğik* recurvate, recurved *geriye gitme* retrogression

germanyum (simgesi Ge) germanium *germanyum ile ilgili* germanic

germe tension *germe ile ilgili* tensile *germe kuvveti* tension

germek to expand

gerontoloji gerontology

geştalt gestalt

getirgen afferent

getirici afferent

gevişgetiren ruminating *gevişgetiren hayvan* ruminant *gevişgetiren hayvanda işkembenin üçüncü bölümü* omasum *gevişgetirenler* Ruminantia *gevişgetirenlerde ikinci mide* honeycomb stomach *geviş getirme* rumination *geviş getirmek* to ruminate

gevrek crispate

gevretme crispation

gevşek flaccid, lax

gevşeklik hypotonicity

gevşem diastasis, diastole

gevşeme relaxation *gevşeme süresi* relaxation time

gevşetme relaxation

geyik deer *geyik boynuzu* antler *geyik boynuzu çatalı* tine *geyik sineği* deerfly *geyik üzümü* deerberry

geyikböceği stag beetle

geyikotu deerweed, dittany, stonemint

gezegen planet *gezegenler ile ilgili* planetary

gezer nokta floating point

gezginci wandering

gezinmek to range

gezme walking

gıcırdatmak to jar

gıda diet, food, nutrient, nutriment, nutrition, pabulum *gıda değeri* food value *gıda katkısı* food additive *gıda kontrolü* food control *gıda zehirlenmesi* botulism

gıdasız jejune

gırtlak glottis, gullet, larynx, oropharynx, pharynx, throat *gırtlak açma* laryngotomy *gırtlak kapağı* epiglottis *gırtlak kıkırdağı ile ilgili* cricoid *gırtlakla ilgili* laryngeal *gırtlak muayene aleti* laryngoscope

gidermek to remove; (susuzluğunu) to quench, to slake

gidiş course, tenor

gilsonit uintaite, uintahite

girdap eddy, vortex *girdap dairesi* vortex ring *girdap hattı* vortex line

girdaplı vortical *girdaplı akış* vortex motion

girdi input

girgin sociable

girim katsayısı penetrance coefficient

girinti niche, sinus

girintili çıkıntılı serrated

giriş inlet, input, vestibule *giriş açıklığı*

mouth **giriş ağzı** mouth **giriş deliği**
ostium **giriş yeri** inlet
girişik intricate
girişim interference **girişim ile ilgili**
interferential
girişimci promoter
giritotu dittany
girme adherence, intromission
gitme passage
giymek to wear
gizil latent, latescent, potential **gizil ısı**
latent heat **gizil içerik** latent content
gizilgüç potential, potential energy
gizleme secretion
gizlemek to secrete
gizli latent, latescent, occult **gizli eğilim**
undercurrent **gizli eşeyli** cryptogam,
cryptogamic, cryptogamous **gizli**
eşeylilik cryptogamy **gizli ısı** latent
heat **gizli karotein** cryptoxanthin **gizli**
tutma suppression **gizli varlık** latency
gizli zaman latent period, latent time
Glauber tuzu Glauber salt
glayöl gladiolus
glikojen animal starch, glycogen
glikojen oluşumuyla ilgili glycogenic
glikojen üremesi glycogenesis
glikol glycol
glikolik glycol(l)ic **glikolik asit** glycolic
acid
glikolipit glycolipid
glikoliz glycolysis
glikonat gluconate
glikoprotein glucoprotein, glycoprotein
glikoz glucose, grape sugar, starch syrup
glikoz asidi gluconic **glikoz emilişini**
azaltan ilaç biguanide **glikozun**
şekere dönüşümü glycogenesis
glikozamin glucosamine
glikozid glycoside

glikozit glucoside
glikozlu glucosic
glikozüri glycosuria
gliseraldehit glyceraldehyde
gliserik glyceric
gliseril glyceryl **gliseril trikaproat**
caproin
gliserin glycerin, glycerol
gliserit glyceride
gliserol eriyiği sweet water
glisin glycine
globin globin
globülin globulin
glutelin glutelin
gluten fibrin, gluten **gluten unu** gluten
flour
glutenli glutenous
glükagon glucagon
glütamat glutamate
glütamik glutamic **glütamik asit tuzu**
glutamate
glütamin glutamine
glütaminaz glutaminase
glütaraldehit glutaraldehyde
glütation glutathionc
glüten asidi glutaric acid
gnays gneiss **gnays ile ilgili** gneissic
Golgi aygıtı/cihazı Golgi apparatus
Golgi cisimciği dictyosome
gonadotropik gonadotrop(h)ic
gonca bud, button **gonca halde döllenen**
cleistogamic, cleistogamous **gonca**
kalma cleistogamy **gonca vermek** to
bud **gonca yapraklı** bracteate,
bracteolate **gonca yapraksız**
ebracteate
Gooch potası Gooch crucible
goril pongid
göbek core, navel, paunch, umbilicus,
venter, (marul vb'nde) heart **göbeğe**

ait umbilical *göbeğe yakın* parumbilical, umbilical *göbeği* *çevreleyen* periomphalic *göbek* *altında* subumbilical *göbek biçimli* umbilicate *göbek bölgesi* mesogastrium *göbek çevresi ile ilgili* periomphalic *göbek döllenmesi* chalazogamy *göbek kordonu* navel cord, navel string, umbilical cord **göbekli** umbilicate, ventricose **göbelek** mushroom **göç** migration *göç alanı* migration area *göç etmek* to migrate *göç ile ilgili* migratory *göç uzunluğu* migration length **göçebe** migrant, migratory, wandering **göçmen** migrant, migratory *göçmen hücre* migratory cell, wandering cell *göçmen kuş* bird of passage **göçümlü** metastatic **göden** cloaca *göden bilimi* proctology **gödenbağırsağı** rectum **gödensel** cloacal **göğüs** breast, chest, heart, pectus, thorax *göğsün sırt bölümü* (böcekte) pronotum *göğüs ağrısı* pectoralgia *göğüs anjini* angina pectoris *göğüs arası* (kadında) cleavage *göğüs boşluğuyla ilgili* pectoral *göğüs daralması* stenothorax *göğüs duvarı yan kısmı* perister *göğüse ait* pectoral *göğüs hastalıklarıyla ilgili* pectoral *göğüs ile ilgili* thoracic *göğüs kafesi* rib cage, thorax *göğüs kanalı* thoracic duct *göğüs kası* pectoral muscle *göğüs kemeri* pectoral arch, pectoral girdle *göğüs kemiği* sternum, (kuşta) furcula *göğüs kemiği altında olan* infrasternal *göğüs kemiği ile ilgili* sternal *göğüs kemiğinin orta parçası*

mesosternum *göğüs kemiğinin üst bölümü* manubrium *göğüs ön duvarı* pectus *göğüs yüzgeci* pectoral fin *göğüs zarı* pleura *göğüs zarı ameliyatı* pleurotomy *göğüs zarı iltihabı* empyema *göğüs zarı iltihabıyla ilgili* pleuritic *göğüs zarına ait* pleural **gök** sky *gök ayla* corona *gök çemberi* colure *gök yeşil* glaucous *gök zümrüt* aquamarine **gökada** galaxy **gökbalina** blue whale **gökbilim** astronomy **gökbilimsel** astronomic(al) **gökevi** planetarium **gökfiziği** astrophysics **gökladin** blue spruce **göksel** uranic **göktaşı** aerolite, aerolith, meteor, lazulite, meteorite *göktaşı çakılı* chondrule *göktaşı ile ilgili* aerolithic, aerolitic **gökyakut** sapphire **gökzümrüt** beryl **göl** lake *göl çökeltileri* lake deposits *gölde yaşayan* lacustrine, limnetic *göl ile ilgili* lacustrine **gölbilimi** limnology **gölcük** lacus **gölge** shade; shadow *gölge bitkileri* sciophyte *gölgeye girme* (gök cismi) immersion **gölgekuşu** umbrette **gölsel** lacustrine **gömeç** comb **gömlek** tunic, tunica **gömlekli** tunicate(d) **gömlekliler** tunicata **gömme** implantation

gömmek to bed, to lay
gönderim transformation
gönderme transmission
gönül heart; affection; love
gönüllü voluntary
göreceli relative *göreceli basınç* relative pressure
görecelik relativity *görecelik kuramı* theory of relativity
göreli relative *göreli basınç* relative pressure *göreli sıklık* relative frequency
görelilik relativity *görelilik kuramı* relativity theory, theory of relativity
görev function *görev yapmamak* (organ) to dysfunction
görevdeşlik synergism
görevli incumbent
görgü background
görgül empirical
görme photoreception, vision *görme alıcı siniri* visual receptor *görme duyusu* sense of sight *görme keskinliği* acuity of vision *görme moru* erythropsin *görme organı* oculus, photoreceptor
görmek to sight, to spot
görsel optic, visual
görülebilir visual
görünen phanic
görüngü phenomenon
görüngübilim phenomenology
görüntü display, phantasm, shape *görüntü düzeyi* focal plane
görüntüleme visualization
görüntüsel imaginal, phantasmal, spectral
görünürlük visibility
görünüş sight *görünüşte su seven* pseudoaquatic *görünüşü benzer*

yapısı farklı (bitki) spurious
görüş sight, vision *görüş açısı* visual angle *görüş alanı* field of vision, visual field *görüş uzaklığı* visibility
gösteren indic
gösterge gauge, index, indicator, indice, pointer *göstergenin kaydettiği değer* reading *gösterge sayısı* index number
göstergebilim semeiology, semiology
gösteri display, performance
gösterim projection
gösterme display
göstermek to display
götürmek to take, to transport
götürücü efferent
gövde body, centrum, corpus, soma, trunk *gövde bilimi* somatology *gövdeden ayrı olan organ* appendage *gövde hücresi* protoplazması somatoplasm *gövde yapısı* anatomy
gövdesel somatic, thematic
göz eye, niche, optic *göz banyosu* eyebath *göz biçimli benek* eyespot, ocellation *göz çıkıntısı* eyestalk *göz çukuru* cavity of the eye, orbit *göz çukuru altında olan* infraorbital *göz çukuru üstünde bulunan* supraorbital *göz çukuru üstündeki kemikli çıkıntı* superciliary ridges *göz çukurunu saran periost* periorbit *göze çarpan* outstanding, salient *göz göz* areolar, eyed, loculate(d) *göz göz benekli* ocellate *göz göz delikli* faveolate *göz hastalıkları bilimi* oculistics *göz hastalıkları ile ilgili* oculistic *göz içi ile ilgili* entoptic *göz ile ilgili* ocular, ophthalmic *göz kırpma* nictitation, wink *göz kırpma ile ilgili* nictitating *göz kırpmak* to nictitate, to wink *göz kulak olmak* to watch *göz kuruluğu*

xerophthalmia *göz küresi* eyeball *göz küresi üstünde olan* supraocular *göz küresini saran* peribulbar *gözle görülmez* occult *gözle görülür* ocular *göz merceği* crystalline lens, eyepiece, lens, ocular *göz merceği iltihabı* phacitis, phacoiditis *göz merceği kapsülü* phacocyst *göz muayene aleti* orthoscope *göz önünde* overt *göz önünde canlandırma* visualization *göz örtüsü* conjunctiva *göz perdesi* nictitating membrane *göz pınarı* tear bag *göz siniri* visual nerve *göz sinirleri* optic tracts *göz uyumu* accommodation *gözü çevreleyen organ* orbit *gözü hareket ettiren* oculomotor *gözü hareket ettiren sinir* oculomotor nerve *gözün ışığı kırma derecesini ölçen alet* dioptometer *gözün iç köşesindeki deri kıvrımı* epicanthus *gözünü kamaştırmak* to blind *gözü yaşarma* lachrymation *göz yaşartıcı* lachrymal *göz yaşartıcı gaz* tear gas *göz yaşartıcı madde* lachrymator *göz yaşartıcı zehirli gaz* chloroacetophenone
gözakı sclera *gözakıyla ilgili* sclerotic
gözbebeği pupil *gözbebeği büzülmesi* miosis *gözbebeği büzülümü* myosis *gözbebeği genişlemesi* mydriasis *gözbebeği genişleten (ilaç)* mydriatic *gözbebeği ile ilgili* pupillary *gözbebeğini büzen (ilaç)* miotic *gözbebeğinin renkli içzarı* uvea
gözbilim ophtalmology
gözcük alveolus *gözcük biçimli* ocellate
göze alveolus, cell, corpuscle, locule, loculus *göze boşluğu* lumen *göze bölünmesi* cell division *göze durganı* cell constant *göze eriten* lysin *göze içi* intracellular
gözebilim cytology
gözecik cellule
gözedışı extracellular
gözeli alveolar, cellular, cellulate(d), cellulous
gözenek alveolation, alveolus, areola, areolation, hydathode, mesh, pore, stoma, stomate *gözenek ile ilgili* stomatal, stomatous *gözenekte renk maddesi birikimi* pigmentation
gözenekli alveolate, areolar, areolate(d), cancellate, cancellous, leachy, lenticellate, poriferous, porous, reticulate *gözenekli doku* cellular tissue *gözenekli hayvan* poriferan *gözenekliler sınıfı* porifera
gözeneklilik areolation, porosity, sponginess
gözesel cellular *gözesel bünye* cellular structure
gözetleme observation, watch
gözetlemek to observe
gözkapağı eyelid, lid, palpebra *gözkapağı ile ilgili* palpebral *gözkapağı kıkırdağı* tarsus, tarsus of the eyelid *gözkapağındaki koruyucu perde* nictitating membrane *gözkapağı pulu* tarsus of the eyelid
gözkapaklı palpebrate
gözlem observation, sight
gözlemek to observe, to screen, to sight, to veil
gözlerarası interocular
gözlü eyed
gözsüz eyeless *gözsüz kene* oribatid
göztaşı blue stone, blue vitriol, bluestone, copper sulfate, copper sulphate, copper vitriol
gözyaşı tear *gözyaşı akması*

lachrymation *gözyaşı bezi* lachrymal gland, tear gland *gözyaşı bezleri* adnexa oculi *gözyaşı gazı* tear gas *gözyaşı ile ilgili* lachrymal *gözyaşı kanalı* tear duct *gözyaşı kanalları* lachrymal ducts *gözyaşı kemiği* lachrymal bone *gözyaşı kesesi* lachrymal sac, tear bag, tear sac *gözyaşı pınarı* lacus lacrimalis *gözyaşı salgılama* lacrimation *gözyaşıyla ilgili* lachrymal

gözyuvarı eyeball

graben rift valley

grafik chart, curve, diagram, graph *grafik metot* graphical method

grafit black lead, graphite, plumbago

grafitli plumbaginous

gram (simgesi g) gram, gramme *gram kalori* gram calorie *gram molekül* mole

gram-negatif gram-negative

gram-pozitif gram-positive

granit granite *granit gibi* granitic *granit ile ilgili* granitic *granit oluşum* granite formation

granülometrik analiz particle size analysis

granülosit granulocyte

gravimetrik gravimetric *gravimetrik analiz* gravimetric analysis

gravitasyon gravitation *gravitasyon alanı* gravitational field *gravitasyon ivmesi* gravitational acceleration

gre sandstone

gres lubricant *gres yağı* grease

gri gray, grey *gri bazalt* tephrite

grosüler grossularite

grup class, classification, group *grup terapisi* group therapy

gruplandırmak to group

gruplaşma aggregation

gruplaşmak to group

guaez guanase

guanidin guanidine

guanin guanine

guatr bronchocele, struma

gudde gland

guddecik glandule

guddeli glandular, glandulous

guşa struma

guşalı strumatic, strumous

gutaperka guttapercha

gut gout *gut hastalığı* podagra

gutlu gouty *gutlu hastalarda eklem kireçlenmesi* tophus

gübre fertilizer, manure, ordure *gübre toprağı* vegetable mould *gübre yığını* dunghill

gübreleme fertilization

gübrelemek to fertilize, to manure

gübreli stercoraceous, stercorous

güç force, hairy, heavy, power, strength, vis *güç aktarma* transmission *güç boyanan* chromophobe *güç dönüştürme* transduction *güç zinciri* power chain

güçleştirmek to complicate

güçlü dynamic, robust, strong, virile *güçlü asitler* strong acids *güçlü patlayıcı* high explosive

güçlük knot, morass

güçölçer transmission dynamometer

güçsüz weak, (doku) hypotonic

güdü impetus, motive

güğüm kettle

güherçile niter, nitre, potassium nitrate, saltpetre

güherçileli nitrous

gül rose *güle benzer* rosaceous *gül ibrişim* rose acacia *gül nezlesi* rose fever

gülbiti rose aphis

güldürücü comic, humerous *güldürücü gaz* laughing gas, nitrogen monoxide, nitrous oxide

gülen smiling; laughing *gülen balıkçıl* kookaburra

gülgillerden rosaceous

gülhatmi hollyhock

gülrengi rose

gülsü rosaceous

gülyağı rose oil

gümeç honeycomb

gümüş (simgesi Ag) silver

gümüşbalığı silver atherine, silverfish *gümüş bromür* silver bromide *gümüş bromürlü fotoğraf kâğıdı* bromide paper *gümüş cevheri* polybasite *gümüş eşya* silver *gümüş içeren* argentiferous *gümüş ile ilgili* argyric *gümüş iyodür* silver iodide *gümüş klorür* cerargyrite, horn-silver, silver chloride *gümüş lakut* ruby silver *gümüşle kaplamak* to silver *gümüş levha* silver foil *gümüş levrek* silver perch *gümüş nitrat* silver nitrate *gümüş pota* silver crucible *gümüş sülfit* argentite *gümüş taklidi* white metal *gümüş tellürit* hessite *gümüşten yapılmış* silver *gümüşün ergime noktası* silver point *gümüş yakut* pyrargyrite

gümüşcün silverfish

gümüşlü argentic, argentiferous, silver-bearing

gümüşlübalık dace

gün day *gün dönümü* winter solstice *gün değmemiş su* juvenile water *gün ışığı* light *gün ışığına yönelme* heliotaxis *gün ışıması* light

günberi perihelion

günçiçeği helianthus

gündüz day, light *gündüz çiçeği* dayflower *gündüz çiçek açan* diurnal

günebakan heliotrope, sunflower, turnsole, helianthaceous

güneş sun *güneş altında bırakma* insolation *güneş bataryası* solar battery *güneş çarpması* heat stroke *güneşe göre hesaplanan* solar *güneş enerjisi ölçümü ile ilgili* pyrheliometric *güneş enerjisini ölçen alet* pyrheliometer *güneşe sermek* to air *güneş hayvancıkları* sun animacules *güneş ışığı* sun *güneş ile ilgili* heliac, solar *güneş kaynaklı radyasyon* solar radiation *güneş lekesi* flocculus *güneş pusulası* sun compass *güneş saati* astronomical time *güneş sabiti* solar constant *güneş seven bitki* heliophyte *güneş sinir ağı* solar plexus *güneş sistemi* solar system, the solar system *güneş tayfı* solar spectrum *güneşte bırakma* insolation *güneş teleskobu* helioscope *güneş tutulması* solar eclipse

güneşlemek to sun

güneşlendirmek to sun

güneşölçer heliometer

güney south *Güney Amerika kunduzu* nutria *Güney Amerika'da yetişen funda* rhatany *güney eksen ucu* antarctic *güney ile ilgili* meridional *güney kutbu* antarctic

güneyönelim heliotropism

günlük circadian, diurnal

gürbüz robust

gürgen hornbeam

güve moth

güvence rock

güvenilir stable
güvercin dove, pigeon
güvercinlik dovecot
güveyfeneri winter cherry
güz autumn
güzçiğdemi meadow saffron
güzelavratotu deadly nighthade, belladonna *güzelavratotu zehiri* atropine
güzel beautiful; good *güzel kokma* aromaticity *güzel koku* aromaticity, scent *güzel koku vermek* to aromatize *güzel koku yaymak* to scent *güzel kokulu* aromatic
güzelleştirici plastic
güzlük autumnal *güzlük buğday* winter wheat

H

haberci messenger, runner
habitat habitat
hacıotu mandrake
hacim capacity, content, volume *hacim ile ilgili* volumetric *hacim iyonizasyonu* volume ionization *hacim ölçer* volumeter, volumometer *hacim ölçerek* volumetrically *hacim ölçümü* cubic measurement, stereometry *hacim ölçümü ile ilgili* volumetric *hacim ölçüsü* cubic measure *hacmen analiz* volumetric analysis *hacmini büyütmek* to expand
hacimli voluminous
haczetmek to sequester
haç cross *haç biçiminde* cruciform *haç biçimli yapraklı* cruciferous *haç şeklinde dört eşit yapraklı* cruciate
hadım etmek to castrate, to neuter

had limit *had safhada* acute
hafıza memory *hafızası kuvvetli* retentive
hafızlamak to bone
hafif light, weak, soft *hafif asbest* mountain cork *hafif asitlik* subacidity *hafif enfeksiyon* subinfection *hafif geri zekâlı kişi* moron *hafif pembe kristalli alkaloid* eserine *hafif rüzgâr* air *hafif sara* petit mal *hafif tuzlu su* brackwater
hafifletmek to attenuate
hafniyum (simgesi Hf) hafnium
hafriyat dig
hâkim dominant
hal state, condition *hal değişimi* change of state *hal denklemi* equation of state
hâlâ still
hale corona, limb
halfa esparto
haliç estuary *halice benzer* estuarine *haliç şeklinde* estuarine
halis absolute, net, pure, simple
halita alloy, amalgamation, composite, intermixture
halka annulus, convolution, link, ring *halka biçimli oluşum* annulation *halka biçimli tutulma* annular eclipse *halka bileşiği* ring compound *halka dizilişi* whorl *halka dizilişli* whorled *halka dizilişli yapraklar* verticillate leaves *halka şeklinde cisim* annulus *halka takma* banding
halkacık areolation
halkalanma annulation
halkalı annulate, areolar, areolate(d), cyclic, metameric, whorled *halkalı bileşikler* cyclic compounds *halkalı kurt* annelid *halkalı olma* metamerism *halkalı parafin*

cycloparaffin **halkalı üreme** metamerism

halkalılık whorl

halletmek to resolve

haloid halide

halojen halogen **halojenden türemiş** haloid **halojene benzer** halogenoid, haloid **halojenle birleştirmek** to halogenate

halojenleme halogenation

halojenlemek to halogenate

halojenli halogenous

halotrichite ferric alum

halsiz prostrate **halsiz bırakmak** to prostrate

ham green, immature, raw, unrefined **ham bakır** raw copper **ham besisuyu** crude sap **ham boraks** tincal **ham elmas** rough diamond **ham ipek** wild silk, raw silk **ham kauçuk** wild rubber **ham öszu** raw sap **ham petrol** crude oil, crude petroleum **ham protein** crude protein

hamal carrier

hamamböceği cockroach

hamile gravid, pregnant

hamilelik pregnancy

hamle shoot

hamlık hypokinesia, immatureness, immaturity

hammadde raw material

hamur dough; leaven **hamur biçimli** magmatic **hamur yapma** malaxation

hançer dagger **hançer biçiminde** xiphoid

hani (balık) coney

hap pellet, pill, tablet

haploit haploid

haploitlik haploidy

haptotropizm haptotropism

harap waste **harap etmek** to waste **harap olmak** to wrack

hararet heat, temperature

harcamak to dissipate, to take

harç mortar **harç ile sıvamak** to mortar

hardal mustard **hardal gazı** mustard gas **hardal yakısı** sinapism

hareket action, activity, animation, kinesis, motion, movement **hareket bilimi** kinematics **hareket eden** moving **hareket eden cisim** body in motion **harekete geçirmek** to activate, to stimulate **harekete neden olan sinir** nervimotor **hareket enerjisi** impetus **hareket etmek** to behave **hareket ettirici** motive, motor **hareket ettirici güç** motivity **hareket halinde** in motion **hareket ile ilgili** kinematic, motional **hareket nakli** transmission **hareket yeteneği** mobility, motility **hareket yeteneği kaybı** ataxia

hareketli active, kinetic, mobile **hareketli cinsel hücre** planogamete **hareketli eşizlikte keton bileşimi** keto-form

hareketlilik mobility

hareketsiz actionless, immotile, inactive, inert, qiescent, nonmotile, static, stationary **hareketsiz durmak** to poise

hareketsizlik inactivity, quiescence, stagnation, torpidity, torpidness

harf character, type

harici peripheral

hariç excluding, except **hariç tutma** elimination, exclusion **hariç tutmak** to bar

harita map **harita yapmak** to chart

harmonik harmonic **harmonik analizi** harmonic analysis **harmonik osilatör**

harmonic oscillator
harmotom harmotome
hasat crop
has special; real, cure *has boya* fast dye
haseküküpesi columbine
hasılat product, spawn
hasım antagonist
hasırlamak to cane
hasırlı matted over; wickered *hasırlı*
şişe flask
hassas sensitive *hassas ayarlama* zero
adjustment *hassas denge*
precisionbalance
hassasiyet idiosyncrasy
hassaslık sensitivity
hasta ill, sick; patient *hasta dokuları*
kazıma erasion *hasta eden*
pathogenetic, pathogenic *hasta etme*
pathogenesis
hastalandıran pathogenetic, pathogenic
hastalandırma pathogenicity
hastalık illness; disease *hastalığın*
ikinci dönemi epicrisis *hastalığın ilk*
belirtisi prodrome *hastalığın*
komplikasyonsuz gelişmesi
haplopathy *hastalığın oluşması*
nosogenesis *hastalığın ruhsal nedeni*
psychogenesis *hastalık belirti bilimi*
semiology *hastalık belirtileri bilimi*
symptomatology *hastalık bilimi*
pathology *hastalık bilimsel*
pathological *hastalık bitimi* solution
hastalık izi stigma *hastalık kalıntısı*
sequela *hastalıkla uğraşan*
pathological *hastalık mantarları*
disease fungus *hastalık oluşumu*
nosogeny *hastalıktan ileri gelen*
pathological *hastalıktan koruyan*
(ilaç vb) prophylactic *hastalık taşıyan*
böcek vector *hastalık yapan madde*

toxin *hastalık yapan mikrop* pathogen
hastalık yapma pathogenesis *hastalık*
yapmayan lysogenic, nonpathogenic
haşere insect, vermin *haşere öldürücü*
gaz fumigant *haşere öldürücü toz*
lindane
haşerat insects, vermin *haşerat*
öldürücü kimyasal insecticide
haşeratlı verminous
haşhaş poppy *haşhaş tohumu* opium
seed
haşıl sizing *haşıl maddesi* sizing agent
haşlamak to boil
haşlamlılar infusoria *haşlamlılarla*
ilgili infusorial
haşlanmak to boil
hata error, mistake *hata katsayısı*
coefficient of error
hatıra relic
hatmi marsh mallow
hav down, lanugo, pubescence,
tomentum *hav tüyü* down feather,
plumula, plumule
hava air, climate, weather *hava açıklığı*
spiracle *hava bacası* air duct *hava*
basıncı air pressure, atmospheric
pressure *hava borusu* air duct, canal
havada bozulma weathering *havada*
bulunan aerial *havadaki ozon*
miktarı ölçümü ozonometry *havadaki*
ozon miktarını ölçen alet ozonometer
havadan arazinin fotoğrafını çekme
aerial survey *havadan gelen* airborne
havadan nakledilen airborne *havada*
sönmüş kireç air-slaked lime *havada*
süzülmek to soar *hava deliği* spiracle,
vent-hole *hava direnci* air resistance
hava durumuyla ilgili meteorological
hava etkilerine maruz kalma
weathering *hava etkisine maruz*

bırakmak to weather *hava geçirmeyecek şekilde* hermetically *hava geçirmez* hermetically sealed *hava gözetlemesi* aerial survey *hava gözlem bilgisi* aerography *hava ile ilgili* aerial, atmospheric *hava ile soğutma* air cooling *hava ile soğutmak* to air-cool *hava ile soğutulan* air-cooled *hava kabarcığı* bubble *hava kanalı* air duct *hava keseciği* air cell, vesicle *hava kesesi* air sac, pneumatophore, (balık) swimbladder *hava kökleri* aerial root *hava kökü* aerial root *havanın tanıtımı* aerography *hava niteliğinde* aerial *hava payı* interstice *hava radyoaktivitesi* airborne radioactivity *hava soğutmalı* air-cooled *hava torbası* air bladder, vesica natatoria *havaya yönelim* aerotropism *havayla bulaşan* airborne *havayla dolma* aerification *havayla solunum* aerobiosis

havabilgisi meteorology
havabilim aerology
havacıl aerobe, aerobic
havadevinimbilimi aerodynamics
havagazı gas *havagazı isi* gas black *havagazı memesi* gas burner
havai aerial, volatile *havai fişekçilik ile ilgili* pyrotechnic *havai perspektif* aerial perspective
havalandırılmış conditioned
havalandırma aeration, aerification *havalandırma borusu* funnel, ventiduct *havalandırma cihazı* aerator *havalandırma düzeni* aerator *havalandırma katı* air level
havalandırmak to air, to weather
havalanma aeration *havalanma bölgesi* zone of aeration
havalanmak to aerification
havale transfer *havale etmek* to transfer
havalı pneumatic *havalı doku* aerenchyma *havalı ortamda yaşayan tüm bitkiler* aerophyte
havan mortar *havan topu* mortar
havasızyaşar anaerobe, anaerobiotic
havlama bark
havlamak to bark
havlı comose, downy, lanuginous, piled, woolly, pubescent
havuç carrot *havuç boya* xanthophyll *havuç boyalı* xanthophyllic *havuç özü* carotene
havuz basin, dock
havya solde-ring iron
havza basin
haya testis *haya şişmesi* sarcocele
hayal phantasm
hayalet spirit
hayali ideal, phantasmal, spectral, subjective
hayat life *hayat oluşumu* morphogenesis *haya torbası* scrotum *hayatta kalma* survival *hayat veren sıvı* sap *hayat verici* life-giving
hayati vital *hayati organ* vital organ
hayvan animal *hayvana benzer* zooidal *hayvan altlığı* bedding *hayvan anatomisi* zootomy *hayvan anatomisi ile ilgili* zootomic *hayvan ayağı* foot *hayvan bağırışı* utterance *hayvan beslenmesi ile ilgili* zootrophic *hayvan biyolojisi* zoobiology *hayvan burnu* snout *hayvan coğrafyacısı* zoogeographer *hayvan coğrafyası* zoogeography *hayvanda bağırsak hastalığı* coccidiosis *hayvanda destek yapan parça* fulcrum *hayvanda hücre*

çevresini saran tabaka periplasm
hayvandan insana aşılanan (doku)
zooplastic hayvan dışkısı slime
hayvan dokusunda bulunan
oksitleyici enzim tyrosinase hayvan
fizyolojisi zoonomy hayvan gibi
animal hayvan gübresi droppings
hayvan hastalığı zoonosis hayvan
hastalıkları bilimi zoonosology
hayvan hücresi çekirdeği endoplast
hayvanın boyun tüyü collar hayvanın
resmedilmesi zoomorphism hayvani
kömür animal charcoal hayvan ini
lodge hayvan kıçı rump hayvan
kimyası zoochemistry hayvan kimyası
ile ilgili zoochemical hayvan
kuyruğunun etki kısmı dock
hayvanla döllenen zoophilic,
zoophilous hayvanla döllenen bitki
zoophile hayvanla ilgili zootic
hayvanlar alemi fauna hayvanlarda
salgın yapan (hastalık) epizootic
hayvanlarda sıcaklık uyuşukluğu
aestivation hayvanların yaydığı bitki
zoochore hayvanlarla tozlaşma
pollination by animals hayvan
otopsisi zootomy hayvan ölçümü ile
ilgili zoometrical hayvan parkı
vivarium hayvan pençesi paw hayvan
sevgisi zoophilism hayvan sırtı ridge
hayvan sürüsü pod hayvan şekli
kullanan zoomorphic hayvan
şeklinde gösterilmiş şey zoomorph
hayvan tedavisi ile ilgili veterinary
hayvan tırnağı çatalı fourchette
hayvan tüyü fur hayvan üretme
bilgisi thremmatology hayvan
üstünde asalak yaşayan epizoic
hayvan üstünde yaşayan parazitler
epizoon hayvan vücudu ölçümü

zoometry hayvan yağı animal oil, fat
hayvan yaşamı animal life hayvan
yavrusu spawn
hayvanbilim zoology
hayvanbilimsel zoological
hayvancık animalcule hayvancık ile
ilgili animalcular
hayvansal animal, zoic, zoological
hayvansal fosil bilimci
palaeozoologist hayvansal fosil bilimi
palaeozoology hayvansal fosil bilimi
ile ilgili palaeozoological hayvansal
tutkal animal glue hayvansal yağ
animal fat hayvansal yapıştırıcı
animal glue
hayvanseven zoophilic
hayvansever zoophile
hayvansı zooid, zooidal
hazım assimilation, digestion hazımla
ilgili peptic hazmı güç heavy hazmı
kolaylaştıran digestive
hazırlamak to poise
hazırlanmak to poise
hazırlayıcı preliminary
hazırlık preliminary
hazin pathetic
hazmedilebilir digestible
hazmetmek to assimilate, to digest
hazne chamber, receptacle
Heaviside tabakası Heaviside layer
hedef target hedef uzaklığı range
hedeflemek to target
hekim physician
heksil hexyl heksil alkol hexyl alcohol
heksilen hexylene
heksilresorsinol hexylresorcinol
heksoz hexose
hekzaklorofen hexachlorophene
hekzamin hexamethylenetetramine
hekzan hexane

hekzon hexone
hela bog
helezon convolution, helix, spiral, twirl, volute *helezon dişlisi* spiral gear
helezoni convolute, involute, spiral, volute(d) *helezoni bakteri* spirochaete
helis spiral
helisel helicoid, spiral
helyometre heliometer
helyum helium
hemal yay haemal arch
hematin haematin
hematit bloodstone, haematite, kidney ore, specular iron ore
hematofaj haemophagocyte
hematoksilin haematoxylin
hematolog haematologist
hematoloji haematology
hematolojik haematologic(al)
hematüri haematuria
hem both *hem erkek hem dişi* androgynous *hem erkek hem dişiliğe sahip çiçek* perfect flower *hem eşeyli hem eşeysiz üreyebilme* digenesis *hem et hem ot yiyen* omnivorous *hem karada hem denizde yaşayan (hayvan)* amphibian *hem karada hem suda yaşayan hayvan* batrachian *hem karada hem suda yetişen (bitki)* amphibian
hemofili haemophili, hemophilia
hemofilli hemophilic
hemoglobin haemoglobin, hemoglobin
hemolisin haemolysin
hemolitik haemolytic
hemoliz erythrocytolysis, haematolysis, haemocytolysis, haemolysis, hemolysis
hemoroid hemorrhoid
hemosiderin haemosiderin, hemosiderin

hendek pit *hendek açmak* to dike
henri (simgesi H) henry
heparin heparin
hepatit hepatitis
hepçil omnivorous
heptaklor heptachlor
heptan heptane
heptoz heptose
her every; each *her cinse uygun* unisexed *her dizide altı yaprak bulunan* hexamerous *her sıcaklıkta yaşayan* eurythermal *her şeye göz yumma* overindulgence *her şeyi yiyen* omnivorous *her yıl yapraklarını döken* deciduous *her yıl yayınlanan kitap* annual *her yöne dönebilen* versatile *her yöne dönebilme* versatility *her zaman yeşil dallar* evergreens
herdem always, ever *herdem yeşil bitkiler* evergreen plants
herpetoloji herpetology
herpetolojik herpetological
hertz (simgesi Hz) hertz *Hertz dalgaları* Hertzian waves *Hertz ile ilgili* Hertzian
hesap account; calculation *hesaba katmak* to rate *hesap analiz* calculus
hesperidin hesperidin
heterodont heterodont
heterogamet heterogamete
heterojen heterogeneous *heterojen denge* heterogeneous equilibrium *heterojen reaksiyon* heterogeneous reaction
heterojin heterogynous
heterokramatin heterochromatin
heteromer heteromerous
heteromorf heteromorphic
heteroseksüel heterosexual

heterotransplant alloplasty
heterotrof heterotrophic
hevenk cluster
heves appetite, spirit
heybetli noble
heyecan sensation, thrill **heyecan vermek** to thrill
heyecanlandırmak to thrill
heyecanlı nervous
hezaren rattan **hezaren çiçeği** larkspur
hezeyan delirium
hısım relative
hışırtı crackle, crinkle
hız momentum, rate, velocity **hız spektrografı** velocity spectrograph
hızlandırıcı (kimyasal olayı) promotive
hızlandırma acceleration
hızlanma acceleration
hızlı quick, fast; quickly **hızlı çelik üretimi** basic oxygen process **hızlı kalp çarpıntısı** tachycardia **hızlı merkezkaç makinesi** ultracentrifuge **hızlı nötron** fast neutron **hızlı soluma** tachypnoea **hızlı su akışı** race
hızölçer tachometer
hiç null, nothing **hiç doğurmamış** nulliparous
hiçlik uzayı null space
hidrastik hydrastic
hidrastin hydrastine
hidrastinin hydrastinine
hidrat hydrate
hidratasyon hydration
hidrazin hydrazine
hidrazoik hydrazoic
hidrit hydride
hidrobiyoloji hydrobiology
hidrobromik hydrobromic
hidrodinamik hydrodynamic
hidrodinamik tayf hydrodynamic

spectrum
hidroelektrik hydroelectric
hidrofil hydrophilic
hidrofit hydrophyte
hidroflüorik hydrofluoric
hidrografi hydrography
hidrojel hydrogel
hidrojen (simgesi **H**) hydrogen **hidrojen bağı** hydrogen bond **hidrojen bromür** hydrogen bromide **hidrojen çıkartma** dehydrogenation **hidrojen çıkartmak** to dehydrogenate **hidrojen çıkarttıran enzim** dehydrogenase **hidrojen elektrotu** hydrogen electrode **hidrojen flüorür** hydrogen fluoride **hidrojen fosfit** phosphine **hidrojeni çıkartılmış** dehydrogenated **hidrojen iyonu** hydrogen ion **hidrojen iyonu konsantrasyonu** hydrogen ion concentration **hidrojen izotopu** diplogen **hidrojenle birleştirmek** to hydrogenate **hidrojen peroksit** hydrogen peroxide, perhydride, perhydrol, peroxide of hydrogen **hidrojen siyanür** hydrogen cyanide **hidrojen sülfür** hydrogen sulfide
hidrojenleme hydrogenation
hidrojenlemek to hydrogenate, to hydrogenize
hidrojenli hydrogenous
hidrokarbon hydrocarbon
hidrokarbonla ilgili hydrocarbonic
hidrokinetik hydrokinetics
hidrokinon hydroquinol, quinol
hidroklorik asit hydric chloride, hydrochloric acid, marine acid, spirit(s) of salt
hidroklorit hydrochloride
hidrokortizon cortisol, hydrocortisone
hidroksi asit hydroxy acid

hidroksietilamin hydroxyethylamine
hidroksilamin hydroxylamine
hidroksil hydroxyl *hidroksil grubu* hydroxy group
hidroksillemek to hydroxylate
hidroksilli hydroxyl, hydroxylated
hidroksit hydroxide
hidrolik hydraulic *hidrolik çimento* hydraulic cement *hidrolik kireç* hydraulic lime
hidrolitik hydrolytic
hidroliz hydrolysis
hidrolizlemek to hydrolyse
hidroloji hydrology
hidrolojik hydrological
hidrometre hydrometer
hidrometri hydrometry
hidromorfik hydromorphic
hidroselüloz hydrocellulose
hidrosfer hydrosphere
hidrosilikat hydrosilicate
hidroskop hydroscope
hidrostatik hydrostatic; hydrostatics *hidrostatik basınç* hydrostatic pressure *hidrostatik kese* hydrostatic bag
hidrosülfat hydrosulfate
hidrosülfit hydrosulfide
hidrotermal hydrothermal
higrofil hygrophilous
higrograf hygrograph
higrometre hygrometer
higrometri hygrometry
higroskop hygroscope
higroskopik hygroscopic
higrostat hygrostat
hijyen hygiene
hijyenik hygienic
hikmet wisdom
hilal crescent; new moon *hilal biçiminde* lunate *hilal biçimli*

bicornate, bicornuate, lunular, lunulate(d) *hilal mercek* meniscus
hilalotu moonseed
hile plant
hilum hilum
hindiba endive
hintbiberi cubeb *hintbiberi yaprağı* pan
hintdarısı durra
hinteriği mango
hinthurması gomuti
hintkamışı rattan
hintkeneviri bhang
hintsafranı turmeric
hintsarmaşığı derris
hintyağı castor oil
hiperdüzlem hyperplane
hipermetropluk long sight
hiperon hyperon
hipertansiyon hypertension
hipnotizma hypnotism
hipnoz hypnosis, trance
hipofiz hypophysis *hipofiz ameliyatı* hypophysectomy *hipofiz arka lobu* neurohypophysis *hipofiz bezesi* hypophysis *hipofiz bezi* pituitary gland *hipofiz ile ilgili* hypophyseal, pituitary
hipofosfat hypophosphate
hipofosfit hypophosphite *hipofosfor asit* hypophosphorous acid
hipofosforik hypophosphoric *hipofosforik asit* hypophosphoric acid *hipofosforik asit tuzu* hypophosphate
hipoglisemi hypoglycemia
hipoklorit hypochlorite
hipokloröz asit hypochlorous acid
hipoksantin hypoxanthine
hiponitrik hyponitrous *hiponitrik asit* hyponitrous acid
hiposülfit hydrosulfite, hyposulfite

hiposülfür asidi hyposulfurous acid
hipotalamus hypothalamus, subthalamus
hipotenüs hypotenuse
hipotez hypothesis
hipsometre hypsometer
his sensation, sense
hisse quantum, percentage *hisse senedi* stock
hissiz anaesthetic, cool
histamin histamin(e) *histamin ile ilgili* histaminic
histaminaz histaminase
histerezis hysteresis *histerezis çevrimi* hysteresis cycle, hysteresis loop
histeri hysteria
histidin histidine
histoliz histolysis, hystolysis
histoloji histology *histolojik boya* ammonia haemate
histon histone
histoplasmoz histoplasmosis
hiyalin hyaline
hiyalojen hyalogen
hiyalüronidaz hyaluronidase
hiyalüronik asit hyaluronic acid
hiyerarşi hierarchy
hiyosiyamin hyoscyamine
hodan borage
hodoskop hodoscope
hokkaçukuru acetabulum
holding conglomerate
holmiyum (simgesi Ho) holmium
holofitik holophytic
homeopati hom(o)eopathy, homeopathy
homojen homogeneous, structureless *homojen reaksiyon* homogeneous reaction
homolesitik homolecithal
homolog homologue
homomorf homomorphism

homonim homonym
homonükleer molekül homonuclear molecule
homozigot homozygote
homozigotluk homozygosis
Hooke yasası Hooke's law
hopkalit hopcalite
hormon endocrine, hormone, internal secretion *hormon bilimi* hormonology *hormon tedavisi* hormonotheraphy *hormon üretimi* hormonopoiesis *hormon yapımı* hormonogenesis
hormonal hormonal
horozibiği caruncle
horozibiğigillerden amaranthine
hortum proboscis, snout *hortum gibi* proboscidian *hortum süzgeci* rose
hortumcuk cornicle
hortumlu proboscidian *hortumlu deniz hayvanı* siphonophore *hortumlular sınıfından* proboscidian
hoş palatable, soft, sweet *hoş kokulu* aromatic
hoşgörü tolerance
hoşgörülü tolerant
hotoz hood
hörgüçlü humped; gibbous *hörgüçlü sığır* zebu
höyük mound
hububat cereal *hububat tanesi* cereal *hububattan yapılmış* cereal
hukuk law
humus humus, mould, mull *humus asidi* humic acid *humustan üreyen* humic
humuslu humic
huni funnel *huni biçiminde* infundibular, infundibuliform *huni biçiminde organ* infundibulum *huni biçimli yapı* choana *huni gibi*

infundibular, infundibuliform

hurma persimmon *hurma ağacı* palm

hurmagillerden palmaceous

hurmailiği palmitin

hurmayağı palm oil

husumet antagonism

husus ground

husye testis *husye ameliyatı* vaginectomy

huş (ağaç) white birch

huy character, constitution, habit, humour, nature, vein

huysuz mean, prickly

huysuzluk bile

huzme corymb

huzursuzluk dysphoria

hücre cell, chamber, corpuscle, locule, loculus *hücre azlığı* hypoplasia *hücre biyolojisi* cell biology *hücre boşluğu* vacuole *hücre boyası* cytochrome *hücre bölünmesi ile ilgili* mitotic *hücre bölünmesinin son evresi* diakinesis *hücre büyümesi* auxesis *hücre çekirdeği* karyon, karyoplast, karyosome, nucleus *hücre çekirdeği bilimi* karyology *hücre çekirdeği erimesi* karyolysis *hücre çekirdeği parçalanması* karyorrhexis *hücre çekirdeğinin parçalanması* karyoclasis *hücre çekirdekçiği* plasmosome *hücre çeperi* cell membrane, cell wall *hücre çözünümü* cytolysis *hücrede hastalık yapıcı* cytopathic *hücre dışında olan* extracellular *hücre dolgusu* matrix *hücre duvarı* cell membrane, cell wall, cellular wall *hücre erimesi* lysis *hücre gibi* celliform *hücre hasarı yapan zehir* cellular poison *hücre içi asalak* cytosoic parasite *hücre içi*

olan intracellular *hücre içindeki protoplazma* protoplast *hücre kalıtım bilimi ile ilgili* cytogenetic *hücre kimyası* cytochemistry *hücre kolonisi* coenobium *hücreleri ayrışıp salgı çıkaran* holocrine *hücreleri çift kromozomlu canlı* diplont *hücreleri lisinle eritmek* to lyse *hücrelerin birbirine göre hareketi* cytotropism *hücrelerden oluşmuş* locular *hücrenin dokunmaya cevabı* thigmotaxis *hücrenin ikiye bölünerek üremesi* binary fission *hücrenin kromozom dizilimi* karyotype *hücrenin tekli kromozomdan oluşması* haploidy *hücre oluşumu* cytogenesis *hücre organ* organelle *hücre öldüren* cytolysin *hücre ölmesi* necrobiosis *hücre özsuyu* cell sap *hücre plazması* bioplasm, cytoplasm, periplasm *hücre plazmasıyla ilgili* bioplasmic, cytoplasmic *hücre protoplazmasının dairesel hareketi* cyclosis *hücre sabiti* cell constant *hücre sitoplazmasında taneciksi oluşum* chondriosome *hücre sitoplazmasının sıvı kısmı* paraplasm *hücre şeklinde* celliform *hücre tabakası ayrılması* delamination *hücre yağı* lipofuscin *hücreyi çevreleyen* pericellular, pericytial *hücre yutmak* to endocytose *hücre yutumu* endocytosis, phagocytosis *hücre zarı* cell membrane, plasma membrane *hücre zehirleyici* cytotoxic *hücre zehirleyici madde* cytotoxin(e)

hücrebilim cytology

hücrebilimsel cytologic

hücrelerarası intercellular

hücrelerarası *boşluk* intercellular

space
hücreli celled, cellular, cellulate(d), cellulous, locular, loculate(d) *hücreli yapı* cellular structure
hücresiz noncellular
hücum onset
hüküm determination
hükümsüz null *hükümsüz kılmak* to void

I

ıhlamur lime tree, linden
ıhlamurgillerden tiliaceous
ılıman benign *ılıman Arktik* Nearctic *ılıman bölge yağmur ormanı* temperate rain forest *Ilıman Kuşak* Temperate Zone
ılımlayıcı moderator
ılın neutral
ıraklık açısı parallax
ıraksak divergent *ıraksak olmak* to diverge
ıraksaklık divergence
ıraksama divergence
ırasal characteristic
ırk blood, breed, phylon, race, strain *ırk evrimi* phylogenesis, phylogeny *ırk evrimi ile ilgili* phylogenetic, phylogenic *ırkın bozulması* cacogenesis *ırk ile ilgili* phyletic *ırk iyileştirmeciliği* eugenics *ırkla ilgili* racial
ırksal racial
ısı calory, heat, temperature *ısı aktarımı* heat transfer *ısı alıp vermeksizin* adiabatically *ısı alma* endothermism *ısı basınçölçer* thermobarometer *ısı birimi 100 000 Btu* therm *ısı birimi*

thermal unit, unit of heat *ısı değeri* calorific power, calorific value, heat value *ısı değişimi* heat exchange *ısı değiştirici* heat exchanger *ısı değiştirme* heat exchange *ısı dengesi* heat balance *ısı derecesi* temperature *ısı doğuran* thermogenetic *ısı emici* athermanous *ısı emicilik* athermancy *ısı enerjisi* heat energy, thermal energy *ısı geçirimi* heat conduction *ısı geçirmeyen* adiabatic *ısı genleşimi* heat expansion *ısı içeriği* heat content *ısı ile ilgili* caloric *ısı iletimi* heat conduction, thermal conduction *ısı iletkeni* heat conductor *ısı iletkenliği* heat conductivity, thermal conductivity *ısı kapasitesi* heat capacity *ısı kaybı* heat dissipation *ısı miktarı* thermal content *ısı motoru* heat engine *ısının mekanik eşdeğeri* mechanical equivalent of heat *ısı parlak* candescent *ısı parlaklık* candescence *ısı sığası* heat capacity *ısı tulumbası* heat pump *ısı üreten* calorific, thermogenous *ısı üretimi* calorification, heat generation, thermogenesis *ısı üretimsel* thermogenetic *ısı verme* calorification *ısıya dayanır* thermostable *ısı yalıtımı* heat insulating, thermal insulation *ısıyla bozulan* thermolabile *ısıyla bozulma* thermolability *ısıyla tedavi* thermotherapy
ısıalan endothermic *ısıalan tepkime* endothermic reaction, endothermal reaction
ısıdenetir thermostat
ısıgözler thermoscope
ısıl caloric, calorific, thermal, thermic *ısıl analiz* thermal analysis,

thermoanalysis *ısıl ayrışma* thermolysis *ısıl bozunma* pyrolysis *ısıl bozunmayla ilgili* pyrolytic *ısıl çevrim* thermal cycle *ısıl çözümleme* thermal analysis *ısıl denetimsel* thermostatic *ısıl denge* thermal equilibrium, thermic balance, thermobalance, thermotaxis *ısıl difüzyon* thermal diffusion *ısıl düzenleme* thermoregulation *ısıl düzenleyici* thermoregulator *ısıl elektrik* pyroelectric, thermoelectricity *ısıl elektriksel* thermoelectrical *ısıl elektron* thermoelectron *ısıl enerji* caloric energy *ısıl gerilme* thermal stress *ısıl güç* thermal energy *ısıl hareket* thermotaxis *ısıl ışın* calorescence *ısıl ışınım* thermal radiation, thermoluminescence *isıl iletim* thermal conduction *ısıl iletken* heat conductor *ısıl iletkenlik* thermal conductance *ısıl işlem* heat treatment *ısıl iyon* thermion *ısıl iyon bilimi* thermionics *ısıl iyonik* thermionic *ısıl iyonik etki* thermionic effect *ısıl iyonlaşma* thermal ionization *ısıl kimya* thermochemistry *ısıl kimyasal* pyrochemical, thermochemical *ısıl küre* thermosphere *ısıl metal bilim ile ilgili* pyrometallurgical *ısıl metal bilimi* pyrometallurgy *ısıl nötron* thermal neutron *ısıl ölçüm* thermometry *ısıl ölçümsel* thermometric(al) *ısıl pil* thermopile *ısıl sertleşim(sel)* thermosetting *ısıl sığa* thermal capacity *ısıl verim* thermal efficiency *ısıl yayınım* thermal diffusion *ısıl yönelim* thermotropism *ısıl yönelime ait* thermotropic

ısılçekirdeksel thermonuclear *ısılçekirdeksel tepkime* thermonuclear reaction
ısıldevimbilim thermodynamics
ısıldiriksel thermodynamic
ısılmıknatıssal thermomagnetic
ısın calorie, calory
ısınmak to heat
ısıölçer calorimeter
ısıölçüm calorimetry
ısıölçümsel calorimetric(al)
ısırgan stinging nettle *ısırgangillerden* urticaceous *ısırganla hafifçe dövmek* to urticate *ısırgan tüyü* sting
ısırmak (bitki) to sting *ısırma organlı* mandibulate
ısısal caloric, thermic
ısısallık caloricity
ısısız adiabatic
ısıtma heating *ısıtma değeri* calorific value
ısıtmak to heat, to roast *ısıtarak oksitlemek* to calcine
ısıveren exothermic *ısıveren tepkime* exothermal reaction
ısıyayar radiator
ıskala scale
ıslah rectification *ıslah edilmiş* rectified *ıslah etme* breeding *ıslah etmek* to regenerate
ıslak wet *ıslak termometre* wet-bulb thermometer
ıslama wetting
ıslanabilir wettable *ıslanabilir toz* wettable powder
ıslatma wetting
ıslatmak to macerate, to wash *ıslatarak yumuşatmak* to digest *ıslatıcı araç* wetting agent
ıslıklıtavşan pika

ısmarlama order
ısmarlamak to order
ıspanak spinach
ıspanakgillerden spinaceous
ıssız waste, solitary, void
ıstakoz lobster *ıstakoz yumurtası* berry
ışığayönelim phototropism
ışık light *ışığa duyarlı* light-sensitive
ışığa hassas photosensitive *ışığa*
hassas yapma photosensitization *ışığa*
hassasiyet photosensitivity *ışığa*
yönelen heliotropic, phototropic *ışığa*
yönelme heliotropism *ışığı çift kıran*
birefractive, birefringent *ışığı*
yansıtan luminous *ışık akısı* luminous
flux *ışık alma süresi* photoperiod *ışık*
bilimi photics *ışık birimi* light unit
ışık bozunumsal photolytic *ışık*
dalgası light wave *ışık değişimiyle*
bitkilerin açılıp kapanması nyctinasty
ışık devinmesi photonasty *ışık*
duyarlığı luminous sensitivity *ışık*
ekseni optic axis *ışık enerjisi*
luminous energy *ışık etkisini konu*
alan bilim dalı photology *ışık gücü*
candlepower *ışık ışıldanım*
photoluminescence *ışık ışını* light ray
ışık irkilimi nyctinasty *ışık kaynağı*
radiant *ışık küre* photosphere *ışıkla*
ayrışma photolysis *ışıkla devinme*
phototactism *ışıkla hareket*
phototactism *ışıkla hareket eden*
phototactic *ışıkla hareket etme*
photokinesis *ışıkla iyonlaşma*
photoionization *ışıkla renk değiştiren*
photochromic *ışıkla renk değiştirme*
photochromism *ışıkla yumurta*
yoklamak to candle *ışık maya*
luciferin *ışık polarizasyonu*
polarization of light *ışık saçmak* to

radiate *ışık süresel* photoperiodic *ışık*
şiddet birimi candela *ışık şiddet*
birimi mumun simgesi cd *ışıktan*
bozulmaz photostable *ışıktan kaçan*
lucifugous, phototropic *ışık*
ucaylanımı polarization of light *ışık*
uyarılarını alan sinir ucu
photoceptor *ışık veren* luciferous *ışık*
veren enzim luciferase *ışık verici*
illuminating *ışık vermek* to illuminate
ışık yayan candescent, luminiferous,
luminous *ışık yılı* light-year
ışıkbilgisi optics
ışıklandırmak to illuminate
ışıklı light, luciferous, luminiferous,
luminous, semaphoric, splendent *ışıklı*
akış luminous flux
ışıklılık luminance
ışıkölçer photometer
ışıkölçümü photometry
ışıksal optical, photic *ışıksal etkinlik*
optical activity *ışıksal tarayıcı* optical
scanner
ışıksever photophilic, photophilous
ışıkseverlik photophily
ışıksız aphotic
ışıl photo *ışıl akım* photocurrent *ışıl*
ayrışım photodissociation *ışıl boru*
phototube *ışıl çoğaltıcı*
photomultiplier *ışıl devim* phototaxis
ışıl devim bilgisi photodynamics *ışıl*
devimsel photodynamic *ışıl elektron*
photoelectron *ışıl etkenlik*
photoperiodism *ışıl etki* phototonus
ışıl hücre photocell *ışıl irkilme*
phototonus *ışıl nötron* photoneutron
ışıl organ photophore *ışıl reaksiyon*
photoreaction
ışılbireşim photosynthesis
ışılbireşimsel photosynthetic

ışılbölünüm photofission
ışılçekirdeksel photonuclear
ışılçekirdeksel tepkime photonuclear reaction
ışıldak spot
ışıldama luminescence, scintillation
ışıldamak to wink
ışıldayan luminescent
ışılelektrik photoelectricity *ışılelektrik baskı* photoelectrotype *ışılelektrik olay* photoelectric effect
ışılelektriksel photoelectric
ışılesnek photoelastic
ışılesneklik photoelasticity
ışılparçalanma photodisintegration
ışılsalım photoemission
ışıliletimsel photoconductive
ışıliletken photoconductor
ışıliletkenlik photoconductivity
ışılgerilimsel photovoltaic
ışılgerilim etkisi photovoltaic effect
ışılkimya photochemistry
ışılkimyasal photochemical
ışıltı luminance, luminescence, wink, scintillation
ışıltılı luminescent
ışıma radiation; radiance *ışıma ısısı* radiant heat *ışıma verimi* luminous efficiency
ışımetkin radioactive *ışımetkin bozunma* radioactive disintegration *ışımetkin denge* radioactive equilibrium *ışımetkin diziler* radioactive series *ışımetkinlik ısısı* heat of radioactivity *ışımetkin yerdeş* radioactive isotope
ışın ray, shaft, thread *ışın biyolojisi* photobiology, radiobiology *ışın biyolojisi ile ilgili* radiobiological *ışın canlı* photobiotic *ışın derinsel*

photobathic *ışın geçirir* radiolucent *ışın geçirme* radiolucency *ışın geçirmez* radiopaque *ışın geçirmezlik* radiopacity *ışını belli bölgeye veren araç* collimator *ışın ışıldak* radioluminescent *ışın ışıldanım* radioluminescence *ışınla bozundurma* radiolysis *ışınla tedavi edilebilen* radiocurable *ışın saçma* irradiation *ışın tedavisi* phototherapy, radiotherapy *ışın tedavisi ile ilgili* phototherapeutic *ışın yayan* radiant, radiate, radiative *ışın yaymak* to radiate
ışınamip radiolarian
ışınbilim radiology
ışınbilimsel radiological
ışınetkin radioactive *ışınetkin diziler* radioactive series *ışınetkin kimya* radiochemistry *ışınetkin öğe* radioelement *ışınetkin yerdeş* radioactive isotope, radioisotope
ışınetkinleştirmek to radioactivate
ışınetkinlik radioactivity
ışıngözlem radioscopy
ışıngözler radioscope
ışınım radiation *ışınım araştırması* actinometry *ışınım basıncı* radiation pressure *ışınım etüdü* actinometry *ışınım kaynağı* radiation source *ışınım noktası* radiant point *ışınım ölçümlü* actinometric, actinometrical *ışınım potansiyeli* radiation potential *ışınım salımı* emission of radiation *ışınım yoğunluğu* radiant density
ışınımölçer bolometer
ışınımsı radiomimetic
ışınır radiable, radiant, radiative *ışınır akı* radiant flux *ışınır enerji* radiant energy

ışınırlık radiability, radiance
ışınlamak to radiate
ışınlı radiate *ışınlı tek hücreli deniz hayvanı* radiolarian *ışınlı tek hücreli hayvanlar sınıfı* Radiolaria
ışınma radiation
ışınmantar actinomyces
ışınölçer dosimeter, radiometer
ışınölçme dosimetry
ışınölçüm radiometry
ışınölçümsel dosimetric, radiometric
ışınölçümü actinometry
ışınsal radial *ışınsal bakışımlı* actinomorphic *ışınsal kanal* radial canal *ışınsal olarak* radially *ışınsal simetrik* actinomorphic
ışınsız rayless
ışınüretimsel radiogenic
ışıyan radiant *ışıyan enerji* radiant energy *ışıyan ısı* radiant heat
ıtır özü geraniol
ızgara lattice

İ

ibik comb, crest, crista, hood, spout
ibikli carunculate(d), crested, cristate, hooded *ibikli sinekkapan* crested flycatcher
ibre index, indicator, needle, pointer
icat innovation
iç ental, inner, inward, interior, internal, kernel *iç çap* calibre, internal diameter *iç çeper* parietal *iç çeper hücresi* parietal cell *iç çepersel* parietal *iç dekor* set *iç denge* hom(o)eostasis *iç dişli* internal gear *içe çeken* adductor *içe çekim* adduct *içe çekme* absorption *içe döndürmek*

to pronate *içe dönük* introrse *içe işlemiş* penetrated *iç enerji* internal energy *iç enzim* endoenzyme *içeri bükülme* intorsion *içeri çekilebilir* (organ) retractable *içeride bulunan* inward *içeriden büyüme* endogenesis *içeri sızmak* to infiltrate *içeri sokma* intromission *içeriye akan* incurrent *içeriye doğru* inward *içeriye geçen* penetrant *iç evlenme* endogamy *iç geçişim* endosmosis *iç geçişim ile ilgili* endosmotic *iç gelişen* endogenous *iç gelişme* endogenesis, endogenicity *iç hücre tabakası* endothecium *içi boş* hollow *iç içe büyüme* emboly *iç içe katlamak to invaginate* *iç içe oluşma* endomorphy *içinde* included *içindekiler* content *içinden büyüyen* endogenous *içine alma* intussusception *içine çekme* inhalation *içine girmek* to penetrate *içine işleme* penetration *içine işlemek* to permeate, to seep *içine koyma* invagination *içine koymak to invaginate* *içini boşaltmak to disembowel*, to eviscerate *içi oyuk mil* quill *iç iskelet* endoskeleton *iç kabuk* endodermis *iç kısım* inward *iç kireçlenme* incrustation *iç mineral* endomorph *iç mineral ile ilgili* endomorphic *iç osmos* endosmosis *iç örtü* endothelium *iç spor* endospore, endosporium *iç sürtünme* internal friction *içten büyüme* endogeny *içten büyüyen bitki* endogen *içten gelen* voluntary *içten yanma* internal combustion *içten yanmalı motor* internal combustion engine *iç tutunma* sorption *iç uyuşturucu madde* endorphin *iç zehir* endotoxin

içasalak endoparasite, entoparasite
içasalak bitki endophyte, entophyte
içasalaksal endoparasitic *iç ayak*
endopodite *iç basınç* internal pressure
içbaşkalaşım endomorphism
içbükey concave, dished *içbükey yüzey* concave
içderi endoblast, endoderm, entoderm, hypoblast, mantle
içderisel hypoblastic
içerik content
içgöbek chalaza
içgözlem endoscopy
içgözlemsel endoscopic
içgüdü instinct
içgüdüsel instinctive, instinctual
içilen internal
içki liquor
içkulak inner ear *içkulağı çevreleyen* periotic *içkulak kanalı* labyrinth, membranous labyrinth *içkulak salyangoz kemiği* modiolus *içkulak sıvısı* endolymph *içkulakta bulunan sıvı* perilymph *içkulak torbacığı* utricle
içlastik inner tube, tube
içli sensitive *içli çekirdek* coccus
içorgan viscus *içorgan askısı* omentum *içorganı çevreleyen* perivisceral *içorganı örten zar* omentum *içorganlar* viscera, viscus *içorganlara ait* splanchnic *içorganları etkileyen* visceral *içorganları örten zarla ilgili* omental *içorganların çok büyük olması* organomegaly *içorganlarla ilgili* visceral
içplazma endoplasm *içplazma ile ilgili* endoplasmic ╱
içsalgı endocrine, hormone, incretion,

internal secretion *içsalgı bezi* endocrine gland *içsalgı bezi ile ilgili* endocrinal *içsalgı ile ilgili* ductless
içsalgıbilim endocrinology
içsalgıbilimsel endocrinologic(al)
içsalgısal hormonal
içsıcaklık latent heat *içsıcaklık basamağı* geothermal gradient
içsıvı endolymph
içsıvısal endolymphatic
içyağı grease, tallow *içyağı asidi* stearic acid *içyağı ile ilgili* stearic
içzar endothelium, intima, mesothelium
ideal ideal *ideal çözelti* ideal solution *ideal gaz* ideal gas, perfect gas *ideal karışım* ideal mixture *ideal sıvı* perfect liquid
idokraz idocrase
idrar urine *idrara ait* uric *idrar boşluğu* (böbrekte) pelvis *idrar bulanıklığı* nebula *idrarda çok fazla indoksil bulunması* indoxyluria *idrarda kan bulunması* hemoglobinuria *idrardaki üre miktarını ölçen alet* ureometer *idrardan çıkan taş* urolith *idrarda şeker bulunması* mellituria *idrarda şeker olması* glycosuria *idrarın fazlalaşması* diuresis *idrarın kanlı gelmesi* haematuria *idrar ile ilgili* urinary *idrar kabı* urinary *idrarla fazla miktarda oksalat atımı* oxaluria *idrarla kalsiyum atılımı* calciuria *idrarla melanin atılımı* melanuria *idrar muayenesiyle hastalık teşhisi* uroscopy *idrar tahlili* urinalysis *idrar taşı oluşumu* urolithiasis *idrar torbası* urinary bladder *idrar yapımını artıran* uragogue *idrar yapmak* to urinate *idrar yolu* urethra *idrar yolu antiseptiği* methenamine

idrar yolu aracılığıyla transurethral
idrar yolu hastalıkları bilimi urology
idrar zorluğu dysuria, retention
ifade utterance, voice **ifade etmek** to vent, to voice
ifraz incretion, subdivision **ifraz etmek** to excrete
ifrazat excreta
iğ spindle **iğ biçimli** fusiform **iğ hücreli** fusocellular **iğ lifi** spindle fibre **iğ şeklinde** spindle-shaped
iğağacı spindle tree **iğağacı kömürü** fusain
iğde oleaster
iğdiş castrating **iğdiş edilmemiş (hayvan)** entire **iğdiş edilmiş hayvan** neuter **iğdiş etmek** to castrate **iğdiş koç** wether
iğimsi fusiform, spindle-shaped
iğne needle, spicula, spicule **iğne batırmak** to prickle **iğne biçiminde** acicular, aciculate **iğne biçimli** acerose **iğne deliği** puncture **iğne gibi** spicular, stylar **iğne ile delmek** to needle **iğne ile dikmek** to needle **iğne şeklinde** aciform **iğne taş** natrolite **iğne uçlu vana** needle valve **iğne vurmak** to inject
iğnebalığı pinfish
iğnecik spinule
iğnecikli spinulose
iğnekurdu oxyurid, pinworm
iğneleme acupuncture, sting
iğnelemek to needle, to stick
iğnelenmek to prickle
iğneli spicular, spiny **iğneli supap** needle valve
iğnemsi acicular, aciculate, styliform **iğnemsi çıkıntı** spiculum
iğneyaprak pine needle, needle

iğneyapraklı orman coniferous forest
iğrenç nauseous, noxious, repulsive, slimy
iğsi fibroid
ihtar warning
ihtisas specialization **ihtisas yapmak** to specialize
ihtiyarlama insenescence
ihtiyat çözeltisi stock solution
ikaz warning **ikaz etmek** to excite
iki two; dyad **iki açılı** biangular **iki âdet arası ile ilgili** intermenstrual **iki adlı** binomial **iki aksonlu sinir hücresi** diaxon **iki amino grup içeren bileşik** diamide **iki asitli** diacid **iki atomlu** diatomic **iki ayaklı (hayvan)** biped **iki ayaklı** bipedal, two-footed, two-legged **iki ayaklılık** bipedalism **iki başlı** ancipital, bicipital, dicephalous, diplocephalus **iki başlılık** dicephalism **iki benzil grubu içeren bileşik** dibenzyl **iki biçimli** biform **iki boğumlu** binodal **iki bölmeli** bilocular **iki bölümlü** bicorporal, bipartite, dimerous **iki çatallı** bifurcate **iki çekirdekçikli** binucleolate **iki çekirdekli** binuclear, dipyrenous **iki çıkıntılı** bidentate, bilobate, digastric **iki çiçekli** biflorate **iki çift yaprakçıklı** bijugate **iki çiftbağlı bileşim** diene **iki dalga arasındaki çukur** trough **iki dallı** biparous, biramose, biramous **iki değişkenli** bivariate **iki demetli** diadelphian, diadelphous **iki dişili** heterogynous **iki dişli** bidentate **iki düğümlü** binodal **iki düzlemli** dihedral **iki eklem ile ilgili** diarticular **iki eklemli** biarticulate(d) **iki eksenli** biaxial **iki eli de hünerli** ambidextrous **iki elli**

bimanous *iki elli hayvan* bimane *iki elli hayvanlar sınıfı* bimana *iki ercikli* diandrous *iki eşey üreten* heterogametic *iki eşeyli* androgynous, bisexual *iki eşeylilik* androgyne, androgyny, bisexualism, bisexuality *iki eşit parçalı* binate *iki fazlı* diphase, diphasic *iki gelişmeli* diadelphian, diadelphous *iki gövdeli* bicorporal *iki gözle görme* binocular vision *iki gözle yapılan* binocular *iki hidrojen iyonlu asit* bibasic *iki hücre katmanlı* diploblastic *iki hücreli* bilocular *iki iplikli* bifilar *iki kafalı* bicipital *iki kapçıklı* bivalved, bivalvular *iki kapsüllü* bicapsular *iki kat* reduplicate, reduplicative *iki kat olma* diplosis *iki katlı* bifold, diploid, diploidic, dual *iki katlı tümlev* double integral *iki katlılık* diploidy *iki kenarlı* ancipital *iki kere diş çıkaran* diphyodont *iki klorlu* dichloride *iki kola ayırmak* to bifurcate *iki kollu* dichotomous *iki kondil arasında ile ilgili* intercondylar *iki köşeli* biangular *iki kulplu küresel şişe* ampulla *iki kutuplu* dipolar *iki memeli* bimastic *iki memeli olma* bimastism *iki metilli* dimethyl *iki misli* double, reduplicate, reduplicative *iki moleküllü reaksiyon* binary reaction *iki nokta üst üste* colon *iki oksit* dioxide *iki organın birleşim yeri* commissure *iki ovumla ilgili* binovular *iki parçadan oluşan* paired *iki parçalı* bifid, bipartite, dyadic *iki parçalı uzun meyve zarfı* siliqua *iki petalli* dipetalous *iki pistilli* digynous *iki renki* dichromic *iki renkli* dichromatic *iki renklilik*

dichromatism *iki sepalli* disepalous *iki sıralı* bifarious *iki soylu* diphyletic *iki su* dihydrate *iki şekil* dimorph *iki şekilli* dimorphic, dimorphous *iki şekillilik* dimorphism *iki taç yapraklı* bipetalous *iki taraflı* mutual, reciprocal *iki taraflı konkav* amphicoelous *iki testere dişli* biserrate *iki tür meyve veren* amphicarpic *iki uçlu* bicuspid(ate) *iki valanslı* divalent, dyad *iki valanslı* cıva içeren *tuz* mercurate *iki valanslı selenyum bileşeni* selenide *iki valanslılık* divalence *iki vantuzlu* yassı *kurt* distome *iki yapraklı* diphylous *iki yarıklı* bifid *iki yarısı* eşit olmayan yaprak oblique leaf *ikiye bölme* bipartition *ikiye bölünerek üreme* binary fission *ikiye bölünme* bipartition, dichotomy *ikiye bölünmüş* dichotomous, dimidiate *iki yıl ömürlü* biennial *iki yılda bir olan* biennial *iki yıllık* biennial *iki yıllık bitki* biennial plant *iki yivli* bisulcate *iki yumurtadan gelişen* binovular, biovular *iki yumurtayla ilgili* biovular *iki yüzeyi belirgin* dorsiventral *iki yüzeyli* bifacial, dorsiventral *iki yüzeylilik* dorsiventrality *iki yüzlü* bifacial

ikiçenekli bilabiate, dicotyledonous *ikiçenekli bitki* dicotyledon
ikicil dualistic
ikiçenetli bivalve
ikideğerli divalent *ikideğerli element* diad
ikideğerlikli bivalent
ikideğerlilik bivalency
ikievreli diphase, diphasic
ikikanatlı bipennate, dipterous, two-

winged
ikikanatlılar diptera
ikikarınlı digastric *ikikarınlı kas*
  digastric muscle
ikileşme diplosis
ikili binary, diatomic, dichotomous,
  dimeric, double, dual, dyadic *ikili*
  bileşik binary compound *ikili sistem*
  dyadic system
ikilik duality
ikinci subcontractor *ikinci boyun*
  omuru epistropheus *ikinci derecede*
  olan secondary *İkinci Zaman*
  Mesozoic *ikinci zar* secundine
ikincil secondary, side *ikincil alkol*
  secondary alcohol *ikincil elektron*
  secondary electron *ikincil parazit*
  secondary parasite *ikincil protez*
  deuteroproteose
ikisel dualistic
ikiterimli binomial *ikiterimli serisi*
  binomial series
ikiyaşamsal amphibiotic
ikiyaşayışlı amphibian, amphibious
ikiyönlü diplex, reciprocal
ikiz binate, didymous, dimeric, dual,
  geminate, twin *ikiz bebek oluşumu*
  gemellogy *ikiz doğuran* biparous *ikiz*
  eşeyli isogamous *ikiz eşeylik* isogamy
  ikiz gamet isogamete *ikiz iyon* zwitter
  ion, zwitterion *ikiz kaprol*
  dimercaprol *ikiz kristal* hemitrope,
  macle, twin(ned) crystal *ikiz mol*
  dimer *ikiz simetrik* holomorphic *ikiz*
  yıldız binary star
ikizçiçek strophanthus
ikizkenar isosceles *ikizkenar üçgen*
  isosceles triangle
ikizleşme dimerization, gemination
ikizleştirme gemination

ikizleştirmek to dimerize
ikizyaprak guaiacum
iklim climate, sun *iklim dönemi*
  climatic cycle *iklime alışma*
  acclimatization, naturalizing *iklime*
  alıştırma acclimatization, naturalizing
  iklime uyum acclimatization
iklimsel climatic *iklimsel değişiklikler*
  climatic changes
iktidar capacity
ilaç medicine *ilaca direnç* tolerance *ilaç*
  ile ilgili pharmaceutical *ilaçlı losyon*
  wash *ilaç niteliğinde* medicinal *ilaç*
  uyuşukluğu narcosis
ilaçbilim pharmacology
ilave accessory, addition, appendix,
  insert *ilave olan* epactal *ilave*
  olunacak additive
ileri advanced; forward *ileri gitmek* to
  advance *ileri hareket* advance *ileri*
  sürme propulsion *ileri sürmek* to lay
ilerleme advance, course, development,
  run
ilerlemek to advance
ilerletmek to promote, to upgrade
ileten deferent
iletici conductive
iletilebilir conductible
iletim conduction, transmission *iletim*
  akımı conduction current
iletken conductive; conductor *iletken*
  damarlar conductor ducts *iletken*
  olmayan non conductor *iletken tel*
  conductor wire
iletkenlik conductance, conductibility,
  conductivity *iletkenlik birimi*
  (simgesi S) siemens
iletki protractor
iletme conduction, transmission *iletme*
  düzeni carrier

iletmek to relay, to transmit
iletmez nonconducting
ilgili related
ilgisiz indifferent
ilgisizlik indifference
iliğimsi medullary
ilik marrow, medulla, pith *ilik ana hücre* myeloblast *ilik bulunduran* medullated *ilik gibi* myeloid *ilik hastalığı* myelopathy *ilik iltihabı* myelitis *ilik kanalı* medullary canal *ilik nakli* marrow transplant *ilikte gelişen* myelogenic, myelogenous *ilik uru* myeloma
ilikli marrowy, medullary *ilikli kemik* marrowbone
iliksel myelogenic, myelogenous, myeloid
iliksi myeloid
ilim science
ilişki affinity, association, bond, connection
iliştirmek to pin
ilk alpha, initial, original, preliminary, primary, primitive *ilk ağız* blastopore *ilk araz* prodrome *ilk durumuna getirmek* to regenerate *ilk filiz* protonema *ilk filiz biçimli* protonemal *ilk melez kuşak* single-cross *ilk oğulcuk* blastosphere, blastula *ilk oksit* protoxide *ilk oluşum* blastogenesis, embryo *ilk örnek* archetype *ilk Paleozoik çağla ilgili* Cambrian *ilk yaprak* coleoptile
ilkbahara spring *ilkbahara ait* vernal *ilkbaharda olan* vernal *ilkbahar noktası* vernal equinox
ilkbiçim germ plasma
ilkdışkı meconium
ilke principle, rudiment

ilkel elementary, primitive, primordial *ilkel bağırsak* primitive gut *ilkel benlik* id *ilkel böbrek* mesonephros *ilkel böbrek ile ilgili* mesonephric *ilkel canlı* protoplast *ilkel göz* ocellus *ilkel göz ile ilgili* ocellar *ilkel göze benzer* ocellated *ilkel kordalılar* protochordate *ilkel kök* radicle *ilkel mantar ile ilgili* phycomycetous *ilkel mıknatıslanma* paleomagnetism *ilkel mıknatıslanmalı* paleomagnetic *ilkel sindirim boşluğu* archenteron *ilkel sperm hücresi* spermatogonium *ilkel ur* blastoma
ilkeversel primordial
ilkevre primordium
ilkevresel primordial *ilkevresel göze* primordial cell
ilkörnek prototype
ilkörneksel prototypic
iltihap inflammation *iltihapla ilgili* phlogotic
iltihaplanmış phlogistic
iltihaplı paronychial, phlogistic
imbik condenser, retort, still *imbikten çekme* distillation *imbikten geçirmek* to still
imbilim semeiology
imdat relief
imid imide
imidazol imidazole
imido grubu imido group
imino imino *imino grubu* imino group
imipramin imipramine
imtihan test
in burrow, hole
inanmak to swallow
inatçı persistent, refractory
ince thin, papery, papyraceous, soft *ince bağ biçimli oluşum* frenulum *ince*

boru capillary, tubule **ince çizgi** stria **ince çizgili** strigose **ince dal** sprig, twig **ince damar** venule **ince damar biçimli** venular **ince damarlı** venulose **ince demet biçimli** fastigiate **ince dikenli** setaceous **ince filizli** capreolate **ince k%ğıt** tissue **ince katmanlı** laminar **ince kesim** micrurgy **ince kum** grit **ince kuru zarlı** scarious **ince kuş tüyü** down **ince kuş tüyü şeklinde** plumular **ince levha** lamella, lamina, lamination **ince levha biçiminde** lamellar, laminate **ince levhayla kaplamak** to laminate **ince lif** funiculus **ince liflerden yapılmış** byssaceous **ince mika** isinglass **ince muslin kumaş** mull **ince ot** pinweed **ince platin tozu** platinum black **ince püsküllü** fimbrillate **ince süzgeç** ultrafilter **ince süzgeçten geçirmek** to ultrafilter **ince tabaka** film **ince tabaka halinde ayrılmak** to exfoliate **ince tabakalara ayırmak** to laminate **ince taneli püskürük kaya** trachyte **ince taneli volkanik kaya** phonolite **ince tel** filament, film **ince toz** efflorescence **ince tüy** pubescence, tomentum **ince tüylü** downy, pubescent, villose, villous **ince uçlu** lanciform **ince uzun** spicular, subulate, virgate **ince uzun boylu** compressed **ince yapı** ultrastructure **ince yapısal** ultrastructural **ince yaprak** clarkia, folium **ince zar** pellicle, velum **incebağırsak** small intestine **incebağırsağın çıkardığı maya** maltase **incebağırsak enzimi** erepsin **incebağırsak hormonu** enterokinase, secretin

incecik very thin, thread-like
inceleme dissecting, investigation, observation, research
incelemek to investigate, to observe, to probe
incelme getting thinner, taper
incelmek to get thinner, to attenuate
inceltici rarefactive; thinner
inceltilebilir rarefiable
inceltilmemiş undiluted
inceltilmiş rarefied
inceltme rarefaction, thinning
inceltmek to attenuate, to rarefy
incesüzme ultrafiltration
inci pearl **inci darısı** pearl millet **inci rengi** pearl
incibalığı bleak, pearl fish
inciçiçeği waxberry
incik shank **incik kemiği** tibia
incinebilir vulnerable
incinme trauma
incir fig **incir sütü** ficin
incirkuşu pipit
incitaş perlite
incitaşı pearlite
incitici nociceptive
incitmeyez innocuous
indamin indamine
indeks index
inden indene
indigo anil
indiken indican
indirgeme deoxidization, reduction
indirgemek to deoxidize, to reduce
indirgemeli bölünme meiosis
indirgeme-yükseltgeme redox
indirgen reducer, reducing agent, reductant
indirgeyici reducing, reductive
indirgeyici alaz reducing flame
indirgeyici enzim reductase

indirgeyici gaz reducing gas
indirgeyici madde reductant
indirim reduction
indirme diminution, reduction
indirmek to reduce
indiyum (simgesi In) indium
indofenol indophenol
indol indol(e)
indolasetik indoleacetic
indükleç inductor
indükleme induction
indüklenmiş induced
indükleyen inductive
indüksiyon induction *indüksiyon bobini* induction coil
indüktans inductance
indüktif inductive
ineç syncline
inek cow *inek antilopu* bubal *inek memesi* udder
infilak explosion *infilak etmek* to explode, to fulminate
ingilizanahtarı wrench
İngiliz Englis; British *İngiliz elması* biffin *İngiliz ısı ölçü birimi* British thermal unit
ingiliztuzu Epson's salts
inkişaf banyosu developing bath
inkübatör incubator
inme apoplexy, paralysis *inme ile ilgili* apoplectic
inmek to light
inmeli apoplectic
inorganik inorganic *inorganik kimya* inorganic chemistry, mineral chemistry *inorganik madde* inorganic matter *inorganik maddelerin analizi* inorganic analysis
inozitol inositol
insafsızlık rigor

insan human being, man, hominid *insan coğrafyası* human geography *insan fosili* fossil man *insan ırkı* the human race, the human species *insan sesine ait* vocal *insan vücudu* the human body
insanbilim anthropology
insanımsı hominine
insansız uzay roketi probe
inşaat structure
integral integral *integral denklemi* integral equation *integral hesabı* integral calculus
interfaz interkinesis
interferon interferon
intibak acclimatization, adaptation *intibak etmek* to acclimatize *intibak ettirme* orientation *intibak ettirmek* to acclimatize *intibak kabiliyeti* adaptability
intin intine
inülaz inulase
inülin inulin
inversiyon inversion
ip thread
ipçik filament
ipek silk *ipek maymun* tamarin *ipek özü* fibroin, sericin *ipekten yapılmış* silk
ipekböceği silkworm *ipekböceği kozası* cocoon
ipekli sericeous, silk *ipekli çardak kuşu* satinbird
ipektüylümaymun marmoset
iperit mustard gas, yperite
iplik thread, yarn *iplik doku* fibre *iplik eğirmek* to yarn *iplik geçirmek* to thread *iplik gibi* thread-like *iplik teli* strand *iplik yapma* spinning *iplik yüzgeçli balık* threadfin

iplikçik hypha, promycelium
iplikkurdu nemathelminth, nematode
iplikli cirrose, cirrous, filiform, filose
ipliksi filose *ipliksi bakteri* treponema
ipliksi mineral trichite
ipnotize hypnotized *ipnotize edici*
hypnotic *ipnotize edilmiş kimse*
hypnotic *ipnotize etmek* to hypnotize
ipotek etmek to bond
iptal voidance *iptal edilme* deletion
iptal etmek to reverse, to void
iptidai primitive
iradi voluntary
irbilim metallurgy
irfan wisdom
iri big, large, coarse *iri alyuvar*
gigantocyte, macrocyte, megaloblast,
megalocyte *iri alyuvar ile ilgili*
megaloblastic *iri alyuvarlı* mecrocytic
iri bakteri macrobacterium *iri balık*
kingfish
iribaş tadpole *iri başlı* macrocephalous
iri besin macronutrient *iri çekirdekli*
eritrosit macroblast *iri dişli*
macrodont *iri eşey hücre* macrocyst,
macrogamete, megagamete *iri gözlü*
balık bigeye *iri hap* bolus *iri hücre*
macrocyte *iri kanatlılar* megaloptera
iri karın paunch *iri karides* prawn *iri*
kaya parçası boulder *iri kemik*
hücresi osteoclast *iri kertenkele* uta
iri kiraz bigarreau *iri kurbağa*
bullfrog *iri levrek* bar, snapper *iri*
maymun pongid *iri ölçekli*
macroscopic *iri ölçekli görünüm*
macroscopy *iri pullu* scutate *iri ringa*
tarpon *iri spor* megaspore *iri şebek*
mandrill *iri taneli* kalker taşı
peastone *iri tohum kabı*
megasporangium *iri ur* macrocyst *iri*

yutar hücre macrophage *iri yutargöze*
clasmatocyte *iri yutarhücre* histiocyte
iridosmin iridosmine, iridosmium
iridyum (simgesi Ir) iridium
iridyumlu iridic
irigöz bigeye
irin purulence, pus, sanies *irindeki*
albüminli madde pyin *irin gibi* pyoid
irin toplama maturation, purulence,
pyogenesis, vomica *irin toplamak* to
maturate *irin toplayan* maturative *irin*
tükürme vomica *irin yapan* pyogenic
irinlenme pyogenesis, pyosis
irinli purulent, pyogenic, running,
sanious *irinli deri* pyoderma *irinli*
iltihap fistula
irinşiş abscess
iris iris *iris iltihabı* iritis
irkilim irritability
irkilirlik sensitivity
irkilme irritability
İrlanda Ireland; Irish *İrlanda ineği*
kerry *irlanda yosunu* irish moss
irmikli farinaceous, farinose
irsi hereditary
irsiyet hereditability, heredity
is carbon black, smut
ishal diarrhoea *ishal ile ilgili* cathartic
ishal yapan (ilaç) purgative
isilik id, miliaria
isimsiz innominate
iskandil ipi lead-line
iskelet skeleton *iskelete benzer* skeletal
iskelet ile ilgili skeletal *iskelet kası*
skeletal muscle *iskelet kasının en*
dışarı epimysium *iskelet toprak*
skeletal soil
iskeletçik myotome
iskeletsiz askeletal
İskendertaşı alexandrite

iskorpit balk. scorpionfish
isparit sparid
ispermeçet spermaceti *ispermeçet balinası* sperm whale *ispermeçet yağı* sperm oil
ispinozcuk serin
ispinozgillerden tanagrine
ispirto spirit
ispirtolu termometre alcohol thermometer
ispit rim
israf dissipation, waste *israf etmek* to waste
istasyon terminal
istatistik statistics
istatistiksel statistical *istatistiksel analiz* statistical analysis
istavrit jack mackerel
istemli voluntary *istemli kas* voluntary muscle
istemsiz involuntary
istençdışı involuntary *istençdışı hareket* reflex action
isteri hysteria *isteriye neden olan* hysterogenic *isteyerek yapılan* voluntary
istiap haddi capacity
istikamet course
istikrar poise, stability *istikrar kazandırmak* to stabilize *istikrar kazanmak* to stabilize
istikrarsız unstable, volatile
istim steam *istim kutusu* steam chest
istiridye oyster *istiridye yumurtası* spat
iş work, action, function, matter, occupation, performance *işe yaramaz* waste *iş hacmi* turnover *işin zamana göre türevi* power *iş işlevi* work function *iş molası* break *işten çıkarmak* to discharge *iş yükü* work

load
işaret index, marking, vestige, (hayvanda) maculation *işaret çubuğu* pointer *işaret etmek* to index *işaret koyma* marking
işaretleme marking
işaretlenmiş labelled
işaretli marked *işaretli atom* tagged atom
işaretparmağı forefinger
işçi worker *işçi arı* worker bee
işeme micturition, urination
işemek to micturate, to urinate
işgal occupation
işgücü labour power *işgücü istihdamı* recruitment
işitme hearing, audition *işitme ile ilgili* auditory *işitme kılı* hair cell *işitme organı* auditory organ, organ of hearing *işitme siniri* acoustic nerve, auditory nerve
işitsel acoustic, auditory
işkembe first stomach, paunch, rumen *işkembe içzarı* rennet
işlem procedure, process *işlemden geçirmek* to process
işlemek to function, to process, to run
işlememek to dysfunction
işlenmemiş wild, raw, virgin, undeveloped
işlenmiş processed *işlenmiş elmas* cut diamond
işletmek to run
işlev function
işlevbilim physiology
işlevbilimsel physiological
işlevsel functional *işlevsel bozukluk* functional disorder *işlevsel grup* functional group *işlevsel hastalık* functional disease

445 iyonlaşmak

işleyen (makine) running
işleyiş mechanism
iştah appetite *iştahı artıran* orectic
iştahla ilgili orectic
iştahsızlık anorexia, loss of appetite
itaatsiz refractory
it dog *it kuyruğu* dog's-tail
itboğan colchicum, dogbane, meadow
saffron *itboğan soğanı* colchicum
iterbiya ytterbia
iterbiyum (simgesi Yb) ytterbium
iterbiyum oksit ytterbium oxide
iterbiyumlu ytterbous
itici motive, repellent, repulsive *itici
güç* impulse *itici güçler* repulsive
forces *itici kuvvet* propellant
itina etmek to elaborate
itki impulse
itme impulse, propulsion
itrik yttric
itriya yttria
itriyum (simgesi Y) yttrium *itriyum
oksit* yttria
ivdireç accelerator
ivdirme accceleration
ivme acceleration *ivme birimi* gal
iyi good *iyi huylu* genial *iyi nitelikli*
eugenic *iyi örnek* pacemaker
iyicil benign *iyicil ur* carcinoid
iyileşmek to regenerate, (yara) to
cicatrize
iyileştiren cicatrizant, restoring
iyileştirici medicinal
iyileştirilmiş restored
iyileştirme reconstitution
iyileştirmek to cicatrize
iyodat iodate
iyodik iodic *iyodik asit* iodic acid *iyodik
asit tuzu* iodate
iyodit iodite

iyodobenzen iodobenzene
iyodofor iodophor
iyodoform iodoform
iyodol iodol
iyodometri iodometry
iyodopsin iodopsin
iyodür iodide
iyon ion *iyon bağı* ionic bond *iyon çifti*
ion pair *iyon değişimi* ion exchange
iyon değişimi reçinesi ion exchange
resin *iyon değiştirici* ion exchanger
iyon demeti ion beam, ion cluster
iyon dengesi ionic equilibrium *iyon
göçü* ion migration *iyon hareketi*
movement of ions *iyon hareketliliği*
ion mobility *iyon hızlandırıcı* ion
accelerator *iyon itimi* ion propulsion
iyon ivmesi ion acceleration *iyon
izgesi* ion spectrum *iyon kaynağı* ion
source *iyonlara ayıran* ionizer *iyonlar
arası ile ilgili* interionic *iyon motoru*
ion engine *iyon odacığı* ion chamber
iyon spektrumu ion spectrum *iyon
tedavisi* ionophoresis *iyon topluluğu*
micelle *iyonunu gidermek* to deionize
iyon üretimi ion product *iyon
yarıçapı* ionic radius *iyon yoğunluğu*
ion density
iyonik ionic *iyonik bağ* ionic bond
iyonik denklem ionic equation *iyonik
ısınma* ionic heating
iyonize ionized *iyonize hal* ionized state
iyonlanma ionization
iyonlaşabilir ionizable
iyonlaşma ionization *iyonlaşma akımı*
ionization current *iyonlaşma hücresi*
ion chamber, ionization chamber
iyonlaşma ile ilgili ionizing
iyonlaşmak to ionize *iyonlaşma odası*
ionization chamber *iyonlaşma*

iyonlaşmış 446

potansiyeli ionization potential
iyonlaşmış ionized
iyonlaştırıcı ionizer; ionizing
iyonlaştırıcı ışınım ionizing radiation
iyonlaştırıcı radyasyon ionizing radiation
iyonlaştırma ionization **iyonlaştırma odası** ionization chamber
iyonlaştırmak to ionize
iyonlu ionic **iyonlu basıölçer** ionization gauge **iyonlu manometre** ionization gauge, ionization manometer
iyonosfer ionosphere **iyonosfer tabakası** ionosphere layer **iyonsferin E tabakası** Heaviside layer
iyonosferik ionospheric
iyonsuzlaştırma deionization
iyonyum ionium
iyonyuvarı ionosphere
iyot (simgesi I) iodine **iyot asidi** hydriodic acid **iyot değeri** iodine value **iyot gibi** iodous **iyotla boyanan** iodophile **iyotla boyanma** iodophilia **iyot numarası** iodine number **iyot ölçüm** iodometry **iyot ölçümsel** iodometric
iyotlama iodation, iodization
iyotlamak to iodize
iyotlaştırma iodination
iyotlaştırmak to iodinate
iyotlu iodic, iodous
iz path, trace, vestige, vestigial **iz element** trace element **iz elementler** trace elements
izafi relative, relativistic **izafi basınç** relative pressure **izafi viskozite** relative viscosity
izafiyet relativity **izafiyet teorisi** relativity theory, theory of relativity
izdüşüm projection

izge spectrum **izge çözümlemesi** spectrum analysis **izge resmi** spectrogram
izgeçizer spectrograph
izgeçizim spectrography
izgeçizimsel spectrographic
izgegözlemsel spectroscopic
izgeölçer spectrometer
izgeölçüm spectrometry
izgeölçümsel spectrometric
izgesel spectral **izgesel çözümleme** spectral analysis **izgesel diziler** spectral series **izgesel duyarlık** spectral sensitivity **izgesel seçerlik** spectral selectivity **izgesel yansıtım** spectral reflectance **izgesel yoğunluk** spectral density
izin permission **izin verilebilir** permissible **izin verilebilir doz** permissible dose
İzlanda Iceland **İzlanda necefi** Iceland spar
izlemek to trail
izleyen proximate
izoamil isoamyl **izoamil asetat** isoamyl acetate
izobar isobar
izobarik isobaric **izobarik dönüşüm** isobaric transformation **izobarik yüzey** isobaric surface
izobütan isobutane
izobütilen isobutylene
izobütilik isobutylic
izolasyon insulation
izolatör insulator
izole etmek to insulate, to isolate
izomer isomer
izomerik isomeric **izomerik olmayan** anisomeric
izomerizm isomerism

izomorf isomorph
izomorfik isomorphic
izoniyezid isoniazid
izooktan isooctane
izopren isoprene
izoprenli isoprenoid
izopropil isopropyl *izopropil alkol* isopropyl alcohol
izosiyanat isocyanate
izosiyanik isocyanic
izosiyanin isocyanine
izosiyanür isocyanide
izospin isotopic spin
izostik isostic
izoterm isotherm
izotermal isothermal *izotermal dönüşüm* isothermal transformation
izotip isotype
izotonik isotonic *izotonik çözelti* isotonic solution
izotop isotope *izotop ayırma* isotope separation *izotop değişimi* isotope exchange *izotop spini* isotopic spin
izotopik isotopic *izotopik gösterge* isotopic indicator
izotopluk isotopy
izotropi isotropism
izotropik isotropic

J

Jacobson organı vomeronasal organ
jaluzi blind
jant rim
Japon Japanese *Japon inciri* kaki, persimmon *Japon karaağacı* zelkova
japonsarmaşığı kudzu
jel gel
jelatin gelatin(e) *jelatine benzer*

pectous *jelatin oluşumunu sağlayan*
gelatiniferous *jelatin özlü* collagenous *jelatin özü* collagen *jelatin özü ile ilgili* collagenic
jelatinli gelatinous *jelatinli dinamit* gelignite
jeneratör generator *jeneratör gazı* producer gas
jeobiyoloji geobiology
jeodezik geodesic
jeodinamik geodynamic
jeofizik geophysics *jeofizik ile ilgili* geophysical
jeoloji geology
jeolojik geologic(al) *jeolojik devir* geological period *jeolojik dönem* geological cycle, geological period *jeolojik olarak* geologically *jeolojik yapı* geological structure *jeolojik zaman* geological time
jeomorfoloji geomorphology
jeomorfolojik geomorphologic(al)
jeosenklinal geosynclinal
jeotermik gradyan geothermal gradient
jet jet *jet motoru* jet engine *jet rotoru* jet rotor
jinekoloji gynecology
jinekolojik gynecologic
jips gypsum
jipsli gypseous
jiroskop gyroscope
jiroskopik gyroscopic *jiroskopik etki* gyroscopic effect
jonksiyonlu transistor junction transistor *Joule yasası* Joule's law
jöle jelly
jul joule
jul-saniye joule-second

K

kaba coarse; rough *kaba çayır* sacaton
kaba et posteriors *kaba laltaşı* spinel
kaba rende block plane *kaba tüylü*
shaggy *kaba yakut* ruby spinel, spinel
ruby
kabahatli peccant
kabakgillerden cucurbitaceous
kabara spike
kabaran effervescent, upwelling
kabaran kil montmorillonite
kabarcık blister, bubble, papilla, pock,
pustulation, pustule, torulus, tubercle,
tuberculum, tuberosity, vesicle
kabarcık çıkaran eruptive *kabarcık
çıkarmak* to bubble *kabarcık odası*
bubble chamber *kabarcık oluşturmak*
to vesiculate
kabarcıklı globulose, papillary,
papillose, pustulated, pustuled,
vesicular, vesiculate *kabarcıklı düzeç*
level
kabarık intumescent, tumid *kabarık tüy*
ruff
kabarıklık swell, umbo
kabarma flux, swell
kabarmak to blister, to effervesce, to
swell, (cilt) to erupt
kabarmış bullate, tumescent, (deniz)
heavy
kabartı bunch, papule, pustule
kabartılı papulose
kabartma relief *kabartma tozu* soda
kabartmak to blister
kabartmalı umbonate(d)
kabile tribe
kabiliyet calibre *kablo çekme* wiring
kabuk bark, carapace, cortex, envelope,
hull, husk, incrustation, integument,
lorica, mantle, pod, ramentum, scale,
scurf, shell, shuck, skin, squama,
tegmen, tegument, (deniz hayvanında)
perisarc, (soyulmuş) peeling *kabuğu
çıkmış* shelled *kabuğunu dökmek* to
scale *kabuğunu soyma* peeling
kabuğunu soymak to bark, to
decorticate, to shell, to shuck *kabuk
altı* subcontractor *kabuk bağlama*
incrustation *kabuk bağlamak* to
cicatrize, to scale, to scar over, (yara)
to scab *kabuk bağlamış* scabbed
kabuk biçimli conchiform *kabuk
böceği* bark beetle *kabuk gibi*
cortical, crustaceous *kabuk oluşturan*
conchiferous *kabuk zarı* cuticle
kabukbilimci conchologist
kabukbilimi conchology
kabukbilimsel conchological
kabuklanma cortication, incrustation
kabuklu acerose, carapaced,
conchiferous, corticate(d),
crustaceous, perisarcous, podded,
scabrous, shelled, testaceous;
entomostracan, entomostracous,
loricate(d), testacean *kabuklu deniz
hayvanları* crustacean *kabuklu deniz
hayvanları bilimi* crustaceology
kabuklu hayvanlar sınıfından
crustaceous *kabuklu kalker* shell
limestone *kabuklu ufak yemiş* nutlet
kabuklu yosun scale moss
kabuklubit scale insect
kabuklular Crustacea, shellfish
kabukluluk cortication
kabuksal cortical, peridermal,
peridermic
kabuksu cortical, scaly, squamose,
squamous, tegmenal

kabuksuz lepidoid, shelled, unarmed, (salyangoz) nudibranchiate *kabuksuz arpa kırması* pearl barley *kabuksuz bitki sınıfı* gymnosperm *kabuksuz deniz salyangozu* nudibranch
kabul etmek to swallow, to take, to yield
kaburga rib *kaburga altında olan (kas)* subcostal *kaburgalar* ribbing *kaburgalar altında olan* infracostal *kaburgalar arasında ile ilgili* intercostal *kaburgalarla ilgili* costal
kaburgalı costate, ribbed
kaçak leak
kaçan running
kaçık (çorap) run
kaçırmak to leak
kaçkın parallactic
kaçkınlık parallax
kaçma run, running
kaçmak to run away; to escape; (çorap) to run
kadavra cadaver, corpus
kadeh goblet *kadeh biçimli hücre* goblet cell
kadehçik cupula, cupule
kademe grade, scale
kademeli graduated, phaseal *kademeli damıtma* fractional distillation
kadıköytaşı chalcedony
kadın woman *kadın dış cinsel organlarıyla ilgili* pudendal *kadın hastalıkları bilimi* gynecology *kadın hastalıklarıyla ilgili* gynecologic *kadının dış cinsel organları* pudendum
kadife velur, velvet *kadifeden yapılmış* velvet, velveted *kadife gibi* velutinous, velvet, velvety
kadifeçiçeği marigold, pot marigold

kadmiyum (simgesi Cd) cadmium *kadmiyum kaplama* cadmium plating *kadmiyum sarısı* cadmium yellow *kadmiyum sülfat* cadmium sulfate *kadmiyum sülfit* cadmium sulfide *kadmiyum sülfür* greenockite
kafa brain, head *kafa biçiminde* capitular *kafadan kordalılar sınıfına mensup* cephalochordate *kafa derisi* scalp *kafa derisi ile ilgili* epicranial *kafa derisini yüzmek* to scalp *kafa gibi* cephalic *kafa içi* encephalon *kafa ile ilgili* cephalic *kafa kemiği birleşim çizgisi ile ilgili* sagittal *kafanın arka kısmı* occiput *kafanın meşgul olması* absorption, abstraction *kafasına vurmak* to brain
kafadanbacaklı cephalopod
kafatası cranium, skull *kafatası derisi* epicranium *kafatası dışarı* pericranium *kafatası dışarına ait* pericranial *kafatası içinde olan* intracranial *kafatası ile ilgili* cranial *kafatası kemiği* parietal bone *kafatasının üst kısmı* sinciput *kafatası siniri* cranial nerve *kafatası üstünde olan* supracranial *kafatası yuvarlağı* calvarium *kafaya giden onuncu sinir* vagus
kafatassızlar acrania
kafein caffeine, theine, yerbine
kafes screen *kafes biçimli* reticular *kafes direk* lattice mast *kafes enerjisi* lattice energy *kafes kiriş* lattice beam
kâfur camphor *kâfur ağacı* camphor tree, gum tree *kâfur ile ilgili* camphoric *kâfur kokulu renksiz yağ* carone *kâfur merhemi* camphor ice *kâfurla muamele etmek* to camphorate

kâfurlamak to camphorate
kâfurlu camphorated, camphoric
kâfuru camphor
kâfuryağı camphor oil, camphorated oil
kâğıt paper *kâğıt gibi* papery, papyraceous *kâğıt hamuru* wood pulp, pulp *kâğıt kromatografisi* paper chromatography *kağıtla kaplamak* to paper *kâğıt mendil* tissue *kâğıt para* paper *kâğıttan yapılmış* paper *kâğıt vermek* to paper
kâğıtbalığı ribbonfish
kahve coffee *kahve ile ilgili* caffeic *kahve yağı* caffeol, caffeone
kaide basement, law
kaidesinde basilar
kâinat cosmos
kakaogillerden sterculiaceous
kakodil cacodyl *kakodil asidi* cacodylic acid *kakodil grubu* cacodyl group *kakodil ile ilgili* cacodylic *kakodil oksit* cacodyl oxide
kakodilli cacodylic
kaktüs opuntia *kaktüs gibi* cactaceous
kaktüslü cactaceous
kakum ermine
kalabalık congested, congestion, host
kalamin calamine, hemimorphite
kalamit calamite
kalan residual
kalaverit calaverite
kalay (simgesi Sn) tin *kalay alaşımı* pewter *kalay asidi* stannic acid *kalay içeren* stanniferous *kalay ile ilgili* stannic, stannous *kalay klorür* stannic chloride *kalay klorürü* tin salt *kalay oksit* cassiterite, stannous oxide, tinstone *kalay ruhu* tin spirit *kalay sülfür* mosaic gold, stannic sulfide *kalay taşı* cassiterite, tinstone *kalay*

üreten stanniferous
kalaylamak to tin
kalaylı tinned
kalbur sieve; riddle, screen *kalbur boru* sieve tube *kalbur damarlar* cribriform tubes *kalburdan geçirmek* to screen *kalbur doku* liber *kalbur gibi* cribriform *kalbur hücre* sieve cell
kalburkemiği ethmoid *kalburkemiği ile ilgili* ethmoidal
kalça hip, nates *kalça eklemi* coxa, hip joint *kalça ile ilgili* coxal *kalça kemiği* femur, hip bone, hipbone, hucklebone, ilium, innominate bone *kalça kemiği ile ilgili* iliac, ischiatic *kalça kemiğinin alt kısmı* ischium
kaldıraç jack
kaldırım pavement
kaldırmak to erect *kaldıran kas* elevator
kalen kurşunu black lead
kalevi alkali
kalevilik basicity
kalıcı permanent, persistent
kalımlı stable, (bitki) perennial *kalımlı bitki* perennial
kalın thick *kalın çeperli bitki dokusu* collenchyma *kalın çeperli boru doku* tracheid *kalın derili* pachydermal, pachydermic, pachydermous, thickskinned *kalın derili hayvan* pachyderm *kalın gagalı güvercin* barb *kalın kafalı* obtuse *kalın pencere camı* plate glass *kalın saplı* thick-stemmed *kalın tüy* quill *kalın yapraklı* thick-leaved
kalınbağırsak large intestine, colon, large bowel *kalınbağırsağı çevreleyen* pericolic *kalınbağırsağın son kısmıyla ilgili* rectal

kalınbağırsak ameliyatı colectomy
kalınbağırsak yakınında paracolic
kalınlaşmış incrassate(d)
kalınlaştırıcı thickener
kalınlık thickness
kalıntı relic, residue, rump, survival,
trace, ullage, vestigial
kalıp block, shape
kalıt inheritance
kalıtbilim genetics
kalıtım heredity, inheritance *kalıtım*
faktörü hereditary factor *kalıtım*
hücre gemmule *kalıtım iplikçiği*
chromosome
kalıtımbilim genetics
kalıtımsal genetic *kalıtımsal etki*
telegony *kalıtımsal karakter*
hereditary character *kalıtımsal olarak*
genetically *kalıtımsal sapınç* genetic
drift *kalıtımsal yapı* genotype
kalıtımsal yapıyla ilgili genotypical
kalıtışım chiasma
kalıtsal hereditary *kalıtsal bağışıklık*
bilimi immunogenetics *kalıtsal*
güçlülük prepotency *kalıtsal özelliği*
belirleyen öğe factor
kalıtsallık hereditability
kalibre bore, calibre *kalibre etme*
calibrating *kalibre etmek* to calıbrate
kaliforniyum (simgesi Cf) californium
kaliks calice, calyx
kalikssiz acalycine
kaliptra calyptra
kaliptrojen calyptrogen
kalitatif analiz qualitative analysis
kalkan shield *kalkana benzer* clypeate
kalkan biçimli shield-shaped *kalkan*
gibi clypeate *kalkan şeklinde*
scutiform *kalkan şeklinde organ*
scutellum *kalkan üzerindeki yumru*

umbo
kalkanbezi thyroid *kalkanbezi*
hormonu thyroxin(e)
kalkansı scutate, (yaprak) peltate
kalke etmek to trace
kalker limestone
kalkerli calcareous *kalkerli çöküntü*
chalky deposit *kalkerli çukur*
kabuklu hayvanlar globigerina
kalkerli kil marl *kalkerli silt* marl
kalkık erect
kalkma erection
kalkmak to erect
kalkopirit chalcopyrite, copper pyrites
kalkosin copper glance
kalkozin chalcosine
kalomel calomel
kalori calorie, calory *kalori değeri*
calorific power, calorific value *kalorik*
değer calorific value *kalori ölçümü*
calorimetry *kalori veren* calorifacient
kalorimetre calorimeter
kalp heart *kalbin atışını düzenleyen*
aygıt pacemaker *kalbin dışında*
yerleşmiş exocardial *kalbin göğüsün*
ortasında bulunması mesocardia
kalbin ileri derecede genişlemesi
hyperdiastole *kalp ağrısı* cardialgia
kalp akımyazar cardiogram *kalp atım*
düzensizliği heart block *kalp atımı*
heart stroke *kalp atımı durması*
asystole *kalp atışı* heartbeat, pulse
kalp atışı düzensizliği arrhythmia
kalp atışlarını gösteren grafik
electrocardiogram *kalp atışlarını*
kaydeden cihaz electrocardiograph
kalp döngüsü cardiac cycle *kalp*
durması cardiac arrest *kalp hastalığı*
cardiopathy *kalp hastası* cardiac *kalp*
ilacı cardiac *kalp ile ilgili* cardiac,

coronary *kalp karıncığı dışında* extraventricular *kalp kası* cardiac muscle, myocardium *kalp kasını kontrol eden madde* sympathin *kalp katateri* cardiac catheter *kalp krizi* heart attack *kalp yazımı* cardiography *kalp yetmezliği* heart failure
kalsedon chalcedony
kalsit calcareous spar, calcite, calcspar
kalsitonin calcitonin
kalsiyum (simgesi Ca) calcium, lime *kalsiyum eksikliği* acalcerosis *kalsiyum florür* calcium fluoride, fluor, fluorite *kalsiyum fluofosfat* apatite *kalsiyum fosfat* calcium phosphate, phosphate of lime *kalsiyum hidrat* calcium hydrate *kalsiyum hidroksit* calcium hydroxide *kalsiyum karbonat* calcium carbonate, carbonate of lime, whiting *kalsiyum karbür* calcium carbide *kalsiyum klorür* calcium chloride, chloride of lime *kalsiyum nitrat* calcium nitrate *kalsiyum oksit* calcarea, calcium oxide *kalsiyum silikat* calcium silicate *kalsiyum silikat cevheri* wollastonite *kalsiyum siyanamid* calcium cyanamide *kalsiyum siyanamit* calcium cyanamide *kalsiyum sülfat* anhydrite *kalsiyum tungstat* scheelite *kalsiyum tuzları yapan* calcific *kalsiyum tuzlarıyla sertleştirmek* to calcify
kalsiyumlu calcareous, calcic, calciferous
kama wedge, key *kama biçiminde* wedge-shaped *kama biçimli* sphenoidal *kama şeklinde* sphenoid *kama taşı* sphene, titanite *kama yapraklı* pandanaceous *kama yapraklı*

bitki pandanus
kamala kamala *kamala boyası* kamala
kambiyo exchange
kamburluk kyphosis
kamçı flagellum *kamçı biçiminde* flagelliform, whiplike *kamçı darbesi* whiplash *kamçı gibi* whiplike *kamçı ile ilgili* flagellar *kamçı ipi* whiplash *kamçı kaplı (bakteri)* peritrichous *kamçı kuyruklu balık* whipray
kamçılı flagellar *kamçılı hayvan* flagellate *kamçılılar sınıfından tek hücreli hayvan* mastigophore *kamçılı polip* vibraculum *kamçılı polip gibi* vibracular *kamçılı tek hücreli hayvancık* zoospore
kamçısal flagelliform
kamera camera
kameriye arbor
kamış cane, wattle, penis *kamış kemiği* fibula
kampana bell
kan blood *kan akımı* blood stream *kan akışı* bloodstream *kan aktırımı* blood transfusion *kan alma* (damardan) phlebotomy *kan almak* to deplete, (damardan) to phlebotomize *kan asalağı* haematozoon *kan ayırıcı* haematocrit *kan azlığı* isch(a)emia *kan bağışlayan* donor *kan basıncı* blood pressure *kan basıncını düşüren sinir* depressor *kan basıncını yükselten ana enzim* renin *kan bilimi* haematology *kan bilimi ile ilgili* haematologic(al) *kan bilimi uzmanı* haematologist *kan birikmesi* congestion *kan boyası* haemocyanin, hemocyanin *kan çiçeği* bloodflower *kanda bulunan* haematic *kandaki küçük hücreler* blood platelets *kanda*

klor azalması chloropenia, hypochloremia *kan damarı* blood vessel *kan damarı ile ilgili* haemal *kandan kalsiyum tuzları alma* calciphilia *kandan oluşan* sanguinary *kanda oksijen miktarını ölçen alet* oximeter *kanda oksijen miktarının ölçümü* oximetry *kanda oluşan* haematogenous *kanda şeker azlığı* hypoglycemia *kanda üre fazlalığı* hyperuricemia, lithemia *kanda yaşayan* sanguicolous *kan dolaşımı* blood circulation, blood flow *kan dolaşımı ile ilgili* circulatory *kan dolaşımıyla ilgili* hemodynamic *kan emici böcek* conenose *kan emme* blood-sucking *kan erimeli* haemolytic *kan erimesi* haematolysis, haemolysis, hemolysis *kan eriten* haemolysin, hemolysin *kan eritici* haemolytic *kan fazlalığı* plethora *kan fazlalığıyla ilgili* plethoric *kan gibi* haematoid *kan grubu* blood group *kan hastalığı* dysemia *kan hücreleri* blood corpuscles *kan hücresi* blood cell, haematocyte, haemocyte, hemocyte *kan hücresinin dokuya geçmesi* diapedesis *kanını akıtma* exsanguination *kanını akıtmak* to exsanguinate *kanını emmek* to sap *kanı pıhtılaşmayan* hemophilic *kanı pıhtılaştıran madde* prothrombin, thrombin *kan ısısı* blood heat *kan ile ilgili* haemal *kan ileten* sanguiferous *kan işeme* haematuria *kan katsayısı* blood quotient *kan kesesi* haemocoel(e), hemocoel *kan kırmızısı* blood-red *kan kurdu* schistosome *kan kurtlanması* bilharzia *kan kültürü* blood culture *kanla beslenen*

haematophagous *kanla dolu* haematic, sanguineous *kanla ilgili* haematic, sanguinolent *kan lekesi* blood smear *kan nakli* blood transfusion, transfusion *kan oksijensizliği* anoxemia *kan oluşumu* haematogenesis, sanguification *kan özelliği gösteren* haematoid *kan pıhtılaşmaması* hemophilia *kan pıhtılaşması* blood coagulation, thrombosis *kan pıhtısı eriten maya* plasmin *kan plazma alkali rezervi* alkali reserve *kan plazması* blood plasma *kan plazmasının azalması* oligoplasmia *kan pulcuğu* haematoblast, thrombocyte *kan sayacı* hemacytometer *kan sayımı* blood count *kan serumlu et suyu besi yeri* blood serum broth *kan serumu* blood serum *kan söktüren* hemagogig *kan spektrumu* haemin *kan süzdürme* hemodialysis *kan şekeri* blood sugar *kan şekeri yüksek* hyperglycemic *kan şekeri yüksekliği* hyperglycemia *kan testi* blood test *kan toplamış* congested *kan toplanması* hypostasis *kan toplanmasından ileri gelen* hypostatic(al) *kan üreten* haematogenous, haematopoietic *kan üretimi* haematogenesis, haematopoiesis, haemopoiesis *kan üzerinde etkisi olan ilaç* haematic *kan yapan* haematogenous, haematopoietic *kan yapıcı madde* haematogen *kan yuvarı* haemocyte, hemocyte *kan zehirlenmesi* blood poisoning, enterotoxemia, sepsis, septicemia, toxemia *kan zehirleyici* toxemic

Kanada balsamı Canada balsam

kan-akkan haemolymph
kanal canal, channel, dike, duct, meatus, race, rut, vas, vestibule *kanal açma* channeling *kanal açmak* to channel *kanalla ilgili* vestibular, (kemik içindeki) meatal *kanallar arasında ile ilgili* intercanalicular
kanalcık canaliculus
kanalizasyon sewage system, sewer system *kanalizasyon çalışmaları* sewage works
kanallı canaliculated
kanalsız ductless *kanalsız bez* ductless gland
kanama haemorrhage *kanamayı durduran* haemostatic *kanamayı durdurucu ilaç* styptic
kanamisin kanamycin
kanaryaotu erigeron, ragweed, yellowweed
kanat wing, pinion, pinna *kanat açıklığı* wingspan *kanat bacaklı* pinnigrade *kanat biçiminde* pterygoid *kanat çırpma* wing beat *kanat gibi* pterygoid *kanat ile ilgili* pinnal *kanat kını* wing case, wing sheath *kanat meyveli* pterocarpous *kanat örtü tüyleri* wing coverts *kanat örtü tüyü* (kuş) tectrix *kanat şeklinde* aliform *kanat tüyleri* wing coverts *kanat tüyü* mantle, remex *kanat tüyüne ait* remigial *kanat zarı* (yarasa\böcek) patagium
kanatçık winglet
kanatina isolation
kanatlı alate(d), pennate, winged *kanatlı kertenkele* pterodactyl *kanatlı tohum* winged seed
kanatsız apteral, apterous, apterygial, impennate, wingless

kanca barb, claw, crampon *kanca şeklinde* falcate, falciform
kancalı barbed, hamate *kancalı böcek* wheel bug *kancalı tutamak* tenaculum
kancalıkurt hookworm *kancalıkurt hastalığı* hookworm disease, tunnel disease
kancamsı hamate
kangal coil
kangallamak to coil
kangallanmak to coil
kangren necrosis *kangren olmak* to putrefy
kangrenleşmek to sphacelate
kankurutan mandrake
kanlı haemic, sanguinary, sanguineous *kanlı basur* dysentery *kanlı ishal* bloody flux
kanmak to swallow
kansal haemic
kanser cancer, carcinoma *kanser bilimi* carcinology *kansere benzer* cancroid *kansere neden olan* cancrine *kanser gibi* cancerous, cancroid *kanser üreten* carcinogenic *kanser yapan madde* carcinogen
kanserli cancerous *kanserli ur* scirrhosity *kanserli ur cinsinden* scirrhoid
kansıvı plasma
kansıvısal plasmatic
kansız anaemic, isch(a)emic
kansızlık anaemia *kansızlığa yakalanmış* chlorotic
kansu blood serum, serum *kansu albümini* serum albumin *kansu gibi* serous
kansulu serous
kantaşı agate, bloodstone, heliotrope,

red-tinged jasper
kantitatif quantitative *kantitatif analiz* quantitative analysis
kantraktil vakuolleri contractile vacuole
kanun law
kaolen porcelain clay
kaolin china clay, kaolin
kaolinite kaolinite
kaolinleşme kaolinization
kap cape, dish, receptacle, vessel
kapaç valve *kapaç biçimli* valvular
kapaççık valvule
kapaçlı valved
kapaçsız valveless
kapak bonnet, flapper, lid, obturator, operculum, top *kapak biçimli* opercular *kapak gibi açılan* circumscissile
kapakçık valve *kapakçık biçimli* valval, valvar *kapakçıkla ilgili* valval, valvar
kapakçıklı valvate
kapaklı lidded, operculate(d) *kapaklı tohum zarfı* pyxidium
kapaksız (spor kesesi) inoperculate
kapalı covert, heavy *kapalı çevrim* closed cycle *kapalı devre* closed circuit, closed cycle *kapalı meyveli* angiocarpic, angiocarpous
kapalıtohumlu angiospermal, angiospermous
kapama occlusion
kapamak to bar, to block, to occlude
kapanma occlusion
kapasite capacitance, capacitor
kapçık shell, husk *kapçık meyve* achaenocarp, achene, achenium, akene, key fruit *kapçık yemiş* achaenocarp, achene, achenium, akene
kapı door *kapı toplardamarı* portal

vein, (hepatic) portal vein
kapıcık micropyle
kapiler capillary *kapiler basınç* capillary pressure *kapiler boru* capillary tube *kapiler çekme* capillary attraction *kapiller damarı saran* pericapillary
kapkara jet
kapkaranlık rayless
kaplama plating *kaplama artığı* superficial deposit
kaplamacılık plating
kaplamak to coat, (yolu) to surface
kaplan tiger
kaplankedisi margay
kaplıca bath *kaplıca banyosu* mineral bath
kaplumbağa testudinate *kaplumbağa kabuğu gibi* testudinate *kaplumbağa kabuğu göğsü* plastron *kaplumbağa kabuğuna benzeyen* testudinal
kaplumbağamsı testudinate
kapok kapok *kapok yağı* kapok oil
kaprilik caprylic *kaprilik asit* caprylic acid
kaproik caproic *kaproik asit* caproic acid *kaproik asit radikali* caproyl
kaprolak caprolactam
kapron asidi caproic acid, caprylic acid
kapsül bolus, capsule *kapsül başlığı* calypter *kapsüle benzer* capsular *kapsül içzarı* endothecium *kapsül içinde olan* intracapsular *kapsülün dışında* extracapsular
kapsüllü calyptrate, capsular
kaput hood
kar snow *kar çalısı* snow plant *kar erimesi* thawing *kar erozyonu* nivation *kar oyması* nivation *kar parsı* snow leopard *kar yağmak* to

snow
kâr gain, take, profit **kâr etmek** to net
kâr getirmek to yield **kâr getirmeyen**
passive **kâr payı** dividend
kara land; black **kara bazalt** tachylite,
tachylyte **kara boya** nigrosin(e)
karada yaşayan terrestrial **kara ile**
ilgili continental **kara kanın akkana**
dönüşmesi haematosis **kara**
kaplumbağası tortoise **kara kaya**
melaphyre **karaların kayması**
continental drift **kara meşe** jack oak,
quercitron **kara mum** propolis **kara**
ölüm black death **kara sahanlığı**
continental shelf **kara taş** propylite
kara toprak chernozem, mull **karaya**
çıkmak to land **karaya oturmak** to
ground **karaya oturtmak** to ground
karaağaç elm **karaağaç böceği** elm-
bark beetle **karaağaç ölümü** dutch
elm disease **karaağaç yaprak biti**
elm-leaf beetle
karaağaçgillerden ulmaceous
karabalık tautog
karabaşlı iskete siskin
karabenek anthracnose
karabiber pepper
karaborsa black market **karaborsa mal**
satmak to scalp
karaboya melanin
karabuğdaygiller polygonaceae
karabuğdaygillerden polygonaceous
karaburçak ervil
karaca deer
karaciğer liver **karaciğerde oluşan**
hepatogenic **karaciğer dışı** extra-
hepatic **karaciğere etkili** hepatic
karaciğere yakın parahepatic
karaciğer hastalığı hepatopathy, liver
disease **karaciğer hücresi** hepatocyte

karaciğer ile ilgili hepatic, jecoral
karaciğer iltihabı hepatitis **karaciğeri**
zehirleyen hepatotoxic **karaciğer**
kanseri hepatoma **karaciğer**
kapıdamarı (hepatic) portal vein
karaciğer kelebeği liver fluke
karaciğerle ilgisiz extra-hepatic
karaciğer özü liver extract **karaciğer**
sülükleri Trematoda **karaciğer**
zehirlenmesi hepatotoxicity
karadut red mulberry
karaelmas black diamond
karagöz balk. sargo
karahindiba dandelion
karahumma enteric fever
karahücre melanophore
karaısırgan perilla
karakalem charcoal
karakaplumbağasıgiller Testudinidae
karakter character
karakteristik characteristic
karakteristik eğri characteristic curve
karakteristik türler characteristic
species
karalık melanosis
karamantar shaggy-mane
karamaru lepidosiren
karanfilsi caryophylleous
karanfilyapraklılar caryophyllaceous
karanlık aphotic, obscure **karanlıkta**
ışıldar phosphorescent
karapazı orach
karar determination, resolution, resolve
karar bozma reversal **karar vermek**
to resolve
kararlı determined, set, stable **kararlı**
denge stable equilibrium **kararlı**
durum stable state **kararlı hal** stable
state **kararlı hale gelmek** to stabilize
kararlı izotop stable isotope **kararlı**

kılmak to stabilize
kararlılaştırma stabilization
kararlılık resolution, stability *kararlılık*
durumu stationary state
kararma nigrescence
kararmış nigrescent
kararsız amphibolic, astatic, labile,
unstable, variable *kararsız bileşik*
unstable compound *kararsız katı*
madde cyanamide *kararsız olmak* to
oscillate
kararsızlık instability, pendulum
karartmak to obscure
karasakız bitumen
karasal continental, terrestrial
karasevda melancholy
karasu brackwater
karataş sphalerite, zincblende
karayanık anthrax, smut
karayılan blacksnake
karayüzgeç blackfin
karbamat carbamate
karbamik carbamic *karbamik asit*
carbamic acid *karbamik asit türevleri*
urethan(e)
karbazol carbazole
karbilamin carbylamine
karbinol carbinol
karbohidratlar glucide
karbohidraz carbohydrase
karboksihemoglobin
carboxyhemoglobin
karboksil carboxyl
karboksilaz carboxylase, carboxylate
karboksilik asit tuzu carboxylate
karboksilleştirmek to carboxylate
karbolik carbolic
karbon (simgesi C) carbon *karbonca*
zenginleştirmek to carburet *karbon*
çevrimi carbon cycle *karbondan*

türemiş carbonous *karbon devri*
carboniferous *karbon devri ile ilgili*
carboniferous *karbon disülfit* carbon
disulfide *karbon dolaşımı* carbon
cycle *karbon filtre* carbon filter
karbon gibi carbonaceous *karbon*
kâğıdı carbon *karbonla muamele*
etmek to carbonize *karbon siyahı*
carbon black *karbon tetraklorür*
carbon tetrachloride, phoenixin
karbonunu çıkarmak to decarbonize
karbon zinciri carbon chain
karbonado black diamond
karbonat carbonate, soda ash *karbonata*
çevirmek to carbonate
karbonatlama carbonatation
karbonatlaşma carbonation
karbonatlaştırma carbonatation
karbonatlaştırmak to carbonate
karbonatlı kumtaşı molasse
karbondioksit carbon dioxide, carbonic
acid gas *karbondioksidini çıkarma*
decarbonation *karbondioksit çıkımını*
hızlandıran enzim carboxylase,
decarboxylase *karbondioksitle kireç*
çökeltme carbonation
karbonhidrat carbohydrate
karbonhidratlı yiyecekler starchy foods
karbonik carbonic *karbonik anhidrit*
carbonic anhydride *karbonik asit*
carbonic acid *karbonik asit tuzu*
bicarbonate
karbonil carbonyl *karbonil grubu*
içeren carbonyl *karbonil klorür*
carbonyl chloride
karbonlamak to carburet
karbonlanmış carburetted
karbonlaşma carbonization
karbonlu carbonaceous, carbonous,
carburetted *karbonlu hidrojen*

hydrocarbon *karbon lifi* carbon fibre
karbonmonoksit carbon monoxide
karbontetraklorür tetrachloromethane
karbonyum carbonium
karborundum carborundum
kardeş sibling
kardeşlenme suckering
kardinal cardinal
kardinalkuşu cardinal
kardiyak cardiac *kardiyak glikozid* thevetin
kardiyografi cardiography
kardiyogram cardiogram
kardiyoloji cardiology
kare quadrate
karga crow *karga balığı* corvina *karga gibi* corvine
kargaburun crampon *kargaburun çıkıntısı* coracoid (process)
kargabüken nuxvomica *kargabüken özü* strychnine
kargı spear, pike, javelin *kargı balığı* spearfish
karın abdomen, antinode, kyte, stomach, venter *karına ait* abdominal *karın ağrısı* colic *karın bacağı* (eklembacaklıda) uropod *karın boşluğu* body cavity, coelom, venter *karın boşluğu ile ilgili* coeliac *karın boşluğuna ait* celiac *karın boşluklu (hayvan)* coelomate *karın bölümü gelişmiş (hayvan)* macruran *karından bacaklı* gastropodous *karından bacaklı hayvan* gasteropod, gastropod *karında olan* ventral *karın duvarı* abdominal wall *karın ile ilgili* antinodal, ventricular *karın kavuğu* enterocoele *karınla ilgili* ventral *karın yüzgeci* abdominal fin, ventral fin *karnın alt kısmı* bythus

karınca ant *karınca bilimi* myrmecology
karıncalanma pins and needles
karıncalanmak to prickle
karıncayiyen myrmecophagous, echidna
karıncık ventricle *karıncıkla ilgili* ventricular
karıncıl celiac
karınsal abdominal, antinodal
karınzarı midriff, serosa, serous membrane, peritoneum *karınzarı iltihabı* peritonitis *karınzarında oluşan* peritoneal *karınzarı ile ilgili* peritoneal
karış palm
karışabilir miscible
karışabilirlik miscibility
karışan interfering
karışık composite, dense, hybrid, intricate, involute, involute(d), mixed, plexiform, woolly, sticky *karışık çiftleşme* panmixia, panmixis *karışık kristal* mixed crystal *karışık salkım* panicle *karışık şey* complex
karışıklık involution
karışım amalgamation, combination, interference, intermixture, mixture *karışım oranı* mixture ratio
karışırlık miscibility
karışma amalgamation, interference, merger
karışmak to interfere
karışmaz immiscible
karıştırılmaz immiscible
karıştırma amalgamation, hybridization, mixing, mixture
karıştırmak to complex, to complicate, to litter
karina bottom, keel *karina etmek* to keel
karkas skeleton

karkazı snow goose
karma composite, mixed, mixing, (aşı)
polyvalent **karma enfeksiyon**
polyinfection **karma eşeyli**
gynandromorph, gynandromorphous,
gynandrous **karma eşeylilik**
gynandromorphism **karma melez**
heterozygote **karma melez ile ilgili**
heterozygous **karma tomurcuk** mixed
bud
karmalık hybridism, hybridity
karmaşa complex
karmaşık complex, complicate
karmaşık yığın wilderness
karminik carminic
karnabahar cauliflower
karnelit carnallite
karni retort **karni kömürü** gas carbon
karnitin carnitine
karnotit carnotite
karoser body
karoten carotene **karoten ile ilgili**
carotenoid
karotenit carotenoid
karpel carpel **karpel sapı** carpophore
karpit calcium carbide, carbide
karpofor carpophore
karpogon carpogonium
karsinojen carcinogen
karsinoloji carcinology
karsinoma carcinoma
karst gölü karst
karşı antagonistic, opposite **karşı**
gelmek to break **karşı koyan** resistant
karşı koyma resistance **karşı oluşum**
paragenesis **karşı tarafı etkileyen**
heterolateral **karşı tarafı tutan**
heterolateral
karşıbasınç back pressure
karşılamak to offset

karşılaştırmalı comparative
karşılaştırmalı anatomi comparative
anatomy
karşılık reaction, replication
karşılıklı alternant, mutual, opposite,
reciprocal **karşılıklı asalaklık**
mutualism **karşılıklı döllenen**
allogamous **karşılıklı döllenme**
allogamy **karşılıklı etki** feedback
karşılıklı etkileme interaction
karşılıklı hareket reciprocal motion
karşılıklı iletkenlik mutual
conductance **karşılıklı yapraklar**
opposite leaves
karşıt opposite, reciprocal **karşıt eksiuç**
anticathode
karşıtten antibody **karşıttenli kansu**
antiserum
kartal eagle **kartal taşı** eagle-stone
kartavuğu ptarmigan
karyoaktif izleyici radiotracer
karyokinez indirect cell division,
karyokinesis, mitosis **karyokinez ile**
ilgili karyokinetic
karyola bed
kas muscle **kas ağrısı** myalgia **kas duyu**
lifi muscle spindle **kas elektriği**
myoelectric **kas fonksiyonunun**
önleyen zehir muscle poison **kas**
gerilimi ile ilgili myotatic **kas**
gerilmesi myotasis, myotonia, tonus
kas göze myoblast **kas güçsüzlüğü**
myasthenia **kas hareketleri yazımı**
myogram **kas hücresi** myocyte **kas**
hücresi sitoplazması myoplasm **kas**
içinde olan intramuscular **kas ile**
ilgili myogenic, muscular **kasların**
gelişmemesi dystrophia **kas lifi** stria
kas oluşturan sarcogenic **kas**
seğirmesi clonus, myoclonus **kas sıvı**

myoglobin *kas sinirsel* myoneural *kas sistemi* muscular system, musculature *kas şekeri* inositol *kasta dağılan sinir ile ilgili* nervimuscular *kasta üreyen* myogenic *kas teli* muscle fibre, sinew *kas uru* myoma *kas uru biçiminde* myomatious *kas zarı* myolemma, sarcolemma

kasa till

kasar kas flexor

kasbilim myology

kasdoku muscular tissue *kasdokudaki globulin* myoglobuline *kasdoku gelişimi* myogenesis *kasdoku iltihabı* sarcitis

kasdokumsu myoid

kâse bowl *kâse biçimli* calyciform *kâse biçimli oluşum* cup

kasgüçölçer ergometer

kasık groin, pubes *kasık kemiği* pubis *kasık kemiği ile ilgili* pubic *kasık kemikleri* pubic bones *kasık röntgeni* pyelogram

kasıkbağı suspensor

kasıkotu cockle

kasılabilir contractile

kasılım contraction, spasm

kasılımgözler myoscope

kasılma contraction, fibrillation, spasm *kasılmadan önceki dönem* perisystole *kasılma yeteneği* tonus

kasım systole

kasımlı systolic

kasımpatı chrysanthemum, pyrethrum

kasırga vortex

kask helmet

kasket cap

kaslı muscular

kastetmek to mean

kasvet depression, melancholy

kasvetli melancholy

kaş supercilium *kaş arası* glabella *kaş kılı* supercilium *kaşla ilgili* superciliary *kaş üstünde bulunan* superciliary

kaşık spoon

kaşıkgaga spoonbill

kaşıklı balıkçıl spoonbill

kaşınan pruritic

kaşındırma irritation

kaşındırmak to irritate

kaşıntı prurigo, pruritus

kaşıntılı pruriginous, pruritic, yeuky

kat coat, stage

katabolizm catabolism, katabolism *katabolizmayla ilgili* catabolic

katakostik catacoustics

katalaz catalase, katalase

katalitik catalytic

kataliz catalysis

katalizör catalyser, catalyst

katarakt cataract

kateçin catechin

kateçü catechu

kategori classification, rating

katekol catechol

katepsin cathepsin

katı concrete, gizzard, solid *katı açı* solid angle *katı asıltı* lithometeor, suspension, suspensoid *katı cisme yönelme* stereotropism *katı çözelti* solid solution *katı elementler* solid elements *katı kil* lithomarge *katı killi arazi* gault *katı kireçli toprak* marlite *katı protein* scleroprotein *katı toprak* stiff soil

katık additive

katılaşan sclerotic

katılaşma concretion, congealment, ossification, rigor, set *katılaşma ile*

ilgili sclerotic
katılaşmak to ossify, to solidify
katılaşmamış (beton) green
katılaşmış ossified
katılaştırma fixation, induration, petrifaction, petrification
katılaştırmak to ossify, to solidify
katılık concretion
katılma adherence, combine, merger
katılma bileşiği addition compound
katılma tepkimesi addition reaction
katılmak to accrete
katım additive
katırtırnağı genista
katışıksız raw
katışım combination
katışma merger, mixture
katıştırma mixture
katıştırmak to combine
katıyağ fatty oil
katil slaughter
kat kat imbricate, imbricative, laminar, reduplicate, reduplicative, voluminous *kat kat olma* imbrication *kat kat olmak* to imbricate
katkı additive, denaturant *katkı maddesi* addition agent
katkısız absolute
katlamak to replicate
katlan layer
katlanır folding, tolerant
katlanma reflection
katlanmak to stand
katlanmış equitant, replicate
katletmek to slaughter
katlı conduplicate, plicate(d), (yaprak) induplicate
katma additive, amalgamation, inclusion
katman cambium, leaf, measure, sill, stratum, thickness *katman dokusal*

cambial
katmanbilgsi stratigraphy
katmanbilgisel stratigraphic
katmanlaşma convergence, stratification
katmanlaştırmak to layer
katmanlı stratified
katmerlenme imbrication
katmerlenmek to imbricate
katmerli imbricate, imbricative, reduplicate, reduplicative
katot cathode *katot akımı* cathode current *katot çıkışlı amplifikatör* cathode follower *katot ışın demeti* cathode beam *katot ışını* cathode ray *katot ışınlı tüp* cathode ray tube *katot ile ilgili* cathodic *katot kaplaması* cathode coating *katot karanlık bölgesi* cathode dark space *katot öngerilimi* cathode bias *katot polarizasyonu* cathodic polarization *katot takipçisi* cathode follower
katran bitumen, tar *katran sürmek* to tar
katranağacı creosote bush
katranardıcı cade
katrançamı wild pine
katranköpüğü agaric
katranlamak to tar
katranlı kum tar sand
katran ruhu creosote
katrantaşı pitchstone
katsayı coefficient
katyon cation, positive ion
katyonik cationic
kauçuk caoutchouc, gum, rubber *kauçuk ağacı* rubber plant, seringa *kauçuk gibi* rubbery *kauçuk sütü* latex
kauri çamı kauri

kauri kerestesi kauri
kauri reçinesi kauri resin
kavak poplar
kavalkemiği tibia *kavalkemiği ile ilgili* tibial
kavanoz jar
kavanozlamak to jar
kavasya quassia
kavga spar
kavis fornix
kavisli fornicate, incurved
kavkılı kalker shell limestone
kavrama coupling
kavramak to penetrate
kavrayan clasper
kavrulmuş roast
kavşak crossing, intersection, junction *kavşak transistoru* junction transistor
kavunağacı citron
kavurma calcining
kavurmak to calcine, to char, to roast
kavurucu roasting
kavuşma conjugation *kavuşma konumu* syzygy
kavuşmak to conjugate
kavuşur su yosunu spirogyra
kavuz glume
kavuzlu glumaceous
kaya rock, terrain *kaya antilobu* klipspringer *kaya bitkileri* lithophyte *kaya çamı* jack pine *kaya çatlağı* joint *kaya çiçeği* rock flower *kayada bulunan siyah renkli cevher* augite *kayada yaprak şekli tabaka oluşumu* foliation *kayada yetişen* saxatile *kaya eğreltisi* rock brake *kaya gibi* petrosal, petrous *kaya kütlesi* bedrock *kaya likeni* rock tripe *kaya parçası* rock *kaya tabakası* bedding *kaya tuzu* halite, rock salt *kaya yığını biçiminde*

colluvial
kayagüvercini rock dove
kayacıl saxatile
kayaç rock
kayaçbilgisi petrography
kayaçbilgisel petrographic(al)
kayağantaş slate
kayalık rocky place *kayalık arazi* terrain, terrane *kayalık düzlük* fjeld
kayatuzu rock salt, halite
kaydedici recording *kaydedici aktinometre* actinograph *kaydedici manyetometre* magnetograph
kaydetme record
kaydetmek to record
kaydırma travelling
kaygılı nervous
kayık row boat *kayık biçimli* cymbiform *kayık şeklinde* scaphoid
kayın beech
kayıp dissipation
kayış band, strap
kayıt record *kaydını yapmak* to record
kayıtsız indifferent
kayıtsızlık indifference
kayma creep *kayma oluşumsal* tectonic *kayma sürtünmesi* sliding friction *kaymayı önleyici* skidproof
kaymak cream
kaymaz skidproof
kaynaç geyser *kaynaç taşı* geyserite
kaynak matrix, origin, parent, root, seed, seep
kaynama boiling *kaynama noktası* boiling point
kaynamak to boil, to bubble
kaynar boiling
kaynaşan coalescent
kaynaşık eklem synarthrosis
kaynaşım fusion

kaynaşma anchylosis, ankylosis, cohesion, symphysis
kaynaşmak to coalesce
kaynatma boil
kaynatmak to boil
kaynayan boiling
kazalizlemek to catalyse
kazan kettle
kazanç gain, taking
kazanmak to gain *kazanılmış bağışıklık* acquired immunity *kazanılmış karakter* acquired character *kazanılmış özellik* acquired characteristic
kazantaşı incrustation
kazayağı oxalis, pigweed
kazein casein
kazı dig
kazıcı (pençe\ayak) fossorial
kazık pale *kazık çakmak* to palisade *kazık dizisi* palisade *kazık kök* tap root, taproot *kazık köklü* taprooted
kazıklıhumma tetanus
kazıkotu cocklebur
kazma dig
kazmak to dig
kebezit chabazite
keçi goat
keçiyolu trail, path
kedibalı resin
kedibalığı dogfish, mudcat
kedikuşu catbird
kediotu heliotrope, valerian *kediotu asidi* valeric acid *kediotundan elde edilen* valeric
kediotugillerden polemoniaceous, valerianaceous
kef scum
kefalet bond
kefeki tartar

kefekili tartareous
kefekitaşı calcareous sinter, freshwater limestone, travertin(e), grit
kehribar amber, succin, succinite, yellow amber *kehribar asidi* succinic acid *kehribardan yapılmış* succinic
kekik calamint, garden thyme, thyme *kekik yağı* carvacrol(e), thymol *keklik palazı* flapper
keklik partridge *keklik üzümü* wintergreen, spiceberry, teaberry
kelebek butterfly *kelebek balığı* butterfly fish *kelebek biçimli çiçeğin üst yaprağı* vexillum *kelebek biçimli çiçek üst petali* banner *kelebek fundası* butterfly bush *kelebek hastalığı* liver fluke disease *kelebekler* lepidoptera
kelebekli having butterflies; having staggers *kelebekli cıvata* wing bolt *kelebekli somun* wing nut
kelebeksi papilionaceous
kelepçe yoke
Kelvin Kelvin *Kelvin etkisi* Kelvin effect *Kelvin ölçeği* Kelvin scale
kemer anticline, band, cingulum, girdle *kemer koyağı* anticlinal valley
kemerli anticlinal
kemfin camphene
kemik bone, os *kemiğin kasla birleşimi* syssarcosis *kemik ana hücresi* osteoblast *kemik arasındaki kıkırdak disk* meniscus *kemik başı* capitellum *kemik boşluğundaki tümör* endostome *kemik çıkıntısı* epicondyle, torus *kemik çürümesi* necrosis of the bone *kemik deliği* fenestra *kemik dışarı* periosteum *kemik dışarı iltihabı* periostitis *kemik erimesi* osteolysis *kemik gibi* osseous, osteal

kemik gövdesi diaphysis *kemik hücresi* osteocyte *kemik içzarı* endosteum *kemik içeren* ossiferous *kemik iliği* bone marrow, red marrow *kemik iliği iltihabı* osteomyelitis *kemik iltihabı* osteitis *kemik kaynaşmak* to synostose *kemik kaynaşması* synostosis *kemik-kemik zarı iltihabı* osteoperiostitis *kemik keskisi* osteotome *kemik kırma ameliyatı* osteoclasis *kemik kömürü* animal charcoal *kemik külü* bone-ash *kemikleri çıkmış* angular *kemiklerini ayıklamak* to bone *kemik oluşumu* osteogenesis *kemik oluşumuyla ilgili* osteogenetic, osteogenic *kemik onarımı* osteoplasty *kemik onarımıyla ilgili* osteoplastic *kemik örtüsü* periosteum *kemik özü* ossein *kemik tabakası* cornet *kemikteki küçük delik* fenestra *kemikten kaynaklanan* osteogenetic, osteogenic *kemik ucu* epiphysis *kemik uru* osteoma, osteophyte *kemik yapımı* osteogenesis *kemik yapısı* bone structure *kemik yaşı* bone age *kemik yoluyla* perosseous *kemik yumuşaması* osteomalacia
kemikbilim osteology
kemikbilimsel osteologic(al)
kemikçik ossicle, ossiculum *kemikçik ile ilgili* ossicular
kemikleşme ossification, ostosis
kemikleşmek to ossify
kemikleşmiş calcified, ossified
kemikleştirme ossification
kemikleştirmek to ossify
kemikli angular, bony, osseous, ossiferous, ossific, osteal *kemikli balık* teleost *kemikli balıkgillerden*

teleost *kemikli balıklar* Teleostei
kemiksi bony, ossific, osteoid
kemirgen sciurine *kemirgen gagalı kuş* trogon *kemirgen hayvan* rodent
kemirici diabrotic *kemirici yara* rodent ulcer
kemiriciler Rodentia
kemosentez chemosynthesis
kemosfer chemosphere
kemostat chemostat
kemotaksi chemotaxis
kemoterapi chemotherapy
kemotropizm chemotropism
kenar front, lip, margin, rim, side, strand, verge *kenar altında olan* inframarginal *kenara yakın* submarginal *kenarda olan* marginal *kenar etene düzeni* marginal placentation *kenarla ilgili* limbic *kenarları birbirine bitişik* valvate *kenarları dalgalı* (yaprak) sinuate *kenarları içe kıvrık* involute *kenar mahalleler* periphery *kenar şeritli* marginate
kenarlı marginate, vallate
kenarortay median
kendibeslek autotroph, autotrophic, holophyte, holophytic
kendi self; own *kendi düşüncelerine dalma* self-absorption *kendi kendine açılmama* indehiscence *kendi kendine bölünebilen en küçük molekül* bioblast *kendi kendine döllenen* self-fertilizing *kendi kendine döllenme* self-fertilization *kendi kendine tozlanma* self-pollination *kendi kendine tozlaşma* self pollination *kendi kendini ameliyat etme* autotomy *kendi kendini ameliyat etmek* to autotomize

kendi kendini tüketme autophagia, autophagy *kendinden geçirmek* to trance *kendinden geçme* trance *kendinden mayalanan* self-raising *kendine kısırlık* self-sterility *kendine mal etmek* to assimilate *kendine özgü biçimi olan* automorphic *kendini alıştırma* adjustment *kendini dölleme* autofecundation, autogamy *kendini geçindirme* subsistence *kendini tozlama* autogamy *kendi organını kesip feda etmek* to autotomize *kendi yetişen* ruderal *kendiliğinden* spontaneously, automatically, by itself *kendiliğinden açılmayan (tohum)* indehiscent *kendiliğinden bölünüm* spontaneous fission *kendiliğinden fisyon* spontaneous fission *kendiliğinden hareket eden* motile *kendiliğinden tutuşma* spontaneous combustion *kendiliğinden türeme* abiogenesis *kendiliğinden üreme\çoğalma* autogenesis *kendiliğinden üreme* autogeny *kendiliğinden üreyen* autonomic

kendir hemp

kene acarid, mite *kene gibi asalakları öldüren ilaç* acaricide

keneler lxodidae

kenet holdfast

kenevir hemp

kenevirkuşu linnet

kengerotugillerden acanaceous, acanthaceous

kenotron kenotron

kente crampon

kep cap

kepek scurf *kepek gibi* pityroid *kepek özü* furfural, furfuraldehyde

kepenk flapper

keratin ceratin, keratin, pareleidin

keratinleşme keratinization

keratinleştirmek to keratinize

keratinli ceratinous

kereste wood, timber *kereste kurutma fırını* dry kiln *kerestesi sert ağaç* hardwood

kerkenez kestrel

kerpeten pincers

kerpiç çamuru loam

kertenkele lacertilian

kertenkelegiller Sauria

kertenkelegillerden saurian

kerteriz gülü pelorus

kertik tusk

kese bag, capsule, cisterna, cyst, marsupium, pouch, sac, saccus, vesicle *kese biçiminde* saccular *kese biçimli çıkıntı* sacculation *kese ile ilgili* vesicular *kese oluşturmak* to encyst *keserek çıkarmak* to ablate *kese şeklinde* sacciform

kesecik acinus, bursa, calicle, follicle, saccule, sacculus, vesicula *kesecik biçimli* follicular, vesiculiform, vesiculose *kesecik ile ilgili* vesiculose *keseciklere ayrılmış* sacculated *kesecik şeklinde* calicular

kesecikli follicular, folliculated *kesecikli deniz yosunu* bladder kelp *kesecikli spor* ascospore

kesekâğıdı bag

keseleşme encystation, encystment

keseleşmek to encyst

keseleşmiş encysted

keseli cystic, pouched, saccate, vesicular, vesiculate *keseli antilop* springbok *keseli ayı* koala *keseli hayvan* marsupial *keseli kurt* bladder

worm, cysticercus, thylacine
kesici switch **kesici diş** incisor
kesif thick
kesik incised, incision, interrupted **kesik koni** truncated cone, ungula **kesik kulak** crop **kesik silindir** ungula
kesiklik discontinuity
kesikli discontinued **kesikli lif** staple fibre **kesikli spektrum** discontinuous spectrum
kesiksiz solid
kesilebilir scissile
kesilme scission
kesilmek to coagulate, (süt) to clot, to set
kesilmiş incised, cut **kesilmiş sütün suyu** whey
kesim slaughter
kesimleme segmentation
kesin absolute, definite, definitive, determinate, determined, scientific, total, ultimate
kesinlik precision
kesinti disconformity **kesintiye uğratmak** to disconnect
kesintili discontinuous, interrupted
kesintisiz net
kesir fraction
kesirli fractional
kesişme intersection **kesişme noktası** point of intersection
kesit cross-section, profile **kesit alınan parça** cross-section **kesit almak** to cross-section
keskin acrid, aculeate, aculeated, acute, mordant, penetrant, pungent, strong **keskin çentikli** incised **keskin dikenli** jaculiferous **keskin solungaçlı (balık)** elasmobranch
keskinlik acuity, intensity

kesme abscission, cutting, dissection, exsection, scission, (hayvan) slaughter **kesme dalgası** transverse wave
kesmek to cut, to detruncate, to incise, to suppress, (hayvan) to slaughter **kesip çıkarma** ablation, abscission **kesip çıkarmak** to ablate, (ur) to excise
kesmik dextran
kestanecik prostate gland
ketenkuşu linnet
keten tiftiği lint
ketentohumu flaxseed, linseed **ketentohumu posası** oil cake
ketin ketene
ketol ketol
keton ketone **keton grubu** ketone group **keton özdek** ketone body **keton üreten** ketogenic **keton üretim** ketogenesis
ketonlu keto, ketone, ketonic
ketoz ketose
ketozis ketosis
kevgir sieve
keylüs chyle
keymüs chyme
keynit kainite
kezzap aqua fortis, nitric acid
kıç posteriors, (kuş\balık vb) vent **kıça yakın** posterior
kıkırdak cartilage **kıkırdak ağrısı** chondrodynia **kıkırdak asidi** chondroitin **kıkırdak gibi** cartilaginous, chondroid **kıkırdak içinde olan** enchondral **kıkırdak içinde oluşan** endochondral **kıkırdak öz bölgesi** hyaline area **kıkırdak uru** chondroma **kıkırdak zarı** perichondrium **kıkırdak zarıyla ilgili** perichondral
kıkırdakdoku cartilage

kıkırdaklaşmak to chondrify
kıkırdaklı cartilaginous *kıkırdaklı kemik* cartilage bone *kıkırdaklı ur* enchondroma
kıl bristle, chaeta, cilium, hair, pinnule, trichome, villosity *kıla benzer uzantı* chaeta *kıl ayaklı* chaetopod *kıl dökülmesi* alopecia *kıl folikülü ile ilgili* pilosebaceous *kıl gibi* capreolate, setaceous *kıl kamçılı* trichomonad *kıl korunaç* trichocyst *kıl oluşumu* piliation *kıl şeklinde* piliform, villiform
kılavuz guide; manual
kılavuzluk guidance *kılavuzluk etmek* to lead
kılcal capillaceous, capillary *kılcal basınç* capillary pressure *kılcal boru* capillary tube *kılcal damar* capillary, capillary vessel *kılcal damar çapını ölçen alet* capillarimeter *kılcal damar geçirgenliğini artıran protein* bradykinin *kılcal damar yatağı* capillary bed *kılcal damar yumağı* glomerulus *kılcal damarlar arasında ile ilgili* intercapillary *kılcal damarlarda dolaşım* microcirculation *kılcal yoğunlaşma* capillary condensation *kılcal yükselme* capillary rise
kılcallık capillarity
kılçık awn, arista, bone, (başak) beard
kılçıklı awned, aristate, bearded, bony *kılçıklı balıklar sınıfı* osteichthyes
kılıç blade, sword *kılıç biçimli* gladiate, ensiform
kılıçbalığı swordfish
kılıççiçeği gladiolus
kılıçkuyruk xiphosure
kılıçkuyruklu xiphosuran

kılıçsı (yaprak) ensiform
kılıf envelope, sheath, sheathing, shuck, tegument, theca, tunic, tunica *kılıf geçirme* invagination *kılıf geçirmek* to invaginate *kılıf içinde* thecate *kılıf ile ilgili* thecal
kılıfımsı tegumental, tegumentary
kılıflama invagination
kılıflı arillate, ocreate, thecate, vaginate, vaginiferous, volvate
kılık shape
kılkök hair root
kılkurdu oxyurid, pinworm *kılkurtlarını öldüren ilaç* oxyuricide
kılkuyruk pintail, silverfish *kılkuyruklu böcek* thysanuran
kıllandıran piliferous
kıllanma pilosism
kıllı barbate, bristly, crinite, hairy, hirsute, penicillate, piliferous, pilose, pilous, pinnular, setiform, villose, villous *kıllı örümcek* tarantula *kıllı yüzey* villosity
kıllılık pilosity
kılsı çıkıntılı villose
kılsız glabrate, glabrous, hairless
kımıldamaz immotile
kımıldanma movement
kın ocrea, sheath *kınına sokma* sheathing
kına henna *kına otu* puccoon
kınacık rust, yellow
kınaçiçeği balsam
kınakına cinchonine *kınakına ağacı* cinchona *kınakına alkaloidi* quinicine *kınakına glikozidi* quinovin
kınkanat elytron
kınkanatlı coleopterous *kınkanatlı böcek* beetle, coleopter
kınkanatlılar coleoptera

kınlı sheathed, vaginate
kır field, gray, grey *kır çiçeği* wild flower *kır evi* lodge *kır sansarı* polecat
kıraç arid, barren
kıraçlık aridity
kırıcı (ışığı) diffractive
kırık break, crack, fault, fracture, split *kırık basamağı* fault scarp *kırık düzlemi* fault plane
kırılabilir refractable, (ışık) refrangible
kırılabilme refrangibility
kırılca crystal *kırılca örgüsü* crystal lattice
kırılcabilim crystallography
kırılcasal crystallitic
kırılım refraction *kırılım indeksi* index of refraction *kırılım indisi* refractive index *kırılımla ilgili* refractive
kırılımölçer refractometer
kırılımölçme refractometry
kırılımsal refractive, refringent
kırılır clastic, fragmental, fragmentary
kırılırlık refractivity
kırılma fracture, refraction *kırılma açısı* angle of refraction *kırılma düzlemi* fracture plane *kırılma indisi* refractive index
kırılmak to break, to fracture, (dal) to disarticulate
kırınım diffraction *kırınım ağı* diffraction grating *kırınım izgesi* diffraction spectrum *kırınım spektrumu* diffraction spectrum
kırınımsal diffractive, dioptrical
kırınma diffraction
kırıntı particle
kırışık withered, rugose, rugulose *kırışık buruşuk* rugous, scrobiculate
kırışıklık rugae, rugosity

kırışıksız smooth
kırışma crinkle
kırışmak to crinkle
kırıştırmak to crinkle
kırkbayır manyplies, omasum, psalterium, third stomach
kırkmak to crop
kırlangıç martin, swallow
kırlangıçotu celandine
kırlaşan canescent
kırma mestizo *kırma niteliği* refringency
kırmak to break, to split, (ışık) to refract
kırmataş macadam
kırmız cochineal *kırmız boyası* kermes
kırmızböceği cochineal insect, kermes
kırmızı red *kırmızı akik* carnelian, cornelian, sard *kırmızı anilin* rosaniline *kırmızı biber* capsicum, pepper *kırmızı boya* cochineal *kırmızı demir oksit* haematite, rubigo *kırmızı fosfor* red phosphorus *kırmızı kahve renkli toryum cevheri* monazite *kırmızı kan hücreleri* red blood corpuscles *kırmızı kan hücresi* red blood cell *kırmızı kil* laterite *kırmızı körlüğü* protanopia *kırmızı kristal boya* purpurin *kırmızı kurşun cevheri* crocoisite *kırmızı Mısır mermeri* syenite *kırmızı mermerden* syenitic *kırmızımsı kahverengi boya* sepia *kırmızı okaliptüs* red gum *kırmızı ötesi ışın* ultrared *kırmızı solucan* bloodworm *kırmızı somaki* porphyry *kırmızı yosun erkek eşey hücresi* spermatium *kırmız madeni* kermes mineral *kırmız meşesi* kermes oak
kırmızılık erythrism
kırpışım scintillation *kırpışım*

izgeölçeri scintillation spectrometer
kırpışım sayacı scintillation counter
kırpışmak to wink
kırpma crop
kırpmak to crop, to dock
kısa short *kısa boylu* nanous, short *kısa boynuzlu* short-horned *kısa boynuzlu sığır* shorthorn *kısa çenelilik* brachygnathia *kısa devre* short, short circuit *kısa duyargalı* brachycerous *kısa eksenli* short-stemmed *kısa gagalı* brevirostrate *kısa gezi* run *kısa imza atmak* to initial *kısa kanatlı* brachypterous, brevipennate *kısa kesmek* (kuyruk) to dock *kısa kuyruklu* brevicaudate *kısa ömürlü* ephemeral *kısa özgeçmiş* profile *kısa parmaklı* brachydactylous *kısa tırnak* dewclaw *kısa tırnaklı* dewclawed
kısakafalı brachycephalous
kısakafalılık brachycephalism
kısaltma condensation, crop
kısım segment
kısır barren, infecund, intersterile, sterile, submarginal *kısır ercik* staminodium *kısır toprak* podzol
kısırlaştırma podzolisation
kısırlaştırmak to neuter, to sterilize
kısırlık barrenness, infecundity, sterility
kısıtlama inhibition
kısıtlı narrow
kıskaç chela, forceps, nipper, pincers, pinchcock *kıskaç biçiminde* cheliform
kıskaçlama chelation
kıskaçlamak to complex
kıskaçlı chelate
kısmen partl, partially *kısmen suda yaşayan* semiaquatic
kısmi partial *kısmi basınç* partial pressure *kısmi boşluk* partial vacuum

kısmi dalga partial wave *kısmi diferansiyel* partial differential *kısmi entropi* partial entropy *kısmi serbest enerji* partial free energy *kısmi takma diş* partial denture
kıstak neck
kıstas yardstick
kış winter *kışa hazırlamak* to winterize *kış defnesi* winterberry *kış hasarı* winter injury *kış hazırlığı* winterization *kış otlatması* winter grazing *kış teresi* winter cress *kış tomurcuğu* latent bud *kış uykusu* hibernation, winter sleep *kış uykusuna yatma* hibernation *kış uykusuna yatmak* to hibernate, to torpidity, to torpidness *kış yumurtası* winter egg
kışır cortex
kışlık hibernal, hiemal *kışlık in* hibernaculum
kıta continent *kıta ile ilgili* continental *kıta sahanlığı* continental shelf
kıtlık paucity
kıvam (sıvı) texture
kıvamlılık viscosity
kıvılcım spark, sparkle *kıvılcım atlaması* breakdown *kıvılcım saçma* scintillation
kıvırcık crispate, involute *kıvırcık lahana* colewort, kale *kıvırcık saçlı* ulotrichous
kıvırcıklık crispation
kıvırma flexure, folding
kıvırmak to bend
kıvrık circinate, contorted, curved, equitant, gnarled, induplicate, inflexed, involute(d), loxic, revolute, rostral, sigmoid, uncinate, volute(d), (kemik) turbinal, turbinate *kıvrık*

bacaklı **(hayvan)** cirriped **kıvrık**
bağırsak ileum **kıvrık yapraklı**
circinate
kıvrıklık sinus
kıvrılma circumnutation, convolution,
folding, involution, sinuosity, volution
kıvrılmak to crinkle, to involute **kıvrıla**
kıvrıla gitmek to wind
kıvrılmış plicate(d), replicate
kıvrım bend, coil, convolution, fornix,
plica, rugae, sinuosity, twirl, volute,
volution, (saçta) wave
kıvrımlı circinate, enfolded, flexuous,
folded, wavy, plical, plicate(d),
sinuate, sinuous
kıvrımlılık crispation
kıyafet shape
kıyı coast, coastal, front, strand **kıyı**
boyunca gitmek to coast **kıyı bölgesi**
coastal region **kıyıda bulunan** littoral
kıyı gölü lagoon **kıyı ile ilgili** littoral
kıyıya yakın sublittoral
kıyısal coastal
kıymet value **kıymetli taş** ligure
kız queen, virgin
kızaran rubescent
kızarıklık rubescence, rubor
kızarma erubescence
kızarmış roast, rubescent
kızartı erubescence, erythema,
rubescence **kızartı yapan** eruptive
kızartılmış roast
kızartma roast
kızartmak to roast
kızartmalık roasting **kızartmalık et**
roast
kız girl **kız evlat** daughter
kızgınlık anger; rut, heat **kızgınlık**
dönemi oestrus cycle
kızıl red **kızıl ardıçkuşu** mavis **kızıl aşı**

boyası red ochre **kızıl buğday biti**
cereal leaf beetle **kızıl huş** red birch
kızıl kahverengi rubiginous **kızıl**
kantaron red gentian **kızıl köknar** red
fir **kızıl levrek** red hind **kızıl mercan**
red coral **kızıl yonca** red clover **kızıl**
yosun red alga
kızılaltı infrared **kızılaltı ışınımı**
geçirebilen diathermanous **kızılaltı**
ışınımı geçirebilme diathermancy
kızılağaç sappanwood, swamp maple
kızılağaçgillerden betulaceous
kızılcık dogberry
kızılgeyik red deer
kızılımsı rufous
kızılkök bloodworth, redroot **kızılkök**
familyasından rubiaceous
kızılkurt red worm
kızıllık erythrism
kızışma (hayvan) rut **kızışma dönemi**
estrus, rutting season
kızışmak (hayvan) to rut
kızışmış rutting
kızlık girlhood, maidenhood **kızlık zarı**
hymen
kil argil, china clay, clay, fuller's earth
kil içeren argillaceous **kil ile ilgili**
lateritic **kil ocağı** clay pit **kil toprağı**
clay soil **kil yatağı** clay pit
kilitlemek to key, to lock
killeşme laterization
killi argillaceous, argilliferous, clayey
killi kaya pelite **killi kayaya benzer**
pelitic **killi kum** loamy sand **killi şist**
clay slate, shale, slate clay **killi toprak**
loam **killi yapraktaşı** shale
kilo kilogram **kilo alma** weight gain **kilo**
elektron volt kilo-electronvolt **kilo**
kalori kilocalorie
kilobar kilobar

kilogram kilogram *kilogram kuvvet* kilogram-force
kilogrammetre kilogrammetre
kilohertz kilocycle, kilohertz
kilojül kilojoule
kiloküri kilocurie
kilolitre kilolitre
kilomikron chylomicron
kilomol kilomole
kilosikl kilocycle
kiloton kiloton
kilovat kilowatt *kilovat saat* kilowatt-hour
kilovolt kilovolt *kilovolt amper* kilovolt-ampere
kiltaşı schist
kilüs chyle *kilüse benzer* chylaceous *kilüse benzeyen* chyliform *kilüs gibi* chylous *kilüs ile ilgili* chylous *kilüs ileten* chyliferous *kilüs oluşumu* chylification *kilüs taşıyan* chyliferous
kilüslü chylaceous
kim benzidine, covalence, hemiterpene, manganous, phosphoprotein, protamine, pyrone, thiodiphenylamine
kimlik identification *kimliğini saptamak* to identify
kimotripsin chymotrypsin *kimotripsin üreten* chymotrypsinogen
kimotripsinojen chymotrypsinogen
kimüs chyme
kimüslü chymous
kimya chemistry *kimya mühendisliği* chemical engineering
kimyager chemist
kimyasal agent, chemical *kimyasal ajan* chemical agent *kimyasal analiz ile ilgili* chemico-analytic *kimyasal aşınma* corrosion *kimyasal bağ* chemical bond *kimyasal bileşik*

chemical compound *kimyasal bileşim* chemical composition, chemical compound *kimyasal cerrahlık* chemosurgery *kimyasal çalışma* chemical work *kimyasal deneme* chemical experiment *kimyasal denge* chemical equilibrium *kimyasal denklem* chemical equation *kimyasal etki* chemical action, chemism *kimyasal etkiler doğuran* actinic *kimyasal formül* chemical formula *kimyasal gübre* chemical manure *kimyasal güç* chemical force *kimyasal hızbilim* chemical kinetics *kimyasal ışıma* chemiluminescence *kimyasal ışıyan* chemiluminescent *kimyasal işlem* chemical process *kimyasal kısırlaştırıcı* chemosterilant *kimyasal kinetik* chemical kinetics *kimyasal kuram* chemical theory *kimyasalla koyulaştırmak* to stain *kimyasallarla korunmamış* unimpregnated *kimyasal madde* chemical, chemical agent *kimyasal metot* chemical method *kimyasal olaya katılan molekül sayısı* molecularity *kimyasal olayı hızlandırıcı madde* promoter *kimyasal potansiyel* chemical potential *kimyasal reaksiyon* chemical reaction *kimyasal reaksiyonları çabuklaştırmak* to activate *kimyasal sağaltım* chemotherapeutics, chemotherapy *kimyasal sağaltım ile ilgili* chemotherapeutic *kimyasal sağaltım uzmanı* chemotherapeutist *kimyasal sentez* chemosynthesis *kimyasal sınıflandırma* chemotaxonomy *kimyasal tutunma* chemisorption

kimyasal uyarımlı büyüme chemotropism **kimyasal yönelim** chemiotaxis, chemotaxis **kimyasal yönelimli** chemotactic
kimyon cumin **kimyon tohumu** cumin **kimyon yağı** cymene
kin antagonism **kin dolu** venomous
kinaz kinase
kinematik kinematic, kinematics **kinematik ağdalık** kinematic viscosity **kinematik viskozite** kinematic viscosity
kinetik kinetic, kinetics **kinetik enerji (simgesi T)** impetus, kinetic energy **kinetik reaksiyon denklemi** equation for kinetics of reaction **kinetik sürtünme** kinetic friction
kinetogenez kinetogenesis
kinhidron quinhydrone **kinhidron elektrodu** quinhydrone electrode
kinidin betaquinine, quinidine
kinin kinin, quinine
kininli quininic **kininli su** quinine water
kinişli grooved
kinol quinol
kinolin quinoline
kinon quinone **kinona benzer** quinoid, quinonoid **kinonlu madde** quinoid
kinotoksin quinicine
kireç lime, (su kaynayan kapta oluşan) fur **kireç içeren** coralline **kireç ile ilgili** calcitic **kireç karbonatı** carbonate of lime **kireç söndürmek** to causticize **kireç suyu** limewater **kireç sütunu** stylolite **kireç üreten** calciferous
kireçkaymağı bleaching powder, calcium chloride, chloride of lime, cream of lime
kireçlenme calcification, calcinosis

kireçlenmek to calcify, to scale
kireçleşme calcification, chalkstone
kireçleşmek to calcify
kireçleşmiş calcified
kireçli calcareous, calcic, calcitic, chalky, coralline **kireçli arazi biçiminde** karstic **kireçli cam** lime glass **kireçli çökelti** sinter **kireçli deniz yosunu** coralline **kireçli oluşum** calcification **kireçli su** chalky water, hard water **kireçli sünger taşı** calctuff, calctufa **kireçli süngertaşı** calcareous tufa **kireçli toprak** chalky soil, pedocal **kireçli toprakta yetişen** calcicolous **kireçli toprakta yetişen bitki** calcicole **kireçli toprakta yetişmez** calcifugous **kireçli tortul arazi** caliche
kireçsevmez calcifugous **kireçsevmez bitki** calcifuge
kireçsiz soft
kireçsizleştiren decalcifier
kireçsizleştirme decalcification
kireçsizleştirmek to decalcify
kireçtaşı calcite, limestone, calcsinter, whiting
kiriş chorda, nerve, sinew, tendon, trabecula **kiriş biçimli** trabecular, trabeculated **kiriş dolu** tendinous **kiriş iltihabı** tendinitis **kiriş kesilmesi** tenotomy **kiriş kurdu** tendon worm
kirişli tendinous
kirlenme contamination
kirlenmek to soil
kirletici polluting **kirletici madde** pollutant
kirletme contamination
kirletmek to soil
kirli dirty; septic, (kan) venous **kirli sis** smog

kirlilik (kan) venousness
kirmen spindle
kirpi porcupine
kirpik cilium, eyelash *kirpik dökülmesi* ptilosis
kirpikli ciliary, ciliated *kirpikli hayvan* ciliate *kirpikli yassı kurt* turbellarian
kirpiksi ciliary *kirpiksi kas* ciliary muscle *kirpi otu* echinacea
kirpit batması trichiasis
kist cyst, vesicle *kiste benzeyen* cytoid *kist şeklinde* cystic
kistik cystic
kistli vesicular
kişi character, individual
kişisel idiosyncratic, subjective
kitapçık leaflet
kitin chitin
kitinli chitinoid, chitinous
kitle mass
kitre gum tragacanth, tragacanth
kizelgur diatom earth, diatomaceous earth
kizerit kiescrite
klakson horn
klamidospor chlamydospore
klape valve
klastik kaya clastic rocks
klavye keyboard, (orgda) manual
kleistokarpik cleistocarpous
klevit cleveite
klişe block, plate *klişe baskısı* stereotypy
klitoris clitoris
klor (simgesi Cl) chlorine *klor asit tuzu* chloride *klor gideren* antichlor
kloral chloral *kloral hidrat* chloral hydrate
kloramin chloramine
klorasetofenon chloroacetophenone

klorat chlorate
klordan chlordan(e)
klorik chloric *klorik asit* chloric acid
klorit chlorite
kloritli chloritic
klorlama chlorinating, chlorination *klorlama kabı* chlorinator
klorlamak to chlorinate
klorlu chlorous
kloroasetik chloroacetic *kloroasetik asit* chloroacetic acid
klorobenzen chlorobenzene
klorofan chlorophane
klorofenol chlorophenol
klorofil chlorophyll *klorofile benzer* chlorophylloid
klorofilaz chlorophyllase
klorofilli chlorophyllaceous *klorofilli plastit* chloroplast *klorofilli sap doku* chlorenchyma
kloroform chloroform *kloroform bağımlılığı* chloroformism *kloroformla uyutmak* to chloroform *kloroform ruhu* chloric ether *kloroform vermek* to chloroform
klorohidrin chlorohydrin
klorohidrokinon chlorohydroquinone
kloropikrin chloropicrin, nitrochloroform
kloroplast chloroplast
kloropren chloroprene
kloroz chlorosis
klorpromazin chlorpromazine
klortetrasiklin aureomycin, chlortetracyline
klorür chloride, muriate
knidosil cnidocil
koanosit choanocyte
kobalamin cobalamin
kobalt (simgesi Co) cobalt *kobalt*

arsenat erythrite *kobalt arsenik sülfit* cobaltine *kobalt bombası* cobalt bomb *kobalt çiçeği* cobalt bloom *kobalt mavisi* cobalt blue
kobaltin cobaltine
kobaltlı cobaltic, cobaltous
kobay guinea-pig
kobra cobra
koca kafalılık megalocephalia
kocaman massive, huge
koçan ear, spadix *koçanından ayırmak* to shell
koçanlı spadiceous
kodein codeine
koenzim co-enzyme
koful vacuole *koful oluşumu* vacuolization
kofullu vacuolar, vacuolate
koherens coherence
koherent coherent
kohezif cohesive
kohezyon cohesion
kohezyonlu sediment cohesive sediment
kok coke *kok fabrikası* coking plant *kok fırını* beehive oven, coke oven *kok haline getirme* coking
kokain cocaine, coke, snow
kokarca polecat
kokidiyosis coccidiosis
kokiks tail bone
kokkömürü coke
koklama olfaction, osmesis, smell *koklama duyusu* nose, scent *koklama duyusuyla ilgili* olfactory *koklamayla ilgili* osmatic
koklamak to nose, to smell
kokma putrefaction
kokmak to putrefy, to smell
koku odor, odour, scent, smell *koku alma* smell, olfaction *koku alma ile*

ilgili olfactory *koku alma siniri* olfactory nerve *koku almayla ilgili* olfactive *koku almaz* anosmatic *koku bezesi* scent bag *koku bezi* scent gland *kokusunu almak* to nose, to scent, to smell
kokulandırma aromatization
kokulandırmak to aromatize
kokulu smelling; odorous; fragrant; aromatic *kokulu çayırotu* vernal grass *kokulu çözücüler* aromatic solvents *kokulu defne* sassafras *kokulu eriticiler* aromatic solvents *kokulu funda* sagebrush *kokulu madde* odorant *kokulu mersinsif* sweet gale *kokulu reçine* elemi *kokulu şeker pastil* *kokulu tutuşur gaz* butadiene
kokusal olfactive
kokusuz odorless, odourless
kokuşma decomposition
kokutan putrefying
kol arm, branch, column, limb, linkage, ramus, stem *kol gibi* brachial *kol kası* biceps *kol kemiği* humerus *kol kemiği ile ilgili* humeral *kollarla hareket etmek* to brachiate *kollarla ilerleme* brachiation *kol orta siniri* median nerve *kol saati* watch *kol saati camı* watch glass
kola coke, starch *kola cevizi* kola
kolajen collagen
kolalamak to starch
kolalı starchy
kolan strap
kolay easy, simple *kolay anlaşılabilme* translucency *kolay anlaşılır* translucent *kolay işlenir* plastic *kolay renk tutmayan organik yapı* achromatin *kolay tutuşan* combustible *kolay tutuşan madde* combustible

kolayca easily *kolayca boyanabilen* chromatophile *kolayca boyanabilen hücre* chromatophile *kolayca boyanan* chromophilic *kolayca boyanır* chromophile *kolayca paraya çevrilebilir* liquid
kolçisin colchicine
koleoptil coleoptile
kolera cholera *kolera basili* cholera bacillus
kolesistokinin cholecystokinin
kolesterol cholesterol
kolik cholic *kolik asit* cholic acid
kolin choline
kolinerjik cholinergic
kolinesterez cholinesterase *kollajen lifi zengin kıkırdak* fibrocartilage
kollodyum collodion
kollu brachiate
kolmanit colemanite
koloid colloid
koloidal colloidal *koloidal hal* colloidal state *koloidal parçacıklar* colloidal particles *koloidal sistem* colloidal system
koloit colloid *koloit çözeltisi* sol *koloit kimyası* colloidal chemistry
kolombit columbite
kolombiyum (simgesi Cb) columbium
kolon colon, column *kolon matriks* column matrix *kolon vektörü* column vector
koloni colony
kolorimetre colorimeter
kolorimetri colorimetry
kolostrum colostrum
kolsu brachial
kolsuz abranchial *kolsuz manto* mantle
kolsuzluk abrachia
koltuk armpit; axil; armchair *koltuk*

açısı axil *koltuk altı* axilla, maschale *koltuk altı ile ilgili* axillary *koltuk altında olan* infra-axillary *koltuk çukuru üstünde olan* supra-axillary
kolyeli torquate
kolza rape *kolza yağı* rape oil
koma coma
kombinezon combination
komiklik humour
komisyoncu agent
kompleks complex, plexiform
kompozisyon composition
kompres compress
kompresyon compression
komşu vicinal
komütatör commutator
konak scurf
konakçı host *konakçı çekirdeğinde yaşayan* karyozoic
kondansasyon condensation
kondansatör capacitor, condenser
kondrin chondrin
kondroblast chondroblast
kondroma chondroma
kondüktör conductor
konglomera conglomerate, puddingstone
Kongo Congo *Kongo kırmızısı* Congo red
kongövde stipe, stipes
koni cone *koni biçiminde* conoidal *koni biçiminde makara* cone *koni gibi* fastigiate
koniferil coniferyl *koniferil alkol* coniferyl alcohol
konik conica(al) *konik bitki* aerophyte, epiphyte *konik dişli* cone gear *konik kapakçık* conical valve *konik makara* cone pulley
konimsi conoidal

konkav concave
konmak to light
konsantrasyon concentration
konsantrasyon pili concentration cell
konsantre concentrated **konsantre**
çözelti concentrated solution
konserve tinned
kontraktil koful contractile vacuole
kontrol control, check **kontrol analizi**
check analysis
kontrplak plywood
konu topic, content, ground, matter
konum locus
konuşamayan dysphasic
konuşma speaking, talking, speech
konuşma güçlüğü dysphasia
konut host
koordinasyon coordination
koordinasyon sayısı coordination
number
kopal copal
kopolimer copolymer
kopya reproduction **kopya etme**
duplication, tracing **kopya etmek** to
duplicate, to mimic, to replicate, to
reproduce **kopya kâğıdı** carbon
kopyasını çıkarmak to trace
kordalı chordate
kordalılar Chordata
kordiyerit cordierite
koridor gallery
korindon carborundum, corundum
korkaklık nervousness
kor kayaç igneous rock
korku horror
korna horn
kornea cornea **kornea iltihabı** keratitis
korneayla ilgili keratic
koroit choroid
koroloji chorology

korona corona
korozyon önleyici corrosion inhibitor
korse girdle
korteks cortex
kortikoid corticoid
kortikosteron corticosterone
kortikotropin corticotropin
kortin cortin
kortizol cortisol
kortizon cortisone
koru covert
koruma conservation
korumak to screen
korunum conservation
koruyan preservative
koruyucu defensive, prophylactic,
protective **koruyucu doku** callus
koruyucu enzimler defensive
enzymes **koruyucu hücre** guard cell
koruyucu kaplama protective coating
koruyucu koloit protective colloid
koruyucu madde preservative
koruyucu örtü armature, armour,
bonnet, protective coating **koruyucu**
renk değiştirme protective coloration
koruyucu şey sustentation **koruyucu**
tabaka protective layer **koruyucu**
tedavi protective therapy **koruyucu**
zar capsule
kostik caustic **kostik madde** caustic
koşan running
koşma run, running **koşmaya elverişli**
cursorial
koşmak to run
koşnil scale insect **koşnil boyası**
cochineal
koşturmak to race
koşucu runner
koşullanmış conditioned
koşullu tepke conditioned reflex

koşut parallel
koşutaç collimator
kotiledon cotyledon, seed leaf
kovalent bağ covalent bond
kovan bee hive *kovan böceği* bee beetle
kovandaki arılar stand
kovucuk lenticel
kovucuklu lenticellate
kovuk pouch
kovuksal geodic
koy inlet
koyak valley *koyak buzulu* valley
glacier *koyak tabanı* valley bottom
koyma set
koymak to lay, to set
koyu strong, thick *koyu eriyik* strong
solution *koyu esmer* melanistic,
melanotic *koyu esmerlik* melanosis
koyu kırmızı boya fuchsin *koyu*
kurşuni manganez hidroksit
manganite *koyu lacivert* Prussian blue
koyu mavi Paris blue, anil,
ultramarine
koyulaşma concentration
koyulaştırıcı thickener, thickening agent
koyulaştırıcı madde thickening
koyulaştırma inspissation, thickening
koyulaştırma kimyasalı thickener
koyulaştırma maddesi thickening
agent
koyulaştırmak to concentrate, to
condense
koyultucu thickener
koyuluk concentration, thickness
koyun sheep *koyun eti* mutton *koyun*
sürüsü fold *koyun uyuzu* scab
koyunotu hepatic
koza cocoon, cone *koza içinde kapalı*
coarctate
kozalak burr, cone, mast, strobilus

477

kök

kozalak biçiminde cone-shaped
kozalaklı cone-bearing, coniferous,
strobiliferous *kozalaklı ağaç* conifer
kozalaklı ağaçtan elde edilen
glikozid coniferin *kozalaklılar*
ormanı coniferous forest *kozalak*
taşıyan cone-bearing
kozalaksı pineal *kozalaksı bez* glandula
pinealis
kozmik cosmic *kozmik ışın göstergesi*
hodoscope *kozmik ışınlar* cosmic rays
kozmik radyasyon cosmic radiation
kozmik toz cosmic dust *kozmik uzay*
cosmic space
kozmografya cosmography
köhne obsolete
kök group, radical, radix, root *kök*
almak to extract *kök aşısı* root graft
kök bakterisi rhizobium *kök basıncı*
root pressure *kök başlığı* root cap *kök*
biçiminde rhizomorphous *kök bitki*
root crop *kök çiçekli* rhizanthous *kök*
çürümesi root rot *kök dişçiliği*
endodontia, endodontology *kök düzeni*
radication *köke ait* radical *köke*
benzer rhizomorphous *kök filizi*
flagellum, radicel, radicle, stolon *kök*
filizi süren stolonferous *kök gövde*
rhizome *kök içi* protostele *kök ile*
ilgili radical *kök işareti* radical *kök*
kafalı rhizocephalan *kök kafalılar*
Rhizocephala *kök kafalılarla ilgili*
rhizocephalous *kök kesimi* rhizotomy
kökle beslenen radicivorous *kökleri*
kazarak sökmek to grub *kök meyveli*
rhizocarpic, rhizocarpous *kök*
salmadan yere uzanan (bitki)
procumbent *kök sap* rhizome *kök*
sökmek to grub *kök sürgün* stem
sucker *kök sürgünü* runner *kökten*

çıkan radical **kökten çıkan yaprak** radical leaf **kök tomurcuğu** turion **kök toprağı** rhizosphere **kök tüyü** root hair **kökü ölmez** rhizocarpic, rhizocarpous **kök üreten** rhizogenetic, rhizogenic **kök üssü** index **kök üstünde yaşayan** radicicolous **kök yumrusu** root knot, root nodule, tubercule **kök zehiri** rotenone **kök zencefil** race ginger
kökayaklı rhizopodous
kökayaklılar rhizopoda
kökbacaklı rhizopod
kökboya alizarin
kökboyasıgillerden rhamnaceous
kökçük radicel, rootlet **kökçük kını** coleorhiza
kökçül pinesap, radicivorous, rhizophagous
köken origin, womb
kökleşmiş set
kökleştirmek to root
köklü radical **köklü çokluk** radical
kökmantar mycor(r)hiza
köknar fir
köksap rootstalk
köksel radicular
köksü rhizoid
kökten radical
köktenci radical
kömeç capitellum, capitulum, flowerhead
kömür carbon, coal **kömürden elde edilen katran ruhu** coal-tar creosote **kömür havzası** coal field **kömür katranındaki eritici sıvı** thiophene **kömür katranındaki renksiz kokulu sıvı** mesitylene **kömür katranından elde edilen hidrokarbon** pyrene **kömür katranından elde edilen renksiz toz** anthracene **kömür**

katranından elde edilen yağlı sıvı indene **kömür tortusu** coal deposit **kömür tozu** culm
kömürleşme carbonization
kömürleşmek to char, to coalify
kömürleştirme carbonizing
kömürleştirmek to carbonize
köpek dog **köpek ile ilgili** canine
köpekbalığıgiller(den) selachian
köpekbalıkları Selachii
köpekdişi canine tooth, eyetooth, fang, laniary, carnassial **köpekdişine ait** canine
köprücükkemiği clavicle, collarbone
köprücükkemikli claviculate
köprü bridge **köprü ile ilgili** pontine
köpük scum **köpük çıkaran** effervescent **köpük çıkarma** effervescence **köpük çıkarmak** to effervesce
köpüksüz (şarap) still
köpüren effervescent
köpürme effervescence
köpürmek to effervesce, to yeast
kör blind **kör deney** blank test **kör etmek** to blind **kör nokta** blind spot, scotoma **kör uzantı** diverticulum **kör uzantısal** diverticular
körbağırsak caecum, cecum, vermiform process, appendix, blind gut **körbağırsak ile ilgili** cecal **körbağırsak iltihabı** typhlitis **körbağırsakla ilgili** caecal **körbağırsak takısı** epityphlon
körelme atrophy
körelmek to atrophy **körelmiş organ** vestigial organ
köreltmek to atrophy, to obtund
körfezotu gulfweed
körleştirmek to obtund
körlük anopia

körpelik succulency, turgor
körsıçan mole
kösele sole leather *kösele gibi* coriaceous
kösnüme devresi estrus
kösnümek to be on heat
köstebek mole
köşe bend
köşegen diagonal
köşeli angular, angulate *köşeli yığışım* breccia *köşeli yığışmış* brecciated
kötü bad, mean *kötü beslenme* malnutrition *kötü emilim* malabsorption *kötü kokmak* to smell *kötü kokulu* malodorous *kötü kokulu nefes* halitosis *kötü konum* malposition *kötüye gitme* reversal
kötücül harmful; malignant; malicious *kötücül ur* carcinoma
kraliçe queen
kral king *kral suyu* aqua regia
krank pini wrist pin
krater crater, chimney
kreatin fosfat creatine phosphate
krema cream *krem tartar* cream of tartar
kreozot creosote
kreozotlamak to creosote
krepsol crepe
kresol cresol
kretin creatine *kretin anhidrit* creatinine
kretinin creatinine
kriko jack
kripton (simgesi Kr) krypton
kriptopin cryptopine
kriptozoit cryptozoite
kristal crystal *kristal bakır sülfat* blue stone *kristal biçim* (mineral) habit *kristal büyümesi* crystal growth

kristal cam crystal glass, flint glass
kristal çekirdeği crystal nucleus
kristal kafesi crystal lattice *kristal kümesi* crystalline aggregate *kristal ölçümü* crystallometry *kristal simetrisi* crystal symmetry *kristal üre* carbamide *kristal üreten* crystalliferous *kristal yapılı* phanerocrystalline *kristal yapısı* crystal structure
kristalimsi crystalloid, crystalloidal
kristalit crystallite
kristalitik crystallitic
kristalleşme crystallization *kristalleşme suyu* water of crystallization
kristalleştirici mineralizer
kristalleştirmek to crystallize
kristalli crystalliferous, phanerocrystalline *kristalli hematit* iron glance *kristalli katı amino asit* glycine *kristalli kovuk* geode *kristalli spektrometre* crystal spectrometer *kristalli suda erir alkaloid* berberin(e) *kristalli toz* hexamethylenetetramine
kristalografi crystallography
kristalografik crystallographic
kritik climacterical *kritik açı* critical angle *kritik basınç* critical pressure *kritik çağ* climacteric *kritik fenomen* critical phenomena *kritik kütle* critical mass *kritik nokta* critical point *kritik sıcaklık* critical temperature
kriyolit cryolite
kriyoskopi cryoscopy
krizalis chrysalis
krizalit chrysalid, chrysalis
krizantem chrysanthemum, pyrethrum
krom (simgesi Cr) chromium *krom kaplama* chromium plating *krom*

karbonat chromous carbonate **krom şapı** chromium potassium sulphate **krom tuzlarıyla boyanan hücre** chromaffine **krom zehirlenmesi** chromium poisoning **kromaj** chromium plating **kromat** chromate **kromatik** chromatic **kromatin** chromatin, karyotin **kromatin çözülşümü** chromatolysis **kromatine benzer** chromatoid **kromatit** chromatid **kromatografi** chromatography **kromatografik** chromatographic **krom çeliği** chromium steel **kromik** chromic **kromik asit** chromic acid **kromik asit tuzu** chromate **kromik hidroksit** chromic hydroxide **kromik oksit** chromic oxide **kromit** chromite **kromlamak** to chromize **kromlu** chromous **krom-nikel** chrome nickel **krom-nikel çeliği** chrome-nickel steel **kromoblast** chromoblast **kromoplast** chromoplast **kromoprotein** chromoprotein **kromorfit** pyromorphite **kromozom** chromosome, karyosome **kromozom aberasyonu** chromatic aberration **kromozom birleşimi ile ilgili** synaptic **kromozom birleşmesi** synapsis **kromozom çifti** dyad **kromozom diziliş sırasında sapma** aberration **kromozom ipliği** chromonema **kromozom kopması** chromosome break **kromozomların gen çiftleri** allel(e) **kromozom sayısı** chromosome number, ploidy **kromozom taneciği** chromomere

kromozomun boya tutan bölümü heterochromatin **kromozomsal** chromosomal **kronaksi** chronaxia, chronaxy **kronik** chronic **kronik beslenme bozukluğuyla ilgili** marantic **kronik fosfor zehirlenmesi** phosphorism **kronometre** chronometer **kronoskop** chronoscope **krosein** crocein(e) **kroton** croton **kroton asidi** crotonic (acid) **ksantat** xanthate **ksantik** xanthic **ksantik asit** xanthic acid **ksantik asit tuzu\esteri** xanthate **ksantik asit türevi** xanthic **ksantiyum** xanthium **ksantokromatik** xanchromatic **ksenon (simgesi Xe)** xenon **ksilan** xylan **ksilem** xylem **ksilem paranşimi** xylem parenchyma **ksilen** xylene, xylol **ksilidin** xylidine **ksilotil** xylotile **ksiloz** xylose **ktenidyum** ctenidium **ktenoyid** ctenoid **kubbemsi** umbonate(d) **kudrethelvası** manna **kudurmuş** rabid **kuduz** rabid **kuduza yakalanmış** rabid **kuduzotu** plumbago **kuğu** swan **kukuleta** hood **kulak** ear **kulağa ait** otic **kulağa yakın** parotic **kulak ağrısı** otalgia **kulak ağrısıyla ilgili** otalgic **kulak altı tükürük bezi ile ilgili** parotid **kulak altı türükü bezine ait** parotidean

kulak arkasında opisthotic **kulak arkasındaki çıkıntılı kemik ile ilgili** mastoid **kulak boşluğu** vestibule of the ear **kulak gibi** auriculate **kulak ile ilgili** auricular **kulak iltihabı** otitis **kulak kiri** cerumen, wax **kulakla ilgili** otic **kulak önünde** preauricular **kulak salyangozu** cochlea **kulak salyangozu ile ilgili** cochlear **kulaktan doğan** otogenic, otogenous **kulaktan gelişen** otogenic, otogenous **kulak taşı** otolith

kulakbilim otology

kulakbilimsel otologic

kulakçık atrium, auricle **kulakçık ile ilgili** auricular

kulakçıklı auriculate

kulakkepçesi auricle, pinna

kulaklı auricled, auriculate, eared **kulaklı baykuş** horned owl

kulakmemesi lobe **kulakmemesi biçimli** lobate

kulakzarı eardrum, tympanic membrane, tympanum **kulakzarındaki küçük tanecikler** otoconium **kulakzarıyla ilgili** tympanic

kulapkepçesi tragus

kule tower **kule çiçeği** hardhack **kuleye benzer** turriculate(d)

kulesalyangozu turritella

kullanım use, utilization

kullanma use **kullanma suyu** potable water

kullanmak to use

kulon (simgesi C) coulomb **kulon ölçme** coulometry

kulonmere coulometer

kulp stem

kuluçka brood, hatch **kuluçka dönemi** brooding time, incubation period, stage of invasion **kuluçka makinesi** brooder, incubator **kuluçka reaktör** breeder reactor **kuluçkaya yatırmak** to set **kuluçkaya yatma** brooding, incubation, sitting **kuluçkaya yatmak** to brood, to incubate

kuluçkalık sitting

kulübe lodge

kum calculus, sand **kum banyosu** sand bath **kum çulluğu** dunlin, spotted sandpiper **kumda yaşayan** arenicolous **kum gibi** arenaceous **kum kaya** buhrstone, burrstone, burstone **kum kurdu** lugworm **kum tepeciği** dune

kumarin coumarin, cumarin

kumaron coumarone

kumaş material, tissue **kumaş boyası** dye

kumcul arenicolous

kuminik (asit) cuminic (acid)

kumlu arenaceous, sabulous, siliceous **kumlu demir cevheri** taconite **kumlu kireçtaşı** ragstone **kumlu toprak** sandy soil

kumru dove **kumru gibi** columbine **kumru renginde** columbine

kumsal sand **kumsal yerde yetişen** arenaceous

kumtaşı sandstone, grit **kumtaşı biçimli** psammitic

kumtutan spinifex

kumul dune

kunduz beaver, castor **kunduz asidi** sebacic acid **kunduz asidinden elde edilen** sebacic

kunduzördek duckbill

kupa cup, heart, urn

kuplaj coupling

kupula cupula

kurak arid, dry **kurak iklime alışmış** xerophile **kurak yer** xerosere **kurak**

yerlerde yetişen xerophilous
kurakçıl xeric, xerophilous, xerophytic
kurakçıl bitki xerophyte
kurakçıllık xerophytism
kuraklık aridity *kuraklık indeksi* aridity index
kuraksal xerophile
kural law, regulation
kuram theory
kuramsal abstract, theoretical *kuramsal bilim* pure science *kuramsal fizik* pure physics, theoretical physics *kuramsal kimya* theoretical chemistry
kurbağa frog *kurbağagiller ile ilgili* batrachian *kurbağa taşı* toadstone *kurbağa yavrusu* tadpole
kurdele band, ribbon
kurdelebalığı banded fish
kurdeleli ribboned
kurdeşen uredo, urticaria *kurdeşen ile ilgili* urticarial
kurgu key
kurmak to set, to vomit
kurs course
kursak crop, ventriculus *kursak taşı* bezoar
kurşun (simgesi Pb) lead; plumbum *kurşun-antimuan sülfür* zinckenite, zinkenite *kurşun arsenat* lead arsenate *kurşun asetat* lead acetate, sugar of lead *kurşun bazik karbonat* ceruse *kurşun beyazı* white lead *kurşun bromür* lead bromide *kurşun cam* lead glass *kurşundan zehirlenmiş* saturnic, saturnine *kurşun dioksit* lead dioxide *kurşun eşdeğeri* lead equivalent *kurşun gibi* plumbeous *kurşun ile ilgili* plumbous *kurşun karbonat* lead carbonate *kurşun karbonat cevheri* cerussite

kurşun klor arsenat mimetite *kurşun klorofosfat cevheri* pyromorphite *kurşun klorür* lead chloride *kurşun kromat* crocoisite, crocoite, lead chromate *kurşunla ilgili* plumbic *kurşun monoksit* lead monoxide, massicot *kurşun oksit* lead oxide, litharge, minium, red lead *kurşun sarısı* lead chromate *kurşun silikat* kasolite *kurşun sülfat* lead sulfate *kurşun sülfür* galena, lead sulfide *kurşun tetraetil* tetraethyl lead *kurşunun simgesi* Pb *kurşun üreten* plumbiferous *kurşun üstübeci* white lead *kurşun zehirlenmesi* plumbic poisoning, saturnism
kurşunboyası massicot
kurşunlu plumbeous, plumbic, plumbiferous *kurşunlu cam* lead glass *kurşunlu levha* lead sheet *kurşunlu sır* lead glaze
kurt caterpillar, helminth, worm *kurt balığı* wolffish *kurt boğumu* proglottid, proglottis *kurt düşürücü* vermifugal *kurt düşürücü ilaç* vermicide, vermifuge *kurtla beslenen* larvivorous *kurt mantarı* puffball *kurt pençesi* sanguinaria *kurt yiyen* larvivorous
kurtarma liberation, release
kurtayağı clubmoss *kurtayağı tozu* lycopodium
kurtbilim helminthology
kurtçuk caterpillar, grub, larva, maggot *kurtçuk evresinden çıkmış böcek* nymph *kurtçuk halinde* larval *kurtçuk kesesi* indusium *kurtçukları besleyen temel vitamin* carnitine
kurtlanma helminthiasis, myiasis
kurtlu vermiculate(d)

kurtuluş liberation
kuru arid, dry *kuru buhar yapmak* to superheat *kuru damıtma* dry distillation *kuru deri hastalığı* xeroderma *kuru erik* prune *kuru hücre* dry cell *kuru işleme* dry process *kuru madde* dry matter *kuru meyve* dry fruit *kuru ortama alışmış* xeric *kuru pil* dry cell *kuru termometre* dry-bulb thermometer *kuru üzüm* uva *kuru yerde yetişen* xerarch
kurucu founder, promoter
kuruluk aridity, exsiccation
kuruluş composition, structure
kurum association; smut *kurum lekesi* smut
kuruma dehydration *kuruma çatlağı* shrinkage crack
kurumak to desiccate, to dry, to wither
kurumuş vadi blind valley
kuruntu phantasm
kuru-sıcak xerothermic
kurutan drying
kurutma dehydration, desiccation, exsiccation *kurutma aleti* drier *kurutma aygıtı* drying apparatus *kurutma kabı* desiccator
kurutmak to dehydrate, to desiccate, to dry, to weather
kurutucu desiccator, drier, drying; desiccant *kurutucu alet* dehydrator
kurutulmuş dried
kurye messenger
kusma desorption, emesis, vomiting, vomitus
kusmuk vomit, vomitus
kusturmak to desorb
kusturucu (ilaç) emetic, vomitive, vomitory

kusur crack, incompleteness, incompletion *kusuru örtmek* to whitewash
kusurlu incomplete *kusurlu gelişme* incomplete growth *kusurlu kapanış* (diş) malocclusion *kusurlu oluşum* malformation
kusursuz ideal, perfect
kuş bird *kuşa benzer* ornithoid *kuş ayaklı* ornithopod *kuş beyinli* moron *kuş gerdanı* wattle *kuş gövdesinin tüylü kısmı* pteryla *kuş gübresi* guano *kuş kanadı ucundaki küçük telek* alula *kuş kanadındaki benekler* speculum *kuş kanadının son eklemi* flexure *kuşla ilgili* ornithic *kuşlar* avifauna *kuşlarla tozlaşma* pollination by birds *kuş tepesi* pileum *kuş türleri* avifauna *kuş tüyü* pen, pinion, plume, plumule *kuş tüyü sapı* shaft *kuş tüyündeki ufak çıkıntı* barbicel *kuş tüyüne benzer* plumose *kuş tüyünün geniş kısmı* vane *kuş tüyüyle kaplı* plumose *kuşun ötme borusuyla ilgili* syringeal *kuşun ses organı* syrinx *kuşun tüyleri* plumage *kuşun üst gagasındaki etli zar* cere *kuş vurmak* to bird *kuş yumurtaları bilimi* oology *kuş yumurtaları bilimi ile ilgili* oologic(al)
kuşak band, cingulum, generation, girdle, progeny, zone *kuşak izgesi* band spectrum
kuşatmak to girdle, to ring
kuşbilim ornithology
kuşbilimsel ornithological
kuşkonmaz asparagus *kuşkonmaz asidi* aspartic acid
kuşku paranoia, uncertainty
kuşkulu amphibolic, paranoiac

kuşpalazı diphteria
kuştüyü feather
kutsal sacred, holy *kutsal emanet* relic
kutu chest
kutup pole, terminal *kutbu çevreleyen*
peripolar *kutup cisimciği* polocyte
kutup çemberi polar circle *kutup*
eğrisi polar curve *kutup hücreleri*
polar bodies, polar cells *kutup kuşağı*
frigid zone *kutupla ilgili* polar *kutup*
tilkisi arctic fox *kutup yıldızı* polar
star
kutuplanma heteropolarity, polarization
kutuplanmak to polarize *kutuplanmış*
ışık polarized light
kutuplaşabilir polarizable
kutuplaşabilme polarizability
kutuplaşma polarity
kutuplaşmamış unpolarized
kutuplaşmış polarized
kutuplaştıran polarizer
kutupölçer polarimeter
kutupölçüm polarimetry
kutupölçümsel polarimetric
kutupsal polar *kutupsal bileşik* polar
compound *kutupsal eğri* polar curve
kutupsal eksen polar axis *kutupsal*
koordinatlar polar coordinates
kutupsal kuşak polar front
kutupsuz apolar, nonpolar
kutupsuzlaştırma depolarization
kutupsuzlaştırmak to depolarize
Kutupyıldızı Polaris
kuvantum quantum *kuvantum*
elektrodinamiği quantum
electrodynamics *kuvantum elektronik*
quantum electronics *kuvantum*
enerjisi quantum energy *kuvantum*
fiziği quantum physics *kuvantum hali*
quantum state *kuvantum istatistiği*
quantum statistics *kuvantum*
mekaniği quantum mechanics
kuvantum-mekanik quantum-
mechanical *kuvantum-mekanik dalga*
boyu quantum-mechanical wavelength
kuvantum optiği quantum optics
kuvantum sayısı quantum number
kuvantum teorisi quantum theory
kuvars quartz *kuvars kristali* quartz
crystal *kuvars kumu* quartz sand
kuvars lifi quartz fibre
kuvarsit quartz rock, quartzite
kuvarslı quartzic, quartziferous, quartzy
kuvvet force, momentum, nerve, power,
strength, vis *kuvvet alanı* field of
force *kuvvetini yitirmek* to die *kuvvet*
katsayısı force constant *kuvvet ölçme*
dynamometry *kuvvet şurubu* iron
kuvvetten doğan dynamic *kuvvet*
verici (ilaç) tonic
kuvvetli strong *kuvvetli lehim* spelter
kuvvetli patlayıcı sıvı nitroglycerin
kuvvetölçer dynamometer
kuvvetsiz adynamic, enervate, weak
kuvvetsizlik hypotonicity
kuyruk tail *kuyruğu olan* caudate
kuyruk altı ile ilgili subcaudal *kuyruk*
gibi caudal *kuyruk kemiği* tail bone
kuyruk tüyü tail feather, (kuş) rectrix
kuyruk yüzgeci caudal fin, tail fin
kuyrukkemiği coccyx
kuyruklu caudal, caudate, tailed
kuyruklu iki yaşamlılar Urodela
kuyruklular tailed amphibians
kuyrukluyıldız comet *kuyrukluyıldız*
etrafındaki ışık coma
kuyruksokumu uropygium, pygidium
kuyruksokumu bezesi uropygial gland
kuyruksokumu kemiği coccyx,
sacrum *kuyruksokumu kemiği ile*

ilgili coccygeal, sacral **kuyruksuz** acaudate, ecaudate, tailless **kuyumcu tozu** colcothar **kuyu** well *kuyu suyu* ground water **kuzey** north *Kuzey Amerika bodur ağacı* papaw *kuzey çam ormanları* taiga *Kuzey Kutbu'yla ilgili* arctic **kuzgunkılıcı** gladiolus **kuzgunotu** brake **kuzukulağı** sorrel **kuzumantarı** white agaric **kübabe** cubeb **kübik** cubic *kübik ölçü* cubic measure **küçük** petit *küçük ağaç* nanophanerophyte, shrub *küçük arazi parçası* patch *küçük atardamar* arteriole, innominate artery *küçük ayak* stalk *küçük azıdişi(yle ilgili)* premolar *küçük beyaz fasulye* pea bean *küçük beze* glandule *küçük boşluk* lacus, scrobiculus *küçük boynuzlu* corniculate *küçük çamuka balığı* capelin *küçük çekirdek* micronucleus *küçük çene* microgenia *küçük çengel* barbule *küçük çıkıntı* bud *küçük çiçek zarfı* calycle *küçük çubuk* columella *küçük çukur* fossula *küçük dağ* monticule *küçük dalga* wavelet *küçük delik* ostiole *küçük deri şişkinliği* papula *küçük diş* denticle *küçük dişli* denticulate(d) *küçük dişli çark* pinion *küçük dolaşım* pulmonary circulation *küçük duyarga* antennule *küçük ek* appendicle *küçük fıçı* keg *küçük gezegen* planetoid *küçük gonca* yaprağı bracteole *küçük hücre* cellule *küçük incik kemiği* fibula *küçük incik kemiğine yakın* peroneal *küçük kabarcık* pimple *küçük kalıp* tablet

küçük kalori gram calorie, gram(me) calorie, microtherm, small calorie *küçük kanca* hamulus *küçük kemik* ossicle *küçük kemik çıkıntısı* osteophyte *küçük kök* rootlet *küçük köklü* radiculose *küçük körfez* fjord, inlet *küçük küre* spherule *küçük levha* platelet *küçük lifler arasında ile ilgili* interfibrillar *küçük lop lobulc* lobule *küçük martı* short-billed gull *küçük oda* cell *küçük papağan* parakeet *küçük pirinç* quinoa *küçük pullu* squamulose *küçük salkım* fascicle *küçük sinir\lif demeti* fasciola *küçük soğan* bulbil *küçük spor* sporule *küçük şahdamarı* external carotids *küçük şişe* phial *küçük şişlik* torulus *küçük taş biçimli oluşum* caliculus *küçük topak* pellet *küçük toplardamar* innominate vein *küçük tüy* barbule *küçük ur* tuber, tubercle, tuberculum *küçük yapraklı* microphyllous *küçük yarık* rimula *küçük yumru* tuberculum **küçükdil** uvula *küçükdil ile ilgili* uvular **küçültme** reduction **küçültmek** to reduce **küf** mould **kükürt (simgesi S)** sulfur *kükürt bakterisi* sulfur bacteria *kükürt bileşimi* sulfide *kükürt dioksit* sulfur dioxide *kükürte gereksinim duyan* thiophilic *kükürt gibi* sulfury *kükürt ile ilgili* thionic, thiophilic *kükürtle sertleştirme* vulcanization *kükürt renginde* sulfurous *kükürtten arıtmak* to desulfurize *kükürtün giderilmesi* desulfurization *kükürtünü gideren* desulfurizing *kükürtünü gidermek* to desulfurize

kükürtçiçeği flowers of sulfur

kükürtleme sulfuration, sulfurization, vulcanization

kükürtlemek to sulfurize

kükürtlü sulfurous, sulfury, thio, thionic *kükürtlü aldehit* thioaldehyde *kükürtlü arsenik* realgar *kükürtlü asit* thio acid, thionic acid *kükürtlü sirke asidi* thioacetic acid *kükürtlü siyanür* thiocyanate *kükürtlü siyanür asidi* thiocyanic (acid)

kükürtsüzleştiren desulfurizing

kükürtsüzleştirme desulfurization

kükürtsüzleştirmek to desulfurize

kül ash *kül gibi* cinereous *kül olmuş* cinereous

külah coif

külahlı cucullate(d)

külçe ingot; lump, mass *külçe kurşun* pig lead

külleşmiş cinereous

küllü ashy *küllü su* lye

kültür culture *kültür bitkisi* cultivated plant *kültür doku* explant *kültür yapmak* to culture

küme agglomerate, aggregate, aggregation, colony, conglomerate, group, knot, mass, mound, wad, swarm *küme halinde* aggregate

kümelemek to aggregate, to wad, to tuft

kümelendirmek to group

kümelenmek to aggregate, to cluster, to conglomerate

kümelenmiş acervate, glomerate

kümeleşeme agglutination

kümeleşme flocculation

kümeleşmek to flocculate, to swarm

kümeleştirici flocculating

kümeli acervate, tufted

kümes pen *kümese koymak* to pen

küp vat; cube *küp boyası* vat dye *küp şeklinde* cubic

kürar curare

küre sphere; globe *küre biçiminde* globate, globular *küre biçimli* globose

kürecik globule, spherule

kürek shovel; oar *kürek ayaklı kuş* steganopod

kürekkemiği scapula *kürekkemiği ile ilgili* scapular *kürekkemikleri arasında olan* interscapular

küremsi spheroid, spheroidal

küresel conglobate, globate, globose, globular, globulose, orbicular, orbiculate, sphery *küresel kap* balloon

küri curie

küriyum (simgesi Cm) curium

kürk fur

kürsü rostrum, stand

küsküt dodder

küspe oil cake

küstahlık gall

küt obtuse

kütikül cuticle

kütin cutin

kütinleşme cutinization

kütinleşmiş cutinized

kütinleştirme cutinization

kütle body, mass *kütle birimi* mass unit, unit of mass *kütle eksiği* mass defect *kütle etkisi kanunu* law of mass action *kütle izgeçizeri* mass spectrograph *kütle izgeölçümü* mass spectrometry *kütle izgesi* mass spectrum *kütle korunumu* conservation of matter *kütle merkezi* barycentre *kütle numarası* mass number *kütle sakımı kanunu* law of conservation of mass *kütle sayısı* mass number *kütle spektrografı* mass

spectrograph **kütle spektrometresi**
mass spectrometer **kütle**
spektrometrisi mass spectrometry
kütle spektrumu mass spectrum
kütlesel molar
kütük block, log, stock **kütük kesmek** to log
küvet bath

L

labirent labyrinth
laboratuvar laboratory **laboratuvar**
eldiveni laboratory glove
Labrador feldispatı labradorite
lacivert ultramarine **lacivert taşı** lazurite
laden labdanum, ladanum, rock rose **laden reçinesi** labdanum
lades kemiği furcula, furculum
lağım cloaca, sewer **lağım demiri**
çamuru activated sewage sludge
lağım pisliği activated sewage sludge,
sludge **lağım suları ile sulanan tarla**
sewage farm **lağım suyu** waste water,
sewage, sewage water
lak lac, varnish
lakolit laccolite, laccolith
laktam lactam
laktasyon lactation
laktat lactate
laktaz lactase
laktik asit lactic acid
laktoflavin lactoflavin, riboflavin
lakton lactone
laktonik lactonic
laktonlaştırma lactonization
laktonlaştırmak to lactonize
laktoz lactose, milk sugar, sugar of milk

lal taşı garnet
Lamarkçılık Lamarckism
lamba lamp **lamba duyu** light socket
lamba isi carbon black **lamba şişesi**
chimney
laminer akım laminar flow
Langerhans adacığı islets of
Langerhans
lanolin lanolin
lantan (simgesi La) lanthanum **lantan**
dizisi lanthanide series **lantan**
klorürü lanthanum chloride **lantan**
tuzları lanthanum salts
lantanit lanthanide
lapa magma
La Rochelle tuzu Rochelle salt
larva caterpillar, grub, larva, maggot
larva aşamasında üreme
paedogenesis
lastik caoutchouc, gum, rubber **lastik**
tapa rubber stopper
lateks latex
lav lava **lav akıntısı** lava flow **lav deliği**
spiracle **lav konisi** lava cone
lavman clyster, enema **lavmanla ilaç**
verme clyster
lazer laser **lazer ışını** laser beam
legümin legumin
leğen basin, pan, pelvis **leğen bağırsağı**
pelvic colon **leğen ile ilgili** pelvic
leğen kemiği pelvic bone, pelvis
leğen kuşağı kemikleri pelvic arc,
pelvic girdle **lehim işleri** plumbing
leke maculation, macule, mole, smear,
stain, stigma, streak **leke deneyi** spot
test
lekeci kili fuller's earth
lekelemek to smear, to spot, to stain
lekeli macular, maculate, stigmatic
lekelihumma spottet fever, typhus

lekesiz immaculate
lem loam
lenf lymph *lenf bezi* lymph node, lymphatic gland *lenf bezi iltihabı* lymphadenitis *lenf bezleri* lymph glands *lenf boğumu* lymph node *lenf damarı* lymphatic vessel, lymphoduct *lenf dokusundan kaynaklanan* lymphogenic *lenf hücresi* lymph cell *lenf kanalı* lymph duct *lenf oluşumu* lymphogenesis *lenf sisteminde gelişen* lymphogenic
lenfatik lymphatic
lenfoblast lymphoblast
lenfoma lymphoma
lenfosit lymph cell, lymphocyte *lenfosit oluşumu* lymphopoiesis *lenfosit sayısı çok artmış* lymphocytic
lenfositoz lymphocytosis
lepidolit lepidolite
lesitin lecithin
lesitinaz lecithinase
leş carrion; carcase *leş kokulu* putrid *leş kokusu* putrescine *leşle beslenen hayvan* scavenger
leşçil scavenger
levha sheet *levha biçimli* lamellate(d), lamelliform *levha gibi* lamellose
levizit lewisite
levrek seabass *levrek gibi* percoidean
levrekgillerden percoidean
levülin levulin
levülinik levulinic
leylak lilac *leylak rengi* mauve
lezyon lesion
lezzetli palatable
lığ alluvial, alluvium, laterite, sludge *lığ birikintileri* alluvial deposits *lığ ile ilgili* lateritic
lığlanma aggradation, alluviation

lığlı alluvial
libido libido
lider conductor, leader
lidit lyddite
lif fibre, filament, thread *lif damarlı* fibrovascular *lifi çevreleyen* perifibral *lifler arasında ile ilgili* interfibrous
lifçik fibril
liflendirme fibrillation
liflenme fibrillation
liflenmek to fibrillate
lifli cirrate, cirrose, cirrous, fibriform, fibrous, filamented, filiform *lifli kök* fibrous root *lifli tümör* fibroma, fibrosarcoma
lifsiz (kas) unstriated
ligroin ligroin(e)
liken lichen *liken meyvesi* apothecium
likenbilim lichenology
likopen lycopene
limit measure
limnoloji limnology
limon lemon *limon asidi* citric acid *limon esansı* lemon oil *limon kokulu aldehit* citral *limon kokusu veren madde* carvene *limon özü* limonene *limon sarısı* citrine
limonit brown iron ore, limonite *limonite benzer* limonitic
limonluk greenhouse, plant house
limonotu citronella (grass)
limontuzu citrate
limonyağı citronella oil
linden lindane
linear linear *linear yaprak* linear leaf
linin linin
linoleik linoleic
linyit brown coal, lignite *linyit ile ilgili* lignitic
liparit liparite

lipaz lipase
lipit lipid *lipit içeren* lipidic *lipit ile ilgili* lipidic
lipokrom lipochrome
lipoma lipoma
lirkuşu lyrebird
lisansüstü derecesi master
lisin lysine
lisozim lysozyme
liste index
litemi lithemia
litopon lithopone
litosfer lithosphere
litre litre
lityum (simgesi Li) lithium *lityumalüminyum silikat* spodumene *lityum hidrit* lithium hydride *lityum karbonat* lithium carbonate *lityum oksit* lithia
lityumlu lithic *lityumlu maden suyu* lithia water
liyofilik lyophilic
lobelya lobelia
loblin lobeline
loca lodge
logaritma logarithm
lokmanruhu ether
lom loam
lop lobe *lop ayırımı* lobotomy *loplar arası* interlobar *lopla ilgili* lobar
lopçuk lobule
loplu lobar, lobate, lobular, lobulate *loplu akyuvar* neutrocyte
lorensiyum (simgesi Lw) lawrencium
loril lauryl *loril alkol* lauryl alcohol
loş obscure
lökit leucite
löko- leuco(-)
lökobaz leuco base
lökoblast leucoblast, leukoblast

lökoman leucomaine
lökoplast leucoplast
lökosit leucocyte *lökosit erimesi* leucocytolysis *lökosit yapımı* leucocytogenesis, leucocytopoiesis
lös loess
lösin leucine
lutesyum (simgesi Lu) lutecium, lutetium
lüfer snapper
lüks lux
lületaşı sepiolite, meerschaum
lümen (simgesi lm) lumen
lümen-saat lumen-hour
lüminal Luminal
lüminesans luminescence
lüsiferaz luciferase
lüsiferin luciferin
lütein lutein
lüteolin luteolin(c)
lüteotropin luteotrophin
lüzumsuz redundant

M

macun cement, magma, mastic
madagaskargülü poinciana
Madagaskar hurması raffia
madde material, matter, substance *maddeleri birbirinden ayırmak* to elutriate *maddenin yoğunlaşabilirliği* condensability
maddi material, physical
maden metal, mineral *maden akıtma deliği* taphole *maden arıtma potası* test *maden cevheri* mineral, ore *maden cevheri yatağı* ore deposit *maden cevheriyle çıkan değersiz parçalar* gangue *maden cürufu* scum

maden damarı lode, reef, vein **maden eritme kabı** crucible **maden filizi** mineral, ore **maden içeren** mineral **maden kuyusu** pit **madenle kaplamak** to plate **maden olmayan** nonmetallic **maden olmayan eleman** nonmetal **maden parçasını ısıtıp yapıştırmak** to sinter **maden sodası** soda **maden üreten** metallic **maden yatağı** seam

madeni metal, metallic, mineral **madeni barometre** aneroid barometer **madeni levha** plaque, plating, sheet metal **madeni para biçiminde** nummular **madeni yağ** mineral oil, petroleum oil, rock oil

madenkömürü bituminous coal, coal

madenler mineral kingdom

madenli mineral

madensel metal, metalline, mineral **madensel bağ** metallic bond **madensel olmayan** electronegative **madensel yağ** mineral oil

madensi metalloid

madensuyu mineral water **madensuyu kaynağı** mineral spring

mafsal articulation, diarthrosis, hinge, joint, junctura, link

mafsallı jointed

mafsalsız inarticulate

magma magma

magmatik igneous

magnetron magnetron

magnezyum (simgesi Mg) magnesium **magnezyum alüminat** spinel **magnezyum arsenat** magnesium arsenate **magnezyumdemir silikat cevheri** olivine **magnezyum dioksit** black magnesia **magnezyum hidroksit** magnesium hydroxide **magnezyum karbonat** magnesium carbonate **magnezyum karbonatman** magnesite **magnezyum klorür** magnesium chloride **magnezyum oksit** magnesia, magnesia usta, magnesium oxide **magnezyum sülfat** magnesium sulfate **magnezyum sütü** milk of magnesia

magnezyumlu magnesic

mağara cavern, cave **mağarada yaşayan** cavernicolous

mağarabilim spel(a)eology

mahal lay, spot

mahkeme chamber **mahkemeye vermek** to process

mahmuz calcar, spur

mahmuzlamak to spur

mahmuzlu calcarate(d) **mahmuzlu kuş** longspur

mahsul fruit, product, yield

mahvedici obliterative

mahzen basement

makadam macadam

makadamya macadamia **makadamya cevizi** macadamia nut

makara reel, bobbin, spool **makara biçiminde** trochlear **makaranın yan yüzü** cheek **makara takımı** system of pulleys

makarnalık buğday durum

makat anus

maki lemur

makine engine **makine yağı** lubricating oil, grease

makro evrim macroevolution

makrofaj histiocyte, macrophage

makrokimya macrochemistry

makrosefal macrocephalous

makroskopik macroscopic

makrospor macrospore

maksimum maximum, peak **maksimum**

minimum termometre maximum and minimum thermometer

maksvel (simgesi Mx) maxwell

makyaj make-up *makyaj malzemesi* make-up

mal property

malakit malachite

malakoloji malacology

malat malate

maleat maleate

maleik maleic *maleik asit* maleic acid *maleik asit tuzu* maleate

malgama amalgam *malgama yapmak* to amalgamate

malonik malonic

Malpighi Malpighian *Malpighi borusu* Malpighian tube *Malpighi cisimciği* Malpighian body, Malpighian corpuscule *Malpighi kapsülü* Malpighian capsule *Malpighi katmanı* Malpighian layer *Malpighi piramitleri* Malpighian pyramids

malt malt *malt gibi* malty

malta maltha

maltahumması brucellosis, undulant fever

maltaz maltase

maltlaşmak to malt

maltlı malty

maltoz maltose

malt malt *malt şekeri* maltose *malt unu* smeddum *malt yapmak* to malt

malumat data

malzeme ingredient, material, crop

mana content, sense

manda water buffalo

mandalina tangerine

mandibula mandibula *mandibula üzerinde* epimandibular

mandril mandrill

manevra movement

mangalkömürü charcoal

mangan manganese

manganat manganate

manganez manganese *manganez dioksit* manganese dioxide *manganez oksit* manganese oxide *manganez oksit cevheri* psilomelane *manganez silikat* rhodonite

manganezli manganic, manganous *manganezli çelik* manganese steel *manganezli demir* ferromanganese

manganik manganic *manganik asit* manganic acid *manganik oksit* manganic oxide

manganit manganite

manitol mannitol

manometre manometer, pressure gauge

manometrik manometric(al)

manşet banner

mantar fungus, mushroom, mycose, spawn, suber *mantara benzer* fungous *mantar asidi* suberic acid *mantar başı* carpophore, pileus *mantar başlığı* cap *mantar besi* sclerotium *mantar biçimli* fungiform, mushroom-shaped *mantar dışarı* peridium *mantar doğuran* phellogenetic, phellogenic *mantar gibi* fungal *mantar gibi bitmek* to mushroom *mantar hastalığı* aspergillosis, fungus, mycocosis *mantar ile ilgili* suberic *mantar katman doku* phellogen *mantar katman dokulu* phellogenetic, phellogenic *mantarla beslenen* mycetophagous *mantar nedenli* mycotic *mantar öldürücü ilaç* fungicide *mantar özelliğinde* fungal *mantar tabakası* suber *mantar toplamak* to mushroom *mantar* *yetiştirmek* to spawn *mantar zarı* volva *mantar zehiri* muscarine, mycotoxin *mantar zehirlenmesi* mushroom poisoning

mantarbilim mycology

mantarbilimsel mycologic(al)

mantardoku phelloderm, suberin

mantarımsı corky, fungoid, mushroom, subereous, suberose *mantarımsı büyüme* fungous growth

mantarlaşma dry rot, mycetoma, suberification, suberization

mantarlaşmak to suberize

mantarlı corky, mushroom, subereous, suberose

mantarözü suberin

mantarsı fungous

mantıklı coherent, sound

manyetik magnetic *manyetik akı* magnetic flux *manyetik alan* magnetic field *manyetik alaşım* permalloy *manyetik birimi (simgesi Mx)* maxwell *manyetik devre* magnetic circuit *manyetik doyma* magnetic saturation *manyetik eğimölçer* variometer *manyetik endükleme* magnetic induction *manyetik endüksiyon birimi* tesla *manyetik iletim birimi (simgesi G)* gauss *manyetik izgeçizer* magnetic spectrograph *manyetik karışma* magnetic interference *manyetik kutup birimi* unit magnetic pole *manyetik kuvvet* magnetic force *manyetik potansiyel* magnetic potential *manyetik sapma* magnetic deflection *manyetik spektrometre* magnetic spectrometer *manyetik spektrum* magnetic spectrum *manyetik şiddet* magnetic intensity *manyetik yaprak* magnetic shell

manyetit magnetite

manyetizan kuvvet magnetizing force

manyetizma magnetism

manyetometre magnetometer

manyetomotor magnetomotive *manyetomotor kuvvet* magnetomotive force

manyeton magneton

manyetoskop magnetoscope

manyezit magnesite, meerschaum

manzara sight

margarat margarate

margarik margaric

margarin margarine, oleomargarine *margarin ile ilgili* oleomargaric

marj margin

marjinal marginal

marka marking *marka çekici* marking hammer *marka demiri* marking iron

marn marl

masaj yapmak to rub down

masif massive

maske mask, veil

maskelemek to mask, to veil

maskeli masked, (çiçek) personate

mast hücresi mastocyte

mastosit mastocyte

maşa forceps

mat dense, pale

matara flask

matbaa printing office *matbaa harfi* type

matkap drill *matkapla delmek* to drill *matkap sapı* shank

matlık opacity

matris matrix

maun mahogany *maundan yapılmış* mahogany

mavi blue, cyanic *mavi akik* blue onyx

mavi asbestos crocidolite *mavi gökcismi* blue stellar *mavi ispinoz* indigo bird *mavi ispirto* denatured alcohol, methylated spirit, methylated spirits *mavi mineçiçeği* blue vervain *mavi renk* blue *mavi renk körlüğü* tritanopia *mavi renk körü* tritanope *mavi renkli* blue *mavi sap* blue stem *mavi-yeşil renkli organik bileşim* phthalocyanine *mavi-yeşil su yosunları* blue-green algae
mavitilki blue fox
maviyengeç blue crab
mavizambak blue flag
mavna keel
maya enzyme, ferment, yeast *maya bilimi* zymology *maya gücülölçer* zymoscope *mayaların çıkardığı şeker* trehalose *maya mantar* blastomycete *maya mantarı* saccharomyces, yeast fungus, yeast plant *mayanın etkilediği madde* substrate *maya özü* zymase *maya üreten* zymogen *maya üretici* zymogenic
mayabozan antiferment
mayalamak to yeast
mayalanan fermentative
mayalandıran zymogenic
mayalandırıcı zymolytic *mayalandırıcı madde* zyme
mayalandırmak to ferment
mayalanma ferment, fermentation, zymosis *mayalanmayla ilgili* zymotic
mayalanmak to ferment, to yeast
mayalaşma zymogenesis
mayalayan fermentative
mayalayıcı fermentative
mayasıl eczema
mayasılotu celandine
mayasız azymic

maydanoz parsley *maydanozdan elde edilen diüretik madde* apiol(e) *maydanoz kafurusu* apiol(e)
maydanozgillerden umbelliferous
mayısböceği dayfly
mayısotu mayweed
mayıssineği caddisfly
maymun simian *maymuna benzer* pithecoid, simian *maymun bilimi* primatolgy *maymun gibi* simian
mayozlaşma reduction
mazı gall, gall-nut, oak gall *mazı ağacı* thuja, thuya *mazı tozu* tan
mazıtozu tannin
mazot fuel oil, mazout
mecra channel, dike, duct
medar tropic
meddücezir tide
medüz jellyfish, medusa *medüz üreten* gonophore
medyan median
megabayt megabyte
megahertz megacycle, megahertz
megavat megawatt
megavolt megavolt
megom mcgohm
Meissner cisimcikleri Meissner's corpuscles
mekanik mechanical *mekanik düzen* engine *mekanik iş* mechanical work *mekanik tortul kaya* clastic rocks
mekanizma mechanism, movement
mekonyum meconium
Meksika darısı teosinte
Meksika maunu baywood
mekşuf evolute
melamin melamine *melamin reçinesi* melamine resin
melanin melanin *melanin hücrelerinden gelişen tümör*

melanocarcinoma *melanin oluşturan hücre* meianocyte *melanin öncüsü madde* melanogen
melankoli melancholy
melankolik melancholy
melanosit meianocyte
melas molasses, treacle
melez dihybrid, hybrid, mestizo *melez azmanlığı* heterosis *melez bitki* amphidiploid, hybrid plant *melez çuhaçiçeği* polyanthus *melez gücü* hybrid vigour *melez gürlüğü* heterosis, hybrid vigour *melez hayvan\bitki* hybrid *melez kuşak* xenogenesis *melez organizmalar* morph *melez üreme* panmixia, panmixis *melez üremli* xenogamous *melez üretme* hybridism, xenogamy *melez üretmek* to hybridize *melez yetiştirme* crossing
melezlemek to hybridize
melezleşme hybridization, miscegenation
melezleştirme breeding, hybridization
melezleştirmek to hybridize
melezlik dihybridism, hybridism, hybridity
melilik melilite
memba matrix
membran membrane
meme breast, mamma, udder, (hayvanda) dug *meme ağrısı* mazodynia *meme altında olan* inframammary, submammary *meme başı* nipple, papilla, teat *meme başı iltihabı* thelitis *meme başını çevreleyen halka* areola *meme başıyla ilgili* papillary *meme bezi* lactiferous gland *meme bezleri* mammary glands *meme dokusu* mammary tissue *meme emen yavru* sucker *meme gibi* mamillary, mammary *meme hastalığı* mastopathy *meme ile ilgili* mammary *meme kanaması* mastorrhagia *meme röntgeni* mammogram *meme röntgeni çekme* mammography *meme ucu* mamilla *meme verme* lactation *meme vermek* to lactate *memeye benzer* mastoid
memeli mammiferous *memeli deniz hayvanı* cetacean *memeli deniz hayvanı sınıfına mensup* cetacean, cetaceous *memeli hayvan* mammal *memeli hayvanlar bilimi* mammalogy *memeliler* mammalia, the mammals *memeliler bilimi* mammalogy *memeliler bilimi ile ilgili* mammalogical
mememsi mamillary, mammiform
memleket land, territory
Mendelci Mendelian
Mendelcilik Mendelism *mendelevyum (simgesi Mv)* mendelevium
mendirek mole
menekşe violet *menekşe renkli* violet
menenjit meningitis
menevişli wavy
menfez aperture, vent, vent-hole
menfi negative
mengene crampon
meni seed, semen, seminal fluid, sperm, spermatic fluid *meni gelmesi* ejaculation *meni ile ilgili* seminal, spermatic *meni kanalı ameliyatı* vasectomy *meni taşıyan* seminiferous
menili seminiferous
menisk meniscus
menopoz change of life, menopause
menoz mannose

menşe original, root
menteşe hinge
menteşelemek to hinge
mentin menthene
mentol menthol *mentolden elde edilen*
renksiz sıvı menthene *mentol kokulu*
keton thujone
menzil range
mepakrin mepacrine
meperidin meperidine
meprobamat meprobamate
mera field, grass, pasture, range
merbromin merbromin
mercan coral *mercana benzer* coralloid
mercan biçimli coralliform *mercan*
kayası coral reef *mercan üreten*
coralliferous
mercanadası coral, coral island
mercanımsı coralloid
mercankök sweet marjoram
mercanlar anthozoa
mercanlı coralliferous
mercanotu pearlweed
mercek glass, lens, optic *merceğe*
benzer phacoid *mercek bilimi*
dioptrics *mercek gibi* lentiform
mercek perdesi diaphragm
merceksel dioptrical
merceksi lenticular
mercimek lentil *mercimek biçimli*
lenticular
merdiven stairs; ladder *merdiven*
biçiminde scalariform
merhametsiz cold-blooded
merhem inunction, ointment
meridyen meridian
merinos yünü botany wool
merkaptan mercaptan, thiol
merkaptöpürin mercaptopurine
merkez centre, heart, navel *merkezden*

çevreye doğru radially *merkezden*
çevreye yayılan radiate *merkezden*
çevreye yayılmak to radiate *merkeze*
yakın paracentral *merkeze yaklaşan*
axipetal *merkeze yönelik* centripetal
merkezcil centripetal *merkezcil kuvvet*
centripetal force
merkezileştirme concentration
merkezi central *merkezi olmayan*
acentric *merkezi sinir sistemi* central
nervous system *merkezi sinir sistemi*
hücresi axoneurone
merkezkaç centrifugal *merkezkaç*
kuvveti centrifugal force
merkezsiz acentric
Merkür Mercury
merkürat mercurate
mermer marble *mermer gibi* marmoreal
mermerimsi marmoreal
mermi lead, projectile, shell *mermi*
saçması lead shot
mersin myrtle *mersin kökü* myrica
mersingiller myrtaceae
mersingillerden myrtaceous
mertebe stage
mesafe distance
mesajcı RNA messenger RNA
mesamatlı cancellate, cancellous
mesane bladder, urinary bladder, vesica
mesane ile ilgili vesical *mesane*
yakınında paravesical *mesaneye*
benzer vesical *mesaneye yakın*
paracystic
mesele matter
meskalin mescaline
meslek occupation
mesleki occupational *mesleki hastalık*
occupational disease
mesnet fulcrum
Mesozoik Çağa ait cretaceous

meşcere stand *meşcere parçası* patch
meşe oak *meşe ile ilgili* quercine *meşe palamudu* acorn, valonia
meşecik germander
meşguliyet occupation
meşime amnion
met high water
meta meta
metabiyoz metabiosis
metabolik metabolic *metabolik artık* metabolic waste
metabolizma metabolism *metabolizma nedenli olmayan* ametabolic
metadon methadone
metafaz metaphase
metafiz iltihabı metaphysitis
metafosfat metaphosphate
metafosforik metaphosphoric *metafosforik asit* metaphosphoric acid *metafosforik asit tuzu* metaphosphate
metagenez metagenesis
metakrilik methacrylic *metakrilik asit* methacrylic acid
metal metal *metal organik* organometallic *metal tabaka* foil *metal yaprak* plate *metal yüzey küfü* patina
metalbilim metallurgy
metaldehid metaldehyde
metalik metal, metallic
metalli metalliferous
metaloit metalloid
metalsi metalloid
metalürji metallurgy
metalürjik metallurgical *metalürjik kimya* metallurgical chemistry
metamer metamer
metamorfik metamorphic *metamorfik kayalar* metamorphic rocks

metan marsh gas, methane *metan grubu* methane series
metanet grit
metanol methanol
metaplazma metaplasm *metaplazmayla ilgili* metaplastic
metastaz metastasis
metatip metatype
metatipik metatypic
metemoglobin methaemoglobin
metenamin hexamethylenetetramine
meteor aerolite, aerolith, meteor, meteorite
meteoroloji meteorology
meteorolojik meteorological
metil methyl *metil alkol* methanol, methyl alcohol, methylated spirit, wood alcohol, wood spirit, pyrolgineous alcohol *metil alkol bileşiği* methylate *metil alkolle karıştırmak* to methylate *metil aminoasetik asit* sarcosin(e) *metil asetat* methyl acetate *metil bromür* methyl bromide *metil eter* methyl ether *metil etil asetilen* valerylene *metil iyodür* methyl iodide *metil kırmızısı* methyl red *metil klorür* methyl chloride *metil pentoz* rhamnose *metil salisilat* methyl salicylate *metil siyanür* carbamine *metil urasil* thymine
metilal methylal
metilamin methylamine
metilat methylate
metilen methylene *metilen klorür* methylene chloride *metilen mavisi* methylene blue
metilleme methylation
metillemek to methylate
metilli methylated

metiloranj methyl orange
metionin methionine
metisilin methicillin
metoksiklor metoxychlor
metoksil methoxyl
metot method, procedure, process
metotreksat methotrexate
metre meter
metreküp cubic metre
metro tube
mevki capacity, lay, locus, range, spot
mevsim season
mevsimsiz premature
mevzu content
meydana gelmek to transpire, to happen, to occur
meydana getirmek to generate, to produce, to bring forth
meydanda overt
meyil dip, grade, gradient, movement, set, tendency
meyilli oblique, resupinate *meyilli arazide kaya yüzeyi* pediment *meyilli kaya yığını* talus
meyoz bölünme meiosis
meyve fruit *meyve ağacı* fruit tree *meyve çekirdeği* pyrene, stone *meyve dökülmesi* abscission *meyve dökümü* abortion *meyve dumanı* bloom *meyve eti* pulp *meyve kabuğu* pericarp *meyvenin çekirdeğini çıkarmak* to stone *meyvenin etli bölümü* mesocarp *meyve sineği* fruit fly *meyvesi sapın ucunda bulunan* acrocarpous *meyve spor* carpospore *meyve şekeri* fructose, fruit sugar, invert sugar *meyve tomurcuğu* fruit bud *meyve veren* fertile, fructiferous *meyve verme* fructification, fruiting, infructescence *meyve vermek* to fruit

meyve vermeyen acarpous, sterile
meyve yaprağı carpel *meyve yapraklı* carpellary *meyve yiyen* carpophagous *meyveyle beslenen* frugivorous
meyvebilim carpology
meyvebilimsel carpological
meyvecil carpophagous, frugivorous
meyvegöze carpogonium
meyvelenme fruiting
meyveli fructiferous, fruit-bearing, pomiferous *meyveli turta* turnover
meyvesiz acarpous, barren
mezenşim mesenchyma
mezgit whiting
mezitilen mesitylene
mezoderm mesoderm
mezofit mesophyte
mezon meson
mezonefros Wolffian body
mezosefal mesocephal
mezosfer mesosphere
Mezozoik Çağ Mesozoic
mezuniyet graduation *mezuniyet töreni* graduation
mıknatıs magnet *mıknatıs bilimi* magnetics *mıknatıs iğnesi* magnetic needle *mıknatıs kimyası* magnetochemistry *mıknatıs taşı* lodestone
mıknatıselektriksel magnetoelectric
mıknatıskimyasal magnetochemical
mıknatıslama magnetizing *mıknatıslama akımı* magnetizing current *mıknatıslama bobini* magnetizing coil *mıknatıslama ile ilgili* magnetizing
mıknatıslamak to magnetize
mıknatıslanabilir magnetizable
mıknatıslanabilirlik magnetizability
mıknatıslanma magnetization

mıknatıslanma eğrisi magnetization curve

mıknatıslayan magnetizing

mıknatıslayan alan magnetizing field

mıknatıslayan kuvvet magnetizing force

mıknatıslayıcı magnetizer

mıknatıslı magnetic **mıknatıslı demir cevheri** magnetic iron ore

mıknatıslık magnetism **mıknatıslığı gideren** degausser, demagnetizing **mıknatıslığı gideren şey** demagnetizer **mıknatıslığını gidermek** to degauss, to demagnetize

mıknatısölçer magnetometer

mıknatısölçüm magnetometry

mıknatısölçümsel magnetometric

mıknatıssal magnetic **mıknatıssal alan göstergesi** magnetoscope **mıknatıssal büzülüm** magnetostriction **mıknatıssal büzülümsel** magnetostrictive **mıknatıssal elektrik** magnetoelectricity **mıknatıssal etki yaratan** magnetomotive **mıknatıssal geçirgenlik** magnetic permeability **mıknatıssal hidrodinamik** magnetohydrodynamics **mıknatıssal hidrodinamik ile ilgili** magnetohydrodynamic **mıknatıssal ışıkbilgisi** magneto-optics **mıknatıssal iletkenlik** permeance **mıknatıssal izge** magnetic spectrum **mıknatıssal izgeölçer** magnetic spectrometer **mıknatıssal kutup** magnetic pole **mıknatıssal kuvvet** magnetic force **mıknatıssal olarak** magnetically **mıknatıssal sapma** magnetic declination, magnetic deflection **mıknatıssal yaprak** magnetic shell **mıknatıssal yeğinlik** magnetic intensity

mıntıka area, territory

mırmır balk. worm eel

mızrak dart, spear **mızrak başı biçimli** hastate **mızrak biçiminde** lanceolate **mızrakla vurmak** to spear **mızrak otu** spear grass

mızraksı lanceolate

mide gizzard, kyte, stomach, (böcekte) ventriculus **mide bağırsak yangısı** gastroenteritis **mide-bağırsakla ilgili** gastro-intestinal **mide bezleri** gastric glands **mide bilimi** gastrology **mide bulandırıcı** nauseous **mide ekşiliği** gastric acidity **mide ekşimesi** cardialgia, pyrosis **mide guddesi** peptic gland **mide içinde (olan)** intragastric **mide içini gösteren alet** gastroscope **mide ile ilgili** gastral, stomachic, gastric, stomachal **mide kalın bağırsak** gastrocolic **mide kapısı** pylorus **mide kapısı çıkarımı** pylorectomy **mide kapısı ile ilgili** pyloric **mide-karaciğer ile ilgili** gastrohepatic **midenin üst bölümü** epigastrium **mide salgı bezi** gastric gland **mide sindirimi** chymification **mide suyu** gastric juice **mide suyu salgısı sağlayan hormon** gastrin **mide uzmanı** gastrologist **mide ülseri** gastric ulcer **mide yangısı** gastritis **mideye indirmek** to stomach **mideye yarayan** stomachic **mideyi çevreleyen** perigastric

miğfer helmet, morion **miğfer benzeri organ** galea **miğfer biçimli organı olan** galeate(d) **miğfere benzer** galeiform

miğfercik galea

mihenk (taşı) touchstone, Lydian stone

mihver axis, pivot, spindle
mika mica *mika içeren* micaceous
mikalı micaceous *mikalı kayağan taş*
phyllite *mikalı kumtaşı* psammite
mikapite phlogopite
mikaşist mica schist, mica slate
mikoloji mycology
mikozis mycocosis
mikroamper microampere
mikroampermetre microammeter
mikroanalitik microanalytic(al)
mikroanaliz microanalysis
mikrobar barye, microbar
mikrobik microbial, microbic
mikrobiyoloji microbiology
mikrobiyolojik microbiological
mikrobiyotik microbiotic
mikrodalga microwave *mikrodalga spektrumu* microwave spectrum
mikrofaj microphage
mikrofarad microfarad
mikrofauna microfauna
mikrofil microphyll
mikrofit microphyte
mikrogizik microphysics
mikroglia hücresi mesoglia
mikrogram microgram
mikro hanri microhenry
mikrokimya microchemistry
mikrokimyasal microchemical *mikrokimyasal analiz* microchemical analysis
mikrokok micrococcus
mikroküri microcurie
mikrolit microlite
mikrolitre microliter
mikrometre micrometer
mikromilimetre micromillimetre
mikron micron
mikro om microhm

mikroorganik micro-organic
mikroorganizma micro-organism
mikrop germ, germen, microbe *mikroba benzer* germinal *mikrobun hastalık yapma özelliği* pathogenicity *mikrop bilimi* bacteriology *mikrop bulaştırmak* to inoculate *mikrop kapma* sepsis *mikroplarını öldürmek* to sterilize *mikrop öldürme özelliği* antisepsis *mikrop öldürücü* germ killer; germicidal; antiseptic; disinfectant *mikrop öldürücü madde* germicide *mikrop öldürücü toz* hexachlorophene, merbromin *mikroptan üreyen* septic *mikrop taşıyan* germ carrier *mikrop üretimi* culture *mikrop üretmek* to culture *mikrop yuvası* nidus
mikroplu septic
mikropluluk septicity
mikropsuz bioclean, germproof, sterile
mikrosam microsoma
mikrosefal microcephalic, microcephalous
mikrosefali microcephaly
mikroskobik microscopic
mikroskop microscope *mikroskop altında* microscopic *mikroskopla* çekilen *fotoğraf* photomicrograph *mikroskopla inceleme* micrography *mikroskopla incelenen iz* smear *mikroskopta incelenecek şeyin konulduğu tabla* stage
mikrospor microspore
mikrotom microtome
mikrotomi microtomy
mikrovat microwatt
mikrovolt microvolt
mikro yöntem micromethod
miksoamip myxamoeba

miksotrofik mixotrophic
miktar quantity, quantum
mikyas gauge
mil arbor, pin, pivot, probe, shaft, silt, spindle *mil biçimli* styloid
mildiyu mould
milerit millerite
miliamper milliampere
miligram milligram(me) *miligramın binde biri* microgram
milihanri millihenry
miliküri millicurie
mililitre millilitre
milimetre millimetre
milimikron millimicron
miliom milliohm
milivat milliwatt
milivolt millivolt
mimarlık tectonics
mimetit mimetite
mine enamel, ivory
mineçiçeği verbena, vervain
mineçiçeğigiller verbenaceae
minegillerden verbenaceous
mineral mineral *mineral asit* mineral acid *mineralden arıtma* demineralization *mineralden arıtmak* to demineralize *mineral mum* mineral wax *mineral yağ* mineral oil
mineralbilim mineralogy
mineralbilimsel mineralogical
mineraller mineral kingdom
mineralleştirme mineralization
mineralleyici mineralizer, mineralizing
mineraloji mineralogy
mineralsizleştirme demineralization
mineralsizleştirmek to demineralize
mini mini *mini ağızlı* microstomous *mini akımölçer* galvanometer *mini alyuvar* microcyte *mini asalak*

microparasite *mini bakteri* microbacterium *mini basınçölçer* microbarograph *mini bitey* microflora *mini bitki* microphyte *mini bitkiler* microflora *mini canlı* micro-organism *mini çizim* micrography *mini çukur* foveola *mini çukurlu* foveolate *mini dalga* microwave *mini dalga izgesi* microwave spectrum *mini dişli* microdont *mini doğa bilimi* microphysics *mini doğa bilimsel* microphysical *mini dolaşım* microcirculation *mini eşey hücresi* microgamete *mini evrim* microevolution *mini fosil* microfossil *mini gözenek* micropore *mini gözlem bilgisi* microscopy *mini kafalı (kimse)* microcephalic *mini kapçık yaprağı* microsporophyll *mini kapsül* microcapsule *mini kapsülleme* microencapsulation *mini kapsüllemek* to microencapsulate *mini kesim* microdissection *mini kist* microcyst *mini kök* fibril *mini kristal* microcrystal, microlite *mini kristal biçimli* microcrystalline *mini lif* microfibril *mini lifli* microfibrillar *mini mikrop öldüren (ilaç)* microbicide *mini mikrop öldürücü* microbicidal *mini ölçüm* micrometry *mini sarsıntı* microseism *mini terazi* microbalance *mini titreşim* microtremor *mini tohum kabı* microsporangium *mini tüy* microvillus *mini yaratıklar* microfauna *mini yutar hücre* microphage *mini zerre* microcyte
minican bacterium
minicicansız abacterial
miniklin microcline

minimum minimum
minispor microspore
miniyapı microstructure
minyum minium
miras inheritance
mirisin myricin
miselyum mycelium
misina gut
misket marble *misket limonu* lime
misket üzümü muscadine
miskgeyiği musk deer
miskkedisi civet
miskotu moschatel
mitokondri chondriome
mitokondriyum mitochondrion
mitoz mitosis *mitoz indeksi* mitotic index
mitral kapakçık mitral valve
miyar reagent
miyelin myelin(e) *miyelin ile ilgili* myelinic
miyelosit myelocyte
miyoblast myoblast
miyoglobin myoglobin
miyokard myocardium
miyopluk short sight
Miyosen (çağı) Miocene
miyosin myosin
miyoskop myoscope
mizaç character, humour, nature, vein
mizah humour
mizanpaj make-up
mobilya furniture *mobilya ayağı* leg
moda fashion *modası geçme* obsolescence *modası geçmiş* obsolescent, obsolete
model norma, pattern, type specimen
moderatör moderator
mol mole *mol ağırlık* molar weight
molal molal *molal çözelti* molal solution

molar molar *molar çözelti* molar solution *molar iletkenlik* molar conductance, molar conductivity
molarlık molarity
molas molasse
moldavit moldavite
molekül molecule *molekül ağırlığı* molecular weight *molekül çıkarma* exocytosis *molekül çıkarmak* to exocytose *molekül derişmesi* molecular concentration *molekül formülü* molecular formula *molekül-gram ağırlık* gram-molecular weight *molekül ısısı* molecular heat *molekül içi ile ilgili* intramolecular *molekül konsantrasyonu* molecular concentration *moleküller arası ile ilgili* intermolecular *moleküllerin sayısına bağlı olan* colligative *molekül oylumu* molecular volume *molekül parçalanması* cleavage *molekül yapısı* molecular structure, structure *molekül yarıçapı* radius of molecule
moleküler molecular *moleküler bağ* molecular bond *moleküler birleşme* molecular association *moleküler çekim* cohesive force, molecular attraction *moleküler damıtma* molecular distillation *moleküler hacim* molecular volume *moleküler hareket* molecular movement *moleküler izge* molecular spectrum *moleküler kütle* molecular mass *moleküler protoplazma birimi* plastidule *moleküler spektrum* molecular spectrum *moleküler yapı* molecular structure
molekülerlik molecularity
molekülgram gram molecule

molekülsel molecular
molgram gram molecule
molibdat molybdate
molibden (simgesi Mo) molybdenum
molibden mavisi molybdenum blue
molibdenit molybdenite
molibdenli molybdenous *molibdenli kurşun* wulfenite
molibdenum oksit molybdenum oxide
molibdik molybdic *molibdik asit tuzu* molybdate
moloz colluvial deposits, detritus
moment moment, momentum
monad monad
monadik monadic
monazit monazite
monoalkol monoalcoholic
monoasit monoacid, monoacidic
monoblast monoblast
monogami monogamy
monohibrit monohybrid
monohidrat monohydrate
monokromatik monochromatic *monokromatik ışık* monochromatic light
monoksit monoxide
monomer monomer
monomerik monomeric *monomoleküler tabaka* monomolecular layer
monosakkarit monosaccharide, monosaccharose
monosit monocyte
monosom monosome
monotip monotype
monzonit monzonite
mor purple *mor boya* mauve *mor çiçek* stokesia *mor ışın* violet ray *mor renk* magenta *mor tiyazin türevi* thionin *mor yakut* amethyst *mor yılan* indigo snake

morarma cyanosis, purpura, (doku\organ) hepatization
morarmış livid
morartılı purpuric
mordan mordant
moren moraine
morfin morphine *morfin bağımlılığı* morphinism
morfoloji morphology
morfolojik morphological *morfolojik olarak* morphologically
morina balk. codfish
morötesi ultraviolet *morötesi ışık* ultraviolet light *morötesi ışınım* ultraviolet radiations *morötesi ışınlar* ultraviolet rays *morötesi spektrofotometri* ultraviolet spectrophotometry
morula morula
motor engine, motor *motor kapağı* hood *motor sinir* motorius
motorlu motor *motorlu taşıt* motor
mozaik mosaic *mozaik hastalığı* mosaic disease *mozaikle bezenmiş* tessellated *mozaikle süslenmiş* tessellated *mozaikli altın* mosaic gold
muaf immune
muafiyet immunity
muamele process
muayene sight, test *muayene etmek* to test
muayyen specific
muazzam massive
muhafaza conservation
muhalif antagonist
muhit periphery
muhtar autonomic
muhtemel potential
muhteva ingredient
mukavemet strength

mukayeseli comparative
mukoza mucosa, mucous membrane
mukozanın alt tabakası enderon
mulalif antagonistic
mum candela, candle, wax, wax candle
mumdan yapılmış waxen *mum gibi*
waxen *mum otu* waxweed *mumunu*
gidermek to dewax
mumçiçeği wax plant
mumlu waxen
mum-metre candle-metre
mum-saat candle-hour
Muntz metali Muntz metal
musluk tap, valve
muşamba linoleum
mutfak kitchen *mutfak tuzu* sodium
chloride
mutlak absolute, pure, total,
unconditioned *mutlak alkol* absolute
alcohol, dehydrated alcohol *mutlak*
basınç absolute pressure *mutlak*
boşluk absolute vacuum *mutlak değer*
absolute value *mutlak ölçek* absolute
scale *mutlak sıcaklık* absolute
temperature *mutlak sıfır* absolute zero
mutlak yoğunluk absolute density
muvakkat temporary
müdahale interference *müdahale etmek*
to interfere
müddet period, space, term
mühendis engineer
mühendislik engnineering
mükemmel ideal, perfect *mükemmel*
biçim quintessence
mükemmelleştirmek to perfect
mükerrer multiple
mükolitik mucolytic
mükoprotein mucoprotein
mülk property
mülkiyet property

münasebet association, connection
münavebe alternation, rotation
mü-ortacık muon
müptela addict
mürdesenk litharge
mürekkep compound, ink
mürekkepbalığı sepia
mürekkepbalığının mürekkep torbası
ink bag, ink sac
mürver elderberry
müsaade edilebilir permissible
müsabaka ring
müsekkin şurup scopolamine
müshil cathartic, physic, purgative
müshille bağırsakları temizleme
purgation
müspet positive
müşterek joint
mütasyon mutation *mütasyona uğramış*
mutant
mütekabil alternant

N

nabız pulse, sphygmus *nabız atımı*
yazımı palography *nabız atımını*
kaydeden alet palograph *nabız atışı*
pulsation *nabız basıncı* pulse pressure
nabız eğrisi kymogram *nabız ölçer*
kymograph, pulsimeter,
sphygmometer *nabız ölçümü*
kymography *nabız sayısı* pulse rate
nabız yazar sphygmograph
nadir rare *nadir elementler* rare
elements *nadir gaz* rare gas *nadir*
toprak elementleri rare-earth
elements *nadir toprak madeni*
oksitleri rare earths *nadir toprak*
metalleri rare-earth metals

nafaka subsistence
naftalin naphthalene, naphthaline
naftalinli naphthalenic
naften naphthene
naftenli naphthenic
naftilamin naphthylamine
naftol naphthol
nağme air
nahiye region, tract
nakil transfer, transference, translocation
naklen yayın yapmak to relay
nakletme conduction
nakletmek to relate, to transfer, to transmit, to transport
nakliyatçılık transport
nakliye transport *nakliye aracı* transport *nakliye şirketi* carrier *nakliye uçağı* transport
nakliyeci carrier
nane peppermint *nane ruhundan elde edilen renksiz alkol* menthol
naneli menthaceous
napalm napalm
nar pomegranate *nar ağacı* pomegranate
narenciye hesperidium *narenciye ağacı* citrus
narin Lydian, sensitive, soft
narkotik narcotic
narkoz narcosis
narkozlayan sleep-inducing
narsin narceine
nasır callus, heloma, tylosis
nasırlaşma keratosis
nasırlı gnarled
natron natron
naupliyus nauplius
naylon nylon *naylon çorap* nylon
nazik Lydian, soft
nebat vegetable

nebati vegetable *nebati yağ* vegetable oil
neceftaşı quartz, fluorite, rock crystal
neden motive
nedensel causal
nefelin nepheline
nefelinit nephelinite
nefes breath, exhalation, expiration, respiration *nefes alma* breath, inhalation, respiration *nefes almak* to rest *nefes borusu* bronchus, windpipe, trachea *nefes darlığı* dyspnea, hypopnea, phthisic *nefesle çekilen* inhalant *nefes nefese olma* panting *nefes tıkanıklığı* apnoea *nefes verme ile ilgili* expiratory
nefis palatable
nefridyum nephridium
nefrit nephrite, nephritis
nefrosit nephrocyte
neft naphta *neft çamı* turpentine
neftyağı naphtha *neftyağına benzer* terebinthinate
negatif negative *negatif basınç* negative pressure *negatif elektrik* negative electricity *negatif elektron* negative electron *negatif geribeslenme* negative feedback *negatif iyon* anion *negatif kristal* negative crystal *negatif kutup* cathode *negatif parçacık* negative particle
nehir river *nehir ile ilgili* fluviatile *nehir kıyısı arazisi* bottom land *nehir kıyısında büyüyen* riparian *nehir kolu* distributary *nehir yatağı* bed, channel, race, river basin
nekroz necrosis
nektar nectar *nektar kuşu* sunbird
nektarlı nectariferous, nectarous
nekton nekton

nem humidity *nem çeken* drying *nem derecesi* degree of humidity *neme yönelim* hygrotropism *nem hareketi* hydrotropism *nem hareketli* hydrotropic *nem miktarı* moisture content, water content *nem oranı* moisture content *nem seven* hydric *nem yönlülük* hydrotropism

nematod nematode
nemcil hygrophilous
nemçeker hygroscopic
nemgözler hygroscope
nemkapar hygroscopic
nemlenmek to sweat *nemlenip çürüme* wet rot
nemli hydric, madescent, wet, sticky
nemölçer hygrometer
nemölçüm hygrometry, hygroscopy
nemölçümsel hygrometric(al)
nemyazar hygrograph
neoblast neoblast
neodimyum (simgesi Nd) neodymium
neomisin neomycin
neon (simgesi Ne) neon
neopren neoprene
Neosen Neocene
neozoik dönem Cenozoic
nervür rib
nervürlü ribbed
nesil breed, generation, progeny, strain
net net
nevi variety
nevraljik neuralgic
nevrasteni neurasthenia
nevrastenik neurasthenic
nevroz neurosis
nevton (simgesi N) newton
nezle rheum
nezleotu bitterweed
nışadırruhu ammonia

nicel quantitative *nicel çözümleme* quantitative analysis *nicel kimya* stoichiometry *nicel kimyasal* stoichiometric *nicel ölçüm* stoichiometry
nicelik quantity
nicem quantum *nicem hali* quantum state *nicemler kuramı* quantum theory
nicemleme quantization
Nicol prizması Nicol prism
nihai definitive, determinate, ultimate
nikel (simgesi Ni) nickel *nikel arsenit* niccolite, nickel arsenide *nikel filizi* nickel bloom *nikel gümüşü* German silver *nikel içeren* nickeliferous *nikel ile ilgili* nickelous *nikelin simgesi* Ni *nikel kaplanmış* nickel-plated *nikel karbonat* nickel carbonate *nikel karbonil* nickel carbonyl *nikel-krom* nickel chrome *nikel oksit* nickel oxide *nikel taşı* garnicrite
nikelajlı nickel-plated
nikelli nickelic, nickeliferous, nickelous *nikelli gümüş* nickel silver
nikolit niccolite
nikotin nicotine *nikotin sentezi ara ürünlerinden* nicotyrine
nikotinamit niacinamide, nicotinamide
nikotinik nicotinic *nikotinik asit amidi* niacinamide, nicotinamide
nikotinli nicotinic
nikris podagra
Nil mavisi Nile blue
nilüfer water lily *nilüfergillerden* nymphaeaceous *nilüfer yaprağı* pad
nimfa nymph
niobyum (simgesi Nb) niobium
niobyumlu niobic
nipel (boruda) nipple

nispet proportion, ratio
nispi relative *nispi nem* relative humidity
niş niche
nişadır salammoniac
nişan marking
nişasta starch *nişasta gibi* amylaceous *nişasta kını* starch sheath *nişastanın şekere dönüşümü* amylolysis *nişasta selüloz* amylin(e) *nişasta şekeri* dextrin, grape sugar *nişastaya benzer renksiz amorf bileşim* levulin *nişastayı şekere dönüştüren* amylolytic *nişastayı üzün şekerine çeviren enzim* diastase
nişastalı amylaceous, amyloidal, farinaceous, farinose, starchy
nitel qualitative *nitel çözümleme* qualitative analysis *nitel çözümlememe* qualitative analysis
niteleyen modifying *niteleyen sözcük* modifier
nitelik alloy, attribute, calibre, characteristic, property, texture
niteliksel qualitative
nitrat nitrate *nitrat bakterisi* nitrate bacterium, nitrobacterium *nitrat gidermek* to denitrate *nitratı çözüştürme* denitrification *nitratı çözüştürmek* to denitrify
nitratlama nitration
nitratlamak to nitrate
nitratlaşma nitrification
nitratlaşmak to become nitrous
nitratlaştırma nitration
nitratlaştırmak to nitrate, to nitrify
nitratlı nitric *nitratlı gübre* nitrate
nitrik nitric *nitrik asit* aqua fortis, nitric acid *nitrik asit tuzu* nitrate *nitrik oksit* nitric oxide

nitril nitril(e)
nitrit nitride, nitrite *nitrit bakterisi* nitrite bacterium
nitrobenzen nitrobenzene
nitrofüren nitrofuran
nitrogliserin nitroglycerin
nitrogliserinli patlayıcı dynamite explosive
nitrojen nitrogen *nitrojen dengesi* nitrogen balance *nitrojen gazı* nitrogen gas *nitrojenle doyurmak* to nitrify
nitrojenli nitrogenous, nitrous *nitrojen tetroksit* nitrogen tetroxide
nitrolik nitrolic
nitrometan nitromethane
nitroparafin nitroparaffin
nitrosamin nitrosamine
nitroselüloz colloxylin, nitrocellulose
nitrosil nitroso, nitrosyl
nitröz nitrous *nitröz asit* nitrous acid
nivo level
niyasin niacin
niyet intention, resolve *niyet etmek* to intend, to mean
nizamname constitution
nobelyum (simgesi No) nobelium
nodül nodule
nodüllü noduled
noksan imperfect
noksanlık incompleteness, incompletion
nokta macula, punctum, spot *nokta biçimli bölge* punctum *nokta koymak* to punctuate *nokta şeklinde* punctiform
noktalamak to punctuate
noktalı spotted
noktasal kaynak point source
nomogram nomogram
norepinefrin norepinephrine

normal normal *normal alyuvar*
normocyte *normal çözelti* normal
solution, standard solution *normal*
dağılım normal curve *normal*
doğrular normal lines *normal düzlem*
normal plane *normal eğrilik* normal
curvature *normal eriyik* standard
solution *normal hücreler* standard
cells *normal kan basıncı*
normotension
normallik normality
Norveç kayası norite
not grade *not vermek* to grade
novokain novocaine
nöbet watch, relay *nöbet devri* relief
nöbet tutmak to watch
nöbetçi watch
nöbetçilik watch
nöbetleşe alternately
nörobiyoloji neurobiology
nöroblast neuroblast
nörogliya glia
nörogliyal hücre macroglia
nöroloji neuroglia, neurology
nöron neurocyte
nöroplazma neuroplasm
nöropor neuropore
nötr neutral *nötr çiçek* asexual flower
nötr çözelti neutral solution *nötr*
denge neutral equilibrium *nötr*
durum neutral state *nötr hale*
getirmek to neutralize *nötr iletken*
neutral conductor *nötr molekül*
neutral molecule
nötrleştirici neutralizing *nötrleştirici*
madde neutralizing agent
nötrleştirmek to neutralize
nötrlük neutrality
nötrofil neutrophil
nötron (simgesi N) neutron *nötron*

aktırım neutron transmission *nötron*
dağılımı neutron distribution *nötron*
fiziği neutron physics *nötron optiği*
neutron optics *nötron saçılması*
neutron scattering *nötron sayısı*
neutron number *nötron*
spektrometresi neutron spectrometer
nötron yoğunluğu neutron density
numara number *numara koymak* to
number
numaralamak to number
numune specimen
nutuk speech
nü nude
nüfus population *nüfusun karışması*
miscegenation
nüfusbilim demography
nüfusbilimsel demographic
nüfuz penetration, power *nüfuz eden*
penetrant *nüfuz edilebilir* pervious
nüfuz etme permeation *nüfuz etmek*
to penetrate, to permeate *nüfuz etmiş*
penetrated *nüfuz ettirme* permeance
nükleaz nuclease
nükleer nuclear *nükleer elektron*
nuclear electron *nükleer enerji* atomic
energy, nuclear energy *nükleer fisyon*
nuclear fission *nükleer fizik* nuclear
physics *nükleer ışınım* nuclear
radiation *nükleer kararlılık* nuclear
stability *nükleer kimya* nuclear
chemistry *nükleer mıknatıslık* nuclear
magnetism *nükleer reaksiyon* nuclear
reaction *nükleer reaktör* nuclear
reactor *nükleer rezonans* nuclear
resonance *nükleer spektrometre*
nuclear spectrometer *nükleer tayf*
nuclear spectrum *nükleer tıp* nuclear
medicine *nükleer zincir reaksiyonu*
nuclear chain reaction

nükleik nucleic
nüklein nuclein
nükleinaz nucleinase
nükleon baryon, nucleon
nükleoprotein nucleoprotein
nükleosidaz nucleosidase
nükleosit nucleoside
nükleotidaz nucleotidase
nükleotit nucleotide *nükleotidin ana maddesi* nucleoside
nüklit nuclide
nüksetme recrudescence
nümülit nummulite
nütasyon nutation
nüve core, nucleus
nüveli nucleate(d)

O

o he
obelisk needle
oblong (yaprak) oblong
obruk concave
oda chamber
odak focus *odak düzlemi* focal plane *odak noktası* focal point, focus *odak uzaklığı* focal length *odak uzaklığının tersi* diopter
odaklamak to focus
odaklanmak to focus
odaksal focal
odakuyum accommodation
odalı chambered
odun wood *odun alkolü* wood alcohol *odun asiti* pyroligneous acid *odun damarı* xylem ray *odun doku* prosenchyma *odun dokulu* prosenchymatous *odun dokusu* xylem *odun gibi* ligneous, xyloid *odun*

ispirtosu methanol, methyl alcohol, wood alcohol, wood spirit *odun katranı* wood tar *odun külü* wood ash *odunla beslenen* xylophagous *odun özışını* wood ray *odun şekeri* wood sugar, xylose
odunkömürü charcoal, wood charcoal
odunlaşma sclerification
odunözü heartwood, lignin
odunsu ligneous, woody, xyloid *odunsu damarlar* woody vessels *odunsu doku* woody tissue, xylem *odunsu lif* woody fibre
ofset offset *ofset basmak* to offset
oftalmoloji ophtalmology
oğlan boy; nipper
oğul son; (arı) swarm *oğul deri* blastoderm *oğul derisel* blastodermic *oğul hücre* daughter cell *oğul verme* swarming *oğul vermek* (arı) to swarm *oğul yemi* beebread *oğul yılı* swarm year
oğulcuk embryon *oğulcuk diski* blastodisc *oğulcuk doku* meristem *oğulcuk dokusal* meristematic
oğuldoku blastema
oğuldokusal blastemal, blastematic
oğullama swarming
Ohm yasası Ohm's law
ojit augite
ok arrow, dart *ok başlı* arrow-headed *ok gibi* sagittal *ok kılıfı* quiver *ok şeklinde* sagittate *ok zehiri* curare, ouabain
okaliptüs eucalyptus, gum tree, sugar gum *okaliptüs ile ilgili* eucalyptic
oksalat oxalate
oksalik oxalic *oksalik asit tuzu* oxalate
oksazin oxazine
oksiasit oxacid

oksidasyon combustion, oxydation
oksidaz oxidase, oxydase *oksidaz ile*
ilgili oxidasic
oksidimetri oxidimetry
oksihemoglobin oxyhemoglobin
oksihidrojen oxyhydrogen
oksijen (simgesi O) oxygen *oksijen*
asetilen karışımı oxyacetylene
oksijen azlığı hypoxia *oksijenden*
oluşmuş oxygenic *oksijen elektrotu*
oxygen electrode *oksijen florür*
oxyfluoride *oksijen Hidrojen*
karışımı oxyhydrogen *oksijeni*
gideren şey deoxiodizer *oksijeni*
gidermek to deoxidize *oksijen ile*
ilgili oxygenic *oksijenini çıkarmak* to
deoxygenate *oksijenini giderme*
deoxidization *oksijenle bağlı*
hemoglobin oxyhemoglobin *oksijen*
verme oxygenation *oksijen vermek* to
oxygenate, to oxygenize *oksijen yüklü*
oxygenated
oksijenleme oxygenation
oksijenlemek to oxygenate, to oxygenize
oksijenlenmiş oxygenated
oksijenli oxygenated; oxygenized
oksijenli asit oxyacid *oksijenli*
kalsiyum oxycalcium *oksijenli madde*
oxidant *oksijenli ortamda yaşam*
aerobiosis *oksijenli su* hydrogen
peroxide, peroxide of hydrogen
oksijenli sülfürik (asit) persulfuric
(acid) *oksijenlu tuz* oxysalt
oksijensiz oxygen-free *oksijensiz asit*
hydracid *oksijensiz ortamda büyüme*
özelliği anaerobiosis *oksijensiz*
yaşayan anaerobic
oksijensizlik anoxia *oksijensizlikten*
ileri gelen rahatsızlık anoxia
oksiklorit oxychloride

oksim oxime
oksin auxin
oksisülfit oxysulfide
oksit oxide, rust
oksitetrasiklin oxytetracycline *oksit*
kaplama oxide coating
oksitleme calcining
oksitlemek to oxidize, to peroxidize
oksitlenebilirlik oxidability
oksitlenebilme oxidizability
oksitlenir oxidable, oxidizable
oksitlenme oxidation, oxidization,
oxydation *oksitlenme numarası*
oxidation number *oksitlenmeyi*
önleyen (madde) antioxidant
oksitlenmek to burn, to oxidize
oksitlenmemiş unoxidized
oksitleyen oxidizer *oksitleyen madde*
oxidant
oksitleyici oxidizing *oksitleyici alev*
oxidizing flame
oksitliyen oxydant
oksitosik oxytocic
oksitosin oxytocin
oktan octane *oktan değeri* octane rating
oktan sayısı octane number
oktant octant
oktil octyl
okuma reading *okuma ile ilgili* reading
okuma kitabı primer *okuma parçası*
reading *okuma yeteneksizliği* dyslexia
okunma reading
oküler ocular
okyanus ocean, wilderness *okyanus*
akıntısı ocean current *okyanus dibi*
ocean bottom *okyanus dibinde yetişen*
suboceanic *okyanus direyi* abyssal
fauna *okyanus iklimi* oceanic climate
okyanusla ilgili oceanic, pelagic
okyanus tabanı ocean floor *okyanusta*

yaşayan\üreyen oceanic *okyanusun derin yerlerindeki* bathyal *okyanusun en derin yerinde bulunan* abyssal

okzalat carbonite

olağan normal

olağanüstü extraordinary *olağanüstü olay* phenomenon

olası potential

olay event, phenomenon

olaybilim phenomenology

oleat oleate

olefin olefin(e) *olefin ile ilgili* olefinic

oleik oleic *oleik asit* oleic acid *oleik asit tuzu* oleate

olein olein

oleometre oleometer

olgun ripe

olgunlaşmak to head, to maturate

olgunlaşmamış green, immature, juvenile, nascent *olgunlaşmamış akkan hücre* lymphoblast *olgunlaşmamış akyuvar* neocyte *olgunlaşmamış bağ dokusu hücresi* fibroblast *olgunlaşmamış dişi yumurta* oocyte *olgunlaşmamış eritrosit* normoblast *olgunlaşmamış eşey hücresi* ovocyte *olgunlaşmamış halde* in embryo *olgunlaşmamış lökosit* leukoblast

olgunlaştıran maturative

olgunluk maturation

oligoklaz oligoclase

Oligosen (çağı) Oligocene

oligtrof oligotroph

olivin olivine

olmak to transpire

olmamış immature

olmamışlık immatureness, immaturity

olmuş ripe

oluk channel, groove, leader, race, spout, sulcation, sulcus, trough *oluk açmak* to groove *oluk çörteni* spout

oluklu grooved

olumlu positive

olumsuz negative

oluş tectogenesis

oluşmak to transpire

oluşturan constituent

oluşturma constitution

oluşum formation, morphosis

oluşumsal morphogenetic, morphogenic

om ohm

omik ohmic

ommetre ohmmeter

omur spondyl, vertebra *omura benzer* vertebral *omur çıkıntısı* diapophysis, pedicle, zygapophysis *omur iltihabı* spondylitis *omur kası* scalenus *omur kemiği* spondylus *omurlar arası disk* intervertebral disk *omurlar arasında olan* intervertebral

omural spondylous

omurga backbone, carina, chine, chorda, spinal column, spine, vertebral column *omurga biçiminde* carinate *omurga ile ilgili* spinal *omurga kanalı* spinal canal *omurga yakınında* paravertebral *omurgaya benzer parça* carina

omurgalı backboned, carinate, spined, vertebral *omurgalı hayvan* vertebrate

omurgalılar Vertebrata

omurgasız backboneless, invertebrate *omurgasız hayvan* invertebrate *omurgasız hayvanlarda ilkel böbrek* nephridium

omurilik axis, medullaspinalis, spinal cord *omuriliği saran sert zar* endorhachis *omurilik ile ilgili* cerebrospinal *omurilik iltihabı*

myelitis *omurilik kovuğu* medullary cavity *omurilik siniri* spinal nerve *omurilikte su toplanması* syringomyelia
omursal scalenous
omuz shoulder *omuz çıkıntısı* acromion *omuzdan dirseğe kadar olan bölüm* lacertus *omuz ile ilgili* humeral, scapular *omuz kemiği* pectoral girdle, scapula
on ten *on ayaklı* decapodal, decapodous *on ayaklı hayvan* decapod *on iki yüzlü* dodecahedron *on kenarlı çokgen* decagon *on köşeli* decagonal
onarıcı restoring
onarılmış restored
onarım restitution
ondalık decimal *ondalık basamak* the decimal scale
onikiparmakbağırsağı duodenum *onikiparmakbağırsağı ile ilgili* duodenal *onikiparmakbağırsağı iltihabı* duodenitis
oniks onyx
onkoloji oncology
onuncu tenth *onuncu kafa siniri ile ilgili* vagal
oolit oolite *oolitli kalker* oolitic limestone, ragstone
opal opal
opsonik opsonic
opsonin opsonin
optik optic, optics *optik açı* visual angle *optik ağ* diffraction grating *optik dönme* optical rotation *optik eksen* optic axis *optik ekseni* optical axis *optik etkinlik* optical activity *optik ile ilgili* optical *optik spektrometre* optical spectrometer
orak sickle *orak biçiminde* crescent-

shaped, falcate, sickle-shaped *orak gagalı kuş* sicklebill *orak gözelilik* sicklemia *orak hücre* sickle cell *orak hücreli kansızlık* sickle cell disease *orakla biçmek* to sickle *orak tüy* sickle feather
oral oral
oran proportion, rate, ratio
oranlama proportioning
oranlamak to proportionate
oransız inordinate
orantı proportion *orantı kurmak* to proportion
orantılı comparative, proportionate
orbital elektron orbital electron
org organ
organ member, organ, system *organ beslenmesi ile ilgili* organotrophic *organ boşluğu* lumen *organdan dışarı götüren* efferent *organ düşüklüğü* proptosis *organı ameliyatla çıkarmak* to decorticate *organı dışarı döndüren kas* evertor *organı dik tutan kas* erector *organın gelişim bozukluğu* dysgenesis *organını kesip atma* autotomy *organın normal yeri dışında oluşumu* heterotopia *organın simetri ekseni* raphe *organın uyarılmasını sağlayan* organoleptic *organ içi boşluğu* ventricle *organların büyüyüp birleşmesi* accretion *organ nakletmek* to transplant *organ nakli* transplant *organ oluşturan* organogenetic *organ özelliği taşıyan* organoid *organ sistemi ile ilgili* systemic *organ tanımı* organography *organ tanımsal* organographic *organ üremesi* organogenesis *organ üremesi ile ilgili* organogenetic *organ*

veren donor
organbilim organology
organbilimsel organologic
organcıl organotropic
organik organic *organik asıltı* organosol *organik asit* organic acid *organik bileşik* organic compound *organik dokuya dönüşebilir* euplastic *organik gaz* organic gas *organik kimya* organic chemistry *organik kimyager* organic chemist *organik madde* organic matter *organik maddelerin analizi* organic analysis *organik olarak* organically
organizatör organizer
organizma bion, organism *organizmanın coğrafik dağılımını inceleyen bilim dalı* chorology *organizmanın kendi türünden farklı oluşu* variation *organizmayı etkileme oranı* (gen) penetrance *organizma yüzeyinin sınırlı alanı* area
organlaşma organogenesis
organlaşmış organized
organosol organosol
organotipik organotypic
organsallık organicism
orgazm climax, orgasm
orijinal original
orkestra şefi conductor, leader
orkinos tuna
orman forest, wood *orman asması* virgin's-bower *orman biti* wood louse *ormanda yaşayan hayvan\insan* sylvan *orman gelinciği* wood anemone *orman kenesi* wood tick *orman koruması* forest conservation *ormanla ilgili* woody, sylvan *orman otu* wood sorrel *orman perisi* nymph *orman zambağı* wood lily

ormancılık silviculture
ormanhorozu capercaillie
ormanlık woody, sylvan
ornatma substitution
ornitin ornithine
ornitoloji ornithology
ornitopod ornithopod
orograf orograph
orsinol orcin, orcinol
orta average, heart, mean, medial, median, medium, osculant *orta bağırsak* mesenteron *orta beden* midriff *orta buzultaş* medial moraine *orta cidar* media *orta çizgiye yakın* paramesial *orta çukur* (gözde) fovea centralis *ortada bulunan* median *orta damar* mid-rib *ortada olan* medial *orta değer* median *orta derecede olan* intermediate *orta dikme* bisector *orta doku* mesophyll *orta dokusal* mesophyllic, mesophyllous *orta eklem* hock *orta frekans* medium frequency *orta-göğüs* mesothorax *orta-göğüs ile ilgili* mesothoracic *orta halka* mesothorax *orta halka ile ilgili* mesothoracic *orta kafa* mesocephal *orta kafalı* mesocephalic, orthocephalic *orta kafataslı* mesocranic *orta moren* medial moraine *orta nemcil* mesophytic *orta nemcil bitki* mesophyte *orta nemli yerde yetişen* mesarch *orta sırt* mesonotum *orta silindir dokusu* stele tissue *orta sünger* mesogloea *orta taneli (volkanik kaya)* hypabyssal *ortaya çıkma* emergence, outcrop *ortaya koyma* display
ortabeyin mesencephalon, midbrain *ortabeyin ile ilgili* mesencephalic
ortaböbrek Wolffian body

ortacık meson
ortadaki intermediate
ortaderi mesoderm, mesoblast *ortaderi ile ilgili* mesoblastic, mesodermal, mesodermic *ortaderiyi oluşturan hücreler dizisi* mesoblast
ortak joint, mutual *ortak bölen* common divisor *ortak çeperli* coenocyte *ortak özellikleri olan* osculant *ortak yaşayan* commensal *ortak yaşayan canlı* symbiont *ortak yaşayarak* symbiotically
ortakçı commensal, inquiline
ortakçılık commensalism
ortaklaşım covalence *ortaklaşım ile ilgili* covalent
ortakulak middle ear, tympanum *ortakulak ameliyatı* sclerectomy *ortakulak iltihabı* mesotitis *ortakulak üst bölümü* epitympanum *ortak yaşam* metabiosis
ortakyaşama symbiosis *ortakyaşama ile ilgili* symbiotic
ortakyaşar symbiont, symbiote
ortakyaşarlık symbiosis
ortalama average, medial, medium *ortalama basınç* mean pressure *ortalama değer* mean *ortalama deniz düzeyi* mean sea level *ortalama erkin yol* mean free path *ortalama güneş günü* astronomical day *ortalama güneş saati* mean time *ortalamalar yasası* law of averages *ortalama sapma* average deviation *ortalama serbest yol* mean free path *ortalamasını almak* to average *ortalaması olmak* to average *ortalama yaşam süresi* mean life *ortalama yoğunluk* average density, mean density

ortalayıcı moderator
ortam medium, substrate *ortama alışmak* to acclimatize, to become acclimatized *ortama alıştırmak* to acclimatize *ortama uyma yeteneği* adaptability
ortay bisector
ortayuvar mesosphere
ortofosfat orthophosphate
ortofosforik orthophosphoric *ortofosforik asit tuzu* orthophosphate
ortogenez orthogenesis
ortohidrojen orthohydrogen
ortoklaz orthoclase
ortopedik orthopedic
ortoskop orthoscope
osein ossein
osilatör oscillator
osilograf oscillograph
osiloskop oscilloscope
osmik osmic
osmiyum (simgesi Os) osmium *osmiyum alaşımı* osmium alloy
osmiyumlu osmious *osmiyumlu iridyum* osmiridium
osmotik basınç denklemi equation for osmotic pressure
osmoz basıncı osmotic pressure
osteoloji osteology
oşinografi oceanography
oşinografik oceanographic(al)
ot grass, herbage, pasture, plant *ot gibi* herbaceous *otla beslenen* graminivorous, herbivorous, *otla beslenme* phytophagous *otlarla ilgili* phytophagy herbal *ot öldüren* herbicide *ot öldürücü* herbicidal *ot sermek* to litter *ot üreten* graminiferos, herbiferous
otbilim herbal

otçul graminivorous, herbivorous, phytophagous, plant-eating *otçul hayvan* herbivore

otelci host

otlak field, grass, meadow, pasture, range

otlatmak to range

otnit autunite

otobur herbivorous *otobur dinazor* ornithischian

otofaji autophagia, autophagy

otogami autogamy

otoklav autoclave

otoliz autolysis

otopsi autopsy, necropsy, necroscopy

ototomi autotomy

ototrof autotroph

otozom autosome *otozomla ilgili* autosomal

otsu herbaceous, herbal

otsu herbaceous *otsu bitki* herbaceous plant

ottaş pyrite

oturma sitting

oturum sitting

oturuş sitting

ova plain, lowland *ovada yetişen çayır* bottom grass

oval egg-shaped, oval, oviform, ovoid, (yaprak) ovate *oval delik* foramen ovale *oval pencere* fenestra ovalis

ovavivipar ovoviviparous

ovma rub, scour, scouring

ovmak to rub, to scour *ovarak temizleme* scour, scouring *ovarak temizlemek* to scour *ovulan yer* scour

ovuşturma friction

ovül ovule

oylum capacity, content, volume

oylumsal çözümleme volumetric analysis

oymak to bore, to scour, to tribe

oymalı pervaz cavetto

oynak articulation, unstable

oynama payı tolerance

oynamaz eklem synarthrosis

oyuk bore, burrow, canaliculus, cavity, fold, foramen, fossa, groove, hole, hollow, pouch, rut, sinus, socket, stria

oyuklu canaliculated, glenoid(al), scrobiculate

oyun game, plant

ozmos exosmosis, osmosis

ozmotik osmotic

ozokerit ozocerite, ozokerite

ozon ozone *ozon tabakası* ozone layer *ozonun hidrokarbonlara etkisi* ozonolysis

ozonit ozonide

ozonlama ozonization

ozonlamak to ozonize

ozonlaşmak to ozonize

ozonlaştıran ozonizer

ozonlaştırma ozonization

ozonlaştırmak to ozonize

ozonlu ozoniferous

ozonosfer ozonosphere

ozonyuvarı ozonosphere

Ö

öbek mound

öd bile, gall *öd asidi* cholic acid, taurocholic acid *öd ile ilgili* biliary *öd sarısı* bilirubin *öd taşı* cholelith, gallstone

ödem edema, oedema

ödemli edematose

ödkanalı bile duct, biliary duct, gall duct

ödkesesi gall bladder
ödyeşili biliverdin
ödyolu uru cholangioma
ödyolu yangısı cholangitis
öfke bile, nerve
öfkeli livid
öglena euglena
öğe constituent, element, member *öğeler dizgesi* periodic system
öğesel elementary *öğesel çözümleme* elementary analysis, ultimate analysis
öğrenci pupil, student
öğüt tip, advice *öğüt vermek* to tip, to advise
öğütme grind, grinding, pulverization, triturating
öğütmek to grind, to powder, to pulverize, to triturate
öğütücü molar *öğütücü diş* molar
öjenik eugenics
öjenol eugenol
ökçe kemiği calcaneum, calcaneus
öklez euclase
ökromatin euchromatin
ökromozom euchromosome
öksenit euxenite
ökseotu lime *öküz kuyruğu* oxtail *öküz safrası* ox bile
ölçek measure, scale
ölçme measure, measurement, measuring *ölçme aygıtı* measuring device
ölçmek to gauge, to measure, to meter
ölçü dimension, measure, measurement *ölçü aleti* gauge, measuring device, meter *ölçü birimi* gauge, measure *ölçü değneği* measuring rod *ölçü kabı* measuring cup *ölçü sistemi* measure *ölçüsünü almak* to measure *ölçü toparı* volumetric flask *ölçü zinciri* measuring chain
ölçülebilir measurable
ölçülü graduated, measurable
ölçüm measuring, reading
ölçün standard
ölçüsüz abnormal
öldürme slaughter
öldürücü lethal, mortal, pestilent, terminal, vital *öldürücü asalak* parasitoid *öldürücü gen* lethal gene *öldürücü ilaç* biocide
öldürücülük lethality
ölmek to die
ölü dead *ölü asit* dead acid *ölü çağ ile ilgili* azoic *ölü doğmuş* still-born *ölü dokudan kaynaklanan* necrogenic *ölü kemiğin kesilmesi* necrotomy *ölü kemik parçası* sequestrum *ölü kemik parçasıyla ilgili* sequestral *ölü nokta* null point
ölüm death *ölüm bilimi* thanatology *ölüm bilimi ile ilgili* thanatological *ölüm ile ilgili* necrologic *ölüm katılığı* rigor mortis *ölüm korkusu* thanatophobia *ölüm oranı* death rate, mortality *ölüm sıklığı* death rate *ölümü bildiren* necrologic
ölümcül mortal
ölümlü evanescent, mortal, transient
ölümlülük mortality
ömür longevity, life *ömrü uzatma sanatı* macrobiotics
ömürsüz nonviable
ön advance, front, preliminary *ön alyuvar* erythroblast *ön bağırsak* stomodeum *ön beze çıkarımı* prostatectomy *ön boğum* prothorax *ön buzultaş* terminal moraine *ön cephe* obverse *önden* front, frontal *ön deneme* preliminary test *ön deney*

preliminary test *ön diş* incisor *ön dişler* anterior tooth *ön duyu* protopathy *ön duyusal* protopathic *öne eğilen* nodding *öne eğilip yürüme* propulsion *ön göğüs* (böcekte) prothorax *ön ısıtıcı* preheater *ön ile ilgili* front *ön kanat* hemelytron *ön kanatsal* hemelytral *ön model* archetype *ön moren* terminal moraine *ön odun* metaxylem *ön oluşum* preformation *ön oluşumculuk* preformationism *ön Silüryen çağı* Ordovician *ön sınav* preliminary *ön sindiren* peptonizer *ön sindirme* peptonization *ön vitamin* provitamin *ön yaprak* prophyll *ön yüz* clypeus

önayak forelegs, manus, (kabuklu hayvanda) protopodite

önbeyin endbrain, forebrain, prosencephalon, telencephalon *önbeyin ile ilgili* telencephalic *önbeyine ait* prosencephalic

öncelik lead

öncü kas hücresi sarcoblast

önder conductor, lead, leader

önem importance, gravity *önemi olmak* to matter

önemli important, cardinal, critical

önemsiz unimportant, null, trivial

önemsizlik unimportance, indifference

önevre prophase

önkafa sinciput *önkafayla ilgili* procephalic

önkol forearm *önkol kemiği* radius *önkol kemiği ile ilgili* radial

önleme inhibition

önlemek to bar, to inhibit, to suppress

önlenmiş suppressed

önleyen suppressor

önleyici inhibitor *önleyici durdurucu* inhibitory *önleyici etmen* protective agent *önleyici şey* protective agent

önuyum preadaptation

öpme osculation

ördek urinary

örgen organ

örgensel organic

örgü lattice, plexus *örgü erkesi* lattice energy *örgü şişi* needle

örgüt organism

örgütlenmemiş unorganized

örifajik euryphagic

öritermik eurythermal

örnek norma, pattern, specimen, type specimen *örnek cins* type genus *örneklerin saklandığı madde* medium *örnek tür* type species

öropyum (simgesi Eu) europium

örskemiği incus

örsted (simgesi Oe) oersted

örten epistatic

örtenek mantle, membrane

örtme epistasis

örtmek to cap, to coat, to veil

örtü envelope, mantle, secundine, top, veil *örtü buzulu* continental ice

örtülü covert, latent

örtüsüz naked, nude

örümcek spider *örümcek ağı* cobweb, web, spider web, spider's web *örümcek ağı gibi* arachnoid

örümcekgiller arachnid

örümceksi arachnoid *örümceksi zar* arachnoid membrane

östaki borusu Eustachian tube, otosalpinx, salpinx, syrinx *östaki borusu iltihabı* syringitis *östaki borusuyla ilgili* syringeal

östrojen oestrogen

ötedeğişim metasomatism, metasomatosis
ötedeğişimsel metasomatic
ötegöçmek to metastasize
ötektik eutectic *ötektik nokta* eutectic point *ötektik yapılar* eutectic structures
öten oscine, singing
öteprotein metaprotein
ötme ululation, singing
ötücü oscinine, singing *ötücü kuş* song bird *ötücü kuşlar* the Oscines
övünme jactitation
öykünme simulation
öz core, extract, heart, innate, quintessence, marrow, medulla, net, nucellus, nucleus, pith, principle *özüne kısır* self-sterile *özünü çıkarma* extraction *özünü çıkarmak* to extract
özağırlık specific weight
özalımsal proprioceptive
özbağışıklık auto-immunisation
özbeslenen autotrophic *özbeslenen bitki* autotroph
özbiçimli automorphic, idiomorphic
özbulaşım auto-infection
özçevrebilimi autecology
özdeciksel molecular
özdecik yapısı molecular structure
özdek material, matter, substance
özdeksel material
özden thymus
özdenge hom(o)eostasis
özdeş identical
özdeşleşmek to identify
özdevimli motile
özdevinme motility
özdirenç specific resistance
özdöllenme self-fertilization
özdöllenmiş self-fertilized

özek centre
özekbağ centromere
özekçik centriole
özekçil kuvvet centripetal force
özekdeş homocentric
özekdoku parenchyma, fundamental tissue
özekdokulu parenchymal, parenchymatous
özel peculiar, single
özellik characteristic, feature, peculiarity, property, texture *özelliklerin yönle değişmesi* aeolotropy *özellikleri platine benzeyen madenler* platinum metals *özellikleri yöne göre değişen* aeolotropic
özerime autolysis
özeriten autolytic
özet abstract, condensation, recapitulation
özetleme recapitulation
özetlemek to abstract, to condense
özevrimleşme recapitulation *özevrimleşme kuramı* recapitulation theory
özfrekans natural frequency
özgelişim orthogenesis
özgelişimsel orthogenetic
özgü typical
özgül specific *özgül ağırlık* specific gravity, specific weight *özgül ağırlık balonu* volumometer *özgül ağırlıkölçer* gravimeter *özgül direnç* specific resistance *özgül dönme* specific rotation *özgül frekans* natural frequency *özgül ısı* specific heat
özgün original *özgül olma* (bir şeye) specificity
özgür autonomic
özısı specific heat

özışını medullary ray
özışınları medullary rays
öz-indükleme self-induction
öz-indüklenmiş self-induced
özişlev parachor
özkalıtım homozygosis
özkansıvı idioplasm
özkını medullary sheath
özlü loamy, medullary, nucellular, pithy, sappy, succulent *özlü çamur* slime *özlü toprak* loam
özlülük sappiness
öznel subjective
öznellik subjectivity
öz-oksitlenme autoxidation
öz-parçacık elementary particle
özsu juice, sap, serum *özsuyunu çekmek* to sap
özsulu juiced
özten autosome
öztezleştirme autocatalysis
özümleme anabolism, assimilation
özümlemek to assimilate
özümlenme assimilation
özümlenmek to assimilate
özümsel anabolic
özümseme intussusception
özümsemek to incept
özüreme autogeny

P

paçavraotu ragweed
pahsa loam
pakiten pachytene
paladyum (simgesi Pd) palladium
paladyumlamak to palladize
paladyumlu palladic
palaeozoolojik palaeozoological

palamar hawser *palamarla bağlamak* to moor
palamut bonito *palamut biçimli* glandiform
palamutlu glandiferous *palamut meşesi* valonia oak *palamut yüksüğü* cupule
paleetnoloji paleethnology
paleobiyolog palaeobiologist
paleobiyoloji palaeobiology
paleobiyolojik palaeobiological
paleoekoloji palaeoecology
paleontoloji palaeontology
paleontolojik palaeontological
Paleosen Paleocene
Paleozoik Palaeozoic
paleozoolog palaeozoologist
paleozooloji palaeozoology
palinoloji palynology
palizat dokusu palisade tissue
palmat damarlı palminerved
palmat loplu palmatilobate
palmik palmic
palmira palmyra
palmitat palmitate
palmitik palmitic *palmitik asit tuzu* palmitate
palmitin palmitin
palmiye palm *palmiye yaprağı* palmetto *palmiye yaprağı oluşum* palmation
palmiyemsi palmate
palto coat
pamuk cotton *pamuk ağacı* kapok, kapok tree *pamuk ağdası* viscose *pamuk çiçekli* erianthous *pamuk gibi* floccose *pamuk yastık* (yara için) pad
pamukbarutu pyroxylin
pamukçuk canker
pamuktaş calcsinter, calcareous sinter, freshwater limestone, travertin(e)
pancar beet *pancar şekeri* beet sugar

pangolin pangolin
pankreas pancreas *pankreasın
ameliyatla çıkarımı* pancreatectomy
pankreas ile ilgili pancreatic
pankreas iltihabı pancreatitis
pankreas kanalı pancreatic duct
pankreas suyu pancreatic juice
pankreas suyu lipazı steapsin
pankreatin pancreatin
pankreozimin pancreozymin
panter puma
pantotenik pantothenic
panzehir antidote, antitoxic, theriac
panzehirtaşı opal
papağan parrot *papağana benzer*
psittacine *papağan humması*
psittacosis *papağan yemi* safflower
papav papaw
papaverin papaverine
papaya mayası papain
papirüs papyrus
papus pappus
papuslu pappose
para money *para çekmecesi* till *para
değiştirme* exchange *para
değiştirmek* to exchange
parafin wax, paraffin *parafin mumu*
paraffin wax *parafin serisi* paraffin
series
parafinli paraffinic
paraformaldehit paraform,
paraformaldehyde
parahidrojen parahydrogen
paraldehit paraldehyde
paralel parallel *paralel bağlı* multiple
paralel devre shunt
paralelkenar rhomboid
paralelyüz parallelepiped
parallaks parallax
paramanyet paramagnet

paramanyetik paramagnetic
paramanyetizm paramagnetism
parametre parameter
parametrik parametric
parametrium parametrium
parankima parenchyma
paranoya paranoia *paranoya durumu*
paranoidism
paranoyalı paranoiac
parapsikoloji parapsychlogy
pararozanilin pararosaniline
parasempatetik parasympathetic
parasempatetik sinir sistemi
parasympathetic nervous system
parasetamol paracetamol
parasimen paracymene
paraşüt parachute *paraşütle atlamak* to
parachute *paraşütle indirmek* to
parachute
paratifo paratyphoid
paratiroit bezesi parathyroid gland
paratiroit hormonu parathormone
paratyon parathion
parazit interference; parasite; sponger
parazit ile ilgili parasitic, parasitical
parazit otlarla ilgili orobanchaceous
parazit öldüren (ilaç) parasiticide
parazit yapmak to interfere
parazitlik parasitism
parazitoloji parasitology, xenology
parça mass, segment *parça kaya*
psephite *parçalara ayırma*
fractionating, merotomy *parçalara
ayırmak* to fractionate *parçalarına
ayırma* resolution, subdivision *parça*
parça piecemeal
parçacık corpuscle, particle *parçacık
hızı* particle velocity
parçalamak to break, to chew
parçalanır clastic

parçalanma break, fragmentation
parçalanmak to decay, to disintegrate, to disintegration, to segmentation, to tear
parçalanmış dissected, parted
parçalayıcı cataclastic, disintegrative, splitting, (diş) carnassial
parçalı fractional, fragmental, fragmentary, segmental, segmented *parçalı bölünme* incomplete segmentation *parçalı çekirdekli* polymorphonuclear *parçalı kırık* comminuted fracture
parenkima fundamental tissue
parıltı wink, scintillation
Paris mavisi Paris blue
parite parity
parke parquet *parke taşı* paving stone
parlak luminous, nitid(ous), radiant, splendent, (renk) rich *parlak kanatlı güve* underwing *parlak kırmızı* cardinal *parlak kristal* phenocryst *parlak mineral* glance *parlak nesne* luminosity
parlaklık luminosity, radiance *parlaklık kuvveti* luminous intensity *parlaklık verimi* luminous efficiency
parlamak to deflagrate
parlatma mercerisation *parlatma aleti* rubber
parmak dactyl, digit, finger *parmağa benzer* dactylate, dactyloid *parmağa benzer beş çıkıntılı* pentadactyl(e) *parmak biçiminde* digitiform *parmak eklem kemiği* knucklebone *parmak genişliği* digit *parmak gibi* digital, digitate(d) *parmak gibi çıkıntı* digitation *parmak kemiği* phalange, phalanx *parmak kemiği ile ilgili* phalangeal *parmakları farklı*

büyüklükte olan anisodactyl(ous) *parmakları üzerinde yürüyen* digitigrade
parmaklı digitate(d)
parmaksız adactylous
parsel block
parselleme subdivision
partikül particle
partisyon partition
parvolin parvoline
pas corrosion, rubigo, rust *pas hastalığı* rust *pas küfü sporu* telium *pas renginde* rufous *pas tutmak* to rust
pasaj passage
pasif passive *pasif bağışıklık* adoptive immunity
pasifleştirme passivation
pasifleştirmek to passivate
pasiflik passivity
paskal (simgesi Pa) pascal
paslandırıcı oxidizing, corrosive
paslandırmak to corrode, to rust
paslandırmaz noncorrosive
paslanma corrosion, oxidation, rusting *paslanma önleyici madde* corrosion inhibitor
paslanmak to rust
paslanmaz noncorrosive
paslı ferruginous
pasmantarıgiller Uredines
pasmantarları uredinales
pastil pastil
pastörize pasteurized *pastörize etme* pasteurization *pastörize etmek* to pasteurize *pastörize süt* pasteurized milk
patates potato *patatesteki globülin* tuberin
patçiçeği aster
patent patent *patentini almak* to patent

patentli patent
patika path, trail
patina patina
patlak (lastik) puncture
patlama explosion, implosion *patlama odası* explosion chamber
patlamak to explode, to fulminate
patlamalı kalorimetre bomb calorimeter
patlar zehir cyclonite
patlatmak to puncture
patlayıcı explosive *patlayıcı gaz* detonating gas *patlayıcı madde* trinitrocresol
patoloji pathology
patolojik pathological
patron master, pattern
pay distribution, quantum, percentage
paydos rest
payran pyran
pazı biceps *pazı ile ilgili* bicipital *pazı kemiği* humerus *pazı yaprağı* leaf beet
pectik pectic
peçe veil
peçeli chlamydate
pedal pedal *pedalla işletmek* to pedal
pediatri pediatrics
pedikür pedicure
pedogenetik paedogenetic
pedogenez paedogenesis
pedoloji pedology
pegmatit pegmatite
pekan pecan
pekiştirmek to impact
pekmez molasses
pektat pectate
pektin pectin
pektinoz arabinose
pektoz pectose

pelagra pellagra *pelagraya yakalanmış* pellagrous *pelagrayla ilgili* pellagrous
pelajik pelagic *pelajik bölge* pelagic zone *pelajik çökelti* pelagic deposit
pelerin cape
pelerinli chlamydate
pelesenk balsam
pelet pellet
pelinotu içkisi absinth
pelte gel, gelatin(e), jelly *pelte yapma* jellification *pelteye benzer* gelatinous
pelteleşebilir pectizable
pelteleşme congealment, gelation, jellification, jelling, pectization
pelteleşmek to jelly, to pectize
pelteleştirilebilir pectizable
pelteleştirme gelation, pectization
pelteleştirmek to congeal, to jelly, to pectize
pelteli gelatinous
peltemsi gelatinoid *peltemsi hal* colloidal state *peltemsi mikroorganizma topluluğu* zoogloea
Peltier etkisi Peltier effect
pelür tissue
pelvik kemeri pelvic girdle
pelvis pelvis *pelvis boşluğu* pelvic cavity *pelvis ile ilgili* pelvic
pembe pink *pembe beril* morganite *pembe defne* rose daphne *pembe kök* pinkroot *pembe lal* rhodolite
pencere window; fenestra *pencere kafesi* lattice *pencere kafesine benzer* clathrate
pencereli fenestrate
pençe claw, talon, unguis *pençe atmak* to claw, to paw
pençeli taloned, ungual, unguiculate(d)
pençemsi unguiculate(d)
pençesiz (hayvan) unarmed

penetrasyon penetration
penis penis *penis başı* glans, glans penis *penise benzeyen* phalloid *penis ile ilgili* penial, penile
penisilamin penicillamine
penisilin penicillin
penisilyum penicillium
pens forceps, pinchcock
pentaboran pentaborane
pentaklorofenol pentachlorophenol
pentan pentane
pentanol pentanol
pentil pentyl *pentil grubu* pentyl group
pentosan pentosan
pentoz pentose *pentozdan etkilenen* pentosuric *pentoz içeren bileşik* pentosid(e)
pepsin pepsin, pepsinum *pepsin üreten madde* pepsinogen
peptidaz peptidase
peptik ülser peptic ulcer
peptinleşebilir peptizable
peptinleşme peptization
peptit peptid(e) *peptit bağı* peptide bond
pepton peptone *pepton hidrolizi* peptolysis
peptonize etmek to peptonize
peptonlamak to peptonize
peptonlaşma peptonization
peptonlaştıran peptonizer
peptonlaştırma peptonization
peptonlaştırmak to peptonize
perasit peracid
perborat perborate, peroxyborate
perçem floccus
perdahlama scouring
perdahlı smooth
perde dissepiment, web, screen, septum
perdeayaklı palmate, web-footed, web-

toed
perdeli webbed *perdeli ayak* webbed foot
perforatör perforator
perhidrol perhydrol
perhiz diet *perhiz bilimi* dietetics *perhiz için hazırlanmış* dietetic(al) *perhiz ile ilgili* dietetic(al) *perhiz yapmak* to be on a diet
peri spirit
peribacası erosion column
peridot peridot
peridotit peridotite
peridotitli peridotitic
perikard heart sac, pericardium
periklin pericline
perine perineum
periskop periscope
perisperm perisperm
peritelyum perithelium
periton peritoneum *periton boşluğu içinde olan* intraperitoneal
peritonit peritonitis
periyodik cyclic, periodic *periyodik asit* periodic acid *periyodik asit tuzu* periodate *periyodik dalga* periodic wave *periyodik hareket* periodic motion *periyodik kanun* periodic law
perklorat perchlorate
perklorik perchloric *perklorik asit* perchloric acid *perklorik asit tuzu* perchlorate
perkolasyon percolation
perkromat perchromate
perkromik perchromic
perlit pearlite, perlite *perlit ile ilgili* perlitic
permanganat permanganate
permanganik permanganic *permanganik asit* permanganic acid

permanganik asit tuzu permanganate
Perm dönemi Permian
permeabilite permeability
permeabl permeable
peroksi peroxy **peroksi asit** peroxy acid
    peroksi grubu peroxy group **peroksi**
    tuz peroxy salt
peroksidaz peroxidase
peroksit hyperoxide, peroxide,
    superoxide
peru çeltiği quinoa
pervane moth, propeller **pervane**
    kanadı vane
petal petal **petalin tırnak benzeri tabanı**
    ungula
petalimsi petaline
petalleşme petalody
petalleşmiş petalodic
petalli petalous
petalsız apetalous
petek honeycomb **petek güvesi**
    honeycomb moth, wax moth **petek**
    yapı honeycomb structure
petekgöz compound eye
petrografi petrography
petrokimya petrochemistry
petrokimyasal petrochemical
petrol crude oil, petroleum, rock oil
    petrolde bulunan yanıcı gaz propane
    petrolden türemiş petrolic **petrol**
    döküntüsü oil spill **petrol katranı**
    petroleum tar **petrol kimyası**
    petrochemistry **petrol mumu** paraffin
    petrol türevi petroleum derivative
    petrol ürünü petrochemical
petrollü oil-bearing, petrolic
petunya petunia
peynir cheese **peynir özü** casein
peynirmayası rennet
pH pH **pH değeri** pH value, hydrogen

ion concentration **pH değeri aralığı**
    pH valeu range **pH ölçümleri** pH
    measurements
pıhtı clot **pıhtı hücre** thrombocyte **pıhtı**
    maya thrombin, thrombokinase,
    thromboplastin **pıhtı taneciği**
    chromomere **pıhtı teli** fibrin **pıhtı teli**
    erimesi fibrinolysis **pıhtı teli eritici**
    fibrinolysin **pıhtı teli üreten**
    fibrinogen
pıhtılandırıcı coagulant
pıhtılanmak to coagulate
pıhtılaşma clotting, coagulation,
    thrombosis **pıhtılaşmayı önleyen toz**
    hirudin
pıhtılaşmak to clot, to coagulate, to
    congeal
pıhtılaştıran coagulant
pıhtılaştırıcı coagulase, coagulative,
    coagulatory
pıhtılaştırmak to clot, to coagulate
pıltılaştırıcı thromboplastic
pırıldamak to wink
pıtrak burr, cocklebur, xanthium
piç sucker **piç fidan** offset **piçlerini**
    temizlemek to sucker
piezoelektrik piezoelectricity
pigment pigment **pigment artımı**
    hyperchromatosis **pigment artışı**
    pleiochromia **pigment birikimi**
    gösteren pigmented **pigment**
    oluşumu pigmentogenesis **pigment**
    taşıyan hücre pigmentophore **pigment**
    yok eden hücre pigmentophage
pik pig iron
pikap iğnesi stylus
piknidyum pycnidium
piknometre pycnometer
piknometri pycnometry
piknospor pycnospore

pikofarad picofarad
pikolin picoline
pikrat picrate
pikrik picric *pikrik asit tuzu* picrate
pikrit picrite
pikrotoksin picrotoxin *pikrotoksin zehirlenmesi* picrotoxinism
pil battery, cell, electric battery
pilokarpin pilocarpine
pilor pylorus
pim pin
pimelik pimelic
pin pin
pinen pinene
pinit pinite
pinyon pinion
piperazin piperazine
piperidin piperidine
piperin piperine
piperonal piperonal
pipet pipette *pipetle ölçmek* to pipette
pipo taşı pipestone
piramit pyramid *piramit biçiminde* pyramidal
piranometre pyranometer
pirekapan pyrethrum
piren pyrene
pireotu fleabane
piridin pyridine
piridoksin pyridoxine
pirimidin pyrimidine
pirinç rice; brass *pirinç kaplama* brazing *pirinçle kaplamak* to braze *pirinçten yapmak* to braze
pirit pyrite *pirite benzer* pyritic, pyritous
piritli pyritic, pyritous
piritrin pyrethrin
pirofilit pyrophyllite
pirofosfat pyrophosphate

pirofosforik pyrophosphoric *pirofosforik asit* pyrophosphoric acid *pirofosforik asit tuzu* pyrophosphate
pirogalik pyrogallic *pirogalik asit* pyrogallic acid, pyrogallol
pirogalol pyrogallic acid, pyrogallol *pirogalol tuzu* pyrogallate
pirokatekol pyrocatechin, pyrocatechol
piroksen pyroxene
piroksenli pyroxenic *piroksenli kayaç* pyroxenite
pirol pyrrol(e)
pirometre pyrometer
piron pyrone
pirostat pyrostat
pirosülfat pyrosulfate
pirosülfürik pyrosulfuric *pirosülfürik asit* pyrosulfuric acid *pirosülfürik asit tuzu* pyrosulfate
piroteknik pyrotechnic
pirotit pyrrhotine, pyrrhotite
pirzola rib
pis slimy *pis koku* malodor, odor
piset washing bottle
pislik scum, septicity
pislikböceği sacred beetle
pisolit peastone
pissu waste water, sewage, sewage water *pissu çamuru* sludge *pissu çökeltisi* sludge
pistil gynoecium, pistil *pistil sapı* gynophore
pistilli pistillate
pistole sprayer
piston piston *piston yer değişimi* displacement *piston kolu* connecting rod
pişmanlık repentance
pişman olmak to repent
pişmemiş raw

pityalin ptyalin
piyasada outstanding
piyezometre piezometer
plak plate, record
plaka plate
plaket plate
Planck Planck
plan plan *plan çizmek* to chart *plan
yapmak* to chart, to diagram, to hatch
planetaryum planetarium
planetoid planetoid
planimetre planimeter
Plank ışınım yasası Planck's radiation
law
Plank sabiti Planck's constant
plankton plankton *planktondaki
hayvan organizmaları* zooplankton
planktonik planktonic
planula planula
planya plane
plasenta placenta *plasenta biçiminde*
placentoid *plasenta iltihabı*
placentitis *plasentayla ilgili* placental,
placentary
plasmin fibrinolysin, plasmin
plastik plastic *plastik akış* plastic flow
plastik bozunum plastic deformation
plastik cam plexiglass *plastik cerrahi*
plastic surgery *plastik deformasyon*
plastic deformation, plastic flow
plastik kil plastic clay *plastik
malzeme* plastic material
plastit plastid
platika balk. ruff
platin (simgesi Pt) platinum *platin
cevheri* platina *platinden yapılmış
elektrot* platinode *platine benzeyen*
platinoid *platin içeren* platiniferous
platin ile ilgili platinic *platin iridyum*
platiniridium *platinle kaplamak* to

platinize
platinli platiniferous, platinized,
platinous
plato plateau, tableland
plazma plasma *plazma bozulumu*
plasmolysis *plazma büzülmesi*
plasmolysis *plazma büzülümü ile
ilgili* plasmolytic *plazma hücresi*
plasma cell, plasmacyte *plazma jel*
plasmagel *plazmayla ilgili* plasmic
plazmatik plasmatic
plazmodyum plasmodium
plazmodyumla ilgili plasmodial
plazmogami plasmogamy
Pleistosen (çağı) Pleistocene
pleksiglas plexiglass
plevra pleura *plevradan kaynaklanan*
pleurogenous *plevra taşı* pleurolith
plevral pleural
pli fold
Pliyosen devri Pliocene
plutonyum (simgesi Pu) plutonium
pnidoksin adermin
pnömatik pneumatic, pneumatics
pnömokok pneumococcus
pnömokokların neden olduğu
pneumococcic
polarimetre polarimeter
polarimetri polarimetry
polarimetrik polarimetric
polarite polarity
polarizasyon polarization *polarizasyon
akımı* polarization current
polarizasyon enerjisi polarization
energy *polarizasyon fotometresi*
polarization photometer
polarize polarized *polarize ışık*
polarized light
polarma polarization
polarmak to polarize

polen pollen *polen bilimi* palynology *polen filtresi* pollen filter *polen sayısı* pollen count *polen tanesi* pollen grain *polen taşıyan* polliniferous *polen yayan* pollinated *polen yayma* pollination *polen yaymak* to pollinate *polen zarfı* locule, loculus

polenli pollened, polliniferous

polensiz pollenless

polialkol polyalcohol

poliamit polyamide

polibazit polybasite

polietilen polyethylene, polythene

poliklinik polyclinic

polimer polymer, polymerous

polimeri polymerism

polimerik polymeric

polimerizasyon polymerization

polimerleştirmek to polymerize

polip polyp *polip ağzı* hydranth *polipe benzer* polypoid *polip yuvası* polypary

polipeptit polypeptide

polipli polypous

polipropilen polypropylene

polisakkarit polysaccharide

polisiklik polycyclic

politetrafluoroetilen Teflon

poliüretan polyurethan(e)

polivinil polyvinyl *polivinil alkol* polyvinyl alcohol *polivinil asetal* polyvinyl acetal *polivinil asetat* polyvinyl acetate *polivinil klorür* polyvinyl chloride *polivinil reçine* polyvinyl resin

poliviniliden polyvinylidene

polonyum (simgesi Po) polonium

polyester polyester *polyester ipliği* polyester fiber

pompa pump

pompalamak to pump

pomzalı pumiceous

ponsiyana poinciana

ponza pumice, rottenstone *ponza taşı* pumice (stone)

porfir porphyroid, porphyry

porfirin porphyrin

porfirit porphyrite

porozite porosity

porselen china, porcelain

porselenden porcellanous *porselen ile ilgili* porcellanous *porselen kili* porcelain clay *porselen pota* porcelain crucible

porsukağacı yew

portakal orange *portakal çiçeği esansı* neroli

portal portal

Portland çimentosu Portland cement

posa sediment

post fur, pella, skin *post doldurma* taxidermy *post doldurucu* taxidermist

pota crucible, melting pot

potamoloji potamology

potansiyel latent, potential *potansiyel enerji* potential energy *potansiyel engeli* potential barrier *potansiyel farkı* potential difference

potansiyometre potentiometer

potas potash

potaslı potassic *potaslı şap* kalinite

potasyum potassium *potasyum alüminyum sülfat* potassium alum *potasyum bitartrat* cream of tartar *potasyum bromür* potassium bromide *potasyum demir siyanür* potassium ferricyanide *potasyum ferrosiyanür* potassium ferrocyanide *potasyum hidroksit* caustic potash, potassium hydroxide *potasyum iyodat* potassium iodate *potasyum iyodür* potassium iodide **potasyum karbonat** potassium carbonate **potasyum klorat** potassium chlorate **potasyum klorür** muriate, potassium chloride, sylvine, sylvite **potasyum krom sülfat** chrome alum **potasyum kromat** potassium chromate **potasyum-magnezyum klorür cevheri** carnallite **potasyum manganat** potassium manganate **potasyum nitrat** niter, nitre, potassium nitrate, saltpetre **potasyum oksit** potash **potasyum perklorat** potassium perchlorate **potasyum permanganat** potassium permanganate **potasyum silikat** pinite **potasyum siyanür** potassium cyanide **potasyum sülfat** potassium sulfate **potasyum tuzu** potash, potassium salt

pozitif positive **pozitif elektrik** positive electricity, vitreous electricity **pozitif elektrik yüklü** anodal **pozitif elektron** positive electron **pozitif geribesleme** positive feedback **pozitif kristal** positive crystal **pozitif resim** positive **pozitif sayı** positive number

pozitron positron
pozitronyum positronium
pörsümüş sapless
pösteki skin
prapadien allene
prensip ground, principle
presostat pressurestat
prezodmiyum (simgesi Pr) praseodymium
prilleştirme prilling
primat primate
primer primary **primer alkol** primary alcohol **primer elektron** primary electron **primer iyonizasyon** primary ionization

primitif primitive
primordiyal primordial **primordiyal hücre** primordial cell
primordiyum primordium
priz jack
prizmatik prismatic **prizmatik tayf** prismatic spectrum
prodüktör producer
proenzim proenzyme
profaz prophase
profil profile **profilini yapmak** to profile
progalat pyrogallate
progesteron progesterone
projeksiyon projection
projektör spot
prokain procaine
prolaktin galactin, prolactin **prolaktin hormonu** lactogenic hormone
prolamin gliadin, prolamin
prolan prolan
prolin proline
prolüsit pyrolusite
prometyum promethium
propan propane
propanol propanol
propen propene
propenil propenyl **propenil grubu** propenyl group
propenilli propenylic
propil propyl **propil alkol** propyl alcohol
propilalkol propanol
propilen propene, propylene **propilen glikol** propylene glycol **propilen grubu** propylene group
propilik propylic
propilit propylite
propionat propionate
propionik propionic **propionik asit tuzu\esteri** propionate

prostat prostate *prostat ameliyatı* prostatectomy *prostat bezesi* prostate gland

protaktinyum (**simgesi Pa**) protactinium

protamin protamine

proteaz protease

protein protein *protein çözüştüren* proteolytic *protein çözüşümü* proteolysis *proteine etkiyen enzim* protease *proteini çözüştüren enzim* cathepsin *proteinin dokularda tutulması* proteopexy *proteini peptona dönüştüren pankreas salgısı* trypsin *protein işeme* proteinuria *protein parçalayan enzimler* proteolytic enzymes *protein tanecikleri* aleurone

proteinaz proteinase

proteoz proteose

protez plate

protezcilik prosthetics

protistoloji protistology

protofit protophyte

protogini protogyny

protoklorofil protochlorophyll

protokol protocol

proton proton *proton dalgası* proton wave *protonla ilgili* protonic

protoplazma germ plasma, plasma, protoplasm, sarcode *protoplazma köprüsüyle birleşen hücreler* syncytium *protoplazmanın besleyici kısımları* deutoplasm *protoplazmayla ilgili* protoplasmic

prototip prototype

protrombin prothrombin

prustit proustite

Prusyalı Prussian

psikanaliz psychoanalysis

psikiyatri psychiatry

psikobiyoloji psychobiology

psikoloji psychology

psikolojik psychologic

psikosomatik psychosomatic

psikoz psychosis

puan unit

puaz (**simgesi P**) poise

pudra powder

pudralamak to powder

puhukuşu eagle-owl

pul squama *pul biçiminde parçacık* plate *pul dizilişi* squamation *pul kabuklu* lepidote *pullarını ayıklamak* to scale *pullarla ilgili* lepidic *pullarla kaplı* scaly *pul pul* flaky, lamellar, scaly *pul pul ayrılma* exfoliation *pul pul deri* ichthyosis *pul pul kabuk dökmek* to exfoliate

pulcuk lodicule

pulkanatlı lepidopterous *pulkanatlı böcek* lepidopteran, lepidopteron *pulkanatlılar bilimi* lepidopterology

pulkanatlılar lepidoptera

pullanma exfoliation

pullu flaky, scaly, squamose, squamous *pullu deri* squamate *pullu karıncayiyen* pangolin *pullu mika* lepidolite

pulluluk squamation

pulsu scaly *pulsu yaprakçık* prophyll

pupa pupa *pupa halini alma* pupation *pupa kılıfı* pupa case *pupa kozası* puparium *pupa örtüsü* pupa case *pupa şeklinde* pupal *pupa üreten (böcek)* pupiparous

pupalaşma pupation

pupalaşmak to pupate

pupipar pupiparous

purpura purpura *purpura hastalığıyla*

ilgili purpuric
pülverizatör sprayer
pürin purine
pürpürik asit purpuric acid
pürpürin purpurin
pürtüklendirmek to lenticulate
pürüz burr
pürüzlendirmek to lenticulate
pürüzlü bullate, hispid, premorse, scabrous
pürüzsüz smooth
püskül beard, floccus, lacinia, tuft
püsküllenme penicillation
püsküllü bearded, comose, crinite, fibrous, fimbriate(d), fringed, penicillate, tufted, (tohum) comate *püsküllü kök* fibrous root
püskülotu spiderwort
püskürgeç vaporizer
püskürmek to erupt
püskürteç nebulizer, wash bottle, washing bottle, sprayer
püskürtme spraying; injection *püskürtme memesi* jet
püskürtmek to vomit, to spray
püskürtmeli kondansör injection condenser
püskürtü aerosol, lava
püskürük effusive, ejecta, igneous, pyroclastic *püskürük kaya* effusive rock, igneous rock
püstül pustule
pütürlü punctate, scabrous

R

rabıta vinculum
radikal group, radical
radon (simgesi Rn) radon
radyal radial *radyal kanal* radial canal

radyal motor radial engine *radyal olarak* radially
radyan ısıtma radiant heating
radyant akı radiant flux
radyasyon radiation *radyasyona duyarlı* radiosensitive *radyasyona duyarlılık* radiosensitivity *radyasyon alanı* radiation area *radyasyondan etkilenmeme* radioresistance *radyasyondan etkilenmeyen* radioresistant *radyasyon ısısı* radiant heat *radyasyon kaynağı* radiation source *radyasyon kimyası* radiation chemistry *radyasyonla tedavi edilebilen* radiosensitive *radyasyon yayılma yoğunluğu* radiation density
radyatör radiator
radyoaktif radioactive *radyoaktif bozunum* radioactive decay *radyoaktif çekirdek* radionuclide *radyoaktif değişiklik* radioactive change *radyoaktif denge* radioactive equilibrium *radyoaktif eleman* curium, radioelement *radyoaktif elementler* radioactive elements *radyoaktif gereç* radioactive material *radyoaktif hale getirmek* to radioactivate *radyoaktif ışına dirençli* radioresistant *radyoaktif ışına dirençlilik* radioresistance *radyoaktif ilaç* radiopharmaceutical *radyoaktif işaret maddesi* radioactive indicator *radyoaktif izotop* radioactive isotope *radyoaktif kapma* radioactive capture *radyoaktif kirlilik* radioactive contamination *radyoaktif kobalt* cobalt 60 *radyoaktif malzeme* radioactive material *radyoaktif öğe* radioactive element *radyoaktif parçalanım* radioactive decomposition

radyoaktif parçalanma radioactive decay, radioactive disintegration *radyoaktif seriler* radioactive series *radyoaktif stronsiyum* radioactive strontium, radiostrontium *radyoaktif tortu* fallout

radyoaktivite radioactivity *radyoaktivite birimi* curie *radyoaktivite ısısı* heat of radioactivity

radyo radio *radyo devresi* radio circuit

radyografi radiography

radyogram radiogram

radyoısı tedavisi radiothermy

radyoizotop radioisotope

radyokarbon radiocarbon *radyokarbonla yaş belirleme* radiocarbon dating

radyokimyasal radiochemical

radyoloji radiology

radyolojik radiological

radyometre radiometer

radyometri radiometry

radyometrik radiometric

radyoreseptör radioreceptor

radyoskop radioscope

radyoterapi radiotherapy

radyotoryum radiothorium

radyum (simgesi Ra) radium

rafinoz raffinose

rafit raphide

rafya bast, raffia *rafya elyafı* raffia

rahat rest, soft *rahat etmek* to rest

rahatsızlık dysphoria

rahim metra, womb, uterus *rahim borusu* fallopian tube *rahim boynu* cervix, neck of womb *rahim boynu ile ilgili* cervical *rahimdeki fetüsün görünüşü* habitus *rahimde taşıma* gestation *rahim ile ilgili* uterine

rahim kapağı pessary *rahim sancısı* uteralgia *rahim tüpü* salpinx *rahmin alınması* hysterectomy *rahminde taşımak* to gestate

rakam number

ramnoz rhamnose

randıman output

rapt etmek to joint

rasat observation, sight

raşitizm rachitis

ratanya rhatany

ray rail, runner

reaksiyon reaction *reaksiyon derecesi* reaction order *reaksiyon hızı* reaction rate *reaksiyon ısısı* heat of reaction *reaksiyon karışımı* reaction mixture *reaksiyon süresi* reaction time

reaktif reactive

reaktör reactor *reaktör çekirdeği* core

rebap lyre *rebap yapraklı* lyrate

reçine colophony, gum, resin, rosin *reçine asidi* abietic acid *reçine asiti* resin acid *reçine kanalı* resin duct *reçine sakızı* karaya gum *reçine üreten* resiniferous

reçineleşmek to resinify

reçineleştirmek to resinify

reçineli gummiferous, resiniferous, resinous, rosinous

redükleyici alev reducing flame

redükleyici gaz reducing gas

redüksiyon reduction *redüksiyon bölünmesi* reduction division

redüktör reducer, reducing agent

refleks reflex *refleks hareket* reflex action *refleks kemeri* reflex arc *refleks zinciri* reflex chain

refraktometre refractometer

rehber conductor, lead, leader

rejim diet *rejimde olmak* to be on a diet

rekor record *rekor kıran* record
rektal rectal
rektum rectum *rektuma yakın*
pararectal
rem rem
rende plane
renin renin
renk colour, colouring, dye *renge*
yönelim chromotropic *rengin çevreye*
uyumu protective coloration *rengini*
giderme etiolation *rengini gidermek*
to etiolate *renk değişimi*
metachromatism, metachrosis *renk*
değiştiren metachromatic *renk*
değiştirme metachrosis *renk gözesi*
chromatophore, pigment cell *renk*
koyulaştıran atom grubu auxochrome
renkleri aslına uygun orthochromatic
renkler ile ilgili chromatic *renk*
maddesi pigment *renk nüansı* tone
renk oynaşmak to opalesce *renk*
oyunu opalescence *renk ölçme*
colorimetry *renk ölçümü yoluyla*
colorimetrically *renk renk* variegated
renk sabitleştirici kimyasal mordant
renk üreten chromogen, chromogenic
renk yapan chromophore *renk yapıcı*
chromophoric, chromophorous
renkkörlüğü daltonism
renkküre chromosphere
renklendirme variegation
renklendirmek to pigment
renkli chromatic *renkli cam* smalto
renkli fotoğrafçılık photochromy
renkli ışıkla ilgili photochromatic
renkli kenarlı (çiçek) limbate *renkli*
mermer brocatelle *renkli perde*
(gözde) pecten *renkli protein*
chromoprotein *renkli resim*
chromophotograph *renkli şerit* vitta,

(bitkide) fascia
renklilik chromaticity, variegation
renkölçer colorimeter
renkseme chromatography, chrominance
renksemez achromatic
renkser chromatic *renkser sapınç*
chromatic aberration
renkseven chromatophile
renksiz achromatic, achromic, pale
renksiz kokulu sıvı phenetole *renksiz*
kristal keton flavone *renksiz pis*
kokulu sıvı thiazole *renksiz suda*
erimez kristal camphene *renksiz suda*
erir alkaloid physostigmine *renksiz*
tutuşur bileşim benzene *renksiz*
tutuşur gaz butane *renksiz yağlı sıvı*
bromal, dibenzylamine *renksiz zehirli*
gaz ketene
renkteş procryptic
renkteşlik procrypsis
renkveren chromogenic, pigment
renkveren bakteri chromogen
renkveren madde anthocyanin
renyum (simgesi Re) rhenium
reosta rheostat
reseptör receptor
resif reef, ridge
resmi formal
resorsinol resorcin(ol)
ressam painter *ressam kömürü* fusain
reten retene
retina retina *retina altında* subretinal
retinadaki çukurluk fovea centralis
retinae
retinal retinal, retinene
reze hinge *reze eklem* hinge joint
rezelemek to hinge
rezene finochio
rezerpin reserpine
rezil base

rezistans resistance
rezonans resonance *rezonans devresi* resonance circuit *rezonans enerjisi* resonance energy *rezonans nötronu* resonance neutron
Rhesus faktörü rhesus factor
Rh faktörü rhesus factor
riboflavin lactoflavin, riboflavin
ribonükleaz ribonuclease
ribonükleik ribonucleic *ribonükleik asit* ribonucleic acid
ribonükleoprotein ribonucleoprotein
ribonükleotit ribonucleotide
riboz ribose
ribozom ribosome
ring ring
Ringer Ringer *Ringer çözeltisi* Ringer's solution
ring seferi circuit
risin ricin
risinoleik ricinoleic *risinoleik asit* ricinoleic acid *risinoleik asit gliseridi* ricinolein
risinolein ricinolein
ritim rhythm
ritimsizlik arrhythmia
riyolit rhyolite
rodamin rhodamine
rodik rhodic
rododendron rhododendron
rodokrozit rhodochrosite
rodonit rhodonite
rodoplast rhodoplast
rodopsin erythropsin, rhodopsin
rodyum (simgesi Rh) rhodium
roket projectile *roket yakıtı* pentaborane, propellant
romatizma rheumatism
romatizmalı rheumatic
rosto roast

rota course, run
rotasyon rotation
rotatif rotary *rotatif güç* rotatory power
rozet rosette *rozet biçimli* rosulate
röle relay
rölyef relief
röntgen X-ray *röntgen filmi* X-ray *röntgen ışını* X-ray *röntgen ışını şiddetini ölçen alet* ionometer *röntgenini çekme* radiography *röntgenini çekmek* to X-ray *röntgenle inceleme* radioscopy *röntgen spektrometresi* X-ray spectrometer
röper noktası fixed point
rubidyum (simgesi Rb) rubidium
ruh heart, pneuma, spirit, vitality *ruh fizik bilimi* psychophysics *ruh fiziksel* psychophysic *ruh hali* humour *ruh hekimliği* psychiatry *ruh işlev bilimi* psychophysiology *ruh oluşum* psychogenesis *ruh oluşumsal* psychogenetic *ruh tahlili* psychognosis
ruhbilim psychology *ruhbilim ötesi* parapsychlogy
ruhgöçü palingenesis *ruhgöçü ile ilgili* palingenesian, palingenetic
ruhi psychiatric
ruhölçüm psychometry
ruhsal inward, psychiatric, psychologic *ruhsal bozukluğu telkinle tedavi etme* pithiatism *ruhsal çözümleme* psychoanalysis *ruhsal dirimbilim* psychobiology *ruhsal kökenli* psychosomatic
ruhsuz sapless
rutenik ruthenic
rutenyum (simgesi Ru) ruthenium
rutubet humidity

rutubetli wet, sticky
rüsup sludge
rüşvet kickback
rütbe grade
rütil rutile *rütil kristalleri içeren*
rutilated
rütilli rutilated
rüzgâr wind *rüzgâra göre yön alma*
anemotropism *rüzgâra karşı*
seyretmek to weather *rüzgâr*
aşındırması wind erosion *rüzgâra*
yönelme anemotropism *rüzgâr*
erozyonu aeolian erosion, wind
erosion *rüzgâr fırıldağı* vane *rüzgâr*
hızı ölçeği wind scale *rüzgârla*
döllenen anemophilous, wind-
pollinated *rüzgârla döllenme*
anemophily, wind-pollination
rüzgârla ilgili aeolian *rüzgârla*
tozlaşma pollination by wind *rüzgâr*
yükü wind load
rüzgârgülü rose, wind rose
rüzgârsız still

S

saat (simgesi h) hour, meter
sabah morning *sabah açan çiçek*
matutinal flower *sabah ortaya çıkan*
matutinal
sabankemiği vomer *sabankemiği ile*
ilgili vomerine
sabit fixed, invariant, stationary *sabit*
akım constant current *sabit dalga*
standing wave *sabit eklem* gomphosis
sabit hacimli isochoric *sabit ısılı*
hareket adiabatik motion *sabit mafsal*
symphysis *sabit motor* stationary
engine *sabit nicelik* invariant *sabit*

nokta fixed point *sabit odak* fixed
focus *sabit oranlar kanunu* law of
constant proportions *sabit sıcaklıklı*
isothermal *sabit tuz* fixed salt *sabit*
yağ fixed oil *sabit yapma* fixation
sabite invariant
sabitleştirme (renk) fixation
sabitlik stability
sabun soap *sabun eriği* soapberry
sabun gibi saponaceous
sabunağacı soapbark, soapberry
sabunlamak to soap
sabunlaşma saponification
sabunlaşmak to saponify
sabunlaştıran saponifier, saponifying
sabunlaştırma saponification
sabunlaştırmak to saponify
sabunotu soap plant, soapwort
sabuntaşı soapstone, steatite
sabuntaşıyla ilgili steatitic
sac sheet metal *sac levha* plate
saç hair *saça benzer* piliform *saç*
büyümesini artıran madde trichogen
saç çıkaran piliferous *saç dökülmesi*
alopecia, phalacrosis *saç gibi* trichoid
saç hastalığı trichosis *saçını başını*
düzeltmek to preen *saç içeren*
pilonidal *saç kökü* hair follicle
saçak lacinia *saçak yüzgeçli balık*
coelacanth
saçakbulut cirrus
saçakkök fibrous root
saçaklı fimbriate(d), fringed
saçılım scattering *saçılım açısı*
scattering angle
saçılma dissemination
saçlı crinite, pilar, pilose, pilous *saçlı*
nemölçer hair hygrometer
saçma lead
saçsız hairless

sadak quiver
sadakat fidelity
sade pure, simple, single
sadece only; simply *sadece dişi yavru*
veren thelygenic *sadece erkek döl*
veren arrhenotokous *sadece erkek döl*
verme arrhenotoky *sadece erkekten*
erkeğe geçen holandric *sadece*
inorganik maddeyle beslenen
prototrophic *sadece karbon atomu*
içeren carbocyclic
sadegöz stemma, ommatidium
saf whole, pure, raw, simple, sweet *saf*
alkol absolute alcohol, neutral spirits
saf asetik asit glacial acetic acid *saf*
ispirto pure alcohol, raw spirits *saf*
kalay block tin *saf yumuşak karbon*
graphite
safen saphena
safha phase, stage
safir sapphire *safirden yapılmış*
sapphirine
safirin sapphirine
safkan homozygous, thoroughbred
safkan at thoroughbred *safkan birey*
homozygote
safkanlılık homozygosis
saflık alloy
safra bile, gall *safra asitleri* bile acids
safra hastalığı dyscholia *safra ile*
ilgili biliary *safra kanalı* bile duct
safra taşı bile calculus, biliary
calculus, cystic calculus, gallstone
safra tuzları bile salts
safrakesesi bile cyst, gall bladder
safrakesesi iltihabı cholecystitis
safralı billious
safran saffron
safranin safranin(e)
safrol safrol(e)

sagital sagittal *sagital kesit* sagittal
section
sağ right; living *sağa bükülen (bitki)*
dextrorse *sağa dönen* dextrorotatory
sağa dönüş dextrorotation *sağdan*
sola doğru kıvrılan sinistrorse
sağaltan cicatrizant
sağaltıcı therapeutic
sağaltım therapy
sağım milking
sağınımlı peristaltic
sağınma peristalsis
sağlam whole, robust, solid, sound,
stable *sağlam kazıklarla çevirmek* to
palisade *sağlam kazıklı çit* palisade
sağlık health, tonicity *sağlığa uygun*
sanitary *sağlığa zararlı* deleterious
sağlık kuralları hygiene *sağlıkla ilgili*
sanitary *sağlık muayenesi* physical
examination
sağlıkbilgisi hygiene, hygienics
sağlıklı healthy; hygienic, medicinal
sağma milking
sağrı rump *sağrı kemiği* sacrum
saha area, region *saha ile ilgili* areal
sahanlık platform
sahil coast, coastal, strand *sahil şeridi*
littoral
sahne stage, stand
sahra wilderness
sahte histrionic, spurious, false *sahte*
altın oroide
sak stem
sakal barb, barbel, beard
sakallı barbate, bearded *sakallı guguk*
puffbird
sakarat saccharate
sakarik saccharic *sakarik asit* saccharic
acid *sakarik asit tuzu* saccharate
sakarimetre saccharimeter

sakarin saccharin
sakarit saccharide
sakaroz saccharose, sucrose
sakatlık malformation
sakım conservation
sakız gum, mastic
sakızağacı mastic, sapodilla, terebinth
sakızkabağı marrow
sakızlı gummiferous
sakin qiescent, nerveless, still
sakinleşmek to tranquilize
sakinleştirmek to tranquilize
sakinlik quiescence
saklamak to screen, to secrete
saklayan preservative, retentive
saklı latent, latescent
saksı flowerpot
saksıgüzeli cotyledon, kidneyworth, navelwort
salan emissive, emitter
saldırı onset
salepgillerden orchidaceous
salgasal secretory
salgı secretion, excretion, humour, slime
salgı bezesi uru adenosarcoma
salgılar excreta *salgı organı* secretory
salgı yetersizliği hyposecretion
salgıyla ilgili humoral
salgıbezi glandula
salgıç emitter
salgılama adrenalin(e)secretion, excretion, incretion, secretion
salgılamak to excrete, to secrete
salgılayan secretory
salgın rife *salgın hastalık* pestilence
salgın hastalık bilimi epidemiology
salgın yapan epidemic
salgınbilim epidemiology
salgınlıkbilim epidemiology
salgısal excretive, humoral

salıcılık emissivity
salım emission *salım izgesi* emission spectrum
salımsal emissive
salınan oscillatory
salıngaç oscillator
salınım fluctuation, oscillation
salınımçizer oscillograph
salınımgözler oscilloscope
salınmak to oscillate
salıverme release
salıvermek to release
salisil salicyl *salisil alkol* salicyl alcohol, saligenin
salisilat salicylate
salisilik salicylic *salisilik asit* salicylic acid *salisilik asit tuz\esteri* salicylate
salisin salicin
salkım agglomerate, bunch, cluster, corymb, thyrse *salkım biçiminde* aciniform *salkım biçimli* thyrsoidal *salkım çiçek* catkin, dicentra, raceme *salkım çiçekli* amentaceous, amentiferous, catkinate *salkım saplı* spadiceous *salkım şeklinde* botryoidal *salkım yapmak* to cluster
salkımcık sororis
salkımercikli bitk. adelphous
salkımlı botryoidal, corymbose, paniculated, racemed, racemic, racemiferous, racemose, thyrsoidal
salkımsı aciniform, racemose *salkımsı gudde* racemose glands
sallamak to quiver, to rock
sallanan cernuous *sallanan kaya* loganstone
sallanmak to wave, to rock, to vibrate
salmak to emit, to vent
salmonella salmonella
salol salol

salt absolute, pure *salt basınç* absolute pressure *salt boşluk* absolute vacuum *saltık sıfır erkesi* zero-point energy *salt sıcaklık* absolute temperature *salt sıfır* absolute zero *salt yoğunluk* absolute density

salya saliva, slaver *salya akıtma* salivation *salya akıtmak* to slaver

salyangoz snail; spiral *salyangoz biçiminde* cochleate *salyangoz kabuğu kıvrımı* volution *salyangoz kanalı* cochlea duct

saman haulm, (hayvan altına konan) litter *saman nezlesi* pollenosis

samankapan yellow amber

samanlı acerose *samanlı balçık* loam

samarskit samarskite

samaryum (simgesi Sm) samarium

samimi open

sanal imaginary *sanal alım* susceptance

sanat occupation *sanat eseri* artefact *sanat galerisi* art gallery

sancak banner

sancılı colic *sancılı âdet görme* dysmenorrhea

sandal sandal; rowboat *sandal ağacı* santol *sandal kemik* naviculare

sandalımsı navicular *sandalımsı yumuşakçalar sınıfı* Scaphopoda *sandalımsı yumuşakçalar sınıfından* scaphopodous

sandık chest, trunk

sanrı hallucination *sanrı veren* psychotropic

sansar marten

sansasyon sensation

santigrat Celsius, centigrade *santigrat derecesi* Centigrade scale *santigrat ölçeği* Celsius scale *santigrat termometresi* Celsius thermometer, centigrade thermometer

santilitre centilitre

santimetre centimetre *santimetre küp* cubic centimetre

santonin santonin

santrifüj centrifugal *santrifüj makinesi* centrifuge

sap caudex, caulis, culm, haulm, manubrium, rachis, stalk, stem, stick, tige *sapa benzer çıkıntı* manubrium *sapa benzer organ* peduncle, petiole *sapa benzeyen* scapose *sapa yönelik* adaxial *sap dibi* base *sapı kavrayan* amplexicaul *sapını koparmak* to tip *sapının iki tarafında tüy gibi yaprakları olan* pinnate *sapın karşılıklı tarafında olan* opposite *sapın üstünde büyüyen* cauline *sapı olan* caulescent, pedunculate *sapı saran* amplexicaul, perfoliate *sap ile ilgili* manubrial, rachial, rachidal *sap kılıfı* ochrea, ocrea *sapla ilgili* peduncular, rachial, rachidal *sap meyveli* caulocarpic *sap şeklinde* cauliform, peduncular *saptan oluşan* scapose *sap yaprak* phylloclade

saparna sarsaparilla *saparna kökü* sarsaparilla

sapçık pedicel, stalklet, stemlet, stipel, tigella

sapçıklı stipellate

sapık aberrant

sapınç aberration

sapkı aberration

sapkın aberrant, twisted

sapkınlık aberration

saplama pin

saplamak to stick

saplanmak to stick

saplantı perseveration

saplı caulescent, culmiferous, pedicellate, pedunculate, petiolate, stalked, stemmed

sapma aberration, deflection, deviation, diffraction

saponin saponin

saponit saponite

sapsız acaulescent, acauline, acaulous, stemless, (yaprak) sessile *sapsız* *çiçekli* sessile-flowered *sapsız* *yapraklı* sessile-leaved

sapsızlık sessility

saptırıcı deflective *saptırılan ışınım* scattered radiation

sara epilepsy

sararmak to pale, to wither, to yellow

sararmış chlorotic

sarartmak to yellow

saray patı China aster

sardalya sardine

sardunya pelargonium *sardunya ile ilgili* pelargonic

sargı band, coil, fascia

sarı xanthic, yellow *sarı aşı boyası* yellow ocher, yellow ochre *sarı beril* chrysoberyl, cymophane *sarı bitkisel pigment* curcumin(e) *sarı cevher* greenockite *sarı cisim* corpus luteum, yellow body *sarı çiçek boyası* xanthine, xanthein *sarı defne* spicebush *sarı enzim* yellow enzyme *sarı ırk* yellow race *sarı-kahverengi demirli pigment* haemofuscin *sarı-kahverengi lal taşı* essonite *sarı katran boyası* flavopurpurin *sarı kelebek* sulfur butterfly *sarı keskin kokulu antiseptik maddesi* iodoform *sarı-kırmızı renkli karotenit alkol* lutein *sarı kızıl kahverengi uranyumlu cevher* gummite *sarı*

körelim yellow atrophy *sarı kurşun cevheri* yellow lead ore *sarı kuyruksallayan* yellow wagtail *sarı lal taşı* cinnamon stone *sarı leke* xanthoma *sarı maden* yellow metal *sarı ponsiyana* flowerfence *sarı renk dişli* xanthodont *sarı renkli* xanchromatic, xanthous *sarı renkli antibiyotik tozu* oxytetracycline *sarı renkli grena* topazolite *sarı renkli vajinal akıntı* xanthorrhoea *sarı renkte boyanmış* xanthochromic *sarı selvi* yellow cypress *sarı senkli* xanthochromic *sarı taş* enstatite *sarı topaz* citrine, topaz quarts *sarı yakut* chrysolite, topaz *sarı yasemin* gelsemium *sarı-yeşil deniz yosunu* yellow-green alga *sarı yeşil renkli katı madde* phenothiazine *sarı yosun* chrysophyte *sarı zırnık* orpiment

sarıbaş doronicum, verdin

sarıbenek chloasma, fovea centralis retinae, macula lutea

sarıboya flavin, quercetin, xanthone

sarıcık zeaxanthin

sarıçam yellow pine

sarıçiçek yellowweed

sarıhumma yellow fever

sarılabilen prehensile

sarılan clasper

sarılgan bitk. running *sarılgan ot sapı* bine

sarılık chlorosis

sarılmak to creep

sarılmış convolute

sarım whorl

sarımsı xanthic

sarıpas yellow, yellow rust

sarışın xanthochroic

sarıyonca lupulin

sarızambak day lily
sarkaç pendulum
sarkan cernuous, nodding *sarkan ur* polyp *sarkan urlu* polypous
sarkık cernuous, deflexed, flaccid, pendent, pensile
sarkıt stalactite *sarkıt biçimli* stalactitic
sarkıtlı stalactitic
sarkmak to prolapse
sarkmış nutant
sarkoma sarcoma *sarkoma benzeri şişlik* sarcoid
sarkoplazma sarcoplasm
sarmaç linkage
sarmak to coil, to girdle, to wind
sarmal helicoid, helix, solenoid, spiral, turbinal, turbinate *sarmal bakteri* leptospire, spirillum *sarmal boru* spiral tube *sarmal kabuklu* spirula *sarmall kıvrık* turbinated *sarmal salyagoz* volute *sarmal yapraklar* alternate leaves *sarmal yay* spiral spring *sarmal yosun* spirogyra
sarmalımsı spiroid(al)
sarmaşık bine, climber *sarmaşık tere* wart-cress
sarsak parakinetic
sarsaklık parakinesia
sarsıcı traumatic
sarsılma oscillation, shock
sarsılmak to rock
sarsılmaz stable
sarsıntı psychic trauma, shock, trauma
sarsıntısız smooth
sarsmak to jar, to rock, to shock
sataşmak to needle
satıh plane, surface
satılmamış outstanding
satromer centromere
savan savanna

savsak lax
savunma defence *savunma konumu* defensive *savunma mekanizmaları* defensive mechanisms *savunmaya yarayan* defensive *savunmayla ilgili* defensive
savunmasız vulnerable
sayaç meter
saydam hyaloid, pellucid *saydam gereç üzerine çıkarılan kopya* tracing *saydam kat* cornea *saydam opal* hyalite *saydam plazma* hyaloplasm *saydam tabaka* cornea *saydam tabaka ile ilgili* corneal *saydam zar* hyaloid membrane
sayfa page *sayfa düzeni* make-up
sayfiye summer residence
sayı quantum, number *sayı doğrusu* number line
sayıklama delirium
sayısal digital
sayısız indefinite
saymak to rate
sayvan bitk. umbrella; anat. ala *sayvan çiçekli ot* sanicle
saz sedge
sazlık sedgy
Schwann Schwann *Schwann hücresi* Schwann cell *Schwann kını* Schwann's sheath
sebze vegetable *sebze ekimi* olericulture *sebzenin toprak üstünde kalan kısmı* top *sebze üreten* olericultural *sebze yetiştirme* olericulture
seçme selection *seçme kuralları* selection rules *seçme şey* selection *seçme taş* eclogite
seçmek to distinguish, to spot, to take
seda sound, voice
sedde mound

sedef mother of pearl, nacre *sedef balık*
ganoid *sedef gibi* ganoid, pearlized
sedef hastalığı psoriasis *sedef
hastalığına yakalanmış* psoriatic
sedefli nacreous, pearlized
sedefotugillerden rutaceous
sedeften nacreous, pearlized
sedimantasyon sedimentation
sedimantasyon dengesi sedimentation
equilibrium
sedye litter
sefalin cephalin
segman ring
segmantasyon cleavage
segment metamere
sığırmek (kas lifi) to fibrillate
sehpa stand
Seignette tuzu Rochelle salt
sekiz eight *sekiz açılı* octangular *sekiz
ayaklı* octopod *sekiz parçalı*
octamerous *sekiz valanslı atom grubu*
octad *sekiz yapraklı* octamerous,
octopetalous *sekiz yüzlü* octahedral
sekizgen octagon
sekizlik octant
sekonder secondary *sekonder elektron*
secondary electron *sekonder emisyon*
secondary emission *sekonder sargı*
secondary
sekoya sequoia
sekretin secretin
seks sex *seks hormonları* sex hormones
selamotu lovage
sel flood *sel basması* washout *selen
asidi* selenious acid *selen asidi tuzu*
selenite
selenat selenate
selenik selenic *selenik asit* selenic acid
selenik asit tuzu\esteri selenate
selenit selenide, selenite

selenitli selenitic
selentere coelenterata
selenyum (simgesi Se) selenium
selenyum içeren selenious, selenous
selenyumla ilgili selenic *selenyum
pili* selenium cell *selenyum selülü*
selenium cell
selestit celestine, celestite
selim benign
selobiyaz cellobiase
selobiyoz cellobiose
selülaz cellulase
selülit cellulitis
selüloit celluloid
selülolitik cellulolytic
selüloz cellulose *selüloz asetat* cellulose
acetate *selülozdan yapılmış* cellulosic
selüloz eteri cellulose ether *selüloz
ipliği* cellulosic fibers *selüloz nitratı*
cellulose nitrate
selülozlu cellulosic
selülozluluk cellulosity
semaver urn
sembiyotik symbiotic
sembiyoz symbiosis
sembol symbol
sembolik typical
semirtmek to soil
semiyoloji semeiology
semiz fat, fleshy
sempati affinity
sempatik sympathetic *sempatik sinir
düğümü hücreleri* sympathoblast
sempatik sinir lifleri ile ilgili
adrenergic *sempatik sinir sistemi*
sympathetic nervous system *sempatik
sinir sistemi benzeri etki yapan*
sympathomimetic *sempatik sinir
sistemi ile ilgili* autonomic
sempatin sympathin

senarmontit senarmontite
sendrom syndrome
senet bond, paper
senklinal kıvrım synclinal fold
senogenez cenogenesis
sentetik plastic, synthetic *sentetik boyalar* synthetic dyes *sentetik lif* staple fibre *sentetik östrojen* hexoestrol
sentez synthesis
sentrozom centrosome
sepal sepal
sepalosporin cephalosporin
sepileme tannage, tanning
septisemi septicemia
sepya sepia
sera greenhouse, plant house *sera etkisi* greenhouse effect
seramik china
serbest exarate, free, open *serbest bırakma* liberation *serbest bırakmak* to release *serbest elektron* free electron *serbest enerji (simgesi F)* free energy *serbest parçacık* free particle *serbest radikal* free radical *serbest su düzeyi farkı basıncı* hydrostatic pressure
serbestlik freedom *serbestlik derecesi* degrees of freedom
serçe sparrow
seren spar *seren dikmek* to spar
serezin ceresin
sergi display
sergilemek to display
seri series, course, sequence, battery *seri bağlama* catenation *seri bağlı* series, series wound
serik ceric
serin cool, serine
serinkanlı lymphatic

serinletmek to cool
serinlik cool
sermaye capital *sermaye devri* turnover
serme spreading
sermek to display, to lay
serotonin enteramine, serotonin
serpantin serpentine
serpilmiş scattering
serpiştirilmiş interspersed
sersemletmek to stupefy
sert hard; solid; pungent; (içki) strong; (söz) strong *sert ağaç* hardwood *sert alüminyum* Duralumin *sert cevap* retort *sert cevap vermek* to retort *sert çeperli göze* cyst *sert damarlı (yaprak)* rugous *sert derili* sclerodermatous *sert hücre* stone cell *sert içki* aqua vitae, liquor *sert ispirto* metaldehyde *sert kabuk* sclerite *sert kabuklu* angiocarpic, angiocarpous, chitinoid, chitinous, putaminous, scleritic, sclerodermatous *sert kabuklu bitki* angiocarp *sert katman* hardpan *sert kauçuk* ebonite, hard rubber *sert kereste* hardwood *sert kıl* bristle, seta *sert kıllı* barbellate, bristly, echinate(d), hispid, setaceous, setiferous, setose, strigose *sert kil* till *sert mısır* flint corn *sert odun* duramen, hardwood *sert olmayan* sweet *sert örtü* carapace *sert pullar* scutellation *sert pullu* scutellate, squarrose *sert sırt kabuğu* scutum *sert silisli damar* burr *sert su* hard water *sert tabaka* shell *sert toprak* hardpan, stiff soil *sert ve parlak* adamantine *sert yapraklı* sclerophyllous
sertdoku sclerenchyma
sertleşebilir (doku) erectile
sertleşen sclerotic

sertleşme concretion, erection, keratosis, sclerosis
sertleşmek to solidify *sertleşmiş* (doku) sclerosed
sertleştirme induration
sertleştirmek to ossify, to solidify
sertlik hardness, toughness, rigor, spinescence *sertlik değeri* pH value
serum serum *seruma benzerlik* serosity *serum bilimi* serology *serum gibi* serous *serumla ilgili* serous, serumal
serumlu serous
serüzit cerussite
serviks erozyonu cervical erosion
servis service, course
serya ceria
seryum (simgesi Ce) cerium *seryum dioksit* ceria, cerium dioxide *seryum silikatı* cerite
ses sound; voice *ses ahengi* tone *ses bandı* tape *ses basıncı* sound pressure *ses bilimi* sonics *ses dalgası* sound wave *ses duvarı* sound barrier *sese karşı duyarlı hücre* phonoreceptor *ses erimi* sound *ses gücü* volume *ses hızı* sound velocity *ses hızını yakın* transonic *ses ile ilgili* acoustic, vocal *sesini kısmak* to mute *sesin niteliği* tone *sesin şiddetini ölçme* phonometry *ses kuşağı* sound track *ses oluşumu* phonation *ses oluşumunu sağlayan boğaz yapıları* vocal apparatus *ses ötesi* ultrasound *ses şiddetini gösteren alet* phonoscope *ses teli nodülleri* vocal nodules *ses telleri* vocal cords *sesten hızlı* hypersonic *ses vermek* to sound
seselim resonance
seslendirme phonation
seslenmek to sound

sesli vocal
sesölçer phonometer, sonometer, tonometer *sesölçerle ölçülen* phonometric
sesölçümü phonometry
sessiz mute, still *sessiz harf* mute *sessiz kuğu* mute swan
sessizlik mutism, still
sesüstü supersonic, ultrasonic *sesüstü bilgisi* ultrasonics *sesüstü dalga* ultrasonic waves
set dike, platform, (toprak) mound
setan cetane *setan sayısı* cetane number
setil cetyl *setil alkol* cetyl alcohol *setil amin* cetyl amine *setil bromür* cetyl bromide *setil palmitat* cetin
sevgi affinity
sevimli sweet, sympathetic
sevk etmek to channel
sevri penetrant
seylantaşı almandine
seyrek lax, rare, rarefied *seyrek çiçekli* patulous, sparsiflorous *seyrek salkım* panicle *seyrek salkımlı* panicled
seyreltici rarefactive, thinner
seyreltik dilute
seyreltilebilir rarefiable
seyreltilmemiş undiluted
seyreltilmiş dilute, rare, rarefied
seyreltme dilution, rarefaction, thinning *seyreltme maddesi* diluent
seyreltmek to dilute, to rarefy
seyretmek to watch
seyyar mobile
sezaryen Cesarean, cesarean section *sezaryen ameliyatı* caesarean operation\section
sezme smell
sezmek to scent, to smell
sezyum (simgesi Cs) caesium, cesium

sfenoidal sinüs sphenoidal sinus
sferoit spheroid
sıcak warm; hot *sıcak cephe* warm front
sıcak dalgası heat, heat wave *sıcakla muamele* heat treatment *sıcak olmayan* athermal *sıcak su kaynağı* geyser
sıcakkanlı hom(o)eothermal, hom(o)eothermic, homoiothermal, homothermal, warm-blooded *sıcakkanlı hayvan* homoiotherm
sıcaklık heat, temperature *sıcaklık anomalisi* temperature anomaly *sıcaklık bilimi* thermology *sıcaklık bilimsel* thermologic(al) *sıcaklık değişimi* temperature gradient *sıcaklık değişimi algılanması* thermaesthesia *sıcaklık farkı* temperature differantial *sıcaklık katsayısı* temperature coefficient *sıcaklık oluşturan* calorifacient *sıcaklık ölçerek* thermometrically *sıcaklık seven* thermophilic *sıcaklık zararı* heat injury
sıcaklıkölçer thermometer
sıcaklıkölçüm thermometry
sıçan rat; mouse
sıçangillerden murine
sıçankuyruğu bitk. brookweed
sıçanotu arsenic, arsenic trioxide
sıçrama rebound
sıçramak to jump *sıçrayarak yürüyen* saltigrade
sıçrayan saltatorial
sıçrayangillerden saltigrade
sıfat attribute, capacity
sıfır zero; null *sıfır enerji seviyesi* zero-energy level *sıfır frekansı* zero frequency *sıfır nem indeksi* zero moisture index *sıfır noktası* null

point, zero point *sıfır noktası enerjisi* zero-point energy *sıfır yerçekimi* zero gravity
sığ shallow *sığ kayalık* reef *sığ yerde bulunan* neritic
sığa capacitance, capacity
sığınmak to lodge
sığırcık hayb. starling
sığırdili oxtongue
sığırkuyruğu mullein
sıhhi hygienic *sıhhi tesisat* plumbing *sıhhi tesisatçılık* plumbing
sık dense, thick, caespitose, cespitose *sık âdet görme* plurimenorrhoea *sık solunum* hyperpnea *sık tüy* scopula
sıkılık tightness
sıkışık appressed, dense
sıkışma dayancı strength of compression
sıkıştırılamaz incompressible
sıkıştırılmış compressed *sıkıştırılmış gaz* compressed gas *sıkıştırılmış hava* compressed air
sıkıştırma compression *sıkıştırma basıncı* compression pressure *sıkıştırma oranı* compression ratio
sıkıştırmak to compress, to condense, to impact
sıklaştırma thickening
sıklet weight
sıklık density, frequency, thickness *sıklık eğrisi* isopleth
sımsıkı appressed, clinging, hermetically
sınama testing
sınamak to test
sınav test *sınav kâğıdı* test paper
sınıf class, classification, form, rate rating *sınıf geçirmek* to promote *sınıfını saptamak* to identify *sınıflara*

ayırma classification **sınıflara**
ayırmak to classify
sınıflama classification, rating
sınıflamak to classify
sınıflandırma breakdown, distribution
sınıflandırma bilgisi taxology,
taxonomy **sınıflandırma bilgisi ile**
ilgili taxonomic **sınıflandırma bilimi**
systematics
sınıflandırmak to classify, to
distinguish, to divide, to grade, to rate
sınır contour, margin, measure, pale,
verge **sınır altı** submarginal **sınırı**
aşmak to strain
sınırlamak to narrow
sınırlandırma inhibition
sınırlı determinate, measurable, narrow
sınırsal marginal
sınırsız indefinite
sır enamel, (porselende) smear
sıra order, series **sıra ile** alternately **sıra**
ile farklı ürün yetiştirme rotation
sıracalı strumatic, strumous
sıradağ ridge, sierra **sıradağ eteği**
piedmont
sıradan trivial
sıralamak to order, to range **sırasını**
değiştirmek to invert
sırık bar, pole, stick
sırsız unglazed
sırt crest, dorsal, dorsum, ridge,
(eklembacaklıda) tergum **sırt bölgesi**
dorsum **sırt eti** chine **sırtı dikenli**
larva zoea **sırt ipliği** chorda,
notochord **sırt kabuğu** scute **sırtla**
ilgili notal, (eklembacaklılarda) tergal
sırt segmenti tergite **sırttan karına**
uzama dorsiventrality **sırttan karına**
uzayan dorsoventral **sırtta oluşan**
dorsiferous **sırt yüzgeci** dorsal fin

sıska bony
sıtma malaria, paludism **sıtma ağacı**
eucalyptus **sıtma ağacı ile ilgili**
eucalyptic **sıtma asalağı** plasmodium
sıva plaster **sıva kan** blood plasma
sıvamak to plaster
sıvı fluid, liquid, running, aqua **sıvı**
asıltı emulsion **sıvı asıltılı** emulsive
sıvı birikimi effusion **sıvı buzsul**
mesomorphic **sıvı donma derecesi ile**
ilgili cryoscopic **sıvı eriyik** liquid
solution **sıvı hal** fluid state **sıvı haline**
getirme liquefaction **sıvı hava** liquid
air **sıvı hayvani yağ** oleooil **sıvı ilaç**
solution **sıvı karışımı** liquid mixture
sıvı kristal liquid crystal **sıvı**
kromatografisi liquid chromatography
sıvık su mucin **sıvıların sıkışabilirlik**
ölçeri piezometer **sıvının donma**
derecesini ölçen alet cryoscope
sıvının özgül ağırlığını ölçen alet
areometer **sıvı oksijen** liquid oxygen,
lox **sıvı oksijen kaynama noktası**
oxygen point **sıvı ölçeği** liquid
measure **sıvı ölçme tüpü** burette **sıvı**
ölçüsü liquid measure **sıvı özgül**
ağırlığının ölçülmesi areometry **sıvı**
sarılım solvate, solvation **sıvı yağ**
eleoptene, oil, oleum **sıvı yakıt** liquid
fuel **sıvıyı (tortusundan ayırıp)**
boşaltmak to decant
sıvılaşabilir liquefiable
sıvılaşan liquescent
sıvılaşma condensation, liquefaction,
liquescence **sıvılaşmayı kolaylaştıran**
liquefacient
sıvılaşmak to liquefy
sıvılaştırılabilir liquefiable
sıvılaştırılamaz (gaz) incondensable
sıvılaştırma liquefaction

sıvılaştırmak to condense, to liquefy
sıvıölçer areometer, hydrometer
sıvıölçüm areometry, hydrometry
sıvıölçümsel hydrometric(al)
sıvısız aneroid
sıyırmak to skin
sıyrık abrasion
sızdırma guttation
sızdırmak to leak, to ooze, to transpire
sızdırmazlık gereci sealant
sızı ache
sızım effusion
sızıntı ooze, seep, seepage, transudate
sızıntı suyu seepage water sızıntı
yapmak to seep
sızlamak to ache
sızma diapedesis, leak, penetration,
percolation, permeation sızma suyu
seepage water
sızmak to leak, to ooze, to permeate, to
seep
sicil record
siderit siderite siderit ile ilgili sideritic
sideroz siderosis
sidik urine sidik gözlemi uroscopy sidik
ile ilgili urinary sidik sarısı
uroxanthin sidik söktürücü (ilaç)
diuretic sidik söktürüm diuresis sidik
taşı urolith sidik taşıyan uriniferous
sidikborusu ureter sidikborusuyla ilgili
ureteral
sidiktorbası urinary bladder, vesica
sidiktorbası yangısı cystitis
sidikyolu urethra sidikyolu ile ilgili
urethral sidikyolu taşı urinary
calculus
siemens siemens
sifon siphon sifon biçimli siphonal
sifonla ilgili siphonal sifonlu
barometre siphon barometer sifonlu

basınçölçer siphon barometer
sigma anat. sigmoid sigma kapakçığı
sigmoid valve
sigmamsı sigmoid
sigorta fuse sigorta atmak to fuse
siğil wart, verruca siğile benzer çıkıntı
papilla
siğilli bullate, papillose, verrucose,
verrucous
sihirli occult
siklamate cyclamate
siklamen cyclamen
siklizin cyclizine
siklobarbiton cyclobarbital
siklohekzan cyclohexane
siklohekzen cyclohexene
sikloid cycloid
siklopentan cyclopentane
siklopropan cyclopropane
siklotron cyclotron
silahlandırmak to arm
silahlanmak to arm
silahsız unarmed
silgi rubber
silici obliterative
silika peltesi silica gel
silikat silicate silikat cevheri
harmotome
silikatlaşma silication
silikon silicone
silikozlu silicotic
silindir cylinder silindire benzer
cylindroid silindir hacmi cubic
capacity
silindireksen axon
silindirik cylindrical, terete silindirik
deney kabı beaker
silindirsi cylindroid
silinme deletion
silis silica, silicium, silicon dioxide
silisçil silicicolous

silisik silicic *silisik asit* silicic acid
silisik asit tuzu\esteri silicate
silisli siliceous, silicic, siliciferous *silisli*
bileşim silicide *silisli demir*
ferrosilicon *silisli demir cevheri*
ironstone *silisli kalker* siliceous
limestone *silisli kaya* buhrstone *silisli*
kireçtaşı siliceous limestone *silisli*
toprak kieselguhr *silisten üreyen*
silicic
silisyum (simgesi Si) silicon *silisyum*
dioksit silica, silicon dioxide *silisyum*
hidrür silicon hydride *silisyum karpit*
silicon carbide
silme obliteration
silsile chain, strain, succession
Silür çağı Silurian
silvanit sylvanite
silvit sylvine, sylvite
simetri parity, symmetry *simetri ekseni*
axis of symmetry
simetrik symmetrical, zygomorphic,
zygomorphous *simetrik konumlu*
antitropic *simetrik kuyruklu*
homocercal *simetrik kuyrukluluk*
homocercy
simetriklik zygomorphism, zygomorphy
simetrisiz hemimorphic
simetrisizlik dissymmetry
simge symbol
simsiyah jet
sinamil cinnamyl *sinamil alkol*
cinnamyl alcohol
sindirici digestive, peptic *sindirici ilaç*
pancreatin
sindirilmek to assimilate
sindirim assimilation, digestion,
ingestion *sindirim borusu* alimentary
canal *sindirim boşluğu* food vacuole
sindirim dışında bedene giren

parenteral *sindirim döngüsü* gastric
cycle *sindirim enzimleri* digestive
enzymes *sindirim güçlüğü* dyspepsia
sindirimi kolay digestible *sindirimi*
kolaylaştıran enzim pepsin *sindirimi*
kolaylaştıran ilaç digestant *sindirim*
kanalı alimentary tube *sindirim*
sistemi digestive tract, the digestive
system
sindirimbilim gastroenterology
sindirimsel peptic
sindirimsizlik dyspepsia
sindirmek to assimilate, to digest, to
incept, to stomach
sine breast
sinekoloji synecology
sineol cineole, eucalyptol
sinerin cinerin
sinerjik synergic
sini tray
sinir nerve *sinir ağı* rete *sinir ağıyla*
ilgili plexal *sinir ağrısıyla ilgili*
neuralgic *sinir ameliyatı* neurectomy,
neurotomy *sinir ana hücresi*
neuroblast *sinir bistürisi* neurotome
sinir cerrahı neurosurgeon *sinir*
cerrahisi neurosurgery *sinir çemberi*
nerve ring *sinir çevre iltihabı*
perineuritis *sinir çevre zarı*
perineurium *sinir dağılımı*
innervation *sinir demeti* funiculus
sinir düğümü ganglion *sinir gazı*
nerve gas *sinir gözesi* nerve cell *sinir*
hareketi salgısı neurohumour *sinir*
hastalığı neuropathy *sinir hastası*
neurotic; neuropath *sinir hücre*
protoplazması perikaryon *sinir*
hücresi nerve cell, neurocyte,
neuron(e) *sinir hücresi plazması*
neuroplasm *sinir hücresi ucu* pole

sinir hücresi uzantılarının en ucu telodendron sinir hücresinden çıkan uzun uzantı neuraxon sinir iç salgısı neurohormone sinir ile ilgili neurotic sinir iltihabı neuritis sinir iltihabıyla ilgili neuritic sinirin çıkarılması neurectomy sinir-kaslarla ilgili neuromuscular sinir kavşağı synapse sinir kılıfı neurilemma, neurolemma sinir kılıfında bulunan keratin neurokeratin sinir kökü radicle sinirlerden oluşan nervous sinirleri bozuk nervous sinirleri güçlendirme innervation sinirleri kesen araç neurotome sinirleri zayıf neurasthenic sinir lifi nerve fibre sinir liflerini bağlayan internuncial sinir merkezi nerve centre sinir sistemi nervation, nervous system, sensorium sinir sistemi biyolojisi neurobiology sinir sistemi destek dokusu glia sinir sistemi destek dokusuyla ilgili glial sinir sisteminin gelişmesi neurogenesis sinir tel uru neurofibroma sinir telciği neurofibril sinir teli nerve sinir ucu çevresi periphery sinir uçları nerve endings sinir üzerinde zehir etkisi yapan neurotoxic sinir yatıştırıcı (ilaç) neuroleptic sinir yolu nerve track sinir zayıflığı neurasthenia
sinirbilim neuroglia, neurology
sinirbilimsel neurological
sinirce psychoneurosis
sinirdoku gray matter sinirdoku uru neuroma
sinirdokusu nerve tissue, neurine sinirdokusunu etkileyen neurotropic
sinirkanatlı neuropteran
sinirlendirici irritant, irritating, irritative
sinirlendirme irritation
sinirlendirmek to irritate, to nerve
sinirli irritable, nerved, nervous
sinirlilik irritability, nervosity, nervousness
sinirsel nerval, nervous, neural, neurotic sinirsel itki nerve impulse
sinirsiz nerveless
sinkarp syncarp
sinkarpi meyve aggregate fruit
sinterleme sintering
sintilasyon scintillation sintilasyon sayacı scintillation counter sintilasyon spektrometresi scintillation spectrometer
sinüs sine, sinus sinüs eğrisi sinusoid sinüsel dalga sine wave
sinüzoidal sinusoidal sinüzoidal akım sinusoidal current
sinyal signal sinyal iletimi transmission
siper shield
siperlik peak
sipolin cipolin
sirayet dissemination
sirke vinegar; nit sirke asidi acetic acid sirke asidi fermantasyonu acetic fermentation sirke asidi tuzu acetate sirke bakterisi acetobacter sirke gibi acetous sirke tortusu mother of vinegar
sirkeleşme acetic fermentation, acetification
sirkeleştirme acetification
sirkülasyon circulation
sirrüs cirrus
sisal keneviri sisal
sis fog sis bombası candle, smoke bomb
sisli vaporous
sismik seismic

sismograf seismograph
sismogram seismogram
sismoloji seismology
sistein cystein(e)
sistem system *sistemde kararsızlık* entropy
sistematik systematic
sistemik systemic
sistik guart bronchocele
sistik kanal cystic canal
sistin cystin(e)
sistit cystitis
sistokarp cystocarp
sistol systole
sistolik systolic
sistolit cystolith
sitidin cytidine
sitogami cytogamy
sitogenetik cytogenetic
sitokrom cytochrome
sitoloji cytology
sitoplazma cytoplasm, periblast
sitoplazmik cytoplasmic
sitosterol sitosterol
sitozin cytosine
sitozom cytosome
sitral citral
sitratlı citrated
sitrik citric *sitrik asit tuzu* citrate *sitrik asitten türemiş* citric
sitronel citronellal
sitrulin citrulline
sivilce papule, pustule, pimple *sivilce biçimli* pustuliform *sivilce çıkarma* pustulation *sivilce çıkarmak* to pustulate *sivilce gibi* pustular, pustulous *sivilce şeklinde* papular
sivilcelenmek to pustulate
sivilceli miliary, papulose, pustular, pustulated, pustuled, pustulous

sivri acuminate, fastigiate, lanciform, pungent, spinescent *sivri baş* (kurt) rostellum *sivri burunlu balık* billfish *sivri çıkıntı* style, stylet *sivri diş* conical tooth *sivri dişli* runcinate *sivri kemikler ile ilgili* styloid *sivri kenarlı (yaprak)* cultrate *sivri loplu* acutilobate *sivri uç* cusp, mucro, prickle, spike *sivri uçlu* aculeate, aculeated, awl-shaped, mucronate(d), spicate, spiky, stylar, subulate, (yaprak) cuspidate(d), apiculate *sivri uçlu alet* stylus *sivri yapraklı* cuspidate-leaved
sivriburunlutanrek solenodon
sivrikuyruk horntail
sivrilik acuity, cusp
sivrilmek to acuminate
sivriltmek to acuminate, to taper
siyah black *siyah anilin* aniline black *siyah cevher* samarskite *siyah demir oksit* magnetite *siyah elmas* black diamond, carbonado *siyah karbonlu silisli kayalar* culm *siyah kuvars* morion *siyah mermer* basalt *siyah saçlı beyaz insanlar* melanochroi *siyah turmalin* schorl *siyah turmalinli* schorlaceous *siyah volkanik kaya* gabbro
siyahlaşma nigrescence
siyahlaşmış nigrescent
siyahlık nigritude
siyalik sialic *siyalik asit* sialic acid
siyanamit carbodiimide, cyanamide
siyanat cyanate
siyanik cyanic *siyanik asit* cyanic acid *siyanik asit tuzu* cyanate
siyanin cyanin(e)
siyanit cyanide, cyanite, prussiate
siyanohidrat cyanohydrin

siyanojen cyanogen
siyanür cyanide *siyanür asidi* cyanuric (acid), hydrocyanic acid *siyanür süreci* cyanide process *siyanür zehirlenmesi* cyanide poisoning
siyek urethra
skandiya scandia
skandiyum (simgesi Sc) scandium *skandiyum oksit* scandia
skapolit scapolite
skatol skatol(e)
skolesit scolecite
skopolamin hyoscine, scopolamine
smitsonit smithsonite
soda soda *soda banyosu* alkaline bath *soda eriyiği* lye
sodalı kireç soda lime
sodalit sodalite
sodamit sodamide
sodyum (simgesi Na) sodium, natrium *sodyum alüminyum silikat* lapislazuli, natrolite *sodyum arsenat* sodium arsenate *sodyum benzoat* benzoate of soda, sodium benzoate *sodyum bikarbonat* bicarbonate of soda, soda, sodium bicarbonate *sodyum borat* kernite, sodium borate *sodyum buharlı lamba* sodium-vapor lamp *sodyum demir silikat* crocidolite *sodyum fenolat* phenolate *sodyum florür* sodium fluoride *sodyum fosfat* sodium pohsphate *sodyum hidroksit* caustic soda, sodium hydroxide *sodyum iyodat* sodium iodate *sodyum iyodür* sodium iodide *sodyum karbonat* soda ash, sodium carbonate *sodyum klorid* sodium chloride *sodyum klorür* sodium chloride *sodyum nitrat* Chile saltpetre, sodium nitrate *sodyum perborat* perborax

sodyum salisilat sodium salicylate *sodyum silikat* sodium silicate, soluble glass *sodyum siyanür* sodium cyanide *sodyum sülfat* sodium sulfate *sodyum sülfit* sodium sulfite *sodyum tellürit* sodium tellurite *sodyum tetraborat* sodium tetraborate *sodyum tuzu* sodium salt
soğan onion *soğan başı* glans *soğan biçimli* bulbiform *soğandan üreyen* bulbaceous *soğan gibi* cormoid *soğan üreten* bulbiferous, bulbous *soğan yumrusu* corm
soğangillerden alliaceous
soğanilik medulla oblongata
soğanlı bulbaceous, bulbed, bulbiferous, bulbous, cormous
soğubilim cryogenics
soğuk cold, chill *soğuğa dayanıklı* hardy *soğuk almak* to catch *soğuk cephe* cold front *soğuk hava* chill *soğuk nötron* cold neutron *soğuk su banyosu* cold bath *soğuk vurması* frost-bite
soğukkanlı cold-blooded, cool, haematocryal, poikilothermal *soğukkanlı hayvan* poikilotherm
soğukkanlılık cool
soğukseven psychrophilic
soğumak to chill
soğuölçer cryometer
soğuölçüm cryometry
soğurgan absorptive, adsorbent
soğurma absorption, imbibition *soğurma yeteneği* absorptive power
soğurmak to absorb, to incept
soğurtucu sorbefacient
soğurucu absorber, absorptive; sorbent
soğuruculuk absorbency
soğurulabilir absorbable

soğurum absorption *soğurum izgesi* absorption spectrum *soğurum katsayısı* coefficient of absorption
soğutma cooling *soğutma kılıfı* cooling jacket *soğutma makinesi* refrigerating machine *soğutma odası* cooling chamber *soğutma sistemi* cooling system
soğutmak to cool, to chill
soğutmalı refrigerating
soğutucu refrigerant; refrigerator *soğutucu madde* cryogen
sokmak to dip, to insert, to stick, (arı vb) to sting
sokmamak to bar
sokulgan sociable, social
sokulma penetration *sokulma kayaçları* intrusive rocks
sol left *sola dönük* (istiridye kabuğu) sinistral *sola kıvrılan istiridye kabuğu* sinistral shell *solda bulunan* sinistral *soldan sağa doğru kıvrık* (istiridye kabuğu) dextral
solan withering
solduran withering
soldurma bleaching, etiolation
soldurmak to wilt, (bitki) to etiolate
solgun pale
solgunluk pallor, wilt
solma bleaching, marcescence, wilt
solmak to pale, to wither
solmaz (renk) fixed *solmaz boya* fast dye *solmaz çiçek* immortelle
solmuş marcescent, withered
solucan earthworm, worm *solucan düşürmek* to worm *solucan düşürücü* vermicidal *solucan düşürücü ilaç* ascaricide *solucan gibi* vermicular *solucan gibi sürünen* vermiculate(d)
solucanbiçimli vermicular, vermiform,

helminthoid
solucanbilim helminthology
solucanımsı dilli vermilingual
solucanlama enterobiasis
solucanlar oligochaete
solucanlı vermiculate(d)
solucanotu tansy
solucansı vermicular *solucansı kas* lumbrical muscle *solucansı takı* epityphlon
soluk breath, exhalation, respiration; pale; (yaprak) marcescent; cadaverous *soluk almak* to breathe *soluk borucuğu* bronchiole *soluk borucukları ile ilgili* bronchial *soluk borulu* tracheate *soluk borusu* trachea *soluk borusu açımı* tracheotomy *soluk borusu ile ilgili* tracheal *soluk borusu iltihabı* salpingitis, tracheitis *soluk borusunu çevreleyen* peritracheal *soluk durması* apnoea *soluk verme* exhalation, expiration
solukölçer pneumatometer
soluma breath, inhalation
solumak to breathe
solunan inhalant *solunan kök* pneumatophore
solungaç branchia, branchiae, gill, sound *solungaç ayaklı* branchiopod *solungaç biçiminde* branchiform *solungaç ile ilgili* branchial *solungaç ipliği* gill bar *solungaç kapağı* gill cover, operculum *solungaç kesesi* gill pouch *solungaç sepeti* branchial basket *solungaç yarığı* branchial cleft, gill cleft, gill slit, visceral cleft *solungaç yayı* branchial arch
solungaçlı branchiate
solunum respiration *solunum aygıtı* respiratory tract *solunum dalı*

bronchus *solunum dalı açımı* bronchostomy *solunum dalı genişlemesi* bronchocele *solunum dalı kanaması* bronchorrhagia *solunum dalı kasılması* bronchospasm *solunum dalları* bronchia *solunum deliği* stigma *solunum katsayısı* respiratory quotient *solunum kaydedici* pneumograph *solunumla ilgili* expiratory, respiratory *solunum organları* respiratory organs *solunum sistemi* respiratory tract *solunum sistemi aygıtı* respiratory system

solunumölçer spirometer

solunumyazar spirograph

solüsyon solution

solvent solvent *solvent ekstraksiyonu* solvent extraction

som massive, solid

somaki porphyritic, porphyroid *somakiye benzer* ophitic

somatik somatic

somatoloji somatology

somatoplazma somatoplasm

somatoplöra somatopleure

sombalığı salmon *sombalığı yavrusu* smolt

somit somite

somun loaf; nut *somun anahtarı* key, wrench *somun kas* splenius

somurtkan saturnine

somut concrete

son definitive, end, extremity, placenta, recent, secundines, terminal, ultimate *son hücre bölümü* telophase *son ürün* end product *son vermek* to suppress

sonar sonar

sonda probe, sound *sondayla muayene etmek* to sound

sondaj boring *sondaj yapmak* to bore, to probe

sonradan later on, afterwards; adventitious *sonradan kelebek olan kurtçuk* aurelia *sonradan olan* adventitious *sonradan olma* supervention

sonsuz endless *sonsuz vida çarkı* worm wheel *sonsuz vida dişlisi* worm gear

sonuç determination, effect, product

sonuçlanmamış pendent

sonuçsuz inconclusive

sopa stick *sopa ile vurmak* to sap

sopalamak to cane

sorbik asit sorbic acid

sorbitol sorbitol

sorboz sorbose

sorguç aigrette, beard, comb, crest, plume, tuft

sorguçlu crested, tufted

soropod sauropod

sorun matter

sosyal social

sosyete society

soy blood, breed, generation, noble, phylon, progenitor, progeny, race, stirps, strain *soy bağı* linkage *soy benzerliği* homology *soy değişimi* mutation *soy devamı* pangenesis *soy düzelten* eugenic *soy gaz* inert gas, noble gas *soy ile ilgili* phyletic *soy metal* noble metal *soy sürümü* pangenesis *soyu bozulan* retrograde *soyu bozulma* retrogradation *soyunu ıslah etmek* (hayvan) to grade *soyu tükenmiş* extinct

soyaçekim heredity, inheritance

soyağacı genealogy

soybilim genealogy

soylu eugenic, noble
soymak to skin
soymuk bast *soymuk damar* phloem
soysuzlaşma cacogenesis, degeneration
soysuzlaşmak to degenerate
soyulma exfoliation
soyut abstract *soyut bilim* pure science
soyut düşünce abstract, abstraction
soyut terim abstraction
soyutlama abstraction
soyutlanma abstraction
soyutluk abstract
söbe oval *söbe açıt* fenestra ovalis *söbe pencere* fenestra ovalis
söğüt willow *söğüt çiçeği* catkin *söğüt kerestesi* willow *söğüt meşesi* willow oak *söğüt otu* willow herb
söndürmek to quench, to puncture, (kireç\ateş) to slake
söndürülmemiş unslaked
sönme eclipse
sönmek to become extinguished, to go out *sönmemiş* unslaked *sönmemiş kireç* quick lime, quicklime, unslaked lime *sönmüş kireç* hydrate of lime, lime hydrate, slaked lime
sönosit coenocyte
Sönozoik Cainozoic
sönüm deadening; extinction *sönüm katsayısı denklemi* equation for coefficients of extinction
söylemek to state, to voice
söylev speech
söyleyiş utterance
söz speech, utterance
sözcük word
sözdizimsel syntactic
sözlü oral, vocal
spatik sparry
spatula spatula *spatula şeklinde*

spatulate
spazm spasm
spektral spectral *spektral analiz* spectral analysis *spektral duyarlık* spectral sensitivity *spektral selektivite* spectral selectivity *spektral yoğunluk* spectral density
spektrometre spectrometer
spektrometri spectrometry
spektrometrik spectrometric
spektroskop spectroscope
spektroskopi spectroscopy
spektroskopik spectroscopic *spektroskopik analiz* spectroscopic analysis
spekülom speculum *speküloma ait* specular
sperlit sperrylite
sperm seed, semen *sperm hücresi* spermatid, spermatozoid, spermatozoon *sperm hücresi üremesi* spermiogenesis *sperm ile ilgili* spermous *sperm kanalı* deferent duct, spermaduct *sperm kanalıyla ilgili* deferent *sperm öldüren madde* spermicide *sperm taşıma kanalı* epididymis *sperm yokluğu* aspermatism
sperma seminal fluid, sperm *sperma çekirdeği* sperm nucleus *sperma kanalı* vas deferens *sperma kesesi* glandula seminalis *sperma oluşumu* spermatogenesis *sperma paketi* spermatophore *sperma torbacığı* spermatheca
spermatid spermatid
spermatik kordon spermatic cord
spermatozoit spermatozoon
spermin spermine
spermsiz aspermous

spesifik specific
spiral cochleate, helicoid, spiral, volute *spiral boru* spiral tube
splenyus splenius
spoduman spodumene
spontane tutuşma spontaneous combustion
spor spore, sport *spor dal* conidiophore *spor dallı* conidiophorous *spordan üreyen* sporogenous *spor ile ilgili* sporal *spor keseciği* sporangiole, sporocarp *spor kesesi* sporangium, spore case *spor kılıfı* spore case *spor kılıfı kuşağı* clypeus *sporla üreme* sporogenesis *spor oluşturmama* apospory *spor torbacığı* pycnidium *sporu olmayan* asporogenic, asporogenous *spor üreme devresi* sporophyte *spor üreten* sporogenous, sporulated *spor üretme* sporogenesis, sporulation *spor üretmek* to sporulate *spor zarı iç tabakası* endospore
sporlaşma sporation, sporulation
sporlaşmak to sporulate
sporlu spored *sporlu yaprak* sporophyll
sporogoni sporogony
sporosit sporocyst
sporozoit sporozoite
sporsuz asporogenic, asporogenous
spot (lamba) spot
sprey spray; sprayer *sprey tüpü* aerosol
stabil stable
stabilite stability
stabilizasyon stabilization
stabilize stabilized
stafilokok basili staphylococcus
stalagmit stalagmite
stamen stamen *stamen ile ilgili* stamineal
stamenli stamened, staminate,

staminiferous
standardize etmek to standardize
standart standard *standardın altında olan* substandard *standart altı* substandard *standart aydınlanma birimi* standard candle *standart hale getirmek* to standardize
standartlaştırma standardization
standartlaştırmak to standardize
stanit stannite
stant stand
stapelya stapelia
stasyoner dalga stationary wave
statik static, statics *statik basınç* static pressure *statik elektrik* static electricity *statik sürtünme* static friction
stator stator
steapsin steapsin
stearat stearate
stearik stearic *stearik asit* stearic acid *stearik asit tuzu* stearate
stearin stearin
Stefan yasası Stefan's law
stereoskop stereoscope
steril sterile, sterilized
sterilizatör autoclave
sterilize etmek to sanitize, to sterilize
sterillik sterility
steroit steroid
sterol sterol
stigma stigma
stigmasterol stigmasterol
stil style
stilbit stilbite
stiren styrene, vinylbenzene *stiren reçinesi* styrene resin
stok stock *stok yapmak* to stock
storolit staurolite
stratigrafi stratigraphy

553

stratosfer stratosphere
streptokok streptococcus *streptokok*
virüsünün *neden* *olduğu*
streptococcal
streptomisin streptomycin
streptotrisin streptothricin
stres stress
striknin strychnine
strofantin strophanthin
stroma stroma
stronsiyum (simgesi Sr) strontium
stronsiyum hidroksit strontium
hydroxide *stronsiyum karbonat*
strontian *stronsiyum oksit* strontia
stronsiyum sülfat cevheri celestine,
celestite
strüktürel structural
su water, aqua *su altı hidrolojisi*
ground-water hydrology *su altı ile*
ilgili benthal, benthic, benthonic *su*
altı odacığı caisson *su altında kalma*
submersion *su altında sertleşen*
çimento hydraulic cement *su altında*
yetişen submersed *su altındaki bitki*
submerged plant *suda saydam*
hydrophane *su banyosu* water bath *su*
baskını overflow *su basmak* to
swamp *su basmış* submerged *su*
biçimsel hydromorphic *su bitkisi*
water plant *su buharı* water vapour *su*
bulucu hydrostat *su cismi* aqueous
humour *su çarkı* water motor *su*
çekmez water-repellent *su çelengi*
sertularian *su çevrisi* eddy *su*
çimentosu hydraulic cement *su*
çukuru basin *suda çözülmeyen*
insoluble in water *suda çözünen*
water-soluble *suda çözünürlüğü*
kalmayan kazein paracasein *suda*
erimeyen insoluble in water *suda*

su

erimeyen beyaz kristalli bileşim
phenolphthalein *suda erimez renksiz*
toz biphenyl *suda erimez sıvı bileşik*
cyclopentane *suda erir ergot alkaloidi*
ergonovine *suda erir zehirli madde*
benzene hexachloride *suda eriyebilen*
water-soluble *sudaki organizma*
topluluğu swarm *sudan* watery *sudan*
geçen waterborne *sudan korkan*
hydrophobic *sudan yukarı çıkmış*
emersed *suda saydamlaşan*
hydrophanous *suda serbest oksijen*
giderici kimyasal hydrazine *suda*
yaşayan (hayvan) hydroid *suda*
yetişen\yaşayan aquatic *suda*
yürümek to wade *suda yüzen*
waterborne *suda yüzen kuş* waterfowl
su devim hydrotaxis *su direnci* water
resistance *su düzeyi* water-level *su*
eşdeğeri water equivalent *su gazı*
water gas *su geçirmeyen toprak*
retentive soil *su gibi* watery *su*
göstergesi hydroscope *su ısısal*
hydrothermal *su ısıtıcısı* kettle *su ile*
aşınma washout *su ile birleşme*
hydration *su ile birleştirmek* to
hydrate *su ile soğutma* water cooling
su ile soğutmak to water-cool *su ile*
soğutulmuş water-cooled *su ile*
tozlaşan hydrophilous *su ile tozlaşma*
hydrophily *su itici* water-repellent *su*
katma dilution *su kaybı* dehydration
su kireci hydraulic lime *su kotu*
water-level *su mersini* water gum *su*
meşesi water oak *su miktarı* water
content *su mukavemeti* water
resistance *su otu* naiad *su perisi*
naiad, nymph *su pirinci* wild rice *su*
safiri water sapphire *su sakızı* water
gum *su savağı* wheelrace *su seven*

hydrophilic *su sevmez* hydrophobic *su sızdırmazlık* tightness *su sızması* seepage *su soğutmalı* water-cooled *su solucanı* tubifex *su tarımı* hydroponics *su tedavisi* hydrotherapy *su tonu* water ton *su toplama* impound *su toplama havzası* river basin *su toplamak* to blister *su toplamış* edematose *su torbası* water pocket *su türbini* water motor *su ürünleri üretimi* mariculture *su vermek* to water, (çeliğe) to quench *suya batırma* submersion *suya batırmak* to immerse *suya batma* submersion *suya batmış* submerged *su yaprağı* water-leaf *su yatağı* hydrostatic bed, race *suyla çözüm* hydrolysis *suyla doldurmak* to swamp *suyla ilgili* watery *suyla tozlaşma* pollination by water *su yolu* dike, duct *su yoluyla taşınan* waterborne *suyu çıkarılmış* anhydrous *suyu geçiren* leachy *suyunu çıkarmak* to extract *suyunu giderme* dehydration *suyunu gidermek* to dehydrate, to dewater *suyunu uçurmak* to evaporate *suyun üstünde yüzen* supernatant *suyun zemin içinde hareketi* percolation *su yüzünde* emersed *su yüzünde yetişen* natant *su yüzündeki yağ tabakası* slick *su yüzeyine çıkmak* to surface
subilgisi hydrography
subilim hydrology
suböceği water beetle
subulat yaprak subulate leaf
sucamı waterglass
sucul aquatic, hydrophilic *sucul bitki* hydrophyte
suçiçeği varicella *suçiçeği ile ilgili* varicellar

suçlu peccant
suçortağı accessory
sudkostik caustic soda, sodium hydroxide
sugeçirmez waterproof *sugeçirmez hale getirmek* to waterproof *sugeçirmez kâğıt* waterproof paper
sukuşu wader, waterfowl, phalarope
suküre hydrosphere
sulak watery
sulamak to water
sulanan deliquescent
sulandırıcı diluent *sulandırıcı madde* wetting agent
sulandırılmış dilute
sulandırma dilution
sulandırmak to dilute
sulanma deliquescence *sulanma suyu* water of hydration
sulanmak to deliquesce
sulu aqueous, hydrous, watery, sappy, (meyve) succulent *sulu alüminyum* pinite *sulu alüminyum fluorofosfat* wavellite *sulu alüminyum oksit* gibbsite *sulu asıltı* hydrosol *sulu ayrışımsal* hydrolytic *sulu ayrıştırmak* to hydrolyse *sulu bakır silikat cevheri* dioptase *sulu çamur* ooze *sulu çıban* hydatid *sulu çözelti* aqueous solution *sulu demir oksit cevheri* limonite *sulu eriyik* aqueous solution *sulu magnezyum sülfat* kieserite *sulu pelte* hydrogel *sulu pil* wet cell *sulu sodyum kalsiyum borat* ulexite
sululuk sappiness, succulency
sumak sumach *sumak ağacı* sumach
sumatrasakızı guttapercha
sumaydanozu marshwort
sumermeri alabaster

suni synthetic *suni böbrek* dialyser *suni gübreler* artificial fertilizers *suni ipek* artificial silk *suni mayalanma* artificial fermentation *suni solunum aygıtı* respirator

sunta masonite

supap valve

supaplı valved

supapsız valveless

supiresi daphnia, water flea

suret replication

susam sesame *susam tohumu* sesame

susamçiçeği flag

susamsı sesamoid *susamsı kemik* sesamoid bone

suseverlik hydrophilism

suskun mute

suskunluk mutism

susmak to still

susturmak to still

susuz anhydrous, dry, water-free *susuz bileşim* anhydride

sutavuğu marsh hen

suyolu canal

suyosunu alga *suyosunuyla ilgili* algal *suyosunlarını inceleyen bilim dalı* algology

suyuk humour

sübjektif subjective

sübjektiflik subjectivity

süblime sublimate

süblimelemek to kyanize

süblimleşme sublimation

süblimleştirmek to sublimate

sübstitüsyon substitution

sübye emulsion

sübyemsi emulsive

sükraz invertase, invertin, sucrase

sükûnet durumu stationary state

sülale progenitor, stirps

sülfa sulfa *sülfa dizileri* the sulfa series *sülfa ilacı* sulfa drug

sülfadiazin sulfadiazine

sülfanilamid sulfanilamide

sülfanilik (asit) sulfanilic (acide)

sülfat sulfate

sülfatlaşma sulfation

sülfatlaşmak to sulfate

sülfatlaştırma sulfation

sülfatlaştırmak to sulfate

sülfatlı sulfated

sülfinil sulfinyl

sülfit sulfite

sülfitli sulfitic

sülfo sulfo *sülfo grubu* sulfo group

sülfon sulfone

sülfonamid sulfonamide

sülfonat sulfonate

sülfonatlaştırma sulfonation

sülfonatlaştırmak to sulfonate

sülfonik sulfo, sulfonic *sülfonik asit* sulfonic acid *sülfonik asit tuzu\esteri* sulfonate

sülfonil sulfonyl

sülfonmetan sulfonmethane

sülfonyum sulfonium

sülfür sulfide

sülfürik sulfuric *sülfürik asit* oil of vitriol, sulfuric acid, vitriol

sülfüril sulfuryl *sülfüril grubu* sulfuryl group

sülfürlü bakır copper glance

sülfüröz sulfurous *sülfüröz asit* sulfurous acid

sülüğen minium, red lead *sülüğen boya* cinnabar

sülükdal clasper, tendril

sülüksü hirudinoid

sülyen red lead

sümbül hyacinth, jacinth

sümbülteber tuberose

sümsükkuşu solan
sümük mucus, slime *sümüğe benzeyen* muciform *sümük erimesi* mucolysis *sümük gibi* pituitous *sümük ile ilgili* muciferous *sümükle kaplı* mucous, slimy *sümük oluşturan* muciferous *sümük öncüsü madde* mucigen *sümük salgılayan* muciparous, mucous
sümükdoku mucosa, mucous membrane
sümüksel mucous
sümüksü muciform, pituitary, pituitous, slimy *sümüksü madde* mucoid
sümüksülük mucosity
sünger sponge *sünger gibi* spongy *süngeri yapan kükürtlü protein* spongin *süngerle temizlemek* to sponge *sünger özekdokusu* spongy parenchyma
süngerdoku pith, spongy parenchyma
süngerimsi cancellate, cancellous
süngerimsilik sponginess
süngersi spongy *süngersi hematit* iron froth *süngersi kemik* spongy bone
süngertaşı pumice, rottenstone, tufa, variolite *süngertaşı gibi* variolitic *süngertaşı tozu* trass
süngertaşlı pumiceous
süngülü zambak ixia
süngü yaprak flag
süngü yapraklı bitki flag
sünme gerilmesi yield stress
süperfosfat superphosphate *süperfosfat gübresi* superphosphate
süper parazit hyperparasite, tertiary parasite
süpersonik supersonic
süprüntü litter
süpürgeçalısı bush broom
süpürgedarısı sorghum

süpürge özü sparteine
süpürülme ablation *süpürülme moreni* ablation moraine
sürat rate, velocity
sürdürme sustentation
süre course, duration, period, space, term
süreç process
süreduran inert, inertial
süredurum inertia
sürekli perennial, permanent, perpetual, persistent, running, stable *sürekli akım* continuous current *sürekli asalak* permanent parasite *sürekli birbirini izleyen* alternant *sürekli çiçek açan* perpetual *sürekli dişler* permanent teeth *sürekli don* permafrost *sürekli izge* continuous spectrum *sürekli kasılma* tonic spasm *sürekli mıknatıs* permanent magnet *sürekli mıknatıslık* permanent magnetism *sürekli plankton* holoplankton *sürekli yüksek kan basıncı* essential hypertension
süreklilik vitality
süreksiz discontinuous, momentary, transient *süreksiz izge* discontinuous spectrum
süreksizlik deciduousness, discontinuity, volatility
süreli periodic
süreölçer chronometer, chronoscope
süreölçüm chronometry, chronoscopy
süreölçümsel chronoscopic
sürfe grub
sürgen cathartic
sürgendoku meristem
sürgülemek to bar
sürgün leaf, offset, progeny, scion, shoot, switch, sprout, sucker, twig,

outgrowth *sürgün ile ilgili* cathartic *sürgün özü* gibberellin

sürmek to rub, to smear, to sprout, (yaşam) to lead *sürülmüş toprak* tillage

sürtme rub *sürtme ile elektriklenme* triboelectricity

sürtmek to rub *sürterek aşındırmak* to abrade *sürterek yaralamak* to gall

sürtünme friction, rub *sürtünme dayanımı* frictional resistance *sürtünme direnci* frictional resistance *sürtünme elektriği* frictional electricity *sürtünme katsayısı* coefficient of friction

sürtünmeli ışıldama triboluminescence

sürtünmeli ışıldayan triboluminescent

sürtünüm çarpanı coefficient of friction

sürü flock *sürü halinde yaşayan (hayvan)* gregarious

sürüklemek to trail

sürüklenme creep

sürümek to trail

sürünen reptilian

sürüngen creeping, procumbent, repent, reptant, reptilian, running *sürüngen hayvan* reptile *sürüngen kök* running root *sürüngen sap* runner

sürüngenbilim herpetology

sürüngenbilimsel herpetological

sürüngenler Reptilia

sürünme creepage

sürünmek to worm

sürüntü kili boulder clay

süs bitkisi flowering plant, foliage plant

süsen flag, iris *süsen özü* irone

süsengiller iridaceae *süsengillerden (bitki)* iridaceous

süseptans susceptance

süspansiyon suspension

süssüz simple

süt milk *süt albümini* lactalbumin *süt benzeri özsulu* laticiferous *süt beyazı* galax *süt damarı* milk vein *süt diyeti* milk diet *süte benzer* milky *süt gibi* lacteal, milky *süt içeren (bitki)* lactescent *süt içeren bitki* lactescent plant *süt ile ilgili* lactic *süt kanalcığı* milk duct *süt kanalı* galactophore *sütle beslenen* galactophagous *sütle yaşayan* galactophagous *süt oluşumu* galactopoiesis, lactation *süt sağmak* to milk *süt salgı sistemi* milk secretion *süt salgılama* lactation *süt salgılamak* to lactate *süt salgılanması* galactosis *süt salgılayan* lactiferous *süt şekeri* galactose, lactose, milk sugar, sugar of milk *süt taşı* galactite *süt taşıyan* galactophorous *sütteki kazein* caseinogen *sütten kesmek* to wean *sütü mayalayarak yoğurt yapma* lactic fermentation *sütü pıhtılaştıran madde* chymosin *süt üretimi* milk yield *süt veren* lactescent, lactiferous, lactogenic *süt verimi* milk yield *süt vermek* to lactate, to milk *süt yağı* milk fat *süt yapıcı* lactogenic *süt yapımını uyaran (madde)* galactopoietic

sütdişi deciduous tooth *sütdişleri* milk teeth

sütleğen wart-weed

sütlü lacteal, lacteous, lactescent, lactic, laticiferous, milky *sütlü cam* opal glass

sütotu polygala

sütotugillerden polygalaceous

sütsü emulsion, lactic

süttozu dried milk, milk powder, dry

milk
sütun column
sütunlu columnar *sütunlu bazalt* columnar basalt
süzdürmek to dialyse, to dialyze
süzdürücü dialyser
süzdürüm dialysis
süzdürümsel dialytic
süzek olmayan impervious
süzgeç filter, sieve
süzme filtering, filtration, percolation, strain
süzmek to filter, to infiltrate, to percolate, to sieve, to strain
süzülme percolation
süzülmek to infiltrate, to percolate *süzülen sıvı* filtrate
süzüntü filtrate

Ş

şablon gauge, pattern
şafak light
şaft shaft
şahdamar carotid artery *şahdamar sinüs* carotid sinus
şahdamarı aorta, carotid, jugular vein *şahdamarı ile ilgili* aortal, aortil, carotid
şahıs character, individual
şahin sparrow hawk
şakak temple *şakak kemiği* temporal bone *şakak kemiği ile ilgili* squamosal *şakakla ilgili* temporal *şakakta bulunan* temporal
şakayık peony
şakrakkuşu bullfinch
şakuli vertical
şalter switch

şamalı fitil taper
şamandıra float
şamar spat *şamar atmak* to spat
Şam gülü damask rose
şap alum
şaptaşı alum stone
şarap wine *şarap ile ilgili* vinic *şarap ruhu* ethyl alcohol *şarap tortusu* argol
şarbon anthrax, smut *şarbon bakterisi* anthrax bacillus
şarj etmek to charge
şartlı conditioned *şartlı refleks* conditioned reflex
şartsız unconditioned *şartsız refleks* unconditioned reflex
şebboy stock
şebeke mesh, net, plexus, system
şebnem dew
şef conductor, head
şeffaf hyaloid, pellucid *şeffaf alçıtaşı* selenite
şehvet libido *şehvet düşkünü* satyriatic
şeker sweet, sucrose, sugar *şeker çamı* sugar pine *şekere çevirme* saccharization *şeker hastalığı* diabetes *şeker hastalığı ile ilgili* diabetic *şeker hastalığı yapan* diabetogenic *şeker hastası* diabetic *şeker içeren organik madde* saccharide *şeker katma* sugar *şeker katmak* to sugar *şeker melası* sugar molasses *şeker pekmezi* treacle
şekerkamışı cane
şekerlenmek to sugar
şekerli sacchariferous, sweet
şekerölçer saccharimeter
şekerölçüm saccharimetry
şekil diagram, form, modality, way, shape, style *şekil veren* formative *şekil verilebilen* ductile *şekil vermek*

to incubate, to shape **şekli bozuk** eritrosit poikilocyte **şekli bozulmuş** deformed **şeklini değiştirmek** to metamorphose

şekillenmek to incubate

şekilsiz amorphous, deformed

şekilsizlik amorphism, amorphousness

şelit scheelite

şema diagram

şemsiye umbrella **şemsiye biçimli** umbrella **şemsiye biçimli çiçek dizisi** umbel **şemsiye yaprak** umbrella leaf

şemsiyeağacı umbrella tree

şemsiyecik umbellet, umbellule

şemsiyeli umbelliferous

şemsiyemsi umbellar

şerbetçiotu hop **şerbetçiotu püskülü** lupulin

şerbetli nectariferous

şerit band, ribbon, strap, taenia, tape, tapeworm, tenia **şerit biçiminde (kurt)** cestoid **şerit doku** taenia, tapetum **şerit dokusal** tapetal **şerit hastalığı** trichinosis **şerit kurdu** nemertean, nemertine, stomach worm **şerit kurdunun vücudu** strobila **şeritlerle süslemek** to band **şeritli yapı** banded structure **şerit makinesi** taper **şerit metre** tape measure **şerit metreyle ölçmek** to tape **şerit öldürücü (ilaç)** teniacide **şerit takmak** to tape **şerit testere** band saw

şeritli banded, vittate

şevk spirit

şevli oblique

şeyl shale

şeytan balığı devilfish

şeytanşalgamı bryony

şırınga needle, syringe **şırınga etmek** to inject, to syringe

şiddet intensity, rigor

şiddetlendirmek (hastalık) to exasperate

şiddetli acute, heavy, wild, splitting, strong **şiddetli ağrı** perialgia **şiddetli ağrılı** terebrant **şiddetli patlama** fulmination

şifaotu solidago

şiligüherçilesi Chile saltpetre, caliche

şimdilik immediate, still

şirden abomasum, fourth stomach

şirpençe anthrax

şiryan artery

şist schist **şistten elde edilen petrol** shale oil

şistli schistose, schistous, shaly

şistosit schistocyte

şistozomiyazis bilharzia, bilharziasis

şiş apophysis, bulbaceous, bulbous, bunch, concretion, knot, node, protuberance, protuberant, swelling, struma **şişin inmesi** detumescence

şişe bottle **şişe ağacı** bottle tree **şişe biçimli dişi organcık** archegonium

şişelemek to bottle

şişen turgescent, upwelling

şişkin apophysate, bulbaceous, plethoric, strumatic, strumous, tumid, turgid, ventricose **şişkin gagalı martı** puffin

şişkinleşmek to swell

şişkinlik excrescence, swell, swelling, tumescence, turgidity, turgor, (göz altında) pouch

şişlik swelling, turgescence

şişman fat

şişme swell, turgescence

şişmek to swell

şişmiş bullate, incrassate(d), intumescent, protuberant, tumescent, tumid, turgid, ventricular

şive tone
şizogami schizogamy
şizogoni schizogony
şizopod schizopod
şok psychic trauma, shock *şok dalgası* shock wave
şoke etmek to shock
şolmgra yağı chaulmoogra oil
şort short
şönt shunt
şöntlemek to shunt
Şrödinger Schrödinger *Şrödinger dalga denklemi* Schrödinger's wave equation *Şrödinger denklemi* Schrödinger's equation
ştapel lif staple fibre
şua ray, shaft
şube arm, branch
şut shoot *şut çekmek* to shoot
şuur conscience
şuuraltı subconscious
şuurlu conscious
şuursuz involuntary
şüphe uncertainty
şüpheli amphibolic

T

tabak plate, course, dish *tabak gibi* placoid *tabak şeklinde pullu (balık)* placoid
tabaka coat, layer, measure, stratum, streak, thickness *tabaka halinde* stratiform *tabakalara ayrılmak* to layer *tabakalar halinde* stratified
tabakalaşma stratification
tabakalı flaky, laminate, laminated, stratified *tabakalı akik taşı* sardonyx *tabakalı taş* spar

tabaklama tannage, tanning
tabaklamak to bark, to decorticate, to tan *tabaklanmış deri* tannage
taban base, fundus, protopodite, radix *taban durumu* ground state *taban hali* ground state *tabanına basarak yürüyen* plantigrade *taban kaya* rimrock *taban suyu düzeyi* water table *taban suyu kaynağı* phreatic water *taban tabana zıt* antipodal *taban zarı* basement membrane, lamina propria
tabanca sprayer
tabi connate, inherent
tabiat nature; habit *tabiat bilgisi* natural history
tabii natural
tabla tray
tablet tabellae, tablet
tablo chart
taç corolla, corona, coronal *taca benzer* corollaceous *tacı olan* corollate
taçdamar coronary *taçdamar tıkanıklığı* coronary thrombosis
taçdamarsal coronary
taçkapı portal
taçlı corollaceous
taçsal coronary
taçyaprağı petal, hull *taçyaprağına benzer* petaloid, petaline *taçyaprağına dönüşme* petalody *taçyaprağına dönüşmüş* petalodic
taçyaprak corolla *taçyaprakları birleşmiş olan* monopetalous *taçyaprakları birleşik olan* sympetalous
taçyapraklı corollate, petalous, petaliferous, petalled
taçyapraksız apetalous
taflan kalmia

tahammül tolerance

tahıl cereal *tahıl cinsinden* frumentaceous *tahılla beslenen* granivorous *tahıl tanesi* kernel *tahıl yiyiciler* spermophile

tahlil analysis, breakdown, dissecting *tahlil edilemez* irresolvable *tahlil etmek* to analyse, to test

tahlilci analyst

tahlili analytic, critical

tahliye discharge, release, voidance *tahliye etmek* to discharge, to release

tahrik impulse *tahrik edici* irritative, moving *tahrik etme* irritation *tahrip etmek* to unbuild

tahriş irritation *tahriş eden zehir* irritant poison *tahriş edici* irritant, irritating, irritative *tahriş edici madde* irritant *tahriş etme* irritation *tahriş etmek* to irritate

tahta wood *tahta güvercini* wood pigeon *tahta perde* screen

tahvil bond

takı particle

takılmak to needle

takım band, class, order, set, tribe, unit

takimetre tachymeter

takke cap, coif

taklaböceği elaterid

taklit mimic, pinchbeck *taklidini yapmak* to mimic *taklit etme* simulation *taklit ile ilgili* mimetic

taklitçi mimetic, mimic

taklitçilik mimicry

takma false, artificial *takma diş* denture, plate *takma dişçilik* prosthodontics *takma göz* false eye

takmak to wear

takometre tachometer

taksimat graduation

taksonomi taxonomy

taktik tactic

tal thallus *tala benzer* thalloid

talaş ramentum

talidomit thalidomide

talk talc *talk pudrası* talc

talkım cyma

talkımlı cymose *talkımlı çiçeklenme* cyma

talklı talcose, talcous

talkşist talc schist

tallı thalloid *tallı bitki* thallophyte *tallı bitkiler* thallophyta

talol tall-oil

talveg thalweg *tal yağı* tall-oil

talyum (simgesi Tl) thallium

talyumlu thallic, thallous

tam absolute, definitive, perfect, whole, total *tam akışkan* superfluid *tam akışkanlık* superfluidity *tam başkalaşımsal* holometabolous *tam besin* complete food *tam böcek* perfect insect *tam bölünme* complete segmentation *tam çiçek* perfect flower *tam çözülmüş* lyophilic *tam çözülmüş asıltı* emulsoid *tam dizi kromozomlu* monoploid *tam gelişmemiş böcek* abortive imago *tam gelişmiş böcek ile ilgili* imaginal *tam güneş tutulması* total eclipse *tam kare* perfect square *tam sıvı* perfect liquid *tam solungaç* holobranch

tamamlamak to complement, to perfect

tamamlanmamış incomplete

tamamlayıcı fotometre integrating photometer

tampon buffer, pad, wad, wadding, plug, shock absorber, tampon *tampon eriyik* buffer solution *tampon etkisi*

buffer action *tampon koymak* to wad
tamponlama tamponnage
tamsayı whole number
tanat tannate
tane berry, granule, seed *tane biçimli* graniform *tane veren* graniferous *taneyle beslenen* seminivorous *tane zarfı* glume
tanecik granule, micelle *taneciklerden oluşan* acinose, acinous
tanecikleştirme prilling
tanecikli acinose, acinous, granular *tanecikli akyuvar* granulocyte
taneciksiz akyuvar agranulocyte
tanecil granivore, granivorous
tanekaya granulite *tanekaya biçimli* granulitic
tanelendirme sintering
tanelenmiş shelled
taneli grained, grainy, granular, granulose, granulous *taneli kireçtaşı* oolite, oolith, pisolite *taneli kireçtaşı ile ilgili* oolitic
tanen tan, tannin
tanenli tannic
tanesel chondritic, grainy, graniform, saccharoid *tanesel ayırım* particle size analysis *tanesel yapılı kaya* diabase
tanı diagnosis
tanıbilim diagnostics
tanıma identification *tanıma çizgisi* streak
tanımak to identify, (hastalık) to diagnose
tanınabilir identifiable
tanısal diagnostic
tanıtımsal zooloji zoography
tansiyon blood pressure, tension *tansiyon aleti* tonometer *tansiyon düşüklüğü* hypotension

tansör tensor *tansör kuvveti* tensor force
antal (simgesi Ta) tantalum
tantalat tantalate
tantalik tantalic *tantalik asit tuzu* tantalate, tantalic acid salt
tantalit tantalite
tapa cap, plug
tapir tapir
taraca platform
taraf way, side *taraf tutan* partial
tarafgir partial
tarafsız indifferent, neutral
tarafsızlaşma neutralization
tarafsızlaştırma neutralization
tarafsızlık neutrality
taraftar adherent
tarak cockle, comb *tarak dişli* pectinate *tarak kabuğu* scallop
taraklaşma pectination
taraklı pectinate *taraklı yumuşakça* dentalium
taraklılar ctenophora
taraksı pectiniform *taraksı çıkıntı* pecten *taraksı oluşumla ilgili* pectineal
tarama ağı dragnet
taramak to comb
tarçın cinnamon *tarçın ağacı* cinnamon *tarçın taşı* hessonite
tarçınlı cinnamic
tardigrad tardigrade
tarh bed
tarhun tarragon
tarım agriculture *tarım kimyası* agricultural chemistry
tarımbilimi agronomy
tarımsal agricultural *tarımsal kimya sanayi* chemurgy
tarla field, glebe *tarla mantarı* field

mushroom **tarla serçesi** field sparrow
tarsus tarsus
tartar tartar **tartar emetik** tartar emetic
tartarat tartrate
tartarik tartaric **tartarik asit** tartaric
acid **tartarik asit tuzu** tartrate **tartarik
asitli** tartrated
tartı balance, weighing, weight **tartı
analizi** ponderal analysis
tartılabilir ponderable
tartım rhythm
tartma balance, weighing
tartmak to gauge
tarz way, style
tas beaker, vessel **tas biçiminde**
scyphiform
tasarı platform
tasfiye rectification **tasfiye etmek** to
defecate, to depurate, to isolate
taslak diagram **taslak çizmek** to
diagram
tasma collar, lead **tasma takmak** to
collar
tasnif breakdown, classification,
distribution
tasviri imaginal
taş stone **taşa benzer** lithoid(al) **taş
çöküntüleri ile ilgili** geosynclinal **taş
ezme** lithotrity **taş gibi** lithic,
lithoid(al) **taş hücre** stone cell **taş
kırma ameliyatı** lithotomy **taşla ilgili**
lithic **taş maydanozu** stone parsley **taş
oluşumu** lithiasis, lithogenesis **taş
tahta** slate **taş yapılı** lithophyte
taşak spermary, testicle, testis
taşan effusive **taşan su toprağı** alluvial
taşbilgisi petrography
taşbilim lithology, petrology
taşbilimsel lithological, petrological
taşböceği stonefly

taşçık caliculus
taşıl fossil
taşıllı fossiliferous
taşımacılık transport
taşımak to transport
taşınma movement
taşırma displacement
taşıt vehicle
taşıyan deferent
taşıyıcı carrier, vector, (mikrop) carrier
taşikardi tachycardia
taşkın wild, excessive; flood **taşkına
uğramış** submerged
taşkınlık delirium
taşkömürü bituminous coal, mineral
coal, coal
taşküre lithosphere
taşlama grinding
taşlamak to stone
taşlanma incrustation
taşlaşma petrifaction, petrification
taşlaşmak to silicify
taşlaştırma petrifaction, petrification
taşlaştırmak to silicify
taşlık crop, gizzard, (kuşta) ventriculus
taşma overflow **taşma borusu** overflow
taşmak to overflow
taşmumu mineral wax
taşsı lithic
taşyağı rock oil
tat taste **tadına bakmak** to taste **tadı
olmak** to taste **tat alma cisimciği**
taste bud **tat alma duyusu** palate,
taste **tat alma hücresi** gustatory cell
tat cisimcikleri taste bud **tat deliği**
taste pore **tat verici** saporific
tatbiki applied
tatil rest **tatil etme** suspension
tatlandırıcı sweetening
tatlı soft, sweet **tatlı bakla** mesquite

tatlımsı kristalli alkol mannitol **tatlı su** soft water **tatlı su ile ilgili** freshwater **tatlı su ördeği** teal **tatlı su yayını** bullhead **tatlı su yosunu** desmid

tatma tasting; degustation; gustation **tatma duyusuyla ilgili** gustatory **tatma ile ilgili** gustatory

tatmak to taste

tatsız watery

tatula datura

taurokolik taurocholic **taurokolik asit tuzu\esteri** taurocholate

tav heat

tava pan **tavada pişirmek** to pan **tavana benzeyen** tectiform

tavır air, behaviour, course, poise

tavlama heat treatment

tavlamak to roast

tavsiye tip

tavşan hare **tavşan yuvası** burrow

tavşankulağı cyclamen

tavukotu henbit

tayf spectrum **tayf analizi** spectrum analysis

tayfölçer spectroscope

tayfölçümü spectroscopy

tayga taiga

taymanit tiemannite

taze new, succulent, youthful

tazelik bloom, succulency, turgor **taze mısır** green corn

tazminat restitution

tazyik compression, pressure

tazyikli compressed

tebeşir chalk **tebeşire benzer** chalky **tebeşir gibi** cretaceous

tebeşirli cretaceous **tebeşirli zemin** chalky soil

tecrit insulation **tecrit eden şey** isolator

tecrit etme isolation **tecrit etmek** to insulate, to isolate, to segregate

tecrübe background, testing

teçhizat plant

tedavi therapy **tedavi bilimi** therapeutics **tedavi edici** medicinal, therapeutic **tedavisi güç** refractory **tedavi usulü** modality **tedaviye cevap vermeyen** refractory

tedavül circulation

tedbirli tactic

teflon Teflon

teğet tangent **teğet doğrusu** tangent line **teğet düzlemi** tangent plane **teğet eğrisi** tangent curve **teğet olmak** to osculate

teğetaltı subtangent

teğetsel tangential

tehlikeli hairy

tein theine

tek azygous, individual, single, unpaired **tek ağızlı** monostome **tek alyuvar** monocyte **tek alyuvar ile ilgili** monocytic **tek asit** monacid **tek atadan türeyen** monophyletic **tek atomlu** monatomic **tek bağ** single bond **tek başına** solitary **tek başlı** monocephalous **tek bazlı (asit)** monobasic **tek besi dokulu** homothallic **tek besinli** monophagous **tek bireyli** monotypic **tek boşluklu** unilocular **tek boşlukluluk** unilocularity **tek boynuzlu** unicornous **tek boyuncuklu** monostylous **tek bölmeli** unicamerate, uniseptate **tek çanak yapraklı** monosepalous **tek çeşit hayat sürmeye zorunlu** obligate **tek çıkıntılı** uniramous **tek çiçek zarflı** monochlamydeous **tek çiçekli** monanthous, uniflorous **tek-çift**

çekirdek odd-even nucleus *tek dallı* uniaxial, uniramous *tek damarlı (yaprak)* unicostate *tek dişli* unidentate *tek dizi kromozomlu* haploid *tek doğum yapmış kadın* unipara *tek doğuran* uniparous *tek döllü* monogenetic, uniparous *tek düzlemli eklem* ginglymus *tek eğimli* monoclinal *tek eğimli katman* monocline *tek eklemli* uniarticulate *tek eksenli* monaxial, monopodial, uniaxial *tek eksenli gövde* monopodium *tek elektron* lone electron *tek ercikli* monandrous *tek genli* monogenic *tek görevli* indifferent *tek gözlü* ployphemus, monocular, uniocular *tek halkalı* monocyclic *tek hidroksilli* monohydric *tek ikiz* unijugate *tek ikiz yaprak* unijugatc leaf *tekil kromozom* monosome *tekil üremli* parthenogenetic, parthenogenic *tek iplik* monofilament *tek iplikli* unifilar *tek kabuklu* univalve, univalved, univalvular *tek kaburgalı* unicostate *tek kamçılı* monotrichatous *tek kamçılı bakteri* monotrichous bacterium *tek kapsüllü* unicapsular *tek karpelli* monocarpellary *tek katman* monomolecular layer, monoblast *tek katmanlı* monoblastic, monomolecular, unilaminar *tek katmanlı reaksiyon* monomolecular reaction *tek kaya* monolith *tek kişilik* single *tek kişilik oda* single *tek köklü* single-rooted *tek kromozomlu* monosomic *tek kromozomluluk* monosomy, univalence, univalency *tek kulaklı* monaural *tek kutuplu* unipolar *tek kutuplu hücre* unipolar cell *tek*

lifli monofilament *tek loplu* unilobar *tek mercan polipi iskeleti* corallite *tek metalli* monometallic *tek meyve yapraklı* monocarpellary *tek meyveli* apocarpous *tek noktaya yansıyan* stigmatic *tek oksijenli* monoxide *tek öğecikli* monatomic *tek parçalı* monomerous, (yaprak) entire *tek sepalli* monosepalous *tek soylu* monophyletic *tek soyluluk* monogenesis, monogenism, monophylet(ic)ism *tek stamenli* monandrous *tek su molekülü* monohydrate *tek su molekülü içeren* monohydrated *tek süreçli* monogenetic, unipolar *tek tabaka* monoblast *tek tabakalı* monoblastic *tek taç yapraklı* unipetalous *tek taneli buğday* einkorn *tek taraflı* secund, unilateral *tek taraflı çiçeklenen* secundiflorous *tek taraflı inme* monoplegia *tek taraflı inme inmiş* monoplegic *tek taşlı* monolithic *tek-tek çekirdek* odd-odd nucleus *tek telli* monofilament, unifilar *tek terimli (ifade)* monomial *tek tip* monotype *tek tohumlu* monospermous *tek tohumlu açılmaz meyve* caryopsis *tek tük* occasional *tek türden oluşmuş* homozygous *tek türel* homomorphic *tek türel tepkime* homogeneous reaction *tek türlü* homogeneous, monotypic *tek tüy yapraklı* odd-pinnate *tek ürünlü* monocarpic, monocarpous *tek ürünlü bitki* monocarp *tek valanslı* monovalent *tek valanslı altın içeren* aurous *tek valanslı eleman* monad *tek valanslı olma* monovalence, monovalency *tek valanslı talyum içeren* thallous *tek yakıt oksijen karışımı* monopropellant *tek yanlı* secund, unilateral *tek yapraklı* monophyllous, unifoliate *tek yosun hücreli* unialgal *tek yumurta ikizleri* identical twins *tek yumurtadan türemiş* monovular, monozygotic, monozygous *tek yumurtadan üreyen* zoonal *tek yumurtalı* monocarpous *tek yumurtalıklı* uniovular

tekçekirdekli drupaceous, mononuclear, uninuclear *tekçekirdekli etli meyve* drupe *tekçekirdekli kanatlı tohum* samara

teka theca

tekbiçim standard

tekbiçimli monomorphic, monomorphous, uniform

tekbiçimlilik monomorphism, uniformity

tekçenekli monocotyledonous *tekçenekli bitki* monocotyledon

tekçevrim monocycle

tekçevrimli homocyclic, monocyclic

tekdeğerli monatomic, monovalent, univalent *tekdeğerli hidrokarbon radikali* alkyl *tekdeğerli radikal* benzoyl

tekdeğerlik univalence, univalency

tekdeğerlikli univalent *tekdeğerlikli bakırdan oluşmuş* cuprous

tekdeğerlilik monovalence, monovalency

tekdelikli hayb. monotreme

tekerlek wheel *tekerleğe benzer* trochal *tekerlek biçiminde* rotiform *tekerlek biçimli çok hücreli mikroskopik hayvan* rotifer *tekerlek izi* rut *tekerleklerle iz yapmak* to rut *tekerlek üstünde yürütmek* to wheel

tekerleksi rotifer

tekeşeyli homogametic, homogamous, diclinous, monoclinous, monogenic

tekeşeylilik diclinism, unisexuality, homogamy

tekeşlilik monogyny, monogamy

tekgözeli unicellular *tekgözeli suyosunu* diatom

tekhücreli monocellular, one-celled, unicellular, unilocular *tekhücreli dişi organ* oogonium *tekhücreli eşeysiz üreme organı* gonidium *tekhücreli hayvan* protozoon *tekhücreli hayvan\bitki* protist *tekhücreli organizma* monad *tekhücreli suyosunu çeperi* frustule *tekhücreli tohum* follicle

tekhücreliler protozoa *tekhücreliler bilimi* protozoology *tekhücrelilere özgü* protozoal

tekhücrelilik unicellularity, unilocularity

tekiz monomer *tekiz biçimli* monomeric

tekizleştirme depolymerization

tekkat monolayer

teklif advance *teklif etmek* to advance

tekne bath, bottom, trough, vat *tekne boyası* vat dye *tekne kıvrım* synclinal fold *tekneye koymak* to vat

teknetum (simgesi Tc) technetium

teknik technique

tekparmaklı perissodactylous, monodactylous *tekparmaklı memeli hayvan* perissodactyl

tekrar again *tekrar bölme* subdivision *tekrar çalıştırmak* to rerun *tekrar damıtma* cohobation *tekrar damıtmak* to cohobate *tekrar donma* regelation *tekrar harekete geçirme* reactivation *tekrar koşmak* to rerun

tekrar olma recurrence **tekrar soğurmak** to resorb **tekrar yürürlüğe koymak** to reactivate

tekrarlama iteration, replicate, replication

tekrarlamak to replicate

tekrarlayan recurrent

tekrarlı multiple

tekrenkli monochromatic **tekrenkli ışık** monochromatic light

tektonik tectonic **tektonik plato** tectonic plateau **tektonik vadi** tectonic valley

tekyönlü unidirectional **tekyönlü eklem** hinge joint, hinge-joint **tekyönlü tepkime** irreversible reaction

tel fibre, monofilament, thread, yarn **tel çapraz** reticle **tel döşeme** wiring

telcik fibril, hair

telek feather, quill, remex

telemetre telemeter

teleskop glass **teleskop aynası** speculum

telgen tensile

telgrafçiçeği wandering jew

telkurdu wireworm **telkurdu larvası** wireworm

telli cirrate, fibriform, filamented **telli kıkırdak dokusu** fibrous cartilage

tellür (simgesi Te) tellurium

tellürik telluric **tellürik akımlar** telluric currents **tellürik asit tuzu** tellurate, tellurite

tellürit telluride, tellurite

tellürlü telluric

telsel fibrous

telzon telson

temas tangent

tembel inert

tembellik inertia

temel basal, base, basement, basic, essential, fundamental, ground, key, master, primary, root, rudimental, rudimentary, subjacent, ultimate **temel amino asit** phenylalanine **temel atmak** to ground **temel-besi** isoleucine **temel durum** ground state **temel düzey** base level **temel eğitim** background **temele oturtmak** to ground **temelini öğretmek** to ground **temel kemiği** sphenoid **temel ölçü** basic dimension **temel örnek** archetype **temel özellikler** basal characteristics **temel parçacık** elementary particle, fundamental particle **temel ürünler** basic crops

temiz clean, bioclean

temizleme cleaning, purgation **temizleme gücü** detergency **temizleme maddesi** detergent

temizlemek to elutriate, to wash, to purify, to sanitize, to clean

temizleyici detergent, purgative, purifier, smectic

temizleyicilik detergency

temkin poise

temmuz July **temmuz sürgünü** secondary shoot

temsil performance

temsilci agent

tencere kettle

teneke tin, tin plate **tenekeden yapılmış** tin **teneke kutuya koymak** to tin **tenek kutu** tin

tenha solitary

tenor tenor

tenorit tenorite

tenya taenia, tapeworm, tenia **tenya öldürücü (ilaç)** taeniacide

teobromin theobromine

teodolit theodolite

teofilin theophyline

teori theory
teorik theoretical *teorik fizik* pure physics, theoretical physics *teorik kimya* theoretical chemistry
tepe climax, crista, eminence, head, monticule, peak, tip, top, tuft, vertex *tepe gerilimi* maşimum voltage *tepe gözesi* apical cell *tepe nekrozu* top necrosis *tepesini kesmek* (ağaç) to head *tepe sürgünü* apex, leading shoot *tepe şeklinde* apical *tepe tomurcuğu* terminal bud *tepeye doğru gelişen* acropetal
tepecik stigma
tepecikli stigmatic
tepeli crested, cristate, tufted, (kuş) pileate(d) *tepeli kuş* umbrella bird
tepelibaştankara tufted titmouse
tepelibülbül bulbul
tepelik crest
tepeliköstebek starnose
tepemsi apical
tepke reflex
tepkeli reflex
tepken reactant
tepki behaviour, kickback, reaction, response
tepkili reactive
tepkime behaviour, reaction, reactivity *tepkime derecesi* reaction order *tepkime hızı* reaction rate *tepkime ısısı* heat of reaction *tepkime kabı* reactor *tepkime süresi* reaction time
tepkin reactive
tepkisel reactive
tepme kickback
tepsi tray
ter diaphoresis, perspiration, sweat, sudor, transudate *ter arısı* sweat bee *ter bezi* sweat gland *ter bezleri* sweat

glands *ter salgılatan* sudoriparous
teramisin terramycin
terapi therapeutics, therapy
terazi balance
terbiye breeding
terbiyum (simgesi Tb) terbium, terbia *terbiyum oksit* terbium oxide
terebentin turpentine
terebentinli turpentinic
terebik (asit) terebic (acid)
tereddüt uncertainty
terfi advance *terfi etmek* to advance *terfi ettirmek* to promote
tergit tergite
terim term
terimlendirme nomenclature
terkip combination, composition, constitution
terleme perspiration, sweat, sudation, transpiration
terlemek to sweat, to transpire
terletici perpiratory, sudatory, sudoriferous, sudorific
terletme diaphoresis
terletmek to sweat
terlik slippers *terlik biçimli* calceiform, calceolate
terliksi calceiform, calceolate
termal thermic *termal enerji* thermal energy *termal kapasite* heat capacity
termi therm
termik thermal, thermic *termik izolasyon* thermal insulation *termik kapasite* thermal capacity *termik radyasyon* thermal radiation *termik verim* thermal efficiency
terminal terminal
terminoloji nomenclature
termit termite, thermite
termodinamik thermodynamic;

thermodynamics **termodinamik**
potansiyel thermodynamic potential
termodinamik **yasalar**
thermodynamic laws **termodinamik**
yasaları laws of thermodynamics
termograf thermograph
termokimya thermochemistry
termomanyetik thermomagnetic
termometre thermometer
termonükleer reaksiyon thermonuclear
reaction
termoregülasyon thermoregulation
termos Dewar flask, vacuum flask
termostat thermostat
ters reciprocal, reflex, resupinate,
reverse **ters akım kromatografisi**
counter-current chromatography **ters**
akıntı counter-current **ters bağıntı**
reciprocal relation **ters çevirme**
inversion **ters çevirmek** to reverse **ters**
çevrilemez irreversible **ters denklem**
reciprocal equation **ters**
dizilmıknatıslı diamagnetic **ters**
dizilmıknatıslık diamagnetism **ters**
dönme inversion **ters eğri** reciprocal
curve **tersine çevirme** evagination,
reversal **tersine çevirmek** to
evaginate, to invert **tersine**
çevrilebilir reversible **tersine**
döndürmek to reverse **tersine dönme**
reversion **ters mızrak biçimli**
oblanceolate **ters oval biçimli** obovate
ters taraf reverse **ters yönde akan**
counter-current **ters yönelme**
reversibility **ters yumurtamsı** obovoid
tersinim metathesis
tersinir reversible **tersinir reaksiyon**
reversible reaction **tersinir süreç**
reversible process **tersinir tepkime**
reversible reaction **tersinir yığışma**

coacervation **tersinir yığışmak** to
coacervate **tersinir yığışmış**
coacervate
tersinirlik reversibility
tersinme reversion
tersinmez irreversible **tersinmez**
reaksiyon irreversible reaction
tersiyer alkol tertiary alcohol
terslemek to retort
terslik bile, reverse
tersyüz reverse **tersyüz etme**
evagination **tersyüz etmek** to
evaginate **tersyüz etmek** to invert, to
reverse
tertemiz immaculate
terzikası sartorius
terzikuşu tailorbird
tesadüfi adventitious
tesla tesla
tespih şeklinde moniliform
tespit determination **tespit edilebilir**
identifiable **tespit etme** fixation,
identification **tespit etmek** to set **tespit**
maddesi fixative
test test **test donanımı** test rig **test**
ekipmanı test rig
testere saw **testere dişli** serrate, serrated
testere dişli yaprak serrate-leaved
testereli uskumru sierra
testi pitcher, jug **testi biçimli** urceolate
testis spermary, testicle, testis **testis ile**
ilgili spermatic **testisi saran tabaka**
perididymis **testisi saran torbayla**
ilgili scrotal **testis torbasıyla ilgili**
oscheal
testosteron testosterone
tesviye levelling **tesviye aleti** level
tesviye etmek to level
teşhis diagnosis **teşhis etmek** to
diagnose, to identify **teşhise yönelik**

diagnostic
teşkilatsız unorganized
teşrih etmek to dissect
teşvik stimulation
tetanos tetanus *tetanosa benzer* tetanic
tetanos basili tetanus bacillus *tetanos oluşturan* tetanic *tetanoz aşısı* tetanus vaccine
tetrabromür tetrabromide
tetradaktil tetradactyl(ous)
tetradimit tetradymite
tetraetil tetraethyl
tetraklorür tetrachloride
tetralin tetralin
tetrapot tetrapod
tetrasiklin tetracycline
tetril tetryl
tetrod tetrode
tetroksit tetroxide
teyp tape
tezatlı antithetic
tezdişilik protogyny
tezgen catalyst *tezgen ile ilgili* catalytic
tezleştirici catalyser, catalytic
tezleştirme catalysis
tezleştirmek to catalyse
Thomson etkisi Thomson effect
tığ needle
tıkaç obturator, wad, wadding, plug, tampon *tıkaçla kapamak* to plug
tıkama occlusion *tıkama gereci* sealant
tıkamak to bar, to block, to occlude, to plug
tıkanıklık congestion
tıkayıcı obstruent *tıkayıcı damar* obturator vein *tıkayıcı kas* obturator muscle *tıkayıcı sinir* obturator nerve
tıknaz endomorphic
tın loam
tını resonance

tınlı loamy *tınlı kum* loamy sand
tıpkı identical
tırmalamak to claw
tırmanıcı climbing, creeping, menispermaceous, repent, running, scansorial, scandent *tırmanıcı bitki* climber *tırmanıcı kök* creeping root
tırmanma climb, climbing
tırmanmak to climb, to run
tırnak nail, claw, onyx, unguis *tırnağa benzer* unguiculate(d) *tırnak altında* subungual *tırnak biçiminde* ungual *tırnak dibi iltihabı* perionychia *tırnak iltihabı* paronychia *tırnakların beyaz renk alması* leukonychia
tırnaklı unguiculate(d)
tırnaksız unarmed
tırpana ray
tırtık dentation, emargination, peristome, (yaprak kenarında) crenation, (yaprak kenarında) crenature
tırtıklı crenate(d), crenelled, crenulate, denticulate(d), emarginate(d), fimbriate(d), runcinate, serriform, serrulate(d), premorse *tırtıklı lastik* crepe
tırtıl aurelia, caterpillar, grub, larva *tırtıl öldüren ilaç* larvacide
tibetöküzü yak
tifo enteric fever
tiftik kumaş cilice
tifüs typhus *tifüs aşısı* typhus vaccien
tiglik tiglic *tiglik asit* tiglic acid
tikel partial *tikel boşluk* partial vacuum *tikel dağıntı* partial entropy *tikel dalga* partial wave *tikel kesir* partial fraction
tiksindirici nauseous, repulsive
tilki fox *tilki maymun* lemur

timpan kemiği tympanic bone
timüs thymus *timüs hücresi* thymocyte
timüs ile ilgili thymic
tiner thinner
tip style, type
tipik characteristic, typical
tiraj circulation
tiriz ribbon
tiroit thyroid *tiroit bezesi aşırı çalışan*
hyperthyroid *tiroit bezesinin*
çalışmasını yavaşlatan toz thiouracil
tiroit bezi thyroid gland *tiroit bezinin*
aşırı çalışması hyperthyroidism *tiroit*
guddesi yanında bulunan (bez)
parathyroid *tiroit hormonu* thyroid
hormone *tiroit iltihabı* thyroiditis
tiroit salgı bezi thyroidea
tiroksin thyroxin(e)
tirosidin tyrocidin
tirosin tyrosine
tirosinaz tyrosinase
tirotrisin tyrothricin
tiryaki addict
titanat titanate
titanik titanic *titanik asit* titanic acid
titanik asit tuzu titanate
titanit sphene, titanite
titanlı titaniferous, titanous
titanyum (simgesi Ti) titanium
titanyum dioksit anatase, octahedrite,
titanic acid, titanic dioxide *titanyum*
dioksit minerali rutile
titanyumlu titanic, titaniferous
titiz irritable, prickly
titrasyon titration
titre titre *titre edilmiş* titrated *titre*
etmek to titrate
titrekkavak trembling poplar
titreme vibration
titremek to quiver, to vibrate

titrersinek midge
titreşebilir vibratile
titreşen oscillatory, vibratile, vibrating
titreşim oscillation, pulsation, vibration
titreşim çözümlemesi vibrational
analysis *titreşim enerjisi* vibrational
energy *titreşim erkesi* vibrational
energy *titreşimi hissedebilme*
pallaesthesia *titreşim zarı* diaphragm
titreşimli oscillatory, vibratory
titreşimli elek vibrating screen
titreşimsel vibrational
titreşmek to oscillate
titretmek to quiver, to vibrate
tiyamin aneurin, thiamin
tiyazin thiazine *tiyazin boyası* thiazine
dye
tiyazol thiazole
tiyofen thiophene
tiyokarbonik thiocarbonic *tiyokarbonik*
asit tuzu thiocarbonate
tiyonil thionyl
tiyonin thionin
tiyopental thiopental
tiyosülfat thiosulfate
tiyosülfürik thiosulfuric *tiyosülfürik*
asit thiosulfuric acid *tiyosülfürik asit*
tuzu thiosulfate
tiyoürasil thiouracil
tiyoüre thiocarbamide, thiourea
tohum embryo, germ, germen, seed,
spore *tohuma ait* germinal *tohum*
bağı funicle *tohum bağlı (bitki)*
funiculate *tohum biçiminde* ovular
tohum bitki therophyte *tohum çanağı*
spermogonium *tohumdan çıkan filiz*
acrospore *tohumdan ilk çıkan yaprak*
seed leaf *tohum dışarı* episperm
tohum dizisi drill *tohum ekme*
insemination *tohum ekmek* to drill, to

seed, to till **tohum etmek** to inseminate **tohum göbeği** hilum **tohum göbeği ile ilgili** hilar **tohum göbeği tomurcuğu** caruncle **tohum hücre** gonocyte **tohum hücresi** zoosperm **tohum içzarı** tegmen **tohum ile ilgili** ovular, seminal, sporal **tohum kabı** seed vessel, sporangium **tohum kabuğu** seed capsule, seed coat **tohum kapağı** lid **tohum kesesi** capsule **tohumları kılıf içinde bitki** angiosperm **tohum mantarlanmasını önleyici ilaç** hexachlorobenzene **tohum nüvesi** nucellus **tohum oluşturan** ovulogenous **tohum püskülü** coma **tohum sapı** funicle **tohum tanesi** berry **tohum taslağı** ovule **tohum tutucu** retinaculum **tohumu besleyen besin** albumen **tohumu bitki üstünde çimlenen** viviparous **tohumu bitki üstünde çimlenerek** viviparously **tohumu bölünen** schizocarpic, schizocarpous **tohumu çıkarmak** to seed **tohumu kılıflı** angiocarpic, angiocarpous **tohumu rüzgarla yayılan** anemochorous **tohumu zara bağlayan bağ** chalaza **tohum üreten** sporiferous **tohum yatağı** drill **tohum zarfı** aril, arillus, (baklagillerde) pod **tohum zarflı** arillate, podded **tohum zarı** pericarp **tohum zarı ile ilgili** endocarpic, pericarpic
tohumcuk ovule
tohumlama semination
tohumlu seminiferous, sporiferous **tohumlu bitki** seed plant **tohumlu bitkiler** Spermaphyta, spermatophyta **tohumlu ilkel bitki** spermatophyte, spermophyte **tohumlu ilkel bitki ile**

ilgili spermatophytic
tohumluk ovary
tohumsuz aspermous, seedless **tohumsuz bitki** cryptogam
tokmak tamper
toksik toxic, virose **toksik etki** toxic effect
tolan tolan(e)
tolerans tolerance
tolga helmet
tolidin tolidine
tolil toluyl, tolyl
toluat toluate
toluen methylbenzene, toluene, toluol **toluenden elde edilen patlayıcı madde** trinitrotoluene, trotyl **toluenden türeyen iki değerli radikal** benzal
toluidin toluidine
toluik toluic **toluik asit** toluic acid **toluik asit tuzu** toluate
toluol toluol
tomar wad
tomruk block, bole, log, truncus, trunk
Tomson Thomson
tomur bud
tomurcuk bud, button, gem, gemma, germ, sprout **tomurcukla çoğalan** gemmiparous, proliferous **tomurcukla çoğalma** proliferation **tomurcukla çoğalmak** to proliferate **tomurcukları seyreltmek** to disbud **tomurcuklarla üreme** gemmation **tomurcukta yaprak dizilişi** foliation **tomurcuk yaprak dizilişi** vernation
tomurcuklanan budding, gemmate, gemmiparous, proliferative, proliferous
tomurcuklanma blastogenesis, gemmation, proliferation

tomurcuklanmak to bud, to gemmate, to proliferate
tomurcuklu gemmate
tomurcuksu yapı gemmule
ton tonc
tonbalığı tuna
tonik tonic
top ball *top bakteri* microccocus *top bıldırcın* button quail *top biçiminde* capitate *top gibi* capitate, capitular, orbiculate *top kristal* spherulite *top kristal biçimli* spherulitic *top yapmak* to conglobate
topak clot, concretion, floccule, wad
topaklaşma flocculation
topal etmek to hock
toparsı spheroidal
topaz topaz
toplam additive, whole, summation, total
toplama addition, summation
toplamak to agglomerate, to aggregate, to band, to concentrate
toplamsal additive
toplanma agglomerate, aggregation, concentration, summation *toplanma havzası* basin of reception
toplanmak to agglomerate, to aggregate, to concentrate, to swarm
toplardamar vein *toplardamar içzarı iltihabı* phlebitis
toplaştırma sintering
toplayıcı precipitator *toplayıcı mercek* condenser
toplu aggregate *toplu taşıma aracı* transport
topluca all together *topluca büyüyen* social *topluca yaşayan* social
topluiğne pin *topluiğne ile tutturmak* to pin

topluluk aggregation, body, colony, society
toplum society *toplum ekolojisi* synecology
toplumsal social *toplumsal yapı* structure
topografik topographic(al) *topografik harita çizme aleti* orograph
topografya topography
toprak clay, earth, ground, land, soil, territory, tract *toprağa bağlamak* to earth *toprağa dikmek* to implant *toprağa özgü* terraneous *toprağı yıkayıp altın çıkarmak* to pan *toprak alkali* alkaline earths *toprak alkali metaller* alkaline earth metals *toprak aşınması* erode *toprak bitkisi* ground plant *toprak boya* ocher *toprak delici* dibbler *toprak havalanması* aeration *toprakla ilgili* edaphic *toprakla örtmek* to earth *toprak oluşturan* pedogenetic *toprak oluşumu* pedogenesis *topraktan çıkan* telluric *topraktan çıkan çiçek sapı* scape *topraktan etkilenen* edaphic *toprakta üreyen* terrigenous *toprakta yetişen* terraneous, terrestrial *toprak üzerinde yürüyen* unguligrade
toprakaltı subterranean, hypogeous *toprakaltı bitkisi* cryptophyte
toprakbilim edaphology, pedology
toprakbilimsel pedologic(al)
toprakkaya mantle rock, regolith
topraklamak to earth, to ground *topraklanmış iletken* earthed conductor, grounded conductor
topraksı limonit bog iron ore
topsarmaşık balloon vine
topuk ankle; heel *topuk kemiği* calcaneum, calcaneus *topuk kılları*

(at) fetlock *topuk tabanlı* tylopodous

topuzcuk tubercle

topuz şeklinde clavate

torba bag, envelope, pouch, saccus *torba vücutlu* coelenterata

torbacık ascidium, cisterna, diverticulum, theca, utricle, vesicle

torbalamak to bag

torbalı pouched, saccate *torbalı deniz hayvanlarında larva kuyruğu* urochord

torbamsı utricular

torbernit torbernite

toriçelli boşluğu torricellian vacuum

torin taurine

torit thorite

torpilbalığı electric ray

torsiyometre torsiometer

torsiyon torsion *torsiyon terazisi* torsion balance

tortu deposit, residue, residuum, sediment, sludge *tortu ile yükselme* aggradation *tortulu maya* bottom yeast *tortunun kaya oluşturması* induration

tortul sedimental, sedimentary *tortul kaya* sedimentary rock *tortul taş* aqueous rock

tortulaşma sedimentation

tortulaşmaz nonsedimentable

tortulu tartareous

torun grandson; granddaughter *torunlar* progeny

toryum (simgesi Th) thorium *toryum cevheri* thorianite *toryum oksit* thoria *toryum serileri* thorium series *toryum silikat cevheri* thorite

toy green, raw, sappy

toyluk sappiness

toynak hoof, unguis

toynaklı hoofed, ungual *toynaklı hayvan* ungulate

toynaklılar Ungulata *toynaklılar familyasından (hayvan)* ungulate

toz grit, powder *toz boya* pigment *toz haline gelen* pulverulent *toz haline gelmek* to effloresce *toz haline getirme* pulverization *tozla örtülmek* to effloresce *toz metalurjisi* powder metallurgy *toz odası* dust chamber *toz toprak* eluvium

tozaklaşma pollination, pollinization

tozalaksal pineal

tozalaksı bez pineal body, pineal gland

tozan molecule

tozlanan efflorescent

tozlanma efflorescence, pollinization

tozlanmış pulverulent

tozlaşan efflorescent, pollinated, pulverulent

tozlaşma efflorescence, pollination *tozlaşması rüzgârla olan* wind-pollinated

tozlaşmak to pollinate

tozlu efflorescent, pulverulent *tozlu bitki* pruinose

tozlukbağı annectent

törpü dil radula

tövbe repent *tövbe etmek* to repent

Trablus taşı tripoli, tripoli stone

trake trachea

trakit trachyte *trakite benzer* trachytoid

trampetbalığı drumfish

trans trance

transfer transference

transmisyon transmission

tras trass

traverten calcareous sinter, freshwater limestone

travma shock, trauma

travmatik traumatic
tremolit tremolite
treonin threonine
triazin triazine
triazol triazole
tribün stand
trifaze three-phase
trifenilmetan triphenylmethane
trifili triphyline
trikosist trichocyst
trimetadiyon trimethadione
trinitrat ternitrate
trinitrobenzen trinitrobenzene
trinitrogliserin trinitrin
trinitrokresol trinitrocresol
trinitrotoluol trinitrotoluene, trotyl
trioksit trioxide, tritoxide
tripanozoma trypanosome
triployid triploid
triployidlik triploidy
tripsin trypsin *tripsin ile ilgili* tryptic
triptan triptane
triptofan tryptophan
trisakkarit trisaccharide
trişin trichina
trişinoz trichinosis
trişinozlu trichinous
tritanopya tritanopia
trityum tritium
Triyas çağı(na ait) Triassic
triyot triode
trokanter trochanter *trokanter ile ilgili* trochanteric
trombin thrombin
trombosit blood plate
tromboz thrombosis
tropika tropic
tropikal tropic, tropical *tropikal siklon* tropical cyclone *tropikal yağmur ormanı* tropical rain forest
tsunami tidal wave, tsunami

tuğ aigrette *tuğ ağacı* zamia
tuğla brick *tuğla biçimli* tegular *tuğla gibi* tegular *tuğla rengi* testaceous *tuğla toprağı* malm
tulum skin
tulumba pump *tulumba pistonu* sucker *tulumbayla çekmek* to pump
tulumcuk utricle
tulumlu ascidia
tulumsu utricular
tulya thulia
tulyum (simgesi Tm) thulium *tulyum oksit* thulia
tunasombalığı huchen
tunç bell metal, bronze
tungstat tungstate
tungsten (simgesi W) wolfram, wolframium, tungsten *tungsten asidi* tungstic acid *tungsten lambası* tungsten lamp
tungstenli tungstic *tungstenli çelik* tungsten steel
turaç francolin
turba moor, peat
turbalık moss, peat bog *turbalık arazi* fen *turbalı toprak* muck
turba yosunu pcat moss
turf peat
turmalin tourmalin(e)
turnacık runner
turnusol litmus *turnusol kâğıdı* litmus paper, test paper
turp radish *turp şeklinde* napiform
turunçgiller citrus fruits *turunçgiller ile ilgili* citrous
tuş key
tutabilen prehensile
tutaç byssus
tutam tuft
tutamak to stem

tutan retentive
tutanak protocol, record
tutarlı coherent
tutarsız incoherent
tutarsızlık incoherence
tutkal cement, glue, mucilage *tutkal asidi* mucic acid
tutkallı mucilaginous, viscid
tutkalsı colloid, colloidal
tutma retention, take
tutmak to catch, to root, to take *tutmuş aşı* take
tutturmak to root
tutucu holdfast, sustentacular *tutucu kök\dal* holdfast
tutulma eclipse
tutulmak (güneş\ay) to eclipse
tutulum eclipse *tutulum çemberi* ecliptic
tutum air, behaviour, course, stand
tutuşabilme combustibility
tutuşma combustion, ignition
tutuşmak to ignite, to light
tutuşturma ignition
tutuşturmak to ignite, to light
tutya zinc *tutya çiçeği* tuberose
tuvalet toilet; bog
tuz salt *tuz gibi* saline *tuz gölü* salt lake *tuz oluşturabilir* salifiable *tuzunu gidermek* to desalt
tuzak net, trap
tuzcul halobiont, halophilous, halophyte, halophytic *tuzcul canlı* halophile
tuzla saltpan
tuzlama salt
tuzlamak to salinize, to salt
tuzlanabilir salifiable
tuzlanmış salt
tuzlu muriated, saliferous, saline, salt *tuzlu bataklık* salt-marsh *tuzlu kuyu*

salt well *tuzlu ortamı seven* halophilous *tuzlu ot* kali *tuzlu toprakta yetişen bitki* halophyte
tuzölçer salimeter, salinometer
tuzruhu hydric chloride, marine acid, muriatic acid, spirit(s) of salt, hydrochloric acid
tuzul alkali
tuzüreten halogen
tüberkülin tuberculin
tüberküloz tuberculosis *tüberküloz etkenini yok eden* tuberculocidal
tüf trass, tuff
tüflü tuffaceous
tükenme (soy) extinction
tükenmek to waste
tüketmek to deplete, to take
tükürük saliva, slaver *tükürük çıkarma* salivation *tükürük çıkarmak* to salivate *tükürük ile ilgili* salivary *tükürükte bulunan enzim* ptyalin
tükürüklemek to slaver
tükürüklü böcek meadow spittlebug
tül veil *tül kanatlı* neuropterous *tül kanatlı böcek* neuropteron
tüm complement, integral, whole, total *tüm açı* perigon *tüm asalak* holoparasite *tüm bakışık* holohedral *tüm basım* stereotypy *tüm eşey hücreli* hologamous *tüm eşey hücrelilik* hologamy *tüm evren* metagalaxy *tüm örnek* holotype *tüm öz maya* holoenzyme *tüm perdeli* totipalmate *tüm renkli* panchromatic
tümbaşkalaşım holometabolism
tümbaşkalaşmış holometabolous
tümdevre integrated circuit
tümevarım induction
tümleç complement
tümleme composition, redintegration

tümlenik integral
tümleşik devre integrated circuit
tümlevci integrator
tümleyici complement
tümor vegetation
tümör neoplasm, tumor *tümör ile ilgili* oncotic
tümörlü tumoral
tümsek anticline, convex, mons, mound, protuberance, protuberant *tümsek mercek* convex lens
tümsekli anticlinal
tünel tunnel *tünel açmak* to tunnel *tünel diyodu* tunnel diode *tünel etkisi* tunnel effect *tünel olayı* tunnel effect
tünemek to perch, to roost *tünemeye elverişli* (kuş ayağı) insessorial *tüneyen ötücü kuşlar familyasından* passerine
tüp tube
tür breed, class, diversity, family, genus, order, species, strain, type, variety *tür ardışık* homological, homologous *tür ardışıklık* homology *türe özgü nitelik* specific character *tür içi* infraspecific *tür ile ilgili* generic *türler arası* interspecific *türlere ayırma* breakdown *türlerin değişimi* variation of species *türlerin kökeni* the origin of species
türbidite turbidity
türbin turbine *türbin kanadı* vane
türbit turpeth
türdeş homogeneous *türdeş çokterimli* homogeneous polynomial *türdeş işlev* homogeneous function *türdeş ürün* homogenate *türdeş yapışma* cohesion
türdeşli homogamous
türdeşlik homology
türdeşsiz dichogamous

türdeşsizlik dichogamy
türemek to derive
türemiş derived
türetilebilir differentiable
türetke differential
türetme differentiation
türetmek to derive
türev derivative, derived product *türev alma* differentiation *türevin mutlak değeri* curvature *türev ürün* byproduct
türevsel differential *türevsel denklem* differential equation
türeyebilme holomorphism
türeyen holomorphic
türgen allel(e), allelic, allelomorphic
türgenleşme allelomorphism
Türkiye Turkey
Türk kırmızısı yağı Turkey red oil
türkuvaz turquoise
türleşmek to speciate
türlü varied *türlü taş* amphibolite
türpen terpene
türpenli terpenic
türpenol terpineol
türsel generic, varietal
tüter ilaç fumigant
tütsü pastil
tütsüleme fumigation
tütsülemek to fume, to fumigate
tütsüleyen fumigating
tütsüleyici alet fumigator
tüy hair, lanugo, pinna, pinnule, plume, trichome, villosity *tüy bayrağı* vane *tüy biçimli* penniform *tüy değiştirme* moult *tüy değiştirmek* to molt, to moult *tüy dökme* exuviation, moult, moulting *tüy dökmek* to moult *tüye benzer* penniform *tüy gibi olma* downiness *tüy ile ilgili* pinnal *tüy*

kalem quill *tüyle kaplı* lanate
tüylerini kabartmak to bristle
tüylerle süslemek to plume *tüy sapı*
quill, scape *tüy yaprak* quillwort *tüy
yolma* depilation
tüybulut cirrus
tüycük cilium
tüycüklü ciliated
tüyçimen feather grass
tüylenme penicillation
tüylenmemiş unfledged
tüylü barbate, comose, crinite, hairy, hirsute, lanate, lanuginous, penicillate, pennate, pilar, piled, pileous, piliferous, pilose, pilous, pinnular, plumaged, plumate, plumed, plumose, woolly, tomentose *tüylü tırtıl* woolly bear
tüylülük pilosity, plumosity
tüysü plumate *tüysü yaprak* feather
tüysüz altricial, glabrate, glabrous, hairless, impennate, unfledged
tüzük constitution, regulation
Tyndall olayı Tyndall effect

U

ucay pole
ucaylanma polarization
ucaylanmak to polarize
ucaylaşmış polarized
ucaylaştıran polarizer
ucaylı ışık polarized light
ucaylık polarity
ucaysızlaştırıcı depolarizing; depolarizer
ucaysızlaştırma depolarization
ucaysızlaştırmak to depolarize
ucube bilimi teratology

uç end, extremity, head, lip, terminal, tip *ucu hafif girintili* retuse *ucunu kesmek* to truncate *ucunu koparmak* to tip *ucu sivri* styliform, (çam vb yaprağı) acerose *ucu sivri helezonlu* spiriferous *uç basıncı* end pressure *uçları küt yaprak* obtuse leaf *uç nekrozu* top necrosis *uçta bulunan* terminal *uçtan büyüme* apical growth *uçtan büyüyen* acrogenous *uç tomurcuk* terminal bud *uç verme* pointing
uçan volant, volitant
uçmaz nonvolatile *uçmaz yağ* fixed oil
uçucu fugacious, vaporous, volant, volar, volatile, volitant *uçucu olmayan* fixed *uçucu yağ* volatile oil
uçuculuk fugacity, volatility, volatilization
uçundurmak to sublimate, to sublime
uçunmak to sublime
uçunum sublimation *uçunumla elde edilen madde* sublimate
uçurmak to volatilize
uçurum abyss
ufak petit, small *ufak başlı (kimse)* microcephalous *ufak başlılık* microcephaly *ufak çıkıntı* nubbin *ufak düğüm* nodule *ufak filiz* plumula, plumule *ufak pota* cupel *ufak şişe* vial *ufak yaprakçık* leaflet
ufalamak to grind
ufalanma disintegration, efflorescence
ufalanmak to disintegrate
ufalanmış detrital
ufki level
ufuk horizon
ulak messenger, runner
ulaşım transportation; communication *ulaşım kaybı* transmission loss

ulaşmak to gain
ulaştırmak to transmit
ultramikroskop ultramicroscope
ultramikroskopla inceleme ultramicroscopy
ulu noble, sublime
uluma ululation
uluslararası international *uluslararası aydınlanma birimi* international candle
un smeddum, flour
undekanoik undecanoic *undekanoik asit* undecanoic acid
unlu farinaceous, farinose
unsur constituent, element
ur concretion, cyst, excrescence, gall, ganglion, gland, growth, neoplasm, tuberosity, tumor, vegetation *ur oluşumu* neoplasia
ural taşı uralite
Ural zümrütü demantoid
uranil uranyl
uranit uranite *uranit ile ilgili* uranitic
uranyum (simgesi U) uranium *uranyum 6-fluorit* uranium hexafluoride *uranyum cevheri* uraninite *uranyum fosfat* uranite *uranyum içeren* uranic *uranyumlu maden cevheri* pitchblende *uranyum oksit* uranium oxide, yellowcake *uranyum ötesi* transuranian, transuranic *uranyum sülfat* johannite
urasil uracil
urbilimi oncology
urlaşma neoplasia
urlu tuberose, tuberous, tumoral
urluluk tuberosity
uskumrugiller(den) scombroid
uskur propeller
ussal cerebral

usta master
usturamidyesi solen
usul method, way
uyabilme adaptability
uyaran stimulant, stimulus *uyaranla canlının hareketi* taxis
uyarı warning *uyarı algılama eşiği* stimulus threshold
uyarıcı impetus, stimulant, stimulator *uyarıcı unsur* stimulus
uyarılabilme excitability
uyarım excitation
uyarlama adaptation
uyarma excitation, warning, stimulation
uyarmak to excite, to stimulate
uydu satellite
uygulamalı applied *uygulamalı bilimler* applied sciences *uygulamalı kimya* applied chemistry
uygun benign, homologous, viable *uygun yapıda* cursorial
uygunluk coherence
uygunsuzluk incongruence, incoordination
uyku sleep *uyku hali* dormancy *uyku halinde* dormant *uyku veren* hypnotic
uykuda dormant
uyluk thigh *uyluk ile ilgili* femoral *uyluk kası* femural muscle, quadriceps
uylukkemiği femur, thigh bone *uylukkemiği ile ilgili* femoral
uyma adhesion
uymak to observe
uymamak to break
uymaz inelastic
uysal malleable
uyum accommodation, adaptation, rhythm *uyumla ilgili* adaptive *uyumla yetenek kazanma* aristogenesis *uyum*

mekanizması adaptive mechanism

uyuma sleeping

uyumak to sleep

uyumlu harmonic, proportionate *uyumlu bölme* harmonic division *uyumlu ortalama* harmonic average

uyumsal adaptive

uyumsuz maladaptive

uyumsuzluk incongruence, maladaptation

uyuşma cohesion, pins and needles

uyuşmazlık heterology

uyuşturmak to stupefy, to tranquilize

uyuşturucu narcose, narcotic, opiate, stupefacient, anaesthetic, sleep-inducing *uyuşturucu alkaloid* cocaine *uyuşturucu ilaç* hypnotic

uyuşturum anaesthesia

uyuşuk inert, lymphatic, stuporous, torpid

uyuşukluk dormancy, hypokinesia, sopor, stupor, torpidity, torpidness

uyutucu hypnotic

uyuyan sleeping, torpid

uyuz mange, scabies

uyuzlu scabietic *uyuz öldürücü ilaç* scabicide, scabieticide

uzak far, distant, distal *uzak ataya çekme* reversion

uzaklaşan tangential

uzaklaşma anaphase

uzaklaştırıcı abductor *uzaklaştırıcı kas* abductor

uzaklık way, space

uzaklıkölçer telemeter

uzakta distal

uzam space

uzama elongation, extension *uzama esnekliği* elasticity of extension

uzamaz determinate

uzameşiz stereoisomer

uzamkimya stereochemistry

uzamsal steric

uzanabilen extensile

uzanan accumbent, protruding

uzanım displacement

uzanmak to run

uzanmış recumbent

uzantı appendage, paraphysis, proboscis, process *uzantı kemik* exostosis *uzantıları olmayan (sinir hücreleri)* apolar

uzatan kas extensor, extensor muscle

uzatılabilir protractile

uzatmak to expand

uzay space *uzay dalgası* space wave *uzay geometri* solid geometry *uzay kafesi* space lattice *uzay kapsülü* space capsule *uzayla ilgili* spatial

uzaysal spatial *uzay taşı* meteoroid *uzay uyduzu* space probe *uzay yükü* space charge *uzay zaman* space-time, space-time continuum

uzlaşma combine

uzman master

uzmanlaşmak to specialize

uzmanlık specialization

uzun long, oblong *uzun boynuzlu* longicorn *uzun çıkıntı* stipe *uzun doku* collenchyma *uzun dokuya benzer* collenchymatous *uzun kanatlı* macropterous *uzun kuyruklu* long-tailed *uzun kuyruklu Asya maymunu* langur *uzun ömür* longevity *uzun ömür veren* macrobiotic *uzun ömürlü* long-lived, macrobiotic *uzun ömürlü hayvan\bitki* macrobiote *uzun ömürlülük* macrobiosis *uzun palmiye* talipot *uzun saplı* long-stemmed *uzun uskumru* jurel *uzun yaprak*

biçiminde phyllodial *uzun yaprak sapı* phyllode *uzun yapraklı* long-leaved
uzunlamasına legnthwise
uzunluk legnth *uzunluk birimi* pole *uzunluk ölçüsü* linear measure
uzunkulaklıyarasa long-eared bat
uzunbacaklı macropodian *uzunbacaklı makigiller* Tarsiiformes *uzunbacaklı su kuşu* wading bird *uzunbacaklı yengeç* spider crab
uzunbacaklılık macropodia
uzuv limb, organ, system

Ü

ücret ratc
üç three *üç amino gruplu organik bileşik* triamine *üç asetik gruplu asetat* triacetate *üç asitli* triacid *üç atom kükürtlü* trisulfide *üç atomlu* triatomic *üç ayaklı larva tipi* nauplius *üç ayaklı sehpa* tripod *üç başlı kas* triceps *üç boynuzlu* tricorn *üç bölmeli* trilocular *üç çanakyapraklı* trisepalous *üç çatallı* tridental, trifid, trifurcate *üç çentikli* tricuspid *üç çevrimli* tricyclic *üç çiçekli* three-flowered, triflorous *üç çift çatal yapraklı* tergeminate *üç çizgili* trilinear *üç damarlı (yaprak)* triple-nerved *üç değerli* trivalent, tervalent *üç değerli element* triad *üç değerlik* tervalence, trivalence, trivalency *üç değerlikli kök* phosphoryl *üç değişkenli* ternary *üç dilimli* trilobate, (yaprak) tripinnate *üç dişli* tridental, tridentate *üç dişli organlı* trigynous *üç düşey dizili* (yaprak) tristichous *üç*

düzlemli trihedral *üçe ayırma* trifurcation *üçe ayrılmış* trichotomous *üçe bölmek* to trifurcate *üçe bölünme* trichotomy *üç eklemli* trimerous *üç ekseni farklı uzunlukta olan (kristal)* triclinic *üç elektrotlu lamba* triode *üç elementten oluşmuş bileşik* ternary compound *üç erkek organlı* triandrous *üçer üçer* ternately *üç fazlı* three-phase, triphasic *üç hücreli* tricellular, trilocular *üç ışınlı* triradial, triradiate *üç ikiz sinir* trifacial nerve *üç ikiz sinir ile ilgili* trifacial, trigeminal *üç kaburgalı* tricostate *üç kamçılı* triflagellate *üç kanatlı* tripterous *üç kapakçıklı* trivalve *üç kat* triple *üç kat kromozomlu* triploid *üç kenarlı* tricorn, triquetrous *üç kısımlı (çiçek)* trimerous *üç klorlu* trichloride *üç klorlu etilen* trichloroethylene *üç klorlu sirke asidi* trichloroacetic (acid) *üç kola ayırmak* to trifurcate *üç kollu* trifurcate *üç köşe* deltoid *üç köşeli* trigonal *üç kulaklı* trilobate *üç loblu* trilobate *üç misli* ternary, triple *üç misli olmak* to triple *üç misli yapmak* to triple *üç moleküllü* trimolecular *üç nitrit grubu içeren bileşik* ternitrate *üç odaklı* trifocal *üç oksijenli bileşim* trioxide *üç oluklu* trisulcate *üç öğeden oluşmuş* ternary *üç parmaklı* tridactyl(ous) *üç petalli* tripetalous *üç renklenme* trichroism *üç renkli* trichroic *üç saplı* tristylous *üç sinir ile ilgili* trineural *üç şekilli* trimorphic *üç şekilli madde* trimorph *üç şekillilik* trimorphism *üç taçyapraklı* tripetalous *üçte bir* third *üç tohumlu* three-seeded, trispermous *üç tür*

eşeyli trioecious *üç valanslı* tervalent, trivalent *üç valanslı galyum içeren* gallic *üç valanslı kobalt içeren* cobaltic *üç valanslı krom içeren* chromic *üç valanslı nadir toprak madeni* lutetium, promethium *üç valanslı osmium içeren* osmic *üç valanslı rodyum bileşeni* rhodic *üç valanslı seryum içeren* cerous *üç valanslı uranyum içeren* uranous *üç vurulu* tricrotic *üç yaprakçıklı* trifoliate, trifoliolate *üç yapraklı* ternate, three-leaved *üç yıllık* triennial *üç yüzlü* trihedral

üçayak tripod

üçboyutlu three dimensional *üçboyutlu görüntü* diorama *üçboyutlu görüntü sağlayan araç* stereoscope *üçboyutlu uzay* three-dimensional space

üçgen triangle *üçgen bağlama* delta *üçgen biçimli* triquetrous, (yaprak) cuneate *üçgenden oluşan* triangulate *üçgenlere ayırmak* to triangulate *üçgen omuz kası* deltoid *üçgen yapraklı* cuneate-leaved

üçgenli triangulate

üçgensel cuneate, deltoid, trigonal

üçgensi boşluk trigona

üçlenme trichotomy

üçlü ternary, ternate, triadic, trifid, triple *üçlü bağ* triple bond *üçlü belirti* triad *üçlü grup* ternary *üçlü hidrat* trihydrate *üçlü iyodür* triiodide *üçlü kapakçık* tricuspid valve *üçlü nokta* triple point

üçrenkli trichromatic

üçüncü third *üçüncü boyut* third dimension *üçüncü çağın en eski dönemi* Paleocene *üçüncü derece reaksiyonlar* third-order reactions

üçüncü kuvvet ile ilgili cubic *üçüncü olarak* third

üleksit ulexite

üleşim katsayısı partition coefficient

ülgerli sericeous

ülke land, territory

ülkü ideal

ülser helcoma, ulcer

ülserimsi ulcerous

ülserleşme ulceration

ülserleştirmek to ulcerate

ülserli ulcerous

ültrafiltrasyon ultrafiltration

ültrason ultrasound

ültrasonik ultrasonic

ültraviyole ultraviolet *ültraviyole ışık* ultraviolet light *ültraviyole ışınlar* ultraviolet rays

üniforma uniform

üniform hareket uniform motion

üniformite uniformity

ünite unit

ünlü vocal *ünlü birleşimi* synizesis

ürat urate

üratik uratic

üre carbamide, urea *üreden türemiş bileşik* carbazide *üre sarısı* xanthine *üre türevi* uraole

üreaz urase, urease

üreformaldehit reçinesi ureaformaldehyde resin

üreit ureide

üreme biogenesis, generation, growing, proliferation, propagation, pullulation, reproduction, semination *üreme dağarcığı* conceptacle *üreme döngüsü* sexual cycle *üreme hücresi* germ cell *üreme hücresi ile ilgili* gonidial *üreme ile ilgili* genital *üreme organı* reproductive organ

üreme organı olmayan neuter **üreme organlarıyla ilgili** genital **üreme ve idrar yollarıyla ilgili** urinogenital

üremek to breed, to derive, to proliferate, to pullulate, to reproduce

üremi uraemia, uremia **üremi hastalığıyla ilgili** uraemic, uremic

üremik uraemic, uremic

üremsel biogenetic, biogenous

üresel ureal, ureic

üretan urethan(e)

üreteç generator **üreteç gazı** producer gas

üreten syngenetic **üreten organizma** parent

üreter ureter

üretici generative, producer, reproductive **üretici çekirdek** generative nucleus **üretici hücre** generative cell, matrix

üretim breeding, crop, culture, output, yield **üretim reaktörü** breeder reactor

üretken formative, procreant, procreative, progenitive, proliferous, prolific, reproductive, seminal **üretken doku** histogen **üretken reaktör** breeder reactor

üretkenlik prolificacy, seminality

üretme breeding, pullulation, reproduction **üretme yeteneği** reproductive capacity

üretmek to breed, to culture, to generate, to incubate, to procreate, to pullulate, to reproduce, to spawn, to yield

üreyebilen fertile

üreyen proliferative, proliferous, syngenetic

ürik uric **ürik asit** trioxypurine, uric acid **ürik asit parçalanması** uricolysis

ürik asit tuzu urate **ürik asit yükseltgenme ürünlerinden** allantoin

ürkek paranoiac

üroloji urology **üroloji ile ilgili** urologic

ürperme rigor

ürperti thrill

ürün crop, culture, fruit, growth, product, spawn, yield **ürün bilimi** agrobiology **ürün verdirmek** to crop **ürün vermek** to crop, to yield

ürünsüz infecund

üs base, index, power

üslü exponential

üst top, upper **üst alma** involution **üst asalak** hyperparasite **üst asalaksal** hyperparasitic **üst döllenme** superfecundation, superimpregnation **üst enfeksiyon** superinfection **üst eşiz** metamer **üst eşizli** metameric **üst eşizlik** metamerism **üst hava bilimi** aeronomy **üst hava tabakası** upper atmosphere **üst hava yuvarı** stratosphere **üst kafatası** corona **üst kafatası ile ilgili** coronal **üst karın bölgesi** hypochondrium **üst kısım** head **üst kol** upper arm **üst molar diş ucu** paracone **üst tabaka** skin **üst üste bindirmek** to overlap **üst üste binen** overlapping **üst üste binmek** to overlap **üst yutak** nasopharynx **üst yutaksal** nasopharyngeal

üstat master

üstben superego

üstbenlik superego

üstçene upper jaw **üstçene dişi** maxillary tooth **üstçene kemiği** maxilla, premaxilla **üstçene kemiği ile ilgili** premaxillary

üstdamak soft palate

üstdamaksıl retroflex(ed)

üstderi cuticle, epiderm, epidermis, outer skin, pellicula, scarfskin *üstderi altında* subepidermal *üstderi dokusu* epithelium *üstderi ile ilgili* epidermal, epidermic

üstderisel cuticular

üstel exponential *üstel bozunma* exponential decay

üstelik still

üsttakım superorder

üstteki upper

üstübeç white lead

üstün ideal, star, superior *üstün yetenek* genius

üstünlük derecesi comparative

üşüme chill

üşümek to chill

üşütme vernalization

üşütmek to chill

üşütücü chill

ütü iron

ütülemek to iron

üvea uvea *üvea ile ilgili* uveal

üvez ağacı mountain ash, shadbush, sorb

üye member *üyeliğe kabul töreni* initiation

üzengikemiği stapes *üzengikemiğine ait* stapedial

üzerlik harmal

üzgünbalığı dragonet

üzmek to lacerate

üzücü thorny

üzüm grape *üzüm asidi* pyruvic (acid), racemic acid *üzüm posası* rape *üzüm salkımı biçimli* uviform *üzüm şekeri* dextrose, glucose, grape sugar

V

vade term

vadi valley, bottom, glen, hollow *vadi buzulu* valley glacier *vadi tabanı* valley bottom

vahşi wild *vahşi arazi* wilderness

vajina vagina *vajina fıtığı* vaginocele *vajina iltihabı* elytritis *vajina sinirleri* vaginal nerves

vajinal vaginal

vajinismus vaginismus

vaka event

vakit hour, time

vakitsiz premature

vakum vacuum *vakum buhar kazanı* vacuum evaporator *vakum filtresi* vacuum filter *vakumla kurutma* vacuum drying *vakumlu damıtma* vacuum distillation *vakum ölçer* vacuum gauge *vakum pompası* vacuum pump

valans atomicity, valence, valency *valans bağı* valance link *valans elektronu* valence electron

valerik valeric *valerik aldehit* valeraldehyde *valerik asit* valeric acid *valerik asit radikali* valeryl *valerik asit tuzu\esteri* valerate

valf valve

valflı valvate, valved

valfsiz valveless

vana valve

vanadat vanadate

vanadit vanadite

vanadyum (simgesi V) vanadium *vanadyum asit tuzu\esteri* vanadate *vanadyum asiti* vanadic acid

vanadyum çeliği vanadium steel
vanadyum içeren vanadous
vanadyum ile ilgili vanadous
vanadyum kurşun cevheri vanadinite
vanadyumla ilgili vanadic
vanadyumlu vanadic
vanasız valveless
vanilin vanillin
vanilya vanilla *vanilya çiçeği* heliotrope
vanilya kokulu reçine benzoin
vanilya özü vanillin *vanilya vidanı* vanilla
vantuz acetabulum, sucker, sucking disc
vaporizatör vaporizer
vapur steamer; boat *vapur bacası* funnel
varak lamination
vardiya watch, relay
varek kelp *varek küllü* kelp ash
varil keg
varis varicosis, varix *varis oluşumu* varication
varisli varicated *varisli damar* varicose
varlık subsistence
Varoli köprüsü pons, pons Varolii
varsayım hypothesis
varyans variance *varyans oran testi* variance ratio test
varyasyon variation
vasat average, mean, medial
vasati average
vasıf attribute, characteristic, feature
vasıta apparatus, mean, medium, organ, vehicle
vat (simgesi W) watt *vat cinsi güç* wattage *vatın milyonda biri* microwatt
vatka wadding
vatmetre wattmeter
vatoz ray

vatölçer wattmeter
vat-saat watt-hour
vavelit wavellite
vazektomi vasectomy
vazelin petrolatum, petroleum jelly, vaseline
vaziyet lay, state, condition
veber (simgesi Wb) weber
vejetatif hücre vegetative cell
vekâlet succession
vekil agent
vektör vector *vektör alanı* vector field *vektör analizi* vector algebra, vector analysis *vektör çarpım* vector multiplication *vektör örgüsü* vector lattice
vektörel vectorial
velsit wellsite
veratrin veratrine
verem phthisis, pulmonary tuberculosis, tuberculosis *verem basili kültürü* tuberculin *verem ile ilgili* tuberculous
veremli tuberculate(d), tuberculous, tubercular
verev diagonal
veri data
verim output, yield *verim indeksi* performance index
verimli fertile, rich, (toprak) sweet *verimli toprak* rich soil
verimlilik fecundity
verimsiz barren, infecund, sterile, stillborn, submarginal, (arazi) marginal *verimsiz toprak* poor soil
verimsizlik barrenness, infecundity, sterility
vermikülit vermiculite
vernerit wernerite
vernik varnish
verniklemek to varnish
vernikli varnished

verniksiz unglazed
vesika record
veter tendon *veteriner hekim* veterinary surgeon *veteriner hekimliği* veterinary medicine *veteriner ile ilgili* veterinary
vezir (satranç) queen
vibrasyonlu vibratory *vibrasyonlu elek* vibrating screen
villüs villosity, villus
villüslü villous
vinil vinyl *vinil alkol* vinyl alcohol *vinil asetat* vinyl acetate *vinil grubu* vinyl group *vinil klorür* vinyl chloride *vinil reçineleri* vinyl resins
vinilasetilen vinylacetylene
viniliden vinylidene *viniliden klorür* vinylidene chloride
viomisin viomycin
viosterol viosterol
viraj bend, curve, wind
viral viral
viran waste
virtüel iş virtual work
virüs pathogen, virus, zyme *virüs bilimi* virology *virüs bilimi ile ilgili* virological *virüs enfeksiyonu* virosis *virüs hastalığı* viral disease *virüs öldüren* viricidal *virüs öldürücü ilaç* viricide *virüsün neden olduğu* viral
viskoz viscose
viskozimetre viscometer, viscosimeter
viskozite viscosity *viskozite katsayısı* coefficient of viscosity
vişne morello
vitamin vitamin *vitamin B12* cyanocobalamin *vitamin B2* riboflavin *vitamin B6* adermin *vitamin b12* cobalamin *vitamine benzer* vitaminoid *vitamin eksikliği*

avitaminosis, vitamin deficiency *vitamin fazlalığı* hypervitaminosis *vitamin oluşturan* vitaminogenic *vitamin sağlayan* vitaminogenic *vitamin verme* vitaminization
vitaminli vitaminic
vitaminsizlik avitaminosis
vitelin vitellin
vitellüs vitellus *vitellüs bezi* yolk gland *vitellüs hücresi* yolk cell *vitellüs kesesi* yolk sac *vitellüs zarı* yolk membrane, vitelline membrane
viterit witherite
vitriyol vitriol
vivaryum vivarium
volastonik wollastonite
volfram (simgesi W) tungsten, wolfram *volfram cevheri* wolframite
volframit wolframite
volkan volcano *volkan çukuru* caldera *volkan külü* ejecta, volcanic ash
volkanik igneous, volcanic *volkanik cam* volcanic glass *volkanik granit* rhyolite *volkanik kayadaki silikat* melilite *volkanik kayalar* volcanic rocks
volt (simgesi V) volt *volt ile ilgili* voltaic *voltun milyonda biri* microvolt
voltaj tension, voltage
voltametre voltameter
voltamper volt-ampere
voltmetre voltmeter
voltölçer voltmeter
vulfenit wulfenite
vulva vulva *vulvayla ilgili* vulval, vulvar
vurdumduymaz thickskinned
vurgulamak to stress
vurma battery, impact
vurmak to shoot
vuruk trauma

vuruş impact *vuruş basıncı* impact pressure

vücut body, soma *vücudun erken gelişimi* macrogenitosomia *vücudun iç dengesi* homeostatic equilibrium *vücut bölümü* segment *vücut bölümü isimleri* toponymy *vücut bölümünün her biri* (hayvanda) somite *vücut dokusu* somatic tissue *vücut duyusu* body sense *vücut ekseni önünde bulunan* preaxial *vücut eksenine yakın* paraxial *vücut ekseninin ön tarafında uzanan* hypaxial *vücut hücresi* somatic cell *vücut ısısı* body temperature *vücut içinde bulunan* internal *vücut içindeki* inward *vücut kromozomu* autosome *vücut metabolizmasının hızlanması* hypermetabolism *vücut organı fazlalığı* polymeria *vücut sıcaklığı* animal heat *vücut sıvısı bilimi* hygrology *vücuttan çıkan madde* egesta *vücuttan çıkarmak* to egest *vücuttan ısı dağılım* thermolysis *vücutta su toplanması* oedema *vücut tipi* somatotype

W

Wharton peltesi Wharton's jelly
Wheatstone köprüsü Wheatstone bridge
Wilson hastalığı Wilson's disease
W kromozomu W chromosome
Wolff kanalı Wolffian duct

X

x x *X-ışın spektrometrisi* X-ray spectrometry *X ışını* X-ray *X-ışını izgeçizeri* X-ray spectrograph *X-ışını izgeölçeri* X-ray spectrometer *X-ışını izgeölçümü* X-ray spectrometry *X-ışını izgesi* X-ray spectrum *X-ışını spektrografı* X-ray spectrograph *X-ışını spektrumu* X-ray spectrum *X ışınları* X-rays, x-radiation *X ışınlarını geçirebilir* radiable *X ışınlarını geçirebilme* radiability *X kromozomu* X chromosome

Y

yabanarısı vespid
yabanasması clematis
yabancı adventive, alien *yabancı biçimli* xenomorphic *yabancı bitki* adventive plant *yabancı çevrimsel* heterocyclic *yabancı dokulu* heteroplastic *yabancı kayu* xenolith *yabancı madde* foreign matter
yabandomuzu wild boar, tusk
yabangülü potentilla
yabanıl wild *yabanıl hayvanlar* wildlife
yabani feral, wild *yabani ananas* pita *yabani ardıç* cade *yabani çuhaçiçeği* oxlip *yabani havuç* wild carrot, wild parsnip *yabani kereviz* smallage *yabani kiraz* gean *yabani lama* guanaco *yabani marul* wild lettuce *yabani pirinç* wild rice
yabanigül dog rose
yabanikekik wild thyme

yabankazı wild goose
yabantırak dill
yaboran jaborandi *yaboran yaprağı* jaborandi
yadbiçim paramorph
yadbiçimleşme paramorphism
yadbiçimli paramorphic, paramorphous
yağ fat, grease, lubricant, oil, sebum, smear, unction *yağa benzer* lipoid *yağa sarı renk veren pigment* lipochrome *yağ asidi* fatty acid *yağ bağlamış kalp* fatty heart *yağ banyosu* oil bath *yağ bezesi* sebaceous gland *yağ çeken* oleophilic *yağda eriyen* fat-soluble, liposoluble *yağdan oluşmuş* unguinous *yağ gibi* oleaginous *yağı emdirme* inunction *yağ içeren* oleaginous *yağ ile ilgili* lipoid *yağ kuşu* guacharo *yağları sindiren enzimlerden biri* lipase *yağlayıcı madde* lubricant *yağ lekesi* smear *yağ mahfazası* (kimi meyvede) vitta *yağ mahfazası olan* vittate *yağ oluşumu* lipogenesis *yağ reçinesi* oleoresin *yağ salgılayan* sebaceous, sebiferous *yağ serisi* fatty series *yağ sürme* (tedavi amaçlı) unction *yağ sürmek* to grease *yağ tüketen* lipotropic *yağ tüketimi* lipotropy *yağ uru* lipoma *yağ üreten* oleaginous *yağ veren (bitki)* oil-bearing *yağ yakıcı* oil burner
yağbezi oil gland *yağbezi salgısı* sebum
yağdoku adipose tissue *yağdoku iltihabı* pimelitis
yağemer lipophilic
yağımsı madde lipid
yağış precipitation, rainfall *yağış miktarı* rainfall
yağlama inunction

yağlamak to grease, to oil
yağlı adipose, fat, fatty, oily, oleaginous, pinguid, sebaceous, sebiferous, unguinous, (yemek) rich *yağlı ishal* steatorrhea *yağlı kâğıt* wax paper *yağlı kil* fatty clay *yağlı kireç* fat lime *yağlı protein* lipoprotein *yağlı reçineli* oleoresinous *yağlı salgı* smegma *yağlı terebentin ana maddesi* pinene *yağlı yiyecekler* fatty foods
yağlılık pinguidity
yağmacı predatory
yağmak to precipitate
yağmur rain, rainfall *yağmur kuşağı* rainband *yağmur kuşu* wading bird *yağmurla ilgili* pluvial *yağmur ormanı* rani forest *yağmur yağmak* to rain
yağsever lipophilic
yağsı oleaginous
yağsız süt skim milk
yaka collar, rim *yakalı-kamçılı hücre* choanocyte *yakasına yapışmak* to collar *yaka takmak* to collar
yakacak combustible
yakalamak to catch, to collar, to take
yakı plaster *yakı yapıştırmak* to plaster
yakıcı caustic, combustive, roasting *yakıcı kapsül* nematocyst, thread cell *yakıcı özellik kazandırmak* to causticize
yakıcılık causticity
yakın immediate, related
Yakınçağ Cenozoic
yakınlık affinity, convergence
yakınsak convergent *yakınsak kanatlar* connivent wings
yakınsaklık convergence
yakınsama convergence

yakırgörmezlik hypermetropia
yakıt combustible
yaklaşık proximate
yaklaşım advance
yaklaştırıcı adductor
yaklaştırma convergence
yakma calcination
yakmak to burn, to ignite, to light
yakarak kömürleştirmek to char
yakut ruby *yakut rengi* ruby
yalak trough
yalancı false, artificial *yalancı asalak*
pseudoparasite *yalancı asalaklık*
pseudoparasitism *yalancı ayak*
pseudopod *yalancı fıtık* pseudohernia
yalancı gebelik pseudocyesis,
pseudopregnancy *yalancı güneş*
parhelion *yalancı meyve* pseudocarp
yalancı prizma prismoid *yalancı spor*
pseudospore *yalancı zar*
pseudomembrane
yalancısafran safflower *yalancısafran*
yağı safflower oil
yalancısoğan pseudobulb
yalaz flame *yalaz deneyi* flame test
yaldızlamak to wash
yaldızlı kelebek metalmark
yalın elementary, simple, plain *yalın*
denklem simple equation *yalın işlev*
simple function *yalın kök* simple root
yalınkat single fold *yalınkat çiçekli*
single
yalıtılabilir isolable
yalıtılmamış uninsulated
yalıtım insulation *yalıtım değeri*
insulating value *yalıtım direnci*
insulation resistance *yalıtım macunu*
sealant *yalıtım maddesi* insulation
yalıtkan dielectric, insulator, isolator,
non conductor, nonconducting

yalıtkan madde isulant, nonconductor
yalıtma isolation
yalıtmak to insulate, to isolate
yalnız solitary, only, sole *yalnız yaşayan*
solitary
yama patch *yama vurmak* to patch
yamaç side, slope
yamamak to patch
yamuk lopsided *yamuk kafa*
plagiocephaly
yan side *yana bükülme* lateroflexion
yana doğru lateral *yana doğru kayma*
lateroposition *yana yatırarak*
boşaltmak to tip *yana yatırmak* to tip
yan bağışıklık cross-resistance *yan*
buzultaş lateral moraine *yan*
çiftleşme parasynapsis *yan çizgi*
lateral line *yanda bulunan* side *yan*
dalları olmayan açık zincir yapı
straight chain *yan damar* shunt
yandan lateral, side *yan eşeyli*
paroicous *yan eşeylik* paroicousness
yan etki side effect *yan görünüş*
profile *yan halka* side chain *yan*
kuruluş offshoot *yan moren* lateral
moraine *yan tomurcuk* lateral bud
yan ürün by-product, offshoot *yan*
yana yaşama commensalism *yan*
yaprak stipule *yan zincir* side chain
yanabilme combustibility
yanak cheek, mala *yanak ile ilgili*
buccal, jugal *yanak kası* cheek muscle
yanak kemiği mala *yanakla ilgili*
genal
yanal lateral *yanal erozyonu* lateral
erosion
yanan living
yanardağ volcano *yanardağ ağzı*
chimney *yanardağ bacası* fumarole
yanardağ camı volcanic glass

yanardağ gibi volcanic *yanardağ konisi* volcanic cone *yanardağ küllü* volcanic ash
yanardöner versicoloured
yanardönerlik opalescence
yandaş adherent
yanıcı combustible, combustive *yanıcı gaz* ethene
yanık burn *yanık kaya* hornstone *yanık merhemi* calamine lotion *yanık taş* basalt *yanık taşlı* basaltic *yanık yeri* burn
yanıt reaction, replication, response
yanıtlamak to replicate
yankı echo, replication *yankı ile yer bulma* echolocation
yankılanma resonance
yanlış wrong; mistake, error *yanlış uygulama çatlağı* fault fissure
yanma burn, calcination, combustion *yanma fırını* combustion furnace *yanma hücresi* combustion chamber *yanma ısısı* heat of combustion *yanma odası* combustion chamber
yanmak to burn, to ignite, to light
yanmaz incombustible
yanmaztaş amianthus, amiantus, asbestos, firestone, ganister
yansı oblique
yansıma echo, reflection, reflex, reflexion, replication
yansımaölçer albedometer
yansımış reflected *yansımış dalga* indirect wave, reflected wave *yansımış ışık* reflected light
yansıtaç speculum
yansıtıcı specular
yansıtıcılık reflectivity
yansıtırlık reflectance
yansıtmak to reflex

yansıtma katsayısı albedo
yansıyan dalga reflected wave
yansıyan ışık reflected light
yansız indifferent, neuter, neutral *yansız çözelti* neutral solution
yansızlaşma neutralization
yansızlaştırma neutralization
yansızlık indifference, neutrality
yapağı wool *yapağı yağı* yolk
yapay synthetic *yapay madde* artefact *yapay östrojen* diethylstilbestrol *yapay platin* platinoid *yapay solunum* pneumatogeny *yapay solunum aracı* barospirator
yapı character, composition, constitution, formation, make-up, structure, system, tectogenesis *yapı düzgünlüğü* (çiçekte) peloria *yapı formülü* constitutional formula, structural formula *yapısında metal bulunan* metalliferous *yapısında oksijen olan asit* oxacid
yapıcı metabolizma anabolism
yapılış structure
yapım formation *yapım yıkım ürünü* metabolite *yapım yıkıma uğratmak* to metabolize
yapımcı producer
yapımsal anabolic
yapısal anatomical, structural, structural geology, textural *yapısal değişiklik* structural change *yapısal formül* graphic formula *yapısal yerbilimi* tectonics *yapı sanatı* tectonics
yapısız structureless
yapışık adherent, appressed, connate *yapışık ikiz* parabiotic *yapışık ikizlik* parabiosis
yapışıklık adhesion
yapışkan adherent, coherent,

mucilaginous, sticky, viscous
yapışkan madde tackiness agent
yapışkanlık adherence, stickiness, tackiness
yapışkanotu pellitory
yapışma adherence, adhesion, coherence, cohesion **yapışma gücü** cohesive force
yapışmış cohesive
yapıştırıcı gum
yapıştırmak to cement, to stick
yapıt composition
yapma performance
yapmacık histrionic
yaprak leaf, lamina, lamination, phyllome **yaprağa ait** foliar **yaprağa benzer** foliaceous, foliate **yaprağa benzer organ** phyllome **yaprağını döken** deciduous **yaprağını dökmeyen** indeciduous, evergreen **yaprağı saran** amplexifoliate **yaprak asidi** abscisic acid **yaprak ayaklı** phyllopod **yaprak ayası** blade, leaf blade, limb **yaprak balı** honey-dew **yaprak biçimli** foliate **yaprak çıkarmak** to foliate **yaprak dal** phylloclade **yaprak damarı** keel, nervure, rib, vein **yaprak dilimi** pinnule **yaprak dizilişi** phyllotaxis, phyllotaxy **yaprak dizilişi bilgisi** phyllotaxis, phyllotaxy **yaprak döken ağaç** deciduous tree **yaprak döktürücü ilaç** defoliant **yaprak dökülmesi** abscission **yaprak gübresi** leaf mould **yaprak halkası** verticil **yaprak ile ilgili** foliar **yaprak izi** leaf scar, leaf trace **yaprak kaktüs** phyllocactus **yaprak kelebeği** leaf butterfly **yaprak kını** leaf sheath **yaprak kızartan madde** erythrophyll **yaprak küfü** leaf blight **yapraklardan**

oluşmuş foliated **yaprakların diziliş düzeni** phyllotaxis, phyllotaxy **yaprak lekesi** leaf spot **yaprak pası** leaf blotch, leaf rust **yaprak sapı** leafstalk, petiole **yaprak sapı ile dal arasında bulunan** axillary **yaprak sapı kökü olmayan basit bitki** thallus **yaprak sapıyla ilgili** petiolar **yaprak şeklinde** foliated **yaprak tomurcuğu** leaf bud **yaprak üstünde büyüyen** foliicolous **yaprak vermek** to foliate, to leaf **yaprak yanığı** leaf scald **yaprak yataklık** leaf mould
yaprakbiti greenfly, leaf beetle
yaprakçık pinna, stipule **yaprakçık ile ilgili** pinnal
yaprakçıklı stipulated
yaprakçıksız exstipulate
yaprakkurdu leaf miner
yapraklanma foliation
yapraklanmak to leaf
yapraklanmış frondescent, in leaf
yapraklı -leaved, foliaceous, foliate, foliolate, foliose, laminar, laminated, schistous
yapraksı foliaceous, phylloid **yapraksı akış** laminar flow **yapraksı böcek** leaf insect
yapraksız aphyllous, leafless
yapraktaşı schist
yara lesion, wound, trauma, ulcer **yara dokusu** callus, scar tissue **yara dokusu** oluşumu epulosis **yara dokusu oluşumuyla belirgin** uletic **yara dokusunu andıran** uloid **yara gibi** cankerous **yara izi** cicatrice, cicatrix, scar **yara izi bırakmak** to scar **yara izi dokusu** cicatricial tissue **yara izi ile ilgili** cicatricial **yara kabuğu** cicatrice, scab, slough **yaraya**

ait traumatic *yarayı iyileştiren (ilaç)* vulnerary

yaradılıştan congenital

yaralamak to lacerate, to wound

yaralanma trauma

yaralaşma ulceration

yaralaştırmak to ulcerate

yaralı ulcerous

yarar use

yararlanma utilization

yararsız void

yarasa bat *yarasa maymunu* douricouli

yaratık individual

yaratılış constitution

yaratılıştan innate, intrinsic

yaratımcı creationist

yaratımcılık creationism

yaratmak to generate, to spawn

yard yard *yarda çubuğu* yardstick

yardım relief

yardımcı accessory, secondary *yardımcı hücre* synergid *yardımcı mineraller* accessory minerals *yardımcı sağlık hizmetleri ile ilgili* paramedical *yardımcı tıpla ilgili* paramedical

yarı half *yarı akışkan* semifluid *yarı arıtılmış* reguline *yarı arıtılmış maden* regulus *yarı asalak* hemiparasite, semiparasite *yarı asalaklık* semiparasitism *yarı asalaksal* semiparasitic *yarı beyin* parietal lobe *yarı çember* hemicycle, semicircle *yarı çembersel* hemicyclic *yarı dönük (yumurtacık)* hemitropous *yarı erdişi* pseudohermaphrodite *yarı erdişilik* pseudohermaphrod(it)ism *yarı felç* hemiplegia *yarı genli* hemizygous *yarı genli birey* hemizygote *yarı insan* subhuman *yarı kalımlı* metastable *yarı kıkırdak*

yapıda semicartilaginous *yarı kurak* semiarid, subarid *yarı metal* semimetal *yarı metallik* semi-metallic *yarı perdeli (kuş ayağı)* semi-palmate(d) *yarı selüloz* hemicellulose *yarı sucul* subaquatic *yarı suda yarı karada yetişen* subaquatic *yarı sulu bileşim* hemihydrate *yarı şeffaf* translucent *yarı terebentin* hemiterpene *yarı yüzlü* hemihedral

yarbaşkalaşan hemimetabolic

yarıbaşkalaşımsal hemimetabolic

yarıçalı undershrub

yarıçap radius, semidiameter *yarıçapla ilgili* radial

yarıgeçirgen semipermeable *yarıgeçirgen zar* semipermeable membrane

yarıgeçirgenlik semipermeability

yarık bipartite, break, cleavage, cleft, crack, cut, fissure, leak, loculicidal, ostiole, rift, rima, rimose, split, sulcus, tear *yarık çene* schizognathism *yarık çeneli* schizognathous *yarık damak* cleft palate *yarık damaklılık* uranoschism *yarık gagalı* fissirostral *yarık meydana getirmek* to groove *yarık vadi* gap

yarıklı cleft, interstitial, sulcate

yarıküre hemisphere

yarılabilir fissile, fissionable, scissile

yarılanım cytokinesis

yarılanma süresi half-life

yarılma cleavage, fission

yarılmak to crack, to fissure, to split

yarılmış cleft, loculicidal

yarım half *yarım ağrı* hemialgia *yarım asetal* hemi-acetal *yarım çember kanalları* semicircular canals *yarım daire* hemicycle, semicircle *yarım*

daire biçiminde semicircular *yarım*
elips semiellipse *yarım kanatlı*
sınıfından hemipterous *yarım*
kanatlılar Hemiptera *yarım*
kordalılar hemichordate *yarım*
ortacık k-meson *yarım silindir*
semicylinder *yarım solungaç*
hemibranch
yarımay half moon, crescent *yarımay*
kapakçık semilunar valve *yarımay*
kemik semilunar bone *yarımay*
şeklinde semilunar
yarısaydam translucent *yarısaydam*
katı madde camphol
yarısaydamlık translucency
yarış race *yarışa girmek* to race
yarışma race, running
yarışmacı agonist
yarışmak to race
yarma fissure, incision, split *yarma*
şeftali (ağacı) elberta
yarmak to fissure, to incise, to open, to
split
yasa law
yasaklamak to inhibit
yasemin jasmine
yaslanan accumbent, incumbent
yaslanma reclination
yassı compressed, lamellate(d),
lamelliform, lamellose, obtuse,
patelliform, plane *yassı çukur* pan
yassı dal cladode *yassı duyargalı*
(böcek) lamellicorn *yassı epitel*
pavement epithelium *yassı gagalı*
lamellirostral *yassı kafalı*
platycephalic *yassı kafalı yılan*
hognose *yassı kan kurdu* schistosome
yassı şişe biçimli lageniform
yassıbalık spadefish, ribbonfish
yassıkurt platyhelminth, trematode

yassısolungaçlı lamellibranchiate,
pelecypod
yastığımsı çıkıntı pulvinus
yassıburunlumaymun platyrrhine
yastık buffer, cushion *yastık biçiminde*
pulvinate *yastık biçimli yapı* cushion
yastık çıkıntılı pulvinate *yastık kök*
prop root
yastıkçık pulvillus
yaş age; wet *yaş ağaç* green wood *yaş*
analiz wet analysis *yaş çözümleme*
wet analysis *yaş ilaçlama* wet
treatment *yaş işleme* wet process *yaş*
mazı oak-apple *yaş termometre* wet-
bulb thermometer
yaşam bios, life, living *yaşamdan*
yoksun abiotic *yaşam evresi* life cycle
yaşama living, life *yaşama gücü* vital
force *yaşama yeteneği* viability
yaşambilim biology
yaşambilimci biologist
yaşambilimsel biologic, biological
yaşamcılık vitalism
yaşamsal biotic, vital, vitalistic
yaşayabilir viable
yaşayamaz nonviable
yaşdönümü change of life
yaşlanan senescent
yaşlanma insenescence, obsolescence
yaşlı senile, old *yaşlı at* plug
yaşlılık age, senescence, senility *yaşlılık*
güçsüzlüğü caducity
yaşlılıkbilim gerontology
yatak basin, bed *yatak çarşafı* sheet
yatak takımı bedding *yatak yarası*
bedsore
yataklı sleeping
yataklık bedding
yatan accumbent, recumbent
yatay horizontal, level *yatay hava*

hareketi advection *yatay kaya tabakası* sheet *yatay olarak yayılan* advective *yatay polarizasyon* horizontal polarization
yatık decumbent, oblique, recumbent *yatık kıvrım* recumbent fold
yatıklık resupination
yatırım investment
yatırmak to bed
yatışmak to tranquilize
yatıştırıcı depressant, lenitive *yatıştırıcı banyo* sedative bath
yatıştırmak to still, to tranquilize
yatma rest
yatmak to bed
yatmış recumbent
yavaş slow; slowly *yavaş gelişen* bradytelic *yavaş gelişme* bradytely *yavaş hareket eden* tardigrade *yavaş ilerleme* creepage *yavaş nabız\kalp atışı* bradycardia *yavaş nabızlı* bradycardic *yavaş nötron* slow neutron *yavaş yanma* slow combustion *yavaş yavaş* piecemeal *yavaş yürüyen* tardigrade
yavaşlama subsidence
yavaşlatıcı inhibitor
yavaşlatım inhibition
yavaşlatma relaxation, retardation
yavaşlatmak to retard
yavru young *yavru atma* abortion *yavru atmak* to abort *yavru ile ilgili* filial *yavru kuşağı* filial generation *yavrular* progeny *yavru yumurtlama* ovoviviparity *yavru yumurtlayan* ovoviviparous *yavruyu yumurtadan çıkarma* oviparity
yavrulamak to litter, to reproduce
yavşanotu speedwell, veronica
yay bow *yay izgesi* arc spectrum

yayan dispersant, disperser, emitter
yaygın broad, effuse, patulous *yaygın ur* sarcomatosis
yayılan scattering
yayılım propagation *yayılım faktörü* propagation factor *yayılım sabiti* propagation constant *yayılım yolu* propagation path
yayılma diffusion, dispersal, dissemination, distribution, evolution, permeation, propagation *yayılma katsayısı* diffusion coefficient *yayılma katsaysı* propagation coefficient
yayılmak to creep, to diffuse
yayılmış diffuse, effuse, patulous *yayılmış ışık* diffused light
yayın publication; broadcast *yayın organı* organ
yayınbalığı sheatfish
yayınım diffusion
yayınmış ışık stray light
yayla plateau, tableland
yaylı fornicate *yaylı tartaç* spring balance *yaylı terazi* spring balance
yayma spreading
yaymak to diffuse, to display, to emit, to lay, to open, (hastalık) to transmit
yayvan patelliform
yaz summer *yaza ait* estival *yaza özgü* aestival *yaz halkası* (ağaçta) summerwood *yaz ile ilgili* aestival *yaz sürgünü* secondary shoot *yaz uykusu* aestivation, estivation, summer dormancy, summer torpidity *yaz uykusuna yatmak* to estivate
yazı writing
yazıcı recording *yazıcı barometre* barometrograph, recording barometer *yazıcı termometre* thermograph *yazıcı termometre eğrisi* thermogram

yazlık estival
yazma writing
yazmak to write, to record, to take
yedi seven *yedi değerli* septivalent *yedi karbonlu monosakkarit* heptose *yedi sulu* heptahydrate *yedi valanslı* heptavalent, septivalent *yedi valanslı atom* heptad *yedi yarıklı balık* perlon *yedi yüzlü* heptahedral
yedigen heptagon
yediveren perpetual
yeğinlik intensity
yekpare massive, monolithic
yekûn total
yel wind
yeldeğirmeni windmill *yeldeğirmeni kanadı* vane
yele crest, hackles *yele tüyleri* neck feathers
yeleli çayır crested wheatgrass
yelkovan vane, minute hand
yelpaze fan *yelpaze biçimli lığ* alluvial cone *yelpaze biçimli organ* flabellum *yelpaze çiçek durumu* rhipidium *yelpaze damarlı (yaprak)* diadromous *yelpaze dizilişli* verticillate *yelpaze palmiyesi* palmyra *yelpaze şeklinde* flabellate *yelpaze yapraklı* palmetto
yelpazeli flabellate
yelsel aeolian
yem food, fodder
yemek meal; food; to eat *yemek borusu* esophagus, gula, gullet, oesophagus *yemek borusu ile ilgili* esophageal, oesophageal *yemek sonrası* postcibal
yemeklik mantar white agaric
yemiş fructification, fruit
yemişli fruit-bearing
yen spathe
yengeç crab *Yengeç burcu* Cancer

yengeç kıskacı nipper
yengeçgiller Malacostraca *yengeçgiller sınıfından (hayvan)* malacostracan
yeni new, recent *yeni aydınlanma birimi* new candle *yeni biten tüy* (kuşta) pinfeather *Yeni Çağ ile ilgili* Holocene *yeni doğmuş* neonatal *yeni doku* neoblast *yeni doku oluşturma* reconstitution *yeni doku oluşumu* neoformation, neogenesis *yeni dokuyla ilgili* neoblastic *yenidünya meşesi* encina *yeni düzen* rearrangement *yeni elementler* new elements *yeni iklime alıştırmak* to naturalize *yeni oluşum* diagenesis, neoplasm *yeni oluşumsal* diagenetic *yeni tür üremesi* speciation *yeni tür üretmek* to speciate
yeniden again *yeniden arıtma* redistillation *yeniden arıtmak* to redistil *yeniden belirme* recrudescence *yeniden birleşim katsayısı* recombination coefficient *yeniden canlandıran* regenerative *yeniden canlandırmak* to regenerate *yeniden doğma* palingenesis *yeniden doğma ile ilgili* palingenesian, palingenetic *yeniden düzenleme* rearrangement *yeniden kristalleştirme* recrystallization *yeniden kristalleştirmek* to recrystallize *yeniden kullanma* recycling *yeniden kurma* redintegration *yeniden oluşturma* reconstitution *yeniden sermek* to relay *yeniden üreme* regeneration *yeniden üreten* regenerative *yeniden üretmek* to reproduce *yeniden yapma* reproduction
yenileme redintegration

yenilenme regeneration
yenileyen regenerative
yenilik innovation
yenim corrosion *yenim hızı* corrosion rate
yer chamo(i)site, ground, land, locus, space, spot *yer biçimi* structure *yer biçimli* geomorphic *yer bilimi* earth science *yer bitkibilimi* geobotany *yer böceği* ground beetle *yer değiştirmek* (madde) to migrate *yer değiştirmiş* allochtonous, ectopic *yerden çıkan* telluric *yer dengesi* isostasy *yerde yaşayan* terricolous *yer dinamiği* geodynamics *yere düşmek* to precipitate *yere kapanmak* to prostrate *yere kapanmış* prostrate *yer eriği* ground plum *yere sermek* to prostrate, (ekin) to lodge *yere yayılmış* prostrate *yere yönelik* geotropic *yere yönelim* geotropism *yer fiziği* geophysics *yer fiziksel* geophysical *yerinden çıkarmak* to dislocate *yerinden çıkmış organı elle yerine yerleştirme* taxis *yerinden oynama* dislocation *yerinden oynatma* dislocation *yerine getirme* performance *yerine oturtmak* (kırık) to set *yerini aldığı maddeye benzeyen mineral* pseudomorph *yerini değiştirmek* to dislocate *yerini doldurmak* to offset *yer mıknatıslığı* terrestrial magnetism *yer mıknatıssal* geomagnetic *yer sincabı* flickertail, suslik
yeraltı subterranean, hypogeal, hypogean, hypogeous *yeraltı akıntısı* underflow *yeraltı bitkisi* geophyte *yeraltı su hareketi* underflow *yeraltı suyu ile ilgili* phreatic

yerbetim topography
yerbetimsel topographic(al)
yerbiçimbilim geomorphology
yerbiçimbilimsel geomorphologic(al)
yerbilim geology, structural geology
yerbilimsel geologic(al)
yerçekimi gravitation, gravity *yerçekimi alanı* gravitational field *yerçekimi ile ilgili* gravitational *yerçekimi ivmesi* gravitational acceleration *yerçekimi kanunu* law of gravitation *yerçekimi kuvveti* force of gravity, gravitational force *yerçekimi yasası* law of gravitation
yerçekimli geotactic *yerçekimli hareket* geotaxis
yerdeğiştirme substitution, migration, motion, translocation *yerdeğiştirme miktarı* displacement
yerdeş isotope *yerdeş ile ilgili* isotopic
yerdeşlik isotopy
yerel endemic *yerel çöküntü* geosyncline *yerel hastalık* endemic *yerel lezyon* local lesions
yerfıstığı peanut
yerfıstığıyağı peanut oil
yergazı natural gas
yerısıl geothermal *yerısıl basamak* geothermal gradient
yerkabuğu earth/s crust *yerkabuğu ile ilgili* tectonic
yerkimyasal geochemical
yerkimyası geochemistry
yerküre earth *yerküre biyolojisi* geobiology *yerküreye ait* terrestrial
yerlahanası kohlrabi
yerleşik sedentary
yerleşim çevresi habitat
yerleşmiş sedentary, set
yerleştirme set

yerleştirmek to lodge, to plant, to set
yerli indigenous, native *yerli olmayan*
adventive, exotic
yermantarı truffle
yermumu mineral wax, ozocerite,
ozokerite
yerölçüm geodesy
yersarmaşığı dichondra
yeryağı crude oil, petroleum
yeryüzü earth, ground, land *yeryüzü*
atmosferi the earth's atmosphere
yeryüzü biçimi ile ilgili geomorphic
yeryüzü ile ilgili telluric *yeryüzü*
kabuğu earth's crust *yeryüzüne çıkan*
tabaka outcrop *yeryüzü tabakası* layer
yeşerir nondormant
yeşerme suckering
yeşermek to green
yeşertmek to green
yeşil green *yeşil alisum* sweet alyssum
yeşil asit green acids *yeşil balık*
pintano *yeşil bazalt taşı* greenstone
yeşil beze green gland *yeşil biber*
pepper *yeşil çay* hyson *yeşil çiçeklilik*
chloranthy *yeşil fosfatlı demir*
kraurite *yeşil gübre* green manure
yeşil kertenkele green lizard *yeşil*
kum glauconite, greensand *yeşil*
kumlu glauconitic *yeşil lal taşı*
uvarovite *yeşil pas* patina *yeşil renk*
green *yeşil renk körlüğü* green
blindness *yeşil renkli doğal cam*
moldavite *yeşil somaki* ophite *yeşil*
suyosunları green algae *yeşil taş*
diorite, greenstone, smaragdite *yeşil*
vitriyol copperas, iron sulfate *yeşil*
yaprak herbage *yeşil yosun* chlorella
yeşilimsi virescent, viridescent *yeşilimsi*
kuartz chrysoprase *yeşilimsi sarı*
luteous

yeşillenme virescence
yeşilleşen virescent
yeşillik foliage, green, vegetable,
verdure, virescence, viridity
yeşiltaş omphacite
yeşimotu jade plant
yeşimtaşı jade, jasper, nephrite
yetenek calibre, capacity, power
yetersiz substandard *yetersiz beslenme*
malnutrition, undernutrition *yetersiz*
soğutma undercooling *yetersiz*
soğutulmuş undercooled
yetersizlik deficiency
yetişen growing
yetişkin grown-up; adult *yetişkin hayat*
adult life
yetişmek to catch
yetişme growing, development *yetişme*
ortamı chamo(i)site *yetişme yeri*
habitat
yetiştirme breeding *yetiştirme ortamı*
culture medium
yetiştirmek to breed, to culture, to plant
yetki power
yetkin perfect
yığılma illuviation
yığılmak to agglomerate, to aggregate,
to cluster, to conglomerate
yığıltı illuvium
yığın agglomerate, aggregation, mass,
mountain, wad, peck *yığın biçiminde*
glomerate
yığıntı enthalpy
yığışım agglomerate, conglomerate,
puddingstone
yığışma brecciation
yığıştıran agglutinin
yığmak to agglomerate, to aggregate
yıkama wash
yıkamak to wash *yıkayıp giderme*
elution *yıkayıp gidermek* to elute

yıkanma wash
yıkanmak to wash
yıkılmak to wrack
yıkım wrack
yıkıntı wrack
yıkmak to level, to wrack, to unbuild
yıl year *yılda bir olan* annual *yılda bir yapılan* annual
yılan snake, ophidian *yılana benzer* anguine, colubrine *yılan bilimi* ophiology *yılan derisi* snakeskin *yılan gibi* anguine, colubrine, snakelike *yılan gömleği* slough *yılan zehiri* venin
yılanağzı snakemouth
yılanbalığı eel *yılanbalığı yavrusu* elver
yılancık erysipelas
yılangillerden ophidian
yılankavi serpentine, sinuous
yılankuşu snakebird
yılanotu gentian, snakeroot
yılansı ophidian, snakelike
yılantaşı serpentine
yılanyıldızları serpentstars
yıldırım lightning *yıldırım izi* fulgurite
yıldız star *yıldız biçiminde* radial *yıldız funda* pyxie *yıldız günü* sidereal day *yıldız işareti* star *yıldız kümesi* asterism *yıldızla işaretlemek* to star *yıldızlara ait* sidereal *yıldızlar fiziği* astrophysics *yıldızlar haritası* uranometry *yıldızlarla ilgili* sidereal *yıldız motor* radial engine *yıldız saati* sidereal clock, sidereal hour *yıldız saniye* sidereal second *yıldız şeklinde* asteriated, stellate(d), stellular *yıldız zamanı* sidereal time
yıldızçiçeği starflower, aster
yıldızgöze astrocyte

yıldızlanma asterism
yıldızlararası interstellar *yıldızlararası toz* cosmic dust *yıldızlararası uzay* interstellar space
yıldızlı asteriated, stelliferous *yıldızlı vatoz* starry ray
yıldıztaşı aventurin(e), sunstone
yılkı atı jade
yıllık annual *yıllık büyüme halkası* annual ring *yıllık halka* annual ring
yıpranabilir corrodible
yıpranabilme corrodibility
yıpranmak to waste
yıpranmış detrited
yıpratan corrosive
yıpratıcı corrosive, erosive
yıpratıcılık corrosiveness
yıpratmak to corrode, to wear away
yırtıcı predatory, raptorial, ravenous *yırtıcı hayvan* beast of prey, predator, predatory animal *yırtıcı kuş* bird of prey, raptor
yırtık tear
yırtılmak to tear
yırtma tresis
yırtmak to lacerate, to tear
yineleme iteration, recurrence
yinelenen recurrent
yineli multiple
yirmi twenty *yirmi yaş dişi* wisdom tooth
yiv groove, rut, stria, striation, sulcation, sulcus, thread, tusk *yiv açmak* to groove, to thread
yivli grooved, striate(d), sulcate
yiyecek dish, feed-stuff, food, grub, ingesta
Y kromozomu Y chromosome
yoğun dense, solid, strong, thick
yoğunlaç condenser

yoğunlaşabilir condensable
yoğunlaşma condensation, inspissation
yoğunlaşmak to concentrate, to condense
yoğunlaşmalı nemölçer dewpoint hygrometer
yoğunlaşmamış uncondensed
yoğunlaşmaz incondensable
yoğunlaştırma condensation, densification, inspissation
yoğunlaştırmak to concentrate, to condense, to densify *yoğunlaştırılmış süt* condensed milk
yoğunluk concentration, density, intensity, thickness *yoğunluğu az* rare *yoğunluğu azaltılmış* rarefied *yoğunluğunu azaltmak* to rarefy *yoğunluk pili* gravity cell *yoğunluk şişesi* specific density flask
yoğunlukölçer densimeter, density meter, nephelometer
yoğunlukölçüm densimetry, nephelometry, pycnometry *yoğunlukölçüm şişesi* pycnometer
yoğunlukölçümsel nephelometric
yoğurma malaxation
yoğurmak to malaxate
yoğuşma distillate
yoğuşmaz incondensable
yoğuşturucu condenser, condensing
yohimbin yohimbine
yok nonexistent *yok edici* obliterative *yok edilemez* nondisposable *yok etme* obliteration, suppression *yok etmek* to phagocytize, to phagocytose *yok olmak* to die, to vanish, to disappear
yokuş climb, upgrade *yokuş yukarı* upgrade
yol passage, way, procedure, process, run, streak, stripe, (kemik içi) meatus

yol almak to log *yol göstermek* to lead *yol yol* striped
yolculuk journey, passage
yolk kesesiz alecithal
yollu striped
yontmak to cut
yontmataş paleolith *Yontmataş Çağıyla ilgili* Paleolithic
yordam technique
yorgunluk wilt, tiredness *yorgunluk toksini* cenotoxin
yorulmak to jade
yosun bryophyte, lichen, moss *yosuna benzer* lichenoid, muscoid *yosunda spor kesesi* sporogonium *yosunda spor üreten organ* sporophore *yosun güllü* moss rose *yosun hayvanı ile ilgili* bryozoan *yosun hayvanları* Bryozoa *yosun kumu* diatomaceous earth, diatomite, kieselguhr *yosunlarda spor mafhazası* urn *yosun tutmuş* lichenous, moss-grown *yosun zarı* hymcnium
yosunbilim algology, bryolgy, muscology, phycology
yosunbilimci bryolgist
yosunbilimsel bryolgical
yosunlanma mossiness
yosunlanmış moss-grown
yosunlaşma mossiness
yosunlu diatomaceous, lichenoid, lichenous, mossy, sphagnous
yosunotu selaginella
yosunumsu mossy *yosunumsu akik taşı* moss agate
yozlaşan retrograde, retrogressive
yozlaşma degeneration, devolution, involution, retrogradation, retrogression
yozlaşmak to degenerate

yozlaşmış degenerate
yozlaştırıcı dysgenic
yön course, way, sense, side **yön açısı** azimuth **yön değişimi** transference **yön vermek** to channel, to shape
yönelim nutation, orientation, tropism **yönelim etkisi** orientation effect
yönelme gravitation, orientation
yönelmek to bend
yöneltmek to bend
yönetici master
yönetim running
yönetmek to lead
yönetmelik regulation
yönetmen organizer
yöney vector
yöneysel vectorial
yönlendirme orientation
yönsemezlik isotropism
yönser aeolotropic, anisotropic
yönserlik aeolotropy, anisotropy
yöntem method, path, procedure, process, system, technique
yöre region, zonule
yöresel endemic, vicinal, zonular
yörünge orbit, path **yörüngede dönmek** to orbit **yörünge hızı** orbital velocity
yörüngesel orbital
yudum swallow
yukaç anticline
yukarıdaki upper
yukarı above, over **yukarı doğru çıkan** assurgent **yukarı doğru gelişen** ascending **yukarı giden** anadromous
yulaf oats **yulaf gibi** avenaceous **yulaf ile ilgili** avenaceous
yular lead
yumak to floccule
yumaklaşma flocculation
yumaklaştırıcı flocculating

yumaklaştırıcı kimyasal flocculating agent
yumru apophysis, bunch, eminence, excrescence, gall-nut, gland, knop, knot, node, nodule, process, protuberance, torus, tuber, tuberosity, tumor **yumru kök** tuber **yumru köklü** tuberous, tuberous-rooted
yumrucuk nodule, tubercle
yumrulaşmak to knot
yumrulu apophysate, nodose, nodular, noduled, torose, tubercular, tuberculate(d), tuberose, tuberous
yumurta egg **yumurta akı** egg white **yumurta akı proteini** albumen, albumin **yumurta akında bulunan globülin** ovoglobulin **yumurta akındaki albümin** ovalbumin **yumurta ana hücresi** oogonium **yumurta bezesi** vitelline gland **yumurta bırakma** oviposition **yumurta bırakmak** to oviposit **yumurta biçiminde** oblong, oval **yumurta biçimli** egg-shaped, ovate **yumurtadaki besin deposu** yolk **yumurtadan çıkma** hatching **yumurtadan çıkmak** to hatch **yumurtadan yeni çıkmış** altricial **yumurta hücre** ootid **yumurta hücresi** ovum **yumurta kabı** (böcekte) ootheca **yumurta kabuğu** egg shell **yumurta kanalı** oviduct, vitelline duct **yumurta kanalıyla ilgili** oviductal **yumurta kesesi** ovisac **yumurta oluşması** oogenesis, ovogenesis **yumurta sarısı** egg yolk, vitellus, yolk **yumurta sarısı oluşumu** vitellogenesis **yumurta sarısı üreten** vitelline **yumurtası bol** oviferous **yumurta şeklinde** oviform **yumurta**

zarı egg membrane, vitelline membrane
yumurtacık ovule, ovum
yumurtalı oviferous
yumurtalık gonad, ovary, ovisac
yumurtalık ameliyatı ovariectomy
yumurtalık iltihabı oophoritis
yumurtalık keseciği Graafian follicle
yumurtalıkla ilgili ovarian
yumurtamsı ovoid
yumurtlama oviparity, oviposition, ovulation **yumurtlama borusu** ovipositor **yumurtlama ile ilgili** spawning **yumurtlama mevsimi** spawning season **yumurtlamayla ilgili** ovulatory **yumurtlama yoluyla** oviparously **yumurtlama zamanı** spawning time
yumurtlamak to lay, to oviposit, to ovulate, (balık) to spawn, (istiridye) to spat
yumurtlayan oviparous, spawning **yumurtlayan hayvanlar** ovipara
yumurtlayarak oviparously
yumurtlayıcı oviparous
yumuşak plastic, soft, velutinous, velvety **yumuşak bazalt kaya** wacke **yumuşak çıkıntı** pulvillus **yumuşak derili** soft-skinned **yumuşak doğal asfalt** maltha **yumuşak dokuda kemik oluşumu** parosteosis **yumuşak gre** molasse **yumuşak huylu** benign **yumuşak kabuklu** soft-shelled, soft-skinned **yumuşak kabuklu hayvan** soft-shell **yumuşak kabuklu kaplumbağa** soft-shelled turtle **yumuşak kireçtaşı** malm **yumuşak parafin** mineral jelly **yumuşak taban** (hayvanda) pad **yumuşak tüylü** floccose **yumuşak ur** myxoma

yumuşak yapraklı malacophilous
yumuşak yüzgeçli *(balık)* malacopterygian
yumuşakça mollusc **yumuşakça derisi ile ilgili** pallial
yumuşakçalarbilimi malacology
yumuşaklık downiness
yumuşama maceration
yumuşatan macerator
yumuşatıcı flocculant; lenitive **yumuşatıcı madde** unction
yumuşatma digestion, maceration, relaxation
yumuşatmak to macerate
yunusbalığı porpoise
yusufçuk dragonfly
yutak gula, oropharynx, pharynx **yutağa yakın** pharyngeal **yutak kası ihtihabı** juxtangina **yutakla ilgili** pharyngeal **yutak muayene aleti** pharyngoscope **yutak zarı iltihabı** pharyngitis
yutarhücre phagocyte
yutarhücresel phagocytic
yutkunmak to swallow
yutma deglutition, swallow, swallowing **yutma güçlüğü** dysphagia
yutmak to swallow, to ingest
yuva nest, socket **yuva eklem** enarthrosis **yuva eklemli** enarthrodial **yuva kontrolu** nest control **yuva yapma** nidification **yuva yapmak** to nest, to nidify
yuvar bakteri coccus
yuvarcık centrosome
yuvarımsı coccoid
yuvarlak coccoid, conglobate, disciform, globular, globulose, gyrate, lobate, nummular, orbicular, sphery **yuvarlak açıt** fenestra rotunda **yuvarlak benekli** ocellated **yuvarlak cisim** disk

yuvarlak çıkıntı knop *yuvarlak çıkıntılı* lobular *yuvarlak çiçek kümesi* glomerule *yuvarlak hap* troche *yuvarlak kısım* lobe *yuvarlak kurt* roundworm *yuvarlak pencere* fenestra rotunda *yuvarlak pullu* cycloid
yuvarlaklı lobed
yuvarlanan trochoid
yuvarlanmak to wheel
yuvarlanma sürtünmesi rolling friction
yüce sublime, superior
yücelik eminence
yüceltme sublimation
yüceltmek to sublimate
yükgözler electroscope
yüklü loaded, heavy *yüklü parçacık* charged particle
yüksek high, superior *yüksek ateş* hyperthermia *yüksek basınçlı* hypertonic *yüksek düzlük* platform *yüksek enerji fiziği* high-energy physics *yüksek enerjili* high-energy *yüksek geçirgen* highly conductive *yüksek gerilim* high voltage *yüksek ısı deneticisi* pyrostat *yüksek ısıya dayanır* refractory *yüksek kabartmalı kumaş* brocatelle *yüksek kayalık* promontory *yüksek konsantrasyonlu* at high concentration *yüksek molekül ağırlıklı globülin* macroglobulin *yüksek oktanlı benzin* high-octane petrol *yüksek oranda çözünür* highly soluble *yüksek oranda silika içeren* acidic *yüksek ova* fjeld, plateau *yüksek sıcaklıkta oluşmuş* pyrogenous *yüksek sıcakölçer* pyrometer *yüksek tansiyon* high blood pressure, hyperpiesia, hypertension *yüksek vakum* high vacuum *yüksek*

valanslı rutenyum içeren ruthenic
yüksek yayla puna
yükseklik height *yükseklikleri gösteren harita* relief map *yükseklik ölçümsel* orometric
yükseklikölçer orometer
yükselen ascending, assurgent
yükselme advance
yükselmek to advance, to soar
yükselteç amplifier, elevator *yükselteç devresi* amplifier circuit
yükseltgeme oxidation *yükseltgeme indirgeme* oxidation-reduction *yükseltgeme indirgeme elektrotları* oxidation-reduction electrodes *yükseltgeme potansiyeli* oxidation potential
yükseltgemeli oxidimetric
yükseltgen oxidic, oxydant *yükseltgen indirgen* oxidoreductanse *yükseltgen madde* oxidizing agent
yükseltgenebilme oxidizability
yükseltgenir oxidable, oxidizable
yükseltgenme oxidization
yükseltgeyen oxidizer
yükseltgeyici alaz oxidizing flame
yükselti altitude *yükselti bilimi* hypsography
yükseltici promotive
yükseltmek to upgrade
yüksük calyptra *yüksük şeklinde* cupular, cupulate, cupuliform
yüksükotu digitalis
yüksüz neutral, uncharged
yükün değerlik electrovalency
yün wool *yüne benzeyen* laniferous, lanigerous *yün gibi* flocculent, woolly *yün ipliği* yarn *yün kümesi* floccus *yün yağı* lanolin, wool fat
yünlü flocculent, laniferous, lanigerous,

woolly, tomentose *yünlü hayvan* woolly

yürek heart *yürek biçiminde (yaprak)* cordate *yürek biçimli* cordiform *yürek çarpması* palpitation *yürek damar ile ilgili* cardiovascular *yürek dışarı* pericardium *yürek dışarı iltihabı* pericarditis *yürek dışarıyla ilgili* pericardial *yürek içzarı* endocardium *yürek içzarı iltihabı* endocarditis *yürek ile ilgili* cardiac *yürek kapakçığı* cardiac valve *yürek kası iltihabı* myocarditis *yürek midyesi* cockle *yürek şeklinde (yaprak)* obcordate *yürek zarı* serosa, serous membrane

yürüme walking *yürümeye elverişli* (ayak vb) gressorial

yürüyebilen ambulatory

yürüyen walking *yürüyen dalga* travelling wave *yürüyen eğrelti* walking fern *yürüyen yaprak* walking leaf

yürüyüş walking

yüz face; surface *yüzden erime* ablation *yüze soğurma* adsorption *yüz hatları* feature *yüz ile ilgili* facial *yüz organlarından biri* feature

yüzde percentage

yüzdelik percentage

yüzen floating, natant, natatorial, natatory *yüzen larva* planula, trochophore, trochosphere

yüzergezer amphibious

yüzerilebilir adsorbable

yüzerme adsorption

yüzermek to adsorb

yüzey plane, surface *yüzey aktif* surface-active *yüzey aktif madde* surface-active agent, surfactant *yüzey basıncı*

surface pressure *yüzeye dik* anticlinal *yüzey enerjisi* surface energy *yüzey erkesi* surface energy *yüzey gerilimi* surface tension *yüzey gerilmesi* surface tension *yüzey hızı* surface velocity *yüzeyler arası* interfacial *yüzey ölçü birimi* square measure

yüzeyli kondansör surface condenser

yüzeyetkin surface-active *yüzeyetkin özdek* surface-active agent

yüzeysel tangential *yüzeysel hız* surface velocity

yüzgeç fin, flipper *yüzgeç ayak* swimmeret *yüzgeçleri dikenli* spiny-finned

yüzgeçli finned

yüzme swimming, natation *yüzme ile ilgili* natatorial, natatory *yüzme kesesi* air bladder, (balık) air bladder *yüzme torbası* float *yüzmeye elverişli* natatorial, natatory

yüzölçümü area

yüzsüzlük cheek

yüzük ring

yüzükoyun prone, face downwards *yüzükoyun yatan* prostrate

Z

zaçyağı vitriol, oil of vitriol, sulfuric acid

zafiyet phthisis, tabescence

zağar deerhound, pointer

zahmet rigor

zakkum oleander

zaman (simgesi t) duration, hour, stage *zamana ait* temporal *zaman aralığı* tract *zaman eğrisi* duration curve

zamansız premature *zamansız doğum*

yapma abortion
zambak lily, iris *zambağa benzer* crinoid, liliaceous *zambak gibi* liliaceous *zambak yaprağı* standard
zambakgiller liliaceae
zamk cement, glue, gum *zamk ağacı* tragacanth *zamk sürmek* to gum
zamklamak to glue
zamklı gummiferous, viscid *zamklı sakız* gum resin
zangırdatmak to jar
zar cortex, diaphragm, envelope, film, integument, lamella, membrane, web, tapetum, tegmen, tegument, tunic, velamen *zara benzeyen* membraniform *zardan ayrılan* septicidal *zardan oluşmuş* membranous *zar biçimli* tapetal *zar doku kemiği* membrane bone *zar kıvrımı* fraenum, frenum *zarla kaplı* pellicular, pelliculate *zar oluşturan* membranaceous *zar şeklinde* tegumental, tegumentary
zarar harm, damage *zarar veren* noxious *zarar vermek* to wither
zararlı noxious
zararsız innocuous, lysogenic *zararsız mikroplar* innocuous microbes *zararsız zehir* toxoid
zarf investment, theca *zarfla ilgili* thecal *zar gibi* membranal, membranous, pellicular, pelliculate, pericarpial, tegmenal, velamentous
zarflı glumaceous
zarımsı membranaceous, pericarpial, pericarpic, velamentous
zarkanatlı hymenopterous *zarkanatlı böcek* hymenopteron *zarkanatlı böcek larvası* doodlebug
zarlı membranaceous, membranal,

membranous, webbed, velate, volvate *zarlı uzantısı olmayan* apterous
zarsız hücreler gymnocyte
zatülcenpli pleuritic
zatürree pneumonia *zatürree basili* pneumobacillus
zatürreeli pneumonic
zayıf adynamic, cadaverous, enervate, lax, weak, tabescent *zayıf asitler* weak acids *zayıf düşme* tabes
zayıflama phthisis, tabes, tabescence
zayıflamak to attenuate, to die
zayıflatan macerator
zayıflatıcı corrosive
zayıflatmak to attenuate
zayıflayan tabescent
zebercet chrysolite
zebra zebra *zebra ağacı* zebrawood *zebra balığı* zebrafish
zebu zebu
zedelenebilir vulnerable
Zeeman etkisi Zeeman effect
zehir poison, toxicant, toxin, (yalın\akrep) venom *zehir ağacı* dita *zehir çengeli* (örümcek) chelicera *zehirden kolay etkilenen* toxophific *zehir dişi* (yılan) fang *zehir etkisi* toxic effect *zehir oluşturan* toxigenic, venenific *zehir özelliğinde* toxinic *zehir salgılayan* toxiferous *zehir üreten* toxicogenic
zehirbilim toxicology
zehirbilimsel toxicological
zehirleme toxication, venenation
zehirlemek to poison, to venenate
zehirlenme poisoning, toxication
zehirleyici endotoxic, poisonous, toxicant
zehirli poisonous, toxic, toxicant, veneniferous, venenous, venomous,

virose *zehirli baldıran ruhu* coni(i)ne
zehirli bitki poisonous plant *zehirli büyük baldıran* poison hemlock
zehirli çıyan scolopendrid *zehirli diş* poison fang *zehirli funda* poison oak
zehirli gaz arsine, poison gas, poisonous gas *zehirli gaz bombası* gas bomb *zehirli patlayıcı gaz* diazomethane *zehirli protein* toxalbumin *zehirli sarmaşık* poison ivy *zehirli sumak* to poison sumac *zehirli tükürük salgılayan canlı* venomosalivary *zehirli yılan* elapid
zehirlilik toxicity
zehirsiz atoxic, nonpoisonous *zehirsiz mantar* white agaric *zehirsiz tutuşmaz gaz* dichlorodifluoromethane
zehirsizleştirme detoxication
zehirsizleştirmek to detoxicate
zein zein
zemin background, base *zemin agregası* soil aggregate *zemin karışımı agrega* soil aggregate *zemin statiği* geostatics
zencefilgillerden zingiberaceous
zengin rich
zenginleştirici madde enrichment
zengin(leştirilmiş) uranyum enriched uranium
zenyaite zinnia
zeolit zeolite
zeolitli zeolitic
zerdeçal turmeric *zerdeçal kâğıdı* turmeric paper
zerre atom, molecule, particle, trace *zerreden oluşmuş* particulate *zerre halinde* particulate
zerrin polyanthus
zevk taste
zeytin olive *zeytin ağacı* olive *zeytin*

dalı olive *zeytin taşı* olivenite
zeytingillerden oleaceous
zeytinsi meyve stone fruit
zeytinyağı olive oil *zeytinyağı asidi* oleic acid
zımpara carborundum, corundum
zımparalamak to rub down
zıpkın iron, spear
zıplayan saltatorial
zırh armour, lorica
zırhlı loricate(d) *zırhlı elbise* armour
zıt antagonistic, antipodal, opposite, reflex, reverse *zıt bakışık* enantiomorphic *zıt bakışıklık* enantiomorph, enantiomorphism
zift asphalt, bitumen *zift gibi* piceous
ziftlemek to bituminize
ziftli bituminous, piceous
zigot fertilized egg, zygote
zihin brain *zihinde ölçülebilir* ponderable *zihin yorgunluğu* brain fag
zihinsel mental, intellectual *zihinsel gelişme* mental development *zihinsel yetersizlik* oligophrenia
zihni cerebral
zil bell *zil sesi* bell
zincifre cinnabar
zincifreli cinnabaric
zincir chain *zincir baklası* link *zincirle bağlamak* to chain *zincir tepkimesi* nuclear chain reaction
zincirleme catenation, linkage *zincirleme reaksiyon* chain reaction
zincirlemek to chain, to link
zinde sound
zindelik tonicity
zinkat zincate
zinkenit zinckenite, zinkenite
zirkon jargoon, zircon

zirkonat zirconate
zirkonya zirconia
zirkonyum (simgesi Zr) zirconium
   zirkonyum hidroksit zirconate
zirkonyumlu zirconic
zirve apex, climax, horn, peak
ziyan dissipation *ziyan etmek* to dissipate, to waste
Z kromozomu Z chromosome
zodyak zodiac
zoea zoea
zon zone
zona zoster
zoografi zoography
zooit zooid
zooloji zoology
zoolojik zoological
zoospor swarm cell, zoospore *zoospor kesesi* zoosporangium

zoosporlu zoosporic, zoosporous
zootekni zootechny
zootoksin zootoxin
zor difficult, sticky
zorla by force *zorla alma* occupation *zorla bükmek* to wrench *zorla giren* intrusive *zorla girme* intrusion *zorla nüfuz etme* intrusion *zorla sızan* intrusive
zorlamak to obligate, (adale) to strain
zorlanabilir coercible
zorlayıcı insistent
zorunlu essential
zührevi venereal *zührevi hastalıklar* venereal diseases
zümre band, class
zümrüt emerald *zümrüt mavisi* beryl blue *zümrüt nikel* zaratite
zürafa band, class